2007~2023

KB088398

건축사 자격시험
과년도 출제문제

3교시 과목 건축설계2

한솔아카데미 건축사수험연구회 편

 한솔아카데미

www.inup.co.kr

■ 건축사자격시험 기출문제해설 1, 2, 3교시

년 도	1교시 대지계획	2교시 건축설계 1	3교시 건축설계 2
2007	제1과제 │ 내수면 생태교육센터 배치계획 제2과제 │ 주민복지시설 최대 건축가능영역 및 주차계획	제1과제 │ 지방공사 신도시 사옥 평면설계	제1과제 │ 주민 자치시설 단면설계 제2과제 │ 연수시설 계단설계 제3과제 │ 친환경 설비계획
2008	제1과제 │ 지역주민을 위한 체육시설이 포함된 초등학교 배치계획 제2과제 │ 의료시설 최대 건축가능영역	제1과제 │ 숙박이 가능한 향토문화체험시설	제1과제 │ 청소년 자원봉사센터 단면설계 제2과제 │ 지상주차장의 구조계획 제3과제 │ 환경친화적 에너지절약 리모델링 계획
2009	제1과제 │ ○○대학교 기숙사 및 관련시설 배치계획 제2과제 │ 종교시설 신축대지 최대 건축가능영역	제1과제 │ 임대형 미술관 평면설계	제1과제 │ 어린이집 단면설계 및 설비계획 제2과제 │ 증축설계의 구조계획
2010	제1과제 │ 어린이 지구환경 학습센터 제2과제 │ 공동주택의 최대 건립 세대수	제1과제 │ 청소년 창작스튜디오	제1과제 │ 근린문화센터의 단면설계와 설비계획 제2과제 │ 사회복지회관의 구조계획
2011	제1과제 │ 폐교를 이용한 문화체험시설 배치계획 제2과제 │ 근린생활시설의 최대 건축가능영역	제1과제 │ 소극장 평면설계	제1과제 │ 중소기업 사옥의 단면·계단 설계 제2과제 │ ○○청사 구조계획
2012	제1과제 │ ○○ 비엔날레 전시관 배치계획 제2과제 │ 대학 캠퍼스 교사동의 최대 건축가능영역	제1과제 │ 기업홍보관 평면설계	제1과제 │ 소규모 근린생활시설 단면설계 제2과제 │ 소규모 갤러리 구조계획
2013	제1과제 │ 중소도시 향토문화 홍보센터 배치계획 제2과제 │ 교육연구시설의 최대 건축가능영역	제1과제 │ 도시재생을 위한 마을 공동체 센터	제1과제 │ 문화사랑방이 있는 복지관 단면설계 제2과제 │ 도심지 공장 구조계획
2014	제1과제 │ 평생교육센터 배치계획 제2과제 │ 주거복합시설의 최대건축가능영역	제1과제 │ 게스트하우스 리모델링 설계	제1과제 │ 주민센터 단면설계·설비계획 제2과제 │ 실내체육관 구조계획·지붕설계
2015	제1과제 │ 노유자종합복지센타 배치계획 제2과제 │ 공동주택의 최대 건축 가능영역과 주차계획	제1과제 │ 육아종합 지원시설을 갖춘 어린이집	제1과제 │ 연수원 부속 복지관 단면설계 제2과제 │ 철골구조 사무소 구조계획
2016	제1과제 │ 암벽등반 훈련원 계획 제2과제 │ 근린생활시설의 최대 건축가능 영역	제1과제 │ 패션산업의 소상공인을 위한 지원센터 설계	제1과제 │ 노인요양시설의 단면설계 & 설비계획 제2과제 │ ○○판매시설 건축물의 구조계획
2017	제1과제 │ 예술인 창작복합단지 배치계획 제2과제 │ 근린생활시설의 최대 건축가능 규모계획	제1과제 │ 도서관 기능이 있는 건강증진센터	제1과제 │ 주민자치센터의 단면설계 및 설비계획 제2과제 │ ○○고등학교 건축물의 구조계획
2018	제1과제 │ 지식산업단지 시설 배치계획 제2과제 │ 주민복지시설의 최대 건축가능 규모 및 주차계획	제1과제 │ 청년임대주택과 지역주민공동시설	제1과제 │ 학생 커뮤니티센터의 단면설계 및 설비계획 제2과제 │ 필로티 형식의 건축물 구조계획

■ 건축사자격시험 기출문제해설 1, 2, 3교시

년 도	1교시 대지계획	2교시 건축설계 1	3교시 건축설계 2
2019	제1과제 │ 야생화 보존센터 배치계획 제2과제 │ 예술인 창작지원센터의 최대 건축가능영역 및 주차계획	제1과제 │ 노인공동주거와 창업지원센터	제1과제 │ 증축형 리모델링 문화시설 단면설계 제2과제 │ 교육연구시설 증축 구조계획
2020(1)	제1과제 │ 천연염색 테마 리조트 배치계획 제2과제 │ 근린생활시설의 최대 건축가능영역	제1과제 │ 주간보호시설이 있는 일반노인요양시설	제1과제 │ 청년크리에이터 창업센터의 단면설계 및 설비계획 제2과제 │ 주차모듈을 고려한 구조계획
2020(2)	제1과제 │ 보건의료연구센터 및 보건소 배치계획 제2과제 │ 지체장애인협회 지역본부의 최대 건축가능영역	제1과제 │ 돌봄교실이 있는 창작교육센터	제1과제 │ 창업지원센터의 단면설계 및 설비계획 제2과제 │ 연구시설 신축 구조계획
2021(1)	제1과제 │ 전염병 백신개발 연구단지 배치계획 제2과제 │ 청소년문화의집 신축을 위한 최대 건축가능규모 산정 및 주차계획	제1과제 │ 의료교육시설과 건강생활지원센터	제1과제 │ 도시재생지원센터의 단면설계 및 설비계획 제2과제 │ 필로티 형식의 건축물 구조계획
2021(2)	제1과제 │ 마을주민과 공유하는 치유시설 배치계획 제2과제 │ 근린생활시설의 최대 건축가능규모 계획	제1과제 │ 청소년을 위한 문화센터 평면설계	제1과제 │ 노인복지센터 리모델링 단면설계 및 설비계획 제2과제 │ 문화시설 구조계획
2022(1)	제1과제 │ 생활로봇 연구센터 배치계획 제2과제 │ 복합커뮤니티센터의 최대 건축가능 규모 산정	제1과제 │ 창작미디어센터 설계	제1과제 │ 바이오기업 사옥 단면설계 제2과제 │ 대학 연구동 증축(별동) 구조계획
2022(2)	제1과제 │ 공동주택단지 배치계획 제2과제 │ 주거복합시설의 최대 건축가능규모 및 주차계획	제1과제 │ 생활 SOC 체육시설 증축 설계	제1과제 │ 지역주민센터 증축 단면설계 및 설비계획 제2과제 │ 필로티 형식 주거복합건물의 구조계획
2023(1)	제1과제 │ 초등학교 배치계획 제2과제 │ 공동주택(다세대주택)의 최대 건축가능규모 및 주차계획	제1과제 │ 어린이 도서관 설계	제1과제 │ 초등학교 증축 단면설계 및 설비계획 제2과제 │ 근린생활시설 증축 구조계획
2023(2)	제1과제 │ 문화산업진흥센터 제2과제 │ 최대 건축가능 거실면적 및 주차계획	제1과제 │ 다목적 공연장이 있는 복합상가	제1과제 │ 마을도서관 신축 단면설계 및 설비계획 제2과제 │ 일반업무시설 증축 구조계획

건축사자격시험 기출문제해설

3교시 건축설계2

단면설계 출제기준의 이해

'단면설계'과제는 제시 조건에 의거 단면도를 작성하게 하여 건축물 수직방향의 구성요소(기초·바닥·기둥·벽·천장·계단·각종 샤프트 등)의 구조, 마감 및 각종설비 등)에 대한 지식과 도면상 표현 능력을 측정한다.

1. 주요 제시조건
① 주변 상황, 각 공간의 기능, 천장고, 층고 등
② 건축물의 평면, 입면, 구조, 마감 및 건축설비 등

[출제유형 1] 제시조건을 고려한 천장고 및 층고 산정 및 단면설계
주변 상황과 평면의 기능을 고려하고 천장높이 및 층고를 조절하며 2층 이상인 건물의 단면을 결정하는 능력을 측정한다.

<예> 기존 도서관과 주민편의시설의 평면과 입면을 제시하고, 이 두 건물을 연계하도록 구조, 설비, 전시조건 등을 만족하는 신축 미술관의 단면을 설계한다.

국토해양부 예시문제

[출제유형 2] 제시조건에 따른 기존 건물의 단면 재구성
요구되는 기능에 대응하도록 기존 건물의 단면 형태나 층고를 바꾸거나 기존 단면을 부분적으로 재구성하는 능력을 측정한다.

<예> 물류창고로 쓰이던 건물 골조를 철거하지 아니하고 내부를 리모델링하여, 소요 천장높이를 갖는 방으로 구성된 일정 규모의 주민편의시설의 단면을 계획한다.

국토해양부 예시문제

[출제유형 3] 실시설계를 위한 단면상세도 작성
실시설계를 위한 단면도의 이해 능력과 상세도면 작성 능력을 측정한다.

<예> 각층 부분 평면도와 실내재료마감표 및 부분 상세도를 이용하여 요구하는 부분의 단면상세도를 작성한다.

국토해양부 예시문제

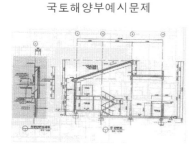

과년도 출제유형 분석(3교시 단면설계)

(주)한솔아카데미

유형	2007	2008	2009	2010	2011	2012	2013	2014	2015	2016	2017	2018
용도	주민자치시설	청소년 자원봉사센터	어린이집	근린문화센터	중소기업사옥	근린생활시설	복지시설	주민센터	연수원 부속 복지관	노인요양시설	주민자치센터	학생 커뮤니티센터
답안	1/100	1/100	/100	1/100	1/100	1/100	1/100	1/100	1/100	1/100	1/100	1/100
규모	지상3층	지상3층	지하1층, 지상3층	지하1층, 지상3층	지하1층, 지상3층	지하1층, 지상3층	지하1층, 지상3층	지하1층, 지상3층	지하1층, 지상2층	지하1층, 지상3층	지하1층, 지상3층	지하1층, 지상3층
구조	철근콘크리트조	철근콘크리트조	철근콘크리트조	철근콘크리트조	철근콘크리트조	철근콘크리트조	철근콘크리트조	철근콘크리트조	철근콘크리트조	철근콘크리트조	철근콘크리트조	철근콘크리트조
설비	각실 패키지 방식	중앙공조 + 팬코일유니트방식	바닥온수난방,덕트 방식(A.H.U)	바닥온수난방, 천정형매립형 EHP	고려하지않음	고려하지 않음	고려하지 않음	FCU+중앙공조 (천장) 덕트방식	FCU+중앙공조 (천장) 덕트방식	EHP+바닥온수난방 + 전기 라디에이터	FCU+중앙공조(천장) 덕트방식, 유압식ELV 엑세스플로어	EHP+환기유닛
지붕의 형태 (재료)	평지붕	평지붕 (계단식스탠드)	평지붕	평지붕	평지붕	평지붕 (계단식스탠드)	평지붕, 경사지붕	평지붕	평지붕	평지붕	평지붕	평지붕
단면상세			●	●	●	●	●	●	●	●	●	●
입면표현	●	●	●	●	●	●	●	●	●	●	●	●
층고(바닥 레벨)제시	●	●	●	●	●	●	●	●	●	●	층고 조절	
천장고제시				실 용도 임의		실 용도 임의			●(실용도 임의)		실용도 임의	
대지 고저차	7.8m	0	0	0	계획형	0	3.7m	0	-3.1	±0	실용도 임의	+8.1
지하층			●	●	●	●	●	●	●	●	●	●
D.A	●		●	●	●	●	●	●	●	●	●	–
방습벽												●
단열재	●		●	●	●	●	●	●	●	●	●	●
천창(고측창)							●				●	●
캐노피												●
내부마감	목재플로링 기타임의표현	엑세스플로아 기타임의표현	층간소음방지 기타임의표현	층간소음방지 기타임의표현	온돌마루, 기타임의표현	임의표현	임의표현	임의표현	임의표현 마감재료 제시	임의표현 마감재료 제시	엑세스플로어 기타임의표현	임의표현 마감재료 제시
승강기	●		●	●	●	●	●	●	●	●	●	●
방화셔터												
옥상파라펫	●	●	●	●	●	●	●	●	●	●	●	●
난간	●		●	●	●	●	●	●	●	●	●	●
기초의형태	독립기초	독립기초	온통기초	온통기초	온통기초	온통기초	온통기초	온통기초	온통기초	온통기초	온통기초	온통기초
동결심도	●	●								●		
공조설비		●	●									
FCU												
채광경로			●	●	●	●	●	●	●	●	●	●
친환경			●	●	●	●	●	●	●	●	●	●

문제유형	단면설계 [출제유형1+3] 층고제시형 실무형	단면설계 [출제유형1] 층고제시형 실무형	단면설계+설비계획 [출제유형3] 단면상세도 종합문제형	단면설계+설비계획 [출제유형1] 단면상세도 종합문제형	단면설계+계단설계 [출제유형1+3] 단면상세도 종합문제형	단면설계+계단설계 [출제유형1+3] 단면상세도 종합문제형	단면설계 [출제유형1] 층고제시형 종합문제형	단면설계+설비계획 [출제유형1+3] 단면상세도 종합문제형	단면설계+설비계획 [출제유형1] 층고제시형 종합문제형	단면설계+설비계획 [출제유형1+3] 단면상세도 종합문제형	단면설계+설비계획 [출제유형1+3] 단면상세도 종합문제형	단면설계+설비계획 [출제유형1+3] 단면상세도 종합문제형
문제특성	• 주어진 옹벽을 고려하여 단면 지시선에 따라 내·외부 입·단면을 작성하는 실무형 문제	• 일반적인 단면 형상에 지붕부위의 특수한 부분을 첨가하여 표현하는 문제	• 단면도+단면상세도 작성 • 주요 바닥, 천정고 제시 • 친환경적인 환기 및 채광방식고려 (천장) • 각종 기술적 사항 고려 입면표현 요구	• 각종 기술적사항 (설비 계획반영)을 고려한 단면상세도 작성 • 냉교(Cold Bridge) 방습 및 방수 • 내·외부 임의적 입면표현 • 주요바닥, 천정고 제시	• 단면+계단설계 (계획형) 및 부분 단면상세도 작성 • 이중외피 (일사 및 환기) • 내·외부 임의적 입면표현 • 지붕층 스텐드형, 야외부대 • 지붕층 조경을 고려한 난간 높이	• 단면+계단설계 (계획형) 및 부분 단면상세도 작성 • 실구성에 맞는 천장고 고려 • 최상층 지붕의 형태 계획 • 계단 높이 및 단너비 계획 • 천창 계획	• 단면+계단+지붕 등이 복합된 문제 • 실구성에 맞는 최상층 지붕의 형태 계획 • 지하수 고려한 방수 및 배수계획 • 수직루버 표현	• 단면도+친환경 요소고 • 계단 단높이 및 단너비 계획 • 고측창계획 및 주광경로 표현 • 냉교(Cold Bridge) 방습 및 방수 • 계단참 2m마다 설치 • 실내마감 재시	• 단면도+단면상세도 작성 • 계단 단높이 및 단너비 계획 • 천창속 공간내 설비 표현 • 천장 계획 및 채광경로 표현 • 지붕층 관목 및 지피식물 • 외벽상세도 작성 • 마감높이에 따른 파라펫 표현	• 단면도+단면상세도 작성 • 이중외피 단면상세 • 천장계획 및 채광 경로 표현 (신재생에너지) • 천장 계획 및 채광 경로 표현 • 지붕층 잔디, 입면장호 • 흙에 접한부분 방수 및 배수계획 • 마감높이에 따른 파라펫 표현	• 단면도+단면상세도 작성 • 흙에 접한 부분 상세 • 천창계획 및 채광 경로 표현 (신재생에너지) • EHP+환기유닛, 수목표현 • 지붕층 잔디, 입면창호 • 흙에 접한부분 방수 및 단열 계획 • 계단 참, 높이, 너비 계획 • NOTE(단열,방수, 친환경)

출제가능 유형	단면설계는 건축적요소와 함께 설비적요소 및 구조적요소가 복합적으로 출제되어지고 있으며 또한, 지붕설계와 계단설계가 건축적 내부공간, 외부형태에 직간접적으로 영향을 미치는 바, 부분적으로 이 두 과제가 동시에 계획되어야 해결이 가능하도록 출제되고 있다. 따라서 앞으로도 2010년과 같이 설비, 구조가 복합되고 친환경요소인 테마형주제가 가미된 복합·실무적인 문제가 출제될 것으로 예측된다.

유형	2019	2020 1회	2020 2회	2021 1회	2021 2회	2022 1회	2022 2회	2023 1회	2023 2회			
용도	증축형 리모델링	청년크리에이터 창업센터	창업지원센터	도심재생지원센터	노인복지센터	바이오기업 사옥	지역주민센터	초등학교 식사동	마을도서관			
답안	1/100	1/100	1/100	1/100	1/100	1/100	1/100	1/100	1/100			
규모	지상3층	지상3층	지하1층, 지상3층	지하1층, 지상3층	지하1층, 지상3층	지상6층	지하1층, 지상2층	지하1층, 지상3층	지하1층, 지상3층			
구조	철근콘크리트조	철근콘크리트조	철근콘크리트조	강구조(지붕:트러스)	철근콘크리트조 강구조(지붕:트러스)	철근콘크리트조	철근콘크리트조	철근콘크리트조 강구조(계단)	철근콘크리트조 강구조			
설비	EHP	EHP, PAC, 바닥난방	EHP, FCU	EHP, 폐열회수장치 바닥난방,주방덕트	EHP, 열회수장치 FCU, 친환경 요소	개별냉난방 방식 3종 환기	EHP, 바닥 복사난방	EHP, 환기덕트(장치)	개별냉난방 방식 (EHP)			
지붕의 형태 (재료)	평지붕	평지붕	평지붕	경사지붕+평지붕	평지붕, 경사지붕	평지붕	평지붕, 경사지붕	평지붕	경사지붕			
단면상세	●	–	●	●	●	●	●	●	●			
입면표현	●	–	●	●	●	●	●	●	●			
층고(바닥레벨)제시	●	●	●	●	●	●	층고조절	층고조절	층고조절			
천장고제시	–	●	–	–	–	–	–	–	●			
대지 고저차	+1.9	±0	±0	±0	+2.5	±0	+2.1	±0	+4.5			
지하층	–	–	●	●	●	–	●	●	●			
D.A	–	–	–	–	●	–	–	–	–			
방습벽	●	–	●	●	●	●	●	●	●			
단열재	●	–	●	●	●	●	●	●	●			
천창(고측창)	●	●	●	–	–	–	●	●	●			
캐노피	–	–	–	●	–	–	–	–	–			
내부마감	임의표현 마감재료 제시	화강석,AF,PVC타일 몰탈,흡음택스	PVC타일 석고보드/페인트	엑세스플로어 바닥난방, 엑세스	액세스플로어 기타 임의 표현	액세스플로어 흡음택스, 비닐타일	석고보드위도장, 강화마루, 목재후로링	흡음택스, 목재널, 테라조타일, 표면강화제	합성목재, 화강석, 목재후로링			
승강기	–	–	●	–	–	–	–	–	–			
방화셔터	–	–	–	–	– (방범셔터)	–	–	–	–			
옥상파라펫	●	●	●	●	–	노대 난간	●	●	●			
난간	●	●	●	●	●	–	●	●	●			
기초의형태	온통 및 독립기초	온통기초	온통기초	온통기초	온통기초	온통기초	온통기초	온통기초	온통기초			
동결심도	–	–	●	–	●	–	●	●	–			
공조설비	–	–	–	–	●	–	–	–	–			
FCU	–	–	●	–	●	–	–	–	–			
채광경로	●	●	●	●	●	–	●	●	●			
친환경	●	●	●	●	●	–	●	●	●			
문제유형	단면설계+설비계획 [출제유형1+3] 단면상세도 종합문제형	단면설계+설비계획 [출제유형1] 층고제시형 종합문제형	단면설계+설비계획 [출제유형1+3] 단면상세도 종합문제형	단면설계+설비계획 [출제유형1+3] 단면상세도 종합문제형	단면설계+설비계획 [출제유형1+3] 단면상세도 종합문제형	단면설계+설비계획 [출제유형1+3] 단면상세도 종합문제형	단면설계+설비계획 [출제유형1+3] 단면상세도 종합문제형	단면설계+설비계획 [출제유형1+3] 단면상세도 종합문제형	단면설계+설비계획 [출제유형1+3] 단면상세도 종합문제형			
문제특성	• 단면도+단면상세도 작성 • 신축+증축 접합부 상세 • 천창 계획 및 채광경로 표현 (신재생에너지) • EHP, 기존·신축 외단열 • 흙에 단열 계획 • 마감재료 제시 • 계단 참, 높이, 너비 계획 • NOTE(단열, 상세도, 친환경)	• 주거, 기타 공간 설비 • 바닥 마감재료 표현 • 스킵형태 계단 • 커튼월시스템 루버표현 • 커튼월시스템 조망고려 • 천창은 차양장치 설치 • 보 밑으로 250mm 이상의 하부공간을 확보	• 상세도 설비요소 표현 • 승강기 PIT 및 OH • 반자높이 계획 • EHP 및 FCU 표현 • 계단 및 스텐드형 계단 • 1층 경사로 표현 • 외벽 테라코타 마감	• 기존 건축물 연화조 • 기존 건축 단열보강 • 공유주방 배수, 냉난방, 환기설비 표현 • 보육실 바닥난방, 폐열회수 환기장치 표현 • 경사지붕 건식 트러스구조 (건식공법) • 스킵형태 계단 • 반자높이 계획	• 단면도+단면상세도 • 계단 단높이 및 단너비 계획 • EHP, 열회수환기장치, 태양광 패널 설치 • 친환경 요소(환기, 채광, 공기유동경로) • 경사지붕/태양광전지패널 설치 • 코브조명	• 반자높이 계획(보, 설비공간, 기타공간 검토) • 외벽 마감재료 제시 • 계단 단높이 및 단너비 표현 • 외기에 접한 부분 단열기준을 부위별 종류와 두께 를 적용 • 부동참하에 따른 수축팽창 고려 • 열교현상을 고려하여 외단열 표현 • 노대 상세도 표현	• 열교현상 최소화 (내, 외단열 위치 제시) • 각층 바닥마감 레벨 • 개별 냉,난방 방식 • 방수 공법 적용 • 우수 및 방결로 발생 • 계단 단높이, 단너비 • 효율을 고려한 EHP • 단열재 기준을 부위별 종류와 두께	• 열교현상 최소화 (내, 외단열 위치 제시) • 각층 바닥마감 레벨 • 식당 천장속 공간 환기덕트 표현 • 천창 하부 환기장치 • 우수를 고려한 배수 • 계단 단높이 및 단너비를 고려하여 최대 층고 계획 • 효율을 고려한 EHP • 단열재 기준을 부위별 종류와 두께	• 열교현상 최소화 • 각층 바닥마감 레벨 • 경사로 및 난간 표현 • 계단 개수 입면 표현 • 우수를 고려한 배수 • 바닥마감 표현 • 효율을 고려한 EHP • 단열재 기준을 부위별 종류와 두께 • 메달린 구조 (hanging structure)			

출제가능 유형	단면설계는 건축적요소와 함께 설비적요소 및 구조적요소가 복합적으로 출제되어지고 있으며 또한, 지붕설계와 계단설계가 건축적 내부공간, 외부형태에 직간접적으로 영향을 미치는 바, 부분적으로 이 두 과제가 동시에 계획되어야 해결이 가능하도록 출제되고 있다. 따라서 앞으로도 2010년과 같이 설비, 구조가 복합되고 친환경요소인 테마형주제가 가미된 복합·실무적인 문제가 출제될 것으로 예측된다.

계단설계 출제기준의 이해

'계단설계'과제는 제시조건에 의거 각층의 레벨을 조절하고 서로 다른 기능의 공간을 수직적으로 연결하는 계단 및 경사로 등의 도면과 계단 주변의 서비스 코어 공간에 대한 도면을 작성하는 과제로서, 이를 통해 계단 및 경사로 등의 수직방향 이동 공간의 요구 조건을 입체적으로 해결하는 능력을 측정하고, 수직방향 이동 공간과 서비스 코어 공간의 설계 능력을 측정한다.

1. 주요 제시조건

① 각층 및 각 부위별 공간의 높이 또는 바닥 레벨
② 수직방향 동선 관련 공간의 요구사항(계단, 경사로, 엘리베이터 등)
③ 피난 등 수직방향 동선 관련 법규상 요구 조건
④ 장애자용 안전지대 등 장애자 관련 요구조건
⑤ 수직방향 이동 시 외부 전망 조건 등
⑥ 수직방향 동선 관련 공간 및 서비스코어 공간의 구조, 설비 및 마감
⑦ 기타 요구사항(화장실, 탕비실, 창고, 각종 설비용 샤프트 등)

[출제유형 1] 바닥레벨, 진출입동선, 건축마감 등을 고려한 계단 설계

오르내릴 때 외부 공간을 바라볼 수 있도록 커튼월에서 떨어져서 계단을 배치하고, 서로 다른 레벨에 맞으며 장애자용 안전지대, 주어진 바닥높이, 출입구, 동선, 피난 안전지대 등을 고려하여 공간을 원활하게 연결하는 능력을 측정한다.

<예> 기존의 두 건물 사이를 이어서 증축할 때 생긴 홀에서 두 동의 서로 다른 바닥높이를 조절하고, 진출입구 및 동선, 건축마감을 고려한 계단을 계획한다.

국토해양부예시문제

[출제유형 2] 고층사무소 건축의 기준층 코어 공간계획 및 계단설계

엘리베이터와 피난계단의 배치, 화장실의 배치, 기계, 전기, 통신, 소방설비용 샤프트, 배연용수 직풍도 등을 홀과 복도와 함께 고려한 코어계획 능력을 측정한다.

<예> 사무소 건물의 기준층 평면에 대하여 계단의 개수, 특별피난 계단, 엘리베이터, A.D와 P.S의 위치, 탕비실, 창고 등 부속실, 장애자용 안전지대, 기둥 간격 등을 고려한 코어를 계획한다.

국토해양부예시문제

[출제유형 3] 협소한 공간에서의 장애인을 고려한 피난계단 및 경사로 설계

계단과 출입문의 관계, 핸드레일 설치, 기타 피난 및 장애인을 고려한 계단과 경사로의 구조 및 시설을 설계하는 능력을 측정한다.

<예> 대지면적 및 건축면적이 협소한 경우, 건축물 바닥레벨(1층 바닥레벨)을 고려하여 장애인을 위한 출입구 현관 부위의 동선을 계획하고 계단 및 경사로를 설계한다.

국토해양부예시문제

과년도 출제유형 분석(3교시 계단설계)

유 형	2007	2008 ~ 2010	2011	2012		
용도	연수시설		중소기업사옥	근린생활시설		
답안	1/60,1/40,1/10					
규모	지상6층					
구조	PC 구조		지하1층, 지상3층	지상3층		
충고제시	●		철근콘크리트조	철근콘크리트조	6	
계단(참)의 세부기준	●		●	●	7	
경사로기준			●	●	2	
통로기준					1	
휠체어회전공간					1	
피난영역	●				2	
난간의 세부기준	●				3	
출입문기준	●				4	
최소천정고					1	
로비						
승강기					3	
비상용승강기					2	
화물용승강기					1	
특별피난계단	●				3	
방풍실						
화장실					2	
장애인화장실						
각종 샤프트					2	
공조실(창고)	●				2	
기타장애물						

문제유형	계단설계		단면+계단	단면+계단	
	종합문제형		복합문제형	복합문제형	
	단면상세도작성				
문제특성	•특별피난계단의 평면계획 •난간부분의 상세도 작성 •접합부의 개념도 작성		•1층 충고를 고려한 계단계획	•SKIP FLOOR 레벨을 고려한 계단계획 •높이 3.0M 범위에서 계단참 및 계단표현	
출제가능유형	초기에는 비교적 단순한 동선계획형, 코아계획형의 문제가 출제되었으나 점차 복잡하고 실무적인 형태를 가미한 요소가 반영된 과제가 출제되고 있다. 그리고 단면설계에 포함되어 출제되어 3교시의 다른 과목에 비해 비교적 자주 출제되고 있다. 2009년 이후에는 3교시 건축설계 2과목이 3교시 출제에서 2과제 출제로 변경됨에 따라 다른 과제와 복합적으로 출제될 가능성이 많아졌으므로 다른 과제 등과 계단설계와의 관계를 고려한 학습이 필요하며, 보다 실무적인 요소의 문제가 출제될 가능성이 높다.				

설비계획출제기준의 이해

기계설비, 전기설비, 통신설비 등이 천장 내·외부 및 수직 설비공간에서 통합되는 방식을 이해하고 있는지를 측정하며, 설비기술사와 함께 논의하는 방안을 숙지하고 있는지를 확인한다.

1. 주요 제시조건
① 천장모듈, 적정한 배치, 덕트 라인 등을 만족하는 천장계획 등
② 전기 및 기계설비 도면을 상호 검토 등

[출제유형 1] 제시된 범례를 만족하는 소규모 천장설계

소규모 건물의 평면에서 천장재 규격에 따른 천장 모듈의 설정, 천장에 설치되는 설비 기구의 적정한 배치, 설비 기구 및 구조체와 겹치지 않는 덕트 라인 등을 만족하도록 천장을 설계할 수 있는 능력을 측정한다.

<예> 내과 전문의원을 위한 평면을 제시하고, 천장높이와 천장 시스템, 전등 계획, 각 실의 급기와 배기 조건에 맞는 공조덕트 계획과 전등설비 계획을 도면으로 작성한다.

[출제유형 2] 반복으로 나타내는 대규모 천장계획

대규모 건물에서 반복적으로 나타나는 설비 모듈을 계획하는 능력을 측정한다.

<예> 오픈 플랜으로 사용하는 사무실과 칸막이로 구획된 사무실로 사용하고자 하는 임대사무실 평면에 적합하고, 천장재, 천장높이, 조명형식, 급기·배기 조건, 스프링클러 설치 간격 등을 만족하는 전등계획, 공조덕트 계획을 도면으로 작성한다.

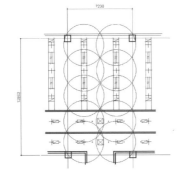

[출제유형 3] 실시설계를 위한 단면상세도 작성

기본설계 단계에서 전기 및 기계설비 도면을 상호 검토하는 능력을 측정한다.

<예> 천장높이와 조명방식을 변경하고자 하는 낙후된 연수원의 엘리베이터 홀에 대해 도중에 전달받은 기계 및 전기설비 조건을 반영하며 천장을 설계한다.

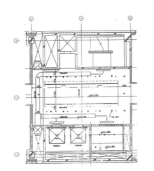

유형	2007	2008	2009	2010	2014
용도	친환경	친환경	어린이집단면	근린문화센터	주민센터
답안					
규모	지상2층	지하1층, 지상3층	지하1층, 지상3층	지하1층, 지상3층	지하1층, 지상3층
구조	철근콘크리트조 +이중외피 철골조	철근콘크리트조	철근콘크리트조	철근콘크리트조	철근콘크리트조
설비	바닥온수난방, 천정형시스템에어컨	중앙공조 전공기	바닥온수, AHU	바닥온수, EHP, 덕트이용	공기조화+FCU
계단실					
화장실					
ELEV.					
샤프트					
공조,배선실					
노출천장					●
간선덕트				●	
분기덕트					
수평,수직덕트					
급기구				●	
배기구				●	
조명등					
스프링클러					
천장텍스					
팬코일유닛					●
플레넘환기					
이중외피	●				
잔디식재	●				
공기유동경로	●	●	●	●	●
주광경로		●	●	●	●
신재생에너지		●		●	●
창문개폐방향	●	●	●	●	●
천창		●	●	●	●

	설비계획	설비계획	설비계획	설비계획	설비계획
문제유형	친환경설비계획 유형	친환경설비계획 유형	친환경에너지 설비계획 (단면+설비)복합	친환경에너지 설비계획 (단면+설비)복합	친환경에너지 설비계획 (단면+설비)복합
문제특성	도서관 열람실 증축부분의 친환경설계. 남측면은 이중외피, 옥상은 잔디식재 계획하여 단면도 완성, 바닥구조는 가변성 및 인터넷망 고려	중소기업 사옥 리모델링 환경친화적 자연형 설계 기법 적용 건축계획형	어린이집에 맞는 환경 친화적 자연설계 기법적용	지방자치단체의 근린문화시설로써 천장매립형 EHP, 온수온돌 난방, 환기, 채광 등이 반영된 단면설계이다.	3개층 규모의 단면설계로써 계단계획, 친환경설비요소, 지하수위를 고려한 D.A 및 영구배수 계획 등이 반영된 단면설계이다.
출제가능유형	2007년~2010년 까지 4회에 걸쳐 친환경과 관련하여 출제가 되었다. 수험생 입장에서 많은 내용을 보다는 친환경과 관련하여 기 출제가 되었던 내용으로 개념을 파악하여 문제에 적용하는 원리가 필요하며, 추후 예상되는 문제 또한 단면도와 함께 복합유형으로 출제가 될 가능성이 높은 편이다.				

구조계획 출제기준의 이해

구조계획의 과제는 건축설계자가 갖추어야 하는 구조개념을 파악하는 수준으로 건축물의 공사내용, 용도, 규모 등의 건축적인 사항과 구조적인 제한요소를 혼합하여 제시된 층의 평면에 대한 구조계획을 요구하는 과제이다.

[출제유형 1] 용도, 규모 등을 고려한 신축건물의 구조계획

계획설계 이후 구조 모듈을 선정하는 능력, 건축계획에 맞는 구조 프레임을 제안하는 능력, 슬라브 구조방식에 따른 골 방향의 설정과 보의 위치 결정, 기둥이 아닌 내력벽의 위치를 결정할 수 있는가를 측정한다.

<예1> 계획설계 중인 수영장의 평면도를 참조하면서 구조재료, 공간 구획, 계획천장높이, 기초 및 지질 등의 조건에 맞는 안정한 구조 시스템을 계획한다.

국토해양부예시문제

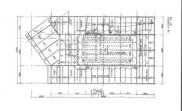

<예2> 지정된 용도의 주차장의 주차대수와 주차동선을 고려하여 지정된 구조시스템으로 구조계획한다.

[출제유형 2] 기존건물의 구조현황을 제시하고 수평 또는 수직증축의 구조계획

기존의 건축물을 리노베이션하는 경우, 기존 구조를 활용하거나, 변형·추가하며, 변경하기 전·후의 구조계획의 차이점을 적절하게 활용하고 철거 가능한 구조물을 선정하는 능력을 측정한다.

<예1> 농촌지역의 소규모 공장건물을 이용하여 건물의 일부 또는 전체를 주거 및 작업공간으로 개조하는 경우, 변경전의 구조를 이용하고 새로운 구조재료, 공간 구획, 천장높이 등을 고려하여 적정한 구조계획을 세운다.

국토해양부예시문제

<예2> 기존건물에 접하여 수평증축을 하되 용도는 지정하고, 기존건물의 구조체와의 계획적 측면을 고려한 구조계획 한다.

[출제유형 3] 구조도면의 이해

기본설계 단계에서 평면도와 구조계산서상의 기둥 치수를 근거로 하여 기둥의 주심을 계획하는 능력을 측정한다.

국토해양부예시문제

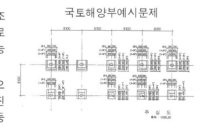

<예> 계획설계 도면을 바탕으로 한 가정단면과 주어진 창호의 규격에 맞는 기둥의 주심도를 작성한다.

[출제유형 4] 실무적인 구조계획

근래의 출제유형으로 제시된 평면에 대한 구조계획뿐만 아니라 추가적으로 구조 단면 상세나 이질재료(철근콘크리트, 철골)의 접합부의 상세를 요구한다. [출제유형 2]에서 구조체 보강방법에 대한 상세도 출제될 수 있다고 본다.

<예> 증축시 철근콘크리트 부재와 철골부재의 접합상세를 작성한다.

과년도 출제유형 분석(3교시 구조계획)

유형	2008	2009	2010	2011	2012	2013	2014	2015	2016	2017	2018
용도	지상주차장	증축설계 (전시매장)	사회복지회관	OO청사	소규모 갤러리	도심지공장	실내체육관	사무소	○○판매시설	○○고등학교 구조계획	필로티형식 건축물
답안	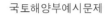										
규모	지상3층	지상5층	지상2층	지하1층/지상3층	지상2층	지하1층/지상5층	지상1층	지상5층	지상3층/지하1층	교사동-지상3층 강당-지상1층	지상4층
구조 형식	RC조 + 프리스트레스트 콘크리트(PSC)조	기존 : RC조 증축 : 철골조	철골조 + RC벽체	RC조+철골조 RC벽체	RC조 + RC벽체	철골조 + RC벽체	철골조	철골조	RC조 + 프리스트레스트 콘크리트(PSC)조	교사동: 철근콘크리트 강당: 강구조	철근콘크리트조 (전이층)
계획 형태	신축	증축 (수평, 수직)	신축	신축	신축	신축	신축	신축	신축	증축(수직/수평)	신축
철골기둥		●	●	●		●	●	●		●	
철골보		●	●	●		●	●	●	●	●	
철골보 부재제시		●	●	●					●	●	
수직가새							●				
수평가새							●			●	
데크플레이트	●	●	●	●	●	●	●				
중도리											
합성기둥								●			
합성보								●			
RC기둥	●			●	●				●	●	
RC보	●			●	●				●	●	
RC벽체			●	●	●	●			●(기존/증설)	●	
RC슬래브	●		●	●	●	●				●	●
RC기둥배근제시									●		
RC보 배근제시				●					●	●	●
프리스트레스트 콘크리트 보/슬래브	●						구조입면도	구조입면도	● PSC조		
평면요철		●	●	●	●					●	●
슬래브개구부		●	●						●		
단면상세	●					●	●				
캔틸레보				●	●					●	●
토압적용						●					
코어	●	●	●	●	●	●			●	●	●
구조체 분리				●						●	
주차계획	●										●

문제유형	모듈계획형	증축/모듈제시형 (기존)	모듈계획형	모듈제시형	모듈제시형	모듈계획형	모듈제시형 (배점 50점)	모듈제시형	모듈제시형	모듈제시형 모듈계획형	모듈제시+계획형
문제특성	프리스트레스트 콘크리트구조 (장경간제한) 주차통로구간 프리스트레스 보의 단면상세	기존구조체보강 강/힌지접합 단면상세	하중조건 기둥간격제한 기둥개수제한 벽체와 철골보는 분리설치 강/힌지접합	적용하중 부재단면치수 기둥갯수제한 연속보설치 벽체와 보의 접합-힌지접합 강/힌지접합	적용하중 부재단면치수 기둥갯수제한 연속보설치 벽체와 보의 접합-힌지접합	하중조건 기둥간격제한 기둥갯수제한 연속보설치 강/힌지접합 단면상세2개	기둥, 보, 가새단면제시 지붕구조평면도 외벽구조입면도 강/힌지접합 지붕부분단면 상세도 주각부상세도	답안지 구조평면도에 주요기둥과 보의 명칭 일부제시 구조입면도 코어 구조평면상세도 철골구조에 RC벽체 시공	철근콘크리트조와 프리스트레스트 콘크리트조 혼용 구조부재의 단면과 배근도제시 (기둥배치제시) 추가전단벽설치 캐노피 캔틸레버구조	교사동-기존 2층에서 1개층 수직증축 (철근코크리트) 수평증축(강구조)- 박공지붕 철근콘크리트 보 배근제시 강구조부재H형강제시(주기둥개수제한)	1층: 기둥, 계단실, 주차장 하위구획 및 2층 외벽의 외곽선 표기 2층: 기둥위치, 전이보 등 전이보와 수벽의 단면기호표기 RC보 배근제시 기둥개수제한
출제가능유형	다양한 실무경험과 더불어 지문내용이 복잡해지고 다소 깊이 있는 구조실무에 대한 이해와 적용능력을 요구한다.										

유 형	2019	2020 1회	2020 2회	2021 1회	2021 2회	2022 1회	2022 2회	2023 1회	2023 2회		
용도	교육연구시설	근린생활시설	연구시설	필로티형식 건축물	문화시설	대학 연구동 증축	필로티형식 건축물	근린생활시설 증축	일반업무시설 증축		
답안											
규모	교육동-지상4층 연구동-지상2층	지상3층	지상5층	지상5층	지상2층	지상4층	지상6층	지상2층	지하 1층/ 지상 7층		
구조 형식	교육동: 철근콘크리트조 연구동:강구조	철근콘크리트 라멘조	강구조+RC벽체 (코어)	철근콘크리트조 (전이층)	강구조	강구조 (코어철근콘크리트조)	철근콘크리트조 (전이층)	강구조	기존부 : 철근콘크리트구조 증축부 : 강구조		
계획 형태	증축(수직/수평)	신축	신축	신축	신축	증축	신축	증축	증축		
철골기둥	●		●			●		●	●		
철골보	●		●		● / 트러스	●			●		
철골보 부재제시	●		●		● / 트러스	●			●		
수직가새									● (증설가새)		
수평가새								●			
데크플레이트	●		●		●	●		●	●		
중도리								● (목재)			
합성기둥											
합성보											
RC기둥	●	●	●				● (기둥 2개)		●		
RC보	●		●				●		●		
RC벽체	●		● 코어	●		● 코어	●	● (기존/증설)	●		
RC슬래브	●		●				●				
RC기둥배근제시				기둥배근상세도 (주철근, 띠철근)							
RC보배근제시	●	●					●				
프리스트레스트 콘크리트 보/슬래브											
평면요철					●						
슬래브개구부					●			●	● (기존 바닥판 제거영역)		
단면상세	●	●			●	● 연결통로		● (목재트러스)			
캔틸레보	●		● (발코니)		●	● 발코니/연결통로	●				
토안적용											
코어	●	●	● 배치요구조건	●		● 배치요구조건	●		● (기존부)		
구조체 분리	●					● 증축부		● (2층바닥)			
주차계획		●	●	●			●				

문제유형	모듈제시형 모듈계획형	모듈계획형	모듈계획형	모듈제시 + 계획형	모듈계획형	모듈계획형	모듈제시 + 계획형	모듈계획형	모듈제시형 / 모듈계획형		
문제특성	교육동-기존2층에 2개소층 수직증축 (철근콘크리트조) 연구동-2개층 별동(수평)증축 (강구조) 철근콘크리트부재 보 배근제시 강구조부재 H형강제시 기둥경간 범위제한 증설전단벽계획	철근콘크리트 보 단면크기 2가지 제시 (500×700, 600×500) 주차단위구획 중력하중-휨모멘트만 고려 횡력은 코어가 담당 캔틸레버 구간제시 4변지지 형식 슬래브, 변장비 주차대수, 주차통로 보 밑 최소 높이 3.2m 확보	강재보 3개 제시 주차단위구획 (일반, 장애인전용 주차) 코어(승강로 1개소, 계단실 2개소) 중심배치 기둥중심간격 제한 벽체에 강재기둥이나 강재보 삽입불가	1층 : 기둥개수 최소화, 차로너 비제한, 주차8대 계획, 및 2층 건축물 외곽선 표기 2층 : 기둥, 전이보 구조계획 및 전이보 단면기호 표기 RC보 배근제시 기둥중심거리 제한 대지경계선과 이격 기둥배근상세도 작성	적용하중: 지붕과 2층제시 지붕구조: 강접골조및트러스 기둥부재(2개), 보부재(4개) 트러스 부재(2개) 제시 횡력 고려하지 않음. 2층 구조계획과 지붕구조 계획 시 조건들을 각각 제시함.	단면치수 : 강재기둥(1개), 강재보(6개), 천장고 높이 제시 교수연구실 9개 남향계획, 개별발 코니 남측에 배치, 길이제한 코어(승강로 1개소, 계단실 2개소) 배치 장변방향 기둥중심간격 제한 연동형 기둥(6개), 연결통로 기둥(1개) 제한 기둥개수, 기둥배치위치, 기둥중심간거리, 트러스 등	주차대수 8대로 제한 (장애인주차, 평행주차 포함) 기둥계획: 기둥개수제한, 횡하중 작용 시 건물의 비틀림이 최소화되도록 계획 기둥중심거리제한, 도로간 보행통로 확보 및 코어벽체에 기둥계획불가 3층 전이보계획 : 기둥 및 전단벽에 부합 하는 전이보 계획, 캔틸레버 길이제한 및 전단벽강성 고려하지 않음 RC보 배근제시 전이보와 기둥의 접합부 배근 작성 지중보 배근도 작성	증축건축물 구조형식 지붕:트러스(목재) 2층 바닥이하 : 강구조 적용하중 : 지붕과 2층 제시 데크플레이트, 지붕중도리, 설비공간 기둥부재(1개), 보 부재(4개), 트러스 부재(3개) 제시 트러스 부재 3개 제시 기존건축물 증축하중강됨 부재단면 계획 시 횡력고려하지 않음. 증축 건축물 기둥, 2층 및 지붕트러스 구조계획 시 조건들을 각각 제시함. 기존건축물의 내진 구조계획	기존부 : 철근콘크리트구조(지하 1층~지상 4층) : 슬래브, 기둥, 보, 슬래브 보강용 철골보(1개) 제시 증축부 : 강구조(지상 5~7층) : 데크플레이트, 기둥(1개), 보(5개) 제시 기존건축물 증축하중 증가에 대하여 보강됨 보로 둘러쌓인 슬래브 면적범위제시, 단변길이 제한 증축부 층별 기둥개수 제시 10m×20m이상 내부공간 확보 승강로(기둥4개, 3면 분리) 내진구조계획(증설가새)		
출제가능유형	다양한 실무경험과 더불어 지문내용이 복잡해지고 다소 깊이 있는 구조실무에 대한 이해와 적용능력을 요구한다.										

2007년도 건축사 자격시험 문제

과 목 명	건 축 설 계 2

과 제 명	제 1 과제 : 단 면 설 계 (40점) 제 2 과제 : 계 단 설 계 (30점) 제 3 과제 : 설 비 계 획 (30점)

응시자 준수사항

1. 문제지를 받더라도 시험시작 타종전까지 문제내용을 보아서는 안 됩니다.

2. 문제지를 받는 즉시 과목편철 순서, 문제누락 여부, 인쇄상태 이상 유무 등을 확인한 후 답안지에 본인의 응시번호와 성명을 기재합니다.

3. 시험이 시작되면 문제를 주의 깊게 읽은 후 답안을 작성하시기 바랍니다.

4. 시험시간중 문제지와 보조용지 (갱판지, 트레이싱지)는 제출하지 않습니다.
   ※ 시험시간이 종료되기 전에는 어떠한 경우에도 문제지를 시험장 밖으로 가지고 갈 수 없습니다.

5. 답안지 미제출자나 부정행위자로 간주 처리됩니다.

공 지 사 항

1. 문제지 공개
   - 방 법 : 국토교통부 및 대한건축사협회 인터넷 홈페이지에 게시

2. 합격예정자 발표
   - 방 법 : 국토교통부 / 대한건축사협회 인터넷 홈페이지 및 각 시·도 건축사회 게시판

3. 점수 열람
   - 방 법 : 대한건축사협회 인터넷 홈페이지 / 성적열람 메뉴

   ※ 합격예정자 제출서류에 대한 자세한 사항은 대한건축사협회 인터넷 원서접수 프로그램 공지사항에 게재되어 있으며, 합격예정자 발표시 별도 공고합니다.

2007년도 건축사자격시험 문제

과목 : 건축설계2　　　제1과제(단면설계)　　　배점 : 40/100점　　　(주)한솔아카데미

제목 : 주민자치시설 단면설계

1. 과제개요

제시된 도면은 주민자치시설의 평면도이다. 평면도에 표시된 단면지시선 'A'를 기준으로 아래 설계조건을 고려하여 단면도를 작성하시오.

2. 설계조건

(1) 대지조건 : 대지는 북측의 근린공원과 인접되어 있으며, 대지의 전면지반과 근린공원과의 고저차는 7.8m 이다.

(2) 규모 : 지상 3층

(3) 용도 : 주민자치시설

(4) 구조 : 철근콘크리트조

(5) 냉난방설비 : 각실 패키지 방식

(6) 바닥 높이
① 1 층 : EL + 300mm
② 2 층 : EL + 4,500mm
③ 3 층 : EL + 8,100mm
④ 지 붕 : EL + 12,900mm
⑤ 옥탑지붕 : EL + 15,900mm
⑥ 드라이에어리어 : EL + 100mm

(7) 천장높이
① 주민자치민원실 : 3,200mm
② 문화교실 : 2,600mm
③ 다목적홀 : 3,600mm
④ 복도, 기타 : 임의

(8) 기초
① 형식 : 독립기초
② 크기 : 1,500×1,500×400mm(두께)
③ 동결선 : GL에서 1,000mm

(9) 기둥 : 500×500mm
　　(단 Y, 열 기둥은 500×700mm)

(10) 보(폭×깊이)
① 지붕 보
· 다목적홀 부분 : 400×1,000mm
· 기타 부분 : 400×600mm
② 2, 3층 보 : 400×600mm
③ 1층 보 : 400×800mm

(11) 바닥 및 천장
① 바닥판 구조 두께 : 150mm
② 마감 : 다목적홀 바닥은 스포츠 활동이 가능한 목재 목재 플로링(flooring)으로 설계하고, 기타부분은 바닥 재료는 임의
③ 천장 : 마감 및 재료는 임의

(12) 벽체
외벽과 내벽의 두께 및 재료는 임의

(13) 지붕
① 형태 : 평지붕
② 재료와 마감은 임의

(14) 난간
① 복도 및 계단의 난간 : 유효높이 1,100mm 투시형
② 옥상 난간 : 유효높이 1,200mm

(15) 승강기 : 유압식 승강기

3. 도면작성요령

(1) 단면요소와 입면요소를 도면에 표현

(2) 층고, 개구부 높이, 천장높이 및 기타 주요부분의 치수를 기입

(3) 각 실의 명칭 기입

(4) 크기가 나타나지 않은 개구부는 기둥과 의장을 고려하여 작성

(5) 내·외장 마감, 단열, 방수 등의 재료는 임의로 선정 하되 주요 마감은 표기

(6) 단위 : mm

(7) 축척 : 1/100

4. 유의사항

(1) 도면작성은 흑색연필을 사용한다.

(2) 명시되지 않은 사항은 관계법령의 범위 내에서 임의로 한다.

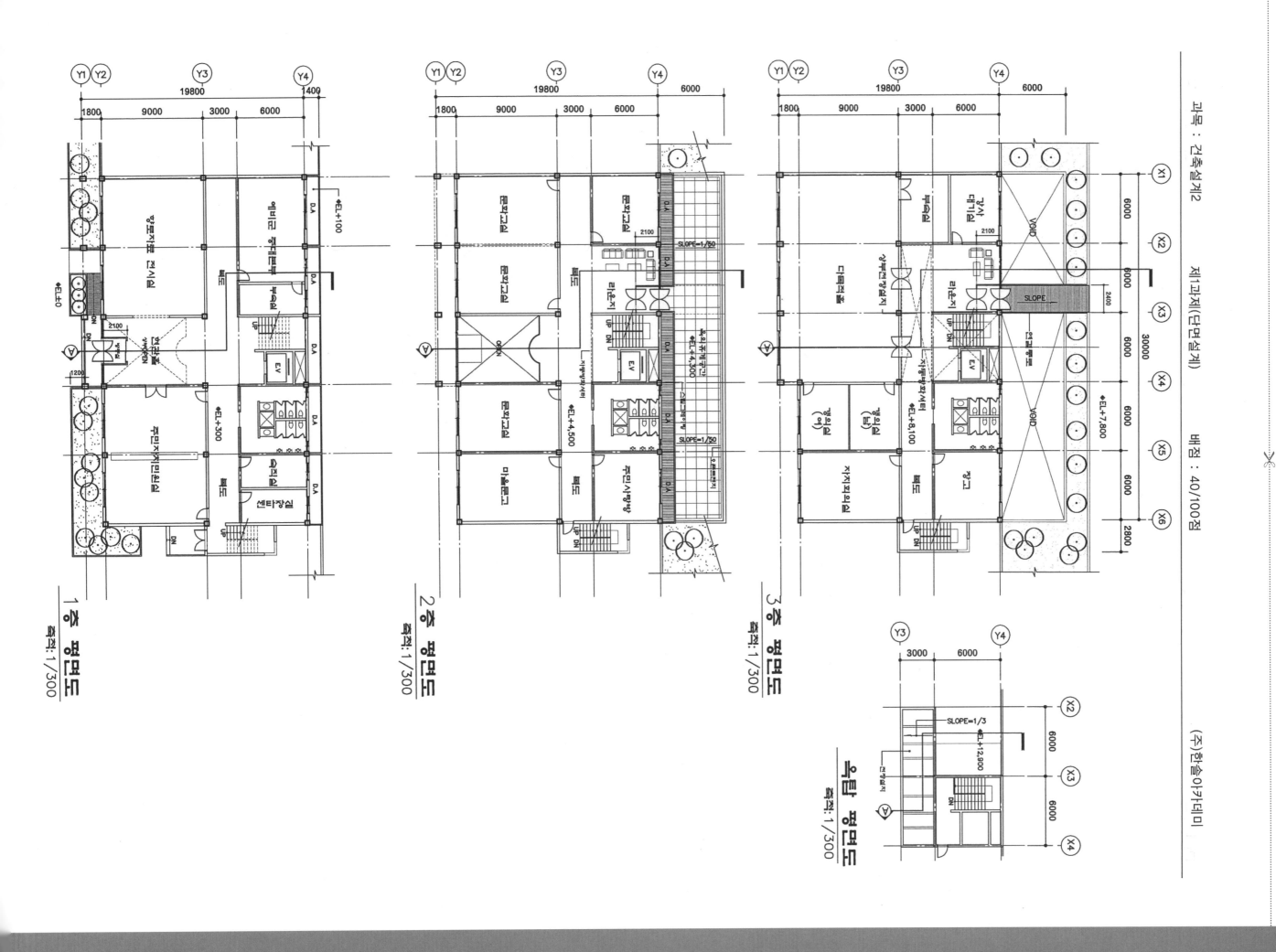

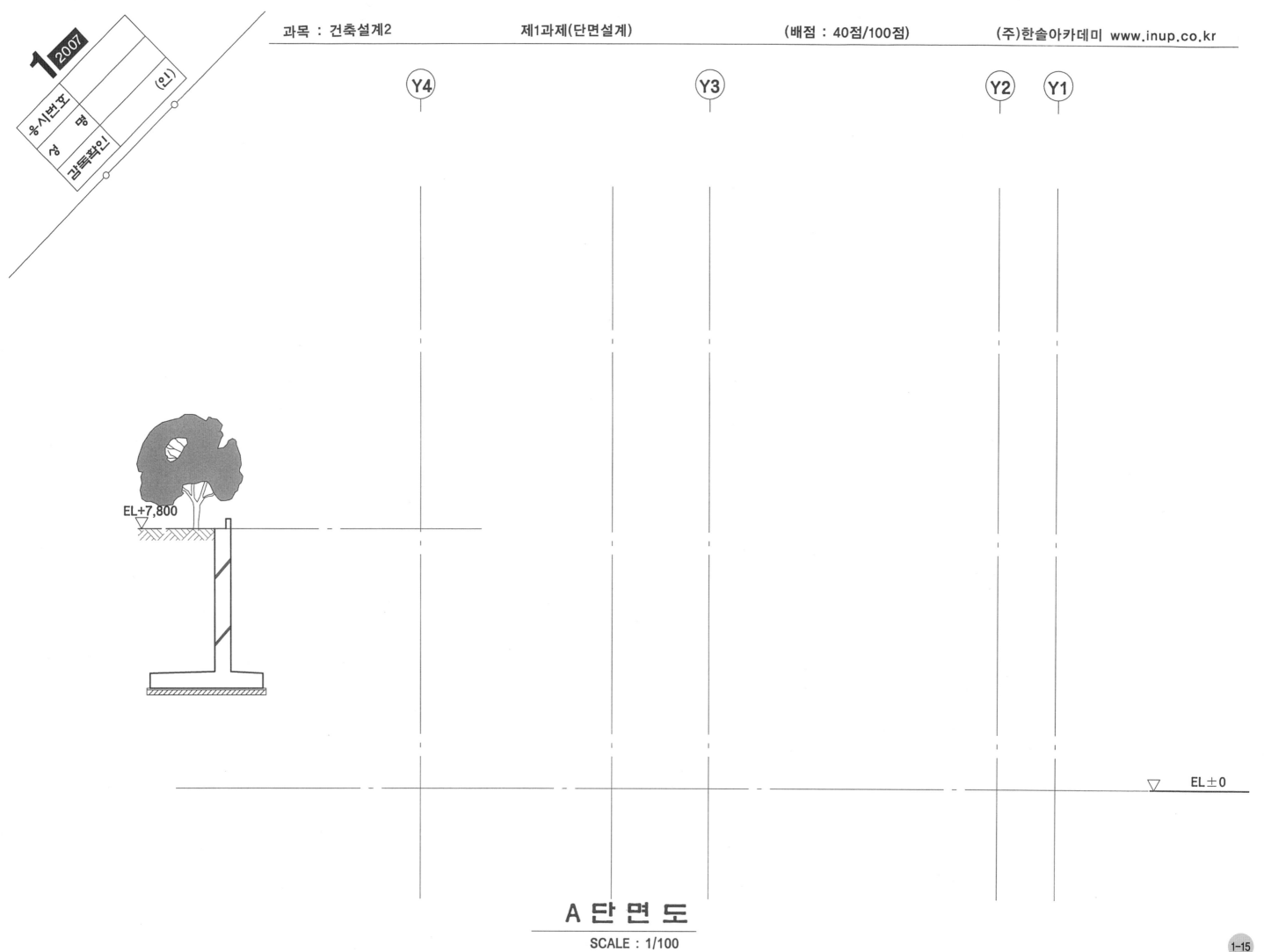

EL+7,800

EL±0

A 단 면 도
SCALE : 1/100

2007년도 건축사자격시험 문제

과 목 : 건축설계제2 제2과제(계단설계) 배점 30/100 (주)한솔아카데미

제 목 : 연수시설 계단설계

1. 과제개요

도심지 일반주거지역내 연수시설의 계단실을 아래사항을 고려하여 설계하시오

2. 건축개요

(1) 용도 : 연수시설
(2) 규모 : 지상 6층
(3) 층별 개요

층별	용도	수용인원(명)	층고(mm)
1	식당,사무실	300	3.6
2	회의실	200	3.6
3	강의실	200	3.6
4	강의실	200	3.6
5	강의실	200	4.0
6	다목적강당	600	5.0

(4) 5층 평면도

3. 설계조건

(1) 개요
① 계단은 특별피난계단
② 2개의 계단으로 나누어 설치(계단실-1,2)
③ 2개 계단 유효너비의 합계 ≥ 층별 최대 피난용량
  × 1인당 계단유효너비
  • 층별 최대 피난용량 : 600명
  • 1인당 계단 유효너비 : 7mm 이상

④ 계단은 미끄러짐 방지를 고려
⑤ 부속실 출입문은 휠체어가 출입할 수 있도록 유효폭 1,000mm 이상으로 할 것
⑥ 계단과 부속실을 제외한 여유공간은 참고로 활용

(2) 계단 난간
① 높이 1,000mm 이상
② 난간 어느 부분에서도 직경 100mm 이상의 구형 물체가 통과해서는 안 됨
③ 계단 난간은 튼튼하게 계단 구조체에 고정
④ 순잡이는 움켜쥐기 쉬운 단면으로 고려

(3) 계단 단
① 단높이 : 150 - 160mm
② 단너비 : 260 - 280mm

(4) 계단참
① 계단참 너비는 계단 유효너비 이상
② 부속실과 연결된 계단참 내에서 대피 회전공간과 출입문이 열리는 부분, 장애인 대피공간간이 서로 겹치지 않아야 함
③ 장애인 대피를 위해 휠체어 1대가 머무를 수 있도록 여유공간(1,000 × 1,500mm) 확보

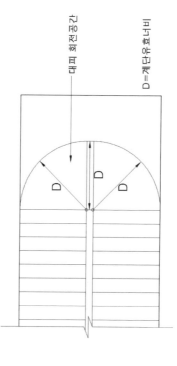

대피 회전공간
D=계단유효너비

(5) 계단 구조

① 계단실의 계단참과 계단판 등은 PC(프리캐스트, 콘크리트)구조

② 제작, 보관, 운반, 양중 및 조립을 고려하여 아래 그림과 같이 분할된 4개의 편으로 구성

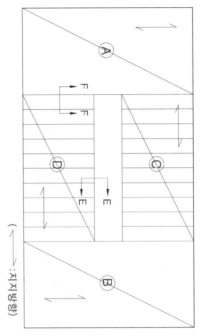

(Ⓐ , Ⓑ) : 계단참 / Ⓒ , Ⓓ) : 계단판

(←   :지지방향)

(2) 계단의 부분단면도 작성
난간 손잡이, 난간동자, 난간살, 난간대 등을 담안지 접선내에 표현

(3) 계단 난간의 단면상세도 작성
(설계조건 (5)항 (2)의 그림에 있는 E단면)
손잡이 단면, 난간동자 또는 난간의 고정 방법 등을 표현

(4) 계단참과 이에 연결된 계단판과의 접합부, 접합방법을 최소한의 구조적 안정성 및 일체성을 고려하여 개략적으로 표현(개념도)
(설계조건 (5)항 (2)의 그림에 있는 F단면)

(5) 단위 : mm

5. 유의사항

(1) 도면작성은 흑색연필로 한다.
(2) 명시되지 않은 사항은 관계 법령의 범위 안에서 임의로 한다.

4. 도면작성요령

(1) 5층 계단실 평면도 작성
① 계단 너비, 단너비, 부속실(금기, 배기덕트 포함), 계단참, 출입문 등 주요 치수를 기입
② 난간 손잡이, 대피 회전공간, 장애인 대피공간등을 표현

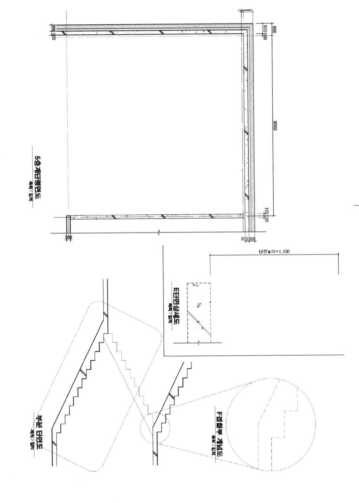

2 2007

응시번호
성　명
감독확인
(인)

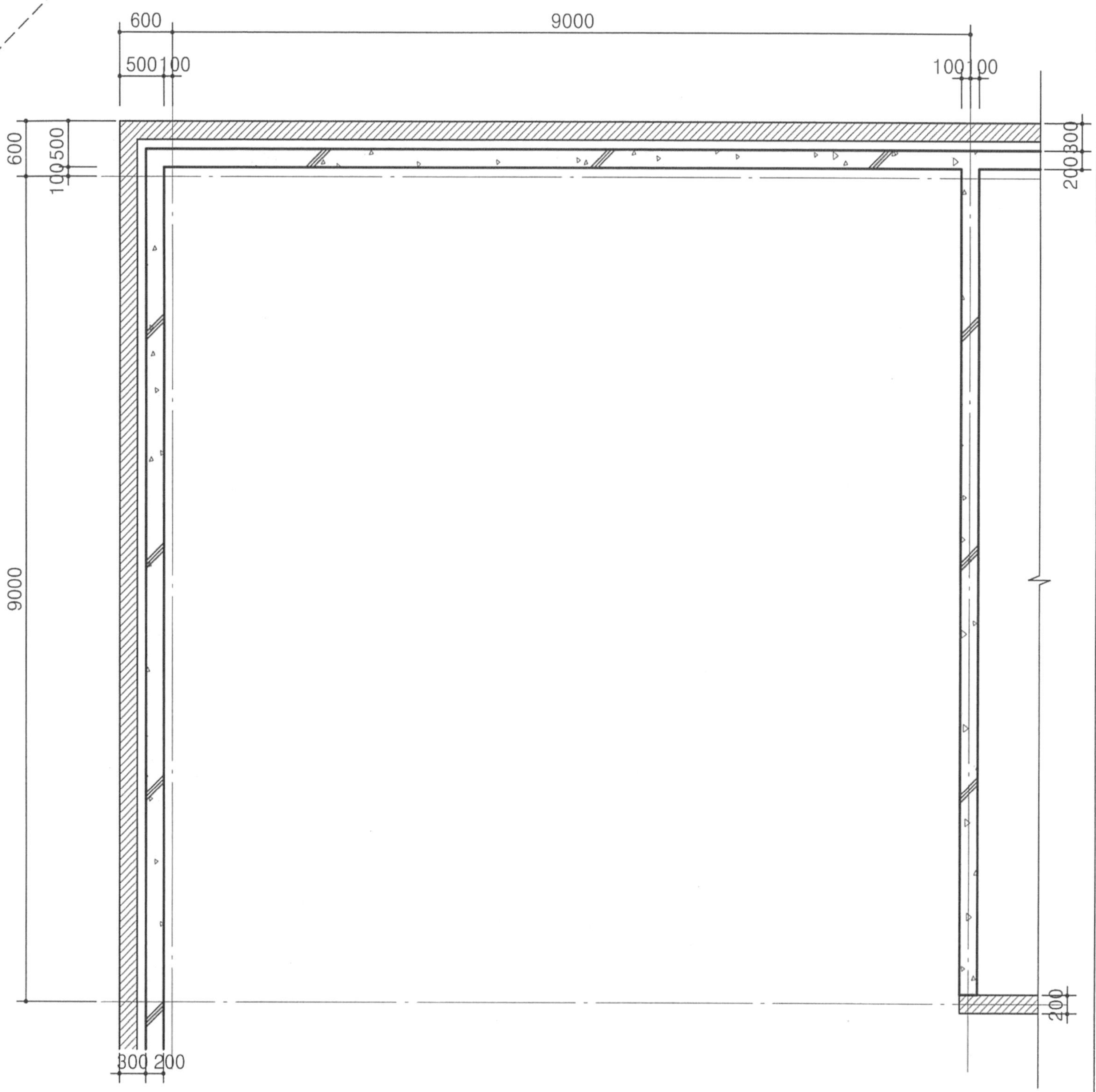

600
9000
500 100
100 100

600
100 500
100
200 300

9000

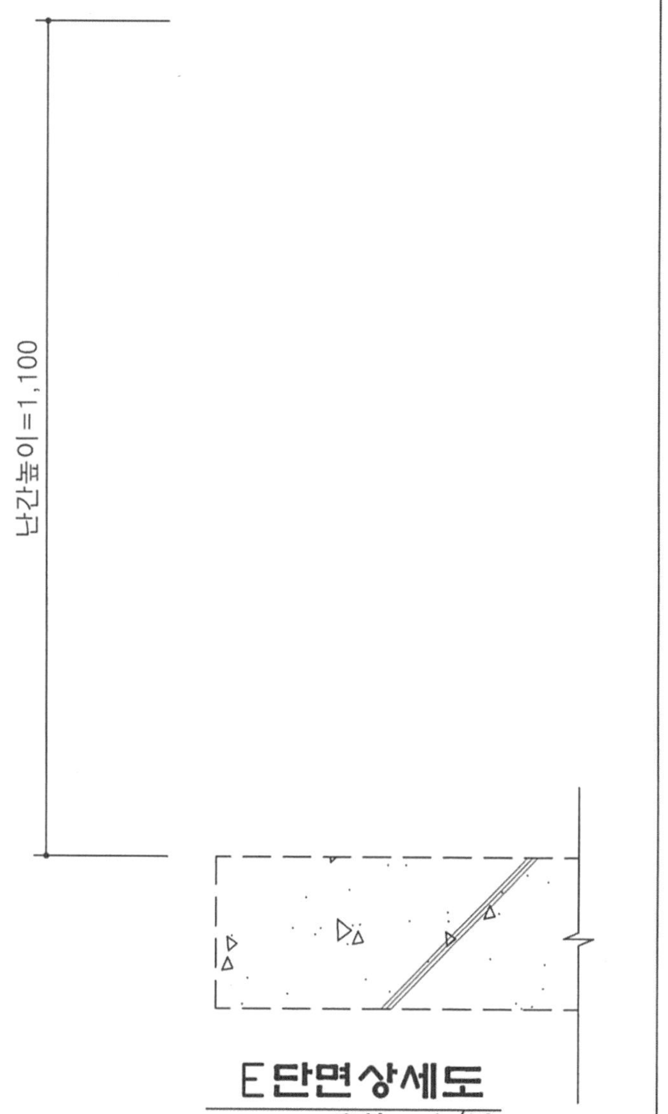

난간높이=1,100

E 단면상세도
축적 : 1/10

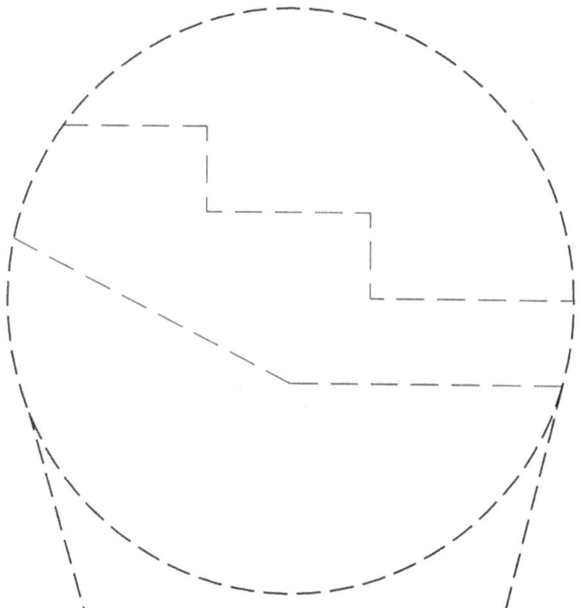

F 접합부 개념도
축적 : 임의

300 200

200

5층계단평면도
축적 : 1/60

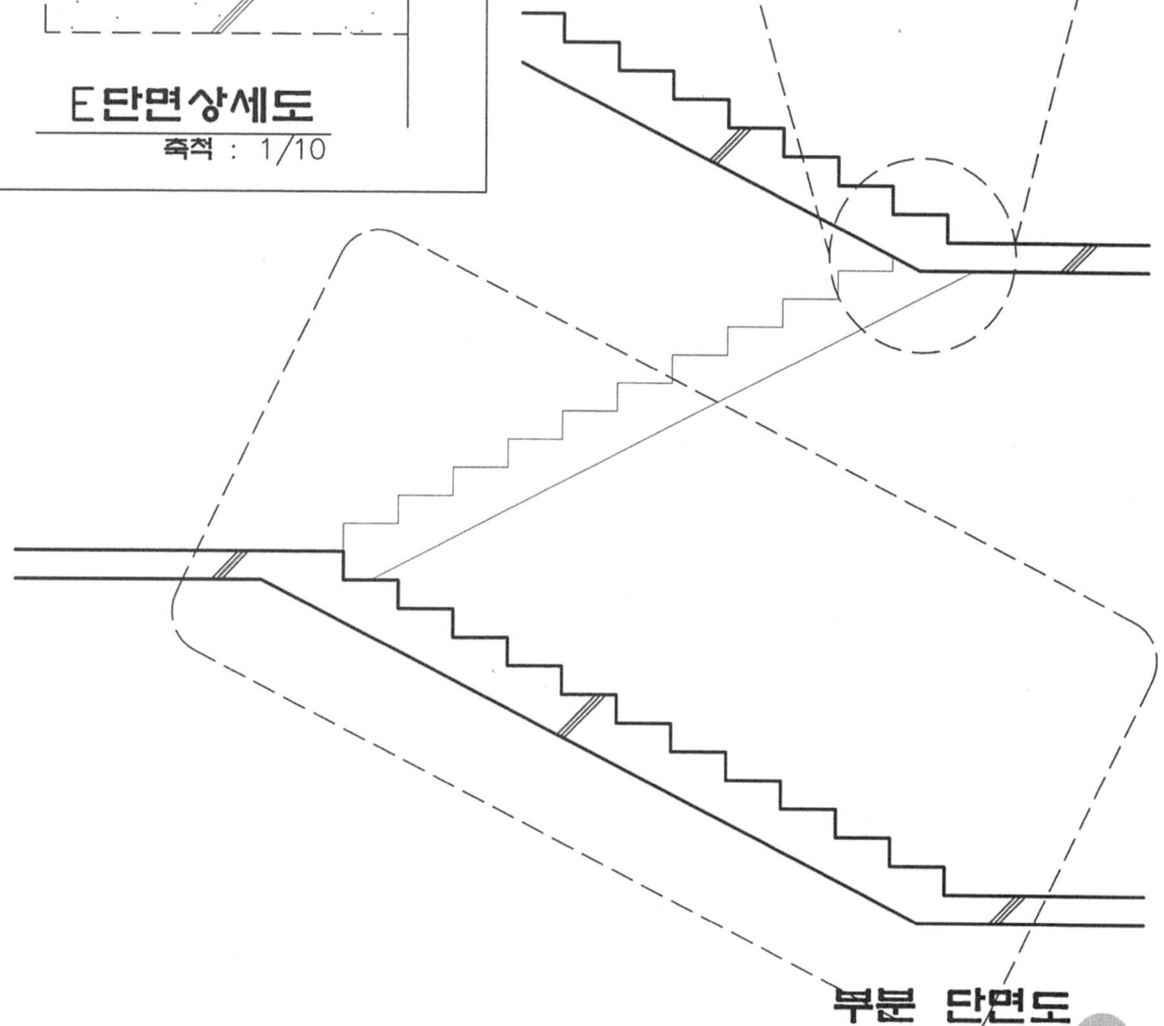

부분 단면도
축적 : 1/40

1-19

2007년도 건축사자격시험 문제

과 목 : 건축설계2   제3과제 (설비계획)   배점 30/100점   (주)한솔아카데미

제 목 : 친환경 설비계획

1. 과제개요

기준2층 도서관을 수직증축하여 2개층의 개가식 열람실을 만들려고 한다. 증축부분은 친환경 설계개념을 도입하여 경제적이면서도 쾌적한 환경을 조성하고, 디지털 시대에 적절히 대응하는 도서관을 목표로 한다. 단면지에 제시된 단면도를 설계조건에 따라 완성하시오.

2. 설계조건

(1) 규모 : 증축 2개층(기존 건물2개층)
(2) 높이제한 : 18m 최고고도제한지구
(3) 구조 : 철근콘크리트조
    이중외피부분은 철골조
(4) 냉난방 설비 : 중앙 공조(천장)덕트방식+팬 코일
    유니트방식
(5) 소화설비 : 스프링클러
(6) 증축부분의 천장고
    ① 증축가능 범위 내에서 구조,기계 및 전기설비 등을 고려하여 최대치수로 산정
    ② 제시된 도면을 참고로 산정

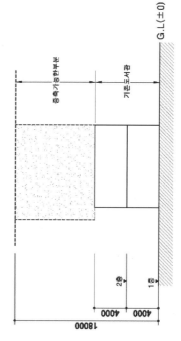

(7) 천장재료 : 석고보드위 수성페인트
(8) 증축부분의 남측면은 친환경설계 개념을 도입하여 알루미늄 커튼월 이중외피(double skin)로 설계
(9) 증축부분의 옥상은 잔디식재(최소 식재토심 300mm 이상)
(10) 옥상난간은 유효높이 1,200mm이상

(11) 증축부분 바닥구조
    ① 장서량 증가에 따른 서가와 열람석의 가변성 고려
    ② 모든 열람석에는 조명기구 및 유선망 인터넷 사용 고려
(12) 옥탑은 높이산정에서 제외

3. 도면작성요령

(1) 설계조건을 고려하여 답안지에 제시된 증축부분(3,4층)의 'A'단면도를 완성
(2) 각 층 바닥 마감레벨 표기
(3) 천장 높이,개구부 높이 등 주요치수 표기
(4) 외벽마감: 150mm알루미늄 커튼월(목층유리)
(5) 단열재,방수재등을 임의로 표기
(6) 팬코일 유니트를 표기
(7) 창호 개폐 형식을 점선으로 표기
(8) 단위 : mm
(9) 축적 : 1/50

4. 유의사항

(1) 도면작성은 흑색연필을 사용한다.
(2) 명시되지 않은 사항은 관계법령의 범위 내에서 임의로 한다.

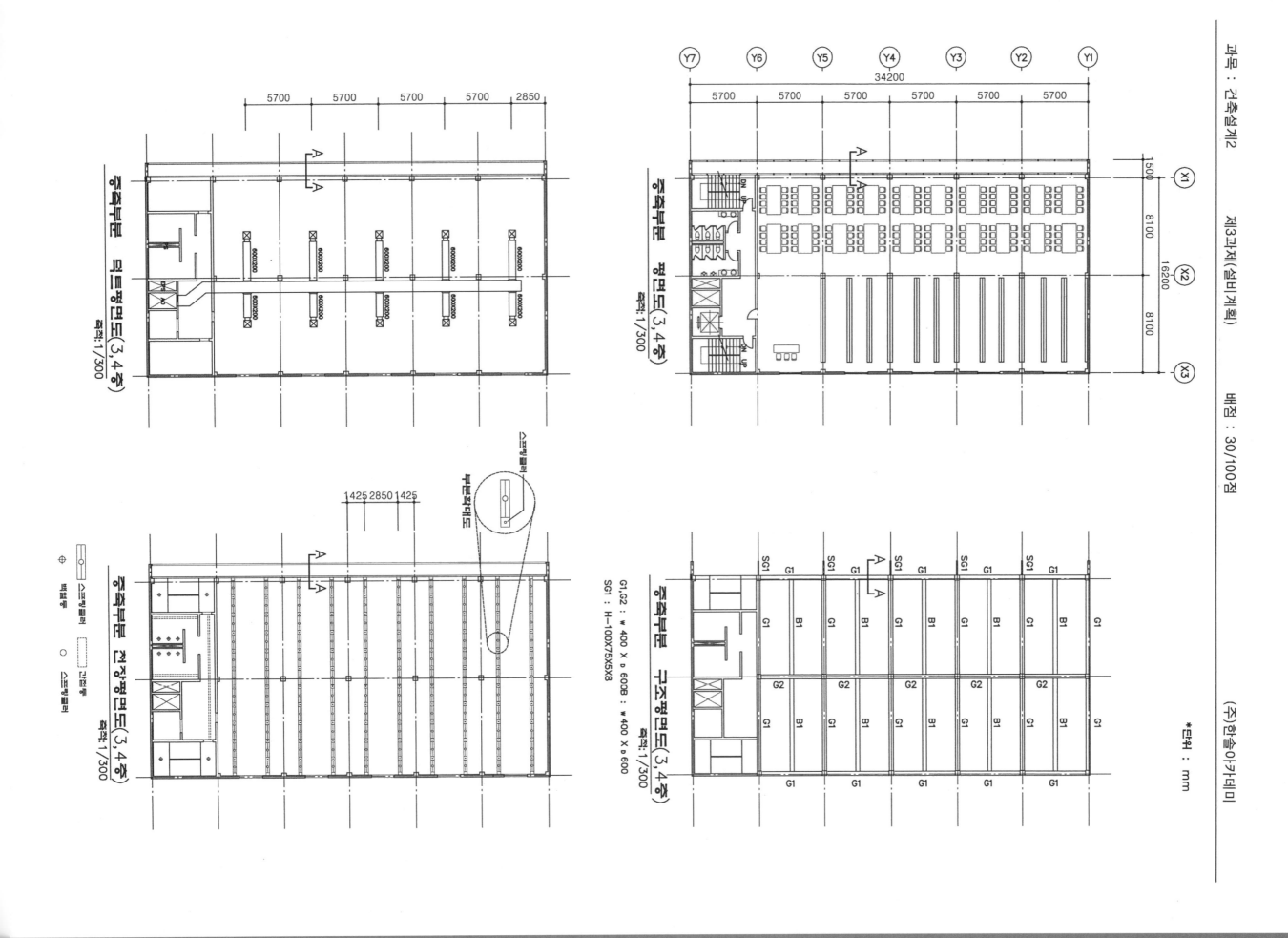

증축부분 평면도(3,4층)
축척:1/300

증축부분 구조평면도(3,4층)
축척:1/300

증축부분 덕트평면도(3,4층)
축척:1/300

증축부분 천정평면도(3,4층)
축척:1/300

G1,G2 : W 400 X D 600B : W 400 X D 600
SG1 : H−100X75X5X8

3 2007

응시번호

성　　명

감독확인

(인)

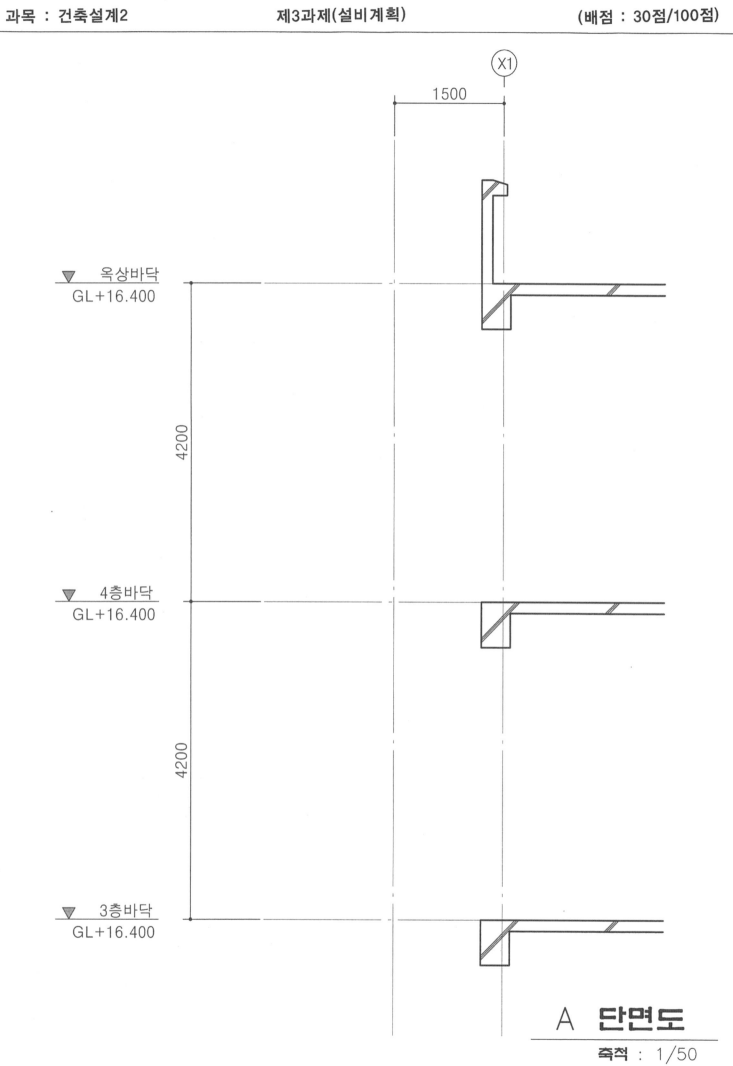

▽ 옥상바닥
　 GL+16.400

▽ 4층바닥
　 GL+16.400

▽ 3층바닥
　 GL+16.400

1500

4200

4200

X1

A 단면도
축적 : 1/50

2008년도 건축사 자격시험 문제

과 목 명	과 제 명	
건축설계 2	제1과제 : 단 면 설 계	(40점)
	제2과제 : 구 조 계 획	(30점)
	제3과제 : 설 비 계 획	(30점)

응시자 준수사항

1. 문제지를 받더라도 시험시작 타종전까지 문제내용을 보아서는 안 됩니다.

2. 문제지를 받는 즉시 과목편철 순서, 문제누락 여부, 인쇄상태 이상 유무 등을 확인한 후 답안지에 본인의 응시번호와 성명을 기재합니다.

3. 시험이 시작되면 문제를 주의 깊게 읽은 후 답안을 작성하시기 바랍니다.

4. 시험시간종료 후 문제지와 보조용지(깔판지, 트레이싱지)는 제출하지 않습니다.

※ 시험시간이 종료되기 전에는 어떠한 경우에도 문제지를 시험장 밖으로 가지고 갈 수 없습니다.

5. 답안지 미제출자는 부정행위자로 간주 처리됩니다.

공 지 사 항

1. 문제지 공개
   - 방 법 : 국토해양부 및 대한건축사협회 인터넷 홈페이지에 게시

2. 합격예정자 발표
   - 방 법 : 국토해양부 / 대한건축사협회 인터넷 홈페이지 및 각 시·도 건축사회 게시판

3. 점수 열람
   - 방 법 : 대한건축사협회 인터넷 홈페이지 / 성적열람 메뉴

※ 합격예정자 제출서류에 대한 자세한 사항은 대한건축사협회 인터넷 원서접수 프로그램 공지사항에 게재되어 있으며, 합격예정자 발표시 별도 공고합니다.

2008년도 건축사 자격시험 문제

과목: 건축설계2 제1과제 (단면설계) 배점: 40/100점 (주) 한솔아카데미

제목 : 청소년 자원봉사센타 단면설계

1. 과제의 개요

제시된 도면은 청소년 자원봉사센타의 평면도의 일부분이
다. 평면도에 표시된 단면지시선 A-A를 기준으로 아래
사항을 고려하여 단면도를 작성하시오.

2. 설계조건

(1) 대지조건 : 대지 남측은 10m도로와 근린공원에 인접
하여 양호한 조망을 확보하고 있고, 북측은 8m도로에
접한 평지이다.

(2) 규 모 : 지상3층

(3) 용 도 : 청소년 자원봉사센타

(4) 구 조 : 철근콘크리트조

(5) 냉난방설비 : 중앙공조+팬코일유니트 방식

(6) 바닥높이
　① 1층 바닥 : EL+300mm
　② 2층 바닥 : EL+5,500mm
　③ 3층 바닥 : EL+9,700mm
　④ 지붕바닥 : EL+13,900mm
　⑤ 옥상공연장 상단 바닥 : EL+16,300mm

(7) 천장높이
　① 방 풍 실 : 3,000mm
　② 1층 로비 : 7,900mm
　③ 세미나실 : 3,000mm
　④ 전 시 실 : 3,000mm
　⑤ 복도 및 기타 : 2,700mm

(8) 기초
　① 형 식 : 독립기초
　② 크 기 : 2,000mmX2,000mmX400mm
　③ 동결심도 : 1,000mm이상

(9) 기둥 : 500mmX500mm

(10) 보(지중보포함) : 300mmX700mm

(11) 바닥
　① 바닥두께 : 150mm
　② 마 감 : 전시실 바닥은 기둥에 작용하고 줄눈이 용
　　이하도록 설계하며, 기타 부분의 바닥재료는 임의
　　표기

(12) 천 장 : 마감 및 재료는 임의로 설계하고 도면에
　　표기

(13) 벽체
　① 외벽과 내벽의 마감 및 재료는 임의로 하고 도면에
　　표기
　② 남측 창호는 알루미늄 커튼월로 하고, 북측 창호는
　　알루미늄 일반창호로 함
　③ 식당과 다목적실 서측 창호는 일사조절용 목재
　　루버를 설치

(14) 지붕
　① 형 태 : 평지붕(일부 계단식 스텐드)
　② 옥상공연장의 바닥구조는 철근콘크리트조로 하고,
　　스텐드와 아외무대는 내후성 목재로 마감
　③ 옥상공연장은 우천 시를 고려하여 간이지붕(천막구
　　조 등)으로 계획
　④ 기타 부분의 재료와 마감은 임의로 표기

(15) 난간
　① 목도 난간 : 유효높이 1,200mm의 투시형
　② 옥상 난간 : 유효높이 1,500mm

3. 도면작성요령

(1) 도면요소와 임면요소를 도면에 표현

(2) 각 실의 명칭을 기입

(3) 층고,개구부높이,천장높이 및 기타 주요부분의 치수
와 치수선을 기입

(4) 크기가 나타나지 않은 개구부는 기능과 의장을 고려
하여 작성

(5) 내.외장마감,단열,방수 등의 재료는 임의로 하되 주
요마감을 표기

(6) 단위 : mm

(7) 축척 : 1/100

4. 유의사항

(1) 제도는 반드시 흑색연필로 표현(기타사용금지)

(2) 명시되지 않은 사항은 현행 관계법령의 범위 안에
　　서 임의로 한다.

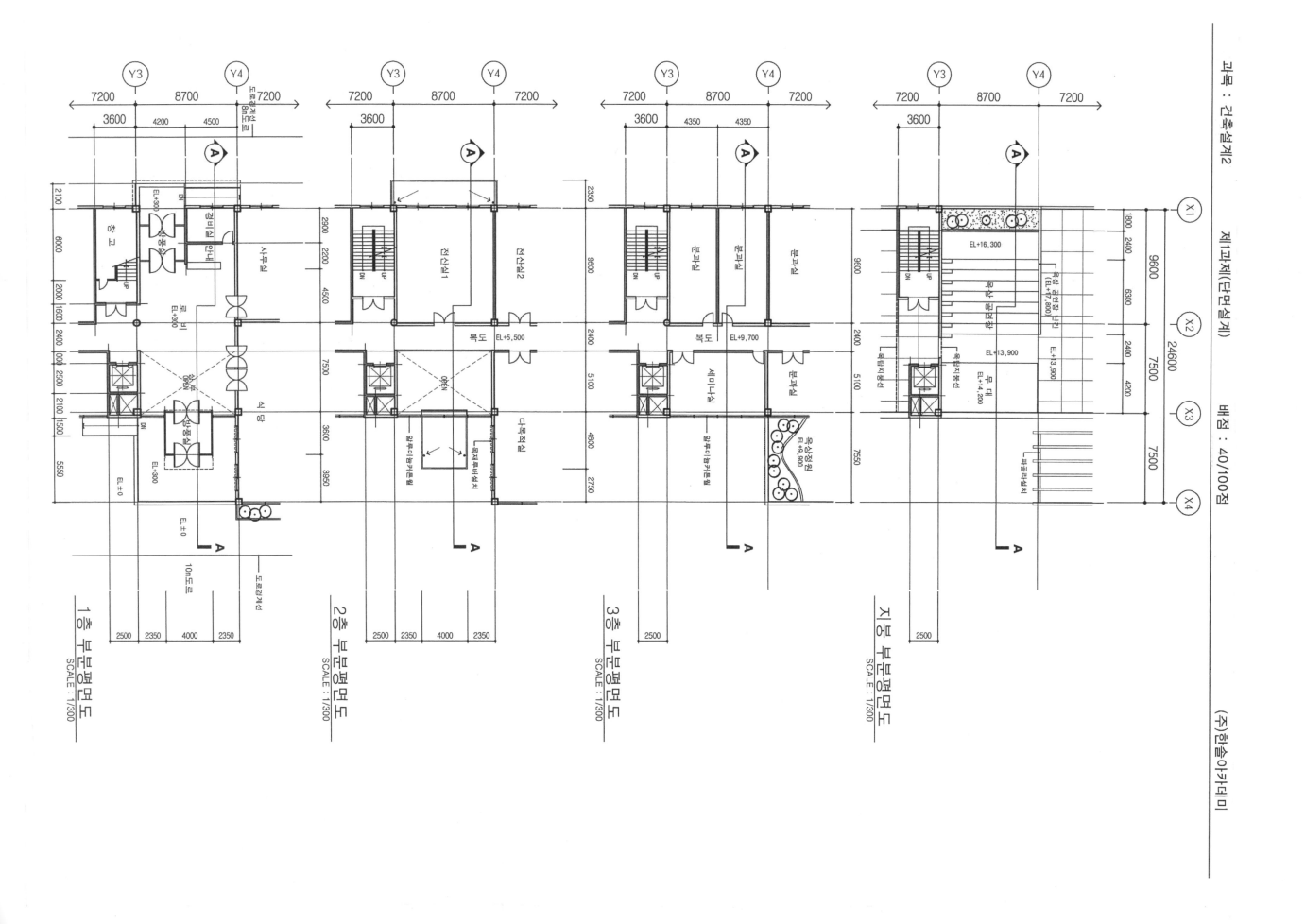

X1

▼ GL

A-A 단면도
SCALE : 1/100

2008년도 건축사 자격시험 문제

과목: 건축설계2   제2과제 (구조계획)   배점: 30/100점   (주) 한솔아카데미

제목 : 지상주차장의 구조계획

1. 과제의 개요

제시된 철근콘크리트 구조로 계획 중에 있는 지상3층의 주차장 건축물이다. 이중 일부는 장경간(long span) 프리스트레스 콘크리트로 계획하고자 한다. 아래의 사항을 고려하여 지상2층 바닥에 대한 효율적인 구조계획을 하시오.

2. 설계조건

(1) 규 모 : 지상3층

(2) 구 조

구 간	구조 형식
A 및 B	철근콘크리트조
C	프리스트레스 콘크리트조 (보 및 슬래브)

(3) 층 고 : 각 층 3.6m

(4) 슬래브 및 벽체 두께

구 분	구 간	두 께
슬래브	A 및 B	150mm
	C	180mm
벽 체	-	200mm

(5) 주차계획

구 분	내 용
대 수	각 층 120대이상
방 식	직각주차

(6) 보와 기둥의 배치 및 단면

① 안전성, 공간 사용성, 경제성을 고려한 효율적인 구조시스템이 되도록 계획

② 구간C에는 구조형식을 고려하여 장경간(주요 휨 작용방향의 경간은 최소 13m이상)을 확보하도록 계획

③ 보 단면의 처짐을 계산하지 않는 범위 내에서 보 부재의 크기를 구조계획시 유리한 조건으로 가정 (긴장재는 직경 15.2mm를 사용)

④ 기둥단면은 기둥배치계획을 고려하여 적절히 가정

(7) 구간B와 구간C사이의 인접된 부재는 분리 배치

(8) 횡력에 대한 저항은 고려하지 않음

(9) 기초에 따른 구조적 문제는 고려하지 않음

(10) 코아,기계실,관리실 및 항고 이외의 필요시설에 대한 것은 고려하지 않음

3. 도면작성요령

(1) 2층 바닥 구조평면도 작성

① 구조평면도에 구조부재(슬래브,보,기둥)를 배치. 단,주차램프 부위의 구조계획은 생략

② 구조평면도에 주차계획 및 기둥배치를 고려한 주차통로 구간표시. 단, 구간B는 통로구간임.

(2) 단면 상세도 작성

2층 바닥A-A단면 상세도를 작성하고, 프리스트레스 콘크리트 보에는 긴장재(tendon)표기

(3) 단 위 : mm

(4) 축 척 : 구조평면도 1/400,단면도 1/30

(5) 주요 치수 표기

(5) 도면작성은 <보기>에 따라 표기

4. 유의사항

(1) 제도는 반드시 흑색연필로 표현(기타사용금지)

(2) 명시되지 않은 사항은 현행 관계법령의 범위 안에서 임의로 한다.

<보기>

기 둥	■
철근콘크리트 보	──
프리스트레스 콘크리트 보	----
주차통로 구간	▨

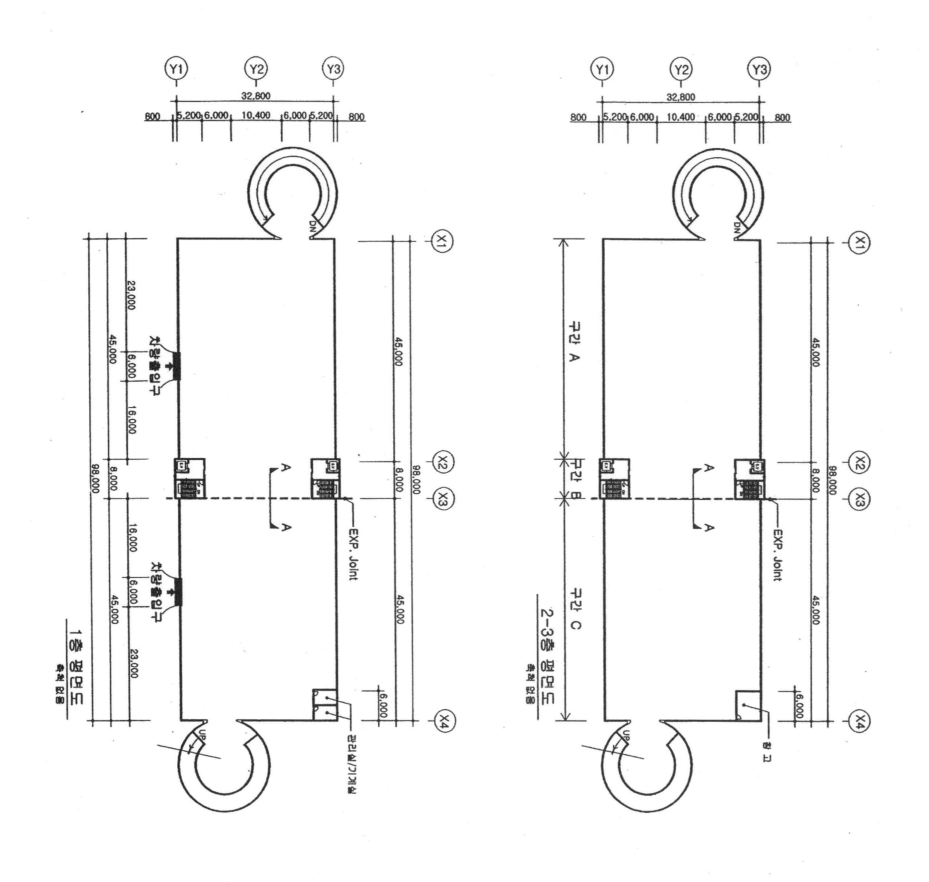

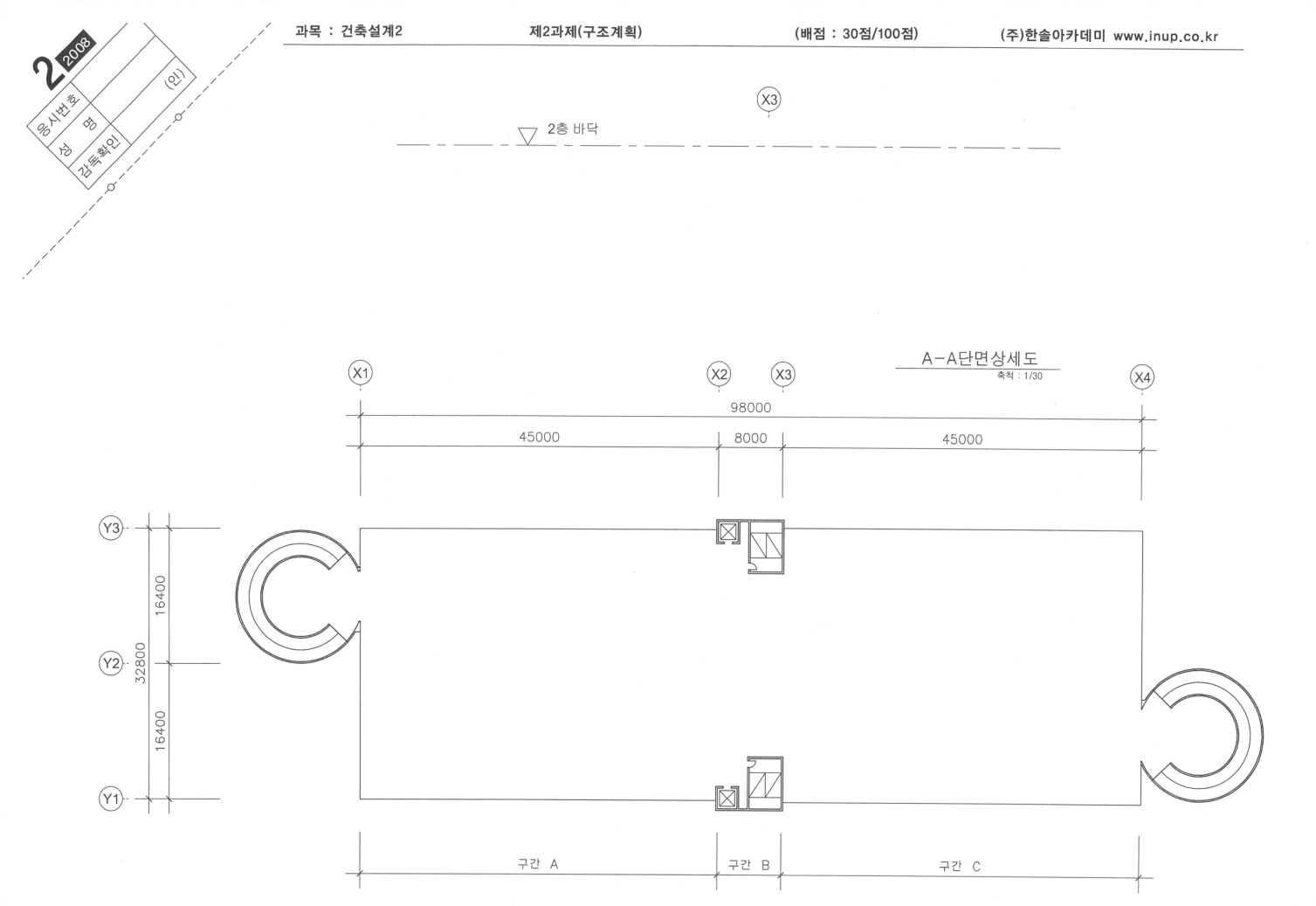

A-A단면상세도
축척 : 1/30

2층 바닥

X3

X1　　　　　　　　　　　X2　X3　　　　　　　　　X4

98000

45000　　　　8000　　　45000

Y3

16400

Y2

32800

16400

Y1

구간 A　　　　　구간 B　　　　구간 C

2층 바다구조평면도
축척 : 1/400

2008년도 건축사 자격시험 문제

과목: 건축설계2　　제3과제 (설비계획)　　배점: 30/100점　　(주) 한솔아카데미

제 목 : 환경친화적 에너지 절약 리모델링 계획

1. 과제의 개요

도시 외곽에 위치한 사무소 건축물을 환경친화적 자연형 설계기법(passive design technique)을 이용하여 환경부하를 감소시키고,재실자에게 쾌적한 환경과 초고속 정보통신설비를 제공하는 중소기업 사옥으로 리모델링하고자 한다. 아래 사항에 맞게 계획하시오.

2. 건물개요

(1) 규 모 : 지하1층,지상3층

(2) 구 조 : 철근콘크리트조

(3) 층 고
　① 1층 : 4.8m
　② 2 · 3층 : 4.2m

(4) 냉난방 설비 : 중앙공조 전공기방식

3. 설계조건

(1) 조명에너지 절약기법 : 자연채광이 최대한 실내로 유입되도록 창호와 아트리움을 이용하여 계획

(2) 냉난방에너지 절약기법 : 외피를 통한 일사유입을 조절하여 건축물의 열부하를 감소시킬수 있도록 계획

(3) 환기에너지 절약기법 : 자연환기가 잘될수있도록 건축물의 단면형태와 창호시스템을 이용하여 계획

(4) 신재생에너지 이용기법 : 신재생에너지 설비를 지붕구조와 통합하여 설치하고, 지붕구조는 각 실배치를 고려한 자연채광 유입과 일사조절이 되도록 합리적으로 계획

(5) 초고속 정보통신설비의 설치가 가능하도록 사무실 바닥구조를 계획

(6) 방화구획 및 이중외피는 고려하지 않음

(7) 구조체의 변경에 따른 구조적 문제는 고려하지 않음

(8) 창호 이외의 외벽은 리모델링 범위에서 제외

4. 도면작성요령

(1) 위의 설계조건을 만족하도록 제시된 기존건축물의 2-3층 평면도를 변경하여 완성하고, 자연채광 유입과 일사조절 기법을 표현

(2) 위의 설계조건을 만족하도록 제시된 기존 건축물의 A-A주단면도를 변경하여 완성하고, 아래사항을 표기
　① 태양광선의 실내유입 경로
　② 공기 유동(流動)경로와 창문 개폐방향
　③ 자연채광 유입과 신재생에너지 설비가 통합된 지붕구조
　④ 초고속 정보통신설비 설치공간

(3) B부분 개념도를 완성

(4) 제시된 축척과 <보기>에 따라 작성

5. 유의사항

(1) 제도는 반드시 흑색연필로 표현(기타사용금지)

(2) 명시되지 않은 사항은 현행 관계법령의 범위 안에서 임의로 한다.

<보기>

분 류	표기방법
공기 유동경로	⤴
태양 광선	⟶

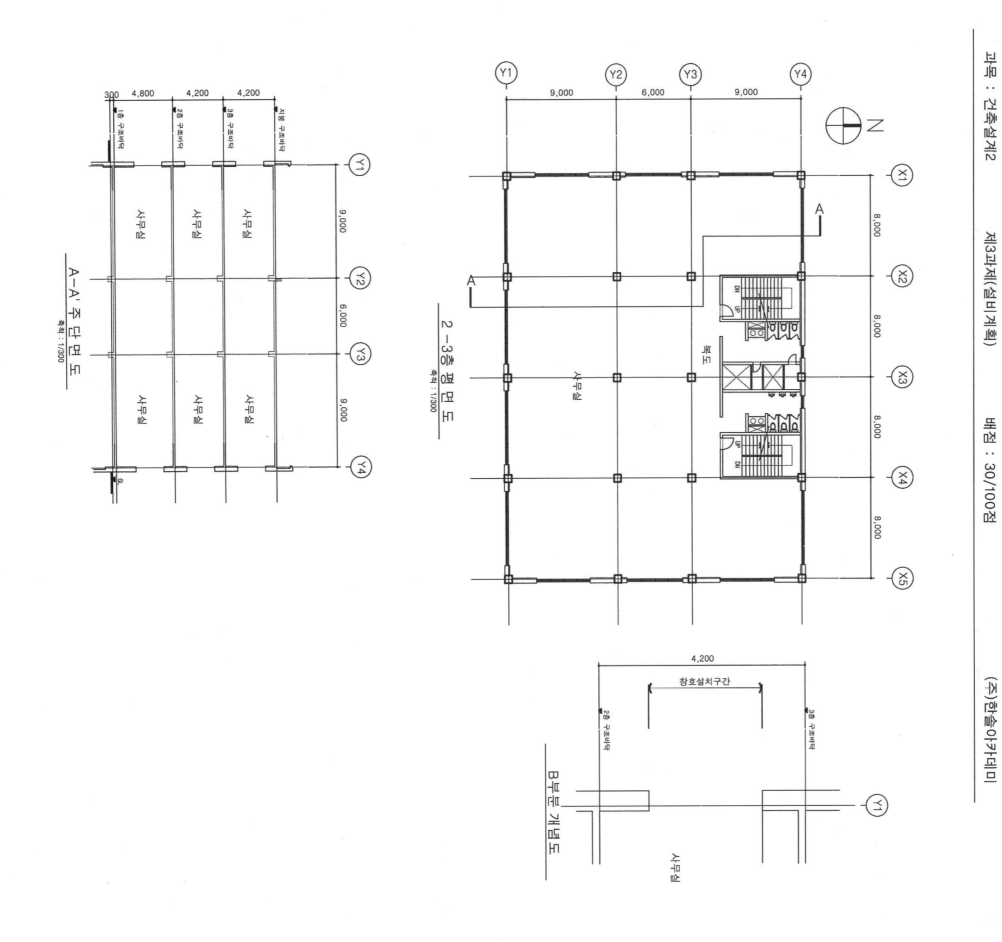

2-3층 평면도
축척 : 1/300

A-A' 주단면도
축척 : 1/300

B부분 개념도

창호설치구간

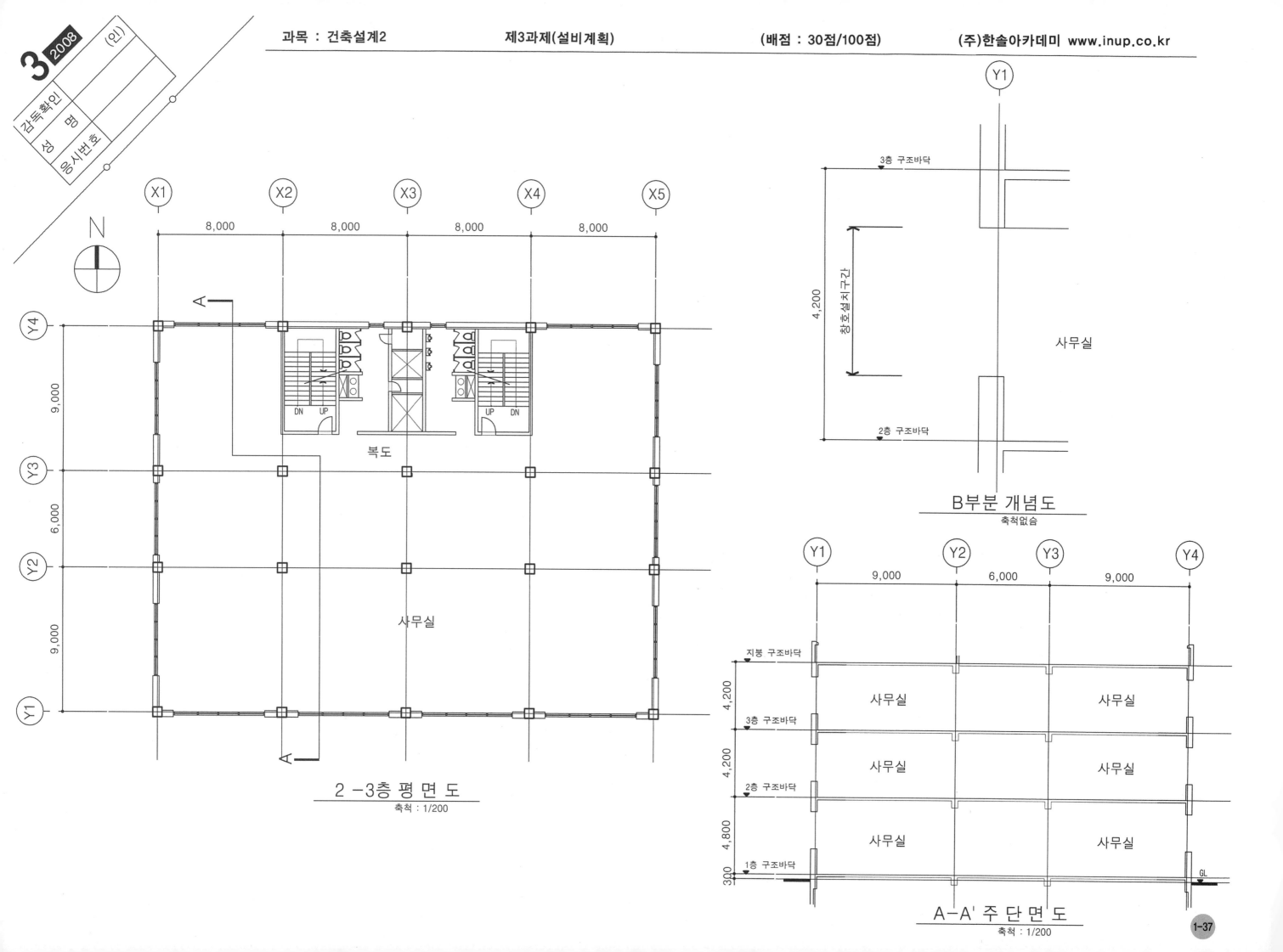

2 -3층 평 면 도
축척 : 1/200

B부분 개념도
축척없슴

A-A' 주 단 면 도
축척 : 1/200

2009년도 건축사 자격시험 문제

과 목 명	과 제 명	
건 축 설 계 2	제 1 과제 : 단면설계 및 설비계획	(60점)
	제 2 과제 : 구 조 계 획	(40점)

응시자 준수사항

1. 문제지를 받더라도 시험시작 타종전까지 문제내용을 보아서는 안 됩니다.

2. 문제지를 받는 즉시 과목편철 순서, 문제누락 여부, 인쇄상태 이상 유무 등을 확인한 후 답안지에 본인의 응시번호와 성명을 기재합니다.

3. 시험이 시작되면 문제를 주의 깊게 읽은 후 답안을 작성하시기 바랍니다.

4. 시험시간종료 후 문제지와 보조용지 (갱지, 트레이싱지)는 제출하지 않습니다.
   ※ 시험시간이 종료되기 전에는 어떠한 경우에도 문제지를 시험장 밖으로 가지고 갈 수 없습니다.

5. 답안지 미제출자는 부정행위자로 간주 처리됩니다.

공 지 사 항

1. 문제지 공개
   – 방 법 : 국토교통부 및 대한건축사협회 인터넷 홈페이지에 게시

2. 합격예정자 발표
   – 방 법 : 국토교통부 / 대한건축사협회 인터넷 홈페이지 및 각 시 · 도 건축사회 게시판

3. 점수 열람
   – 방 법 : 대한건축사협회 인터넷 홈페이지 / 성적열람 메뉴

   ※ 합격예정자 제출서류에 대한 자세한 사항은 대한건축사협회 인터넷 원서접수 프로그램 공지사항에 게재되어 있으며, 합격예정자 발표시 별도 공고합니다.

2009년도 건축사 자격시험 문제

제목 : 어린이집 단면설계 및 설비계획

1. 과제의 개요

제시된 도면은 주거지역에 위치한 어린이집 평면도의 일부이다. 각 층 평면도에 표시된 단면지시선 A-A'를 기준으로 아래사항을 고려하여 주단면도와 부분상세도를 작성하시오.

2. 설계조건

(1) 대지조건 : 일조 및 조망이 양호한 평지
(2) 규 모 : 지하1층, 지상3층
(3) 용 도 : 노유자시설(어린이집)
(4) 구 조 : 철근콘크리트조
(5) 냉난방설비 : 바닥온수난방, 덕트방식(A.H.U), 유인식 승강기
(6) 1층바닥구조체 : 티.L+200mm
(7) 층고(구조체바닥 기준)
　① 지하 1층 : 4,200mm
　② 지상1층~지상3층 : 각 4,000mm
　③ 옥탑층 : 3,200mm
(8) 천 장 고 : 2,700mm
(9) 기초 : 온통기초(두께 600mm)
(10) 내력벽 : 두께 200mm
(11) 외벽마감 : 두께 100mm
(12) 보(W x D) :300mm X 600mm
(13) 기 둥 : 400mm X 400mm
(14) 바닥 및 천장
　① 슬리브 : 두께 150mm
　② 천 장 : 마감 및 재료는 임의

3. 계획시 고려사항

(1) 친환경적인 환기 및 제광방식을 고려하여 옥상에 천창을 설치하되, 과도한 직사광방지와 환기조절이 가능한 방식 등을 반영
(2) 어린이의 신체적 특성과 활동을 반영
(3) 설계조건 및 평면에서 파악되거나 필요한 기술적 사항을 반영(충간소음방지, 단열, 방습, 방화구획등)

4. 도면작성요령

(1) 단면도 　 : A-A'단면지시선의 주단면
(2) 부분상세도 : X1'-X2열의 옥탑(담안지A부분)및 지하층(담안지 B부분)의 파선 영역 부문
(3) 단면요소와 X3-X4열의 입면요소를 도면에 표현
(4) 층고, 천장고,개구부 높이 및 기타 주요부분의 치수를 기입
(5) 각 실의 명칭기입
(6) 내·외장 마감, 단열,방수 등의 재료는 임의로 하여 표기
(7) 건축물 내·외부의 환기경로, 제광경로를 <보기>에 따라 표현하고 창호 개폐방법등 표현
(8) 단위 : mm
(9) 축척 : 단면도 1/100, 상세도 1/50

<보기>

| 환 기 | （화살표） |
| 제 광 | （화살표） |

5. 유의사항

(1) 제도는 반드시 흑색연필로 표현 한다.
(2) 명시되지 않은 사항은 현행 관계법령의 범위 안에서 임의로 한다.
(3) 치수 표기시 담안지의 여백이 없을 때에는 융통성 있게 표기한다.

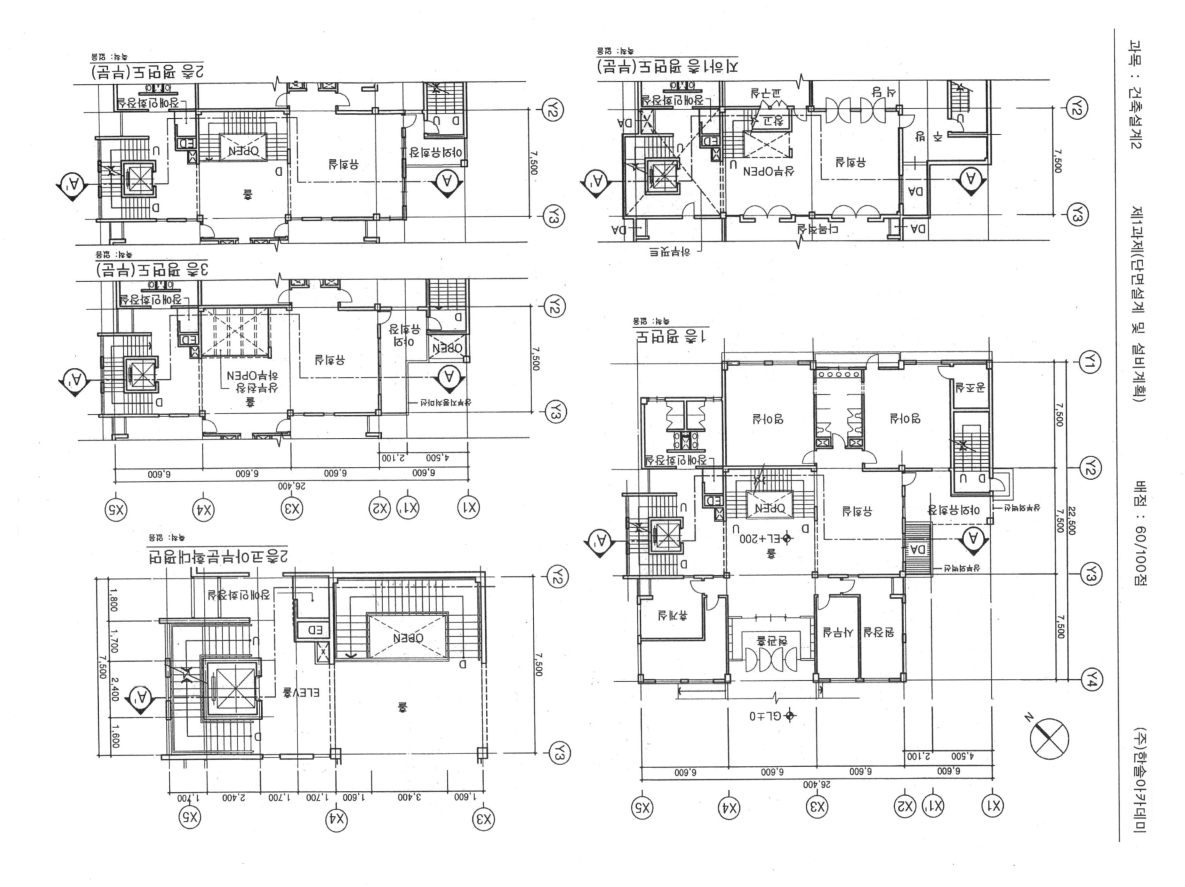

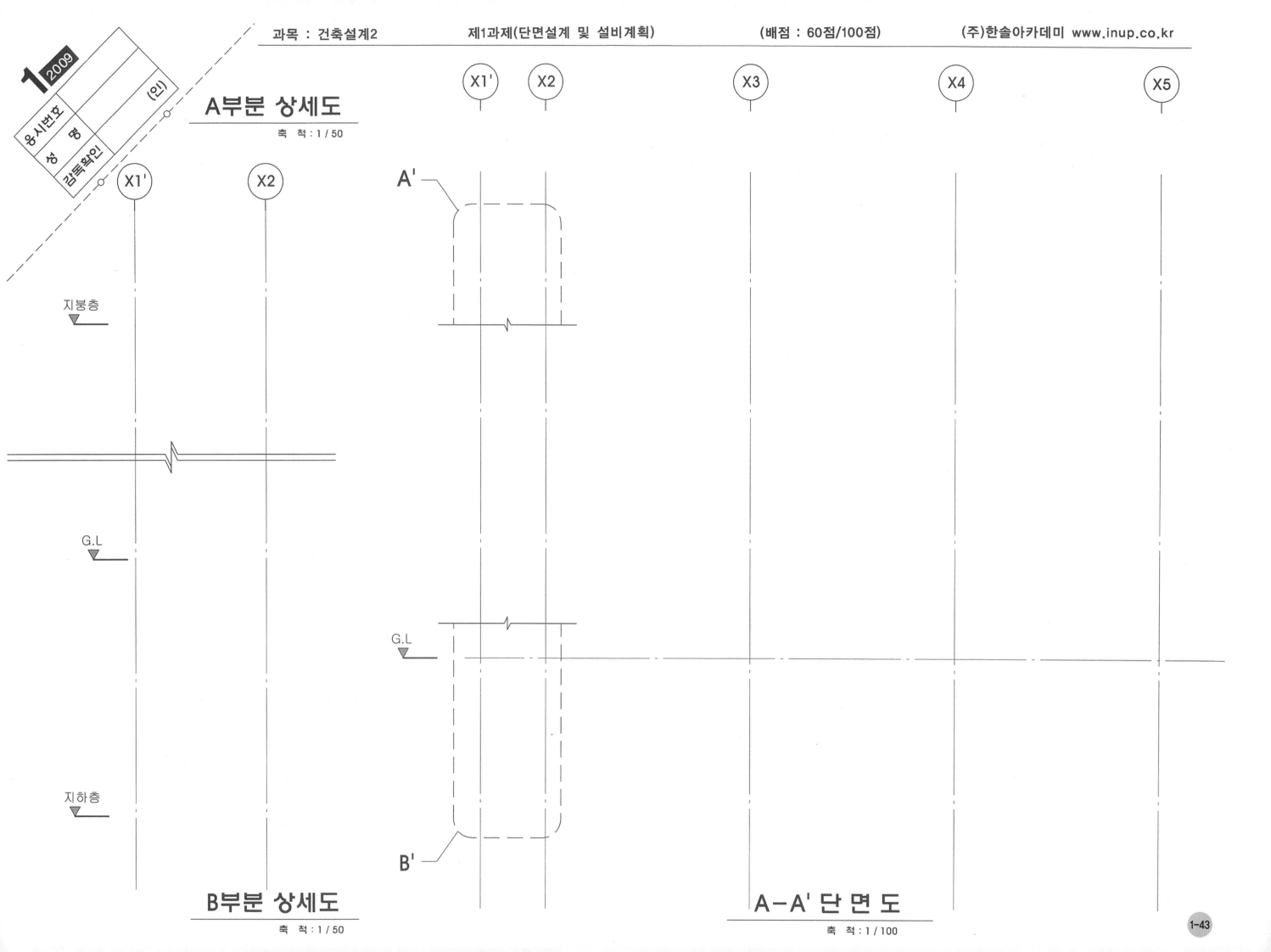

A부분 상세도
축 척 : 1 / 50

X1'　　X2

지붕층

G.L

지하층

B부분 상세도
축 척 : 1 / 50

X1'　　X2　　　　X3　　　　　X4　　　　X5

A'

B'

G.L

G.L

A-A' 단 면 도
축 척 : 1 / 100

2009년도 건축사 자격시험 문제

과목: 건축설계2   제2과제 (구조계획)   배점: 40/100점   (주) 한솔아카데미

제 목 : 증축설계의 구조계획

1. 과제의 개요

가구회사의 건축물을 증축하여 전시매장을 설치 하려고
한다. 아래사항을 고려하여 다음 도면을 작성하시오.

(1) 단면상세도 "A"(축척 : 1/20)

(2) 5층 구조평면도 (축척 :1/200)

2. 설계조건

구 분		기존부분	증축부분
구 조		RC조	철 골+데크플레이트 슬래브 (코아는 RC조)
규 모		지상3층	2개층(4,5층)+3층 일부
용 도		1,2층 : 사무실 3층 : 제품창고	1,2층 : 하역공간(필로티) 3층 : 사무실 4,5층 : 전시매장
구조부재 단면치수 (mm)		기둥 : 600X600 보 : 300X600 슬래브 : 150	기둥 : H-450X450 시리즈 보 : H-600X300 시리즈 H-300X150 시리즈 데크플레이트 슬래브:

3.계획시 고려사항

(1)기존 건축물은 내진설계가 반영되어 있으며 구조 검토
결과 별도의 보강없이 증축가능

(2) 5층의 전시매장은 개방감을 위해 무주공간으로 계획
하고 바닥에 6.0mX8.0m의 개구부를 설치
(단, 5층 기둥개수는 9개임)

4. 도면작성요령

(1) 단면상세도 "A"는 증축부분을 작성하여 완성하되, 마
감재는 임의로 설정

(2) 5층 구조평면도는 설계조건에 제시된 부재를 사용하
여<보기>에 따라 작성하고 보의 경우 부재의 시리즈
를 구분하여 표시

<보 기>

	기둥
	보 강접합
	보 힌지접합
	RC 내력벽
	데크플레이트 방향
	개구부

5. 유의사항

(1) 제도는 반드시 흑색연필로 표현 한다.

(2) 명시되지 않은 사항은 현행 관계법령의 범위 안에
서 임의로 한다.

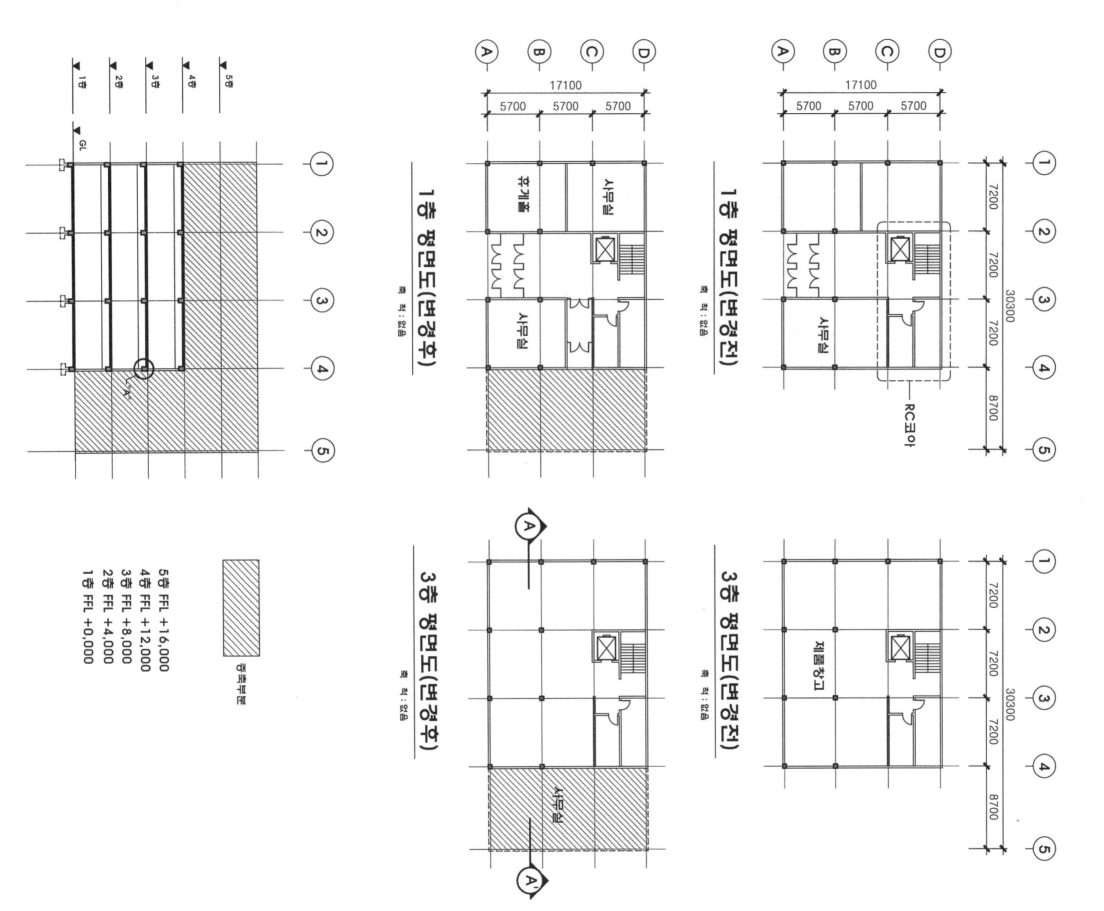

1층 평면도(변경전)
축 척 : 없음

3층 평면도(변경전)
축 척 : 없음

1층 평면도(변경후)
축 척 : 없음

3층 평면도(변경후)
축 척 : 없음

5층 FFL +16,000
4층 FFL +12,000
3층 FFL +8,000
2층 FFL +4,000
1층 FFL +0,000

증축부분

2 2009
응시번호
성　명
감독확인　(인)

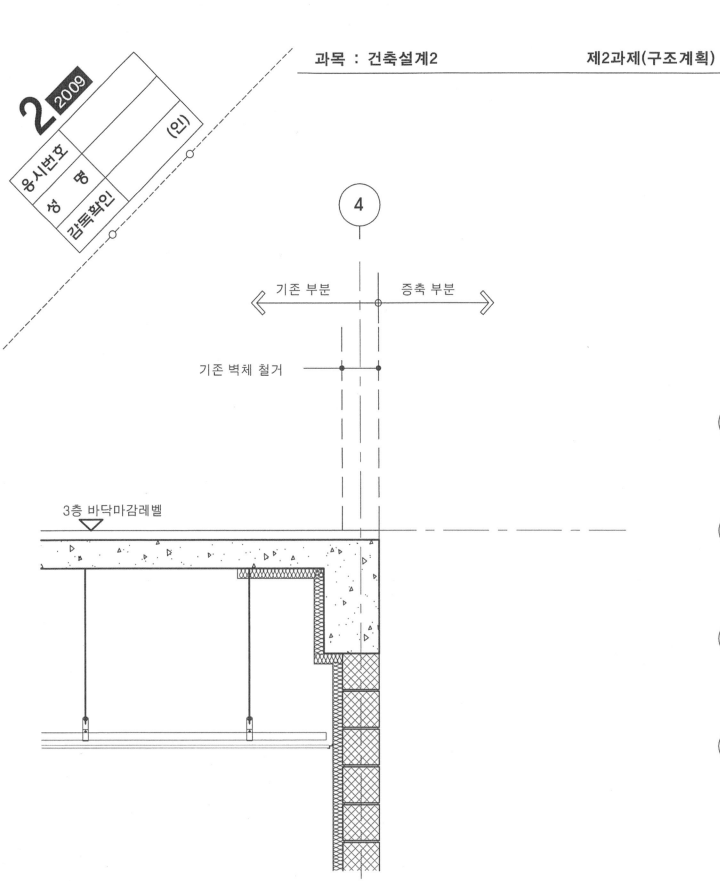

④

← 기존 부분　　증축 부분 →

기존 벽체 철거

3층 바닥마감레벨

단면상세도 "A"

축 척 : 1 / 20

① ② ③ ④ ⑤

30300

7200　　7200　　7200　　8700

D

5700

C

17100

5700

B

5700

A

H−600 X 300 시리즈 보는 부재에 "a"로 표기

H−300 X 150 시리즈 보는 부재에 "b"로 표기

5층 구조평면도

축 척 : 1 / 200

2010년도 건축사 자격시험 문제

과 목 명	건 축 설 계 2

과 제 명	제 1 과제 : 단면설계 및 설비계획 (65점) 제 2 과제 : 구 조 계 획 (35점)

응 시 자 준 수 사 항

1. 문제지를 받더라도 시험시작 타종전까지 문제내용을 보아서는 안 됩니다.

2. 문제지를 받은 즉시 과목편철 순서, 문제누락 여부, 인쇄상태 이상 유무 등을 확인한 후 답안지에 본인의 응시번호와 성명을 기재합니다.

3. 시험이 시작되면 문제를 주의 깊게 읽은 후 답안을 작성하시기 바랍니다.

4. 시험시간중 문제지와 보조용지 (깔판지, 트레이싱지)는 제출하지 않습니다.
   ※ 시험시간이 종료되기 전에는 어떠한 경우에도 문제지를 시험장 밖으로 가지고 갈 수 없습니다.

5. 답안지 미제출자는 부정행위자로 간주 처리됩니다.

공 지 사 항

1. 문제지 공개
   - 방 법 : 국토교통부 및 대한건축사협회 인터넷 홈페이지에 게시

2. 합격예정자 발표
   - 방 법 : 국토교통부 / 대한건축사협회 인터넷 홈페이지 및 각 시 · 도 건축사회 게시판

3. 점수 열람
   - 방 법 : 대한건축사협회 인터넷 홈페이지 / 성적열람 메뉴

   ※ 합격예정자 제출서류에 대한 자세한 사항은 대한건축사협회 인터넷 인서정수 프로그램 공지사항에 게재되어 있으며, 합격예정자 발표시 별도 공고합니다.

2010년도 건축사자격시험 문제

과목 : 건축설계2　　제1과제(단면설계 및 설비계획)　　배점 : 65/100점　　(주)한솔아카데미

제목 : 근린문화센터의 단면설계와 설비계획

1. 과제개요

제시된 도면은 지방자치단체의 근린문화센터 평면도이다. 각층 평면도에 표시된 단면 지시선 A-A'를 기준으로 하래 사항을 고려하여 반영된 설비계획이 포함된 주단면도를 작성 하시오.

2. 설계조건

(1) 대지 : 일조와 조망이 좋은 평지
(2) 규모 : 지하 1층, 지상 3층
(3) 용도 : 공공업무시설
(4) 구조 : 철근콘크리트조

3. 설계조건

(1) 설비

① 모든 실의 냉난방은 천장매립형 EHP로 한다.
단, 환경단체실, 노인단체실, 여성단체실은 바닥온수 온돌 난방을 추가 설치한다.

② 주방과 식당은 급·배기덕트를 추가 설치한다.

(2) 1층 구조체 바닥 : EL + 450mm

(3) 층고(구조체 바닥 기준)
　① 지하1층 : 4,200mm
　② 지상1층 : 4,500mm
　③ 지상2층, 지상3층 : 4,000mm 단, 강당 6,000mm
　④ 옥탑층 : 3,000mm

(4) 반자높이 : 2,700mm 단, 1층 3,000mm, 강당 4,200mm
(5) 기초 : 온통기초 (두께600mm)
　　　 선큰부분 (두께500mm)
(6) 지붕 : 평슬래브
(7) 바닥슬래브 : 두께150mm
(8) 큰보, 작은보 : 300mm x 600mm (보 높이는 변경 가능)
(9) 기둥 : 500mm x 500mm
(10) 내력벽 : 두께 200mm 단, 선큰 지하 외벽 두께 300mm
(11) 비내력벽 : 두께 1.0B 시멘트벽돌
(12) 외벽마감 : 두께 100mm
(13) 단열재 : 지붕과 바닥은 두께110mm, 외벽은 두께 65mm

4. 고려사항

(1) 설계조건과 평면도에서 파악되는 단열, 방수, 제광, 환기 등의 기술적 사항을 반영한다.

(2) 2층과 3층 사이에 층간 소음방지계획을 한다.

(3) 천장매립형 EHP의 실외기는 3층 화장실 지붕 평슬래 브위에 위치하며, 배관은 PS(Pipe Shaft)로 연결하고 급·배기덕트는 DS(Duct Shaft)로 연결한다.

(4) 지붕 평슬래브에 (A)와 (B)를 설치한다.
위치는 3층 평면도에 표기되어 있다.
(A) : 제광 및 환기조절용 천창을 겸한 태양광전지패널
(B) : 태양광전지패널
(A)와 (B)의 설치 각도 : 30°
(A)와 (B)의 모듈 : 2,100mm x 14,400mm

(5) 정보미디어실 바닥은 정보통신설비 설치가 가능한 억세스플로어를 설치한다. (바닥슬래브 200mm 낮춤)

(6) 선큰 바닥과 선큰 바닥은 층 바닥보다 100mm 낮다.

5. 도면작성요령

(1) 단면 지시선 A-A'에 의한 내·외부 입면과 단면을 작성하고 설비계획 요소와 치수 및 재료를 표기한다.

(2) 각 층의 천장매립형 EHP 배관과 지하1층 식당 및 주방의 급·배기덕트를 <보기 1>과 같이 표기한다.
<보기1>

구분	배관 두께 (보온단열재포함)	표시
천장매립형 EHP		□
EHP배관	∅80mm	─ ─ ─
급기덕트	∅350mm	
배기덕트	∅350mm	▨

(3) 건축물 내·외부의 환기와 제광경로를 <보기2>와 같이 표기한다.
<보기2>

환기	⤴	제광	⇧

(4) 건축·설비재료는 친환경자재로 표기한다.
(5) 단위 : mm
(6) 축척 : 1/100

6. 유의사항

(1) 제도는 반드시 흑색연필심으로 한다.
(2) 명시되지 않은 사항은 현행 관계법령을 준용한다.

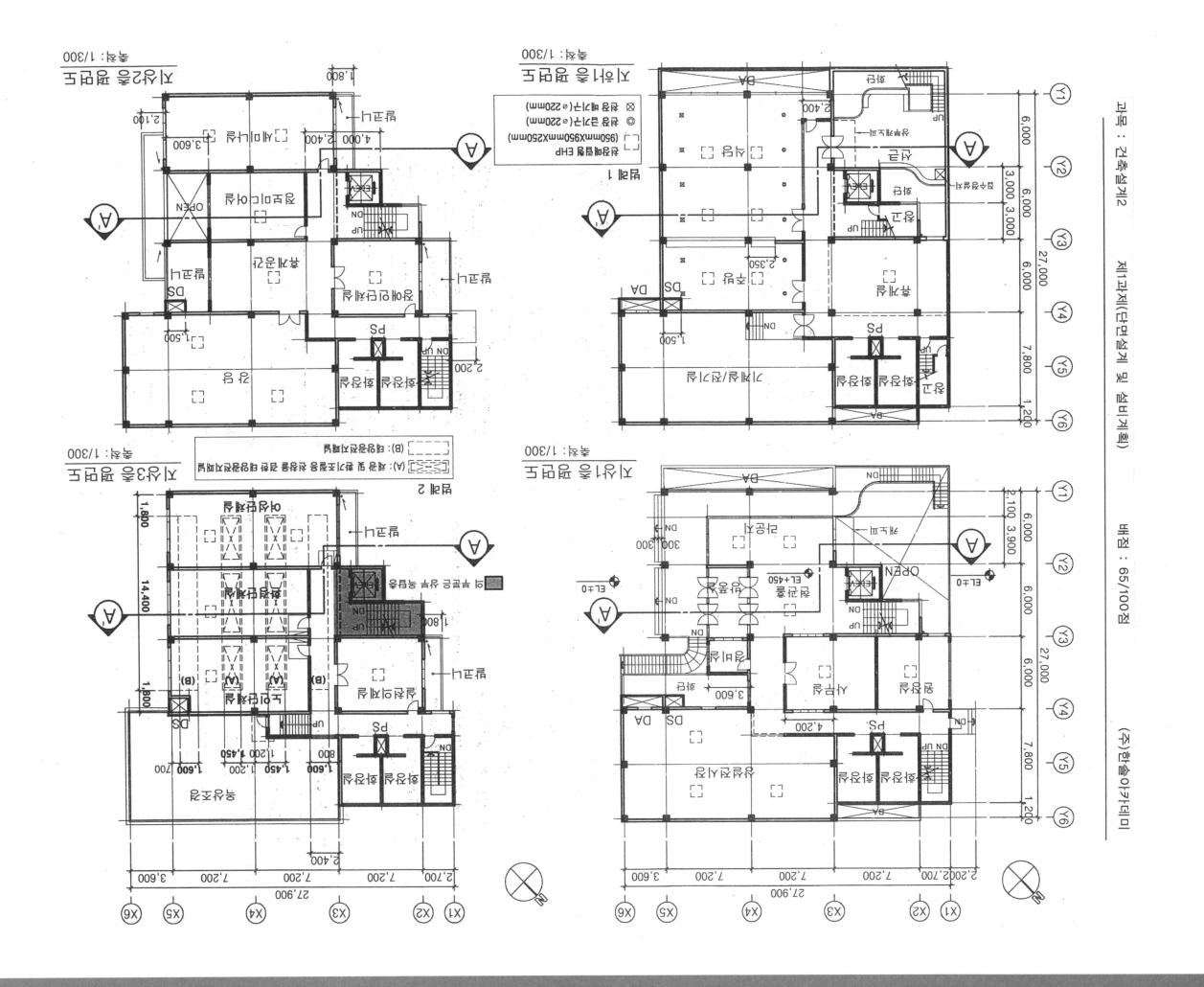

X1

1층 S.L
▼ EL+450
▼ EL±0

A-A' 단 면 도
축척 :1/1

2010년도 건축사 자격시험 문제

제목 : 사회복지회관의 구조계획

1. 과제의 개요

사회복지회관을 신축하려고 한다. 아래 사항을 고려하여 안전성,기능성,경제성이 있는 구조계획이 되도록 2층 바닥 구조평면도를 작성하시오.

2. 설계조건

(1) 구조형식 : 철골구조

(2) 사용강재 : 일반 구조용 압연강재(SS400)

(3) 구조부재의 단면치수
 ① 기둥 : 400X400시리즈
 ② 보 : a : 700X300시리즈
       b : 600X200시리즈
       c : 200X150시리즈

(4) 층고
 ① 1층 : 4,500mm   ② 2층 : 4,200mm

3. 계획시 고려사항

(1) 기둥
 ① 기둥은 9m~12m스팬으로 배치한다.
 ② 기둥의 개수는 21개 이하로 한다.
 ③ 최적의 응역상태가 되도록 기둥의 강,약축을 고려하여 계획한다.
 ④ 기둥은 수직기둥으로 계획하며 2층 바닥전체에서 기둥의 축방향은 한방향으로만 한다.

(2) 보
 ① 보는 연속적으로 설치하는 것을 원칙으로 한다.
 ② 캔틸레버 보의 길이는 2m이하로 한다.

(3) 슬래브
 ① 슬래브는 데크 플레이트를 사용한다.
 ② 데크 플레이트는 최대3.5m의 스팬을 지지한다.
 ③ 데크 플레이트는 2층 바닥전체에서 한방향으로만 한다.

(4) 철근콘크리트 벽체
 ① 계단,엘리베이터 샤프트,설비샤프트의 벽체는 철근 콘크리트 구조로 한다.
 ② 철골구조와 독립적으로 응력이 작용한다고 가정한다.

③ 철근콘크리트 벽체 속에 철골기둥이나 철골보는 절 함 또는 삽입하지 않는다.

④ 철근콘크리트 벽체 주위에 철골보를 설치한다.

⑤ 철근콘크리트 벽체는 주어진 것 이외에는 추가로 계획하지 않는다.

(5) 기타
 ① 1층 평면의 외곽선과 구조형식은 2층과 동일하다.
 ② 횡력에 대한 저항은 고려하지 않는다.
 ③ 바닥에는 고정하중과 활하중이 균등하게 작용한다.

4. 도면작성요령

(1) 첨부된 2층 평면도를 바탕으로 2층 바닥구조평면도를 작성한다.

(2) <보기>의 기호로 표기한다.

(3) 보는 설계조건에서 제시된 a,b,c로 구분하여 표기한다.

(4) 부재의 접합부위는 강접합과 힌지접합으로 구분하여 표기한다.

(5) 단위 : mm   (6) 축척 : 1/200

<보기>

기둥	Ｈ Ｉ
데크플레이트 방향	
강접합	
힌지접합	
철근콘크리트벽체	

5. 유의사항

(1) 제도는 반드시 흑색연필로 표현(기타사용금지)

(2) 명시되지 않은 사항은 현행 관계법령의 범위 안에서 임의로 한다.

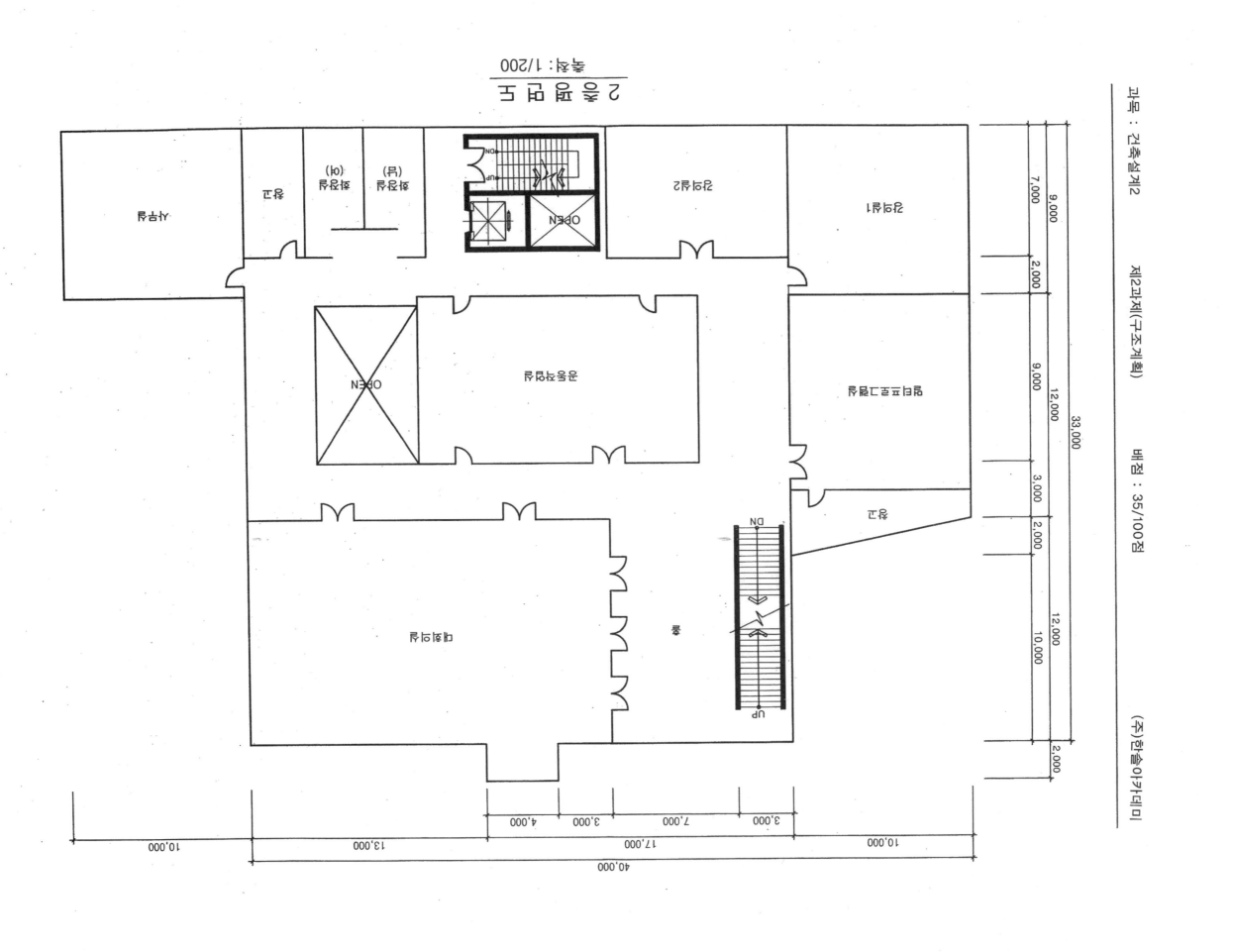

2층평면도
축척 : 1/200

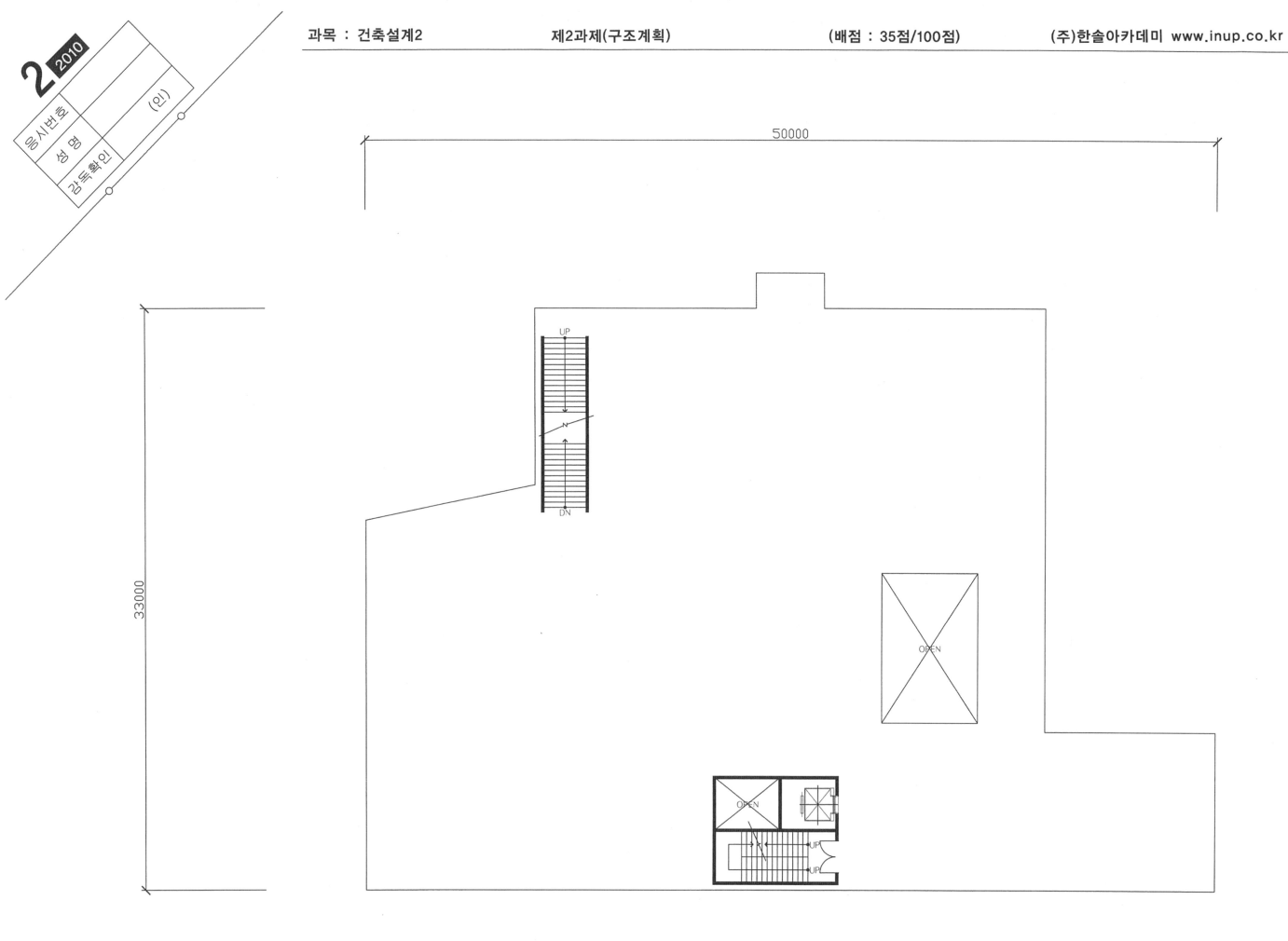

2 층 평 면 도

축척 :1/200

2011년도 건축사 자격시험 문제

과 목 명	과 제 명
건축설계 2	제1과제 : 단면설계 및 계단설계 (60점)
	제2과제 : 구 조 계 획 (40점)

응시자 준수사항

1. 문제지를 받더라도 시험시작 타종전까지 문제내용을 보아서는 안 됩니다.

2. 문제지를 받는 즉시 과목편철 순서, 문제누락 여부, 인쇄상태 이상 유무 등을 확인한 후 답안지에 본인의 응시번호와 성명을 기재합니다.

3. 시험이 시작되면 문제를 주의 깊게 읽은 후 답안을 작성하시기 바랍니다.

4. 시험시간종료 후 문제지와 보조용지 (연습지, 트레이싱지)는 제출하지 않습니다.

※ 시험시간이 종료되기 전에는 어떠한 경우에도 문제지를 시험장 밖으로 가지고 갈 수 없습니다.

5. 답안지 미제출자는 부정행위자로 간주 처리됩니다.

공 지 사 항

1. 문제지 공개
   - 방 법 : 국토교통부 및 대한건축사협회 인터넷 홈페이지에 게시

2. 합격예정자 발표
   - 방 법 : 국토교통부 / 대한건축사협회 인터넷 홈페이지 및 각 시 · 도 건축사회 게시판

3. 점수 열람
   - 방 법 : 대한건축사협회 인터넷 홈페이지 / 성적열람 메뉴

※ 합격예정자 제출서류에 대한 자세한 사항은 대한건축사협회 인터넷 원서접수 프로그램 공지사항에 게재되어 있으며, 합격예정자 발표시 별도 공고합니다.

2011년도 건축사자격시험 문제

배점: 60/100점　　(주)한솔아카데미

제목 : 중소기업 사옥의 단면·계단 설계

1. 과제개요

제시된 도면은 중소기업 사옥의 기획설계단계 평면도이다. 주어진 설계조건 및 도면 작성 요령에 따라 주단면도와 단면상세도를 완성하시오.

2. 설계조건

(1) 규　　　모 : 지하 1층, 지상 3층
(2) 용　　　도 : 업무시설
(3) 구　　　조 : 철근콘크리트조, 평슬래브 지붕
(4) 층　　　고
　① 지하 1층 : 4.2m
　② 지상 1층 : 5.4m
　③ 지상 2층, 3층 : 3.6m
　④ 계단 및 승강기 탑 : 2.7m
(5) 천 장 고 : 층별 용도에 맞추어 합리적으로 설정
　　　　　　　(단, 설비는 고려하지 않음)
(6) 기　　　초 : 온통기초
(7) 외　　　벽 : 두께 300mm
　① 철근콘크리트 : 150mm
　② 화강석 30mm 건식 붙이기
(8) 보　　　 : 400mm × 600mm
(9) 기　　　둥 : 500mm × 500mm
(10) 슬 래 브 : 두께 150mm
(11) 단 열 재
　① 외벽 및 지하바닥 – 두께 100mm
　② 지붕층 – 두께 200mm
(12) 정화조, 저수조 : 고려하지 아니함

3. 도면에 포함되어야 할 주요 내용

(1) 주단면도
　① 실의 용도에 따른 층별 단면 설계
　② 지하층 온통기초
　③ 지하층의 방습 및 방수 보호벽
　④ 1층 현관 상부 캐노피
　⑤ 현관 지붕의 사각볼형 천장 : 1,200mm × 1,200mm × 600mm (W×D×H)
　⑥ 내·외장 마감 및 단열, 방수 등의 재료
　⑦ 슬래브의 냉교(Cold Bridge)현상 방지를 위한 단열설계
　⑧ 계단의 단높이, 단너비 및 마감
　⑨ 옥상 난간 높이(옥상 바닥부터 난간 마감부분까지)
(2) 단면상세도
　① 옥상 난간벽의 마감
　② 옥상조경(잔디)과 난간벽 사이의 배수처리
　③ 옥상 방수

4. 도면작성요령

(1) 주단면도 : '가-가'의 단면 (축척 1/100)
　① 단면도에 입면도를 포함하여 작성한다.
　② 층고, 천장고, 개구부 높이, 계단 및 기타 주요 부분은 치수를 기입한다.
　③ 각 실의 명칭을 기입한다.
(2) 단면상세도 : 지붕층 평면도 '나'의 난간벽 단면 (축척 1/20)
(3) 단위 : mm
(4) 그 밖에 구체적으로 제시되지 않은 사항은 각 실의 용도, 마감재료 등에 따라 합리적으로 작성한다.

5. 유의사항

(1) 답안작성은 반드시 흑색연필로 한다.
(2) 명시되지 않은 사항은 현행 관계법령의 범위 안에서 임의로 한다.

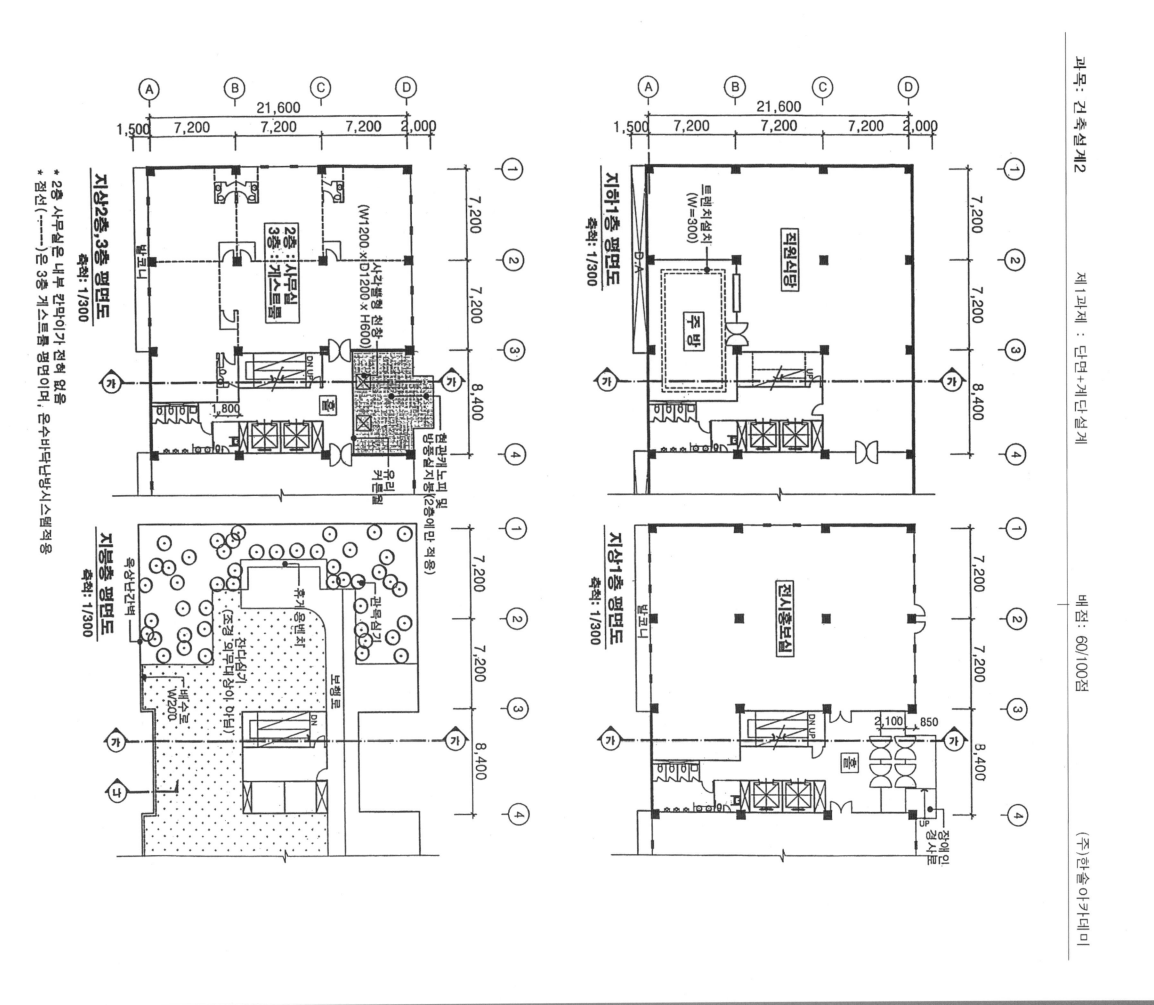

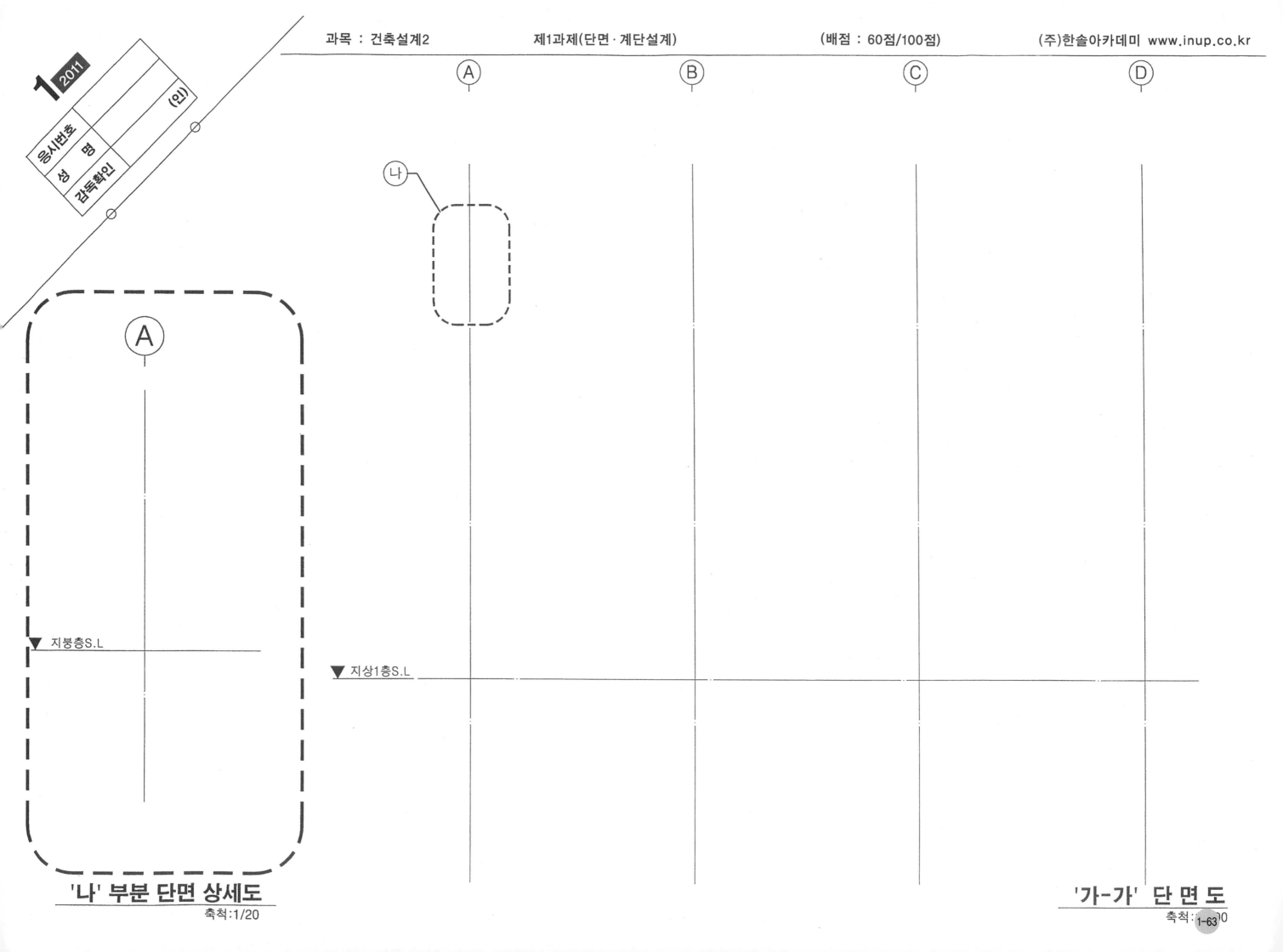

Ⓐ   Ⓑ   Ⓒ   Ⓓ

나

A

▼ 지붕층S.L

▼ 지상1층S.L

'나' 부분 단면 상세도
축척:1/20

'가-가' 단 면 도
축척: 1-63

과목 : 건축설계2　제2과제(구조계획)　배점 : 40/100점

(주)한솔아카데미

제목 : OO청사 구조계획

1. 과제개요
OO청사를 신축하려고 한다. 안전하고 가장 경제적인 구조계획이 되도록 2층 바닥 구조평면도를 작성하시오.

2. 계획조건
(1) 규　모 : 지하 1층, 지상 3층
(2) 구조형식 : 철근콘크리트조 + 철골조
(3) 작용하중(계단실 포함)
　: 고정하중 = 5.0 kN/m², 활하중 = 3.0 kN/m²
(4) 층　고
　① 1층 : 4.5m
　② 2층 : 3.6m (강당 4.5m)
(5) 사용재료
　① 철근콘크리트 : 철근 f_y=400 Mpa, HD22
　　콘크리트 f_{ck}=24 Mpa
　② 철골 : f_y = 240 Mpa
(6) 구조부재의 단면치수 (단위: mm)
　① 철근콘크리트 부재
　　(가) 철근콘크리트 벽 두께 : 200
　　(나) 철근콘크리트 기둥 : 500 x 500
　　(다) 철근콘크리트 보 : 400 x 700
　　(단, 전단력은 고려하지 않고, 휨모멘트만 고려한다)
　② 철골 부재
　　(가) 철골 기둥 : H-700x300x13x24
　　(나) 철골 보
　　　a : H-700x300x13x24
　　　b : H-600x200x11x17
　　　c : H-194x150x6x9

3. 고려사항
(1) 철근콘크리트와 철골 구조계획은 각각 분리하며, 혼용은 고려하지 않는다.
(2) 도면에 표시된 기둥은 수직기둥이며, 추가로 기둥을 계획하지 않는다.
(3) 보
　① 보는 연속적으로 설치하는 것을 원칙으로 한다.
　② 승강기 샤프트와 계단실 및 1층 벽과 보의 접합부는 힌지(Hinge)로 가정한다.
　③ 보는 기둥에 응력을 분배한다.
(4) 슬래브
　① 슬래브는 철근콘크리트 보와 철골 보 상부에 철근콘크리트 슬래브를 사용한다.
　② 트러스형 데크 플레이트는 최대 3,600mm의 경간(Span)을 지지한다.
　③ 트러스형 데크 플레이트는 2층 바닥 전체에서 한쪽 방향으로만 사용한다.
(5) 철근콘크리트 벽(계단실, 승강기 샤프트 및 1층 벽)
　① 철근콘크리트 벽과 철골 보는 분리한다.
　② 철근콘크리트 벽은 도면에 표시된 것 이외에는 추가로 계획하지 않는다.
　③ 1층 철근콘크리트 벽(도면 'ㄴㄴ' 표시)은 2층 바닥까지이며, 계단실 및 승강기 샤프트는 3층까지 연속한다.

4. 도면작성요령
(1) 트러스형 데크 플레이트의 방향을 표시한다.
(2) 철근콘크리트 보는 계획조건에서 제시된 기호 A~F를 구분하여, <보기 1>과 같이 1개의 보당 3개의 단면(양단부, 중앙부)을 표시한다.
(3) 철골 구조평면도는 계획조건에서 제시된 기호 a, b, c와 접합방법을 <보기 2>의 기호로 표시한다.
(4) 단위 : mm
(5) 축척 : 1/200

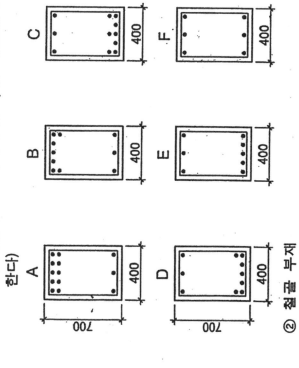

<보기 1> 콘크리트 보 기호 기재방법
(보 상단에 기재)

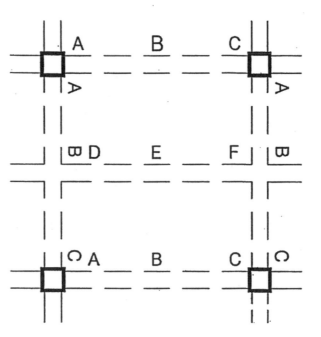

<보기 2>

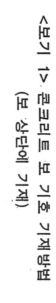

철근콘크리트 기둥	
철근콘크리트 보	
1층 철근콘크리트 벽	
계단실 및 승강기 샤프트	
철골 기둥	
철골구조(강접합)	
철골구조(힌지접합)	
데크 플레이트 방향	

5. 유의사항
(1) 단위지선은 반드시 흑색연필로 한다.
(2) 명시되지 않은 사항은 현행 관계법령의 범위 안에서 임의로 한다.

<2층 평면도> 축척 없음

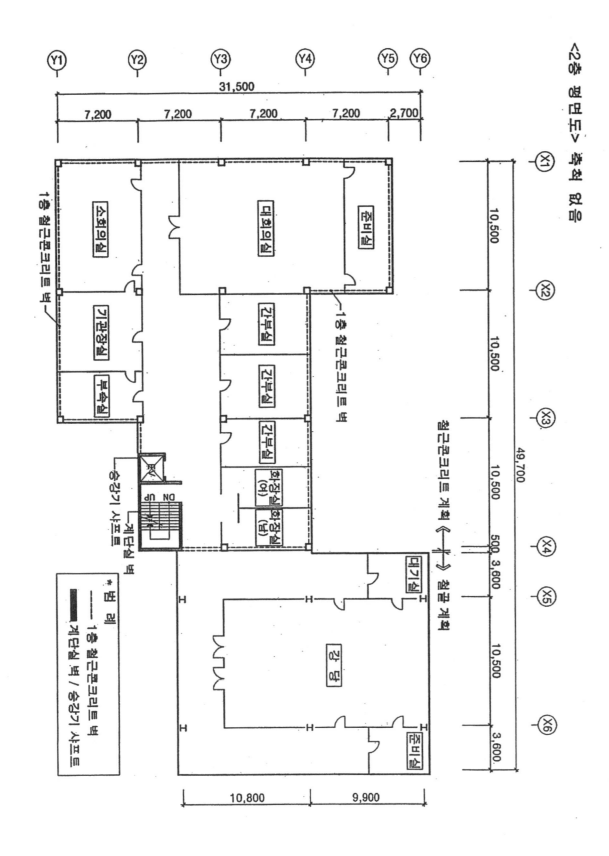

철근콘크리트 계획 《가》 철골 계획

* 범 례
——— 1층 철근콘크리트 벽
▓▓▓ 계단실 벽 / 승강기 샤프트

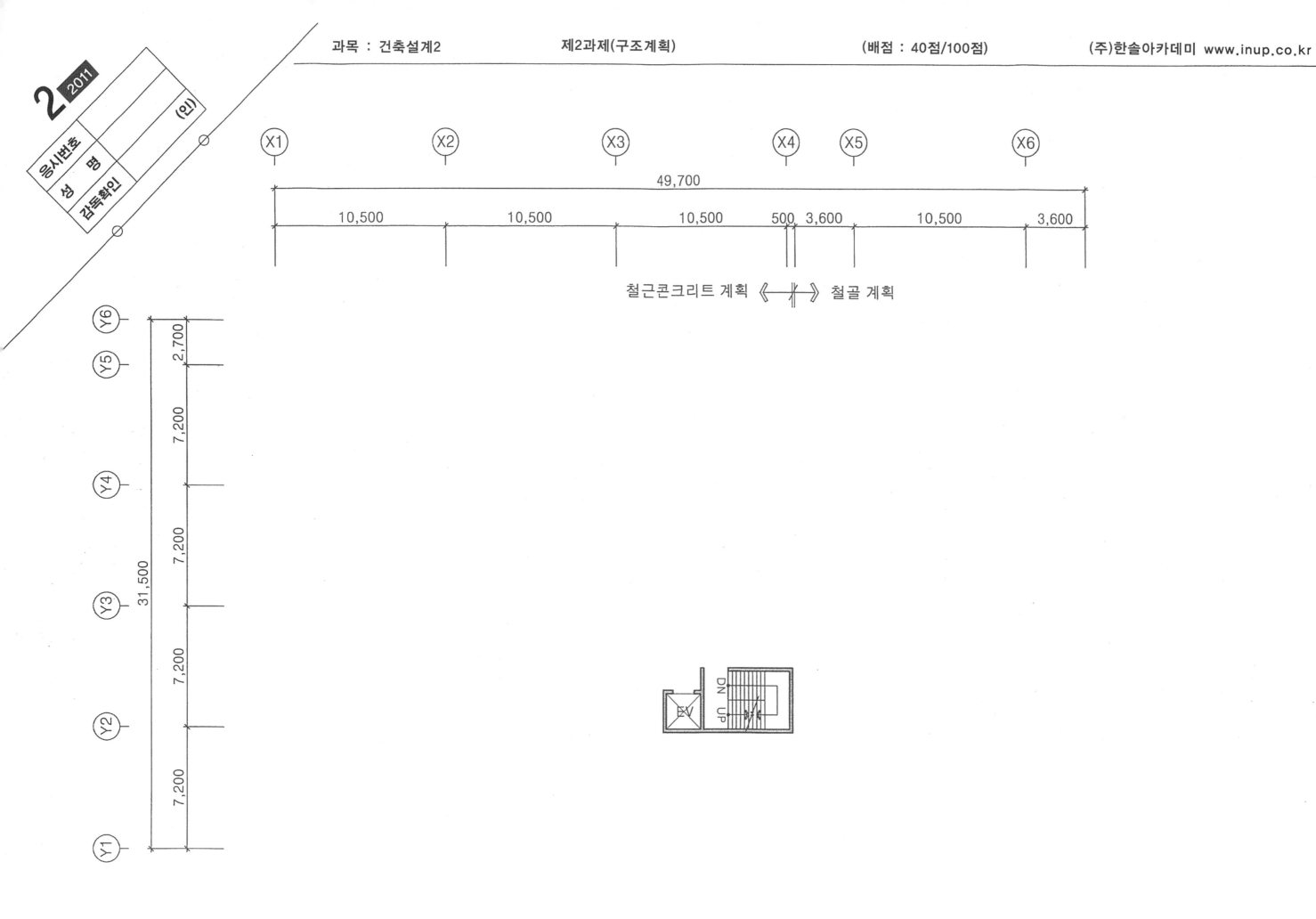

철근콘크리트 계획 《←‖→》 철골 계획

2층 바닥 구조 평면도
축척:1/200

2012년도 건축사 자격시험 문제

과 목 명	과 제 명	
건축설계 2	제1과제 : 단면설계 및 계단설계	(65점)
	제2과제 : 구 조 계 획	(35점)

응시자 준수사항

1. 문제지를 받더라도 시험시작 타종전까지 문제내용을 보아서는 안 됩니다.

2. 문제지를 받는 즉시 과목편철 순서, 문제누락 여부, 인쇄상태 이상 유무 등을 확인한 후 답안지에 본인의 응시번호와 성명을 기재합니다.

3. 시험이 시작되면 문제를 주의 깊게 읽은 후 답안을 작성하시기 바랍니다.

4. 시험시간종료 후 문제지와 보조용지 (갤판지, 트레이싱지)는 제출하지 않습니다.
   ※ 시험시간이 종료되기 전에는 어떠한 경우에도 문제지를 시험장 밖으로 가지고 갈 수 없습니다.

5. 답안지 미제출자는 부정행위자로 간주 처리됩니다.

공 지 사 항

1. **문제지 공개**
   - 방 법 : 국토교통부 및 대한건축사협회 인터넷 홈페이지에 게시

2. **합격예정자 발표**
   - 방 법 : 국토교통부 / 대한건축사협회 인터넷 홈페이지 및 각 시 · 도 건축사회 게시판

3. **점수 열람**
   - 방 법 : 대한건축사협회 인터넷 홈페이지 / 성적열람 메뉴

※ 합격예정자 제출서류에 대한 자세한 사항은 대한건축사협회 인터넷 홈페이지 원서접수 프로그램 공지사항에 게재되어 있으며, 합격예정자 발표시 별도 공고합니다.

2012년도 건축사자격시험 문제

과목 : 건축설계2   제1과제(단면·계단설계)   배점 : 65/100점   (주)한솔아카데미

제목 : 소규모 근린생활시설 단면설계

1. 과제개요

제시된 도면은 대학가에 위치한 소규모 근린생활시설 평면도의 일부이다. 아래 사항을 고려하여 주단면도 및 단면상세도를 작성하시오.

2. 설계조건

(1) 규   모 : 지하 1층, 지상 3층
(2) 구   조 : 철근콘크리트 라멘조
(3) 설비시스템 : 고려하지 않음
(4) 각 층별 바닥 구조체 레벨은 평면도를 참조하되, 지하층 및 피트의 바닥 구조체 레벨(SL)은 -1,600mm 임
(5) 반자높이 및 천장형태
   ① 반자높이는 3,000mm 이상 확보
   ② 천장의 단면형태는 실의 용도를 고려하여 표현
(6) 기   초 : 온통기초, 두께 500mm
(7) 기   둥 : 500mm × 500mm
(8) 보   : 400mm × 600mm
(9) 바닥슬래브 : 두께 150mm
(10) 단열재
   ① 외벽 및 최하층 바닥 : 두께 100mm
   ② 지붕 : 두께 200mm
(11) 외벽
   남측면은 친환경설계 기법을 도입하여 환기 및 일사 조절이 가능한 이중외피(Double Skin)로 설계
(12) 스탠드 및 천창(skylight)
   ① 스탠드 및 야외무대는 내후성 목재로 마감
   ② 천창의 형태는 임의로 함
(13) 옥상은 별도의 직통계단을 통하여 접근하는 것으로 가정함
(14) 방화구획은 고려하지 않음
(15) 출입구 전면은 자연구배로 함

3. 도면에 포함되어야 할 주요 내용

(1) 주단면도
   ① 실의 용도에 따른 층별 단면(천장 형태 포함)
   ② 이중외피(Double Skin)
   ③ 옥상 스탠드, 야외무대 및 천창(skylight)
   ④ 계단의 단높이, 단너비 등
   ⑤ 1층 출입구 캐노피
   ⑥ 단열, 방수 등

(2) 단면상세도
   ① 환기 및 일사조절 기능을 포함한 이중외피 (Double Skin)
   ② 옥상조경 및 파라펫

4. 도면작성요령

(1) 단면지시선 'A'에 의해 보여지는 입·단면을 표현한다.
(2) 층고, 반자높이, 개구부높이 등의 주요치수를 표기한다.
(3) 각 실의 명칭을 표시한다.
(4) 제시되지 않은 레벨, 치수 및 재료 등은 임의로 표현한다.
(5) 단위 : mm
(6) 축척
   ① 주단면도 : 1/100
   ② 단면상세도 : 1/50

5. 유의사항

(1) 답안작성은 반드시 흑색 연필로 한다.
(2) 명시되지 않은 사항은 현행 관계법령의 범위 안에서 임의로 한다.

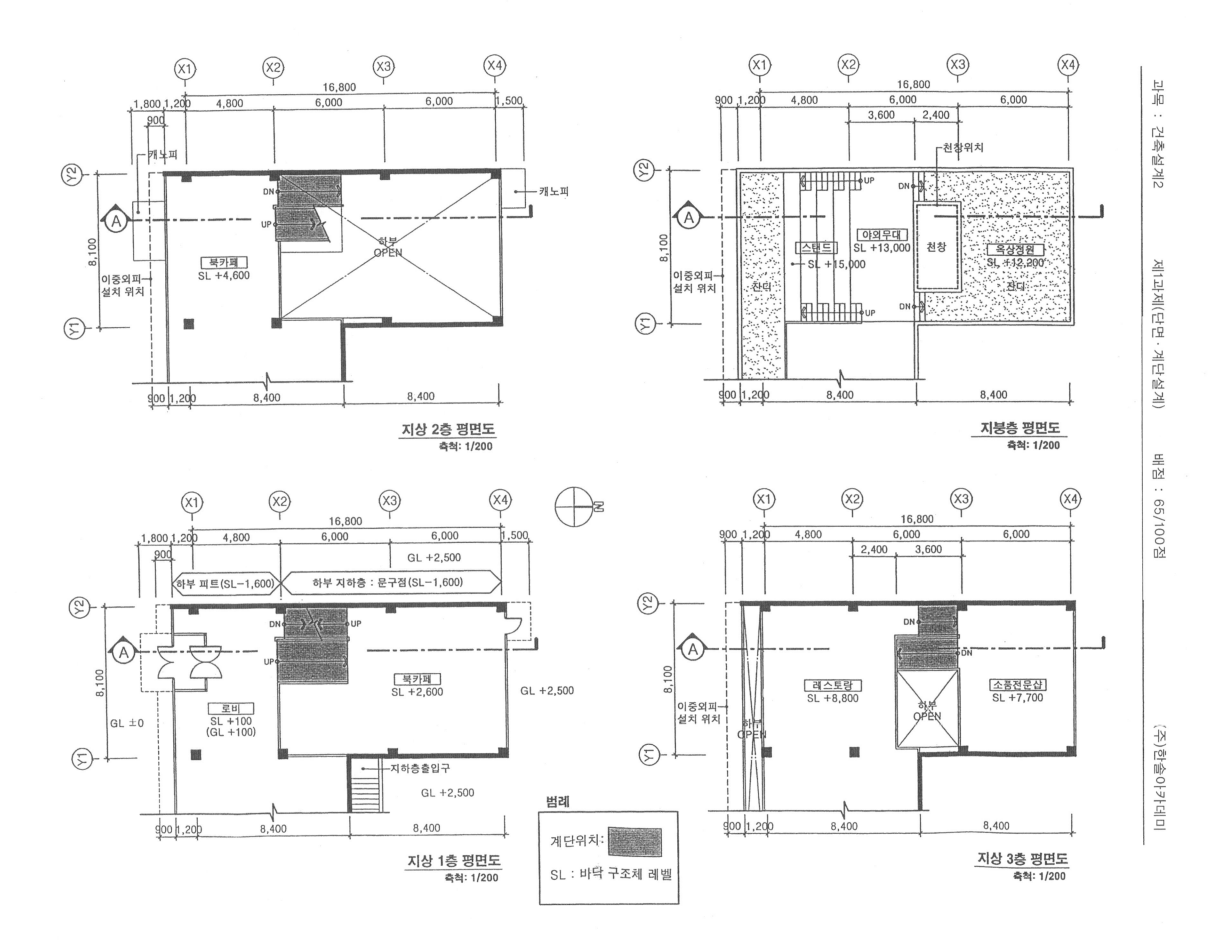

지상 2층 평면도
축척: 1/200

지붕층 평면도
축척: 1/200

지상 1층 평면도
축척: 1/200

지상 3층 평면도
축척: 1/200

범례

계단위치:

SL : 바닥 구조체 레벨

2012

응시번호
성　명
감독확인
(인)

X1

X1　　　X2　　　X3　　　X4

B

▽ 3층바닥

1층 SL　G.L ±0
▽SL +100

지하1층 SL
▽

▽ 2층바닥

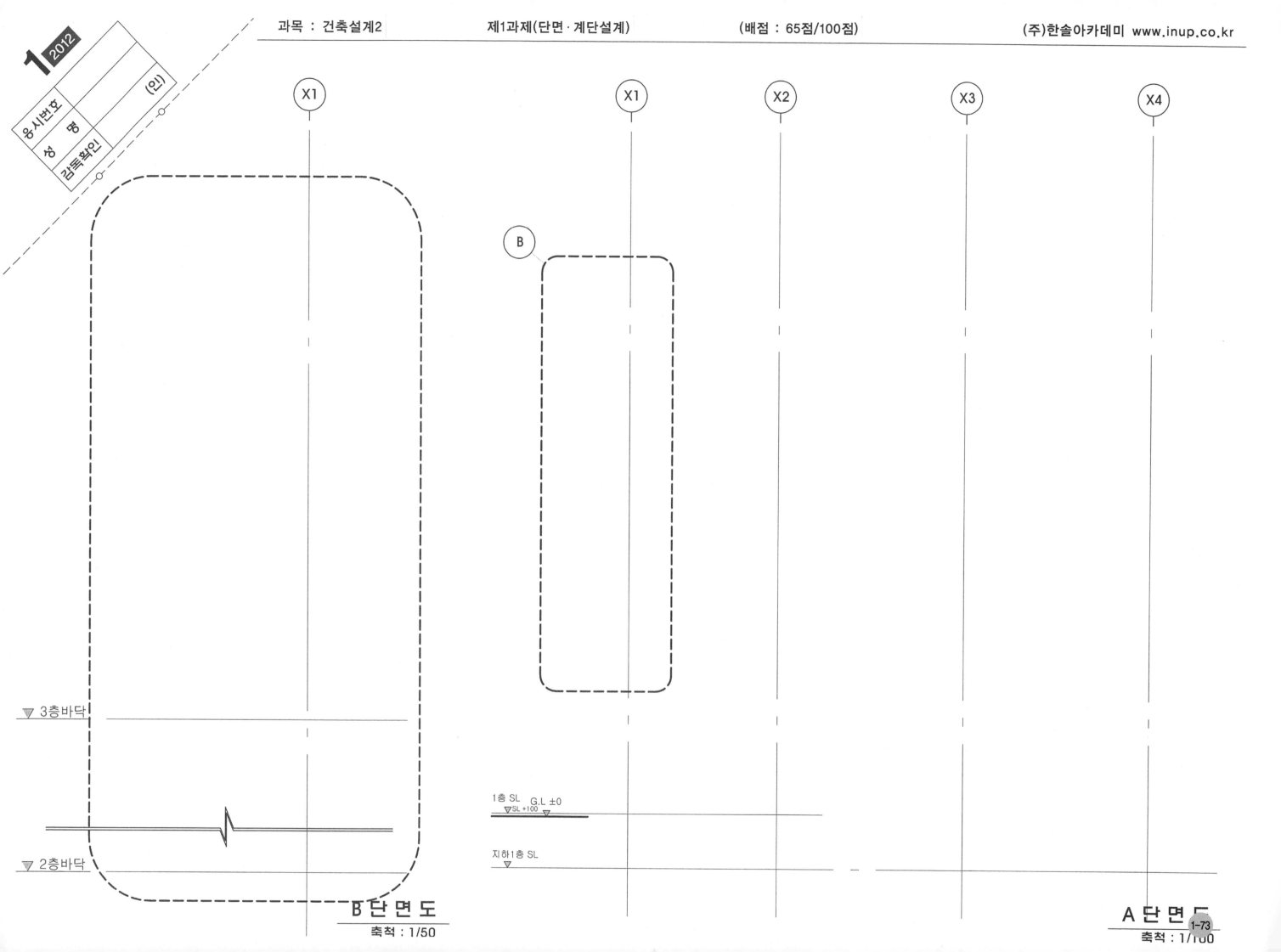

B 단 면 도
축척 : 1/50

A 단 면 도
축척 : 1/100

1-73

2012년도 건축사자격시험 문제

과목 : 건축설계2   제2과제(구조계획)   배점 : 35/100점   (주)한솔아카데미

제목 : 소규모 갤러리 구조계획

1. 과제개요

소규모 갤러리를 주어진 대지 내에 신축하려고 한다. 아래사항을 고려하여 전시에 효율적인 구조계획이 되도록 2층 바닥 구조평면도를 작성하시오.

2. 계획조건

(1) 규   모 : 지상 2층
(2) 구조형식 : 철근콘크리트 라멘조
(3) 적용하중(계단실 포함) :
    고정하중 = 5.0 kN/m², 활하중 = 3.0 kN/m²
(4) 층   고 : 각 층 4.5m
(5) 사용재료 :
    철근 f_y = 500Mpa, HD22
    콘크리트 f_{ck} = 24Mpa
(6) 구조부재의 단면치수(단위 : mm)

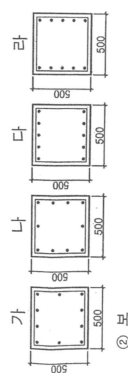

① 기둥

가   나   다   라

② 보

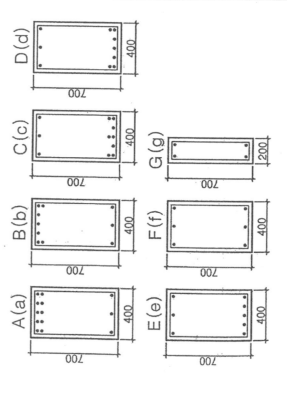

A(a)   B(b)   C(c)   D(d)

E(e)   F(f)   G(g)

3. 고려사항

(1) 건축물 외벽선 이내에서 구조계획을 한다.
(2) 기둥 및 보의 전단력, 축력은 고려하지 않고 휨 모멘트만 고려한다.
(3) 모든 부재는 형탄력을 고려하지 않는다.
(4) 기둥
    ① 수직이며 주어진 기둥 이외에는 추가하여 계획하지 않는다.
    ② 전단벽의 구속을 받지 않는다.
(5) 보
    ① 연속적으로 설치하는 것을 원칙으로 한다.
    ② 토압을 받는 벽체와의 접합부는 힌지(hinge)로 가정한다.
    ③ 보와 기둥은 응력을 분배한다.
(6) 슬래브
    경간(span)은 3,500mm 이하가 되도록 계획한다.
(7) 계단실, 화장실 및 승강기 샤프트는 전단벽으로 계획한다.

4. 도면작성요령

(1) 트러스형 데크플레이트의 방향을 표시한다.
(2) 도면의 표시는 <보기 1>과 같이 한다.
(3) 보는 계획조건에서 제시된 기호 A(a)~G(g)로 구분하여 <보기 2>와 같이 1개의 보 당 3개의 단면 (양단부, 중앙부)을 표기한다.
    단, 도면 표기 시 가로방향은 소문자, 세로방향은 대문자로 한다.
(4) 기둥은 계획조건에서 제시된 기호 가~라로 구분하여 <보기 2>와 같이 표시한다.
(5) 단위 : mm
(6) 축척 : 1/100

5. 유의사항

(1) 답안작성은 반드시 흑색연필로 한다.
(2) 명시되지 않은 사항은 현행 관계법령의 범위 안에서 임의로 한다.

(3) 전단벽 두께 : 200
(4) 토압을 받는 벽체두께 : 300
(5) 트러스형 데크플레이트 슬래브 또는 2층 바닥전체를 한쪽 방향으로만 계획한다.
(6) 전단벽 두께 : 200
(7) 트러스형 데크플레이트 슬래브 또는 2층 바닥전체를 한쪽 방향으로만 계획한다.

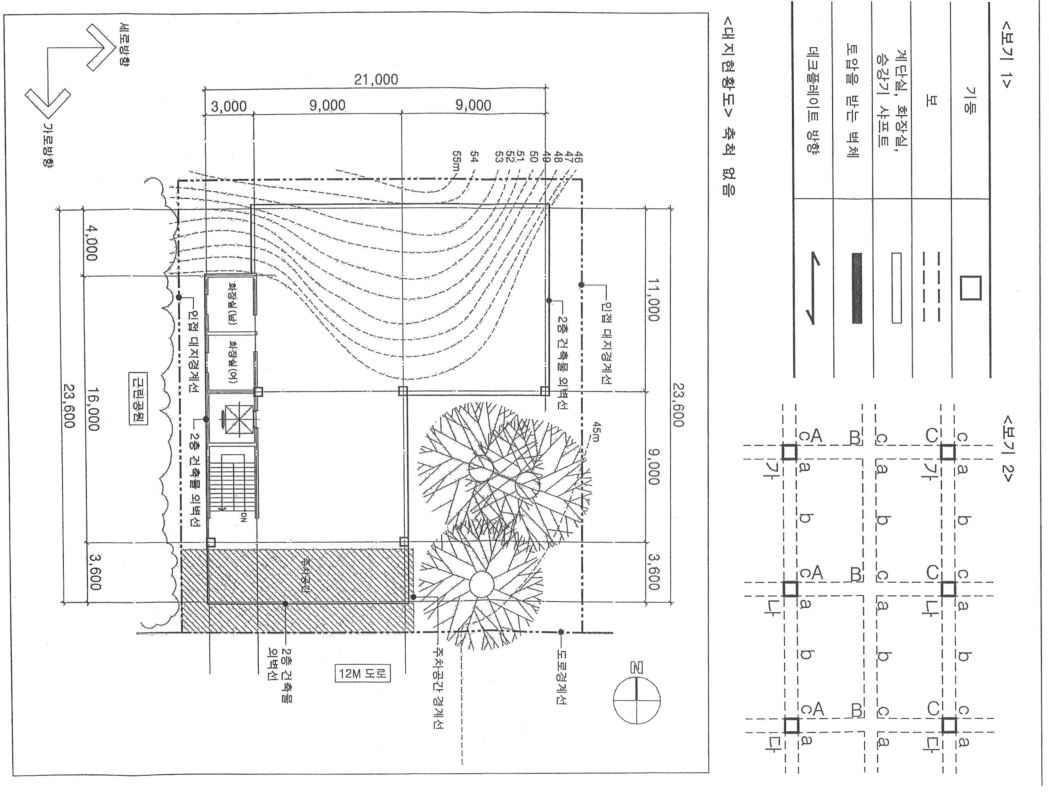

<보기 1>

기둥	□
보	
계단실, 화장실, 승강기 샤프트	
트임을 받는 벽체	▬
대크플레이트 방향	⤷

<보기 2>

<대지현황도> 축척 없음

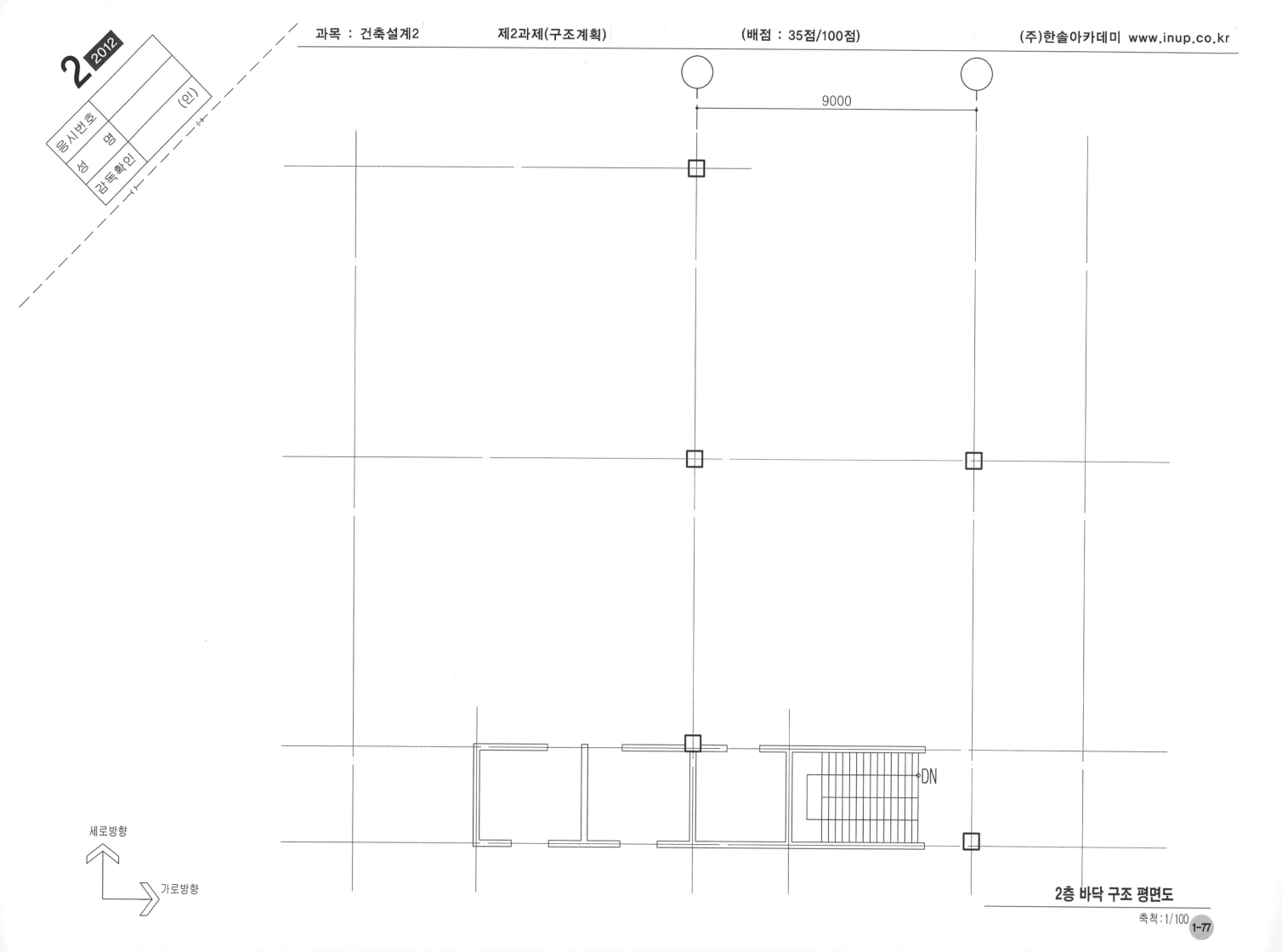

9000

DN

세로방향

가로방향

2층 바닥 구조 평면도

축척 : 1/100

2013년도 건축사 자격시험 문제

과 목 명	과 제 명	
건축설계 2	제1과제 : 단 면 설 계	(65점)
	제2과제 : 구 조 계 획	(35점)

응시자 준수사항

1. 문제지를 받더라도 시험시작 타종전까지 문제내용을 보아서는 안 됩니다.

2. 문제지를 받는 즉시 과목편철 순서, 문제누락 여부, 인쇄상태 이상 유무 등을 확인한 후 답안지에 본인의 응시번호와 성명을 기재합니다.

3. 시험이 시작되면 문제를 주의 깊게 읽은 후 답안을 작성하시기 바랍니다.

4. 시험시간종료 후 문제지와 보조용지(갱판지, 트레이싱지)는 제출하지 않습니다.
※ 시험시간이 전에는 어떠한 경우에도 문제지를 시험장 밖으로 가지고 갈 수 없습니다.

5. 답안지 미제출자는 부정행위자로 건주 처리됩니다.

공 지 사 항

1. 문제지 공개
   - 방 법 : 국토교통부 및 대한건축사협회 인터넷 홈페이지에 게시

2. 합격예정자 발표
   - 방 법 : 국토교통부 / 대한건축사협회 인터넷 홈페이지 및 각 시ㆍ도 건축사회 게시판

3. 점수 열람
   - 방 법 : 대한건축사협회 인터넷 홈페이지 / 성적열람 메뉴

※ 합격예정자 제출서류에 대한 자세한 사항은 대한건축사협회 인터넷 원서접수 프로그램 공지사항에 게재되어 있으며, 합격예정자 발표시 별도 공고합니다.

2013년도 건축사자격시험 문제

과목 : 건축설계2   제1과제 : 단면설계   배점 : 65/100점   (주)한솔아카데미

제목 : 문화사랑방이 있는 복지관 단면설계

1. 과제개요

제시된 도면은 중소도시 주택가에 위치한 문화사랑방이 있는 복지관 평면도의 일부이다. 다음 사항을 고려하여 단면도를 작성하시오.

2. 설계조건

(1) 규   모 : 지하 1층, 지상 3층
(2) 구   조 : 철근콘크리트 라멘조
(3) 용   도 : 복지시설
(4) 바닥 구조체 레벨 높이 : 평면도 참조
(5) 층   고 : 평면도 참조
(6) 반자높이 : 2.5m ~ 3.0m, 실의 용도에 따라 임의로 설계
(7) 기   초
    ① 온통기초 (두께 600mm)
    ② 동결선 1.0m 이상
(8) 기   둥 : 400mm x 400mm
(9) 보   : 300 x 500mm
(10) 바닥슬래브 : 각층 두께 150mm
(11) 단열재 두께
    ① 외벽 및 최하층 바닥 : 150mm
    ② 지붕층 및 외기노출바닥 : 250mm
(12) 외   벽 : 노출콘크리트
(13) 지   붕
    ① 평면도 상의 ①~③열 구간 : 평지붕
    ② 평면도 상의 ③~⑤열 구간 : 경사지붕 (경사도 2/10 이상, 처마길이 1m)
(14) 천   창 : 천창 설계 가능범위 내에서 자연환기가 가능하도록 설계
(15) 문화사랑방 : 직육면체의 입체감이 강조되도록 외피를 노출콘크리트가 아닌 다른 단일재료 마감 (카페 바닥은 제외)
(16) 지하층 옹벽 : 두께 400mm
(17) 방화구획 : 고려하지 않음
(18) 설비계획 : 고려하지 않음

3. 도면에 포함되어야 할 주요 내용

(1) 층별 단면
(2) 기초 및 드라이 에어리어(Dry Area)
(3) 천창
(4) 계단의 단높이, 단너비, 난간
(5) 단열, 결로, 방수
(6) 내외장 마감재
(7) 수공간

4. 도면작성요령

(1) 단면도 작성시 보이는 입면을 그린다.
(2) 층고, 반자높이, 개구부 높이 등 주요 치수를 표기한다.
(3) 각 실의 명칭을 표기한다.
(4) 그 밖에 구체적으로 제시되지 않은 레벨, 치수 및 재료 등은 임의로 표기한다.
(5) 단위 : mm
(6) 축척 : 1/100

5. 유의사항

(1) 답안작성은 반드시 흑색 연필로 한다.
(2) 명시되지 않은 사항은 현행 관계법령의 범위 안에서 임의로 한다.

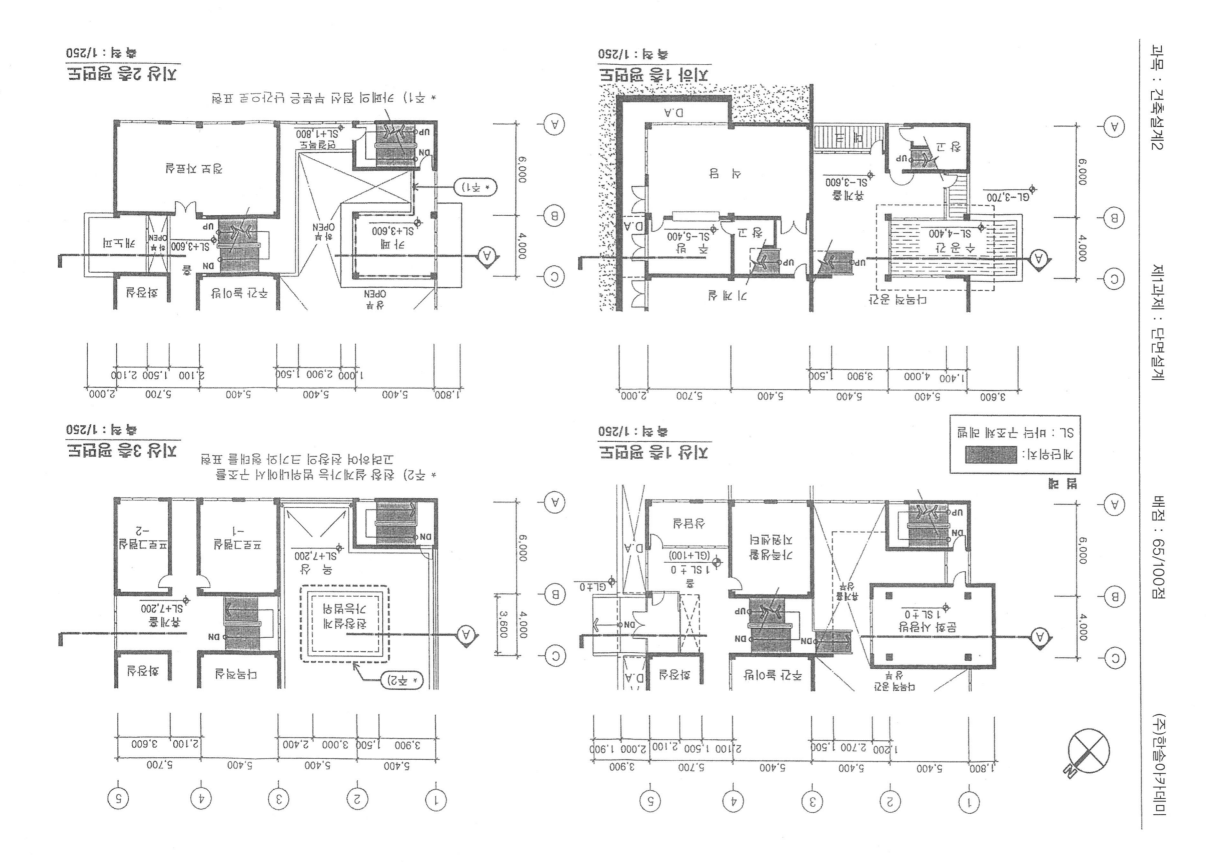

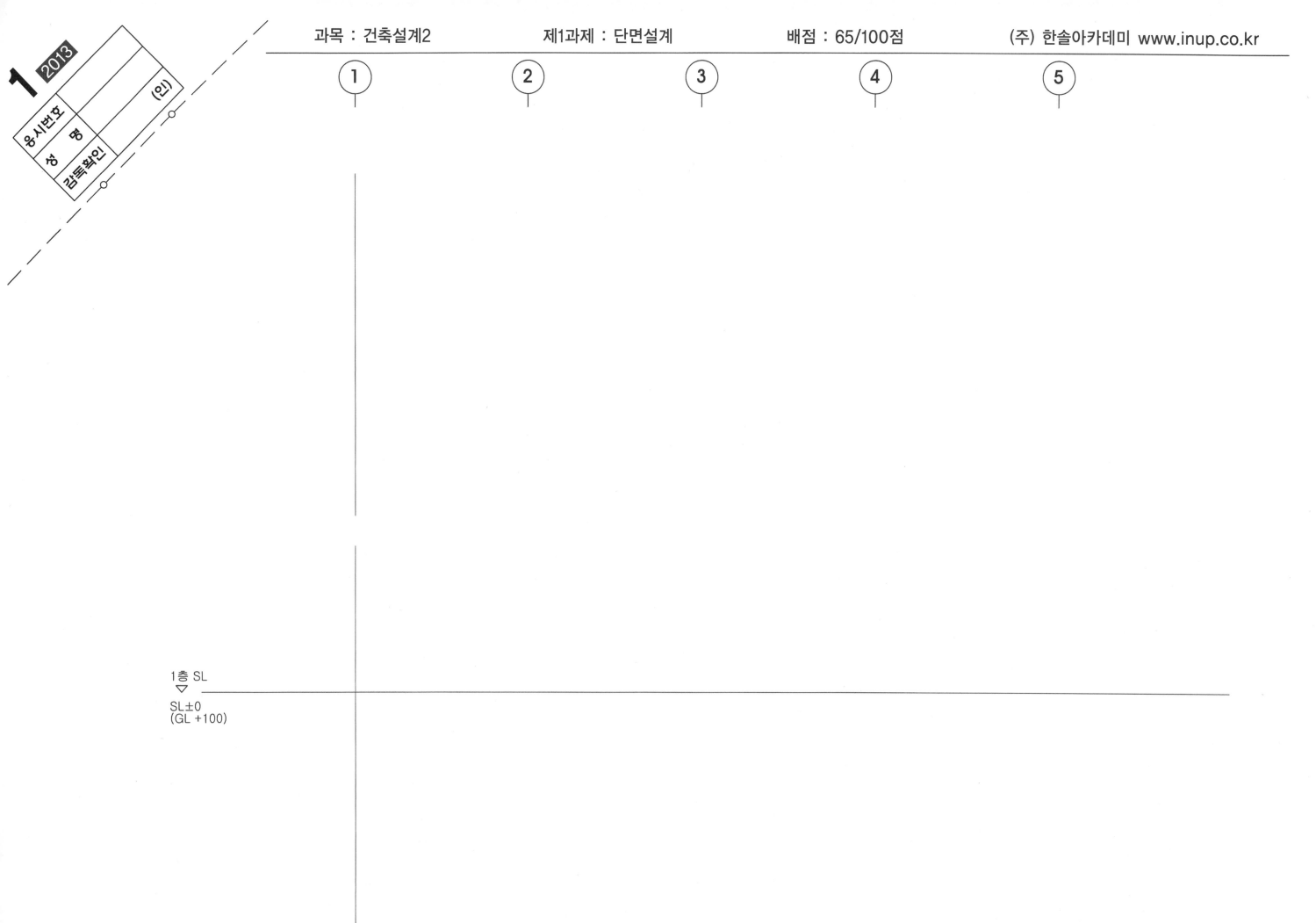

① ② ③ ④ ⑤

1층 SL
▽

SL±0
(GL +100)

A 단 면 도
축 척 : 1 / 100　1-83

2013년도 건축사자격시험 문제

과 목 : 건축설계 2   제2과제 (구조계획)   배점 : 35/100   (주)한솔아카데미

제 목 : 도심지 공장 구조계획

1. 과제개요

주어진 대지에 공장을 신축하려 한다. 다음 사항을 고려하여 합리적인 구조계획이 되도록 4층 바닥구조평면도와 단면상세도를 작성하시오.

2. 계획조건

(1) 규   모 : 지하1층, 지상 5층
(2) 사용부재 : 일반구조용 압연강재(SS400)
(3) 구조형식 : 철골구조(코어는 철근콘크리트구조)
(4) 구조부재의 단면치수(단위 :mm)
  ① 기 : 500 X 500
  ② 큰 보(a) : 700 X 300
  ③ 작은보(b) : 600 X 200
(5) 층   고 : 각층 4m
(6) 슬래브 및 벽체두께

구 분	두 께	비 고
데크플레이트슬래브	150mm	합성데크플레이트
벽 체	350mm	철근콘크리트구조

3. 고려사항

(1) 기둥
  ① 기둥 간격은 14m 이내로 한다.
  ② 기둥은 16개 이하로 배치한다.
  ③ 최적의 응력상태가 되도록 기둥의 강·약축을 고려하여 계획한다.
  ④ 기둥은 수직기둥으로 계획한다.

(2) 보
  ① 보는 연속적으로 설치하는 것을 원칙으로 한다.
  ② 밖크나는 캔틸레버 구조로 한다.
  ③ 슬래브는 데크플레이트는 최대 3.5m스팬을 지지 한다.

(3) 철근콘크리트 벽체
  ① 계단실과 화장실 및 승강실은 철근콘크리트 전단벽이다.
  ② 철근콘크리트 전단벽에 별도의 철골기둥이나 철골보는 삽입하지 아니한다.

(5) 기타

  ① 형력에 대한 저항은 고려하지 않는다.
  ② 바닥에는 고정하중과 활하중이 균등하게 작용한다.
  ③ 지상2층에서 5층까지 구조형식은 동일하다.

4. 도면작성요령

(1) 주어진 4층 평면도를 바탕으로 4층 바닥 구조평면도에 구조부재(보, 기둥)를 배치 작성한다.
(2) 부재의 접합부에는 강접합과 힌지접합으로 구분하여 표시한다.
(3) 보는 계획조건에서 주어진 기호 a,b로 구분하여 도면의 가로방향으로 표기한다.
(4) 합성 데크플레이트 방향을 표시한다.
(5) 제시된 단면상세도를 작성한다.(플레이트와 볼트등의 규격 및 개수는 고려하지 아니한다.)
  ① A-A' : 합성 데크플레이트 상세
  ② B-B' : 철근콘크리트 벽체(전단벽)와 철골보의 접합 부 상세
(6) 주요치수를 표기한다.
(7) 표기는 <보기>를 따른다.
(5) 단위 : mm
(6) 축척
  ① 구조평면도 : 1/300
  ② 단면상세도 : 1/30

<보기>

기 둥	工 ㅗ
데크플레이트 방향	
강접함	
힌지접함	
철근콘크리트 벽체	

5. 유의사항

(1) 답안작성은 반드시 흑색연필로 한다.
(2) 명시되지 않은 사항은 현행 관계법령의 범위 안에서 임의로 한다.

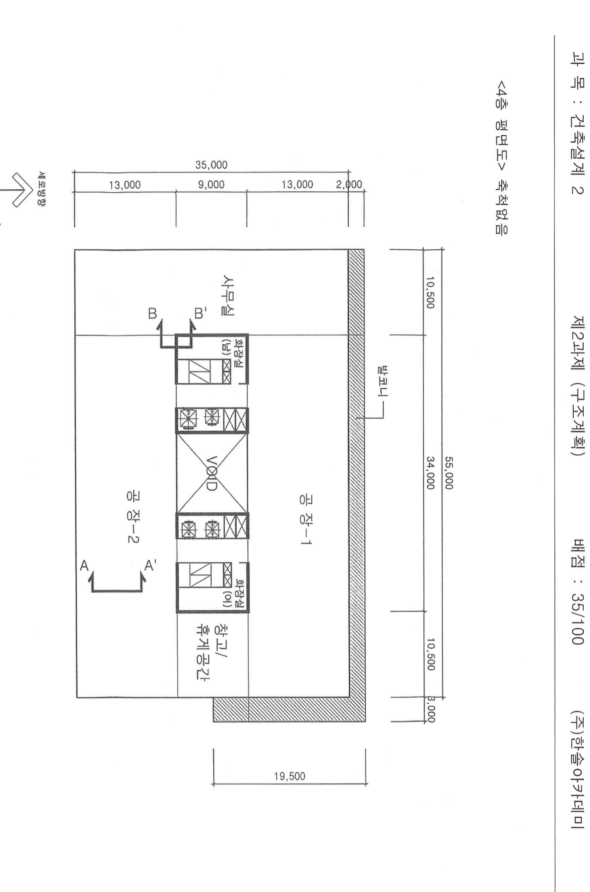

과 목 : 건축설계 2   제2과제 (구조계획)   배점 : 35/100   (주)한솔아카데미

<4층 평면도> 축척없음

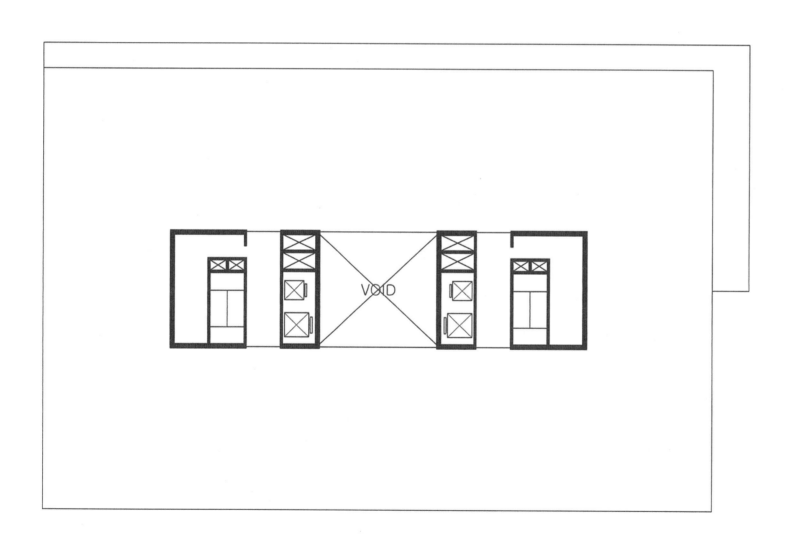

4층 바닥 구조 평면도
축척:1/300

A-A' 상세도
축척:1/30

B-B' 상세도
축척:1/30

2014년도 건축사 자격시험 문제

과 목 명	과 제 명	
건축설계 2	제1과제 : 단면설계 및 설비계획	(50점)
	제2과제 : 구조계획 및 지붕설계	(50점)

응시자 준수사항

1. 문제지를 받더라도 시험시작 타종전까지 문제내용을 보아서는 안 됩니다.

2. 문제지를 받는 즉시 과목편철 순서, 문제누락 여부, 인쇄상태 이상 유무 등을 확인한 후 답안지에 본인의 응시번호와 성명을 기재합니다.

3. 시험이 시작되면 문제를 주의 깊게 읽은 후 답안을 작성하시기 바랍니다.

4. 시험시간종료 후 문제지와 보조용지(갤판지, 트레이싱지)는 제출하지 않습니다.
※ 시험시간이 종료되기 전에는 어떠한 경우에도 문제지를 시험장 밖으로 가지고 갈 수 없습니다.

5. 답안지 미제출자는 부정행위자로 간주 처리됩니다.

공 지 사 항

1. 문제지 공개
   - 방 법 : 국토교통부 및 대한건축사협회 인터넷 홈페이지에 게시

2. 합격예정자 발표
   - 방 법 : 국토교통부 / 대한건축사협회 인터넷 홈페이지 및 각 시·도 건축사회 게시판

3. 점수 열람
   - 방 법 : 대한건축사협회 인터넷 홈페이지 / 성적열람 메뉴

※ 합격예정자 제출서류에 대한 자세한 사항은 대한건축사협회 인터넷 홈페이지 공지사항에 게재되어 있으며, 합격예정자 발표시 별도 공고합니다.

2014년도 건축사자격시험 문제

과목 : 건축설계2   제1과제 : 단면설계 · 설비계획   배점 : 50/100점   (주)한솔아카데미

제목 : 주민센터 단면설계 · 설비계획

1. 과제개요

제시된 도면은 주민센터의 평면도이다. 각층 평면도와 표시된 단면지시선을 기준으로 다음 사항을 고려하여 주단면도와 상세도를 완성하시오.

2. 건축개요

(1) 규모   : 지하 1층, 지상 2층
(2) 구조   : 철근 콘크리트조
(3) 냉난방설비   : FCU+중앙공조(천장) 덕트방식
(4) 기초   : 온통기초 (두께 600mm)
(5) 내력벽 두께   : 200mm
(6) 보(W×D)   : 400mm × 600mm
(7) 기둥   : 500 × 500mm
(8) 슬라브두께   : 150mm
(9) 반자높이   : 설비를 고려하되 합리적으로 산정
(10) 단열재   : 외벽 및 최하층 바닥 100mm
         지붕층 : 200mm
(11) 옥상녹화   : 토심 250mm 이상
(12) 지하수위   : GL -3.5m
(13) 방화구획은 고려하지 않는다.

3. 설계조건

(1) 설계조건과 평면도를 참조하여 단열, 방수, 마감재, 채광, 환기 등의 기술적 사항을 반영한다.
(2) 서측의 일사조절을 위한 계획을 반영한다.
(3) 천창의 크기와 향태는 임의로 하며, 신재생에너지 시스템을 적용하여 채광, 환기가 가능하도록 계획한다.
(4) 인터넷방에는 두께 200mm의 엑세스플로어(access floor)를 적용한다.
(5) 지하수위에 따른 방수 및 배수계획을 반영한다.
(6) 건축물 내·외부의 환기경로, 제광경로를 <보기>에 따라 표현하고 필요한 곳에 창호의 개폐방향으로 표현한다.
(7) 각 실은 용도에 적합하게 바닥레벨을 고려한다.

4. 도면작성요령

(1) 단면지시선에 의해 보여지는 입·단면을 표현한다.
(2) 층고, 반자높이, 개구부 높이 등 주요 치수를 표기한다.
(3) 각 실의 명칭을 표기 한다.
(4) 구체적으로 제시되지 않은 레벨, 치수 및 재료 등은 임의로 표기한다.
(5) 단위 : mm
(6) 축척 : 1/100

5. 유의사항

(1) 제도는 반드시 흑색연필로 한다.
(2) 명시되지 않은 사항은 현행 관계법령의 범위 안에서 임의로 한다.

<보기>

환기 경로	⟹
채광 경로	⟾

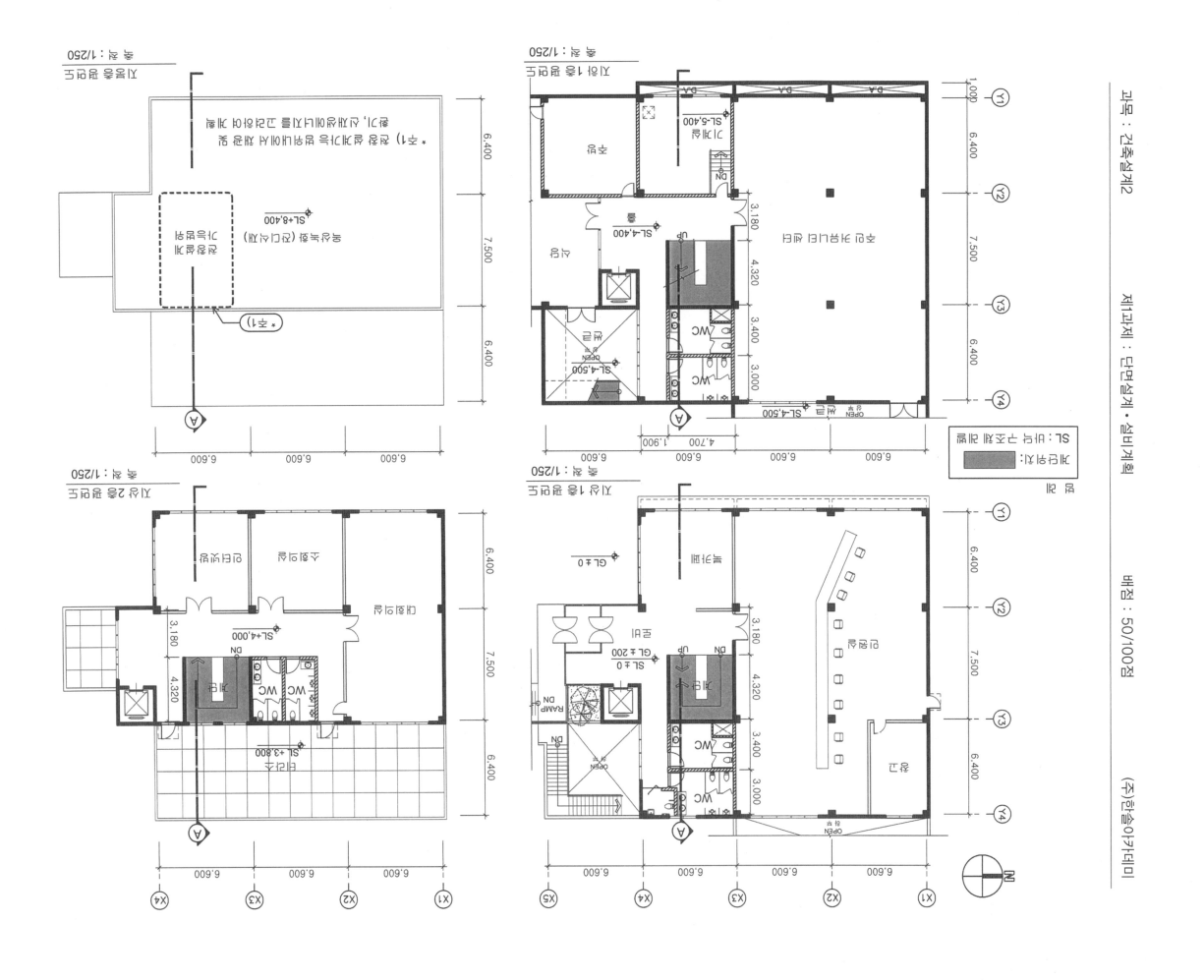

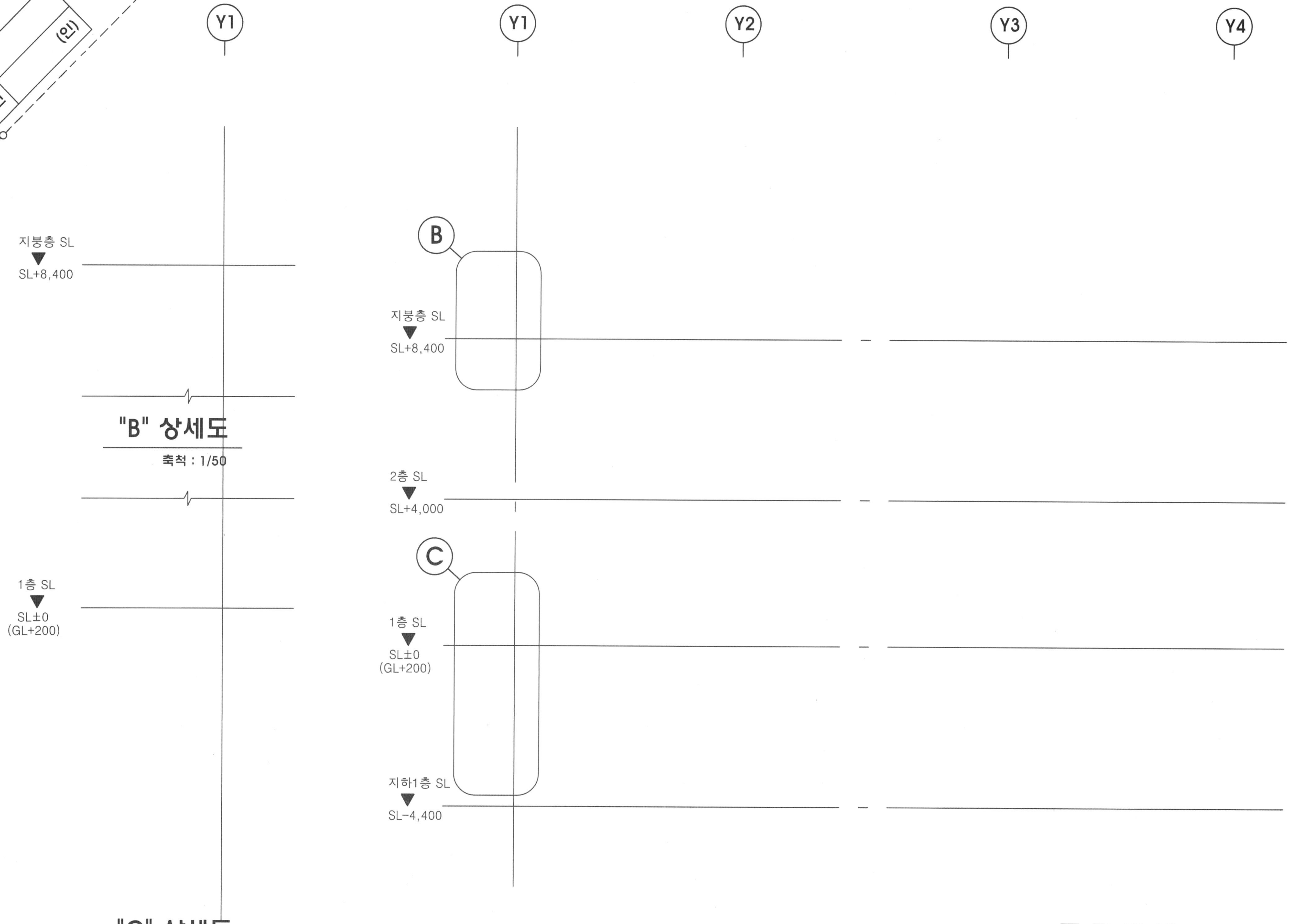

1 2014

응시번호　성　명　(인)
감독확인

Y1　　Y1　　Y2　　Y3　　Y4

B

지붕층 SL
▼
SL+8,400

지붕층 SL
▼
SL+8,400

2층 SL
SL+4,000

"B" 상세도

축척 : 1/50

C

1층 SL
▼
SL±0
(GL+200)

1층 SL
▼
SL±0
(GL+200)

지하1층 SL
▼
SL-4,400

"C" 상세도

축척 : 1/50

주 단 면 도

축척 : 1/100

2014년도 건축사자격시험 문제

과목 : 건축설계2	제2과제 : 구조계획 · 지붕설계	배점 : 50/100점	(주)한솔아카데미

제 목 : 실내체육관 구조계획 · 지붕설계

1. 과제개요

연수원 내 공지에 철골구조의 실내체육관을 건축하려고 한다. 다음 사항을 고려하여 지붕 구조평면도, 외벽 구조입면도, 지붕 부분단면상세도 및 주각부 상세도를 작성하시오.

2. 계획조건

(1) 건축개요
- ① 층수 : 1층
- ② 규모 : 30m(폭) × 60m(길이) × 9m(처마높이)
- ③ 용도 : 실내체육관
- ④ 구조 : 철골구조
- ⑤ 지붕경사도 : 2/10
- ⑥ 지붕 및 외벽재
  - · 지붕재 : 샌드위치패널(두께 200mm)
  - · 외벽재 : 샌드위치패널(두께 100mm)
- ⑦ 기초 : 독립기초
- ⑧ 페디스털(pedestal) : 600mm x 1,100mm
- ⑨ 내부에 기둥과 벽이 없는 대공간으로 실내환경, 진출입 동선 등은 고려하지 않는다.

(2) 설계하중을 고려하여 가정된 철골부재의 부호 및 규격(단위 : mm)은 다음과 같다.
- ① 기둥
  - p1(주기둥) : H-700 x 300
  - p2(샛기둥) : H-294 x 200
- ② 보
  - a(큰보) : H-700 x 300, b(작은보) : H-294 x 200
  - c(작은보) : H-200 x 100, d(벽수평보) : H-150 x 100
- ③ 가새(brace)
  - e(외벽 가새) : H-250 x 250
  - f(지붕 가새) : L-90 x 90

3. 도면작성요령

(1) 지붕 구조평면도 (축척 1/300)
- ① 주기둥은 [그림] 및 답안지의 X열과 Y열이 교차되는 부분에만 배치한다.

② 부재의 단부를 합리적인 접합방식에 따라 <보기>와 같이 표현하며, 동일한 배열형태가 반복되는 경우 부재별 기호를 하나의 스팬에만 표기할 수 있다.
③ 지붕패널의 지지를 위한 중도리(purlin)와 패널의 골방향을 <보기>와 같이 표기한다.

(2) 외벽(Y1열) 구조입면도 (축척 1/300)
- ① 부재의 단부를 합리적인 접합방식에 따라 <보기>와 같이 표현하며, 동일한 배열형태가 반복되는 경우 부재별 기호를 하나의 스팬에만 표기할 수 있다.
- ② 외벽패널 지지를 위한 띠장(girt)은 표기하지 않는다.

(3) 지붕 부분단면상세도 (축척 1/10)
- ① 용마루 부분을 작성한다. (지붕보, 중도리 및 지붕패널 포함)
- ② 중도리는 C-150x50x20 @1,000으로 한다.
- ③ 각각의 명칭만 기입하고 치수는 기입하지 않는다.

(4) 주각부 상세도 (축척 1/20)
- ① 주각은 힌지(hinge)로 한다.
- ② 페디스털 상부에 기둥, 베이스플레이트, 리브플레이트, 앵커볼트, 무수축모르타르 등을 표현하되, 각각의 명칭만 기입하고 치수는 기입하지 않는다.

4. 유의사항

(1) 제도는 반드시 흑색 연필로 한다.
(2) 명시되지 않은 사항은 현행 관계법령의 범위 안에서 임의로 한다.

<보기>

기 둥	ㅗㅜ
강접합	▲
핀접합	ㅣ
보, 가새, 중도리	━━
지붕패널 골방향	↕

[그림]

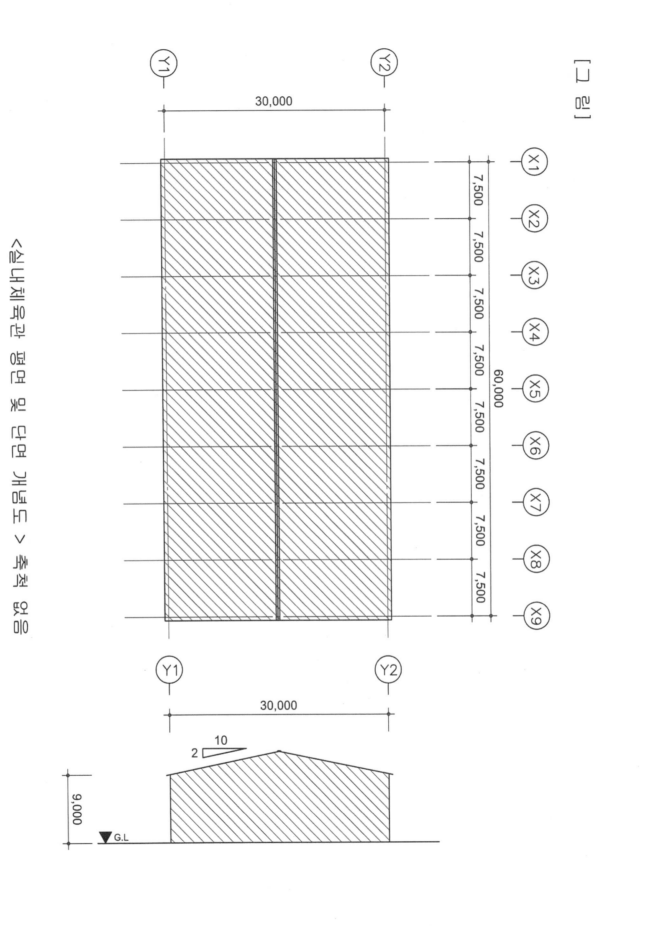

<실내체육관 평면 및 단면 개념도 > 축척 없음

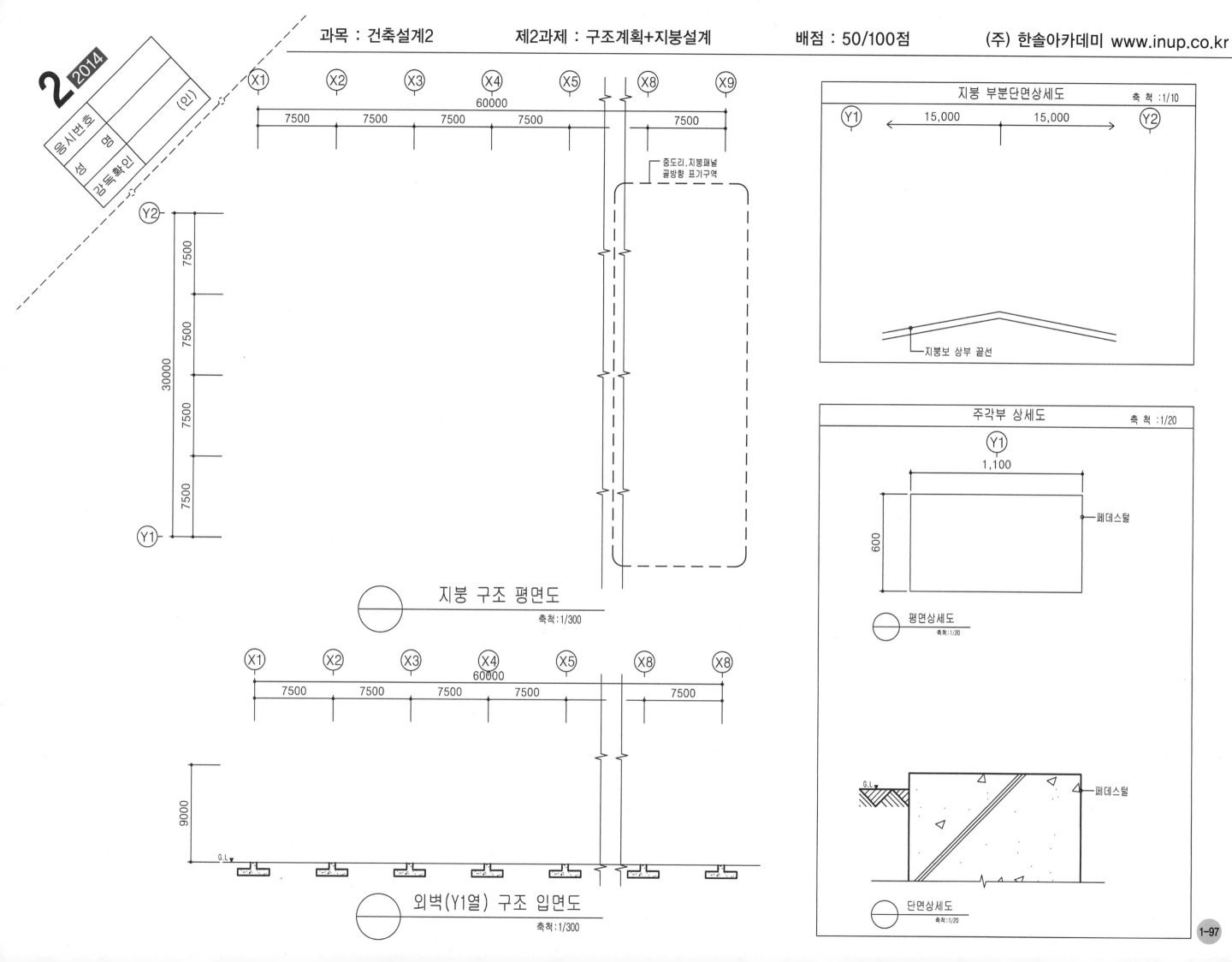

지붕 구조 평면도
축척 : 1/300

외벽(Y1열) 구조 입면도
축척 : 1/300

지붕 부분단면상세도　　축척 : 1/10

주각부 상세도　　축척 : 1/20

평면상세도
축척 : 1/20

단면상세도
축척 : 1/20

2015년도 건축사 자격시험 문제

과 목 명	
건 축 설 계 2	

과 제 명	제 1 과제 : 단 면 설 계 (60점)
	제 2 과제 : 구 조 계 획 (40점)

응시자 준수사항

1. 문제지를 받더라도 시험시작 타종전까지 문제내용을 보아서는 안 됩니다.

2. 문제지를 받는 즉시 과목편철 순서, 문제누락 여부, 인쇄상태 이상 유무 등을 확인한 후 답안지에 본인의 응시번호와 성명을 기재합니다.

3. 시험이 시작되면 문제를 주의 깊게 읽은 후 답안을 작성하시기 바랍니다.

4. 시험시간종료 후 문제지와 보조용지 (깔판지, 트레이싱지)는 제출하지 않습니다.

※ 시험시간이 종료되기 전에는 어떠한 경우에도 문제지를 시험장 밖으로 가지고 갈 수 없습니다.

5. 답안지 미제출자는 부정행위자로 간주 처리됩니다.

공 지 사 항

1. 문제지 공개
   - 방 법 : 국토교통부 및 대한건축사협회 인터넷 홈페이지에 게시

2. 합격예정자 발표
   - 방 법 : 국토교통부 / 대한건축사협회 인터넷 홈페이지 및 각 시 · 도 건축사회 게시판

3. 점수 열람
   - 방 법 : 대한건축사협회 인터넷 홈페이지 / 성적열람 메뉴

※ 합격예정자 제출서류에 대한 자세한 사항은 대한건축사협회 인터넷 원서접수 프로그램 공지사항에 게재되어 있으며, 합격예정자 발표시 별도 공고합니다.

2015년도 건축사자격시험 문제

과 목: 건축설계2   제1과제 (단면설계)   배점: 60/100점   (주)한솔아카데미

제 목 : 연수원 부속 복지관 단면설계

1. 과제개요

제시된 도면은 연수원 부속 복지관 평면도의 일부이다.
각층 평면도에 표시된 단면지시선을 기준으로 다음 사항을 고려하여 단면도를 완성하시오.

2. 건축개요

(1) 규　모　：지하 1층, 지상 2층
(2) 구　조　：철근 콘크리트구조
(3) 기　초　：온통기초 (두께 600mm)
　　　　　　 동결선은 지면(G.L)에서 1,000mm
(4) 층　고　：평면도 참조
(5) 기　둥　：500mm × 500mm
(6) 보(W×D)：400mm × 650mm
(7) 슬라브두께：150mm
(8) 내력벽두께：200mm
(9) 지하층 옹벽두께：300mm
(10) 외벽마감　：광라알루미늄시트
(11) 실내마감 및 반자높이 : <보기1>참조
(12) 단열재두께 : 외벽 및 외기에 연하는 바닥 100mm,
　　　　　　　　　　지붕 200mm
(13) 계　단　： 2m마다 계단참(최소너비1,200mm)설치,
　　　　　　　단높이는 170mm이하로 설계
　　　　　　　단너비와 방화구획은 고려하지 않는다.
(14) 실비계획과 방화구획은 고려하지 않는다.

3. 도면 작성 시 고려사항

(1) 설계조건과 평면도를 참조하여 단열, 방수, 마감재,
　　채광, 환기 등의 기술적 사항을 고려한다.
(2) 고측창의 크기와 형태는 자연채광과 실내환기가 가능
　　하도록 설계한다.
(3) 지하층은 각 실은 방수 및 결로방지를 고려한다.
(4) 단열은 외단열로 하고 열교현상(cold bridge)을 고려하
　　여 설계한다.
(5) 지하층 옥외테라스와 지붕층의 배수를 고려하여 설계
　　한다.
(6) 실내마감과 반자높이는<보기1>를 참조하고, 지정되지
　　않은 경우 각 실의 용도에 따라 설계한다.
(7) 마감재의 차이로 발생하는 단차는 고려하지 않는다.
(8) 반자의 형태는 각 실의 용도를 고려하여 설계한다.
(9) 각 실의 용도에 따라 발생하는 소음 급도를 저감하도
　　록 설계한다.
(10) 계단 단면은 평면도에 표시된 계단위치 범위에서 설계
　　한다.
(11) 로비 및 복도의 난간은 투시형으로 설계한다.

4. 도면작성요령

(1) 주요 구조를 표현한다.
(2) 계단을 표현하고 세부치수를 표기한다.
(3) 각 실의 천장 형태와 높이를 표기한다.
(4) 레벨,층고, 반자높이, 개구부 높이 및 단면형태를 결정
　　하는 주요 치수를 표기 한다.
(5) 각 실명을 표기 한다.
(6) 실내·외 마감을 표기한다.
(7) 단면도 작성 시 보이는 입면요소를 표현한다.
(8) 건축물 내·외부의 환기경로를<보기2>에 따라 표현하
　　고 필요한 위치에 창호 개폐방향을 표현한다.
(9) 구체적으로 제시되지 않은 레벨,치수 및 재료 등은 임
　　의로 표기한다.
(10) 단위 : mm
(11) 축척 : 1/100

<보기2>

환기 경로

5. 유의사항

(1) 도면작성은 반드시 흑색 연필로 한다.
(2) 명시되지 않은 사항은 현행 관계법령의 범위 안에서
　　임의로 한다.

<보기1>

실명		바닥	실내마감 벽	천장	반자높이 (mm)
계단실		화강석	노출콘크리트	페인트	미지정
로비		화강석	미지정	미지정	미지정
휴게실		화강석	미지정	미지정	미지정
복도		화강석	석고보드위 수성페인트	미지정	미지정
중정		목재폴로링	미지정	미지정	미지정
체력단련실		데코타일	석고보드위 수성페인트	흡음텍스	미지정
노래연습장		카펫타일	흡음보드	흡음텍스	2,600
세미나실		카펫타일	석고보드위 수성페인트	미지정	2,700

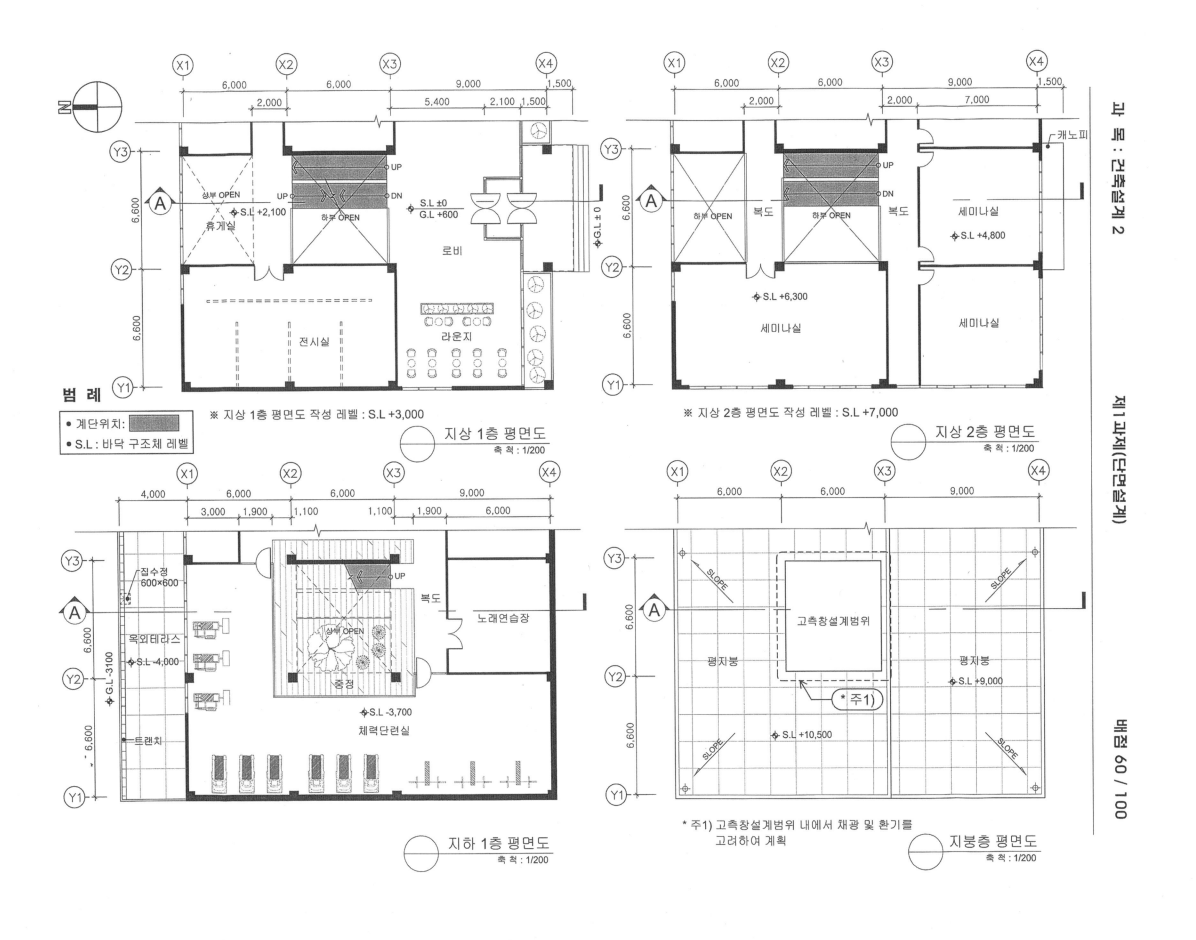

N

X1 6,000 X2 6,000 X3 9,000 X4 1,500
2,000 5,400 2,100 1,500

Y3
6,600
A

상부 OPEN
UP
UP DN
◇S.L +2,100
하부 OPEN
◇ S.L ±0 / G.L +600
◇ G.L ± 0
휴게실
로비

Y2
6,600

전시실
라운지

Y1

범 례

● 계단위치:
● S.L : 바닥 구조체 레벨

※ 지상 1층 평면도 작성 레벨 : S.L +3,000

○ **지상 1층 평면도**
축 척 : 1/200

X1 6,000 X2 6,000 X3 9,000 X4 1,500
2,000 2,000 7,000

Y3
6,600
A

하부 OPEN
복도
UP
DN
상부 OPEN
복도
세미나실
◇S.L +4,800
캐노피

Y2
6,600

◇ S.L +6,300
세미나실
세미나실

Y1

※ 지상 2층 평면도 작성 레벨 : S.L +7,000

○ **지상 2층 평면도**
축 척 : 1/200

X1 4,000 X2 6,000 X3 6,000 X4 9,000
3,000 1,900 1,100 1,100 1,900 6,000

Y3
집수정 600×600
6,600
A

옥외테라스
◇S.L -4,000
G.L -3100
상부 OPEN
중정
UP
복도
노래연습장

Y2
6,600

◇ S.L -3,700
체력단련실

트랜치

Y1

○ **지하 1층 평면도**
축 척 : 1/200

X1 6,000 X2 6,000 X3 9,000 X4

Y3
6,600
A

SLOPE
SLOPE
고측창설계범위
평지붕
평지붕
◇ S.L +9,000

Y2
6,600

*주1)
◇ S.L +10,500
SLOPE
SLOPE

Y1

* 주1) 고측창설계범위 내에서 채광 및 환기를 고려하여 계획

○ **지붕층 평면도**
축 척 : 1/200

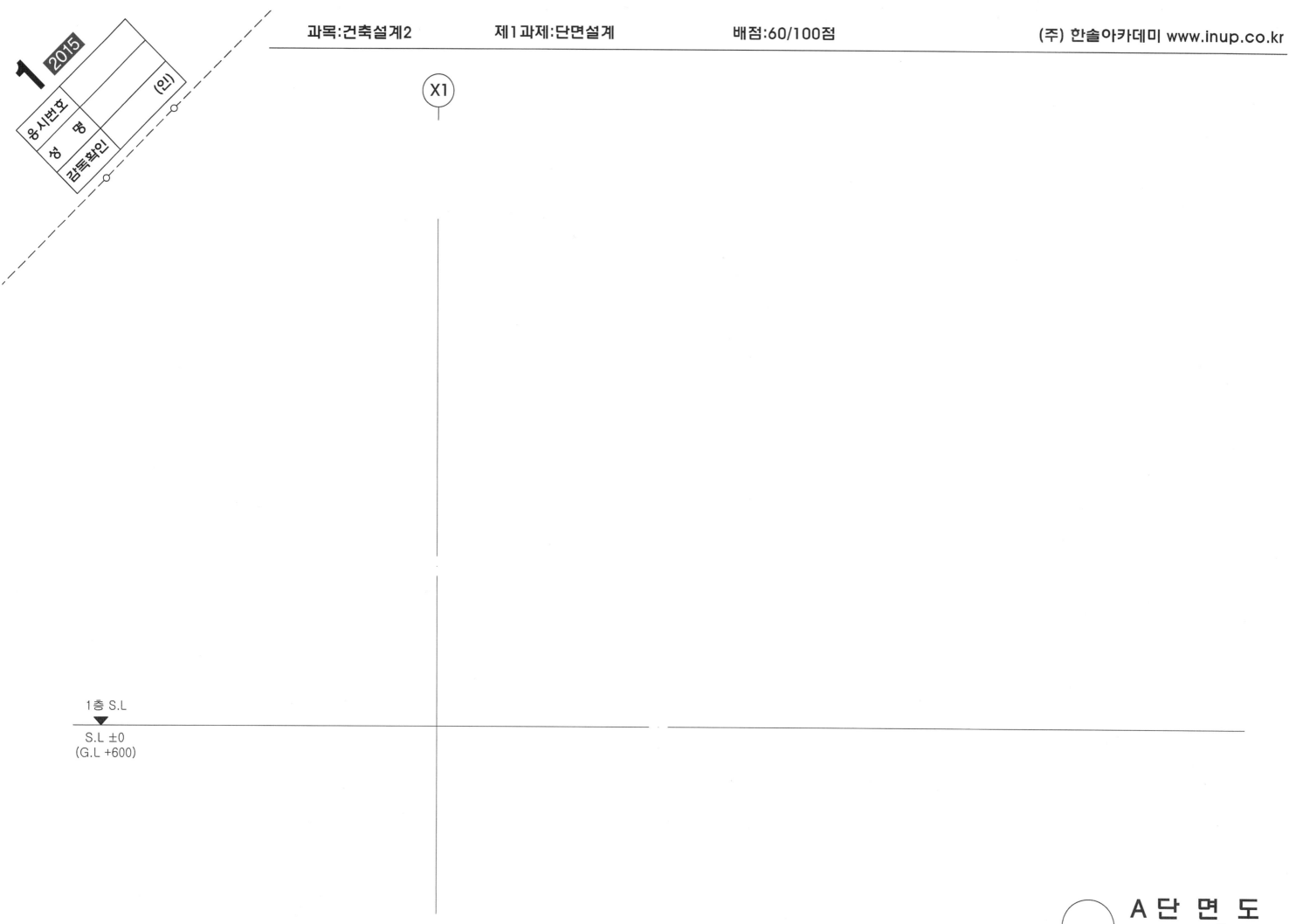

X1

1층 S.L
▼
S.L ±0
(G.L +600)

A 단 면 도

축척-1:100/100

2015년도 건축사자격시험 문제

과 목 : 건축설계 2   제2과제 (구조계획)   배점 : 40/100점   (주)한솔아카데미

제 목 : 철골구조 사무소 구조계획

1. 과제개요

철골구조 사무소를 신축할 계획이다. 제시된 평면[그림]과 다음 사항을 고려하여 3층 구조평면도와 Y2열 구조입면 도를 작성하시오.

2. 계획조건

(1) 규 모 : 지상5층(지하 엘리베이터 피트 및 물탱크 설치)

(2) 구 조 : 철골구조

(3) 기 초 : 온통기초(두께 650mm)

(4) 슬 래 브 : 트러스형 데크플레이트

(5) 사용재료
- 철 골 : fy = 240Mpa
- 철 근 : fy = 400Mpa
- 콘크리트 : fy = 24Mpa

(6) 층 고
- 1층   : 3.6m
- 2층   : 4.0m
- 3층~5층 : 3.3m

(7) 설계하중을 고려하여 가정된 부재의 부호 및 규격 (단위:mm)은 다음과 같다. 단, 부재의 보유내력은 부재 크기에 비례하는 것으로 가정한다.

① 보
- G1 : H-700X300
- G2, B1 : H-500X200
- G3 : H-400X200
- G4, B2 : H-350X175
- G5, B3 : H-300X150

② 기둥
- C1 : H-400X400
- C2 : H-350X350
- C3 : H-250X250
- C4 : H-150X150

③ 가세
- BR1 : H-150X150

(4) 콘크리트 전단벽 두께 : 200

(5) 토압을 받는 벽체 두께 : 350

3. 고려사항

(1) 건축물 외곽선을 고려하여 구조계획 한다.

(2) 바닥에는 고정하중과 활하중이 균등하게 작용하는 것으로 가정한다.

(3) 지상2층에서부터 지붕까지 건축물 외곽선과 구조형 식은 동일하다.

(4) 구조계획은 시공성과 경제성을 고려하여 계획한다.

(5) Y2열과 X2,X3열 사이에는 [그림]과 같이 콘크리트 전 단벽이 시공되는 것으로 가정한다.

(6) 시공성을 고려하여 철골공사는 콘크리트 공사보다 먼저 시공하는 것으로 가정한다.

(7) 데크플레이트는 최대 3.0m경간(span)을 지지한다.

(8) 계단은 철골조이다.

(9) 통결선은 800mm로 한다.

(10) 지반은 일반토사이다.

(11) 기초의 내민 길이는 건축물 외곽선에서 500mm이고, 1층 구조체 바닥은 G.L에서 +100mm이다.

4. 도면작성요령

(1) 도면의 표시는 <보기>와 같이 한다.

<보기>

기 둥	H I
힌지접합	⊥
강접합	▲
가세	----
콘크리트 벽 및 기초(단면)	⧄
트러스형 데크 플레이트 방향	╱

(2) 트러스형 데크플레이트의 방향을 표시한다. 단,코어부분은 데크플레이트의 방향을 표시하지 않는다.

(3) 보의 부호는 작용 전단력, 휨모멘트의 크기를 고려 하여 표시한다.

(4) 기둥은 강축 및 약축을 고려하여 표시하고 힘의 흐름을 고려하여 작성한다.

(5) 코어의 구조계획시 주어진 조건에 따라 횡력저항 시 스템을 결정하고 부재를 표시한다.

(6) 코어부분을 코어 구조평면도에 작성한다.

(7) Y2열 구조입면도 작성 시 기초부분 단면을 포함하여 작성하시오.

(8) 단위 : mm

(9) 축척 : 3층 구조평면도와 Y2열 구조입면도는 1/200, 코어 구조평면상세도는 1/50

5. 유의사항

(1) 답안작성은 반드시 흑색연필로 한다.

(2) 명시되지 않은 사항은 현행 관계법령의 범위 안에서 임의로 한다.

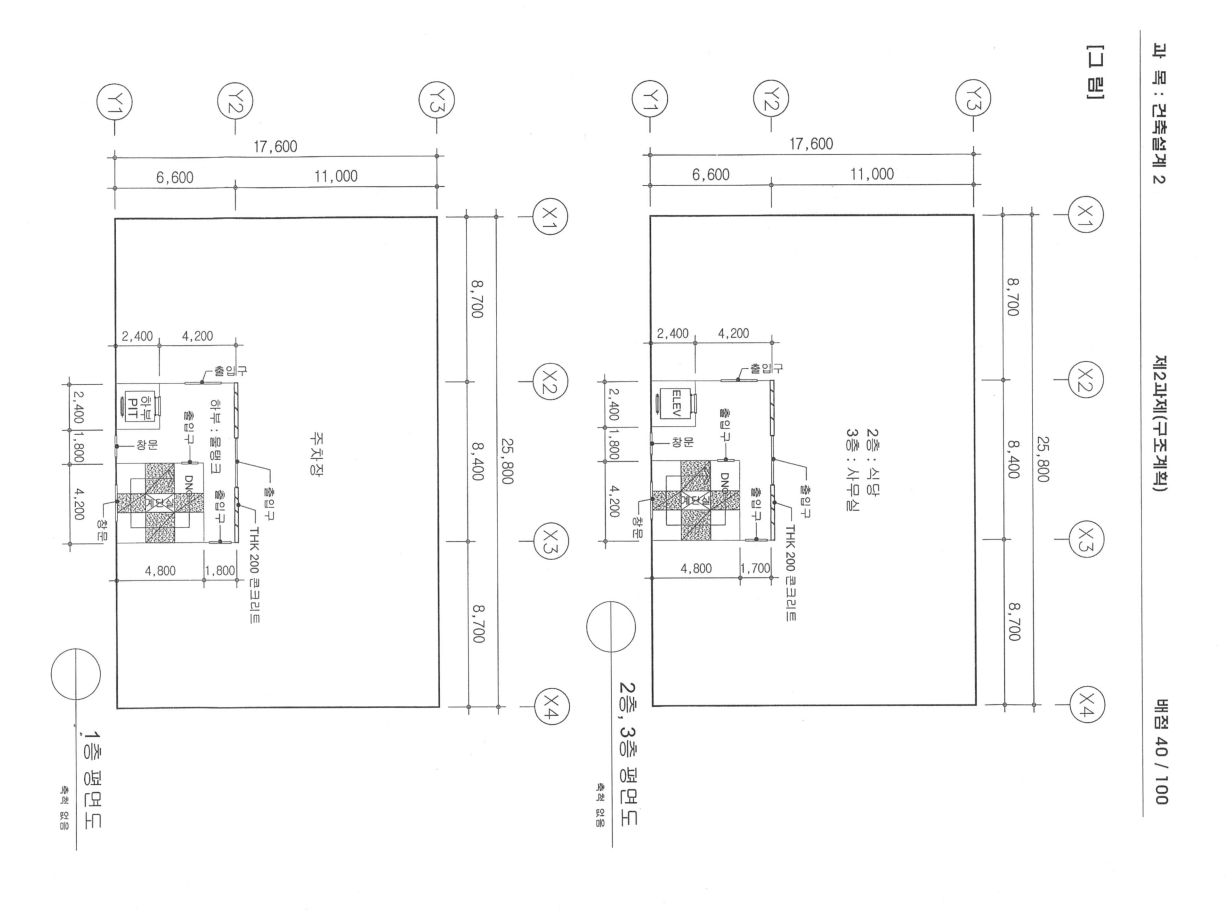

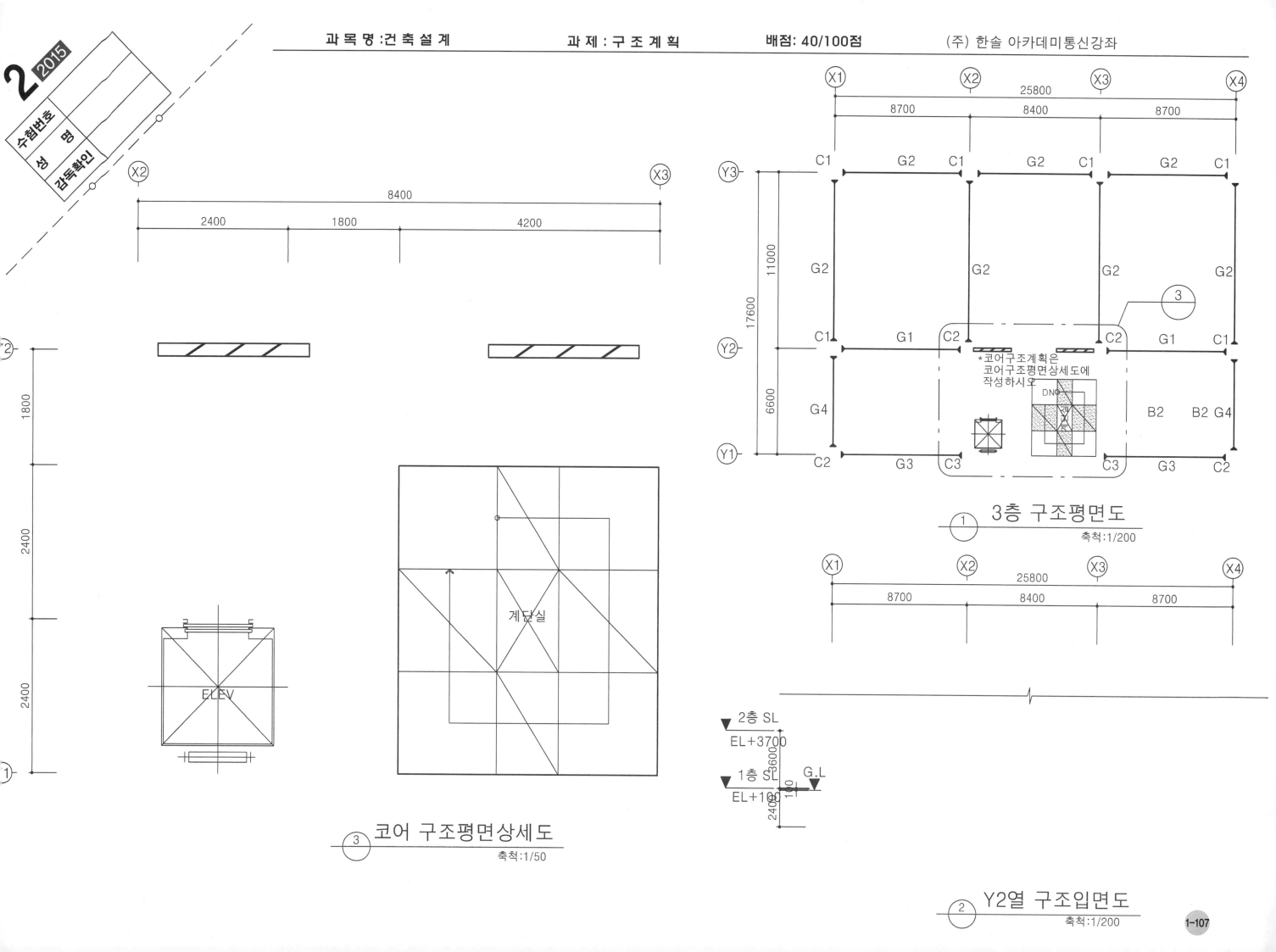

2 2015

수험번호
성　명
감독확인

X1　　X2　　X3　　X4
25800
8700　　8400　　8700

C1　G2　C1　G2　C1　G2　C1

Y3

11000
G2　　G2　　G2　　G2

3

17600

C1　G1　C2　　C2　G1　C1

Y2

*코어구조계획은
코어구조평면상세도에
작성하시오

6600

G4　　DN　　B2　B2 G4

Y1

C2　G3　C3　　C3　G3　C2

3층 구조평면도

1　축척:1/200

X2　　8400　　X3
2400　　1800　　4200

1800

2400

2400

계단실

ELEV

3　코어 구조평면상세도
축척:1/50

X1　　X2　　X3　　X4
25800
8700　　8400　　8700

▼ 2층 SL
EL+3700

3600

▼ 1층 SL　　G.L
EL+100

2400

2　Y2열 구조입면도
축척:1/200

2016년도 건축사 자격시험 문제

과 목 명	과 제 명	
건축설계 2	제1과제 : 단면설계 및 설비계획	(60점)
	제2과제 : 구 조 계 획	(40점)

응시자 준수사항

1. 문제지를 받더라도 시험시작 타종전까지 문제내용을 보아서는 안 됩니다.

2. 문제지를 받는 즉시 과목편철 순서, 문제누락 여부, 인쇄상태 이상 유무 등을 확인한 후 답안지에 본인의 응시번호와 성명을 기재합니다.

3. 시험이 시작되면 문제를 주의 깊게 읽은 후 답안을 작성하시기 바랍니다.

4. 시험시간중을 후 문제지와 보조용지 (깔판지, 트레이싱지)는 제출하지 않습니다.
   ※ 시험시간이 종료되기 전에는 어떠한 경우에도 문제지를 시험장 밖으로 가지고 갈 수 없습니다.

5. 답안지 미제출자는 부정행위자로 간주 처리됩니다.

공 지 사 항

1. **문제지 공개**
   - 방 법 : 국토교통부 및 대한건축사협회 인터넷 홈페이지에 게시

2. **합격예정자 발표**
   - 방 법 : 국토교통부 / 대한건축사협회 인터넷 홈페이지 및 각 시·도 건축사회 게시판

3. **점수 열람**
   - 방 법 : 대한건축사협회 인터넷 홈페이지 / 성적열람 메뉴

   ※ 합격예정자 제출서류에 대한 자세한 사항은 대한건축사협회 인터넷 원서접수 프로그램 공지사항에 게재되어 있으며, 합격예정자 발표시 별도 공고합니다.

2016년도 건축사자격시험 문제

과 목 : 건축설계 2　　　　제1과제 (단면설계 · 설비계획)　　　　배점 60 / 100

제 목 : 노인요양시설의 단면설계 & 설비계획

1. 과제개요

제시된 도면은 노인요양시설 평면도의 일부이다. 다음 사항을 고려하여 각 층 평면도에 표시된 단면지시선을 기준으로 주단면도와 단면상세도를 완성하시오.

2. 설계조건

(1) 규모 : 지하 1층, 지상 3층
(2) 구조 : 철근콘크리트조
(3) 층고, 바닥마감레벨, 반자높이 : 평면도 참조
(4) 기타 설계조건은 <보기 1>과 같다.

<보기 1>

구분			설계조건
구조부	벽두께	온통(매트)기초 두께	600mm
		1층~3층	200mm
		지하 외벽	300mm
	슬래브 두께		210mm
	기둥		600mm×600mm
	보 (W×D)		400mm×700mm
단열재 두께	최상층 지붕부위		220mm
	최하층 바닥부위		150mm
	외벽부위		125mm
	외부 마감재		화강석(두께 30mm)
냉 · 난방 설비	제활치료실, 직원식당, 다용도실, 단목직 활동공간		천장매립형 EHP (950mm×950mm×350mm)
	다인실		온수 바닥복사난방 (두께 120mm)
	목욕실		전기 라디에이터
	옥상 조경		토심 600mm

(5) 실내 마감재는 <보기 2>와 같다.

<보기 2>

실명	위치		
	바닥	벽	천장
방풍실	화강석	수성페인트	흡음텍스
다인실	온돌마루	석고보드 위 벽지	흡음텍스
다목적 활동공간, 직원식당	비닐계타일	수성페인트	흡음텍스
제활치료실, 치료실	비닐계타일	석고보드 위 수성페인트	흡음텍스
휴게공간	비닐계타일	수성페인트	–
목욕실	타일	타일	PVC

3. 도면작성 시 고려사항

(1) 설계조건과 평면도를 고려하여 단열, 방수, 결로, 기밀, 제물공, 환기의 기술적 사항을 반영한다.
(2) 각 층의 층고, 바닥마감레벨, 반자높이, 개구부 높이 및 단면 형태를 고려하여 설계한다.
(3) 자연환기 및 자연채광을 위한 천장을 설치한다.
(4) 천창에는 전설일체형 BIPV를 설치한다.

※ 천창일체형 BIPV(Building integrated photovoltaic) : 태양광 셀을 천창의 창유리에 일체화하여 발전하는 태양광시스템

(5) 창호의 종류, 크기, 개폐방법, 재질 등은 임의로 한다.
(6) 옥상 조경은 지피식물(초화류 등)의 생장을 고려하여 설계한다.
(7) 방화, 피난, 대피는 고려하지 않는다.

4. 도면작성 요령

(1) 평면도의 "A" 단면지시선에 따라 주단면도 작성
(2) 점선으로 표시된 담안지 Ⓐ부분의 단면상세도 작성
(3) 각 실명과 반자높이, 바닥마감레벨 표기
(4) 지붕층 평면도의 "천장설치가능범위" 및 "천창설치조건"에 따라 주단면도 작성
(5) 자연환기와 자연채광 경로를 <보기 3>의 표시방법에 따라 작성
(6) 천장매립형 EHP 배관과 지하 1층 직원식당의 급 · 배기 덕트는 <보기 3>의 표시방법에 따라 작성

<보기 3>

구분	표시방법
천장매립형 EHP	▨
EHP 배관	┈┈
급기덕트	■
배기덕트	⇧
자연환기	⇧
자연채광	▱▱▱▱

(7) 단위 : mm
(8) 축척 : 주단면도 1/100, 단면상세도 1/50

5. 유의사항

(1) 답안 작성은 흑색연필로 한다.
(2) 도면 작성은 과제개요, 설계조건 및 고려사항, 도면작성 요령, 기타 현황도 등에 주어진 치수를 기준으로 한다.
(3) 명시되지 않은 사항은 현행 관계법령의 범위 안에서 임의로 한다.

<상황 평면도> 축척 없음

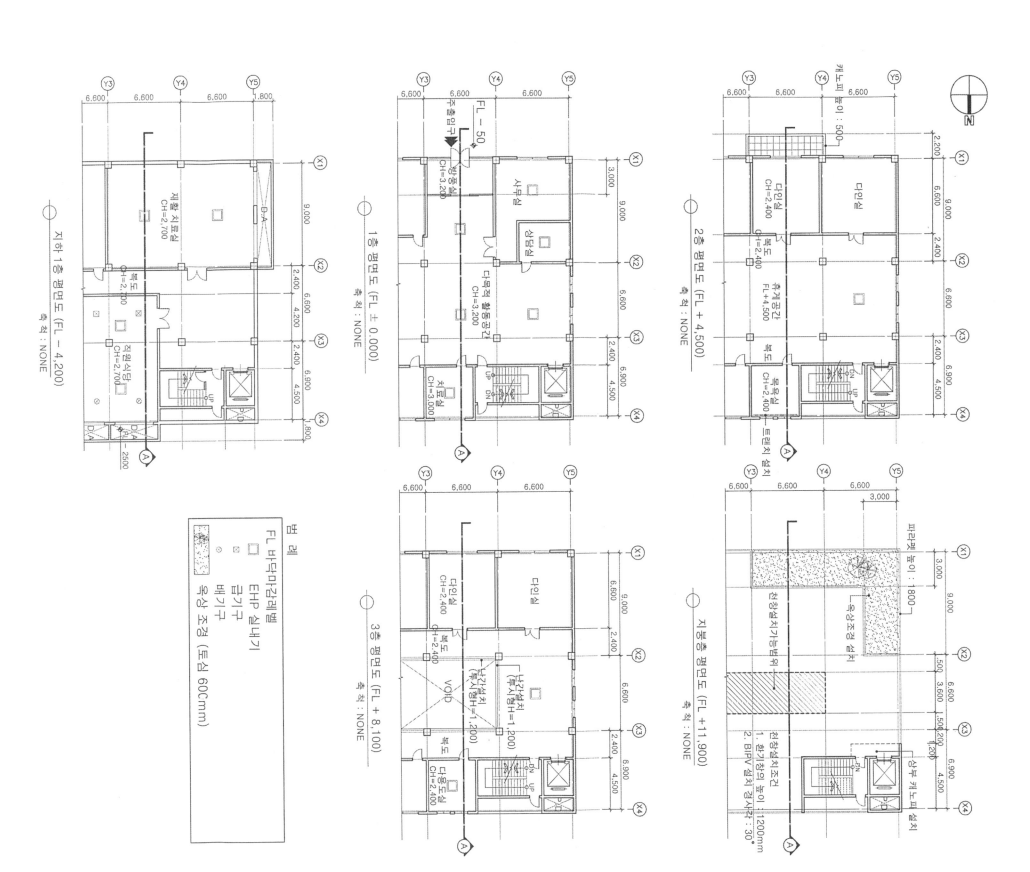

범 례

⊡	FL 바닥마감레벨
☒	EHP 실내기
⊙	급기구
□	배기구
⊡	옥상 조경 (토심 60cm)

지하 1층 평면도 (FL − 4,200)
축척 : NONE

1층 평면도 (FL ± 0.000)
축척 : NONE

2층 평면도 (FL + 4,500)
축척 : NONE

3층 평면도 (FL + 8,100)
축척 : NONE

지붕층 평면도 (FL +11,900)
축척 : NONE

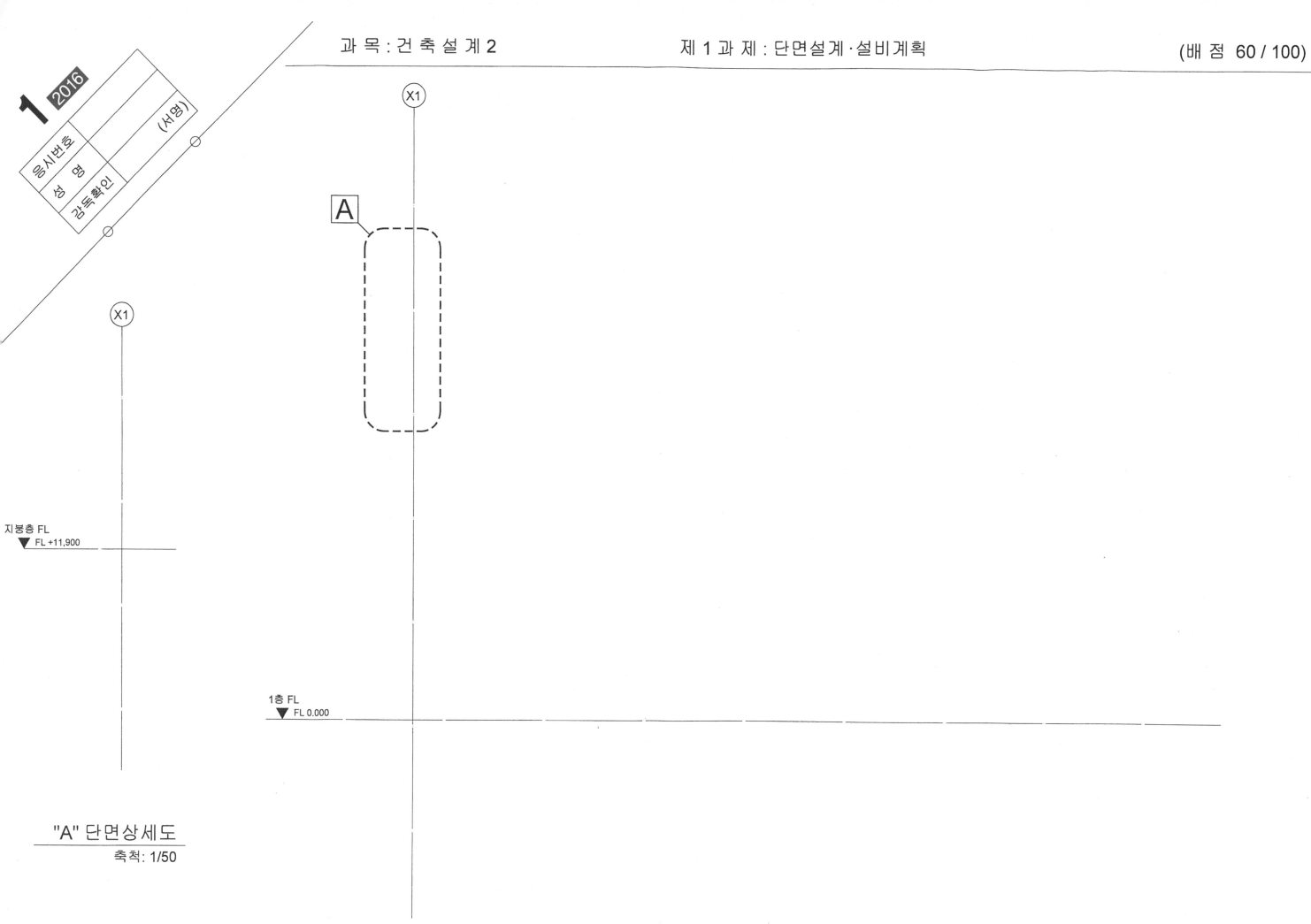

(서명)

응시번호
성 명
감독확인

X1

A

지붕층 FL
▼ FL +11,900

1층 FL
▼ FL 0.000

X1

지붕층 FL
▼ FL +11,900

"A" 단면상세도
축척: 1/50

주 단 면 도
축척: 1/100

2016년도 건축사자격시험 문제

제 목 : ○○판매시설 건축물의 구조계획

1. 과제개요

○○판매시설 건축물을 신축하려고 한다.

다음 사항들을 고려하여 합리적인 구조계획이 되도록 2층 바닥 구조평면도를 작성하시오.

2. 계획조건

(1) 규모 : 지하 1층, 지상 3층

(2) 구조 : 철근콘크리트조
(프리스트레스트 콘크리트 포함)

(3) 적용하중 :
고정하중 5kN/m²(자중 포함), 활하중 4kN/m²

(4) 층고 : 각 층 4.5m

(5) 사용재료

철근콘크리트	프리스트레스트 콘크리트
철근 : HD22	강연선(7연선) : 7-∅12.7mm
항복강도 : f_y = 500Mpa	인장강도 : f_{pu} = 1,860Mpa
콘크리트 : f_{ck} = 24Mpa	콘크리트 : f_{ck} = 35Mpa

(6) 구조 부재의 단면치수 및 배근도

① 보(400mm×700mm) 및 기둥(600mm×600mm)

철근콘크리트	A	B	C
	D	E	F
프리스트레스트 콘크리트			

	가	나	다
철근콘크리트			

기둥

범례) • 철근   ● 강연선(7연선)

주기) 배근된 철근 및 강연선(7연선) 양은 개략적인 해석 결과의 반영 값 임

② 전단벽 두께 : 200mm

③ 바닥 슬래브 두께 : 150mm

3. 구조계획 시 고려사항

(1) 계획조건 (6)에서 주어진 구조 부재의 단면치수는 그대로 적용함다.

(2) <2층 평면도>에서 주어진 기둥 외에는 추가하거나 제거하지 않는다.

(3) 수평하중은 <2층 평면도>에 표시된 계단실 및 승강기 샤프트 등이 전단벽이 부담한다.

따라서 기둥, 보 및 슬래브는 수평하중을 부담하지 않는다.

(4) 보

① 처짐 및 균열제어 등에 유리한 프리스트레스트 콘크리트 보를 포함하여 계획한다.

② 가급적 연속적으로 배치하는 것을 원칙으로 한다.

③ 보의 전단력 및 축력은 고려하지 않고 휨모멘트만 고려한다.

(5) 기둥

① <2층 평면도>에 표시된 모든 기둥은 수직기둥이다.

② 기둥의 전단력은 고려하지 않는다.

(6) 전단벽

건축물 전체의 비틀림이 가급적 발생되지 않도록 최소한의 전단벽을 계획한다.

(7) 슬래브

① 슬래브 단면 폭은 3.5m 이하가 되도록 계획하되, 1방향 슬래브 만을 원칙으로 한다.

② 캐노피 부분의 슬래브는 캔틸레버 구조를 원칙으로 계획한다.

4. 도면작성 요령

(1) 주어진 <2층 평면도>를 바탕으로 2층 바닥 구조평면도를 작성한다.
작성되는 구조평면도에는 <보기 1>에 따라 다음 사항을 표시한다.

① 철근콘크리트 보와 프리스트레스트 콘크리트 보를 구분하여 표시한다.

② 신설되는 전단벽을 표시한다.

(2) (1)에서 작성된 구조평면도에서 X2열(캐노피 부분 제외)과 Y3열의 모든 보 단면을 계획조건 (6)에서 선택하여 표기한다.
단, 선택된 단면은 <보기 2>의 예시와 같이 해당 보의 양단부 및 중앙부의 상단에 (A~F)로 구분하여 표기한다.

(3) (1)에서 작성된 구조평면도에서 X2열과 Y3열의 모든 기둥 단면을 계획조건 (6)에서 선택하여 표기한다.
단, 선택된 단면은 <보기 2>의 예시와 같이
(가~다)로 구분하여 표기한다.

(4) 축척 : 1/200

(5) 단위 : mm

5. 유의사항

(1) 답안작성은 흑색연필로 한다.

(2) 도면작성은 과제개요, 계획조건 및 구조계획 시 고려사항, 도면작성 요령, 평면도 등에 주어진 치수를 기준으로 한다.

(3) 명시되지 않은 사항은 현행 관계법령의 범위 안에서 임의로 한다.

<보기 1>

보	철근콘크리트 콘크리트
	프리스트레스트 콘크리트
	전단벽

<보기 2>

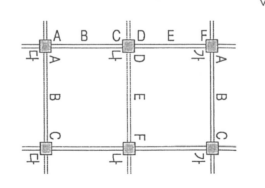

<2층 평면도> 축척 없음

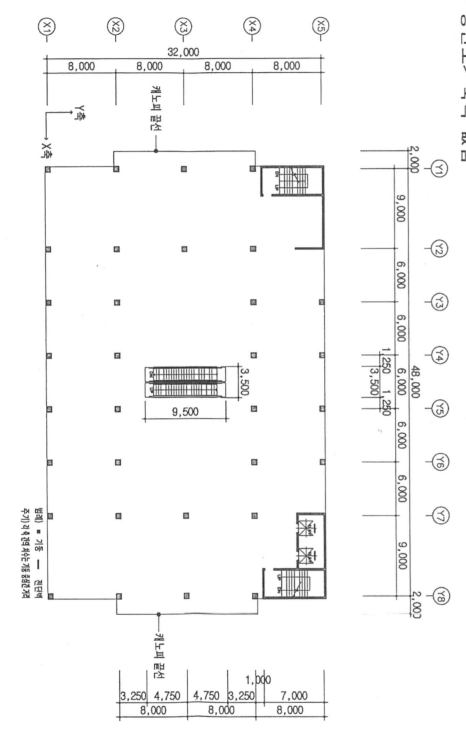

범례) ▬ 기둥 ─ 전단벽
주) 지내력이 확보되는 기준암반 지내력

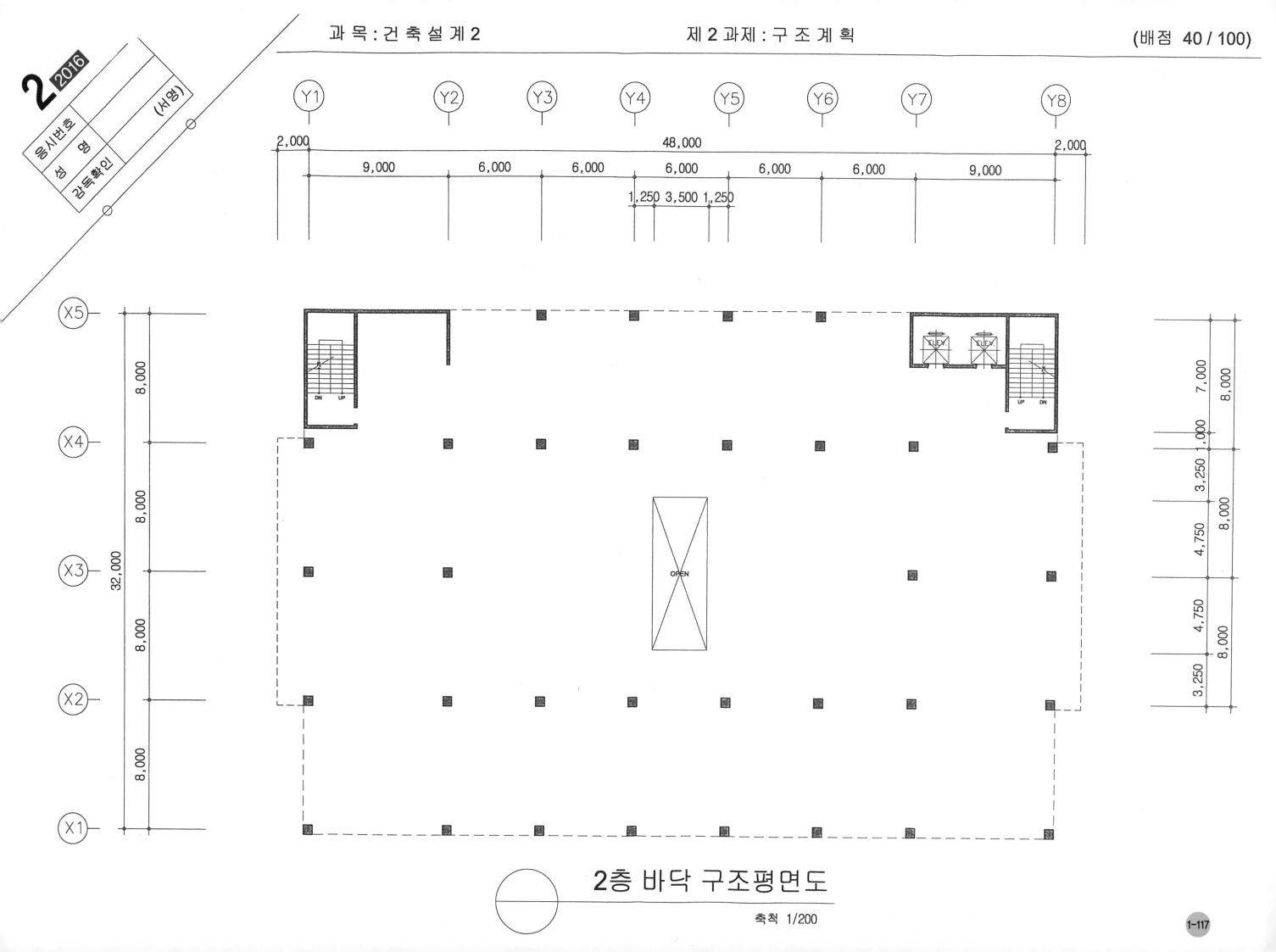

2층 바닥 구조평면도

축척 1/200

2017년도 건축사 자격시험 문제

과 목 명	건 축 설 계 2

과 제 명	제1과제 : 단면설계 및 설비계획 (60점)
	제2과제 : 구 조 계 획 (40점)

응시자 준수사항

1. 문제지를 받더라도 시험시작 타종전까지 문제내용을 보아서는 안 됩니다.

2. 문제지를 받는 즉시 과목편철 순서, 문제누락 여부, 인쇄상태 이상 유무 등을 확인한 후 답안지에 본인의 응시번호와 성명을 기재합니다.

3. 시험이 시작되면 문제를 주의 깊게 읽은 후 답안을 작성하시기 바랍니다.

4. 시험시간종료 후 문제지와 보조용지(깔판지, 트레이싱지)는 제출하지 않습니다.
※ 시험시간이 종료되기 전에는 어떠한 경우에도 문제지를 시험장 밖으로 가지고 갈 수 없습니다.

5. 답안지 미제출자는 부정행위자로 간주 처리됩니다.

공 지 사 항

1. 문제지 공개
   - 방 법 : 국토교통부 및 대한건축사협회 인터넷 홈페이지에 게시

2. 합격예정자 발표
   - 방 법 : 국토교통부 / 대한건축사협회 인터넷 홈페이지 및 각 시 · 도 건축사회 게시판

3. 점수 열람
   - 방 법 : 대한건축사협회 인터넷 홈페이지 / 성적열람 메뉴

※ 합격예정자 제출서류에 대한 자세한 사항은 대한건축사협회 인터넷 원서접수 프로그램 공지사항에 게재되어 있으며, 합격예정자 발표시 별도 공고합니다.

2017년도 건축사자격시험 문제

과 목 : 건축설계 2　　　제1과제 (단면설계 · 설비계획)　　　배점 60 / 100

제 목 : 주민자치센터의 단면설계 및 설비계획

1. 과제개요

제시된 도면은 주민자치센터 평면도의 일부이다. 각 층 평면도에 표시된 A-A'를 기준으로 아래 사항을 고려하여 주단면상세도와 부분단면상세도를 작성하시오.

2. 설계조건

(1) 규모 : 지하1층, 지상3층

(2) 구조 : 철근콘크리트조

(3) 층고(슬래브 바닥기준)

지하1층	3,900mm	2층	3,900mm
1층	4,200mm	3층	3,900mm

(4) 반자높이 : 실의 용도에 맞게 설정한다.

(5) 기초 : 온통기초(두께 500mm), 지하수위 GL-3,000mm

(6) 기둥 : 500mm×500mm

(7) 보(W×D) : 400mm×600mm

(8) 바닥슬래브 : 두께 150mm

(9) 내력벽 : 두께 200mm

(10) 외벽 : 화강석마감

(11) 설비

　① 냉난방 : 천장 전공기(덕트)방식+바닥 FCU

　② 유압식 승강기

　③ 액세스플로어 : 정보전산실(SL -200mm)

(12) 이중외피(Double Skin)는 환기 및 일사 조절이 가능하도록 한다.

(13) 천장에는 태양광 PV(Photovoltaic)를 설치하고, 환기 및 제광이 가능하도록 한다.

(14) 옥상조경(잔디, 토심 250mm)을 한다.

(15) 옥상으로의 접근은 별도의 직통계단을 이용하는 것으로 가정한다.

(16) 방화구획은 고려하지 않는다.

3. 도면작성 요령

(1) 주단면도 : 단면지시선 A-A'의 주단면에 입단면을 표현한다.

(2) 부분단면상세도 : ⊗열의 파선 영역(이중외피와 옥상 파라펫)

(3) 층고, 반자높이, 개구부높이 등 주요부분의 치수와 치수선을 표기한다.

(4) 각 실의 명칭을 표기한다.

(5) 구체적 제시사가 없는 레벨, 치수 및 재료 등은 용도에 따라 합리적으로 정하여 표기한다.

(6) 건물 내외부의 환기경로, 제광경로를 <보기>에 따라 표현하고, 필요한 곳에 창호의 개폐방향을 표시한다.

<보기>

구분	표시방법
자연환기	⤳
자연제광	⬍

(7) 계단의 단수, 단높이, 단너비 및 난간높이를 표기한다.

(8) 단열재(두께는 임의), 방수, 내외장 마감재

(9) 단위 : mm

(10) 축척

　① 주단면도 : 1/100

　② 부분단면상세도 : 1/50

4. 유의사항

(1) 답안 작성은 반드시 흑색 연필로 한다.

(2) 명시되지 않은 사항은 현행 관계법령의 범위 안에서 임의로 한다.

과 목 : 건축설계 2 제1과제(단면설계 · 설비계획) 배점 60 / 100

<층별 평면도> 축척 없음

2층 평면도 (SL + 4,200)

지붕층 평면도 (SL +12,000)

1층 평면도 (SL ± 0)

3층 평면도 (SL + 8,100)

지하 1층 평면도 (SL − 3,900)

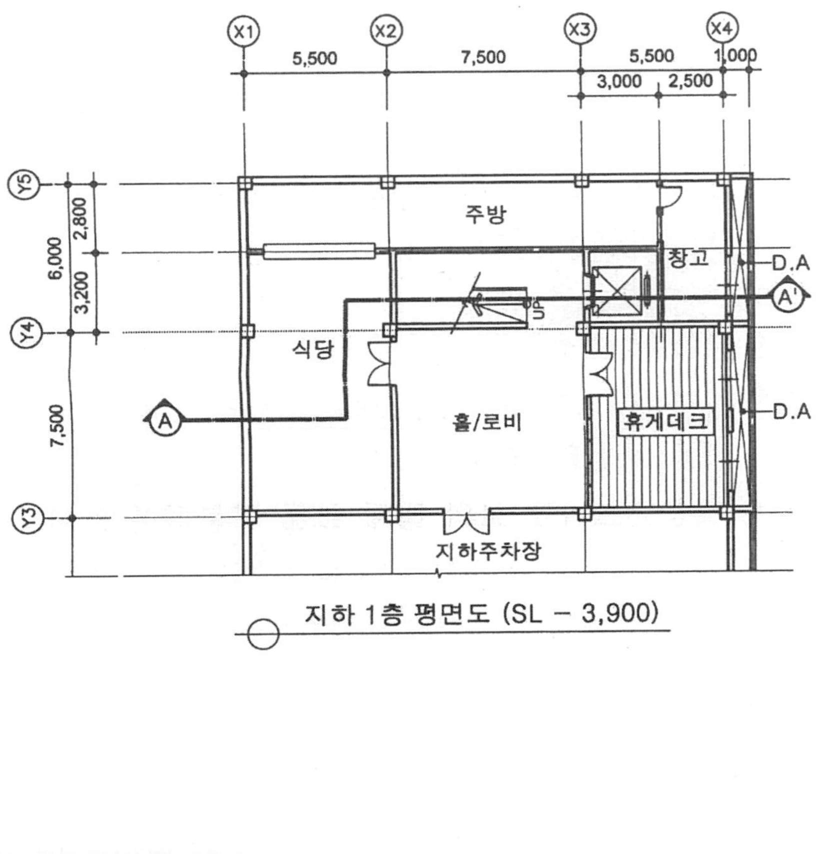

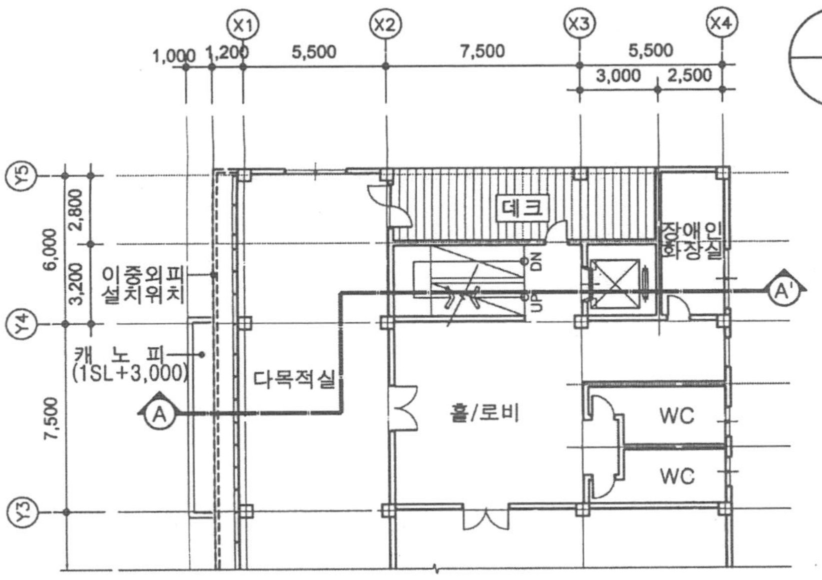

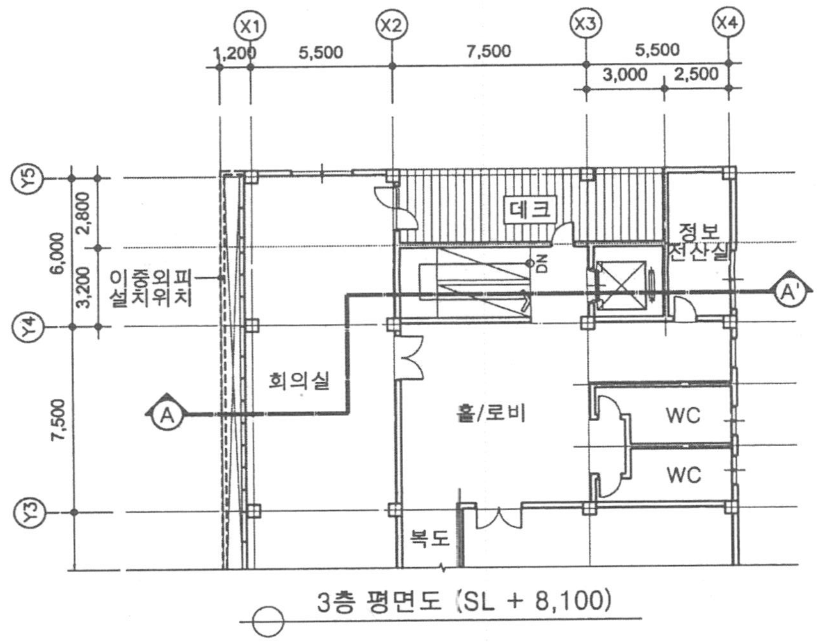

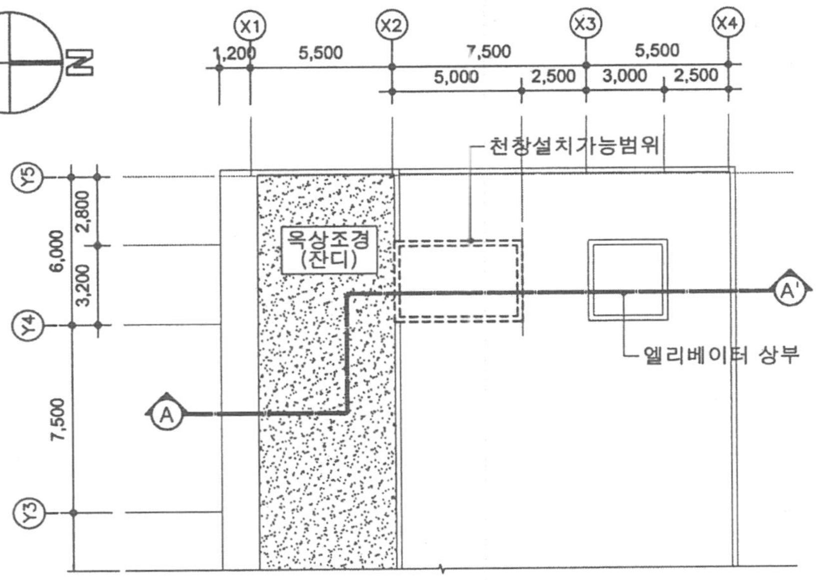

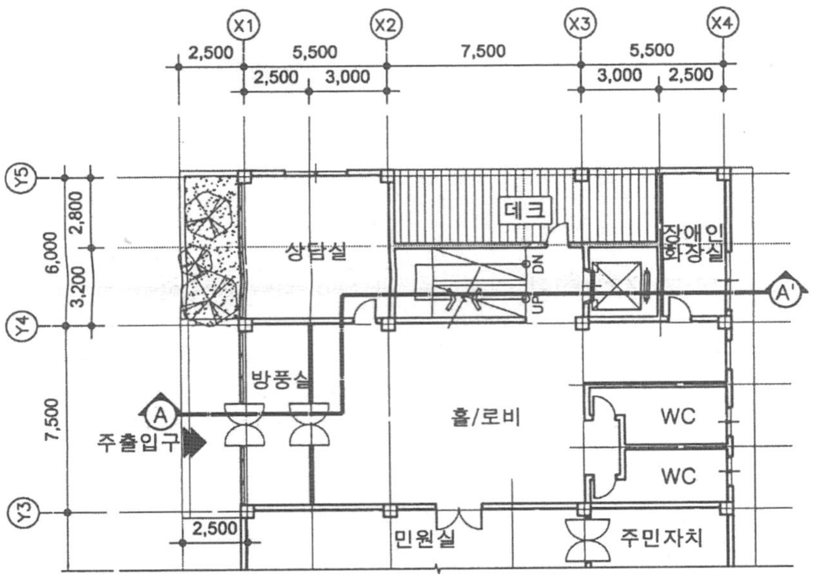

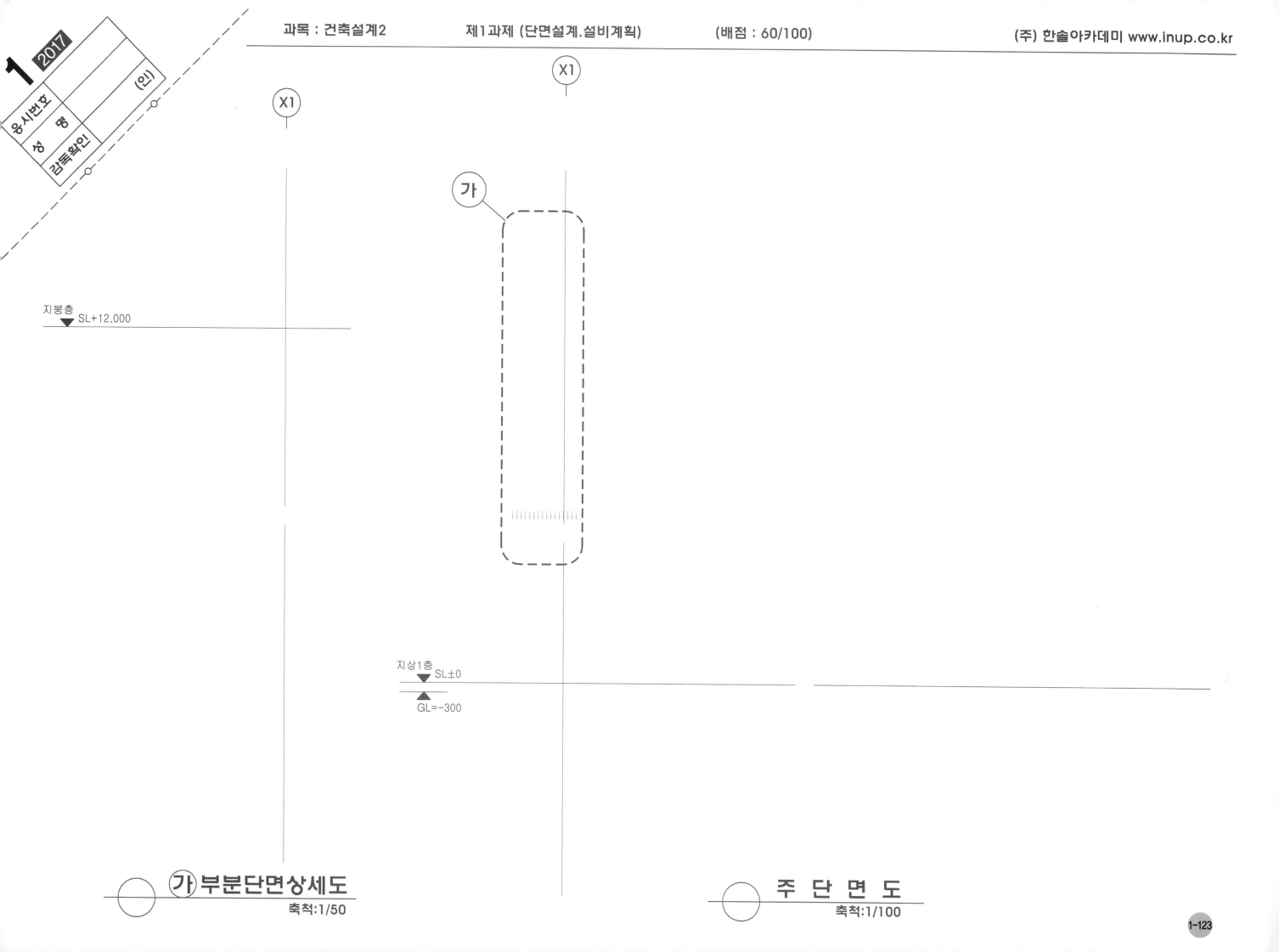

지붕층 ▽ SL+12,000

X1

가

X1

지상1층 ▽ SL±0

▲ GL=-300

가 부분단면상세도
축척:1/50

주 단 면 도
축척:1/100

2017년도 건축사자격시험 문제

과 목 : 건축설계 2   제2과제 (구조계획)   배점 40 / 100

제 목 : ○○고등학교 건축물의 구조계획

1. 과제개요

기존의 2층 건축물인 ○○고등학교 교사동을 1개 층 수직증축하고, 교사동에 인접하여 다목적 강당을 증축하고자 한다. 교사동 및 다목적 강당의 구조계획을 하여 지붕층 바닥구조평면도를 작성하시오.

2. 계획조건

(1) 규모 : 교사동 - 기존 2층에 1개 층 수직증축
     강 당 - 1개 층 수평증축

(2) 구조 : 교사동 - 철근콘크리트조(평지붕)
     강 당 - 강구조(박공지붕)
     (외벽 및 지붕마감 샌드위치 판넬)

(3) 층고 : 교사동 - 각 층 3.5m
     강 당 - 처마높이 7.8m, 최고높이 10.5m

(4) 적용하중
     교사동 - 고정하중 5kN/m², 활하중 3kN/m²
     강 당 - 고정하중 1kN/m², 활하중 1kN/m²

(5) 사용재료
     철근콘크리트 - 콘크리트 f_{ck} = 24Mpa
               철근 SD400 (f_y = 400Mpa)
     강재 - SS400 (f_y = 235Mpa 일반구조용 압연강재)

(6) 구조 부재의 단면치수 및 배근도
    1) 철근콘크리트 부재 단면, 배근도
      ① 보 : 400mm × 700mm

<표1>

기호	A	B	C	D	E
단면					

      ② 기둥 : 500mm × 500mm
      ③ 전단벽 두께 : 200mm
      ④ 바닥슬래브 두께 : 150mm

    2) 강구조 부재 단면
<표2>

가	H-300 × 300	나	H-200 × 200
다	H-600 × 200	라	H-150 × 150

    주) 제시된 단면 및 배근량은 개략적 해석결과의 반영 값임

3. 구조계획 시 고려사항

(1) 공통사항
    1) 교사동과 강당은 구조적으로 분리하여 계획한다.
    2) 구조부재는 경제성, 시공성, 공간 활용성 등을 고려하여 합리적으로 계획한다.

(2) 교사동
    1) 교사동에는 보를 계획하여 배치한다.
    (단, 교사동의 기둥과 벽체는 수직증축을 고려하였으므로 별도로 기둥을 추가하거나 제거하지 않고 그대로 사용한다)
    2) 보는 가급적 연속으로 배치하되, 중력하중에 의한 휨모멘트만 고려한다.
    3) 슬래브 보의 단면 폭은 3.5m 이하로 계획한다.

(3) 강당
    1) 강당에는 기둥 및 보를 계획하여 배치한다.
    (단, 강당 내부에는 기둥을 설치하지 않는다)
    2) 지붕 경간(Span)의 중앙부가 최고높이인 10.5m의 박공지붕으로 한다.
    3) 주 기둥의 개수는 15개 이하로 계획하고, 강축과 약축을 반영한다.
    4) 지붕의 수평가세(Brace, Φ16)는 필요한 부분에 합리적으로 계획한다.

4. 도면작성 요령

(1) 지붕층 바닥구조평면도에는 <보기1>에 따라 다음 사항을 표시한다.
    1) 철근콘크리트 보와 강재 보를 구분하여 표시
    2) 강재 기둥은 강축과 약축을 고려하여 표시
    3) 강재 부재간의 접합부는 강접합과 힌지접합으로 구분하여 표시

<보기1> 도면 표기

철근콘크리트 기둥	철근콘크리트 보	강제 보	강재 기둥
철근콘크리트 벽체 철근콘크리트 기둥			강구조 접합함 강구조 접합함 한지점접합

(3) 강당동의 지붕층 바닥구조평면도에 파선으로 표시된 영역에 보 및 기둥 단면을 <표2>에서 선택하여 표기한다.

(4) 단위 : mm

(5) 축척 : 1/200

5. 유의사항

(1) 답안작성은 반드시 흑색 연필로 한다.

(2) 도면작성은 과제개요, 계획조건 및 구조계획 시 고려사항, 도면작성 요령, 지붕층 바닥구조평면도 등에 주어진 치수를 기준으로 한다.

(3) 명시되지 않은 사항은 현행 관계법령의 범위 안에서 임의로 한다.

(2) 교사동의 지붕층 바닥구조평면도에서 ⓧ2열, ⓨ2열의 보 단면을 <표1>에서 선택하여 보의 양단부 및 중앙부의 상단에 A~E로 표기한다.

<보기2> 보 기호 표기방법 예시

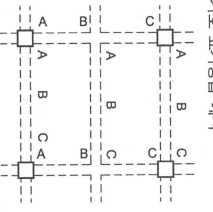

< 지붕층 바닥구조평면도 > 축척 없음

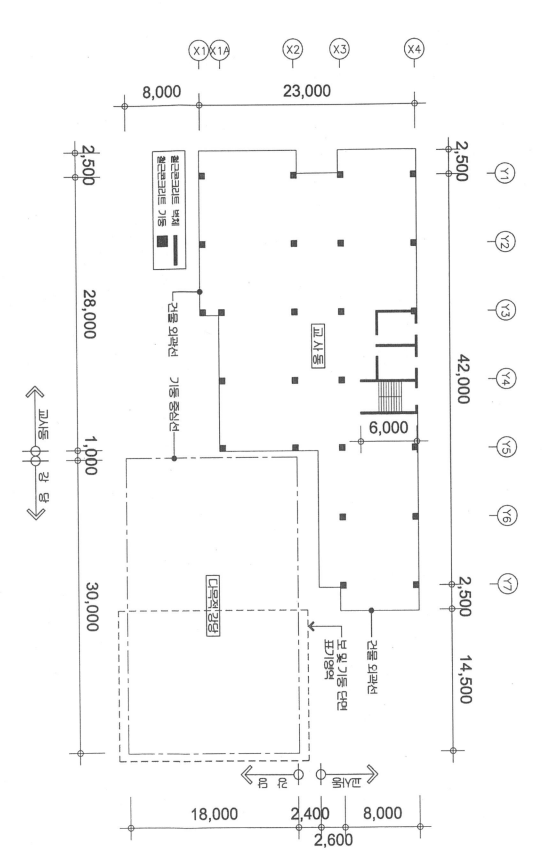

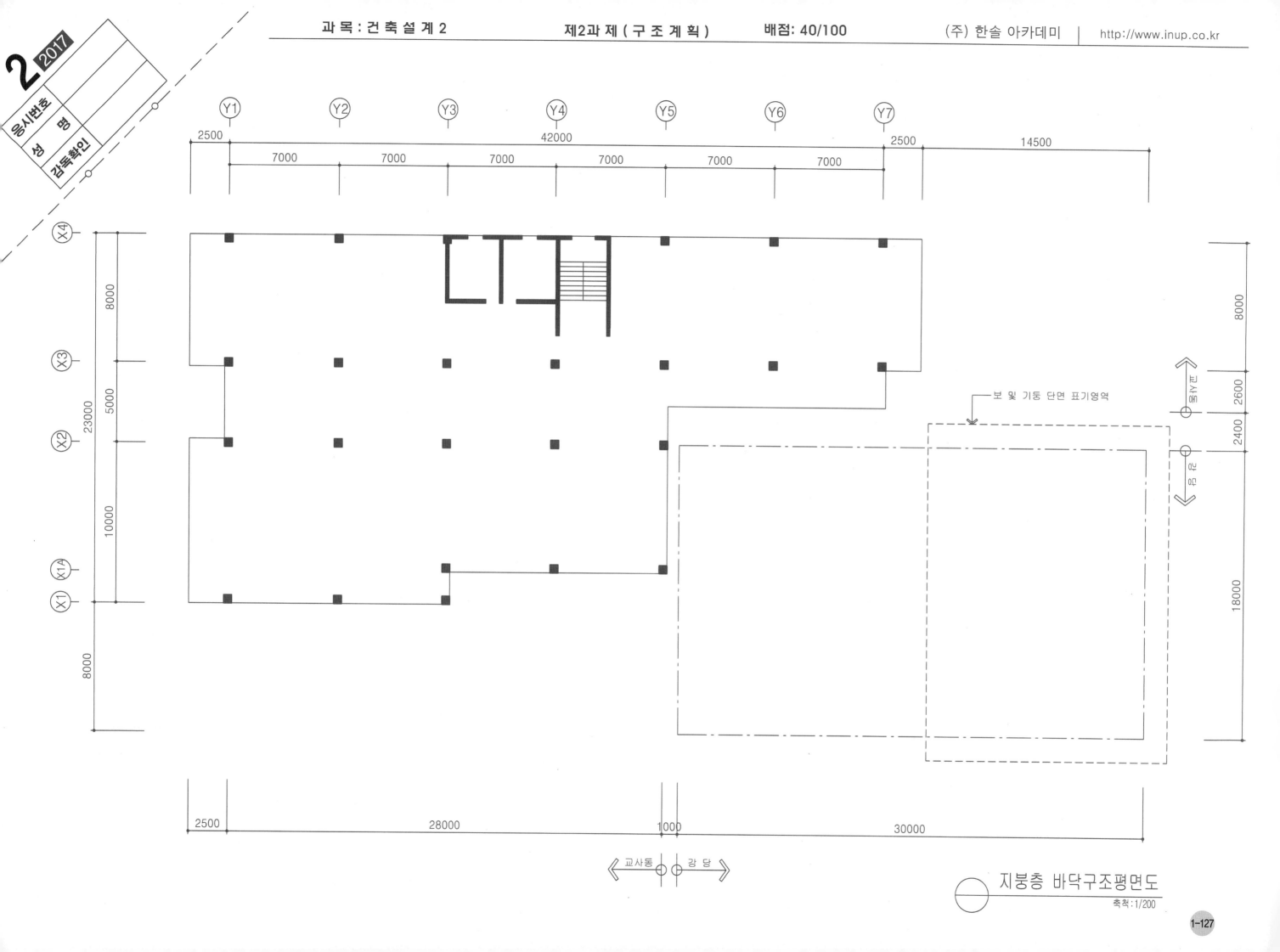

보 및 기둥 단면 표기영역

교사동 ↔ 강당

지붕층 바닥구조평면도
축척 : 1/200

2018년도 건축사 자격시험 문제

과 목 명	건축설계 2

과 제 명	제1과제 : 단면설계 및 설비계획 (60점)
	제2과제 : 구 조 계 획 (40점)

응시자 준수사항

1. 문제지를 받더라도 시험시작 타종전까지 문제내용을 보아서는 안 됩니다.

2. 문제지를 받는 즉시 과목편철 순서, 문제누락 여부, 인쇄상태 이상 유무 등을 확인한 후 답안지에 본인의 응시번호와 성명을 기재합니다.

3. 시험이 시작되면 문제를 주의 깊게 읽은 후 답안을 작성하시기 바랍니다.

4. 시험시간종료 후 문제지와 보조용지 (깔판지, 트레이싱지)는 제출하지 않습니다.
※ 시험시간이 종료되기 전에는 어떠한 경우에도 문제지를 시험장 밖으로 가지고 갈 수 없습니다.

5. 답안지 미제출자는 부정행위자로 간주 처리됩니다.

공 지 사 항

1. 문제지 공개
 - 방 법 : 국토교통부 및 대한건축사협회 인터넷 홈페이지에 게시

2. 합격예정자 발표
 - 방 법 : 국토교통부 / 대한건축사협회 인터넷 홈페이지 및 각 시 · 도 건축사회 게시판

3. 점수 열람
 - 방 법 : 대한건축사협회 인터넷 홈페이지 / 성적열람 메뉴

※ 합격예정자 제출서류에 대한 자세한 사항은 대한건축사협회 인터넷 홈페이지 원서접수 프로그램 공지사항에 게재되어 있으며, 합격예정자 발표시 별도 공고합니다.

2018년도 건축사자격시험 문제

과 목 : 건축설계 2   제 1과제 (단면설계 및 설비계획)   배점 60 / 100

제 목 : 학생 커뮤니티센터의 단면설계 및 설비계획

1. 과제개요

제시된 도면은 대학 내 학생 커뮤니티센터 평면도의 일부이다. 다음 사항을 고려하여 각 층 단면지시선을 기준으로 단면상세도를 작성하시오. 표시된 <A-A'> 단면지시선을 기준으로 단면상세도를 작성하시오.

2. 설계 및 계획 조건

(1) 규모 : 지상 3층
(2) 구조 : 철근콘크리트조
(3) 층고는 <표1>, <표2> 및 고려사항을 참조하여 결정한다.
(4) 방화구획은 고려하지 않는다.
(5) 계단 난간은 투시형으로 한다.
(6) 동결선 : G.L −1m

<표1> 설계조건

구분		치수(mm)
구조체	슬래브 두께	150
	보 단면	400(W)×600(D)
	기둥	500×500
	기초(온통기초) 두께	500
	흙에 면한 벽체 두께	350
단열재	최상층 지붕	220
	최상층 지붕 외	170
외장재	커튼월 시스템	60×200
	프레임	
	유리 두께 (로이 복층유리)	24
공조설비	EHP(천장매립형)	950×950×350(H)
	환기유니트(천장매립형)	450×450×250(H)

<표2> 실내 마감

구분		바닥	벽	천장	천장고 (mm)
1층	홀	화강석	화강석	흡음 텍스	3,300
2층	열람실	PVC타일	석고보드 위 수성페인트	흡음 텍스	2,700
3층	전산실	엑세스플로어 (H=200mm)	석고보드 위 수성페인트	흡음 텍스	2,700
계단		화강석	화강석	−	−

3. 고려사항

(1) 주요 부위에 대한 방수, 방습, 단열, 결로, 채광, 환기, 차음 성능 등을 확보하기 위한 최적의 기술적 해결방안을 선택하여 계획한다. 특히, 흙에 면한 기초 및 벽체 중에서 Ⓑ부분은 단면상세를 설계한다.

(2) 장애인을 고려하여 BF(Barrier Free) 설계 방법을 적용한다.

(3) 커튼월시스템은 조망, 환기 및 일사 조절을 고려하여 설계한다.

(4) 지붕 평면도의 ㉮부분에 BIPV(Building integrated photovoltaic)를 적용한 천창을 설계하고 채광 및 환기가 가능하도록 한다.

(5) 덕트, 배관, EHP, 환기유니트 등 설비를 설치하기 위해 보 및 밑 250mm 이상의 하부 공간을 확보한다.

(6) 건축물 주변과 지붕의 우수 처리방향을 고려하여 설계한다.

4. 도면작성 요령

(1) 층고, 반자, 개구부 높이 등 주요 부분의 치수와 각 실의 명칭을 표기한다.

(2) 계단의 단수, 단높이, 단너비 및 난간높이를 표기한다.

(3) 단열, 방수, 내외장 마감재 등을 표기한다.

(4) <보기>에 따라 자연환기와 채광경로, EHP와 환기유니트의 위치, 환기창 개폐방향을 표기한다.

(5) 설계 및 계획조건에 제시되지 않은 내용은 기능에 따라 합리적으로 정하여 표기한다.

(6) 도면에 표기하기 어려운 내용은 <Note>에 추가로 기술한다.

(7) 단위 : mm

(8) 축척 : 단면도 1/100, 단면상세도 1/50

<보기>

구분	표현 방법
자연환기	⬆
자연채광	⬍
EHP(천장매립형)	☒
환기유니트(천장매립형)	▣

5. 유의사항

(1) 답안 작성은 반드시 흑색 연필로 한다.

(2) 명시되지 않은 사항은 현행 관계법령의 범위 안에서 임의로 한다.

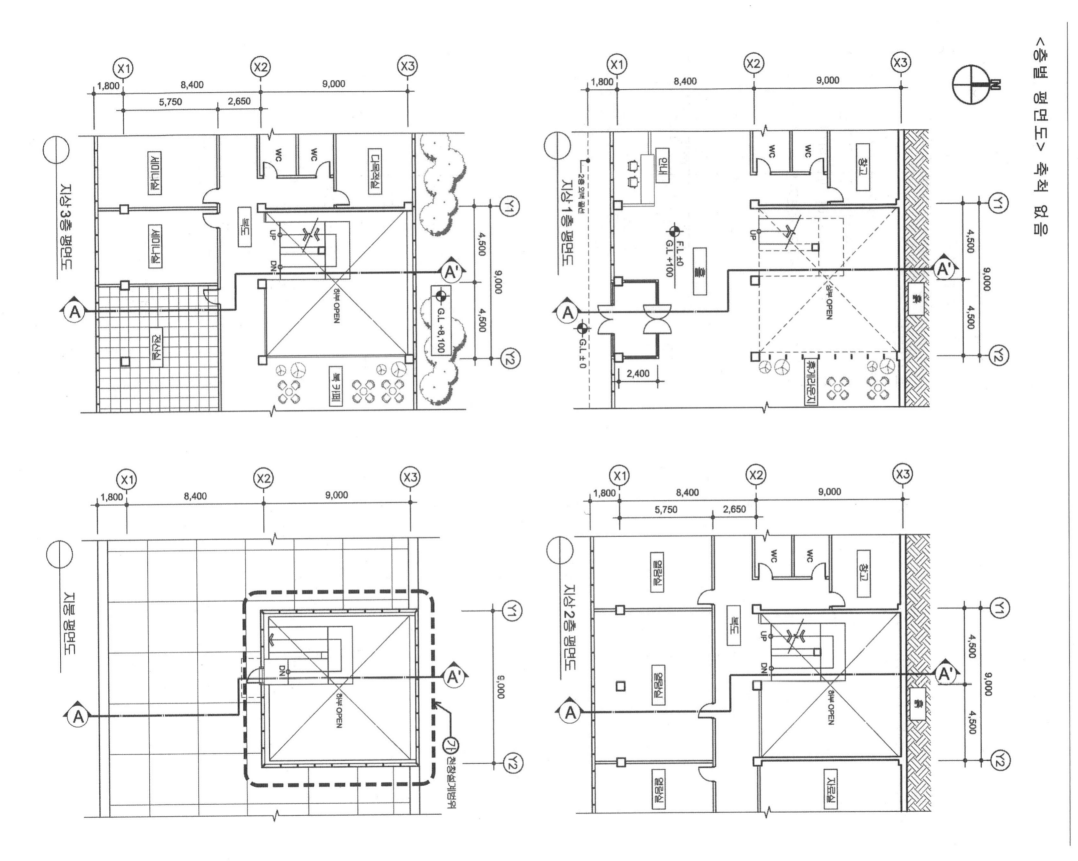

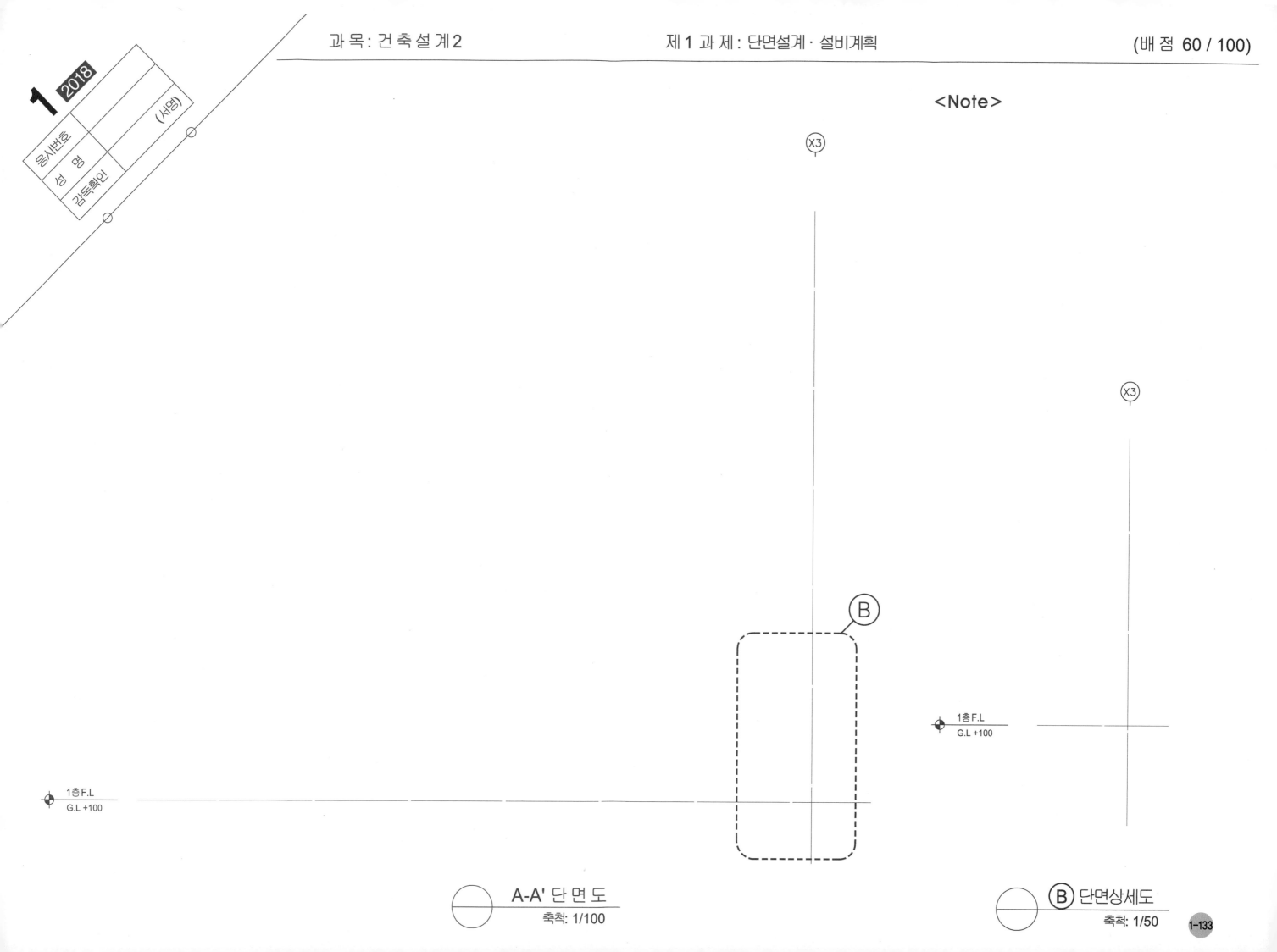

<Note>

X3

X3

B

1층 F.L
G.L +100

1층 F.L
G.L +100

A-A' 단 면 도
축척: 1/100

B 단면상세도
축척: 1/50

1-133

2018년도 건축사자격시험 문제

과 목 : 건축설계 2 제2과제(구조계획) 배점 40 / 100

제 목 : 필로티 형식의 건축물 구조계획

1. 과제개요

지상1층을 필로티 주차장으로 사용하는 내력벽 구조의 건축물을 신축하고자 한다. 제시된 <대지현황도>와 2층 평면도>를 보고 1층 필로티 부분의 기둥과 2층의 전이보를 합리적이고 경제적으로 계획하시오.

2. 계획조건

(1) 층수 : 4층 (2층~4층의 평면형은 동일함)

(2) 주차관련 사항
① 주차대수 : 8대 (대지현황도에 표기된 5대 포함)
② 주차단위구획 : 2,500mm × 5,000mm
③ 주차통로 : 폭 6,000mm 이상

(3) 구조부재의 단면치수 및 배근도
① 기둥 : 500mm (가로) × 1,000mm (세로)
② 내력벽 두께 : 150mm
③ 전이보 : <표1> 참조

3. 구조계획 시 고려사항

(1) 1층 계획
① 기둥은 5개로 계획한다.
② 계단실 벽체에는 기둥을 계획하지 않는다.
③ 계단실 출입구 전면에는 너비 1.5m 이상의 보행자 통로를 확보한다.
④ 제시된 <대지현황도 및 2층 평면도>에 표기된 5면을 제외한 3면의 일반 주차구획을 추가로 계획한다.

(2) 2층 계획
① 기둥 및 전단벽에 부합하는 전이보와 수벽을 계획하고 가장 적합한 단면을 선택한다.
② 전이보 상부의 전단벽 강성은 고려하지 않으며 하중만 고려한다.
③ 하단부의 지지가 없는 전이보의 돌출길이는 1,800mm 이하로 계획한다.
④ 수벽은 돌출되는 전이보 외부에 마감을 고려하여 계획한다.
⑤ 전이보는 대지경계선에서 700mm 이상 이격하여 계획한다.
⑥ 건축물에 작용하는 횡력은 고려하지 않는다.

4. 도면작성 요령

(1) 1층 평면도에는 기둥 및 계단실, 주차단위구획을 표현하고, 2층 외벽(내력벽)의 외곽선을 점선으로 표기한다.

(2) 2층 구조평면도에는 1층의 기둥 위치와 전이보 등을 표기하고, 전이보와 수벽의 단면기호를 <표1>에서 선택하여 <보기2>와 같이 표기한다.

(3) 도면의 표기는 아래의 <보기1>과 <보기2>를 참조한다.

<표1> 전이보 및 수벽 단면기호 (단위 : mm)

기호	A	B	C	D
단면				
	500×700	500×700	400×700	400×700

기호	E	F	G	H
단면				
	400×700	400×700	400×700	150×700

<보기1> 도면표기방법

기둥	전이보, 수벽	주차단위구획

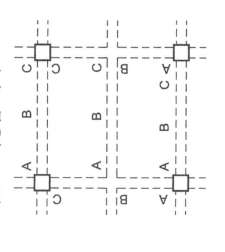

<보기2> 보 기호 표기방법 예시

5. 유의사항

(1) 답안작성은 반드시 흑색 연필로 한다.

(2) 명시되지 않은 사항은 현행 관계법령의 범위 안에서 임의로 계획한다.

(3) 건축물에 작용하는 횡력은 고려하지 않는다.

< 대지현황 및 2층 평면도 > 축척 없음

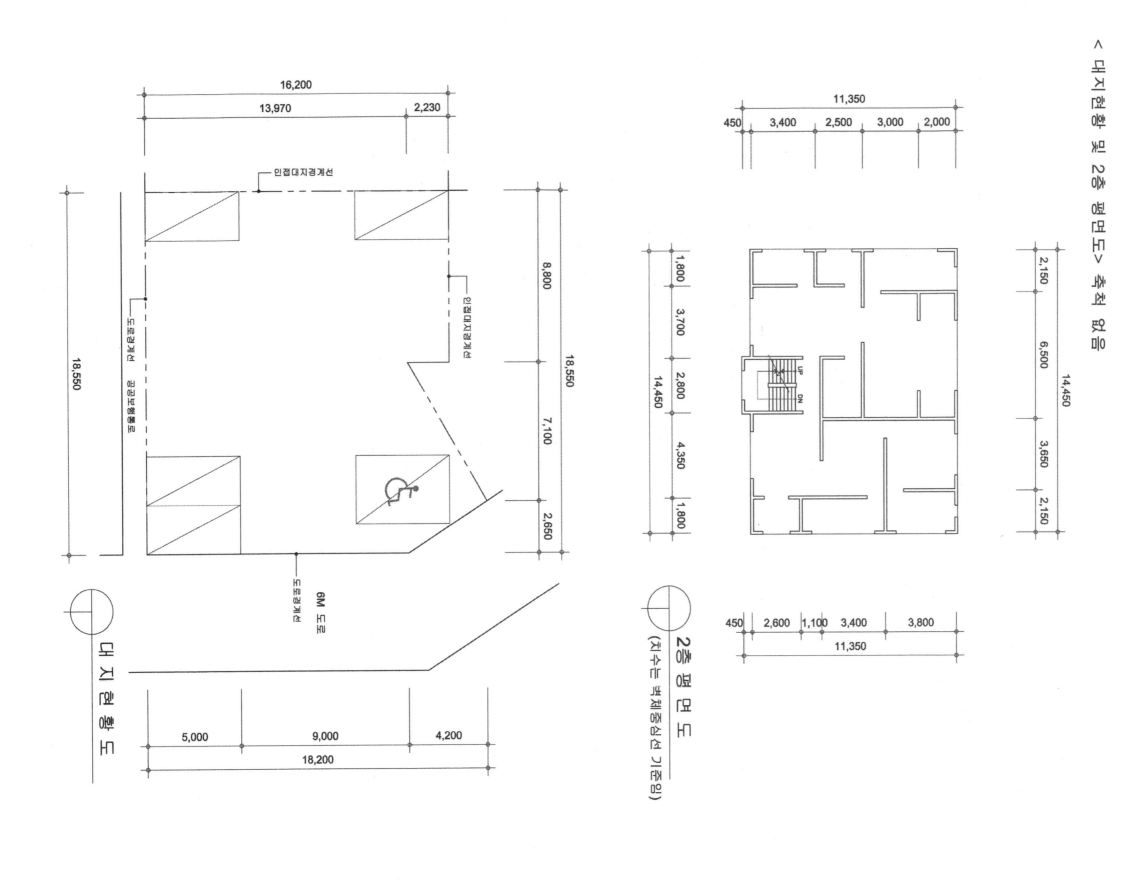

16,200
13,970　2,230

인접대지경계선

8,800

18,550

7,100

2,650

인접대지경계선

도로경계선 공공보행통로

18,550

6M 도로
도로경계선

대 지 현 황 도

5,000　9,000　4,200
18,200

11,350
450　3,400　2,500　3,000　2,000

2,150
6,500
14,450
3,650
2,150

1,800
3,700
2,800
14,450
4,350
1,800

UP
DN

450　2,600　1,100　3,400　3,800
11,350

2 층 평 면 도
(치수는 벽체중심선 기준임)

2 2018

응시번호

성 명

감독확인

(서명)

인접대지경계선

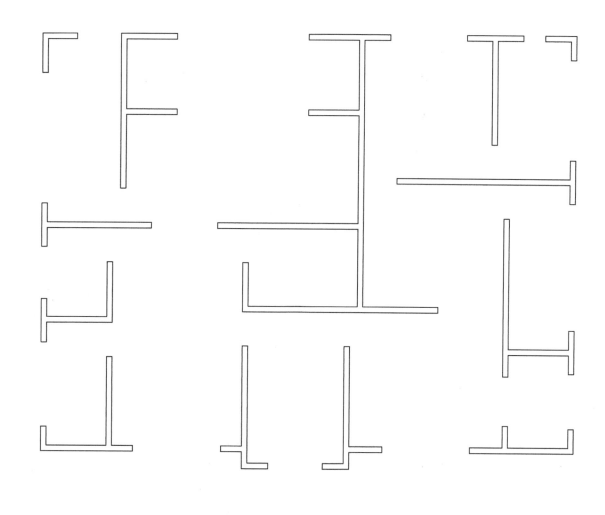

도로경계선

1층 평면도
축척 1/100

2층 구조평면도
축척 1/100

2019년도 건축사 자격시험 문제

과 목 명	과 제 명	
건축설계 2	제 1 과제 : 단면설계 및 설비계획	(60점)
	제 2 과제 : 구 조 계 획	(40점)

응시자 준수사항

1. 문제지를 받더라도 시험시작 타종전까지 문제내용을 보아서는 안 됩니다.

2. 문제지를 받는 즉시 과목편철 순서, 문제누락 여부, 인쇄상태 이상 유무 등을 확인한 후 답안지에 본인의 응시번호와 성명을 기재합니다.

3. 시험이 시작되면 문제를 주의 깊게 읽은 후 답안을 작성하시기 바랍니다.

4. 시험시간중 문제지와 보조용지 문제지(낱편지, 트레이싱지)는 제출하지 않습니다.

 ※ 시험시간이 종료되면 시험지를 시험장 밖으로 가지고 갈 수 없습니다.

5. 답안지 미제출자는 부정행위자로 간주 처리됩니다.

공 지 사 항

1. 문제지 공개
 - 방 법 : 국토교통부 및 대한건축사협회 인터넷 홈페이지에 게시

2. 합격예정자 발표
 - 방 법 : 국토교통부 / 대한건축사협회 인터넷 홈페이지 및 각 시 · 도 건축사회 게시판

3. 점수 열람
 - 방 법 : 대한건축사협회 인터넷 홈페이지 / 성적열람 메뉴

 ※ 합격예정자 제출서류에 대한 자세한 사항은 대한건축사협회 인터넷 원서접수 프로그램 공지사항에 게재되어 있으며, 합격예정자 발표시 별도 공고합니다.

2019년도 건축사자격시험 문제

과목 : 건축설계2   제1과제 : 단면설계 · 설비계획   배점 : 60/100점   (주)한솔아카데미 www.inup.co.kr

제 목 : 증축형 리모델링 문화시설 단면설계

1. 과제개요

도시재생활성화 구역 내 기존 건축물을 증축하여 문화시설로 리모델링하고자 한다. 다음 사항을 고려하여 각 층 평면도에 표시된 단면지시선 <A-A>를 기준으로 단면도와 단면상세도를 작성하시오.

2. 설계 및 계획 조건

(1) 규모
 ① 기존 건축물 : 지상 2층
 ② 증축 건축물 : 지상 3층
(2) 구조 : 철근콘크리트조
(3) 층고는 제시된 평면도를 참고한다.
(4) 방화구획은 고려하지 않는다.
(5) 계단 난간은 투시형으로 한다.
(6) 동결선 : G.L -1m

<표1> 설계조건

구분		기존	증축
구조체	슬래브 두께	150mm	
	보(지중보 포함)	400(W)×500(D)mm	
	기둥	500×500mm	
	기초	1,500×1,500 ×400mm 독립기초	두께 600mm 온통기초
	흙에 면한 벽체두께	250mm	
단열재	최상층 지붕	200mm	
	외벽 및 최하층 바닥	100mm	
	외장재	붉은벽돌 치장쌓기 0.5B	커튼월 시스템
공조설비	EHP	950×950×350(H)mm	

<표2> 실내 마감

구분		기존 + 증축 건축물
각층	바닥	물탈 위 에폭시코팅
	벽	석고보드 2겹 위 수성페인트
	천장	면 처리 후 수성페인트(노출천장)

3. 고려사항

(1) 단면설계는 기존 및 증축 건축물의 대지 레벨, 층고 차이 및 구조 현황 등을 고려한다.
(2) 기존 건축물의 지장벽체를 벽체는 보수공사 후 증축 건축물의 인테리어로 활용 가능하도록 하고, 기존 건축물의 내부마감 및 최상층 바닥의 방수, 단열 등을 철거 후 재설치한다.
(3) 기존 건축물의 지붕에는 목재메크 및 옥상정원 (관목류, 토심 600mm)을 조성하며, 증축 건축물에서 진출입 가능하도록 한다.
(4) 기존 건축물의 지붕은 외단열로 하고, 벽체는 내단열재를 추가 설치하며, 최하층 바닥은 단열을 고려하지 않는다.
(5) 증축 건축물의 지붕은 외단열로 하고, 최하층 바닥의 단열재는 구조기준 강도를 충족하는 것으로 간주한다.
(6) 증축 건축물의 아트리움(atrium) 및 커튼월시스템은 일사 조절, 환기 및 조망 등을 고려한다.

4. 도면작성 요령

(1) 층고, 개구부 높이 등 주요 부분의 치수와 각 실의 명칭을 표기한다.
(2) 계단의 단수, 단높이, 단너비 및 난간높이를 표기한다.
(3) 단열, 방수, 내 · 외장 마감재 등을 표기한다.
(4) <보기>에 따라 자연환기, 자연채광 및 EHP 위치를 표기한다.
(5) 설계 및 계획 조건에 제시되지 않은 내용은 기능에 따라 합리적으로 정한다.
(6) 도면에 표기하기 어려운 내용은 여백을 이용하여 추가로 기술한다.
(7) 단위 : mm
(8) 축척 : 단면도 1/100, 단면상세도 1/50

<보기>

구분	표현 방법
자연환기	⬆
자연채광	⬇
EHP	⊠

5. 유의사항

(1) 답안 작성은 반드시 흑색 연필로 한다.
(2) 명시되지 않은 사항은 현행 관계법령의 범위 안에서 임의로 한다.

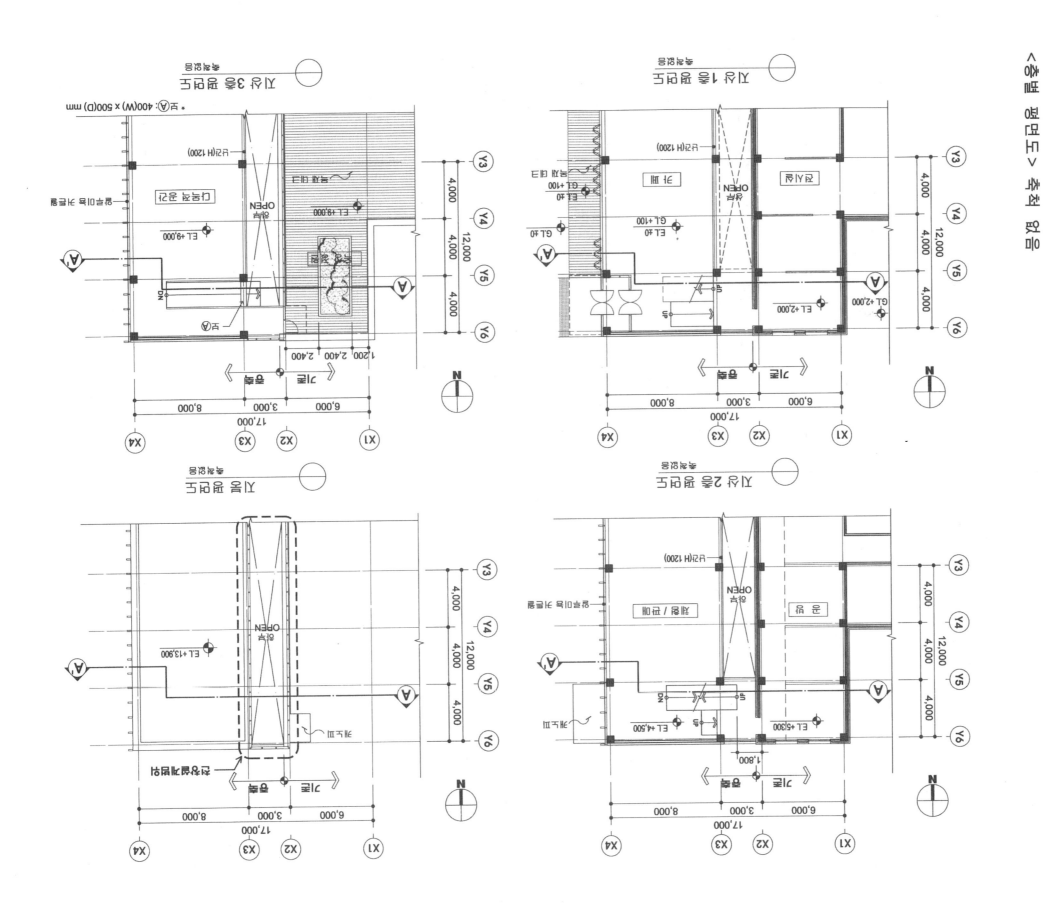

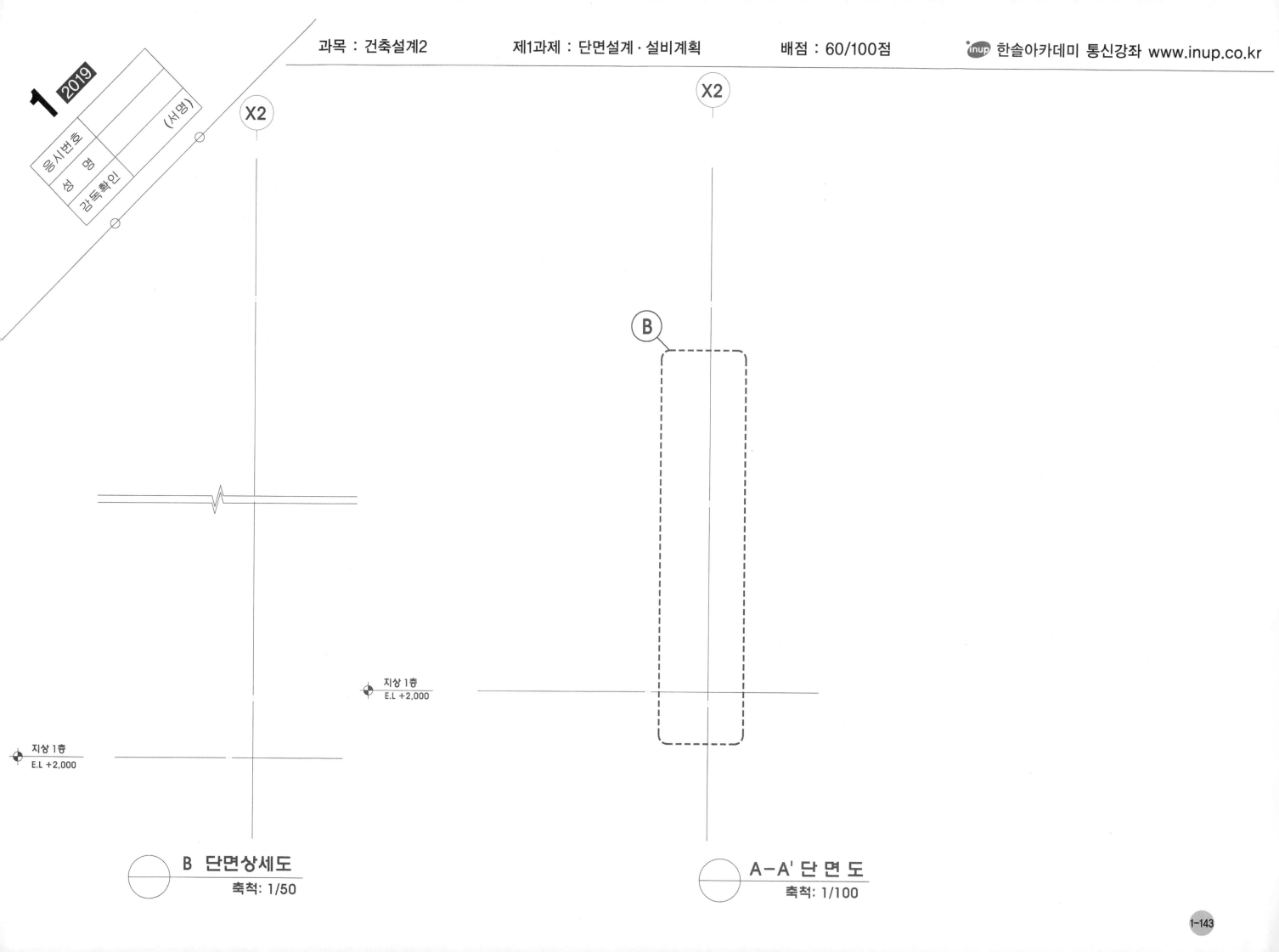

X2

X2

B

지상 1층
E.L +2,000

지상 1층
E.L +2,000

Ⓑ 단면상세도
축척: 1/50

A-A' 단 면 도
축척: 1/100

2019년도 건축사자격시험 문제

과목 : 건축설계2 제2과제 : 구조계획 배점 : 40/100점 (주)한솔아카데미 www.inup.co.kr

제 목 : 교육연구시설 증축 구조계획

1. 과제개요

기존 부지 내 교육동을 수직으로 증축하고, 연구동은 별동으로 증축하고자 한다. 다음 사항을 고려하여 교육동과 연구동의 구조평면도와 단면상세도를 작성하시오.

2. 계획조건

1) 기본사항

구분	교육동		연구동
증축내용	2개 층 수직증축		2개 층 별동 증축
구조	철근콘크리트조		강구조
적용하중	고정하중 6kN/m²		고정하중 4kN/m²
	활하중 6kN/m²		활하중 5kN/m²
재료	콘크리트 f_ck=24MPa		강재 SS275
	철근 SD400		
슬래브	두께 180mm		데크플레이트

2) 구조부재의 단면치수 및 배근도

<표1> 교육동 철근콘크리트보 단면기호 (단위 : mm)

기호	A	B	C	D	E
단면					
	400×600	400×600	400×600	400×600	300×600

<표2> 연구동 강재부재 단면기호 (단위 : mm)

a	b	c	d
H-600x200	H-200x200	H-150x150	H-400x400
			H-400x400

주 : 제시된 철근콘크리트조 및 강구조 부재 단면은 설계하중에 대한 개략적 해석결과를 반영한 값이다.

3. 구조계획 시 고려사항

1) 공통사항

(1) 구조부재는 경제성, 시공성, 공간 활용성 등을 고려하여 합리적으로 계획한다.

(2) 교육동에 전단벽을 증설하는 경우 외에는 교육동과 연구동에 작용하는 횡하중은 고려하지 않는다.

(3) 바닥에는 고정하중과 활하중의 합이 균등하게 작용한다.

2) 교육동

(1) 기존 철근콘크리트조는 코어와 기둥을 기존과 동일하게 증축되는 코어와 기둥을 기준으로 하며, 증축되는 코어와 기둥은 기존과 동일하다.

(2) 기초 기둥(500x500mm)과 기초는 증축을 위하여 보강된 것으로 가정한다.

(3) 4층 바닥 보

① 보는 연속으로 배치하며, 중력하중에 의한 힘 모멘트만 고려한다.

② 슬래브는 4변지지 형식으로 계획하고, 단면 길이는 3.5m 이하로 한다.

③ 코어 전단벽에는 보를 설치하지 않는다.

(4) 증설 전단벽

① 수직 증축에 따른 횡하중 증가를 고려하여 비틀림이 최소화되도록 기존 건축물에 전단벽 (두께 200mm)을 증설한다.

② 전단벽은 1, 2층이 연속되도록 배치하고, 각 층당 한 경간에만 설치한다.

3) 연구동

(1) 증축영역을 참고하여 2층 바닥의 기둥과 보를 배치한다. (계단실 제외)

(2) 계단실은 구조적으로 분리되어 있다.

(3) 평면의 장변 양방향으로 길이 2.5m의 캔틸레버를 계획하고, 단변측에는 캔틸레버를 두지 않는다.

(4) 1층과 2층의 기둥배치는 동일하다.

(5) 기둥은 7~10m 경간의 수직기둥으로 계획하고, 기둥 단면의 강축이 장변의 평면과 평행하게 배치한다.

(6) 데크플레이트는 최대 3.5m 경간으로 지지하며, 2층 바닥 전체에서 한 방향으로만 사용한다.

4. 도면작성 요령

1) 교육동 4층 구조평면도(축척 1/200)

(1) 4층 구조평면도 작성

(2) X5열과 Y3열의 보 단면을 <표1>에서 선택하여 <보기1>과 같이 보의 양단부 및 중앙부 상단에 단면기호 표기

2) 교육동 '가'단면 상세도(축척 1/50)

(1) 교육동 '가' 위치의 보와 슬래브의 단면상세 작성

(2) 보 단면은 보의 중앙부를 기준으로 <표1>에서 선택하여 단면에 단면기호 표기

3) 연구동 2층 구조평면도(축척 1/200)

(1) 점선으로 표시된 영역에 증설할 전단벽 배치

4) 연구동 2층 구조평면도(축척 1/200)

(1) 보 및 기둥의 단면은 <표2>에서 선택하여 부재 옆에 단면기호 표기

(2) 기둥은 강축과 약축을 고려하여 표기

(3) 강재 부재간의 접합부는 강접합과 힌지접합으로 구분하여 표기

(4) 데크플레이트의 골 방향을 표기

과목 : 건축설계2　　　제2과제 : 구조계획　　　배점 : 40/100점　　　(주)한솔아카데미 www.inup.co.kr

5) 공통
(1) 도면 표기는 <보기1>과 <보기2>를 참조한다.
(2) 단위 : mm

<보기1> 철근콘크리트보 기호 표기방법 예시

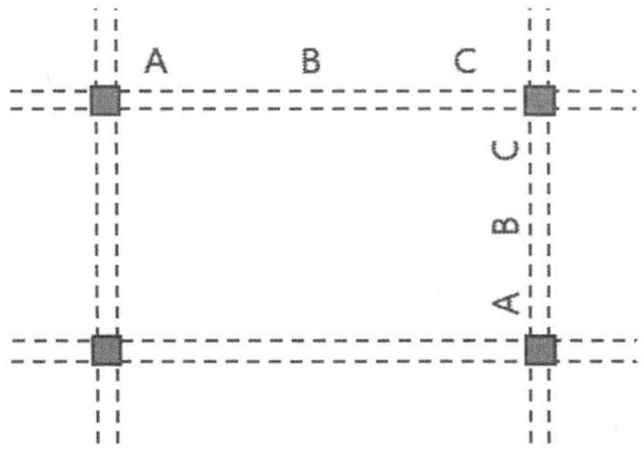

<보기2> 도면 표기

	강구조기둥	
철근콘크리트기둥	강구조 강접합	
철근콘크리트보	강구조 강접합	데크플레이트 걸침방향
철근콘크리트 전단벽	강구조 힌지접합	
강재 보		

5. 유의사항
1) 답안작성은 반드시 흑색 연필로 한다.
2) 명시되지 않은 사항은 현행 관계법령의 범위 안에서 임의로 계획한다.

< 교육동, 연구동 단면개념도 및 평면도 > 축척 없음

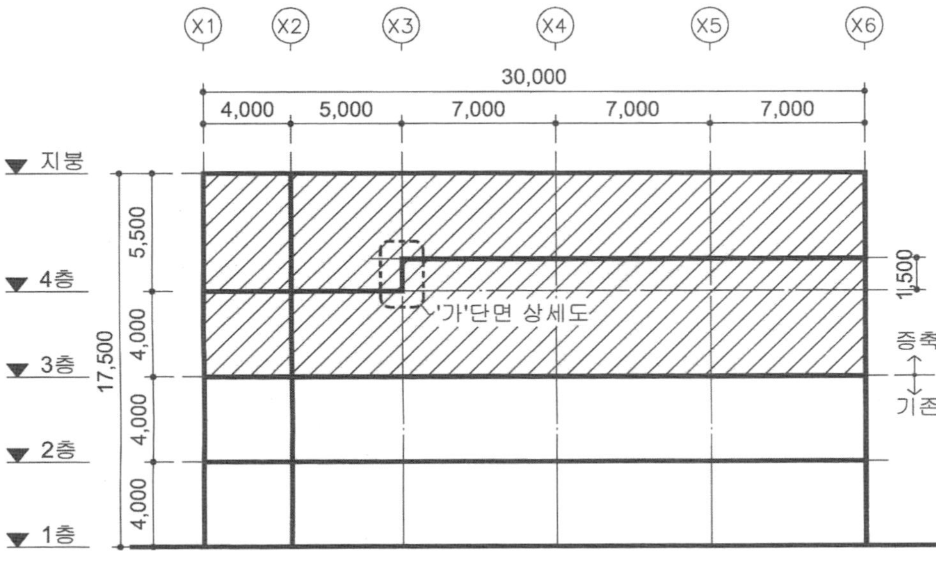

교육동 단면개념도　축척없음

교육동 2층 평면도(기준)　축척없음

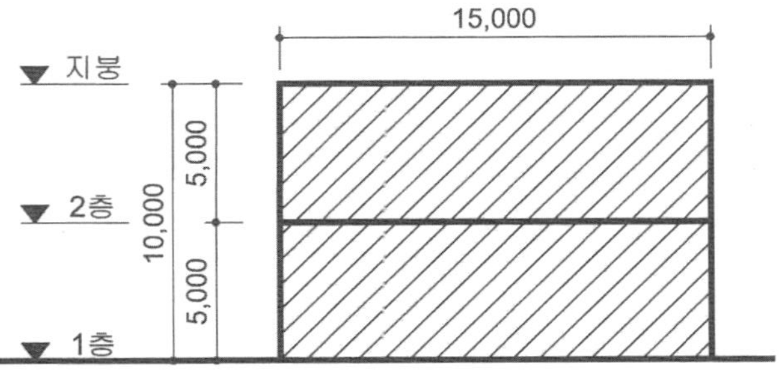

연구동 단면개념도　축척없음

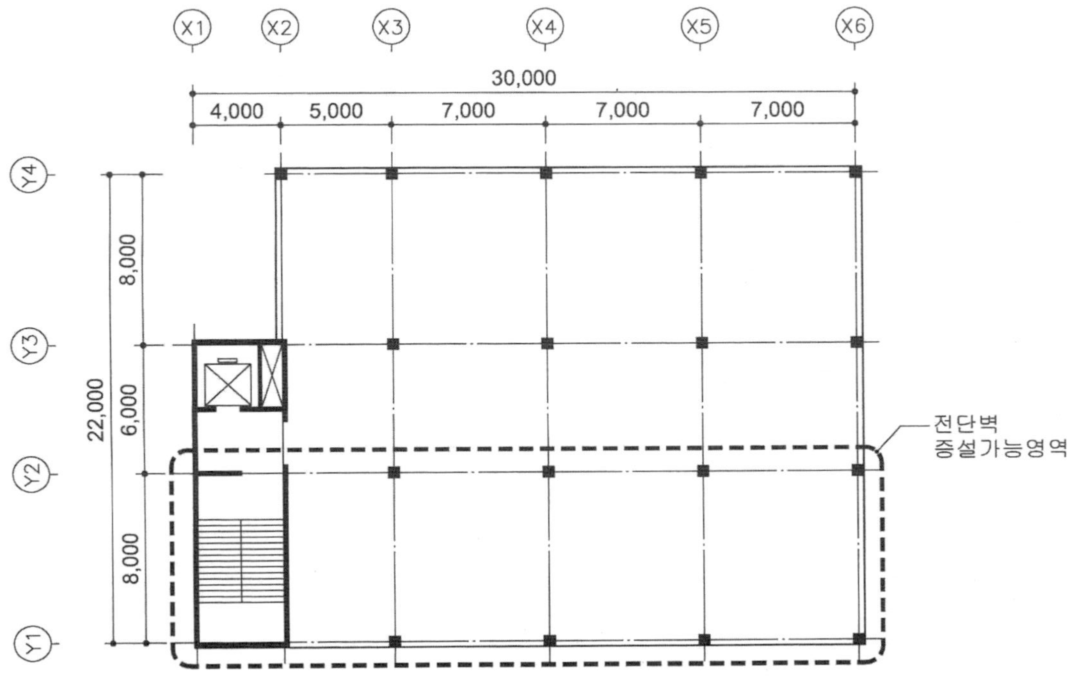

연구동 평면도　축척없음

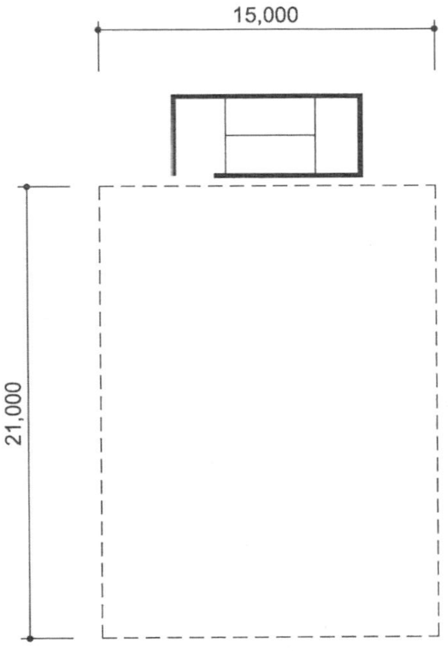

22,000
8,000　6,000　8,000

17,500
4,000　4,000　4,000　5,500

21,000

10,000
5,000　5,000

15,000

30,000
4,000　5,000　7,000　7,000　7,000

1,500

Y1 Y2 Y3 Y4
X1 X2 X3 X4 X5 X6

지붕　4층　3층　2층　1층
지붕　2층　1층

기준

전단벽 철골설치가능영역

A B C

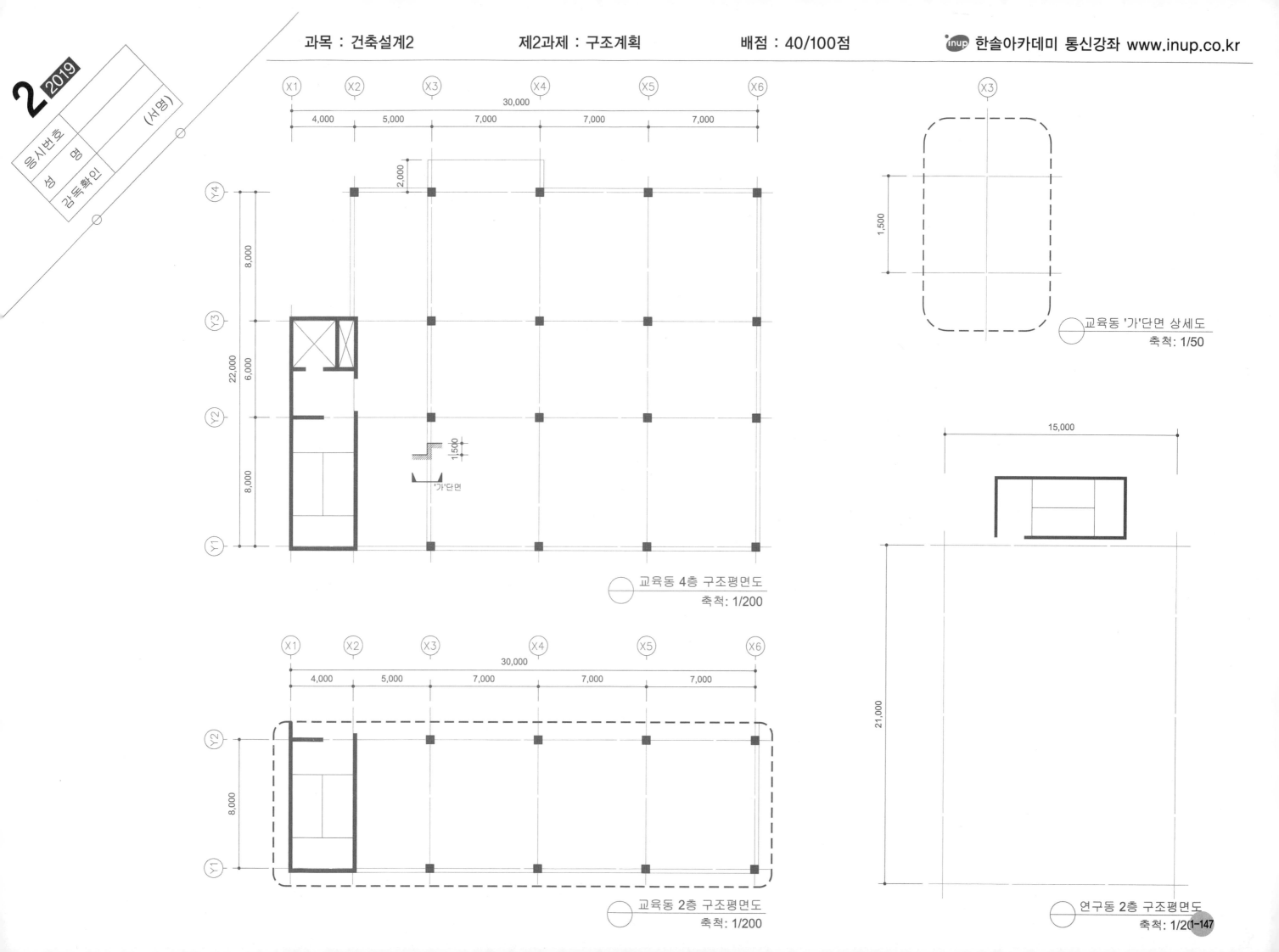

2 2019

(서명)

응시번호
성　명
성
감독확인

교육동 '가'단면 상세도
축척: 1/50

X1　X2　X3　X4　X5　X6
30,000
4,000　5,000　7,000　7,000　7,000

2,000

Y4

8,000

Y3

22,000

6,000

Y2

1,500

'가'단면

8,000

Y1

교육동 4층 구조평면도
축척: 1/200

X3

1,500

15,000

21,000

X1　X2　X3　X4　X5　X6
30,000
4,000　5,000　7,000　7,000　7,000

Y2

8,000

Y1

교육동 2층 구조평면도
축척: 1/200

연구동 2층 구조평면도
축척: 1/200

2020년도 제1회 건축사 자격시험 문제

과 목 명	과 제 명	
건축설계 2	제1과제 : 단면설계 및 설비계획	(65점)
	제2과제 : 구 조 계 획	(35점)

응시자 준수사항

1. 문제지를 받더라도 시험시작 타종전까지 문제내용을 보아서는 안 됩니다.

2. 문제지를 받는 즉시 과목편철 순서, 문제누락 여부, 인쇄상태 이상 유무 등을 확인한 후 담안지에 본인의 응시번호와 성명을 기재합니다.

3. 시험이 시작되면 문제를 주의 깊게 읽은 후 담안을 작성하시기 바랍니다.

4. 시험시간중 문제지와 보조용지 (갱지, 트레이싱지)는 제출하지 않습니다.

※ 시험시간이 종료되기 전에는 어떠한 경우에도 문제지를 시험장 밖으로 가지고 갈 수 없습니다.

5. 담안지 미제출자는 부정행위자로 간주 처리됩니다.

공 지 사 항

1. 문제지 공개
- 방 법 : 국토교통부 및 대한건축사협회 인터넷 홈페이지에 게시

2. 합격예정자 발표
- 방 법 : 국토교통부 / 대한건축사협회 인터넷 홈페이지 및 각 시·도 건축사회 게시판

3. 점수 열람
- 방 법 : 대한건축사협회 인터넷 홈페이지 / 성적열람 메뉴

※ 합격예정자 제출서류에 대한 자세한 사항은 대한건축사협회 인터넷 원서접수 프로그램 공지사항에 게재되어 있으며, 합격예정자 발표시 별도 공고합니다.

2020년도 제1회 건축사 자격시험 문제

과 목 : 건축설계 2   제1과제 (단면설계 · 설비계획)   배점 65 / 100

제 목 : 청년크리에이터 창업센터의 단면설계 및 설비계획

1. 과제개요

제시된 도면은 청년크리에이터 창업센터의 평면도 일부이다. 다음 사항을 고려하여 각 층 평면도에 표시된 <A-A> 단면 지시선을 기준으로 단면도를 작성하시오.

2. 설계 및 계획조건

(1) 규모 : 지상 3층
(2) 구조 : 철근콘크리트 라멘조
(3) 층간 방화구획은 고려하지 않는다.
(4) 계단 난간은 투시형으로 한다.
(5) 동결선 : G.L −1m

<표1> 설계조건

구분			치수(mm)
구조체	슬래브		200
	보(W×D)		400×500
	기둥		500×500
	온통기초		600
단열재	최상층 지붕, 최하층 바닥		200
	외벽		100
외벽 마감재료	화강석		30
	커튼월 시스템	AL 프레임	50×150
		유리(삼중유리)	30
냉난방 설비	PAC(천장매입형)		900×400×250(H)
	바닥난방 (PVC 타일 마감)		150
기타 공간	EHP(천장매입형)		900×900×350(H)
태양광 설비	수평루버 BIPV		300(너비)

<표2> 내부 마감재료

구분	전시 홀, 커뮤니티 카페, 공유주방, 복도	사무실	주거
바닥	화강석 (THK=100mm)	엑세스 플로어 (H=150mm)	PVC 타일 (바닥난방)
벽	모르타르 위 페인트 마감		벽지
천장	흡음텍스		천장지

3. 고려사항

(1) 구조체 부위별로 단열, 결로, 방수, 방습 등이 성능 확보를 위한 기술적 해결방안을 표현한다.
(2) 벽체는 외단열, 최상층 지붕은 내단열, 최하층 바닥은 외단열 또는 내단열로 한다.
(3) 지붕에는 옥상정원(토심 600mm)과 목재데크가 있다.
(4) 커튼월시스템과 수평루버 BIPV는 외부조망, 자연채광, 자연환기, 발전효율 등을 고려하여 계획한다.
(5) 수평루버 BIPV는 경사도를 30°로 하고, 평면도에 표시된 영역에 단면상 수직간격을 고려하여 층 10열로 계획한다.
(6) 전시 홀과 아트리움의 천장은 자연 채광 조절 및 자연 환기를 고려하여 차양장치와 환기창을 설계한다.
(7) EHP, PAC, 덕트, 배관 등 설비공간을 고려하여 보 밑으로 250mm 이상의 여부공간을 확보한다.

4. 도면작성 요령

(1) 층고, 천장고(CH), 개구부 높이 등 주요 부분 치수와 각 실의 명칭을 표기한다.
(2) 계단의 단수, 단높이, 단너비 및 난간높이를 표기한다.
(3) 단열, 방수, 외벽 · 내부 마감재료 등을 표기한다.
(4) <보기>에 따라 자연환기, 자연채광, EHP 및 PAC의 위치를 표기한다.
(5) 설계 및 계획조건에 제시되지 않은 내용은 기능에 따라 합리적으로 정하여 표기한다.
(6) 도면에 표기하기 어려운 내용은 여백을 이용하여 추가로 기술한다.
(7) 단위 : mm
(8) 축척 : 1/100

<보기>

구분	표현 방법	구분	표현 방법
자연환기	⇧	EHP	⊠
자연채광	⇩	PAC	A/C

5. 유의사항

(1) 답안 작성은 반드시 흑색 연필로 한다.
(2) 명시되지 않은 사항은 현행 관계법령의 범위 안에서 임의로 한다.

<층별 평면도> 축척 없음

지붕 평면도

EL +11,900
EL +13,400
드라이비트
EL +15,800
알루미늄 징크 (경사)
1 / 6

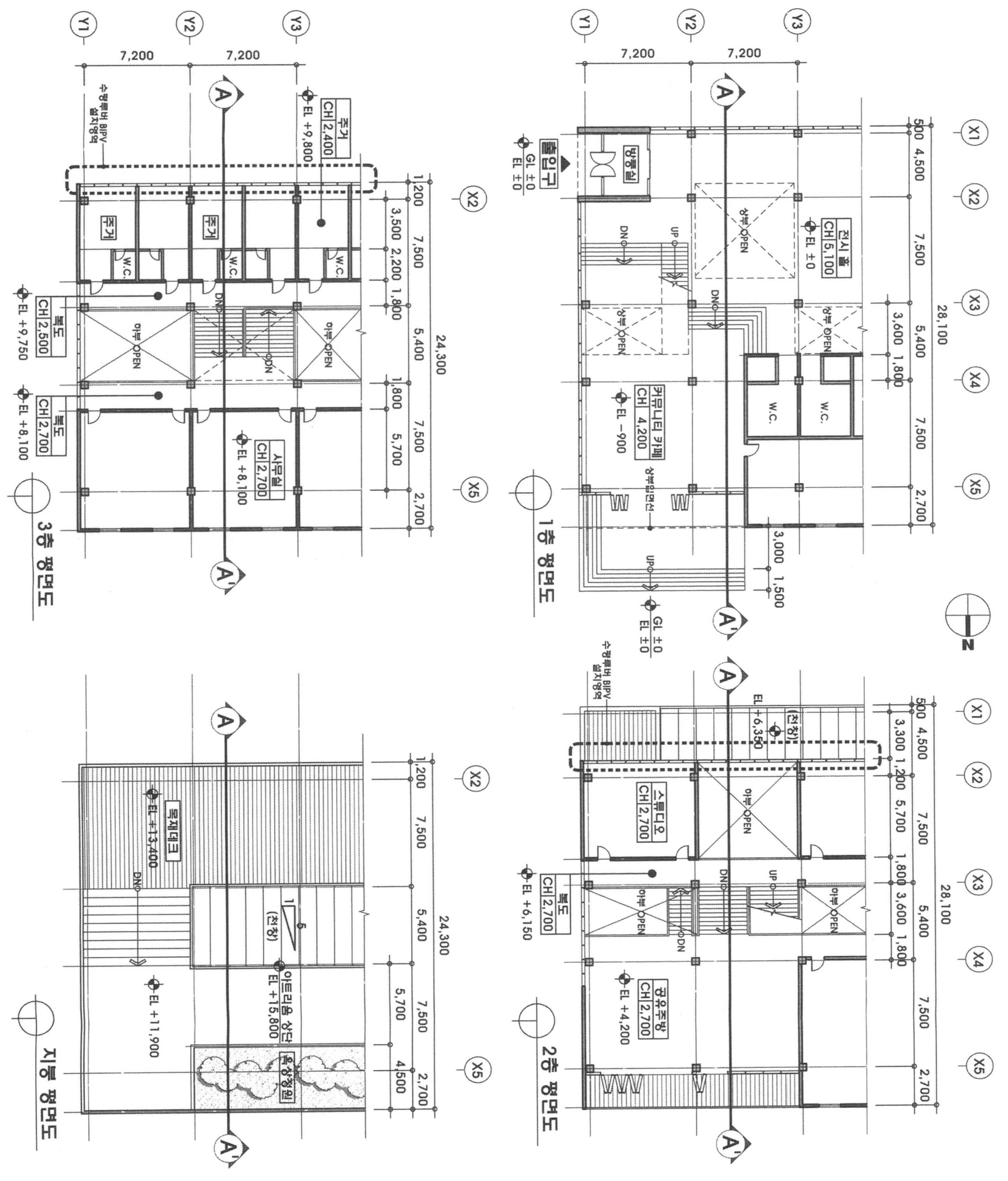

24,300
2,700 | 7,500 | 5,400 | 4,500 5,700

3층 평면도

EL +9,750   EL +8,100
복도 CH 2,700
복도 CH 2,500
W.C
창고
일부 OPEN
사장실 EL +8,100 CH 2,700
DN
W.C
일부 OPEN
창고 EL +9,800 CH 2,700
수평차양 BIPV
결지장판

24,300
2,700 | 7,500 | 5,400 | 5,700 | 3,500 2,200 1,800 1,800 1,200

Y1 Y2 Y3
7,200 7,200

2층 평면도

EL +6,150
복도 CH 2,700
회의실 EL +4,200 CH 2,700
일부 OPEN
회의실 CH 2,700
일부 OPEN
DN
UP
EL +5,350 (창고)
일부 OPEN
수평차양 BIPV

28,100
2,700 | 7,500 | 5,400 | 5,700 | 3,600 1,200 1,800 | 4,500 500

1층 평면도

GL ±0 EL ±0
EL -900
일부 OPEN
주민자치 카페 CH 4,200
일부 OPEN
DN UP
W.C
W.C
전시 1동 CH 5,100
일부 OPEN
EL ±0
GL ±0 EL ±0
통합민원

28,100
2,700 | 7,500 | 5,400 | 5,700 | 3,600 1,800 | 4,500 500

X1 X2 X3 X4 X5
Y1 Y2 Y3
7,200 7,200

N

1 2020-1

응시번호		(서명)
성 명		
감독확인		

X1

GL ±0
EL ±0

A-A' 단 면 도
축척: 1/100

과 목 : 건축설계 2

제2과제(구조계획)

배점 35 / 100

제 목 : 주차모듈을 고려한 구조계획

1. 과제개요

지상 3층 근린생활활시설을 신축하고자 한다. 다음 사항을 고려하여 구조평면도와 부분 단면상세도를 작성하시오.

2. 계획조건

(1) 계획 기본사항

층	용도	층고	비고
3층	상점	3.7m	
2층	상점 및 주차장	3.7m	차량출입구
1층	상점	3.7m	

(2) 구조 기본사항

구분	적용 사항
구조	철근콘크리트 라멘조
적용하중	고정하중 6kN/m², 활하중 5kN/m²
재료	콘크리트 f$_{ck}$=24MPa, 철근 SD400
기둥	500mm × 500mm
슬래브	두께 200mm

(3) 구조부재의 단면치수 및 배근도

<표1> 철근콘크리트보 단면기호 (단위 : mm, 폭×춤)

기호	A	B	C	D	E
단면					
	500×700	500×700	500×700	500×700	500×700

기호	F	G	H	I	J
단면					
	600×500	600×500	600×500	600×500	600×500

주) 제시된 부재 단면은 설계하중에 대한 개략적 해석결과를 반영한 값이다.

3. 구조계획 시 고려사항

(1) 구조부재는 경제성, 시공성, 공간 활용성 등을 고려하여 합리적으로 계획한다.

(2) 횡력은 코어가 담당하는 것으로 계획되어 있다.

(3) 코어 내부에는 별도의 구조계획을 하지 않는다.

(4) 바닥에는 고정하중과 활하중이 균등하게 작용한다.

(5) 보 단면 설계 시 중력하중에 의한 휨모멘트만 고려한다.

(6) 캔틸레버는 <2층 평면도 및 단면개념도>에서 제시된 구간에만 있다.

(7) 기둥과 보의 구조 계획

① 각 층의 기둥과 보의 위치는 동일하다.

② X, Y 각 열의 기둥과 보는 일직선으로 배치한다.

③ 기둥 중심간 거리는 X열은 7~9m, Y열은 9~10m로 한다.

④ 보는 연속으로 배치한다.

⑤ 슬래브는 4변지지 형식으로 계획한다.

⑥ 슬래브의 단면길이는 4m 이하로 하고, 변장비 (장변길이/단변길이)는 2~3 범위로 한다(슬래브의 변 길이는 보 중심선 기준으로 하며, 캔틸레버 구간은 단변길이와 변장비 제한이 없음).

⑦ 주차단위 구획은 2.5m × 5.0m로 계획하고, 총 주차대수는 15대로 한다.
단, 장애인 주차는 고려하지 않는다.

⑧ 주차 통로 영역의 높이는 보 밑으로부터 최소 3.2m를 확보한다.

4. 도면작성 요령

(1) 구조평면도

① 3층 구조평면도를 작성한다.

② '가' 구간의 X열과 '나' 구간의 Y열 보 단면을 <표1>에서 선택하여 <보기>와 같이 보의 양 단부 및 중앙부 단면기호를 표기한다.
단, 캔틸레버보는 지지단 부분만 표기한다.

③ 축선의 치수를 기입한다.

(2) 부분 단면상세도

① 3층 바닥을 기준으로 '다' 위치의 보와 슬래브 단면상세도를 작성한다.

② '다' 위치의 Y열 보 단면을 중앙부를 기준으로 <표1>에서 선택하여 단면기호와 치수(폭 및 춤), 보 밑 치수를 기입한다.

(3) 공통

① 도면 표기는 <보기>를 참조한다.

② 단위 : mm

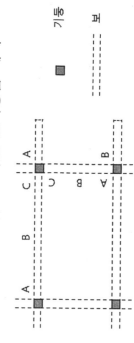

<보기> 철근콘크리트보 기호 표기방법 예시

5. 유의사항

(1) 답안작성은 반드시 흑색 연필로 한다.

(2) 명시되지 않은 사항은 현행 관계법령의 범위 안에서 임의로 계획한다.

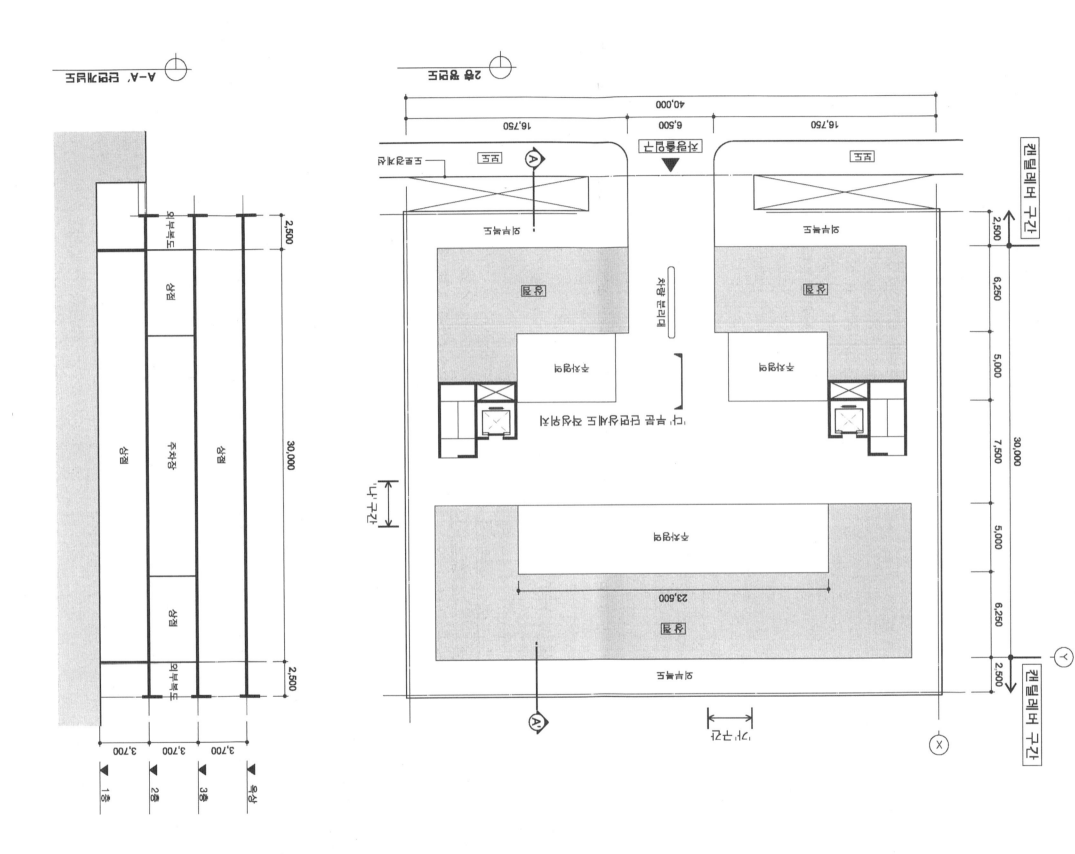

<2층 평면도 및 단면개념도> 축척 없음

2 2020-1

응시번호
성　명
감독확인
(서명)

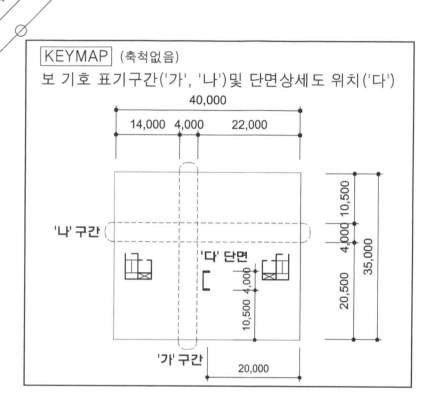

KEYMAP (축척없음)
보 기호 표기구간('가', '나')및 단면상세도 위치('다')

40,000
14,000 4,000 22,000

'나' 구간
'다' 단면
'가' 구간

10,500 4,000 10,500
20,500 4,000 10,500
35,000
20,000

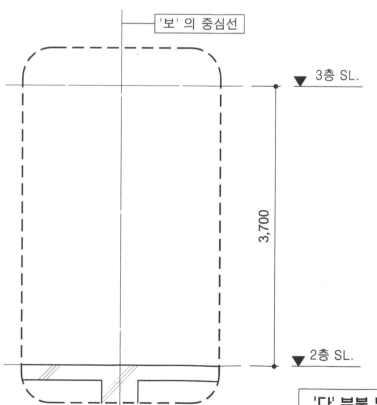

'보'의 중심선

▼ 3층 SL.

3,700

▼ 2층 SL.

'다' 부분 단면상세도
축척: 1/50

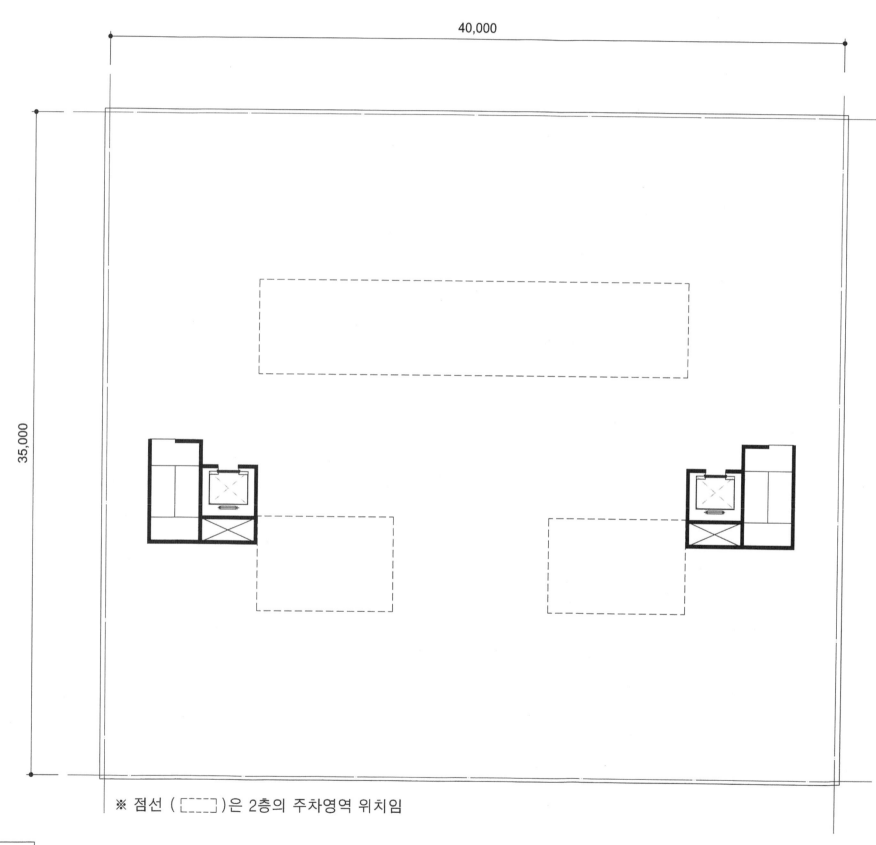

40,000

35,000

※ 점선 (▢)은 2층의 주차영역 위치임

3층 구조평면도
축척: 1/200

2020년도 제2회 건축사 자격시험 문제

과 목 명	건축설계 2
과 제 명	제1과제 : 단면설계 및 설비계획 (65점) 제2과제 : 구 조 계 획 (35점)

응시자 준수사항

1. 문제지를 받더라도 시험시작 타종전까지 문제내용을 보아서는 안 됩니다.

2. 문제지를 받는 즉시 과목편철 순서, 문제누락 여부, 인쇄상태 이상 유무 등을 확인한 후 답안지에 본인의 응시번호와 성명을 기재합니다.

3. 시험이 시작되면 문제를 주의 깊게 읽은 후 답안을 작성하시기 바랍니다.

4. 시험시간종료 후 문제지와 보조용지 (깔판지, 트레이싱지)는 제출하지 않습니다.
   ※ 시험시간이 종료되기 전에는 어떠한 경우에도 문제지를 시험장 밖으로 가지고 갈 수 없습니다.

5. 답안지 미제출자는 부정행위자로 간주 처리됩니다.

공 지 사 항

1. 문제지 공개
   - 방 법 : 국토교통부 및 대한건축사협회 인터넷 홈페이지에 게시

2. 합격예정자 발표
   - 방 법 : 국토교통부 / 대한건축사협회 인터넷 홈페이지 및 각 시·도 건축사회 게시판

3. 점수 열람
   - 방 법 : 대한건축사협회 인터넷 홈페이지 / 성적열람 메뉴

   ※ 합격예정자 제출서류에 대한 자세한 사항은 대한건축사협회 인터넷 원서접수 프로그램 공지사항에 게재되어 있으며, 합격예정자 발표시 별도 공고합니다.

2020년도 제2회 건축사 자격시험 문제

과 목 : 건축설계 2 제 1과제 (단면설계 · 설비계획) 배점 65 / 100

제 목 : 창업지원센터의 단면설계 및 설비계획

1. 과제개요

제시된 도면은 창업지원센터의 평면도 일부이다. 다음 사항을 고려하여 각 층 평면도에 표시된 <A-A'> 단면 지시선을 기준으로 입·단면도를 작성하고 ®부분의 단면상세를 계획하여 제시하시오.

2. 계획 · 설계조건 및 고려사항

(1) 규모 : 지하 1층, 지상 3층
(2) 구조 : 철근콘크리트 라멘조
(3) 지상 1~2층이 다락직소스텐드 옆 계단은 단너비 300mm, 단높이 175mm이다.
(4) 지상 3층 이외의 층은 방화구획을 고려하지 않는다.
(5) 경사지진 천장 (기울기 1/3) 에는 투시형 BIPV를 설치하고, 채광과 환기가 가능하도록 한다.
(6) 옥상으로의 접근은 별도의 직통계단을 이용한다.
(7) ®부분 단면상세의 커튼월시스템은 향을 고려하여 자사광에 의한 눈부심이 감소되도록 하고 자연 환기가 가능하도록 투시형으로 한다.
(8) 난간은 투시형으로 한다.
(9) 지붕은 내단열, 이외의 부분은 외단열로 한다.
(10) 설비공간을 고려하여 보 밑으로 보 밑으로 250mm 이상의 하부공간을 확보한다.
(11) 구조체 부위별로 단열, 결로, 방수, 방습 등의 성능 확보를 위한 기술적 해결방안을 제시한다.
(12) 치수와 마감은 <표1>, <표2>에 따르며, 제시되지 않은 사항은 임의로 한다.

<표1> 설계조건

구분			치수(mm)
구조체 두께 및 크기	슬래브 두께		200
	보(W×D) 크기		400×600
	내력벽 두께		200
	기둥 크기		500×500
	온통기초 두께		600
	집수정 크기		600x600x900(H)
단열재 두께	최상층 지붕, 최하층 바닥		200
	외벽		100
외벽 마감재료 두께 및 크기	테라코타 패널 두께 (오픈조인트)		30
	커튼월 시스템	AL 프레임	50×200
		삼중유리	40
냉·난방설비	EHP(천장매입형) 크기		900x900x350(H)
	FCU 크기		900x300x300(H)
승강기(관통형, 기계실없는타입)	PIT		1,500
	O.H		4,500

<표2> 내부마감재료

구분	바닥	벽	천장
다목적활동, 복도, 사무실	PVC타일	임의	석고보드 위 페인트

3. 도면작성 요령

(1) 충고, 천장고(CH), 개구부 높이 등 주요 부분 치수와 각 실의 명칭을 표기한다.
(2) 계단의 단수, 단높이, 단너비 및 난간높이를 표기한다.
(3) 단열, 방수, 내·외부 마감재료 등을 표기한다.
(4) 건물 내·외부의 입·단면도를 작성하고 환기경로, 채광경로를 <보기>에 따라 표현하며, 필요한 곳에 창호의 개폐방향과 냉·난방설비를 표기한다.
(5) 단위 : mm
(6) 축척 : 1/100, 1/50

<보기>

구분	표현 방법	구분	표현 방법
자연환기	⇨	자연채광	⇩

4. 유의사항

(1) 답안 작성은 반드시 흑색 연필로 한다.
(2) 명시되지 않은 사항은 현행 관계법령의 범위 안에서 임의로 한다.

<층별 평면도> 축척 없음

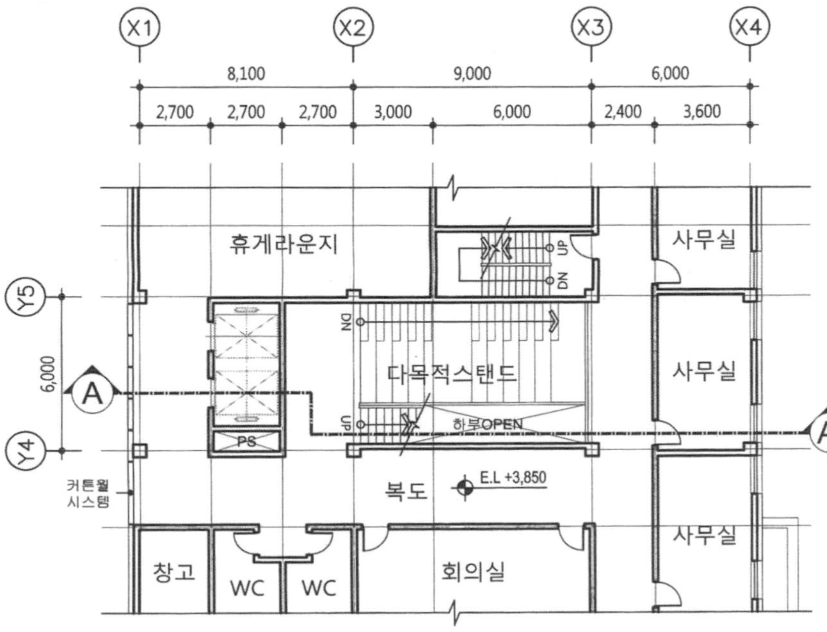

지상 2층 평면도

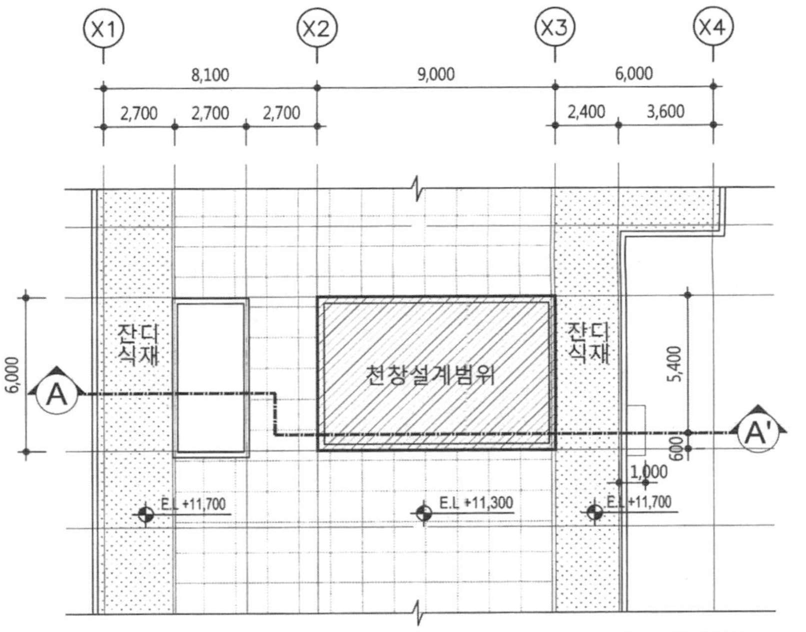

지붕 평면도

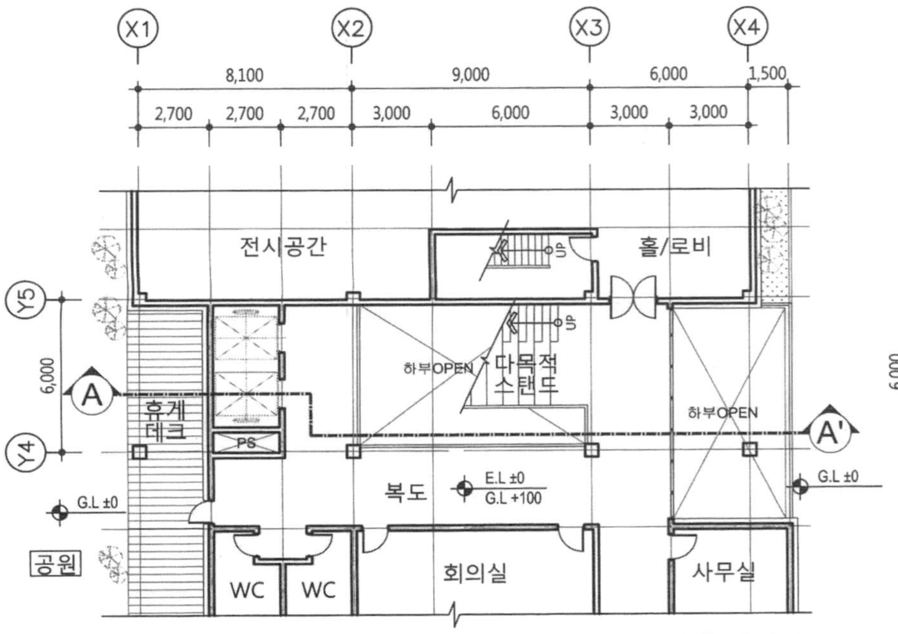

지상 1층 평면도

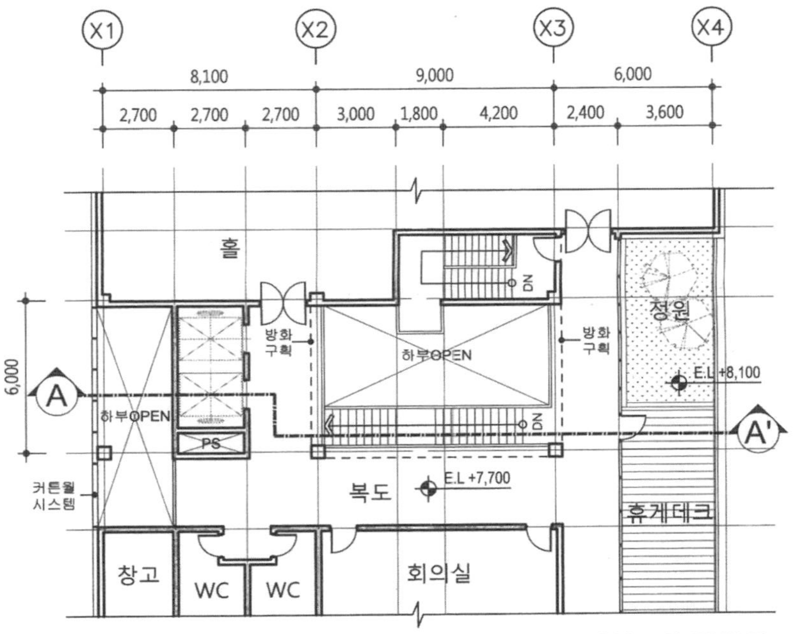

지상 3층 평면도

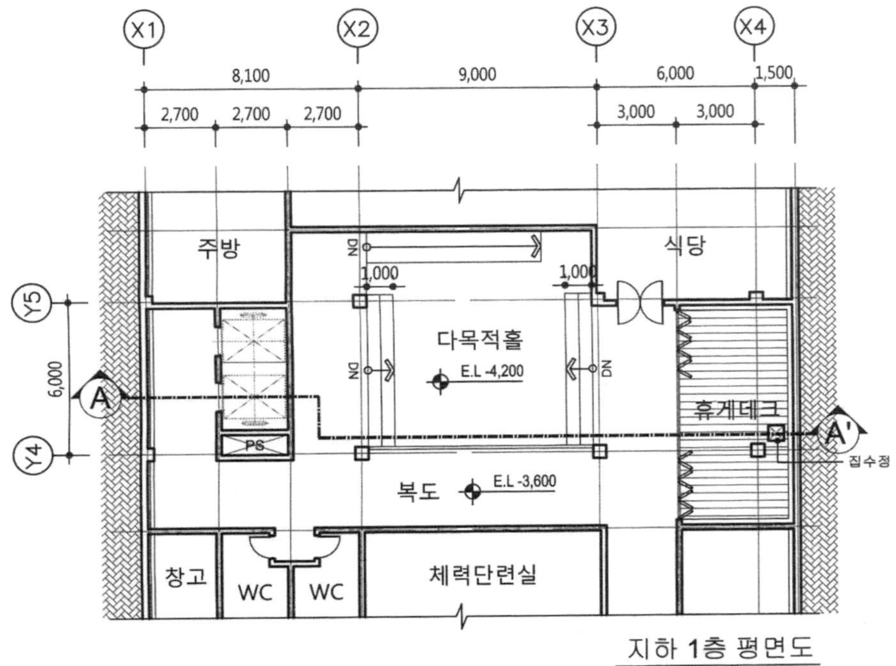

지하 1층 평면도

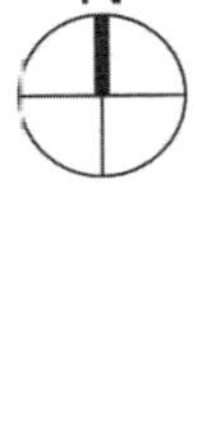

층별 평면도
축척없음

1 2020-2

(서명)

응시번호
성 명
감독확인

X1

X1

B

X1

지상 1층
E.L ±0

지상 2층

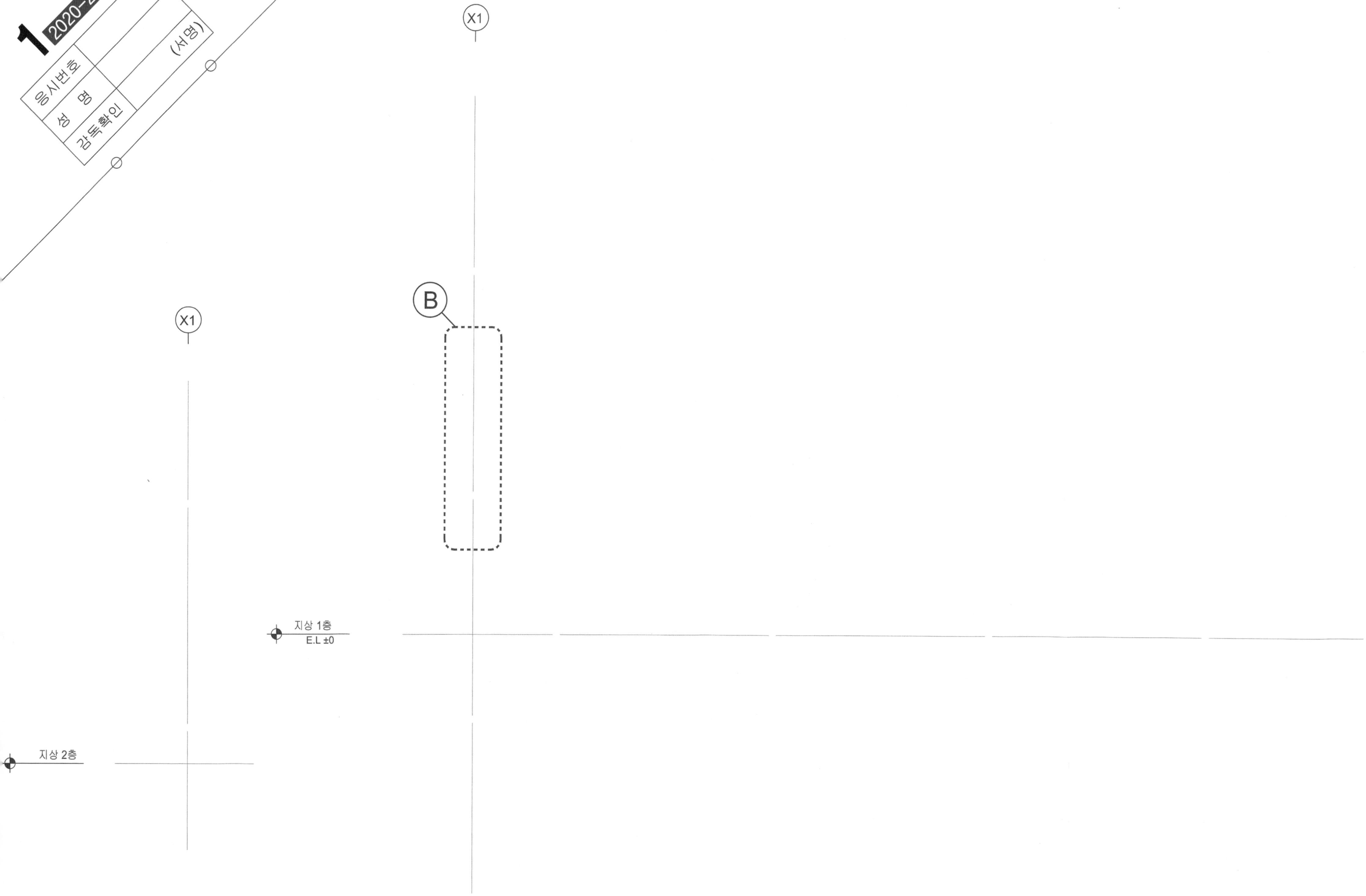

B부분단면상세도
축척: 1/50

A-A' 단 면 도
축척: 1/1

2020년도 제2회 건축사 자격시험 문제

과 목 : 건축설계 2   제2과제(구조계획)   배점 35 / 100

제 목 : 연구시설 신축 구조계획

1. 과제개요
주어진 대지에 연구시설을 신축하려 한다. 합리적인 구조계획을 하고 3층 구조평면도를 작성하시오.

2. 계획조건
(1) 규모 : 지상 5층
(2) 사용부재 : 일반구조용 압연강재 (SS275)
(3) 구조형식 : 강구조(코어는 철근콘크리트구조)
(4) 구조부재의 단면치수(단위 : mm)

강제 보			강제 기둥
A	B	C	
H-700 × 300	H-600 × 200	H-300 × 150	H-500 × 500

(5) 층고 : 4.2m
(6) 슬래브 및 벽체 두께

구분	두께	비고
데크플레이트 슬래브	150mm	합성데크플레이트
코어벽체	350mm	철근콘크리트구조

(7) 주차단위구획 : 2.5m × 5.0m(일반 주차),
3.5m × 5.0m(장애인전용 주차)

3. 구조계획 시 고려사항
(1) 공통사항
① 구조부재는 경제성, 시공성, 공간 활용성 등을 고려하여 합리적으로 계획한다.
② 구조계획시 횡력의 영향은 고려하지 않는다.
③ 바닥에는 고정하중과 활하중이 균등하게 작용한다.
④ 코어(승강로 1개소, 계단실 2개소)를 중심부에 배치한다.
⑤ 1층은 필로티 주차장이며, 필로티 내 최소 20대 (장애인전용 1대 포함)를 주차하는 것으로 한다.
⑥ 각 층은 기둥과 보의 위치는 동일하다.
⑦ 강제 보는 계획조건에서 적절한 것을 선택한다.

(2) 기둥
① 모든 기둥 중심간격은 14m 이내로 한다.
② 기둥개수를 최소화하여 배치한다.
③ 기둥의 방향은 최적의 응력상태가 되도록 강·약축을 고려하여 계획한다.

(3) 보
① 보는 연속적으로 설치하는 것을 원칙으로 한다.
② 발코니는 캔틸레버 구조로 한다.
③ 추가 캔틸레버 보 설치 시 길이는 2.5m로 한다.
④ 데크플레이트는 최대 지지거리가 3.5m 이하가 되도록 지지하는 보를 배치한다.

(4) 벽체(철근콘크리트 코어)
① 계단실과 승강로는 철근콘크리트 전단벽이다.
② 철근콘크리트 전단벽에 별도의 강제 기둥이나 강제 보를 삽입하지 않는다.

4. 도면작성 요령
(1) 기둥은 강·약축의 방향을 고려하여 도면축척과 관계없이 표기한다.
(2) 강제 보의 접합부는 강접합과 힌지접합으로 구분하며, <보기1>의 예시에 따라 표기한다.
(3) 보 기호 표현은 <보기2>를 따른다.
(4) 데크플레이트 골 방향 표기는 <보기1>을 따른다.
(5) 코어의 승강로 1개소와 계단실 2개소 표현은 <보기3>을 참조하여 작성한다.
(6) 도면표현은 <보기1>, <보기2> 및 <보기3>을 참조한다.
(7) 단위 : mm
(8) 축척 : 1/200

<보기1> 도면 표기

강제기둥	⊥ H
강제 보	
강접합	▲
힌지접합	
데크플레이트 골 방향	
철근콘크리트 벽체(코어)	
철근콘크리트 보(코어)	

<보기2> 강제 보 기호 표기방법 예시

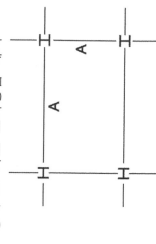

과 목 : 건축설계 2   제2과제(구조계획)   배점 35 / 100

<보기3> 코어 표기(축척 없음)

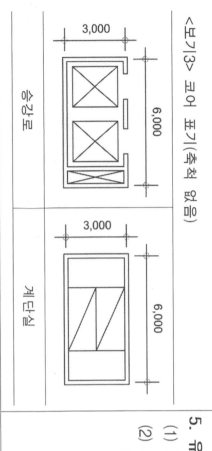

승강로   계단실

5. 유의사항
  (1) 답안작성은 반드시 흑색 연필로 한다.
  (2) 명시되지 않은 사항은 현행 관계법령의 범위 안에서
      임의로 계획한다.

<대지 현황도> 축척 없음

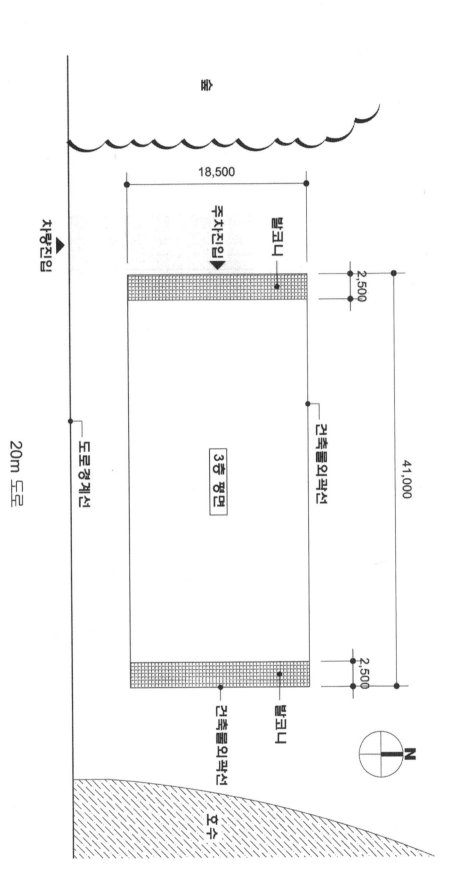

2 2020-2

41,000

18,500

3층 구조평면도

축척:1/200

2021년도 제1회 건축사 자격시험 문제

과 목 명	과 제 명	제 1 과 제 : 단면설계 및 설비계획 (65점)
건 축 설 계 2		제 2 과제 : 구 조 계 획 (35점)

응시자 준수사항

1. 문제지를 받더라도 시험시작 타종전까지 문제내용을 보아서는 안 됩니다.

2. 문제지를 받는 즉시 과목편철 순서, 문제누락 여부, 인쇄상태 이상 유무 등을 확인한 후 답안지에 본인의 응시번호와 성명을 기재합니다.

3. 시험이 시작되면 문제를 주의 깊게 읽은 후 답안을 작성하시기 바랍니다.

4. 시험시간종료 후 문제지와 보조용지 (갱지지, 트레이싱지)는 제출하지 않습니다.

※ 시험시간이 종료되기 전에는 어떠한 경우에도 문제지를 시험장 밖으로 가지고 갈 수 없습니다.

5. 답안지 미제출자는 부정행위자로 간주 처리됩니다.

공 지 사 항

1. 문제지 공개

- 방 법 : 국토교통부 및 대한건축사협회 인터넷 홈페이지에 게시

2. 합격예정자 발표

- 방 법 : 국토교통부 / 대한건축사협회 인터넷 홈페이지 및 각 시 · 도 건축사회 게시판

3. 점수 열람

- 방 법 : 대한건축사협회 인터넷 홈페이지 / 성적열람 메뉴

※ 합격예정자 제출서류에 대한 자세한 사항은 대한건축사협회 인터넷 원서접수 프로그램 공지사항에 게재되어 있으며, 합격예정자 발표시 별도 공고합니다.

2021년도 제1회 건축사 자격시험 문제

과 목 : 건축설계 2 제1과제(단면설계·설비계획) 배점 65 / 100 한솔아카데미 www.inup.co.kr

제 목 : 도시재생지원센터의 단면설계 및 설비계획

1. 과제개요

제시된 도면은 기존 연와조 다가구주택을 수직·수평 증축하여 리모델링한 도시재생지원센터의 부분평면도이다. 다음 사항을 고려하여 종별 평면도에 표시된 <A-A> 단면 지시선을 기준으로 단면도와 <B>부분 단면상세도를 작성하시오.

2. 계획·설계조건 및 고려사항

(1) 규모 : 지하 1층, 지상 3층
(2) 구조 : 강구조 (지붕 : 트러스구조)
(3) 기존 연와조 건축물에서 벽체, 슬래브의 일부를 해체한 뒤 H형강을 이용하여 구조를 보강한다. (기존 건축물 현황은 <표1> 참고)
(4) 기존 건축물의 외벽은 단열보강을 한다.
(5) 기존 건축물의 기초는 증축 및 리모델링에 필요한 구조내력을 확보한 것으로 한다.
(6) 기존 건축물의 지하 1층은 공유주방으로 활용하고 배수, 냉난방 및 환기 설비를 계획한다.
(7) 기존 건축물의 1층은 보육실로 활용하고 바닥난방(120mm)과 폐열회수 환기장치를 계획한다.
(8) IT교육실은 액세스 플로어(200mm)와 냉난방 설비를 계획한다.
(9) 홀은 냉난방 설비를 계획한다.
(10) 경사지붕은 트러스구조(건식공법)로 하고 단열, 방수, 우수처리 및 태양열 패널을 고려하여 설계한다.
(11) 계단은 강구조로, 난간은 투시형으로 한다.
(12) 방화구획은 고려하지 않는다.
(13) 치수와 마감은 <표2>를 따르며, 제시되지 않은 사항은 임의로 한다.
(14) 단열, 결로, 방수, 방습 등 요구 성능을 확보하기 위한 기술적 해결방안을 안을 제시한다.

<표1> 기존 건축물 현황(지하 1층, 지상 2층)

구분		재료 구성	두께(mm)
외벽	1층, 2층	1.0B 시멘트 벽돌+단열재(50mm)+공기층(70mm)+점토벽돌(90mm)	400
	지하 1층	콘크리트 벽체(200mm)	200
지붕	1층	콘크리트슬래브(150mm)+노출형도막방수	153
바닥	1층, 2층	콘크리트슬래브(150mm)+바닥난방	270
	지하 1층	기초콘크리트슬래브(400mm)+바닥난방	520

<표2> 리모델링 설계조건

구분		재료 구성 및 치수
구조체	기초	콘크리트 600mm
	슬래브	평데크 플레이트 150mm
	기둥	H형강 400×400×13×21
	보	H형강 300×300×10×15
	트러스	H형강 200×100×5.5×8
	지붕 중도리(purlin)	C형강 200×50×50×4.0
단열재	외벽	100mm
	최상층 지붕 최하층 바닥	200mm
외벽 마감		스터코 5mm
지붕 마감		금속지붕재 0.8mm
커튼월 시스템	AL 프레임	50×200mm
	삼중유리	40mm
냉난방, 환기 설비	EHP(천장매입형)	900x900x350mm
	폐열회수 환기장치	500x500x250mm
	주방 환기덕트	300x200mm

3. 도면작성 요령

(1) 층고, 천장고, 개구부 높이 등 주요 부분 치수와 각 실의 명칭을 표기한다.
(2) 계단의 단수, 단높이, 단너비 및 난간높이를 표기한다.
(3) 단열, 방수, 내·외부 마감재료 등을 표기한다.
(4) <보기>에 따라 자연환기, 자연채광, EHP, 폐열회수 환기장치 및 주방 환기덕트를 표시한다.
(5) 단위 : mm
(6) 축척 : 단면도 1/100, 단면상세도 1/50

<보기>

구분	표시 방법	구분	표시 방법
자연환기	⇧	EHP	EHP
자연채광	⇩	폐열회수 환기장치	HRV
		주방 환기덕트	(crossed box)

4. 유의사항

(1) 답안 작성은 반드시 흑색 연필로 한다.
(2) 명시되지 않은 사항은 현행 관계법령의 범위 안에서 임의로 한다.

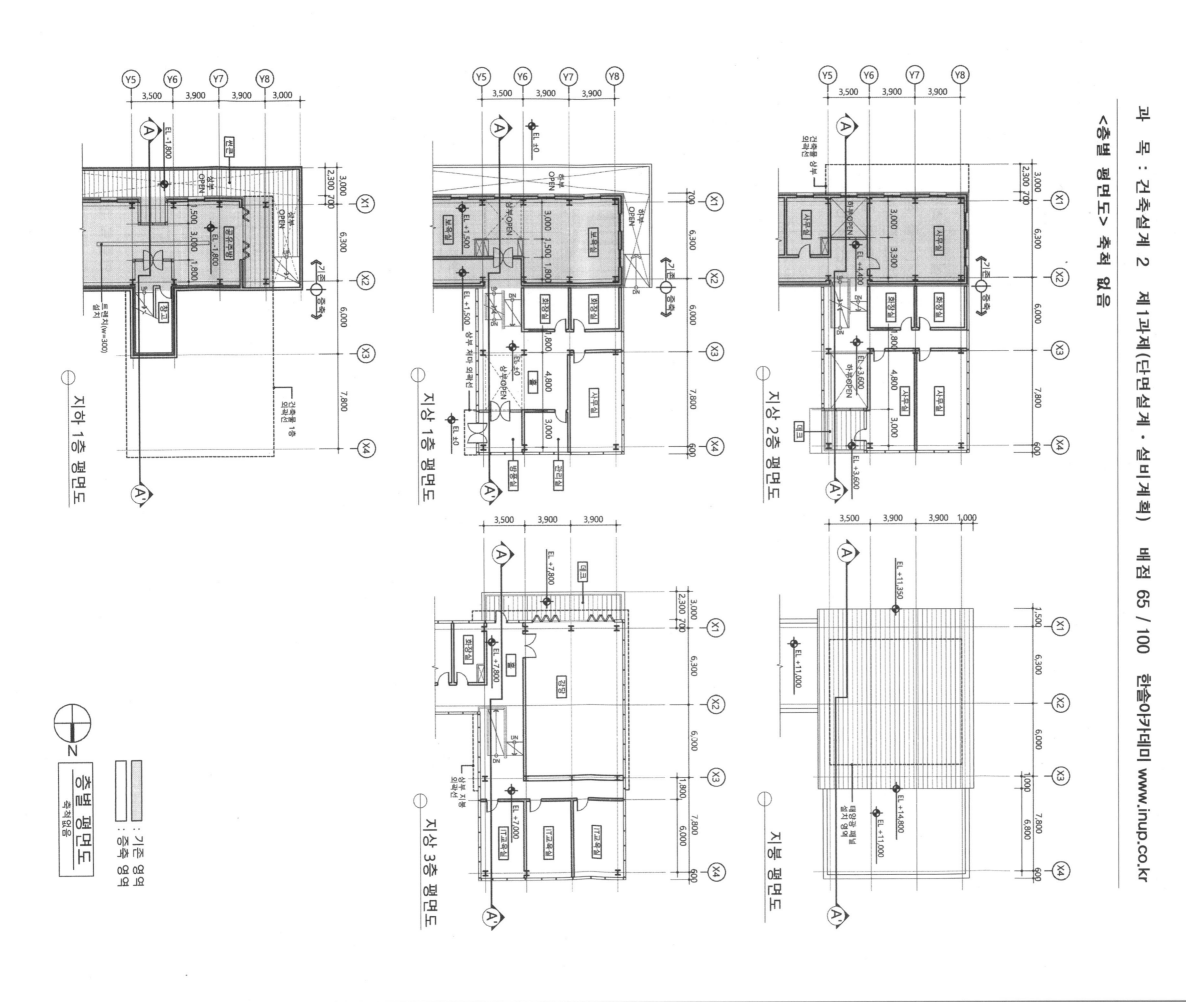

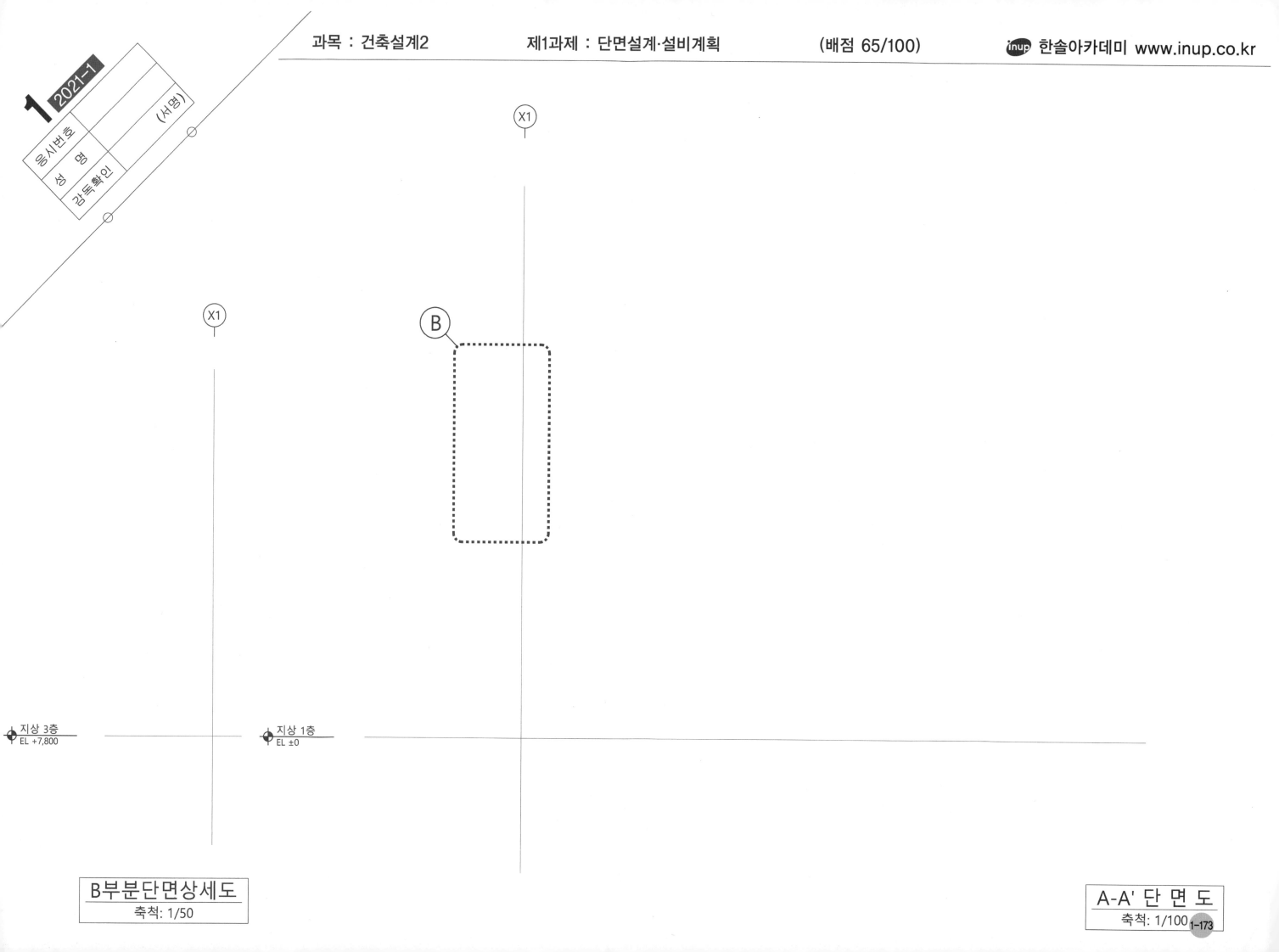

X1

X1

B

지상 3층
EL +7,800

지상 1층
EL ±0

B부분단면상세도
축척: 1/50

A-A' 단 면 도
축척: 1/100

2021년도 제1회 건축사 자격시험 문제

과 목 : 건축설계 2   제2과제(구조계획)   배점 35 / 100   한솔아카데미 www.inup.co.kr

제 목 : 필로티 형식의 건축물 구조계획

1. 과제개요

지상 1층을 필로티 주차장으로 사용하는 내력벽 구조의 건축물을 신축하고자 한다. 제시된 <대지현황> 및 2층 평면도>를 참고하여 1층 평면도, 2층 구조평면도, 기둥배근상세도를 작성하시오.

2. 계획조건

(1) 층수 : 5층 (2층~5층 평면은 동일함)

(2) 주차관련 사항
 ① 주차대수 : 9대
 ② 주차단위구획 : 2.5m × 5.0m
 ③ 차로 : 너비 6.0m 이상

(3) 구조부재의 단면치수 및 배근
 ① 기둥 : 500mm × 1,000mm
 ② 내력벽 두께 : 200mm
 ③ 전이보 : <표1> 참조

3. 구조계획 시 고려사항

(1) 1층 계획
 ① 기둥의 개수를 최소화 한다.
 ② 기둥 중심간 거리는 9m 이하로 계획한다.
 ③ 코어에 기둥을 배치하지 않는다.
 ④ 대지의 조경은 고려하지 않는다.

(2) 2층 계획
 ① 기둥 및 내력벽에 부담하는 전이보를 계획하고 가장 적합한 단면을 <표1>에서 선택한다.
 ② 전이보 상부의 전단벽 강성은 고려하지 않으며 하중만 고려한다.
 ③ 하단부 지지가 없는 돌출된 전이보의 내민 길이는 1.8m 이하로 계획한다.

(3) 건축물에 작용하는 횡력은 고려하지 않는다.

(4) 건축물은 대지경계선에서 1.0m 이상 이격하여 계획하며 마감 두께는 고려하지 않는다.

4. 도면작성 요령

(1) 1층 평면도에는 <보기1>을 참조하여 기둥과 주차단위구획을 표시하고 2층 건축물의 외곽선을 점선으로 표시한다.

(2) 1층 평면도에는 기둥 중심간 거리를 표기한다.

(3) 2층 구조평면도에는 <보기1>을 참조하여 1층의 기둥 위치와 전이보를 표시하고 전이보의 단면기호는 <표1>에서 선택하여 <보기2>와 같이 표기한다.

(4) 기둥배근상세도에는 주철근(14-D25)과 띠철근(D10@300)을 표시한다.

<표1> 전이보 단면기호 (단위 : mm)

기 호	A	B	C	D
단 면	500×700	500×700	400×700	400×700

기 호	E	F	G	
단 면	400×700	400×700	400×700	

<보기1> 도면기호

기둥	내력벽	전이보	주차단위구획
(빗금)	(실선)	(점선)	(사선)

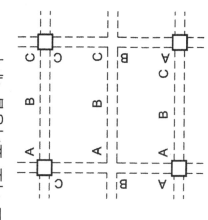

<보기2> 보 기호 표기방법 예시

A B C
C C

A B C
B B

A B C

5. 유의사항

(1) 답안작성은 반드시 흑색 연필로 한다.

(2) 명시되지 않은 사항은 현행 관계법령의 범위 안에서 임의로 계획한다.

< 대지현황 및 2층 평면도> 축척 없음

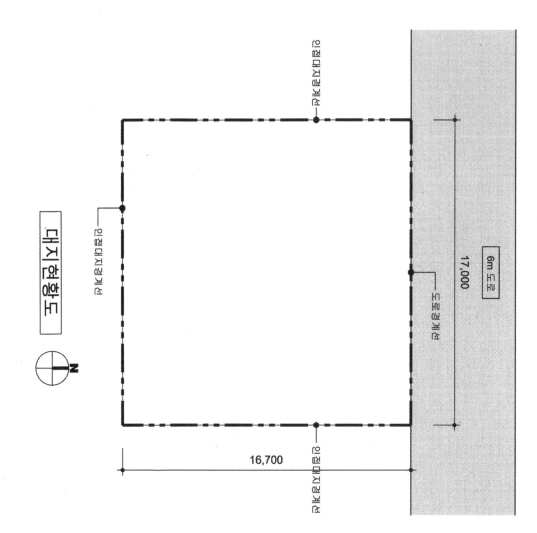

2층 평면도
(치수는 벽체 중심선 기준임)

12,800
4,600 2,700 5,500

13,100
4,500 2,100 5,000 1,500

3,000
1,500
4,500
4,100
13,100

1,500 3,100 4,200 4,000
12,800

N

대지현황도

인접대지경계선

인접대지경계선

17,000

6m 도로

도로경계선

16,700

인접대지경계선

N

한솔아카데미 www.inup.co.kr

6m 도로

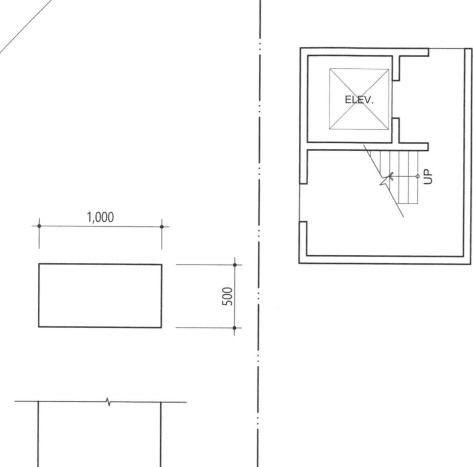

기둥배근상세도
축척: 1/30

1,000

500

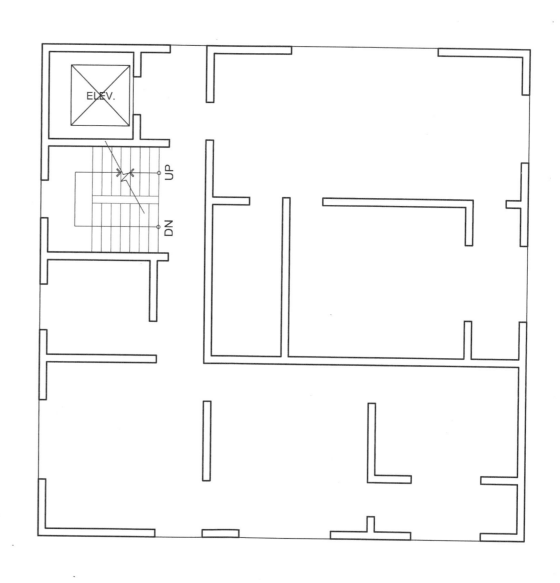

1층 평면도
축척: 1/100

N

2층 구조평면도
축척 : 1/100

N

2021년도 제2회 건축사 자격시험 문제

과 목 명	과 제 명	
건축설계 2	제1과제 : 단면설계 및 설비계획	(60점)
	제2과제 : 구 조 계 획	(40점)

응시자 준수사항

1. 문제지를 받더라도 시험시작 타종전까지 문제내용을 보아서는 안 됩니다.

2. 문제지를 받는 즉시 과목편철 순서, 문제누락 여부, 인쇄상태 이상 유무 등을 확인한 후 답안지에 본인의 응시번호와 성명을 기재합니다.

3. 시험이 시작되면 문제를 주의 깊게 읽은 후 답안을 작성하시기 바랍니다.

4. 시험시간종료 후 문제지와 보조용지 (갱판지, 트레이싱지)는 제출하지 않습니다.

※ 시험시간이 종료되기 전에는 어떠한 경우에도 문제지를 시험장 밖으로 가지고 갈 수 없습니다.

5. 답안지 미제출자는 부정행위자로 간주 처리됩니다.

공 지 사 항

1. 문제지 공개
   - 방 법 : 국토교통부 및 대한건축사협회 인터넷 홈페이지에 게시

2. 합격예정자 발표
   - 방 법 : 국토교통부 / 대한건축사협회 인터넷 홈페이지 및 각 시·도 건축사회 게시판

3. 점수 열람
   - 방 법 : 대한건축사협회 인터넷 홈페이지 / 성적열람 메뉴

※ 합격예정자 제출서류에 대한 자세한 사항은 대한건축사협회 인터넷 원서접수 프로그램 공지사항에 게재되어 있으며, 합격예정자 발표시 별도 공고합니다.

2021년도 제2회 건축사 자격시험 문제

과 목 : 건축설계 2   제 1과제(단면설계 · 설비계획)   배점 60 / 100   한솔아카데미 www.inup.co.kr

제 목 : 노인복지센터 리모델링 단면설계 및 설비계획

1. 과제개요

제시된 도면은 기존 2층 근린생활시설을 3층으로 수직 · 수평 증축하여 리모델링한 노인복지센터의 부분평면도이다. 층별 평면도에 표시된 <A-A> 단면 지시선을 기준으로 단면도와 <B>부분 단면상세도를 작성하시오.

2. 계획 · 설계조건 및 고려사항

(1) 규모 : 지하 1층, 지상 3층

(2) 구조
 ① 기존 건물 : RC구조
 ② 증축 부분
  - 수평 증축 : RC구조
  - 수직 증축 : 1~3층 바닥 RC구조, 3층 강구조

(3) 기존 건물에서 남측 전면부의 기둥 끝선을 넘는 일부 구간은 슬래브를 연장하여 증축한다.

(4) 기존 건물의 증축 및 리모델링에 필요한 구조내력을 확보한 것으로 한다.

(5) 기존 건물의 슬래브와 수평 증축 연결 부위에 대한 합리적 구조 해결방안을 제시한다.

(6) 이용자 특성을 고려하여 계단을 제외한 모든 부분에서 BF 설계 방법을 적용한다.

(7) 접견실, 로비, 라운지에 EHP를 계획하고 사무실에는 FCU와 열회수 환기장치를 계획한다.

(8) 다목적실에는 FCU, 열회수 환기장치, 액세스 플로어 (300mm), 코브조명을 계획한다.

(9) 1층 방풍실 외부에 방범셔터를 설치한다.

(10) 커튼월시스템은 조망, 환기, 일사조절, 방화구획, FCU를 고려하여 설계한다.

(11) 지붕은 경사지붕 금속지붕(두께 0.8mm)으로 하고 단열, 방수, 우수 재활용 및 태양광 패널 설치 방안을 고려한다.

(12) 중정에는 녹화식재(토심 600mm)를 설계 한다.

(13) 건축물 주변과 중정의 우수 처리방안을 고려한다.

(14) 계단 난간은 투시형으로 한다.

(15) 단열, 결로, 방수, 방습 등 요구성능을 확보하기 위한 기술적 해결방안을 제시한다.

(16) 열교부위를 최소화하기 위한 기술적 해결방안을 제시한다.

(17) 아래 <표>의 설계조건을 적용하고 제시되지 않은 사항은 임의로 한다.

<표> 설계조건

구분		치수 (mm)
RC 구조체	기초 두께	600
	슬래브 두께	200
	기둥	500×500
	보	400×600 (폭×춤)
강 구조체	기둥, 보	H-300×300×10×15
단열재	외벽	150
	지붕, 최하층 바닥	200
커튼월 시스템	AL 프레임(멀리언)	50×200
	로이삼중유리	40
냉난방설비	FCU(바닥상치형)	800×300x600 (WxDxH)
	EHP(천장매입형)	900x900x350 (WxDxH)
환기설비	열회수 환기장치	500x500x250 (WxDxH)

3. 도면작성 요령

(1) 층고, 천장고, 개구부 높이 등 주요 부분 치수와 각 실의 명칭을 표기한다.

(2) 계단의 단수, 단높이, 단너비 및 난간높이를 표기한다.

(3) 단열, 방수, 내 · 외부 마감재료 등을 표기한다.

(4) 건축물 내 · 외부에 임의의 자연환기, 자연채광, EHP, 열회수 환기장치를 <보기>에 따라 단면도를 작성 하고 <보기>에 따라 환기장치를 표시한다.

(5) 단위 : mm

(6) 축척 : 단면도 1/100, 단면상세도 1/20

<보기>

구분	표시 방법	구분	표시 방법
자연환기	⟶	EHP	EHP
자연채광	⟱	열회수 환기장치	HRV

4. 유의사항

(1) 답안작성은 반드시 흑색 연필로 한다.

(2) 명시되지 않은 사항은 현행 관계법령의 범위 안에서 임의로 한다.

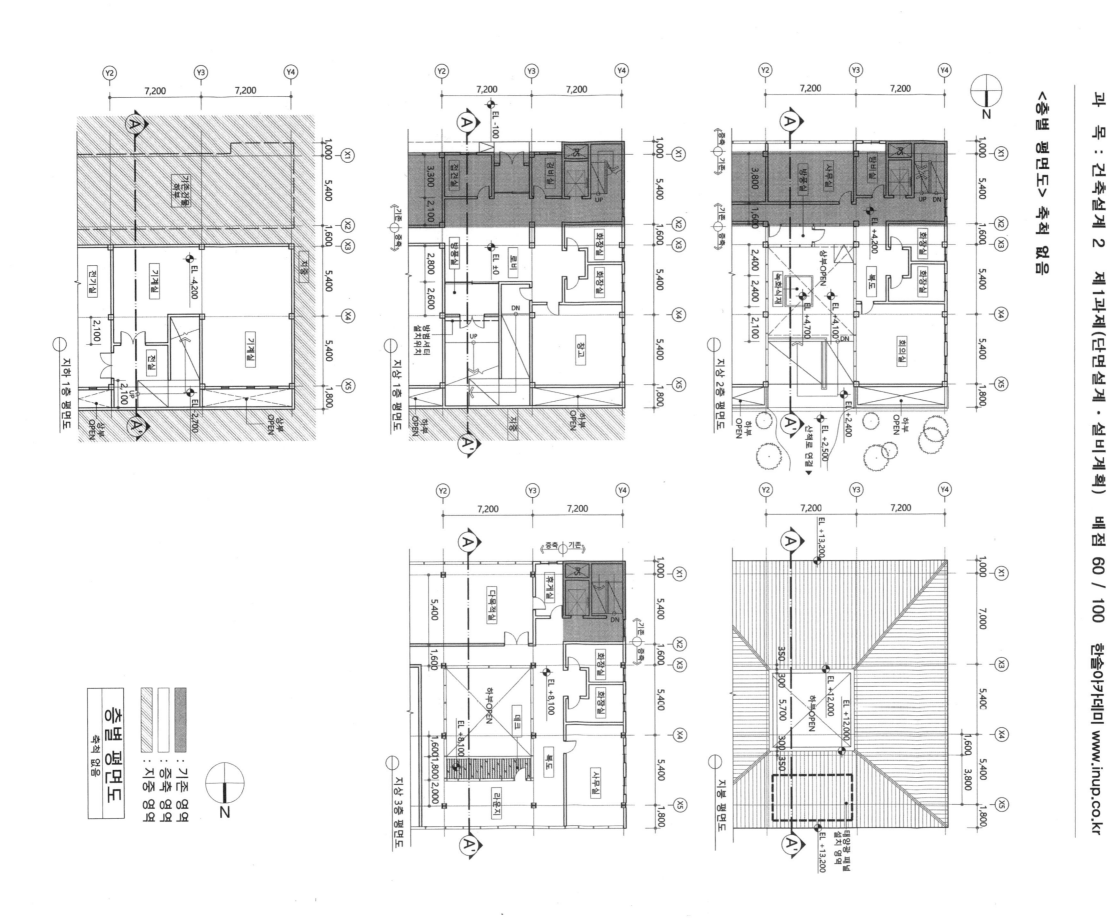

〈층별 평면도〉 축척 없음

지하 1층 평면도

기존건물
(하층)

기계실

전기실

기계실

전실

EL -4,200

기계실

EL -4,200

2,100

전실

상부 OPEN

EL -2,100

UP

2,700

상부 OPEN

지상 1층 평면도

EL -100

청소실

경비실

UP

방풍실

창고
(지하)

EL ±0

로비

화장실

화장실

DN

방풍실
엘리베이터
기계실

UP

상부 OPEN

하부 OPEN

지상 2층 평면도

3,800

사무실

방재실

EL +4,200

UP DN

화장실

화장실

복도

상부 OPEN

EL +4,700

회의실

EL +4,100

선큰으로 연결

EL +2,500

EL +2,400

상부 OPEN

하부 OPEN

지상 3층 평면도

다목적실

접견실

DN

화장실

화장실

복도

EL +8,100

하부 OPEN

대크

EL +8,100

1,600 1,800 2,000

휴게실

사무실

지붕 평면도

EL +13,200

EL +12,000

350

300

5,700

300

하부 OPEN

EL +12,000

EL +12,000

350

태양광 패널
설치 영역

EL +13,200

층별 평면도
축척 없음

: 기존 영역
: 이축 영역
: 지중 영역

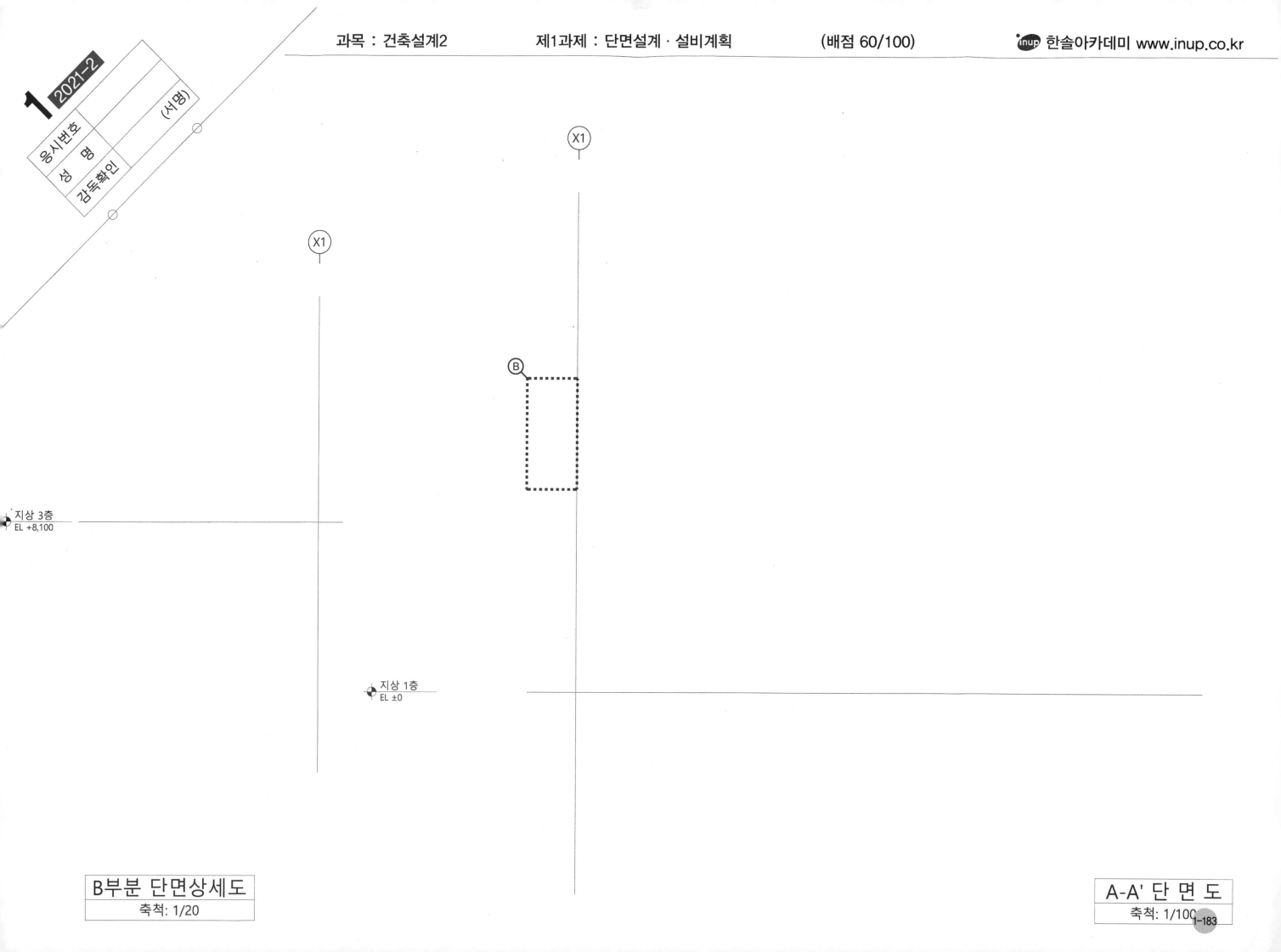

(서명)

응시번호
성 명
감독확인

X1

X1

B

지상 3층
EL +8,100

지상 3층
EL +8,100

지상 1층
EL ±0

B부분 단면상세도
축척: 1/20

A-A' 단 면 도
축척: 1/100

1-183

2021년도 제2회 건축사 자격시험 문제

과 목 : 건축설계 2   제2과제(구조계획)   배점 40 / 100   한솔아카데미 www.inup.co.kr

제 목 : 문화시설 구조계획

1. 과제개요

공연 및 전시가 가능한 문화시설을 신축하고자 한다. 다음 사항을 고려하여 2층 및 지붕 구조평면도, 지붕트러스 단면도를 작성하시오.

2. 계획조건

(1) 계획 기본사항

층	층고	비고
2층	3m	최고높이 G.L.+11m
1층	5m	처마높이 G.L.+ 8m

(2) 구조 기본사항

구분	적용 사항	
구조		강구조
적용하중	지붕	고정하중 0.5kN/m², 활하중 1.0kN/m²
	2층	고정하중 4.0kN/m², 활하중 3.0kN/m²
재료		강재 SM275, 콘크리트 f_ck=24MPa
슬래브		데크플레이트
지붕구조		강접골조 및 트러스

(3) 구조부재의 단면치수

<표 1> 기둥 부재 단면기호 (단위 : mm)

기호	A	B
치수	H-400×400	H-250×250

<표 2> 보 부재 단면기호 (단위 : mm)

기호	K	L	M	N
치수	H-700×300	H-500×200	H-294×200	H-194×150

<표 3> 트러스 부재 단면기호 (단위 : mm)

기호	S	T
치수	강관 ∅-216×6	강관 ∅-101×5

주) 제시된 부재단면은 설계하중에 대한 개략적 해석결과를 반영한 값이다.

3. 구조계획 시 고려사항

(1) 공통사항

① 구조부재는 경제성, 시공성, 공간 활용성 등을 고려하여 합리적으로 계획한다.

② 건축물에 작용하는 횡력은 고려하지 않는다.

(2) 2층 구조계획

① 기둥 개수는 24개 (A : 8개, B : 16개)로 한다.

② 기둥은 건축물 외곽에만 배치한다.

③ 기둥 중심간 거리는 5m 이상으로 한다.

④ 1층과 2층의 기둥배치 및 단면치수는 동일하다.

⑤ 데크플레이트는 최대 3.5m 경간을 지지한다.

(3) 지붕 구조계획

① 지붕은 대칭인 박공지붕으로 한다.

② '가', '나' 영역의 박공지붕은 '다' 영역에서 교차한다.

③ 지붕 평면개념도에서 점선으로 표시된 영역은 트러스로 계획하고 이외 영역은 강접골조로 계획한다.

④ 트러스는 동일사양으로 2개소 계획한다.

⑤ 트러스 각 부재의 절점간 길이는 3.5m 이하로 한다.

⑥ 트러스의 지지점은 기둥으로 계획한다.

⑦ 강접골조 영역의 작은보 간격은 5m 이하(수평 투영길이 기준)로 한다.

4. 도면작성 요령

(1) 2층 구조평면도 (축척 1/200)

① 기둥 및 보의 단면은 <표 1>과 <표 2>에서 선택하여 부재 옆에 단면기호 표기

② 기둥은 강축과 약축을 고려하여 축방향 표기

③ 기둥은 외벽에 보 작용을 고려하여 강축방향 표기

④ 강체 부재간의 접함부는 강접합과 힌지접합으로 구분하여 표기

⑤ 데크플레이트의 골방향 표기

(2) 지붕 구조평면도 (축척 1/200)

① 보의 단면은 <표 2>에서 선택하여 부재 옆에 단면기호 표기

② 트러스의 위치를 표기하며 지붕가새는 표기 않음

③ 강체 부재간의 접합부는 강접합과 힌지접합으로 구분하여 표기(용마루 부위 점합부 포함)

(3) 지붕트러스 단면도 (축척 1/100)

① 트러스 부재의 단면은 <표 3>에서 선택하여 부재 옆에 단면기호 표기

(4) 공통

① 축선의 치수를 기입

② 도면 표기는 <보기>를 참조

③ 단위 : mm

<보기> 도면 표기

기둥		보	
평면도의 트러스 위치	工 H	단면도의 트러스 부재	
강접합	▼	현지접합	
데크플레이트 골방향	←		↑

5. 유의사항

(1) 답안작성은 반드시 흑색 연필로 한다.
(2) 명시되지 않은 사항은 현행 관계법령의 범위
안에서 임의로 계획한다.

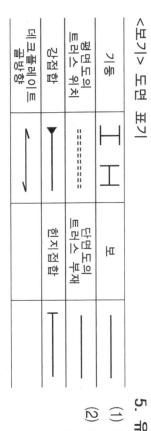

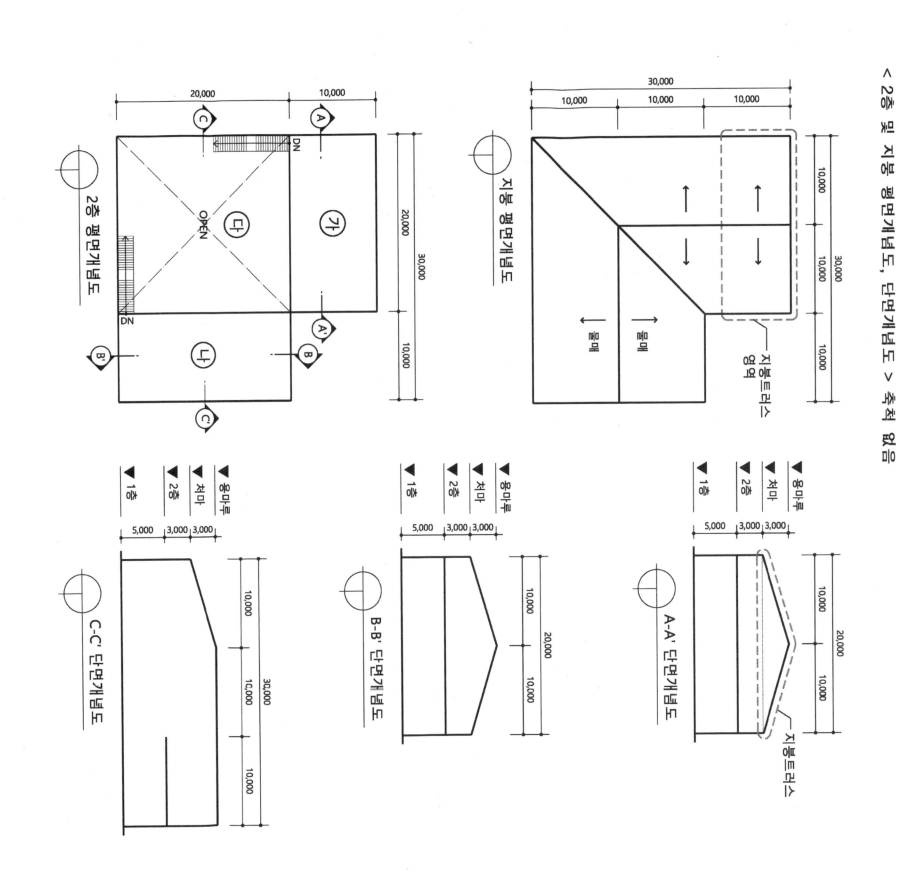

< 2층 및 지붕 평면개념도, 단면개념도 > 축척 없음

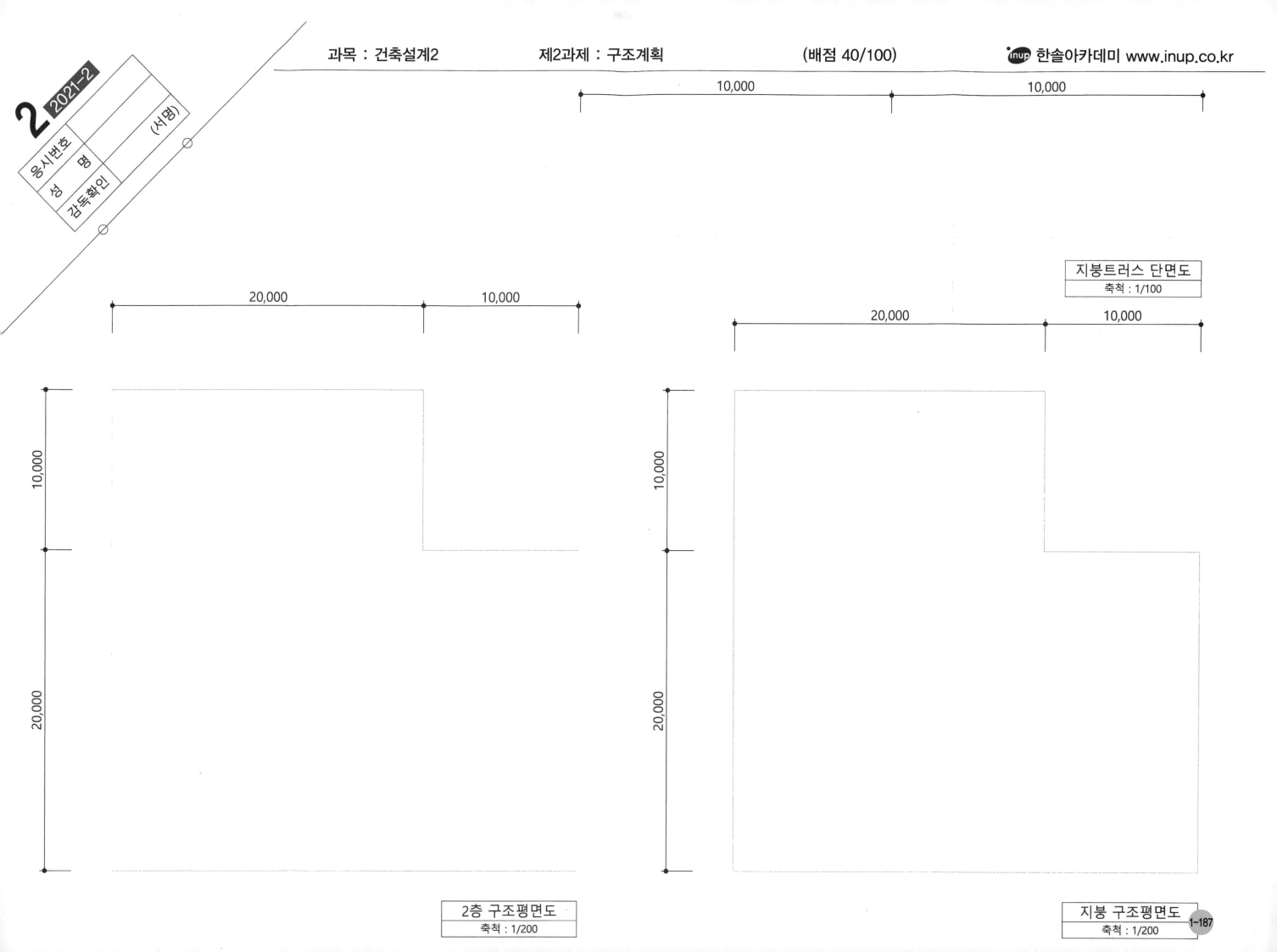

2
2021-2

응시번호
성 명
감독확인
(서명)

10,000   10,000

지붕트러스 단면도
축척 : 1/100

20,000   10,000

20,000   10,000

10,000

10,000

20,000

20,000

2층 구조평면도
축척 : 1/200

지붕 구조평면도
축척 : 1/200

1-187

2022년도 제1회 건축사 자격시험 문제

과 목 명	과 제 명
건 축 설 계 2	제 1 과 제 : 단면설계 및 설비계획 (60점) 제 2 과 제 : 구 조 계 획 (40점)

응 시 자 준 수 사 항

1. 문제지를 받더라도 시험시작 타종전까지 문제내용을 보아서는 안 됩니다.

2. 문제지를 받는 즉시 과목편철 순서, 문제누락 여부, 인쇄상태 이상 유무 등을 확인한 후 답안지에 본인의 응시번호와 성명을 기재합니다.

3. 시험이 시작되면 문제를 주의 깊게 읽은 후 답안을 작성하시기 바랍니다.

4. 시험시간종료 후 문제지와 보조용지 (깔판지, 트레이싱페이퍼)는 제출하지 않습니다.

※ 시험시간이 종료되기 전에는 어떠한 경우에도 문제지를 시험장 밖으로 가지고 갈 수 없습니다.

5. 답안지 미제출자는 부정행위자로 간주 처리됩니다.

공 지 사 항

1. 문제지 공개
   - 방 법 : 국토교통부 및 대한건축사협회 인터넷 홈페이지에 게시

2. 합격예정자 발표
   - 방 법 : 국토교통부 / 대한건축사협회 인터넷 홈페이지 및 각 시·도 건축사회 게시판

3. 점수 열람
   - 방 법 : 대한건축사협회 인터넷 홈페이지 / 성적열람 메뉴

※ 합격예정자 제출서류에 대한 자세한 사항은 대한건축사협회 인터넷 원서접수 프로그램 공지사항에 게재되어 있으며, 합격예정자 발표시 별도 공고합니다.

2022년도 제 1회 건축사 자격시험 문제

과 목 : 건축설계 2   제 1과제 (단면설계 · 설비계획)   배점 60 / 100   한솔아카데미 www.inup.co.kr

제 목 : 바이오기업 사옥 단면설계

1. 과제개요

바이오기업의 사옥을 설계하고자 한다. 구조, 단열, 방수 등의 기술적 고려사항과 계획적 측면을 통합하여 부분단면도와 단면상세도를 작성하시오.

2. 건축물 개요

구분	내용	구분	내용
지역·지구	제3종 일반주거지역	층수	지상 6층
용도	업무시설	연면적	3,600m²

3. 설계조건 및 고려사항

(1) 공통 설계조건

① 제시된 수평기준선은 마감면(FL)이며, 수직기준선은 구조체 중심이다.
② <표1> 설계기준의 내용을 적용한다.
③ 외기와 맞닿는 부분은 외단열(구조체 외측에 단열 계획)이며, 제시된 <표2> 단열재기준을 참조한다.
④ 모든 방수층은 비노출이며, 세부적인 방수재료와 공법은 고려하지 않는다.
⑤ 건축물의 출입부분을 포함한 모든 층이 내부 바닥은 단차가 없다.
⑥ 기초나 동결선, 단열 및 방수를 고려하지 않는다.

(2) 부분단면 설계조건 (축척 1/100)

① 천장고는 설비공간을 고려하여 결정한다.
② 단열재는 <표2> 단열재기준을 참조하여 부위별 종류와 두께를 선택하여 적용한다.
③ 단열계획은 열 교차현상을 최소화하여 설계한다.
④ 창호계획은 단열, 방수, 환기 등을 고려하여 설계한다.
⑤ 계단은 개방형이며 단수, 단높이, 단너비, 난간 및 손잡이 등을 설계한다.
⑥ 실험실 공간는 제3종 환기와 OA Floor를 적용한다.

(3) 단면상세 설계조건 (축척 1/30)

① 단열, 방수, 마감재 등을 고려하여 구조체의 단 차이를 설계한다.
② 출입문 하부 프레임(Sill)의 상단면은 내부마감면 (FL)과 동일 레벨로 설계한다.
③ 노대(베란다) 부분은 배수를 고려하여 배수구, 배수관 등을 설계한다.
④ 노대방수턱의 두껍은 안전과 관리에 용이한 구조로 계획하며, 난간은 방수턱 상단에 고정한다.

<표1> 설계기준

구분		규격 및 치수(mm)
구조체	슬래브 두께	150
	보(W×D), 캔틸레버 보	400×600
	캔틸레버 테두리보(W×D)	200×600
	기둥	400×400
	기초(연통기초) 두께	600
외벽마감재료	치장벽돌(고정철물은 표현하지 않음)	0.5B
창호	AL 프레임(W×D)	60×(150~300)
	삼중유리 두께	34
냉·난방설비/소방설비	개별 냉·난방/소방배관 등	표현생략
공기조화	3종 환기	덕트관경 ∅200
노대	외부용 타일 두께	12
지붕/노대 방수	비노출	-
노대/계단 난간	투시형	-
	계단, 로비 화강석+불일라모르터	30 + 50
내부마감 재료표	바닥	복도, 사무실, 라운지, 세미나실 PVC 타일
		실험실 OA Floor
	벽체	시멘트벽돌+위 모르터
	천장	흡음텍스 두께 12

<표2> 단열재기준

등급분류	단열재 종류
가	압출법보온판 2호
	그라스울 보온판 120K
나	비드법보온판 1종 1호
	그라스울 보온판 32K

건축물의 부위		단열재 등급별 허용 두께(mm)
		가	나
거실의 외벽	외기에 직접 면하는 경우	190	225
	외기에 간접 면하는 경우	130	155
최상층에 있는 거실의 반자 또는 지붕	외기에 직접 면하는 경우	220	260
	외기에 간접 면하는 경우	155	180
최하층에 있는 거실의 바닥	외기에 직접 면하는 경우	195	230
	외기에 간접 면하는 경우	135	155

두께 20mm 단열제보온판(난연성)

4. 도면작성 요령

(1) 마감면(FL), 구조체면(SL), 천장고(CH) 등 주요 부분 치수와 각 실의 명칭을 표기한다.
(2) 단열재, 마감재 등의 규격과 재료명 등을 표기 한다.(단열재는 <표2> 단열재기준을 참조하여 구체적으로 표기)
(3) 방수, 창호, 단열의 표현은 <보기>를 따른다.
(4) 건축물 내부의 입면과 보이 단면을 표현한다.
(5) 마감재 및 단열재의 고정을 위한 부재는 표현하지 않는다.
(6) 도면작성 목적에 맞게 부재명, 재료, 규격 등의 정보를 표기 한다.
(7) 단위 : mm

5. 유의사항

(1) 답안작성은 반드시 흑색 연필로 한다.
(2) 명시되지 않은 사항은 현행 관계법령의 범위 안에서 임의로 한다.

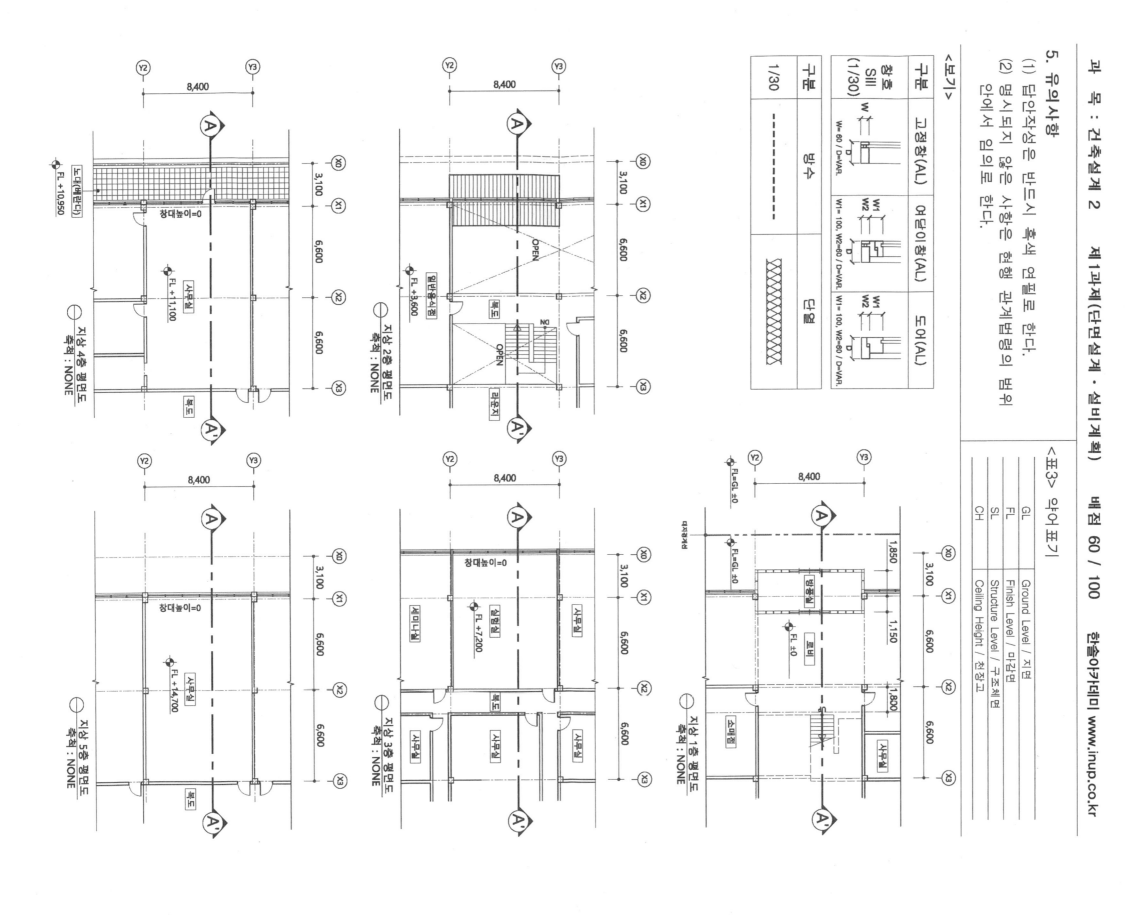

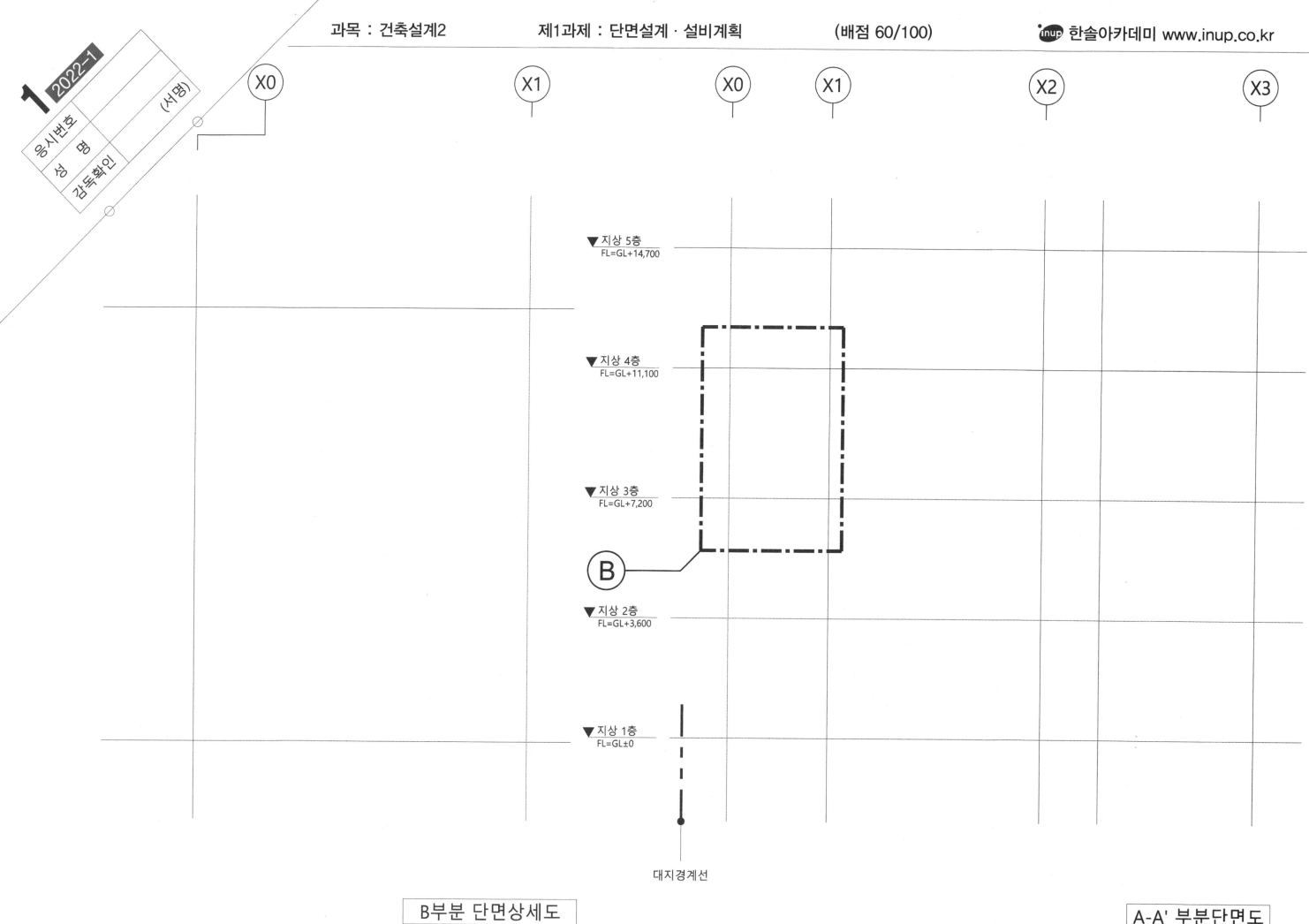

2022년도 제1회 건축사 자격시험 문제

과 목 : 건축설계 2   제2과제 (구조계획)

배점 40 / 100   한솔아카데미 www.inup.co.kr

제 목 : 대학 연구동 증축(별동) 구조계획

1. 과제개요

대학 연구동을 별동으로 증축하고자 한다. 건축계획의 구조모듈, 코어, 기둥 및 보 위치를 고려하여 지상 2층 구조평면도와 연결통로 구조단면상세도를 작성하시오.

2. 계획조건

(1) 규모 : 지상 4층

(2) 증축 연구동 크기 : 32m×18m (연결통로 별도)

(3) 구조형식 : 강구조(코어는 철근콘크리트조)

(4) 사용강재 : 일반구조용 압연강재(SS275)

(5) 구조 부재 단면치수

① 기둥 : H-500×500시리즈

② 보 <표1>

구분		작은보	캔틸레버보 등
치수	A1 H-800시리즈	A2 H-600시리즈	A3 H-400시리즈
	B1 H-700시리즈	B2 H-500시리즈	B3 H-300시리즈

③ 층고, 천장고, 보 하부와 천장 사이

층고	천장고	보 하부와 천장 사이
3.9m	2.7m	300mm 이상

④ 코어브 및 코어(승강로 1개소와 계단실 2개소) 벽체

슬래브	두께 150mm, 합성데크플레이트
코어 벽체	두께 300mm, 철근콘크리트조

3. 구조계획 고려사항

(1) 공통사항

① 각 교수연구실은 24m² 이상의 규모로, 9개 실을 남향으로 계획하며, 남측에 개별발코니(구조체)에서 발코니 끝선까지의 거리 2m)를 설치한다.

② 증축 연구동과 기존 연구동 사이에는 외부 연결통로를 설치하며, 방풍실은 고려하지 않는다.

③ 연결통로는 증축 연구동의 승강장으로 이어진다.

④ 계단실은 2개 소를 계획하며, 그 중 1개 소는 승강장에서 출입하도록 한다.

⑤ 구조 부재는 경제성, 시공성, 공간 활용성 등을 고려하여 합리적으로 계획한다.

⑥ 구조계획은 통력을 고려하지 않는다.

⑦ 바닥에는 고정하중과 활하중이 균등하게 작용한다.

⑧ 지상층 평면 외벽, 기둥 및 보가 보이 위치는 동일하며, 건축 외벽 마감은 고려하지 않는다.

⑨ 증축 연구동 2층과 기존 연구동 2층의 바닥면 레벨은 같다.

---

(2) 기둥

① 증축 연구동 장변방향의 기둥 중심간격은 10~13m로 한다.

② 증축 연구동 기둥 개수는 6개 이하로 한다.

③ 연결통로 기둥 개수는 1개로 한다.

④ 기둥은 응력상태가 되도록 강·약축을 고려하여 계획한다.

(3) 보

① 보는 연속으로 배치하는 것을 원칙으로 한다.

② 발코니와 연결통로는 캔틸레버 구조로 하며, 캔틸레버보 길이는 2m 이하로 한다.

③ 합성데크플레이트를 지지하는 보의 최대 거리는 3.3m 이하가 되도록 배치한다.

④ 보 선정 시 건축바닥마감은 고려하지 않는다.

(4) 코어 벽체

① 벽체는 전단벽으로, 별도의 강재 기둥이나 보를 삽입하지 않는다.

(5) 외부 연결통로

① <대지현황 및 기존 연구동 지상 2층 평면도>에 표시된 격자(Y2~Y3열)에 연하하여 배치한다.

② 규모는 폭 3m, 길이 10m로, 지상 2층에만 계획한다.

③ 기존 건축물과 분리된 구조형식으로 계획한다.

4. 도면작성 요령

(1) 지상 2층 구조평면도 (축척 1/200)

① 기둥은 강축과 약축을 표기한다.

② 보 기호는 <표1>에서 선택하여 <보기2>에 따라 <보기1>에 따라 표기한다.

③ 강재 부재 간의 접합부는 강접합과 힌지접합으로 구분하여 표기한다.

④ 합성데크플레이트의 크로방향을 표기한다.

⑤ 승강로 1개소와 계단실 2개소의 표현은 <보기3>을 참조하여 작성한다.

(2) 연결통로 구조단면상세도 (축척 1/30)

① <대지현황 및 기존 연구동 지상 2층 평면도>에 표시된 <가-가> 단면지시선에 따라 각 부재의 단면 및 입면을 작성한다.

② 보 기호는 <표1>에서 선택하여 부재 열에 표기한다.

③ 지표면(GL) 하부와 연결통로 건축마감은 작성하지 않는다.

(3) 공통사항

① 도면에 축선, 치수 및 기둥을 표기한다.

② 도면은 <보기1>, <보기2>, <보기3>을 참조하여 표현한다.

③ 단위 : mm

<보기1> 도면 표기

강재 기둥	Ⅰ Ｈ
강재 보	
강접합	▼
힌지접합	∠
합성데크플레이트 골 방향	∠
철근콘크리트 벽체(코어)	

<보기2> 보 기둥 표기방법 예시

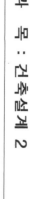

<보기3> 코어 표기(축척 없음, 치수는 구조체 중심임)

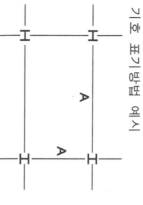

승강장	계단실
승강로	

5. 유의사항

(1) 답안작성은 반드시 흑색 연필로 한다.

(2) 명시되지 않은 사항은 현행 관계법령의 범위 안에서 임의로 계획한다.

< 대지현황 및 기존 연구동 지상 2층 평면도 > 축척 없음

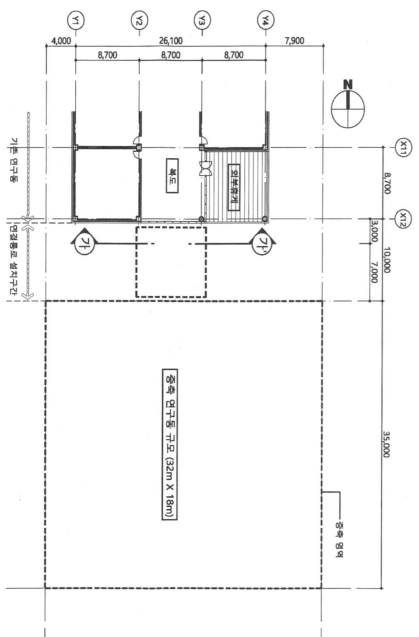

증축 연구동 규모 (32m × 18m)

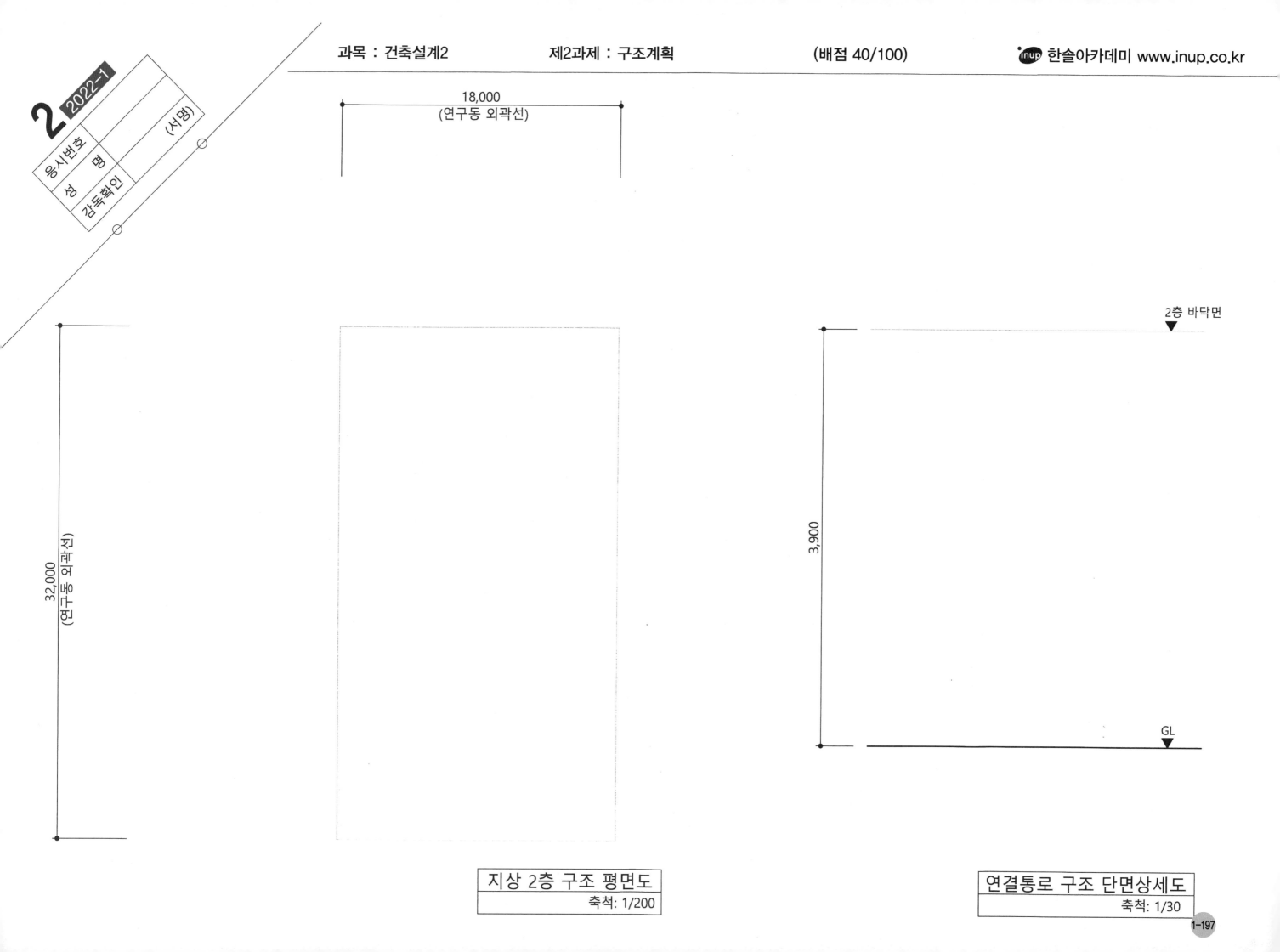

18,000
(연구동 외곽선)

32,000
(연구동 외곽선)

2층 바닥면

3,900

GL

지상 2층 구조 평면도
축척: 1/200

연결통로 구조 단면상세도
축척: 1/30

2
2022-1

응시번호　성　명
감독확인
(서명)

1-197

2022년도 제2회 건축사 자격시험 문제

과 목 명	과 제 명
건축설계 2	제 1 과제 : 단면설계 및 설비계획 (60점) 제 2 과제 : 구 조 계 획 (40점)

응시자 준수사항

1. 문제지를 받더라도 시험시작 타종전까지 문제내용을 보아서는 안 됩니다.

2. 문제지를 받는 즉시 과목편철 순서, 문제누락 여부, 인쇄상태 이상 유무 등을 확인한 후 답안지에 본인의 응시번호와 성명을 기재합니다.

3. 시험이 시작되면 문제를 주의 깊게 읽은 후 답안을 작성하시기 바랍니다.

4. 시험시간종료 후 문제지와 보조용지 (갱지, 트레이싱지)는 제출하지 않습니다.
※ 시험시간이 전에는 어떠한 경우에도 문제지를 시험장 밖으로 가지고 갈 수 없습니다.

5. 답안지 미제출자는 부정행위자로 건주 처리됩니다.

공 지 사 항

1. 문제지 공개
 - 방 법 : 국토교통부 및 대한건축사협회 인터넷 홈페이지에 게시

2. 합격예정자 발표
 - 방 법 : 국토교통부 / 대한건축사협회 인터넷 홈페이지 및 각 시·도 건축사회 게시판

3. 점수 열람
 - 방 법 : 대한건축사협회 인터넷 홈페이지 / 성적열람 메뉴

※ 합격예정자 제출서류에 대한 자세한 사항은 대한건축사협회 인터넷 원서접수 프로그램 공지사항에 게재되어 있으며, 합격예정자 발표시 별도로 공고합니다.

2022년도 제2회 건축사 자격시험 문제

과목 : 건축설계2   제1과제(단면설계 및 설비계획)   배점 60/100   한솔아카데미 www.inup.co.kr

제 목 : 지역주민센터 증축 단면설계 및 설비계획

1. 과제개요

기존 지역주민센터에 주민편의시설을 별동으로 증축하고자 한다. 구조, 단열, 방수, 우수처리 등의 기술적 사항과 계획적 측면을 고려하여 부분단면도와 단면상세도를 작성하시오.

2. 설계조건 및 고려사항

(1) 규모 : 지하 1층, 지상 2층

(2) 구조 : 철근콘크리트 구조

(3) 설계조건

① 제시된 수평기준선은 마감면이며 수직기준선은 구조체 중심이다.

② 건축물의 출입부분을 포함한 모든 층의 내부와 외부 바닥은 단차가 없다.

③ <표1> 설계기준을 적용한다.

④ 단열은 <표2>에 제시된 부위에 따라 <표3>의 단열재를 적용하고 열교현상을 최소화하도록 한다.

⑤ <표1>부터 <표4>까지와 기타 설계조건을 고려하여 증축 건축물의 1층 필로티 및 2층 동아리실 바닥 마감 레벨을 설정한다.

⑥ 방수는 위치에 따라 적절한 공법(액체방수, 도막방수, 복합방수 등)을 사용한다. (단, 기존 건축물과 접수정은 노출 방수이며 그 이외 부분은 비노출 방수로 함)

⑦ 우수 처리 및 지하층의 결로 방생을 고려한다.

⑧ 기존 건축물과 연결되는 외부계단은 구조물이 수축·팽창 및 부동침하 등을 고려한다.

⑨ 경사지붕을 활용하여 태양광 패널을 설치하고 동아리실의 채광 및 환기를 고려한다.

⑩ 계단은 투시형 난간으로 설계하고 단높이는 150mm, 단너비는 300mm로 한다.

⑪ L형 옹벽은 필로티 1층 바닥 및 옹벽 상단 레벨을 고려하여 옹벽 높이를 설정하고 벽두께는 300mm, 기초두께는 400mm, 기초길이는 1,500mm로 한다.

(4) 단면상세 설계조건(축척 1/30)

① 외부 마감을 위한 구성요소를 고려하여 상세도를 작성한다.

② 우수 처리를 위한 트렌치, 처마홈통, 선홈통 등을 설치한다.

3. 도면작성 요령

(1) 마감면, 천장고(C.H.) 등 주요 부분 치수와 각 실의 명칭을 표기한다.

(2) 단열, 방수, 내·외부 마감의 규격과 재료명 등을 표기한다.

(3) 건축물 내·외부의 입면을 표현한다.

(4) 도면작성 목적에 맞게 부재명, 재료, 규격 등의 정보를 표기한다.

(5) 단위 : mm

<표1> 설계기준

구분				규격 및 치수(mm)
구조체		슬래브 두께		150
		보(W×D), 캔틸레버 보		400×600
		캔틸레버 테두리보(W×D)		300×600
		기둥		500×500
		기초(온통기초) 두께		500
		지상층 벽체 두께		200
		지하층 벽체 두께		300
기초	외부	지붕	노출 방수	-
		벽체	치장벽돌	0.5B
	증축	지붕	금속(zinc)지붕시스템	-
		지상층	금속(zinc)패널시스템	-
		지하층	치장벽돌	0.5B
	마감재료	바닥	화강석	두께 30
		천장	AL 천장재	-
기초	외부	천장·벽체	친환경페인스	두께 12
		바닥	도장	-
		천장·벽체	PVC타일	두께 3
	증축	동아리실 바닥	석고보드 위 도장	-
			온수바닥난방/강화마루	-
	마감재료	다목적실 바닥	석고보드 위 도장	-
			단풍나무플로어링 (이중바닥구조)	두께 25 (H : 250)
창호			AL 프레임(W×D)	60×(150~200)
			복층 유리	두께 24
냉·난방설비			EHP (W×D×H)	900×900×350
		선홈통	스테인리스 관	⌀100

<표2> 부위별 단열방식

구분		부위		
		지붕	바닥	벽
기존	동아리실	내단열	외단열	외단열
	다목적실	외단열	내단열	내단열
증축				

<표3> 단열재

등급분류	단열재 종류	두께(mm)
가	압출법보온판	250
		200
		150
		100

<표4> 바닥레벨 산정을 위한 설계조건

구분		두께·높이(mm)
바닥 마감 두께		150
	동아리실	250
천장 내 설비공간(천장마감 표함 유효높이)	1층 필로티	300 이상
단, 동아리실을 제외한 천장은 평천장으로 할		

(6) <보기>에 따라 자연환기, 자연채광, EHP, 방수, 단열, 신축줄눈 표시한다.

<보기>

구분	표현방법	구분	표현방법
자연환기	⟶	방수	
자연채광	◁□□□◁	단열	
EHP	⊠	신축줄눈	

4. 유의사항
(1) 답안작성은 반드시 흑색 연필로 한다.
(2) 명시되지 않은 사항은 현행 관계법령의 범위 안에서 임의로 한다.

<층별 평면도> 도면축척 없음

C. H = 천장고
트렌치 (W200 X H100)
: 기준 영역
: 지중 영역

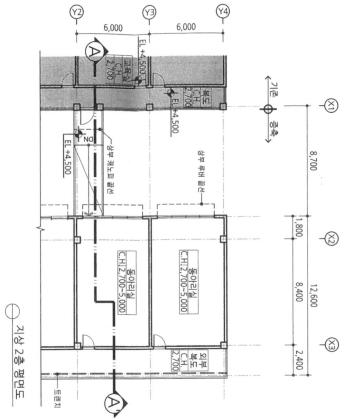

지상 2층 평면도

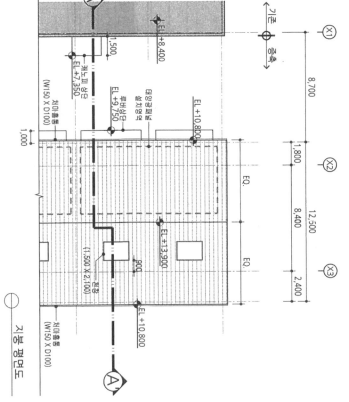

지붕층 평면도

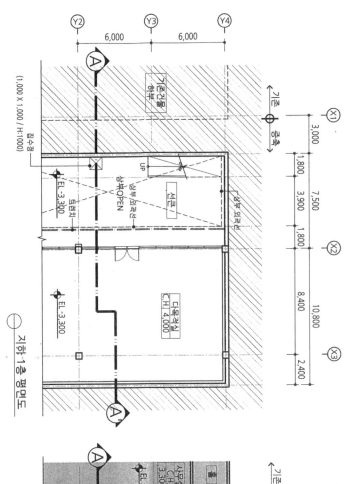

지하 1층 평면도

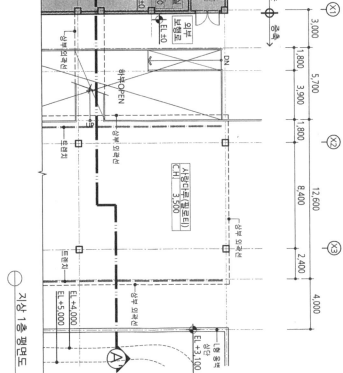

지상 1층 평면도

층별 평면도
축척 없음

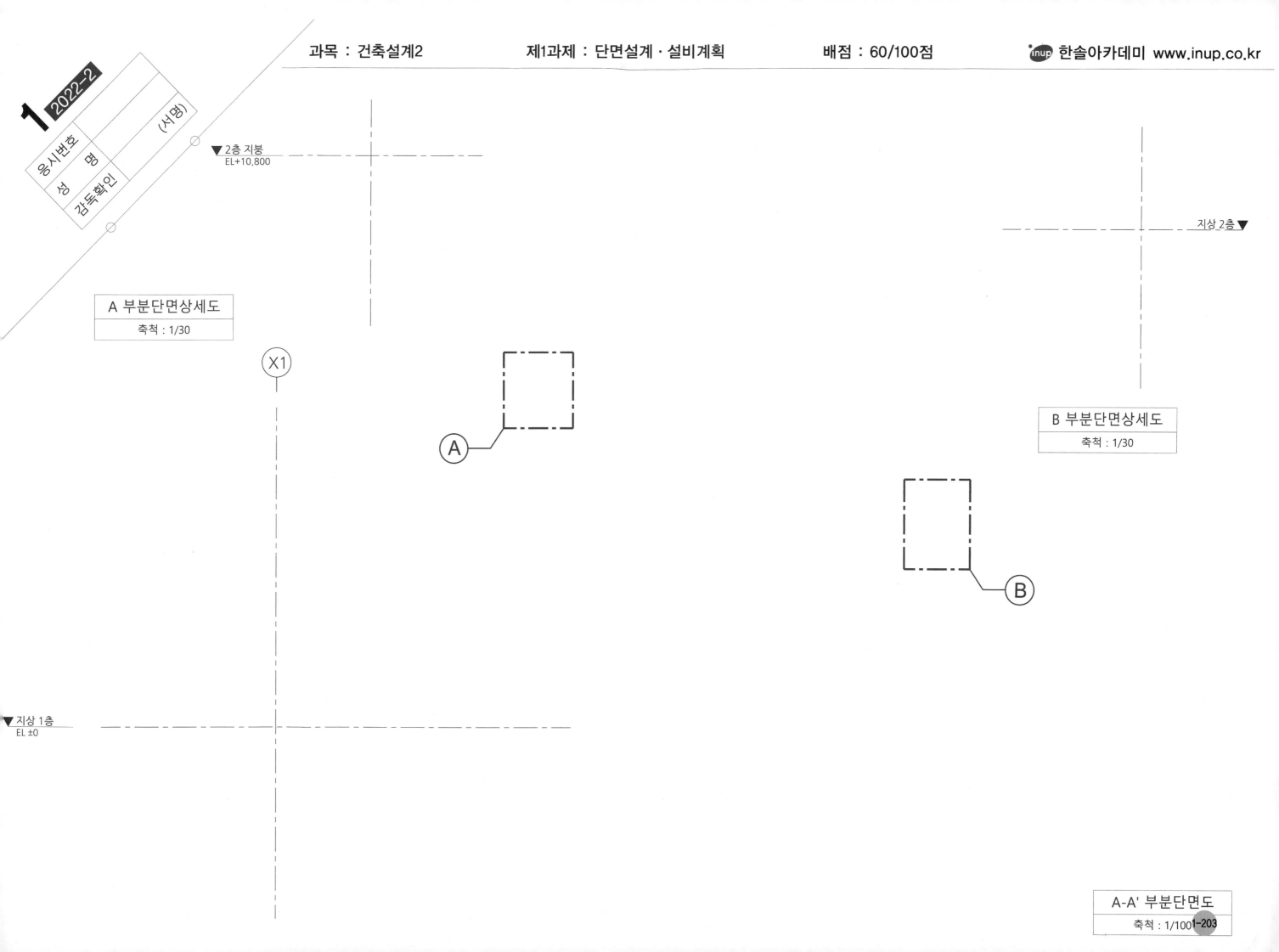

1 2022-2

응시번호
성   명
감독확인
(서명)

▼ 2층 지붕
EL+10,800

지상 2층 ▼

A 부분단면상세도
축척 : 1/30

X1

A

B 부분단면상세도
축척 : 1/30

B

▼ 지상 1층
EL ±0

A-A' 부분단면도
축척 : 1/100

2022년도 제2회 건축사 자격시험 문제

과목 : 건축설계2 제2과제(구조계획) 배점 40/100 한솔아카데미 www.inup.co.kr

제 목 : 필로티 형식 주거복합건물의 구조계획

1. 과제개요

필로티 주차장이 있는 지상 6층 건물을 신축하고자 한다. 다음 사항을 고려하여 구조평면도와 배근도를 작성하시오.

2. 계획조건

(1) 계획 기본사항

층	용도	비고
6층	주거	한 세대로 구성. 해당 세대는 5층과 동일
3층~5층	주거	각 층 2세대로 구성. 각 층 평면은 동일
2층	사무실	필로티
1층	주차장	

(2) 주차관련 사항

① 주차대수 : 8대 (장애인주차 1대, 평행주차 1대 포함)
② 주차단위 구획 : 장애인주차 3.3m×5.0m,
   직각주차 2.5m×5.0m, 평행주차 2.0m×6.0m

(3) 구조 기본사항

구분		적용 사항
주구조	1~2층	철근콘크리트 라멘구조
	3~6층	철근콘크리트 전단벽구조
전단벽		두께 200mm (코어 전단벽 및 상부 전단벽)
기둥		C1 : 400mm×1,000mm, C2 : 400mm×600mm
지중보		400mm×1,000mm

(4) 전이보의 단면치수 및 배근도

<표1> 전이보 단면기호(단위 : mm)

기호	A	B	C	D	E
단면					
	400×700	400×700	400×700	400×700	400×700

주) 제시된 부재단면 및 배근은 개략적 해석결과를 반영한 값이다.

3. 고려사항

(1) 공통사항

① 구조 부재는 경제성, 시공성, 공간 활용성 등을 고려하여 합리적으로 계획한다.
② 횡력은 주로 코어가 지지한다.
③ 보 단면은 중력하중에 의한 휨모멘트만 고려한다.
④ 기초는 지중보로 연결된 독립기초이다.
⑤ 코어 내부에는 별도의 구조계획을 하지 않는다.

(2) 기둥 계획

① 기둥은 6개(C1단면 3개, C2단면 3개)로 계획한다.
② 1층과 2층의 기둥 위치는 동일로 한다.

③ 기둥은 횡하중 작용시 건물의 비틀림이 최소화 되도록 계획한다.
④ 기둥 중심간 거리는 7m 이하로 한다.
⑤ 1층에는 6m 도로간 폭 2m 이상의 보행통로를 확보한다.
⑥ 코어 벽체에는 기둥을 계획하지 않는다.

(3) 3층 전이보 계획

① 기둥 및 상부 전단벽에 부합하는 전이보를 계획한다.
② 전이보의 캔틸레버 길이는 1.5m 이하로 한다.
③ 전이보 설계시 상부의 전단벽 강성은 고려하지 않는다.
④ 세대 내 모든 슬래브는 4변지지 형식으로 한다.

4. 도면작성 요령

(1) 1층 구조평면도 (축척 1/100)

① 기둥위치와 기호(C1, C2), 보행통로는 <보기1>과 같이 표현한다.
② 주차단위 구획을 표현한다.

(2) 3층 구조평면도 (축척 1/100)

① 전이보와 하부층 기둥위치를 <보기1>과 같이 표현한다.
② 전이보는 기둥과 기둥에 지지되는 X열 로 보여 대해서만 <표1>에서 선택하여 <보기2>와 같이 표기한다.
③ 캔틸레버보의 기호는 지지되는 부분만 표기한다.
④ 전이보와 기둥의 접합부 배근도

(3) 제시된 특정 전이보와 기둥 접합부의 배근도를 작성한다.

① 배근도는 주근(인장철근, 압축철근 구분) 위주로 작성하며 정착을 고려하여야 한다.
② 배근도는 전이보 주근(인장철근, 압축철근 구분) 위주로 작성하며 정착을 고려해야 한다.

(4) 지중보 배근도

① 제시된 특정 지중보의 배근도를 작성한다.
② 배근도는 주근(인장철근, 압축철근 구분) 위주로 작성하며 정착을 고려하여야 한다.

⑤ 공통사항
① 도면에 축선, 치수 및 기호를 표기한다.
② 단위 : mm

5. 유의사항

(1) 답안작성은 반드시 흑색 연필로 한다.
(2) 명시되지 않은 사항은 현행 관계법령의 범위 안에서 임의로 계획한다.

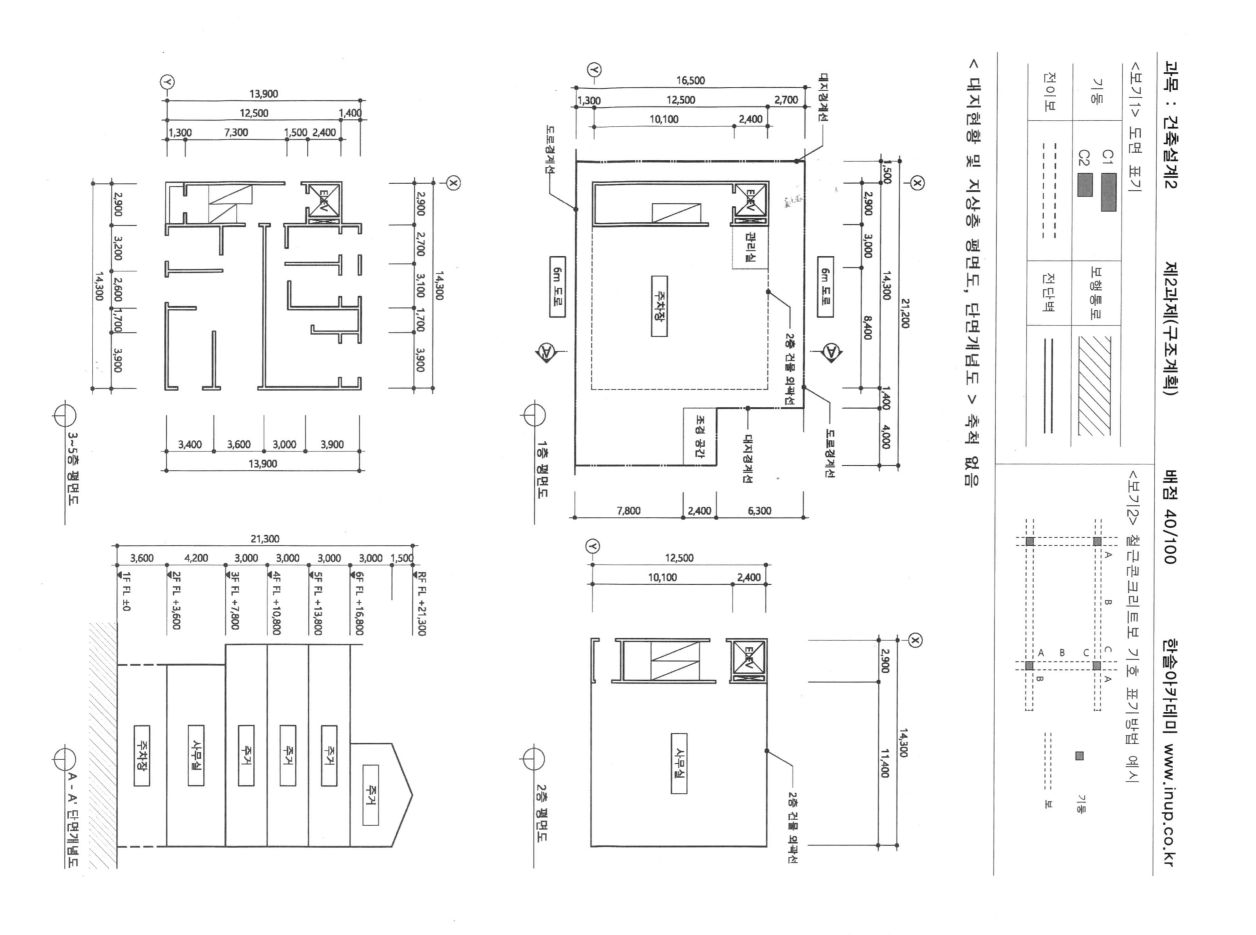

<보기1> 도면 표기

구분		
기둥	C1	
	C2	
전이보		
전단벽		

< 대지현황 및 지상층 평면도, 단면개념도 > 축척 없음

<보기2> 철근콘크리트보 기둥 표기방법 예시

보기

2 2022-2

응시번호　성명　(서명)
성명
감독확인

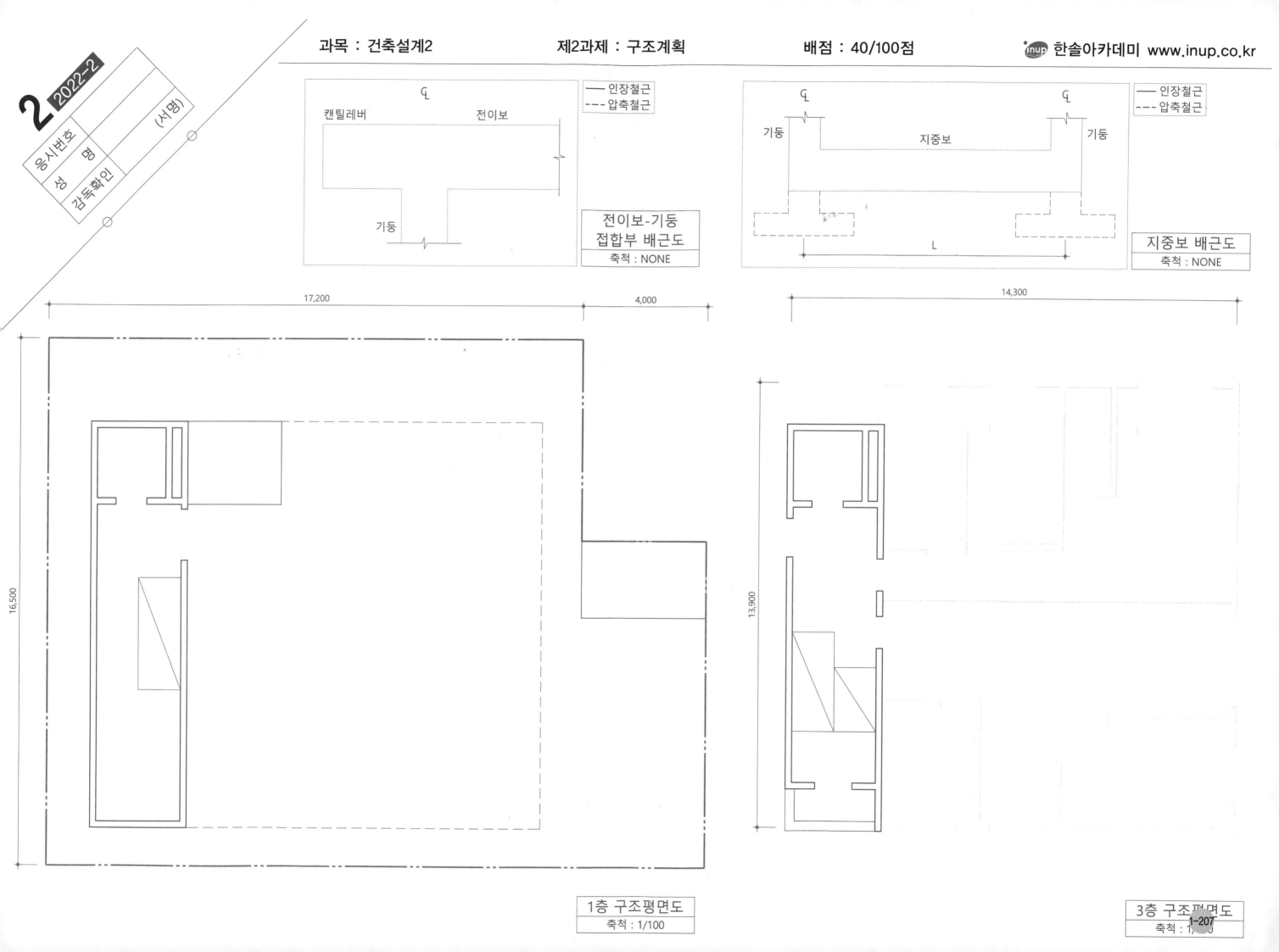

인장철근
압축철근

캔틸레버　　　전이보

기둥

**전이보-기둥
접합부 배근도**
축척 : NONE

인장철근
압축철근

기둥　　　지중보　　　기둥

L

지중보 배근도
축척 : NONE

17,200　　　　4,000

14,300

16,500

13,900

1층 구조평면도
축척 : 1/100

3층 구조평면도
축척 : 1/100

1-207

2023년도 제1회 건축사 자격시험 문제

과 목 명	건축설계 2
과 제 명	제1과제 : 단면설계 및 설비계획 (60점) 제2과제 : 구 조 계 획 (40점)

응시자 준수사항

1. 문제지를 받더라도 시험시작 타종전까지 문제내용을 보아서는 안 됩니다.

2. 문제지를 받는 즉시 과목편철 순서, 문제누락 여부, 인쇄상태 이상 유무 등을 확인한 후 답안지에 본인의 응시번호와 성명을 기재합니다.

3. 시험이 시작되면 문제를 주의 깊게 읽은 후 답안을 작성하시기 바랍니다.

4. 시험시간종료 후 문제지와 보조용지 (갱지, 트레이싱지)는 제출하지 않습니다.
   ※ 시험시간이 종료되기 전에는 어떠한 경우에도 문제지를 시험장 밖으로 가지고 갈 수 없습니다.

5. 답안지 미제출자는 부정행위자로 간주 처리됩니다.

공 지 사 항

1. 문제지 공개
   - 방 법 : 국토교통부 및 대한건축사협회 인터넷 홈페이지에 게시

2. 합격예정자 발표
   - 방 법 : 국토교통부 / 대한건축사협회 인터넷 홈페이지 및 각 시 · 도 건축사회 게시판

3. 점수 열람
   - 방 법 : 대한건축사협회 인터넷 홈페이지 / 성적열람 메뉴

※ 합격예정자 제출서류에 대한 자세한 사항은 대한건축사협회 인터넷 원서접수 프로그램 공지사항에 게재되어 있으며, 합격예정자 발표시 별도 공고합니다.

2023년도 제1회 건축사 자격시험 문제

과목 : 건축설계2   제1과제(단면설계 및 설비계획)   배점 60/100   한솔아카데미 www.inup.co.kr

제 목: 초등학교 증축 단면설계 및 설비계획

1. 과제개요

초등학교의 기존 교사동과 연결하여 아트리움과 식당동을 증축하고자 한다. **계획적 측면과 기술적 사항**을 고려하여 부분단면도와 단면상세도를 작성하시오.

2. 건축물개요

구분	기존 건축물		증축 건축물	
	교사동	아트리움	식당동
규모	지하 1층, 지상 3층		지상 2층	
구조	RC구조		강구조	RC구조

3. 단면설계 조건 및 고려사항 (축척: 1/100)

(1) 제시된 증축개념도와 각층 평면도에 표시된 단면 지시선을 기준으로 A-A' 부분단면도를 작성한다.

(2) <표 1>의 설계기준을 적용하며, 표기되지 않은 사항은 임의로 계획한다.

(3) 단안지에 제시된 수직기준선은 구조체 중심선이고, 수평기준선의 증축 건축물 부분은 마감면 (FL), 기존 건축물 부분은 구조체 면(SL)이다.

(4) 계단설계 기준(단 높이 150mm, 단 너비 280mm)과 평면도에 제시된 레벨을 기준으로 증축부 지상 1층의 층고를 최대로 계획하여 표기한다.

(5) 계단은 주어진 조건을 고려하여 단수를 계획하고, 난간(특사항)과 손스침을 표현한다.

(6) 아트리움과 연결계단은 강구조로 설계하고, 기존 건축물과 구조적으로 분리하여 설계한다.

(7) 아트리움 지붕구조는 증축부 옥상 파라펫에 지지되도록 계획한다.

(8) 아트리움 지붕 재료는 유리로 계획하고 차양 장치와 향은 고려하지 않는다.

(9) 식당의 천장고는 설비공간을 고려하여 최대 높이로 계획한다.

(10) 실내조경의 토심은 1m 이상을 확보한다.

4. 단면상세도 설계조건 (축척: 1/30)

(1) 구조체, 단열, 방수 및 마감재 등의 구성요소를 고려하여 B부분의 단면 상세를 계획한다.

(2) 각 부분 구성요소들의 접합 상세를 표현하고 규모 및 명칭 등을 표기한다.

5. 설비계획 조건 및 고려사항

(1) 단열재는 <표 2>를 참고하여 부위에 따라 적합하게 사용하여 열교현상을 최소화한다.

(2) 단열계획은 외단열을 원칙으로 하며, 기존 건축물은 내단열로 계획한다.

(3) 지면에 접하는 최하층 바닥은 단열, 방수 및 방습을 고려한다.

(4) 방수는 비노출로 계획하며 세부적인 방수재료와 공법은 임의로 적용한다.

(5) 옥상과 베란다는 방수와 방수를 계획하고 배수구와 배수관을 설치한다.

(6) 아트리움 상부 옥측면에는 기계식 환기장치를 설치한다.

(7) 방화구획은 고려하지 않는다.

<표 1> 설계기준

구분			규격 및 치수(mm)
구조체	RC구조	슬래브 두께	200
		기둥	400×400
		보(W×D)	400×600
		캔틸레버	300×600
		테두리보(W×D)	200
		벽체 두께	1,200×200
		옥상 파라펫(H×D)	600
		기초(온통기초) 두께	
	강구조	기둥	H형강 300×300
		보 계단 보	H형강 300×200
외기에 직접 면하는 경우	외벽	알루미늄 복합판넬	두께 100 (점선포함)
	옥상	보호 모르타르	두께 100
	베란다	모르타르	두께 50
	외벽	알루미늄 복합판넬	
	옥상	목재데크	두께 100 (점선포함)
	천장	친환경텍스	두께 12
	내벽	석고보드 위 도장	-
바닥	지상층	목재 틀올림	두께 100 (점선포함)
	지하층	표면강화제	-
	천장	석고보드 위 도장	두께 25
외기에 간접 면하는 경우	식당동	석고보드 위 도장	-
	벽체	삼중유리(안전유리)	두께 32
	바닥	모르타르 위 테라조타일	두께 50
	계단	목재 계단판	60×(150~200)
참조	냉·난방설비	알루미늄 프레임(W×D)	두께 32
		삼중유리	900×900×350
		EHP (W×D×H)	

<표 2> 단열재기준

등급 분류	단열재 종류
가	압출법보온판 2호
	그라스울 보온판 120K
나	비드법보온판 1종 1호
	그라스울 보온판 32K

건축물의 부위		단열재 등급별 허용두께(mm)	
		가	나
거실의 외벽	외기에 직접 면하는 경우	190	225
	외기에 간접 면하는 경우	130	155
최상층에 있는 거실의 반자 또는 지붕	외기에 직접 면하는 경우	220	260
	외기에 간접 면하는 경우	155	180
최하층에 있는 거실의 바닥	외기에 직접 면하는 경우	195	230
	외기에 간접 면하는 경우	135	155

6. 도면작성 기준

(1) 마감면(FL), 구조체면(SL) 및 천장고(CH) 등 주요 부분 치수와 각 실의 명칭을 표기한다.

(2) 건축물 내부의 입면을 표현한다.

(3) 단열, 방수 및 내·외부 마감의 규격과 재료명 등을 표기한다.

(4) 방수, 환기 및 설비의 표현은 <보기>를 따른다.

(5) 단위: mm

< 증축개념도 및 부분평면도 > 축척 없음

7. 유의사항

명시되지 않은 사항은 현행 관계법령의 범위 안에서 임의로 한다.

<보기>

구분	표시 방법	구분	표시 방법
방수	-----------	지역환기	⇄
EHP	EHP	식당 환기덕트	∿

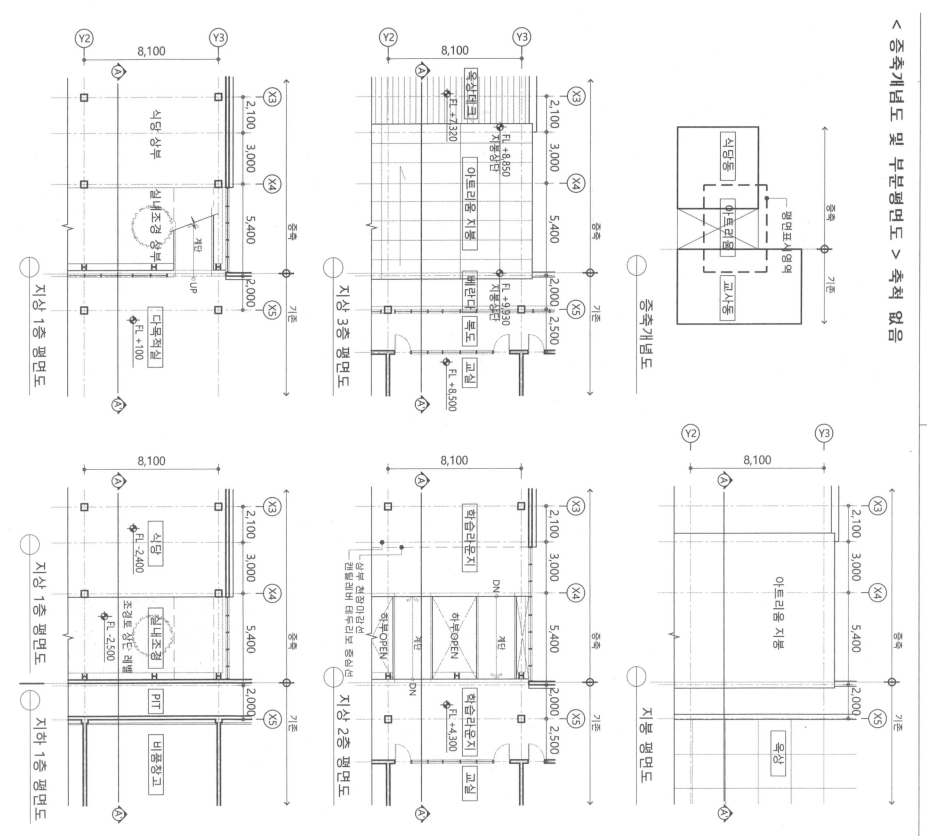

1 2023-1

응시번호
성 명
감독확인
(서명)

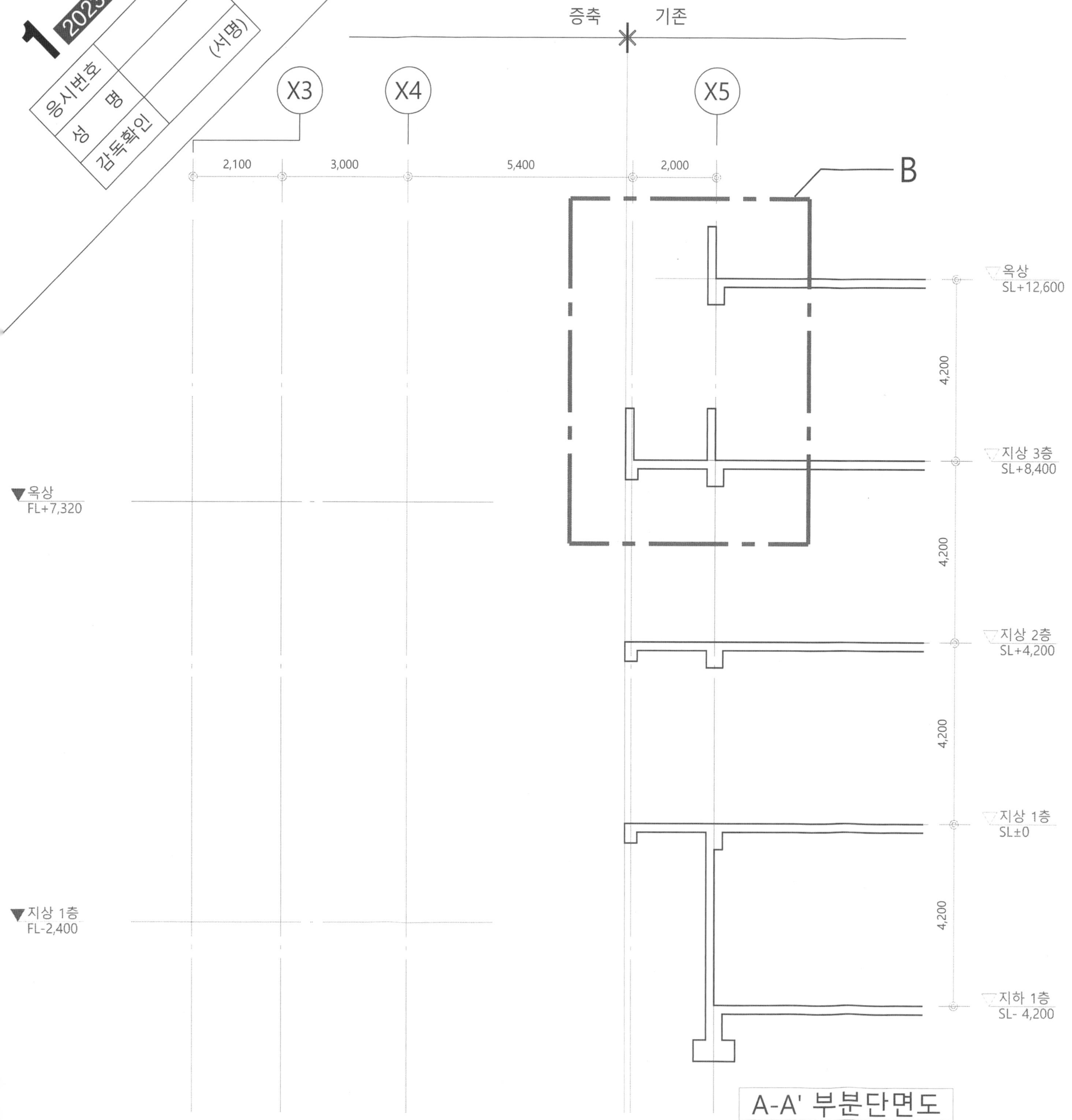

증축 | 기존

X3   X4   X5

2,100   3,000   5,400   2,000

B

▽옥상
SL+12,600

4,200

▽지상 3층
SL+8,400

4,200

▽옥상
FL+7,320

▽지상 2층
SL+4,200

4,200

▽지상 1층
SL±0

▽지상 1층
FL-2,400

4,200

▽지하 1층
SL- 4,200

X5

▽옥상
FL+7,320

A-A' 부분단면도
축척: 1/100

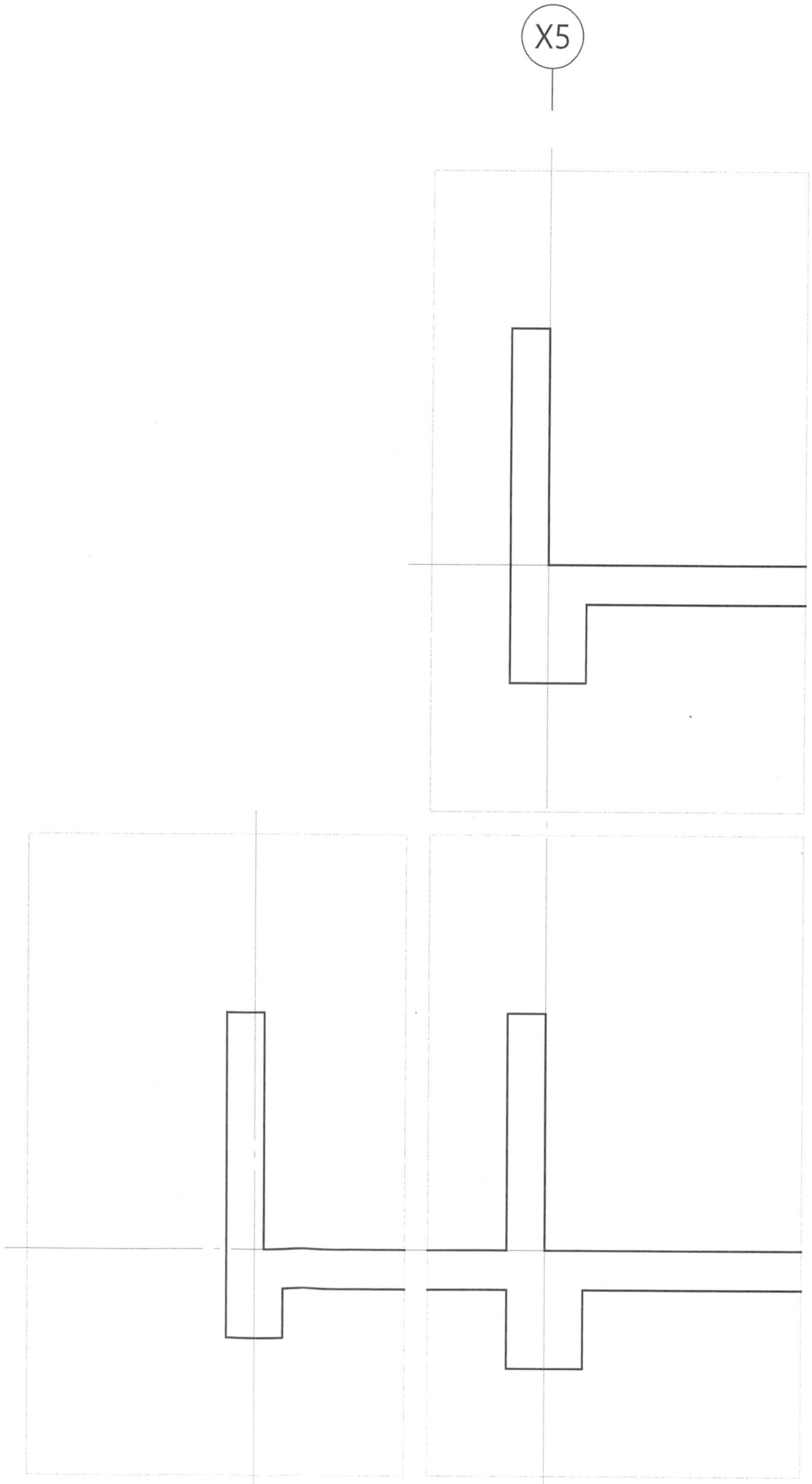

B 단면상세도
축척: 1/30

2023년도 제1회 건축사 자격시험 문제

과목 : 건축설계2   제2과제(구조계획)   배점 40/100   한솔아카데미 www.inup.co.kr

제 목 : 근린생활시설 증축 구조계획

1. 과제개요

기존 건축물 사이에 근린생활시설(카페)을 증축하고자 한다. 계획개요와 축연과 구조적 합리성을 고려하여 2층 구조평면도, 지붕 구조평면도 및 트러스 입면도를 작성하시오.

2. 계획조건

(1) 계획 기본사항

층	층고 (단위: m)		비고 (단위: m)
	기존 건축물	증축 건축물	
2층	3.6	3.6	최고높이 G.L. +10.2
1층	3.6	3.6	처마높이 G.L. +7.2

(2) 증축 건축물 구조 적용 사항

구분		적용 사항
구조	지붕	트러스
형식	2층 바닥 이하	강구조
적용	지붕	고정하중 1.0kN/m², 활하중 1.0kN/m²
하중	2층	고정하중 4.0kN/m², 활하중 3.0kN/m²
재료		강재 SS275, 콘크리트 f_ck=30MPa

구분		적용 사항 (단위: mm)
	기둥	H-400×400
	슬래브	데크플레이트 (두께 200)
부재	지붕 중도리	목재 150×200
	지붕 가새	강봉 φ-20
설비공간		보 길이 300 확보

<표 1> 보 단면 기호 및 치수 (단위: mm)

기호	A	B	C	D
치수	H-600×200	H-500×300	H-400×200	H-200×100

<표 2> 트러스 부재 단면 기호 및 치수 (단위: mm)

기호	L	M	S
부재 단면	집성목 150×300	집성목 150×150	강봉 φ-30
	집성목 150×150		

주: 제시된 부재 단면은 개략적 해석결과를 반영한 값이다.

3. 고려사항

(1) 공통사항

① 구조 부재는 경제성, 시공성 및 공간 활용성 등을 고려하여 합리적으로 계획한다.

② 기존 건축물은 철근콘크리트 구조이고, 계단실 벽체는 전단벽으로 되어 있다.

③ 기존 건축물을 증축으로 인한 중력방향 허중 증가에 대하여 보강된 것으로 가정한다.

④ 부재 단면 계획 시 횡력은 고려하지 않는다.

(2) 증축 건축물의 기둥 구조계획

① 기둥은 2층 바닥 종축부를 지지하는 4개만 둔다.

② 기둥 중심간 거리는 10m 이하로 한다.

③ 기둥은 서비스통로와 보행통로(각 폭 3m 확보)를 방해하지 않도록 계획한다.

(3) 증축 건축물의 2층 바닥 구조계획

① 바닥 종축부는 기존 건축물과 구조적으로 분리한다.

② 바닥 종축부는 서비스통로 및 보행통로의 유효높이가 2.6m 이상 확보되도록 계획한다.

③ 캔틸레버는 바닥 종축부 한 면에만 계획하며, 내민길이는 2.5m 이하로 한다.

④ 데크플레이트의 지지거리는 3.5m 이하로 하며, 전체적으로 한 방향으로만 사용한다.

⑤ 증축 건축물 전·후면 2층 바닥 높이에는 기존 건축물에 지지되는 외장재 설치용 보를 계획한다.

(4) 증축 건축물의 지붕 트러스 구조계획

① 증축 건축물의 지붕은 기존 건축물에 지지되는 트러스로 계획한다.

② 트러스는 3m 간격으로 7개를 계획하며, 모든 트러스의 기하학적 형태는 동일로 한다.

③ 측면부 트러스는 목조 트러스로 계획한다.

④ 중간부 트러스는 하부 개방감을 위하여 목재와 강봉을 사용한 트러스로 계획한다.

⑤ 트러스의 상·하현재 이외 부재(수직재 및 경사재)의 전체 개수는 3~5개로 하고, 각 수직재 및 경사재의 길이는 3m 이하로 한다.

⑥ 지붕마감재를 지지를 위한 중도리 간격은 3m 이하로 한다.

⑦ 지붕면의 비틀림 방지를 위한 가새를 계획한다.

(5) 기존 건축물의 내진 구조계획

① 기존 각 건축물은 횡하중 작용 시 비틀림이 최소화 되도록 전단벽(두께 200mm)을 증설한다.

② 각 건축물 전단벽은 한 경간에만 설치하며, 1층과 2층이 연속되도록 계획한다.

4. 도면작성 기준

(1) 2층 구조평면도

① 보 기호는 <표 1>에서 선택하여 부재 열에 표기한다.

② 1층 기둥은 강축과 약축을 고려하여 표기한다.

③ 부재 간 접합부는 강접합과 힌지접합으로 구분하여 표기한다.

④ 데크플레이트의 골방향을 표기한다.

⑤ 증설 전단벽을 표기한다.

과목 : 건축설계2   제2과제(구조계획)   배점 40/100   한솔아카데미 www.inup.co.kr

(2) 지붕 구조평면도

① 트러스 부재(상현재 기준), 지붕 층도리 및 지붕 가새를 표기한다.

② 부재 간 접합부는 강접합과 힌지접합으로 구분하여 표기한다.

(3) 트러스 입면도

트러스 부재 기호는 측면부외 중간부 트러스를 구분하여 <표 2>에서 선택하여 부재 옆에 표기한다.

(4) 공통사항

① 도면에 축선, 치수 및 기호를 표기한다.

② 도면 표기는 <보기>를 참조한다.

③ 단위: mm

< 평면 및 단면개념도 > 축척 없음

5. 유의사항

명시되지 않은 사항은 현행 관계법령의 범위 안에서 임의로 한다.

<보기> 도면 표기

강재 기둥	트러스 부재 (입면도)	트러스 부재 (구조평면도)	강재 보, 건물 층도리, 가새	강접합 (목재, 강재)	힌지접합 (목재, 강재)	층중 전단벽

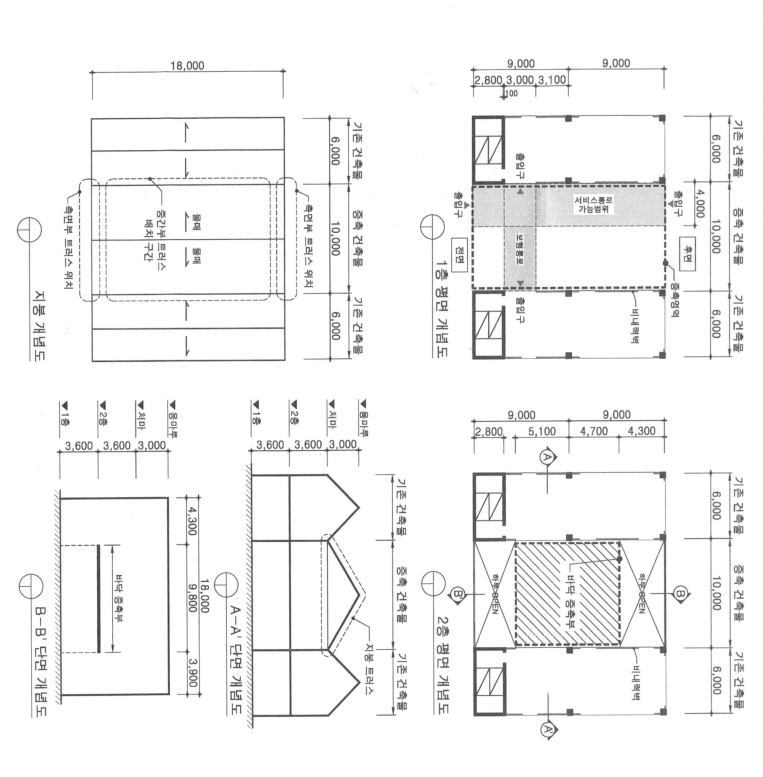

지붕 구조평면도

1층 평면 개념도

2층 평면 개념도

A-A' 단면 개념도

B-B' 단면 개념도

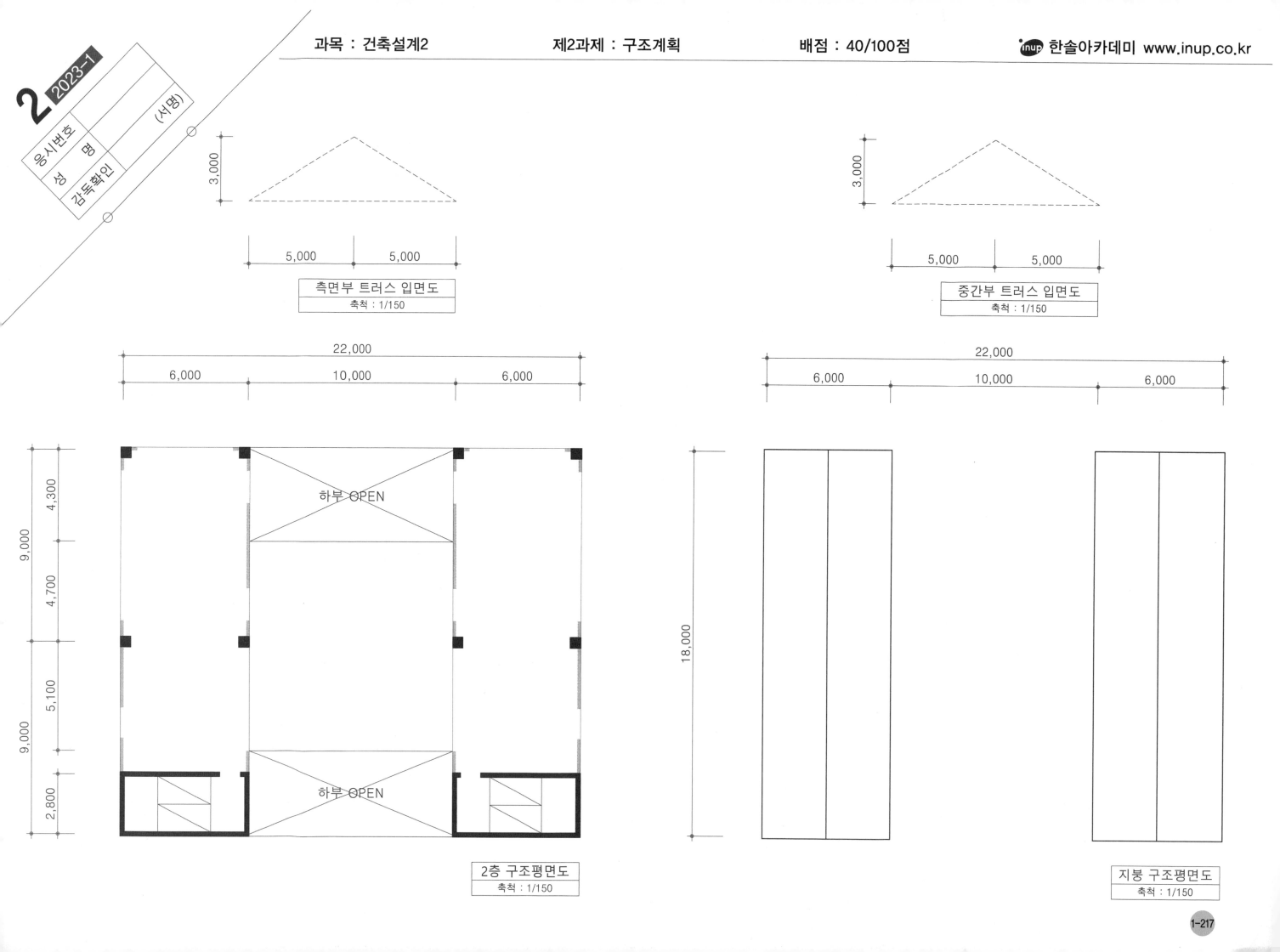

3,000

5,000　5,000

측면부 트러스 입면도
축척 : 1/150

3,000

5,000　5,000

중간부 트러스 입면도
축척 : 1/150

22,000
6,000　10,000　6,000

22,000
6,000　10,000　6,000

9,000
4,300
하부 OPEN
4,700

18,000

9,000
5,100
하부 OPEN
2,800

2층 구조평면도
축척 : 1/150

지붕 구조평면도
축척 : 1/150

2023년도 제2회 건축사 자격시험 문제

과 목 명	과 제 명
건축설계 2	제1과제 : 단면설계 및 설비계획 (60점) 제2과제 : 구 조 계 획 (40점)

응시자 준수사항

1. 문제지를 받더라도 시험시작 타종전까지 문제내용을 보아서는 안 됩니다.

2. 문제지를 받는 즉시 과목편철 순서, 문제누락 여부, 인쇄상태 이상 유무 등을 확인한 후 답안지에 본인의 응시번호와 성명을 기재합니다.

3. 시험이 시작되면 문제를 주의 깊게 읽은 후 답안을 작성하시기 바랍니다.

4. 시험시간중 문제지와 보조용지 (깔판지, 트레이싱지)는 제출하지 않습니다.
※ 시험시간이 전에도 문제지를 시험장 밖으로 가지고 갈 수 없습니다.

5. 답안지 미제출자는 부정행위자로 간주 처리됩니다.

공 지 사 항

1. 문제지 공개
   - 방 법 : 국토교통부 및 대한건축사협회 인터넷 홈페이지에 게시

2. 합격예정자 발표
   - 방 법 : 국토교통부 / 대한건축사협회 인터넷 홈페이지 및 각 시·도 건축사회 게시판

3. 점수 열람
   - 방 법 : 대한건축사협회 인터넷 홈페이지 / 성적열람 메뉴

※ 합격예정자 제출서류에 대한 자세한 사항은 대한건축사협회 인터넷 홈페이지 공지사항에 개재되어 있으며, 합격예정자 발표시 별도 공고합니다.

2023년도 제2회 건축사 자격시험 문제

과목 : 건축설계2 제1과제(단면설계 및 설비계획) 배점 60/100 한솔아카데미 www.inup.co.kr

제 목 : 마을도서관 신축 단면설계 및 설비계획

1. 과제개요

근린공원 내 마을도서관을 신축하고자 한다. 계획적 측면과 기술적 사항을 고려하여 단면도와 단면상세도를 작성하시오.

2. 건축물개요

구분	지하 1층	지상 1, 2층
구조	철근콘크리트구조	강구조

3. 단면설계 조건 및 고려사항

(1) 제시된 층별 부분평면도에 표시된 단면 지시선을 기준으로 'A-A' 단면도를 작성한다.

(2) <표 1> 설계기준을 적용하며, 표기되지 않은 사항은 임의로 계획한다.

(3) 답안지에 제시된 수직기준선은 구조체 중심선이고, 수평기준선은 마감면(FL)이다.

(4) 지하 1층의 층고는 장애인의 이용, 다목적홀의 유효높이(4,300mm), 보 아랫면에서 천장마감면까지의 높이(350mm)를 고려한다.

(5) 구조는 내화성능을 갖추고 방화구획은 고려하지 않는다.

(6) 주출입구 트렌치는 침하방지를 고려한다.

(7) 단열계획은 <표 2>에 따라 지하층은 내단열로 계획하고 방수 및 방습을 고려한다. 지상층은 외단열을 원칙으로 하며, 제시된 층별 부분 평면도를 기준으로 열교현상을 최소화하고 시공성을 고려하여 계획한다.

(8) 방수는 비노출형 공법(액체방수, 도막방수, 복합방수 등)을 적절한 공법(액체방수, 도막방수, 복합방수 등)을 사용한다.

(9) 베란다 A와 베란다 B는 내·외부 동일한 높이로 계획하고, 투시형 안전난간 및 우수처리 등을 계획한다.

(10) 베란다 A의 조경은 토심 600mm를 확보하고, 조경 두겁대 윗면의 높이는 베란다 마감면과 동일하게 설계한다.

(11) 지상 2층 열람실의 바닥구조는 강봉을 이용하여 상부구조체에 매달린 구조(Hanging structure)로 계획한다.

4. 단면상세설계 조건 및 고려사항

(1) 구조체, 단열, 방수 및 마감재 등의 구성요소를 고려하여 단면상세를 계획한다.

(2) 각 부분 구성요소들의 상세를 표현하고 규격, 치수 및 명칭 등을 표기한다.

<표 1> 설계기준

구분		규격 및 치수(mm)
철근콘크리트 구조	슬래브	두께 150
	기둥	400×400
	보(W×D)	400×600
	지하층 외부벽체	두께 400
	기초(온통기초)	두께 600
강구조	기둥	H-300×300
	보	H-500×300
	슬래브	H-350×150
	중도리	데크플레이트 두께 150
	강봉	리브(Rib) ㄷ-100×50×20
외부 마감	외벽	금속복합패널(단열재 포함) Ø30
	지붕	금속복합패널(단열재 포함) 두께 150
	베란다	목재데크(이중바닥구조) 두께 250
내부 마감	천장	내화패인트 위 유성페인트 (전체두께 250)
		(구조체 노출)
	2층	천연경량충진텍스 두께 15
	지상1층	
	지하1층	
	벽체	석고보드 2겹 위 도장 두께 25
	지상층	석재 두께 30
	지하층	목재 플로어링 두께 24
	바닥	알루미늄 프레임(W×D) 60×150
창호		상강유리 두께 32
냉·난방설비		EHP (W×D×H) 900×900×350
주출입구 트렌치		U형 콘크리트 트렌치 위 스테인리스 커버 300×300
선홈통		스테인리스 관 Ø100

<표 2> 단열재기준

등급 분류	단열재 종류
가	압출법보온판 2호 그라스울 보온판 120K
나	비드법보온판 1종 1호 그라스울 보온판 32K

건축물의 부위			단열재 등급별 허용 두께(mm)	
			가	나
거실의 외벽	외기에 직접 면하는 경우		190	225
	외기에 간접 면하는 경우		130	155
최상층에 있는 거실의 반자 또는 지붕	외기에 직접 면하는 경우		220	260
	외기에 간접 면하는 경우		155	180
최하층에 있는 거실의 바닥	외기에 직접 면하는 경우		195	230
	외기에 간접 면하는 경우		135	155

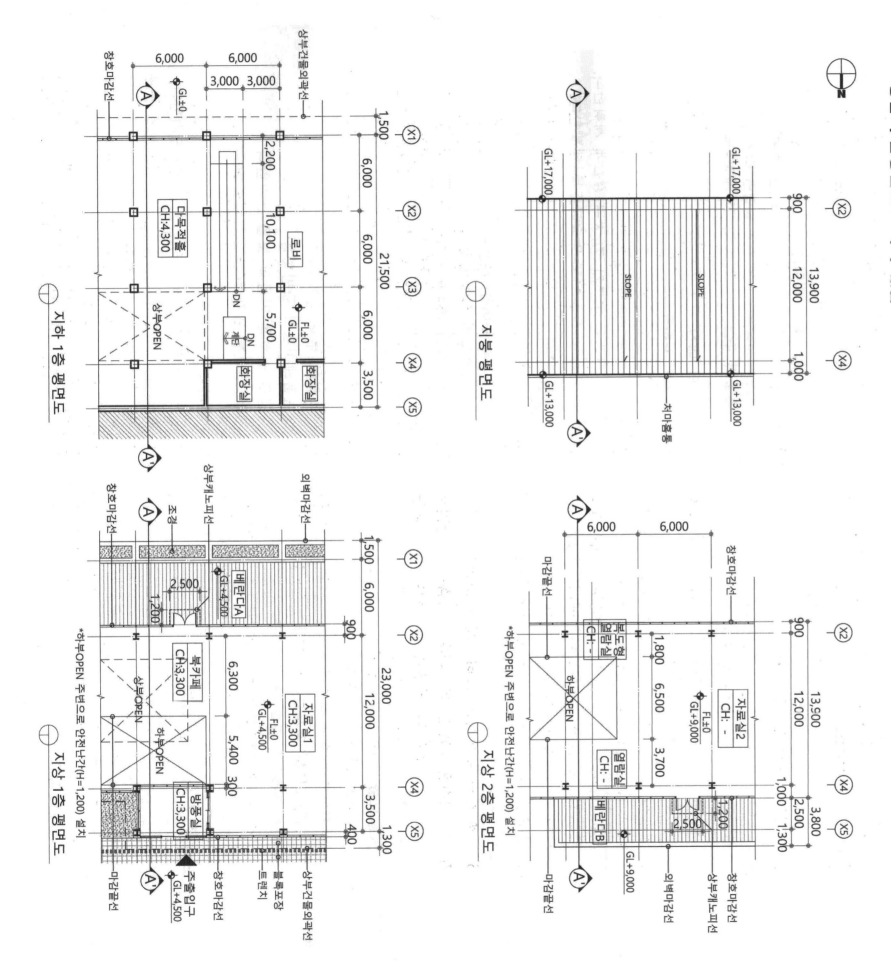

5. 도면작성 기준

(1) 마감면(FL), 구조체면(SL) 및 천장고(CH) 등 주요 부분 치수와 각 실의 명칭을 표기한다.

(2) 건축물 내부의 입면을 표현한다.

(3) 단열, 방수 및 내·외부 마감의 규격과 재료명 등을 표기한다.

(4) 방수, 환기 및 설비의 표현은 <보기>를 따른다.

(5) 단위: mm

6. 유의사항

명시되지 않은 사항은 현행 관계법령의 범위 안에서 임의로 한다.

<보기>

구분	표시 방법	구분	표시 방법
자연환기	⌇	방수	─────
EHP	EHP	단열	⌗⌗⌗⌗⌗
선홈통	┈┈┈		

<층별 부분평면도> 축척 없음

2023-2

X4

FL±0

B

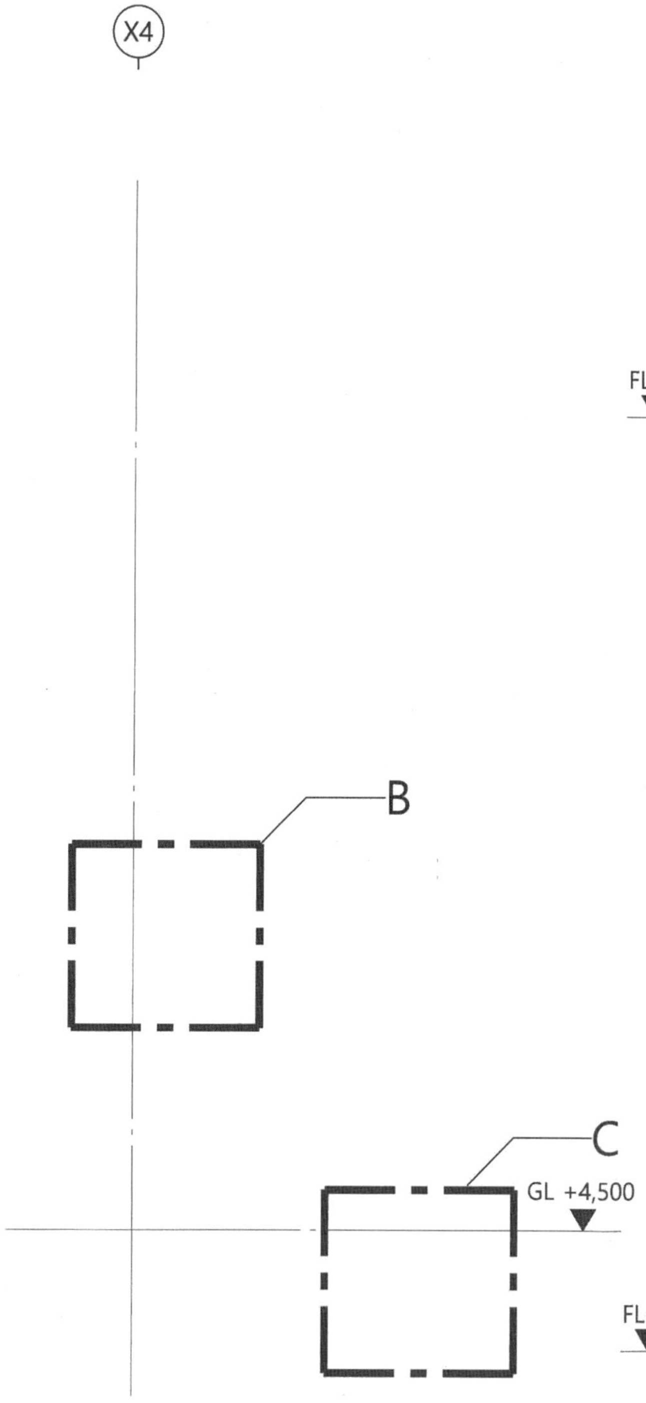

B 단면상세도
축척: 1/30

C

GL +4,500

FL±0

C 단면상세도
축척: 1/30

A-A' 단면도
축척: 1/100

1-223

2023년도 제2회 건축사 자격시험 문제

과목 : 건축설계2   제2과제(구조계획)   배점 40/100   한솔아카데미 www.inup.co.kr

제 목 : 일반업무시설 증축 구조계획

1. 과제개요

기존 건축물 위에 사무실을 수직으로 증축하고자 한다. 계획적 측면과 구조적 합리성을 고려하여 지상 4층과 지상 6층의 구조평면도를 작성하시오.

2. 계획조건

(1) 계획 기본사항 및 구조 적용 사항

구분		기존부	증축부
영역		지하 1층~지상 4층	지상 5~7층
구조		철근콘크리트구조	강구조
적용하중		고정하중 6.0kN/m² 활하중 3.0kN/m²	고정하중 4.0kN/m² 활하중 3.0kN/m²
재료		콘크리트 f_{ck}=27MPa 철근 SD400	강재 SS275
슬래브		두께 150mm	데크플레이트 (두께 150mm)
기둥		600×600 (mm)	H-400×400 (mm)
일반 보		400×600 (mm)	<표 1> 참조
슬래브 보강용 보		H-300×200 (mm)	-
승강로 설치용 기둥 및 보			H-200×200 (mm)
증설 가세			H-300×300 (mm)

<표 1> 보 단면 기호 및 규격 (단위: mm)

기호	A	B	C	D	E
규격	H-600×300	H-500×300	H-400×200	H-300×200	H-200×200

주) 제시된 부재 단면은 개략적 해석결과를 반영한 값이다.

3. 고려사항

(1) 공통사항
① 구조 부재는 경제성, 시공성 및 공간 활용성 등을 고려하여 합리적으로 계획한다.
② 기존 계단실 벽체는 전단벽이다.
③ 기존 건축물을 증축으로 인한 중력방향 하중 증가에 대하여 보강하는 것으로 가정한다.
④ 부재 단면 계획 시 형태는 고려하지 않는다.

(2) 기존부 바닥 구조검토
① 보는 연속으로 배치되어 있다.
② 슬래브는 4변지지 형식으로 되어 있다.
③ 캔틸레버 구간 이외의 슬래브는 보 중심선으로 둘러싸인 면적이 20~30m² 범위이고 단변 길이는 3.5m 이하이다.

(3) 증축부 구조계획

① 기둥은 지상 5층과 6층에 각 12개, 지상 7층에 9개(승강로 설치 기둥은 별도)를 기존 기둥열에 계획하며 수직으로 연속되도록 배치한다.
② 지상 5층과 6층에는 X방향으로 10m, Y방향으로 20m 이상의 기둥이 없는 내부공간을 확보한다.
③ 데크플레이트의 지지거리는 4m 이하로 계획하며 동일층 바닥 전체에 한 방향으로 사용한다.

(4) 승강로 설치를 위한 구조계획

① 승강로 설치를 위하여 지상 2~4층 평면 개념도에 표시된 바닥판 제거 제거 영역의 보와 슬래브를 제거하고 구조보강을 한다.
② 승강로 설치를 위한 기둥은 4개로 한다.
③ 승강기는 전망용이며 승강로 출입면 이외의 측면은 건축물과 구조적으로 분리하여 계획한다.

(5) 건축물의 횡력에 대한 구조계획

① 건축물은 횡하중 작용 시 비틀림이 최소화되도록 가세를 증설한다.
② 증설 가세는 기존부 층에는 한 경간에 계획하고 증축부 층에는 구분된 두 곳의 경간에 계획한다.
③ 증설 가세는 수직으로 연속되도록 한다.

4. 도면작성 기준

(1) 지상 4층 구조평면도
① 기둥 위치와 주어진 조건을 고려하여 철근콘크리트 구조의 큰보와 작은보를 구분하여 표기한다.
② 승강로 설치용 기둥과 보 및 슬래브 보강용 부재를 표기한다.
③ 증설 가세를 표기한다.

(2) 지상 6층 구조평면도
① 기둥과 보를 표기하고 보 기호는 <표 1>에서 선택하여 부재 옆에 표기한다.
② 데크플레이트의 골방향을 표기한다.
③ 승강로 설치용 기둥과 보를 표기한다.
④ 증설 가세를 표기한다.

(3) 공통사항
① 강재 기둥은 강축과 약축을 고려하여 표기한다.
② 강재 부재의 접합부는 강접합과 힌지접합으로 구분하여 표기한다.
③ 도면에 축선, 치수 및 기호를 표기한다.
④ 도면 표기는 <보기>를 참조한다.
⑤ 단위: mm

<보기> 도면 표기

철근콘크리트	보	중설 가세 (보 앞에 표기)	
강재 기둥		강재 보	한지접함
강접함			
데크플레이트			
골방향			

5. 유의사항

명시되지 않은 사항은 현행 관계법령의 범위 안에서 임의로 한다.

<평면 및 단면 개념도> 축척 없음

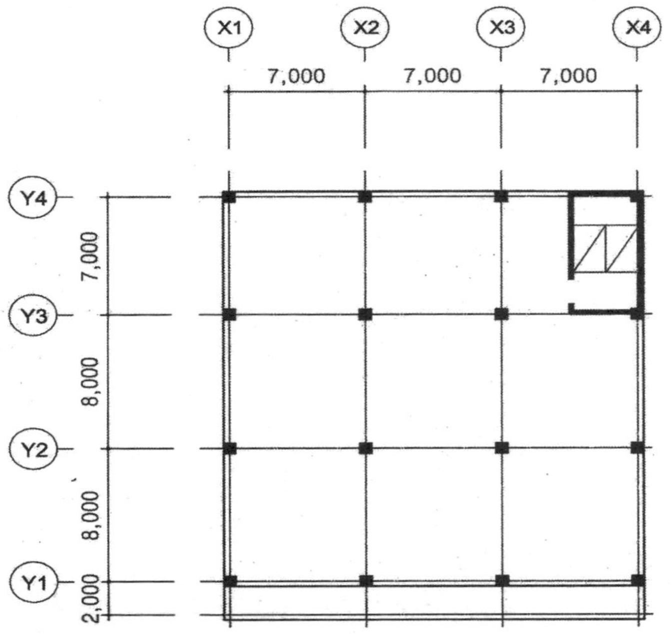

지상 2~4층 평면 개념도 (기준)

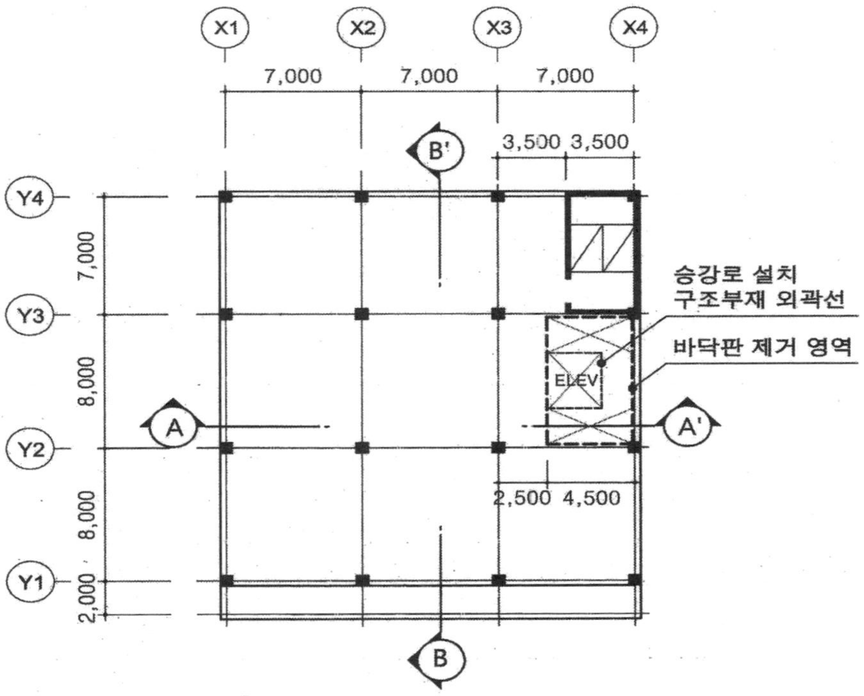

지상 2~4층 평면 개념도 (변경)

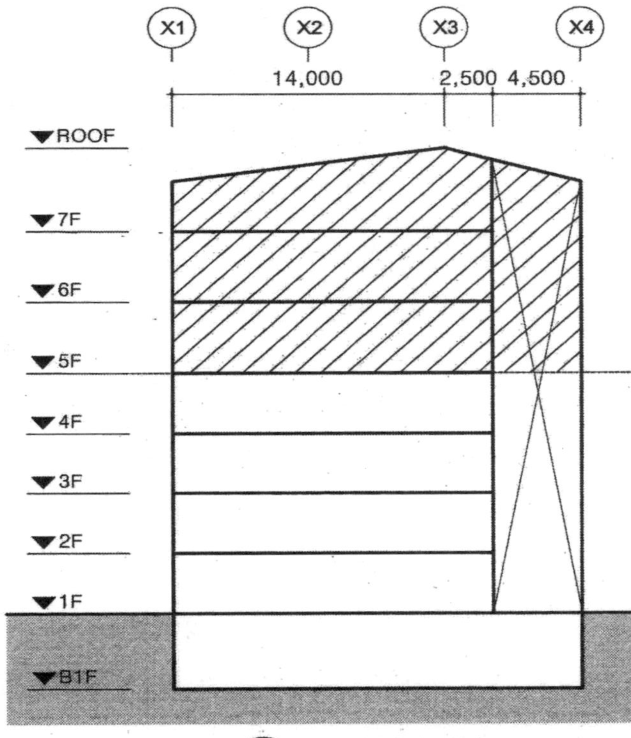

A-A' 단면 개념도

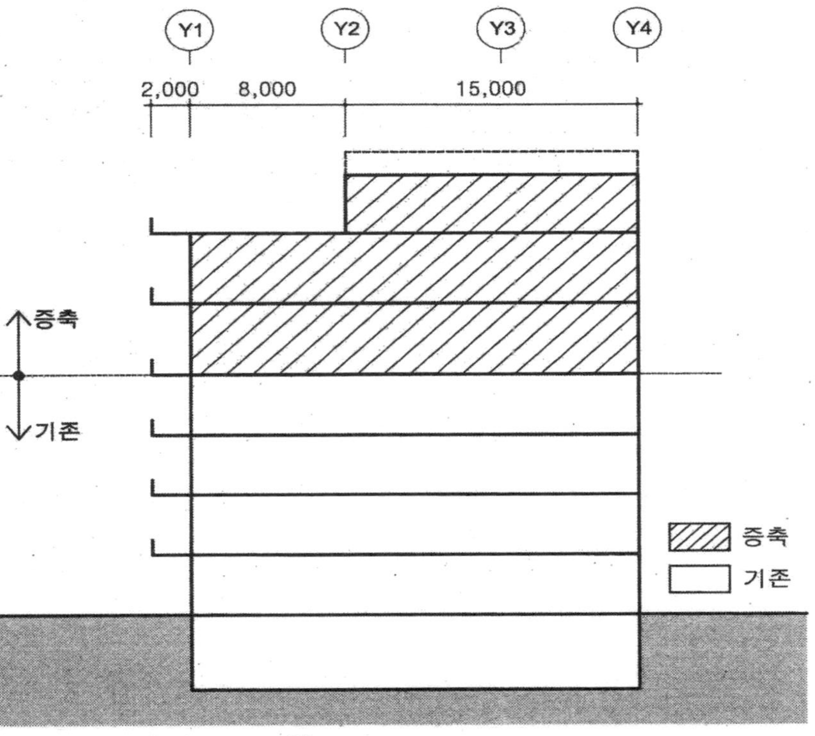

B-B' 단면 개념도

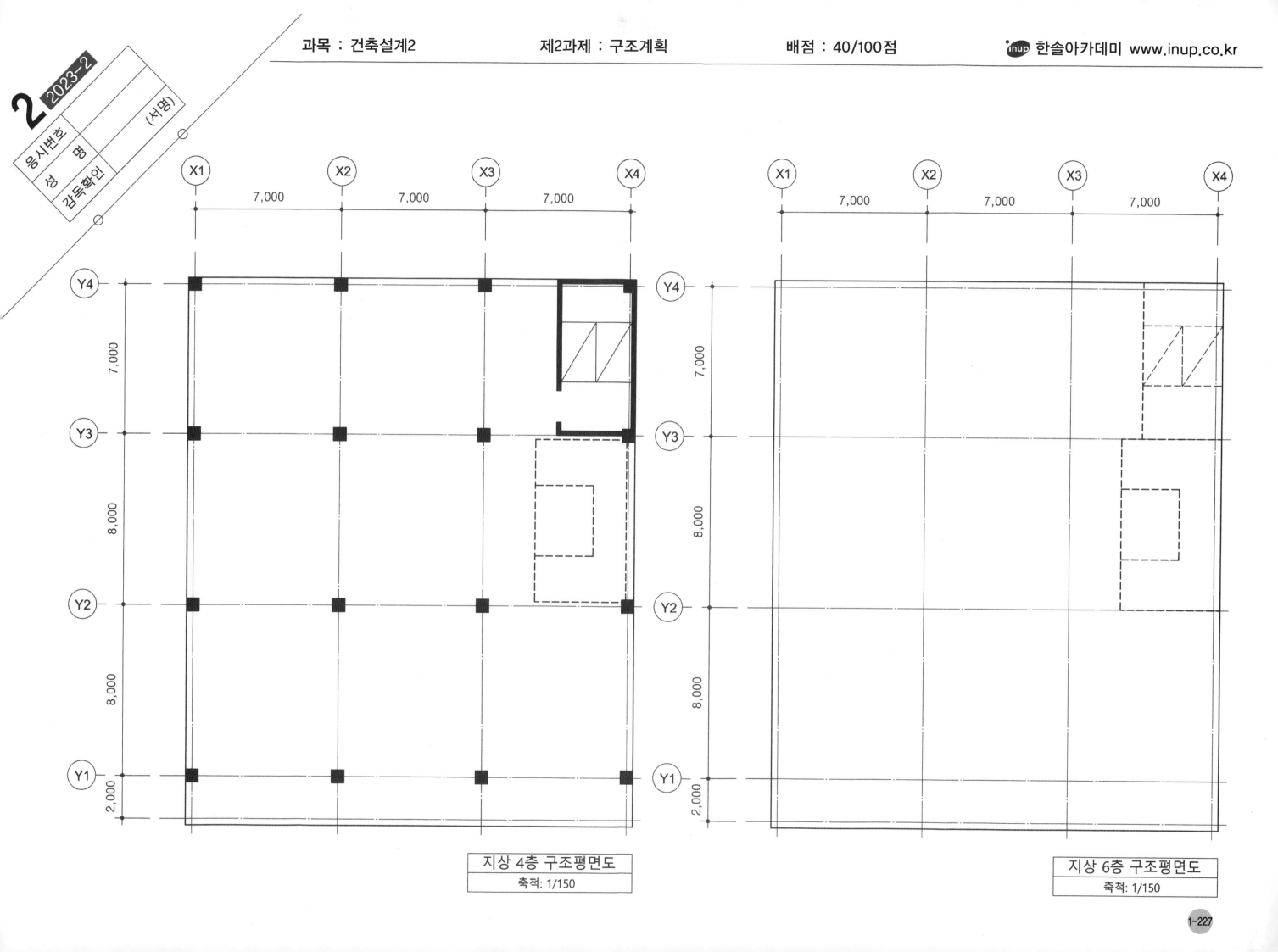

응시번호
성 명
감독확인
(서명)

X1   7,000   X2   7,000   X3   7,000   X4

Y4

7,000

Y3

8,000

Y2

8,000

Y1

2,000

지상 4층 구조평면도
축척: 1/150

X1   7,000   X2   7,000   X3   7,000   X4

Y4

7,000

Y3

8,000

Y2

8,000

Y1

2,000

지상 6층 구조평면도
축척: 1/150

건축사자격시험 기출문제해설

3교시 건축설계2 (해설+모범답안)

건축사자격시험 기출문제해설

3교시 건축설계2 (해설+모범답안)

구 성	FACTOR	지 문 본 문	FACTOR	구 성

2007년도 건축사 자격시험 문제

과목: 건축설계2 제1과제 (단면설계) 배점: 40/100점①

구성 (좌측)

1. 제목
- 건축물의 용도 제시 : 주민자치시설(관료 중심의 중앙집권적인 지방자치를 배제하고 주민이 지방자치의 주체가 되는 것)
- 단면설계 단일과제 출제

2. 과제의 개요
- 주민자치센터 평면도 제시 언급
- A-A'를 기준으로 단면도 작성
- 설계조건을 고려하여 작성

3. 설계조건
- 대지조건
- 규모
- 용도
- 구조
- 냉·난방설비
- 바닥높이
 ·지상1층~지상3층
 ·지붕층, 옥상공연장
- 천장높이(반자높이)
- 기초
- 보
- 바닥 및 천장
- 벽체
- 지붕
- 기둥
- 벽체
- 지붕
- 난간
- 승강기

FACTOR (좌측)

① 배점을 확인합니다.
- 40점(규모가 그리 크지 않으며, 난이도는 평이함)

② 평면도에 제시된 'A'를 지시 선을 확인한다.
- 절취선에 의한 단면요소
- 절취선에서 보이는 입면요소 검토

③ 근린공원과 7.8M 고저 차에 따른 건축물 형태를 파악 한다.

④ 지상3층 규모 검토(작도 량이 1시간 정도로 타 과제와 더불어 시간 배분을 검토해본다.)

⑤ 패키지 방식

⑥ 각 층고 결정시 평면도를 참고 하여야 한다. 구조체가 아닌 평면도에 각 층 레벨이 표현되어 있는 경우는 마감기준으로 층고를 결정해야 하기 때문이다.
- G.L + 각 층고 바닥높이를 합하면 = 12,900mm
- 레벨이 마감일 경우 모든 기준점은 마감으로 한다.

⑦ 천장고 (아래와 같이 천장고가 다르게 주어질 경우 실수를 범하기 쉽다)
- 주민자치민원실: 3,200mm
- 문화교실: 2,600mm
- 다목적홀: 3,600mm
- 복도, 기타 : 임의

⑧ 기초
- 독립기초
- 크기 : 1,500mm × 1,500mm × 400mm
- 동결선은 G.L기준에서 1,000mm아래에 위치해야 한다.

⑨ 기둥
- 크기 : 500x500mm
- Y2열 기둥의 크기: 500x700mm

제목 : 주민자치시설 단면설계

1. 과제개요

제시된 도면은 주민자치시설의 평면도이다. 평면도에 표시된②단면지시선 'A'를 기준으로 아래 설계조건을 고려하여 단면도를 작성하시오.

2. 설계조건

(1) 대지조건 : 대지는 북측의 근린공원과 인접 되어있으며, 대지의③전면지반과 근린공원과의 고저차는 7.8m 이다.
(2) 규모 : 지상 3층④
(3) 용도 : 주민자치시설
(4) 구조 : 철근콘크리트조
(5) 냉난방설비 : 각실 패키지 방식⑤
(6) 바닥 높이⑥
 ① 1 층 : EL + 300mm
 ② 2 층 : EL + 4,500mm
 ③ 3 층 : EL + 8,100mm
 ④ 지 붕 : EL + 12,900mm
 ⑤ 옥탑지붕 : EL + 15,900mm
 ⑥ 드라이에어리어 : EL + 100mm
(7) 천장높이⑦
 ① 주민자치민원실 : 3,200mm
 ② 문화교실 : 2,600mm
 ③ 다목적홀 : 3,600mm
 ④ 복도, 기타 : 임의
(8) 기초
 ① 형식 : 독립기초
 ② 크기 : 1,500×1,500×400mm(두께)⑧
 ③ 동결선 : GL에서 1,000mm
(9) 기둥 : 500×500mm
 (단 Y₁ 열 기둥은 500×700mm)⑨
(10) 보(폭×깊이)
 ① 지붕 보⑩
 • 다목적홀 부분 : 400×1,000mm
 • 기타 부분 : 400×600mm
 ② 2, 3층 보 : 400×600mm
 ③ 1층 보 : 400×800mm

(11) 바닥 및 천장
 ① 바닥판 구조 두께 : 150mm
 ② 마감 : 다목적홀 바닥은 스포츠 활동이 가능한⑪목재 플로링(flooring)으로 설계하고, 기타 부분의 바닥 재료는 임의
 ③ 천장 : 마감 및 재료는 임의⑫
(12) 벽체
 외벽과 내벽의 두께 및 재료는 임의
(13) 지붕
 ① 형태 : 평지붕
 ② 재료와 마감은 임의
(14) 난간
 ① 복도 및 계단의 난간 : 유효높이 1,100mm 투시형
 ② 옥상 난간 : 유효높이 1,200mm⑬
(15) 승강기 : 유압식 승강기⑭

3. 도면작성요령

(1) 단면요소와 입면요소를 도면에 표현⑮
(2) 층고, 개구부 높이, 천장높이 및 기타 주요부분의 치수를 기입
(3) 각 실의 명칭 기입⑯
(4) 크기가 나타나지 않은 개구부는 기능과 의장을 고려하여 작성
(5) 내·외장 마감, 단열, 방수 등의 재료는 임의로 선정하되 주요 마감은 표기⑰
(6) 단위 : mm
(7) 축척 : 1/100 ⑱

4. 유의사항

(1) 도면작성은 흑생연필을 사용한다.
(2) 명시되지 않은 사항은 관계법령의 범위 내에서 임의로 한다.

FACTOR (우측)

⑩ 보
아래와 같이 보의 크기다 다양하나 다목적 홀의 경우는 가장 크게 그려야 한다.
- 지붕
 •다목적 홀 (400mm x 1,000mm)
 •기타 (400mm x 600mm)
- 2,3층 (400mm x 600mm)
- 1층 (400mm x 800mm)

⑪ 층고 결정은 마감으로써 목재 플로링을 설치를 위해서는 콘크리트 슬래브가 최소 100mm down 되어야 한다.

⑫ 천장, 벽체, 지붕재료의 마감은 임의로 한다.

⑬ 난간 높이 : 1,200mm투시형과, 옥상은 불투시형으로 1,500mm

⑭ 유압식 승강기
압력을 가한 기름에 의하여 피스톤 따위의 동력 기계를 작동하여 사람이나 화물을 아래위로 이동시키는 장치

⑮ 전체 층고, 각 층고, 창대높이 및 창문높이를 기입할 수 있도록 3단 쓰기가 필요, 기둥 열은 2단으로 쓴다.

⑯ 각 실명은 반드시 기입

⑰ 내·외장 마감, 단열, 방수 등의 재료는 임의로 선택

⑱ 축척 : 1/100

구성 (우측)

4. 도면작성 요령
- 단면요소 및 입면요소 표현
- 실명 기입
- 층고, 개구부높이, 천장높이에 따라 치수 기입
- 개구부 기능성 고려
- 내·외장 마감 단열, 방수 등의 재료는 임의
- 단위
- 축척

5. 유의사항
- 제도용구 (흑색연필 요구)
- 명시되지 않은 사항은 현행 관계법령 범위에서 임의

6. 제시 평면도

– 지상1층 평면도
- D.A, 예비군중대본주, 복도, 현관홀, 방풍실, 계단 절취
- 내부 입면 표현 : 계단실 벽체, 주민자치센터 출입문
- 외부 입면 표현 : 화단, Y1열 기둥

– 지상2층 평면도
- 옥외 휴게공간 옹벽, D.A 상부, 라운지, 복도, 현관 홀 절취
- 내부 입면 표현 : 라운지 방풍실 유리, 계단실 벽선, 복도 출입문, Y3열 기둥선
- 외부 입면 표현 : X6열 조경, Y1열 기둥 선

– 지상3층 평면도
- 화단, Y4열 커튼월, 라운지, 복도, 다목적홀 절취
- 내부 입면 표현 : 라운지 방풍실 유리, 계단실 벽선, 강의실 출입문
- 외부 입면 표현 : 조성, 연결동로

– 지붕층 평면도
- Y4~Y1 파라펫 절취
- Y3열 상부천창 설치

---

① D.A벽체: 200mm

② 창문높이 : 900mm

③ 출입문 높이 : 2,100mm

④ 방풍실은 자동문과 자재 문으로 그려야 한다.

⑤ 계단 : 150mm x 2단 = 300mm

⑥ 옥외휴게공간 벽치는 200mm로 하며, 옹벽 주변으로 OPEN 트렌치 W=200설치

⑦ D.A 상부 철제그래이팅 깔기

⑧ Y열 현관홀 상부 투시형 난간설치

⑨ 출입문 높이 : 2,100mm

⑩ Y1열 창대 높이 : 900mm

⑪ 입면으로 보이는 연결통로 난간 설치

⑫ 상부 천창 설치

⑬ 라운지와 OPEN 사이에 자동방화 셔터 설치

⑭ Y4~Y1열에 파라펫 설치

⑮ 옥탑층은 지붕층보다 3,000mm 이상 되는 곳에 설치

과목: 건축설계2   제1과제 (단면설계)   배점: 40/100점

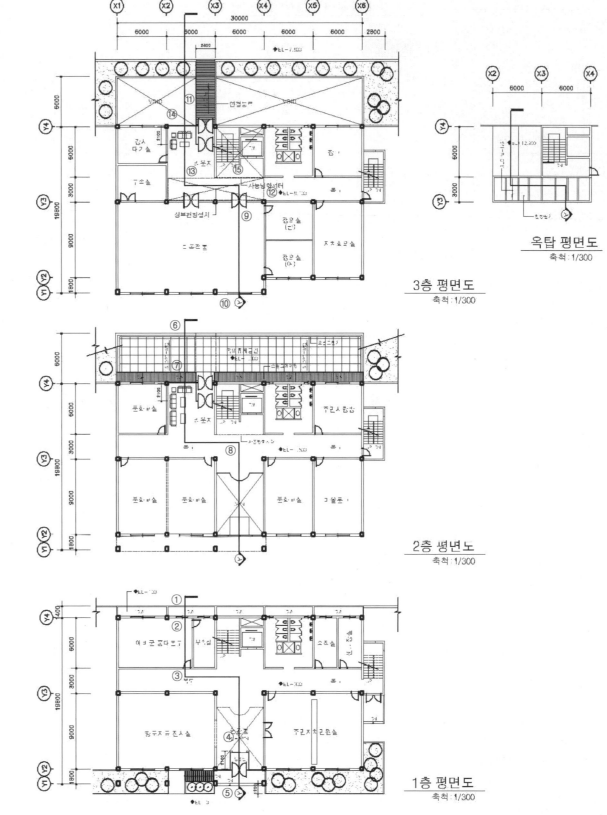

옥탑 평면도
축척:1/300

3층 평면도
축척:1/300

2층 평면도
축척:1/300

1층 평면도
축척:1/300

■ 문제풀이 Process

1 과제개요 확인

① 제시된 도면을 우선 읽고 지문의 내용을 파악한다.
② 층고 제시여부 확인
③ 계획시 요구 사항
④ 단면요소
　- 건축, 구조, 기계, 전기
⑤ 요구도면 및 표현

2 제시도면 파악

① 제대로 도면을 음미해 보자.
② 단면 절취선을 명확히 파악한다.

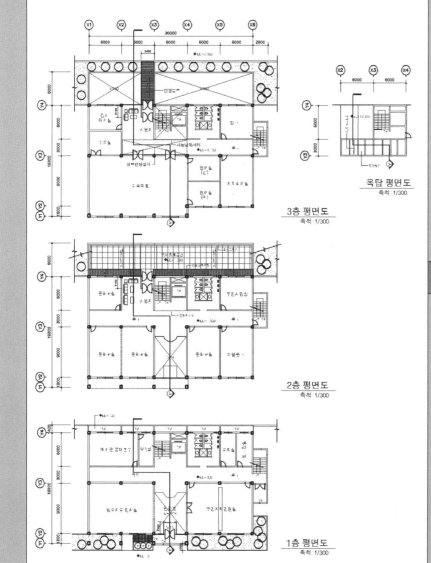

옥탑 평면도
축척 1/300

3층 평면도
축척 1/300

2층 평면도
축척 1/300

1층 평면도
축척 1/300

3 단면 형태 Sketch 및 층고, 천장고 형상 결정

① A-A'절취선을 기준으로 1층 바닥레벨 +300mm을 시작으로 지상1층 4,500mm, 3층 +8,100mm, 지붕층 +12,900mm, 옥탑지붕 +15,900mm을 각층에 층고이다. 여기에 지붕 층에 설치되는 파라펫 높이 1,200mm을 더해주면 전체의 높이는 지표면에서 +14,100mm가 전체의 높이이다.
② 각층 레벨은 구조체가 아닌 바닥 마감 레벨이므로 마감을 기준으로 슬래브가 down되어야 한다. 파라펫 높이의 경우 마감 기준이므로 방수 및 무근 콘크리트고려해서 200mm 정도 필요함.
　파라펫 높이는 1,200mm 정도 요구
③ 층고, 천장고 등이 계획되면 바로 작도로 하는 것이 좋다.

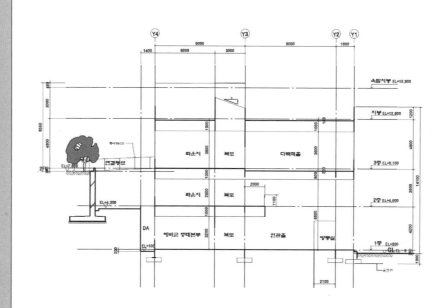

4 외벽, 내벽, 기타 단면요소 고려

① 기존 옹벽과 신축건축물과의 연결 브릿지를 설치하며, 안전을 위한 안전 난간을 설치한다.

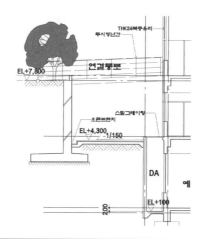

② 채광 또는 환기를 목적으로 지붕에 설치한 창으로, 벽면의 같은 크기 창문의 3배의 채광효과가 있으나, 청소나 손질이 어렵고 여름철 직사광선을 막을 수가 없는 문제가 있다. 또한 벽면의 마감은 밝은 색 마감으로 하는 것이 실내를 더욱더 밝게 한다.
③ 천창의 경사는 3:1
④ 다목적실의 마감은 목제 후로 링으로 마감보다 150mm down 시켜 슬래브 설치
⑤ 방풍실과 천장고가 높은 로비의 형태, 커튼월, 보이는 외부의 입면 형태가 잘 표현이 되어야 한다.

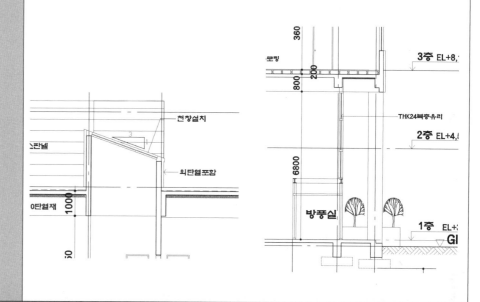

5 모범답안

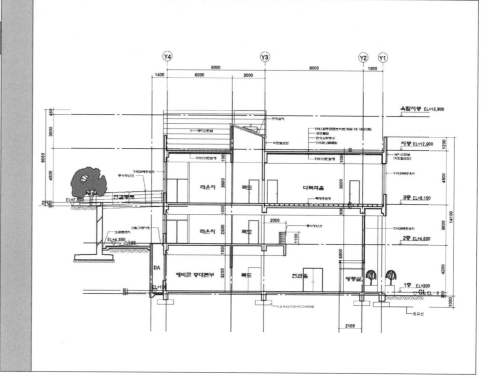

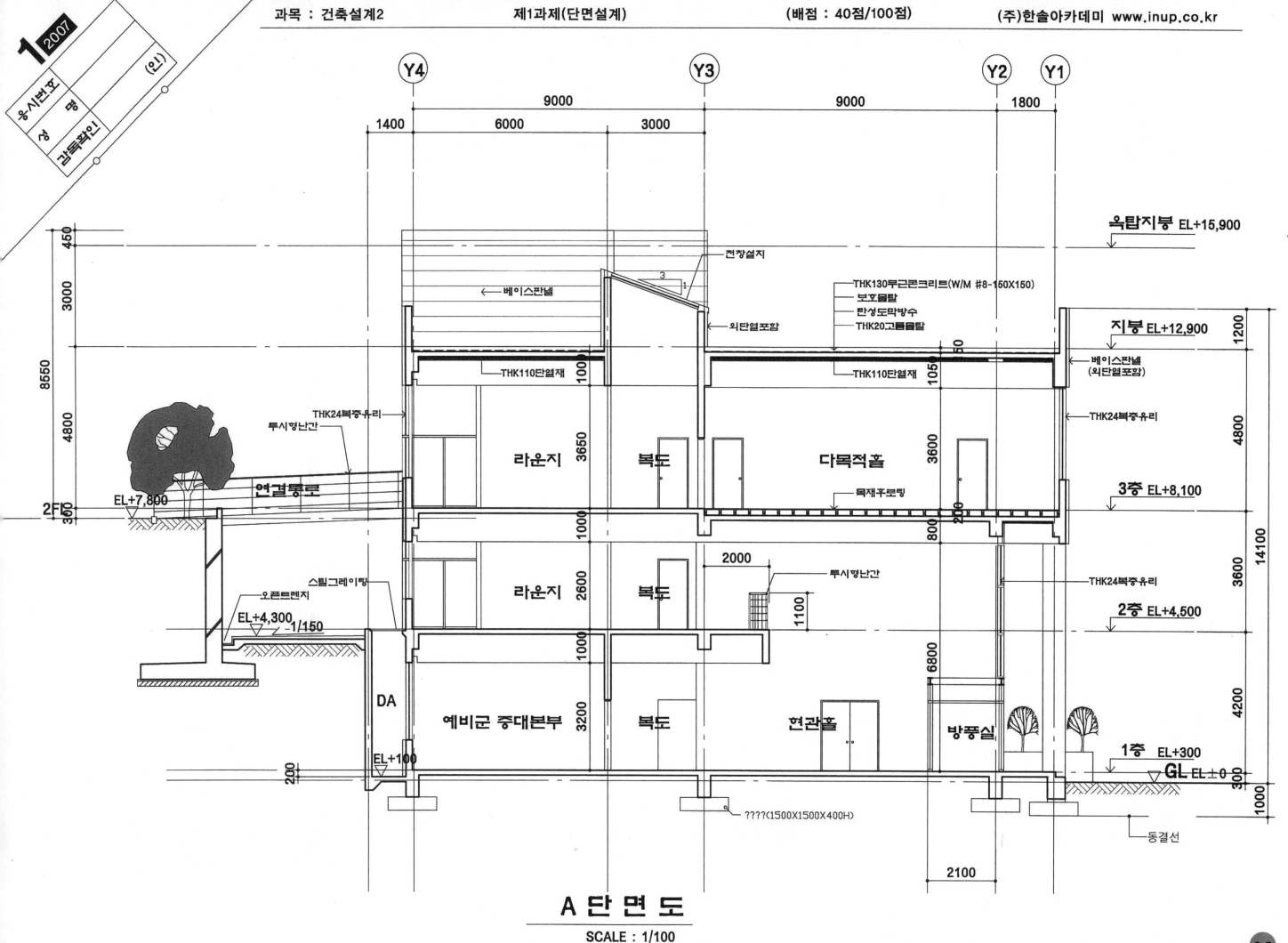

A 단 면 도

SCALE : 1/100

2007년도 건축사 자격시험 문제

과목: 건축설계2　　제2과제 (계단설계)　　배점: 30/100점①

1. 제목
- 건축물의 용도 제시 (연수시설 학문 따위를 연구하는 시설로써 전체를 총괄하여 중규모 시설인 기업, 단체 연수시설을 전체를 총괄하여 중규모 시설인 기업, 단체 연수시설등으로 나눌 수 있다)

2. 과제개요
- 과제의 목적 및 취지를 언급함
- 전체사항에 대한 개괄적인 설명이 추가되는 경우도 있다.

3. 건축개요
- 용도
- 규모
- 층별 개요
- 평면도

4. 설계조건
- 개요
  · 계단의 종류
  · 계단의 개수
  · 유효너비, 인원수, 2인당 유효너비
  · 출입문 유효폭
  · 여유 공간의 활용도
- 계단 난간
  · 높이
  · 난간 살 간격
  · 계단의 형태
- 계단 단
  · 단 높이, 단 너비

---

① 배점을 확인합니다.
- 30점(3과제 중 계단설계의 비중은 그리 높지 않으며 작도량 또한 그리 많지 않으나 계획시간이 걸린다.)

② 수도권정비계획법에서 규정하고 있는 연수시설은 건축법시행령 별표1 제10호 나목의 교육원, 같은 호 대목의 직업훈련소 및 같은 표 제20호 사목의 운전 및 정비 관련 직업훈련소로서 건축물의 연면적이 3,000㎡ 이상인 경우 인구집중유발시설에 해당됨
별표1 제10호 교육연구시설
나. 교육원(연수원, 기타 유사한 것을 포함한다)
다. 직업훈련소(운전 및 정비 관련 직업훈련소는 제외한다)

③ 건축물의 5층 이상 또는 지하 2층 이하의 층으로부터 피난 층 또는 지상으로 통하는 직통계단(지하 1층인 건축물의 경우에는 5층 이상의 층으로부터 피난 층 또는 지상으로 통하는 직통계단과 직접 연결된 지하 1층의 계단을 포함한다)은 피난계단 또는 특별피난계단으로 설치하여야 한다.

④ 층별 개요에서는 1층~5층을 제외하고 6층에 해당하는 인원수를 파악한다.

⑤ 계단실의 위치는 2곳으로 나누어져 있으며 계획영역 계단실-1(9,000m × 9,000m)에 계획하며 작도해야 한다.

⑥ 특별피난계단 설치대상
· 지상11층 이상(400㎡ 미만 층은 제외, 갓 복도식 공동주택 제외)
· 지하3층 이하의 층(400㎡ 미만 층은 제외)
· 지상5층 이상 또는 지하2층 이하 판매시설

제목 : 연수시설 계단설계

1. 과제개요
도심지 일반주거지역내 연수시설의②계단실을 아래 사항을 고려하여 설계하시오

2. 건축개요
(1) 용도 : 연수시설
(2) 규모 : 지상 6층③
(3) 층별 개요 ④

층별	용 도	수용인원(명)	층고(mm)
1	식당, 사무실	300	3.6
2	회의실	200	3.6
3	강의실	200	3.6
4	강의실	200	3.6
5	강의실	200	4.0
6	다목적강당	600	5.0

(4) 5층 평면도

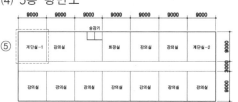

3. 설계조건
(1) 개요
① 계단은 특별피난계단⑥
② 2개의 계단으로 나누어 설치(계단실-1,2)
③⑦2개 계단 유효너비의 합계 ≧ 층별 최대피난용량 × 1인당 계단유효너비
· 층별 최대 피난용량 : 600명
· 1인당 계단 유효너비 : 7mm 이상
④ 계단은 미끄러짐 방지를 고려
⑤ 부속실 출입문은 휠체어가 출입할 수 있도록 유효폭 1,000mm 이상으로 할 것
⑥ 계단과 부속실을 제외한⑩여유 공간은 창고로 활용

(2) 계단 난간
① 높이 1,000mm 이상⑪
② 난간 어느 부분에서도 직경 100mm 이상의 구형 물체가 통과해서는 안 됨⑫
③ 계단 난간은 튼튼하게 계단 구조 체에 고정
④ 손잡이는 움켜쥐기 쉬운 단면으로 고려⑬

(3) 계단 단
① 단 높이 : 150 - 160mm⑭
② 단 너비 : 260 - 280mm⑮

---

(4) 계단참
① 계단참 너비는 계단 유효너비 이상⑯
② 부속실과 연결된 계단참 내에서 대피⑰회전공간과 출입문이 열리는 부분⑱장애인 대피공간이 서로 겹치지 않아야 함
③ 장애인 대피를 위해 휠체어 1대가 머무를 수 있도록 여유공간(1,000 × 1,500mm) 확보⑲

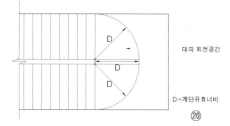

(5) 계단 구조⑪
① 계단실의 계단참과 계단판 등은 PC(프리캐스트, 콘크리트)구조⑫
② 제작, 보관, 운반, 양중 및 조립을 고려하여 아래 그림과 같이 분할된 4개의 판으로 구성

(Ⓐ, Ⓑ: 계단참 / Ⓒ, Ⓓ: 계단판)

4. 도면작성요령
(1) 5층 계단실 평면도 작성
① 계단 너비, 단너비, 부속실(급기, 배기덕트 포함), 계단참, 출입문 등 주요 치수를 기입㉓
② 난간 손잡이, 대피 회전공간, 장애인 대피공간 등을 표현
(2) 계단의 부분단면도 작성
난간 손잡이, 난간동자, 난간살, 난간대 등을 답안지 점선내에 표현 ㉔
(3) 계단 난간의 단면상세도 작성
(설계조건 (5)항 ②의 그림에 있는 E단면)손잡이 단면, 난간동자 또는 난간의 고정 방법 등을 표현
(4) 계단참과 이에 연결된 계단판과의 접합부, 접합방법을 최소한의 구조적 안정성 및 일체성을 고려하여 개략적으로 표현(개념도) (설계조건 (5항) ②의 그림에 있는 F단면)
(5) 단위 : mm

5. 유의사항
(1) 도면작성은 흑색연필로 한다.
(2) 명시되지 않은 사항은 관계 법령의 범위 안에서 임의로 한다.

---

⑦ 2개 계단 유효너비의 합계
· 6층의 면적 600㎡ / 계단 2개소 = 300㎡(계단1개소 면적)
· 300㎡ × 7mm(1인단 계단 유효너비) = 2,100mm(계단의 유효너비)
· 전체 계단의 유효너비는 최소 4,200mm가 되어야 한다.

⑧ 미끄럼 방지를 위해 논스립 등을 설치한다.

⑨ 부속실은 비상시 안전하게 피난할 수 있는 전실을 의미하며 부속실에는 S.T(급·배기 덕트가 필요하다)

⑩ 계단실-1(9,000m × 9,000m)에 계단실, 부속실을 계획 후 여유 공간에 창고를 계획한다.

⑪ 난간 높이는 바닥으로부터 1,000mm 이상 필요

⑫ 핸드레일을 제외한 중간 난간대의 간격 100mm 이하가 되도록 설계

⑬ 손에 움켜쥐기 쉬운 형태는 지름 65mm, 또는 50mm 정도의 핸드레일을 설치하면 된다.

⑭ 단 높이는 150~160mm의 범위이며 5층 계단을 작도해야하므로 일부는 내려가는 곳은 4층 층고 기준, 올라가는 계단은 5층 층고 기준으로 계산하여 작도해야 한다.

⑮ 단 너비는 260~280mm의 범위이며 5층 계단을 작도해야하므로 일부는 내려가는 곳은 4층 층고 기준, 올라가는 계단은 5층 층고 기준으로 계산하여 작도해야 한다.

- 계단참
- 유효너비
- 장애인 휠체어 여유 공간
- 계단 구조
- 계단참, 계단판 구조
- 보기가 주어짐

5. 도면작성요령
- 해당층 계단 작성
- 주요치수 기입
- 난간, 회전공간, 대피공간등을 표현
- 부분단면도 작성
- 상세도 작성
- 개념도
- 단위

6. 유의사항
- 제도용구 (흑색연필 요구)
- 명시되지 않은 사항은 현행 관계법령의 범위 안에서 임의

과목: 건축설계2   제2과제 (계단설계)   배점: 30/100점

7. 제시 도면

- 5층 계단 평면도
- 중심선에서 콘크리트 내력벽까지의 거리 100mm
- 중심선에서 외벽 마감까지의 거리 600mm
- 내력벽의 두께 200mm
- 중심간 거리 9,000mm × 9,000mm
- 축척 : 1/60

- E 단면 상세도
- 계단 내측 콘크리트 슬래브
- 난간 높이 1,100mm
- 축척 : 1/10

- 부분단면도
- 계단 단면과 입면이 주어짐
- 단 높이는 12단, 단 너비는 11단이 주어짐
- 일부 부분 상세표현과 함께 주어짐
- 축척 : 1/40

- F 접합부 개념도
- 계단참과 계단 시작점의 상세부분이 주어짐
- 축척 : 임의

⑰ 지문에서 주어진 대피 회전공간내에는 장애인 안전지대, 출입문 회전공간등이 침범해서는 안 된다.

⑱ 장애인 대피공간은 계단실 내에 배치하되 크기는 1,000 × 1,500mm를 확보해야 한다.

⑲ 장애인 안전지대를 의미한다.

⑳ 계단의 유효너비 D 는 계단, 참 등이 최고 2,100mm 이상 되어야 한다.

㉑ 계단실의 경우 계단참, 계단판 등은 2가지 구조로 이루어져야 한다.

㉒ 프리캐스트 콘크리트(Precast Concrete)는 공사기간을 단축시키고, 콘크리트의 품질을 높이기 위해서, 공사기간을 단축, 공사비용 절감 현장에서 콘크리트를 타설하여 양생시켜 강도를 발생시키려면 많은 시간이 요구되기 때문에 공사기간을 줄이기 위해서 미리 공장에서 타설하여 양생시킨 콘크리트 패널을 현장으로 운반하여 조립함으로써 공사기간을 단축시켜 공사비용을 절감시킬 수 있습니다.

㉓ 주요치수는 기입한다.

㉔ 계단과 관련된 상세도 작도

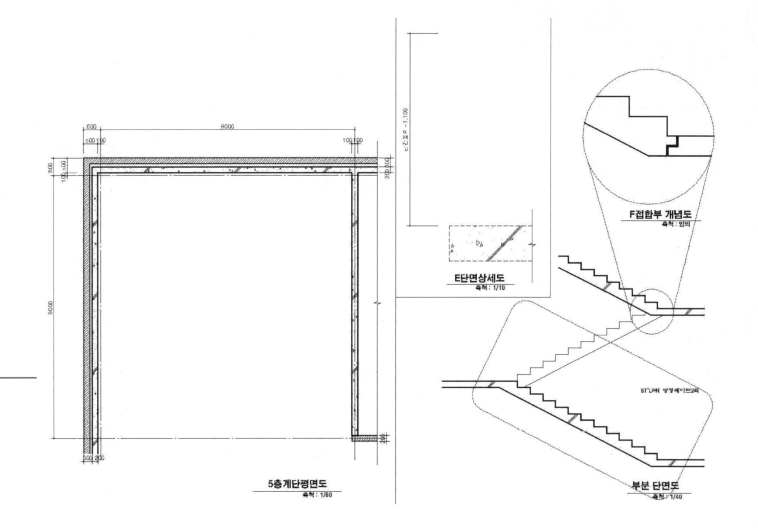

F접합부 개념도
축척 : 임의

5층계단평면도
축척: 1/60

E단면상세도
축척: 1/10

부분 단면도
축척: 1/40

■ 문제풀이 Process

1 과제개요 확인

① 제시된 도면을 우선 읽고 지문의 내용을 파악한다.
② 규모 확인 후 층별 개요에 따른 수용인원 확인
③ 계획시 요구 사항
④ 5층 평면도 계단위치 확인
⑤ 계단에 대한 세부사항 검토
⑥ 요구도면 및 표현

2 제시도면 파악

① 제대로 도면을 음미해 보자.
② 주어진 5층 계단 평면도, 부분 단면도, F접합부 개념도, E단면 상세도를 확인 한다.
③ 주어진 조건을 파악한 후 5층 계단 평면도에 계략적인 계획을 해본다.
④ 부분 상세도는 5층 계단평면도 계획 후 작도하도록 한다.

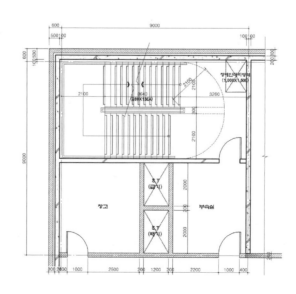

3 설계주안점 파악, 평면도, 단면도

① 부속실과 계단위치를 확인한다. 부속실의 경우 피난거리를 짧게 하는 것이 유리하므로 부속이 먼저 나오고 창고는 남는 공간에 배치한다.
② 부속실을 통해 계단실의 출입구 방향을 결정한다.

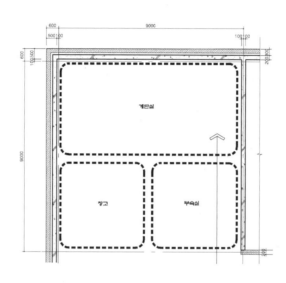

③ 계단의 5층과 6층의 층고를 참고해서 계단실의 단 높이를 결정한다.
④ 출입구의 방향 및 장애인 안전지대 위치 확인
⑤ 출입문과 장애인 안전지대의 경우 계단의 유효너비 범위 내에 계획해서는 안 된다.
⑥ 부속실에 급기, 배기 덕트의 경우 급기는 안쪽에 배기는 복도에 면해 설치하면 된다.

4 계단 상세도 검토

① 주어진 계단의 단면에 투시형 핸드레일은 직경 100mm이상의 물체가 통과해서는 안 된다. 그러므로 작도시 100mm이하로 작도해야 한다.
② 계단참과 계단 판의 구조는 서로 다른 구조이며, 기존 콘크리트 슬래브에 프리케스트 콘크리와 접합부에 대한 상세도를 작도해야 하는 부분이다.
③ 핸드레일에 대한 상세 도면을 작도해야 한다.

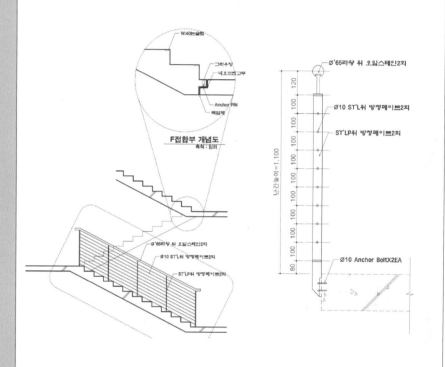

5 모범답안

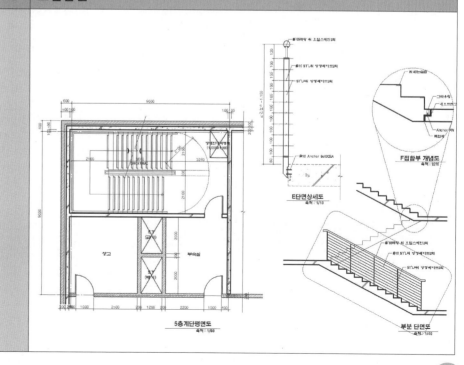

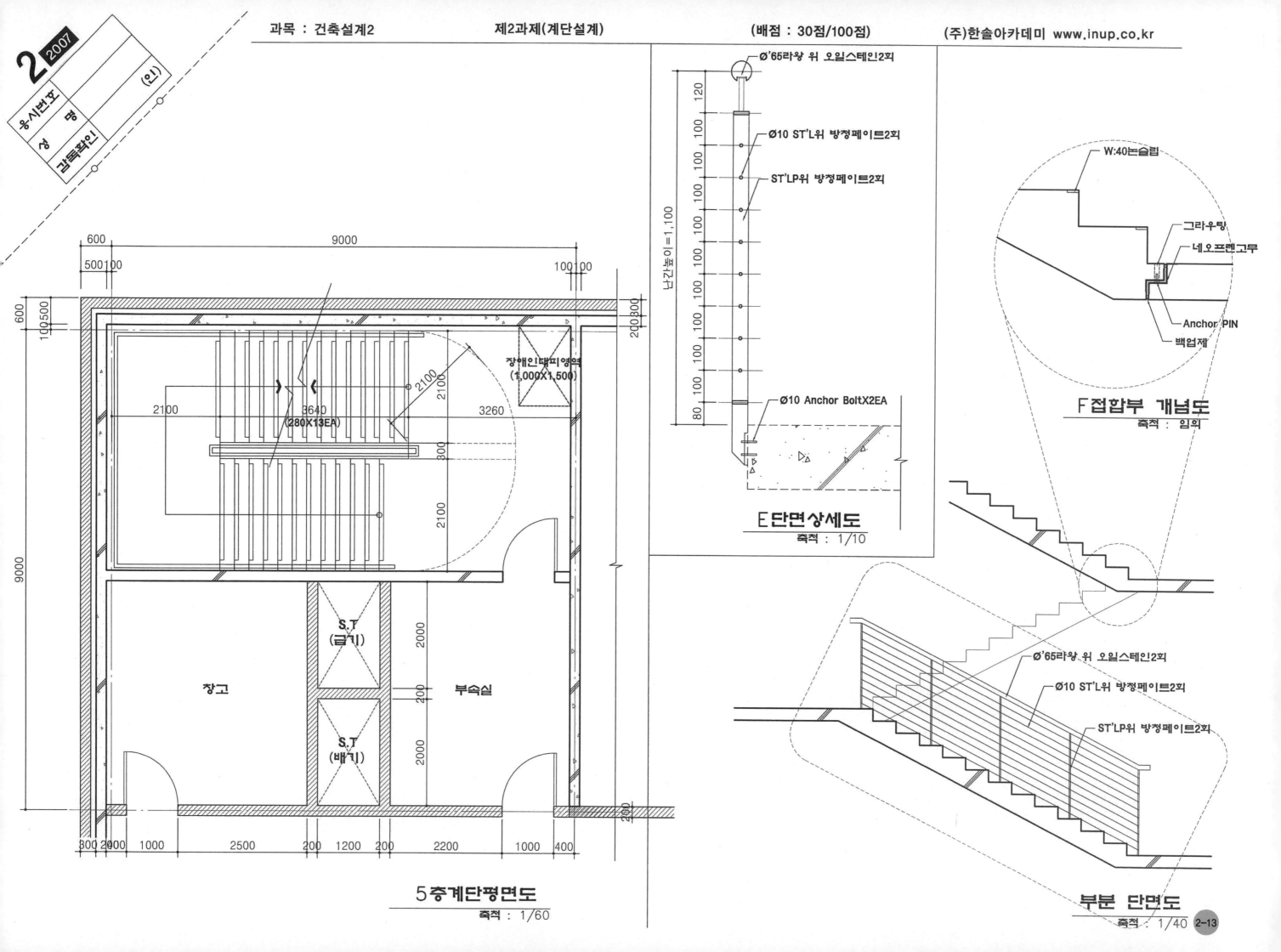

2 2007

응시번호
성　명
감독확인
(인)

Ø'65라왕 위 오일스테인2회

Ø10 ST'L위 방청페이트2회

ST'LP위 방청페이트2회

Ø10 Anchor BoltX2EA

난간높이=1,100

E단면상세도
축척 : 1/10

W:40논슬립

그라우팅
네오프렌고무
Anchor PIN
백업제

F접합부 개념도
축척 : 임의

600

9000

600

9000

500 100

100 100

600

100 500

200 300

200 300

2100

2100

3640
(280X13EA)

3260

2100

300

300

장애인대피영역
(1,000X1,500)

S.T
(급기)

2000

S.T
(배기)

2000

200

200

창고

부속실

200

300 2000　1000　2500　200 1200 200　2200　1000 400

5층계단평면도
축척 : 1/60

Ø'65라왕 위 오일스테인2회

Ø10 ST'L위 방청페이트2회

ST'LP위 방청페이트2회

부분 단면도
축척 : 1/40

2007년도 건축사 자격시험 문제

1. 제목

- 건축물의 용도 제시 (1997년 기후변화협약에 관한 쿄토의정서가 채택된 이후, 전 세계는 범정부적 으로 온실가스 감축을 위한 환경부하 저감 노력을 하고 있습니다. 특히, 에너지 대량소비, 폐기물 대량 발생을 특징으로 하는 건설 산업은 전체 산업에서 CO2 발생량의 42%를 차지하고 있으므로 지구 환경보존을 위한 친환경건축 연구개발은 매우 중요하고 반드시 해결해야 하는 당면 과제입니다.)

2. 과제개요

- 과제의 목적 및 취지를 언급함
- 전체사항에 대한 개괄적인 설명이 추가 되는 경우도 있다.

3. 설계조건

- 규모
- 높이제한
- 구조
- 냉·난방 설비
- 소화설비
- 천장고
- 천장재료
- 친 환경 설계기법을 도입한 이중외피
- 옥상정원
- 옥상난간
- 바닥구조

① 배점을 확인합니다.
- 30점(3과제 중 설비계획의 비중은 그리 높지 않으며 작도량 또한 그리 많지 않으나 설비계획문제로는 처음 친환경 설비 문제가 출제 되어 난이도는 매우 높다고 할 수 있다.)

② 증축이란 기존 건축물이 있는 대지에서 건축물의 건축면적, 연면적, 층수 또는 높이를 늘리는 것을 말한다.

③ 열람실의 위치는 가능한 한 서고에 가깝고, 채광이 양호해야 한다. 또한 조용한 위치를 선정 하는 것이 좋다.

④ 친환경 설계기법이 건축물에 적용될 수 있는 것은 태양광전지판, 지열, 외기냉방시스템, 태양열집열판, Passive Design등을 예로 들 수 있다.

⑤ 도시계획법상 용도지구 중 고도지구의 하나로서, 건축물의 높이의 최고한도를 정해 놓은 지구. 건물 등의 일정한 층수나 높이를 정해 놓고 그 이상 높은 건물 등은 규제하는 것으로서, 공항근처의 토지이용 등이 일반적인 예이다. 즉, 조방적인 토지이용을 유도한다.

⑥ 기존 외피위에 하나의 외피를 추가라고 이들 외피사이에 형성되는 중공 층에 블라인드를 설치한 것으로 외부의 자연환경을 적극적으로 활용하는 시스템

과목: 건축설계2   제3과제 (설비계획)   배점: 30/100점①

제목 : 친환경 설비계획

1. 과제개요

기존2층 도서관을②수직 증축하여 2개 층의③개가식 열람실을 만들려고 한다. 증축부분은 친환경 설계법을④도입하여 경제적이면서도 쾌적한 환경을 조성하고, 디지털 시대에 적절히 대응하는 도서관을 목표로 한다. 답안지에 제시된 단면도를 설계조건에 따라 완성하시오.

2. 설계조건

(1) 규모 : 증축 2개 층(기준 건물2개 층)
(2) 높이제한 : 18m 최고고도제한지구⑤
(3) 구조: 철근콘크리트조 이중외피부분은⑥철골조
(4) 냉난방 설비: 중앙 공조(천장)덕트방식+팬코일유닛방식⑦
(5) 소화설비: 스프링클러⑧
(6) 증축부분의 천장고
　① 증축가능 범위 내에서 구조, 기계 및 전기설비등을 고려하여 최대치수로 산정
　② 제시된 도면을 참고로 산정

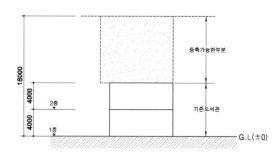

(7) 천장재료 : 석고보드위 수성페인트
(8) 증축부분의 남측면은 친환경설계 기법을 도입하여 알루미늄 커튼월 이중외피(double skin)로 설계⑨
(9) 증축부분의 옥상은 잔디식재(최소 식재토심 300mm 이상)⑩
(10) 옥상난간: 유효높이 1,200mm이상⑪

(11) 증축부분 바닥구조
　① 장서량 증가에 따른⑫서가와 열람석의 가변성 고려
　② 모든 열람석에는 조명기구 및 유선망 인터넷 사용 고려
(12) 옥탑은 높이산정에서 제외

3. 도면작성요령

(1) 설계조건을 고려하여 답안지에 제시된 증축부분 (3,4층)의 'A'단면도를 완성
(2) 각 층 바닥 마감레벨⑬ 표기
(3) 천장 높이,개구부 높이 등 주요치수⑮ 표기⑭
(4) 외벽마감: 150mm알루미늄 커튼월(복층유리)
(5) 단열재, 방수재⑰ 등을 임의로 표기⑯
(6) 창호 개폐 형식을 점선으로 표기⑱
(7) 단위 : mm
(8) 축척 : 1/50

4. 유의사항

(1) 도면작성은 흑색연필을 사용한다.
(2) 명시되지 않은 사항은 관계법령의 범위 내에서 임의로 한다.

-특징
· 자연환기, 우수
· 에너지 절약
· 건축 입면 등 재료 보호
· 차양역할
· 공사비 및 유지관리비 증가
· 자연채광 감소로 인해 실내조명 48시간 증가
· 건물의 가치 증가

⑦ 실 내부에는 천장을 통한 덕트 방식과 외벽의 냉난방 부하에 대응하기 위한 팬코일유니트 방식으로 채택 하였다.

⑧ - 화재경보와 소화가 발화 초기에 동시에 행해지는 자동소화설비로, 물을 분무상(噴霧狀)으로 방사시키므로 액체화재에 효과가 크고, 화재 발견이나 소화활동이 곤란한 지하 건축물이나 가연물이 많고 사람들이 많이 드나드는 부분에 적합하다.
- 스프링클러의 살수반경은 1.7m~3.2m 범위

⑨ 제시된 도면에 증축 범위가 주어짐

⑩ 건물의 옥상에 식재를 하여 수목에 의한 단열성능 확보와 도시내 열섬현상완화를 통해 건물내부의 열 부하를 감소시키고 이를 옥상정원으로 활용하여 거주자의 쾌적성확보를 목표로 한다.

⑪ 옥상 난간 높이 : 1,200mm

4. 도면작성요령

- 설계조건을 고려한 'A'단면도 작성
- 마감레벨 표기
- 주요치수 표기
- 외벽마감
- 단열재, 방수등 임의 표현
- 창호 개폐방향
- 단위
- 축척

5. 유의사항

- 제도용구 (흑색연필 요구)
- 명시되지 않은 사항은 현행 관계법령의 범위 안에서 임의

6. 제시 도면

- **증축부분 평면도 (3,4층)**
  - X1열 1,500mm 이격
  - 책상배치
  - 서고 배치
  - 코아위치

- **증축부분 구조평면도 (3,4층)**
  - 평면도에 구조도면 제시
  - G1,G2 : 400 x 600
  - B : 400 x 600
  - sG1 : H-100 × 75 × 5 × 8

- **증축부분 덕트 평면도 (3,4층)**
  - 코아에 위치한 AD
  - 주덕트
  - 분기덕트
  - 각형 디퓨저
  - 분기덕트 크기

- **증축부분 천장평면도 (3,4층)**
  - 스프링클러
  - 간접등
  - 백열등
  - 스프링클러

⑫ 서가와 열람석의 변화에 따라 가변성을 요구한바 중간의 벽체는 이동할 수 있는 벽체 등을 설치

⑬ 제시된 평면도를 참고하여 'A'단면도를 작성한다.

⑭ 각 층 마감레벨 표현

⑮ 주요치수 기입

⑯ 이중외피 부분 중 외측에 150mm 알루미늄 커튼월 설치

⑰ 단열재, 방수제 임의

⑱ 창호의 개폐 형식은 점선으로 그려야 하며 방향은 밖으로 열리도록 한다.

⑲ 제시된 평면도의 1,500mm의 공간이 이중 외피구조이다.

⑳ 기존 콘크리트 구조에 기둥부분에 sG1 : H-100 × 75 × 5 × 철골조

㉑ 구조와 관련된 보의 크기를 확인 후 부분 단면도에 그려야한다.

㉒ 주덕트 및 분기덕트의 크기를 확인 후 보 밑으로 크기에 맞는 덕트를 그려야 한다.

㉓ 형광등, 간접등, 백열등, 스프링클러 등을 확인 후 천장속 공간의 범위를 결정해야 한다.

㉔ 부분단면도를 작성 시 외벽에 팬코일 유닛을 그린다.

과목: 건축설계2   제3과제 (설비계획)   배점: 30/100점

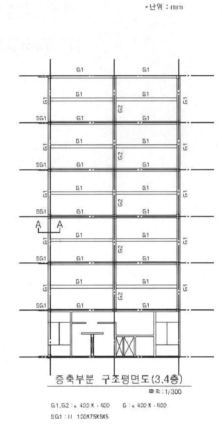

증축부분 평면도(3,4층)
축조:1/300

증축부분 구조평면도(3,4층)
축조:1/300

G1,G2 :, 400 X , 600   B :, 400 X , 600
SG1 : H 100X75X5X5

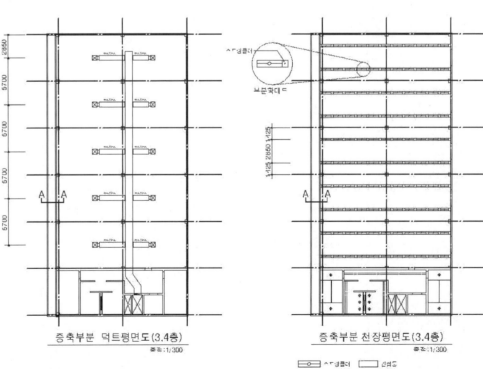

증축부분 덕트평면도(3,4층)
축조:1/300

증축부분 천장평면도(3,4층)
축조:1/300

■ 문제풀이 Process

1 과제개요 확인

① 제시된 도면을 우선 읽고 지문의 내용을 파악한다.
② 도서관을 수직 증축을 고려
③ 친환경 설계법
④ 2개 층의 개가식 열람실
⑤ 경제적이면서도 쾌적한 환경을 조성
⑥ 디지털 시대에 적절히 대응
⑦ 요구도면 및 표현

2 제시도면 파악

① 제대로 도면을 음미해 보자.
② 평면도에 제시된 단면 절취선을 명확히 파악한다.
③ 건축증축 도면 X1열 검토, 구조도면에 제시된 보의 크기 등 확인
④ 설비 도면인 덕트와 천장 도면을 확인한다.

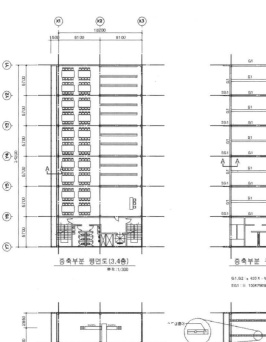

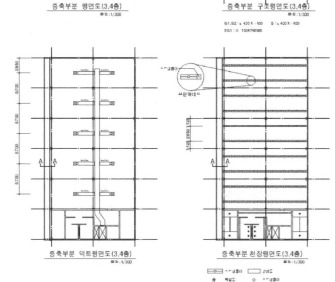

3 설계주안점 파악, 평면도, 단면도

① 답안 작성지에 주어진 X1열 보, 슬래브, 파라펫 높이 등을 확인
② X1열에서 외벽까지의 이격거리 1,500mm
③ 각 층고의 높이 4,200mm

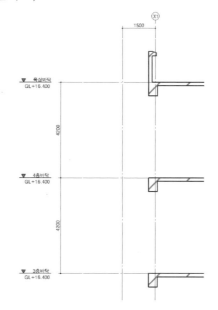

④ 높이 제한 18m 이내 범위에서 1500mm 이격된 외벽에 창문 두께 150mm 커튼월을 설치
⑤ 창문의 개폐방법은 상, 하 2곳을 설치하여 여름철 더운 공기를 하부에서 상부로 배출(대류작용의 원리)하기 위해 설치해야 한다.
⑥ X1열 보를 기준으로 150mm 커튼월을 설치
⑦ 건축 마감 재료와 관련하여 작도한다.

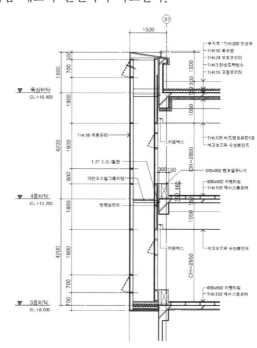

4 친환경 요소 검토

① 도면 완성 후 공기의 유동 경로를 표현한다.
② 공기 유동 경로 표현 시 대류의 원리를 생각하여 밑에서 상부로 올라가도록 화살표로 표현하여 준다.

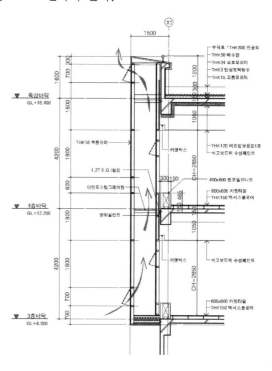

5 모범답안

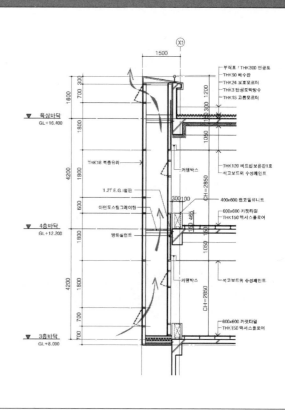

3 2007

응시번호
성 명
감독확인 (인)

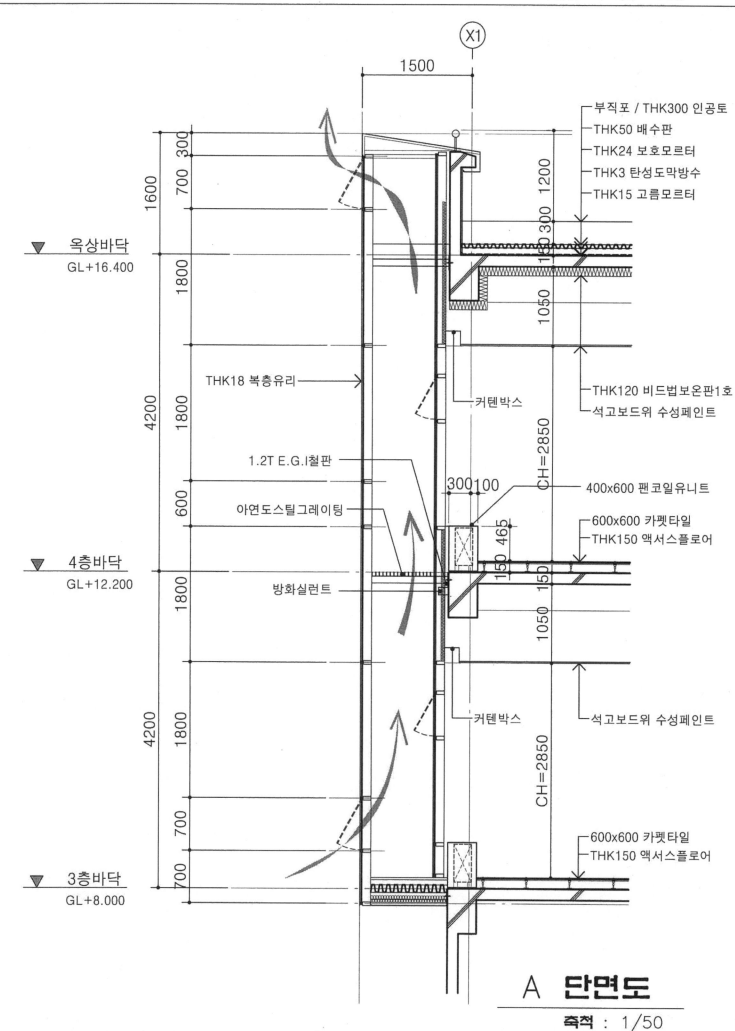

X1

1500

부직포 / THK300 인공토
THK50 배수판
THK24 보호모르터
THK3 탄성도막방수
THK15 고름모르터

▼ 옥상바닥
GL+16.400

THK18 복층유리

커텐박스

THK120 비드법보온판1호
석고보드위 수성페인트

1.2T E.G.I철판

300 100

400x600 팬코일유니트

아연도스틸그레이팅

600x600 카펫타일
THK150 액서스플로어

▼ 4층바닥
GL+12.200

방화실런트

▼ 3층바닥
GL+8.000

커텐박스

석고보드위 수성페인트

600x600 카펫타일
THK150 액서스플로어

CH=2850

CH=2850

A 단면도

축적 : 1/50

2008년도 건축사 자격시험 문제

과목: 건축설계2　　제1과제 (단면설계)　　배점: 40/100점 ①

제목 : 청소년 자원봉사센타 단면설계

1. 과제개요

제시된 도면은 청소년 자원봉사센타 평면도의 일부분이다. 평면도에 표시된 단면지시선 A-A를 기준으로 ② 아래 사항을 고려하여 단면도를 작성하시오.

2. 설계조건

(1) 대지조건 : 대지 남측은 10m도로와 근린공원에 인접하여③양호한 조망을 확보하고 있고, 북측은 8m도로에 접한 평지이다.
(2) 규 모 : 지상3층 ④
(3) 용 도 : 청소년 자원봉사센타
(4) 구 조 : 철근콘크리트조
(5) 냉난방설비 : 중앙공조+팬코일유니트 방식 ⑤
(6) 바닥높이⑥
　① 1층 바닥 : EL+300mm
　② 2층 바닥 : EL+5,500mm
　③ 3층 바닥 : EL+9,700mm
　④ 지붕바닥 : EL+13,900mm
　⑤ 옥상공연장 상단 바닥 : EL+16,300mm
(7) 천장높이⑦
　① 방 풍 실 : 3,000mm
　② 1층 로비 : 7,900mm
　③ 세미나실 : 3,000mm
　④ 전 산 실 : 3,000mm
　⑤ 복도 및 기타 : 2,700mm
(8) 기초⑧
　① 형 식 : 독립기초
　② 크 기 : 2,000mm × 2,000mm × 400mm
　③ 동결심도 : 1,000mm 이상
(9) 기둥 : 500mm × 500mm
(10) 보(지중보포함) : 300mm × 700mm ⑨
(11) 바닥
　① 바닥두께 : 150mm
　② 마 감 : 전산실 바닥은 기능에 적합하고 출입이 용이하도록 설계하며, 기타 부분의 바닥재료는 임의표기 ⑩
(12) 천 장 : 마감 및 재료는 임의로 설계하고 도면에 표기

(13) 벽체
　① 외벽과 내벽의 마감 및 재료는 임의로 하고 도면에 표기
　② 남측 창호는⑪알루미늄 커튼월로 하고, 북측 창호는 알루미늄 일반창호로 함
　③ 식당과 다목적실 서측 창호는⑫일사조절용 목재루버를 설치
(14) 지붕
　① 형 태 : 평지붕(일부 계단식 스탠드)⑬
　② 옥상공연장의 바닥구조는 철근콘크리크조로 하고, 스탠드와 야외무대는 내후성 목재로 마감
　③ 옥상공연장은 우천 시를 고려하여⑭간이지붕⑮(천막구조 등)으로 계획
　④ 기타 부분의 재료와 마감은 임의로 표기
(15) 난간⑯
　① 복도 난간 : 유효높이 1,200mm의 투시형
　② 옥상 난간 : 유효높이 1,500mm

3. 도면작성요령

(1) 도면요소와 입면요소를 도면에 표현
(2) 각 실의 명칭을 기입
(3) 층고, 개구부높이, 천장높이 및 기타 주요부분의 치수와 치수선을 기입⑰
(4) 크기가 나타나지 않은 개구부는 기능과 의장을 고려하여 작성
(5) 내·외장마감, 단열, 방수 등의 재료는 임의로 하되 주요마감을 표기
(6) 단위 : mm
(7) 축척 : 1/100

4. 유의사항

(1) 제도는 반드시 흑색연필로 표현(기타사용금지)
(2) 명시되지 않은 사항은 현행 관계법령의 범위 안에서 임의로 한다.

좌측 구성 (composition)

1. 제목
- 건축물의 용도 제시
  : 자원봉사 센터(자원봉사자 교육 및 수요처와 일감 개발을 통한 자원봉사 활성화 등을 목적)
- 단면설계 단일과제 출제

2. 과제의 개요
- 자원봉사 평면도 제시 언급
- A-A'를 기준으로 단면도 작성

3. 설계조건
- 대지조건
- 규모
- 흑용도
- 구조
- 냉·난방설비
- 바닥높이
  · 지상1층~지상3층
  · 지붕층, 옥상공연장
- 천장높이(반자높이)
- 기초
- 보
- 바닥두께
- 기둥
- 천장
- 벽체
- 지붕
- 난간

좌측 FACTOR

① 배점을 확인합니다.
　- 40점(규모가 그리 크지 않으며, 난이도는 평이함)

② 평면도에 제시된 A-A'를 지시선을 확인한다.
　- 절취선에 의한 단면요소
　- 절취선에서 보이는 입면요소 검토

③ 조망이 양호한 곳에 커튼월을 설치

④ 지상3층 규모 검토(작도량이 1시간 정도로 타 과제와 더불어 시간 배분을 검토해본다.)

⑤ 중앙공조
　- 공기 조화 장치를 지하층이나 건물의 한 곳에 집중적으로 설치하고 덕트 또는 배관으로 각 실내에 조절한 공기를 공급하는 방식을 말한다.
　- 팬 코일 유닛(fan coil unit)방식 : 냉방(冷房) 및 난방(暖房)을 할 때는 창호 주변에 설치하여 외벽의 실내부하에 대응하기 위해 설치(주로 실이 많은 외벽에 사용)

⑥ 각 층고 결정시 평면도를 참고 하여야 한다. 구조체가 아닌 평면에 각 층 레벨이 표현되어 있는 경우는 마감기준으로 층고를 결정해야 하기 때문이다.
　- G.L + 각 층고 바닥높이를 합하면 = 16,300mm

⑦ 천장고 (아래와 같이 천장고가 다르게 주어질 경우 실수를 범하기 쉽다)
　- 방풍실 : 3,000mm
　- 1층 로비 : 7,900mm
　- 세미나실 : 3,000mm
　- 전산실 : 3,000mm
　- 복도 및 기타 : 2,700mm

⑧ 기초
　- 독립기초
　- 크기 : 2,000mm × 2,000mm × 400mm
　- 동결선은 G.L기준에서 1,000mm 아래에 위치해야 한다.

우측 FACTOR

⑨ 보의 크기는 보통 400 × 600mm 로 출제는 것이 보통이나 본 문제에서는 300 × 700mm로 제시된 점에 유의하자

⑩ 전산실의 특성상 전화선, 전원 플러그 등을 설치하기 위해 바닥을 2중을 깔아 그 공간에 매설하기 위해 ACCESS FLOOR를 설치한다.
　높이: 50mm~300mm정도,
　크기 : 보통 600mm × 600mm × 22mm

⑪ 커튼월 : 철골 또는 철근 콘크리트 골조구조의 건물 외피를 이루는 글라스, 알루미늄, 철 따위의 얇은 벽을 말한다. 보통 캔틸레버 구조와 조합되어 쓰임

⑬ 수직루버는 주로 건축물 서측, 동측에 사용하여 주광이 깊이 들어오는 것을 차단하기 위해 쓰인다.

⑭ 계단식 스탠드는 철근콘크리트 슬래브 형태이다.
　높이 : 16,300mm - 13,900mm
　　　　= 2,400mm
　단 높이 : 2,400mm / 8단
　　　　= 300mm

⑮ 야외무대 : 높이 300mm 차이, 내후성 방부목재로 마감

⑯ 천막구조 : 천막구조는 같은 크기의 기존건물보다 공사시간이 짧고, 또한 가벼운 하중으로 건물은 많이 쓰임

⑰ 난간 높이 : 1,200mm투시 형과, 옥상은 불투시형으로 1,500mm

⑱ 전체 높이, 층고, 천장높이, 개구부 높이 등 필요한 곳 등에 작성한다.

우측 구성 (composition)

4. 도면작성 요령
- 단면요소 및 입면요소 표현
- 실명 기입
- 층고, 개구부높이, 천장높이에 따른 치수 기입
- 개구부 기능성 고려
- 내·외장 마감 단열, 방수 등의 재료는 임의
- 단위
- 축척

5. 유의사항
- 제도용구 (흑색연필 요구)
- 명시되지 않은 사항은 현행 관계법령 범위에서 임의

구 성	FACTOR	지 문 본 문

6. 제시 평면도

- 지상1층 평면도
· 경사램프, 경비실, 안내, 로비, 방풍실, 계단 절취
· 내부 입면 표현 : 사무실 출입문, 식당 출입문
· 외부 입면 표현 : 식당 수직루버, 화단

- 지상2층 평면도
· 캐노피, 전산실-1, 복도, X2~X3열 OPEN, 방풍실 지붕 절취
· 내부 입면 표현 : 기둥 외관선
· 외부 입면 표현 : 다목적실 수직루버

- 지상3층 평면도
· 분과실, 복도, 세미나실 절취
· 내부 입면 표현 : 기둥 외관선
· 외부 입면 표현 : 다목적실 수직루버, 옥상정원

- 지붕층 평면도
· 화단, 옥상공연장, 무대 절취
· 입면표현 : 옥상공연장 난간, 파라펫 높이
· 파고라 표현

① 점선 확인한다. 상부 캐노피 구조물 2,350mm이며, 장애인 경사로 보다 250mm 차이

② 장애인 경사로 : 길이 4,500mm 중간 지점에서 절취되므로 높이 150mm에서 구조체선이 보임.

③ 방풍실 상부 구조물은 출입문으로 부터 900mm가 나옴

④ 입면으로 보이는 수직 루버는 식당의 특성상 태양의 주광을 차단 하는 것이 좋기 때문에 수직루버를 사용

⑤ 캐노피 마감은 방수를 표현 해주어야 하며 경사를 표현

⑥ ACCESS FLOOR 높이는 200mm 단차를 두어 작도

⑦ 방풍실 마감은 방수를 표현 해주어야 하며 경사를 표현

⑧ X3~X4열은 1층~지붕층 까지 입면으로 보여 지며, 수직 루버와 함께 나타나야 할 것이다.

⑨ 출입문 높이 : 2,100mm

⑩ 높이 : 16,300mm - 13,900mm = 2,400mm
딛높이 : 2,400mm / 8단 = 300mm

⑪ X1열 화단은 수목표현

과목: 건축설계2　　　제1과제 (단면설계)　　　배점: 40/100점

지붕 부분평면도
SCALE : 1/300

3층 부분평면도
SCALE : 1/300

2층 부분평면도
SCALE : 1/300

1층 부분평면도
SCALE : 1/300

1 과제개요 확인

① 제시된 도면을 우선 읽고 지문의 내용을 파악한다.
② 층고 제시여부 확인
③ 계획시 요구 사항
④ 단면요소
　- 건축, 구조, 기계, 전기
⑤ 요구도면 및 표현

2 제시도면 파악

① 제대로 도면을 음미해 보자.
② 단면 절취선을 명확히 파악한다.

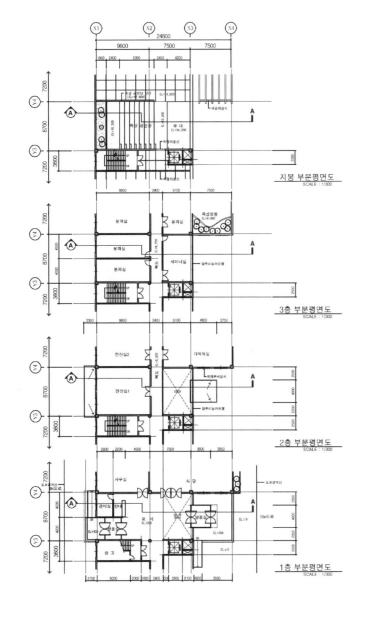

지붕 부분평면도
SCALE 1/300

3층 부분평면도
SCALE 1/300

2층 부분평면도
SCALE 1/300

1층 부분평면도
SCALE 1/300

3 단면 형태 Sketch 및 층고, 천장고 형상 결정

① A-A'절취선을 기준으로 1층 바닥레벨 +300mm을 시작으로 지상2층 +5,500mm, 3층 바닥 +9,70mm, 지붕층 +13,900, 옥상공연장 산단 바닥 +16,300mm을 각층에 층고이다. 여기에 지붕 층에 설치되는 파 라펫 높이 1,500mm을 더해주면 전체의 높이는 지표면에서 +17,800mm가 전체의 높이다.
② 지붕 층의 구조는 무대를 관람하기 위한 옥상공연장이 설치되어 있으 며, 구조는 계단식의 구조인 스탠드 형태로 작도하여야 한다.
③ X3열의 커튼월과 X3~X4의 입면 표현 중 수직 루버에 대한 표현을 해야 한다.

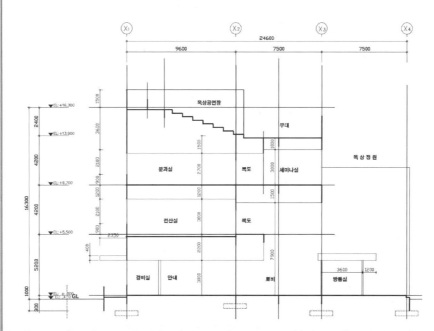

4 외벽, 내벽, 기타 단면요소 고려

① 무대 및 옥상공연장에 대한 이해와 작도능력이 필요하며, 옥상정원 상 부는 막구조를 활용하여 우천시 비, 주광등에 대비할 수 있도록 한다.

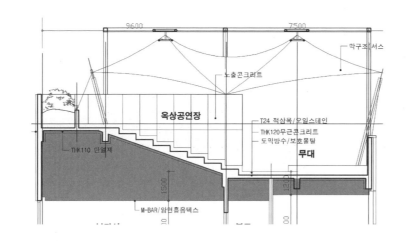

② 방풍실과 인접하여 로비의 공간감에 대한 이해가 필요, 천장고 또한 각 층 천장고와 로비의 천장고가 다를 경우 불리한 곳을 우선적으로 맞추 어 주어야 한다.
③ 건축물 상부에 옥상정원에 설치되어 있는 파고라를 설치, 수목표현과 함께 해주어야 한다.
④ 외벽마감과 더불어 수직차양을 설치한다.

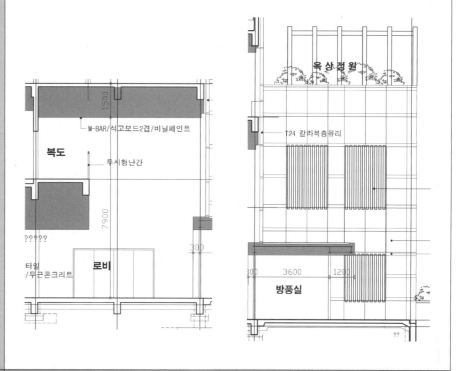

5 모범답안

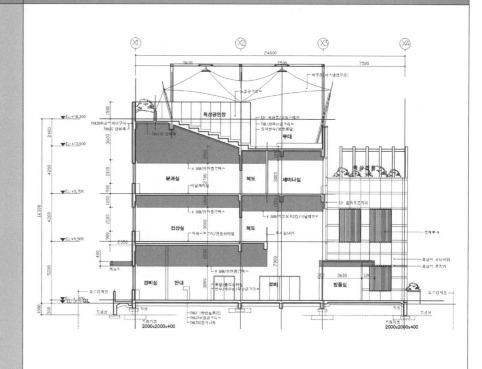

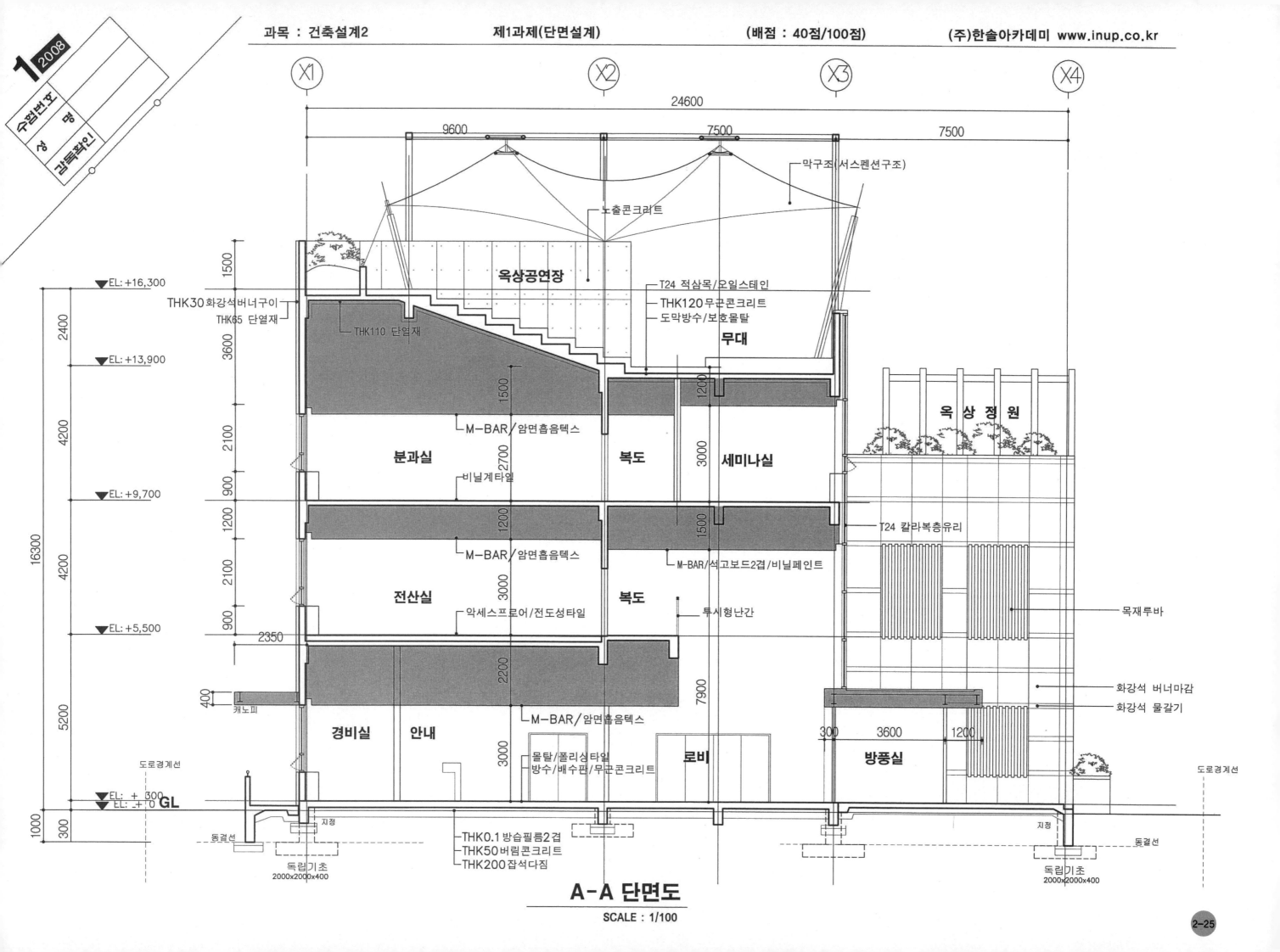

A-A 단면도

SCALE : 1/100

2008년도 건축사 자격시험 문제

1. 제목
- 건물의 용도제시
- 문제유형제시(보통 신축 또는 증축안)

2. 과제개요
- 과제의 취지 및 목적
- 개략조건을 제시

3. 설계조건
3.1 건축계획 조건
- 건물의 개요
- 구조형식
- 층고
- 바닥마감(콘크리트 슬래브등)
- 특히 주차방식과 주차대수 제시

3.2 구조계획 조건
- 구간별 구조형식
- 수직부재의 크기 또는 형상
- 슬래브의 두께 또는 제한 길이
- 보의 치수 또는 제한 길이
- 벽체두께 및 위치에 대한 세부사항
- 특수구조 적용시 제한 사항

---

① 배점을 확인
배점비율에 따라 구조계획시간 분배 확인(30/100점)

② 용도
• 자주식 주차장 건물
- 장경간용 특수구조형식 제시 (Prestressed Concrete)
- 주차효율 극대화 방안 고려

③ 문제유형
신축구조계획

④ 구조계획층 확인
제시된 건물의 층이 몇층이고 제시된 건물규모로 판단하여 상, 하부층과 구조계획층과의 차이가 있는지가 중요

⑤ 구조계획과 연관된 주차대수
이는 건축설계자인 수험자가 건축계획능력과 이와 연관된 구조계획수립 여부를 동시에 질문하고 있음

⑥ 건물규모
지상층수에 따라 현행 건축법규의 내진적용여부 확인
제시된 지문이 법규보다 우선으로 판단
- 횡력고려 안함

과목: 건축설계2　　제2과제 (구조계획)　　배점: 30/100점 ①

제 목 : 지상주차장의 구조계획 ②

1. 과제의 개요

제시된 철근콘크리트 구조로 계획 중에 있는 지상 3층의 주차장 건축물이다. 이중 일부는 장경간(long② span)프리스 트레스 콘크리트(prestressed concrete)구조로 계획하고자 한다. 아래의 사항을 고려하여 지상 2층 바닥에 대한 효율적인 구조계획을 하시오. ④

2. 설계조건

(1) 규 모 : 지상3층 ⑥
(2) 구 조

구 간	구 조 형 식
A 및 B	철근콘크리트조
C	프리스트레스 콘크리트조 (보 및 슬래브)

(3) 층 고 : 각 층 3.6m ⑦
(4) 슬래브 및 벽체두께

구 분	구 간	두 께
슬래브	A 및 B	150mm
	C	180mm ⑨
벽 체	-	200mm

(5) 주차계획

구 분	내 용
대 수	각 층 120대이상 ⑤
방 식	직각주차

(6) 보와 기둥의 배치 및 단면
① 안전성, 공간 사용성,경제성을 고려한 효율적인 구조시스템이 되도록 계획
② 구간C에는 구조형식을 고려하여 장경간(주요 ⑦ 휨 작용방향의 경간은 최소 13m 이상)을 확보하도록 계획
③ 보 단면의 처짐을 계산하지 않는 범위 내에서 보부재의 크기를 구조계획시 유리한 조건으로 가정(긴장재는 직경 15.2mm를 사용)
④ 기둥단면은 기둥배치계획을 고려하여 적절히 가정

---

(7) 구간B와 구간C사이의 인접된 부재는 분리 배치⑧
(8) 횡력에 대한 저항은 고려하지 않음 ⑥
(9) 기초에 따른 구조적 문제는 고려하지 않음
(10) 코아, 기계실, 관리실 및 창고 이외의 필요시설에 대한 것은 고려하지 않음

3. 도면작성요령

(1) 2층 바닥 구조평면도 작성
① 구조평면도에 구조부재(슬래브, 보, 기둥)를 배치. 단, 주차램프 부위의 구조계획은 생략
② 구조평면도에 주차계획 및 기둥배치를 고려한 주차통로 구간표시. 단, 구간B는 통로구간임.
(2) 단면 상세도 작성
2층 바닥A-A단면 상세도를 작성하고, 프리스트레트 콘크리트 보에는 긴장재(tendon)표기
(3) 단 위 : mm
(4) 축 척 : 구조평면도 1/400,단면도 1/30
(5) 주요 치수 표기
(5) 도면작성은 <보기>에 따라 표기

4. 유의사항

(1) 제도는 반드시 흑색연필로 표현(기타사용금지)
(2) 명시되지 않은 사항은 현행 관계법령의 범위 안에서 임의로 한다.

<보 기>

기 둥	■
철근콘크리트 보	───
프리스트레스트 콘크리트 보	─ ─ ─
주차통로 구간	▨

---

⑦ 기둥간격 결정
철근콘크리트 구간에는 어려운 서술이 있음
- 처짐을 계산하지 않는 조건
- 층고 3.6m (3,600-2,300-180-100-100 ÷ 900mm)
0.9×15배= 13.5m 가능 Prestressed Concrete 구간
- 최소 13.0m 이상
코아 기계실, 관리실 및 창고 이외의 필요시설은 고려하지 않음
- 주차대수 확보만을 고려하여 기둥위치 결정

⑧ 특수조건 확인
B, C 구간은 인접된 부재 분리배치
- 철근콘크리트조와 Prestrssed Concrete조 사이에 Expasion Joint 설치

⑨ 바닥구조제한
콘크리트 슬래브의 두께 150mm

---

4. 계획시 고려사항
- 설계조건에 표기하거나 또는 별도로 제시
- 설계조건보다는 상세한 제한조건 등을 제시

5. 도면작성요령
- 기호설명
- 표시할 부재
- 구조부재 외 표시사항
- 단면상세도
- 단위
- 축척
- 제도용구

6. 2층 평면도
- 제시된 평면도 확인
- 지상1층 평면도의 차량출입구 확인
- 출제의 난이도 조절을 위해 다수층 평면도나 단면도등도 제시

① 도면작성 요령
- 제시된 평면과 연관된 평면도나 단면도등을 종합적으로 판단하는 습관이 필요
- 구조계획할 층에 다른층의 출입구, 통로의 특성이나 단면도의 특징을 정리표기

② 작성하는 층
- 통상적으로 제시된 평면도의 상부층을 구조계획
- 구조계획은 기둥의 위치와 밀접한 관계가 있으므로 하부층의 평면도에 근거하여 기둥을 결정하게 되므로 부재배치를 요구하는 층은 상부층인 경우가 많음

③ 주차대수 확인
- 주차방식 : 직각주차
- 주차대수 : 120대 이상
- 통상적인 주차3대와 기둥크기를 고려한 7.5m 기둥간격결정
- 주차길이 5.0m와 통로폭 6.0m 고려하여 주차대수 확인

④ 코아의 크기
- 기둥간격과 코아의 크기를 종합적으로 고려

과목: 건축설계2 제2과제 (구조계획) 배점: 30/100점

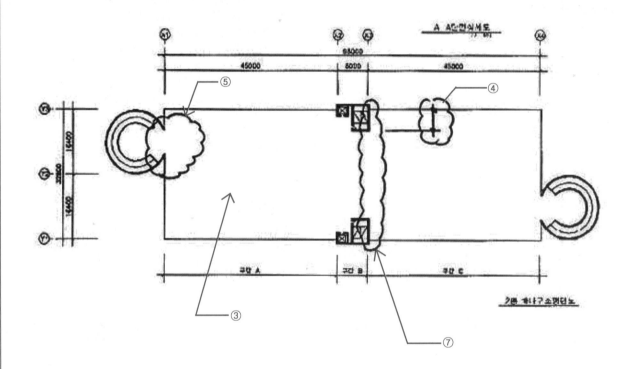

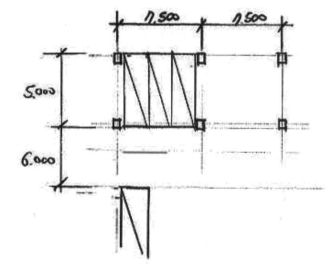

⑤ 램프의 위치와 주차통로 확인
- 램프와 주차통로가 직접 연결될 수 있도록 주차위치 확보

⑥ 철근콘크리트조와 Prestressed Concrete 조의 조화
- 지문에 제시한 Prestressed Concrete조의 모듈은 철근콘크리트조의 모듈의 배수가 되도록 계획하면 주차계획은 해치지 않고 구조계획에 유리

⑦ Expasion Joint 위치 확인
- Expasion Joint로 지정된 위치에는 각각의 기둥열과 각각의 보가 별도로 필요함

⑧ 기둥의 형상
- Prestressed Concrete 구간은 장스판이므로 기둥의 축력부담이 크므로 기둥단면확보가 필요
- 기둥단면은 장스판 방향으로 장방형으로 계획한다고 가정하면 주차대수계획과 기둥크기는 별도로 계획할 수 있음

| 1 | 모듈결정 및 부재배치 | 2 | 답 안 |

1. 기둥모듈결정

- 철근콘크리트 구간 : 7.5m × 5.2, 11.2, 11.2, 5.2m
- 결정근거
  ① 수직간격 7.5m
  ② 지문조건과 평면도를 종합적으로 판단
  ③ 주차대수 확보에 유리한 7.5m X 5.0m, 7.5m × 6.0m로 그리드를 확정하여 주차대수 확인
  ④ 보춤을 고려한 기둥간격 13.5m와 코아의 위치를 고려하여 결정
  ⑤ 코아의 크기 즉 코아를 연결한 선에 기둥위치 결정

- Prestressed Concrete 구간 : 15.0 × 16.4m
- 결정근거
  ① 지문상의 최소 13.0m이상
  ② 주차효율을 저해하지 않도록 철근콘크리트조 모듈의 배수
  ③ 주차와 통로사이에는 기둥설치하지 않는 것이 차량이동에 유리

2. 보 배치

2.1 큰보의 배치

- 기둥을 연결하는 부재가 큰보이므로 단순

2.2 작은보의 간격

- 철근콘크리트 부분 : 3.75m
- 결정근거 :
  ① 작은보는 큰보의 사이에 설치
  ② 작은보의 간격은 슬래브 두께 150mm 고려하여 설치
  ③ 150mm인 경우 최대 4.5m이나 주차장이므로 하중이 일방실보다 크므로 3.5m 근접하여 결정

- Prestressed Concrete 구간 : 7.5m
- 결정근거
  ① 지문상에 슬래브도 프리스트레스트 콘크리트조이므로 일반콘크리트조 슬래브보다 장스판이 가능
  ② 15.0m의 1/3이나 1/2로 결정
  ③ 슬래브 두께의 45배까지 가능

2.3 작은보의 방향결정

- 철근콘크리트조, 프리스트레스트 콘크리트조
- 결정근거
  ① 작은보는 큰보중 스판이 짧은 보에 작은보가 걸쳐지는 방향으로 설치가 원칙
  ② 재료가 콘크리트인 경우 항시 적용

3. 단면상세도

- 단면상세도 작성위치가 두 콘크리트 형식이 접합하는 곳으로 지문상에 분리 즉 Expasion Joint 설치
- Expasion Joint의 통상적인 거리는 30~50mm 간격
- 지진을 고려할 경우에는 각 동이 지진에 의한 변위의 2배이므로 통상적으로 100mm 이상 확보
- 프리스트레스트 콘크리트 구간에 직경 15.2mm 긴장재 표시
- 긴장재 배치는 철근배근과 유사하다 즉 보의 단부측에서는 상단부에 중앙부에서는 하단부에 설치하나 이는 정확한 응력계산에 의거하므로 건축사시험에서는 개략적인 설치위치만 인지
- 프리스트레스트 콘크리트보이고 철근은 철근콘크리트조와 동일하게 배근하되 스판에 비해 적은량을 배근

4. 주차 통로표시

- 지문에 표기하라고 지정된 사항은 분명히 표기할 것

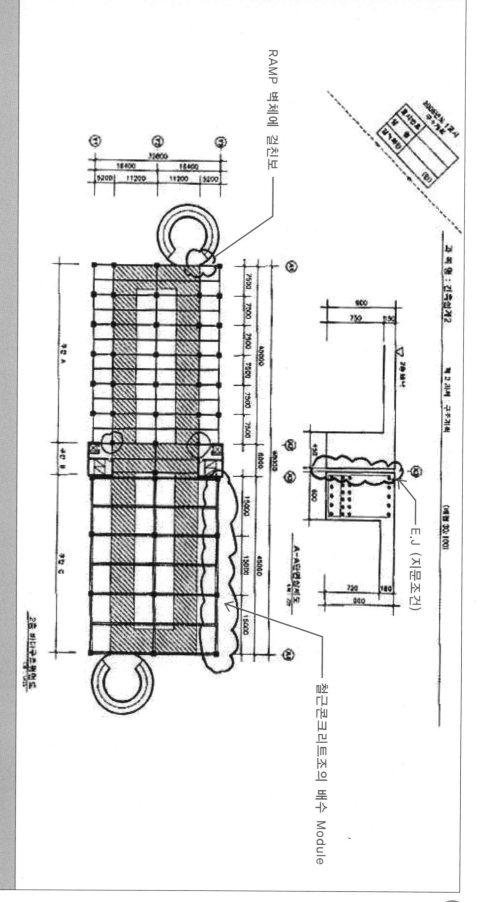

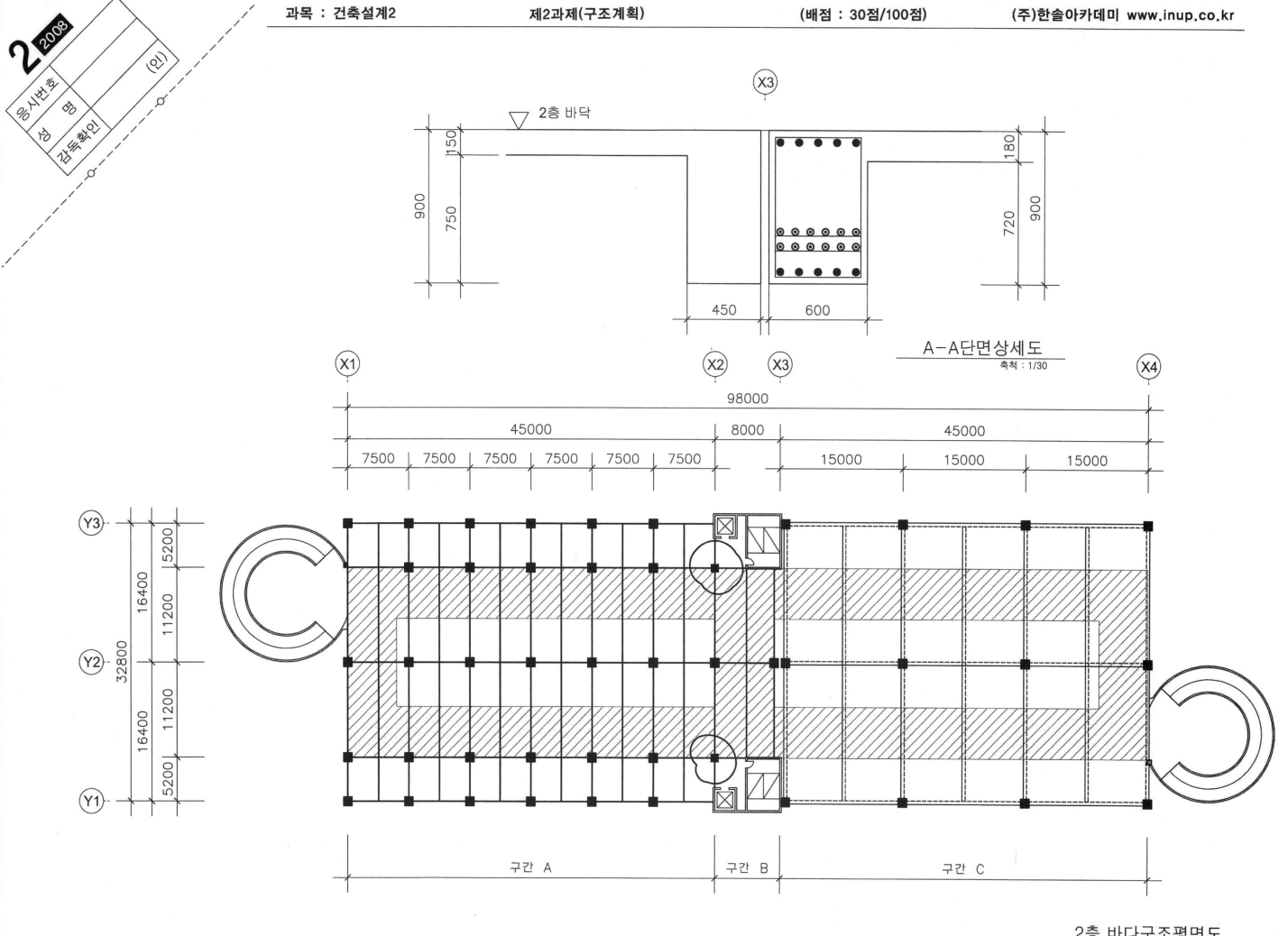

2층 바닥

A-A단면상세도
축척 : 1/30

구간 A　　구간 B　　구간 C

2층 바다구조평면도
축척 : 1/400

2008년도 건축사 자격시험 문제

과목: 건축설계2　　제3과제 (설비계획)　　배점: 30/100점①

제목 : 환경 친화적 에너지절약
리모델링 계획

1. 과제개요

도시 외곽에 위치한 사무소 건축물을②환경 친화적 자연형 설계기법(passive design technique)을 이용하여③환경부하를 감소시키고,재실자에게 쾌적한 환경과④초고속 정보통신설비를 제공하는 중소기업 사옥으로⑤리모델링하고자 한다. 아래사항에 맞게 계획하시오.

2. 건물개요

(1) 규 모 : 지하1층,지상3층⑥
(2) 구 조 : 철근콘크리트조
(3) 층 고⑦
　① 1층 : 4.8m
　② 2·3층 : 4.2m
(4) 냉난방 설비 : 중앙공조 전공기방식⑧

3. 설계조건

(1) 조명에너지 절약기법 : 자연채광이 최대한 실내로⑨유입되도록 창호와 아트리움을 이용하여 계획
(2) 냉난방에너지 절약기법 : 외피를 통한 일사유입⑩을 조절하여 건축물의 열부하를 감소시킬수 있도록 계획
(3) 환기에너지 절약기법 : 자연환기가 잘될수있도⑪록 건축물의 단면형태와 창호시스템을 이용하여 계획⑬
(4) 신재생에너지 이용기법 : 신재생에너지 설비를⑫지붕구조와 통합하여 설치하고, 지붕구조는 각 실배치를 고려한 자연채광 유입과 일사조절이 되도록 합리적으로 계획
(5) 초고속 정보통신설비의 설치가 가능하도록 사무실⑭바닥구조를 계획
(6) 방화구획 및 이중외피는 고려하지 않음
(7) 구조체의 변경에 따른 구조적 문제는 고려하지 않음
(8) 창호 이외의 외벽은 리모델링 범위에서 제외⑮

4. 도면작성요령

(1) 위의 설계조건을 만족하도록 제시된 기존 건축물의 2-3층 평면도를 변경하여 완성하고, 자연채광 유입과 일사조절 기법을 표현
(2) 위의 설계조건을 만족하도록 제시된 기존 건축물의 A-A주단면도를 변경하여 완성하고, 아래 사항을 표기
　① 태양광선의 실내유입 경로
　② 공기 유동(流動)경로와 창문 개폐방향
　③ 자연채광 유입과 신재생에너지 설비가 통합된 지붕구조
　④ 초고속 정보통신설비 설치공간
(3) B부분 개념도를 완성
(4) 제시된 축척과 <보기>에 따라 작성

5. 유의사항

(1) 제도는 반드시 흑색연필로 표현(기타사용금지)
(2) 명시되지 않은 사항은 현행 관계법령의 범위 안에서 임의로 한다.

<보기>

분 류	표기방법
공기 유통경로	→
태양광선	------>

구 성

1. 제목
- 환경 친화적 에너지 절약 :
　·태양열 에너지
　·수력에너지
　·풍력에너지
　·지열에너지
　·위치에너지
- 리모델링
　기존건물의 구조적, 기능적, 미관적, 환경적 성능이나 에너지성능을 개선하여 거주자의 생산성과 쾌적성 및 건강을 향상시킴으로써 건물의 가치를 상승시키고 경제성을 높이는 것을 말한다.

2. 과제의 개요
- 건축물의 용도
- 계획하고자 하는 요소
- 과제의 취지를 언급합니다.

3. 건물개요
- 규모
- 구조
- 층고
- 냉·난방 설비

FACTOR

① 배점을 확인합니다.
- 30점(3과제 중 비중은 중정도 되나 환경 친화적 에너지 절약과 관련되어 처음 출제되어 난이도는 매우 어려운 시험이라 할 수 있다)

② 대체에너지의 종류로는 태양에너지, 풍력에너지, 수력발전, 해양에너지, 지열에너지 바이오매스, 수소에너지가 있으나 건축물에서는 태양에너지, 풍력, 지열 등을 꼽을 수 있을 것이다.

③ '환경부하'는 '환경오염물질 배출'을 의미한다고 할 수 있겠습니다. 대기의 경우 자동차배기가스, 공사장의 먼지, 소각장의 연소가스 등이 대기 중에 배출될 때 환경부하가 가중된다고 표현하기도 합니다. 즉 결과적으로 환경이 현 상태보다 오염되도록 원인을 제공하는 것입니다.

④ 초고속정보통신은 음성·문자·영상 등 각종 멀티미디어 정보를 필요한 곳으로 빠르게 보낼 수 있도록 광케이블로 연결하는 것이다.

⑤ 기존의 낡고 불편한 건축물을 증축, 개축, 대수선 등을 통하여 건축물의 기능향상 및 수명연장으로 부동산의 경제효과를 높이는 것을 말한다.

⑥ 규모는 주어진 답안 작성용지에 주어짐

⑦ 층고는 지문에 주어지고 답안작성 용지에 주어짐

⑧ 공기조화 유닛을 통해 냉난방의 풍량을 덕트로 통해 각 실에 보내주는 방식이다.

---

⑨ 자연채광을 실내 깊이 유도함으로써 실내에서 사용하는 인공조명사용을 자제할 수 있는 방식이다.

⑩ 외벽에 면한 창문을 통해 태양의 주광이 직접 들어오게 되면 태양복사열로 인해 외벽에 면하여 부하가 증가 한다. 이러한 부하를 감소하기 위해 수평차양을 설치한다.

⑪ 중간기라 함은 봄, 가을 뜻하며 건축물 실내 온도, 습도는 외부보다 증가 한다. 이러한 낮은 온습도를 실내로 끌어들여 부하를 감소시키는 방법을 말한다.

⑫ 신재생에너지의 대표적인 방법은 태양광 전지판이라 할 수 있다.
태양에너지를 직접 전기에너지로 전환하는 방법으로써 건축물 외벽, 천창 등에 설치하여 전기를 만들어 내는 방법이다. 하나의 쉘을 연결하여 설치하며 쉘과 쉘사이를 통해 태양의 주광이 실내 깊이까지 들어와 조도를 밝히는 것을 말한다.

⑬ 환기에너지 절약기법에서 창문의 개폐방법은 외벽에 면한 창문의 경우 밖으로 열리는 프로젝트창호를 써야 하며, 내부 창문은 위에서 밖으로 열리는 형태의 창문을 만들어 실내 공기가 빠져 나가는 윌리를 이용한다. 더운 공기는 상승하며 이러한 상승한 공기는 대류작용을 하기 때문이다.

⑭ 이중 바닥재 구조체로 단위 패널을 조합한 바닥으로 그 하부에 전력 및 전산, 총신 배선 또는 공기조화 설비 등의 기기를 수용하기에 쉬운 기능을 가진 바닥재를 말한다.

구 성

4. 설계조건
- 조명에너지 설계기법
- 냉·난방 에너지 절약 기법
- 환기에너지 절약기법
- 신재생 에너지 이용 기법
- 초고속 정보통신 설비 계획
- 방화구획 및 이중외피
- 리모델링 범위제시

5. 도면작성요령
- 자연채광, 일사조절 기법 표현
- 태양광선 경로
- 공기 및 창문 개폐방향
- 정보통신설비 공간
- 개념도

6. 유의사항
- 제도요구 (흑색연필 요구)
- 명시되지 않은 사항은 현행 관계법령 안에서 임의

7. 제시 도면

- 2층~3층 평면도
- B부분 개념도
- A-A'주단면도
- 방위표
- 축열
- 기둥간격
  · Y열 : 중앙부분이 6,000mm 주어지고 나머지 간격은 9,000m
  · X열 : 8,000mm로 주어짐
- 코아(북측에 위치) 외벽 창문은 4곳이 전부 표현됨
- Y1열 외벽 상세도 주어지고, 창호설치 구간이 주어짐
- A-A' 주단면도
  · 중앙 기둥간격이 6,000mm 주어짐
  · 보, 슬래브, 외벽 두께 등이 주단면도에 주어짐

FACTOR

① 방위를 기준으로 정면이 남측 양쪽이 동, 서측으로 되어 있으며, 북측은 코아쪽을 나타낸다. 여기서 유추해 볼 수 있는 내용은 태양이 동쪽에서 떠서 서측으로 진다는 것은 누구나 알 수 있듯이 주광의 경로를 파악해봐야 한다.

② 수평차양은 남중고도가 최고일 때 남쪽에 설치하여 태양의 주광을 차단하는 역할을 한다. 태양의 주광은 크게 하지와 동지로 나눌 수 있으며 동지는 우리나라 기준으로 약30°정도 이며, 하지 때의 태양의 고도는 76°정도가 된다. 남측의 수평차양은 동지 때는 실 깊이 유도하여 실내를 따뜻하게 하며, 하지 때는 주광을 차단하여 실내 부하는 최소 화 하기 위함이다.

③ 동측과 서측의 경우 수평차양보다는 수직차양이 유리하다. 태양의 고도는 남중고도가 최고 일 때는 수평차양이 유리하지만 남중 고도가 낮을 때는 태양의 고도는 방위각을 가지기 때문에 주광은 옆에서 들어오는 성격을 가지고 있다. 그렇기 때문에 수직차양을 설치하여 방위각을 갖는 태양의 주광을 차단해 주어야 한다.

④ 공기유동경로는 온. 습도기 낮은 외기의 공기를 실내로 끌어 들이기 위해 창문 설치 시 바닥 가까이에 창문을 설치한다.

⑤ 온·습도가 높은 실내 공기는 상승하여 아트리움 쪽으로 배출한다.

지 문 본 문

과목: 건축설계2   제3과제 (설비계획)   배점: 30/100점

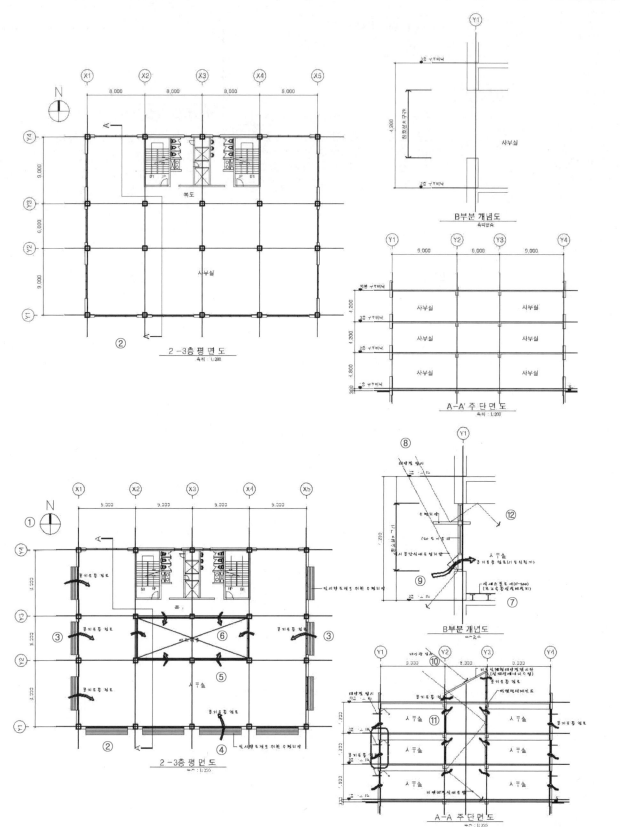

⑥ 아트리움이 갖고 있는 가장 기본적인 기능은 아트리움을 통해 건물의 환경조절을 함으로써 에너지를 절약하고 쾌적한 환경을 조성하는 것이다.

⑦ 사무실 바닥 마감은 액세스플로어로 마감 한다.

⑧ 태양의 주광경로 표현은 수평차양을 기점으로 차단과 실내 깊이 반사되어 들어오는 주광 경로를 표현 한다.

⑨ 창문의 개폐방향은 밖으로 열리도록 한다.

⑩ 신재생 에너지를 설치하면 반사되는 주광의 경로와 일부는 실내 깊이 들어오는 주광의 경로를 표현 한다.

⑪ 공기는 실내에서 대류 작용으로 더운 공기는 상승하고 낮은 공기는 가라않는다. 이러한 원리를 이용하여 공기의 유동 경로는 밑에서 위로 흐르도록 표현을 해주어야 한다.

⑫ 천장의 마감 재료는 주광의 빛이 실 깊이까지 반사 되도록 밝은 색으로 마감으로 해준다.

1 과제개요 확인

① 제시된 도면을 우선 읽고 지문의 내용을 파악한다.
② 환경 친화적 자연형 설계기법(passive design technique)
③ 환경부하에 대한 고려
④ 초고속 정보통신설비
⑤ 사옥으로 리모델링
⑥ 요구도면 및 표현

2 제시도면 파악

① 제대로 도면을 음미해 보자.
② 평면에 제시된 단면 절취선을 명확히 파악한다.
③ A-A 주 단면도를 파악한다.
④ B 부분 단면도를 확인한다.

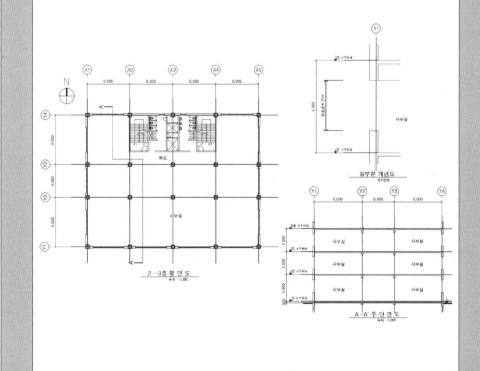

3 설계주안점 파악, 평면도, 단면도

① 공기의 유동경로를 파악한다. 기존 건축물에 X2~X4열, Y2~Y3열을 이용하여 아트리움이라는 공간을 확보하여 실외 낮은 공기를 외벽의 창문을 통해 아트리움으로 공기를 순환 시키는 경로를 표현해야 한다.
② 아트리움이 갖고 있는 가장 기본적인 기능은 아트리움을 통해 건물의 환경조절을 함으로써 에너지를 절약하고 쾌적한 환경을 조성하는 것이다.
③ 수평차양은 남중고도가 최고일 때 남쪽에 설치하여 태양의 주광을 차단하는 역할을 한다.

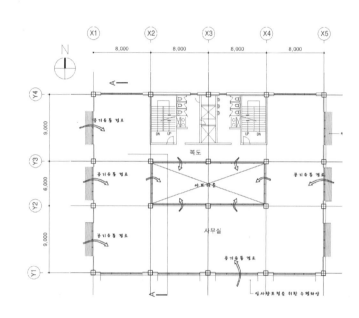

④ 평면을 확인 후 주 단면도에 공기의 유동경로를 표기해야 한다. 외벽에서 아트리움 쪽으로 공기를 유도해 아트리움 상부로 배출하는 구조이다.
⑤ 태양의 주광을 최대한 많이 확보하기 위해 신재생 에너지의 각도는 30° 정도로 해주는 것이 가장 좋다.

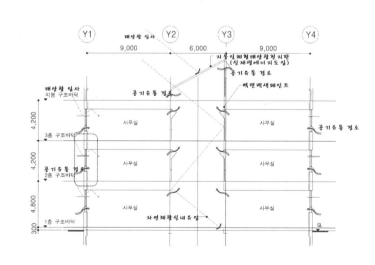

4 'B' 부분 단면도 검토 및 기타 검토

① 평면도와 주단면도 완성 후 부분 개념도를 계획한다.
② 공기의 유동경로 표기, 창문의 개폐방향은 밑에서 밖으로 열리도록 해야 우천 시 빗물이 실내로 들이치는 것을 방지할 수 있다. 실내의 경우는 반대임.
③ 수평차양은 하지 때 주광을 차단하는 역할을 하며 동지 때는 주광을 실 깊이까지 들어오도록 유도하는 역을 한다.
④ 주광을 차단하여 외부의 냉방부하를 줄여주는 역할을 하기도 한다.

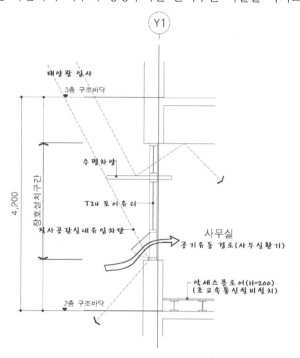

5 모범답안

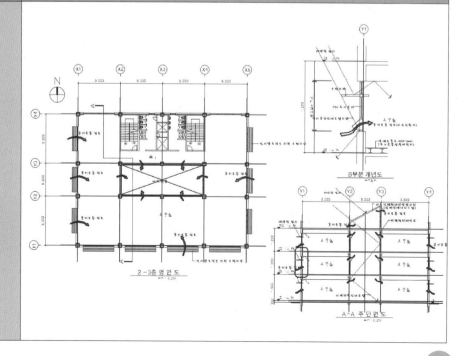

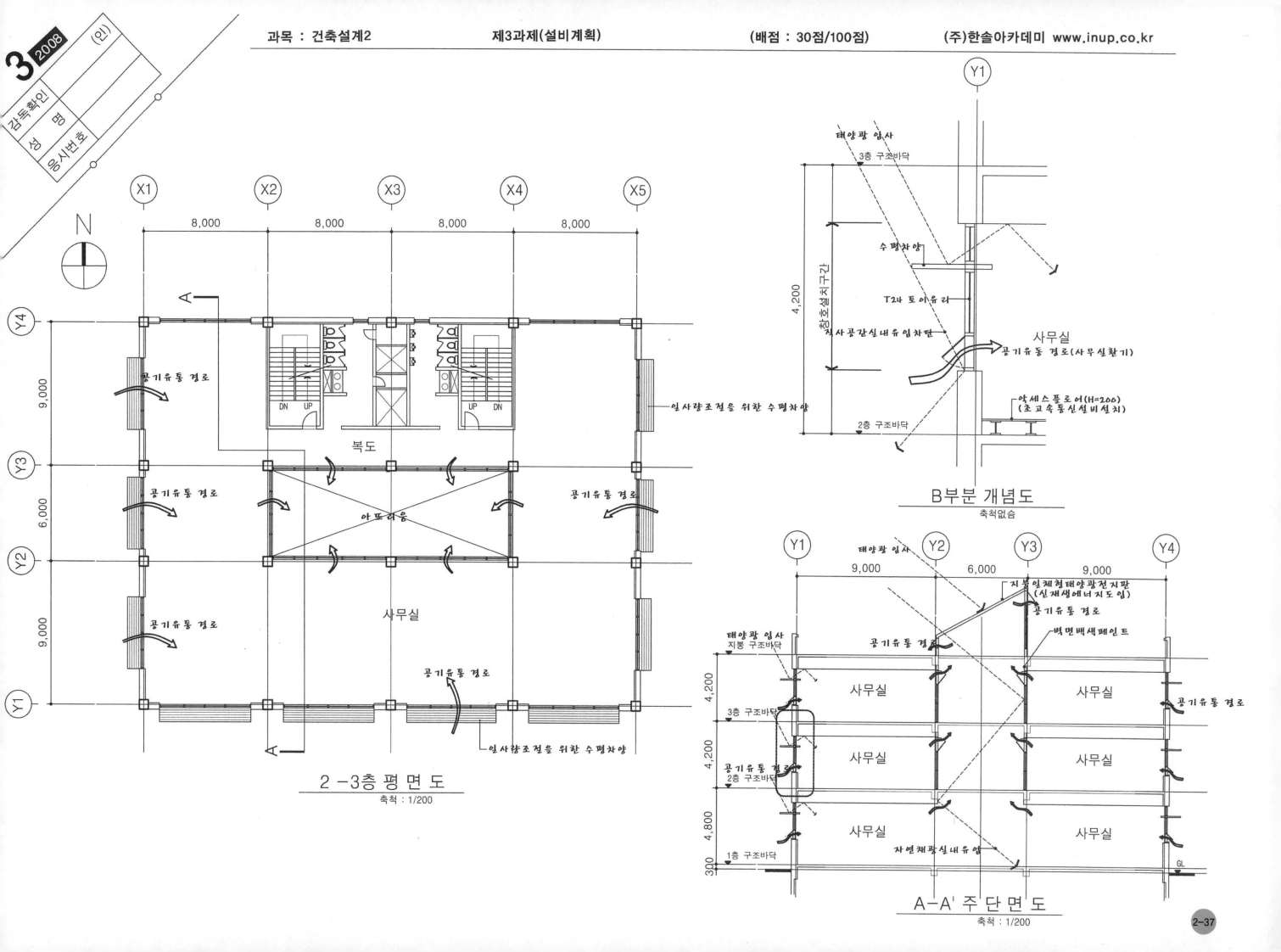

2 - 3층 평 면 도
축척 : 1/200

B부분 개념도
축척없슴

A-A' 주 단 면 도
축척 : 1/200

2009년도 건축사 자격시험 문제

과목: 건축설계2   제1과제 (단면설계·설비계획)   배점: 60/100점①

왼쪽 구성

1. 제목
- 건축물의 용도 제시 (어린이집은 유아를 위한 최하위 교육기관이며, 주로 3~6세의 유아를 그 대상으로 한다)
- 단면설계와 설비계획 요소가 복합적으로 출제

2. 과제의 개요
- 어린이집 평면도를 언급
- 평면도에 제시된 절취선을 기준으로 주단면도를 작성
- 부분상세도 작성을 요구 함

3. 설계조건
- 대지조건
- 규모
- 용도
- 구조
- 냉·난방설비
- 각층 층고
- 천장고(반자높이)
- 기초
- 내력벽
- 보
- 기둥
- 바닥 및 천장

4. 계획시 고려사항
- 친환경요소의 필요성
- 어린이 신체적 특성
- 층간소음방지
- 단열, 방습, 방화구획

왼쪽 FACTOR

① 배점을 확인합니다.
- 60점(단면설계에서 단면+설비요소가 포함되어 난이도가 높음)

② 평면도에 제시된 A-A'를 지시 선을 확인한다.
- 절취선에 의한 단면요소
- 절취선에서 보이는 입면요소 검토

③ 단면도의 규모와 형태를 파악한다.

④ 외벽 부분상세도 작성

⑤ 지하1층, 지상3층 규모 검토(작도량이 많기 때문에 시간배분을 검토해본다.)

⑥ 바닥온수난방 : 바닥에 전열선이나 온수파이프를 매설해서 난방하는 것. 파이프의 간격(20~30cm), 관경(15~20cm) 동관 또는 황동관 사용

⑦ 공기 조화 장치를 지하층이나 건물의 한 곳에 집중적으로 설치하고 덕트 또는 배관으로 각 실내에 조절한 공기를 공급하는 방식을 말한다.

⑧ 압력을 가한 기름에 의하여 피스톤 따위의 동력 기계를 작동하여 사람이나 화물을 아래위로 나르는 장치

지문본문

제목 : 어린이집 단면설계 및 설비계획

1. 과제개요

제시된 도면은 주거지역에 위치한 어린이집 평면도의 일부이다. 각 층 평면도에 표시된②단면지시선 A-A'를 기준으로 아래 사항을 고려하여 주단면도와 부분상세도를 작성하시오.
③   ④

2. 설계조건

(1) 대지조건 : 일조 및 조망이 양호한 평지
(2) 규 모 : 지하1층, 지상3층⑤
(3) 용 도 : 노유자시설(어린이집)
(4) 구 조 : 철근콘크리트조
(5) 냉난방설비 ⑥바닥온수난방⑦덕트방식(A.H.U), ⑧유압식 승강기
(6) 1층 바닥 구조체 : EL+200mm⑨
(7) 층고(구조체 바닥 기준)⑩
  ① 지하 1층 : 4,200mm
  ② 지상1층-지상3층 : 각 4,000mm
  ③ 옥탑층 : 3,200mm
(8) 천 장 고 : 2,700mm⑪
(9) 기초 : 온통기초(두께 600mm)⑫
(10) 내력벽 : 두께 200mm
(11) 외벽마감 : 두께 100mm
(12) 보(W x D) :300mm X 600mm⑬
(13) 기 둥 : 400mm X 400mm
(14) 바닥 및 천장
  ① 슬라브 : 두께 150mm
  ② 천 장 : 마감 및 재료는 임의

3. 계획시 고려사항

(1) 친환경적인 환기 및⑮채광방식을 고려하여 옥상⑭에 천창을 설치하되, 과도한 직사광방지와 환기조절이 가능한 방식 등을 반영
(2)⑯어린이의 신체적 특성과 활동을 반영
(3) 설계조건 및 평면에서 파악되거나 필요한 기술적 사항을 반영(층간 소음방지, 단열, 방습, 방화 구획등)⑰

4. 도면작성요령

(1) 단면도 : A-A'단면지시선의 주단면
(2) 부분상세도 : X1'-X2열의 옥탑(답안지A부분) 및⑱ 지하층(답안지 B부분)의 파선 영역 부분
(3) 단면요소와 X3-X4열의 입면요소를 도면에 표현
(4) 층고, 천장고, 개구부 높이 및 기타 주요부분의 치수를 기입
(5) 각 실의 명칭기입
(6) 내·외장 마감, 단열, 방수 등의 재료는 임의로 하여 표기
(7) 건축물 내·외부의 환기경로, 채광경로를 <보기>에 따라 표현하고 창호 개폐방법도 표현
(8) 단위 : mm
(9) 축척 : 단면도 1/100, 상세도 1/50

<보기>

| 환 기 | → |
| 채 광 | ⇢ |

5. 유의사항

(1) 제도는 반드시 흑색연필로 표현한다.
(2) 명시되지 않은 사항은 현행 관계법령의 범위 안에서 임의로 한다.
(3) 치수 표기 시 답안지의 여백이 없을 때에는 유통성 있게 표기한다.

오른쪽 FACTOR

⑨ 층고
- 지하층 : 4,200mm
- 지상1층~지상 3층 : 4,000mm
- 옥탑층 : 3,200mm
- 전체 건축물 높이 : 17,600mm (옥탑 층은 제외, 파라펫 높이 : 1,400mm 포함)

⑩ 천장고 : 각층 2,700mm

⑪ 온통기초 : 600mm

⑫ 내력벽 두께 : 200mm

⑬ 보의 크기는 보통 400 × 600mm로 출제는 것이 보통이나 본 문제에서는 300 × 600mm로 제시된 점에 유의하자

⑭ 중간기인 봄과 가을 낮은 온습도를 실내로 끌어들여 실내의 온도를 내리며 자연환기 역할을 하기도 한다.

⑮ 창문 및 천창을 이용하여 실내 깊은 곳까지 이 자연주광을 유도

⑯ 어린이 특성상 난간 높이 등은 높거나 낮으면 위험하므로 600mm정도의 난간을 특성에 맞게 표현

⑰ 층간소음방지, 단열, 방습, 방화구획 등은 도면 작도시 반드시 표현을 해야 할 사항

⑱ 단면도의 일부를 상세로 그리는 내용으로 기존 Flotow TYPE 등을 암기해서 본인 것으로 숙지하는 것 또한 좋은 방법이다.

오른쪽 구성

5. 도면작성 요령
- 단면도 (A-A'. 주단면도)
- 부분상세도
- 입면요소
- 층고, 천장고, 개구부 주요 높이 및 치수
- 내·외장 마감 단열, 방수 등의 재료는 임의
- 단위
- 축척
- 보기(범례)

6. 유의사항
- 제도용구 (흑색연필 요구)
- 명시되지 않은 사항은 현행 관계법령 범위에서 임의
- 답안지 여백에 관련된 융통성

7. 제시 평면도

– 지하1층 평면도
· 지하층 내력벽, D.A, 유희실, 창고, 계단, 장애인화장실, E.V, 계단, 내력벽 절취
· 다목적실 문 입면
· X4~X5열 하부 피트 설치

– 1층 평면도
· D.A상부, 유희실, 계단실, 장애인 화장실, E.V, 계단 절취
· X3~X4열 방풍실 입면 표현

– 2층 평면도(부분)
· 유희실, 계단실, 장애인화장실, E.V, 계단실 절취
· 유희실 출입문 입면
· 계단실 외벽 창문

– 3층 평면도(부분)
· 야외유희장, 유희실, 계단실 OPEN, 장애인화장실, E.V, 계단실 절취
· 계단실 상부 천창 OPEN

① 중심선 기준으로 양측으로 100mm 벽체를 두께 200mm로 작도

② D.A 바닥은 물을 쓰는 곳이라 방수 표현 및 기존 바닥보다 최소100mm down 해준다.

③ D.A 외벽 창문은 바닥으로부터 1,200바닥 올라와 창문을 설치 창문의 경우 환기를 고려한 공기유동 경로를 표현해준다.

④ 창고의 벽체는 200mm 시멘트 벽돌

⑤ 4,200mm / 26단 = 161.53mm

⑥ 장애인 화장실의 경우 구조체 보다 50~100mm down, 방수표현

⑦ 계단실 하부 PIT설치 : 높이는 1,500mm~1,800mm 점검을 위한 공간이 필요.

⑧ ELEV.는 PIT층 까지 설치하며, 방수, 무근콘크리트, 완충기 등을 표현한다.

⑨ 야외 유희장의 경우 창문 없이 그려야 한다.

⑩ 4,000mm / 25단 = 160mm
· 160 × 7 =1,120mm
· 160 × 11 = 1,760mm

⑪ X3~X4열 천창 : 1,000mm간격으로 수평 루버 설치

과목: 건축설계2   제1과제 (단면설계 · 설비계획)   배점: 60/100점

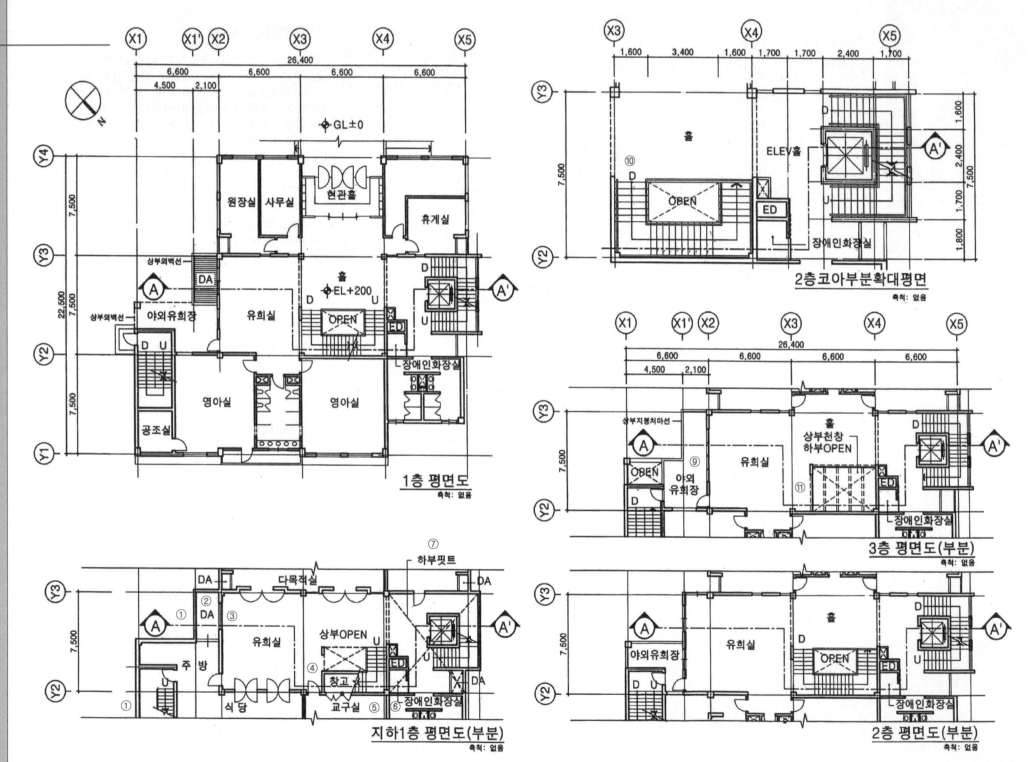

2층코아부분확대평면
축척: 없음

1층 평면도
축척: 없음

3층 평면도(부분)
축척: 없음

지하1층 평면도(부분)
축척: 없음

2층 평면도(부분)
축척: 없음

1 과제개요 확인

① 제시된 도면을 우선 읽고 지문의 내용을 파악한다.
② 층고 제시여부 확인
③ 계획시 요구 사항
④ 단면요소
  – 건축, 구조, 기계, 전기
⑤ 요구도면 및 표현

2 제시도면 파악

① 제대로 도면을 음미해 보자.
② 단면 절취선을 명확히 파악한다.

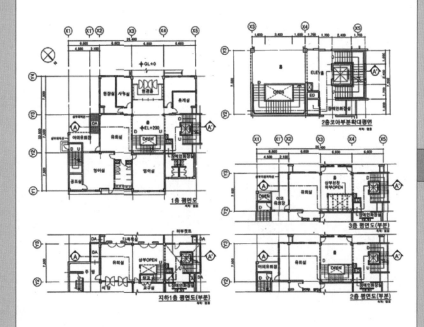

3 단면 형태 Sketch 및 층고, 천장고 형상 결정

① A-A'절취선을 기준으로 1층 바닥레벨 +200mm을 시작으로 지하1층 4,200mm, 기준층 각각 4,00mm, 옥탑층 +3,200을 각층에 층고이다. 여기에 지붕층에 설치되는 파라펫 높이 1,400mm을 더해주면 전체의 높이는 지표면에서 13,600mm가 전체의 높이다.
② 설계조건에서 주어진 ELEV.는 유압식으로 지붕층위로 기계실이 설치되지는 않는 것으로 본다.
③ 지하1층 계단실 하부에 PIT가 설치되어 있으므로 ELEV. PIT및 유압기가 설치되는 위치라고 볼 수 있다.

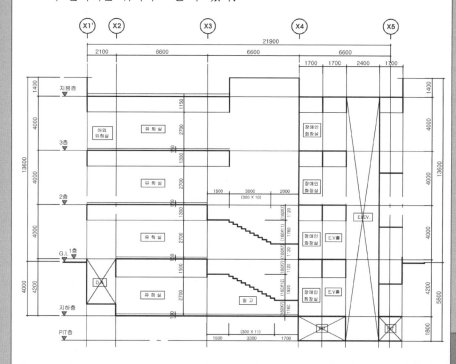

4 외벽, 내벽, 기타 단면요소 고려

① 천청상부 수평차양 작도 및 채광유입 경로를 표현하였다.

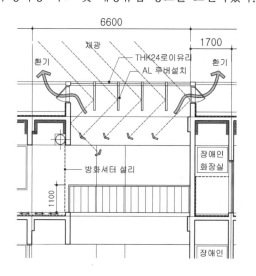

② 유희실 외벽 면으로 아동의 위험 및 신체에 맞는 창대높이 설치
③ 부분 단면은 상부와 하부에 대한 부분 단면을 그리는 것으로써 상부의 작도에 대한 표현은 슬래브가 설치되고 파라펫의 위치가 X1'에 설치가 되어 있는지 X2위치에 파라펫이 설치되어 있는지를 파악하여야 할 것이다. 야외 유희실에 대한 개념을 이해하고 있는가를 도면으로 그려야 하는 부분이다.
④ 하부에 대한 곳은 DA에 대한 것을 이해하고 있는지를 파악하여 작도하는 것이다.

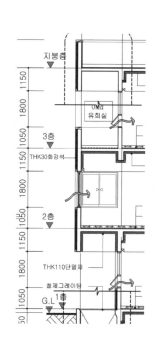
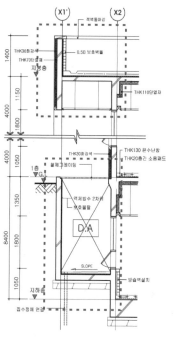

5 모범답안

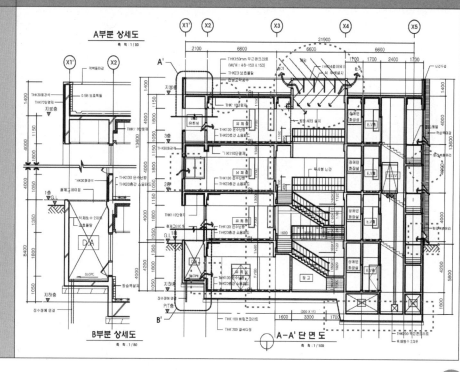

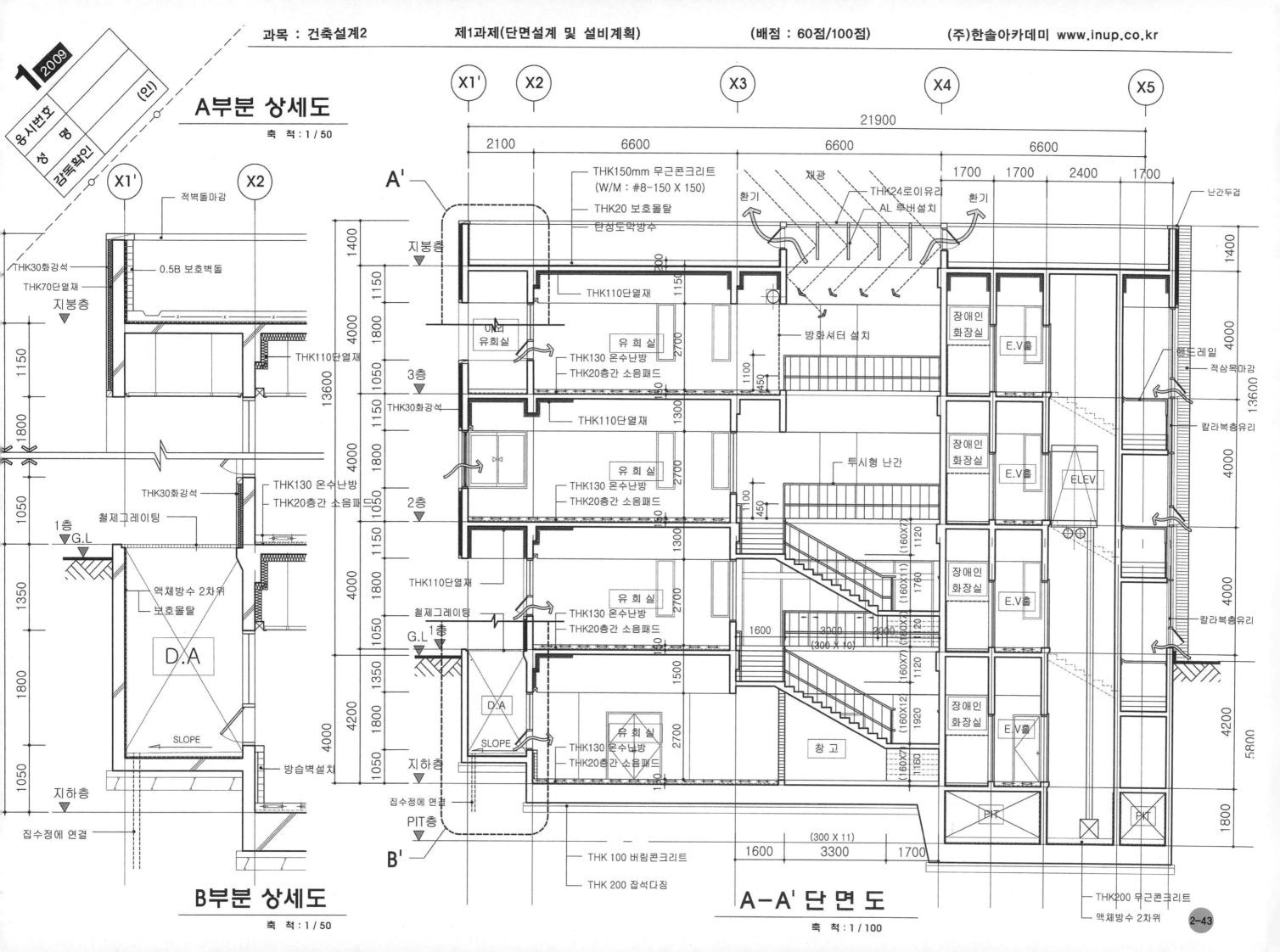

1 2009

응시번호　　성　명　　감독확인　　(인)

A부분 상세도
축 척 : 1 / 50

적벽돌마감
THK30화강석
THK70단열재
지붕층
0.5B 보호벽돌
THK110단열재
THK30화강석
THK130 온수난방
THK20층간 소음패드
철제그레이팅
1층
G.L
액체방수 2차위
보호몰탈
D.A
SLOPE
방습벽설치
지하층
집수정에 연결

B부분 상세도
축 척 : 1 / 50

X1'　X2　X3　X4　X5

21900
2100　6600　6600　6600
1700　1700　2400　1700

THK150mm 무근콘크리트
(W/M : #8-150 X 150)
THK20 보호몰탈
탄성도막방수
채광
THK24로이유리
AL 루버설치
환기　환기

THK110단열재
방화셔터 설치

유희실
THK130 온수난방
THK20층간 소음패드
THK110단열재

유희실
투시형 난간
THK130 온수난방
THK20층간 소음패드

철제그레이팅
THK130 온수난방
THK20층간 소음패드
THK110단열재

D.A
SLOPE
유희실
THK130 온수난방
THK20층간 소음패드

창 고

지붕층
3층
2층
1층 G.L
지하층
PIT층

장애인 화장실　E.V홀
장애인 화장실　E.V홀　ELEV
장애인 화장실　E.V홀
장애인 화장실　E.V홀
PIT　PIT

난간두겁
핸드레일
적삼목마감
칼라복층유리
칼라복층유리

집수정에 연결
THK 100 버림콘크리트
THK 200 잡석다짐

THK200 무근콘크리트
액체방수 2차위

A-A' 단 면 도
축 척 : 1 / 100

2-43

2009년도 건축사 자격시험 문제

左측 구성
1. 제목
- 건물의 용도제시
- 문제유형제시 (보통 신축 또는 증축안)

2. 과제개요
- 과제의 취지 및 목적
- 개략조건을 제시

3. 설계조건
3.1 건축계획 조건
- 건물의 개요
- 구조형식
- 층고
- 바닥마감 (콘크리트 슬래브, 데크슬래브, 판넬 등)
- 외장마감

3.2 구조계획 조건
- 구조형식
- 수직부재의 크기 또는 형상
- 데크슬래브의 두께 또는 제한 길이
- 보의 치수 또는 제한 길이

左측 FACTOR
① 배점을 확인
배점비율에 따라 구조계획시간 분배 확인 (30/100점)

② 용도
- 가구회사의 전시매장
- 매장은 판매가 주용도이므로 기둥 간격이 넓어 공간구성이 크고 시선 차단을 최소화 하여야 함.
- 용도변경
- 1,2층 사무실에서 하역공간 특히 피로티이므로 기둥최소화 필요
- 3층 창고에서 사무실
- 4, 5층 : 전시매장이므로 불필요한 기둥생략

③ 문제유형
- 증축구조계획
- 증축유형은 수평과 수직증축
- 기존건물의 기둥간격 확인
- 건물의 규모에 따라 다양한 구조형식 적용
- 기존 구조모듈과 증축부 용도를 고려한 모듈결정

④ 구조계획층 확인
제시된 평면도와 구조계획층 확인
5층 구조평면도 작성

중앙 지문 본문

과목: 건축설계2   제2과제 (구조계획)   배점: 30/100점①

제목 : 증축설계의 구조계획

1. 과제의 개요

가구회사의 건축물을③증축하여 전시매장을 설치하려고 한다. 아래 사항을 고려하여 다음 도면을 작성하시오.

2. 설계조건 ②

구분	기존부분	구조 형식
구조	RC조	철골+데크플레이트 슬래브⑥ (코아는 RC조)
규모	지상3층	2개층(4,5층) + 3층 일부⑤
용도	1,2층 :사무실 3층 : 제품창고	1,2층 : 하역공간(필로티) 3층 : 사무실 4,5층 : 전시매장
구조 부재 단면 치수 (mm)	기둥 : 600X600 보 : 300X300 슬라브 ; 150	기둥 : H-450X450시리즈 보 : H-600X300시리즈⑦ H-300X150시리즈 ⑧크플레이트 슬래브;⑧ 150

3. 계획시 고려사항

(1) 기존 건축물은 내진설계가 반영되어 있으며 구조 검토결과 별도의 보강없이 증축가능
(2) 5층의 전시매장은 개방감을 위해⑦무주공간으로 계획하고 바닥에 6.0m X 8.0m의 개구부를 설치 ⑦ (단,5층 기둥 개수는 9개임)

4. 도면작성요령

(1) 단면상세도 "A"는 증축부분을 작성하여 완성하되, 마감재는 임의로 설정 ⑨
(2)④5층 구조평면도는 설계조건에 제시된 부재를 사용하여 <보기>에 따라 작성하고 보의 경우 부재의 시리즈를 구분하여 표시

<보 기>

⊥	기 둥
◄—	보 강접합
⊢	보 힌지접합
▬	RC 내력벽
→	데크플레이트 방향
⊠	개구부

5. 유의사항

(1) 제도는 반드시 흑색연필로 표현(기타사용금지)
(2) 명시되지 않은 사항은 현행 관계법령의 범위 안에서 임의로 한다.

右측 FACTOR
⑤ 건물규모
- 지상층수에 따라 현행 건축법규의 내진적용여부 확인
- 제시된 지문이 법규보다 우선으로 판단
- 내진설계반영된 조건확인

⑥ 구조형식
- 기존 : 철근콘크리트조
- 증축 : 철골조

⑦ 기둥간격 결정
- 지문에 제시된 철골보 춤 600으로 결정
- 600 × 20배 = 12.0m 정도
- 기둥의 개수제한 : 9개
- 6.0m × 8.0m 개구부 설치시 위치 결정시 매장시선을 고려

⑧ 바닥형식 확인
데크슬래브는 일방향 슬래브 두께 150mm로 지지스판 3.5m 정도 이는 작은보의 간격에 적용

⑨ 이질구조재료의 접합
- 단면상세도 작성
- 이질재료의 접합
- 기존 철근콘크리트조에 철골조의 보 접합상세
- 기본적으로 캐미컬앵카를 이용

右측 구성
4. 계획시 고려사항
- 설계조건에 표기하거나 또는 별도로 제시
- 설계조건보다는 상세한 제한조건등을 제시

5. 도면작성요령
- 기호설명
- 표시할 부재
- 접합부 표기여부
- 표시에서 제외사항
- 단위
- 축척
- 제도용구

6. 5층 평면도
 - 기존건물의 코아와
   증축평면도 제시

① 도면작성요령
 제시된 평면과 연관된 평면도나 단면
 도등을 종합적으로 판단하는 습관이
 필요

② 작성하는 층
 - 구조계획 작성층이 수평증축과 수직
   증축이 이루어지는 층이므로 기존
   건물의 기둥모듈과 수평증축의 기
   둥위치를 한 개층 평면도에 종합하
   여 정리필요
 - 구조계획은 기둥의 위치와 밀접한
   관계가 있으므로 하부층의 증축부의
   용도를 고려하여 기둥을 결정하게
   되므로 부재배치를 요구하는 층뿐
   만 아니라 하부층도 확인

③ 기존건물과 증축부의 접합부 확인
 접합이란 건축적인 통로여부 확인과
 용도의 연관성을 확인

과목: **건축설계2**   제2과제 (구조계획)   배점: 30/100점

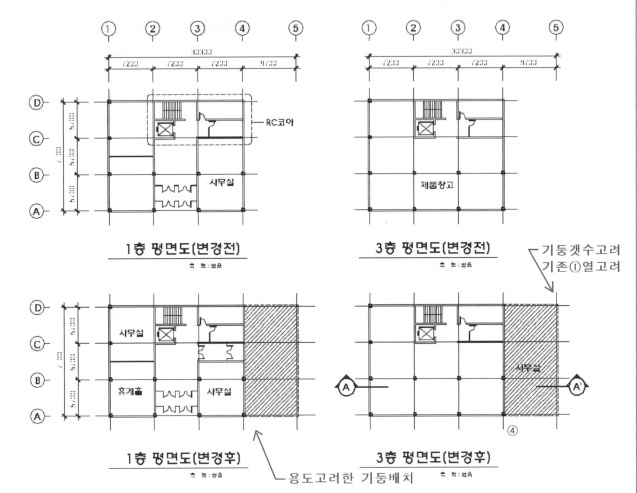

1층 평면도(변경전)

3층 평면도(변경전)

1층 평면도(변경후)

3층 평면도(변경후)

기둥갯수고려
기존①열고려

용도고려한 기둥배치

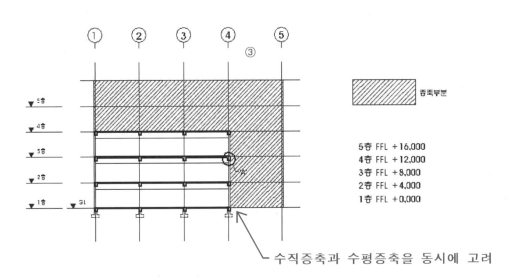

수직증축과 수평증축을 동시에 고려

5층 FFL +16,000
4층 FFL +12,000
3층 FFL +8,000
2층 FFL +4,000
1층 FFL +0,000

④ 기존건물의 기둥위치 확인
 - 기존건물의 기둥위치는 도면에
   표기됨
 - 증축부는 1, 2층 하역공간을 고려하
   여 기둥위치 결정
 - 하역공간이란 차량이 출입하는 통로
   이므로 가능한 기둥간격이 넓게 계
   획하는 것이 유리
 - 증축부가 기존건물과 비교하여 1Bay
   이므로 중간에 기둥설치는 불필요
   함을 결정

⑤ 증축부와 관계
 단면도를 확인하여 기존과 증축부의
 접합부 단면상세도 위치 확인증축부
 는 6.0m 기둥간격인 외부에 접하게
 되므로 증축부의 외부기둥간격은
 6.0m가 합리적

⑥ 전시매장의 개구부
 2개층 전시매장 특히 가구매장에서는
 전시물품이 시선보다 높으므로 상부
 층에서 하부층을 관차하기에 용이한
 평면의 중앙부가 적절하고 중앙부에
 설치된 개구부를 통과하는 통로가
 확보되는 위치로 결정

| 1 | 모듈결정 및 부재배치 | 2 | 답 안 |

1. 기둥모듈결정
– 기존기둥의 위치확인, 기둥갯수 9개
- 결정근거
① 수직증축이므로 기존기둥을 최대한 활용
② 수평증축부분은 용도를 고려하여 기존건물과의 간격 8.7m 에만 기둥설치
③ ①, ②항 고려시 5층의 기둥갯수 14개중 5개 생략하여 9개로 정리 필요
④ 보춤을 고려한 기둥간격 11.4m와 코아의 위치를 고려하면 B열 기둥 생략가능 총 9개로 결정

2. 보 배치
2.1 큰보의 배치
– 기둥을 연결하는 부재가 큰보이므로 단순
2.2 작은보의 간격
– 7.2mm 구간 : 3.6m
- 결정근거 :
① 작은보는 큰보의 사이에 설치
② 작은보의 간격은 슬래브 두께 150mm 고려하여 설치
③ 150mm 인 경우 통상 3.5m 정도이고 최대 4.0m 이내이므로 작은보 1개 설치로 결정
– 8.7m 구간 : 2.9m
- 결정근거
① 상기 기준에 적합한 간격으로 결정
② 작은보 1개 설치시 4.35m이므로 과다함

2.3 작은보의 방향결정
– 작은보의 방향결정
- 결정근거
① 작은보는 큰보중 스판이 짧은 보에 작은보가 걸쳐지는 방향으로 설치가 원칙
② 작은보는 합성보로 큰보와 동일하중조건, 동일스팬인 경우 작은보롤 설계가능
③ 데크슬래브는 일방향 슬래브이고 개구부 주위에 철골보를 설치하지 않을 경우 캔티레버 슬래브가 되므로 구조적으로 불리함
④ 철골보의 스판이 10m보가 길면 횡좌굴 보를 설치

3. 단면상세도
– 단면상세도 작성위치가 콘크리트조와 철골조의 이질재료 접합부
– 이부분은 구조적으로 핀접합 즉 전단력만 전달
– 케미컬앵카나 Set Anchor롤 Bearing Plate를 고정하고 그 위에 스티프너를 용접한후 철골부재를 고력볼트로 접합이 원칙
– 철골보의 설치위치는 마감과 슬래브 두께를 합한 치수만큼 낮추어서 설치
– Bearing Plate 후면에는 방부도장을 실시하지 않고 에폭시를 주입하여 일체화함.

4. 지문에 요구되는 부재크기 표기
– 부재의 크기가 600, 300 시리즈이므로 장스판 보에는 600시리즈, 단스판 보에는 300시리즈 적용

5. 접합부 형식 표기
– 강접합 : 기둥과 보 접합
– 핀접합 : 보와 보 접합
　　　　　철근콘크리트 부재와 철골보 접합

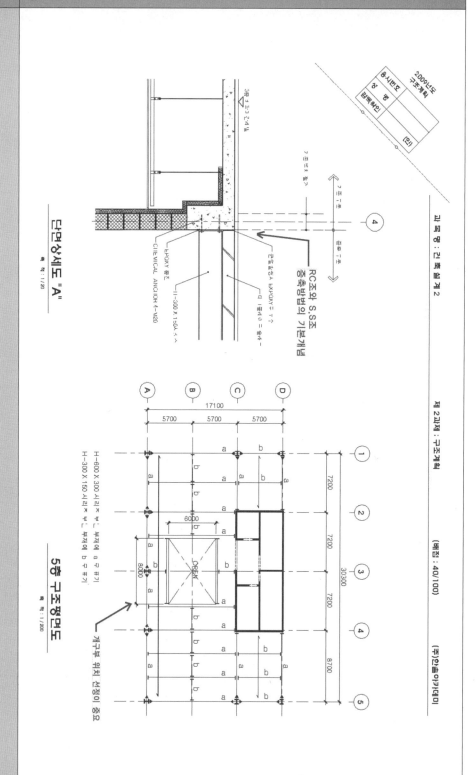

2 2009

응시번호 / 성 명 / 감독확인   (인)

④

기존 부분 ← | → 증축 부분

기존 벽체 철거

3층 바닥마감레벨

균열발생시 EXPOXY로 보수

데크플레이트 슬래브

H-300 X 150시리즈

EPOXY 충진

CHEMICAL ANCHOR 4-M20

단면상세도 "A"

축 척 : 1 / 20

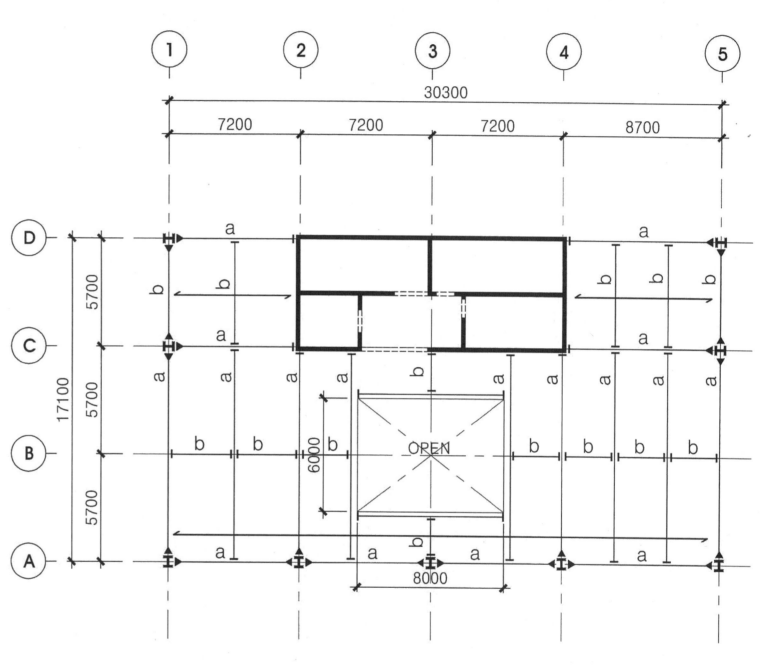

① ② ③ ④ ⑤

30300

7200   7200   7200   8700

D

5700

C

5700   17100

b

B

5700

6000   OPEN   8000

A

H-600 X 300 시리즈 보는 부재에 "a"로 표기

H-300 X 150 시리즈 보는 부재에 "b"로 표기

5층 구조평면도

축 척 : 1 / 200

2010년도 건축사 자격시험 문제

과목: 건축설계2　　제1과제 (단면설계·설비계획)　　배점: 65/100점 ①

제목 : 근린문화센터의
단면설계와 설비계획

1. 과제개요

제시된 도면은 지방자치단체의 근린문화센터 평면도이다. 각층 평면도에 표시된 단면 지시선 A-A'를 기준으로② 아래 사항을 고려하여 설비계획이 반영③된 주단면도를 작성하시오.④

2. 건축개요

(1) 대지 : 일조와 조망이 좋은 평지
(2) 규모 : 지하 1층, 지상 3층⑤
(3) 용도 : 공공업무시설
(4) 구조 : 철근콘크리트조

3. 설계조건

(1) 설비
　①⑥ 모든 실의 냉난방은 천장매립형 EHP로 한다. 단, 환경단체실, 노인단체실, 여성 단체실은⑥ 바닥 온수온돌 난방을 추가 설치한다.
　② 주방과 식당은 급·배기덕트를 추가 설치한다.
(2) 1층 구조체 바닥 : EL + 450mm
(3) 층고(구조체 바닥 기준)
　① 지하1층 : 4,200mm⑦
　② 지상1층 : 4,500mm
　③ 지상2층, 지상3층 : 4,000mm
　　단, 강당 6,000mm
　④ 옥탑층 : 3,000mm
(4) 반자높이⑧ : 2,700mm 단,1층 3,000mm,
　　　　　　　　 강당 4,200mm
(5) 기초⑨ : 온통기초 (두께600mm),
　　　　　　 선큰부분 (두께500mm)
(6) 지붕 : 평슬래브
(7) 바닥슬래브 : 두께150mm
(8) 큰보, 작은보 : 300mm x 600mm⑩
　　　　　　　　　(보 높이는 변경 가능)
(9) 기둥 : 500mm x 500mm
(10) 내력벽 : 두께 200mm
　　　　단, 선큰 지하 외벽 두께 300mm
(11) 비내력벽 : 두께 1.0B 시멘트벽돌
(12) 외벽마감 : 두께 100mm
(13) 단열재 : 지붕과 바닥은 두께110mm,
　　　　　　　 외벽은 두께 65mm

4. 고려사항

(1) 설계조건과 평면도에서 파악되는⑪ 단열, 방수, 채광, 환기의 기술적 사항을 반영한다.

(2) 2층과 3층 사이에⑫ 층간 소음방지계획을 한다.
(3) 천장매립형 EHP의 실외기는 3층 화장실 지붕 평슬래브위에 위치하며,⑬ 배관은 PS(Pipe Shaft)로 연결하고 급·배기덕트는 DS(Duct Shaft)로 연결한다.
(4) 지붕 평슬래브에 (A)와 (B)를 설치한다. 위치는 3층 평면도에 표기되어 있다.
　(A) : 채광 및 환기조절용 천창을 겸한 태양광 전지패널⑭
　(B) : 태양광전지패널
　┌(A)와 (B)의 설치 각도 : 30°
⑮│(A)와 (B)의 모듈 : 2,100mm x 14,400mm
(5) 정보미디어실 바닥은 정보통신설비 설치가 가능한 액세스플로어를 설치한다. (바닥슬래브 200mm 낮춤)
(6) 발코니 바닥과 선큰 바닥은 층 바닥보다 100mm 낮다.

5. 도면작성요령

(1) 단면 지시선 A-A'에 의한 내·외부 입면과 단면을 작성하고 설비계획 요소와 치수 및 재료를⑯ 표기한다.
(2) 각 층의 천장매립형 EHP 배관과 지하1층 식당 및 주방의 급·배기덕트를 <보기 1>과 같이 표기한다.
<보기1>⑰

구분	배관 두께 (보온단열재포함)	표시
천장매립 형 EHP	–	
EHP배관	∅80mm	
급기덕트	∅350mm	
배기덕트	∅350mm	

(3) 건축물 내·외부의 환기와 채광경로를 <보기2>와 같이 표기한다.
<보기2>⑱

환기		채광	

(4) 건축·설비재료는 친환경자재로 표기한다.
(5) 단위 : mm⑲
(6) 축척 : 1/100

5. 유의사항

(1) 제도는 반드시 흑색연필심으로 한다.
(2) 명시되지 않은 사항은 현행 관계법령을 준용한다.

왼쪽 구성

1. 제목
-건축물의 용도 제시 (근린문화 시설은 주택가와 인접해 주민들의 생활 편의를 도울 수 있는 시설물)

2. 과제개요
-단면설계와 설비계획 요소가 복합적으로 출제
-평면도에 제시된 절취선을 기준으로 주단면도를 작성

3. 건축개요
-대지
-규모
-용도
-구조
-위 내용과 같이 단면의 규모와 범위 등을 제시한다.
-단면도의 형태와 구성요소를 제시

4. 설계조건
-설비
-층고
-흑반자 높이 등을 제시
-기초
-지붕
-보
-벽두께
-단열재

왼쪽 FACTOR

① 배점을 확인합니다.
-65점(단면설계에서 단면+설비요소가 포함되어 난이도가 높음)

② 평면도에 제시된 A-A'를 지시 선을 확인한다.
-절취선에 의한 단면요소
-절취선에서 보이는 입면요소 검토

③ 건축요소를 제외한 설비요소를 정확히 파악 한다.

④ 단면도의 규모와 형태를 파악한다.

⑤ 지하1층, 지상3층 규모 검토(작도량이 많기 때문에 시간배분을 검토해본다.)

⑥ 설비요소 검토
- 천장 매립형 EHP 필요
- 바닥온수난방 이해 필요
- 주방, 식당 급배기 덕트 설치 검토

⑦ 층고결정
- 각 층고 결정시 구조체임을 명심해야 한다.

⑧ 천정고
- 각 천정고 확인이 필수이며, 강당이 4,200mm인 점을 확인한다.

⑨ 기초는 온통기초이나 썬큰 부분만 100mm 낮음

⑩ 보의 크기는 보통 400 × 600mm로 출제하는 것이 보통이나 본 문제에서는 300 × 600mm로 제시된 점에 유의하자

오른쪽 FACTOR

⑪ 단열, 방수, 채광, 환기와 관련된 내용이 도면에 표기 되어야 한다.

⑫ 2층과 3층 사이 층간소음 방지를 위한 소음 차단제 설치 표현

⑬ EHP의 실외기는 3층, 배관 → PS, 급·배기 → DS로 연결 도면에 표기되어야 함.

⑭ 평면을 참고로 OPEN된 곳은 천장 및 환기에 대한 경로를 표현

⑮ 태양광전지패널 각도, 크기를 고려하여 지붕 층에 표현

⑯ 내외부 입면과 단면을 작성하고 설비계획 요소와 치수 및 재료를 표현

⑰ 보기1과 같이 도면에 표기

⑱ 보기2와 같이 도면에 표기

⑲ 건축 자재는 친환경 자재를 적용하여 도면에 표기

오른쪽 구성

5. 고려사항
-평면과 단면도를 파악 후 기술적 사항 반영
-층간 소음방지
-천장 매립형 EHP실외기 PS 및 DS로 연결
-채광 및 환기조절용 천창 설치하며 일부는 태양광전지패널을 설치해야 한다.
-태양광 전지 패널의 각도와 모듈에 관련된 크기 제시
-정보 미디어실 바닥은 액서스플로어를 설치

6. 도면작성요령
-설비계획요소 표기
-재료 및 치수 표현
-급·배기 덕트 보기 참조
-건축물 내외부 환기 및 채광 경로 표현
-건축물 내외부 마감재료는 친환경 자재로 표기
-단위 및 축척

7. 유의사항
-제도용구 (흑색연필 요구)
-명시되지 않은 사항은 현행 관계법령을 준용

8. 제시 평면도

- 지하1층 평면도
· 선큰, 복도, 식당 단면 절취
· X1~X3열 입면으로 표현
· 주방 배식구 입면 표현

- 1층 평면도
· 선큰 상부, 캐노피, 현관 홀, 방풍실 절취
· X1~X3열 입면으로 표현
· X4~X5열 입면으로 표현
· 경비실, 사무실 창호 입면표현

- 2층 평면도
· 발코니, 복도, 정보미디어, 방풍실 상부 OPEN, 캐노피 절취
· 강당 창문 입면
· X1~X3열 입면으로 표현
· 세미나실 출입문 입면
· 강당 DS 입면

- 3층 평면도
· 발코니, 복도, 환경단체실 절취
· 여성단체실 일부 온수난방
· 환경 단체실 온수난방, 소음차단제 설치
· 지붕층 태양광관전지 패널 크기, 적용 후 환기 및 채광을 표현해야하는 작업

① 선큰벽체 두께 : 300mm

② 출입문의 높이 : 2,100mm

③ 설비요소
  - 천장매립형 EHP크기: 950mm × 950mm x 250mm
  - 천정 급기구 및 배기구 : ∅220mm 위치확인 (천장속 공간에서 입면으로 급·배기 덕트가 연결 되어야 한다)

④ 지하층 외벽의 두께 : 200mm

⑤ 캐노피 및 발코니의 경우 외부 공간이므로 방수표현은 필수적이다.

⑥ 방풍실의 출입문 높이는 2,100mm 로 하며 상부는 유리로 마감한다.

⑦ 계단의 단수: 150mm × 3단 = 450mm

⑧ 장애인 경사로 : 1m이하 -1/8완화 조건 적용하여 입면으로 표현

⑨ 화단의 경우 수목은 표현이 없으나 답안 작성 시 수목표현은 필수이다.

⑩ 정보미디어실 : 액세스플로어 200mm 설치해야 하며 구조체 바닥에서 down시켜 표현 해주어야 한다.

⑪ 여성단체실, 환경단체실은 thk150mm 온수난방을 구조체보다 위로 그려 표현해야 한다.

⑫ 지상3층의 평면에 점선으로 표현되어 있는 4곳 중 X4열을 기준으로 2곳은 OPEN 천장으로 그린다.

과목: 건축설계2　　제1과제 (단면설계·설비계획)　　배점: 65/100점

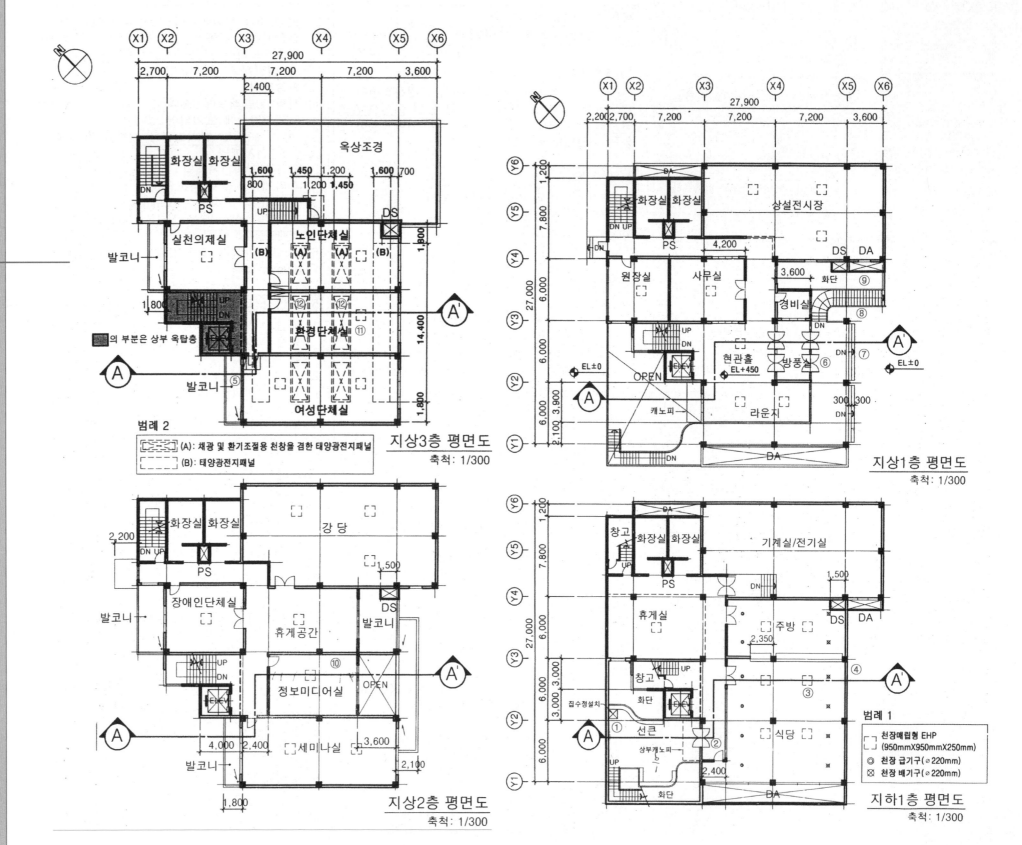

지상3층 평면도　축척: 1/300

지상1층 평면도　축척: 1/300

지상2층 평면도　축척: 1/300

지하1층 평면도　축척: 1/300

범례 2
(A) : 채광 및 환기조절용 천장을 겸한 태양광전지패널
(B) : 태양광전지패널

범례 1
천장매립형 EHP (950mmX950mmX250mm)
천장 급기구 (∅220mm)
천장 배기구 (∅220mm)

■ 문제풀이 Process

1 과제개요 확인

① 제시된 도면을 우선 읽고 지문의 내용을 파악한다.
② 층고 제시여부 확인
③ 계획시 요구 사항
④ 단면요소
  – 건축, 구조, 기계, 전기
⑤ 요구도면 및 표현

2 제시도면 파악

① 제대로 도면을 음미해 보자.
② 단면 절취선을 명확히 파악한다.

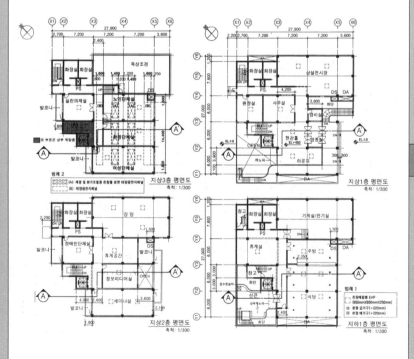

3 단면 형태 Sketch 및 층고, 천장고 형상 결정

① A-A'절취선을 기준으로 1층 바닥레벨 +450mm을 시작으로 지하1층 4,200mm, 지상1층 4,500mm, 지상2층, 3층 각각4,000mm, 강당 6,000mm, 옥탑층 +3,000이 각층에 층고이다. 여기에 지붕층에 설치되는 파라펫 높이 1,400mm, 옥탑지붕 600mm를 더해주면 전체의 높이는 지표면에서 16,550mm이 높이가 된다.
② 채광 및 환기조절용 천창을 겸한 태양관전지 패널을 3층 지붕에 설치
③ 절취선 뒤로 보이는 입면 요소들을 확인한다.

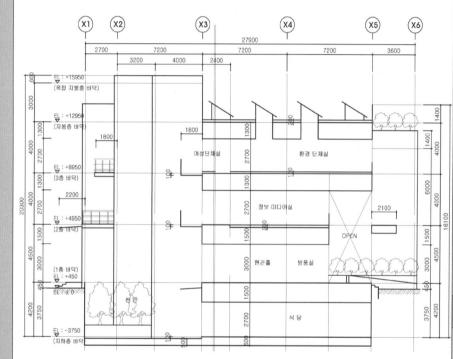

4 외벽, 내벽, 기타 단면요소 고려

① 천청상부 수평차양 작도 및 채광유입 경로를 표현하였다.

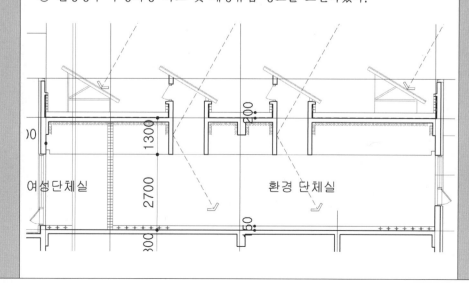

② 정보미디어실 바닥은 정보통신설비 설치가 가능한 액세스플로어를 설치한다.
③ 창문의 개폐방향을 확인하여 작도한다. 또한 공기의 유동 경로를 표현해준다.
④ 모든 실의 냉난방은 천장매립형 EHP을 설치하며, 환경 단체실, 노인단체실, 여성 단체실은 바닥온수온돌 난방을 추가 설치한다.
⑤ 주방과 식당은 급·배기 덕트를 추가 설치한다.

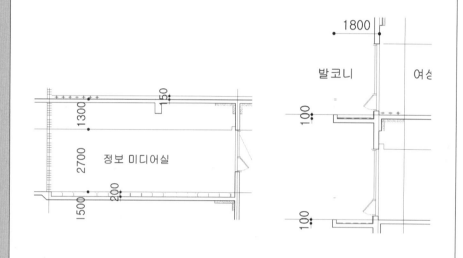

5 모범답안

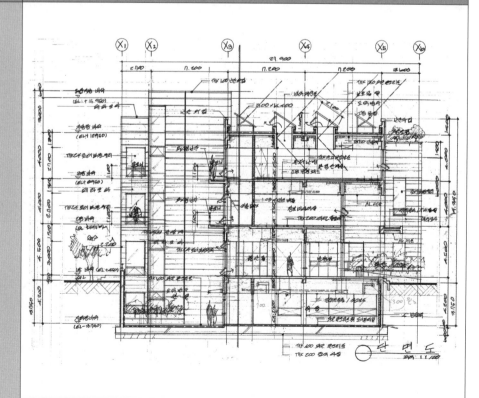

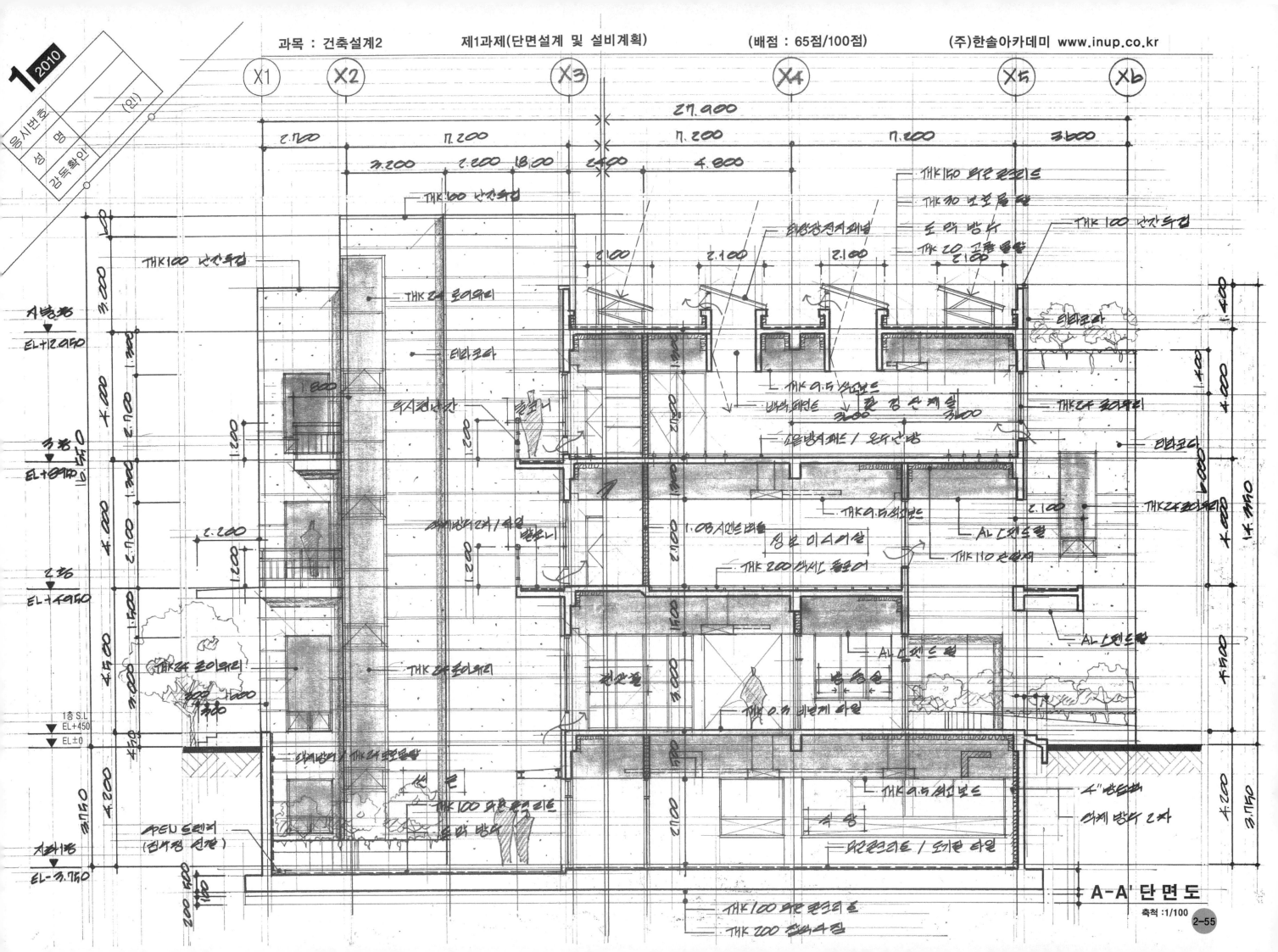

A-A' 단 면 도

축척 :1/100

2-55

2010년도 건축사 자격시험 문제

과목: 건축설계2　　제2과제 (구조계획)　　배점: 30/100점①

제목 : 사회복지회관의 구조계획 ②

1. 과제의 개요

　사회복지회관을③신축하려고 한다. 아래 사항을 고려하여 안전성, 기능성, 경제성이 있는 구조계획이 되도록 2층 바닥 구조평면도를 작성하시오.
④

2. 설계조건

(1) 구조형식 : 철골구조⑤
(2) 사용강재 : 일반 구조용 압연강재(SS400)
(3) 구조부재의 단면치수
　① 기둥 : 400X400시리즈
　② 보 : a : 700X300시리즈⑥
　　　　b : 600X200시리즈
　　　　c : 200X150시리즈
(4) 층고
　① 1층 : 4,500mm
　② 2층 : 4,200mm

3. 계획시 고려사항

(1) 기둥
　① 기둥은 9m-12m스팬으로 배치한다.
⑦② 기둥의 개수는 21개 이하로 한다.
　③ 최적의 응역상태가 되도록 기둥의 강, 약축을 고려하여 계획한다.
　④ 기둥은 수직기둥으로 계획하며 2층 바닥전체에서 기둥의 축방향은 한방향으로만 한다.
(2) 보
　① 보는 연속적으로 설치하는 것을 원칙으로 한다.
　② 캔틸레버 보의 길이는 2m이하로 한다.
(3) 슬래브
　① 슬래브는 데크 플레이트를 사용한다.
　② 데크 플레이트는 최대3.5m의 스팬을 지지한다.
　③ 데크 플레이트는 2층 바닥전체에서 ⑧한방향으로만 한다.
(4) 철근콘크리트 벽체
　①계단, 엘리베이터 샤프트, 설비샤프트의 벽체⑨는 철근 콘크리트 구조로 한다.
　② 철골구조와 독립적으로 응력이 작용한다고 가정한다.⑧

③ 철근콘크리트 벽체 속에 철골기둥이나 철골보는 접합 또는 삽입하지 않는다.
④⑧철근콘크리트 벽체 주위에 철골보를 설치한다.
⑤⑧ 철근콘크리트 벽체는 주어진 것 이외에는 추가로 계획하지 않는다.
(5) 기타
　① 1층 평면의 외곽선과 구조형식은 2층과 동일하다.
　② 횡력에 대한 저항은 고려하지 않는다.⑩
　③ 바닥에는 고정하중과 활하중이 균등하게 작용한다.

4. 도면작성요령

(1) 첨부된 2층 평면도를 바탕으로 2층 바닥구조평면도를 작성한다.
(2) <보기>의 기호로 표기한다.
(3) 보는 설계조건에서 제시된 a,b,c로 구분하여 표기한다.　⑪
(4) 부재의 접합부위는 강접합과 힌지접합으로 구분하여 표기한다.
(5) 단위 : mm
(6) 축척 : 1/200

<보기>

기 둥	Ｈ Ｉ
데크플레이트 방향	←
강접합	▶—
힌지접합	⊢
철근콘크리트벽체	▬▬

5. 유의사항

(1) 제도는 반드시 흑색연필로 표현(기타사용금지)
(2) 명시되지 않은 사항은 현행 관계법령의 범위 안에서 임의로 한다.

구 성

1. 제목
- 건물의 용도제시
- 문제유형제시(보통 신축 또는 증축안)

2. 과제개요
- 과제의 취지 및 목적
- 개략조건을 제시

3. 설계조건
3.1 건축계획 조건
- 건물의 개요
- 구조형식
- 층고
- 바닥마감 (콘크리트 슬래브, 데크슬래브 등)

3.2 구조계획 조건
- 구조형식
- 수직부재의 크기 또는 형상
- 슬래브의 두께 또는 제한 길이
- 보의 치수 또는 제한 길이
- 벽체두께 및 위치에 대한 세부사항

FACTOR

① 배점을 확인
배점비율에 따라 구조계획시간 분배 확인(30.100점)

② 용도
• 사회복지관
- 제시된 평면분석 필요

③ 문제유형
• 신축구조계획
- 제시된 조건분석이 중요

④ 구조계획층 확인
제시된 평면도 층과 구조계획 층의 일치여부 확인

⑤ 건물규모
지상층수에 따라 현행 건축법규의 내진적용여부 확인
제시된 지문이 법규보다 우선으로 판단

⑥ 부재치수 확인

⑦ 기둥간격 결정
- 지문의 9.0~12.0m 적용
- 기둥의 갯수 21개이하
- 모듈을 결정한 후 평면도를 고려하여 기둥갯수 정리필요
- 기둥의 축방향 최적화요구

⑦ 바닥형식 확인
- 데크슬래브는 일방향 슬래브 지지스판 3.5m 확인
- 이는작은보의 간격제시한 것임
- 데크의 방향은 일방향

FACTOR

⑧ 보의 배치
- 연속적으로 설치는 장스판에서 결정된 보방향을 건물연단부까지 연장
- 철근콘크리트 벽체 주위에 기둥 및 철골보 설치

⑨ 벽체계획
- 벽체는 철근콘크리트조
- 지시된 벽체외 추가계획 금지

⑩ 기타
- 1, 2층 구조계획 동일조건
- 횡력저항 제외 즉 계획된 철근콘크리트 벽체가 횡력부담으로 결정

⑪ 부재표기
- 부재치수 표기
- 접합부 형식표기
- 데크슬래브 방향표시
- 기둥의 강, 약축방향 고려

구 성

4. 계획시 고려사항
- 설계조건에 표기하거나 또는 별도로 제시
- 설계조건보다는 상세한 제한조건등을 제시

5. 도면작성요령
- 기호설명
- 표시할 부재
- 접합부 표기여부
- 표시에서 제외사항
- 단위
- 축적
- 제도용구

6. 2층 평면도
  - 계획 평면도 제시

① 도면작성요령
  - 제시된 평면과 연관된 평면도나 단면도등을 종합적으로 판단하는 습관이 필요

② 작성하는 층
  - 제시된 평면과 동일한 지상2층 구조계획통

③ 평면형상분석
  - 평면의 좌상부 셋백부분의 형상과 치수 확인
  - 셋백의 치수를 모듈에 활용가능 여부 확인
  - 평면우하부 돌출평면의 형상과 치수 확인
  - 돌출평면의 치수가 모듈에 활용가능 여부 확인
  - 돌출평면 열과 개구부 열의 연관성 고려

④ 평면도 분석
  - 코아의 위치 및 크기확인
  - 내부 계단의 위치와 길이확인
  - 내부계단의 끝열과 SET Back 지점의 연관성 고려
  - 내부계단이 모듈에 미칠 영향분석
  - 개구부의 위치와 크기 확인
  - 개구부의 크기가 모듈에 미칠 영향 고려

과목: 건축설계2   제2과제 (구조계획)   배점: 30/100점

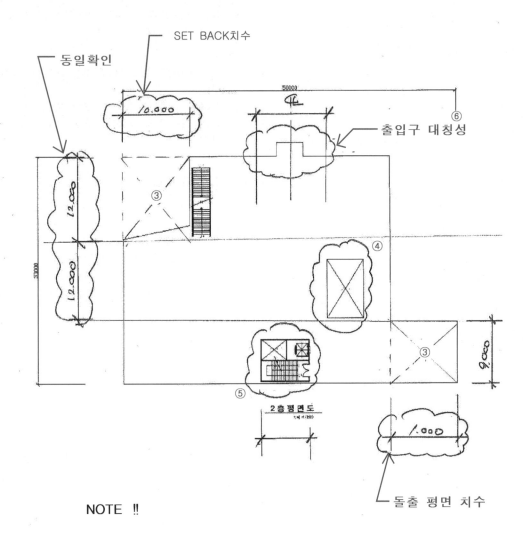

2층평면도

NOTE !!

1. SET BACK 치수와 돌출 평면 치수의 동일한 이유
2. 50,000-10,000-10,000 = 30,000 인 이유
3. 30,000의 중앙에 출입구 Canopy 설치한 이유

⑤ 코아의 위치
  - 지문조건에 철근콘크리트 벽체와 철골기둥은 독립적으로 거동한다고 제시되므로 코아의 크기가 모듈의 기준이 되지 않아도 가능

⑥ 캐노피 위치
  - 캐노피의 위치는 하부층 출입구의 위치를 표시하므로 가능한한 캐노피 폭 범위에서는 기둥설치 불가로 판단
  - 통상적인 캐노피의 폭중심에서 양방향 동일 간격으로 기둥설치

1 모듈결정 및 부재배치		2 답 안

1. 기둥모듈결정
- 수직열 10.0m로 결정
  - • 결정근거
  - ① 셋백치수와 돌출평면 치수의 동일을 고려하여 동일스판으로 활용
  - ② 그리드 설정시 개구부의 위치와 모듈의 일치
  - ③ 코아의 크기와도 적정
  - ④ 캐노피 즉 출입구 폭과 대칭
  - ⑤ 지문의 9.0~10m 이내

- 수평열 9.0, 12.0, 12.0m 결정
  - • 결정근거
  - ① 셋백치수와 돌출평면 치수를 활용
  - ② 셋백치수와 돌출평면 치수를 제외한 치수가 결정도된 치수와 동일
  - ③ 그리드 설정시 개구부의 위치와 모듈의 일치
  - ④ 지문의 9.0~10m 이내
- 기둥의 개수 제한 조건 21개 이하 확인

2. 보 배치
2.1 큰보의 배치
- 기둥을 연결하는 부재가 큰보이므로 단순

2.2 작은보의 간격
- 도면상 수직방향으로 작은보 설치시 3.3m 간격
- 도면상 수평방향으로 작은보 설치시 3.0m 간격
  - • 결정근거 :
  - ① 작은보는 큰보의 사이에 설치
  - ② 지문조건의 3.5m 이내 만족

- 작은보 방향을 두가지안으로 고려하는 이유
  - ① 기둥의 방향의 최적화 조건고려
  - ② 기둥의 방향을 한방향으로 설치조건고려

2.3 작은보의 방향결정
- 작은보의 방향결정은 두면상의 수평방향
  - • 결정근거
  - ① 과년도와는 상이하게 한방향으로만 설치하게 제한
  - ② 기둥방향의 최적화 조건만족
  - ③ 이를 결정하기 위해서는 작은보의 방향을 2가지 안에 대하여 각각 설치하여 기둥방향이 합리적인 개수가 많은 쪽으로 결정
  - ④ 기기둥방향을 통일하기 위해서는 장스판 보에 힘이 많이 걸리도록 즉 장스판보에 작은보가 걸쳐지도록 결정

3. 기둥방향
- 기둥의 강축이 도면상 수평방향과 일치
- 기둥을 영문자 "I"가 되도록 설치

4. 부재표시
- 개구부 주위에 작은보 설치
- 데크슬래브의 방향잉 일방향이 되도록 작은보 추가 설치
- 작은보가 건물의 좌에서 우측평면까지 연장되도록 설치 단 개구부는 제외
- 코아 주위에도 철골보 설치
- 캐노피에는 캔티레버 보 설치, 캔티레버보는 기둥에서 연장되거나 보에서는 한스판 연장하여 설치

5. 지문에 요구되는 부재크기 표기
- 부재의 크기가 700, 600, 200 시리즈이므로 장스판 큰보는 700시리즈, 단스판 큰보와 작은보는 600시리즈, 캐노피에는 200시리즈 적용

6. 접합부 형식 표기
- 강접합 : 기둥과 보 접합
- 핀접합 : 보와 보 접합

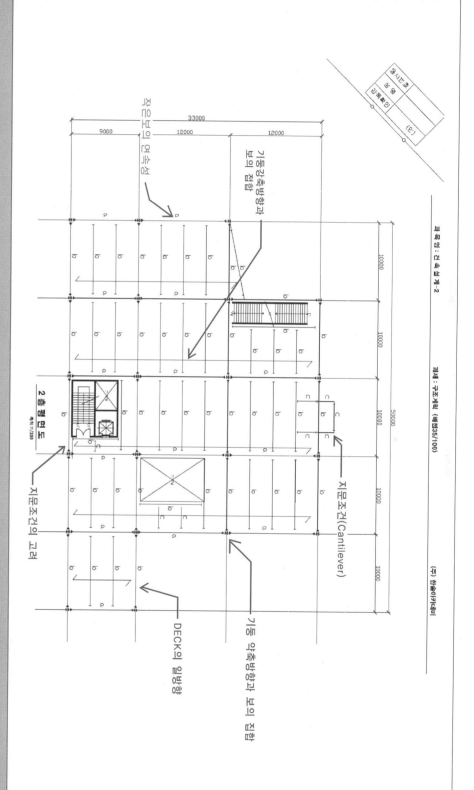

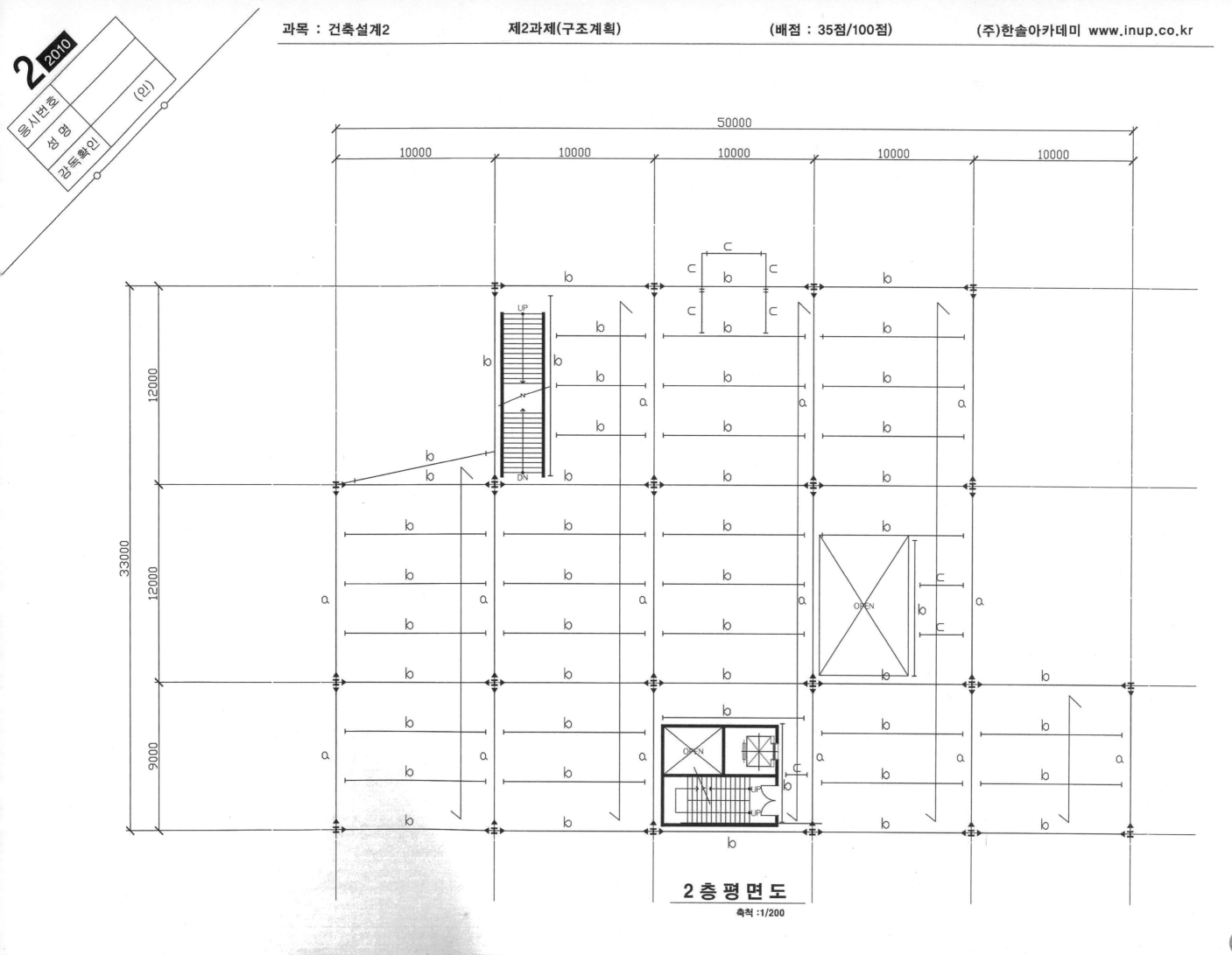

2 층 평 면 도

축척 :1/200

2011년도 건축사 자격시험 문제

과목: 건축설계2　　　제1과제 (단면설계 · 계단설계)　　　배점: 60/100점 ①

제목 : 중소기업 사옥의 단면 ·계단설계

1. 과제개요

　　제시된 도면은 중소기업 사옥의 기획설계단계 평면도이다. 주어진 설계조건 및 도면 작성 요령에 따라 주단면도와 ② 단면상세도를 ③ 완성하시오.

2. 설계조건

(1) 규　　모 : 지하 1층, 지상 3층 ④
(2) 용　　도 : 업무시설
(3) 구　　조 : 철근콘크리트조, 평슬래브 지붕
(4) 층　　고 ⑤
　① 지하 1층 : 4.2m
　② 지상 1층 : 5.4m
　③ 지상 2층, 3층 : 3.6m
　④ 계단 및 승강기 탑 : 2.7m
(5) 천 장 고 : 층별 용도에 맞추어 합리적으로 설정
　　　　　　　 (단, 설비는 고려하지 않음) ⑥
(6) 기　　초 : 온통기초
(7) 외　　벽 : 두께 300mm ⑦
　① 철근콘크리트 150mm
　② 화강석 30mm 건식 붙이기
(8) 보　　　 : 400mm × 600mm
(9) 기　　둥 : 500mm × 500mm ⑧
(10) 슬 래 브 : 두께 150mm
(11) 단 열 재 ⑨
　① 외벽 및 지하바닥 – 두께 100mm
　② 지붕층 – 두께 200mm
(12) 정화조, 저수조 : 고려하지 아니함

3. 도면에 포함되어야 할 주요 내용

(1) 주단면도
　① 실의 용도에 따른 층별 단면 설계
　② 지하층 온통기초
　③ 지하층의 방습 및 방수 보호벽 ⑩
　④ 1층 현관 상부 케노피
　⑤ 현관 지붕의 사각뿔형 천창 : 1,200mm ×
　　 ⑪ 1,200mm × 600mm (W×D×H)
　⑥ 내 · 외장 마감 및 단열, 방수 등의 재료
　⑦ 슬래브의 냉교 (Cold Bridge)현상 방지를 위한
　　 단면설계 ⑫

⑧ 계단의 단높이, 단너비 및 마감 ⑬
⑨ 옥상 난간 높이(옥상 바닥부터 난간 마감부분
　 까지)
(2) 단면상세도
　① 옥상 난간 벽의 마감
　② 옥상조경(잔디)과 난간벽 사이의 배수처리 ⑭
　③ 옥상 방수

4. 도면작성요령

(1) 주단면도 : '가-가'의 단면 (축척 1/100)
　① 단면도에 입면도를 포함하여 작성한다.
　② 층고, 천장고, 개구부 높이, 계단 및 기타 주
　　 요 부분은 치수를 기입한다.
　③ 각 실의 명칭을 기입한다.
(2) 단면상세도 : 지붕층 평면도 '나'의 난간벽 단면
　　(축척 1/20)
(3) 단위 : mm
(4) 그 밖에 구체적으로 제시되지 않은 사항은 각
　　실의 용도, 마감재료 등에 따라 합리적으로 작 ⑮
　　성한다.

5. 유의사항

(1) 답안작성은 반드시 흑색연필로 한다.
(2) 명시되지 않은 사항은 현행 관계법령의 범위
　　안에서 임의로 한다.

좌측 구성 (구성)

1. 제목
- 건축물의 용도 제시 (중소기업 육성시책의 대상이 되는 기업으로 소유와 경영의 독립성을 확보하고 있으며 규모가 상대적으로 작은 기업)

2. 과제개요
- 단면설계와 계단 및 외벽 상세가 복합적으로 출제
- 평면도에 제시된 절취선을 기준으로 주단면도를 작성

3. 설계조건
- 규모
- 용도
- 구조
- 층고
- 천장고
- 기초
- 외벽
- 보
- 기둥
- 슬래브
- 단열재
- 위 내용과 같이 단면의 규모와 범위 등을 제시한다.
- 단면도의 형태와 구성요소를 제시

좌측 FACTOR

① 배점을 확인합니다.
- 60점(단면설계에서 계단, 외벽상세도가 포함되어 난이도가 높음)

② 평면도에 제시된 A-A'를 지시 선을 확인한다.
- 절취선에 의한 단면요소
- 절취선에서 보이는 입면요소 검토

③ 단면상세도 위치
- 제시된 요소파악
- 상세도 위치 파악 후 작도 범위를 예상한다.

④ 지하1층, 지상3층 규모 검토(작도량이 많기 때문에 시간배분을 검토해본다.)

⑤ 층고결정
- 각 층고 결정시 제시된 지문 및 평면도에 레벨이 없으므로 구조보다는 마감으로 각 층고를 결정해야 한다.

⑥ 천정고
- 각 천정고는 주어지지 않았지만 합리적으로 계획하여 작도해야 한다.
- 1층 : 전시 및 홀의 기능상 천장고는 높게 하는 것이 실의 기능상 합리적이라 할 수 있다.
- 천장고 결정시 설비는 고려하지 않으므로 보의 높이 600mm + 기타공간으로 계획해야 한다.

⑦ 외벽 두께는 300mm 이며, 벽체 두께 150mm, 단열재 100mm, 화강석 마감30mm를 고려해야 한다.

우측 FACTOR

⑧ 보의 크기는 400×600mm이며 기둥의 크기는 이보다 조금 큰 500×500mm이므로 기둥에 의해 보의 위치가 편심 걸리는 것을 확인해야 한다.

⑨ 단열재는 2011년 2월에 새로운 기준이 바뀌어 본 시험에도 적용되었다. 추후 단열재에 대한 기준을 파악해야 할 것이다.

⑩ 지하층 방습을 위한 PE필름, 단열재, 방습 벽 등을 벽 및 바닥에 표현해야 한다.

⑪ 현관상부 천창은 방풍실의 채광을 위한 것이므로 마감재는 백색 페인트로 마감하여 실내 채광을 더욱 더 유지시켜 준다.

⑫ 냉교 현상은 열전달이 잘되는(단열성능이 부족한 곳)부위에서 내·외부 온고차가 발생될 때 결로 등이 발생되는 현상을 말한다.

⑬ 계단의 단높이 및 단너비는 각 층고에 의해 결정되되 단높이는 150mm, 단너비는 300mm로 하는 것이 합리적이다.

⑭ 옥상조경은 배수판을 통해 우수 또는 조경수 등을 배수시켜야 하는데 이때 옥상난간 쪽으로 배수가 이루어진다.

⑮ 제시되지 않은 사항은 기술적으로 표현을 해야 한다.

우측 구성 (구성)

4. 주요내용

＜주단면도＞
- 실의 용도에 맞는 단면설계
- 온통기초
- 지하층 방습
- 현관 캐노피
- 천창
- 내·외부 마감 재료
- 냉교(Cold Bridge) 현상 방지
- 계단 높이 및 너비
- 옥상 난간 높이

＜단면 상세도＞
- 옥상난간 마감
- 배수처리
- 옥상 방수

5. 도면작성요령
- 입면도 표현
- 층고, 천장고, 개구부 높이, 계단 및 주요치수 표현
- 실명 기입
- 용도, 마감재료등은 합리적으로 작성
- 단위 및 축척

6. 유의사항
- 제도용구 (흑색연필 요구)
- 명시되지 않은 사항은 현행 관계법령을 준용

7. 제시 평면도

- 지하1층 평면도
· 주방, 계단실 계획, 직원식당 절취선에 의한 단면 계획
· 주방 트렌치 표현
· B열~C열 계단 단높이 및 단너비 계획
· 보이는 입면으로는 기둥의 외곽선등이 표현되어야 한다.

- 지상1층 평면도
· 전시홍보실, 계단실 계획, 홀, 방풍실, 계단등 절취선에 의한 단면계획
· A열 발코니 입면 표현
· A열 발코니 하부 D·A 우수 침범을 위한 방수턱 입면 표현

- 2 · 3층 평면도
· 사무실, 게스트룸, 계단실 계획, 홀, 현관 케노피 절취
· 2층 칸막이 없는 사무실
· 3층 게스트룸 바닥 난방 설치

- 지붕층 평면도
· 파라켓, 지붕층 잔디, 계단계획, 보행로 절취
· 절취선을 통해 조경부분 입면표현
· C~D열 입면 표현

① 지하층 외벽 두께 : 150mm

② 계단 계획형으로 기둥에 단선으로 벽체가 그려져 있어 벽체 위치를 잘 설정해야 한다.

③ 주방의 특성상 물을 쓰는 공간으로 방수 및 OPEN 트렌치 설치 및 철제 그레이팅으로 마감한다.

④ 발코니와 DA의 방수턱은 입면으로 표현이 되어야 하며, 지표면 레벨이 없으므로 적절한 높이로 계획을 해야 한다.

⑤ 방풍실 단면으로 표현이 되어야 하며 상부에는 천창이 표현되어야 한다.

⑥ 층고는 5,400mm으로 계단의 단높이를 고려하면 150mm로 2번의 계단참을 필요로 한다.

⑦ 2층에서는 사무실로 표현이 되어야 하며 3층에서는 온수난방이 필요하므로 마감두께 150mm가 표현되어야 한다.

⑧ 계단의 단 높이는 150mm 계획

⑨ 사각형 모양의 천창 설치

⑩ 현관 케노피는 2층에만 설치

⑪ 외벽 상세도를 요구하며, 잔디 식재로 인한 인공토 및 배수로 등을 요구하는 상세도이다.

⑫ 지붕층에 관목식재로 인한 파라켓 높이(안전난간)을 계획 후 입면으로 표현해야 하는 부분이다.

⑬ 보행로는 마감이 필요하며, 주변으로는 마감이 없이 무근으로 표현이 되어야 한다.

⑭ 입면으로 수목표현 작성

과목: 건축설계2   제1과제 (단면설계 · 계단설계)   배점: 60/100점

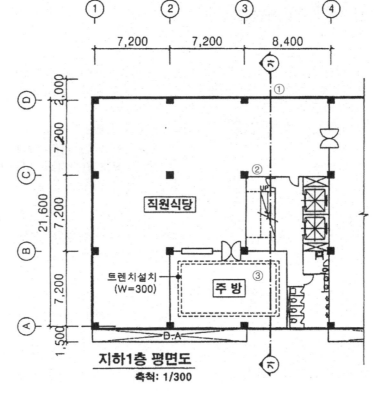

지하1층 평면도
축척: 1/300

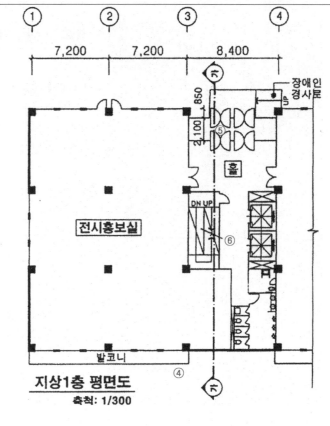

지상1층 평면도
축척: 1/300

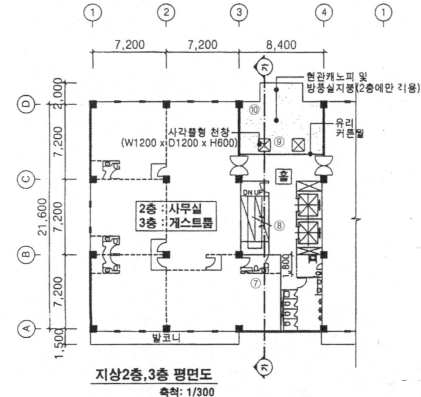

지상2층, 3층 평면도
축척: 1/300

· 2층 사무실은 내부 칸막이가 전혀 없음
· 점선(-----)은 3층 게스트룸 평면이며, 온수바닥난방시스템적용

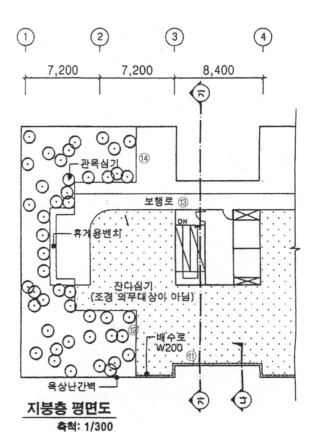

지붕층 평면도
축척: 1/300

1 과제개요 확인

① 제시된 도면을 우선 읽고 지문의 내용을 파악한다.
② 층고 제시여부 확인 (층고-제시, 천장고 미 제시)
③ 계획시 요구 사항
④ 단면요소
　- 주단면도, 부분 단면도, 계단 계획 후 작도
⑤ 요구도면 및 표현

2 제시도면 파악

① 제대로 도면을 음미해 보자.
② 단면 절취선을 명확히 파악한다.

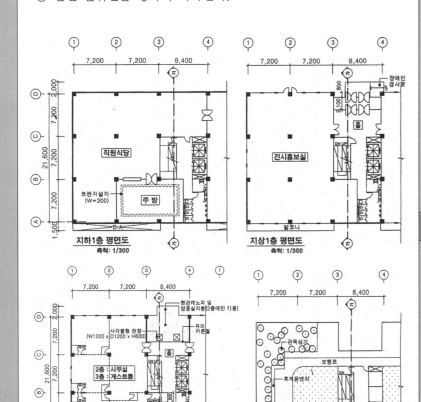

지하1층 평면도
축척: 1/300

지상1층 평면도
축척: 1/300

지상2층, 3층 평면도
축척: 1/300

지붕층 평면도
축척: 1/300

3 단면 형태 Sketch 및 층고, 천장고 형상 결정

① A-A'절취선을 기준으로 층고 및 천장고를 결정해야 하며, 지문조건 중 층고는 제시되었으나 천장고는 미 제시가 되었다. 설비는 고려하지 않았으므로 천장속 공간은 최소 기준으로 적용하면 될 것이다. 또한 층별 바닥 레벨과 지표면 레벨이 미 제시되었으므로 적절한 높이로 1층 레벨을 결정해야 할 것이다. 1층 바닥레벨 +150mm을 시작으로 지하1층 4,200mm, 지상1층 5,400mm, 지상2층, 3층 각각3,600mm, 계단 및 승각기탑 2,700mm의 층고를 결정한다. 여기에 A열 지표면의 경우 D·A환기를 위해 지표면을 1층 바닥 보다 1,100mm 정도 down되어 계획한다.
② 계단 : 단높이 150mm, 단너비 300mm를 기준으로 하면 지하1층-28단, 1층-36단(2번 회전), 2층 및 3층-24단으로 계획한다.
③ 절취선 뒤로 보이는 입면 요소들 확인한다.

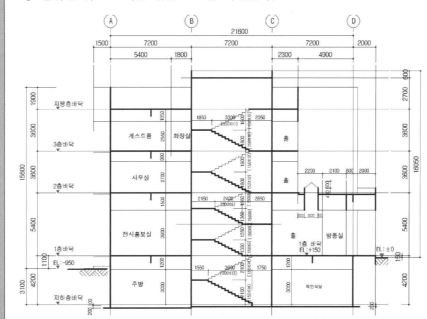

4 외벽, 내벽, 기타 단면요소 고려

① 1층 계단 단높이 및 단너비 고려한 계획
② 계단의 안전성 등을 고려하면 단높이 150mm, 단너비 300mm을 기준으로 각 층별 동일한 치수가 나온다.

② A열 단면 상세도 작성하며, 조경, 파라펫 높이, 단열재, 트렌치, 방수 등이 함께 표현되어야 한다.
③ 외벽 단열재 및 화강석 등이 포함되어야 하며, 마감을 고려한 외벽 두께 300mm로 한다.
④ 지붕층 방수, 잔디식제 표토 두께, 조경에 대한 입면 및 높이 표현, 수목 입면 표현
⑤ 냉교 현상을 방지하기 위한 단열재 설치
⑥ 지하층 방습 및 방수에 대한 표현이 되어야 한다.

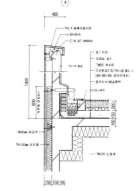

〈상세도〉

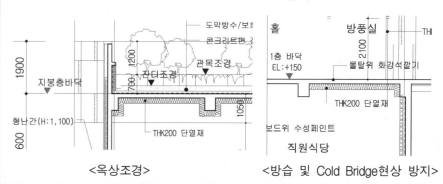

〈옥상조경〉　　〈방습 및 Cold Bridge현상 방지〉

5 모범답안

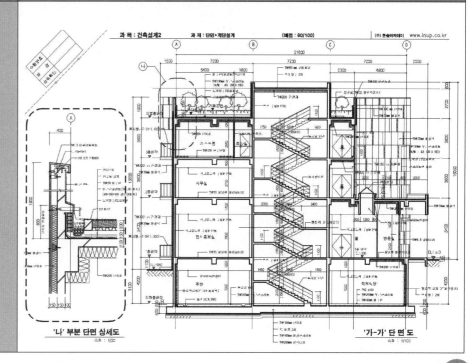

'나' 부분 단면 상세도　　'가-가' 단면도

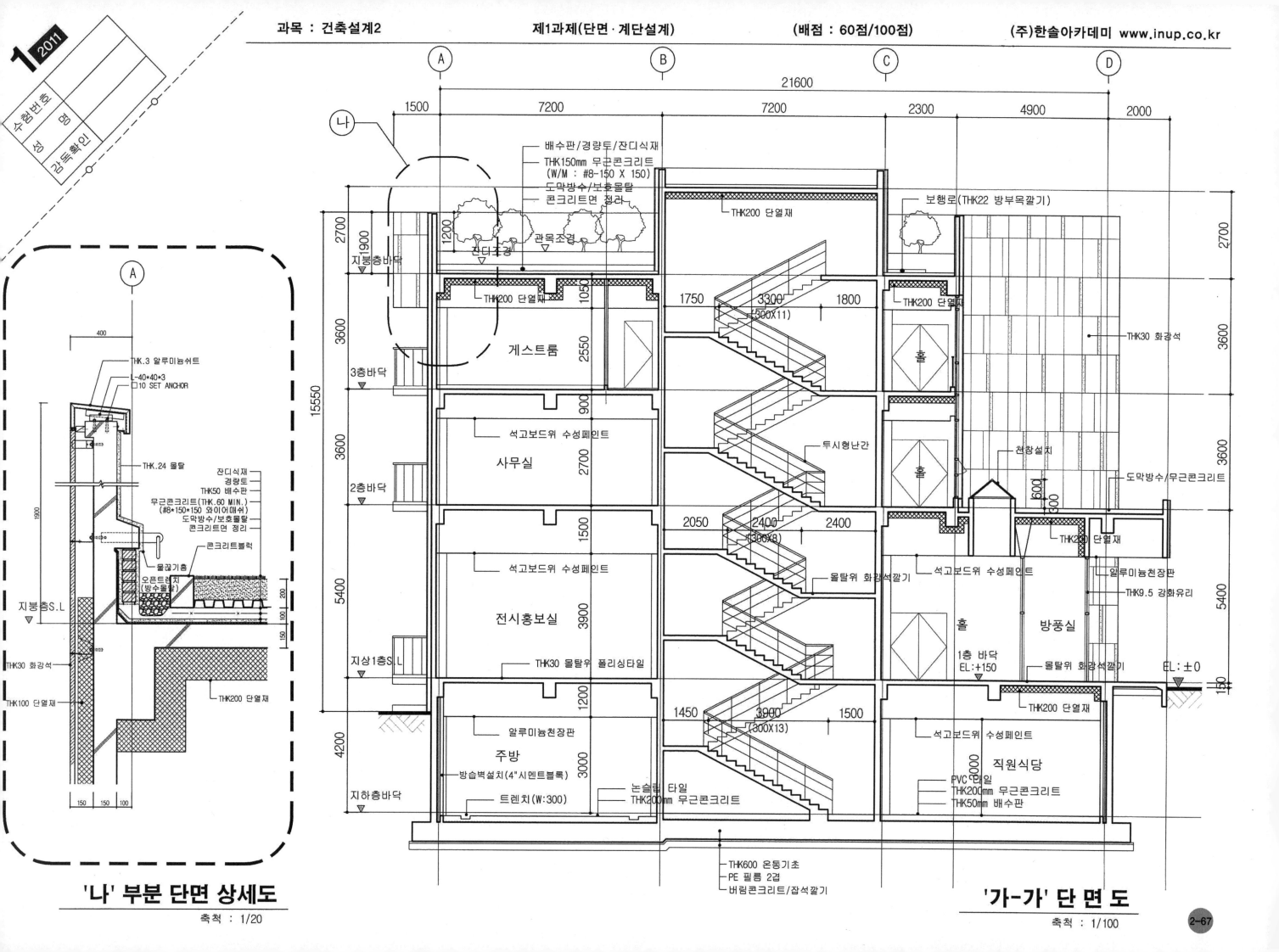

'나' 부분 단면 상세도

축척 : 1/20

'가-가' 단 면 도

축척 : 1/100

2-67

2011년도 건축사 자격시험 문제

과목: 건축설계2　　제2과제 (구조계획)　　배점: 40/100점①

제목 : ○○청사 구조계획 ②

1. 과제의 개요

○○청사를③신축하려고 한다. 안전하고 가장 경제적인 구조계획이 되도록 2층 바닥 구조평면도를④ 작성하시오.

2. 설계조건

(1) 규　　모 : 지하 1층, 지상 3층⑤
(2) 구조형식 : 철근콘크리트조 + 철골조 ⑥
(3) 적용하중 (계단실 포함)⑦
　　· 고정하중 = 5.0 kN/m², 활하중 = 3.0 kN/m²
(4) 층　고
　　① 1층 : 4.5m
　　② 2층 : 3.6m (강당 4.5m)
(5) 사용재료⑧
　　① 철근콘크리트 : 철근 f_y = 400 MPa, HD22
　　　　　　　　　　　 콘크리트 f_{ck} = 24 MPa
　　② 철골 : f_y = 240 MPa
(6) 구조부재의 단면치수 (단위 : mm)
　　① 철근콘크리트 부재⑨
　　(가) 철근콘크리트 벽 두께 : 200
　　(나) 철근콘크리트 기둥 : 500×500
　　(다) 철근콘크리트 보 : 400×700
　　　　(단, 전단력은 고려하지 않고, 휨모멘트만
　　　　고려한다.)

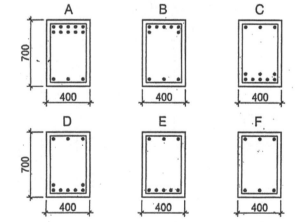

　　② 철골 부재⑩
　　(가) 철골 기둥 : H-400×400×13×21
　　(나) 철골 보
　　　　a : H-700×300×13×24
　　　　b : H-600×200×11×17
　　　　c : H-194×150×6×9

3. 계획시 고려사항

(1) 철근콘크리트와 철골 구조계획은 각각 분리하며, 횡력은 고려하지 않는다.⑪
(2) 도면에 표시된 기둥은 수직기둥이며, 추가로 기둥을 계획하지 않는다.⑫
(3) 보
　　① 보는 연속적으로 설치하는 것을 원칙으로 한다.⑬
　　② 승강기 샤프트와 계단실 및 1층 벽과 보의 접합부는⑭힌지(Hinge)로 가정한다.
　　③ 보는 기둥에 응력을 분배한다.
(4) 슬래브
　　① 슬래브는 철근콘크리트 보와 철골 보 상부에 공통으로 트러스형 데크 플레이트를 사용한다.
　　② 트러스형 데크 플레이트는 최대 3,600mm의 경간(Span)을 지지한다.⑯
　　③ 트러스형 데크 플레이트는 2층 바닥 전체에서⑰한쪽 방향으로만 사용한다.
(5) 철근콘크리트 벽(계단실, 승강기 샤프트 및 1층 벽)
　　① 철근콘크리트 벽과 철골 보는⑱분리한다.
　　② 철근콘크리트 벽은 도면에 표시된 것 이외에는 추가로 계획하지 않는다.
　　③ 1층 철근콘크리트 벽(도면 '_____' 표시)은⑲ 2층 바닥까지이며, 계단실 및 승강기 샤프트는 3층까지 연속한다.

4. 도면작성요령

(1) 트러스형 데크 플레이트의⑲방향을 표시한다.
(2) 철근콘크리트 보는 계획조건에서 제시된 기호⑳ A~F로 구분하여, <보기1>과 같이 1개의 보당 3개의 단면(양단부, 중앙부)을 표시한다.
(3) 철골 구조평면도는 계획조건에서 제시된 기호 a, b, c와 접합방법을 <보기2>의 기호로 표시한다.⑳
(4) 단위 : mm
(5) 축척 : 1/200

구 성 / FACTOR (좌측)

1. 제목
- 건물의 용도 제시

① 배점을 확인
　구조계획시간 배분

② 용도
· 청사(업무시설, 강당)
　제시된 평면분석 필요

2. 과제개요
- 과제의 취지 및 목적
- 계획조건 제시
- 과제층 구조평면도

③ 문제유형
· 신축구조계획
　제시된 조건과 고려사항 중요

3. 계획조건
- 규모
- 구조형식
- 적용하중
- 층고
- 사용재료
- 구조부재의 단면치수

④ 구조계획층 확인
　제시된 평면도 층과 구조계획 층의
　일치여부 확인

⑤ 건물규모
　지상층수에 따라 건축법규상
　내진 적용여부 확인 (중요도)

⑥ 구조형식
　철근콘크리트 라멘조(모멘트골조)
　+ 철골 강접골조 혼용

⑦ 적용하중
　수직하중, 모든 실이 동일조건

⑧ 사용재료
　철근콘크리트 / 철골

⑨ 철근콘크리트 부재치수
　벽, 기둥, 보
　휨모멘트 고려, 보의 배근 유형

⑩ 철골부재치수
　기둥, 보 (3가지 유형)

FACTOR / 구 성 (우측)

⑪ 철근콘크리트조와 철골조 분리하여 구조계획

⑫ 제시된 기둥의 갯수만 이용

⑬ 작은보와 큰보 계획
　- 작은보는 ⑯번 슬래브 최대스팬을 고려하여 연속적으로 설치함.
　- 큰보는 기둥과 기둥을 연결하여 계획

⑭ 제시된 2층 평면도에서처럼 건물의 외주부는 철근콘크리트 벽체가 배치되며, 작은보나 벽체의 접합은 힌지로 가정함.
　(힌지란 수평, 수직방향의 움직임을 구속하라는 의미)

⑮ 트러스형 데크 플레이트 사용 슬래브 구조계획
　철근콘크리트조와 철골조 모두 적용

⑯ 슬래브의 최대스팬 제시

⑰ 트러스형 데크 플레이트-1방향 슬래브 작은보의 설치와 관련됨.

⑱ 철근콘크리트구조와 철골조의 일체 또는 분리여부 제시

⑲ 벽체 표기, 슬래브의 방향 표기 요구

⑳ 철근콘크리트보와 철골보의 구분 표기 요구
　철골보의 접합방법 표기

4. 고려사항
- 구조계획 분리
- 수직기둥 위치 확인
- 보 설치조건
- 슬래브 종류와 길이 제한 계획조건(방향)
- 벽체 위치/표기 확인

5. 도면작성요령
- 데크 플레이트 방향 표기
- 보는 A~F로 구분 표기와 <보기1> 확인
- 철골보 기호와 접합방법 <보기2> 확인
- 단위
- 축척

6. 유의사항
- 필기도구

7. 2층 평면도
- 계획층 평면도 제시
- 철근콘크리트 기둥 위치와 철골기둥 및 강축약축방향 제시함
- 모듈제시함.

① 철근콘크리트 보 6개 배근 타입 표기방법과 위치 제시

② 구조계획시 구조평면도 표기 구조부재별 표기방법 인지 반드시 적용하여야 함.

③ 도면작성요령
- 제시된 평면 및 추가도면 등을 종합적으로 분석하여 표현

④ 작성하는 층
- 제시된 평면과 일치하도록 지상2층 구조평면 계획

⑤ 평면분석
- 철근콘크리트 모듈 : 7.2ᵐ×10.5ᵐ
- 철골 모듈 : 10.5ᵐ×9.9ᵐ
  10.5ᵐ×10.8ᵐ
- 계단과 승강기 벽체 위치와 모듈
- 2층 평면만 제시한 경우
  : 1층과 기둥 위치 동일한 것으로 간주함.

과목: 건축설계2   제2과제 (구조계획)   배점: 40/100점

<보기 1> 콘크리트 보 기호 기재방법 ①
(보 상단에 기재)

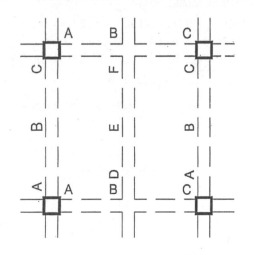

<보기 2> ②

철근콘크리트 기둥	□
철근콘크리트 보	---
1층 철근콘크리트 벽	---
계단실 및 승강기 샤프트	▬
철골 기둥	⊥
철골구조(강접합)	▶
철골구조(힌지접합)	├─
데크 플레이트 방향	↙

5. 유의사항

(1) 답안작성은 반드시 흑색연필로 한다.
(2) 명시되지 않은 사항은 현행 관계법령의 범위 안에서 임의로 한다.

<2층 평면도> 축척 없음

⑥ 철근콘크리트 계획과 철골계획의 경계선 확인

⑦ 1층 구조요소 철근콘크리트 벽체 2층 구조계획시 표기 필요

⑧ 캔틸레버 부분 외주부 기둥 미설치로 인하여 2층 바닥 캔틸레버 구조계획 필요

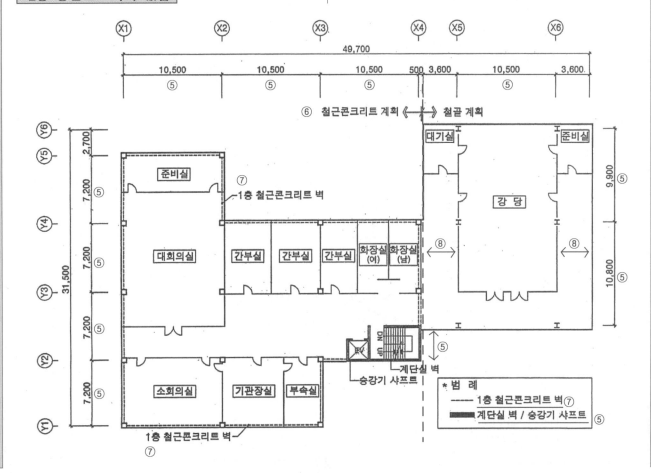

| 1 | 모듈결정 및 부재배치 | 2 | 답 안 |

1. 기둥모듈확인

기둥위치가 제시함 → 모듈제시형 과제

철근콘크리트기둥의 개수 : 17개

철골기둥의 개수 : 6개

- 철근콘크리트 구조계획 : 사무실, 회의실

① 수직열 10.5m x 수평열 7.2m

② 기둥열과 철근콘크리트 벽체열의 일치 및 불일치 여부 확인

- 철골 구조계획 : 강당

① 수직열 3.6m, 10.5m

② 수평열 10.8m, 9.9m

③ 강당의 외주부에는 기둥이 설치되지 않음. : 켄틸레버 구조계획암시

④ 철골기둥의 강축, 약축 방향 확인 : 보계획 방향 암시

작도 1 〉 모듈(중심선)과 기둥을 표기함

2. 철근콘크리트 벽체확인

벽체의 위치와 층별 벽체의 연속 여부 확인.

① 계단실 벽체, 승강기샤프트 벽체

② 1층에만 설치되는 벽체확인 : 2층 평면도에 제시함

작도 2 〉 1층에만 설치되는 철근콘크리트 구조벽체를 표기함

3. 보 배치

3.1 큰 보(Girder)의 배치

- 기둥과 기둥을 연결하는 부재, 〈보기 2〉 참조

작도 3 〉 큰 보 표기함

3.2 작은 보(Beam)의 간격

- 작은보는 큰 보와 큰 보 사이에 배치

- 도면상 수직방향으로 작은 보 설치시 3.5m 간격(10.5m/3)

- 도면상 수평방향으로 작은 보 설치시 3.6m 간격(7.2m/2)

• 결정근거 : 지문분석

① 트러스형 데크 플레이트는 최대 3.6m의 경간을 지지한다.

② 트러스형 데크 플레이트는 2층 바닥 전체에서 한쪽방향으로만 사용

3.3 작은 보의 방향결정

- 작은보의 방향 결정은 수평방향으로 함

• 결정근거 : 지문분석

① 보는 연속적으로 설치

② 벽체와 보의 접합은 힌지로 가정

③ 철골 기둥의 강축, 약축 방향과 작은 보의 배치 관계 고려

즉 철골기둥의 "I"형 배치는 수직방향 플랜지에 큰 보가 설치되고 작은 보를 수평방향으로 배치하므로 슬래브 방향을 철근콘크리트 구조부분과 통일함.

3.4 켄틸레버부분은 주보의 계획을 연장하여 배치함

3.5 철골기둥경간 10.5m보에 횡좌굴 방지용 작은 보 설치

3.6 외주부 1층 철근콘크리트벽체 상부에 Wall Girder 설치

3.7 코아 주위에도 주보와 연속적 설치

작도 4 〉 작은 보를 수평방향으로 배치하여 보를 연속적으로 설치하고 데크슬래브의 방향을 통일함, 데크 방향 표기
철골보는 접합방법 표기

4. 부재표시

- 철근콘크리트계획과 철골계획 분리

- 표기는 반드시 〈보기 1〉, 〈보기 2〉에 따름

5. 지문에 요구되는 부재크기 표기

-철근콘크리트 보 : A~F 구분 (부록참조)

- 철골 보 : a, b, c 구분

집중하중을 받는 장스팬의 큰 보 - a

등분포하중을 받는 장스팬의 큰 보와 작은 보 -b

켄틸레버 큰 보와 장스팬의 작은 보-b

3.6m의 작은 보 - c

6. 접합부 형식 표기

- 강접합 : 기둥과 큰 보 접합

- 핀접합 : 작은 보와 큰 보 접합

작도 5 〉 미비한 부분 추가기재 및 검토

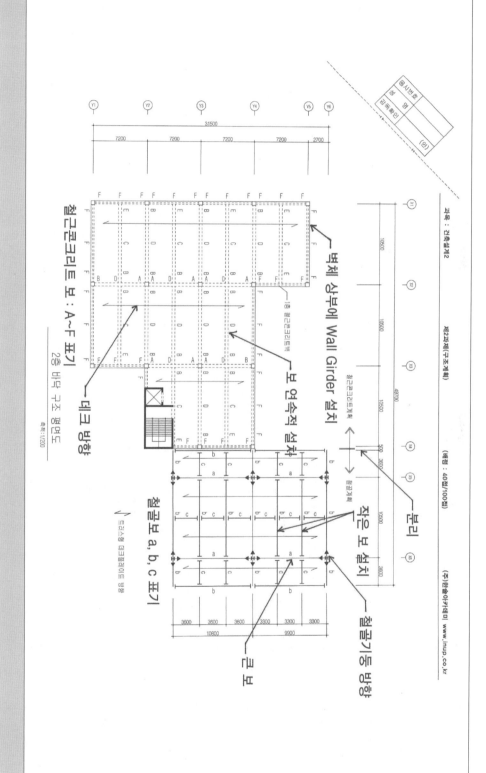

1. 휨모멘트(설계강도)와 철근배근 관계

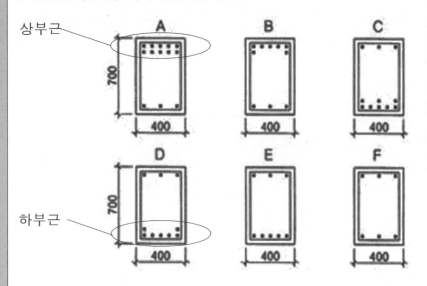

상부근

하부근

보 이름	주철근	주철근위치 상/하부근	설계강도	배근위치
A	10-HD22	대	상부근	713kN*m	단부배근
B	7-HD22	중	상부근	526kN*m	단부배근
C	8-HD22	대	하부근	590kN*m	중앙부배근
D	7-HD22	중	하부근	526kN*m	중앙부배근
E	5-HD22	소	하부근	392kN*m	중앙부배근
F	3-HD22		상/하부근 동일	241kN*m	단부/중앙부배근 Wall Girder상부

2. 등분포하중을 받는 작은보의 휨모멘트(설계강도)와 철근배근

1) 중앙부 10.5m 좌우대칭인 경간을 기준으로(첨부공식①)

단부(연속) 휨모멘트	중앙부 휨모메트	단부(연속) 휨모멘트
$-\dfrac{wl^2}{12}$	$+\dfrac{wl^2}{24}$	$-\dfrac{wl^2}{12}$
A-대	E-소	A-대

2) 좌측 10.5m 경간에 대하여 상대적인 크기설정

단부(불연속) 휨모멘트	중앙부 휨모메트	단부(연속) 휨모멘트
E-소	C,D-대,중	A-대

Y3~Y4열 작은보 해석

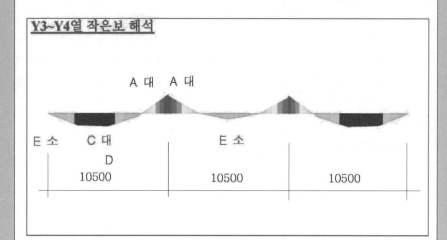

A 대 A 대

E 소   C 대   E 소

D

10500   10500   10500

3. 등분포하중을 받는 큰보의 휨모멘트(설계강도)와 철근배근

1) 중앙부 10.5m 좌우대칭인 경간을 기준으로(첨부공식①)

단부(연속) 휨모멘트	중앙부 휨모메트	단부(연속) 휨모멘트
$-\dfrac{wl^2}{12}$	$+\dfrac{wl^2}{24}$	$-\dfrac{wl^2}{12}$
A-대	E-소	A-대

2) 좌측 10.5m 경간에 대하여 상대적인 크기설정

단부(불연속) 휨모멘트	중앙부 휨모메트	단부(연속) 휨모멘트
B-중	D-중	A-대

Y3열 큰보(Girder) 해석

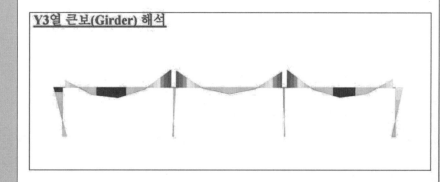

4. 집중하중을 받는 큰보의 휨모멘트(설계강도)와 철근배근

1) 중앙부 7.2m 좌우대칭인 경간을 기준으로(첨부공식③)

단부(연속) 휨모멘트	중앙부 휨모메트	단부(연속) 휨모멘트
$-\dfrac{Pl}{8}$	$+\dfrac{Pl}{8}$	$-\dfrac{Pl}{8}$
A-대	C-대	A-대

2) 좌측 7.2m 경간에 대하여 상대적인 크기설정

단부(불연속) 휨모멘트	중앙부 휨모메트	단부(연속) 휨모멘트
B-중	C-대	A-대

X2열 큰보(Girder) 해석

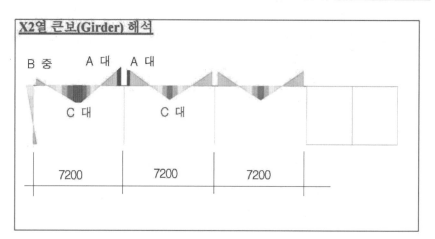

B 중   A 대   A 대

C 대   C 대

7200   7200   7200

표 (11-1) 부정정보의 휨모멘트 공식(★표는 암기해 두기 바람)

	하중상태	휨모멘트도	휨모멘트 공식 M_A	M_C 또는 M_D	M_B
① ★			$-\dfrac{\omega l^2}{12}$	$+\dfrac{\omega l^2}{24}$	$-\dfrac{\omega l^2}{12}$
② ★			0	$+\dfrac{9\omega l^2}{128}$	$-\dfrac{\omega l^2}{8}$
③ ★			$-\dfrac{Pl}{8}$	$+\dfrac{Pl}{8}$	$-\dfrac{Pl}{8}$
④ ★			0	$+\dfrac{5Pl}{32}$	$-\dfrac{3Pl}{16}$

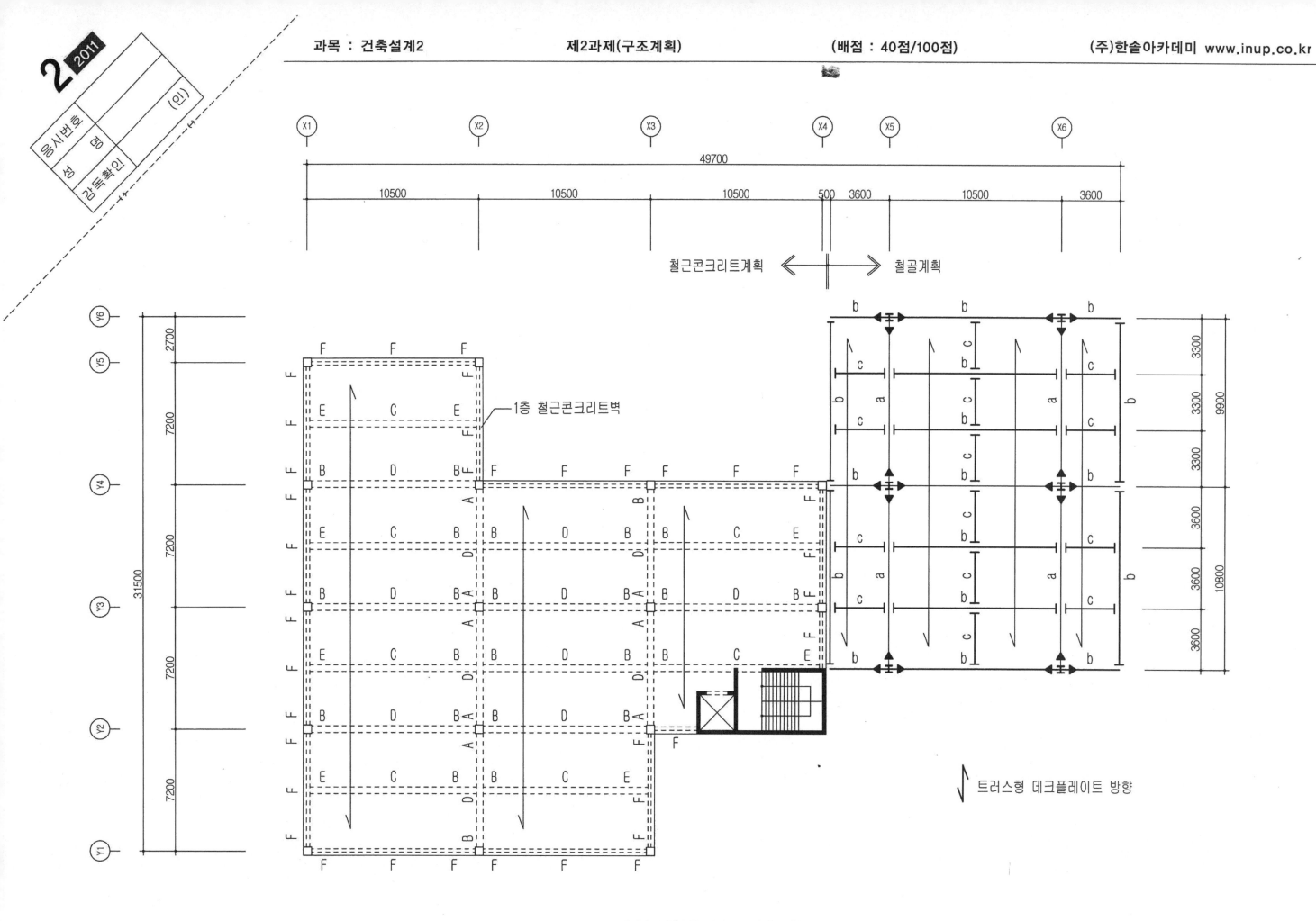

철근콘크리트계획 ⟵ | ⟶ 철골계획

1층 철근콘크리트벽

√ 트러스형 데크플레이트 방향

2층 바닥 구조 평면도

축척:1/200

구 성	FACTOR	지 문 본 문	FACTOR	구 성

2012년도 건축사 자격시험 문제

제목 : 소규모 근린생활시설 단면설계

1. 제목

- 건축물의 용도 제시 (주택가와 인접해 주민들의 생활에 편의를 줄 수 있는 시설물로, 그 범위는 건축법 시행령에서 규정하고 있습니다. 근린생활시설은 1종과 2종으로 구분한다.)

① 배점을 확인합니다.
- 65점(단면설계에서 계단, 외벽상세도가 포함되어 난이도가 높음)

② 평면도에 제시된 A-A'를 지시 선을 확인한다.
- 절취선에 의한 단면요소
- 절취선에서 보이는 입면요소 검토

1. 과제개요

제시된 도면은 대학가에 위치한 소규모 근린생활시설 평면도의 일부이다. 아래 사항을 고려하여 <u>주단면도</u> 및 <u>단면상세도</u>를 작성하시오.
③

2. 과제개요

- 주 단면설계와 단면 상세도를 작성
- 평면도에 제시된 절취선을 기준으로 주단면도를 작성

③ 단면상세도 위치
- 제시된 요소파악
- 상세도 위치 파악 후 작도 범위를 예상한다.

2. 설계조건

(1) 규   모 : 지하 1층, 지상 3층 ④
(2) 구   조 : 철근콘크리트조 라멘조
(3) 설비시스템 : 고려하지 않음
(4) 각 층별 바닥 구조체 레벨은 평면도를 참조하 ⑤
되, 지하층 및 피트의 바닥 구조체 레벨(SL)은 -1,600mm 임
(5) 반자높이 및 천장형태 ⑥
  ① 반자높이는 3,000mm 이상 확보
  ② 천장의 단면형태는 실의 용도를 고려하여 표현
(6) 기   초 : 온통기초, 두께 500mm
(7) 기   둥 : 500mm x 500mm
(8) 보   : <u>400mm x 500mm</u> ⑨
(9) 바닥슬래브 : 두께 150mm
(10) 단열재 ⑦
  ① 외벽 및 최하층 바닥 : 두께 100mm
  ② 지붕 : 두께 200mm
(11) 외벽
  남측면은 친환경설계 기법을 도입하여 환기 및 일사 조절이 가능한 이중외피(Double Skin)로 설계 ⑧
(12) <u>스탠드</u>⑮ 및 <u>천창(skylight)</u> ⑫
  ① 스탠드 및 야외무대는 <u>내후성 목재로 마감</u> ⑯
  ② 천창의 형태는 임의로 함
(13) 옥상은 별도의 직통계단을 통하여 접근하는 것으로 가정함
(14) 방화구획은 고려하지 않음
(15) 출입구 전면은 자연구배로 함

④ 지하1층, 지상3층 규모 검토(작도 량이 많기 때문에 시간배분을 검토해 본다.)

⑤ 층고결정
- 각 층고 결정시 제시된 지문 및 평면도에 레벨을 확인해서 층고를 결정한다.

3. 설계조건
- 규모
- 용도
- 구조
- 층고
- 천장고
- 기초
- 외벽
- 보
- 기둥
- 슬래브
- 단열재
- 위 내용과 같이 단면의 규모와 범위 등을 제시한다.
- 단면도의 형태와 구성요소를 제시

⑥ 반자높이 및 형태
- 반자 높이는 최소 3,000mm이상
- 실의 용도에 맞는 천장의 형태는 지붕층 스탠드형 계단에 의해 일부 경사 천장으로 계획한다.

⑦ 외벽 두께는 300mm 이며, 벽체 두께 150mm, 단열재100mm, 화강석 마감30mm를 고려해야 한다.

⑧ 이중외피
기존벽체와 외부벽체 사이에 중공층을 설치하여 외부의 자연환경을 적극적으로 활용하는 시스템 적용

3. 도면에 포함되어야 할 주요 내용

(1) 주단면도
  ① 실의 용도에 따른 층별 단면 (천장 형태 포함)
  ② 이중외피(Double Skin)
  ③ 옥상 스탠드, 야외무대 및 천창(skylight)
  ④ 계단의 단높이, 단너비 등 ⑩
  ⑤ 1층 출입구 캐노피
  ⑥ 단열, 방수 등 ⑪

(2) 단면상세도
  ① 환기 및 일사조절 기능을 포함한 이중외피 (Double Skin)
  ② 옥상조경 및 파라펫

4. 도면작성요령

(1) 단면지시선 'A'에 의해 보여 지는 입·단면을 표현 ⑬ 한다.
(2) 층고, 반자높이, 개구부높이 등의 주요치수를 표기 ⑭ 한다.
(3) 각 실의 명칭을 표기한다.
(4) 제시되지 않은 레벨, 치수 및 재료 등은 임의로 ⑰ 표현 한다.
(5) 단위 : mm
(6) 축척
  ① 주단면도 : 1/100
  ② 단면상세도 : 1/50

5. 유의사항

(1) 답안작성은 반드시 흑색연필로 한다.
(2) 명시되지 않은 사항은 현행 관계법령의 범위 안에서 임의로 한다.

⑨ 보의 크기는 400×600mm이며 기둥의 크기는 이보다 조금 큰 500×500mm이므로 기둥에 의해 보의 위치가 편심 걸리는 것을 확인해야 한다.

⑩ 평면도에 제시된 레벨을 기준으로 각 층별 계단 단높이 및 단너비를 고려한다.

⑪ 지하층 방습을 위한 PE필름, 단열재, 방습 벽 등을 벽 및 바닥에 표현해야 한다.

⑫ 천창을 통해 하부는 계단실이 위치하며, 계단하부까지 주광의 경로 및 공기유동경로 표현이 되어야 한다.

⑬ 주단면도 및 부분 단면도에 표현되어야 할 주요 내용은 반드시 표현이 되어야 한다.

⑭ 단면의 형태는 skip floor 형태 이기 때문에 계단의 단높이 및 단너비는 각기 다르게 표현되어야 한다.

⑮ 지붕층의 계단식 스텐드의 구조 및 형태를 정화히 파악해서 작도 해야 한다.

⑯ 지붕층의 마감이 목재 및 인공토 등으로 표현 되어야 하기 때문에 정확한 표현이 이루어지도록 한다.

⑰ 제시되지 않은 사항은 기술적으로 표현을 해야 한다.

4. 주요내용

<주단면도>
- 실의 용도에 따른 층별 단면 (천장 형태 포함)
- 이중외피(Double Skin)
- 옥상 스탠드, 야외무대 및 천창(skylight)
- 계단의 단면도, 단너비 등
- 1층 출입구 캐노피
- 단열, 방수 등

<단면상세도>
- 환기 및 일사조절 기능을 포함한 이중외피(Double Skin)
- 옥상조경 및 파라펫

5. 도면작성요령
- 입·단면도 표현
- 층고, 천장고, 개구부높이, 계단 및 주요치수 표현
- 실명 기입
- 레벨, 치수 및 재료 등은 임의 표현
- 단위 및 축척

6. 유의사항
- 제도용구 (흑색연필 요구)
- 명시되지 않은 사항은 현행 관계법령을 준용

7. 제시 평면도

- 지하1층 평면도
- 지상1층 평면도를 확인 후 지하층 영역이 단면도에 표현되어야 한다.
- X1열에서 1,200mm 하부~X2열까지 지하 PIT층 표현
- X2열~X4열 하부 문구점 및 온통기초 표현

- 지상1층 평면도
- 방풍실, 계단계획 후 작도, X4열로 연결된 스킵형태의 단면계획
- 기둥 입면 표현
- 1층 단차 2,500mm
- 1층 바닥과 지표면과의 100mm 단차

- 2층 및 3층 평면도
- 캐노피, 커튼월, 계단계획, X4열 외벽을 통한 단면절취 확인
- 2층 북카페의 단차 2,000mm 및 X1열과 X4열 캐노피 표현
- X1열 외벽 이중외피(Double Skin) 표현
- 북카페와 소품전문샵의 단차 3,100mm 확인(중간 계단참 설치)

- 지붕층 평면도
- 파라펫, 야외무대, 천창, 옥상정원 절취
- 야외무대와 옥상정원과의 단차 표현
- 스탠드의 형태 표현

① 파라펫 높이 : 잔디 마감으로부터 1,200mm

② 잔디마감인 경우 인공토 THK200mm 정도로 표현 한다.

③ 천창의 경우 경사도 및 높이 등이 없으므로 임의로 선택한다.
　- 경사도 : 10(가로) : 4(높이)
　- 높이 : 야외무대 인접해 있으므로 안전을 고려해 1,800mm 정도로 한다.

④ 야외무대 높이 2,000mm / 4단 = 500mm 단차

⑤ 스탠드 양측 계단 높이 500mm / 3단 = 166mm로 계획

⑥ 이중외피(Double Skin)상부표현

⑦ 창호설치 : THK24mm로이유리

⑧ 계단 : 각 층별 제시된 레벨을 기준으로 단높이 및 단너비 계획

⑨ OPEN 부분으로 난간설치

⑩ W=900mm 이중외피(Double Skin) 표현

⑪ 철골조 캐노피 설치

⑫ 지하1층 외벽 및 1층 창호 설치가 되어야 하며, 입면으로 일부 경사로 표현

⑬ 1층 및 지하층 레벨확인

⑭ 1층 높이가 2,500mm / 15단 = 166.6mm 단높이가 제시된다. 이때 꼭 단높이의 경우 150mm이 안되므로 계산에 의해서 표현이 되어야 한다.

⑮ PIT층 외벽은 X1열에서 1,200mm 이격되어 있다.

⑯ 방풍실 2,800mm

⑰ 캐노피 상부에 Double Skin이 표현되어야 한다.

과목: **건축설계2**　　　제1과제 (단면·계단설계)　　　배점: 60/100점

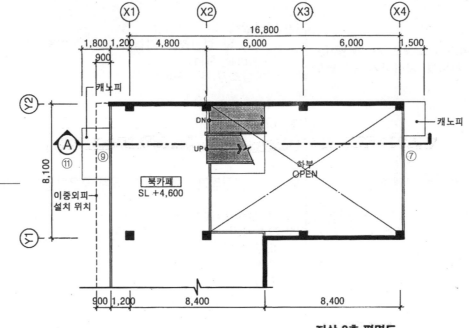

지상 2층 평면도
축척: 1/200

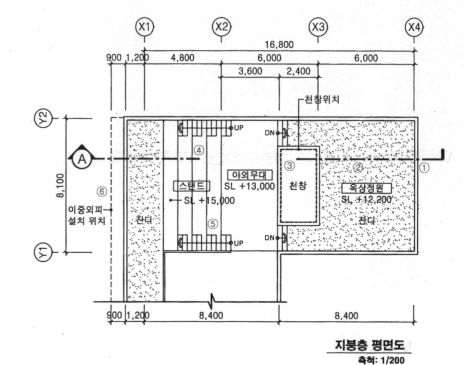

지붕층 평면도
축척: 1/200

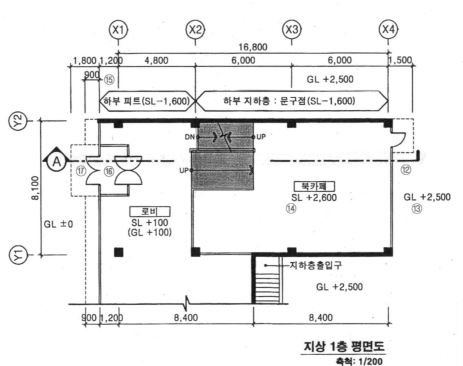

지상 1층 평면도
축척: 1/200

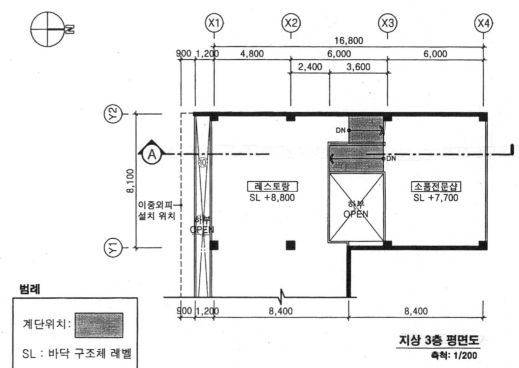

지상 3층 평면도
축척: 1/200

범례

계단위치 : ▨

SL : 바닥 구조체 레벨

1 과제개요 확인

① 제시된 도면을 우선 읽고 지문의 내용을 파악한다.
② 층고 제시여부 확인 (층고-제시, 천장고-제시)
③ 계획시 요구 사항
④ 단면요소
　- 주단면도, 부분 단면도, 계단 계획 후 작도
⑤ 요구도면 및 표현

2 제시도면 파악

① 제대로 도면을 음미해 보자.
② 단면 절취선을 명확히 파악한다.
③ 본 도면의 경우 Skip Floor 형태의 단면임을 기억해 두어야 한다.
④ 계단의 범위가 평면도에 제시되어 있어 각 층별 레벨을 이용하여 단높이 및 단너비를 결정해야 한다.
⑤ 계단 계획, 남측 이중외피(Double Skin), 스탠드형 계단, 지붕층 슬래브 형태를 유지해야 한다.

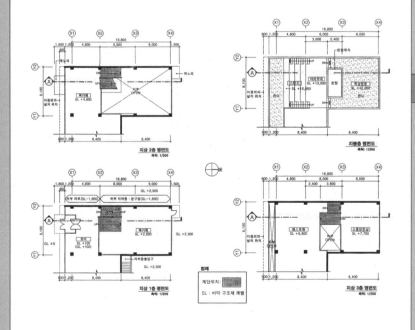

3 단면 형태 Sketch 및 층고, 천장고 형상 결정

① A-A'절취선을 기준으로 층고 및 천장고를 확인해야 하며, 지하층 평면도는 1층 평면도에 포함되어 SL -1,600mm를 기준으로 지하층 바닥이 표현되어야 한다. 각층 슬래브는 Skip Floor 형태의 슬래브이다. 반자 높이는 실의 용도를 고려하므로 3층 에서만 남측으로 경사지게 하여 채광이 실내 깊이까지 유입되도록 한다.
② 지하층의 경우 PIT층과 문구점으로 구분되어 있어 추후 혼동되어 작도하지 않도록 해야 한다.
③ 절취선 뒤로 보이는 입면 요소들을 확인한다.

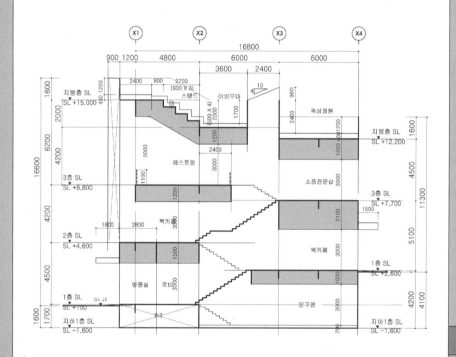

4 외벽, 내벽, 기타 단면요소 고려

① 계단(제시된 계단범위)
　- 로비 → 방풍실
　　: 9단(166.9mm)
　- 로비 → 북카페
　　: 15단(166.6mm)
　- 북카페 → 북카페
　　: 12단(166.9mm)
　- 북카페 → 소품전문샵
　　: 18단(172.2mm)
　　중간 계단참 설치
　- 소품전문샵 → 레스토랑
　　: 7단(157.1mm)

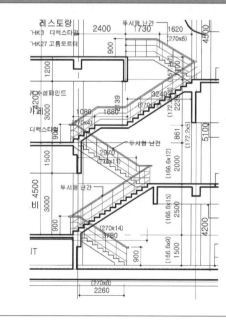

② X1열 단면 상세도 작성하며, 조경, 파라펫 높이, 단열재, 트렌치, 방수등, 이중외피(Double Skin)이 함께 표현되어야 한다.
③ 외벽 단열재 및 화강석 등이 포함되어야 하며, 마감을 고려한 외벽 두께 300mm로 한다.
④ 지붕층 방수, 잔디식재 표토 두께, 조경에 대한 입면 및 높이 표현, 수목 입면 표현
⑤ 냉교 현상을 방지하기 위한 단열재 설치
⑥ 지하층 방습 및 방수에 대한 표현이 되어야 한다.

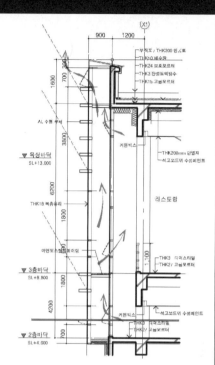

<상세도>

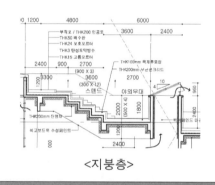

<지붕층>

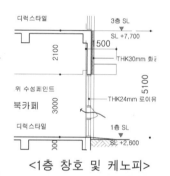

<1층 창호 및 케노피>

5 모범답안

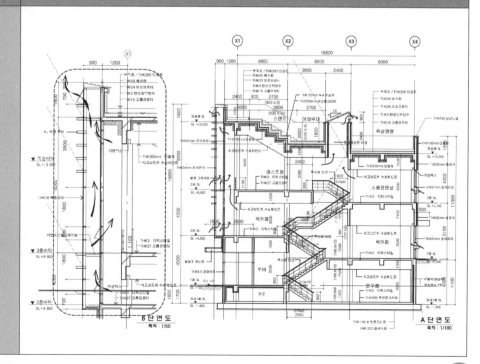

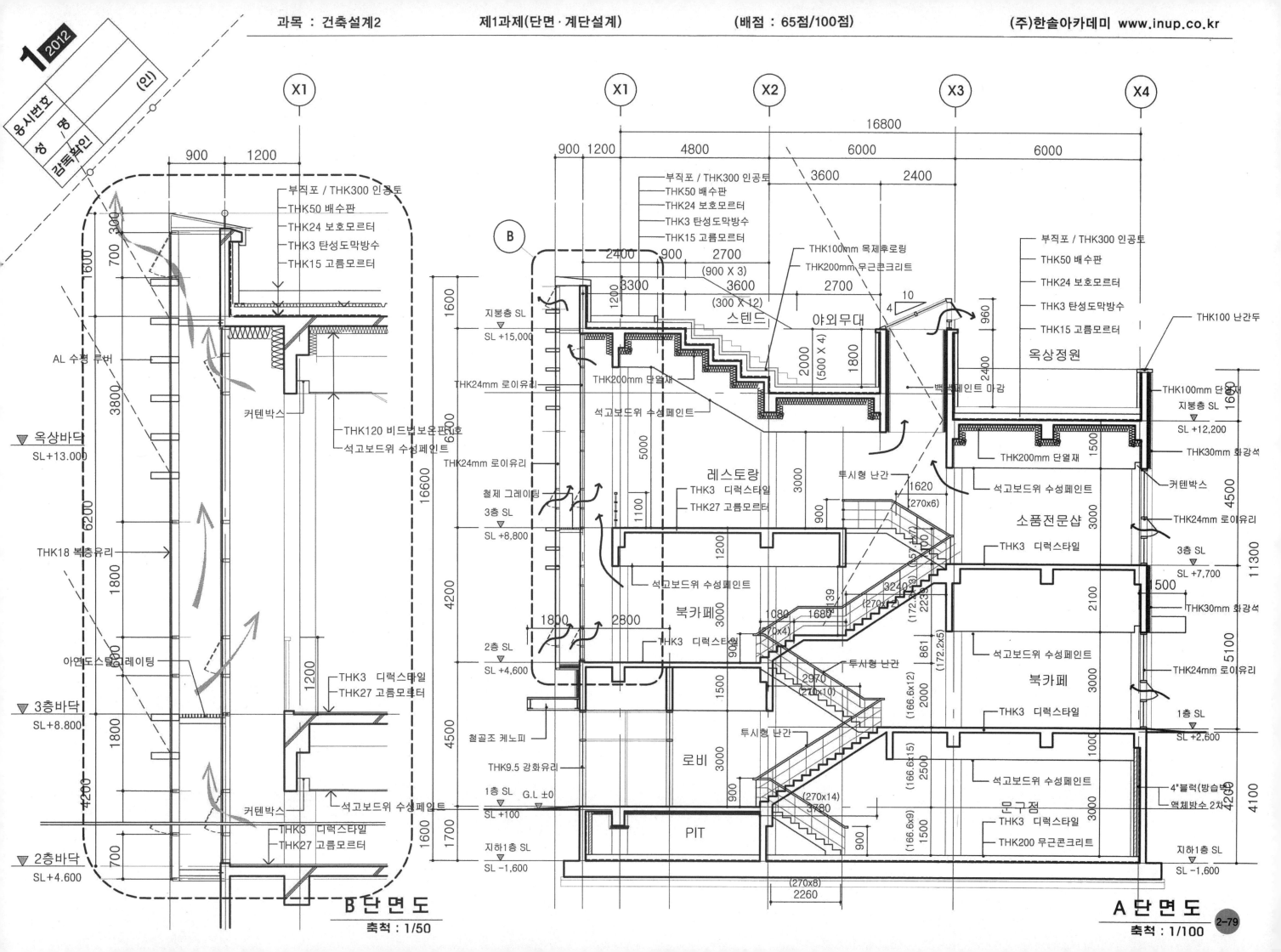

B 단 면 도
축척 : 1/50

A 단 면 도
축척 : 1/100

2-79

2012년도 건축사 자격시험 문제

과목: 건축설계2   제2과제 (구조계획)   배점: 40/100점①

제목 : 소규모 갤러리 구조계획 ②

1. 과제의 개요

소규모 갤러리를 주어진 대지 내에 신축하려고 한③
다. 아래사항을 고려하여 전시에 효율적인 구조계
획이 되도록 2층 바닥 구조평면도를 작성하시오.
④

2. 계획조건

(1) 규   모 : 지상 2층 ⑤
(2) 구조형식 : 철근콘크리트 라멘조 ⑥
(3) 적용하중 (계단실 포함) ⑦
   : 고정하중 = 5.0 kN/m², 활하중 = 3.0 kN/m²
(4) 층   고 : 각 층 4.5m
(5) 사용재료 ⑧
   ① 철근 f_y = 500 MPa, HD22
   ② 콘크리트 f_{ck} = 24 MPa
(6) 구조부재의 단면치수 (단위 : mm) ⑨
   ① 기둥
   가   나   다   라

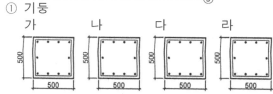

   ② 보
   A(a)   B(b)   C(c)   D(d)

   E(e)   F(f)   G(g)

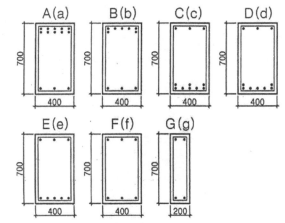

   ③ 전단벽 두께 : 200
   ④ 토압을 받는 벽체두께 : 300
(7) 트러스형 데크플레이트 슬래브는 2층 바닥전체를
   한쪽 방향으로만 계획한다. ⑩

3. 고려사항

(1) 건축물 외벽선 이내에서 구조계획을 한다.
(2) 기둥 및 보의 전단력, 축력은 고려하지 않고 휨
   모멘트만 고려한다. ⑫
(3) 모든 부재는 횡력을 고려하지 않는다. ⑬
(4) 기둥
   ① 수직이며 주어진 기둥 이외에는 추가하여 계획
     하지 않는다. ⑭
   ② 전단벽의 구속을 받지 않는다.
(5) 보
   ① 연속적으로 설치하는 것을 원칙으로 한다. ⑮
   ② 토압을 받는 벽체와의 접합부는 힌지(hinge)로 ⑯
     가정한다.
   ③ 보와 기둥은 응력을 배분한다.
(6) 슬래브
   - 경간(span)은 3,500mm 이하가 되도록 계획한다. ⑰
(7) 계단실, 화장실 및 승강기 샤프트는 전단벽으로 계획 ⑱
   한다.

4. 도면작성요령

(1) 트러스형 데크플레이트의 방향을 표시한다.
(2) 도면의 표시는 <보기1>과 같이한다. ⑲
(3) 보는 계획조건에서 제시된 기호 A(a)~G(g)로 구분 ⑳
   하여 <보기2>와 같이 1개의 보 당 3개의 단면
   (양단부, 중앙부)를 표기한다. 단, 도면 표기 시
   가로방향을 소문자, 세로방향을 대문자로 한다.
(4) 기둥은 계획조건에서 제시된 기호 가~라로 구분
   하여 <보기2>와 같이 표시한다. ㉑
(5) 단위 : mm
(6) 축척 : 1/100

5. 유의사항

(1) 답안작성은 반드시 흑색연필로 한다.
(2) 명시되지 않은 사항은 현행 관계법령의 범위 안
   에서 임의로 한다.

구성 / FACTOR (좌측)

1. 제목
- 건물 용도 제시

① 배점 확인
   구조계획시간 배분

② 용도
   - 갤러리(전시공간)
     제시된 평면 분석 필요

2. 과제개요
- 과제의 계획조건 제시
- 계획의 주안점
- 과제층 구조평면도

③ 문제유형
   - 신축구조계획형
     제시된 조건과 고려사항 중요

④ 구조계획층 확인
   - 제시된 평면도 구조계획 층의 일치
     여부 확인

3. 계획조건
- 규모
- 구조형식
- 적용하중
- 사용재료
- 구조부재의 단면치수
- 기타조건

⑤ 건물규모
   - 층수에 따른 건축법규상 내진 적용
     여부 확인

⑥ 구조형식
   - 철근콘크리트 라멘조(모멘트골조)

⑦ 적용하중
   - 수직하중, 모든 실이 동일한 조건

⑧ 사용재료
   - 철근콘크리트

⑨ 구조부재의 단면치수
   - 부재별(기둥, 보, 벽)철근배근 및 부
     재단면 치수 확인
   - 도면작도시 고려함

⑩ 트러스형 데크플레이트 적용
   - RC구조에 데크 적용

FACTOR / 구성 (우측)

⑪ 구조계획 작도시 유의사항

⑫ 기둥과 보의 배근 상태에 따른 휨
   모멘트 관계 분석 필요

⑬ 지진, 풍 및 토압 고려하지 않는다.

⑭ 제시된 기둥 위치와 개수 확인

⑮ 작은보와 큰보 계획
   - 큰보를 먼저 계획
   - 슬래브 경간을 확인하여 작은보의
     방향과 연속성 부여

⑯ 보가 벽체와 접합되는 경우 Wall
   Girder를 설치하고 보의 철근 정착
   하는 방법(힌지는 회전지점)

⑰ 보의 방향을 고려하여 데크 슬래브
   의 방향을 결정

⑱ 주어진 벽체위치
   - 구조계획 전에 도면에 표기하여 구
     조 계획시 연관성을 반영함

⑲ 데크플레이트 방향 표시
   - <보기1> 확인

⑳ 보 배근 7가지 유형 구분
   - <보기2>와 같이 표기
   · 보의 단부와 중앙부 구분
   · 소문자, 대문자 방향확인

㉑ 기둥배근 4가지 유형 구분
   - <보기2>와 같이 표기
   · 위치 확인

4. 고려사항
- 구조계획 범위
- 휨모멘트 고려
- 수직기둥 위치 확인
- 계단실, 화장실 및
  승강기 샤프트 벽체
  위치 확인

5. 도면작성요령
- 데크 표기
- 도면표기
- 제시된 기호 구분
  인지
- 표기 방법 인지
- <보기> 확인
- 단위
- 축척

6. 유의사항
- 흑색연필

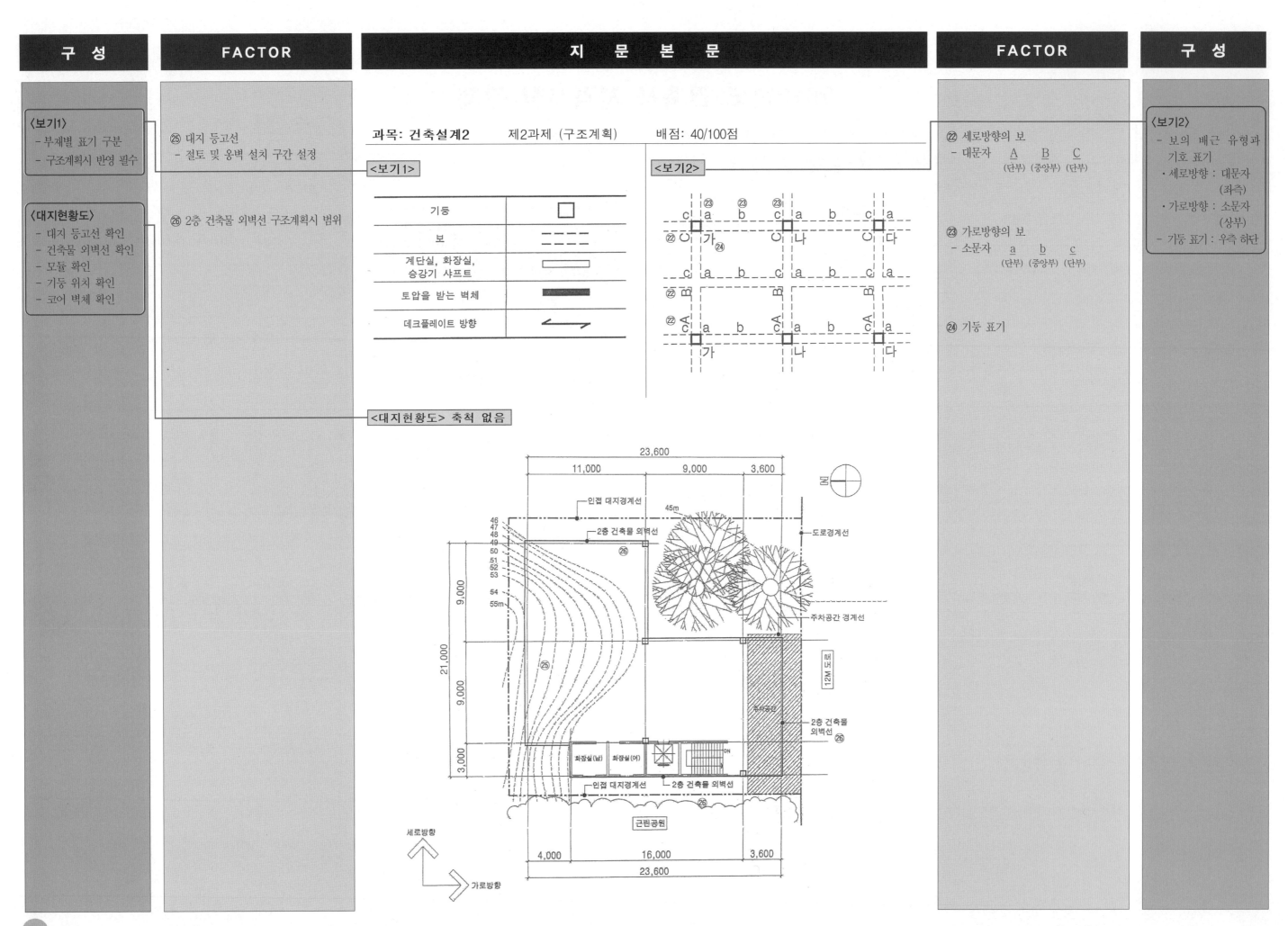

| 구 성 | FACTOR | 지 문 본 문 | FACTOR | 구 성 |

〈보기1〉
- 부재별 표기 구분
- 구조계획시 반영 필수

〈대지현황도〉
- 대지 등고선 확인
- 건축물 외벽선 확인
- 모듈 확인
- 기둥 위치 확인
- 코어 벽체 확인

㉕ 대지 등고선
- 절토 및 옹벽 설치 구간 설정

㉖ 2층 건축물 외벽선 구조계획시 범위

과목: 건축설계2   제2과제 (구조계획)   배점: 40/100점

〈보기1〉

기둥	□
보	- - - -
계단실, 화장실, 승강기 샤프트	▭
토압을 받는 벽체	▬
데크플레이트 방향	⟵

〈대지현황도〉 축척 없음

㉒ 세로방향의 보
- 대문자   A   B   C
         (단부) (중앙부) (단부)

㉓ 가로방향의 보
- 소문자   a   b   c
         (단부) (중앙부) (단부)

㉔ 기둥 표기

〈보기2〉
- 보의 배근 유형과 기호 표기
  · 세로방향 : 대문자
              (좌측)
  · 가로방향 : 소문자
              (상부)
- 기둥 표기 : 우측 하단

1	모듈결정 및 부재배치	2	답 안

1. 기둥모듈확인
기둥위치를 제시함 → 모듈제시형 과제
철근콘크리트기둥의 개수 : 5개

- 철근콘크리트 구조계획 : 갤러리
  ① 2층 건축물 외벽선 - 구조계획범위
     대지 등고선 확인 - 신설벽체구간
  ② 수직열 기둥스팬 11.0m, 9.0m, 3.6m
     수평열 3.0m, 기둥스팬 9.0m, 9.0m
  ③ 기둥열과 철근콘크리트 벽체열의 일치 및 불일치 여부 확인
  ④ 1층 주차공간 상부는 켄틸레버 구조계획 암시

작도 1 〉 모듈(중심선)과 기둥을 표기함

2. 철근콘크리트 벽체확인
  ① 계단실 벽체, 승강기샤프트 벽체, 화장실벽체 확인
  ② 1층에 설치되는 RC벽체를 2층바닥 구조평면도에 표기함
  ③ 대지 등고선을 확인하여 토압을 받는 추가RC벽체구간을
     설정함.

작도 2 〉 1층에 설치되는 철근콘크리트 구조벽체를 표기함

3. 보 배치
3.1 큰 보(Girder)의 배치
  - 기둥과 기둥을 연결하는 부재, 〈보기 1, 2〉참조

작도 3 〉 큰 보 표기함

3.2 작은 보(Beam)의 간격
  - 작은보는 큰 보와 큰 보 사이에 배치
  - 도면상 수직방향으로 작은 보 설치시 2.75m, 3m간격(11m/4, 9m/3)
  - 도면상 수평방향으로 작은 보 설치시 9m 간격(9m/3)

  • 결정근거 : 지문분석
  ① 트러스형 데크 플레이트는 최대 3.5m의 경간을 지지한다.
  ② 트러스형 데크 플레이트는 2층 바닥 전체에서 한쪽방향으로만 사용

3.3 작은 보의 방향결정
  - 작은보의 방향 결정은 수평방향으로 배치함

  • 결정근거 : 지문분석
  ① 보는 연속적으로 설치
  ② 벽체와 보의 접합은 힌지로 가정

3.4 켄틸레버구간은 작은보를 연장하여 배치합
3.5 외주부 1층 철근콘크리트벽체 상부에 Wall Girder 설치
3.6 코아 벽체에도 인방보설치

**작도 4 〉 작은 보를 수평방향으로 배치하여 보를 연속적으로 설치하고
       데크슬래브의 방향을 통일함, 데크 방향 표기**

4. 부재표시
  - 표기는 반드시 〈보기 1〉, 〈보기 2〉에 따름

5. 지문에 요구되는 부재크기 표기
  - 철근콘크리트 기둥 ; 가~라 구분 (부록참조) 강축, 약축
  - 철근콘크리트 보 : A(a)~G(g) 구분
     상부주근(단부) : A(a)~B(b), 2개
     하부주근(중앙부) : C(c)~E(e), 3개
     Wall Girder : F(f)
     인방보 : G(g)
     가로방향, 세로방향을 구분하여 표기

작도 5〉 부재표기 및 미비한 부분 추가기재 및 검토

2층 바닥구조 평면도

1. 기둥철근과 휨모멘트의 관계

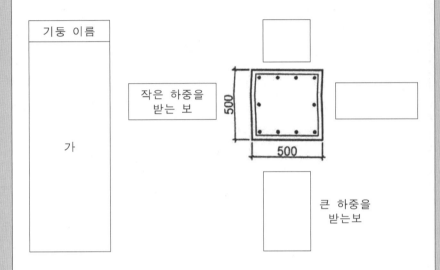

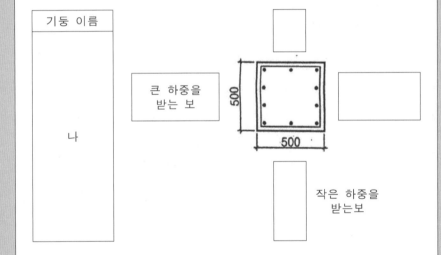

2. 철근콘크리트 보 배근 유형 구분

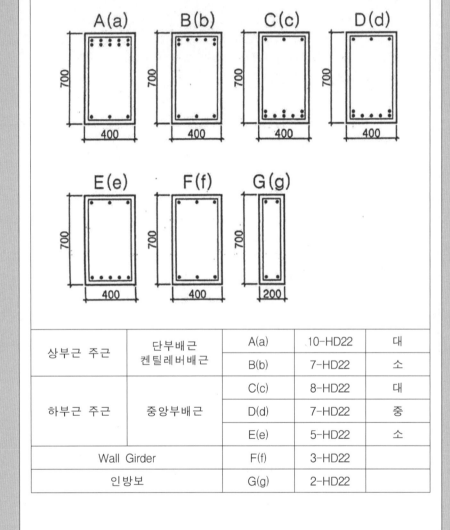

상부근 주근	단부배근 켄틸레버배근	A(a)	10-HD22	대
		B(b)	7-HD22	소
하부근 주근	중앙부배근	C(c)	8-HD22	대
		D(d)	7-HD22	중
		E(e)	5-HD22	소
Wall Girder		F(f)	3-HD22	
인방보		G(g)	2-HD22	

3. 구조해석 – 휨 모멘트의 흐름

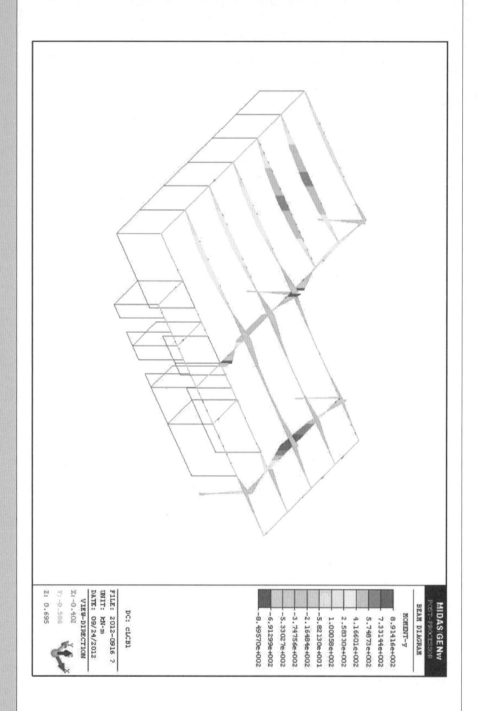

2 2012

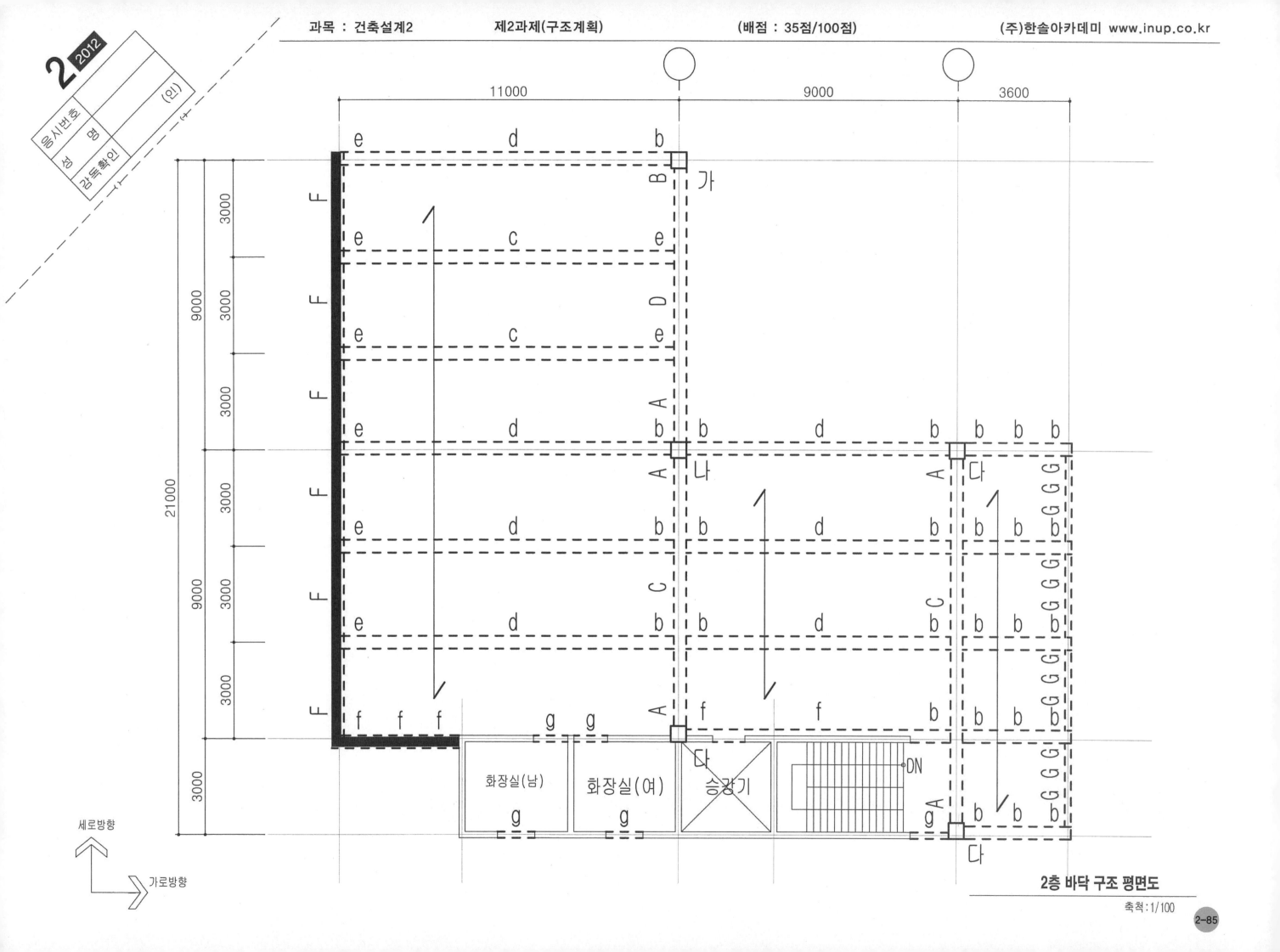

2층 바닥 구조 평면도
축척 : 1/100

2013년도 건축사 자격시험 문제

과목 : 건축설계2   제1과제 : 단면설계   배점 : 65/100점 ①   (주)한솔아카데미

제목 : 문화사랑방이 있는 복지관 단면설계

1. 과제개요

제시된 도면은 중소도시 주택가에 위치한 문화사랑방이 있는 복지관 평면도의 일부이다. 다음 사항을 고려하여 단면도를 작성하시오. ②

2. 설계조건

(1) 규   모 ③ : 지하 1층, 지상 3층 ④
(2) 구   조 : 철근콘크리트 라멘조 ⑤
(3) 용   도 ⑥ : 복지시설
(4) 바닥 구조체 레벨 높이 ⑦ : 평면도 참조
(5) 층   고 : 평면도 참조
(6) 반자높이 : 2.5m～3.0m, 실의 용도에 따라 임의로 설계 ⑨
(7) 기   초 ⑩
  ① 온통기초 (두께 600mm)
  ② 동결선 1.0m 이상
(8) 기   둥 : 400mm x 400mm
(9) 보   : 300 x 500mm ⑪
(10) 바닥슬래브 : 각층 두께 150mm
(11) 단열재 두께 ⑫
  ① 외벽 및 최하층 바닥 : 150mm
  ② 지붕 및 외기노출바닥 : 250mm
(12) 외   벽 : 노출콘크리트 ⑬
(13) 지   붕 ⑭
  ① 평면도 상의 ①～③열 구간 : 평지붕
  ② 평면도 상의 ③～⑤열 구간 : 경사지붕
     (경사도 2/10 이상, 처마길이 1m)
(14) 천   창 : 천창 설계 가능범위 내에서 ⑮ 자연환기가 가능하도록 설계
(15) 문화사랑방 : 직육면체의 입체감이 강조 ⑯ 되도록 외피를 노출콘크리트가 아닌 다른 단일재료로 마감 (카페 바닥은 제외)
(16) 지하층 옹벽 : 두께 400mm
(17) 방화구획 : 고려하지 않음
(18) 설비계획 : 고려하지 않음

3. 도면에 포함되어야 할 주요 내용 ⑰

(1) 층별 단면
(2) 기초 및 드라이 에리어(Dry Area)
(3) 천창
(4) 계단의 단높이, 단너비, 난간
(5) 단열, 결로, 방수
(6) 내외장 마감재
(7) 수공간

4. 도면작성요령

(1) 단면도 작성시 보이는 입면을 그린다. ⑱
(2) 층고, 반자높이, 개구부 높이 등 주요 치수를 표기한다. ⑲
(3) 각 실의 명칭을 표기한다.
(4) 그 밖에 구체적으로 제시되지 않은 레벨, 치수 및 재료 등은 임의로 표기한다. ⑳
(5) 단위 : mm
(6) 축척 : 1/100

5. 유의사항

(1) 답안작성은 반드시 흑색 연필로 한다.
(2) 명시되지 않은 사항은 현행 관계법령의 범위 안에서 임의로 한다.

구성 (좌측)

1. 제목
건축물의 용도 제시(지역 주민을 위한 지역 내 문화예술 향유공간을 의미)

2. 과제개요
- 중소도시 주택가에 문화사랑방이 있는 복지관 평면도 제시
- 평면도에 제시된 절취선을 기준으로 주 단면도를 작성

3. 설계조건
- 규모
- 구조
- 용도
- 바닥 구조체 레벨
- 층고
- 반자높이
- 기초
- 기둥
- 보
- 단열재 두께
- 외벽
- 지붕
- 천창
- 문화사랑방
- 지하층 옹벽
- 방화구획
- 설비계획

- 위의 내용 등은 단면설계에서 제시되는 내용이므로 반드시 숙지해야 한다.

FACTOR (좌측)

① 배점을 확인합니다.
65점(단면설계이지만 제시 평면도와 지문을 살펴보면 계단 및 지붕설계가 포함되어 있어 난이도가 높음)

② 평면도에 제시된 A-A'를 지시선을 확인한다.
- 절취선에 의한 단면요소
- 절취선에서 보이는 입면요소 검토

③ 단면도의 규모와 형태를 파악한다.

④ 지하1층, 지상3층 규모 검토(작도량이 많기 때문에 시간배분을 검토해 본다.)

⑤ 기둥, 보, 슬래브, 벽체 등은 철근콘크리트 구조로 표현

⑥ 단면설계에서 용도에 따라 친환경 요소들이 언급될 가능성이 매우 높다.

⑦ 각 층별 바닥은 구조체를 기준으로 한다.

⑧ 층고결정
제시평면도에 표현된 각층 레벨이 층고임을 명심하자.

⑨ 반자높이
실의 용도에 따라 반자높이가 달라지며, 3층의 경우 경사 지붕이므로 반자높이도 이에 맞게 계획되어야 한다.

⑩ 기초는 온통기초이며 DA부분은 주방보다 -100mm 낮게 한다.

FACTOR (우측)

⑪ 보의 크기는 보통 400×600mm로 출제는 것이 보통이나 본 문제에서는 300×500mm로 제시된 점에 유의하자

⑫ 단열재의 두께는 최근 강화되어 출제되고 있어 정확한 표현방법을 익혀두자

⑬ 외벽마감은 노출콘크리트로 제시되어 있어 다른 마감재를 표현하지 않도록 한다.

⑭ 지붕은 평지붕과 경사지붕 구간을 구분하여 표현되며 경사지붕의 경사방향을 계획 후 표현해야 한다.

⑮ 천장은 경사방향을 계획 후 표현해야 하며, 공기유동경로가 표현되어야 한다.

⑯ 문화사랑방은 단일공간이 되도록 마감재 표현

⑰ 도면에 포함되어야 하는 내용은 반드시 표현되어야 한다.

⑱ 내·외부 입면은 반드시 표현한다.

⑲ 층고, 반자높이, 개구부 높이 등 주요 치수를 표기되어야 한다.

⑳ 레벨, 치수 및 재료 등은 임의로 표기하지만 반드시 표현해야 하는 사항이다.

구성 (우측)

4. 도면에 포함되어야 할 주요 내용
- 층별단면
- 초의 형태
- 드라이 에리어 (Dry Area) 표현
- 천창
- 평면에 표현된 계단 범위를 참고하여 단너비 및 단높이 표현
- 단열, 결로, 방수에 대한 표현
- 내·외장 마감재
- 수 공간

5. 도면작성요령
- 내·외부 입면 표기
- 층고, 반자높이, 개구부 높이 등 주요 치수를 표기
- 레벨, 치수 및 재료 등은 임의로 표기
- 단위 및 축척

6. 유의사항
- 제도용구 (흑색연필 요구)
- 명시되지 않은 사항은 현행 관계법령을 준용

구 성

8. 제시 평면도

- 지하1층 평면도
- 수공간, 휴게홀, 계단, 창고, 주방, DA 단면 절취
- 1~2열 입면으로 표현
- 레벨확인 후 계단의 단높이 및 단너비 계획 후 표현
- 옹벽 두께 400mm

- 1층 평면도
- 문화 사랑방, 계단범위, 홀, 방풍실, 경사로 절취
- 1~2열 기둥 입면으로 표현
- 3~4열 레벨확인 후 계단의 단높이 및 단너비 계획 후 표현
- DA 상부 방풍실 및 경사로 표현

- 2층 평면도
- 카페, 계단, 홀, 캐노피 절취
- 카페 투시형 난간 표현
- 3~4열 레벨확인 후 계단의 단높이 및 단너비 계획 후 표현
- 캐노피 방수 및 입면 표현

- 3층 평면도
- 옥상, 천창, 계단, 휴게홀 표현 절취
- 천장의 경사방향 및 형태를 고려
- 3열~5열 지붕의 형태 및 반자높이 고려

FACTOR

① 썬큰 및 지하층 옹벽 두께 : 400mm

② D.A 슬래브는 식당보다 -100mm Down

③ 출입문 : 2,100mm

④ 계단 범위 내에서 정확한 판단 이 필요하며 층고 검토 후 단높이 및 단너비를 고려

⑤ 입면 출입문 표현

⑥ 주방의 경우 특별한 내용은 제시되지 않아도 방수 및 트랜치 등을 표현 하는 것이 좋다.

⑦ 지하층 ~ 계단참의 높이는 1800mm 이므로 단높이를 180mm로 하면 계단의 단수는 10단, 단너비 270mm ×9 = 2430mm

⑧ 출입경사로 높이100mm, 길이1,900mm

⑨ 높이는 1800mm이므로 단높이를 180mm로 하면 계단의 단수는 10 (단, 단너비 270mm×9 = 2430mm)

⑩ 문화사랑방 1열로부터 1,800mm 돌출 표현

⑪ 캐노피 방수 고려-100mm Down

⑫ 계단 참으로부터 연결복도 SL+1,800mm 에 표현

⑬ 카페 외곽으로 안전난간 설치

⑭ 문화사랑방 지붕으로 마감은 별도로 제시된 것은 없으므로 유의해야 한다.

⑮ 문화사랑방 외부 지붕으로 단일공간이 이루어지도록 마감재표현과 방수 표현이 되어야 한다.

⑯ 3~4열 지붕은 경사지붕으로 표현되어야 한다.

⑰ 천창은 방위를 고려한 경사와 공기유동 정도 등이 포함되어야 한다.

지 문 본 문

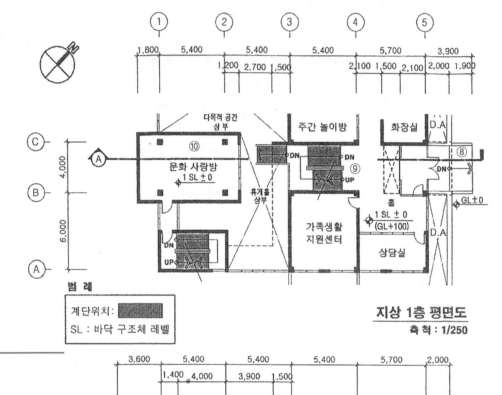

지상 1층 평면도
축척 : 1/250

범 례
계단위치 :
SL : 바닥 구조체 레벨

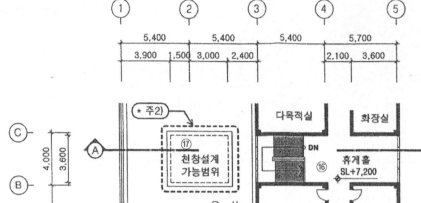

* 주2) 천창 설계가능 범위내에서 구조를 고려하여 천창의 크기와 형태를 표현

지상 3층 평면도
축척 : 1/250

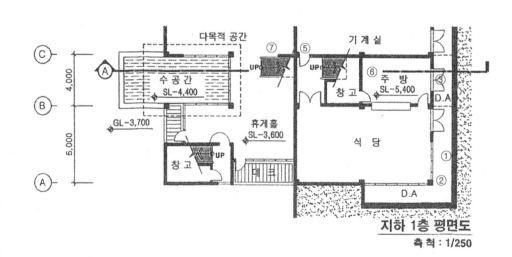

지하 1층 평면도
축척 : 1/250

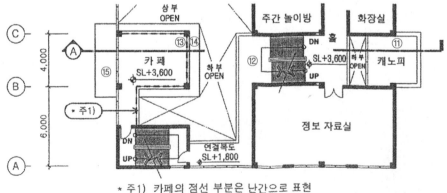

* 주1) 카페의 점선 부분은 난간으로 표현

지상 2층 평면도
축척 : 1/250

- 제1과제 : (단면설계)
- 배점 : 65/100점

2013년 출제된 단면설계의 경우 배점은 100점 중 65점으로 출제되었다. 또한 과제는 단면설계가 제시되었지만 지문 내용 등을 살펴보면 단순히 단면설계만 출제 된 것이 아니라 계단설계+지붕설계+친환경 설비 내용이 제시되었다.

제목 : 문화 사랑방이 있는 복지관 단면설계

1. 과제개요
제시된 도면은 중소도시 주택가에 위치한 문화 사랑방이 있는 복지관 평면도의 일부이다. 다음 사항을 고려하여 단면도를 작성하시오.

문화 사랑방 : 중소도시 주택가에 문화 사랑방이 있는 복지관 평면도를 제시하였으며, 가장 중요시 해결해야 할 부분이고 제시된 지문 등은 정확히 파악 후 표현되어야 한다.

2. 설계조건
(1) 규   모 : 지하 1층, 지상 3층
(2) 구   조 : 철근콘크리트 라멘조
(3) 용   도 : 복지시설
(4) 바닥 구조체 레벨 높이 : 평면도 참조
(5) 층   고 : 평면도 참조

수공간

- 수공간은 지하층 평면을 살펴보면 레벨은 휴게홀 보다 -800 mm DOWN 되어 있는 것을 살펴볼 수 있으며, 방수 및 구배 몰탈 등이 표현 되어야 한다.

주방

- 주방의 경우 인접 실보다 -100 mm DOWN 되어 방수 및 구배 몰탕 등이 표현되어야 하나 본 평면도를 살펴보면 동일레벨인 것을 파악 할 수 있다.

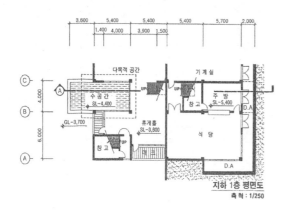

지하1층 평면도
축척: 1/250

▶ 지하1층 평면도
- 수 공간, 휴게 홀, 계단, 창고, 주방, DA 단면 절취
- 1~2열 입면으로 표현
- 레벨확인 후 계단의 단높이 및 단너비 계획 후 표현
- 옹벽 두께 400mm

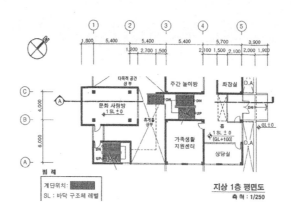

지상 1층 평면도
축척: 1/250

▶ 1층 평면도
- 문화 사랑방, 계단범위, 홀, 방풍실, 경사로 절취
- 1~2열 기둥 입면으로 표현
- 3~4열 레벨확인 후 계단의 단높이 및 단너비 계획 후 표현
- DA 상부 방풍실 및 경사로 표현

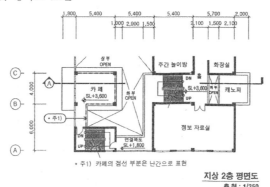

지상 2층 평면도
축척: 1/250

▶ 2층 평면도
- 카페, 계단, 홀, 캐노피 절취
- 카페 투시형 난간 표현
- 3~4열 레벨확인 후 계단의 단높이 및 단너비 계획 후 표현
- 캐노피 방수 및 입면 표현

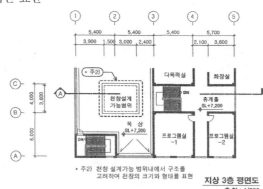

지상 3층 평면도
축척: 1/250

▶ 3층 평면도
- 옥상, 천창, 계단, 휴게 홀 표현 절취
- 천창의 경사방향 및 형태를 고려
- 3열~5열 지붕의 형태 및 반자높이 고려

계단실

- 계단실을 살펴보면 제시평면에는 범위가 주어진 것을 파악 할 수 있기 때문에 각층의 레벨등을 통해 단높이 및 단너비를 결정해야 한다.

방풍실

- 계획적인 측면에서 건물내부의 냉, 난방의 온도를 외부로부터 빼앗기지 않기 위해서 해주 곳으로써 본 시험에서는 빠짐없이 출제되는 곳이라 할 수 있기 때문에 여러 형태의 방풍실 및 캐노피의 형태를 익혀두는 것이 좋다.

천창

• 단면설계에서 기초의 경우 온통기초 와 독립기초 위주로 제시되고 있으며 줄기초의 경우 지문에는 언급이 없지만 1층을 중심으로 주로 주출입구 등에 표현된다고 할 수 있다.

(a) 독립기초 (b) 연속기초
(c) 온통(매트)기초 (d) 파일기초

기초의 종류

독립기초

줄기초

온통기초

---

(6) 반자높이 : 2.5m ~ 3.0m, 실의 용도에 따라 임의로 설계

① 제시된 평면도의 지하1층~지상3층에 제시된 절취선과 각층 레벨을 통해 간략한 단면 스케치를 한다.
② 각층 레벨이 구조체인지 마감 레벨인지를 정확히 파악한다.
③ 스케치를 통해 천장높이를 파악한다.
④ 슬래브의 단차가 있는지를 확인
⑤ 층별 계단 계획 후 단높이 및 단너비를 적용한다.
⑥ 천창 및 지붕층의 경사를 파악해 본다.

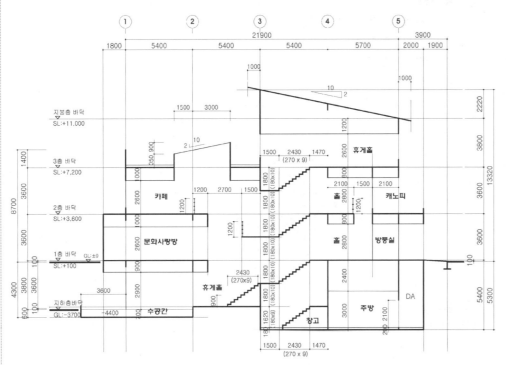

단면 스케치

---

(7) 기   초
① 온통기초 (두께 600mm)
② 동결선 1.0m 이상

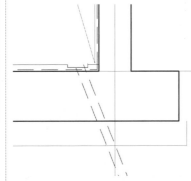

① 온통기초의 두께는 600mm로 해야 하며, 기초의 안정감을 더하기 위해 외벽으로부터 기초 두께만큼 돌출해서 표현 한다.

② 독립기초의 경우 동결선이 필요하나 온통기초의 경우 동결선이 깊이를 고려하지 않아도 된다.

---

(8) 기   둥 : 400mm x 400mm
(9) 보   : 300 x 500mm

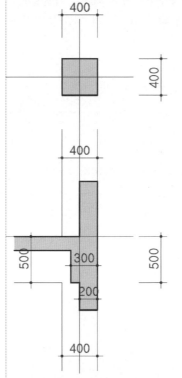

• 기둥의 크기는 400mm×400mm

• 보 : 300mm×500mm

• 위에서 제시된 기둥 및 보의 크기는 단면도에서 반드시 표현이 되어야 하는 부분이다.

• 기둥 중심으로부터 200mm 이격되어 외곽부분이 있으며, 이곳에 제시된 보의 크기 300mm 가 표현 되어야 한다.

• 기둥과 보의 간격은 100mm 차이 나야 하며, 또한 작도시 표현이 되어야 한다.

---

(10) 바닥슬래브 : 각층 두께 150mm
(11) 단열재 두께
① 외벽 및 최하층 바닥 : 150mm
② 지붕 및 외기노출바닥 : 250mm
(12) 외   벽 : 노출콘크리트

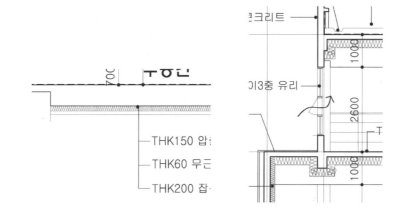

─ THK150 압...
─ THK60 무근...
─ THK200 잡...

• 단열재의 경우 최근 강화가 되어 본 시험에서도 단열재의 두께는 강화가 되어 출제되고 있는 상황이다.
• 외벽 및 최하층 바닥 : 150mm, 지붕 및 외기노출바닥 : 250mm를 표현함

[별표3] 단열재의 두께

[중부지역]   (단위 : mm)

건축물의 부위			가	나	다	라
거실의 외벽		외기에 직접 면하는 경우	120	140	160	175
		외기에 간접 면하는 경우	80	95	110	120
최하층에 있는 거실의 바닥	외기에 직접 면하는 경우	바닥난방인 경우	140	165	190	210
		바닥난방이 아닌 경우	110	130	150	165
	외기에 간접 면하는 경우	바닥난방인 경우	85	100	115	130
		바닥난방이 아닌 경우	70	85	95	110
최상층에 있는 거실의 반자 또는 지붕		외기에 직접 면하는 경우	180	215	245	270
		외기에 간접 면하는 경우	120	145	165	180
바닥난방인 층간바닥			30	35	45	50

(13) 지 붕
① 평면도 상의 ①~③열 구간 : 평지붕
② 평면도 상의 ③~⑤열 구간 : 경사지붕 (경사도 2/10 이상, 처마길이1m)

① 제시된 3층 평면도의 범위를 살펴보면 ①~③열 구간 : 평지붕이며, ③~⑤열 구간 : 경사지붕 (경사도 2/10 이상, 처마길이1m)으로 제시되었기 때문에 범위를 검토

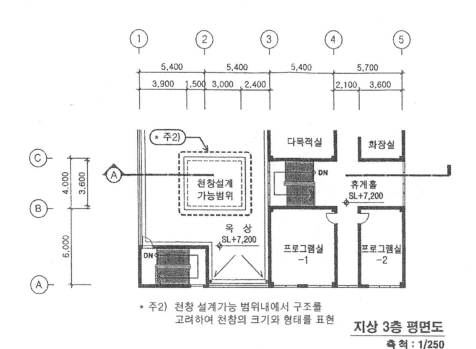

* 주2) 천창 설계가능 범위내에서 구조를
고려하여 천창의 크기와 형태를 표현

지상 3층 평면도
축척 : 1/250

② 평지붕 구간은 ①~③열 구간으로 천창과 함께 제시되어있으며, 천창의 경사도 및 주변의 지문 등이 없는 상황이다.

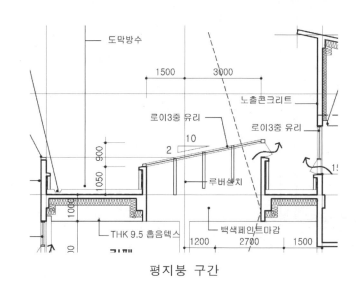

평지붕 구간

④ 경사 지붕의 구간은 ③~⑤열 이며, 경사도 2/10 이상, 처마길이1m 가 제시되어 있으나 경사 방향이 평면에는 언급이 없다.

⑤ 경사방향은 절취선에는 표현이 안 되지만 다목적실의 천장 높이를 고려함과 동시에 채광을 적 극적으로 받을 수 있도록 ③열을 높여 적극적으로 유도 하였다.

⑥ ③열을 높여 경사를 2/10으로 하여 경사방향을 결정한다.

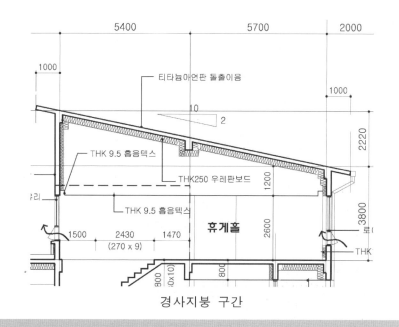

경사지붕 구간

(14) 천창 : 천창 설계 가능범위 내에서 자연환기가 가능하도록 설계

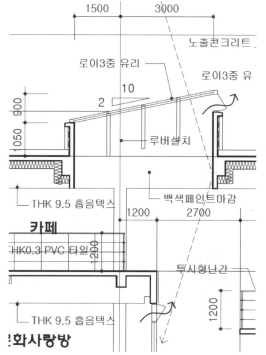

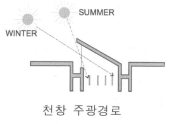

천창 주광경로

천창 하부 루버설치

- 천창의 경사는 평면도에 제시된 내용이 없 으나 주 채광방향으로 경사를 주어 실내로 적극적으로 유도하도록 한다.

- 실내 공기를 천장 개구부를 통해 환기가 이 루어지도록 창문은 밖으로 열리도록 개폐방 향을 표기한다.

- 자연 주광이 실내 깊이 들어오는 열적부하 를 차단하기 위해 천창에 루버를 설치하여 주광이 확산되도록 한다.

(15) 문화 사랑방 : 직육면체의 입체감이 강조되도록 외피를 노출콘크리트가 아닌
    다른 단일재료로 마감 (카페 바닥은 제외)
(16) 지하층 옹벽 : 두께 400mm
(17) 방화구획 : 고려하지 않음
(18) 설비계획 : 고려하지 않음

① 본 시험에서 가장 중요한 부분이 문화 사랑방이라 할 수 있으며, 입체간이 강조될 수 있도록
  마감재 선택, 단열재 설치여부, 기둥 입면, OPEN부분과 인접해 창문설치 및 개폐방향, 안전난
  간 등이 문화 사랑과과 주변으로 표현이 되어야 한다.

티타늄아연판

· 노출콘크리트 외벽에 티타늄아
연판으로 마감한 예이다.

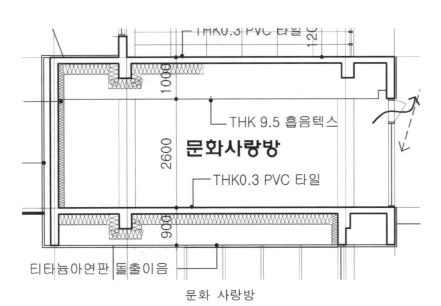

THK0.3 PVC 타일

THK 9.5 흡음텍스

문화사랑방

THK0.3 PVC 타일

티타늄아연판 돌출이음

문화 사랑방

② 지하층 옹벽은 다른 곳에서는 표현이 안 되며, DA와 인접한 곳에서 지하층   옹벽 400mm
  가 표현되어야 한다.

D.A 내부 모습

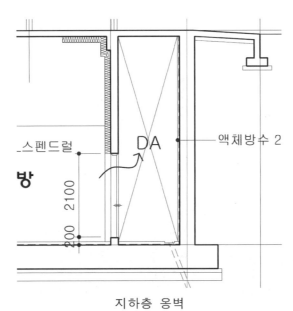

스펜드럴

DA

액체방수 2

방

지하층 옹벽

3. 도면에 포함되어야 할 주요 내용
  (1) 층별 단면
  (2) 기초 및 드라이 에리어(Dry Area)
  (3) 천창
  (4) 계단의 단높이, 단너비, 난간
  (5) 단열, 결로, 방수
  (6) 내외장 마감재
  (7) 수공간

① 기초 및 드라이 에리어(Dry Area)

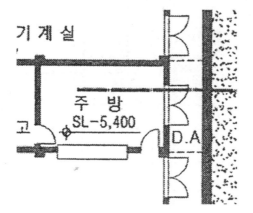

기계실

주방
SL-5,400

고   D.A

주방 및 DA 평면도

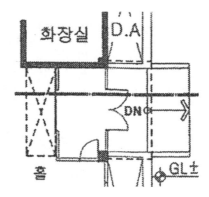

화장실   D.A

DN

홈   GL±

1층 방풍실 및 경사로

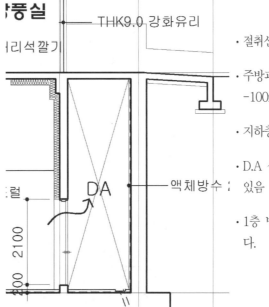

방풍실

THK9.0 강화유리

리석깔기

DA

액체방수

· 절취선을 통해 주방 출입문 높이 2,100mm 표현

· 주방과 D.A 바닥은 방수를 고려해 단차
  -100mm DOWN

· 지하층 옹벽 400mm

· D.A 상부에 1층 방풍실 및 주 출입구가 위치해
  있음

· 1층 방풍실 슬래브 및 경사로 표현이 되어야 한
  다.

D·A 단면도

경사로

방풍실

자동문과 미서기문

② 계단의 단높이, 단너비, 난간

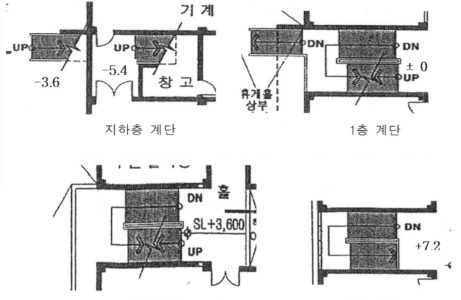

지하층 계단

1층 계단

2층 계단

3층 계단

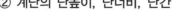

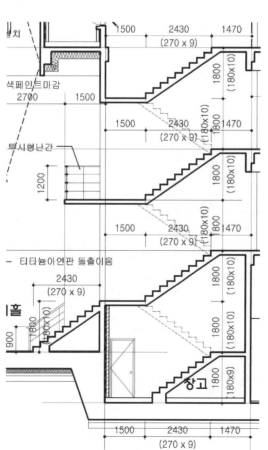

계단

계단난간

· 난간의 경우 계단은 900mm로 하며, 기타 안전을 고려한 난간은 높이 1,200mm로 계획한다.

· 제시된 평면도를 살펴보면 각 참의 레벨은 1,800mm 차이가 나는 것을 볼 수 있으며 제시 평면도를 스케일로 측정해보면 약 2,430mm 가 되는 것을 알 수 있기 때문에 단높이는 180mm, 단너비는 270mm 로 계획할 수 있다.

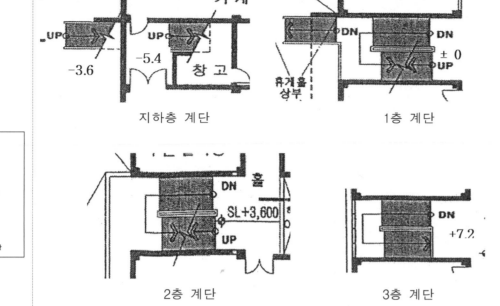

· 지하층 SL : -3.6 계단은 1층 계단 참 까지 연장선상에 놓이며, 각각의 높이는 1,800mm 차이가 난다. 단높이는 180mm×10단=1,800mm, 단너비는 270mm×9=2,430mm 되는 것을 알 수 있다.

· 2층 계단참의 경우 SL : +3.6에서 1/2 지점에서 연결 복도가 계획되어 있으며 기둥 ③열로부터 1,500mm이 돌출되어 난간 높이 1,200mm를 설치해야 한다.

· 지하층 ~ 지상 3층 계단의 단높이 180mm, 단너비 270mm으로 계획

③ 수공간

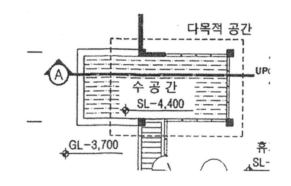

· 수공간의 SL : -4,400mm 는 물의 높이가 아닌 구조체의 마감이다.

· ①열 기둥을 중심으로 온통기초가 계획되어야 하며 돌출된 수공간은 슬래브 형태로 계획 되어야 한다.

· 수공간은 외부에 돌출되어 있기 때문에 흙에 접한 매트기초 하부에는 단열재 두께 150mm로 표현이 되어야 한다.

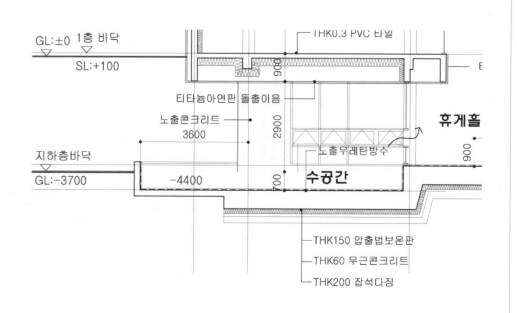

4. 도면작성요령

(1) 단면도 작성시 보이는 입면을 그린다.

(2) 층고, 반자높이, 개구부 높이 등 주요 치수를 표기한다.

(3) 각 실의 명칭을 표기한다.

(4) 그 밖에 구체적으로 제시되지 않은 레벨, 치수 및 재료 등은 임의로 표기한다.

(5) 단위 : mm

(6) 축척 : 1/100

5. 유의사항

(1) 답안작성은 반드시 흑색 연필로 한다.

(2) 명시되지 않은 사항은 현행 관계법령의 범위 안에서 임의로 한다.

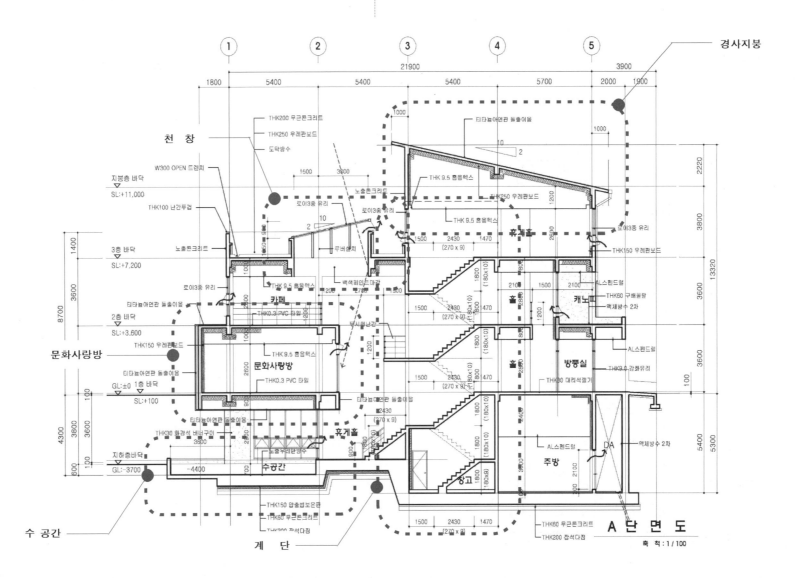

A 단 면 도

축 척 : 1 / 100

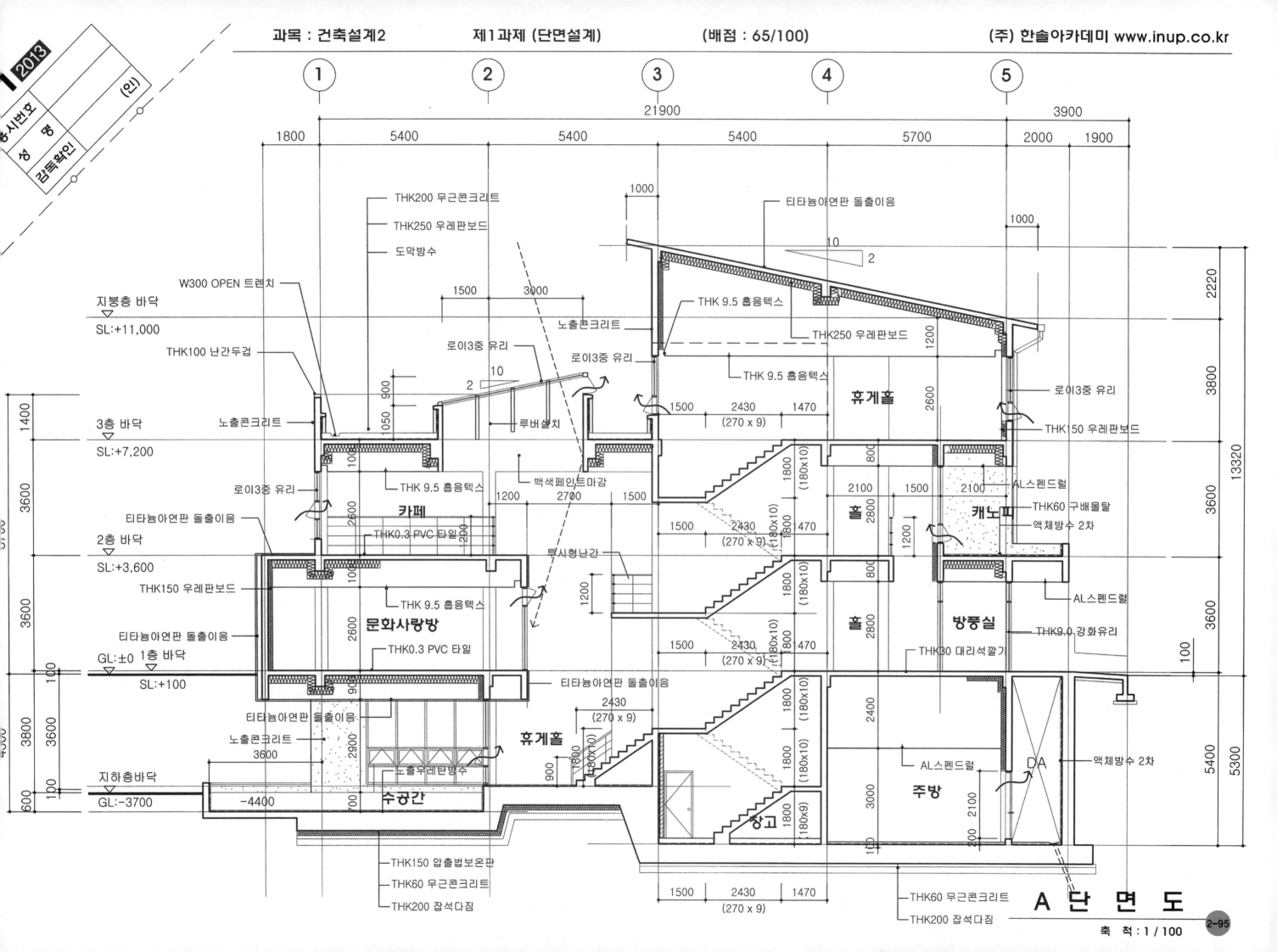

THK200 무근콘크리트
THK250 우레판보드
도막방수

티타늄아연판 돌출이음

10 / 2

W300 OPEN 트렌치

지붕층 바닥
SL:+11,000

THK100 난간두겁

THK 9.5 흡음텍스
THK250 우레판보드

노출콘크리트

로이3중 유리
THK 9.5 흡음텍스

휴게홀

로이3중 유리
로이3중 유리

10 / 2
루버설치

노출콘크리트

3층 바닥
SL:+7,200

THK 9.5 흡음텍스

백색페인트마감

로이3중 유리
THK150 우레판보드

카페

THK0.3 PVC 타일

티타늄아연판 돌출이음

2층 바닥
SL:+3,600

택시형난간

홀

캐노피

AL스펜드럴
THK60 구배몰탈
액체방수 2차

THK150 우레판보드

THK 9.5 흡음텍스

문화사랑방

티타늄아연판 돌출이음

홀

방풍실

AL스펜드럴

THK9.0 강화유리

GL:±0　1층 바닥
SL:+100

THK0.3 PVC 타일

티타늄아연판 돌출이음

THK30 대리석깔기

노출콘크리트
3600

노출우레탄방수

휴게홀

AL스펜드럴

DA

액체방수 2차

지하층바닥
GL:-3700

−4400

수공간

창고

주방

THK150 압출법보온판
THK60 무근콘크리트
THK200 잡석다짐

THK60 무근콘크리트
THK200 잡석다짐

A 단 면 도

축 척 : 1 / 100

2-95

2013년도 건축사 자격시험 문제

과목 : 건축설계2　　**제2과제 : 구조계획**　　**배점 : 35/100점** ①

제목 : 도심지 공장 구조계획 ②

1. 과제개요

주어진 대지에 공장을 신축하려 한다. 다음 사항을 고려하여 합리적인 구조계획이 ④되도록 **4층 바닥구조평면도**와 단면상세도를 작성하시오.

2. 계획조건

(1) 규　모 : 지하1층, 지상 5층 ⑤
(2) 사용부재 : 일반구조용 압연강재(SS400)
(3) 구조형식 : 철골구조(코어는 철근콘크리트구조)
(4) 구조부재의 단면치수(단위 :mm)
　① 기　둥 : 500 X 500
　② 큰　보(a) : 700 X 300
　③ 작은보(b) : 600 X 200
(5) 층　고 : 각층 4m
(6) 슬래브 및 벽체두께

구 분	두 께	비 고
데크플레이트슬래브	150mm	합성데크플레이트⑦
벽 체	350mm	철근콘크리트구조 ⑧

3. 고려사항

(1) 기둥 ⑨
　① 기둥 간격은 14m 이내로 한다.
　② 기둥은 16개 이하로 배치한다.
　③ 최적의 응력상태가 되도록 기둥의 강·약축을 고려하여 계획한다.
　④ 기둥은 수직기둥으로 계획한다.
(2) 보 ⑩
　① 보는 연속적으로 설치하는 것을 원칙으로 한다.
　② 발코니는 캔틸레버 구조로 한다.
(3) 슬래브 : 데크플레이트는 최대 3.5m스팬을 지지 한다. ⑪
(4) 철근콘크리트 벽체 ⑫
　① 계단실과 화장실 및 승강로는 철근콘크리트 전단벽이다.
　② 철근콘크리트 전단벽에 별도의 철골기둥이나 철골보는 삽입하지 아니한다.

(5) 기타 ⑬
　① 횡력에 대한 저항은 고려하지 않는다.
　② 바닥에는 고정하중과 활하중이 균등하게 작용한다.
　③ 지상2층에서 5층까지 평면의 외곽선과 구조형식은 동일하다.

4. 도면작성요령

(1) 주어진 4층 평면도를 바탕으로 4층 바닥 구조평면도⑭에 구조부재(보, 기둥)를 배치 작성한다.
(2) 부재의 접합부위는 강접합과 힌지접합으로 구분하여⑮ 표시한다.
(3) 보는 계획조건에서 주어진 기호 a,b로 구분하여 도면의 가로방향으로 표기한다.⑯
(4) 합성 데크플레이트 방향을 표시한다.⑰
(5) 제시된 단면상세도를 작성한다.(⑱플레이트와 볼트등의 규격 및 개수는 고려하지 아니한다.)
　① A-A' : 합성 데크플레이트 상세
　② B-B' : 철근콘크리트 벽체(전단벽)와 철골보의 접합부 상세
(6)⑲ 주요치수를 표기한다.
(7) 표시는<보기>를 따른다.
(5) 단위 : mm
(6) 축척 ⑳
　① 구조평면도 : 1/300
　② 단면상세도 : 1/30

<보기>

기 등	H I
데크플레이트 방향	←→
강접합	▶
힌지접합	├──
철근콘크리트 벽체	▆▆▆

5. 유의사항

(1) 답안작성은 반드시 흑색연필로 한다.
(2) 명시되지 않은 사항은 현행 관계법령의 범위 안에서 ㉑임의로 한다.

좌측 FACTOR / 구성

구성

1. 제목
　건물의 용도제시

2. 과제개요
　- 과제의 취지와 목적
　- 과제층 구조평면도
　- 단면상세도

3. 계획조건
　- 규모
　- 사용부재(재료)
　- 구조형식
　- 단면치수
　- 층고
　- 슬래브
　- 벽체

4. 고려사항
　- 기둥
　　간격, 개수
　　강축·약축 고려
　- 보
　　연속보
　　발코니 ; 캔틸레버구조
　- 슬래브
　　데크플레이트
　　최대스팬지지
　- 벽체
　　벽체위치
　　RC벽체와 철골보의
　　설치방법
　- 기타
　　횡력고려여부 확인
　　하중 크기와 적용구
　　각층의 구조형식

FACTOR

① 배점을 확인
　배점 비율에 따라 구조계획시간 배분

② 용도
　공장(사무실, 창고, 휴게공간)
　제시된 평면 분석
　코아위치 확인

③ 문제유형
　· 신축구조계획
　· 모듈계획형

④ 구조계획층 확인
　4층 바닥 구조평면도
　단면상세도

⑤ 조형식
　철골구조(코어는 철근콘크리트구조)

⑥ 구조부재의 단면치수
　기둥
　보 ; 큰보(a), 작은보(b) 크기 확인

⑦ 데크플레이트 슬래브
　두께와 종류 확인

⑧ 철근콘크리트 벽체 두께 확인

⑨ 기둥간격 : 14m 이내
　기둥갯수 : 16개 이하
　강·약축 구분 적용

⑩ 기둥갯수 : 16개 이하
　강·약축 구분 적용

우측 FACTOR / 구성

FACTOR

⑪ 데크플레이트 최대지지스팬 : 3.5m

⑫ 철근콘크리트 벽체(전단벽)
　- 계단실, 화장실, 승강로
　- 철골기둥이나 보와 간섭 유무 확인

⑬ 기타
　- 횡력 고려하지 않음.
　- 하중 균등 작용 : 4층 바닥
　- 지상층 구조형식 일치

⑭ 4층 바닥 구조평면도에 표기
　구조부재 : 보, 기둥

⑮ 보와 기둥 접합시 표기 구분
　<보기> 참조 : 강접합, 힌지접합

⑯ 보 기호 a, b로 구분 적용
　가로방향 : 평면도의 예시 참조

⑰ 데크플레이트 방향 표기
　<보기> 참조

⑱ 단면상세도 : 평면도에서 위치 확인
　A-A' : 합성 데크플레이트 상세
　B-B' : RC벽체와 철골보 접합부

⑲ 치수 표기 ; mm 단위

⑳ 축척 : 작성도면별로 확인

㉑ 제도는 흑색연필 사용

구 성

5. 도면작성요령
　- 구조평면도에 구조부재(보, 기둥)배치
　- 기둥과 보 접합 표기
　- 보 기호 구분, 방향
　- 데크플레이트 방향
　- 치수
　- <보기>
　- 축척

6. 유의사항
　- 측색연필
　- 관련법령

과목 : 건축설계2　　제2과제 : 구조계획　　배점 : 35/100점

<4층 평면도> 축척없음

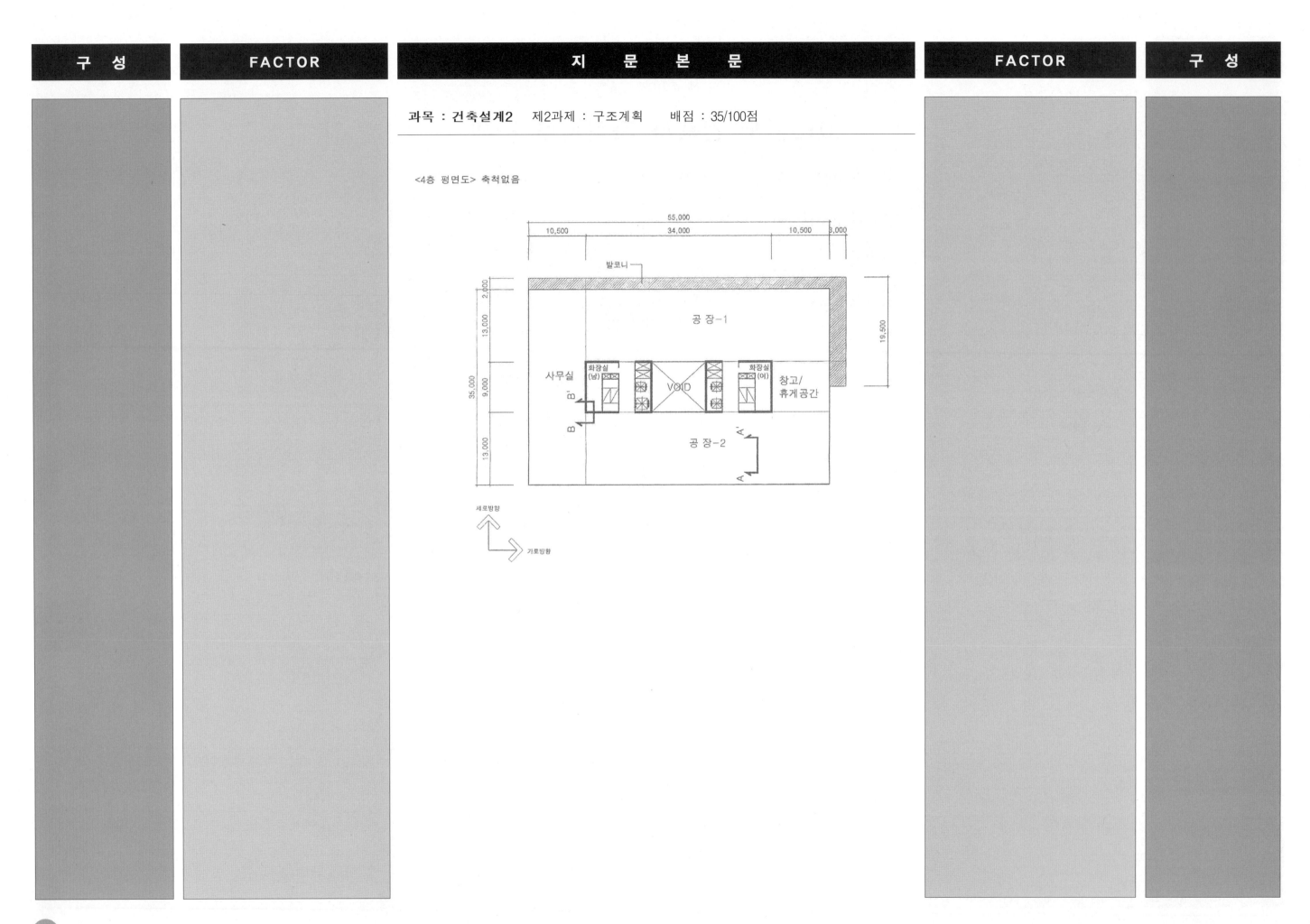

■ 문제풀이 Process

1 모듈확인 및 부재배치		2 답 안

1. 기둥모듈확인

모듈계획형 과제

기둥의 간격 : 14m 이내

기둥의 갯수 : 16개

- 공장 구조계획
  ① 4층 건축물 외벽선 -- 구조계획범위
     코아는 철근콘크리트 벽체
  ② 수직열 – 기둥스팬 10.5m, 34.0m, 10.5m 가정
     수평열 – 기둥스팬 14.0m, 7.0m, 14.0m 가정
  ③ 기둥열과 철근콘크리트 벽체열의 일치 및 불일치 여부 확인
  ④ 발코니는 켄틸레버 구조계획

작도 1 〉 기둥모듈 결정 1

2. 4층 평면도 분석

① 계단실과 화장실, 승강로 벽체 작도
② 개구부 작도
③ 발코니 구분

작도 2 〉 기둥모듈 결정 2 – 기둥갯수확정
     가정) 중심선 부여
     수직 기둥열 가정 10.5m, 34.0m, 10.5m
     수평 기둥열 가정 14.0m, 7.0m, 13.0m
     34m 구간의 분할 – 내부 코아벽체의 위치와 조율
                    12.0m, 10.0m, 12.0m 가정

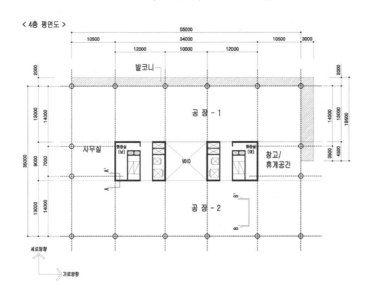

3. 보 배치

3.1 큰 보(Girder)의 배치
  – 기둥과 기둥 또는 RC벽체를 연결하는 부재, 〈보기〉참조

작도 3 〉 큰 보 표기함

3.2 작은 보(Beam)의 간격

  – 작은보는 큰 보와 큰 보 사이에 배치
  – 도면상 수직방향으로 작은 보 설치시 3.5m간격
  – 도면상 수평방향으로 작은 보 설치시 3.5m, 3.0m, 3.3m, 3.4m 간격

  • 지문분석
  ① 데크 플레이트는 최대 3.5m의 경간을 지지한다.
  ② 데크 플레이트는 4층 바닥 전체에서 한쪽방향으로만 사용
  ③ 발코니 캔틸레버 구조

3.3 작은 보의 방향결정
  – 작은보의 방향 결정은 수평방향으로 배치함
  • 결정근거 : 지문분석
  ① 보는 연속적으로 설치
  ② 과제 단면도 A-A', B-B' 보여질 내용 확인필요

3.4 켄틸레버구간은 작은보를 연장하여 배치함
3.5 코아 철근콘크리트벽체 내부에는 철골기둥이나 보를 설치하지 않음.
3.6 코아 벽체에도 인방보설치

작도 4 〉 작은 보를 수평방향으로 배치하여 보를 연속적으로 설치하고
        데크슬래브의 방향을 통일함, 데크 방향 표기

4. 부재표시
  – 표기는 반드시 〈보기〉에 따름

5. 지문에 요구되는 부재크기 표기
  – 기둥 : 강축, 약축 구분
  – 보 : a, b 구분 및 강접합과 힌지접합 구분
  – 데크플레이트 방향
  – 가로방향, 세로방향을 구분
  – 상세단면도 및 주요치수

작도 5 〉 부재표기 및 미비한 부분 추가기재 및 검토

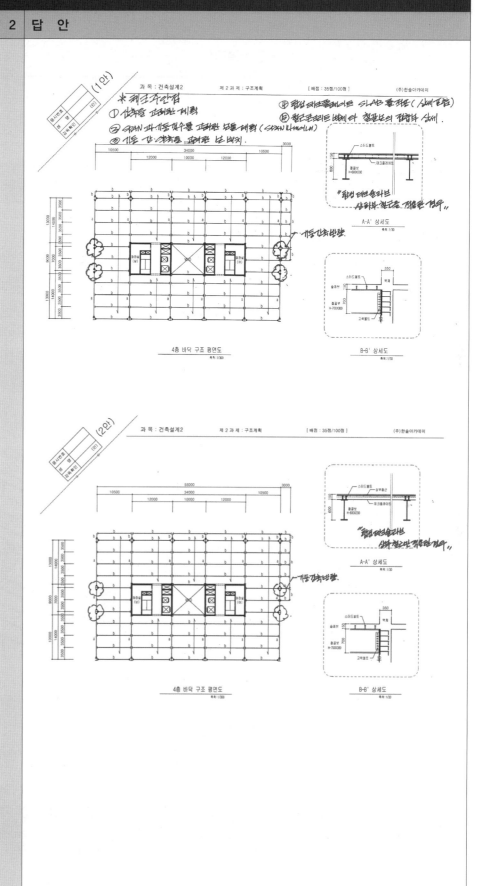

▶ 문제총평

도심지공장을 구조계획하는 과제로 내부가 철근콘크리트 전단벽과 개구부로 계획된 코아부와 이를 둘러싼 공장의 구조형식은 철골구조이다. 발코니는 반드시 캔틸레버로 구조계획 하여야한다. 제시된 데크는 합성데크플레이트로 최대스팬을 제한하였다. 또한 전단벽에 별도의 철골기둥이나 철골보를 삽입하지 아니하며, 2개소에 대한 단면상세를 요구하는 등이 주안점이라 할 수 있다.

▶ 과제개요

1. 과제개요	도심지 공장 신축
2. 출제유형	모듈계획형
3. 규　　모	지하1층/지상5층
4. 용　　도	공장
5. 구　　조	철골구조, 철근콘크리트(RC) 전단벽
6. 과　　제	4층 바닥구조평면도/단면상세도(2개소)

▶ 2층 바닥 골조모델링

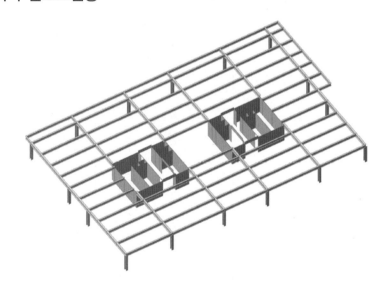

▶ 체크포인트

1. 기둥간격 14m 이내, 기둥은 16개 이하, 기둥의 강·약축고려
2. 보는 연속적으로 설치, 발코니는 캔틸레버 구조
3. 슬래브는 데크플레이트 최대 3.5m스팬 지지 – 합성데크플레이트
4. 계단실과 화장실 및 승강로 벽체는 철근콘크리트 전단벽
5. 전단벽에 별도의 철골기둥이나 철골보는 삽입하지 아니함.
6. 횡력에 대한 저항은 고려하지 않음.
7. 바닥에는 고정하중과 활하중이 균등하게 작용함.

1. 철근콘크리트 벽체(구조형식 분류)

< 4층 평면도 >

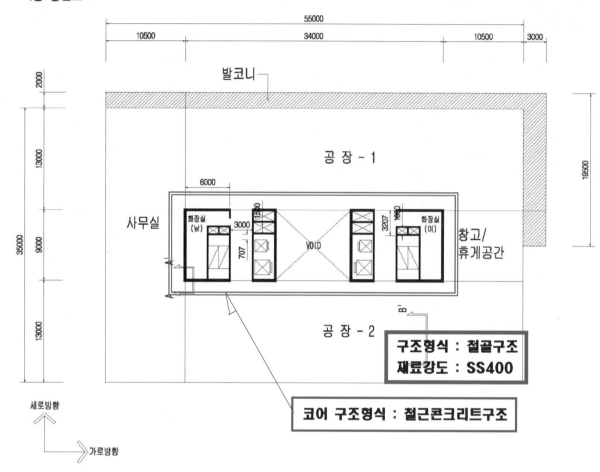

구조형식 : 철골구조
재료강도 : SS400

코어 구조형식 : 철근콘크리트구조

2. 철골부재 단면크기

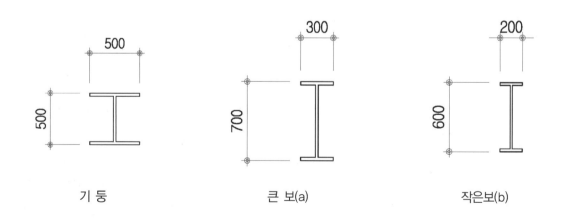

기 둥　　　　큰 보(a)　　　　작은보(b)

3. 합성데크플레이트 형상

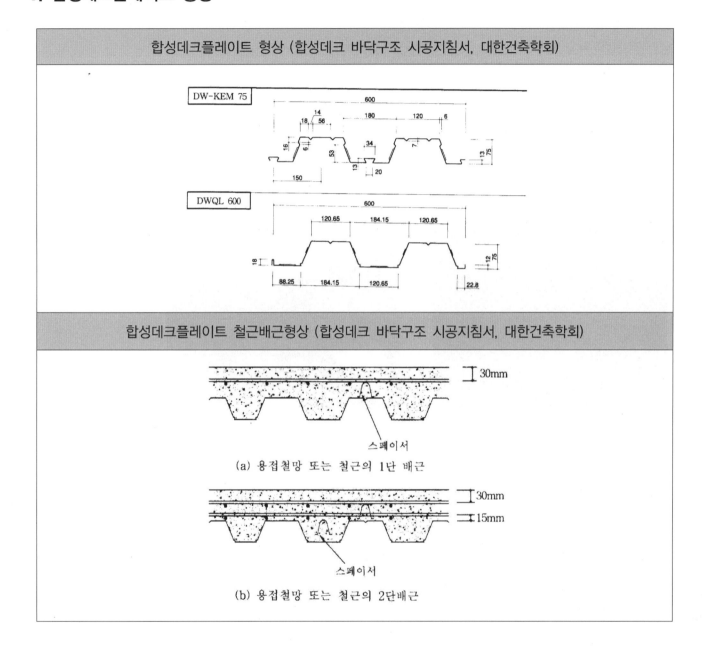

합성데크플레이트 형상 (합성데크 바닥구조 시공지침서, 대한건축학회)

DW-KEM 75
DWQL 600

합성데크플레이트 철근배근형상 (합성데크 바닥구조 시공지침서, 대한건축학회)

30mm
스페이서
(a) 용접철망 또는 철근의 1단 배근

30mm
15mm
스페이서
(b) 용접철망 또는 철근의 2단배근

4. 고려사항

▶ 계획기둥조건

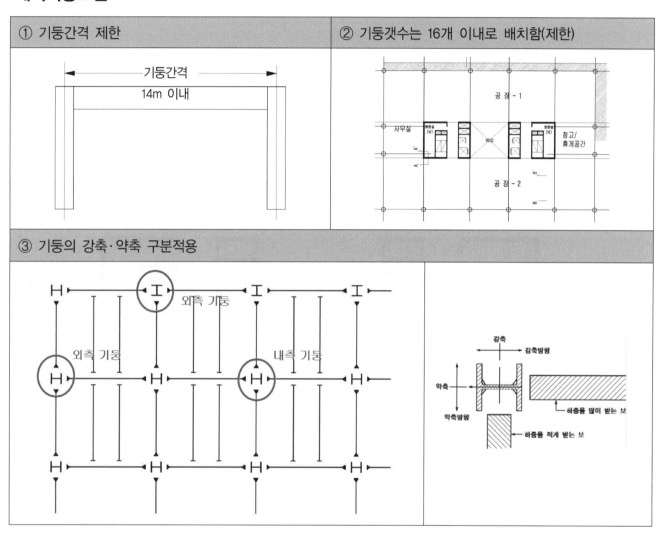

① 기둥간격 제한

기둥간격
14m 이내

② 기둥갯수는 16개 이내로 배치함(제한)

공정 - 1
사무실
창고/휴게공간
공정 - 2

③ 기둥의 강축·약축 구분적용

외측 기둥
외측 기둥
내측 기둥

강축
강축방향
약축
약축방향
하중을 많이 받는 보
하중을 적게 받는 보

▶ 보 계획조건

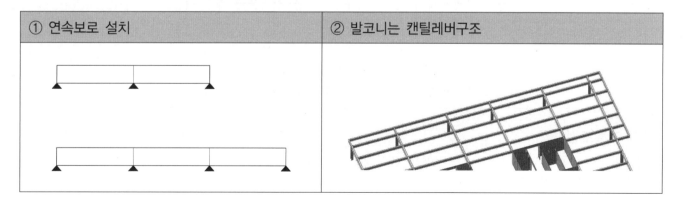

① 연속보로 설치

② 발코니는 캔틸레버구조

▶ 슬래브 계획조건

① 데크플레이트는 최대 3.5m 스팬을 지지함

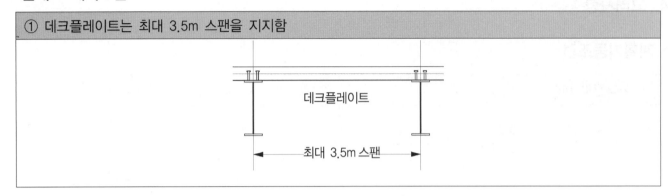

데크플레이트

최대 3.5m 스팬

▶ 철근콘크리트 벽체 계획조건

① 계단실과 화장실 및 승강로는 철근콘크리트 전단벽

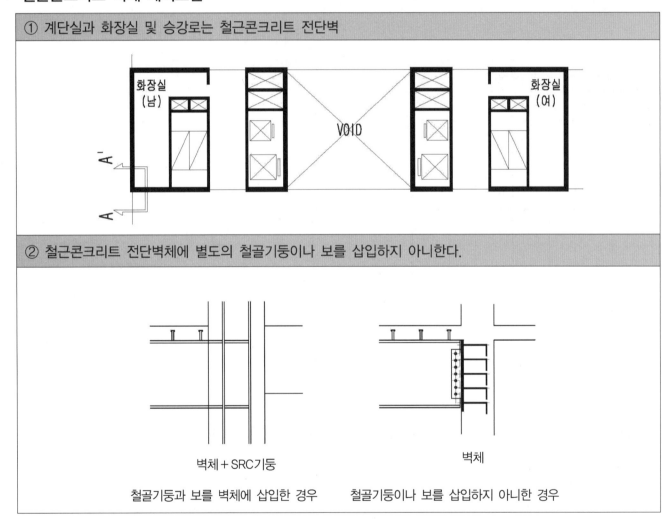

화장실 (남)

화장실 (여)

VOID

A'

A

② 철근콘크리트 전단벽체에 별도의 철골기둥이나 보를 삽입하지 아니한다.

벽체 + SRC기둥

벽체

철골기둥과 보를 벽체에 삽입한 경우

철골기둥이나 보를 삽입하지 아니한 경우

▶ 기타 계획조건

① 횡력에 대한 저항은 고려하지 않는다. - 브레이스를 설치하지 않아도 됨.
② 바닥에 고정하중과 활하중이 균등하게 작용 - 공장과 사무실 구분 없이 동일하게 적용함.
③ 지상2층에서 5층까지 평면의 외곽선과 구조형식은 동일함.

5. 도면작성요령

· 도면작성 시 필요한 내용
· 구조계획 평면도작성 시 반영할 사항
· 구조계획 단면도 또는 상세작성 시 반영할 사항
· 도면작성 시 필수표기사항(치수, 단위, 축적 등)
· 구조재료별 표기, 기재방법 범례제시
· 구조부재별 표기, 기재방법 범례제시

(1) 과제층 4층 바닥 구조평면도 확인 및 보, 기둥표기
(2) 강접합과 힌지접합 구분표기

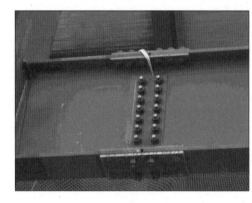

강접합

힌지접합

(3) 보는 (a)와 (b)로 구분표기
(4) 합성데크플레이트 방향표기
(5) 단면상세도 작성
   ① A-A' : 합성데크플레이트 상세
   ② B-B' : 철근콘크리트 벽체(전단벽)과 철골보의 접합부상세
(6) 치수표기
(7) 보기와 같이 표시
(8) 단위 mm
(9) 축적
   ① 구조평면도 : 1/300
   ② 단면상세도 : 1/30

6. 유의사항

· 제도는 흑색연필사용
· 명기되지 않은 사항은 현행 관계법령의 범위 안에서 임의로 함.

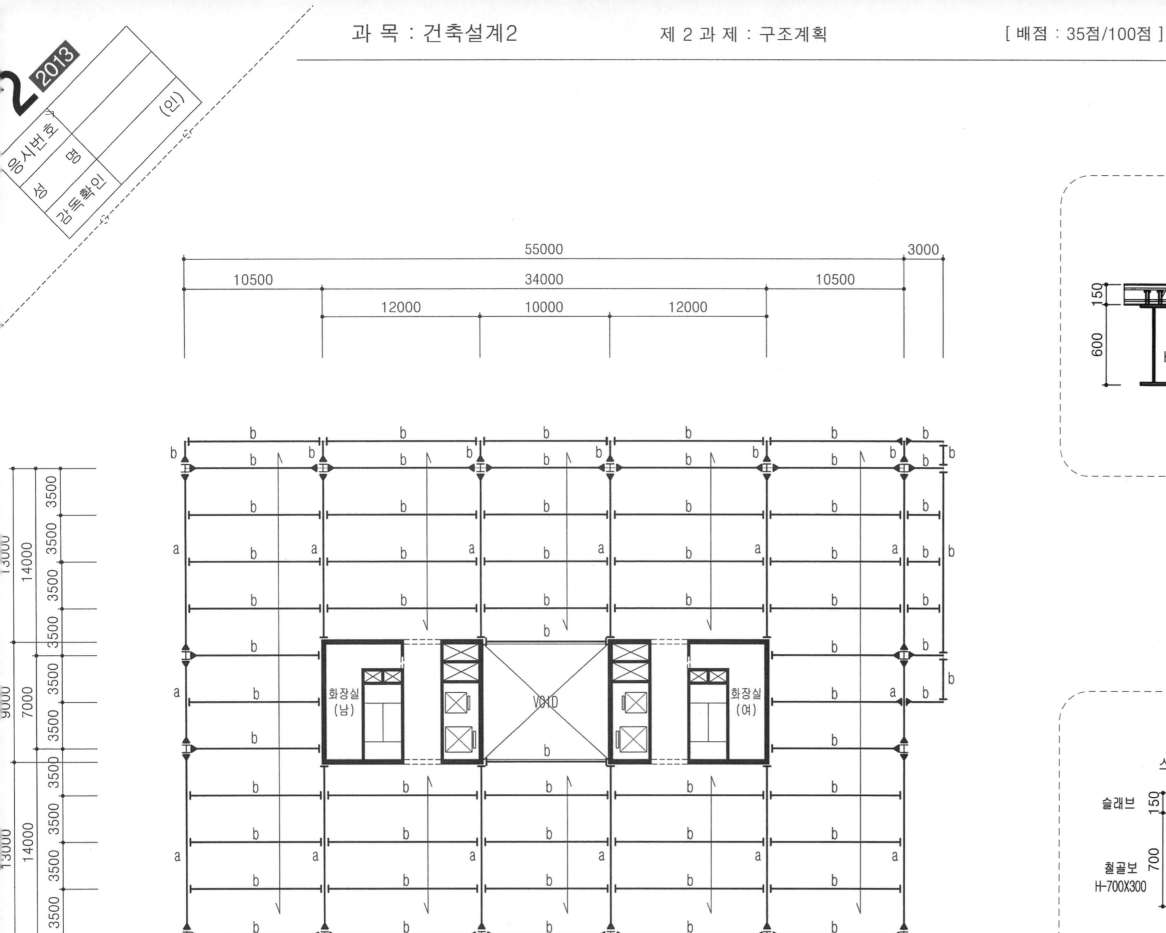

4층 바닥 구조 평면도

축척:1/300

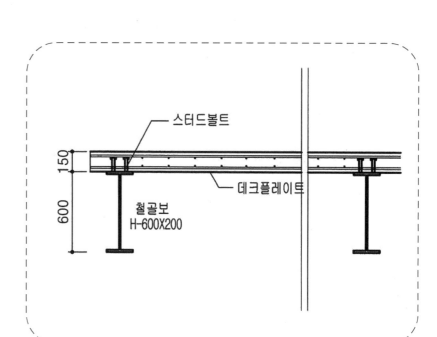

A-A' 상세도

축척:1/30

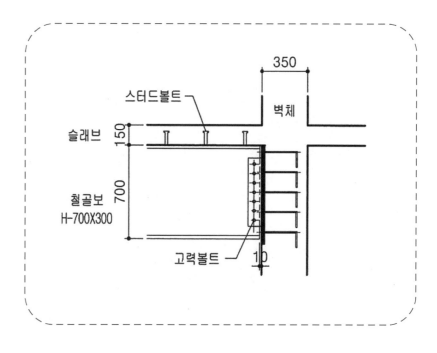

B-B' 상세도

축척:1/30

좌측 구성

1. 제목
건축물의 용도 제시 (도심속에 여유와 나눔의 장소를 제공하여 주민이 함께 지역공동체를 가꾸어 가는 주민자치 실현을 목적)

2. 과제개요
- 주민자치센터의 평면도 제시
- 평면도에 제시된 절취선을 기준으로 주단면도 및 상세도를 작성

3. 건축개요
- 규모
- 구조
- 용도
- 바닥 구조체 레벨
- 층고
- 반자높이
- 기초
- 기둥
- 보
- 단열재 두께
- 외벽
- 지붕
- 천창
- 방화구획
- 설비계획
- 지하수위
- 위의 내용 등은 단면설계에서 제시되는 내용이므로 반드시 숙지해야 한다.

좌측 FACTOR

① 배점을 확인합니다.
- 50점(단면설계이지만 제시 평면도와 지문을 살펴보면 계단 및 설비계획, 외벽 상세도가 포함되어 있어 난이도가 높음)

② 평면도에 제시된 A-A'를 지시선을 확인한다.
- 절취선에 의한 단면요소
- 절취선에서 보이는 입면요소 검토

③ 절취선을 통한 주단면도 및 상세도 범위를 파악한다.

④ 지하1층, 지상2층 규모 검토(배점50이지만 규모에 비해 작도량이 상당히 많은 편이며, 시간배분 정확히 해야 한다.)

⑤ 기둥, 보, 슬래브, 벽체 등은 철근콘크리트 구조로 표현

⑥ 중앙공조 방식으로 천장속 공간이 필요하며, 외벽 창대와 함께 FCU가 표현 되어야 한다.

⑦ 기초는 온통기초 표현으로 두께 600mm 표현

⑧ 기둥과 보의 크기는 100mm 차이로 벽체 기준으로 보의 위치가 변경되어 표현되어야 한다.

⑨ 반자높이
실의 용도에 따라 반자높이가 달라지며, 덕트+보+기타공간=천장속공간을 고려하여 반자높이가 계획되어야 한다.

⑩ 단열재의 두께는 최근 강화되어 출제되고 있어 정확한 표현방법을 익혀두자.

중앙 지문 본문

2014년도 건축사자격시험 문제

과목: 건축설계2   제1과제 (단면설계 · 설비계획)   배점: 50/100점 ①

제목 : 주민센터 단면설계 · 설비계획

1. 과제개요

제시된 도면은 주민센터의 평면도이다. 각층 평면도에 표시된 단면지시선을 기준으로 다음 사항을 고려하여 주단면도와 상세도를 완성하시오. ②③

2. 건축개요

(1) 규   모 : 지하 1층, 지상 2층 ④
(2) 구   조 : 철근 콘크리트조 ⑤
(3) 냉난방설비 : FCU+중앙공조(천장) 덕트방식 ⑥
(4) 기   초 : 온통기초 (두께 600mm) ⑦
(5) 내력벽 두께 : 200mm
(6) 보(W×D) : 400mm × 600mm ⑧
(7) 기   둥 : 500 × 500mm
(8) 슬라브두께 : 150mm
(9) 반자높이 : 설비를 고려하여 합리적으로 산정 ⑨
(10) 단열재 : 외벽 및 최하층 바닥 100mm ⑩
　　　　　　지붕층 : 200mm
(11) 옥상녹화 : 토심 250mm 이상 ⑪
(12) 지하수위 : GL -3.5m ⑫
(13) 방화구획은 고려하지 않는다. ⑬

3. 설계조건

(1) 설계조건과 평면도를 참조하여 단열, 방수, 마감재, 채광, 환기 등의 기술적 사항을 반영한다. ⑭
(2) 서측의 일사조절을 위한 계획을 반영한다. ⑮
(3) 천창의 크기와 형태는 임의로 하며, 신재생에너지 시스템을 적용하여 채광, 환기가 가능하도록 계획한다. ⑯
(4) 인터넷방에는 두께 200mm의 액세스플로어(access floor)를 적용한다.
(5) 지하수위에 따른 방수 및 배수계획을 반영한다.
(6) 건축물 내·외부의 환기경로, 채광경로를 <보기>에 따라 표현하고 필요한 곳에 창호의 개폐방향으로 표현한다.
(7) 각 실은 용도에 적합하게 바닥레벨을 고려한다.

4. 도면작성요령

(1) 단면 지시선에 의해 보여지는 입·단면을 표현한다. ⑰
(2) 층고, 반자높이, 개구부 높이 등 주요 치수를 표기한다. ⑱
(3) 각 실의 명칭을 표기한다.
(4) 구체적으로 제시되지 않은 레벨, 치수 및 재료 등은 임의로 표기한다. ⑲
(5) 단위 : mm
(6) 축척 : 1/100

5. 유의사항

(1) 제도는 반드시 흑색연필로 한다.
(2) 명시되지 않은 사항은 현행 관계법령의 범위 안에서 임의로 한다.

우측 FACTOR

⑪ 지붕층 토심 250mm가 표현되어야 하며, 외벽 파라펫 높이는 구조체 기준으로 무근 200mm+인공토 250mm+파라펫높이 1,200mm = 1,650mm가 되어야 한다.

⑫ 지하수위 -3,500mm이하, D.A의 바닥은 상수면 위에 표현이 되어야 하며, 지하층의 경우 영구배수 및 집수정 등이 표현되어야 한다.

⑬ 층별 방화구획(지하1층, 지상3층)은 표현하지 않는다.

⑭ 단열, 방수, 마감재, 채광, 환기 등은 기술적으로 표현

⑮ 주광의 열적부하가 강한 서측의 일사를 차단하기 위해 수직 루버를 설치 (표현) 해야 한다.

⑯ 천창에는 채광, 환기, 신재생에너지, 공기유동경로가 표현

⑰ 내·외부 입면은 반드시 표현한다.

⑱ 층고, 반자높이, 개구부 높이 등 주요 치수를 표기되어야 한다.

⑲ 레벨, 치수 및 재료 등은 임의로 표기하지만 반드시 표현해야 하는 사항이다.

우측 구성

4. 설계조건
- 기술적 사항 반영
- 서측 일사조절을 위한 계획
- 천창
- 액세스플로어 설치
- 지하수위 배수계획
- 환기, 채광경로, 창호 개폐방향 표현
- 용도에 맞는 바닥레벨 표현

5. 도면작성요령
- 내·외부 입면 표기
- 층고, 반자높이, 개구부 높이 등 주요치수를 표기
- 레벨, 치수 및 재료 등은 임의로 표기
- 단위 및 축척

6. 유의사항
- 제도용구 (흑색연필 요구)
- 명시되지 않은 사항은 현행 관계법령을 준용

7. 제시 평면도

- 지하1층 평면도
  - DA, 기계실, 계단, 화장실 절취
  - Y1열 DA 지하수위에 표현
  - Y2~Y3열 레벨확인 후 계단의 단높이 및 단너비 계획 후 표현
  - 기계실 및 화장실 바닥 레벨 확인

- 1층 평면도
  - DA상부 지붕, 북카페, 계단, 화장실 절취
  - 1~2열 기둥 입면으로 표현
  - 2~Y3열 레벨확인 후 계단의 단높이 및 단너비 계획 후 표현
  - 입면표현

- 2층 평면도
  - 인터넷방, 계단, 테라스 절취
  - 바닥레벨(구조체) 확인
  - Y2~Y3열 레벨확인 후 계단의 단높이 및 단너비 계획 후 표현
  - 내·외부 입면 표현

- 지붕층 평면도
  - 파라펫, 천창 표현 절취
  - 천창의 경사방향 및 형태를 고려
  - 채광 및 환기, 신재생에너지를 고려한 천창 계획

① DA바닥은 지하수위 -3.5m 이하에 바닥 표현하지 않도록 한다.

② 기계실 바닥은 지하층 바닥보다 -1.0m 이하가 낮음

③ 기계실 단차 -1,000 / 6단 = 166mm 입면 표현

④ 출입문 입면 표현

⑤ 지하층 층고 4,600 - 무근200 = 4,400mm
- 4,400mm/26단 = 169.23mm
- 169.23mm/11단 = 1,861.53mm
- 169.23mm/3단 = 507.69mm
- 169.23mm/12단 = 2,030.76mm

⑥ 화장실 슬래브의 경우 물을 사용하는 공간으로 홀보다 -100mm 슬래브 DOWN 시킨다.

⑦ 화장실 칸막이 입면 표현

⑧ DA 상부 슬래브 표현이 되어야 하며, 측벽에서 그릴이 표현되어야 한다.

⑨ 출입문 입면 표현

⑩ 1층 층고 4,000mm
- 4,000mm/24단 = 166.66mm
- 166.66mm/12단 = 2,000mm

⑪ 화장실 슬래브의 경우 물을 사용하는 공간으로 로비보다
- 100mm 슬래브 DOWN 시킨다.

⑫ 지하 썬큰 상부 지상 돌출 표현
⑬ 인터넷방 액세스플로어 설치
⑭ 출입문 입면 표현
⑮ 계단 입면 표현 및 난간 표현
⑯ 테라스 방수 및 무근 콘크리트 표현
⑰ 천창은 방위를 고려한 경사도, 채광, 환기, 신재생에너지 고려하며, 공기 유동 경로 등이 표현되어야 한다.

과목: 건축설계2 제1과제 (단면설계·설비계획) 배점: 50/100점

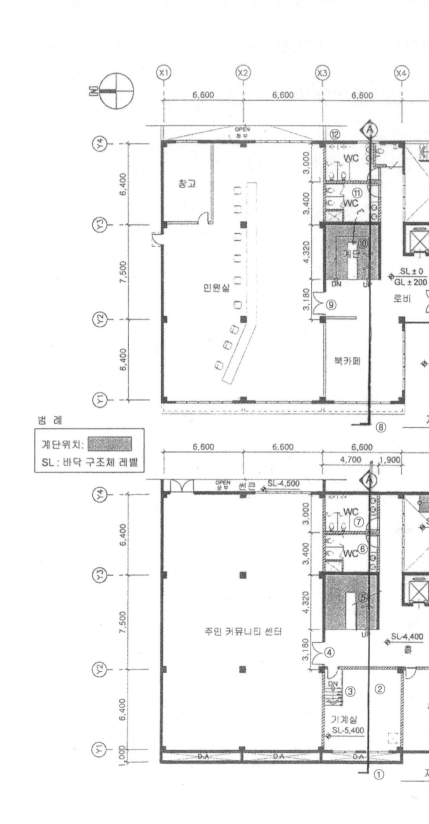

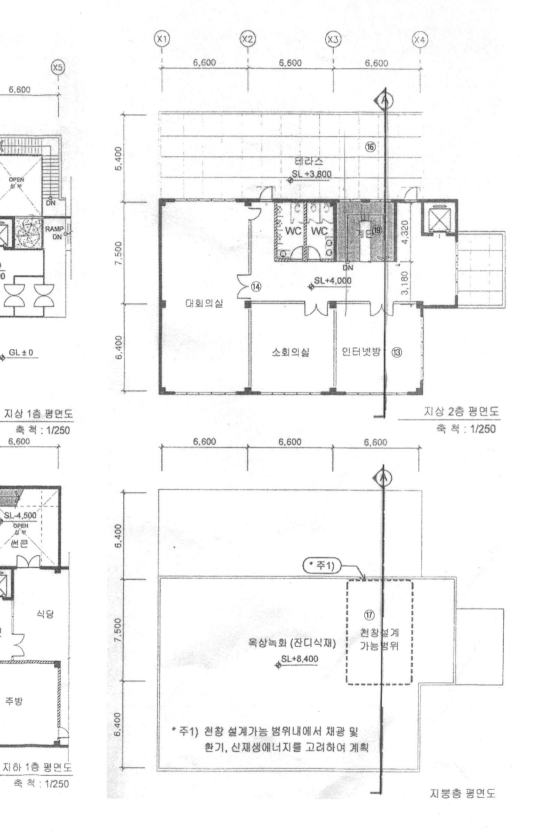

· 제1과제 : (단면설계 · 설비계획)
· 배점: 50/100점

2014년 출제된 단면설계의 경우 배점은 100점 중 50점으로 출제되었다. 또한 과제는 단면설계가 제시되었지만 지문 내용 등을 살펴보면 단순히 단면설계만 출제 된 것이 아리라 계단설계 + 친환경 설비 + 상세설계 내용이 제시되었다.

제목 : 주민센터 단면설계 · 설비계획

1. 과제개요

제시된 도면은 주민센터의 평면도이다. 각층 평면도에 표시된 단면지시선을 기준으로 다음 사항을 고려하여 주단면도와 상세도를 완성하시오.

지역 주민들의 행정 업무와 민원 업무를 처리하는 최일선 지방행정기관. 주민센터는 종래의 동사무소를 폐지하고 2000년 이후 새로이 설치한 지역주민 서비스 기관이다.

2. 건축개요

(1) 규　　모 : 지하 1층, 지상 2층
(2) 구　　조 : 철근 콘크리트조

주민센터

· 주민센터에서 주로 하는 일은 주민등록등초본·가족관계증명서·인감증명서 등 각종 민원서류 발급, 주민등록증 발급, 전입신고, 출생신고·사망신고, 그리고 지역 주민들을 위한 복지(→복지행정)[기초생활수급자·기초노령연금·일자리알선·장애인지원 등]서비스 등 주민들의 일상생활과 관계되는 일이다.

지하 기계실

· 건축물에서의 기계 설비. 즉 냉난방, 공기 조화 발전기, 펌프, 엘리베이터 등의 기계 설비를 각각 집약적으로 설치한 실로써 주로 지하층에 설치하며, 보일러 크기및 점검구 등으로 높은 층고를 필요로 한다.

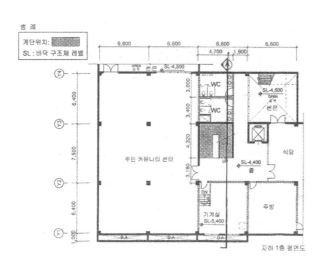

지하1층 평면도

▶ **지하1층 평면도**
· D.A 단면 및 기계실 절취
· 계단 계획 후 계단의 단높이 및 단너비 표현
· 남·여 화장실 표현
· 지하수위 영구배수를 위한 집수정 및 배관 표현

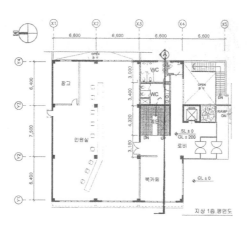

지상 1층 평면도

▶ **1층 평면도**
· D.A 단면 및 외벽 FCU 표현
· 계단 계획 후 계단의 단높이 및 단너비 표현
· 남·여 화장실 표현, 썬큰 상부 안전 난간 입면 표현

지상 2층 평면도

▶ **2층 평면도**
· Y1열 수직로버 및 외벽 FCU 표현
· Y3~Y4 테라스 표현
· 계단 계획 후 계단의 단높이 및 단너비 표현
· 인터넷방 액세스플로어 설치로 인한 바닥 슬래브 DOWN

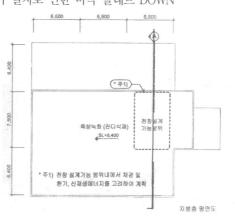

지붕층 평면도

▶ **지붕층 평면도**
· 안전난간 표현
· 평지붕으로 잔디식재
· 천창 범위 내에서 남향으로 경사방향 계획
· 천창 상부 신재생에너지 표현

계단실

· 계단실을 살펴보면 제시평면에는 범위가 주어진 것을 파악할 수 있기 때문에 각층의 레벨 등을 통해 단높이 및 단너비를 결정해야 한다.

인터넷실

· 인터넷실의 경우 각종 통신케이블 및 전기선 등이 많이 필요로 하는 실이다. 이용자의 동선으로 인해 이러한 케이블 선 등으로 위험성이 증대되기 때문에 대부분 액세스플로어 등으로 설치하여 정리한다.

천창

・단면설계에서 기초의 경우 온통기초와 독립기초 위주로 제시되고 있으며 줄기초의 경우 지문에는 언급이 없지만 1층을 중심으로 주로 주출입구 등에 표현된다고 할 수 있다.

(a) 독립기초 (b) 연속기초

(c) 온통(매트)기초 (d) 파일기초

기초의 종류

독립기초

줄기초

온통기초

---

(3) 냉난방설비 : FCU+중앙공조(천장) 덕트방식

▶ 해설

공기 조화기를 기계실에 설치하고, 덕트로 건물 내의 각 방에 냉풍, 온풍을 보내서 냉난방하는 공기 조화 방식을 말한다.

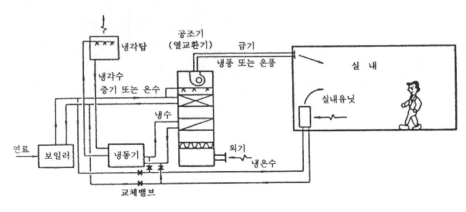

중앙공조방식 흐름도

---

(4) 기   초 : 온통기초(두께 600mm)
(5) 내력벽 두께 : 200mm

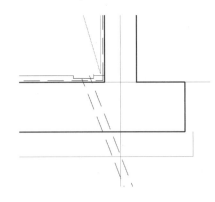

① 온통기초의 두께는 600mm로 해야 하며, 기초의 안정감을 더하기 위해 외벽으로부터 기초 두께만큼 돌출해서 표현한다.

② 독립기초의 경우 동결선이 필요하나 온통기초의 경우 동결선이 깊이를 고려하지 않아도 된다.

---

(6) 보(W×D) : 400mm × 600mm
(7) 기   둥 : 500 × 500mm
(8) 슬라브두께 : 150mm

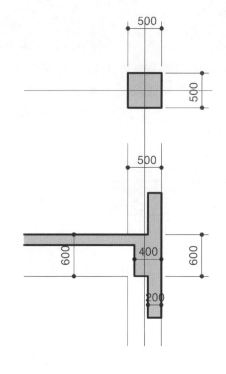

・기둥의 크기는 400mm×400mm

・보 : 300mm×500mm

・위에서 제시된 기둥 및 보의 크기는 단면도에서 반드시 표현이 되어야 하는 부분이다.

・기둥 중심으로부터 200mm 이격되어 외곽부분이 있으며, 이곳에 제시된 보의 크기 300mm가 표현되어야 한다.

・기둥과 보의 간격은 100mm 차이 나야 하며, 또한 작도시 표현이 되어야 한다.

---

(9) 반자높이 : 설비를 고려하여 합리적으로 산정

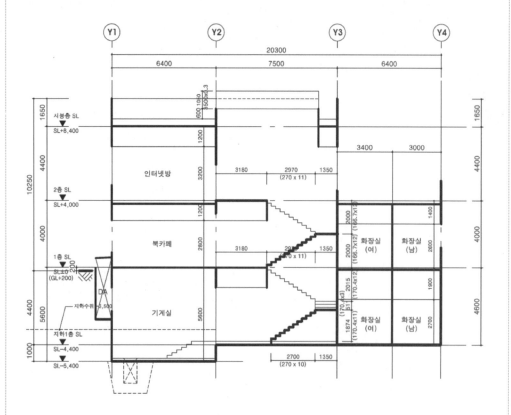

반자높이

① 방의 바닥면으로부터 반자까지의 높이로 한다. 다만, 한 방에서 반자높이가 다른 부분이 있는 경우에는 그 각 부분의 반자면적에 따라 가중 평균한 높이로 한다.

② 건축물의 반자높이는 건축물의 피난ㆍ방화구조 등의 기준에 관한 규칙 제16조에 명시되어있으며, 일반 건축물의 거실 반자 높이는 2.1m이상으로 하여야 하는데 이 기준은 최소 규정으로 2.1m 이상으로 설치하여 최소한의 공기를 확보하고, 유사시 배연을 할 수 있는 기준으로 마련된 것이다. 따라서 반자를 2.1m 높이에 정확히 설치하는 것이 아닌 2.1m이상으로 설치하여야 할 것이다.

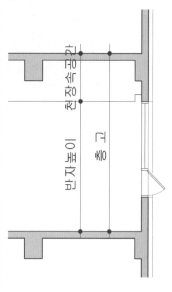

옥상녹화

① 옥상녹화(屋上綠化)는 건축물의 단열성이나 경관의 향상 등을 목적으로 지붕이나 옥상에 식물을 심어 녹화하기 위한 것이다.

② 옥산녹화는 강한자외선과 열 그리고 산성비로부터 건물을 보호 한다.

③ 옥상녹화는 외곽지보다 2℃~3℃가량 높은 도심의 열섬현상을 줄여준다.

④ 냉난방 에너지를 연간 16.6%까지 줄여 에너지낭비를 예방한다.

⑤ 옥상을 토심 10cm 녹화시 1㎡당 20~30L의 빗물을 저장할 수 있는 기능이 있다.

---

(10) 단열재 : 외벽 및 최하층 바닥 100mm

지붕층 : 200mm

• 단열재의 경우 최근 강화가 되어 본 시험에서도 단열재의 두께는 강화가 되어 출제되고 있는 상황이다.

• 본 문제에서는 외벽 및 최하층 바닥 : 100mm,

지붕 및 외기노출바닥 : 200mm를 표현함

• 단열재의 두께

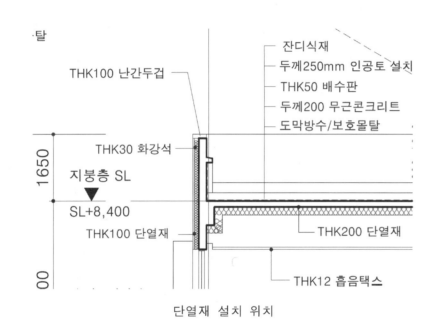

단열재 설치 위치

(11) 옥상녹화 : 토심 250mm 이상

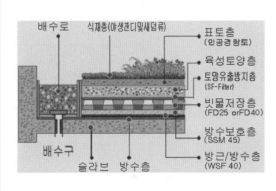

• 옥상녹화는 토심 250mm 이상으로 표현하며, 이때 주의할 점은 정확한 표현이다.

• 외벽 파라펫 높이는 옥상녹화 표면으로부터 1,200mm가 되어야 한다.

• 200+250=1,650mm
(구조체로부터 높이)

---

(12) 지하수위 : GL −3.5m

(13) 방화구획은 고려하지 않는다.

샘을 파서 어떤 깊이에 이르면 물이 침출하여 고이게 되는데 이 물이 고이는 최상부의 수면을 말한다.

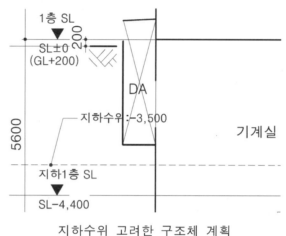

지하수위 고려한 구조체 계획

3. 설계조건

(1) 설계조건과 평면도를 참조하여 단열, 방수, 마감재, 채광, 환기 등의 기술적 사항을 반영한다.

(2) 서측의 일사조절을 위한 계획을 반영한다.

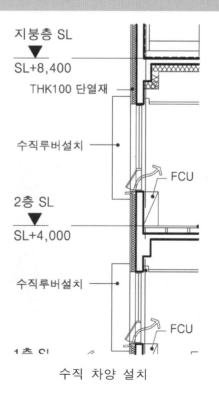

수직 차양 설치

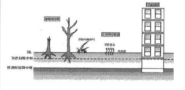

지하수위

• 지면에서 지하수면까지의 깊이를 말하는데, 우물의 자연 수위 등이 해당된다. 우물물을 다량으로 취수하면 지하수위는 우물을 중심으로 해서 국부적으로 저하되고, 그 위에 다량으로 취수하면 전체적으로 저하되어 지반 침하와 해수 침입 등의 원인이 된다.

수직루버

• 목재나 금속, 플라스틱 등의 얇고 긴 평판을 일정한 간격을 두고 평행하게 늘어놓은 것을 말한다. 수평이나 수직 또는 격자상으로 하고, 고정식과 가동식이 있다.

(3) 천창의 크기와 형태는 임의로 하며, 신재생에너지 시스템을 적용하여 채광, 환기가 가능하도록 계획한다.

2004년부터 산업자원부에서 대체에너지(alternative energy)란 단어 대신 사용하는 용어. 「대체에너지 개발보급 및 이용 보급 촉진법」 제2조는 석유, 석탄, 원자력, 천연가스가 아닌 에너지로 11개 분야를 지정하였는데 재생에너지에는 태양열, 태양광발전, 바이오매스, 풍력, 소수력, 지열, 해양에너지, 폐기물에너지 등 8개 분야가, 신에너지에는 연료전지, 석탄액화가스화, 그리고 수소에너지가 포함된다.

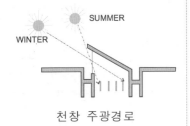

천창 주광경로

천창 하부 루버설치

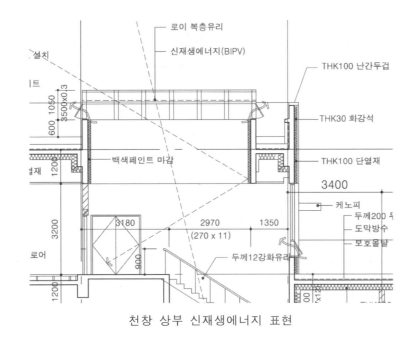

천창 상부 신재생에너지 표현

• 전자계산기(컴퓨터)를 설치하기 위한 방. 공기 조화, 방진(防振) 등의 설비가 갖추어지며, 배치의 변경이 가능하도록 프리 액세스 플로어로 하는 경우가 많다.

액세스플로어

(4) 인터넷방에는 두께 200mm의 액세스플로어(access floor)를 적용한다.

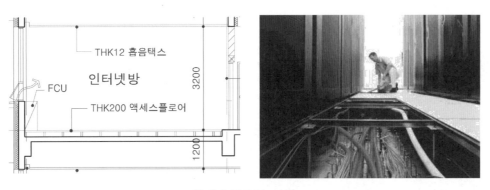

액세스플로어 설치

(5) 지하수위에 따른 방수 및 배수계획을 반영한다.

완공된 시설에서 빗물을 빼내거나 지하수위 저하공법을 포함한 공사 중의 배수 전체를 일컫는 공법을 말하는데, 대상에 따라 공사 중 배수·표면배수·지하배수·사면배수 등으로 분류할 수 있다.

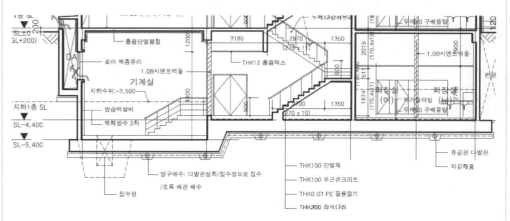

지하수 배수 표현

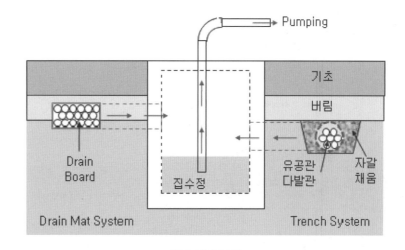

영수배수공법

최하층 바닥 배수-1

최하층 바닥 배수-2

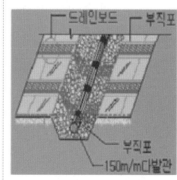

최하층 바닥 배수-3

(6) 건축물 내·외부의 환기경로, 채광경로를 <보기>에 따라 표현하고 필요한 곳에 창호의 개폐방향으로 표현한다.

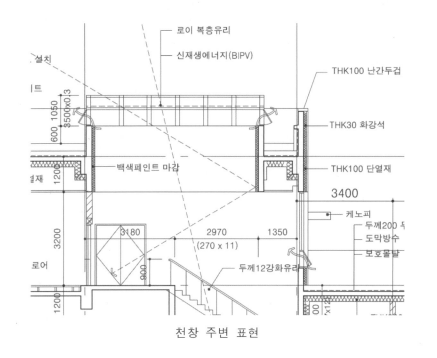

천창 주변 표현

(7) 각 실은 용도에 적합하게 바닥레벨을 고려한다.

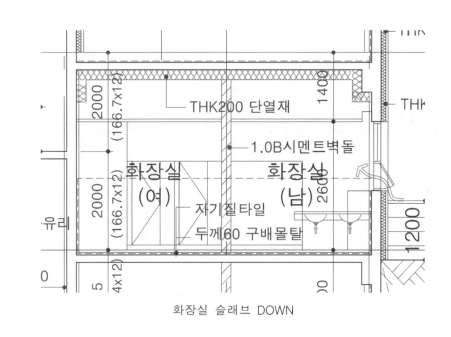

화장실 슬래브 DOWN

"B" 상세도

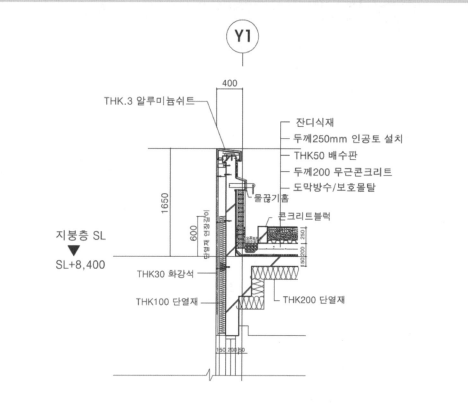

"C" 상세도

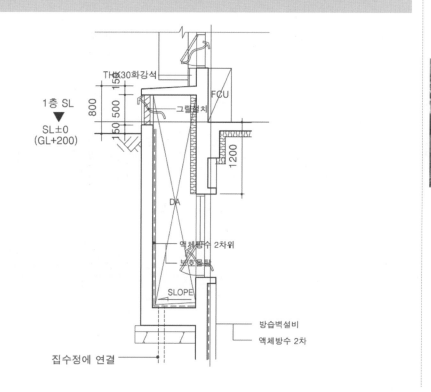

계단

계단난간

· 난간의 경우 계단은 900mm로 하며, 기타 안전을 고려한 난간은 높이 1,200mm로 계획한다.

지붕층 파라펫

D.A -1

D.A -2

4. 도면작성요령
  (1) 단면지시선에 의해 보여지는 입·단면을 표현한다.
  (2) 층고, 반자높이, 개구부 높이 등 주요 치수를 표기한다.
  (3) 각 실의 명칭을 표기 한다.
  (4) 구체적으로 제시되지 않은 레벨, 치수 및 재료 등은 임의로 표기한다.
  (5) 단위 : mm
  (6) 축척 : 1/100

5. 유의사항
  (1) 제도는 반드시 흑색연필로 한다.
  (2) 명시되지 않은 사항은 현행 관계법령의 범위 안에서 임의로 한다.

<보기>

| 환기 경로 | ⟶ |
| 채광 경로 | ▭▭⟹ |

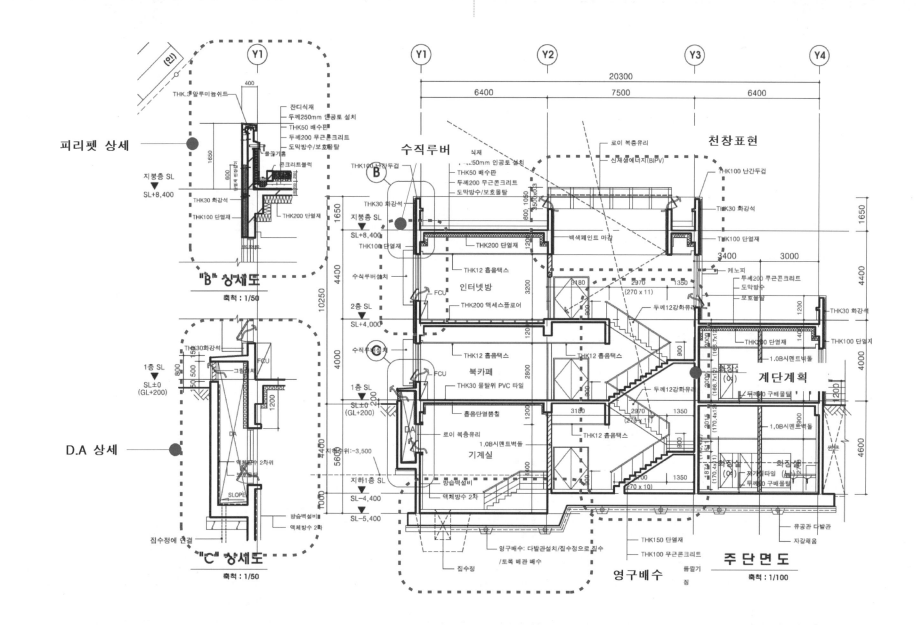

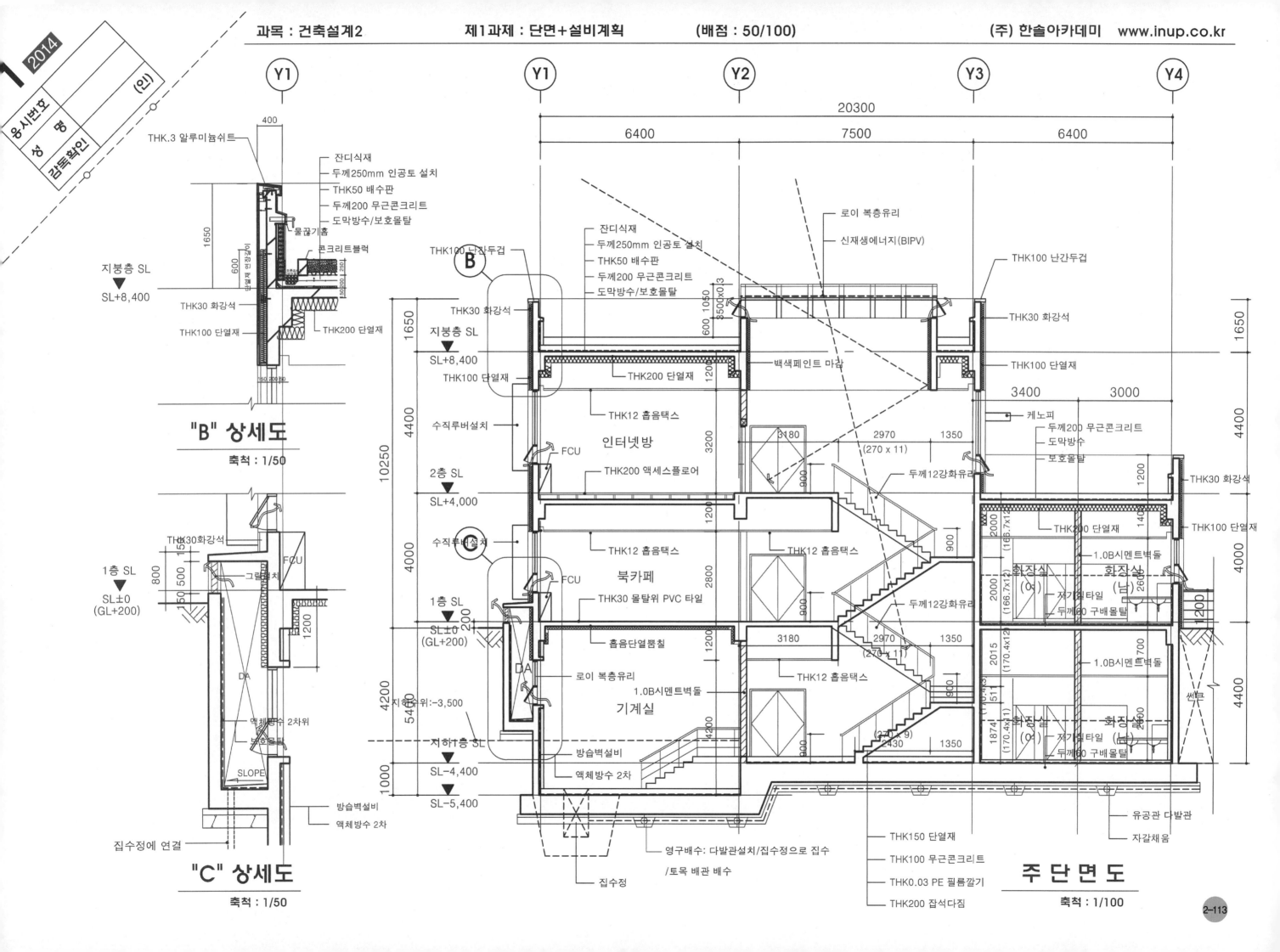

THK.3 알루미늄쉬트

잔디식재
두께250mm 인공토 설치
THK50 배수판
두께200 무근콘크리트
도막방수/보호몰탈
물끊기홈

콘크리트블럭

지붕층 SL
SL+8,400

THK30 화강석

THK100 단열재
THK200 단열재

400

1650
600

"B" 상세도
축척 : 1/50

THK30화강석

FCU

1층 SL
SL±0
(GL+200)

그릴설치

800
500
1200

DA

액체방수 2차위
보호몰탈

SLOPE

방습벽설비
액체방수 2차

집수정에 연결

"C" 상세도
축척 : 1/50

Y1　　　Y1　　　Y2　　　Y3　　　Y4

20300
6400　　　7500　　　6400

THK100 난간두겁

B

잔디식재
두께250mm 인공토 설치
THK50 배수판
두께200 무근콘크리트
도막방수/보호몰탈

THK30 화강석

지붕층 SL
SL+8,400

THK100 단열재

수직루버설치

FCU

인터넷방

2층 SL
SL+4,000

THK200 액세스플로어

G

수직루버설치

FCU

북카페

1층 SL
SL±0
(GL+200)

THK30 몰탈위 PVC 타일

흡음단열뿜칠

로이 복층유리

1.0B시멘트벽돌

기계실

DA

지하수위:-3,500

지하1층 SL
SL-4,400

방습벽설비
액체방수 2차

SL-5,400

집수정

영구배수: 다발관설치/집수정으로 집수
/토목 배관 배수

로이 복층유리
신재생에너지(BIPV)

THK100 난간두겁

THK30 화강석

THK100 단열재

백색페인트 마감

THK200 단열재

THK12 흡음택스

THK12 흡음택스

THK12 흡음택스

THK12 흡음택스

두께12강화유리

두께12강화유리

3180
3180

2970
2970

1350
1350

케노피
두께200 무근콘크리트
도막방수
보호몰탈

THK30 화강석

THK100 단열재

THK200 단열재

1.0B시멘트벽돌

화장실
(여)

화장실
(남)

재기질타일
두께60 구배몰탈

1.0B시멘트벽돌

화장실
(여)

화장실
(남)

재기질타일
두께60 구배몰탈

유공관 다발관
자갈채움

썬큰

THK150 단열재
THK100 무근콘크리트
THK0.03 PE 필름깔기
THK200 잡석다짐

주 단 면 도
축척 : 1/100

2-113

구 성	FACTOR	지 문 본 문	FACTOR	구 성

[좌측 구성]

1. 제목
건물의 용도제시

2. 과제개요
- 과제유형 : 신축
- 구조종별 : 철골구조
- 과제도면 : 4개

3. 계획조건
- 건축개요
- 규모, 용도
- 구조형식
- 지붕과 외벽마감재료
- 기초형식
- 페데스털
- 대공간 (기둥설치tip)
- 철골부재의 부호 및 규격
  · 기둥 : 주기둥, 샛기둥
  · 보 : 지붕 a, b, c
    벽체 d
  · 가새 : 외벽용, 지붕용

4. 도면작성요령
- 지붕 구조평면도(축척)
  주기둥배치
  접합방식표현
  배열반복시 표현방법
  중도리와 패널의 골방향
- 외벽(Y1열)구조평면
  (축척)
  접합방식표현
  배열반복시 표현방법
  띠장표기
- 지붕부분단면상세도
  (축척)
  표현할 부분과 부재
  중도리부재크기와 간격
  각각 명칭숙지
- 주각부상세도(축척)
  힌지주각
  표현할 구성요소의 명칭

[좌측 FACTOR]

① 배점을 확인(50점)
구조계획시간 배분

② 건물용도와 과제
실내체육관 : 체육시설
구조계획/지붕설계
제시한 현황도분석

③ 과제유형
신축 모듈제시형

④ 과제층과 과제도면
지붕층 구조평면도
외벽 구조입면도
지붕 부분단면상세도
주각부상세도

⑤ 구조재료
철골구조

⑥ 지붕 및 외벽재료
샌드위치패널(경량재료)

⑦ 페데스털
용어이해, 부재크기

⑧ 내부공간계획
대공간

⑨ 철골부재의 부호 및 규격
샌드위치패널(경량재료)

⑩ ⑪ 기둥 부호와 규격

⑫ ⑬ 보 부호와 규격

⑭ 가새의 부호 및 규격

⑮ 도면작성요령 : 지붕구조평면도

⑯ 주기둥의 배치 방법

[중앙 지문본문]

2014년도 건축사자격시험 문제

과목: 건축설계2   제2과제 (구조계획)   배점: 50/100점①

제목 : 실내체육관 구조계획·지붕설계 ②

1. 과제개요

연수원 내 공지에 철골구조의③ 실내체육관을 건축하려고 한다. 다음 사항을 고려하여 지붕 구조평면도, 외벽 구조입면도, 지붕 부분단면상세도 및 주각부 상세도를 작성하시오.④

2. 계획조건

(1) 건축개요
① 층수 : 1층
② 규모 : 30m(폭) × 60m(길이) × 9m(처마높이)
③ 용도 : 실내체육관
④ 구조 : 철골구조 ⑤
⑤ 지붕경사도 : 2/10
⑥ 지붕 및 외벽재
  · 지붕재 : 샌드위치패널(두께 200mm)
  · 외벽재 : 샌드위치패널(두께 100mm)
⑦ 기초 : 독립기초
⑧ 페데스털(pedestal) : 600mm × 1,100mm ⑦
⑨ 내부에 기둥과 벽이 없는 대공간으로 실내환경⑧ 출입 동선 등은 고려하지 않는다.

(2) 설계하중을 고려하여 가정한 철골부재의 부호 및⑨ 규격(단위 : mm)은 다음과 같다.

⑩ 기둥
  p1(주기둥) : H-700 × 300
  p2(샛기둥) : H-294 × 200 ⑪

⑫ 보
  a(큰보) : H-700 × 300, b(작은보) : H-294 × 200
  c(작은보) : H-200 × 100, d(벽 수평보) : H-150 × 100 ⑬

⑬ 가새(brace)
  e(외벽 가새) : H-250 × 250
  f(지붕 가새) : L-90 × 90 ⑭

3. 도면작성요령

(1) 지붕 구조평면도 (축척 1/300) ⑮
① 주기둥은 [그림] 및 땅안지의 X열과 Y열이 교차되는 부분에만 배치한다. ⑯

② 부재의 단부를 합리적인 접합방식에 따라 <보기>와⑰ 같이 표현하며, 동일한 배열형태가 반복되는 경우 부재별 기호를 하나의 스팬에만 표기할 수 있다. ⑱
③ 지붕패널의 지지를 위한 중도리(purlin)와 패널의 골방향을 <보기>와 같이 표기한다. ⑲

(2) 외벽(Y1열) 구조입면도 (축척 1/300) ⑳
① 부재의 단부를 합리적인 접합방식에 따라 <보기>와 같이 표현하며, 동일한 배열형태가 반복되는 경우 부재별 기호를 하나의 스팬에만 표기할 수 있다. ㉑
② 외벽패널 지지를 위한 띠장(girt)은 표기하지 않는다. ㉓

(3) 지붕 부분단면상세도 (축척 1/10) ㉔
① 용마루 부분을 작성한다. ㉕
  (지붕보, 중도리 및 지붕패널 포함)
② 중도리는 C-150×50×20 @1,000으로 한다. ㉖
③ 각각의 명칭만 기입하고 치수는 기입하지 않는다.

(4) 주각부 상세도 (축척 1/20) ㉗
① 주각은 힌지(hinge)로 한다. ㉘
② 페데스털 상부에 기둥, 베이스플레이트, 리브 플레이트, 앵커볼트, 무수축모르타르 등을 표현하되, 각각의 명칭만 기입하고 치수는 기입하지 않는다. ㉙

<보기> ㉚

기 둥	エ H
강접합	▶
힌지접합	⊢
보, 가새, 중도리	⊢
지붕패널 골방향	← →

4. 유의사항

(1) 제도는 반드시 흑색 연필로 한다.
(2) 명시되지 않은 사항은 현행 관계법령의 범위 안에서 임의로 한다.

[우측 FACTOR]

⑰ 부재의 접합방식은 <보기>와 같이 표현

⑱ 배열반복시 하나의 스팬에만 표현
: 표현의 단순화

⑲ 중도리와 패널의 골방향 <보기>와 같이 표현

⑳ 외벽(Y1열)구조평면도(축척 1/300)
Y1열 벽체의 골조도를 작도

㉑ 부재의 접합방식은 <보기>와 같이 표현

㉒ 배열반복시 하나의 스팬에만 표현
: 표현의 단순화

㉓ 띠장은 표현에서 제외

㉔ 지붕 부분단면상세도(축척 1/10)

㉕ 용마루부분의 건축상세작성
지붕보, 중도리 및 지붕패널이 표현

㉖ 중도리 : C형강 크기 및 간격확인

㉗ 주각부 상세도(축척 1/20)

㉘ 주각부 종류
힌지주각과 고정주각

㉙ 주각부 작도시 명칭숙지
페데스털, 기둥
베이스플레이트, 리브플레이트
앵커볼트, 무수축모르타르

㉚ 보기와 같이 표현

[우측 구성]

5. 유의사항
- 흑색연필
- 관계법령

2-115

과목 : **건축설계2**   제2과제 : 구조계획   배점 : 50/100점

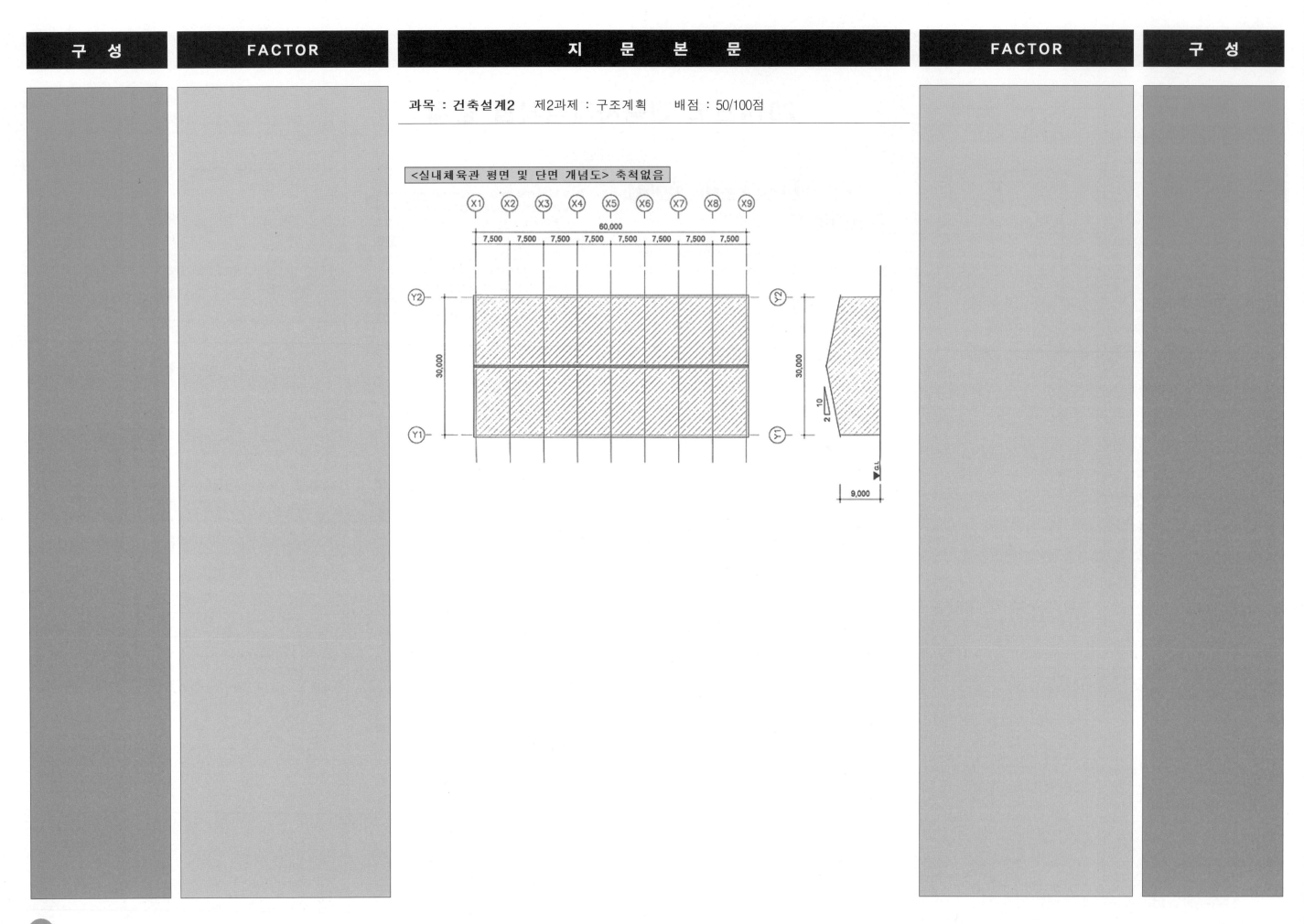

<실내체육관 평면 및 단면 개념도> 축척없음

1	모듈확인 및 부재배치		2	답 안

1. 기둥모듈확인

모듈제시형 과제

내부에 기둥과 벽이 없는 대공간 구조

- 철골구조계획 : 실내체육관

① 평면 및 단면개념도 — 구조계획범위

단면개념도 -- 경사지붕

② 수직열 X1열~X9열 7.5m

수평열 Y1열~Y2열 30.0m

③ 주기둥은 X열과 Y열이 교차되는 부분에만 배치

④ 철골구조계획시 주요명칭숙지필요

작도 1 〉 주어진 모듈(중심선)에서 주기둥의 위치 결정

2. X열과 Y열의 교차점확인(3.(1).①항)

- 내부에 기둥과 벽이 없는 대공간으로 실내환경, 진출입 동선 등은
  고려하지 않는다. (2.(1).⑨항)

- 강축/약축방향을 고려

작도 2 〉 큰 보를 표기함

3. 보 배치

3.1 큰 보(Girder)의 배치

- 주기둥(p1)과 주기둥(p1)을 연결하는 부재,

- 샛기둥(p2) : 샌드위치패널벽체 지지용 중간기둥 (7.5m/2)

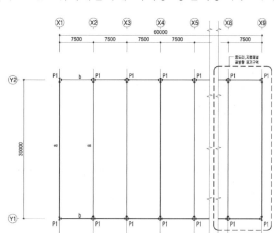

작도 3 〉 작은 보를 표기함

3.2 작은 보(Beam)의 단면크기

- a(큰보): H-700x300

- b(작은보): H-294x200

- c(작은보): H-200x100

3.3 작은 보의 단면크기에 근거한 배치

- 지붕패널 지지를 위한 중도리와 패널의 골방향을 고려함

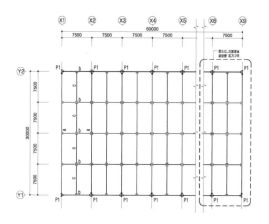

작도 4 〉 중도리와 패널의 골방향 및 지붕브레이스를 평면둘레에 배치

4. 외벽(Y1열) 구조입면도

- 주기둥(p1), 샛기둥(p2), d(벽수평보), 외벽가새를 배치

- 각 부재의 역할을 고려(띠장은 제외)

5. 지붕 부분단면상세도

- **용마루부분 : 철골보, 중도리 및 지붕패널 표현**

- **중리도 : 경량C-150x50x20 @1000**

6. 주각부상세도

- 힌지주각의 의미이해

- 페데스털에 표현하는 부재들 명칭과 역할구분필요

- 기둥, 베이스플레이트, 리브플레이트, 앵커볼트, 무수축모르타르의 표현

작도 5〉 부재표기 및 미비한 부분 추가기재 및 검토

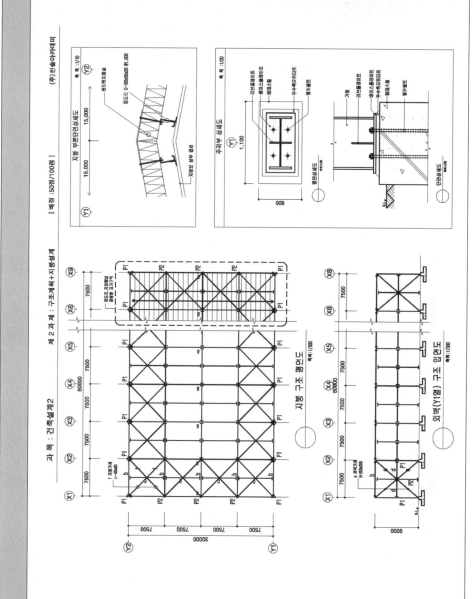

▶ 문제총평

과제는 내부에 기둥과 벽이 없는 대공간으로 실내환경, 진출입 동선 등을 고려하지 않는 철골구조 실내체육관
신축이다. 벽체와 경사지붕의 마감재료는 샌드위치패널이며 철골구조로 계획하여야한다. 철골구조계획시 주요
부재의 명칭과 배치방법 및 마감재와 접합방법을 숙지하여야한다. 구조배점이 50점으로 상향조정되었고 답안은
지붕구조평면도와 외벽구조입면도 및 2개소의 단면상세(지붕 부분단면상세도와 주각부상세도)를 요구하는 등
이 주안점이라 할 수 있다.

▶ 과제개요

1. 과제개요	실내체육관 신축
2. 출제유형	모듈제시형
3. 규 모	지상1층
4. 용 도	체육시설
5. 구 조	철골구조
6. 과 제	지붕구조평면도 / 외벽구조입면도 / 지붕 단면상세도 / 주각부상세도

▶ 실내체육관 골조모델링

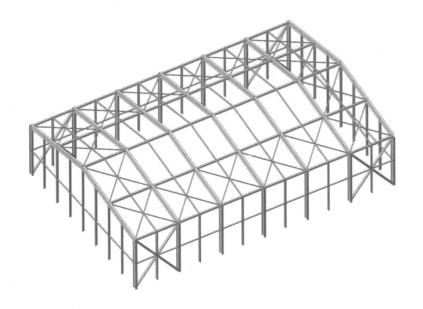

▶ 체크포인트

1. 주기둥과 샛기둥의 적용, 기둥의 강·약축 고려
2. 보 ▶ 큰보 작은보 벽수평보,   가새 ▶ 외벽가새와 지붕가새 제시
3. 지붕패널과 중도리(purlin), 패널의 골방향, 용마루부분
4. 외벽패널과 띠장(girt)
5. 주각부 상세도, 주각은 힌지
6. 페데스털 상부에 기둥, 베이스플레이트, 리브플레이트, 앵커볼트, 무수축모르타르

▶ 제목 : 실내체육관 구조계획/지붕설계

1. 과제개요

연수원 내 공지에 철골구조의 실내체육관을 건축하려고 한다. 다음 사항을 고려하여 지붕 구조평면도, 외벽 구조
입면도, 지붕 부분단면상세도 및 주각부 상세도를 작성하시오.

▶ 해설

• 건물용도 : 체육시설 / 실내체육관 – 단일용도
• 유 형 : 신축 (모듈제시)계획형
• 과제층 및 추가과제 : 지붕구조평면도, 외벽구조입면도, 지붕부분단면상세도, 주각부상세도

2. 계획조건
  (1) 건축개요
    ① 층수 : 1층
    ② 규모 : 30m(폭) × 60m(길이) × 9m(처마높이)
    ③ 용도 : 실내체육관
    ④ 구조 : 철골구조
    ⑤ 지붕경사도 : 2/10
    ⑥ 지붕 및 외벽재
       지붕재 : 샌드위치패널(두께 200mm)
       외벽재 : 샌드위치패널(두께 100mm)
    ⑦ 기초 : 독립기초
    ⑧ 페데스털(pedestal) : 600mm × 1,100mm
    ⑨ 내부에 기둥과 벽이 없는 대공간으로 실내환경, 진출입 동선 등은 고려하지 않는다.

▶ 해설
• 층수와 규모 : 1층으로 제시한 실내체육관 평면 및 단면개념도 확인모듈이 7500mm 간격으로 주어짐
• 구조형식 : 철골구조
• 경사지붕으로 지붕과 외벽재가 샌드위치패널이다.
• 페데스털 : 기둥주각부 철골베이스 플레이트가 설치되는 콘크리트 기둥
• ⑨항은 아주 중요한 지문으로 실내체육관 내부에는 기둥을 설치할 수 없다.

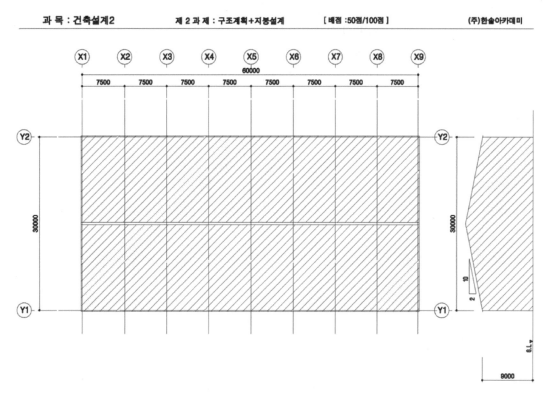

| 과 목 : 건축설계2 | 제 2 과 제 : 구조계획+지붕설계 | [배점 :50점/100점] | (주)한솔아카데미 |

<실내체육관 평면 및 단면 개념도> 축척 없음

(2) 설계하중을 고려하여 가정된 철골부재의 부호 및 규격(단위 : mm)은 다음과 같이 한다.

① 기둥

p1(주기둥) : H-700×300

P2(샛기둥) : H-294×200

② 보

a(큰보)　 : H-700X300,　b(작은보)　 : H-294×200

c(작은보) : H-200X100,　d(벽수평보) : H-150×100

③ 가새(brace)

e(외벽가새) : H-250×250

f(지붕가새) : L-90×90

3. 도면작성요령

(1) 지붕 구조평면도(축척1/30)

① 주기둥은[그림] 및 답안지의 X열과 Y열일 교차되는 부분에만 배치한다.

② 부재의 단부를 합리적인 접합방식에 따라 <보기>와 같이 표현하며, 동일한 배열형태가 반복되는 경우 부재 별 기호를 하나의 스팬에만 표기할 수 있다.

③ 지붕패널의 지지를 위한 중도리(purin)와 패널의 골방향을 <보기>와 같이 표기한다.

(2) 외벽<Y1열> 구조입면도 (축척 1/300)

① 부재의 단부를 합리적인 접합방식에 따라 <보기>와 같이 표현하며, 동일한 배열형태가 반복되는 경우 부재 별 기호를 하나의 스팬에만 표기할 수 있다.

② 외벽패널 지지를 위한 띠장(girt)은 표기하지 않는다.

(3) 지붕 부분단면상세도 (축척 1/10)

① 용마루 부분을 작성한다.(지붕보, 중도리 및 지붕패널 포함)

② 중도리 C-150X50X20 @1,000으로 기입한다.

③ 각각의 명칭만 기입하고 치수는 기입하지 않는다.

(4) 주각부 상세도(축척1/20)

① 주각은 힌지(hinge)로 한다.

② 페테스털 상부에 기둥, 베이스플레이트, 리브플레이트, 앵커볼트, 무수축모르타르 등을 표현하되, 각각의 명 칭만 기입하고 치수는 기입하지 않는다.

기 둥	Ⅰ　Ｈ
강접합	▶——————
핀접합	├————
보, 가새, 중도리	——————
지붕패널 골방향	←————→

4. 유의사항

(1) 답안작성은 반드시 흑색연필로 한다.

(2) 명시되지 않은 사항은 현행 관계법령의 범위안에서 임의로 한다.

▶ 해설

• 기둥(2개), 보(4개), 가새(2개) : 부재별 단면치수와 기호를 체크한다.

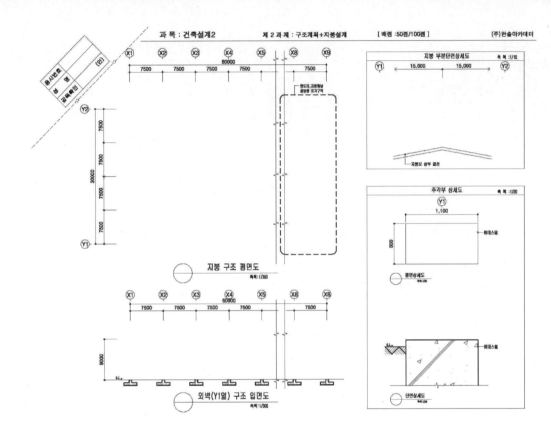

▶ 해설
· 실내체육관 과제로 일반적인 철골조 공장건물과 같은 구조계획으로 접근한다.
· 철골조 건물의 구조부재 명칭이해

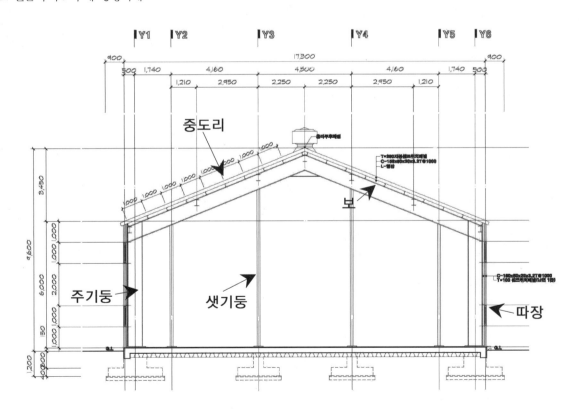

외벽가새 (수직가새)

· 기   능 : 수평하중에 저항하는 전단벽의 역할
· 사용부재 : Rod Bar 턴버클, 앵글, H형강 등

구조계획

① 사용조건 : 철골조, 수평하중
   전단벽이 있을 경우는 수직가새 설치여부 재고
② 평면에 대칭배치
   전단벽을 고려한 대칭배치
   편심일 경우 건물 비틀림 - 안전성, 경제성 불리
③ 설치위치 : 코아, 외곽 개구부 없는 벽
   건축공간에 방해 없는 곳

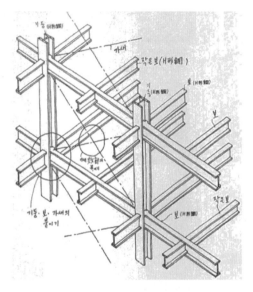
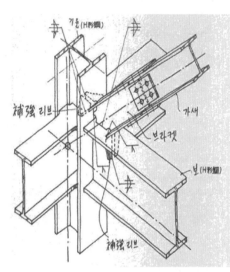

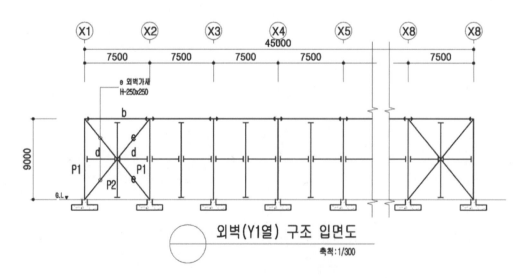

외벽(Y1열) 구조 입면도
축척:1/300

▶ 외벽가새 (수직가새)

· 기　　능 : 수평하중에 저항하는 전단벽의 역할
· 사용부재 : Rod Bar 턴버클, 앵글, H형강 등

▶ 구조계획

① 사용조건 : 철골조, 수평하중
　　　전단벽이 있을 경우는 수직가새 설치여부 재고
② 평면에 대칭배치
　　　전단벽을 고려한 대칭배치
　　　편심일 경우 건물 비틀림 - 안전성, 경제성 불리
③ 설치위치 : 코아, 외곽 개구부 없는 벽
　　　건축공간에 방해 없는 곳

▶ 지붕가새 (수평가새)

· 기　　능 : ① 바닥면의 수평변형(뒤틀림) 방지
　　　　　　② 수평하중을 외벽가새로 하중전달
· 사용부재 : Rod Bar 턴버클, 앵글, H형강 등

▶ 구조계획

① 사용조건 : 철골조, 풍하중, 경량바닥판(판넬)인 경우
　　　- 데크플레이트 합성슬래브, 메탈데크시 불사용
② 설치위치 : 지붕층의 외주부
③ 평면상에서 폐합이 되도록 배치

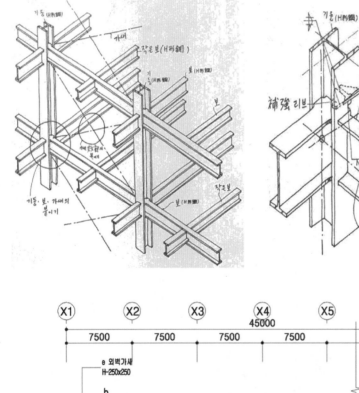

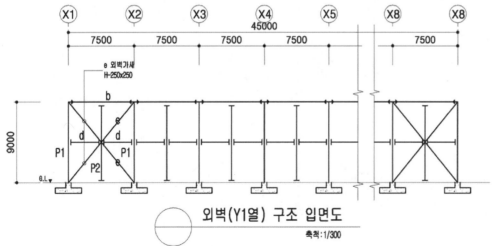

외벽(Y1열) 구조 입면도
축척:1/300

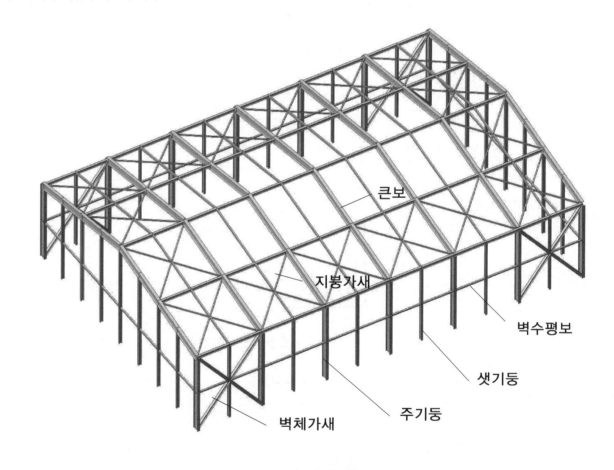

▶ 철골구조 주각의 구분

1) 힌지형 주각부 상세

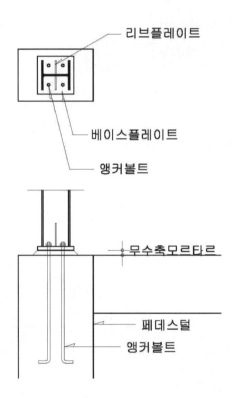

- 리브플레이트
- 베이스플레이트
- 앵커볼트
- 무수축모르타르
- 페데스털
- 앵커볼트

2) 고정형 주각부 상세

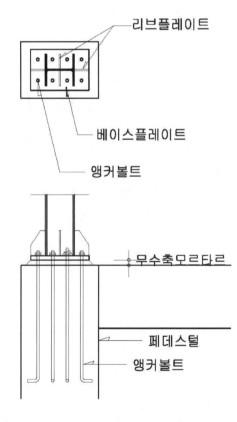

- 리브플레이트
- 베이스플레이트
- 앵커볼트
- 무수축모르타르
- 페데스털
- 앵커볼트

1) 주기둥과 벽체가새의 접합상세

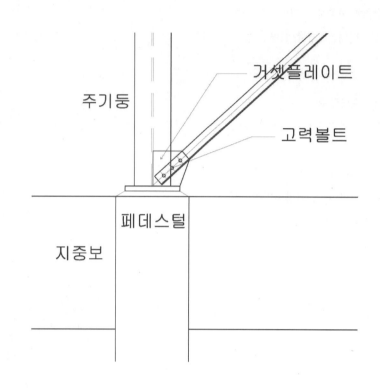

- 거셋플레이트
- 주기둥
- 고력볼트
- 페데스털
- 지중보

2) 샛기둥과 벽체가새의 접합상세

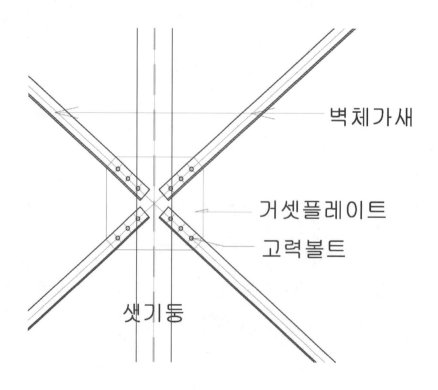

- 벽체가새
- 거셋플레이트
- 고력볼트
- 샛기둥

▶ 보 접합부 구분

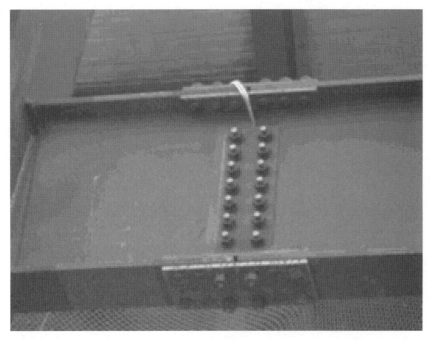

강접합

힌지(핀)접합

수험번호   명
성   감독확인

지붕 구조 평면도

축척:1/300

외벽(Y1열) 구조 입면도

축척:1/300

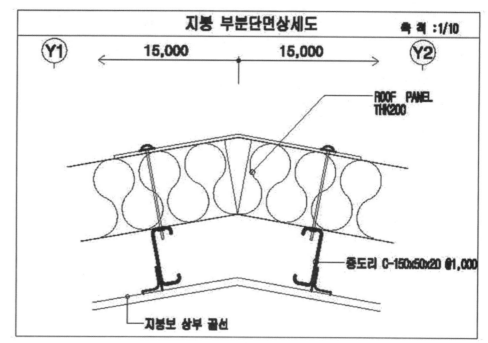

지붕 부분단면상세도
축 척 :1/10

ROOF PANEL THK200
중도리 C-150x50x20 @1,000
지붕보 상부 곡선

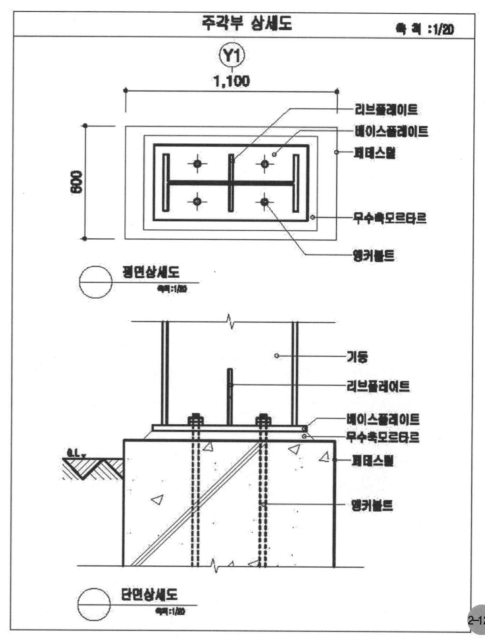

주각부 상세도
축 척 :1/20

리브플레이트
베이스플레이트
페데스탈
무수축모르타르
앵커볼트

평면상세도
축척:1/20

기둥
리브플레이트
베이스플레이트
무수축모르타르
페데스탈
앵커볼트

단면상세도
축척:1/20

2-125

2015년도 건축사자격시험 문제

과목: 건축설계2　　제1과제 (단면설계)　　배점: 60/100점 ①

제목 : 연수원 부속 복지관 단면설계

1. 과제개요

제시된 도면은 연수원 부속 복지관 평면도의 일부이다. 각 층 평면도에 표시된 ②단면지시선을 기준으로 다음 사항을 고려하여 단면도를 완성하시오. ③

2. 건축개요

(1) 규　모 : 지하 1층, 지상 2층 ④
(2) 구　조 : 철근콘크리트구조 ⑤
(3) 기　초 : 온통기초 (두께 600mm) ⑥
　　　　　　동결선은 지면(G.L)에서 1,000mm
(4) 층　고 : 평면도 참조
(5) 기　둥 : 500mm × 500mm ⑦
(6) 보(W×D) : 400 × 650mm
(7) 슬래브두께 : 150mm
(8) 내력벽두께 : 200mm
(9) 지하층 옹벽두께 : 300mm
(10) 외벽마감 : 칼라알미늄시트 ⑧
(11) 실내마감 및 반자높이 : <보기1> 참조
(12) 단열재두께 : 외벽 및 외기에 면하는 바닥 100mm, 지붕 200mm ⑨
(13) 계단 : 2m마다 계단참(최소너비 1,200mm) 설치, 단높이는 170mm 이하로 설계 ⑩
(14) 설비계획과 방화구획은 고려하지 않는다. ⑪

3. 도면 작성 시 고려사항

(1) 설계조건과 평면도를 참조하여 단열, 방수, 마감재, 채광, 환기 등의 기술적 사항을 고려한다. ⑫
(2) 고측창의 크기와 형태는 자연채광과 실내 환기가 가능하도록 설계한다. ⑬
(3) 지하층 각 실은 방수 및 결로방지를 고려한다. ⑭
(4) 단열은 외단열로 하고 열교현상(cold bridge)을 고려하여 설계한다. ⑮
(5) 지하층 옥외테라스와 지붕층의 배수를 고려하여 설계한다.
(6) 실내마감과 반자높이는 <보기1>을 참조하고, 지정되지 않은 경우 각 실의 용도에 따라 설계한다.
(7) 마감재 차이로 발생하는 단차는 고려하지 않는다.

(8) 반자의 형태는 각 실의 용도를 고려하여 설계한다. ⑯
(9) 각 실의 용도에 따라 발생하는 소음 간섭을 저감하도록 설계한다.
(10) 계단 단면은 평면도에 표시된 계단위치 범위에서 설계한다.
(11) 로비 및 복도의 난간은 투시형으로 설계한다.

<보기> ⑰

실명	실내마감			반자높이
	바닥	벽	천장	(mm)
계단실	화강석	노출콘크리트	페인트	미지정
로비	화강석	미지정	미지정	미지정
휴게실	화강석	미지정	미지정	미지정
복도	화강석	석고보드 위 수성페인트	미지정	미지정
중정	목재플로링	미지정	미지정	미지정
체력단련실	데코타일	석고보드 위 수성페인트	흡음텍스	미지정
노래연습장	카펫타일	흡음보드	흡음텍스	2,600
세미나실	카펫타일	석고보드 위 수성페인트	미지정	2,700

4. 도면작성요령

(1) 주요 골조를 표현한다.
(2) 계단을 표현하고 세부치수를 표기한다.
(3) 각 실의 천장 형태와 높이를 표현한다.
(4) 레벨, 층고, 반자높이, 개구부 높이 및 단면 형태를 결정하는 주요 치수를 표기한다. ⑱
(5) 각 실명을 표기한다.
(6) 실내·외 마감을 표기한다. ⑲
(7) 단면도 작성 시 보이는 입면요소를 표기한다.
(8) 건축물 내·외부의 환기경로를 <보기2>에 따라 표현하고 필요한 위치에 창호 개폐방향을 표현한다. ㉑
(9) 구체적으로 제시되지 않은 레벨, 치수 및 재료 등은 임의로 표기한다. ㉒
(10) 단위 : mm
(11) 축척 : 1/100
<보기2> ㉓

환기 경로	⟹

5. 유의사항

(1) 도면작성은 반드시 흑색 연필로 한다.
(2) 명시되지 않은 사항은 현행 관계법령의 범위 안에서 임의로 한다.

좌측 구성

1. 제목
건축물의 용도 제시 (복지는 좋은 건강, 윤택한 생활, 안락한 환경들이 어우러져 행복을 누릴 수 있는 상태를 말한다.)

2. 과제개요
- 연수원 부속 복지관 평면도 일부 제시
- 평면도에 제시된 절취선을 기준으로 주단면도 및 상세도를 작성

3. 건축개요
- 규모
- 구조
- 기초
- 기둥
- 보
- 슬래브
- 내력벽
- 지하층 옥벽
- 용도
- 바닥 구조체 레벨
- 층고
- 반자높이
- 단열재 두께
- 외벽 및 실내마감
- 계단
- 고측창
- 설비 및 방화구획
- 지하수위
- 위의 내용 등은 단면설계에서 제시되는 내용이므로 반드시 숙지해야 한다.

좌측 FACTOR

① 배점을 확인합니다.
- 60점(단면설계이지만 제시 평면도와 지문을 살펴보면 계단 및 설비계획+마감재 제시 등으로 난이도가 높음)

② 평면도에 제시된 A-A'를 지시선을 확인한다.
- 절취선에 의한 단면요소
- 절취선에서 보이는 입면요소 검토

③ 절취선을 통한 주단면도 범위를 파악한다.

④ 지하1층, 지상2층 규모 검토(배점 60이지만 규모에 비해 작도량이 상당히 많은 편이며, 시간배분 정확히 해야 한다.)

⑤ 기둥, 보, 슬래브, 벽체 등은 철근콘크리트 구조로 표현

⑥ 기초는 온통기초 표현으로 두께 600mm 표현

⑦ 기둥과 보의 크기는 100mm 차이로 벽체 기준으로 보의 위치가 변경되어 표현되어야 한다.

⑧ 외벽마감은 칼라알미늄시트로 표현되어야 한다.

⑨ 단열재의 두께는 최근 강화되어 출제되고 있어 정확한 표현방법을 익혀두자.

⑩ 스킵형태의 단면으로 계단참의 높이 2.0m 마다 제시되었으며, 매우 어려웠던 계단의 형태

⑪ 층별 방화 구획 : 지하1층, 지상3층에 해당 됨.

우측 FACTOR

⑫ 단열, 방수, 마감재, 채광, 환기 등은 기술적으로 표현

⑬ 고측 창은 남향으로 계획 후 채광 및 환기가 가능한 창문 설치

⑭ 지하층 외벽의 경우 온도차에 의한 벽체부분에 결로 방지를 위해 단열재 설치

⑮ 열교현상(cold bridge)은 단열재가 연속되지 않은 부분에서 발생, 단열재 표현

⑯ 실의 용도에 맞게 반자 높이표현

⑰ 실 용도에 따른 마감재료 등은 반드시 표현한다.

⑱ 층고, 반자높이, 개구부 높이 등 주요 치수를 표기되어야 한다.

⑲ 제시된 내·외부 마감표현은 반드시 표현

⑳ 내·외부 입면은 반드시 표현한다.

㉑ 환기경로, 창호 개폐방향 표현

㉒ 레벨, 치수 및 재료 등은 임의로 표기하지만 반드시 표현해야 하는 사항이다.

㉓ 보기에서 제시한 내용으로 단면도에 표현

우측 구성

4. 설계조건
- 단열, 방수, 마감재, 채광, 환기 등의 기술적 사항을 고려
- 고측 창을 통한 채광 및 환기 고려
- 지하층 방수 및 결로 방지
- 액세스플로어 설치
- 열교현상(cold bridge)
- 반자높이는 실용도 고려한 계획
- 소음 간섭을 저감

5. 도면작성요령
- 내·외부 입면 표기
- 층고, 반자높이, 개구부 높이 등 주요치수를 표기
- 레벨, 치수 및 재료 등은 임의로 표기
- 단위 및 축척

6. 유의사항
- 제도용구 (흑색연필 요구)
- 명시되지 않은 사항은 현행 관계법령을 준용

7. 제시 평면도

- 지하1층 평면도
  - 옥외테라스,체력단련실, 복도,노래연습장 절취
  - 옥외테라스 트렌치 표현
  - X2~X3열 레벨확인 후 계단의 단높이 및 단너비 계획 후 표현
  - 노래연습장 및 지하 옹벽 표현

- 1층 평면도
  - 휴게실, 계단, 로비, 방풍실, 계단 절취
  - X2~X3열 레벨확인 후 계단의 단높이 및 단너비 계획 후 표현
  - 입면표현

- 2층 평면도
  - 복도, 계단, 복도, 세미나실, 캐노피 절취
  - X2~X3열 레벨확인 후 계단의 단높이 및 단너비 계획 후 표현
  - 입면 표현

- 지붕층 평면도
  - 평지붕, 고측창, 평지붕 절취
  - 고측창 범위 내에서 채광 및 환기를 고려한 계획
  - 단차가 다른 평지붕 표현

---

① 구조체위 무근표현 후 일부 트렌치 표현

② 집수정 점선으로 표현

③ 중정 바닥 마감은 목재후로링

④ 중정 일부에 교목이 있기 때문에 인공토 위한 온통기초 단차 표현

⑤ 계단
- SL±0 → SL-3.7
  - 3,700-200(무근) = 3,500
  - 3,500 / 21단 = 166.6mm
- SL±0 → SL+2.1
  - 2,100 / 13단 = 161.5mm
- SL+2.1 → SL+4.8
  - 2,700 / 16단 = 168.7mm
- SL+4.8 → SL+6.3
  - 1,500 / 9단 = 166.6mm

⑥ 지하층 옥벽두께 300mm

⑦ 외벽 커튼월 표현

⑧ 방풍실 표현

⑨ 1층 출입을 위한 계단 단높이 600mm / 4단 = 150mm

⑩ 복도 난간 투시형으로 표현

⑪ 층별 구조체 레벨로 스킵플로어 (skip floor) 형태의 단면도임을 알 수 있다.

⑫ 지문에서 제시된 반자높이 및 마감재 확인 후 기입해야 한다. 제시되지 않은 실의 경우 임의로 표현한다.

⑬ 방풍실 상부 캐노피 표현

⑭ 지붕층 안전난간 표현

⑮ 고측창 설계이므로 천장 표현은 하지 않아야 한다.

⑯ 고측창 설계범위 내에서 채광 및 환기를 고려한 표현

⑰ 지붕층의 경계 표현으로 고측창에 의해 표현되지는 않는다.

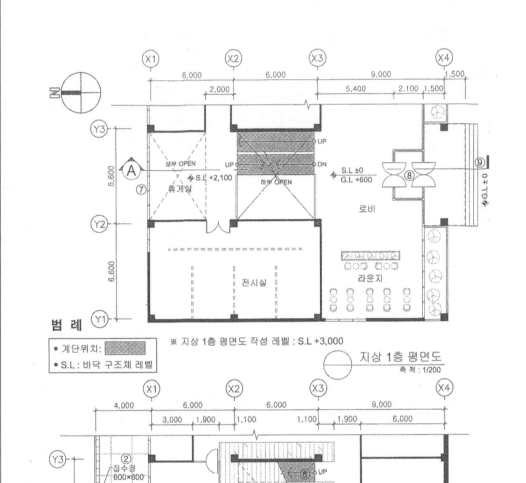

범 례
- 계단위치:
- S.L : 바닥 구조체 레벨

※ 지상 1층 평면도 작성 레벨 : S.L +3,000

지상 1층 평면도
축척 : 1/200

지하 1층 평면도
축척 : 1/200

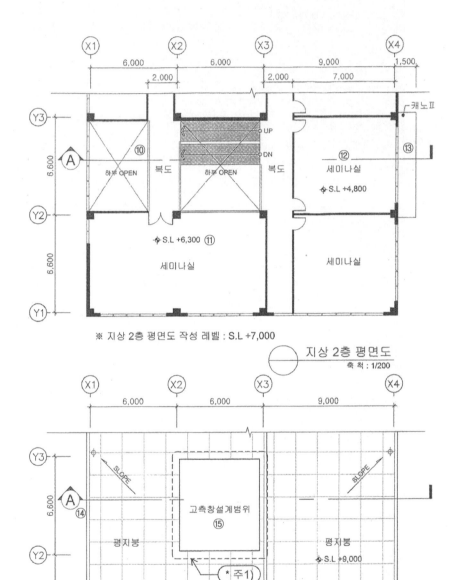

※ 지상 2층 평면도 작성 레벨 : S.L +7,000

지상 2층 평면도
축척 : 1/200

* 주1) 고측창설계범위 내에서 채광 및 환기를 고려하여 계획

지붕층 평면도
축척 : 1/200

광명 사회 복지관

· 복지(福祉, 영어: welfare)는 좋은 건강, 윤택한 생활, 안락한 환경들이 어우러져 행복을 누릴 수 있는 상태를 말한다.

· 제1과제 : (단면설계)
· 배점: 60/100점

2015년 출제된 단면설계의 경우 배점은 100점 중 60점으로 출제되었다. 또한 과제는 단면설계가 제시되었지만 지문 내용 등을 살펴보면 단순히 단면설계만 출제된 것이 아니라 계단설계+친환경 설비 내용이 포함되어 있는 것을 볼 수 있다.

제 목 : 연수원 부속 복지관 단면설계

1. 과제개요

제시된 도면은 연수원 부속 복지관 평면도의 일부이다. 각 층 평면도에 표시된 단면 지시선을 기준으로 다음 사항을 고려하여 단면도를 완성하시오.

- 교육공무원 또는 교원의 재교육과 연수를 담당하는 기관
- 초등교원연수원, 중등교원연수원, 교육행정연수원, 종합교원연수원이 있다.

2. 설계조건

(1) 규   모 : 지하 1층, 지상 2층
(2) 구   조 : 철근 콘크리트조

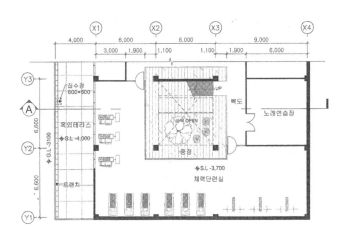

▶ 지하1층 평면도

· 옥외 테라스 트렌치 표현
· 체력 단련실 반자높이 계획 및 출입문 입면 표현
· 중정 바닥 마감 및 관목을 위한 토심 두께 표현
· 높이 2m 마다 계단 참 설치를 위한 계획
· 노래 연습장 차음벽 및 흡음보드 및 제시된 마감재료 표현
· 구조체 레벨을 통해 스킵플로어 (skip floor) 형태의 단면도 확인

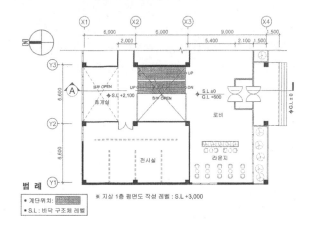

▶ 1층 평면도

· X1열 외벽 커튼월 표현
· 계단 계획 후 계단의 단높이 및 단너비 표현
· X4열 방풍실 및 주 출입 계단 표현

▶ 2층 평면도

· X1~X2열 OPEN 및 복도 표현 (투시형 난간 포함)
· 계단 계획 후 계단의 단높이 및 단너비 표현
· 세미나실 제시된 반자높이 및 마감재료 표현
· X4열 캐노피 표현

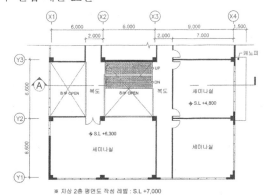

▶ 지붕층 평면도

· 안전난간 표현 (난간 높이 1.2m)
· 고측창 범위 내에서 계획하며 남향으로 창문 계획
· 고측창을 통해 채광 및 환기 표현

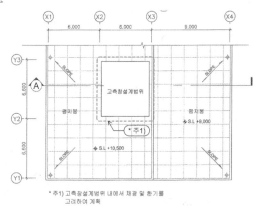

계단실

· 계단실을 살펴보면 제시평면에는 범위가 주어진 것을 파악할 수 있기 때문에 각층의 레벨 등을 통해 단높이 및 단너비를 결정해야 한다.

세미나실

· 대학에서, 교수의 지도 아래 특정한 주제에 대하여 학생이 모여서 연구 발표나 토론을 통하여 의문점을 깊이 있게 추구함으로써 연구자로서의 자질을 향상시키는데 목적이 있다.

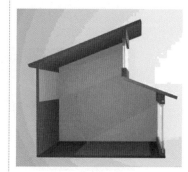

고측창

· 단면설계에서 기초의 경우 온통기초와 독립기초 위주로 제시되고 있으며 줄기초의 경우 지문에는 언급이 없지만 1층을 중심으로 주로 주출입구 등에 표현된다고 할 수 있다.

(a) 독립기초   (b) 연속기초

(c) 온통(매트)기초   (d) 파일기초

기초의 종류

독립기초

줄기초

온통기초

---

(3) 기   초 : 온통기초 (두께600mm)
          동결선은 지면(G.L)에서 1,000mm

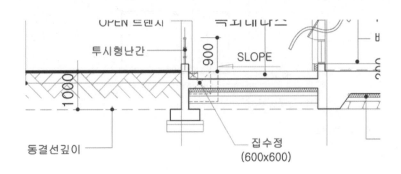

OPEN 트랜치

SLOPE

투시형난간

900

1000

동결선깊이

집수정
(600x600)

① 온통기초의 두께는 600mm로 해야 하며, 기초의 안정감을 더하기 위해 외벽으로부터 기초 두께만큼 돌출해서 표현한다.

② 동결선의 깊이는 지표면으로부터 1.0m 이하에 표현

---

(4) 층   고 : 평면도 참조

① 층고는 각 층 SL(구조체 기준)로 제시됨
② 구조체 기준
· 지하 1층 (SL -3.7, 옥외테라스 : SL -4.0)
· 지상 1층 (로비 : SL ±0, 휴게홀 : SL +2.1)
· 2층 (세미나실 : SL +4.8, 복도 : SL +6.3)
· 지붕층 (평지붕 : SL +9.0, 평지붕 : SL +10.5)

---

(5) 기   둥 : 500mm × 500mm
(6) 보(W×D) : 400 × 650mm
(7) 슬래브두께 : 150mm
(8) 내력벽두께 : 200mm

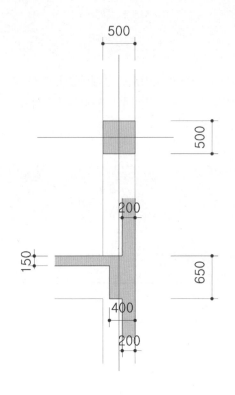

500

500

200

150

650

400

200

· 기둥의 크기는 500mm × 500mm

· 보 : 400mm × 650mm

· 위에서 제시된 기둥 및 보의 크기는 단면도에서 반드시 표현이 되어야 하는 부분이다.

· 기둥 중심으로부터 250mm 이격되어 외곽부분이 있으며, 이곳에 제시된 보의 크기 400mm가 표현되어야 한다.

· 기둥과 보의 간격은 100mm 차이 나야 하며, 또한 작도시 표현이 되어야 한다.

<제시 평면도 참고 후 구조체를 고려한 단면의 형태>

· 각층 바닥 구조체 레벨을 확인
· 지하층~지붕층 까지 평면도에 제시된 레벨 확인 후 개략적인 단면의 형태 파악

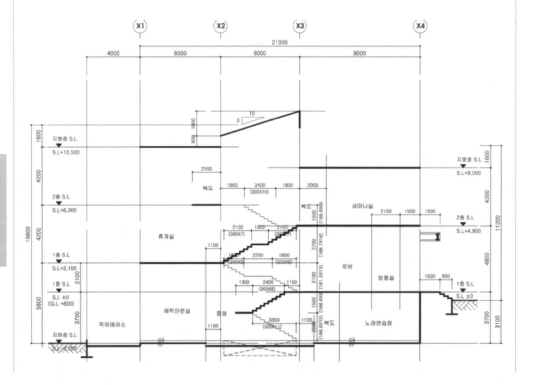

칼라알미늄시트

---

(9) 지하층 옹벽두께 : 300mm

• 슬래브 두께는 150mm

• 내력벽의 두께 200mm

• 지하층 옹벽 두께 300.mm 중심선으로부터 50mm 돌출되어 표현이 되어야 한다.

THK12 흡음택스

: 설치

ㄴ래연습장

THK3.0 카펫타일

배수판/무근콘크리트

액

지하층 외벽 표현

---

(10) 외벽마감 : 칼라알미늄시트

• 평활도가 우수하고 내구성과 내열성, 단열성도 가지고 있어 다양한 용도로 사용되고 있다.

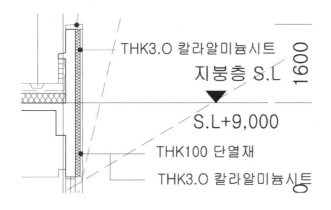

THK3.O 칼라알미늄시트

지붕층 S.L

1600

S.L+9,000

THK100 단열재

THK3.O 칼라알미늄시트

외벽 마감 표현

---

(11) 실내마감 및 반자높이 : <보기1> 참조

• 노래연습장 : 2,600mm, 세미나실 : 2,700mm 표현

• 기타 반자 높이가 제시되지 않은 실의 경우 보통 2,600~2,700mm로 하며, 실의 공간 형태에 따라 융통성 있게 반자높이를 표현한다.

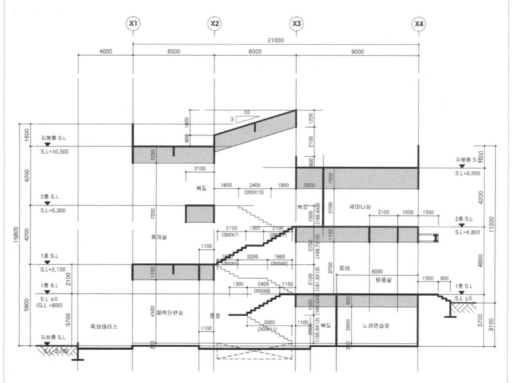

반자 높이를 고려한 단면의 형태

---

(12) 단열재두께 : 외벽 및 외기에 면하는 바닥 100mm,

지붕 200mm

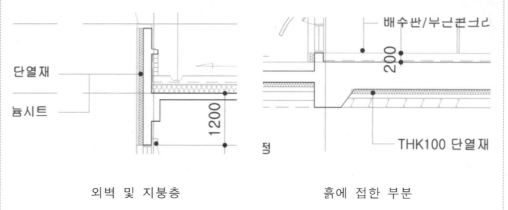

단열재

늄시트

1200

배수판/무근콘크ㄹ

200

THK100 단열재

외벽 및 지붕층   흙에 접한 부분

반자높이

① 방의 바닥면으로부터 반자까지의 높이로 한다. 다만, 한 방에서 반자높이가 다른 부분이 있는 경우에는 그 각 부분의 반자면적에 따라 가중 평균한 높이로 한다.

② 건축물의 반자높이는 건축물의 피난·방화구조 등의 기준에 관한 규칙 제16조에 명시되어있으며, 일반 건축물의 거실 반자 높이는 2.1m이상으로 하여야 하는데 이 기준은 최소 규정으로 2.1m 이상으로 설치하여 최소한의 공기를 확보하고, 유사시 배연을 할 수 있는 기준으로 마련된 것이다. 따라서 반자를 2.1m 높이에 정확히 설치하는 것이 아닌 2.1m 이상으로 설치하여야 할 것이다.

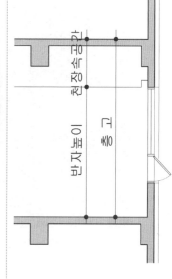

계단

계단난간

· 난간의 경우 계단은 900mm로 하며, 기타 안전을 고려한 난간은 높이 1,200mm로 계획한다.

〈건축물의 에너지절약 설계기준〉

– 시행 2016.1.11

[별표3] 단열재의 두께

[중부지역]

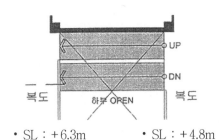

(13) 계　단 : 2m마다 계단참(최소너비 1,200mm) 설치,
　　　　　　단높이는 170mm 이하로 설계

(14) 설비계획과 방화구획은 고려하지 않는다.

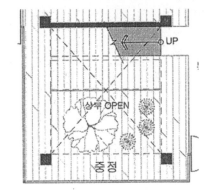

· SL : -3.7m

지하층 계단

· SL : +2.1m　　　· SL : ±0m

1층 계단

· SL : +6.3m　　　· SL : +4.8m

2층 계단

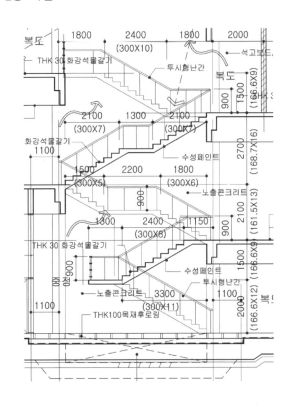

3. 도면 작성 시 고려사항

(1) 설계조건과 평면도를 참조하여 단열, 방수, 마감재, 채광, 환기 등의 기술적 사항을 고려한다.

(2) 고측창의 크기와 형태는 자연채광과 실내환기가 가능하도록 설계한다.

· 단열재는 흙에 접한 부분, 외벽, 지붕층 등에 단열재 표현

· 지붕층, 발코니, 지하층 바닥 및 외벽 등에 방수 표현

· 고측창 및 남측 위치한 창문에는 채광표현인 동지와 하지 표현이 되어야 한다.

· 고측창에는 채광 및 공기 유동경로 표현

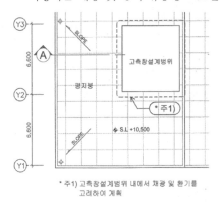　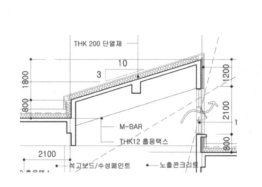

고측창 위치 및 단면의 형태

(3) 지하층 각 실은 방수 및 결로 방지를 고려한다.

(4) 단열은 외단열로 하고 열교현상(cold bridge)을 고려하여 설계한다.

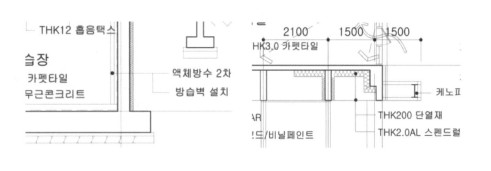

지하층 외벽 결로 표현　　　열교현상 표현

(5) 지하층 옥외테라스와 지붕층의 배수를 고려하여 설계한다.

(6) 실내마감과 반자높이는 〈보기1〉을 참조하고, 지정되지 않은 경우 각 실의 용도에 따라 설계한다.

고측창

일반적으로 눈높이보다 높은 위치에 있는 측창을 말한다.

열교현상(cold bridge)

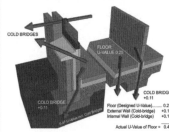

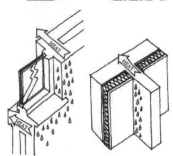

Cold Bridge

· 구조체(構造體)에서, 열을 쉽게 통과시키는 부분으로, 그 부분의 실내쪽 표면은 겨울철에는 다른 부분보다 온도가 낮아, 부분적으로 결로(結露) 현상이 나타나는데, 단열벽의 테두리나 뼈대에 단열성(斷熱性) 재료를 사용하여 방지한다.

흡음보드

· 방음 : 소리가 새어나가거나 밖의 소리가 안으로 들어오지 못하도록 막음

· 흡음 : 음파를 빨아 들임으로써 소리 크기를 감소하는 일

투시형 난간

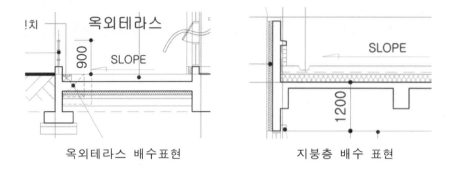

옥외테라스 배수표현   지붕층 배수 표현

(7) 마감재 차이로 발생하는 단차는 고려하지 않는다.

(8) 반자의 형태는 각 실의 용도를 고려하여 설계한다.

(9) 각 실의 용도에 따라 발생하는 소음 간섭을 저감하도록 설계한다.

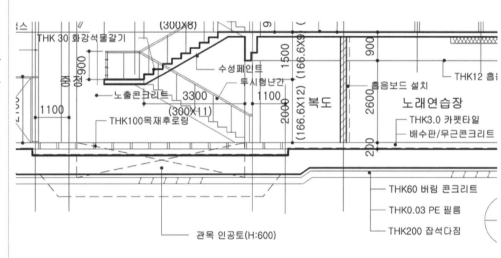

복도 및 노래 연습장 벽체 표현

(10) 계단 단면은 평면도에 표시된 계단위치 범위에서 설계한다.

(11) 로비 및 복도의 난간은 투시형으로 설계한다.

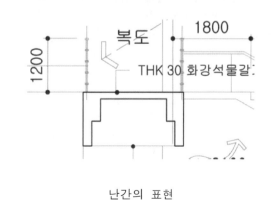

난간의 표현

<보기1>

실명	실내마감			반자높이 (mm)
	바닥	벽	천장	
계단실	화강석	노출콘크리트	페인트	미지정
로비	화강석	미지정	미지정	미지정
휴게실	화강석	미지정	미지정	미지정
복도	화강석	석고보드 위 수성페인트	미지정	미지정
중정	목재플로링	미지정	미지정	미지정
체력단련실	데코타일	석고보드 위 수성페인트	흡음텍스	미지정
노래연습장	카펫타일	흡음보드	흡음텍스	2,600
세미나실	카펫타일	석고보드 위 수성페인트	미지정	2,700

· 노래연습장 및 세미나실을 제외한 다른 실은 반자 높이가 제시되지 않았기 때문에 임의로 한다.

· 타 실의 경우 반자 높이는 천장속 공간을 먼저 확보 후 반자 높이를 계획하는 것이 일반적인 사항 임.

· 세미나실 반자 높이는 2.7m, 마감재료 제시됨.

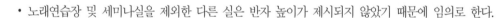

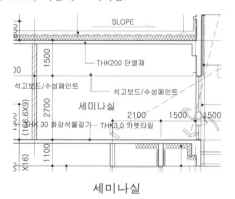

세미나실

노래연습장

화강석

목재 플로링

카펫타일

4. 도면작성요령

(1) 주요 골조를 표현한다.

(2) 계단을 표현하고 세부치수를 표기한다.

(3) 각 실의 천장 형태와 높이를 표현한다.

(4) 레벨, 층고, 반자높이, 개구부 높이 및 단면 형태를 결정하는 주요 치수를 표기한다.

(5) 각 실명을 표기한다.

(6) 실내·외 마감을 표기한다.

(7) 단면도 작성 시 보이는 입면요소를 표기한다.

(8) 건축물 내·외부의 환기경로를 <보기2>에 따라 표현하고 필요한 위치에 창호 개폐방향을 표현한다.

(9) 구체적으로 제시되지 않은 레벨, 치수 및 재료 등은 임의로 표기한다.

(10) 단위 : mm

(11) 축척 : 1/100

<보기2>

환기 경로	⟶

5. 유의사항

(1) 도면작성은 반드시 흑색 연필로 한다.

(2) 명시되지 않은 사항은 현행 관계법령의 범위 안에서 임의로 한다.

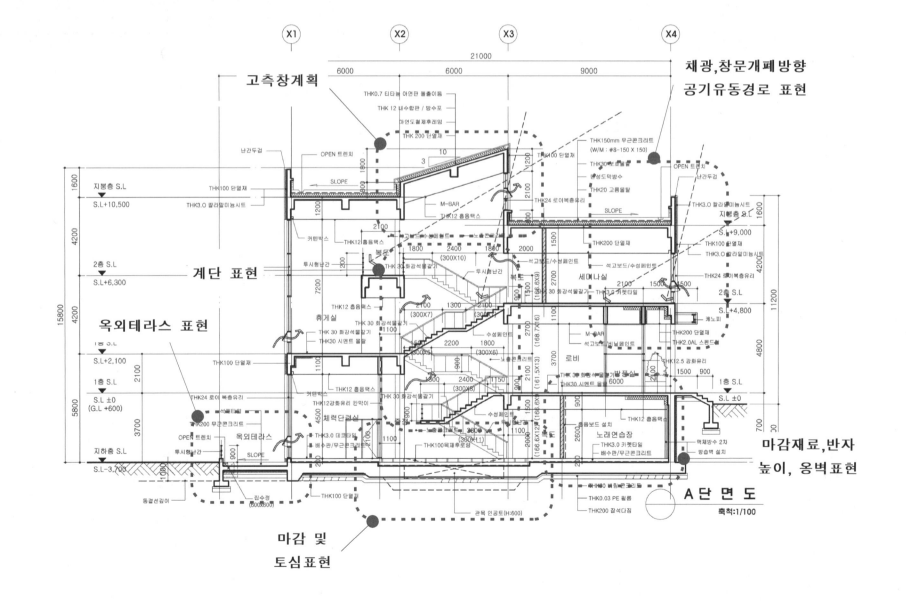

고측창계획

채광,창문개폐방향
공기유동경로 표현

계단 표현

옥외테라스 표현

마감재료,반자
높이, 옹벽표현

마감 및
토심표현

A 단 면 도
축척:1/100

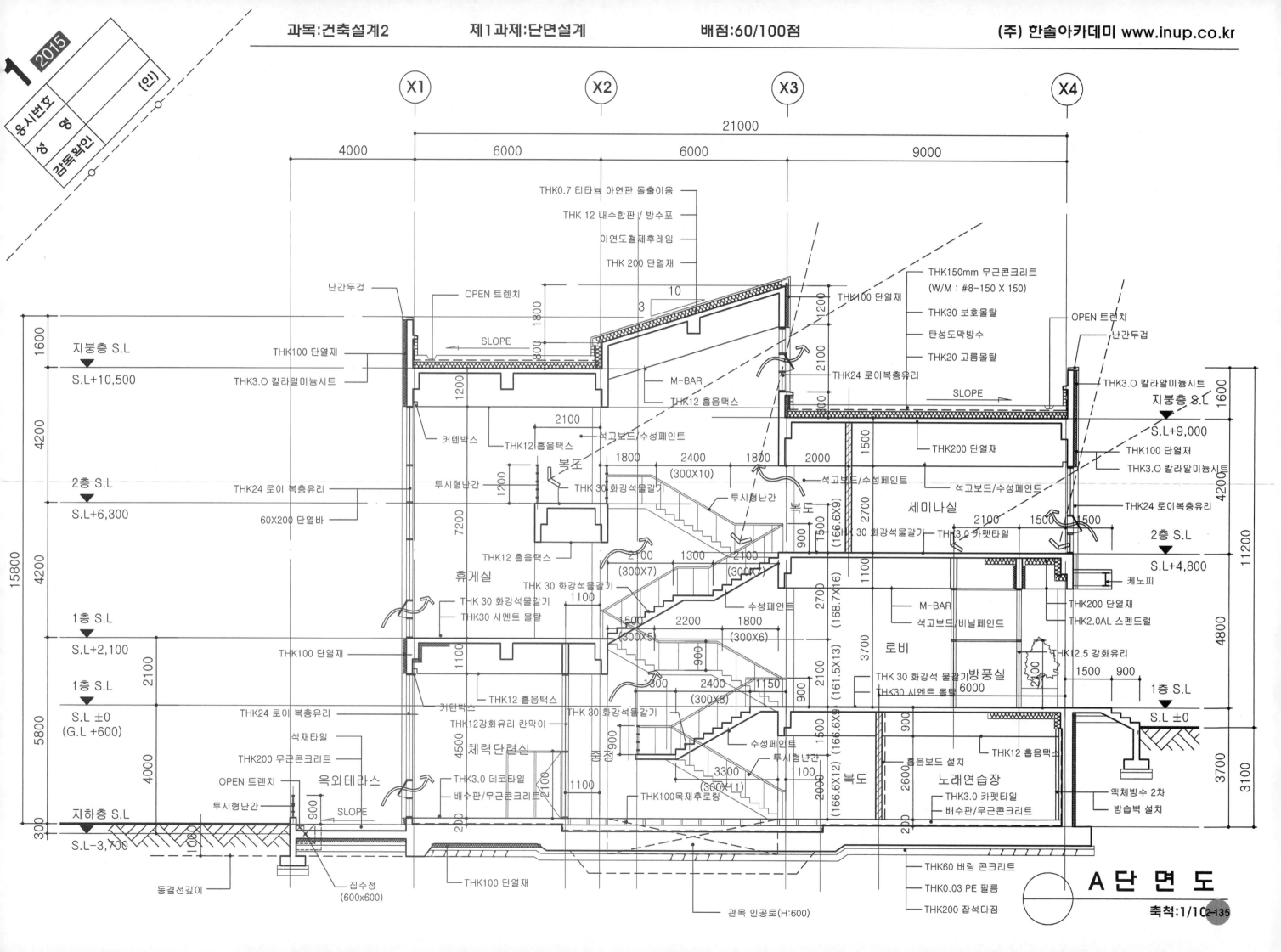

1 2015

응시번호
성　명
감독확인
(인)

X1　　X2　　X3　　X4

21000
4000　　6000　　6000　　9000

THK0.7 티타늄 아연판 돌출이음
THK 12 내수합판 / 방수포
아연도철제후레임
THK 200 단열재

THK150mm 무근콘크리트
(W/M : #8-150 X 150)
THK30 보호몰탈
탄성도막방수
THK20 고름몰탈

난간두겁
OPEN 트렌치
THK100 단열재
THK3.O 칼라알미늄시트

THK100 단열재
OPEN 트렌치
난간두겁

SLOPE

지붕층 S.L
S.L+10,500

커텐박스
THK12 흡음택스
복도

M-BAR
THK12 흡음택스

석고보드/수성페인트
THK24 로이복층유리
SLOPE

THK3.O 칼라알미늄시트
지붕층 S.L
S.L+9,000
THK100 단열재
THK3.O 칼라알미늄시트

2층 S.L
S.L+6,300

THK24 로이 복층유리
60X200 단열바
투시형난간

THK12 흡음택스

THK 30 화강석물갈기
투시형난간
THK200 단열재
석고보드/수성페인트
복도
세미나실
석고보드/수성페인트
THK24 로이복층유리

2층 S.L
S.L+4,800

THK 30 화강석물갈기
THK3.O 카펫타일
케노피

휴게실
THK 30 화강석물갈기
THK30 시멘트 몰탈

THK12 흡음택스

수성페인트
M-BAR
석고보드/비닐페인트
로비

THK200 단열재
THK2.0AL 스펜드럴

1층 S.L
S.L+2,100

THK100 단열재
THK24 로이 복층유리

THK 30 화강석 물갈기 방풍실
THK30 시멘트 몰탈

THK12.5 강화유리

1층 S.L
S.L ±0
(G.L +600)

커탠박스
THK12강화유리 칸막이
체력단련실
THK12 흡음택스
THK 30 화강석물갈기
수성페인트
투시형난간
복도
흡음보드 설치
THK12 흡음택스
노래연습장

1층 S.L
S.L ±0

석재타일
THK200 무근콘크리트
OPEN 트렌치
옥외테라스
투시형난간

THK3.0 데코타일
배수판/무근콘크리트
THK100목재후로링
SLOPE

THK3.0 카펫타일
배수판/무근콘크리트
액체방수 2차
방습벽 설치

지하층 S.L
S.L-3,700

동결선깊이
집수정
(600x600)
THK100 단열재

THK60 버림 콘크리트
THK0.03 PE 필름
THK200 잡석다짐
관목 인공토(H:600)

15800
1600 / 4200 / 4200 / 5800 / 300
7200 / 4500
11200 / 4800 / 3700 / 3100

A 단 면 도

구 성 (좌측)

1. 제목
구조형식과 용도제시

2. 과제개요
- 신축/제시평면
- 과제도면
2층구조평면도
Y2열 구조입면도
코어 구조평면상세도
(고려사항에 제시)

3. 계획조건
- 규모
- 구조형식
- 기초형식과 기초두께
- 슬래브
- 사용재료
- 층고
- 설계하중
- 가정된 부재의 부호 및 규격
(보,기둥 및 가새)
- 벽체 및 두께

4. 고려사항
- 건축물외곽선인지
- 바닥하중조건
- 층별 건축물 외곽선과 구조형식
- 구조계획 : 시공성과 경제성 고려
- 콘크리트 전단벽 설치 위치

FACTOR (좌측)

① 배점확인
3교시 배점비율에 따라 과제작성시간 배분

② 용도 및 구조재료
사무소 / 철골구조

③ 문제유형
신축구조계획
모듈제시형

④ 과제도면
2층구조평면도
Y2열 구조입면도
코어 구조평면상세도

⑤ 지하 (제시평면에서 위치확인 필요)
엘리베이터 피트 및 물탱크설치

⑥ 구조형식
철골구조

⑦ 기초 (제시한 이유 - 구조입면도표시)
온통기초, 기초두께=650mm

⑧ 슬래브의 유형

⑨ 부재 부호 및 규격
보(H형강) : 큰 보 G1~G5 (5개)
작은 보 B1~B3 (3개)
기둥(H형강) : C1~C4 (4개)
가새(H형강) : 1개
콘크리트 전단벽두께
토압을 받는 벽체두께

⑩ 하중조건
고정하중과 활하중 균등작용

⑪ 콘크리트 전단벽 시공위치
Y2열과 X2, X3열 사이

지 문 본 문 (중앙)

2015년도 건축사자격시험 문제

과목: 건축설계2　　　제2과제 (구조계획)　　　배점: 40/100점 ①

제목 : 철골구조 사무소 구조계획 ②

1. 과제개요

철골구조 사무소를 신축할 계획이다. 제시된 평면[그림]과 다음 사항을 고려하여 3층 구조평면도와 Y2열 구조입면도를 작성하시오. ④

2. 계획조건

(1) 규 모 : 지상5층(지하 엘리베이터 피트 및 물탱크 설치) ⑤
(2) 구 조 : 철골구조 ⑥
(3) 기 초 : 온통기초(두께 650mm) ⑦
(4) 슬래브 : 트러스형 데크플레이트 ⑧
(5) 사용재료
　• 철 골 : fy = 240Mpa
　• 철 근 : fy = 400Mpa
　• 콘크리트 : fy = 24Mpa
(6) 층 고
　• 1층 : 3.6m
　• 2층 : 4.0m
　• 3층~5층 : 3.3m
(7) 설계하중을 고려하여 가정된⑨부재의 부호 및 규격 (단위:mm)은 다음과 같다. 단, 부재의 보유내력은 부재 크기에 비례하는 것으로 가정한다.
　① 보
　• G1 : H-700X300　• G2, B1 : H-500X200
　• G3 : H-400X200　• G4, B2 : H-350X175
　• G5, B3 : H-300X150
　② 기둥
　• C1 : H-400X400　• C2 : H-350X350
　• C3 : H-250X250　• C4 : H-150X150
　③ 가새
　• BR1 : H-150X150
　④ 콘크리트 전단벽 두께 : 200
　⑤ 토압을 받는 벽체 두께 : 350

3. 고려사항

(1) 건축물 외곽선을 고려하여 구조계획 한다.
(2) 바닥에는 고정하중과 활하중이 균등하게 작용하는 것으로 가정한다. ⑩
(3) 지상2층에서부터 지붕까지 건축물 외곽선과 구조형식은 동일하다.

(4) 구조계획은 시공성과 경제성을 고려하여 계획한다.
(5) Y2열과 X2,X3열 사이에는 [그림]과 같이 콘크리트 전단벽이 시공되는 것으로 가정한다. ⑪
(6) 시공성을 고려하여 철골공사는 콘크리트 공사보다 먼저 시공하는 것으로 가정한다. ⑫
(7) 데크플레이트는 최대 3.0m경간(span)을 지지한다. ⑬
(8) 계단은 철골조이다. ⑭
(9) 동결선은 800mm로 한다. ⑮
(10) 지반은 일반토사이다.
(11) 기초의 내민 길이는⑯건축물 외곽선에서 500mm이고, 1층 구조체의 바닥은 G.L에서 +100이다.

4. 도면작성요령

(1) 도면의 표시는 <보기>와 같이 한다.

<보기> ⑰

기 둥	H I
힌지접합	
강접합	
가새	- - - - -
콘크리트벽 및 기초(단면)	
트러스형 데크 플레이트 방향	

(2) 트러스 테크플레이트의 방향을 표시한다. 코어부분은 데크플레이트 방향을 표시하지 않는다. ⑱
(3) 보의 부호는 작용 전단력, 휨모멘트의 크기를 고려하여 표시한다. ⑲
(4) 기둥은 강축 및 약축의 방향을 고려하여 표시하고 힘의 흐름을 고려하여 작성한다. ⑳
(5) 코어의 구조계획시 주어진 조건에 따라 횡력저항 시스템을 결정하고 부재를 표시한다. ㉑
(6) 코어부분은 코어 구조평면상세도에 표시한다. ㉒
(7) Y2열 구조입면도 작성 시 기초부분 단면을 포함하여 작성하시오. ㉓
(8) 단위 : mm
(9) 축척 : 3층 구조평면도와 Y2열 구조입면도는 1/200, 코어 구조평면상세도는 1/50 ㉔

5. 유의사항

(1) 답안작성은 반드시 흑색연필로 한다. ㉕
(2) 명시되지 않은 사항은 현행 관계법령의 범위 안에서 임의로 한다. ㉖

FACTOR (우측)

⑫ 철골공사와 콘크리트공사의 순서 : 구조형식
先-철골공사
後-콘크리트공사 가정

⑬ 데크플레이트의 최대경간(span)
3.0m 지지

⑭ 계단의 구조형식 : 철골조

⑮ 동결선 800mm : 기초깊이와 관련 구조입면도 표기 사항

⑯ 기초내민길이와 1층바닥과 G.L의 레벨차이
구조입면도표기 사항

⑰ 도면작상 시 도면표시방법
<보기>와 같이함

⑱ 데크플레이트의 방향표시
주철근의 방향을 의미함

⑲ 작용전단력과 휨모멘트의 고려
큰 부재는 큰 전단력과 휨모멘트를 받는다.

⑳ H형강 기둥의 강축과 약축 방향구분
바닥보의 구조계획에 따라 결정

㉑ 코어계획 시 횡력저항시스템 결정
가새설치

㉒ 코어 구조평면상세도
추가과제, 답안작성용지에서 확인

㉓ Y2열 구조입면도 작성 시 기초부분 단면포함
구조입면도에 반드시 표기할 사항

㉔ 축척 : 과제별 축척확인

㉕ 도면작성 필기구 : 흑색연필

㉖ 현행 관계법령의 범위 안에서 임의 작성 명시되지 않은 사항만 적용

구 성 (우측)

5. 고려사항
- 시공성고려 ;
先-철골공사
後-콘크리트공사 가정
- 데크플레이트의 최대경간
- 계단구조형식
- 동결선
- 지반
- 온통기초의 내민길이
- 1층바닥과 G.L의 레벨 차이

6. 도면작성요령
- 도면표시 <보기>
- 트러스형 데크플레이트의 방향
(코어는 제외)
- 보 (전단력, 휨모멘트 크기 고려)
- 기둥 : 강/약축방향 고려
- 코어 구조계획 : 횡력저항시스템 결정 표시
- 코어 구조평면상세도 표시
- Y2열 구조입면도 : 기초부분 표시
- 단위 및 축척

7. 유의사항
- 흑색연필
- 현행 관계법령

과목: 건축설계2　　　제2과제 (구조계획)　　　배점: 40/100점

[그림]

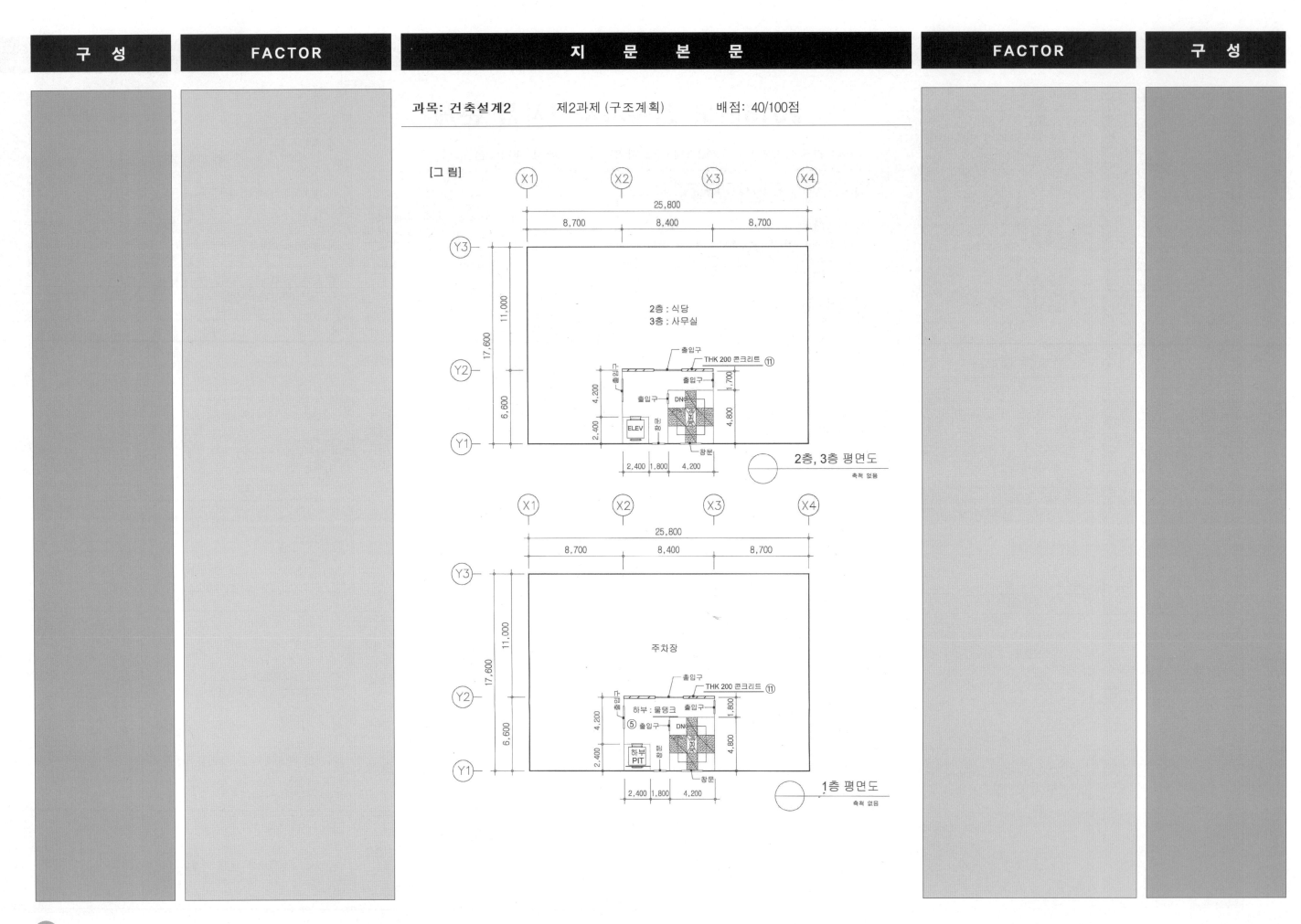

2층 : 식당
3층 : 사무실

2층, 3층 평면도
축척 없음

주차장

1층 평면도
축척 없음

1	모듈확인 및 부재배치

1. 기둥모듈확인

신축, 모듈제시형 과제
X축과 Y축의 교차점에 C1, C2, C3 기둥명 제시
답안작성용지에 기둥위치는 큰 보(G1~G4)단부 강접합 제시

– 과제 : 철골조 사무소 구조계획

① 2층에서 지붕까지 건축물 외곽선 동일 – 구조계획작성범위
② 코어 철골조 ; 구조계획필요
③ 주어진 모듈확인 X축 : 8.7m, 8.4m, 8.7m Y축 : 6.6m, 11.0m
④ 답안작성용지에 주어진 구조요소들 확인
⑤ 지하 : 엘리베이터 피트 및 물탱크설치
⑥ 콘크리트 전단벽 위치확인

작도 1 〉 작은 보 방향결정

2. 3층 구조평면도 답안작성용지분석 (큰 보와 기둥명 표기)

데크플레이트 최대지지경간 : 3.0m → 작은 보의 배치결정

(8.7m/3=2.9m, 8.4m/3=2.8m)

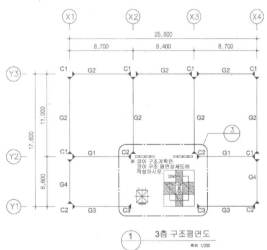

① 3층 구조평면도
축척 1/200

작도 2 〉 기둥의 강축과 약축 방향 결정

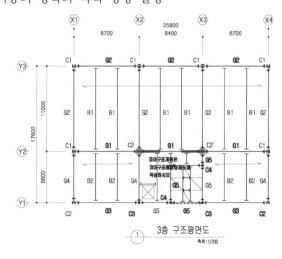

① 3층 구조평면도
축척 1/200

3. Y2열 구조입면도 답안작성용지분석

– 지하층 표시 요구 : 물탱크실
– 콘크리트 전단벽 : X2열 ~ X3열
– 토압을 받는 벽체 : 지하부분
– G.L과 1층 SL의 레벨차이 확인 필요 : 100mm
– 온통기초단면과 기초내민길이 표시요구
  : 기초두께=650mm, 내민길이=500mm
– 동결선확인 : 800mm
– Y2열 철골기둥과 보 표시
– 철골공사는 콘크리트공사보다 먼저 시공 : SRC구조 암시

작도 3 〉 Y2열 구조입면도 작성

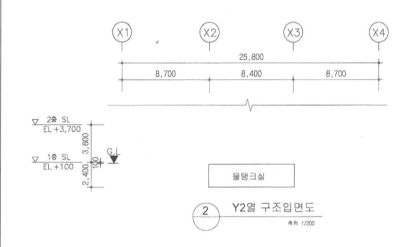

② Y2열 구조입면도
축척 1/200

4. 코어 구조평면상세도 답안작성용지분석

– 엘리베이터실, 계단실 및 홀 구분
– 계단 ; 철골조
– Y2열 콘크리트벽체 제시
– C4기둥의 활용
– 횡력저항시스템 : 가새적용위치

작도 4 〉 코어 구조평면상세도 작성
  : 기둥→큰 보→작은 보→데크경간→가새배치(출입문 없는 곳)

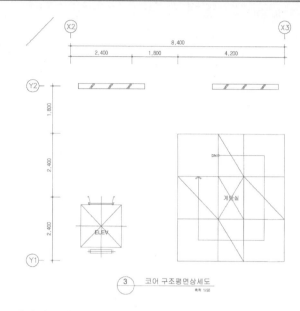

③ 코어 구조평면상세도
축척 1/50

작도 5 〉 도면작성요령에 따른 부재표시검토 및 주요지문항목 재검토
  → 첨삭필요

2	답 안

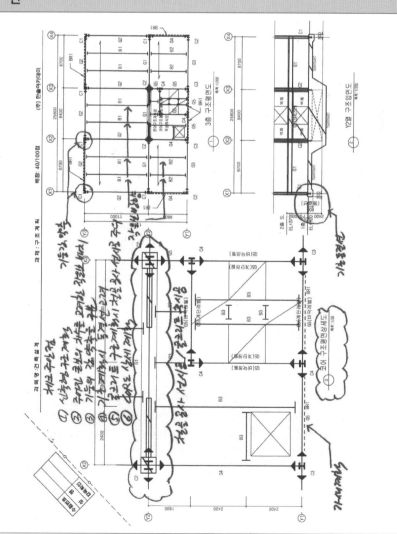

▶ 문제총평

일반적인 과년도 출제유형과 유사하였으나 코어 구조계획과제는 처음으로 출제되었다. 철골조 사무소를 신축하는 과제로 주요모듈을 제시하였다. 건물규모(용도)는 지상5층(사무실, 식당, 1층은 주차장 등) 및 지하층(엘리베이터피트 및 물탱크실)이다. 구조계획은 답안작성용지에 주어진 각 과제의 구조요소들을 검토하고 지문에 제시한 다양한 고려사항을 반영하는 방식으로 풀이하고 도면을 완성하는 과제이다. 건축물 골조를 형성하는 철골공사와 콘크리트공사에 대한 이해가 선행되어야 하고 또한 이를 응용하므로 구조체에 작용하는 힘의 흐름을 원활하게 전달될 수 있도록 하는 등 어느 정도 건축실무 경험이 있는 수험생에게 유리한 문제로 사료된다.

▶ 과제개요

1. 과제개요	철골조 사무소 신축
2. 출제유형	모듈제시형
3. 규 모	지상5층/지하층(엘리베이터 피트 및 물탱크설치)
4. 용 도	사무소
5. 구 조	철골조, 콘크리트 전단벽
6. 과 제	3층 구조평면도, Y2열 구조입면도, 코어 구조평면상세도

▶ 3층 바닥 골조모델링 (계단 제외)

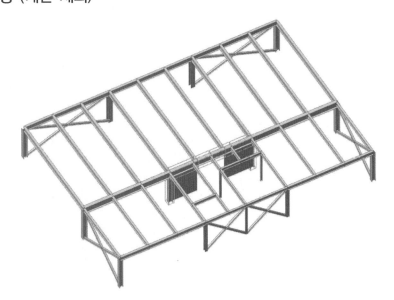

▶ 체크포인트

1. 작은 보의 배치와 데크플레이트 적용 – 구조평면도
2. 철골기둥의 강축과 약축 구분– 구조평면도
3. 콘크리트 전단벽 시공 – 구조평면도, 구조입면도
4. 철골공사는 콘크리트 공사보다 먼저시공 – 구조평면도, Y2열 구조입면도
5. 온통기초, 동결선, 기초의 내민길이, 1층 SL과 GL레벨차이
6. 지하층 : 엘리베이터 피트 및 물탱크실 – Y2열 구조입면도
7. 코어 구조계획 – 계단 철골조
8. 횡력저항시스템 – 가새설치

▶ 제목 : 철골구조 사무소 구조계획

1. 평면도 분석

 - 주어진 평면도 2개의 공통점과 차이점

 - 지하층 및 코어

 - 콘크리트 전단벽위치

[그림]

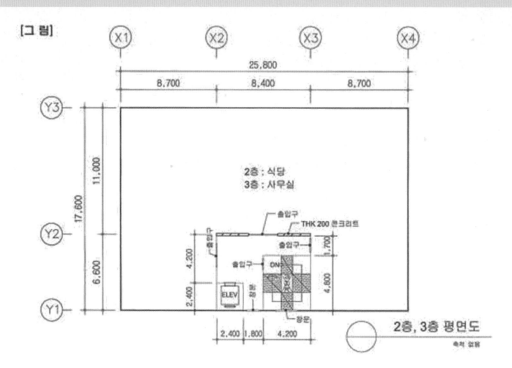

2층, 3층 평면도
축적 없음

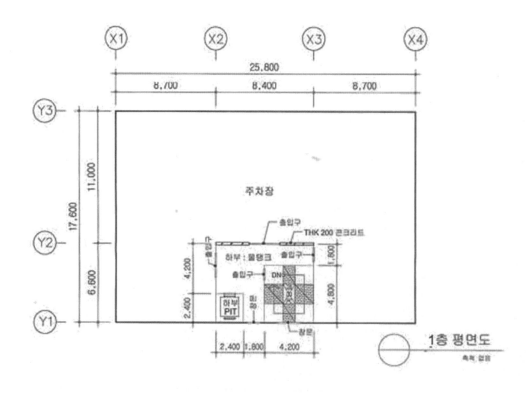

1층 평면도
축적 없음

2. 답안작성용지 – 3층 구조평면도 분석

- 구조형식 : 철골조

- 모듈제시

- 주요 큰 보의 이름과 기둥이름 제시

- 큰 보와 기둥의 접합형식 제시

- 작도할 구조부재파악

  작은 보, 큰 보, 데크플레이트, 기둥, 가새

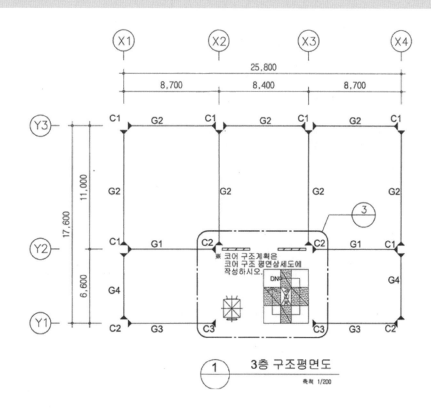

① 3층 구조평면도
축척 1/200

– 지문활용

▶ 부재의 부호 및 규격파악

단, 부재의 보유내력은 부재크기에 비례하는 것으로 가정한다.

→ G1 > G2, B1 > G3 > G4, B2 > G5, B3

① 보   G1 : H-700×300   G2, B1 : H-500×200

            G3 : H-400×200   G4, B2 : H-350×175

            G5, B3 : H-300×150

② 기둥   C1 : H-400×400   C2 : H-350×350

            C3 : H-250×250   C4 : H-150×150

③ 가새   BR1 : H-150×150

④ 콘크리트 전단벽 두께 : 200mm

⑤ 토압을 받는 벽체 두께 : 350mm

▶ 데크플레이트 최대지지스팬 – 작은 보의 계획과 연계됨.

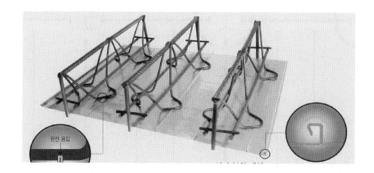

트러스형 데크플레이트

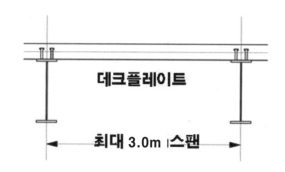

데크슬래브의 지지스팬

▶ 철골기둥의 강축과 약축 구분

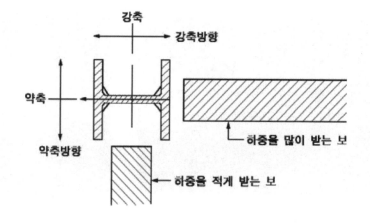

- 철골기둥의 강축 및 약축의 적용예시

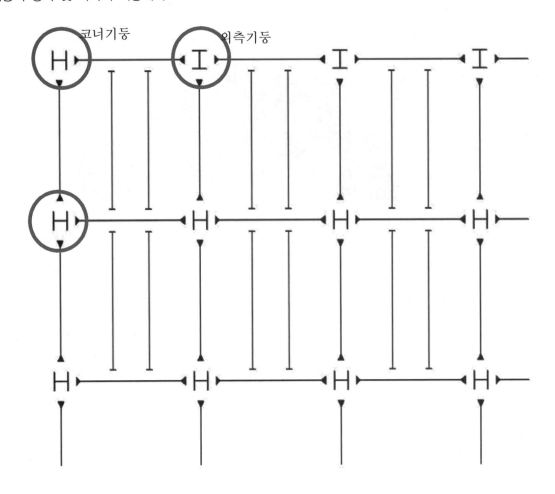

▶ 철골공사는 콘크리트공사보다 먼저 시공

1단계 : 철골공사	2단계 : 콘크리트공사

- 철골공사는 콘크리트공사 보다 먼저 시공 → SRC공사

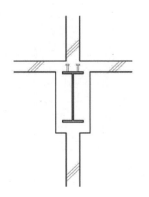

3. 답안작성용지 – Y2열 구조입면도 분석

- 지하층 : 물탱크실

- 온통기초 : 기초두께 확인

- 토압을 받는 벽체 : 물탱크실 외벽

- Y2열과 X2, X3열 사이에는 콘크리트 전단벽 시공 – 지상층

- 동결선적용, 지반

- 기초의 내민길이, 1층 SL 바닥과 GL의 레벨차이

- 철골기둥과 철골보 작도

- 콘크리트 전단벽이 시공되는 부분은 SRC기둥와 SRC보로 구조계획

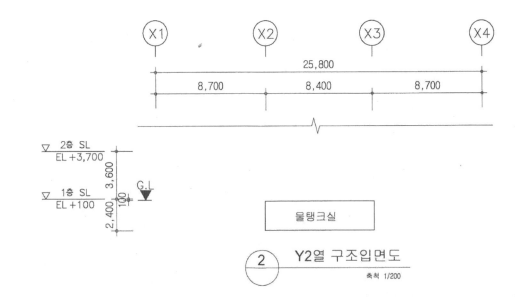

▸ 기초의 종류

(a) 독립기초

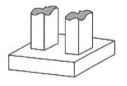

(b) 연속기초

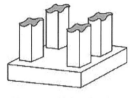

(c) 온통(매트)기초

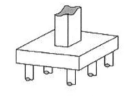

(d) 파일기초

▸ 1층 바닥의 온통기초단면 / 철골기둥설치

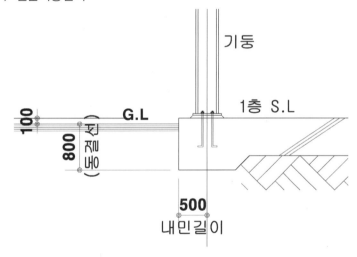

▸ 철골보 접합부 구분

힌지접합

강접합

4. 답안작성용지 - 코어 구조평면상세도 분석

 - 계단 : 철골조

 - 코어 : 엘리베이터실, 계단실, 홀

 - 코어 구조계획 시 주어진 조건에 따라 횡력저항시스템 결정 - 가새적용

▸ 일반적인 철골조 건물에서 가새(Brace)설치 예시

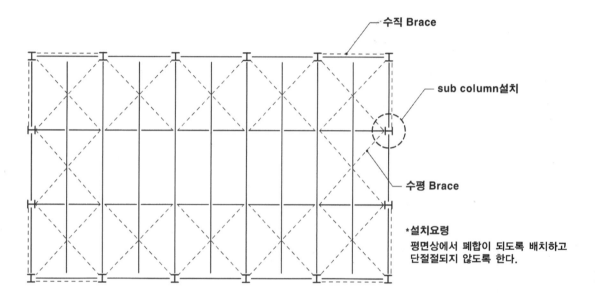

수직 Brace

sub column설치

수평 Brace

*설치요령
평면상에서 폐합이 되도록 배치하고
단절절되지 않도록 한다.

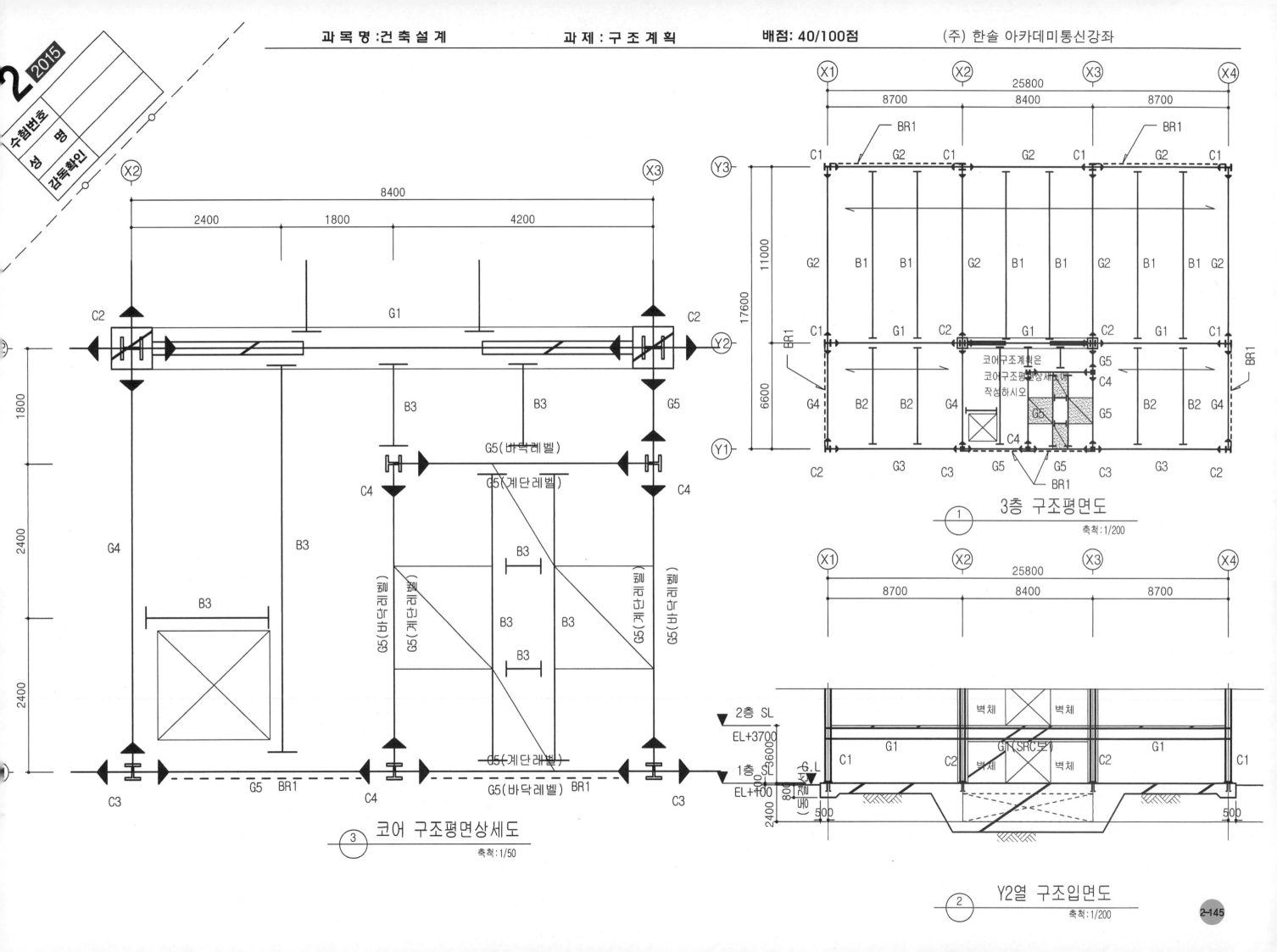

3층 구조평면도
축척:1/200

코어 구조평면상세도
축척:1/50

Y2열 구조입면도
축척:1/200

2016년도 건축사자격시험 문제

과목: 건축설계2   제1과제 (단면설계 · 설비계획)   배점: 60/100점 ①

제목 : 노인요양시설의 단면설계&설비계획

1. 과제개요

제시된 도면은 노인요양시설 평면도의 일부이다.
다음 사항을 고려하여 각 층 평면도에 표시된 단면 지
시선을 기준으로 주단면도와 ③ 단면상세도를 ④ 완성하시오. ②

2. 건축개요

(1) 규모 : 지하 1층, 지상 3층 ⑤
(2) 구조 : 철근콘크리트조 ⑥
(3) 층고 : 바닥마감레벨, 반자높이 : 평면도 참조
(4) 기타 설계조건은 <보기 1>과 같다.

<보기 1>

구분			설계조건
구조부	온통(매트)기초 두께		600mm ⑦
	벽 두께	1층~3층	200mm
		지하 외벽	300mm
	슬래브 두께		210mm
	기둥		600mm × 600mm
	보 (W×D)		400mm × 700mm ⑧
단열재 두께 ⑨	최상층 지붕부위		220mm
	최하층 바닥부위		150mm
	외벽부위		125mm
	외부 마감재		화강석(두께 30mm) ⑩
냉·난방 설비	재활치료실, 치료실 직원식당, 다용도실, 다목적 활동공간		천장매립형 EHP (950mm×950mm×350mm)
	다인실		온수 바닥복사난방 (두께 120mm) ⑫
	목욕실		전기 라디에이터 ⑬
	옥상조경		토심 600mm

(5) 실내 마감재는 <보기 2>와 같다. ⑭

<보기 2>

실명	위치		
	바닥	벽	천장
방풍실	화강석	수성페인트	흡음텍스
다인실	온돌마루	석고보드 위 벽지	흡음텍스
다목적 활동공간, 직원식당,복도	비닐계타일	수성페인트	흡음텍스
재활치료실, 치료실	비닐계타일	석고보드 위 수성페인트	흡음텍스
휴게공간	비닐계타일	수성페인트	-
목욕실	타일	타일	PVC

3. 도면 작성 시 고려사항

(1) 설계조건과 평면도를 고려하여 단열, 방수, 결로,
기밀, 채광, 환기의 기술적 사항을 반영한다. ⑮
(2) 각 층의 층고, 바닥마감레벨, 반자높이, 개구부 높 ⑯
이 및 단면 형태를 고려하여 설계한다. ⑰
(3) 자연환기 및 자연채광을 위한 천창을 설치한다.
(4) 천창에는 천창일체형 BIPV를 설치한다. ⑱
 ※ 천창일체형 BIPV(Building integrated photovoltaic) :
태양광셀을 천창의 창유리에 일체화하여 발전하는
태양광시스템
(5) 창호의 종류, 크기, 개폐방법, 재질 등은 임의로 한다.
(6) 옥상 조경은 지피식물 (초화류 등)의 생장을 고려
하여 설계한다. ⑲
(7) 방화, 피난, 대피는 고려하지 않는다.

4. 도면작성요령

(1) 평면도의 "A" 단면지시선에 따라 주단면도 작성
(2) 점선으로 표시된 답안지 Ⓐ부분의 단면상세도 작성
(3) 각 실명과 반자높이, 바닥마감레벨 표기 ⑳
(4) 지붕층 평면도의 "천창설치가능범위" 및 천창설치
조건"에 따라 주단면도 작성
(5) 자연환기와 자연채광 경로를 <보기 3>의 표시방법
에 따라 작성 ㉑
(6) 천장매립형 EHP 배관과 지하 1층 직원식당의 급·
배기 덕트는 <보기 3>의 표시방법에 따라 작성
<보기 3> ㉒

구분	표시방법
천장매립형 EHP	
EHP 배관	
급기덕트	
배기덕트	
자연환기	
자연채광	

(7) 단위 : mm
(8) 축척 : 주단면도 1/100, 단면상세도 1/50

5. 유의사항

(1) 제도는 반드시 흑색연필로 한다.
(2) 도면 작성은 과제개요, 설계조건 및 고려사항, 도면
작성요령, 기타 현황도 등에 주어진 치수를 기준으
로 한다. ㉓
(3) 명시되지 않은 사항은 현행 관계법령의 범위 안에
서 임의로 한다.

구 성 (좌측)

1. 제목
건축물의 용도 제시
(요양시설은 노인의 복
지를 증진할 수 있는 시
설로서 노인주거복지시
설, 노인의료복지시설,
노인여가복지시설, 재가
노인복지시설, 노인보호
전문기관을 말한다.)

2. 과제개요
- 노인요양시설 평면도
일부 제시
- 평면도에 제시된 절
취선을 기준으로 주
단면도 및 상세도를
작성

3. 건축개요
- 규모
- 구조
- 기초
- 기둥
- 보
- 슬래브
- 내력벽
- 지하층 옥벽
- 용도
- 바닥 마감레벨
- 층고
- 반자높이
- 단열재 두께
- 외벽 및 실내마감
- 냉·난방 설비
- 위의 내용 등은 단
면 설계에서 제시되
는 내용이므로 반드
시 숙지해야 한다.

FACTOR (좌측)

① 배점을 확인합니다.
- 60점(단면설계이지만 제시 평면도와
지문을 살펴보면 설비계획(EHP+ 친
환경) + 마감재 제시 등으로 난이도
가 높음)

② 평면도에 제시된 A-A'를 지시선을
확인한다.
- 절취선에 의한 단면요소
- 절취선에서 보이는 입면요소 검토

③ 절취선을 통한 주단면도 범위를 파악
한다.

④ 단면상세도의 범위 및 축척 확인

⑤ 지하1층, 지상3층 규모 검토(배점60
이지만 규모에 비해 작도량이 상당
히 많은 편이며, 시간배분 정확히 해
야 한다.)

⑥ 기둥, 보, 슬래브, 벽체 등은 철근콘
크리트 구조로 표현

⑦ 기초는 온통기초 표현으로 두께
600mm 표현

⑧ 기둥과 보의 크기는 200mm 차이로
벽체 기준으로 보의 위치가 변경되
어 표현되어야 한다.

⑨ 단열재 위치 및 두께는 최근 강화되
어 출제되고 있어 정확한 표현방법
을 익혀두자.

⑩ 외벽마감재는 화강석이며 두께는
30mm로 제시됨

⑪ 천장형 EHP 냉난방 시스템 위치 및
배관경로 위치 확인

⑫ 온수난방의 표현 방법 및 두께

FACTOR (우측)

⑬ 전기 라디에이터는 보통 겨울철 동파
방지를 위해 벽에 설치함

⑭ 실내 마감재료는 정확히 요구하는 실
에 표현한다.

⑮ 지하층, 지붕층, 외벽의 경우 온도차
에 의한 벽체부분에 결로 방지를 위
해 단열재 설치

⑯ 단열, 방수, 결로, 기밀, 채광, 환기
등은 기술적으로 표현

⑰ 층고, 반자높이, 개구부 높이 등 주요
치수를 표기되어야 한다.

⑱ 천창에 태양광전지패널 BIPV 일체형
을 설치함으로써 저층부까지 채광을
유도할 수 있다.

⑲ 지피식물은 자라면 토양을 덮어 풍해
나 수해를 방지하여 주는 식물

⑳ 주요치수는 반드시 기입한다.
(반자높이, 각층레벨, 층고, 건물높이
등 필요시 기입)

㉑ 환기경로, 창호 개폐방향 표현

㉒ EHP 및 지하층 배관의 표현방법으로
반드시 주 단면도에 표현이 되어야
한다.

㉓ 제시도면 및 지문 등을 통해 제시된
치수 등을 고려하여 주단면도에 적용
해야 하며 이때 제시되지 않은 사항
은 관계법령의 범위 안에서 임의로
한다.

구 성 (우측)

4. 설계조건
- 단열, 방수, 마감재,
채광, 환기 등의 기
술적 사항을 반영
- 천장+ BIPV 태양광셀
을 통한 채광 및 환
기 고려
- 층고, 바닥마감레벨,
반자높이, 개구부 높이
및 단면 형태를 고려하
여 설계
- 결로
- 옥상조경을 고려한 설
계
- 방화, 피난, 대피는 계
획에서 제외

5. 도면작성요령
- 내·외부 입면 표기
- 층고, 반자높이, 개구부
높이 등 주요치수를 표
기
- 천장매립형 HPE
배관 표현
- 자연환기와 자연채광
경로 표현
- 레벨, 치수 및 재료 등
은 임의로 표기
- 단위 및 축척

6. 유의사항
- 제도용구
(흑색연필 요구)
- 명시되지 않은 사항은
현행 관계법령을 준용

구 성

7. 제시 평면도

- 지하1층 평면도
  - 재활치료실, 복도, 직원식당, DA 절취
  - 천장속 EHP 및 급기, 배기덕트 표현
  - 마감재료 및 반자높이 확인, 입면표현

- 1층 평면도
  - 방풍실, 다목적 활동공간, 치료실 절취
  - 천장속 EHP 표현
  - 마감재료 및 반자높이, 입면표현
  - 방풍실 화강석 마감으로 슬래브 DOWN
  - 반자 높이 표현

- 2층 평면도
  - 케노피, 다인실, 복도, 휴게공간, 복도, 목욕실
  - 다인실 및 목욕실 슬래브 DOWN
  - 제시된 마감재료 및 반자높이, 입면표현

- 3층 평면도
  - 다인실, 복도, OPEN, 복도, 다용도실 절취
  - 다인실슬래브 DOWN
  - 입면 및 난간표현
  - 천장속 EHP 표현
  - 반자 높이 동일

- 지붕층 평면도
  - 파라펫, 조경, 평 슬래브, 천창, 평 슬래브, 파라펫 절취
  - X4열-파라펫 1.2m
  - 천창가능 범위 내에서 BIPV, 창문 개폐 방향, 30° 경사도 표현

FACTOR

① 범례에 제시된 FL, 설비, 지붕층 조경 등을 확인한다.
② 지하층 옥벽두께 300mm
③ EHP 실내기
④ D.A 레벨 확인
⑤ 내부 벽체두께 200mm
⑥ 방풍실의 형태 및 표현방법
⑦ 각 공간에 맞는 반자 높이 확인 후 적용
⑧ 출입문의 높이 2,100mm
⑨ 창대높이를 고려한 창문 표현
⑩ 방풍실 상부 케노피 표현 (방수턱 높이: 500mm)
⑪ 다인실 바닥온수난방 150mm
⑫ 목욕실 바닥슬래브 -100mm DOWN 표현
⑬ 목욕실 측면 트렌치 설치
⑭ 내부에서 보이는 창문 표현
⑮ 다인실 바닥온수난방 150mm
⑯ 복도 투시형난간 1,200mm 표현
⑰ 천창 하부 OPEN 표현
⑱ 출입문의 높이 2,100mm
⑲ 창대높이를 고려한 창문 표현
⑳ 난간높이 1,800mm 단면 표현
㉑ 옥상조경 600mm 토신 표현
㉒ 옥상조경 조경 (관목) 표현
㉓ 난간높이 1,800mm 입면 표현
㉔ 천창설치가능 범위 확인 후 남향을 기준으로 천창을 계획하며 경사도는 30°로 표현한다.
㉕ 승강기는 유압식으로 지붕층 까지 표현되어 있으므로 층고 결정 후 주단면도에 표현
㉖ 난간높이 1,200mm 단면 표현
㉗ 천창 설치조건 확인

지 문 본 문

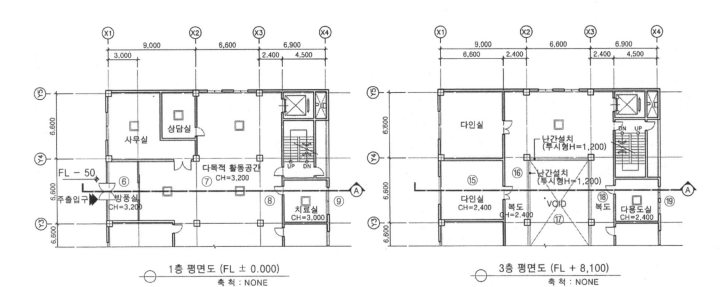

2층 평면도 (FL + 4,500)
축척 : NONE

지붕층 평면도 (FL +11,900)
축척 : NONE

1층 평면도 (FL ± 0.000)
축척 : NONE

3층 평면도 (FL + 8,100)
축척 : NONE

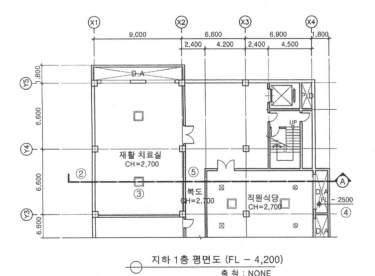

지하 1층 평면도 (FL − 4,200)
축척 : NONE

범 례 ①

FL 바닥마감레벨	
☐	EHP 실내기
⊠	급기구
▨	배기구
▨	옥상 조경 (토심 600mm)

노인복지시설

· 노인의 복지를 증진할 수 있는 시설로서 노인주거복지시설, 노인의료복지시설, 노인여가복지시설, 재가노인복지시설, 노인보호전문기관을 말한다.

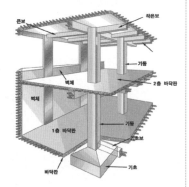

철근콘크리트조

· 제1과제 : (단면설계+설비계획)
· 배점: 60/100점

2016년 출제된 단면설계의 경우 배점은 100점 중 60점으로 출제되었다. 또한 과제는 단면설계가 제시되었지만 지문 내용 등을 살펴보면 단순히 단면설계만 출제 된 것이 아리라 상세도+설비+친환경 설비 내용이 포함되어 있는 것을 볼 수 있다.

제목 : 노인요양시설의 단면설계&설비계획

1. 과제개요

제시된 도면은 노인요양시설 평면도의 일부이다.

다음 사항을 고려하여 각 층 평면도에 표시된 단면 지시선을 기준으로 주단면도와 단면상세도를 완성하시오.

- 노인복지시설: 노인의 삶의 질을 향상시키기 위해 필요한 서비스 및 프로그램의 제공을 목적으로 마련된 장소, 설비 및 건조물 등을 말한다. 노인복지시설은 노인주거복지시설, 노인의료복지시설, 노인여가복지시설, 재가노인복지시설, 노인보호전문기관이 있다.
- 노인복지시설 중 하나로 다음과 같이 여러 가지가 있다.
  1) 노인요양시설
  2) 노인요양공동생활가정

2. 설계조건

(1) 규   모 : 지하 1층, 지상 3층

(2) 구   조 : 철근 콘크리트조

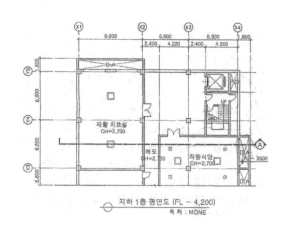

지하 1층 평면도 (FL - 4,200)
축척 : NONE

▶ 지하1층 평면도

- 재활치료실, 복도, 직원식당, DA 절취
- 천장속 EHP 및 급기,배기덕트 표현
- 제시된 마감재료 및 반자높이, 입면표현

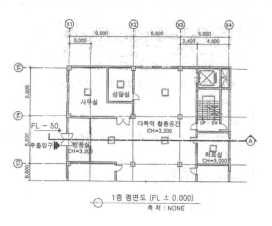

1층 평면도 (FL ± 0.000)
축척 : NONE

▶ 1층 평면도

- 방풍실, 다목적 활동공간, 치료실 절취
- 천장속 EHP 표현, 제시된 마감재료 및 반자높이, 입면표현
- 방풍실 화강석 마감으로 인해 슬래브 DOWN, 각기 다른 반자 높이 표현

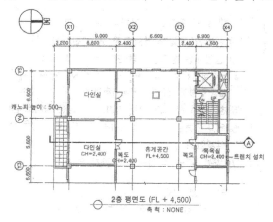

2층 평면도 (FL + 4,500)
축척 : NONE

▶ 2층 평면도

- 케노피, 다인실, 복도, 휴게공간, 복도, 목욕실 절취
- 다인실 및 목욕실 제시된 마감으로 인한 슬래브 DOWN
- 제시된 마감재료 및 반자높이, 입면표현
- 돌출된 케노피 , 각기 다른 반자 높이 표현

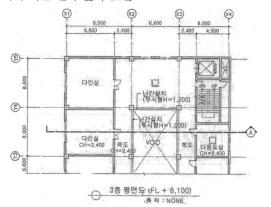

3층 평면도 (FL + 8,100)
축척 : NONE

▶ 3층 평면도

- 다인실, 복도, OPEN, 복도, 다용도실 절취
- 다인실 제시된 마감으로 인한 슬래브 DOWN
- 입면, 및 난간표현, 천장속 EHP 표현, 반자 높이 동일

다목적 활동공간

· 다목적 공간
복수의 목적으로 사용되는 것을 전제로 하여 만들어진 공간. 기능 분화가 심화되는 과정에서 반대로 사용의 편리성 · 경제성 등의 면에서 생각되고 있는 공간. 다목적 홀, 주택의 다용도실 등

휴게공간

목욕실

욕실(浴室)은 손을 세척거나, 목욕이나 샤워를 하는 공간이다. 나라마다 다르지만, 욕실 내에 화장실을 포함하고 있는 경우도 있다. 근래에 시공된 주택이나 큰 규모의 아파트 등에서는 집안의 침실들 중 가장 넓은 침실에 욕실 겸 화장실을 하나 더 겸한 경우도 많다.

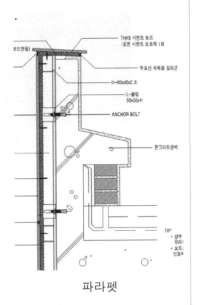

파라펫

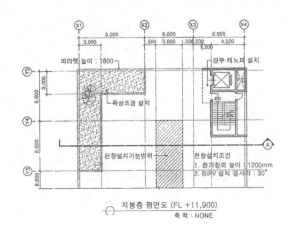

지붕층 평면도 (FL +11,900)
축척 : NONE

▶ 지붕층 평면도

- 파라펫, 조경, 평 슬래브, 천창, 평 슬래브, 파라펫 절취
- X1열– 관목식재로 인한 인공토(600mm)+ 파라펫 (1,200mm) = 1,800mm 표현
- X4열– 파라펫(1,200mm) 표현
- 천창가능 범위 내에서 BIPV, 창문 개폐 방향, 30° 경사도 표현
- 관목 및 지피식물 표현

(3) 층고 : 바닥마감레벨, 반자높이 : 평면도 참조

- 각층 바닥 마감 레벨을 확인
- 지하층~지붕층까지 평면도에 제시된 레벨 확인 후 개략적인 단면의 형태 파악

옥상 조경

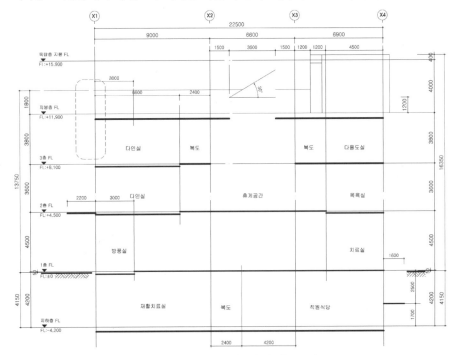

구조체를 고려한 단면의 형태

- 각층 바닥 구조체 레벨을 확인
- 지하층~지붕층 까지 평면도에 제시된 레벨 확인 후 개략적인 단면의 형태 파악

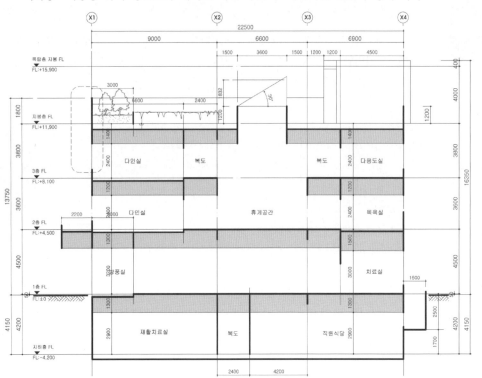

반자 높이를 고려한 단면의 형태

(4) 기타 설계조건은 <보기 1>과 같다.

<보기 1>

구 분			설계조건
구조부	온통(매트)기초 두께		600mm
	벽 두께	1층~3층	200mm
		지하 외벽	300mm
	슬래브 두께		210mm
	기둥		600mm × 600mm
	보 (W×D)		400mm × 700mm
단열재 두께	최상층 지붕부위		220mm
	최하층 바닥부위		150mm
	외벽부위		125mm
외부 마감재			화강석(두께 30mm)
냉·난방 설비	재활치료실, 치료실 직원식당, 다용도실, 다목적 활동공간		천장매립형 EHP (950mm×950mm×350mm)
	다인실		온수 바닥복사난방 (두께 120mm)
	목욕실		전기 라디에이터
옥상조경			토심 600mm

- 단면설계에서 기초의 경우 온통기초와 독립기초 위주로 제시되고 있으며 줄기초의 경우 지문에는 언급이 없지만 1층을 중심으로 주로 주출입구 등에 표현된다고 할 수 있다.

(a) 독립기초

(b) 연속기초

(c) 온통(매트)기초

(d) 파일기초

기초의 종류

독립기초

줄기초

온통기초

1. 구조부

1) 온통기초 두께

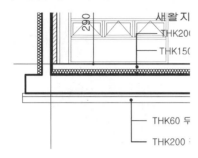

새알지...
THK20...
THK15(...
THK60 두...
THK200 ...

- 온통기초의 두께는 600mm로 해야 하며, 기초의 안정감을 더하기 위해 외벽으로 부터 기초 두께만큼 돌출해서 표현한다.
- 온통기초의 경우 버림 콘크리트 및 잡석 다짐 표현

2) 벽 두께

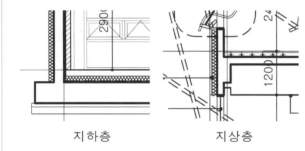

지하층 / 지상층

- 지하층 외벽 두께 : 300mm
- 지상층 외벽 두께 : 300mm
- 기둥의 크기가 600mm × 600mm이므로 중심선을 기준으로 정확히 표현이 되어야 한다.

3) 기둥 및 보

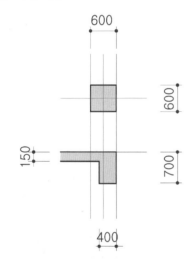

600
600
150
700
400

- 기둥의 크기는 500mm × 500mm
- 보 : 400mm × 700mm
- 위에서 제시된 기둥 및 보의 크기는 단면도에서 반드시 표현이 되어야 하는 부분이다.
- 기둥 중심으로부터 200mm 이격되어 외곽부분이 있으며, 이곳에 제시된 보의 크기 300mm가 표현되어야 한다.
- 기둥과 보의 간격은 100mm 차이 나야 하며, 또한 작도시 표현이 되어야 한다.

2. 단열재 두께

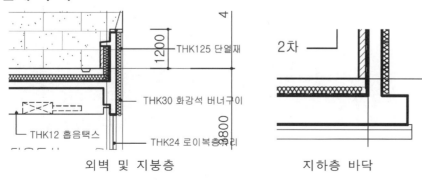

THK125 단열재
2차
THK30 화강석 버너구이
THK12 흡음택스
THK24 로이복층유리

외벽 및 지붕층 / 지하층 바닥

- 지붕층 단열재의 경우 실내 결로 현상을 방지하기 위해 파라펫 까지 감싸 줌으로써 열교현상(Cold Bridge)을 방지할 수 있다.
- 외벽의 단열재 두께는 125mm 표현이 되어야 한다.
- 지하층 바닥 및 지하층 외벽으로 단열재 표현이 되어야 하며, 이때 단열재 두께는 150mm 표현이 되어야 한다.

3. 외부 마감재

- 외벽마감의 경우 화강석(두께 30mm)

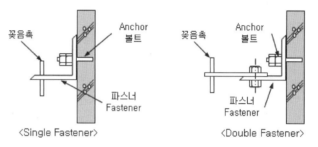

꽂음촉 / Anchor 볼트 / 파스너 Fastener
〈Single Fastener〉

꽂음촉 / Anchor 볼트 / 파스너 Fastener
〈Double Fastener〉

외벽 화강석 마감

4. 냉·난방설비

1) 재활치료실, 치료실 직원식당, 다용도실, 다목적 활동공간

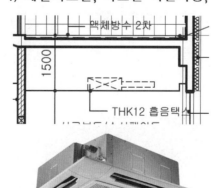

맥체방수 2차
1500
THK12 흡음택스...

- 천장매립형EHP (950mm×950mm×350mm)
- 실외기 1대에 2대 이상의 천장형 실내기로 구성되어 있으며, 학교나 관공서, 상가와 같은 곳에서 표준 냉난방 시스템으로 주로 사용되며, 여러 대의 에어컨을 각 방(실) 마다 설치하고, 제어장치를 마련하는 시스템을 말한다.

반자높이

① 방의 바닥면으로부터 반자까지의 높이로 한다. 다만, 한 방에서 반자높이가 다른 부분이 있는 경우에는 그 각 부분의 반자면적에 따라 가중 평균한 높이로 한다.

② 건축물의 반자높이는 건축물의 피난·방화구조 등의 기준에 관한 규칙 제16조에 명시되어 있으며, 일반 건축물의 거실 반자높이는 2.1m 이상으로 하여야 하는데 이 기준은 최소 규정으로 2.1m 이상으로 설치하여 최소한의 공기를 확보하고, 유사시 배연을 할 수 있는 기준으로 마련된 것이다. 따라서 반자를 2.1m 높이에 정확히 설치하는 것이 아닌 2.1m 이상으로 설치하여야 할 것이다.

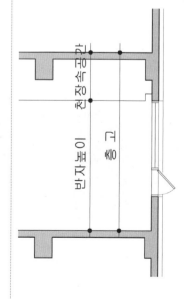

온통기초

기둥 및 보

〈건축물의 에너지절약 설계기준〉

– 시행 2016. 1. 11

[별표3] 단열재의 두께

2) 다인실

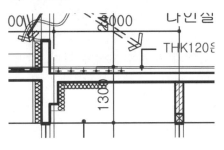

THK120

1300

3000

나인실

• 온수 바닥복사난방 (두께 120mm)

3) 목욕실

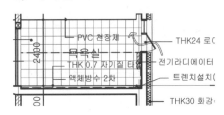

2490

PVC 현장제
THK24 로C
목욕실
THK 0.7 자기질 타
전기라디에이터
액체방수 2차
트렌치설치(
THK30 화강

• 전기 라디에이터
• 목욕실의 경우 전기 라디에이터 제시로 도면상에 표현이 되어야 한다.

화강석

목재 플로링

카펫타일

(5) 실내 마감재는 <보기 2>와 같다.

<보기 2>

실명	위치		
	바닥	벽	천장
방풍실	화강석	수성페인트	흡음텍스
다인실	온돌마루	석고보드 위 벽지	흡음텍스
다목적 활동공간, 직원식당, 복도	비닐계타일	수성페인트	흡음텍스
재활치료실, 치료실	비닐계타일	석고보드 위 수성페인트	흡음텍스
휴게공간	비닐계타일	수성페인트	-
목욕실	타일	타일	PVC

<바닥>

• 화강석

• 온돌마루

• 비닐계타일 (데코타일)

• 타일

<바닥>

• 수성페인트

• 석고보드 위 벽지

<천장>

• 흡음텍스

• PVC

3. 도면작성 시 고려사항

(1) 설계조건과 평면도를 고려하여 단열, 방수, 결로, 기밀, 채광, 환기의 기술적 사항을 반영한다.

(2) 각 층의 층고, 바닥마감레벨, 반자높이, 개구부 높이 및 단면 형태를 고려하여 설계한다.

열교현상(cold bridge)

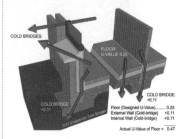

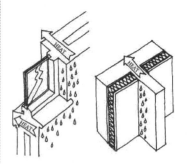

Cold Bridge

• 구조체(構造體)에서, 열을 쉽게 통과시키는 부분으로, 그 부분의 실내쪽 표면은 겨울철에는 다른 부분보다 온도가 낮아, 부분적으로 결로(結露) 현상이 나타나는데, 단열벽의 테두리나 뼈대에 단열성(斷熱性) 재료를 사용하여 방지한다.

- 단열재는 흙에 접한 부분, 외벽, 지붕층 등에 단열재 표현
- 지붕층, 발코니, 지하층 바닥 및 외벽 등에 방수 표현
- 단열재는 열이 흘러가는 쪽에 설치하는 것이 구조체의 온도를 높여 결로를 방지할 수 있으며, 내단열의 경우 반드시 방습층을 단열재보다 고온측에 설치하여 습기이동을 차단해야 결로를 방지할 수 있다.
- 기밀성의 경우 공기, 가스 등의 기체를 통하지 않는 성질 또는 성능을 의미함

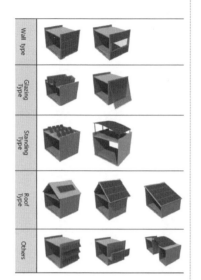

BIPV 시스템 설치범위

BIPV 시스템

태양광 에너지로 전기를 생산하여 소비자에게 공급하는 것 외에 건물 일체형 태양광 모듈을 건축물 외장재로 사용하는 태양광 발전 시스템이다.

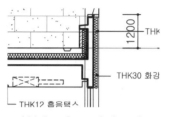

지붕층 결로 방지표현

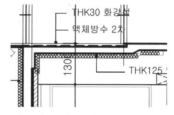

1층 방풍실 결로방지 표현

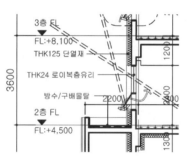

층고, 반자높이, 바닥레벨 표현

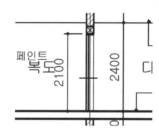

개구부 높이 표현

(3) 자연환기 및 자연채광을 위한 천창을 설치한다.

(4) 천창에는 천창일체형 BIPV를 설치한다.

※ 천창일체형 Building integrated photovoltaic) : 태양광셀을 천창의 창유리에 일체화하여 발전하는 태양광시스템

- 건물 외벽의 전자판을 이용하여 전기 에너지를 얻을 수 있는 발전 시스템. 건물 일체형 태양광 발전 시스템은 태양광 모듈을 건축 자재화하여 건물의 외벽재, 지붕재, 창호재 등으로 활용하기 때문에 별도의 설치 공간이 필요하지 않고 환경 친화적이며, 에너지 효율적인 건축물을 구현할 수 있다.
- 천창의 크기 및 경사도 표현이 정확히 되어야 한다.
- 창문의 크기는 1,200mm
- 공기유동경로의 경우 낮은 곳에서 높은 곳으로 자연스러운 공기 흐름이 되도록 유도한자.
- 자연채광은 동지(29°), 하지(76°) 표현이 되어야 한다.

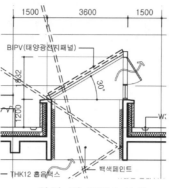

천창 및 BIPV 설치

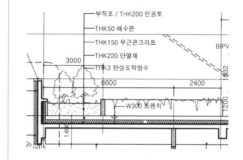

BIPV 이미지

(5) 창호의 종류, 크기, 개폐방법, 재질 등은 임의로 한다.

(6) 옥상 조경은 지피식물 (초화류 등)의 생장을 고려하여 설계한다.

(7) 방화, 피난, 대피는 고려하지 않는다.

- 지피식물이 자라면 토양을 덮어 풍해나 수해를 방지하여 주는 식물
- 지붕층 표현은 관목 및 지피식물 표현이 함께 되어야 한다.
- 인공토 두께 600mm 이상
- 조경은 단면과 입면이 동시에 표현됨.

4. 도면작성요령

(1) 평면도의 "A" 단면지시선에 따라 주단면도 작성

(2) 점선으로 표시된 답안지 Ⓐ부분의 단면상세도 작성

(3) 각 실명과 반자높이, 바닥마감레벨 표기

(4) 지붕층 평면도의 "천창설치가능범위" 및 천창설치조건"에 따라 주단면도 작성

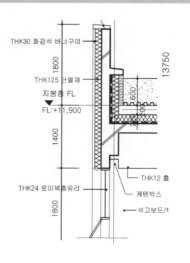

- 외벽 및 지붕층 단열재 표현
- 무근콘크리트 및 방수 표현
- 인공토(배수판 / 부직포 / 인공토) 표현
- 외벽 화강석 마감
- 파라펫 높이 등 표현

(5) 자연환기와 자연채광 경로를 <보기 3>의 표시방법에 따라 작성

(6) 천장매립형 EHP 배관과 지하 1층 직원식당의 급·배기 덕트는 <보기 3>의
   표시방법에 따라 작성

<보기 3>

구분	표시방법
천장매립형 EHP	
EHP 배관	
급기덕트	
배기덕트	
자연환기	
자연채광	

(7) 단위 : mm

(8) 축척 : 주단면도 1/100, 단면상세도 1/50

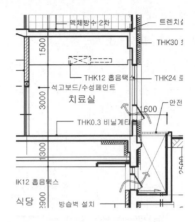

- 천장매립형 EHP의 경우 절취되는 것
  은 단면으로 표현되어야 한다.
- 천장매립형 EHP배관은 PD를 통해 각
  층 및 공간으로 배관되어야 하므로,
  PD → 계단실 옆 발코니 → 각 실로
  배관 계획
- EHP 및 배관은 점선으로 표현
- 급,배기 덕트는 실선으로 표현

5. 유의사항

(1) 제도는 반드시 흑색연필로 한다.

(2) 도면 작성은 과제개요, 설계조건 및 고려사항, 도면작성요령, 기타 현황도
   등에 주어진 치수를 기준으로 한다.

(3) 명시되지 않은 사항은 현행 관계법령의 범위 안에서 임의로 한다.

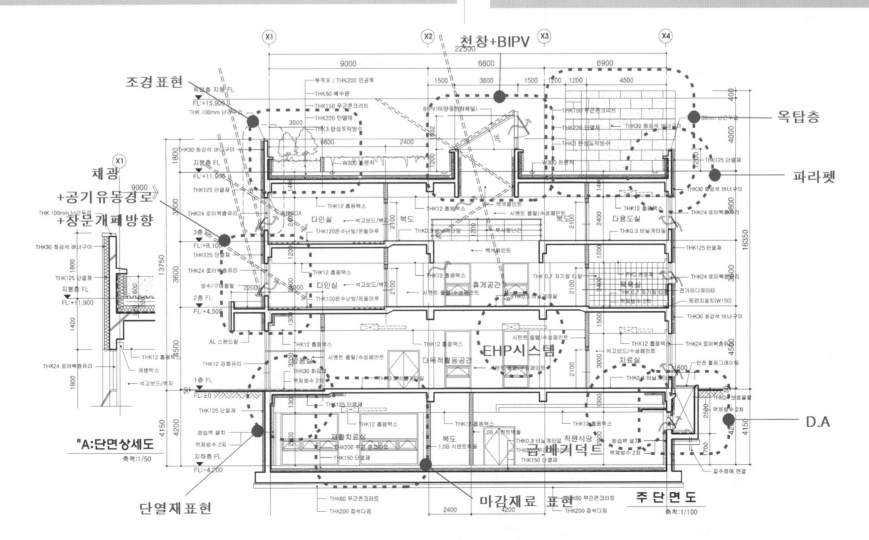

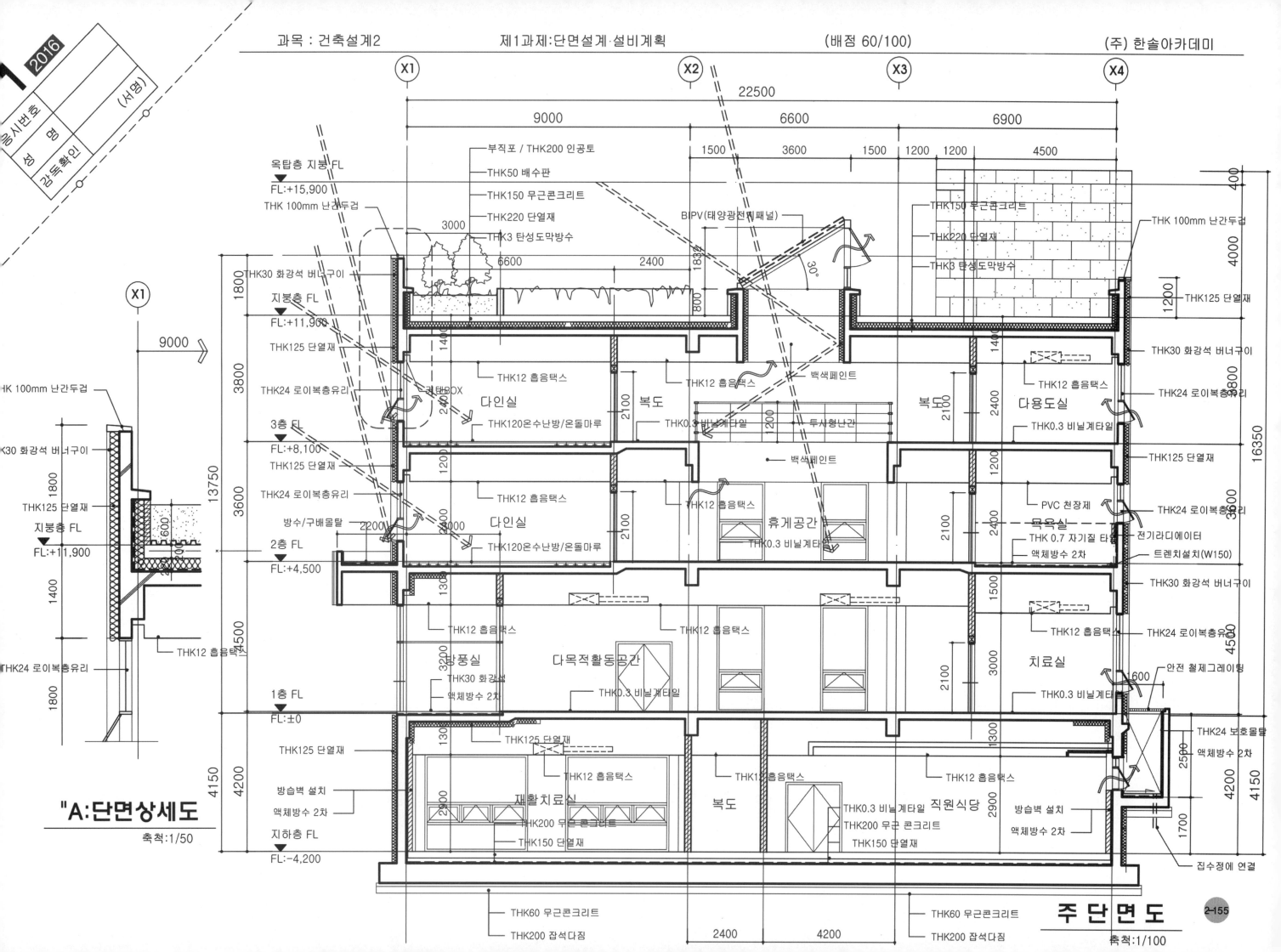

2016

(서명)

X1   X2   X3   X4

22500

9000   6600   6900

부직포 / THK200 인공토

옥탑층 지붕 FL
FL:+15,900

THK50 배수판
THK150 무근콘크리트
THK220 단열재
THK3 탄성도막방수

THK 100mm 난간두겁

1500   3600   1500 1200 1200   4500

BIPV(태양광전지패널)

THK150 무근콘크리트
THK220 단열재
THK3 탄성도막방수
THK 100mm 난간두겁

3000

6600   2400

30°

400

4000

X1

THK30 화강석 버너구이

9000

지붕층 FL
FL:+11,900

THK125 단열재

THK 100mm 난간두겁

THK30 화강석 버너구이

THK125 단열재

지붕층 FL
FL:+11,900

THK125 단열재

THK24 로이복층유리

커튼BOX

다인실

3층 FL
FL:+8,100

THK125 단열재

THK24 로이복층유리

다인실

2층 FL
FL:+4,500

방수/구배몰탈

THK12 흡음택스

THK120온수난방/온돌마루

THK12 흡음택스

THK120온수난방/온돌마루

복도

복도

THK12 흡음택스

THK0.3 비닐계타일

투시형난간

백색페인트

백색페인트

THK12 흡음택스

휴게공간

THK0.3 비닐계타일

THK12 흡음택스

다용도실

THK0.3 비닐계타일

THK125 단열재

PVC 천장제

목욕실

THK 0.7 자기질 타일
액체방수 2차

THK125 단열재

THK24 로이복층유리

THK30 화강석 버너구이

THK12 흡음택스

THK24 로이복층유리

전기라디에이터
트렌치설치(W150)
THK30 화강석 버너구이

1층 FL
FL:±0

THK125 단열재

방습벽 설치
액체방수 2차

지하층 FL
FL:-4,200

THK12 흡음택스

THK30 화강석

액체방수 2차

다목적활동공간

THK0.3 비닐계타일

재활치료실

THK200 무근콘크리트
THK150 단열재

THK12 흡음택스

THK12 흡음택스

복도

치료실

THK0.3 비닐계타일

THK12 흡음택스

THK24 로이복층유리

안전 철제그레이팅

THK0.3 비닐계타일

THK24 보호몰탈
액체방수 2차

방습벽 설치
액체방수 2차

THK0.3 비닐계타일
THK200 무근 콘크리트
THK150 단열재

직원식당

집수정에 연결

"A:단면상세도
축척:1/50

THK 100mm 난간두겁

THK30 화강석 버너구이

THK125 단열재

지붕층 FL
FL:+11,900

THK125 단열재

THK12 흡음택스

THK24 로이복층유리

1800   1800   1400   13750

16350

3600   4500   4200   4150

THK60 무근콘크리트
THK200 잡석다짐

2400   4200

THK60 무근콘크리트
THK200 잡석다짐

주단면도
축척:1/100

2-155

구 성	FACTOR	지 문 본 문	FACTOR	구 성

2016년도 건축사자격시험 문제

과목: 건축설계2 　　제2과제 (구조계획)　　배점: 40/100점 ①

---

1. 제목
구조형식과 용도제시

2. 과제개요
- 신축/제시평면
- 과제도면
2층바닥 구조평면도

3. 계획조건
- 규모
- 구조형식
- 적용하중
- 층고
- 사용재료
- 구조부재의 단면치수 및 배근도
- 보 및 기둥
- 전단벽
- 슬래브

4. 구조계획 시 고려사항
- 주어진 건축물의 평면 확인
- 주어진 구조부재의 단면치수 적용
  : 보, 기둥, 전단벽 및 슬래브
- 건축물 외곽선과 구조 형식
  : 제시한 모듈 확인
- 주어진 전단벽
  : 코어위치 확인
- 2층 바닥의 개구부확인

FACTOR 좌측

① 배점확인
3교시 배점비율에 따라 과제작성시간 배분

② 용도
판매시설

③ 문제유형
신축구조계획
모듈제시형(제시한 평면도확인)

④ 과제도면
2층 바닥 구조평면도

⑤ 구조형식
철근콘크리트조
프리스트레스트 콘크리트

⑥ 적용하중
중력방향의 하중고려
고정하중과 활하중 균등하게 2층바닥에 작용

⑦ 사용재료
철근콘크리트 : 철근
프리스트레스트 콘크리트 : 강연선

⑧ 구조부재의 단면치수
철근콘크리트(RC) 보 : 400×700
프리스트레스트콘크리트 (PSC)보 : 400×700
철근콘크리트 기둥 : 600×600

⑨ 구조부재의 배근도
철근콘크리트(RC) 보 : A, B, C(3개)
프리스트레스트 콘크리트(PSC) 보 : D, E, F (3개)
기둥 : 가, 나, 다 (3개)
전단벽두께
바닥 슬래브 두께

지문 본문 (중앙)

제목 : ○○판매시설 건축물의 구조계획 ②

1. 과제개요

○○판매시설 건축물을 신축하려고 한다.
다음 사항을 고려하여 합리적인 구조계획이 되도록
2층 바닥 구조평면도를 작성하시오. ④

2. 계획조건

(1) 규모 : 지하 1층, 지상 3층
(2) 구조 : 철근콘크리트조 ⑤
　　　　　(프리스트레스트 콘크리트 포함)
(3) 적용하중 : ⑥
　　고정하중 5kN/m²(자중 포함), 활하중 4kN/m²
(4) 층고 : 각 층 4.5m
(5) 사용재료

철근콘크리트 ⑦	프리스트레스트 콘크리트
철근 : HD22	강연선(7연선) : 7-Ø12.7mm
항복강도 : f_y = 500Mpa	인장강도 : f_{pu} = 1,860Mpa
콘크리트 : f_{ck} = 24Mpa	콘크리트 : f_{ck} = 35Mpa

(6) 구조 부재의 단면치수 및 배근도 ⑧ ⑨
① 보(400mm×700mm) 및 기둥(600mm×600mm)

	A	B	C
철근콘크리트 보	400 / 700	400 / 700	400 / 700
	D	E	F
프리스트레스트 콘크리트 보	400 / 700	400 / 700	400 / 700
	가	나	다
기둥 철근콘크리트	Y축 X축 600/600	600/600	600/600

범례) ● 철근　● 강연선(7연선)
주기) 배근된 철근 및 강연선(7연선) 양은 개략적인 해석 결과의 반영 값 임

② 전단벽 두께 : 200mm
③ 바닥 슬래브 두께 : 150mm

3. 구조계획 시 고려사항

(1) 계획조건 (6)에서 주어진 구조 부재의 단면치수는
　그대로 적용한다. ⑩
(2) <2층 평면도>에서 주어진 기둥 외에는 추가하거나
　제거하지 않는다. ⑪
(3) 수평하중은 <2층 평면도>에 표시된 계단실 및
　승강기 샤프트 등의 전단벽이 부담한다. ⑫
　　따라서 기둥, 보 및 슬래브는 수평하중을 부담
　하지 않는다. ⑬

(4) 보 ⑭
① 처짐 및 균열제어 등에 유리한 프리스트레스트
　콘크리트 보를 포함하여 계획한다.
② 가급적 연속적으로 배치하는 것을 원칙으로
　한다.
③ 보의 전단력 및 축력은 고려하지 않고 휨모멘트만
　고려한다.

(5) 기둥 ⑮
① <2층 평면도>에 표시된 모든 기둥은 수직기둥이다.
② 기둥의 전단력은 고려하지 않는다.

(6) 전단벽 ⑯
건축물 전체의 비틀림이 가급적 발생되지 않도록
최소한의 전단벽을 계획한다.

(7) 슬래브 ⑰
① 슬래브 단변 폭은 3.5m 이하가 되도록 계획하되,
　1방향 슬래브를 원칙으로 한다.
② 캐노피 부분의 슬래브는 캔틸레버 구조를
　원칙으로 계획한다.

FACTOR (우측)

⑩ 구조평면도 작성 시 주어진 구조부재의 단면치수 적용

⑪ 주어진 2층 평면도에 기둥위치를 제시함 (제시한 기둥만으로 구조계획)

⑫ 수평하중(풍하중과 지진하중) : 전단벽이 부담.
계단실 및 승강기 샤프트 등

⑬ 수직하중(고정하중과 활하중) : 기둥, 보 및 슬래브가 부담

⑭ 보의 구조제한
철근콘크리트 보와 프리스트레스트 콘크리트 보
연속적 배치 / 휨모멘트만 고려

⑮ 기둥의 구조제한
수직기둥
고정하중과 활하중에 의한 휨모멘트만 고려

⑯ 전단벽의 구조제한
계단실 벽체 및 승강기 샤프트 외 추가로 전단벽 설치요구(최소화) - 건축물 전체의 비틀림고려

⑰ 슬래브의 구조제한
단변 폭 - 3.5m 이하
캐노피 - 캔틸레버 구조

⑱ 도면작성요령 - 2층 구조평면도에 표기할 구조부재 <보기1> 적용

⑲ RC 보와 PSC 보 구분표기위치 <보기2> 적용

⑳ 신설전단벽 표시 - 건축물 전체의 비틀림고려

㉑ X2열과 Y3열 모든 보와 기둥에 배근도 구분 기호로 표기 (보 : A~F, 기둥 : 가, 나, 다)

㉒ 축척 : 과제의 축척 확인

㉓ 도면작성은 주어진 치수를 기준으로 치수기입

구 성 (우측)

3. 구조계획 시 고려사항
- 기둥설치 구조제한 :
  추가기둥 설치여부확인
- 수평하중과 수직하중
  (중력방향)
  각각의 하중을 부담하는 구조부재
- 보 : 두 가지 구조형식
  프리스트레스트 콘크리트
  보 : 장스팬
- 기둥 :
  수직기둥 / 전단력 미적용
- 전단벽
  건축물 전체의 비틀림
- 슬래브
  슬래브 단면폭,
  1방향슬래브
  캐노피 : 캔틸레버 구조

4. 도면작성요령
- 과제층 확인 및 구조부재는 <보기1>적용
  두가지 구조형식을 구분 하여 적용
  신설전단벽 표시
- 보 표시는 지정한 그리드에만 표기
- 기둥 표시는 지정한 그리드에만 표기
- 축척 및 단위

6. 유의사항
- 흑색연필
- 도면작성 치수근거
- 현행 관계법령

과목: 건축설계2   제2과제 (구조계획)   배점: 40/100점

4. 도면작성요령 ⑱

(1) 주어진 <2층 평면도>를 바탕으로 2층 바닥 구조 평면도를 작성한다.

　　작성되는 구조평면도에는 <보기 1>에 따라 다음 사항을 표시한다.

　① 철근콘크리트 보와 프리스트레스트 콘크리트 보를 구분하여 표시 ⑲

　② 신설되는 전단벽을 표시 ⑳

(2) (1)에서 작성된 구조평면도에서 X2열(캐노피 부분 제외)㉑과 Y3열의 모든 보 단면을 계획조건 (6)에서 선택하여 표기한다.

　　단, 선택된 단면은 <보기 2>의 예시와 같이 해당 보의 양단부 및 중앙부의 상단에 (A~F)로 구분하여 표기한다.

(3) (1)에서 작성된 구조평면도에서 X2열과 Y3열의㉑ 모든 기둥 단면을 계획조건 (6)에서 선택하여 표기한다.

　　단, 선택된 단면은 <보기 2>의 예시와 같이 (가~다)로 구분하여 표기한다.

(4) 축척 : 1/200 ㉒

(5) 단위 : mm

<보기 1> ⑱

보	철근콘크리트	------------
	프리스트레스트 콘크리트	───
전단벽		▬▬▬

<보기 2> ㉑

5. 유의사항

(1) 답안작성은 흑색연필로 한다.

(2) 도면작성은 과제개요, 계획조건 및 구조계획 시 고려사항, 도면작성 요령, 평면도 등에 주어진 치수를 기준으로 한다. ㉓

(3) 명시되지 않은 사항은 현행 관계법령의 범위 안에서 임의로 한다.

<2층 평면도> 축척 없음

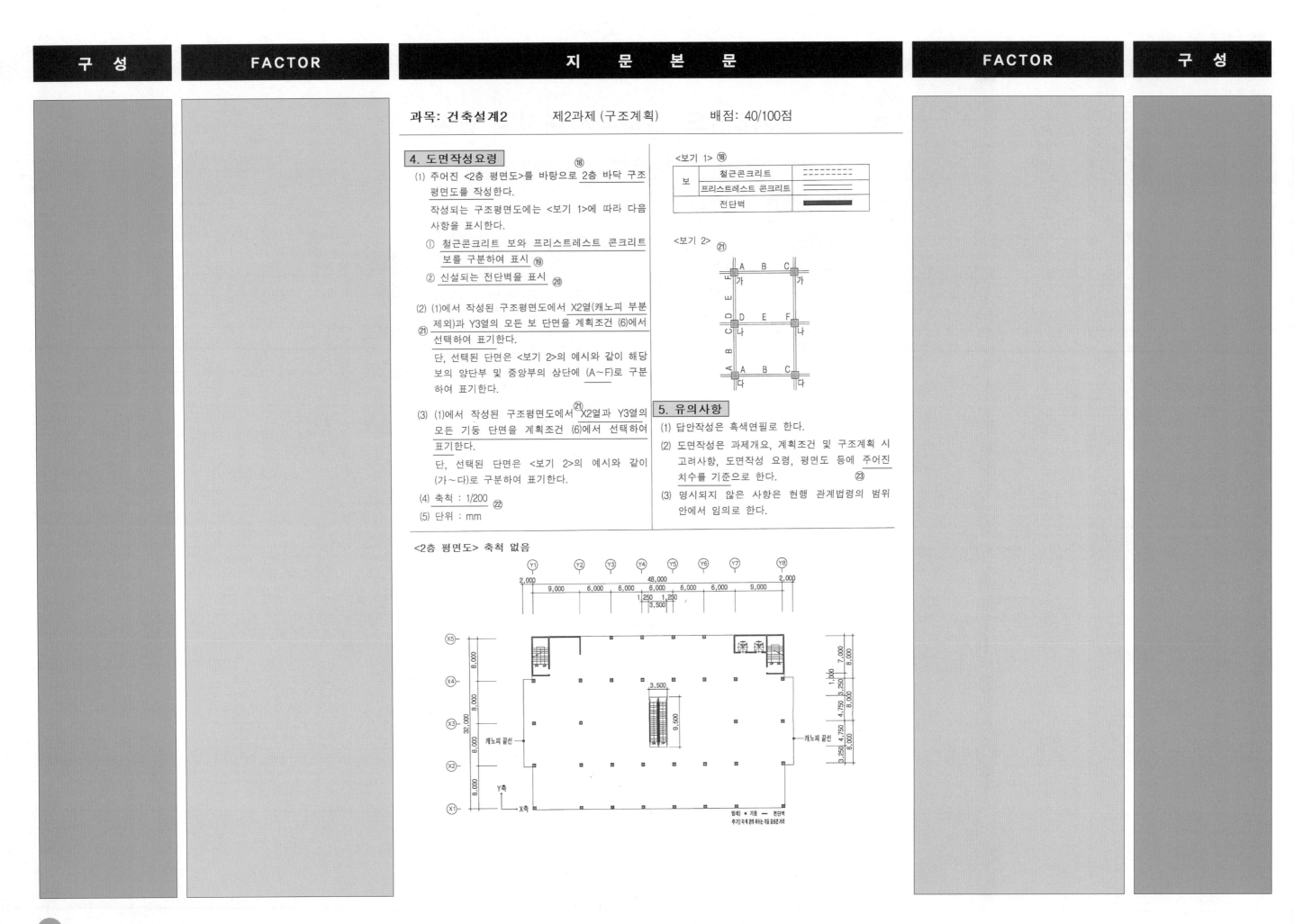

■ 문제풀이 Process

| 1 | 모듈확인 및 부재배치 | 2 | 답 안 |

1. 기둥모듈확인

신축, 모듈제시형 과제
2층 평면도에 기둥위치 제시
프리스트레스트 콘크리트 구조 – 2008년 기출문제 참조

– 과제 : 판매시설 구조계획
① 주어진 구조부재 : 기둥과 전단벽위치
② 전단벽 – 계단실 및 승강기 샤프트 등
③ 주어진 모듈확인
④ 평면도에 제시한 개구부
⑤ 구조형식 : 철근콘크리트(RC)조 + 프리스트레스트 콘크리트(PSC)조
⑥ 주어진 구조부재의 단면치수와 배근확인

작도 1 〉 주어진 구조요소 표기(기둥, 전단벽)

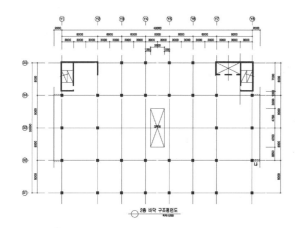

2. 2층 평면도 분석

모듈확인
(X축-4@8.0m, Y축-9.0m, 5@6.0m, 9.0m 캐노피 2.0m 2개소)
바닥개구부 – 에스컬레이터

작도 2 〉 큰 보(GIRDER) 표기
RC 보 스팬 : 6.0m, 8.0m, 9.0m
PSC 보 스팬 : 16.0m (장스팬)

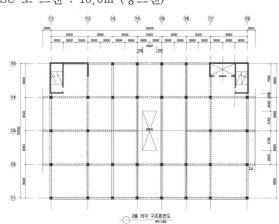

3. 작은 보, 슬래브 및 전단벽

– 보의 연속적 배치
– 슬래브 단변 폭 / 1방향 슬래브
– 캐노피 ; 캔틸레버 구조
– 건축물 전체의 비틀림 : 최소한의 전단벽배치 – X1열 좌/우대칭배치

작도3〉 작은 보(Beam)배치 및 추가 전단벽 위치 결정
슬래브 단변 폭 : 3.5m → 작은 보의 배치결정
(6.0m/2=3.0m, 9.0m/3=3.0m)

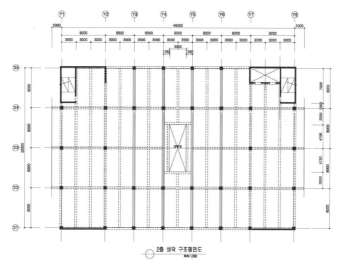

4. 구조부재의 단면치수와 배근분석

– 철근콘크리트 보 : A, B, C
– 프리스트레스트 콘크리트 보 : D, E, F
– 철근콘크리트 기둥 : 가, 나, 다

작도4〉 보와 기둥 배근도 반영하여 X2열과 Y3열에 표기

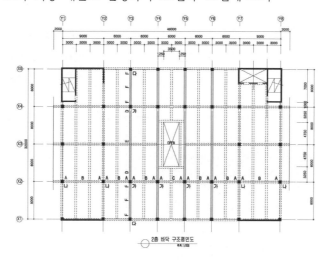

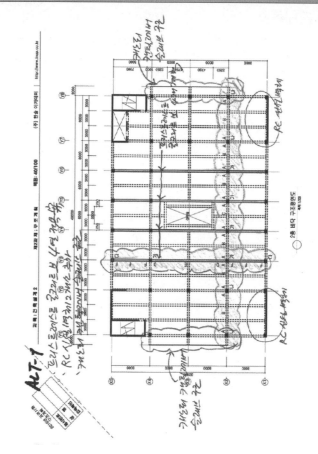

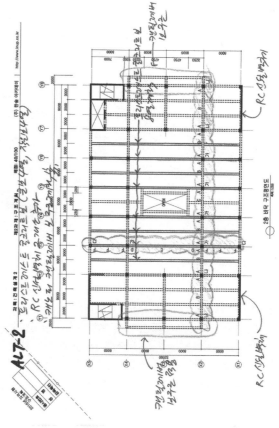

▶ 문제총평

2011년, 2012년 및 2008년 과년도 출제유형과 유사하게 출제되었다. 지상3층 및 지하1층 규모의 판매시설을
신축하는 과제로 모듈과 기둥 및 전단벽위치를 제시하였다. 구조계획은 답안작성용지에 주어진 구조부재들을
파악하고 지문에 제시한 다양한 고려사항을 반영하는 방식으로 2층 구조평면도를 작성하는 과제이다. 주로 철근
콘크리트 보와 기둥 및 프리스트레스트 콘크리트 보들의 배근유형을 이해하고 구조계획에 표기하는 과제로 건
축실무 경험이 있는 수험생에게 유리한 문제로 사료된다.

▶ 과제개요

1. 과제개요	OO판매시설 건축물 구조계획
2. 출제유형	모듈제시형
3. 규 모	지하1층/지상3층
4. 용 도	판매시설
5. 구 조	철근콘크리트조(프리스트레스트 콘크리트 포함)
6. 과 제	2층 바닥 구조평면도

▶ 2층 바닥 골조모델링

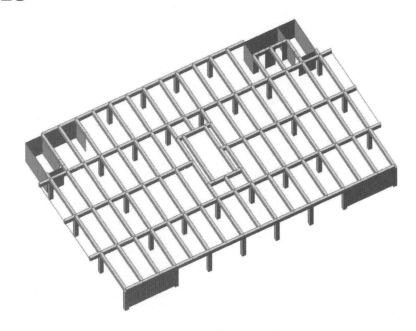

▶ 체크포인트

1. 철근콘크리트 보(Beam, Girder) 설치
2. 프리스트레스트 콘크리트 보 설치 및 배근의 합리성 – 장스팬
3. 철근콘크리트 보 배근 적용의 합리성
4. 슬래브 단변 폭과 1방향 슬래브
5. 캐노피 슬래브 캔틸레버 구조
6. 철근콘크리트 기둥 배근 적용의 합리성
7. 건축물 전체의 비틀림 고려하여 추가 전단벽설치여부

▶ 제목 : OO판매시설 건축물의 구조계획

1. 평면도 분석

– 주어진 2층 평면도
– 모듈제시
– 기둥위치 지정
– 전단벽, 개구부 위치
– 캐노피 캔틸레버 구조

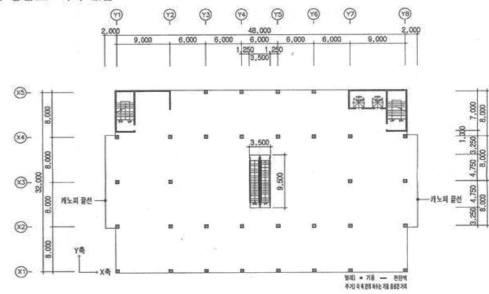

<2층 평면도> 축척 없음

2. 프리스트레스트 콘크리트(Prestressed Concrete) 보

콘크리트 보의 인장응력이 생기는 부분에 강선을 배치하므로 미리 압축응력을 도입하여 철근콘크리트의 인장력
에 대한 저항을 향상시켜, 보의 휨 및 처짐 균열저항이 증대되도록 제작된 콘크리트 구조부재
강선의 U형 배치는 수직하중에 의한 처짐의 역방향(상향방향)으로 치솟을 수 있도록 프리스트레스를 도입하여
콘크리트보의 하단부에 압축응력을 도입하므로 수직하중에 의한 하단부 인장응력을 감소시키는 공법

1) 장점 ① 균열방지
② 내구성 및 복원성
③ 부재크기감에 의한 구조물의 자중경감
④ 동일크기의 부재로 비교할 때 장스팬 시공가능

2) 강선 긴장방법에 따른 분류

① pre-tensioned prestressed concrete (공장생산)

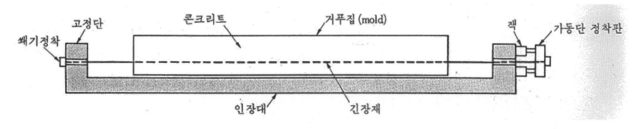

② post-tensioned prestressed concrete (현장시공)

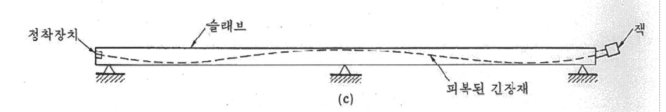

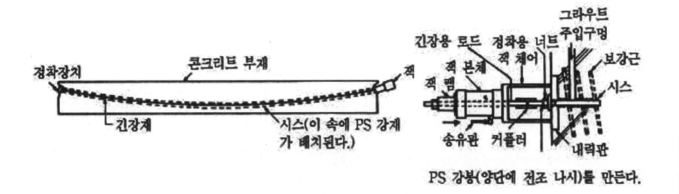

3) 프리스트레스트 콘크리트(Prestressed Concrete) 보 배근 및 시공전경

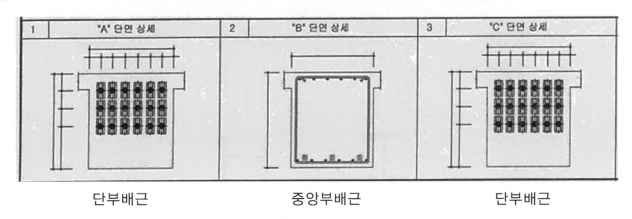

| 단부배근 | 중앙부배근 | 단부배근 |

3. 배근도 분석

3.1 철근콘크리트 보 배근 구분

구 분	단부배근	중앙부배근
중스팬	A	B
단스팬	C	C

1) 큰 보의 단부와 중앙부배근 방법

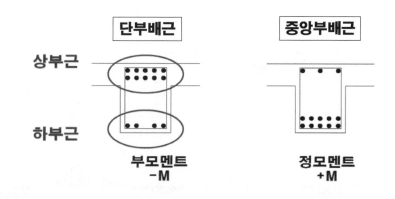

2) 큰 보의 휨모멘트도 (3연속스팬 라멘조)

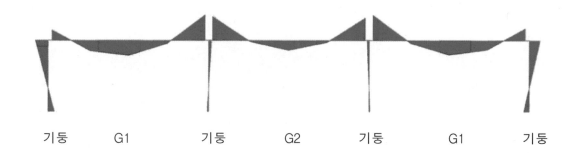

3) 큰 보(G1)의 배근방법

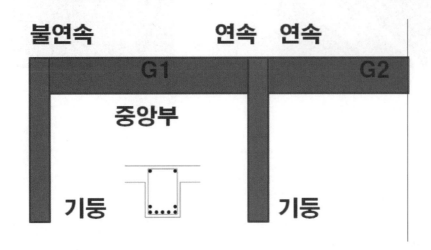

불연속   연속   연속

G1   G2

중앙부

기둥   기둥

4) 작은 보(Girder) 배근
– 작은 보(3연속 스팬)의 휨모멘트도

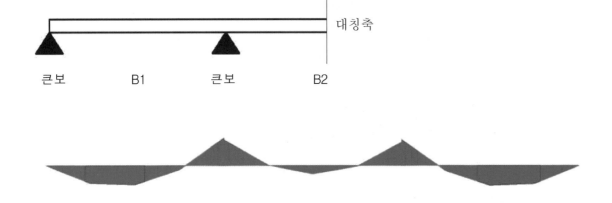

대칭축

큰보   B1   큰보   B2

– 작은 보(B1)의 배근방법

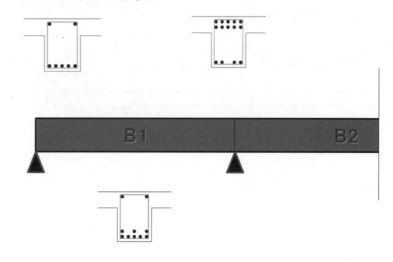

B1   B2

3.2 프리스트레스트 콘크리트 보 배근 구분

구 분	단부배근	중앙부배근
장스팬	D	E
연속 단스팬	F	F

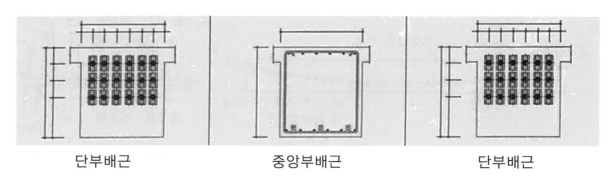

단부배근   중앙부배근   단부배근

3.3 기둥배근유형 : 3가지 – 철근의 위치에 의미를 부여하여야 함
아래 그림에서처럼 철골H형강의 강축, 약축 구분과 동일하게 판단함.

구 분	가	나	다
기둥 철근배근	600 × 600	600 × 600	600 × 600
철골기둥과 비교	I X축 강축	H Y축 강축	압축력 지배

• 기둥 : 배근방법

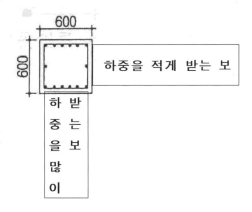

3.4 전단벽

① 추가 설치여부 확인
② 수직동선(계단, 승강기 샤프트등)을 전단벽체로 계획
③ 상/하층에서 가능한 동일 위치에 배치
④ 전단벽 배치방법
벽체의 배치가 X축, Y축 에 각각 대칭배치 / 가능한 건물의 외측에 배치

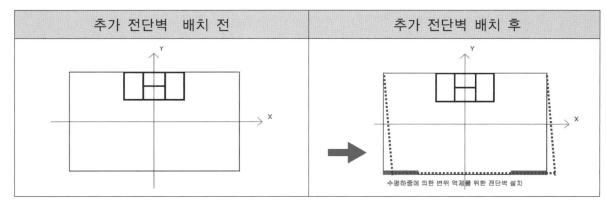

3.5 슬래브

– 슬래브 구분
일방향 슬래브 : Ly/Lx > 2
이방향 슬래브 : Ly/Lx ≤ 2
– 캔틸레버 슬래브
– 슬래브 단변의 최대스팬 Lx 확인(지문)
– 평면전체에 일방향슬래브 단변방향 통일

Lx : 슬래브 단변폭, Ly : 슬래브 장변폭

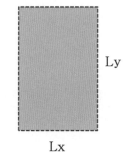

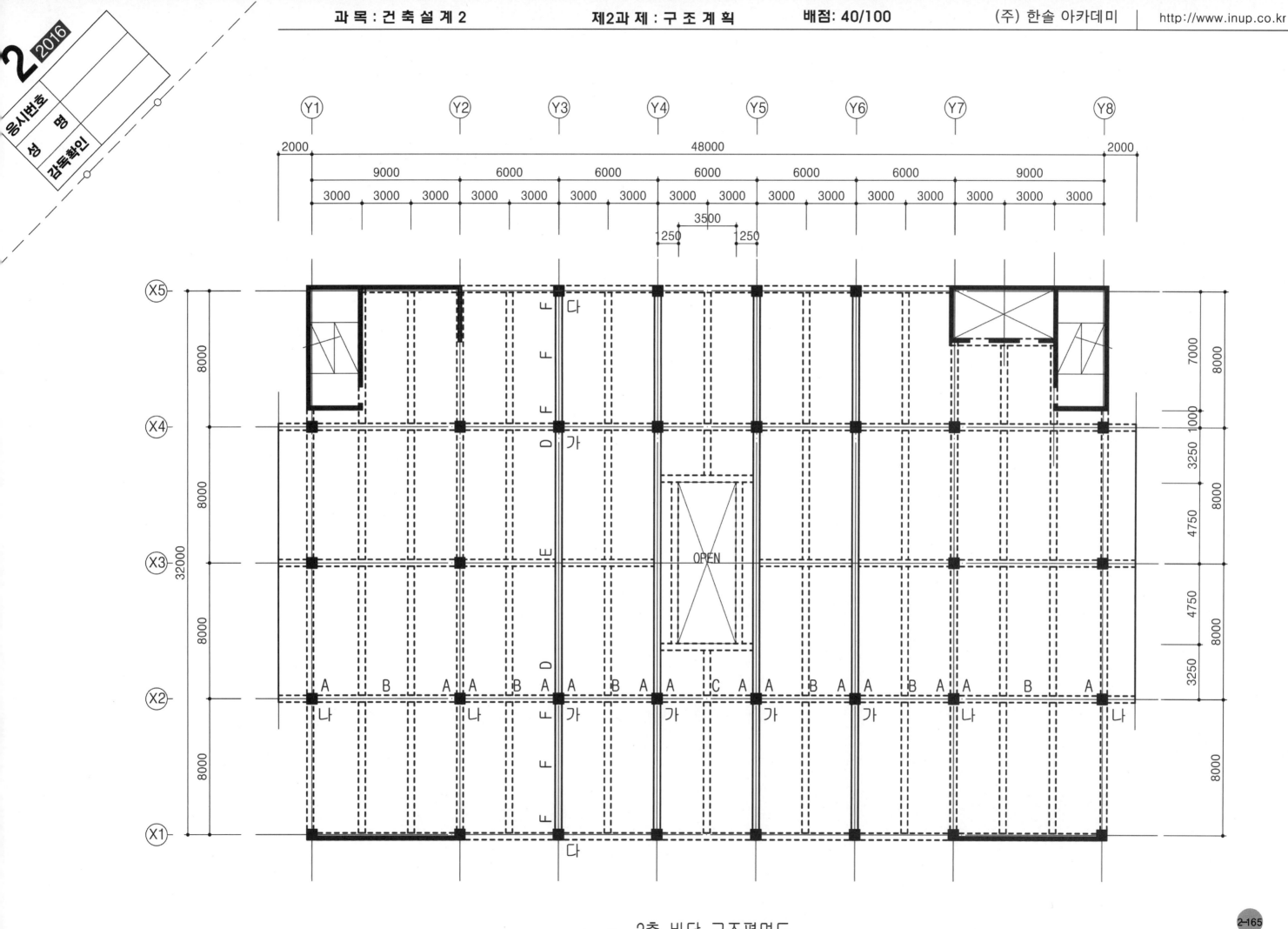

2층 바닥 구조평면도

축척 : 1/200

2017년도 건축사자격시험 문제

과목: 건축설계2 제1과제 (단면설계·설비계획) 배점: 60/100점 ①

제목 : 주민자치센터의 단면설계 및 설비계획

1. 과제개요

제시된 도면은 주민자치센터 평면도의 일부이다. 각층 평면도에 표시된 A-A'를 기준으로 아래 사항을 고려하여 주단면도와 부분단면상세도를 작성하시오.
③　④

2. 설계조건

(1) 규모 : 지하 1층, 지상 3층 ⑤
(2) 구조 : 철근콘크리트조 ⑥
(3) 층고(슬래브 바닥기준) ⑦

| 지하층 | 3,900mm | 2층 | 3,900mm |
| 1층 | 4,200mm | 3층 | 3,900mm |

(4) 반자높이 : 실의 용도에 맞게 설정한다.
(5) 기　초 : 온통기초(두께 500mm), ⑧
　　　　　지하수위 GL-3,000mm ⑨
(6) 기　둥 : 500mm × 500mm
(7) 보 (W×D) : 400mm × 600mm ⑩
(8) 바닥슬래브 : 두께 150mm
(9) 내 력 벽 : 두께 200mm
(10) 외　벽 : 화강석마감 ⑪
(11) 설　비
　① 냉난방 : 천장 전공기(덕트)방식 + 바닥 FCU ⑫
　② 유압식 승강기 ⑬
　③ 액세스플로어 : 정보전산실(SL-200mm) ⑭
(12) 이중외피(Double Skin)는 환기 및 일사조절이 가능하도록 한다. ⑮
(13) 천창에는 태양광 PV(Photovoltaic)를 설치하고, 환기 및 채광이 가능하도록 한다. ⑯
(14) 옥상조경(잔디, 토심 250mm)을 한다. ⑰
(15) 옥상으로의 접근은 별도의 직통계단을 이용하는 것으로 가정한다.
(16) 방화구획은 고려하지 않는다. ⑱

3. 도면작성요령

(1) 주단면도 : 단면지시선 A-A'의 주단면에 입단면을 표현 한다. ⑲
(2) 부분단면상세도 : X1 열과 파선 영역(이중외피와 옥상 파라펫) ⑳
(3) 층고, 반자높이, 개구부높이 등 주요부분의 치수와 치수선을 표기한다.
(4) 각 실의 명칭을 표기한다. ㉑
(5) 구체적 제시가 없는 레벨, 치수 및 재료 등은 용도에 따라 합리적으로 정의하여 표기한다.
(6) 건물 내외부의 환기경로, 채광경로를 <보기>에 따라 표현하고, 필요한 곳에 창호의 개폐방향을 표시한다.
<보기> ㉓

구분	표시방법
자연환기	□ □ □ ⇨
자연채광	⤳

(7) 계단의 단수, 단높이, 단너비 및 난간높이를 표기한다. ㉔
(8) 단열재(두께는 임의), 방수, 내외장 마감재 ㉕
(9) 단위 : mm
(10) 축척
　① 주단면도 : 1/100
　② 부분단면상세도 : 1/50

4. 유의사항

(1) 답안작성은 반드시 흑색연필로 한다.
(2) 명시되지 않은 사항은 현행 관계법령의 범위 안에서 임의로 한다. ㉖

구 성

1. 제목
- 건축물의 용도 제시 (주민자치위원회와 주민자치회가 중심이 되어 주민을 위한 문화·복지·편익시설 및 프로그램 운영 등 다양한 기능을 수행한다.)

2. 과제개요
- 주민자치센터 평면도 일부 제시
- 평면도에 제시된 절취선을 기준으로 주단면도 및 상세도를 작성

3. 설계조건
- 규모
- 구조
- 기초
- 기둥
- 보
- 슬래브
- 내력벽
- 지하층 옥벽
- 용도
- 바닥 마감레벨
- 층고
- 반자높이
- 단열재 두께
- 외벽 및 실내마감
- 냉·난방 설비
- 위의 내용 등은 단면설계에서 제시되는 내용이므로 반드시 숙지해야 한다.

FACTOR

① 배점을 확인합니다.
- 60점(단면설계이지만 제시 평면도와 지문을 살펴보면 설비계획+상세도 제시 등으로 난이도가 높음)

② 평면도에 제시된 A-A'를 지시 선을 확인한다.
- 절취선에 의한 단면요소
- 절취선에서 보이는 입면요소 검토

③ 절취선을 통한 주단면도 범위를 파악한다.

④ 단면상세도의 범위 및 축척 확인

⑤ 지하1층, 지상3층 규모 검토(배점60 이지만 규모에 비해 작도량이 상당히 많은 편이며, 시간배분을 정확히 해야 한다.)

⑥ 기둥, 보, 슬래브, 벽체 등은 철근콘크리트 구조로 표현

⑦ 층고는 슬래브 바닥기준으로 지문에 제시 됐으며, 평면도에는 SL로 제시됨

⑧ 반자높이는 실의 용도에 따라 표현하며 보통 2.6~2.8m 범위 내에서 계획

⑨ 지하수위로 인해 일정깊이 이상은 방수+영구배수 등이 표현

⑩ 기둥 과 보의 크기는 100mm 차이로 벽체 기준으로 보의 위치가 변경되어 표현 되어야 한다.

⑪ 외벽마감재는 화강석이며 두께는 30mm로 제시됨

⑫ 천장 속 덕트 및 FCU 배관 등을 위한 공간이 필요하며, 외벽을 FCU가 표현 되어야 한다.

⑬ 제시도면에 승강기 상부가 일부 표현 되어 있기 때문에 유압식 승강기 OH를 4.5m로 계획

FACTOR

⑭ 액세스플로어 두께 200mm 만큼 슬래브 DOWN

⑮ 외벽상세도를 작도해야 하는 부분으로 채광, 공기유동경로, 창문개폐방향, 반사 루버 등이 표현

⑯ 천창에 태양광전지패널 PV를 설치함으로써 저층부까지 채광을 유도할 수 있다.

⑰ 옥상조경 두께 250mm 확보 후 파라펫 높이가 표현 되어야 한다.

⑱ 층별 방화구획은 지하1층, 지상3층 대상이며 본문제에서는 고려하지 않는다.

⑲ 절취선에 의해 보여 지는 내·외부 입면은 모두 표현

⑳ 부분단면에서 요구사항을 정확히 파악 후 작성한다.

㉑ 주요부분의 치수와 치수선은 중요한 요소이기 때문에 반드시 표기한다. (반자높이, 각층레벨, 층고, 건물높이 등 필요시 기입)

㉒ 제시되지 않은 사항은 임의로 표현하되 물 사용 공간 등은 슬래브 DOWN 되어야 한다.

㉓ 주단면도에는 보기와 같이 표현 되어야 한다. (환기, 채광)

㉔ 계단의 단수, 단높이, 단너비 및 난간높이를 표기

㉕ 지하층, 지붕층, 외벽의 경우 온도차에 의한 벽체부분에 결로 방지를 위해 단열재 설치

㉖ 제시도면 및 지문등을 통해 제시된 치수등을 고려하여 주단면도에 적용해야 하며 이때 제시되지 않은 사항은 관계법령의 범위 안에서 임의로 한다.

구 성

4. 도면작성요령
- 입단면도 표현
- 부분 단면상세도 (이중외피 및 옥상 파라펫)
- 각 실명 기입
- 레벨, 치수 및 재료 등은 용도에 따라 적용
- 환기, 채광, 창호의 개폐방향을 표시
- 계단의 단수, 너비, 높이, 난간높이 표현
- 방화, 피난, 대피는 계획에서 제외
- 단열, 방수, 마감재 임의 반영

5. 유의사항
- 제도용구 (흑색연필 요구)
- 명시되지 않은 사항은 현행 관계법령을 준용

구 성	FACTOR	지 문 본 문

7. 제시 평면도

- 지하1층 평면도
  - 식당, 계단실, 승강기, 창고, DA 절취
  - 식당 입면, 기둥
  - 마감재료 및 반자높이 확인, 입면표현

- 1층 평면도
  - 방풍실, 상담실, 계단실, 승강기, 장애인 화장실 절취
  - X1열 수목 표현
  - 상담실 미서기창문, 기둥 표현
  - 반자 높이 표현

- 2층 평면도
  - 캐노피, 2중외피, 다목적실, 계단실, 승강기, 장애인화장실 절취
  - 캐노피 레벨 확인
  - 2중 외피 창호 위치
  - 장애인화장실 슬래브 DOWN
  - 반자 높이 표현

- 3층 평면도
  - 회의실, 계단실, 승강기, 정보 전산실 절취
  - 미서기 창문 표현
  - 정보 전산실 슬래브 DOWN
  - 반자 높이 표현

- 지붕층 평면도
  - 2중 외피, 옥상조경, 천창, 엘리베이터 상부, 파라펫 절취
  - 천창가능 범위 내에서 PV, 창문 개폐 방향, 30° 경사도 표현

① 제시 도면의 SL(구조체 레벨)을 확인한다.
② 이중외피 설치 위치 및 유효 치수 1,200mm 확인
③ 캐노피 SL레벨 확인
④ 기둥 간격 확을 통해 작은 보의 방향을 계획 검토
⑤ 내부 입면 창호는 미서기창으로 표현
⑥ 계단 폭에 맞도록 계단 계획
⑦ 승강기 피트 표현
⑧ 화장실 슬래브 -100 DOWN
⑨ 창호는 미서기창으로 표현
⑩ 방위표 확인
⑪ 지붕층 잔디식재를 고려하여 인공토 +250mm 확보
⑫ 천창설치가능 범위 확인 후 남향을 기준으로 30°로 표현.
⑬ 승강기 상부 OH 높이를 고려하여 지붕층에 슬래브 돌출
⑭ 1층 방풍실 후면으로 조경 표현
⑮ 방풍실 전면부 계단 및 강화유리 표현
⑯ 절곡선 확인 후 마감 및 내부 표현되어야 할 입면 확인
⑰ 이중외피 상부 인공토+무근등을 고려하여 파라펫 높이 결정
⑱ 계단실에서 보이는 출입문 높이 2,100mm 입면
⑲ DA상부 슬래브 마감
⑳ 이중외피 중 내부 유리는 기둥 밖으로 표현되어 있음을 확인
㉑ 전산정보실 -200 DOWN
㉒ 난간높이 1,200mm 단면 표현
㉓ 지하층 외벽두께 200mm
㉔ 식당 입면 표현
㉕ D.A 바닥슬래브 위치

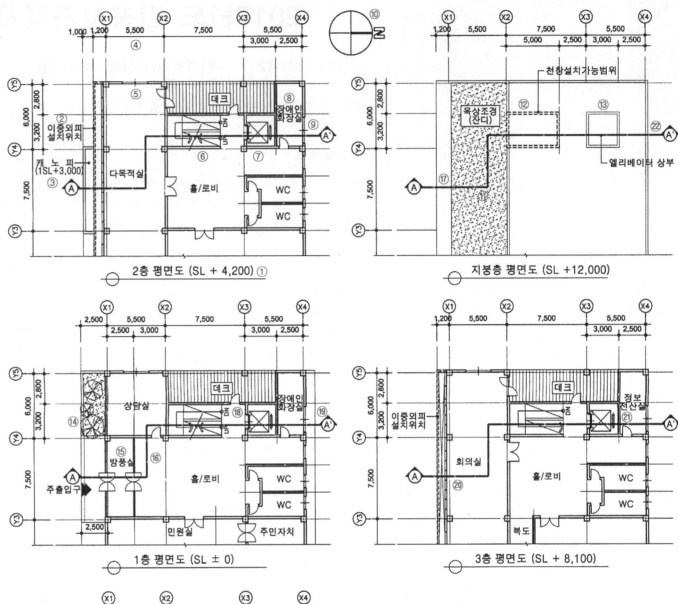

2층 평면도 (SL + 4,200) ①

지붕층 평면도 (SL +12,000)

1층 평면도 (SL ± 0)

3층 평면도 (SL + 8,100)

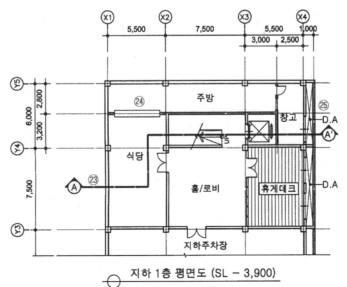

지하 1층 평면도 (SL - 3,900)

주민자치센터

주민자치센터

· 개념 : 읍면동에 설치된 주민의
자치활동 공간 또는 프로그램
총칭
· 기능 : 읍·면사무소 및 동주민센
터 여유 공간을 활용 문화·복지
·편익시설과 프로그램 운영
· 운영 : 주민자치위원회 또는 주민
자치회의 심의를 거쳐 읍면 동장
의 책임하에 주민자율 운영

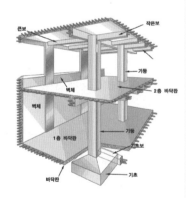

철근콘크리트조

· 제1과제 : (단면설계+설비계획)
· 배점: 60/100점

2017년 출제된 단면설계의 경우 배점은 100점 중 60점으로 출제되었다. 또한 과제는 단면설계
가 제시되었지만 지문 내용 등을 살펴보면 단순히 단면설계만 출제 된 것이 아리라 상세도+ 설
비+ 친환경 설비 내용이 포함되어 있는 것을 볼 수 있다.

제목 : 주민자치센터의 단면설계 및 설비계획

1. 과제개요

　제시된 도면은 주민자치센터 평면도의 일부이다. 각층 평면도에 표시된 A-A'를
기준으로 아래 사항을 고려하여 주단면도와 부분단면상세도를 작성하시오.

- 주민센터는 2007년 기존 동사무소의 명칭이 변경된 것으로 지방자치단체의 하부
행정기관으로서 지방행정 시책 전달, 주민과 밀착된 현장위주의 생활행정 등 종
합행정을 담당, 하고 있으며, 주민자치센터는 읍면사무소 및 동 주민센터에 설치
된 주민들의 자치활동 공간 또는 프로그램을 총칭하는 것으로 주민을 위한 문화·
복지·편익시설 및 프로그램운영 등 다양한 기능을 수행하고 있습니다.

2. 설계조건

(1) 규　　모 : 지하 1층, 지상 3층

(2) 구　　조 : 철근콘크리트조

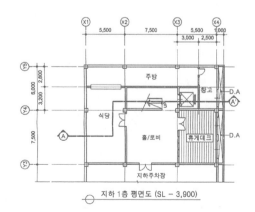

지하1층 평면도 (SL – 3,900)

▶ **지하1층 평면도**

· 식당, 계단, ELEV, 창고, DA 절취
· 식당 배식대, 창고 창문은 미서기창으로 표현
· 반자높이, 기둥 입면표현

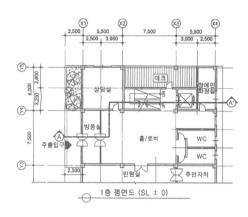

1층 평면도 (SL ± 0)

▶ **1층 평면도**

· 방풍실, 홀/로비, 상담실, 계단, ELEV, 장애인화장실 절취
· 주출입구 단차 및 수목 표현
· 절곡선에 의한 상담실 미서기창 일부, 계단실 출입문 입면 표현
· 장애인 화장실 방수를 고려해 슬래브 DOWN, 미서기창 단면 표현
· 각기 다른 반자 높이 표현

2층 평면도 (SL + 4,200)

▶ **2층 평면도**

· 케노피, 이중외피, 다목적실, 계단, ELEV, 장애인화장실 절취
· 캐노피 레벨 확인, 다목적실 미서기창, 계단실 출입문, 기둥 입면 표현
· 장애인 화장실 방수를 고려해 슬래브 DOWN, 미서기창 단면 표현
· 각기 다른 반자 높이 표현

3층 평면도 (SL + 8,100)

▶ **3층 평면도**

· 이중외피, 회의실, 계단, ELEV, 정보전산실 절취
· 회의실, 계단실 출입문 미서기창, 기둥 입면 표현
· 정보전산실 엑세스플로어 마감 고려해 슬래브 DOWN, 미서기창 단면 표현
· 각기 다른 반자 높이 표현

식 당

다목적 활동공간

· **다목적실**
　복수의 목적으로 사용되는 것
을 전제로 하여 만들어진 공간.
기능 분화가 심화되는 과정에
서 반대로 사용의 편리성 · 경
제성 등의 면에서 생각되고 있
는 공간. 다목적 홀, 주택의 다
용도실 등.

회의실

· **회의실**
　소규모 회의를 목적으로 한 방
으로 OA (사무 자동화) 기기나
공기조화. 환기설비 등을 설치
한 방

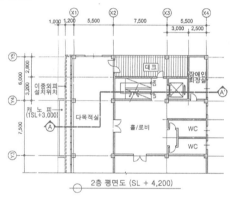
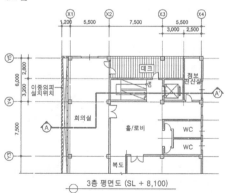

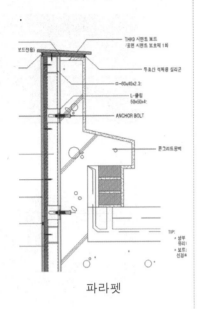

파라펫

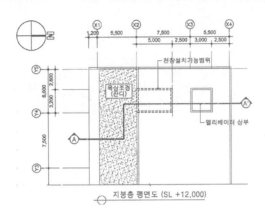

◯ 지붕층 평면도 (SL +12,000)

▶ 지붕층 평면도

- 이중외피, 옥상조경, 천창, ELEV 상부, 파라펫 절취
- X1열- 잔디식재(250mm)+ 무근(200mm)+ 파라펫(1,200mm)=1,650mm이상 표현
- X4열- 파라펫(1,200mm) 표현
- 천창가능 범위 내에서 PV, 창문 개폐 방향, 30°경사도 표현
- 관목 및 지피식물 표현

(3) 층고(슬래브 바닥기준)

지하층	3,900mm	2층	3,900mm
1층	4,200mm	3층	3,900mm

- 각층 바닥 마감 레벨을 확인
- 지하층~지붕층 까지 평면도에 제시된 레벨 확인 후 개략적인 단면의 형태 파악

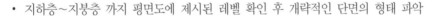

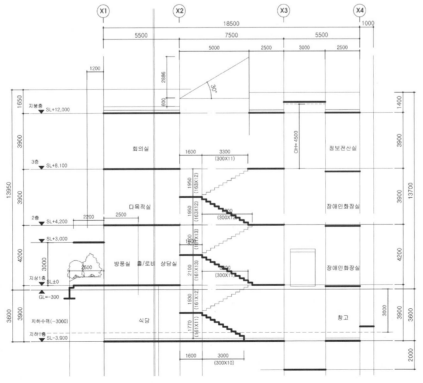

구조체를 고려한 단면의 형태

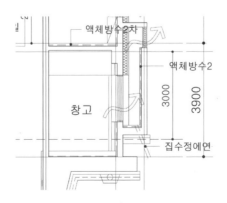

옥상 조경

---

(4) 반자높이 : 실의 용도에 맞게 설정한다.

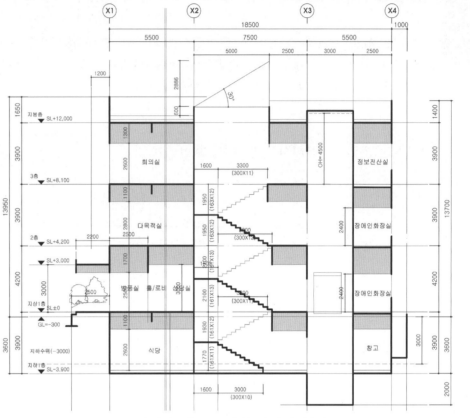

반자 높이를 고려한 단면의 형태

(5) 기초 : 온통기초(두께 500mm), 지하수위 GL-3,000mm

- 온통기초의 두께는 500mm로 해야 하며, 기초 의 안정감을 더하기 위해 외벽으로부터 기초 두께만큼 돌출해서 표현 한다.
- 온통기초의 경우 버림 콘크리트 및 잡석다짐 표현
- 지하수는 어떤 깊이에 이르면 물이 침출하여 고이게 되는데 이 물이 고이는 최상부의 수면 을 말한다.
- D.A 바닥레벨 제시가 없으므로 지하수위 상부 에 D.A슬래브가 놓이게 한다.

반자높이

① 거실(법정) : 2.1m 이상
② 사무실 : 2.5~2.7m
③ 식당 : 3.0m 이상
④ 회의실 : 3.0m 이상
⑤ 화장실 : 2.1~2.4m

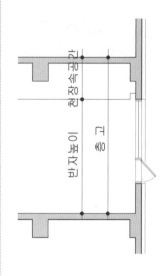

기초의 형태 분류

(a) 독립기초   (b) 연속기초

(c) 온통(매트)기초   (d) 파일기초

기초의 종류

독립기초

줄기초

온통기초

온통기초

기둥 및 보

---

(6) 기둥 : 500mm × 500mm
(7) 보(W×D) : 400mm × 600mm
(8) 바닥슬래브 : 두께 150mm

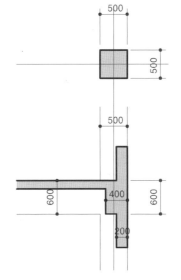

• 기둥의 크기는 500mm x 500mm
• 보 : 400mm x 600mm
• 위에서 제시된 기둥 및 보의 크기는 단면도에서 반드시 표현이 되어야 하는 부분 이다.
• 기둥 중심으로부터 250mm 이격되어 외곽부분이 있으며, 이곳에 제시된 보의 크기 300mm가 표현 되어야 한다.
• 기둥과 보의 간격은 100mm 차이 나야 하며, 또한 작도시 표현이 되어야 한다.

(9) 내력벽 : 두께 200mm
(10) 외벽 : 화강석마감

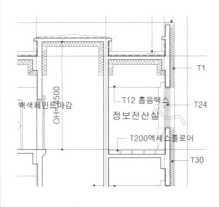

• 계단실 및 ELEV 벽체 등은 내력벽으로 표현
• 외벽 마감재료는 화강석 마감으로 표현

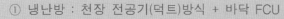

(11) 설비
① 냉난방 : 천장 전공기(덕트)방식 + 바닥 FCU
② 유압식 승강기
③ 액세스플로어 : 정보전산실(SL-200mm)

▶ **해설**

① 공기 조화기를 기계실에 설치하고, 덕트로 건물 내의 각 방에 냉풍, 온풍을 보내서 냉난방 하는 공기 조화 방식을 말한다.

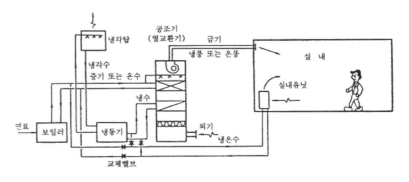

② 유압식 승강기

- 상부층의 기계실이 필요 없으며 승강기이다.

- 최근에 이르러 유압구동식 엘리베이터가 상당히 많이 설치되고 있다. 평지붕 형식 덕분에 유압 엘리베이터가 시장에서 차지하는 비율은 계속적으로 상승하고 있다. 이 형식의 엘리베이터는 화물용, 승용, 상점용, 병원의 침대용 등을 비롯하여 갖가지 특수 구조의 건물에서 사용되고 있다.

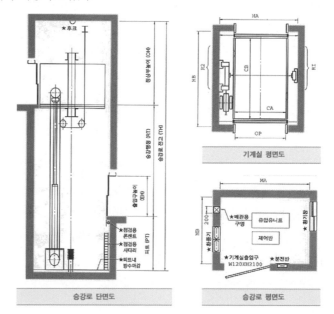

승강로 단면도　　　승강로 평면도

③ 액세스플로어

콘크리트 슬래브와 바닥 마감 사이에 배선이나 배관을 하기 위한 공간을 둔 2중 바닥45~60㎝ 각의 바닥 패널과 그것을 지지하는 높이 조절이 가능한 다발로 구성된다. 전산실의 바닥에 널리 쓰이고 있으며, 그 밖에 전기실·방송 스튜디오 등에서 사용된다.

화강석 마감

건식공법과 습식공법이 있다. 콘크리트표면위 앵커를 이용하여 석재를 붙이면 건식공법이고 몰탈이나 본드를 이용하여 표면에 압착을 하게되면 습식공법이다. 화강석의 경우 자체하중이 크기 때문에 건식공법이 유리하며, 가장 큰 이유는 습기나 결로 등의 하자에 강하기 때문이다.

이중외피(Double Skin)

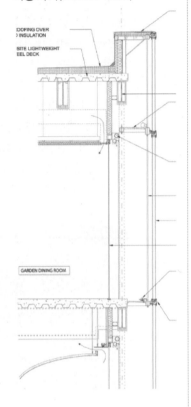

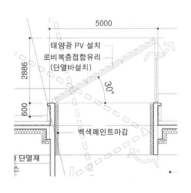

(12) 이중외피(Double Skin)는 환기 및 일사조절이 가능하도록 한다.

▶ **해설**

최근 건물 속의 건물이라고 종종 일컬어지는 이중외피 시스템에 대한 관심과 적용이 증가되고 있다. 용어에서 짐작할 수 있듯, 이중외피시스템은 두 개의 외피 즉, 유리로 구성된 이중 벽체 구조를 갖는 시스템이다. 이러한 이중의 외피 구조는 실내와 실외 사이에 공간(cavity)을 형성하게 되며, 공간을 통해 효율적인 열성능과 환기 성능을 유지하도록 한다.

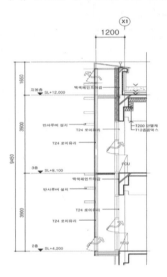

(13) 천창에는 태양광 PV(Photivoltaic)를 설치하고, 환기 및 채광이 가능하도록 한다.

▶ **해설**

태양 에너지에 의한 발전 기술의 하나. 태양의 빛 에너지를 태양 전지라는 광전 변환기를 써서 직접 전기 에너지로 변환시켜 이용하는 것이다. 이는 부분적으로 빛을 이용하는 것이기 때문에 흐린 날에도 이용이 가능하여 태양 에너지의 이용 효율이 열발전보다 높다. 태양 에너지에 의한 발전 기술에는 이 밖에도 태양열 발전이 있는데, 이는 태양열을 모아 물을 데운 후 증기 터빈을 돌려 발전하는 것이다.

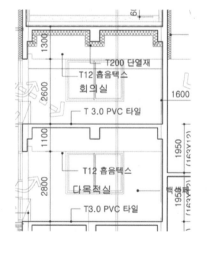

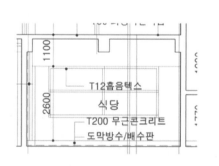

(14) 옥상조경(잔디, 토심 250mm)을 한다.

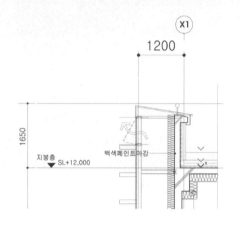

- X1열-잔디 식재(250mm)+ 무근(200mm) + 파라펫(1,200mm) = 1,650mm이상 표현
- 지붕층 무근 및 인공토 표현이 함께 되어야 한다.

(15) 옥상으로의 접근은 별도의 직통계단을 이용하는 것으로 가정한다.

(16) 방화구획은 고려하지 않는다.

- 지붕층으로 이동할 수 있는 직통계단 표현은 생략
- 지하1층, 지상3층 이상일 경우 층별 방화구획 대상이나 본 문제에서는 표현하지 않는다.

3. 도면작성 요령

(1) 주단면도 : 단면지시선 A-A'의 주단면에 입단면을 표현 한다.

(2) 부분단면상세도 : X1 열과 파선 영역(이중외피와 옥상 파라펫)

- 입면표현

내부 창문 표현   식당 배식대 입면

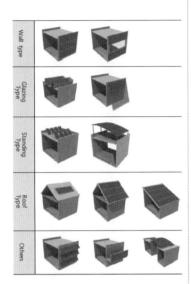

BIPV 시스템 설치범위

BIPV 시스템

태양광 에너지로 전기를 생산하여 소비자에게 공급하는 것 외에 건물 일체형 태양광 모듈을 건축물 외장재로 사용하는 태양광 발전 시스템이다.

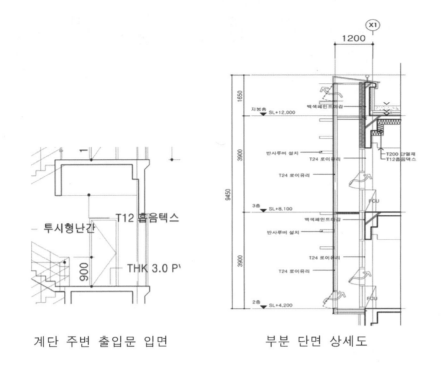

투시형난간

T12 흡음텍스

THK 3.0 P'

계단 주변 출입문 입면

부분 단면 상세도

(3) 층고, 반자높이, 개구부높이 등 주요부분의 치수와 치수선을 표기한다.
(4) 각 실의 명칭을 표기한다.
(5) 구체적 제시가 없는 레벨, 치수 및 재료 등은 용도에 따라 합리적으로 정의하여 표기한다.

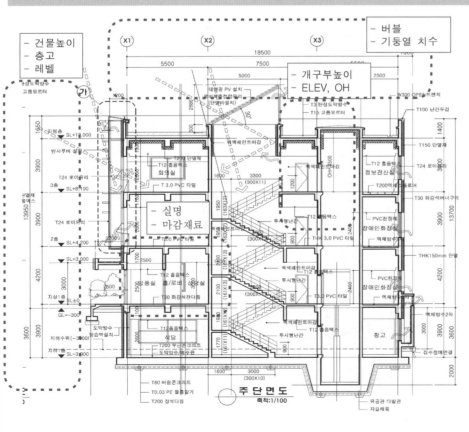

- 건물높이
- 층고
- 레벨

- 버블
- 기둥열 치수

- 개구부높이
- ELEV, OH

- 실명
- 마감재료

주 단면도
축척:1/100

(6) 건물 내외부의 환기경로, 채광경로를 <보기>에 따라 표현하고,
필요한 곳에 창호의 개폐방향을 표시한다.

<보기>

구분	표시방법
자연환기	▭▭▭ →
자연채광	〰

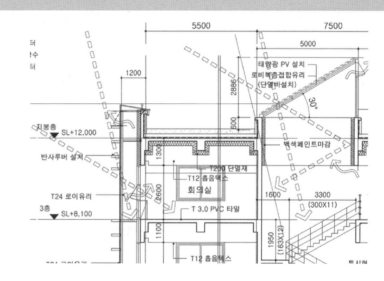

(7) 계단의 단수, 단높이, 단너비 및 난간높이를 표기한다.

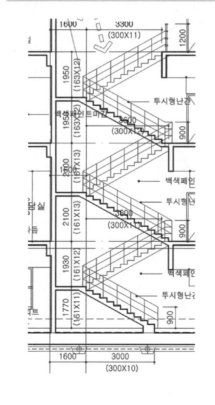

<지하1층>

- 3.9-0.2=3.7m
- 3.7/0.16=23단 (12 = 10,11단)
- 270×11=2.97m
- 300×11=3.30m

<1층>

- 4.2/0.15=28단 (14 = 13단)
- 270×13=3.51m
- 300×13=3.90m

<2층>

- 3.9/0.15=26단 (13 = 12단)
- 270×12=3.24m
- 300×12=3.60m

자연환기

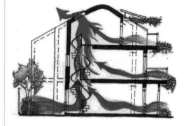

자연채광

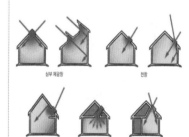

〈건축물의 에너지절약
설계기준〉

– 시행 2016. 1. 11

[별표3] 단열재의 두께

[중부지역]

(단위: mm)

건축물의 부위			단열재의 등급	단열재 등급별 허용 두께			
				가	나	다	라
거실의 외벽	외기에 직접 면하는 경우	공동주택		155	180	210	230
		공동주택 외		125	146	165	185
	외기에 간접 면하는 경우	공동주택		105	120	140	155
		공동주택 외		85	100	115	125
최상층에 있는 거실의 반자 또는 지붕	외기에 직접 면하는 경우			220	260	295	330
	외기에 간접 면하는 경우			145	170	195	220
최하층에 있는 거실의 바닥	외기에 직접 면하는 경우	바닥난방인 경우		175	205	235	260
		바닥난방이 아닌 경우		150	175	200	220
	외기에 간접 면하는 경우	바닥난방인 경우		105	125	140	155
		바닥난방이 아닌 경우		95	110	125	140
바닥난방인 층간바닥				30	35	45	50

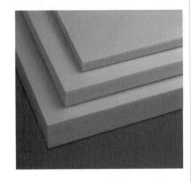

(8) 단열재(두께는 임의), 방수, 내외장 마감재

(9) 단위 : mm

(10) 축척
  ① 주단면도 : 1/100   ② 부분단면상세도 : 1/50

4. 유의사항
  (1) 답안작성은 반드시 흑색연필로 한다.
  (2) 명시되지 않은 사항은 현행 관계법령의 범위 안에서 임의로 한다.

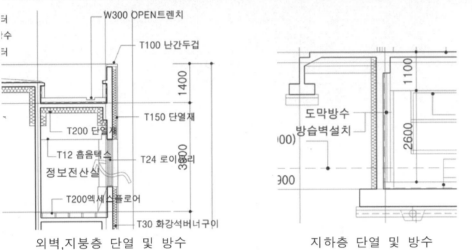

외벽,지붕층 단열 및 방수

지하층 단열 및 방수

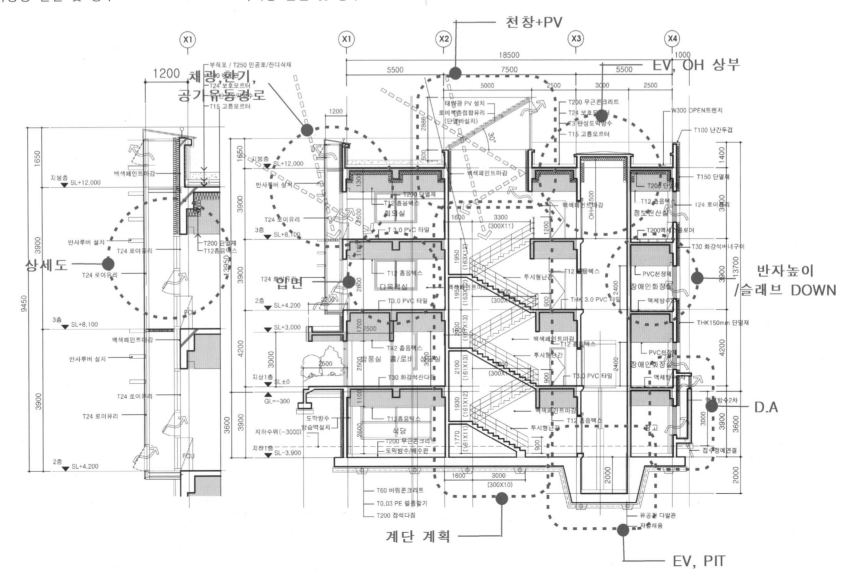

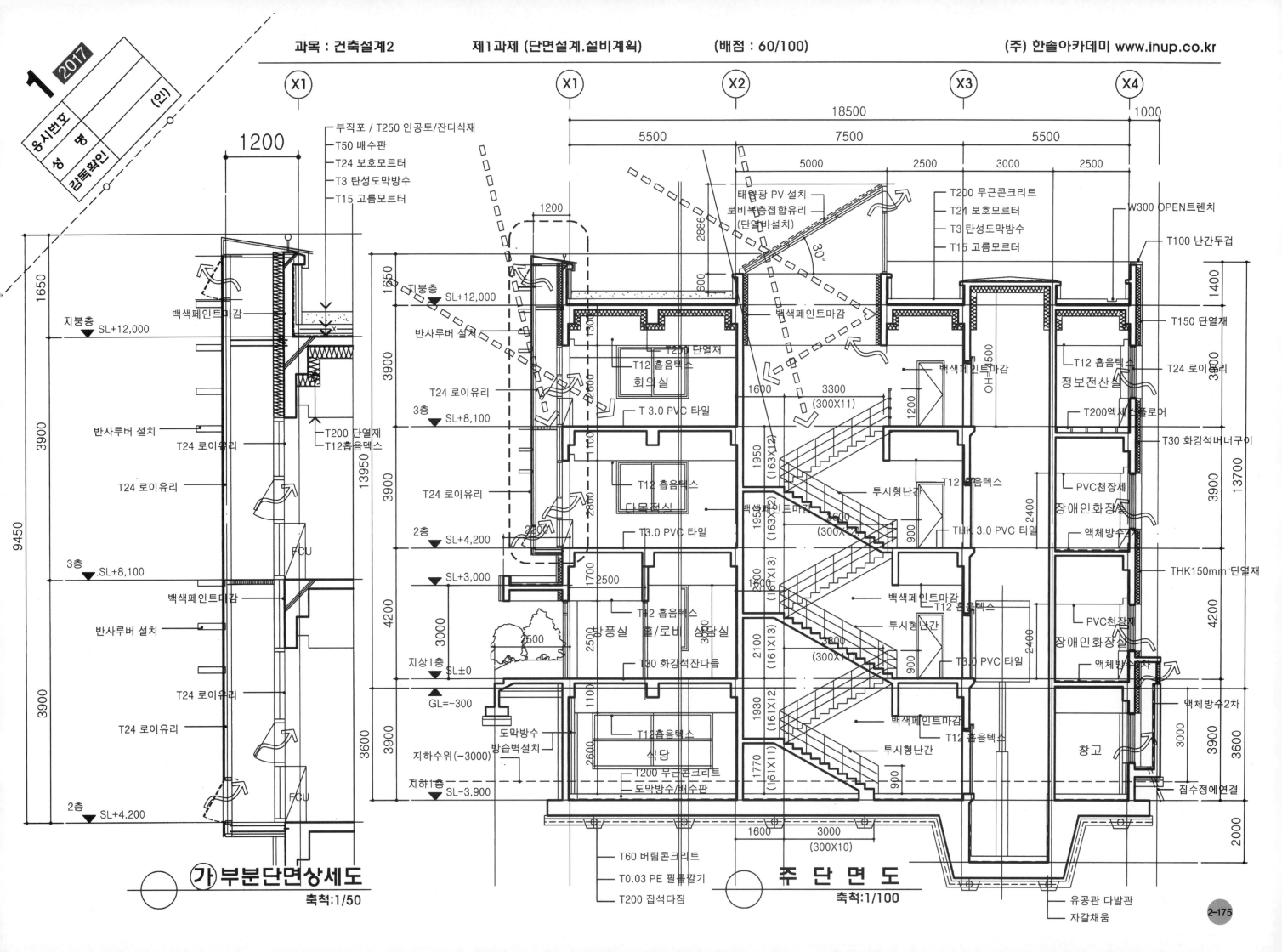

부직포 / T250 인공토/잔디식재
T50 배수판
T24 보호모르터
T3 탄성도막방수
T15 고름모르터

백색페인트마감

반사루버 설치
T24 로이유리

T24 로이유리

T200 단열재
T12흡음덱스

FCU

백색페인트마감

반사루버 설치

T24 로이유리

FCU

1200

1650
3900
13950
3900
3600
9450

지붕층 SL+12,000
3층 .SL+8,100
2층 SL+4,200

㉮ 부분단면상세도
축척:1/50

태양광 PV 설치
로비복층접합유리 (단열바설치)

반사루버 설치

T24 로이유리

T24 로이유리

백색페인트마감

30°

지붕층 SL+12,000
3층 SL+8,100
2층 SL+4,200
지상1층 SL±0
GL=-300
지하1층 SL-3,900

지하수위(-3000)

2500

회의실
T3.0 PVC 타일

다목적실
T12 흡음텍스
T3.0 PVC 타일

영풍실 홀/로비 상담실
T30 화강석잔다듬

식당
T12흡음텍스

T200 단열재
T12 흡음텍스
회의실
T3.0 PVC 타일

T200 무근콘크리트
T24 보호모르터
T3 탄성도막방수
T15 고름모르터

백색페인트마감

백색페인트마감

투시형난간

백색페인트마감
투시형난간

백색페인트마감
투시형난간

T12 흡음텍스

THK 3.0 PVC 타일

T12 흡음텍스

T3.0 PVC 타일

T12 흡음텍스

W300 OPEN트렌치
T100 난간두겁
T150 단열재
T12 흡음텍스
T24 로이유리
정보전산실
T200엑세스플로어
T30 화강석버너구이
PVC천장재
장애인화장실
액체방수
THK150mm 단열재
PVC천장재
장애인화장실
액체방수
창고
액체방수2차
집수정에연결

T60 버림콘크리트
T0.03 PE 필름갈기
T200 잡석다짐

도막방수
방습벽설치

주 단 면 도
축척:1/100

유공관 다발관
자갈채움

1000
18500
5500　7500　5500
5000　2500　3000　2500
1400
3900
13700
3900
4200
3900
3600
2000

1200
2886
1600
1600　3300 (300X11)
1200
1950 (163X12)
1950 (163X12)　3600 (300X10)
2500 (161X13)
2100 (161X13)　3300 (300X11)
1930 (161X12)
1770 (161X11)
1600　3000 (300X10)
900

1100
2600

2-175

2017년도 건축사자격시험 문제

과목: 건축설계2 제2과제 (구조계획) 배점: 40/100점 ①

제목 : ○○고등학교 건축물의 구조계획 ②

1. 과제개요

기존의 2층 건축물인 ○○고등학교 교사동을 1개층 수직증축하고, 교사동에 인접하여 다목적 강당을 증축하고자 한다. 교사동 및 다목적 강당의 구조 ③ 계획을 하여 지붕층 바닥구조평면도를 작성하시오. ④

2. 계획조건

(1) 규모 : 교사동 - 기존 2층에 1개 층 수직증축
⑤ 강 당 - 1개 층 수평증축

(2) 구조 : 교사동 - 철근콘크리트조(평지붕)
⑥ 강 당 - 강구조(박공지붕)
(외벽 및 지붕마감 샌드위치 판넬)

(3) 층고 : 교사동 - 각 층 층고 3.5m
⑦ 강 당 - 처마높이 7.8m, 최고높이 10.5m

(4) 적용하중
⑧ 교사동 - 고정하중 5kN/m², 활하중 3kN/m²
강 당 - 고정하중 1kN/m², 활하중 1kN/m²

(5) 사용재료
철근콘크리트 - 콘크리트 f_{ck} = 24Mpa
철근 SD400 (f_y = 400Mpa)
강재 - SS400 (f_y = 235Mpa 일반구조용 압연강재)

(6) 구조 부재의 단면치수 및 배근도
1) 철근콘크리트 부재 단면, 배근도 ⑨
① 보 : 400mm × 700mm

<표1>

기호	A	B	C	D	E
단면					

② 기둥 : 500mm × 500mm
③ 전단벽 두께 : 200mm
④ 바닥슬래브 두께 : 150mm

2) 강구조 부재 단면 ⑩

<표2>

가	H-300 × 300	나	H-200 × 200
다	H-600 × 200	라	H-150 × 150

주) 제시된 단면 및 배근량은 개략적 해석결과의 반영 값임 ⑪

3. 구조계획 시 고려사항

(1) 공통사항
1) 교사동과 강당은 구조적으로 분리하여 계획한다.
2) 구조부재는 경제성, 시공성, 공간 활용성 등을 고려 ⑫ 하여 합리적으로 계획한다.

(2) 교사동 ⑬
1) 교사동에는 보를 계획하여 배치한다.
(단, 교사동의 기둥과 벽체는 수직증축을 고려하였으므로 별도로 추가하거나 제거하지 않고 그대로 사용한다.)
2) 보는 가급적 연속으로 배치하되, 중력하중에 의한 휨모멘트만 고려한다.
3) 슬래브의 단변 폭은 3.5m 이하로 계획한다.

(3) 강당 ⑭
1) 강당에는 기둥 및 보를 계획하여 배치한다.
(단, 강당 내부에는 기둥을 설치하지 않는다)
2) 지붕 경간(Span)의 중앙부가 최고높이인 10.5m의 박공지붕으로 한다.
3) 주 기둥의 개수는 15개 이하로 계획하고, 강축과 약축을 반영한다.
4) 지붕의 수평가새(Brace, Φ16)는 필요한 부분에 합리적으로 계획한다.

4. 도면작성요령

(1) 지붕층 바닥구조평면도에는 <보기1>에 따라 다음 사항을 표시한다. ⑮
1) 철근콘크리트 보와 강재 보를 구분하여 표시
2) 강재 기둥은 강축과 약축을 고려하여 표기 ⑯
3) 강재 부재간의 접합부는 강접합과 힌지접합으로 ⑱ 구분하여 표기

구 성

1. 제목
구조형식과 용도제시

2. 과제개요
- 증축/제시평면
- 과제도면
지붕층 바닥구조평면도

3. 계획조건
- 규모
- 구조형식
- 층고
- 적용하중
- 사용재료
- 구조부재의 단면치수 및 배근도
1) 철근콘크리트 부재 단면, 배근도
- 보 및 기둥
- 전단벽
- 슬래브
2) 강구조 부재 단면

4. 구조계획 시 고려사항
- 교사동과 강당은 구조적 분리
- 주어진 건축물의 평면확인
- 주어진 구조부재의 단면치수 적용
철근콘크리트조 : 보, 기둥, 전단벽 및 슬래브
강구조 : 보, 기둥, 지붕브레이스
- 건축물 외곽선과 구조형식 : 제시한 모듈확인
- 주어진 전단벽 : 코어위치 확인
- 바닥의 SET BACK 및 돌출부분 확인

FACTOR

① 배점확인
3교시 배점비율에 따라 과제작성시간 배분

② 용도
고등학교 : 교사동 및 다목적 강당

③ ⑤ 문제유형
증축구조계획 (수직증축, 수평증축)
제시한 평면도확인
모듈제시형 - 교사동 Ⅰ → 수직증축
모듈계획형 - 다목적강당 → 수평증축

④ 과제도면
지붕층 바닥구조평면도

⑤ 규모
철근콘크리트조 - 교사동
강구조(철골구조) - 다목적강당

⑥ 구조형식
철근콘크리트조 - 교사동
강구조(철골구조) - 다목적강당

⑦ 층고
교사동-평지붕, 다목적강당-박공지붕

⑧ 적용하중
구조형식 별로 고정하중과 활하중 균등하게 지붕층바닥에 작용

⑨ 구조부재의 단면치수(단위:mm)
1) 철근콘크리트 부재
보 : 400×700
구조부재의 배근도 : A~E(5개)
기둥 : 500×500
전단벽두께 : 200
바닥슬래브두께 : 150

⑩ 2) 강구조 부재
H형강 : 가~라 (4개)

⑪ 제시한 단면과 배근량은 개략적 해석 결과의 반영 값임.
→ 부재별 합리적인 배치요구

FACTOR

⑫ 교사동과 강당 : 분리하여 구조계획

⑬ 교사동
1) 보 계획 → 작도
(기둥과 벽체 추가하거나 제거하지 않고 그대로 사용)
2) 보-가급적 연속배치, 중력하중 고려
3) 슬래브의 단변폭 → 3.5m 이하

⑭ 강당
1) 기둥 및 보 계획 → 작도
2) 박공지붕 ; 최고높이 10.5m
3) 주기둥의 개수 제한, 강/약축 반영 배치
4) 지붕 수평가새(Φ16) 계획

⑮ 도면작성요령 - 지붕층 바닥구조평면도에 표기할 구조부재 <보기1> 적용.

⑯ 철근콘크리트 보와 강재 보 표기 확인

⑰ 강재기둥 : 강축과 약축 고려

⑱ 접합부구분 : 강접합과 힌지접합

⑲ 교사동 철근콘크리트 보는 일부 주열에 표기
보단면<표1>에서 선택하여 <보기2> 표기적용

⑳ 강당 : 구조계획
파선영역에 보 및 기둥단면을 <표2> 표기적용

㉑ 축척 : 과제의 축척확인

구 성

3. 구조계획 시 고려사항
교사동 - 수직증축
- 기둥 및 벽체 ; 추가 설치여부확인
- 보 : 가급적 연속배치, 중력하중 고려
보배근도 적용(풍하중 및 지진하중 미적용)
- 슬래브 단변폭 캐노피 : 캔틸레버 구조

강당 - 수평증축
- 강당 내부 기둥 설치가능 여부확인
- 박공지붕의 용마루 확인
- 기둥 개수 제한
- H형강의 강/약축 구분
- 지붕 수평가새(Brace) 설치여부

4. 도면작성요령
- 과제층 확인 및 구조부재는 <보기1>적용
두 가지 구조형식별 구분적용
- 보 표시는 구조형식별 표기적용
- 강재기둥 표기
- 강재 접합부 구분
- 구조형식별 부재 - 일부 구간에 표기제한 <보기2>, <표1>, <표2>
- 단위 및 축척

5. 유의사항
- 흑색연필
- 도면작성요령 준수
- 주어진 치수근거
- 현행 관계법령 적용

과목: 건축설계2　　제2과제 (구조계획)　　배점: 40/100점

<보기1> 도면 표기 ⑮

철근콘크리트 기둥		강재 기둥	H
철근콘크리트 보	- - - - - - -	강구조 강접합	▶━◀
강재 보	━━━━━	강구조 힌지접합	○━○

(2) 교사동의 지붕층 바닥구조평면도에서 ⓧ2열, ⓨ2열의 ⑲보 단면을 <표1>에서 선택하여 <보기2>와 같이 보의 양단부 및 중앙부의 상단에 A~E로 표기한다.

<보기2> 보 기호 표기방법 예시 ⑲

(3) 강당의 지붕층 바닥구조평면도에 파선으로 표시된 ⑳영역에 보 및 기둥 단면을 <표2>에서 선택하여 표기한다.

(4) 단위 : mm

(5) 축척 : 1/200 ㉑

5. 유의사항

(1) 답안작성은 반드시 흑색 연필로 한다.

(2) 도면작성은 과제개요, 계획조건 및 구조계획 시 고려사항, 도면작성 요령, 지붕층 바닥구조평면도 등에 주어진 치수를 기준으로 한다.

(3) 명시되지 않은 사항은 현행 관계법령의 범위 안에서 임의로 한다.

< 지붕층 바닥구조평면도 > 축척 없음

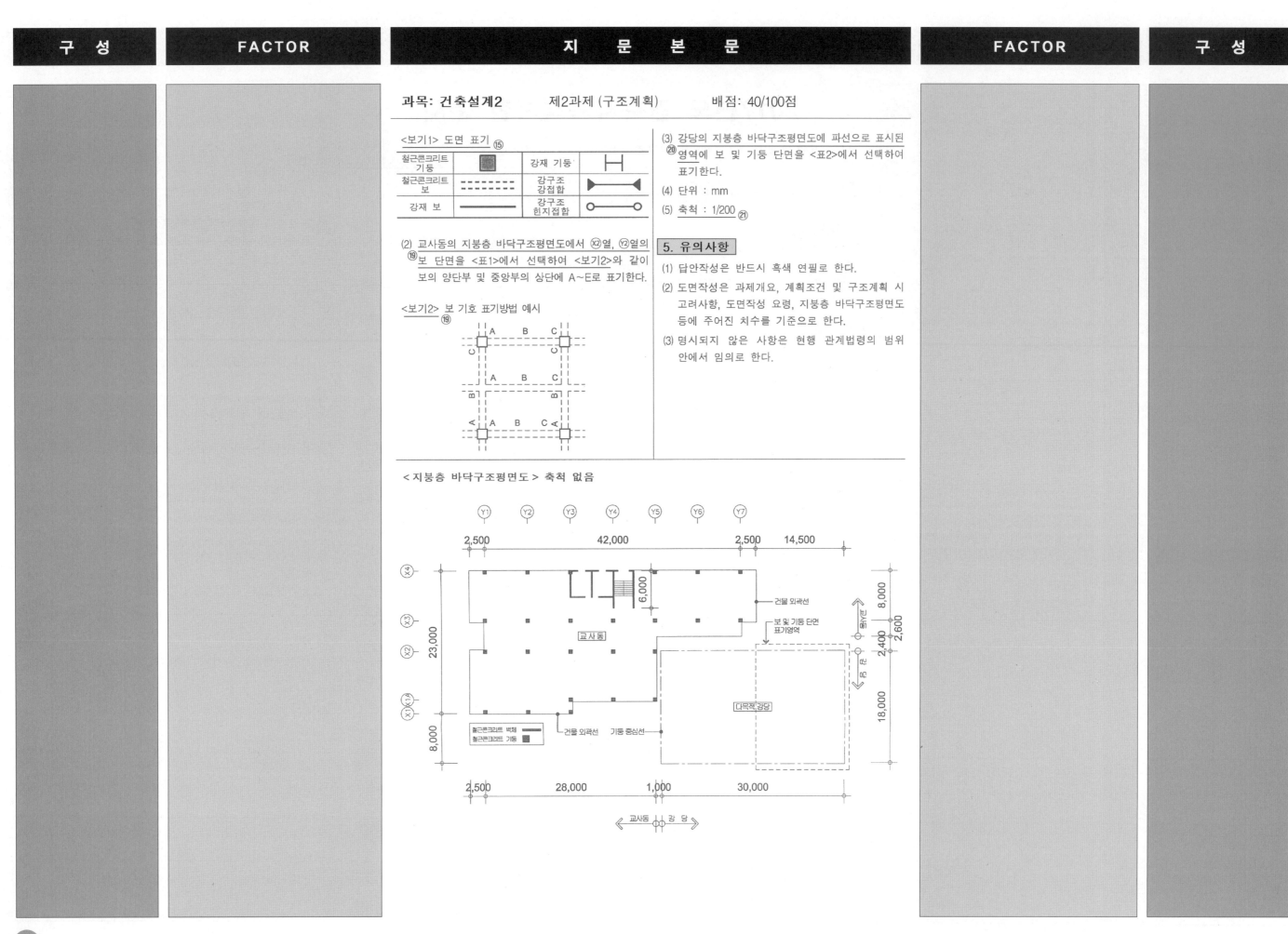

| 1 | 모듈확인 및 부재배치 |

1. 모듈확인

증축 (교사동-수직증축, 다목적 강당-수평증축)

교사동 - 모듈제시형, 다목적 강당 - 모듈계획형

주어진 평면도와 답안 작성용지 확인.

과제확인 - 지붕층 바닥구조평면도

- 과제 : 고등학교 교사동 및 다목적 강당 구조계획
  ① 주어진 구조부재 : 기둥과 전단벽위치 확인(철근콘크리트구조)
  ② 주어진 모듈확인(철근콘크리트조, 강구조)
  ③ SET BACK 및 돌출부 확인
  ④ 철근콘크리트조와 강구조는 구조적으로 분리함.
  ⑤ 구조형식 : 철근콘크리트조(RC), 강구조(SS)
  ⑥ 주어진 구조부재의 단면치수와 배근도확인

작도 1 〉 주어진 구조요소 표기(기둥, 전단벽 → 철근콘크리트조),
교사동과 강당 분리

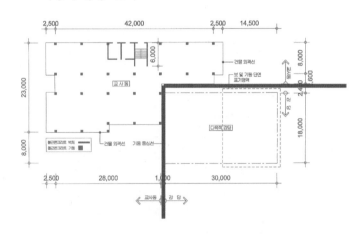

2. 지붕층 바닥구조평면도 - 현황도면분석

모듈확인

철근콘크리트조 : X축 - 2.5m, 6@7.0m, 2.5m

　　　　　　　　Y축 - 10.0m, 5.0m, 8.0m

강구조 : 30.0m×18.0m

작도 2 〉 철근콘크리트조 : 전단벽 및 큰 보(GIRDER) 표기

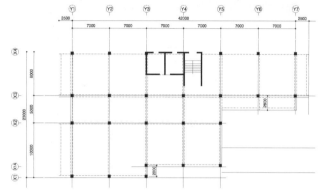

3. 작은 보, 슬래브 구획

- 보의 연속적 배치
- 슬래브 단변 폭

작도3〉 작은 보(Beam) 표기

슬래브 단변 폭 : 3.5m이하

　　　→ 작은 보의 배치결정 (7.0m/2=3.5m)

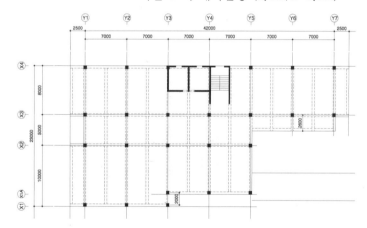

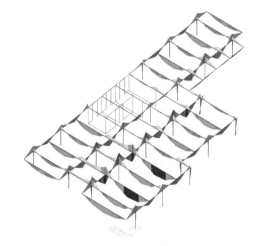

---

4. 구조부재의 단면치수와 배근도분석

- 철근콘크리트 보 : A, B, C, D, E
  - 주어진 철근콘크리트부재의 기호와 배근도확인 - 교사동
    단부배근과 중앙부 배근 구분하여 위계도 작성 (큰 보 기준)

철근수량구분	단부 배근	중앙부배근	조 합
많음	A	B	A-B-A
중간	C	D	C-D-C
적음	E	E	E-E-E

작도4〉 철근콘크리트조 보와 기둥 배근도 반영하여 X2열과 Y2열에 표기

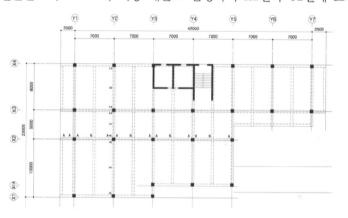

작도5〉 강구조 -모듈계획

무주공간, 박공지붕, 기둥개수15개 이하

X축 : 5ea@6.0m =30m, Y축 ; 2ea@8.0m = 18m

　　　→ 14개 적용 모듈계획

작도6〉 모듈의 교차점을 기둥으로 가정하고 큰 보와 작은 보 배치
〈표 2〉부재단면 – H형강 사용 (예시 H – A × B)

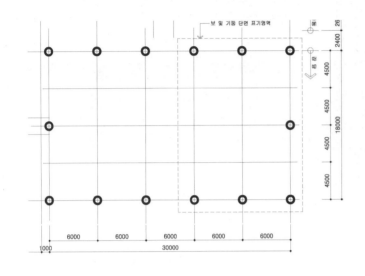

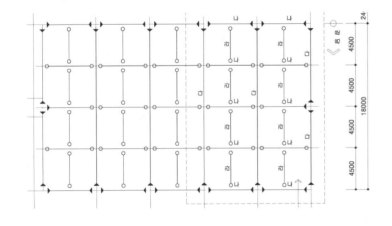

작도7〉 기둥과 지붕가새 표기
철골기둥은 보 배치 완료 후 강축/약축을 고려하여 적용함.
지붕가새는 전체지붕면에서 외주부에서 연속적으로 설치함.

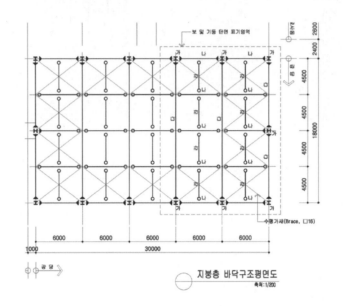

지붕층 바닥구조평면도
축척:1/200

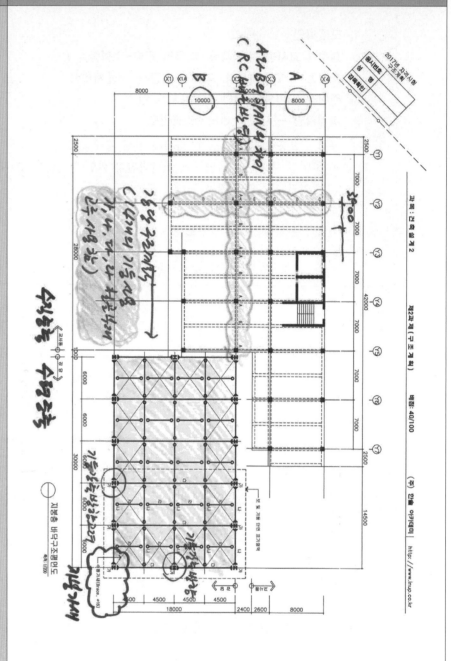

▶ 문제총평

철근콘크리트조는 2011년, 2012년 및 2016년 기출유형의 변형이며, 강구조는 2005년과 2014년 기출유형을 이해하면 해결할 수 있는 과제수준이다. 고등학교 교사동과 다목적 강당을 증축한다. 교사동은 철근콘크리트조로 모듈과 기둥 및 전단벽위치를 제시하였고 강당은 철골조로 모듈을 계획하여야한다. 답안작성용지에 주어진 요소들을 파악하고 지문에 제시한 다양한 고려사항을 반영하여 지붕층 바닥 구조평면도를 작성하는 과제이다. 철근콘크리트조와 강구조에 대한 구조적 이해가 필요하며, 구조계획에 반영하는 과제로 건축실무 경험이 있는 수험생에게 유리할 것으로 사료된다.

▶ 과제개요

1. 과제개요	OO고등학교 건축물 구조계획
2. 출제유형	교사동-모듈제시형/ 강당-모듈계획형
3. 규 모	교사동 ; 기존2층 + 1개층 수직증축, 강당 ; 1개층 수평증축
4. 용 도	교사동 및 강당
5. 구 조	교사동-철근콘크리트조, 강당-강(철골)구조
6. 과 제	지붕층 바닥 구조평면도

▶ 지붕층 바닥 골조모델링

 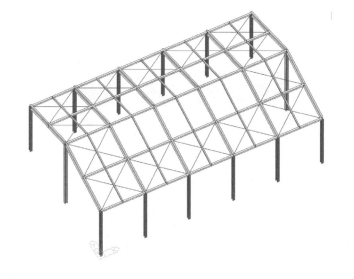

▶ 체크포인트

1. 교사동 - 철근콘크리트조 - 수직증축
2. 강당 - 강구조(철골) - 수평증축
3. 교사동과 강당은 분리 구조
4. 교사동 : 철근콘크리트 보 배근도 (5개) 적용의 합리성 (중력하중 /휨모멘트)
5. 슬래브 단변 폭
6. 강당 : 강당내부 무주공간
7. 철골기둥 개수 15개 이하로 제한 - 강축과 약축 구분
8. 박공지붕
9. 지붕 수평가새 계획
10. 강접합과 힌지접합 표기

▶ 제목 : OO판매시설 건축물의 구조계획

1. 평면도 분석

- 주어진 현황평면도
- 모듈제시:교사동 및 모듈계획:강당
- 교사동:기둥위치, 강당:기둥개수제한
- 전단벽 위치, SET BACK 및 돌출부 확인
- 캔틸레버 구조

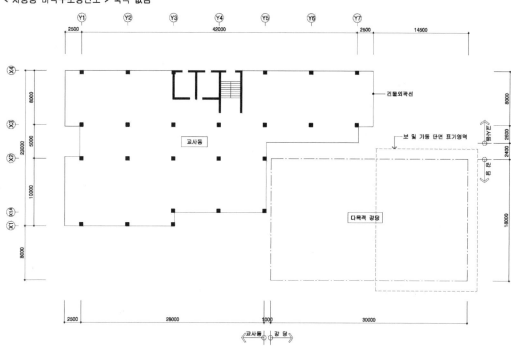

< 지붕층 바닥구조평면도 > 축척 없음

2. 철근콘크리트 보 - 교사동

2.1 철근콘크리트 보 배근 구분

철근수량구분	단부 배근	중앙부배근	조 합
많음	A	B	A-B-A
중간	C	D	C-D-C
적음	E	E	E-E-E

1) 큰 보의 단부와 중앙부배근 방법

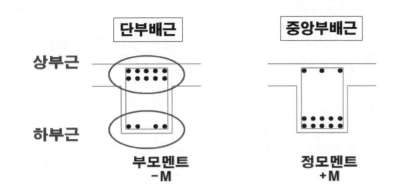

2) 큰 보의 휨모멘트도 (3연속스팬 라멘조)

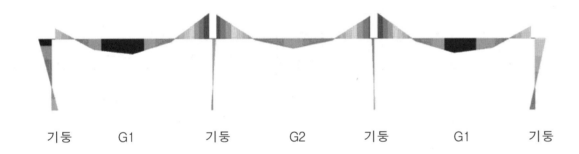

기둥   G1   기둥   G2   기둥   G1   기둥

3) 큰 보(G1)의 배근방법

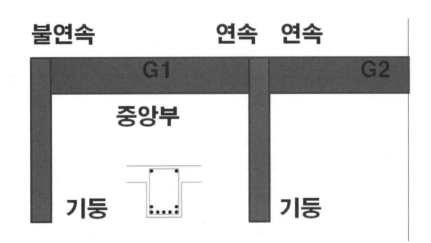

4) 작은 보(Girder) 배근

– 작은 보(3연속 스팬)의 휨모멘트도

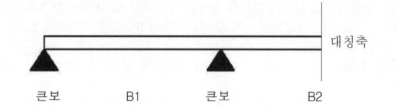

큰보   B1   큰보   B2

– 작은 보(B1)의 배근방법

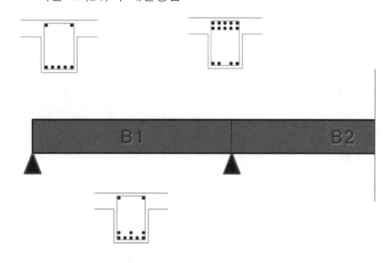

2.2 슬래브

– 슬래브 구분
  일방향 슬래브 : Ly/Lx > 2
  이방향 슬래브 : Ly/Lx ≤ 2
– 캔틸레버 슬래브
– 슬래브 단변의 최대스팬 Lx 확인(지문)
– 평면전체에 일방향슬래브 단변방향 통일

Lx : 슬래브 단변폭, Ly : 슬래브 장변폭

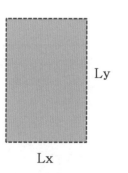

3. 강구조(철골)구조 - 강당

3.1 주어진 철골부재 단면확인 : H형강 사용 (예시 H - A × B)

보는 단면크기가 클수록 휨모멘트 저항성능이 크다.

다 > 가 > 나 > 라

3.2 철골기둥의 강축과 약축 구분

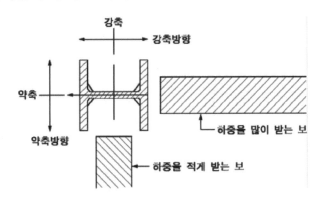

H형강 기둥의 강·약축 결정

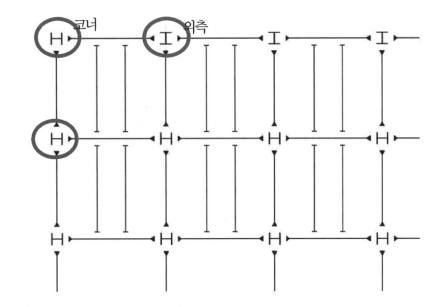

3.3 수평가새(Brace) 및 수직가새 계획

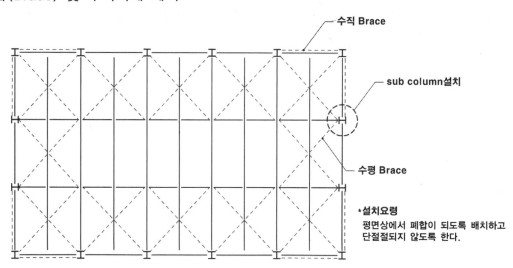

일반적인 철골조 - 지붕 수평가새 및 수직가새설치 예제

- 횡력저항시스템 - 가새
  기능 : 수평하중에 저항하는 전단벽의 역할
  사용부재 : 턴버클, 앵글, H형강 등

- 가새 구조계획
  ① 사용조건 : 철골조, 수평하중
  ② 평면에 대칭배치
  ③ 설치위치 : 코아, 외곽 개구부 없는 벽
  　　　　　　건축공간에 방해 없는 곳

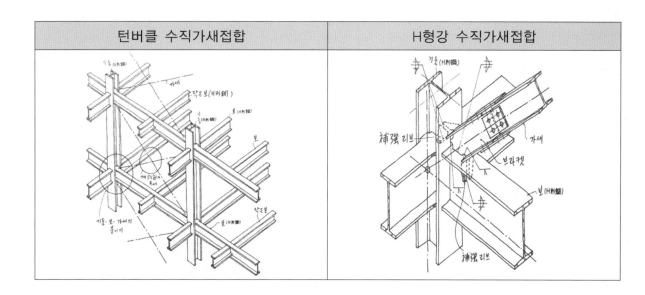

턴버클 수직가새접합	H형강 수직가새접합

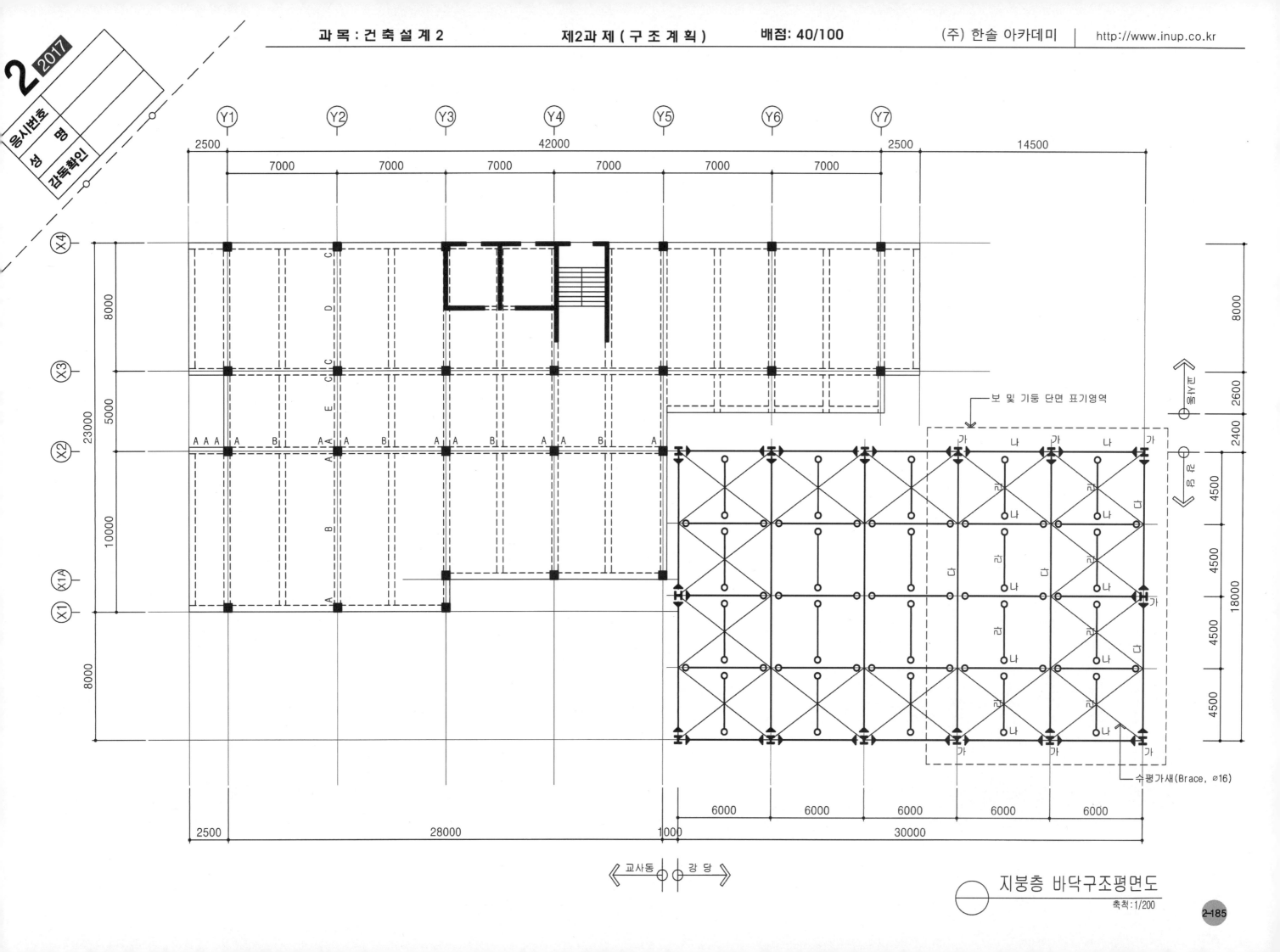

보 및 기둥 단면 표기영역

수평가새(Brace, ⌀16)

교사동 강당

지붕층 바닥구조평면도

축척 : 1/200

좌측 구성

1. 제목
- 건축물의 용도 제시 (커뮤니티센터는 행정+ 문화+ 복지+ 체육시설 등 공공편익시설을 한곳에 집중 시켜놓은 시설)

2. 설계 및 계획조건
- 학생 커뮤니티센터 평면도 일부 제시
- 평면도에 제시된 절취선을 기준으로 주단면도 및 상세도를 작성
- 설비 및 구조 형식, 마감 등에 대한 구체적인 내용이 제시됨
  - 규모
  - 구조
  - 기초
  - 기둥
  - 보
  - 슬래브
  - 내력벽
  - 지하층 옥벽
  - 용도
  - 바닥 마감레벨
  - 층고
  - 반자높이
  - 단열재 두께
  - 외벽 및 실내마감
  - 냉·난방 설비
- 위의 내용 등은 단면 설계에서 제시되는 내용이므로 반드시 숙지해야 한다.

좌측 FACTOR

① 배점을 확인합니다.
- 60점(단면설계이지만 제시 평면도와 지문을 살펴보면 설비계획+ 상세도 제시 등으로 난이도가 높음)

② 평면도에 제시된 A-A'를 지시 선을 확인한다.
- 절취선에 의한 단면요소
- 절취선에서 보이는 입면요소 검토

③ 절취선을 통한 주단면도 범위를 파악한다.

④ 단면상세도의 범위 및 축척 확인

⑤ 지상3층 규모 검토(배점60이지만 규모에 비해 작도량이 상당히 많은 편이며, 시간배분을 정확히 해야 한다.)

⑥ 기둥, 보, 슬래브, 벽체 등은 철근콘크리트 구조로 표현

⑦ 층고는 슬래브 바닥 마감레벨기준으로 지문에 제시 됐으며, 평면에는 FL로 제시됨

⑧ 층별 방화구획은 지하1층, 지상3층이 대상이나 본 문제에서는 표현하지 않는다.

⑨ 계단난간은 높이 1,200mm 투시형 난간으로 표현

⑩ 제시된 기초의 형식은 온통기초이기 때문에 외기에 접한 부분은 동결선 1.0m 이하로 표현

⑪ 기둥 과 보의 크기는 100mm 차이로 벽체 기준으로 보의 위치가 변경되어 표현 되어야 한다.

⑫ 단열재 두께는 지붕층, 외벽, 흙에 접한 부분으로 구분하여 표현

⑬ 외장재는 커튼월시스템인 로이유리와 프레임이 함께 제시됨

중앙 지문 본문

2018년도 건축사자격시험 문제

과목: 건축설계2   제1과제 (단면설계 · 설비계획)   배점: 60/100점 ①

제목: 학생 커뮤니티 센터의 단면설계 및 설비계획

1. 과제개요

제시된 도면은 대학 내 학생 커뮤니티센터 평면도의 일부이다. 다음 사항을 고려하여 각 층 평면도에 표시된 <A-A'> 단면지시선을 기준으로 단면도와 단면상세도를 작성하시오. ② ③ ④

2. 설계조건

(1) 규모 : 지상 3층 ⑤
(2) 구조 : 철근콘크리트조 ⑥
(3) 층고 ; <표1>, <표2> 및 고려사항을 참조하여 결정한다.
(4) 방화구획은 고려하지 않는다. ⑧
(5) 계단 난간은 투시형으로 한다. ⑨
(6) 동결선 : G.L -1m ⑩

<표 1> 설계조건

구분		치수(mm)
구조체	슬래브 두께	150
	보 단면	400(W) × 600(D)
	기둥 ⑪	500 × 500
	기초(온통기초)두께	500
	흙에 접한 벽체 두께	350
단열재 ⑫	최상층 지붕	220
	최상층 지붕 외	170
외장재 ⑬	커튼월 시스템 프레임	60×200
	유리 두께 (로이 복층유리)	24
공조설비 ⑭	EHP(천장매립형)	950×950×350(H)
	환기유닛(천장매립형)	950×950×350(H)

<표 2> 실내 마감

구분	바닥	벽	천창	천장고⑰ (mm)
1층 홀	화강석⑮	화강석	흡음텍스	3,300
2층 열람실	PVC타일	석고보드 위 수성페인트	흡음텍스	2,700
3층 전산실	엑세스플로어 (H=200mm)⑯	석고보드 위 수성페인트	흡음텍스	2,700
계단	화강석	–	–	–

3. 고려사항

(1) 주요 부위에 대한 방수, 방습, 단열, 결로, 채광, 환기, 차음 성능 등을 확보하기 위한 최적의 기술적 해결방안을 선택하여 계획한다. ⑱
특히, 흙에 면한 기초 및 벽체 중에서 답안지 ⑧부분은 단면상세를 설계한다.
(2) 장애인을 고려하여 BF(Barrier Free) 설계방법을 적용 한다. ⑲
(3) 커튼월 시스템은 조망, 환기 및 일사 조절을 고려하여 설계한다.
(4) 지붕 평면도의 ㉮부분에 BIPV(Building integrated photovoltaic)를 적용한 천창을 설계하고 채광 및 환기가 가능하도록 한다. ⑳
(5) 덕트, 배관, EHP, 환기유닛 등 설비를 설치하기 위해 보 및 250mm 이상의 하부 공간을 확보한다. ㉑
(6) 건축물 주변과 지붕의 우수 처리방안을 고려하여 설계한다.

4. 도면작성요령

(1) 층고, 반자, 개구부 높이 등 주요 부분의 치수와 각 실의 명칭을 표기한다. ㉒
(2) 계단의 단수, 단높이, 단너비 및 난간높이를 표기한다.
(3) 단열, 방수, 내외장 마감재 등을 표기한다.
(4) <보기>에 따라 자연환기와 채광경로, EHP와 환기 유닛의 위치, 환기창 개폐방향을 표시한다.
(5) 설계 및 계획조건에 제시되지 않은 내용은 기능에 따라 합리적으로 정하여 표기한다.
(6) 도면에 표기하기 어려운 내용은 <Note>에 추가로 기술한다. ㉓
(7) 단위 : mm
(8) 축척 : 단면도 1/100, 단면상세도 1/50

<보기>

구분	표시방법
자연환기	〰➡
자연채광	⇨
EHP(천장매립형)	⊠
EHP(천장매립형)	▢◉

5. 유의사항

(1) 답안 작성은 반드시 흑색 연필로 한다.
(2) 명시되지 않은 사항은 현행 관계법령의 범위 안에서 임의로 한다. ㉔

우측 FACTOR

⑭ 공조설비는 EHP 및 환기유닛이 제시되어 있기 때문에 외기 접해서 환기유닛, 내부에 EHP를 계획해야 한다.

⑮ 1층 바닥마감이 화강석이므로 슬래브는 마감등을 고려하여 100mm 정도 down 되어 표현이 되어야 한다.

⑯ 액세스플로어 두께 200mm 만큼 슬래브 DOWN

⑰ 천장고는 각 실마다 제시되어 있으므로 반드시 치수 표현 한다.

⑱ 방수,방습,단열,결로,채광,환기,차음 성능등은 각 부위에 따라 반드시 표현이 되어야 하는 부분이다.

⑲ 1층 방풍실 전면부는 장애인 접근을 위한 Barrier Free 인 경사로 표현

⑳ 천창에 태양광전지패널 BIPV를 적용하여 저층부까지 채광을 유도할 수 있다.

㉑ 보 하부 설비공간을 통해 각층별 층고를 결정하는 중요한 요소

㉒ 주요부분의 치수와 치수선은 중요한 요소이기 때문에 반드시 표기한다. (반자높이, 각층레벨, 층고, 건물높이 등 필요시 기입)

㉓ NOTE를 통해 제시된 내용을 바탕으로 주요 부분을 글로 명기한다.

㉔ 제시도면 및 지문등을 통해 제시된 치수등을 고려하여 주단면도에 적용해야 하며 이때 제시되지 않은 사항은 관계법령의 범위 안에서 임의로 한다.

우측 구성

3. 고려사항
- 방수, 방습, 단열, 결로, 채광, 환기, 차음성능 등 기술적 방안
- 장애인 BF(Barrier Free) 설계방법
- 조망, 환기 및 일사 조절을 고려
- 천창을 통한 채광 및 환기
- 각 층고 결정 요인 설비 공간 등을 제시

4. 도면작성요령
- 입단면도 표현
- 부분 단면상세도 (이중외피 및 옥상 파라펫)
- 각 실명 기입
- 레벨, 치수 및 재료 등은 용도에 따라 적용
- 환기, 채광, 창호의 개폐방향을 표시
- 계단의 단수, 너비, 높이, 난간높이 표현
- 방화, 피난, 대피는 계획에서 제외
- 단열, 방수, 마감재 임의 반영

5. 유의사항
- 제도용구 (흑색연필 요구)
- 명시되지 않은 사항은 현행 관계법령을 준용

6. 제시 평면도

- 1층 평면도
  - X1열 방풍실, X2열 부분 계단, X3열 흙에 접한 부분 옹벽 절취
  - 방풍실 입면, 계단실 부분 기둥 입면
  - 바닥 마감레벨, GL 단차 검토
  - 계단실 상부 OPEN 확인

- 2층 평면도
  - 돌출부분 커튼월, 열람실 출입문, 계단 흙에 접한 부분 옹벽절취
  - X1열 기둥 입면표현
  - 계단 단높이, 단너비, 계단참 난간 표현
  - 단면 절취선 절곡선 표현

- 3층 평면도
  - 커튼월, 전산실 벽체, 계단, X3열 커튼월 옹벽 절취
  - 전산실 슬래브DOWN, 기둥 입면표현
  - 계단 범위 내에서 계획 (단높이, 단너비, 계단참)
  - 수목입면 표현

- 지붕층 평면도
  - 파라펫, 옥탑층 출입문, 케노피, X3열절취
  - 계단실 상부 천창 표현
  - 천창가능 범위 내에서 PV, 창문 개폐 방향, 30° 경사도 표현

① 제시평면도 축척 없음

② 제시 도면의 FL(마감레벨) 확인

③ 상부층 구조벽선 확인

④ G.L 레벨 확인

⑤ 방풍실 표현

⑥ 제시된 계단 단높이, 단너비, 계단참 계획 후 반영

⑦ 흙에 접한 부분 외벽에 대한 기술적 사항 등을 반영하여 표현

⑧ 상부층 OPEN

⑨ 방위표 확인

⑩ 커튼월시스템, 유리, 프레임 반영

⑪ 엑세스플로어 200mm DOWN

⑫ 차음벽으로 슬래브 하단까지 표현

⑬ 제시된 계단 단높이, 단너비, 계단참 계획 후 반영

⑭ 외벽은 커튼월로 표현 및 흙에 접한 부분의 경우 우수처리 방안을 표현

⑮ 수목 입면으로 표현

⑯ 커튼월시스템, 유리, 프레임 반영

⑰ 출입문의 높이 2.1m

⑱ 제시된 계단 단높이, 단너비, 계단참 계획 후 반영

⑲ 흙에 접한 부분 외벽에 대한 기술적 사항 등을 반영하여 표현 (방수, 방습, 단열, 결로 등을 포함한 상세도 반영하여 표현)

⑳ 난간높이 1,200mm 단면 표현

㉑ 지붕층 마감 두께 고려

㉒ 출입문의 높이 2.1m

㉓ 천창설치가능 범위 확인 후 남향을 기준으로 30°로 표현.

㉔ 천창은 주변 벽체연장으로 표현하며 천창의 크기는 기둥 span임

㉕ 천창에 BIPV를 적용하여 채광, 환기가 가능하도록 한다.

<층별 평면도> 축척 없음 ①

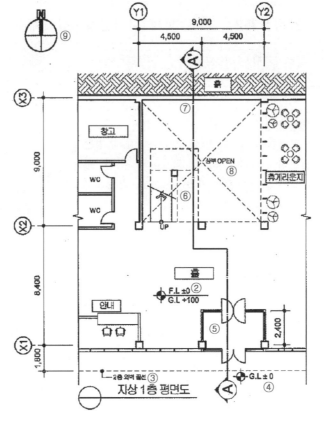

지상 1층 평면도

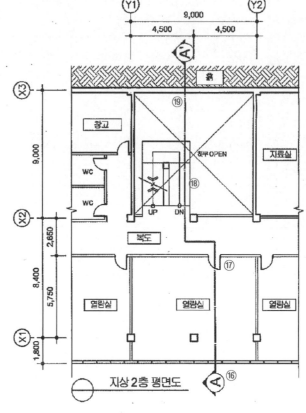

지상 2층 평면도

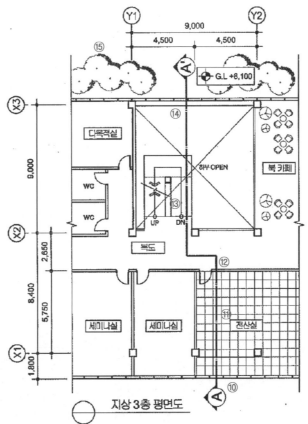

지상 3층 평면도

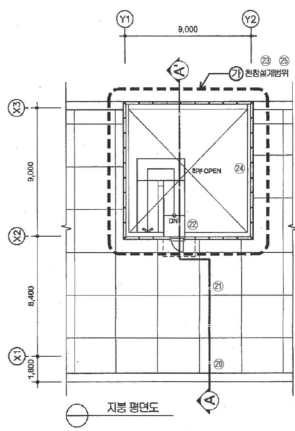

지붕 평면도

○○복합커뮤니티센터

주민자치센터

· 커뮤니티센터는 행정+문화 +복지+체육시설 등 공공편 익시설을 한곳에 집중 시켜 놓은 시설이며, 주민들의 편익을 높이고 지역 내에 주민 커뮤니티 활성화를 도 모하기 위해 만들어진 복합 공간이다.

이용시설의 종류

- 주민센터, 문화 관람실, 체 육관, 옥상정원, 주차시설
- 주민카페, 도서관, 열람실, 보건소

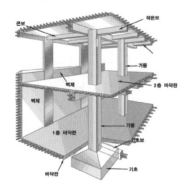

철근콘크리트조

· 제1과제 : (단면설계+설비계획)
· 배점: 60/100점

2018년 출제된 단면설계의 경우 배점은 100점 중 60점으로 출제되었다. 또한 과제는 단면설계 가 제시되었지만 지문 내용 등을 살펴보면 단순히 단면설계만 출제 된 것이 아리라 상세도+설 비+친환경 설비 내용이 포함되어 있는 것을 볼 수 있다.

제목 : 학생 커뮤니티센터의 단면설계 및 설비계획

1. 과제개요

제시된 도면은 대학 내 학생 커뮤니티센터 평면도의 일부이다. 다음 사항을 고 려하여 각 층 평면도에 표시된 <A-A'> 단면 지시선을 기준으로 단면도와 단면 상세도를 작성하시오.

- 커뮤니티센터는 행정+문화+복지+체육시설 등 공공편익시설을 한곳에 집중 시켜 놓은 시설이며, 주민들의 편익을 높이고 지역 내에 주민 커뮤니티 활성화를 도모 하기 위해 만들어진 복합공간이다.

2. 설계조건

(1) 규 모 : 지상 3층
(2) 구 조 : 철근콘크리트조
(3) 층 고 : <표1>, <표2> 및 고려사항을 참조하여 결정한다.

<층별 평면도> 축척 없음

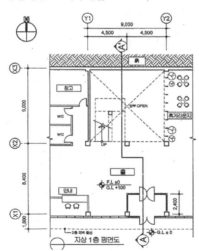

▶ **1층 평면도**

· X1열 방풍실, X2열 부부 계단, X3열 흙에 접한 부분 옹벽 절취
· 방풍실 입면, 계단실 부분 기둥 입면
· 바닥 마감레벨, GL 단차 검토
· 계단실 상부 OPEN 확인

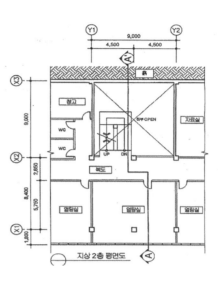

▶ **2층 평면도**

· 돌출부분 커튼월, 열람실 출입문, 계단 흙에 접한부분 옹벽 절취
· X1열 기둥 입면 표현
· 계단 단높이, 단너비, 계단참 난간 표현
· 단면 절취선 절곡선 표현

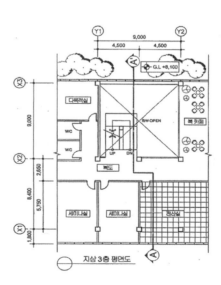

▶ **3층 평면도**

· 커튼월, 전산실 벽체, 계단, X3열 커튼월 옹벽 절취
· 전산실 슬래브 DOWN, 기둥 입면 표현
· 계단 범위 내에서 계획 (단높이, 단너비, 계단참)
· 수목입면 표현

홀

· 홀
건물 안에 집회장, 오락장 따위 로 쓰는 넓은 공간.

열람실

· 열람실
기록관의 자료를 이용자가 이 용할 수 있도록 마련한 공간. 여기에서 이용자는 각종 검색 도구를 사용할 수 있고, 기록을 열람할 수 있다.

전산실

· 전산실
전자 계산기(컴퓨터)를 설치하 기 위한 방. 공기 조화, 방진 (防振) 등의 설비가 갖추어지 며, 배치의 변경이 가능하도록 프리 액세스 플로어로 하는 경 우가 많다.

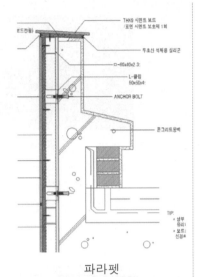

파라펫

커튼월

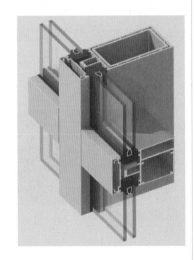

커튼월 상세

고층건축에서는 건물의 자체중량
이 기둥이나 보의 굵기에 큰 영
향이 있으므로 중량을 줄이기 위
하여 커튼월에는 가벼운 재료가
사용된다.

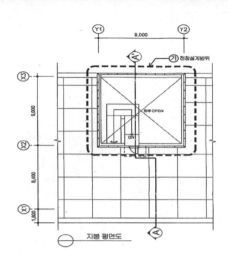

지붕 평면도

▶ 지붕층 평면도

- 파라펫, 옥탑층 출입문, 케노피, X3열 절취
- 계단실 상부 천창 표현
- 계단 범위 내에서 계단 계획
- X4열- 파라펫(1,200mm) 표현
- 천창가능 범위 내에서 PV, 창문 개폐 방향, 30°경사도 표현

▶ 층고계획

- 각층 바닥 마감레벨을 기준이므로 제시된 조건 확인
- 1층~지붕층 까지 층고를 기준으로 개략적인 단면의 형태 파악

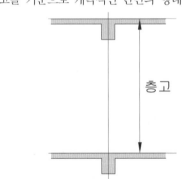

층고

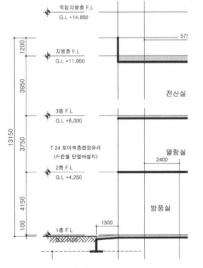

- 1층 : 반자3.3+ 보0.6+ 보 밑0.25
  = 4.15m

- 2층 : 반자2.7+ 보0.6+ 보 밑0.25+ 엑세스0.2
  = 3.75m

- 3층 : 반자2.7+ 보0.6+ 보 밑0.25
  + 단열220+ 무근0.18
  = 3.95m

▶ 계단계획

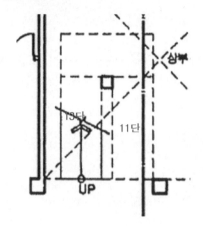

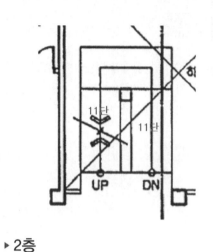

▶ 1층
- 4.15/24단=172.9mm
  (24 = 13,11단)
- 300×12=3.60m
- 300×10=3.0m

▶ 2층
- 3.75/22단=170.4mm
- 300×10=3.0m

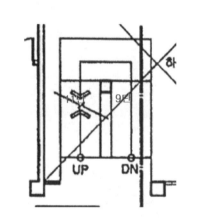

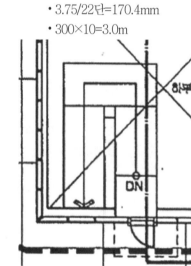

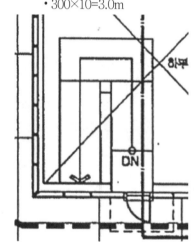

▶ 3층
- 3.95/20단=197.5mm
  (20 = 11,9단)
- 300×10=3.0m
- 300×8=2.40m

▶ 지붕층

- 계단 계획시 반드시 스케일을 이용하여 제시된 평면도 계단 치수 확인한다.
- 계단의 단높이 와 단너비는 제시 평면도와 비슷한 크기로 계획
- 계단의 단높이는 보통 160mm ~170mm 범위에서 계획하나 본 문제의 경우 제시된 계단의 길이가 짧아 단높이가 높아 질 수밖에 없다.

반자높이

① 거실(법정) : 2.1m 이상
② 사무실 : 2.5~2.7m
③ 식당 : 3.0m 이상
④ 회의실 : 3.0m 이상
⑤ 화장실 : 2.1~2.4m

기초의 형태 분류

(a) 독립기초

(b) 연속기초

(c) 온통(매트)기초

(d) 파일기초

건축물의 피난·방화구조 등의 기준에 관한 규칙

3층 이상의 층과 지하층은 층마다 구획할 것. 다만, 지하 1층에서 지상으로 직접 연결하는 경사로 부위는 제외한다.

방화셔터

방화문

투시형난간

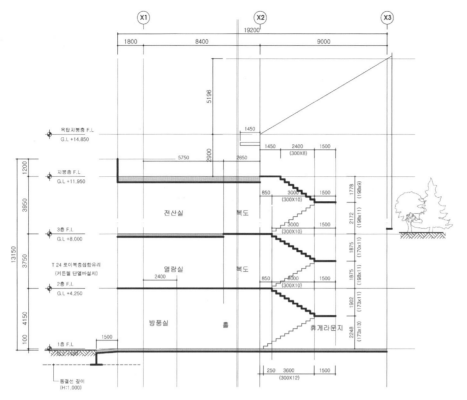

구조체를 고려한 단면의 형태

(4) 방화구획은 고려하지 않는다.
(5) 계단 난간은 투시형으로 한다.
(6) 동결선 : G.L -1m

· 동결선 : G.L -1m

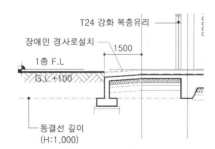

· 계단 난간은 투시형으로 한다.

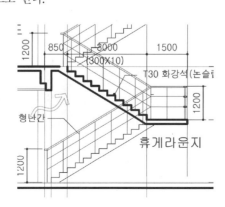

휴게라운지

<표 1> 설계조건

구분		치수(mm)
구조체	슬래브 두께	150
	보 단면	400(W) × 600(D)
	기둥	500 × 500
	기초(온통기초)두께	500
	흙에 접면한 벽체 두께	350
단열재	최상층 지붕	220
	최상층 지붕 외	170
외장재	커튼월 시스템 프레임	60×200
	커튼월 시스템 유리 두께 (로이 복층유리)	24
공조설비	EHP(천장매립형)	950×950×350(H)
	환기유닛(천장매립형)	950×950×350(H)

· 온통기초 및 흙에 접한 부분 벽체

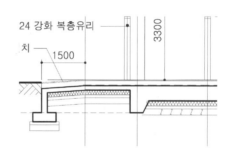

· 온통기초, 보, 벽체, 슬래브

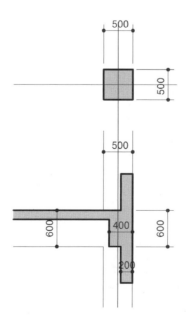

· 기둥의 크기는 500mm x 500mm

· 보 : 400mm x 600mm

· 위에서 제시된 기둥 및 보의 크기는 단면도에서 반드시 표현이 되어야 하는 부분이다.

· 기둥 중심으로부터 250mm 이격되어 외곽부분이 있으며, 이곳에 제시된 보의 크기 300mm가 표현 되어야 한다.

· 기둥과 보의 간격은 100mm 차이나야 하며, 또한 작도 시 표현이 되어야 한다.

기초의 종류

독립기초

줄기초

온통기초

온통기초

기둥 및 보

화강석 마감

건식공법과 습식공법이 있습니다. 콘크리트표면위 앵커를 이용하여 석재를 붙이면 건식공법이고 몰탈이나 본드를 이용하여 표면에 압착을 하게되면 습식공법입니다. 화강석의 경우 자체하중이 크기 때문에 건식공법이 유리하며, 가장 큰 이유는 습기나 결로 등의 하자에 강하기 때문이다.

• 단열재

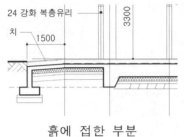

흙에 접한 부분

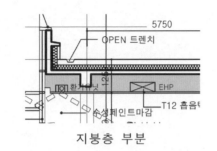

지붕층 부분

• 냉.난방 설비

EHP

환기유닛

<표 2> 실내 마감

구분	바닥	벽	천창	천장고 (mm)
1층 홀	화강석	화강석	흡음텍스	3,300
2층 열람실	PVC타일	석고보드 위 수성페인트	흡음텍스	2,700
3층 전산실	엑세스플로어 (H=200mm)	석고보드 위 수성페인트	흡음텍스	2,700
계단	화강석	–	–	–

• 반자높이

반자높이

• 3층 전산실
 - 엑세스플로어 (H=200mm) 이므로 인접실과 바닥레벨을 맞추기 위해 슬래브를 DOWN 시켜야 한다.

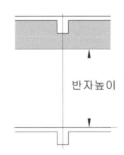

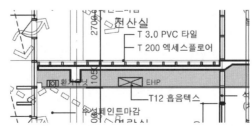

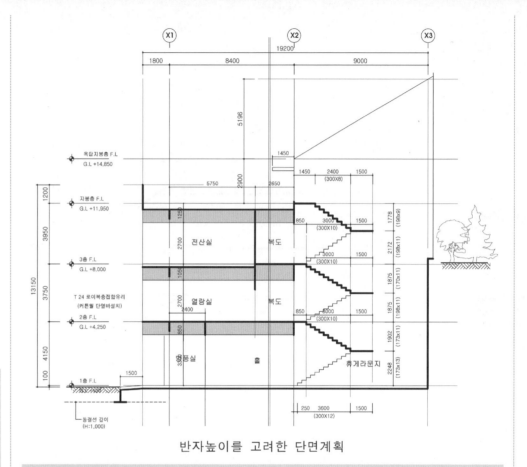

반자높이를 고려한 단면계획

3. 고려사항

(1) 주요 부위에 대한 방수, 방습, 단열, 결로, 채광, 환기, 차음성능 등을 확보하기 위한 최적의 기술적 해결 방안을 선택하여 계획한다. 특히, 흙에 면한 기초 및 벽체 중에서 답안지 Ⓑ부분은 단면 상세를 설계한다.

(2) 장애인을 고려하여 BF(Barrier Free) 설계방법을 적용 한다.

• Ⓑ부분은 단면상세

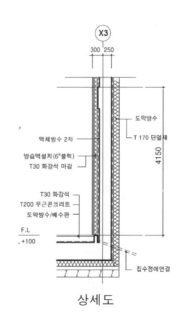

상세도

배리어 프리 [barrier free]

고령자나 장애인들도 살기 좋은 사회를 만들기 위해 물리적·제도적 장벽을 허물자는 운동.

• BF(Barrier Free)

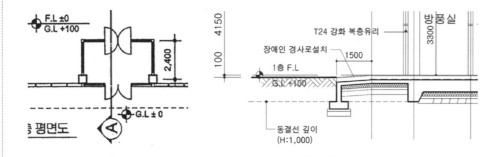

(3) 커튼월 시스템은 조망, 환기 및 일사 조절을 고려하여 설계한다.

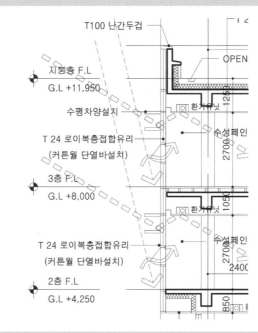

(4) 지붕 평면도의 ㉮부분에 BIPV(Building integrated photovoltaic)를 적용한 천창을 설계하고 채광 및 환기가 가능하도록 한다.

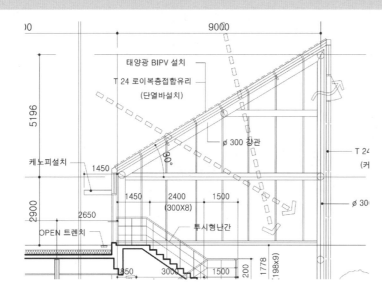

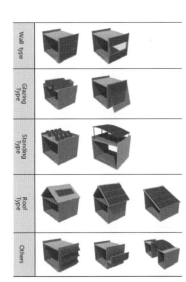

BIPV 시스템 설치범위

BIPV 시스템

태양광 에너지로 전기를 생산하여 소비자에게 공급하는 것 외에 건물 일체형 태양광 모듈을 건축물 외장재로 사용하는 태양광 발전 시스템이다.

(5) 덕트, 배관, EHP, 환기유닛 등 설비를 설치하기 위해 보 및 250mm 이상의 하부 공간을 확보한다.

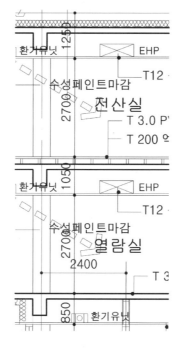

• 1층 : 반자3.3+ 보0.6+ 보 밑0.25 = 4.15m

• 2층 : 반자2.7+ 보0.6+ 보 밑0.25
   + 엑세스0.2 = 3.75m

• 3층 : 반자2.7+ 보0.6+ 보 밑0.25
   + 단열220+ 무근0.18 = 3.95m

(6) 건축물 주변과 지붕의 우수 처리방안을 고려하여 설계한다.

<지붕층 우수처리 방안>

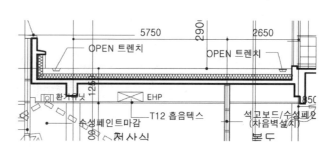

건축물 주변 우수처리 방안

자연환기

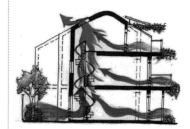

자연채광

〈건축물의 에너지절약
설계기준〉

– 시행 2016. 1. 11

[별표3] 단열재의 두께

[중부지역]

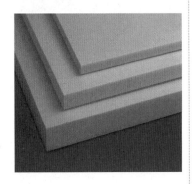

4. 도면작성요령

(1) 층고, 반자, 개구부 높이 등 주요 부분의 치수와 각 실의 명칭을 표기한다.
(2) 계단의 단수, 단높이, 단너비 및 난간높이를 표기 한다.
(3) 단열, 방수, 내외장 마감재 등을 표기한다.

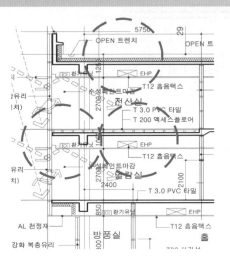

(4) <보기>에 따라 자연환기와 채광경로, EHP와 환기유닛의 위치, 환기창 개폐
방향을 표기한다.
(5) 설계 및 계획조건에 제시되지 않은 내용은 기능에 따라 합리적으로 정하여
표기한다.
(6) 도면에 표기하기 어려운 내용은 <Note>에 추가로 기술한다.
(7) 단위 : mm
(8) 축척 : 단면도 1/100, 단면상세도 1/50

<보기>

구분	표시방법
자연환기	
자연채광	
EHP(천장매립형)	
EHP(천장매립형)	

5. 유의사항

(1) 답안 작성은 반드시 흑색 연필로 한다.
(2) 명시되지 않은 사항은 현행 관계법령의 범위 안에서 임의로 한다.

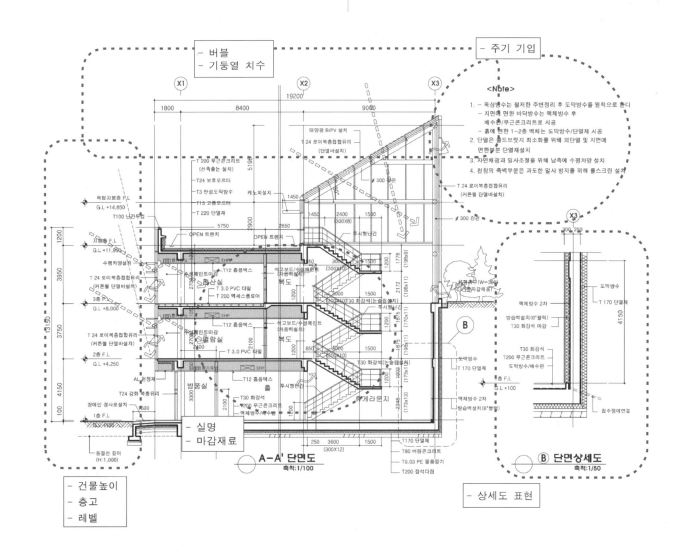

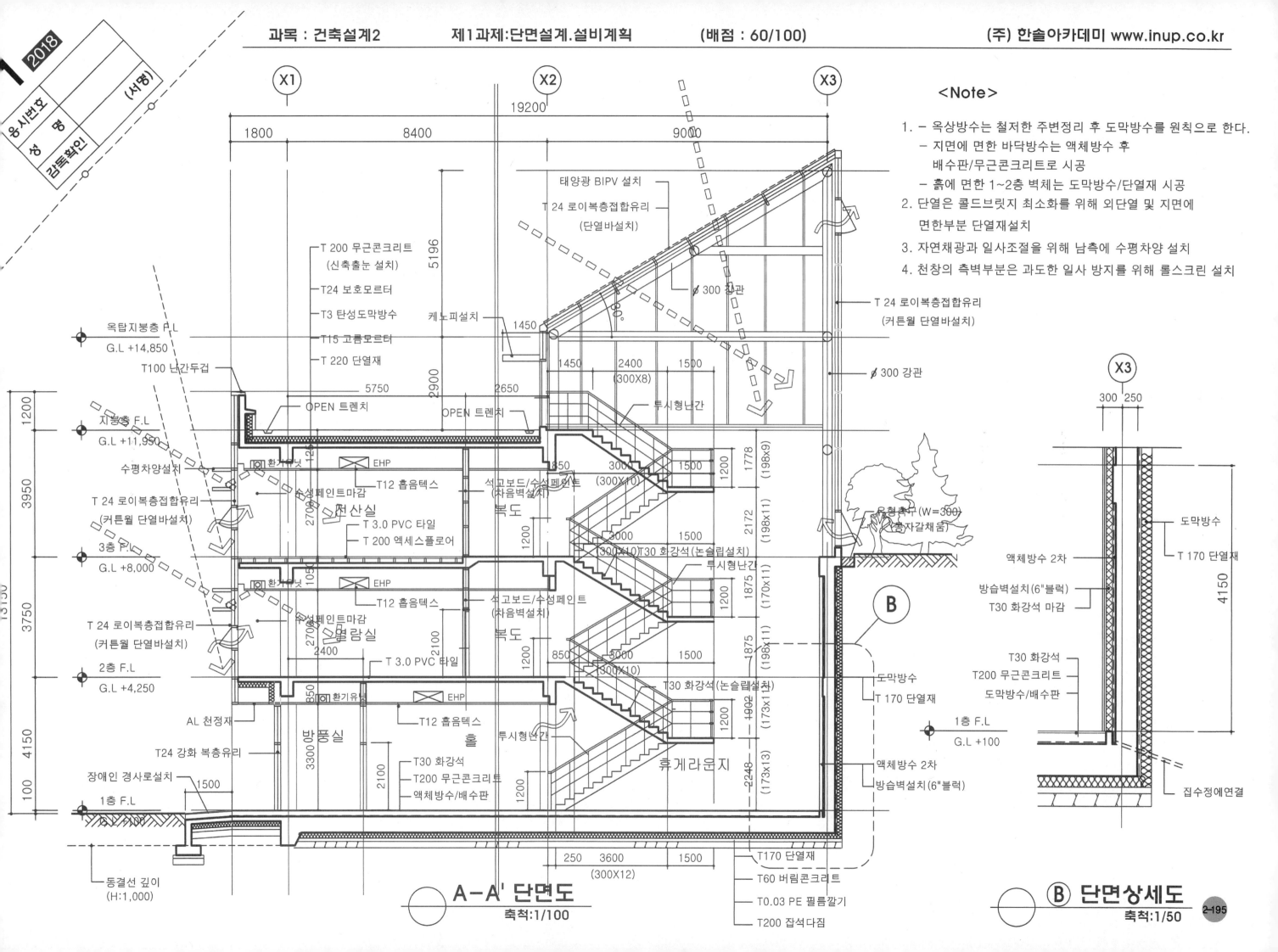

\<Note\>

1. – 옥상방수는 철저한 주변정리 후 도막방수를 원칙으로 한다.
   – 지면에 면한 바닥방수는 액체방수 후
     배수판/무근콘크리트로 시공
   – 흙에 면한 1~2층 벽체는 도막방수/단열재 시공
2. 단열은 콜드브릿지 최소화를 위해 외단열 및 지면에
   면한부분 단열재설치
3. 자연채광과 일사조절을 위해 남측에 수평차양 설치
4. 천창의 측벽부분은 과도한 일사 방지를 위해 롤스크린 설치

A-A' 단면도
축척:1/100

B 단면상세도
축척:1/50

2-195

2018년도 건축사자격시험 문제

과목: 건축설계2 　　제2과제 (구조계획) 　　배점: 40/100점 ①

제목 : 필로티 형식의 건축물 구조계획 ②

1. 과제개요

③ 지상1층을 필로티 주차장으로 사용하는 내력벽 구조의 건축물을 신축하고자 한다. 제시된 <대지현황 및 2층 평면도>를 보고 1층 필로티 부분의 기둥과 2층의 전이보를 합리적으로 계획하시오. ④

2. 계획조건

(1) 층수 : 4층 (2층~4층의 평면형은 동일함)
(2) 주차관련 사항 ⑥
　① 주차대수 : 8대 (대지현황 및 2층 평면에 표기된 5대 포함)
　② 주차단위구획 : 2,500mm × 5,000mm
　③ 주차통로 : 폭 6,000mm 이상
(3) 구조부재의 단면치수 및 배근도 ⑦
　① 기둥 : 500mm (가로) × 1,000mm (세로)
　② 내력벽 두께 : 150mm
　③ 전이보 : <표1> 참조

3. 구조계획 시 고려사항

(1) 1층 계획 ⑧
　① 기둥은 5개로 계획한다.
　② 계단실 벽체에는 기둥을 계획하지 않는다.
　③ 계단실 출입구 전면에는 너비 1.5m 이상의 보행자 통로를 확보한다.
　④ 제시된 <대지현황 및 2층 평면도>에 표기된 5면을 제외한 3면의 일반 주차구획을 추가로 계획한다.
(2) 2층 계획 ⑨
　① 기둥 및 전단벽에 부합하는 전이보와 수벽을 계획하고 가장 적합한 단면을 선택한다.
　② 전이보 상부의 전단벽 강성은 고려하지 않으며 하중만 고려한다.
　③ 하단부의 지지가 없는 전이보의 돌출길이는 1,800mm 이하로 계획한다.
　④ 수벽은 돌출되는 전이보 외부에 마감을 고려하여 계획한다.
　⑤ 건축물은 대지경계선에서 700mm 이상 이격하여 계획한다.
(3) 건축물에 작용하는 횡력은 고려하지 않는다. ⑩

4. 도면작성요령

(1) 1층 평면도에는 기둥 및 계단실, 주차단위구획을 표현하고, 2층 외벽(내력벽)의 외곽선을 점선으로 표기한다. ⑪
(2) 2층 구조평면도에는 1층의 기둥 위치와 전이보 등을 표기하고, 전이보와 수벽의 단면기호를 <표1>에서 선택하여 <보기2>와 같이 표기한다. ⑫
(3) 도면의 표기는 아래의 <보기1>과 <보기2>를 참조한다.

<표1> 전이보 및 수벽 단면기호 (단위 : mm) ⑬

기호	A	B	C	D
단면	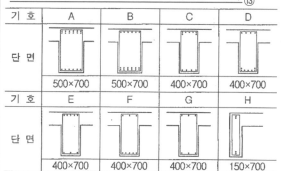			
	500×700	500×700	400×700	400×700
기호	E	F	G	H
단면				
	400×700	400×700	400×700	150×700

<보기1> 도면표기방법 ⑭

기둥	전이보, 수벽	주차단위구획
▨	- - - - - - - -	◺

<보기2> 보 기호 표기방법 예시 ⑮

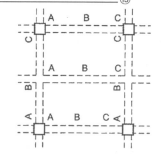

5. 유의사항

(1) 답안작성은 반드시 흑색 연필로 한다.
(2) 명시되지 않은 사항은 현행 관계법령의 범위 안에서 임의로 계획한다.

---

1. 제목
　구조형식

2. 과제개요
　-용도
　-신축
　-제시도면
　-과제도면

3. 계획조건
　-규모
　-주차관련사항
　　1) 주차대수
　　2) 주차단위구획
　　3) 주차통로
　-구조부재의 단면치수 및 배근도
　　1) 기둥 단면크기
　　2) 내력벽두께
　　3) 전이보 단면크기

4. 구조계획 시 고려사항
　-1층 계획
　　1) 기둥개수제한
　　2) 계단실 벽체에 기둥 설치 여부
　　3) 계단실 출입구에 보행자 통로설치
　　4) 주차대수 확인
　-2층 계획
　　1) 1층 기둥 및 전단벽 + 전이보와 수벽계획
　　2) 전이보 상부의 전단벽 강성적용
　　3) 전이보의 돌출길이 제한
　　4) 수벽
　　5) 건축물과 대지경계선의 이격거리
　-건축물에 횡력적용여부

---

① 배점확인
　3교시 배점비율에 따라 과제 작성시 간배분

② 제목
　필로티 형식의 건축물 구조계획

③ 용도와 문제유형
　지상1층 필로티 주차장 / 내력벽구조 신축형 구조계획

④ 과제도면
　제시된 <대지현황 및 2층 평면도> 확인 1층 평면도와 2층 구조평면도 과제 ← 답안작성용지 확인

⑤ 규모 : 4층 (2층~4층 평면 동일함)
　1층: 필로티주차장
　2~4층: 내력벽구조

⑥ 주차관련 사항
　주차대수 : 8대(대지현황도에 5대 포함)
　주차단위구획
　주차통로 폭 6.0m 이상

⑦ 구조부재의 단면치수 및 배근도
　기둥 ; 500×1,000mm
　내력벽두께 ; 150mm
　전이보 : 500×700, 400×700, 150×700 - 8개

⑧ 1층 계획
　기둥 : 5개로 제한
　계단실 벽체에 기둥설치 불가
　계단실 출입구 전면에 1.5m이상의 보행자 통로 확보
　제시된 주차 5면을 제외한 3면의 주차 추가

⑨ 2층 계획
　기둥 및 전단벽에 부합하는 전이보와 수벽 계획하고 단면선택
　전이보 상부에 전단벽 강성은 고려하지 않고 하중으로만 반영
　전이보의 돌출길이 = 1.8m 이하
　수벽은 전이보 외부에 계획
　건축물은 대지경계선에서 700mm 이상 이격

---

⑩ 건축물에 횡력은 고려하지 않음.
　횡력 : 풍하중 및 지진하중

⑪ 도면작성 시 1층 평면도에 표현 요소들
　대지경계선 작도 , 축적: 1/100
　기둥 및 계단실
　주차단위구획
　2층 외벽(내력벽)의 외곽선을 점선으로 표기

⑫ 도면작성 시 2층 구조평면도에 표현 요소들
　1층 기둥위치에 전이보 등
　전이보와 수벽의 단면기호 <표1>에서 선택 → <보기2>와 같이 표기
　축적: 1/100

⑬ <표1> 전이보 및 수벽 단면기호
　단면크기 : 500×700, 400×700, 150×700
　단면기초 : A, B, C, D, E, F, G, H (8가지)
　→ 철근배근의 의미 파악 / 분류

⑭ <보기1> 도면표기방법
　기둥
　전이보, 수벽
　주차단위구획

⑮ <보기2> 보 기호 표기방법 예시.
　철근콘크리트 보는 "단부 - 중앙부 - 단부"로 구분하여 보의 단면기호를 부여하여야 함.

---

5. 도면작성요령
　→ 과제확인
　-1층 평면도
　　·답안작성용지와 대지 현황도 비교
　　·반드시 작도하여야 할 요소들을 확인
　-2층 구조평면도
　　전이보와 수벽 등 반드시 작도하여야할 구조요소 확인 및 보의 단면기호를 구분하여 적시
　-도면표기는 <보기1>과 <보기2>
　-단위 및 축척 : 답안작성 용지확인

6. 유의사항
　-흑색연필
　-현행 관계법령 적용

과목: 건축설계2　　제2과제 (구조계획)　　배점: 40/100점

< 대지현황 및 2층 평면도 > 축척 없음

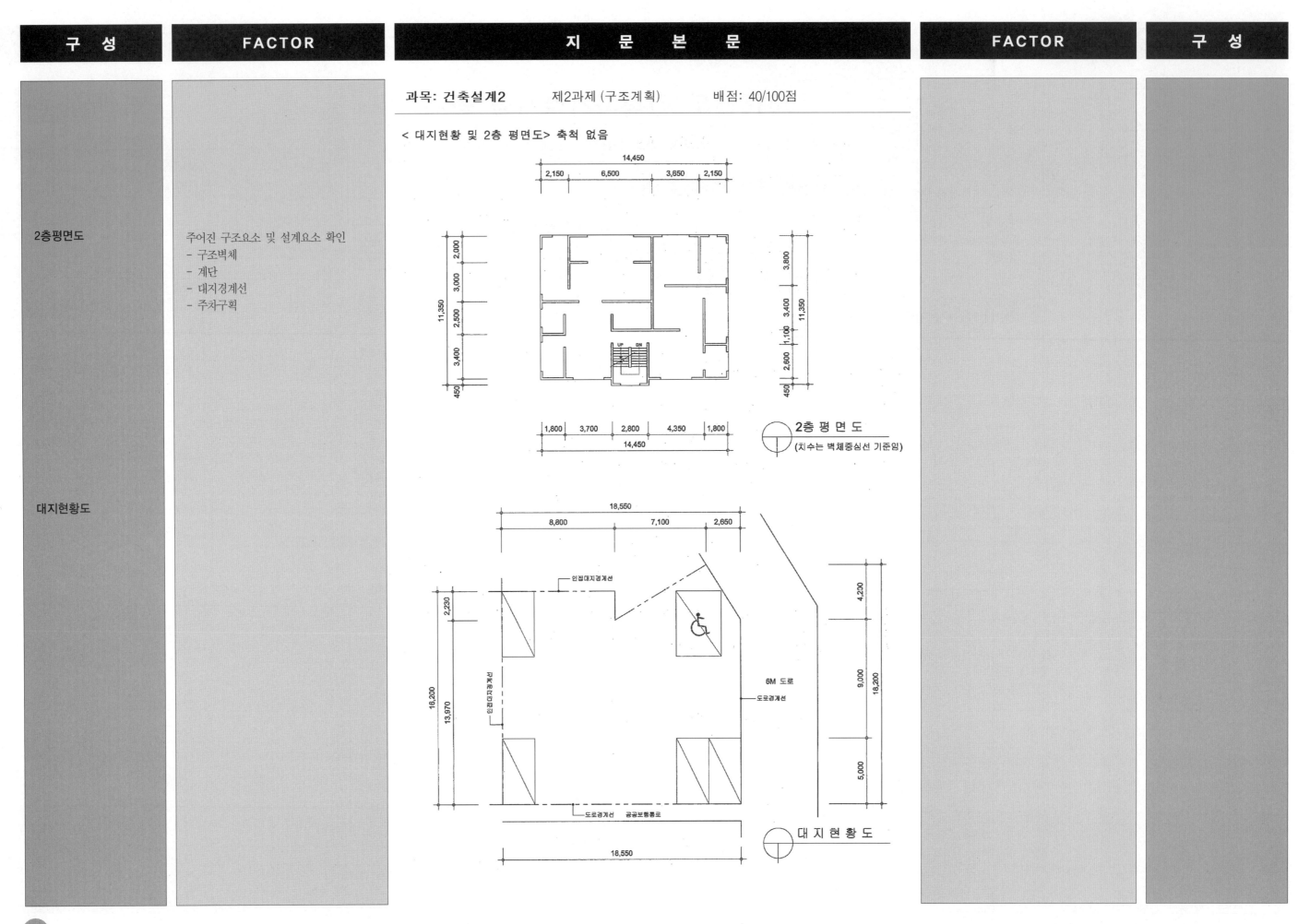

2층 평 면 도
(치수는 벽체중심선 기준임)

대 지 현 황 도

2층평면도

대지현황도

주어진 구조요소 및 설계요소 확인
- 구조벽체
- 계단
- 대지경계선
- 주차구획

1	모듈확인 및 부재배치

1. 모듈확인

필로티 형식 건축물 → 신축

2층 : 모듈제시형 / 1층 : 모듈계획형

주어진 평면도와 답안 작성용지 확인.

과제확인 – 1층 평면도 및 2층 구조평면도

- 과제 : 필로티 형식의 건축물 구조계획
  ① 주어진 설계 및 구조요소 : 대지경계선, 주차구획 및 2층 내력벽계획 확인
  ② 주어진 모듈확인 : 2층 평면도 (2층~4층의 평면형은 동일함)
  ③ SET BACK 및 돌출부 확인
  ④ 구조형식 : 철근콘크리트조.(RC) ← 주어진 지문과 배근도 확인

  ⑤ 주어진 구조부재의 단면치수와 배근도확인
  ⑥ 답안작성용지 확인

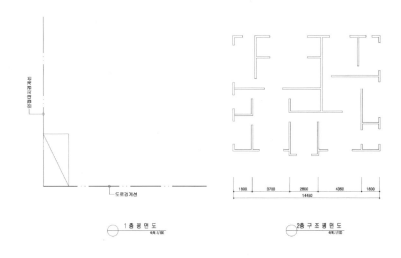

2. 1층 평면도와 현황현황도 비교 → 치수표기, 대지경계선 및 주차구획
2층 구조평면도와 2층 평면도 비교 → 철근콘크리트 내력벽 치수확
인, 계단확인

작도 1〉 답안작성용지와 주어진 대지현황 및 2층 평면도 비교하여
작도해야할 설계요소와 구조요소 확인

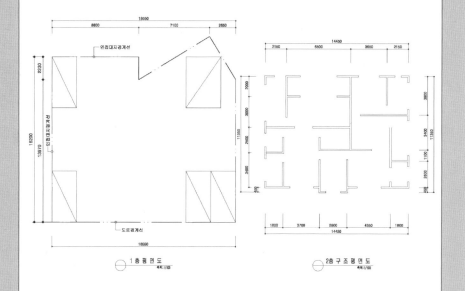

작도 2〉 1층 평면도 : 추가주차구획 / 계단표기 / 주차통로확보 / 보행자
통로확보
건축물은 대지경계선에서 이격거리확보
2층 외벽(내력벽)의 외곽선표기
2층 구조평면도 : 철근콘크리트 기둥 5개배치

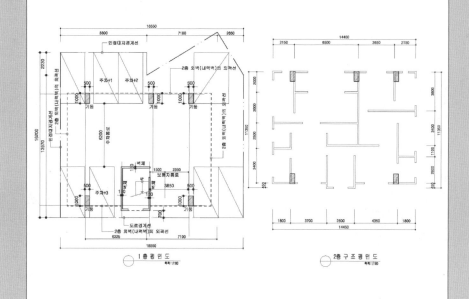

3. 설계요소 및 구조요소

- 3면의 일반 주차구획 추가로 계획, 주차통로 폭 6.0m확보,
- 보행자통로 계단실 출입구전면에 1.5m확보
- 건축물은 대지경계선에서 700mm이상 이격하여야함.
- 계단실벽체에 기둥을 계획하지 않음, 기둥 5개 계획, 전이보의 돌출길이

작도 3〉 전이보 및 수벽 표기 : 전이보의 돌출길이 1.8m 이하

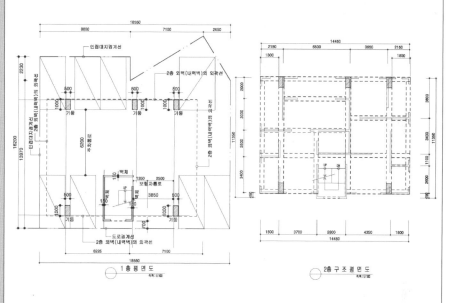

4. 구조부재의 단면치수와 배근도분석

- 철근콘크리트 보 : A, B, C, D, E, F, G, H
- 주어진 철근콘크리트부재의 크기, 기호 및 배근도확인
  단부배근과 중앙부 배근 구분하여 위계도 작성 (큰 보 기준)

철근대수 / 구분	단부배근 (상부인장)	중앙부배근 (하부인장)	조합
많 음 (500x700)	A	B	A-B-A
중 간 (400x700)	C	D	C-D-C
적 음 (400x700)	E	F	E-F-E

2 답 안

작도 4〉 철근콘크리트 전이보와 수벽 배근기호의 표기: 큰 보와 작은 보 구분

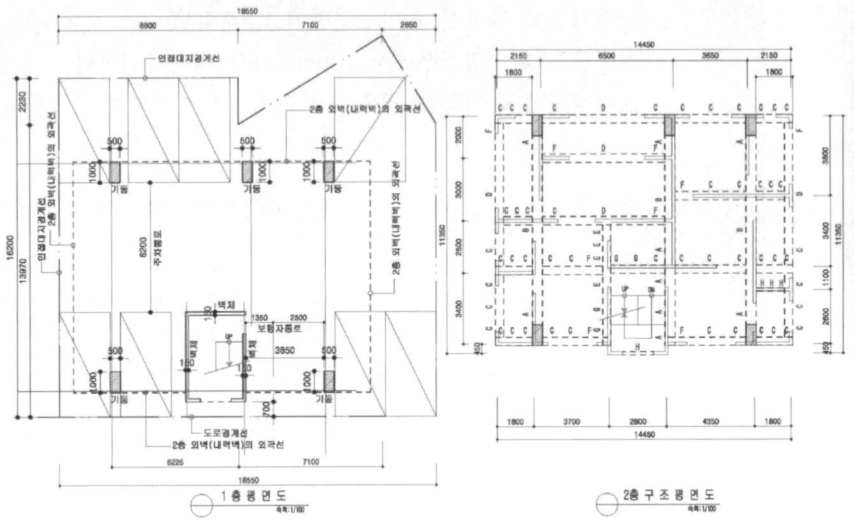

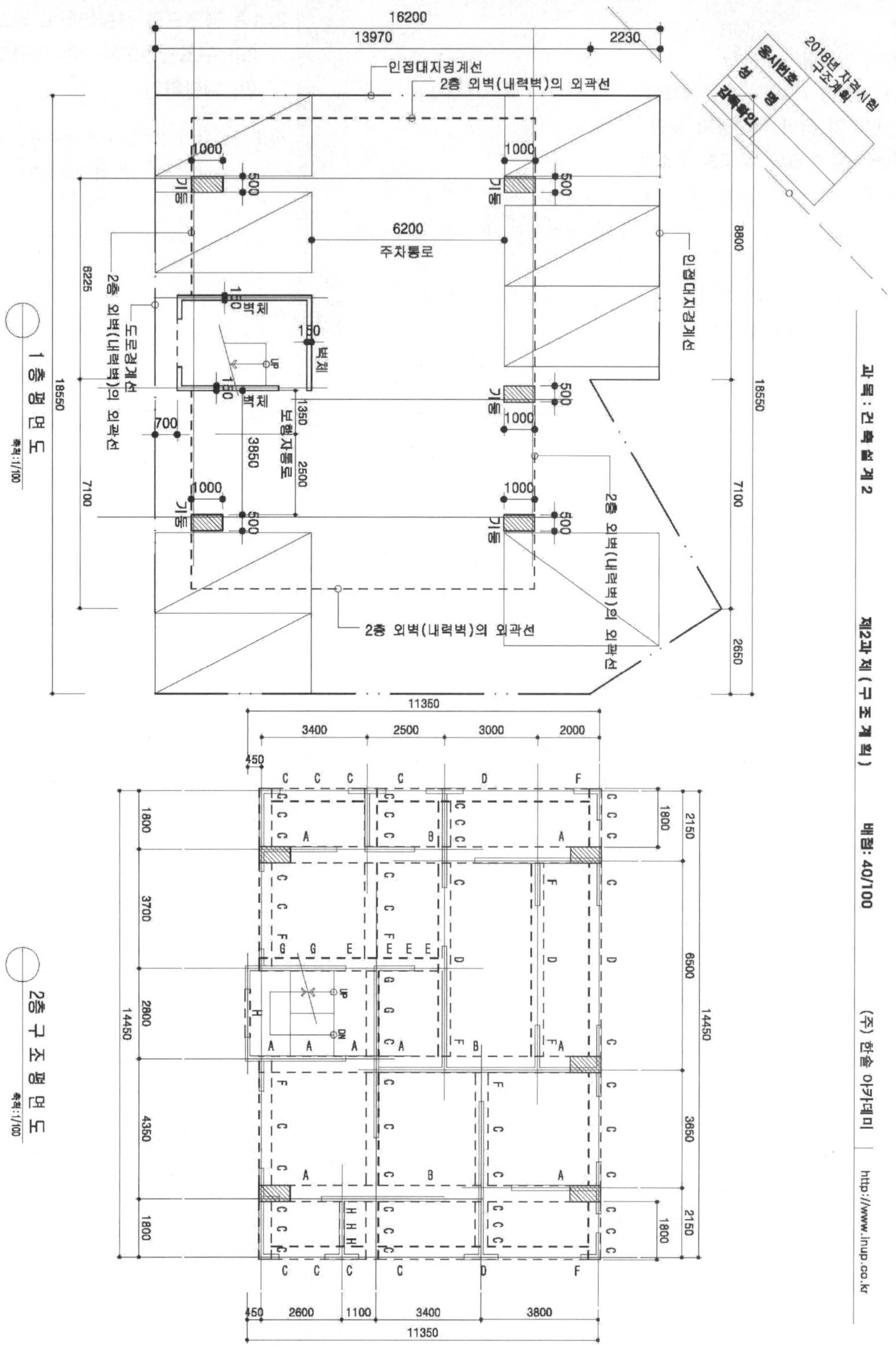

1층 평 면 도

2층 구 조 평 면 도

인접대지경계선
2층 외벽(내력벽)의 외곽선

6200
주차통로

1층 평 면 도
축척:1/100

2층 구 조 평 면 도
축척:1/100

2층 외벽(내력벽)의 외곽선

과목 : 건 축 설 계 2   제2과 제 (구 조 계 획)   배점: 40/100   (주) 한솔 아카데미   http://www.hnup.co.kr

2018년 자격시험
구조계획

■ 문제풀이 Process

▶ 문제총평

지상1층은 필로티 주차장으로 사용하고 지상2층~4층은 내력벽 구조의 건축물을 신축하고자 한다. 제시된 대지현황 및 2층 평면도를 보고 1층 필로티 부분의 기둥과 2층 전이보를 계획하는 과제이다. 1층 평면도는 주차구획, 주차통로, 보행자통행로, 계단 및 철근콘크리트 기둥 등을 표기하여야한다. 2층 구조평면도에는 전이보를 가구하는 과제로 철근콘크리트 보배근도가 제시되었던 기출유형을 이해하면 해결할 수 있는 과제수준이다. 내력벽계획을 제시한 2층 평면도의 모듈, 대지경계선 및 주차구획 등 조건들을 활용하여 기둥모듈을 계획하여야한다. 답안작성용지에 주어진 요소들을 파악하고 지문에 제시한 다양한 고려사항을 반영하여 1층 평면도와 2층 구조평면도를 작성하는 과제이다. 건축실무 경험이 있는 수험생에게 유리할 것으로 사료된다.

▶ 과제개요

1. 과제개요	필로티 형식의 건축물 구조계획
2. 출제유형	모듈제시형 / 모듈계획형
3. 규 모	4층
4. 용 도	1층 → 필로티 주차장, 2층~4층 → 주택
5. 구 조	철근콘크리트조 (1층 → 필로티구조, 2층~4층 → 내력벽구조)
6. 과 제	1층 평면도 및 2층 구조평면도

▶ 1층 평면도 및 2층 구조모델링

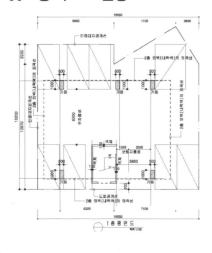

▶ 체크포인트

1. 철근콘크리트 기둥 5개로 제한
2. 계단실 벽체에는 기둥 계획불가
3. 계단실 출입구 전면에는 너비1.5m 이상의 보행자 통로확보
4. 총 8면의 일반 주차구획을 계획
5. 2층 계획 시 기둥 및 전단벽에 부합하는 전이보와 수벽 계획
6. 전이보의 상부의 전단벽 강성을 고려하지 않으며 하중만 고려함.
7. 전이보의 돌출길이는 1.8m 이하로 계획
8. 건축물은 대지경계선에서 700mm 이상 이격하여 계획
9. 건축물에 작용하는 횡력은 고려하지 않는다.
10. 전이보 및 수벽 단면기호 적시

▶ 과제 : 필로티 형식의 건축물 구조 계획

1. 제시한 도면 분석

- 주어진 대지현황 및 2층 평면도
- 모듈제시: 2층 평면도(내력벽) , 모듈계획: 1층 기둥
- 기둥개수제한, 계단실벽체계획, 보행자 통로, 주차통로, 주차구획
- SET BACK 및 돌출부 확인
- 캔틸레버 구조 (돌출길이 제한), 건물물 대지경계선에서 이격거리

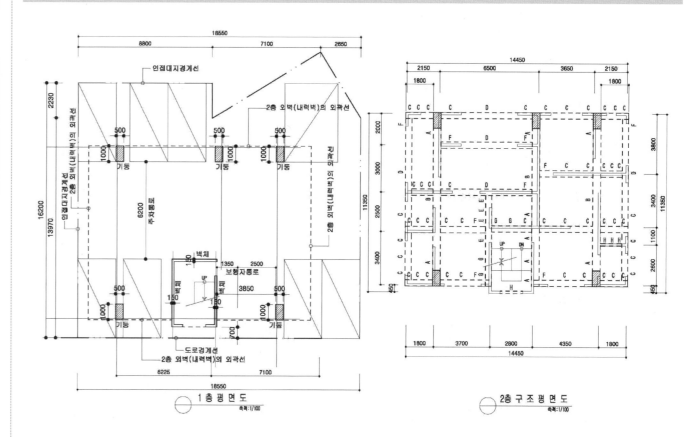

1층 평 면 도   2층 구 조 평 면 도

2. 철근콘크리트 보

2.1 철근콘크리트 전이보

전이보와 수벽 : GIRDER(큰 보) 배근 구분

철근대수 / 구 분	단부배근(상부인장)	중앙부배근(하부인장)	조합
많 음 (500x700)	A	B	A-B-A
중 간 (400x700)	C	D	C-D-C
적 음 (400x700)	E	F	E-F-E

전이보와 수벽 : BEAM(작은 보) - 힌지위치 구분

G - (400x700), H - (150x700)

2-201

1) 2층 바닥의 휨모멘트도 가정

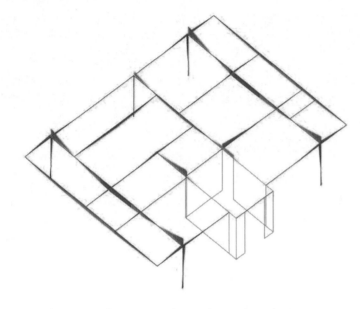

2) 큰 보(GIRDER)의 단부와 중앙부 배근방법

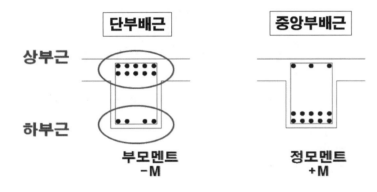

3) 큰 보(GIRDER)의 휨모멘트도 – 단스팬 라멘조

4) 큰 보(GIRDER)의 휨모멘트도 – 연속스팬 라멘조

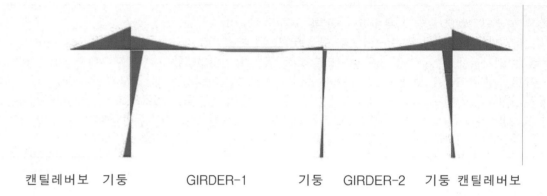

5) 작은 보(BEAM)의 휨모멘트도1 – 작은 보 + 캔틸레버보의 휨모멘트도

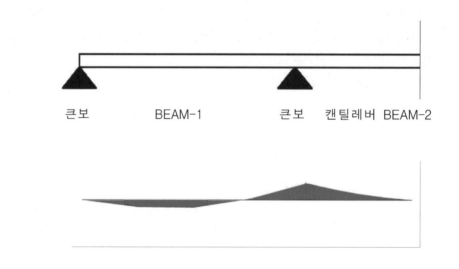

– 작은 보(BEAM-1)의 배근방법

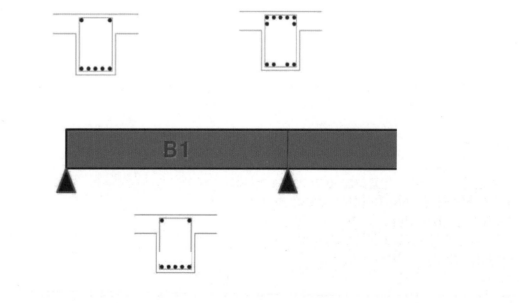

6) 작은 보(BEAM)의 휨모멘트도2 − 단일스팬 작은 보 의 휨모멘트도

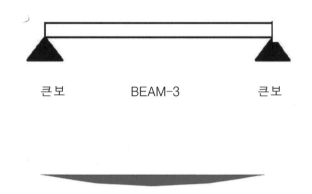

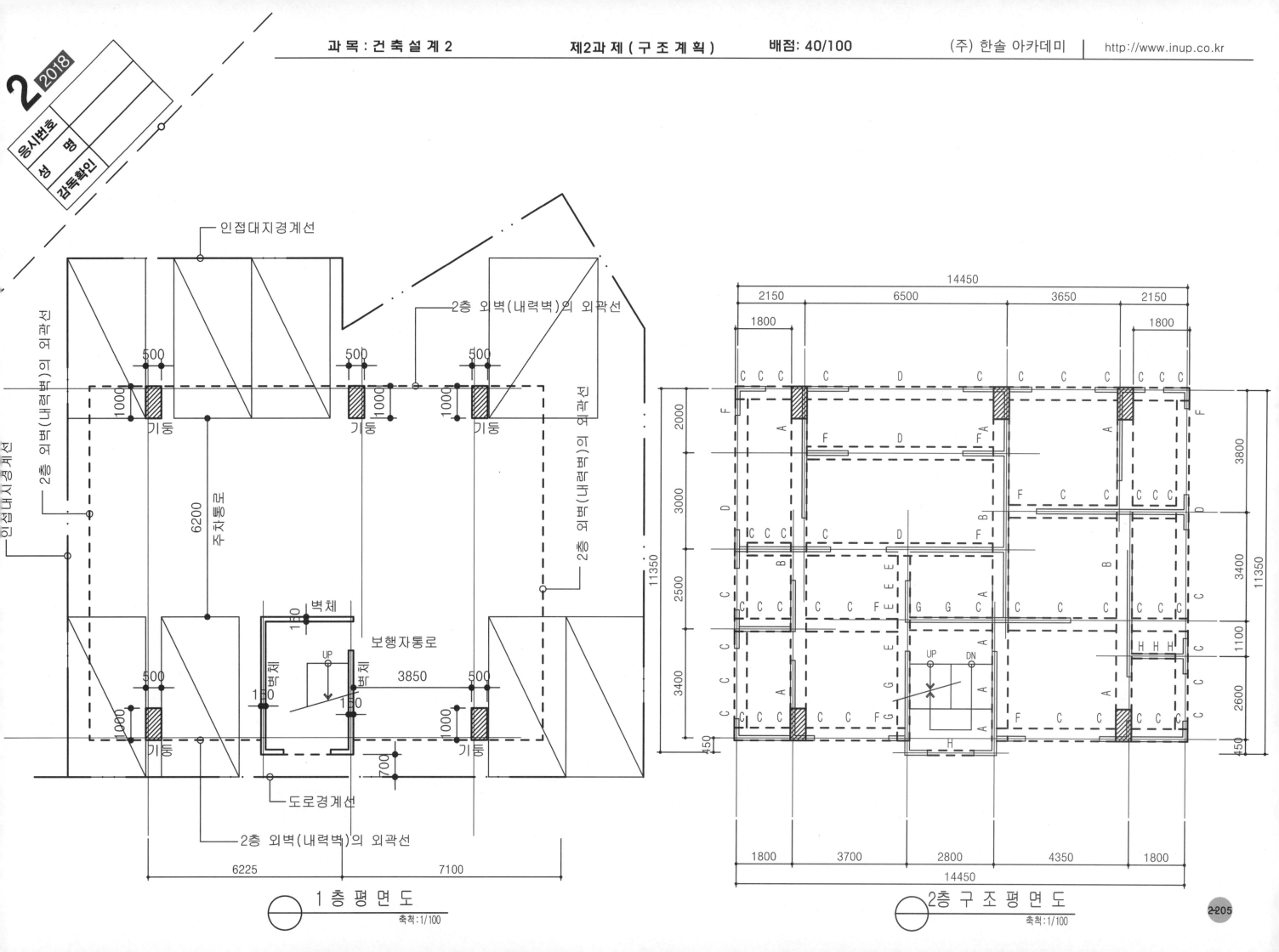

2 2018

인접대지경계선

2층 외벽(내력벽)의 외곽선

500

1000

기둥

6200

주차통로

인접대지경계선

2층 외벽(내력벽)의 외곽선

2층 외벽(내력벽)의 외곽선

11350

벽체

150

150

UP

보행자통로

벽체

벽체

3850

500

1000

500

1000

기둥

700

기둥

도로경계선

2층 외벽(내력벽)의 외곽선

6225   7100

1 층 평 면 도
축척:1/100

14450

2150   6500   3650   2150

1800   1800

2000

3000

2500

3400

450

3800

3400

1100

2600

450

11350

1800   3700   2800   4350   1800

14450

2 층 구 조 평 면 도
축척:1/100

구 성	FACTOR

1. 제목

- 건축물의 노후화 억제 또는 기능향상 등을 위하여 대수선(大修繕) 또는 일부 증축(增築)하는 행위를 말한다.

2. 설계 및 계획조건

- 문화시설 기존+증축 평면도 일부 제시
- 평면도에 제시된 절취선을 기준으로 주단면도 및 상세도를 작성
- 설비 및 구조 형식, 마감 등에 대한 구체적인 내용이 제시 됨
- 규모
- 구조
- 기초
- 기둥
- 보
- 슬래브
- 내력벽
- 지하층 옥벽
- 용도
- 바닥 마감레벨
- 층고
- 반자높이
- 단열재 두께
- 외벽 및 실내마감
- 냉·난방 설비
- 위의 내용 등은 단면 설계에서 제시되는 내용이므로 반드시 숙지해야 한다.

① 배점을 확인합니다.
- 60점(단면설계이지만 제시 평면도와 지문을 살펴보면 설비계획 + 상세도 제시 등으로 난이도가 높음)

② 평면도에 제시된 A-A'를 지시 선을 확인한다.
- 절취선에 의한 단면요소
- 절취선에서 보이는 입면요소 검토

③ 절취선을 통한 주단면도 범위를 파악한다.

④ 단면상세도의 범위 및 축척 확인

⑤ 기존 및 증축 건축물 규모 검토(배점60이지만 규모에 비해 작도량이 상당히 많은 편이며, 시간배분을 정확히 해야 한다.)

⑥ 기둥, 보, 슬래브, 벽체 등은 철근콘크리트 구조로 표현

⑦ 층고는 슬래브 바닥 마감레벨기준으로 지문에 제시 됐으며, 평면도 및 G.L이 EL로 제시됨

⑧ 층별 방화구획은 지하1층. 지상3층이 대상이나 본 문제에서는 표현하지 않는다.

⑨ 제시된 기초의 형식은 온통기초이기 때문에 외기에 접한 부분은 동결선 1.0m 이하로 표현

⑩ 건축물의 주요 구조부로 단면의 형태를 보여주는 부분이기 때문에 정확히 표현해야 한다.

⑪ 단열재 두께는 지붕층, 외벽, 흙에 접한 부분으로 구분하여 표현

⑫ 외부 마감재를 붉은 벽돌 0.5B로 제시되었으며 두께 또한 맞춰서 표현해야 한다. (두께100mm)

⑬ 낮은 천정 천정고가 3M 이내공간에서는 자유롭게 쓸 수 있으며 관리가 편리하다는 장점이 있다.

2019년도 건축사자격시험 문제

과목: 건축설계2   제1과제 (단면설계·설비계획)   배점: 60/100점 ①

제목 : 증축형 리모델링 문화시설 단면설계

1. 과제개요

도시재생활성화 구역 내 기존 건축물을 증축하여 문화시설로 리모델링하고자 한다. 다음 사항을 고려하여 각 층 단면도에 표시된 단면지시선 <A-A'>를 기준으로 단면도와 단면상세도를 작성하시오.②
③   ④

2. 설계 및 계획 조건

(1) 규모 ⑤
　① 기존 건축물 : 지상 2층
　② 증축 건축물 : 지상 3층
(2) 구조 ⑥ : 철근콘크리트조
(3) 층고는 제시된 평면도 참고한다.⑦
(4) 방화구획은 고려하지 않는다.⑧
(5) 계단 난간은 투시형으로 한다.
(6) 동결선 : G.L -1m ⑨

<표1> 설계조건

구분		기존	증축
구조체 ⑩	슬래브 두께	150mm	
	보 단면	400(W) × 500(D)	
	기둥	500 × 500mm	
	기초	1,500×1,500×400mm 독립기초	두께 600mm 온통기초
	흙에 면한 벽체 두께	250mm	
단열재 ⑪	최상층 지붕	200mm	
	외벽 및 최하층 바닥	100mm	
외장재 ⑫		붉은벽돌 치장쌓기 0.5B	커튼월시스템 ⑭
공조 설비	EHP(천장매립형) ⑬	950×950×350(H)mm	

<표2> 실내 마감

구분		기존+증축 건축물
각 층	바닥	몰탈 위 에폭시코팅
	벽	석고보드 2겹 위 수성페인트
	천장	면 처리 후 수성페인트 (노출천장)

3. 고려사항

(1) 단면설계는 기존 및 증축 건축물의 대지 레벨, 층고 차이 및 구조 현황 등을 고려한다.
(2) 기존 건축물의 치장벽돌 벽체는 보수보강 후 증축 건축물의 인테리어로 활용 가능하도록 하고, 기존 건축물의 내부마감 및 최상층 바닥의 방수, 단열 등은 철거 후 재설치 한다.⑰
(3) 기존 건축물의 지붕에는 목재 데크 및 옥상정원(관목류, 토심 600mm)을 조정하며, 증축 건축물에서 진출입 가능하도록 한다.⑱
(4) 기존 건축물의 지붕은 외단열로 하고, 벽체는 내단열로 추가 설치하며, 최하층 바닥은 단열을 고려하지 않는다.
(5) 증축 건축물의 지붕은 외단열로 하고, 최하층 바닥의 단열재는 구조기준 강도를 충족하는 것으로 간주한다.⑳
(6) 증축 건축물의 아트리움(atrium) 및 커튼월시스템은 일사 조절, 환기 및 조망 등을 고려한다. ㉑

4. 도면작성요령

(1) 층고, 개구부 높이 등 주요 부분의 치수와 각 실의 명칭을 표기한다. ㉒
(2) 계단의 단수, 단높이, 단너비 및 난간높이를 표기한다.
(3) 단열, 방수, 내·외장 마감재 등을 표기한다.
(4) <보기>에 따라 자연환기와 채광경로 및 EHP 위치를 표기한다.
(5) 설계 및 계획조건에 제시되지 않은 내용은 기능에 따라 합리적으로 정하여 표기한다.
(6) 도면에 표기하기 어려운 내용은 여백을 이용하여 추가로 기술한다.㉓
(7) 단위 : mm
(8) 축척 : 단면도 1/100, 단면상세도 1/50
<보기> ㉔

구분	표시방법
자연환기	〜〜〜〉
자연채광	□□□□□□□▷
EHP	⋈

5. 유의사항

(1) 답안 작성은 반드시 흑색 연필로 한다.
(2) 명시되지 않은 사항은 현행 관계법령의 범위 안에서 임의로 한다.㉕

FACTOR	구 성

⑭ 공조설비는 EHP 및 환기유닛이 제시되어 있기 때문에 외기 접해서 환기유닛, 내부에 EHP를 계획해야 한다.

⑮ 기존 구조물과 증축건축물의 마감 및 규모 및 형태 등을 고려하여 계획에 반영

⑯ 기존 건축물 외벽 과 증축부분과 교차부분의 마감은 기존 치장벽돌 마감으로 표현

⑰ 방수, 단열 등은 제시조건에 에 맞춰서 표현

⑱ 지붕층 관목 표현으로 인공토 600mm와 함께 마감 재료명 기입

⑲ 건축물의 각 부분을 단열할 때 단열재를 구조체의 외벽에 설치

⑳ 흙에 접한 부분의 슬래브 및 온통기초의 단열재는 구조체 하부에 설치 가능

㉑ 친환경 요소로써 채광, 환기에 대한 표현 (외벽 및 천창)

㉒ 주요부분의 치수와 치수선은 중요한 요소이기 때문에 반드시 표기한다. (반자 높이, 각층레벨, 층고, 건물높이 등 필요시 기입)

㉓ 빈 공간 이용하여 중요한 요소에 대한 내용을 NOTE를 통해 기입

㉔ 보기에 제시된 내용으로 설비 요소 표현

㉕ 제시도면 및 지문등을 통해 제시된 치수등을 고려하여 주단면도에 적용해야 하며 이때 제시되지 않은 사항은 관계 법령의 범위 안에서 임으로 한다.

3. 고려사항

- 기존 및 증축 건축물과의 구조적인 현황을 고려하여 반영
- 기존 및 증축 건축물에 대한 고려사항을 제시
- 조망, 환기 및 일사 조절을 고려
- 천창을 통한 채광 및 환기
- 단열재 설치 위치에 따른 표현 방법제시

4. 도면작성요령

- 입단면도 표현
- 부분 단면상세도 (expansion joint 표현)
- 각 실명 기입
- 레벨, 치수 및 재료 등은 용도에 따라 적용
- 환기, 채광, 창호의 개폐 방향을 표시
- 계단의 단수, 너비, 높이, 난간높이 표현
- 방화, 피난, 대피는 계획에서 제외
- 단열, 방수, 마감재 반영

5. 유의사항

- 제도용구 (흑색연필 요구)
- 명시되지 않은 사항은 현행 관계법령을 준용

6. 제시 평면도

- 1층 평면도
- 기존 X1열 벽체, X2열 벽체 증축 X3열~X4열 계단, X4열 외벽, 외부 목재 데크 바닥 절취
- 기존 창호, 증축창문, 수직루버, 계단, 방풍실 입면표현
- 바닥 단차 레벨, GL 단차 검토

- 2층 평면도
- 기존 X1열 벽체, X2열 벽체 증축 X3열~X4열 계단, X4열 외벽 커튼월 절취
- 기존 창호, 증축창문, 수직루버 입면표현
- 바닥 단차 레벨확인
- 케노피 입면

- 3층 평면도
- X1~X2열 슬래브 목제 데크, X2열 커튼월, X3열~X4열 계단, X4 커튼월 절취
- 관목, 파라펫 입면, 내부 난간 및 창호 입면 표현
- 계단 범위 내에서 계획
- 수목입면 표현

- 지붕층 평면도
- 파라펫, X2~X3열 커튼월 절취
- OPEN 상부 천창 표현
- 케노피 입면

① 제시평면도 축척 없음
② 제시 도면 EL(마감레벨) 확인
③ 방위표 확인
④ G.L 레벨 확인
⑤ 접이문 표현
⑥ 단면 절곡선 확인
⑦ 제시된 계단 단높이, 단너비, 계단참 계획 후 반영
⑧ 계단을 통한 단차 및 레벨확인
⑨ 내.외부 벽체 마감재료 확인
⑩ 내.외부 벽체 마감재료 확인
⑪ G.L 레벨 확인
⑫ 기존 및 증축부분 영역확인
⑬ 커튼월시스템, 유리, 프레임, 수직루버 확인 후 반영
⑭ 제시된 계단 단높이, 단너비, 계단참 계획 후 반영
⑮ 내.외부 벽체 마감재료 확인
⑯ 입면으로 보이는 창문 표현
⑰ 케노피 입면 표현
⑱ 바닥레벨 확인 후 계단 계획
⑲ 커튼월시스템, 유리, 프레임, 수직루버 확인 후 반영
⑳ 계단 상부 보 표현으로 인한 하부 계단 계획시 계단참 확인이 필요한 부분
㉑ 목재데크 마감 두께 표현
㉒ 관목에 대한 인공토 두께확인
㉓ 파라펫 단면 표현
㉔ 계단실 창호 입면 표현
㉕ 천창설치가능 범위 확인 후 남향을 기준으로 30°로 표현.
㉖ 천창은 주변벽체 및 입면 창호 표현은 조망 및 채광이 가능한 커튼월시스템으로 표현
㉗ 케노피 입면 표현

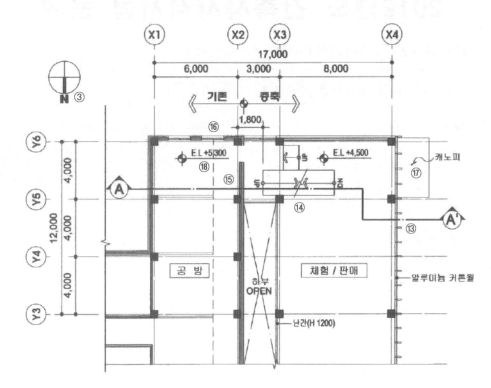

지상 2층 평면도
축척없음 ①

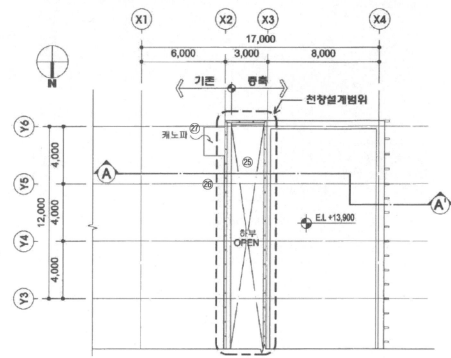

지붕 평면도
축척없음

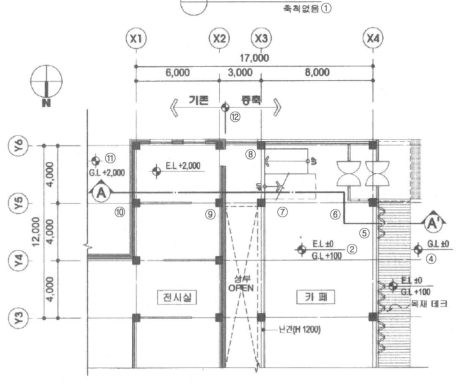

지상 1층 평면도
축척없음

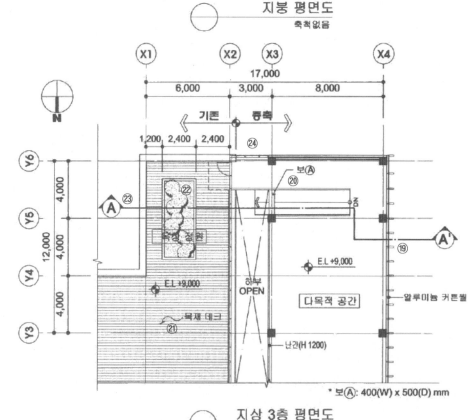

지상 3층 평면도
축척없음

문화시설

리모델링
건축물의 노후화 억제 또는 기능 향상 등을 위하여 대수선(大修繕) 또는 일부 증축(增築)하는 행위를 말한다.

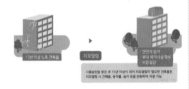

도시재생활성화
「도시재생 활성화 및 지원에 관한 특별법」, 같은 법 시행령에서 조례로 정하도록 위임된 사항과 그 밖에 고양시의 도시재생사업의 원활한 추진을 위하여 필요한 사항을 규정함을 목적으로 한다.

조적조

· 제1과제 : (단면설계+설비계획)
· 배점: 60/100점

2019년 출제된 단면설계의 경우 배점은 100점 중 60점으로 출제되었다. 또한 과제는 단면설계가 제시되었지만 지문 내용 등을 살펴보면 단순히 단면설계만 출제 된 것이 아니라 상세도+설비+친환경 설비 내용이 포함되어 있는 것을 볼 수 있다.

제목 : 증축형 리모델링 문화시설 단면설계

1. 과제개요

도시재생활성화 구역 내 기존 건축물을 증축하여 문화시설로 리모델링하고자 한다. 다음 사항을 고려하여 각 층 단면도에 표시된 단면지시선 <A-A'>를 기준으로 단면도와 단면상세도를 작성하시오.

- 도서관, 극장, 학교, 박물관, 미술관 등을 말하는데, 이곳에서 사람들은 예술 작품을 감상하고 책을 읽는다. 그런데 이런 문화 시설은 수도권 및 대도시에 몰려 있어 시골이나 지방 중소 도시에 사는 사람들은 문화 시설의 혜택을 받는 기회가 적다.

2. 설계 및 계획조건

(1) 규모
① 기존 건축물 : 지상 2층
② 증축 건축물 : 지상 3층

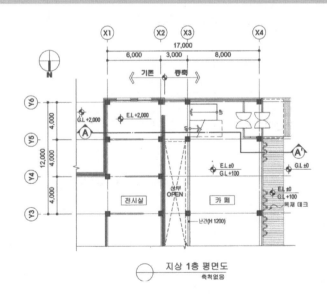

지상 1층 평면도
축척없음

▶ **1층 평면도**
• 기존 X1열 벽체, X2열 벽체 증축 X3열~X4열 계단, X4열 외벽, 외부 목재 데크 바닥 절취
• 기존 창호, 증축창문, 수직루버, 계단, 방풍실 입면표현
• 바닥 단차 레벨, GL 단차 검토

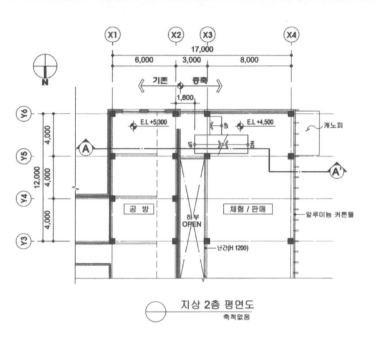

지상 2층 평면도
축척없음

▶ **2층 평면도**
• 기존 X1열 벽체, X2열 벽체 증축 X3열~X4열 계단, X4열 외벽 커튼월 절취
• 계단 범위 내에서 계획 (단높이, 단너비, 계단참)
• 기존 창호, 증축 창문, 수직루버 입면표현
• 바닥 단차 레벨확인
• 케노피 입면

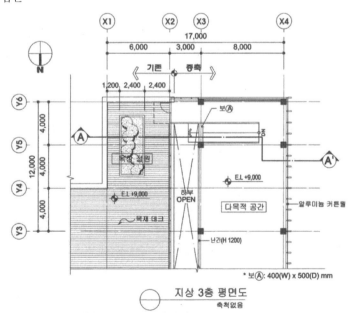

지상 3층 평면도
축척없음

▶ **3층 평면도**
• X1~X2열 슬래브 목재 데크, X2열 커튼월, X3열~X4열 계단, X4 커튼월 절취
• 관목, 파라펫 입면, 내부 난간 및 창호 입면 표현
• 계단 범위 내에서 계획 (단높이, 단너비, 계단참)
• 수목입면 표현

체험/판매

체험실
직접 보고 듣고 만져보고 해 보는것을 체험이라고 합니다. 그런데 책으로 보는 것은 글이나 그림으로 볼 뿐 직접 하지는 못하기 때문에 체험이라고 할 수 없어요.

다목적공간

다목적공간
복수의 목적으로 사용되는 것을 전제로 하여 만들어진 공간. 기능 분화가 심화되는 과정에서 반대로 사용의 편리성 · 경제성 등의 면에서 생각되고 있는 공간

카페

카페
가벼운 식사나 차를 마실 수 있는 레스토랑을 의미 함.

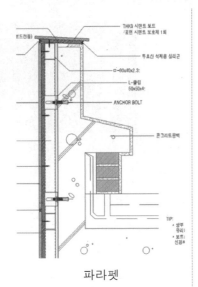

파라펫

커튼월

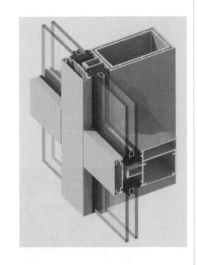

커튼월 상세
고층건축에서는 건물의 자체중량이 기둥이나 보의 굵기에 큰 영향이 있으므로 중량을 줄이기 위하여 커튼월에는 가벼운 재료가 사용된다.

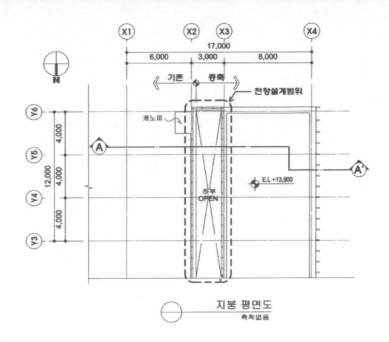

지붕 평면도
축척없음

▶ 지붕층 평면도
- X4열- 파라펫(1,200mm) 표현
- X2~X3열 커튼월 절취
- X2~X3열 상부 천창 표현 (30° 경사도)
- 케노피 입면

▶ 층고계획
- 각층 EL, 바닥 마감레벨을 기준이므로 제시된 조건 확인
- 1층~지붕층까지 층고를 기준으로 개략적인 단면의 형태 파악

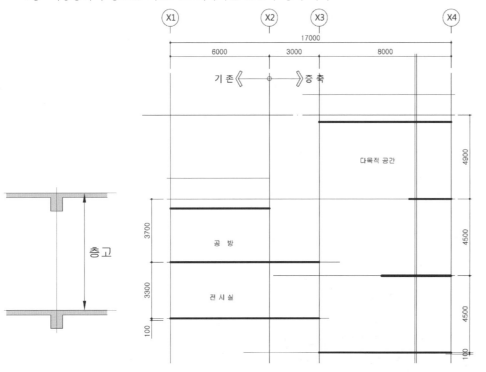

▶ 계단계획

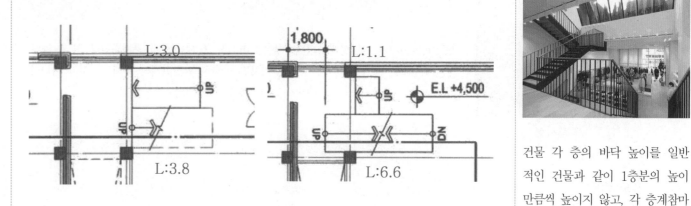

L:3.0
L:3.8
L:1.1
E.L +4,500
L:6.6

▶ 1층
- 2.5/0.16=15.6단(15단)
- (2.5/15=166.67mm)
- 270x14=3.78m
- 300x14=4.20m

▶ 2층
- 0.8/0.16=5단(4단)
- (0.8/5=160mm)
- 270x4=1.08m
- 300x4=1.20m
- <L:6.6>
- 3.7/0.16=23.12단(23단)
- (3.7/23=160.87mm)
- (3.7/22=168.18mm)-21단
- 270x20=5.40+ 1.2=6.60m
- 300x20=6.0+ 1.2= 7.20m

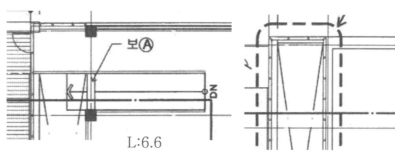

보Ⓐ
L:6.6

▶ 3층
- 3.7/0.16=23.12단(23단)
- (3.7/23=160.87mm)
- (3.7/22=168.18mm)-21단
- 270x20=5.40+ 1.2=6.60m
- 300x20=6.0+ 1.2= 7.20m

▶ 지붕층

- 계단 계획시 반드시 스케일을 이용하여 제시된 평면도 계단 치수 확인한다.
- 계단의 단높이 와 단너비는 제시 평면도와 비슷한 크기로 계획
- 계단의 단높이는 보통 160mm~170mm 범위에서 계획하나 본 문제의 경우 제시된 계단의 길이가 짧아 단높이가 높아 질 수밖에 없다.

스킵플로어

건물 각 층의 바닥 높이를 일반적인 건물과 같이 1층분의 높이만큼씩 높이지 않고, 각 층계참마다 반층차(半層差) 높이로 설계하는 방식을 말한다.

증축

같은 지붕마루 내에서 건축물의 바닥 면적을 늘리는 것을 말하는데, 같은 대지 내에서 별채를 추가 신축하는 것도 증축이라 하는 경우가 있다.

기초의 형태 분류

(a) 독립기초
(b) 연속기초
(c) 온통(매트)기초
(d) 파일기초

건축물의 피난·방화구조 등의 기준에 관한 규칙

3층 이상의 층과 지하층은 층마다 구획할 것. 다만, 지하 1층에서 지상으로 직접 연결하는 경사로 부위는 제외한다.

방화셔터

방화문

동결선깊이
지반면에서 지하 동결선까지의 깊이를 말한다.

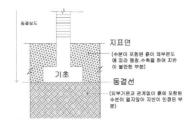

투시형난간

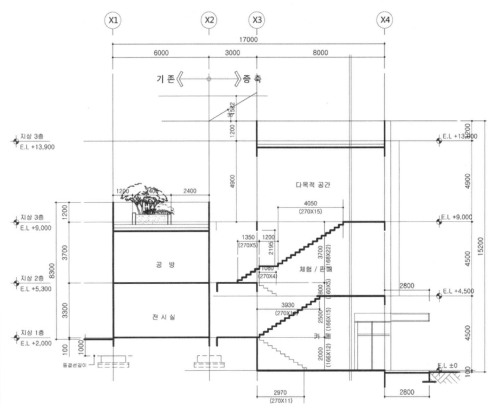

구조체를 고려한 단면의 형태

(2) 구조 : 철근콘크리트조
(3) 층고는 제시된 평면도 참고한다.
(4) 방화구획은 고려하지 않는다.
(5) 계단 난간은 투시형으로 한다.
(6) 동결선 : G.L -1m

· 동결선 : G.L -1m
· 계단 난간은 투시형으로 한다.

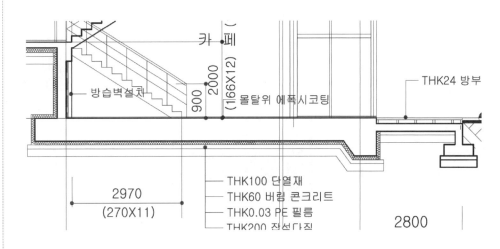

카 페

THK24 방부

방습벽설치
몰탈위 에폭시코팅

2970
(270X11)

THK100 단열재
THK60 버림 콘크리트
THK0.03 PE 필름
THK200 잡석다짐

2800

<표1> 설계조건

구분		기존	증축
구조체	슬래브 두께	150mm	
	보 단면	400(W) × 500(D)	
	기둥	500 × 500mm	
	기초	1,500×1,500 ×400mm 독립기초	두께 600mm 온통기초
단열재	흙에 면한 벽체 두께	250mm	
	최상층 지붕	200mm	
	외벽 및 최하층 바닥	100mm	
	외장재	붉은벽돌 치장쌓기 0.5B	커튼월 스시템
공조설비	EHP(천장매립형)	950×950×350(H)mm	

· 온통기초 및 독립기초

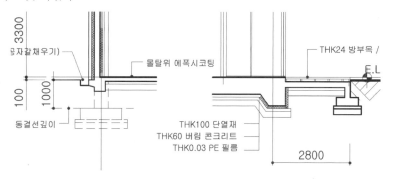

유자갈채우기
몰탈위 에폭시코팅
THK24 방부목
E.L
동결선깊이
THK100 단열재
THK60 버림 콘크리트
THK0.03 PE 필름
2800

· 온통기초, 보, 벽체, 슬래브

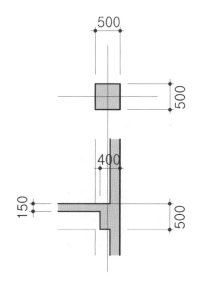

· 기둥의 크기는 500mm x 500mm

· 보 : 400mm x 500mm

· 위에서 제시된 기둥 및 보의 크기는 단면도에서 반드시 표현이 되어야 하는 부분이다.

· 기둥 중심으로부터 250mm 이격되어 외곽부분이 있으며, 이곳에 제시된 보의 크기 300mm가 표현되어야 한다.

· 기둥과 보의 간격은 100mm 차이나야 하며, 또한 작도 시 표현이 되어야 한다.

기초의 종류

독립기초

온통기초

붉은 벽돌
적색을 한 보통 벽돌의 속칭. 산화철을 포함한 찰흙과 강모래를 원료로 하고, 색을 가감하기 위해 석회를 넣는다.

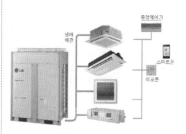

EHP 냉난방 시스템

에폭시코팅

에폭시의 시공법에 따라 코팅과 라이닝으로 나누어지며, 코팅은 도장하듯 얇게 바르는 것이며, 라이닝은 에폭시가 두께를 가질 수 있도록 두껍게 시공하는 방법을 의미

수성페인트

수성 페인트화학용어사전 이전에는 전색제에 카세인을 사용하는 도료를 지칭하였으나 현재는 물을 희석 용제로 하는 도료의 일반명. 수용성 도료, 수계 도료라고도 한다.

• 단열재

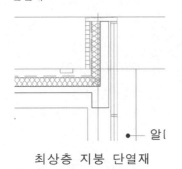

최상층 지붕 단열재   방습벽설치 / 외벽 및 최하층 바닥

• 외부 마감재

100mm단열재 · 석고보드2겹/수성페인트 · 0.5B치장벽돌

알미늄커튼월(단열바) THK24 로이복층유리 · 알미늄 수직루버

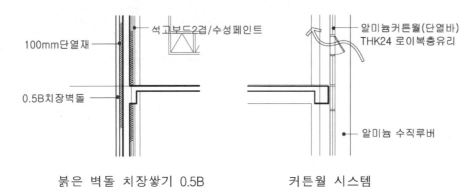

붉은 벽돌 치장쌓기 0.5B   커튼월 시스템

<표 2> 실내 마감

구분		기존+증축 건축물
각층	바닥	몰탈 위 에폭시코팅
	벽	석고보드 2겹 위 수성페인트
	천장	면 처리 후 수성페인트 (노출천장)

• 몰탈 위 에폭시 코팅   • 석고보드 2겹 위 수성페인트

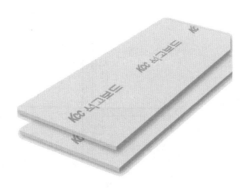

3. 고려사항

(1) 단면설계는 기존 및 증축 건축물의 대지 레벨, 층고 차이 및 구조 현황 등을 고려한다.

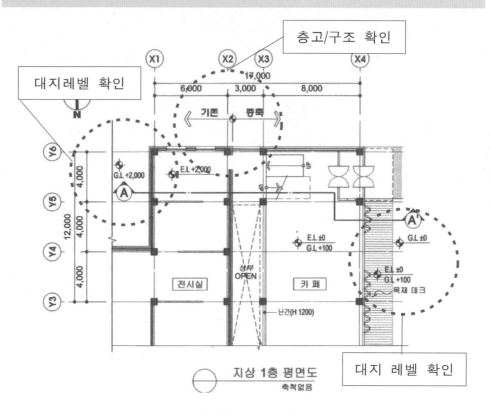

지상 1층 평면도
축척없음

(2) 기존 건축물의 치장벽돌 벽체는 보수보강 후 증축 건축물의 인테리어로 활용 가능하도록 하고, 기존 건축물의 내부마감 및 최상층 바닥의 방수, 단열 등은 철거 후 재설치 한다.

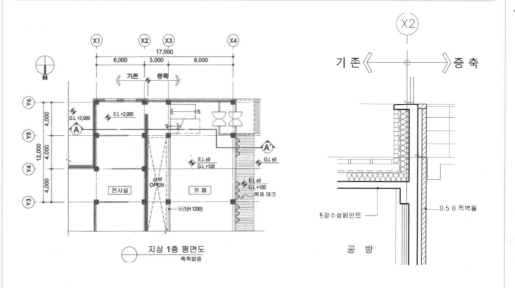

지상 1층 평면도
축척없음

대지레벨

대지레벨에 의한 건축물은 스킵, 동결선 깊이, 단열재 확보, 지하층 여부 등을 통해 단면도의 형태 등을 파악 할 수 있는 중요한 요소이다.

방수

방수인테리어 용어사전 수분이나 습기의 침입·투과를 방지하는 일. 각종 방수재료를 써서 지하층·지붕·실내바닥·벽체 등에 물을 배제, 막는 일(것).

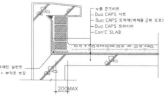

(3) 기존 건축물의 지붕에는 목재 데크 및 옥상정원(관목류, 토심 600mm)을 조정하며, 증축 건축물에서 진출입 가능하도록 한다.

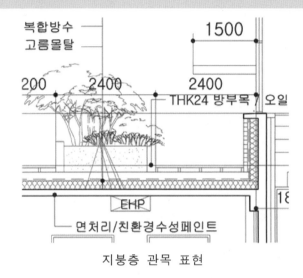

지붕층 관목 표현

지붕층 목재 데크

관목 및 옥상정원
높이가 2m 이내이고 주줄기가 분명하지 않으며 밑동이나 땅속 부분에서부터 줄기가 갈라져 나는 나무

외 단열
외벽, 지붕 등의 외주 부위를 단열할 때 단열재를 해당 부위의 주요 구조체 외기측에 넣는 단열 방법을 말한다. 만일 구조체가 콘크리트 등 열용량이 큰 재료이면 실내에 축열 효과를 유지시킬 수 있게 되어 실내에 들어오는 태양열을 축열할 수 있다.

(4) 기존 건축물의 지붕은 외 단열로 하고, 벽체는 내 단열재로 추가 설치하며, 최하층 바닥은 단열을 고려하지 않는다.

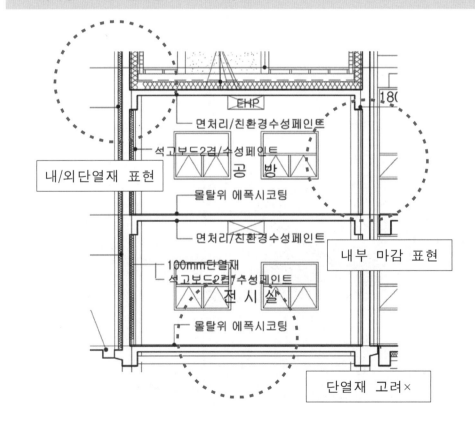

(5) 증축 건축물의 지붕은 외단열로 하고, 최하층 바닥의 단열재는 구조기준 강도를 충족하는 것으로 간주한다.

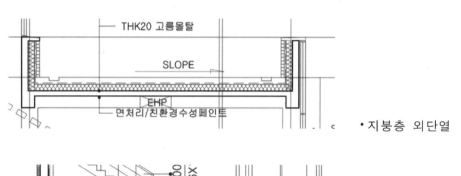

• 지붕층 외단열

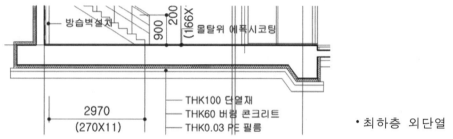

• 최하층 외단열

(6) 증축 건축물의 아트리움(atrium) 및 커튼월시스템은 일사 조절, 환기 및 조망 등을 고려한다.

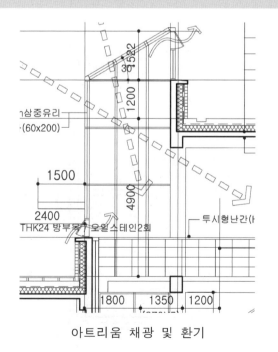

아트리움 채광 및 환기

지붕층 외단열

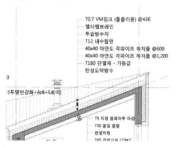

자연환기

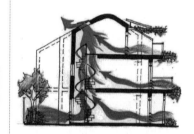

자연채광

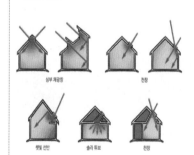

4. 도면작성요령

(1) 층고, 반자, 개구부 높이 등 주요 부분의 치수와 각 실의 명칭을 표기한다.
(2) 계단의 단수, 단높이, 단너비 및 난간높이를 표기 한다.
(3) 단열, 방수, 내외장 마감재 등을 표기한다.
(4) <보기>에 따라 자연환기와 채광경로 및 EHP 위치를 표기한다.
(5) 설계 및 계획조건에 제시되지 않은 내용은 기능에 따라 합리적으로 정하여 표기한다.

(6) 도면에 표기하기 어려운 내용은 여백을 이용하여 추가로 기술한다.
(7) 단위 : mm
(8) 축척 : 단면도 1/100, 단면상세도 1/50

<보기>

구분	표시방법
자연환기	
자연채광	
EHP	

5. 유의사항

(1) 답안 작성은 반드시 흑색 연필로 한다.
(2) 명시되지 않은 사항은 현행 관계법령의 범위 안에서 임의로 한다.

〈건축물의 에너지절약 설계기준〉

– 시행 2016. 1. 11

[별표3] 단열재의 두께

아트리움(atrium)

주위가 건물로 둘러싸인 공간구조를 말한다. 최근 대부분의 아트리움은 채광을 좋게 하기 위해 투명한 지붕재를 사용하여 건축하고 있다.

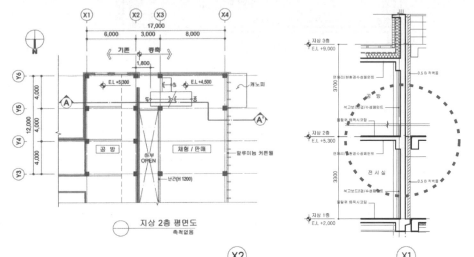

지상 2층 평면도
축척없음

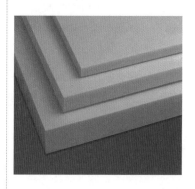

아트리움/천창

단열재 위치

커튼월/수직루버

E.J 설치

스킵/계단참설치

B 단면상세도
축척:1/50

NOTE 추가 기입

★ NOTE
1. 기존 건물과 증축건물을 익스펜션 조인트를 설치하여 연결, 기존벽돌마감을 최대한 활용함.
2. 외단열+내단열을 시공하여 Cold Bridge 최소화 하여 에너지효율을 극대화함.
3. 아트리움(천창) 마감은 단열바+삼중유리 사용 하며 일사조절을 위해 롤스크린을 설치하여 에너지효율을 극대화함.

A-A 단면도
축척:1/100

1 2019

응시번호
성 명
감독확인 (인)

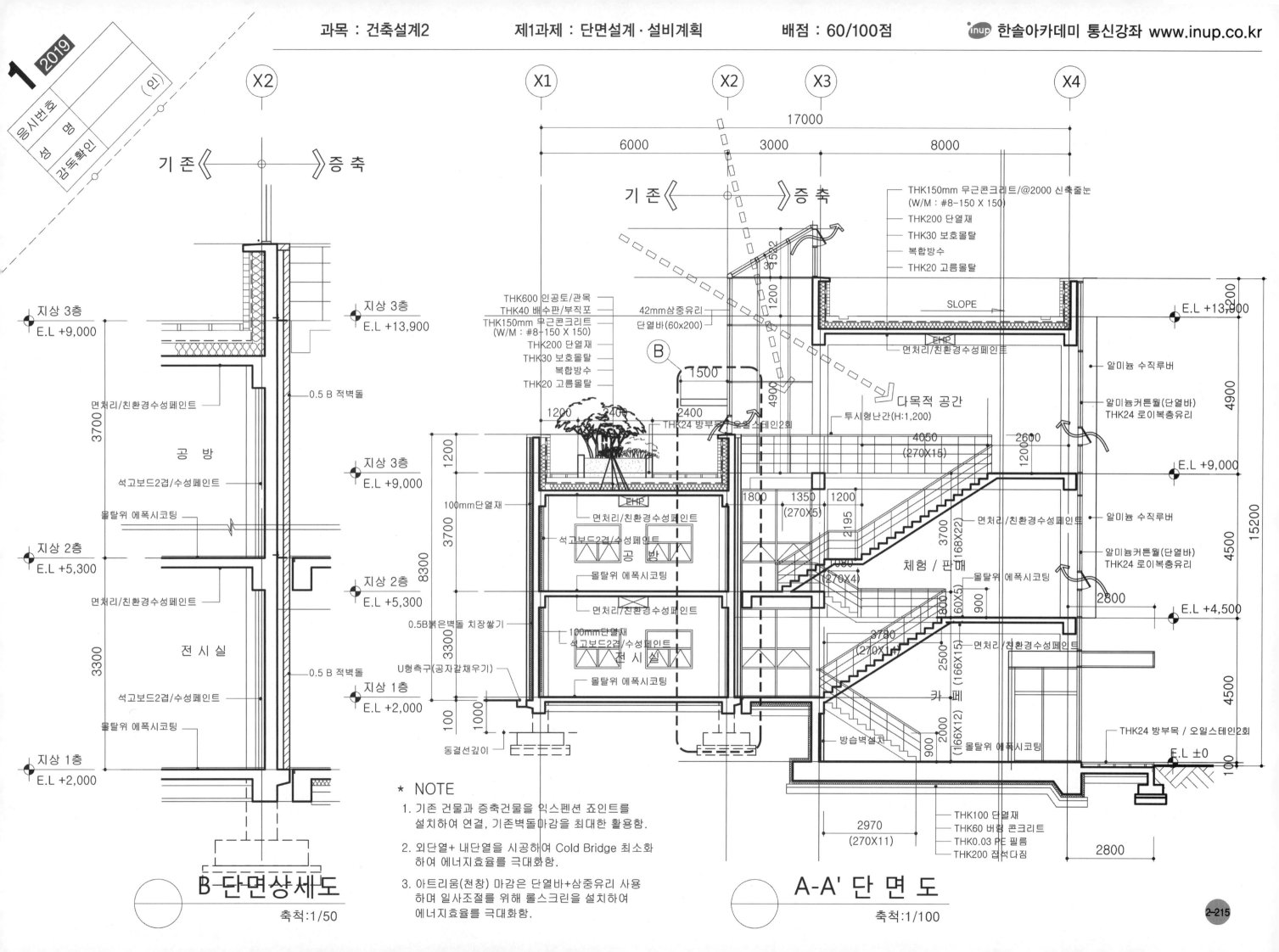

X2

기 존 ← → 증 축

지상 3층
E.L +9,000

3700

지상 3층
E.L +13,900

면처리/친환경수성페인트

0.5 B 적벽돌

공 방

석고보드2겹/수성페인트

몰탈위 에폭시코팅

지상 2층
E.L +5,300

지상 3층
E.L +9,000

8300

3300

지상 2층
E.L +5,300

면처리/친환경수성페인트

0.5B붉은벽돌 치장쌓기

전 시 실

0.5 B 적벽돌

석고보드2겹/수성페인트

몰탈위 에폭시코팅

지상 1층
E.L +2,000

B 단면상세도
축척:1/50

지상 1층
E.L +2,000

A-A' 단면도 영역 (우측)

X1 X2 X3 X4

17000

6000 3000 8000

기 존 ← → 증 축

THK150mm 무근콘크리트/@2000 신축줄눈
(W/M : #8-150 X 150)
THK200 단열재
THK30 보호몰탈
복합방수
THK20 고름몰탈

THK600 인공토/관목
THK40 배수판/부직포
THK150mm 무근콘크리트
(W/M : #8-150 X 150)
THK200 단열재
THK30 보호몰탈
복합방수
THK20 고름몰탈

42mm삼중유리
단열바(60x200)

SLOPE

E.L +13,900

면처리/친환경수성페인트

1500

다목적 공간

투시형난간(H:1,200)

알미늄 수직루버

알미늄커튼월(단열바)
THK24 로이복층유리

1200 2400 2400

THK24 방부목/오일스테인2회

4050
(270X15)

2600

1200

E.L +9,000

4900

100mm단열재

3700

면처리/친환경수성페인트

석고보드2겹/수성페인트
공 방

몰탈위 에폭시코팅

1800 1350 1200
(270X5)

2195

3700
(168X22)

면처리/친환경수성페인트

알미늄 수직루버

알미늄커튼월(단열바)
THK24 로이복층유리

E.L +4,500

4500

15200

면처리/친환경수성페인트

100mm단열재
석고보드2겹/수성페인트
전 시 실

몰탈위 에폭시코팅

(270X4)

체험 / 판매

3780
(270X11)

2500
(166X15)

60X5 900

몰탈위 에폭시코팅

면처리/친환경수성페인트

2800

U형측구(공자갈채우기)

동결선깊이

방습벽설치

900 2000
(166X12)

카 페

THK24 방부목 / 오일스테인2회

E.L ±0

2970
(270X11)

THK100 단열재
THK60 버림 콘크리트
THK0.03 PE 필름
THK200 잡석다짐

2800

NOTE

* NOTE

1. 기존 건물과 증축건물을 익스펜션 죠인트를
   설치하여 연결, 기존벽돌마감을 최대한 활용함.

2. 외단열+ 내단열을 시공하여 Cold Bridge 최소화
   하여 에너지효율를 극대화함.

3. 아트리움(천창) 마감은 단열바+삼중유리 사용
   하며 일사조절를 위해 롤스크린을 설치하여
   에너지효율를 극대화함.

A-A' 단 면 도
축척:1/100

구 성	FACTOR	지 문 본 문	FACTOR	구 성

좌측 구성 / FACTOR

1. 제목
건물용도분류, 문제유형

① 배점확인
3교시 배점비율에 따라 과제 작성시간 배분

② 제목
교육연구시설 증축 구조계획

2. 과제개요
- 증축내용
- 증축
- 과제도면

③ 동별 증축내용
교육동 수직증축
연구동 별동(수평)증축

④ 과제도면
교육동과 연구동의 구조평면도
단면상세도 ← 답안작성용지 확인

3. 계획조건
- 기본사항
- 증축내용
- 구조형식,
- 적용하중
- 재료
- 슬래브

⑤ 건축개요(기본사항)
증축내용: 교육동-2개 층 증축
연구동-2개 층 별동 증축 ← 제시한 단면개념도 확인
구조형식: 교육동 - 철근콘크리트조
연구동 - 강구조
적용하중 및 재료강도
슬래브 : 교육동-두께제시 ← RC조
연구동-데크슬래브

⑥ 교육동 철근콘크리트보 단면치수 및 배근도
보 단면크기 : 400x600mm,
300x600mm
단면기호 : A, B, C, D 및 E (5개)
→ 철근배근의 의미 파악 / 분류

⑦ 연구동 강재부재 단면치수
H형강 사용
강재단면기호: a, b, c 및 d (4개)

⑧ 공통사항
교육동에만 전단벽 증설
횡력은 고려하지 않음.

⑨ 교육동
증축되는 코어와 기둥은 기존과 동일함.
기존기둥과 기초는 증축을 위하여 보강된 것으로 가정함

4. 구조계획 시 고려사항
- 공통사항
· 전단벽 증설
· 횡력 고려 여부
· 바닥에 균등하중 작용
- 교육동
· 증축시 코어와 기둥계획
· 전단벽 증축계획
· 기존 구조부재의 보강 여부
- 4층 바닥 보
· 보의 배치방법제시
· 중력하중에 의한 모멘트만 고려 → 보배근
· 슬래브 지지형식 및 단변길이 제한
· 코어 전단벽에 보 설치제한

중앙 지문 본문

2019년도 건축사자격시험 문제

과목: 건축설계2   제2과제 (구조계획)   배점: 40/100점 ①

제 목 : 교육연구시설 증축 구조계획 ②

1. 과제개요

기존 부지 내 교육동을 수직으로 증축하고, 연구동은 별동으로 증축하고자 한다. 다음 사항을 고려하여 교육동과 연구동의 구조평면도와 단면상세도를 작성하시오. ④

2. 계획조건

1) 기본사항 ⑤

구분	교육동	연구동
증축내용	2개 층 수직증축	2개 층 별동 증축
구조	철근콘크리트조	강구조
적용하중	고정하중 6kN/m² 활하중 6kN/m²	고정하중 4kN/m² 활하중 5kN/m²
재료	콘크리트 f_ck=24MPa 철근 SD400	강재 SS275
슬래브	두께 180mm	데크플레이트

2) 구조부재의 단면치수 및 배근도

<표1> 교육동 철근콘크리트보 단면기호 (단위 : mm) ⑥

기호	A	B	C	D	E
단면					
	400×600	400×600	400×600	400×600	300×600

<표2> 연구동 강재부재 단면기호 (단위 : mm) ⑦

	a	b	c	d
	H-600×200	H-200×200	H-150×150	H-400×400

주: 제시된 철근콘크리트조 및 강구조 부재 단면은 설계하중에 대한 개략적 해석결과를 반영한 값이다.

3. 구조계획 시 고려사항

1) 공통사항
(1) 구조부재는 경제성, 시공성, 공간 활용성 등을 고려하여 합리적으로 계획한다.
(2) 교육동에 전단벽을 증설하는 경우 외에는 교육동과 연구동에 작용하는 횡력은 고려하지 않는다. ⑧
(3) 바닥에는 고정하중과 활하중이 균등하게 작용한다.

2) 교육동 ⑨
(1) 기존 평면의 코어는 철근콘크리트 전단벽이며, 증축되는 코어와 기둥은 기존과 동일하다.
(2) 기존 기둥(500x500mm)과 기초는 증축을 위하여 보강된 것으로 가정한다.

(3) 4층 바닥 보 ⑩
① 보는 연속으로 배치하며, 중력하중에 의한 휨모멘트만 고려한다.
② 슬래브는 4변지지 형식으로 계획하고, 단변길이는 3.5m 이하로 한다.
③ 코어 전단벽에는 보를 설치하지 않는다.

(4) 증설 전단벽 ⑪
① 수직증축에 따른 횡하중 증가를 고려하여 비틀림이 최소화되도록 기존 건축물에 전단벽(두께 200mm)을 증설한다.
② 전단벽은 1, 2층이 연속되도록 배치하고, 각 층당 한 경간에만 설치한다.

3) 연구동 ⑫
(1) 중층영역을 참고하여 2층 바닥의 기둥과 보를 배치한다. (계단실 제외)
(2) 계단실은 구조적으로 분리되어 있다.
(3) 평면의 장변 양측으로 길이 2.5m의 캔틸레버를 계획하고, 단변측에는 캔틸레버를 두지 않는다.
(4) 1층과 2층의 기둥배치는 동일하다.
(5) 기둥은 7~10m 경간의 수직기둥으로 계획하고, 기둥 단면의 강축이 평면의 장변과 평행하게 배치한다.
(6) 데크플레이트는 최대 3.5m 경간을 지지하며, 2층 바닥 전체에서 한 방향으로만 사용한다.

4. 도면작성요령

1) 교육동 4층 구조평면도(축척 1/200) ⑬
(1) 4층 구조평면도 작성
(2) X5열과 Y3열의 보 단면을 <표1>에서 선택하여 <보기1>과 같이 보의 양단부 및 중앙부 상단에 단면기호 표기
2) 교육동 '가'단면 상세도(축척 1/50) ⑭
(1) '가' 위치의 보와 슬래브의 단면상세 작성
(2) 보 단면은 보의 중앙부를 기준으로 <표1>에서 선택하여 단면기호 표기
3) 교육동 2층 구조평면도(축척 1/200) ⑮
(1) 점선으로 표시된 영역에 증설할 전단벽 배치
4) 연구동 2층 구조평면도(축척 1/200) ⑯
(1) 보 및 기둥의 단면은 <표2>에서 선택하여 부재 옆에 단면기호 표기
(2) 기둥은 강축과 약축을 고려하여 표기
(3) 강재 부재간의 접합부는 강접합과 힌지접합으로 구분하여 표기
(4) 데크플레이트의 골 방향 표기

우측 FACTOR / 구성

⑩ 4층 바닥 보
보 연속배치, 중력하중에 의한 휨모멘트만 고려
슬래브는 4변지지 형식으로 계획
단변길이 3.5m 이하
코어 전단벽에 보 설치하지 않음.

⑪ 증설 전단벽
수직증축에 따른 횡하중 증가 고려할 목적
비틀림이 최소화되도록 기존건축물에 전단벽 증설(두께 200mm)함.
전단벽은 1, 2층 연속되도록 배치하고 각 층당 한 경간에만 설치

⑫ 연구동
2층 바닥의 기둥과 보 배치
계단실과 구조적으로 분리
평면의 장변 양측에 길이 2.5m의 캔틸레버계획
1층과 2층의 기둥배치 동일
기둥경간은 7~10m, 기둥단면의 강축이 평면의 장변과 평행하게 배치
데크플레이트는 최대 3.5m를 지지하고, 2층 바닥 전체에서 한 방향으로만 설치

⑬ 교육동 4층 구조평면도(축척 1/200)
4층 구조평면도 작성
X5열과 Y3열의 보 단면 → <표1>
단면기호 표기 → <보기1>

⑭ 교육동 '가'단면 상세도(축척 1/50)
'가'위치 단면상세 작성
보(중앙부)는 단면기호 표기 → <표1>

⑮ 교육동 2층 구조평면도
증설할 전단벽 배치

⑯ 연구동 2층 구조평면도
보와 기둥 단면기호 표기 → <표2>
기둥은 강축과 약축을 고려하여 표기
강접합과 힌지접합 구분표기
데크플레이트 골 방향 표기

4. 구조계획 시 고려사항
- 증설 전단벽
· 전단벽 설치이유제시
· 전단벽의 두께제시
· 전단벽의 설치방법과 각 층당 개수제한
- 연구동
· 2층바닥 구조계획 (표기할 구조부재)
· 계단실벽체와 구조계획 방법
· 캔틸레버구조계획위치 제시
· 기둥경간 구조제한 및 기둥강축 배치방법
· 데크플레이트의 최대 경간과 방향 제한

5. 도면작성요령
→ 과제확인

- 교육동 4층 구조평면도(축척 1/200)
· 과제작성위치
· 보 단면기호 표기 축열의 위치

- 교육동 '가'단면 상세도(축척 1/50)
· 보와 슬래브의 단면상세
· 보는 단면기호 표기

- 교육동 2층 구조평면도(축척 1/200)
· 증설할 전단벽 배치

- 연구동 2층 구조평면도(축척 1/200)
· 보 및 기둥의 단면기호 표기
· 기둥 강축과 약축 구분
· 접합방법표기
· 데크플레이트 방향표기

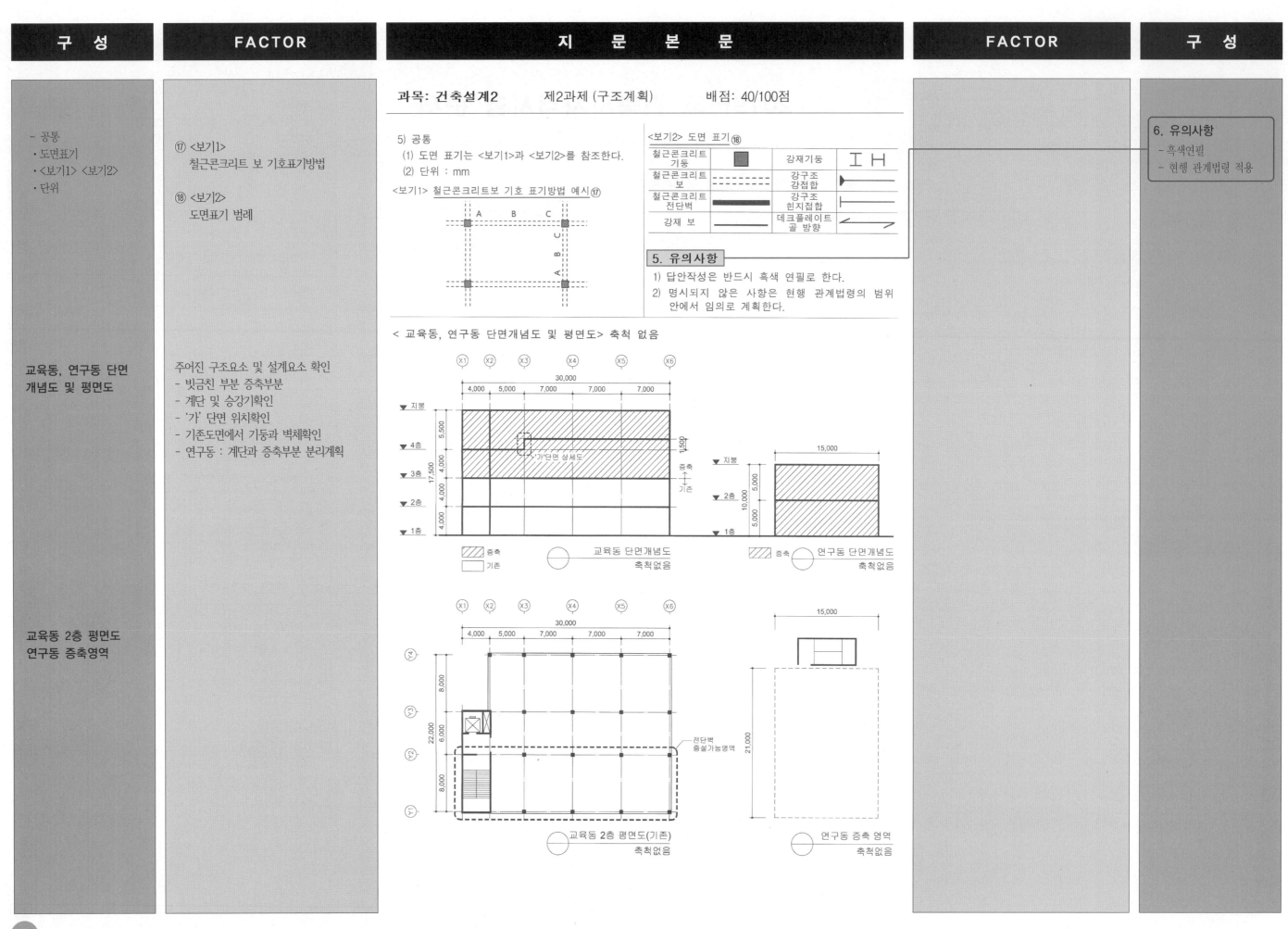

구성 (좌측)

- 공통
  • 도면표기
  • <보기1> <보기2>
  • 단위

교육동, 연구동 단면
개념도 및 평면도

교육동 2층 평면도
연구동 증축영역

FACTOR (좌측)

⑰ <보기1>
철근콘크리트 보 기호표기방법

⑱ <보기2>
도면표기 범례

주어진 구조요소 및 설계요소 확인
- 빗금친 부분 증축부분
- 계단 및 승강기확인
- '가' 단면 위치확인
- 기존도면에서 기둥과 벽체확인
- 연구동 : 계단과 증축부분 분리계획

지문 본문

과목: 건축설계2   제2과제 (구조계획)   배점: 40/100점

5) 공통
(1) 도면 표기는 <보기1>과 <보기2>를 참조한다.
(2) 단위 : mm

<보기1> 철근콘크리트보 기호 표기방법 예시 ⑰

<보기2> 도면 표기 ⑱

철근콘크리트 기둥	■	강재기둥	ㅗ H
철근콘크리트 보	------	강구조 강접합	▶
철근콘크리트 전단벽	▬▬	강구조 힌지접합	ㅓ
강재 보	——	데크플레이트 골 방향	↙

5. 유의사항

1) 답안작성은 반드시 흑색 연필로 한다.
2) 명시되지 않은 사항은 현행 관계법령의 범위
   안에서 임의로 계획한다.

< 교육동, 연구동 단면개념도 및 평면도 > 축척 없음

FACTOR (우측)

구성 (우측)

6. 유의사항
- 흑색연필
- 현행 관계법령 적용

1. 모듈확인

교육연구시설 건축물 → 증축

교육동 : 모듈제시형 / 연구동 : 모듈계획형

주어진 단면개념도 및 평면도와 답안 작성용지 확인.

과제확인 – 교육동 4층 구조평면도 / 교육동 '가' 단면 상세도

교육동 2층 구조평면도 / 연구동 2층 구조평면도

- 제목: 교육연구시설 증축 구조계획

① 주어진 구조요소 : 교육동 계단실벽체 및 승강기 샤프트

연구동 계단실벽체 확인

② 주어진 모듈확인 : 교육동 기둥모듈

연구동 증축영역

③ 구조형식 : 교육동 - 철근콘크리트조

연구동 - 강구조

④ 증축개요 : 교육동 - 2개 층 수직증축 (기존 : 지상2층)

연구동 - 2개 층 별동증축 (수평증축)

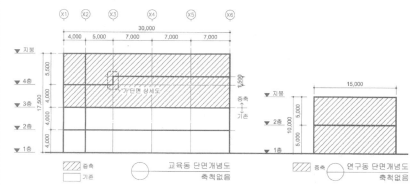

⬜⬜ 증축	교육동 단면개념도
⬜ 기존	축척없음

연구동 단면개념도
축척없음

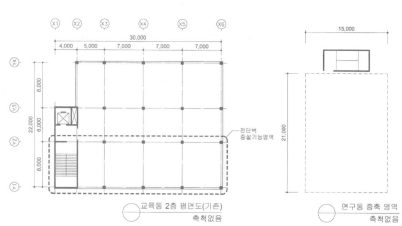

교육동 2층 평면도(기존)
축척없음

연구동 증축 영역
축척없음

⑤ 주어진 구조부재의 단면치수와 배근도확인

⑥ 답안작성용지 확인

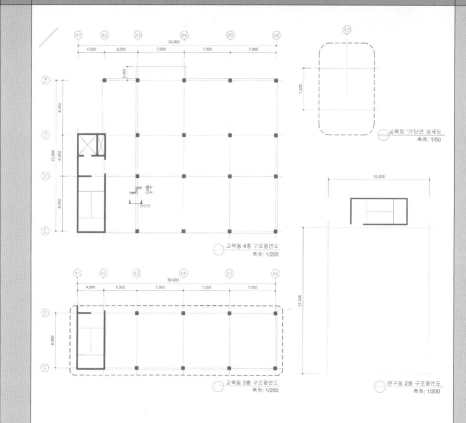

교육동 '가' 단면 상세도
축척: 1/50

교육동 4층 구조평면도
축척: 1/200

교육동 2층 구조평면도
축척: 1/200

연구동 2층 구조평면도
축척: 1/200

2. 교육동 4층 구조평면도 → 바닥레벨차이 표기부분 및 캔틸레버 부분

확인

교육동 '가' 단면 상세도 → X3열 / (Y1~Y2)열 구간 확인

교육동 2층 구조평면도 → 4층 평면도에서 위치 확인

→ (X1~X6)열 / (Y1~Y2)열 구간

연구동 2층 구조평면도 → 계단실과 분리여부 확인,

증축영역 21,000mm x 15,000mm

작도 1〉 큰 보(Girder) 계획 : 교육동 4층구조평면도

기둥과 기둥에 걸쳐진 보 또는 기둥과 벽체에 걸쳐진 보

연속적 배치

코어 전단벽에는 보 설치 불가

기존 기둥과 기초는 증축을 위하여 보강된 것으로 가정

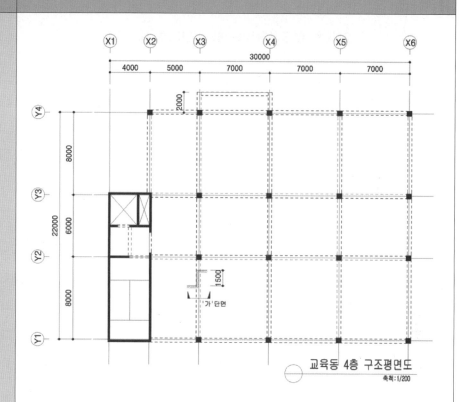

교육동 4층 구조평면도
축척:1/200

작도 2〉 작은 보(Beam) 계획 : 교육동 4층구조평면도

슬래브 4변지지 형식 / 단변길이 3.5m이하

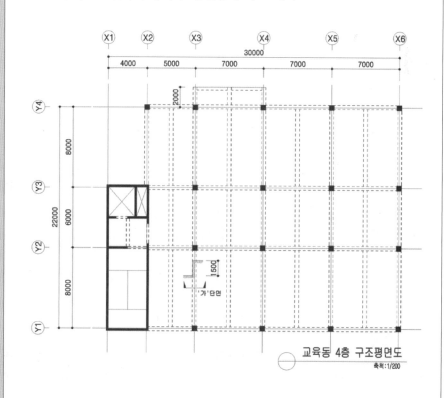

교육동 4층 구조평면도
축척:1/200

3. 교육동 철근콘크리트 보 단면기호 배근도분석

- 철근콘크리트 보 : A, B, C, D, E
- 주어진 철근콘크리트부재의 크기, 기호 및 배근도확인
  중력하중에 의한 휨모멘트만 고려함.
  단부배근과 중앙부 배근 구분하여 위계도 작성 (큰 보 기준)

기호	A	B	C	D	E
단면					
	400x600	400x600	400x600	400x600	300x600

철근대수 / 구분	단부배근 (상부인장)	중앙부배근 (하부인장)	조합
많 음 (400x600)	A	B	A-B-A
중 간 (400x600)	C	D	C-D-C
적 음 (300x600)		E	E-E-E

작도 3〉 철근콘크리트 보 적시 : X5열과 Y3열 부분
Y3열 큰 보 → A-B-A, 벽체에 걸쳐지는 큰 보는 배근 확인필요.
X5열 큰 보 → C-D-C

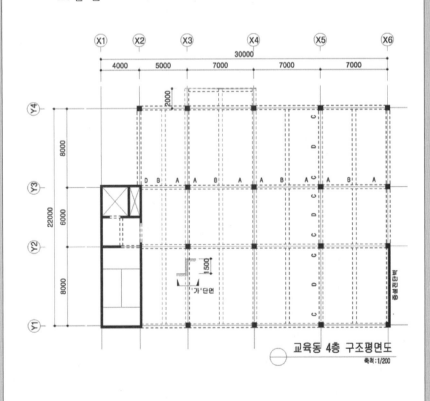

교육동 4층 구조평면도 축척:1/200

작도 4〉 교육동 "가" 단면 상세도 작성
보와 슬래브의 단면상세
바닥 레벨차 1,500mm
보 단면은 보의 중앙부 → 〈표1〉에서 단면기호 표기

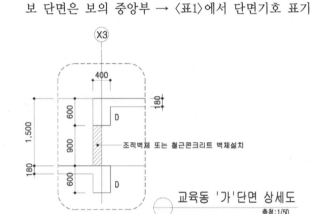

교육동 '가'단면 상세도 축척:1/50

작도 5〉 교육동 2층 구조평면도
증설전단벽 배치 → 수직증축에 따른 횡하중 증가 고려(비틀림 최소화 위한 목적)
각 층당 한 경간에만 설치
벽체위치는 평면에서 대칭성을 고려하여 배치하는 것이 필요.

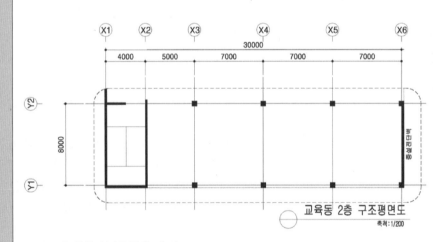

교육동 2층 구조평면도 축척:1/200

◆ 전단벽 설치방법 예시

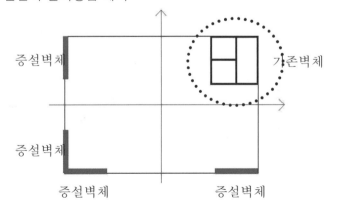

작도 6〉 연구동 2층 구조평면도 작도
모듈계획(계단실 제외)
계단실은 구조적으로 분리
평면의 장변 양측에 길이 2.5m의 캔틸레버 계획
기둥 경간 → 7m~10m

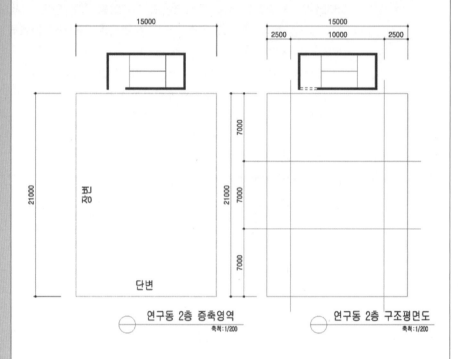

연구동 2층 증축영역 축척:1/200   연구동 2층 구조평면도 축척:1/200

작도 7〉 큰 보 → 작은 보 (데크플레이트 경간 3.5m지지) → 기둥 (강축) 작도 순
강접합 및 힌지접합 구분표기

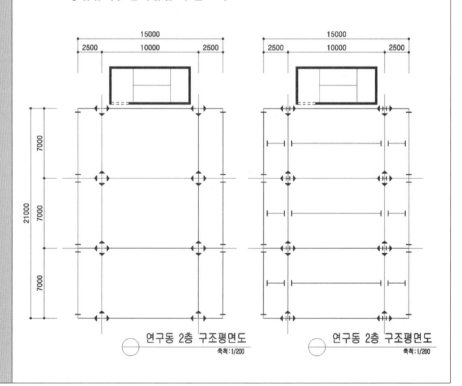

연구동 2층 구조평면도 축척:1/200   연구동 2층 구조평면도 축척:1/200

2 | 답 안

작도 8〉 보 및 기둥의 단면기호 표기

보 단면 → 지지성능 a 〉 b 〉 c, 기둥 단면 → d

a	b	c	d
H-600x200	H-200x200	H-150x150	H-400x400

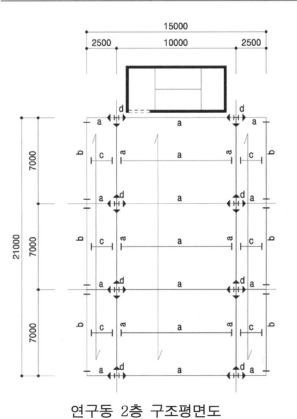

연구동 2층 구조평면도

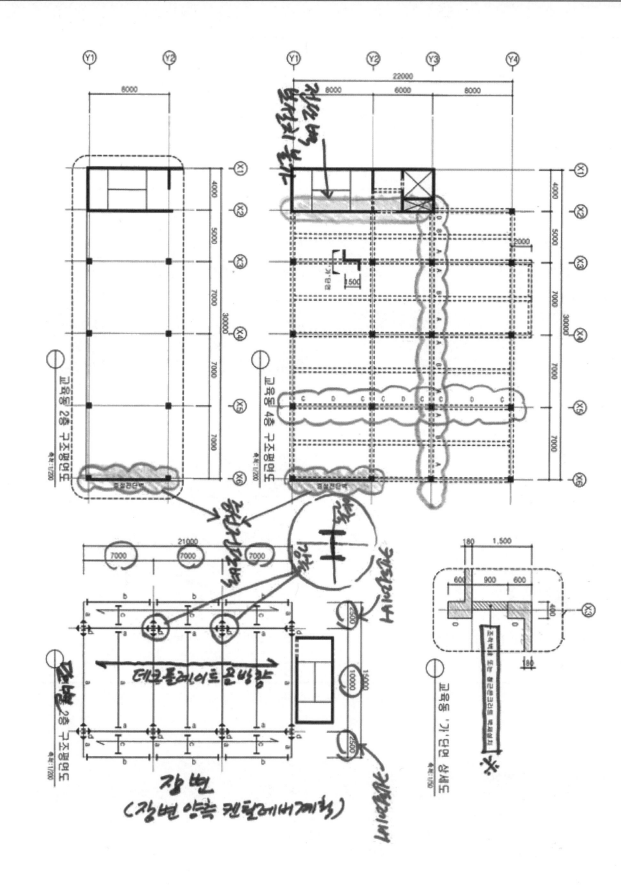

▶ 문제총평

교육연구시설의 교육동과 연구동을 증축과제이다. 제시된 교육동과 연구동의 단면개념도 및 평면도에 근거한 교육동 4층 구조평면도, '가' 단면 상세도, 2층 구조평면도 및 연구동 2층구조평면도를 작성하여야 한다. 교육동은 철근콘크리트조로 기존 2층 건물 상부에 2개 층 수직증축한다. 연구동은 강구조 형식으로 2개 층 별동 증축한다. 교육동 구조평면도에는 모듈이 제시되었고 철근콘크리트 보배근도가 주어진 기출유형을 이해하면 해결할 수 있는 과제수준이다. 바닥레벨차부분의 단면상세도와 내력벽증설이 추가되었다. 연구동은 지문조건을 활용하여 모듈을 계획하여야 한다. 답안작성용지에 주어진 요소들을 파악하고 지문에 제시한 계획조건과 고려사항들을 반영하여 구조계획 하여야 한다. 2017년 기출문제와 유사하며 평이한 수준으로 사료된다.

▶ 과제개요

1. 제 목	교육연구시설 증축 구조계획
2. 출제유형	모듈제시형 / 모듈계획형
3. 규 모	교육동-4층, 연구동 2층
4. 용 도	교육연구시설 (교육동 및 연구동)
5. 구 조	철근콘크리트조 → 교육동(수직증축), 강구조 → 연구동(수평증축)
6. 과 제	교육동 4층 구조평면도, '가' 단면상세도 및 2층 구조평면도 / 연구동 2층 구조평면도

▶ 과제층 구조모델링

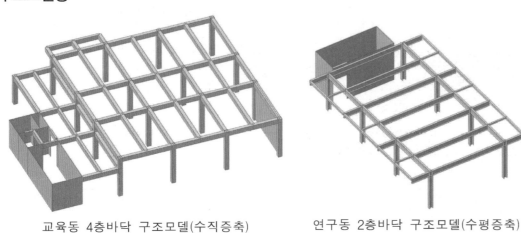

교육동 4층바닥 구조모델(수직증축)   연구동 2층바닥 구조모델(수평증축)

▶ 체크포인트

1. 교육동에 만 전단벽 증설, 교육동과 연구동에 작용하는 횡력은 고려하지 않음.
2. 교육동 기존 기둥과 기초는 증축을 위하여 보강된 것으로 가정
3. 교육동 슬래브는 4변지지 형식, 단변길이 제한
4. 교육동 코어 전단벽에 보 설치불가
5. 교육동 바닥레벨차이 단면상세부분 2중 보 설치
6. 교육동 증설 전단벽은 각 층당 한 경간에만 설치
7. 연구동 계단실은 구조적으로 분리
8. 연구동 평면 장면 양측으로 캔틸레버 계획 (단변측에는 캔틸레버 계획금지)
9. 연구동 기둥경간 범위제시, 기둥 강축을 평면의 장변과 평행하게 배치
10. 연구동 데크플레이트 최대 경간제한

▶ 과제 : 교육연구시설 증축 구조계획

1. 제시한 도면 분석

- 주어진 단면개념도 및 평면도
- 모듈제시: 교육동(코어 포함), 모듈계획: 연구동(계단실 제시)
- 교육동: 4층(2개층 수직증축), 연구동: 2층(수평증축)
- 교육동 4층 바닥레벨차이 위치확인
- 캔틸레버 계획 → 교육동, 연구동

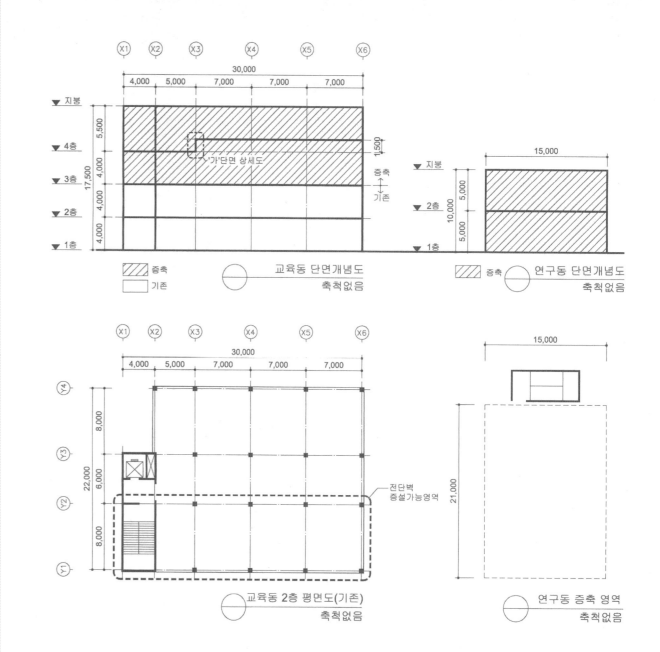

2. 철근콘크리트 보

◆ 슬래브 구분

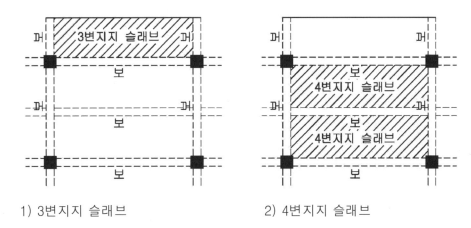

1) 3변지지 슬래브   2) 4변지지 슬래브

◆ 큰 보(GIRDER)의 단부와 중앙부 구분

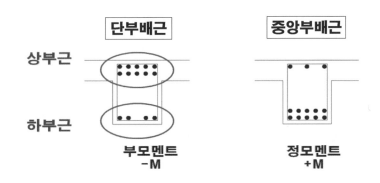

◆ 철근콘크리트 큰 보(GIRDER) 배근 구분 : 표기방법 〈보기1〉 준수

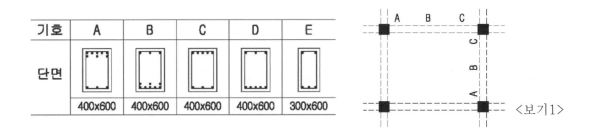

〈보기1〉

철근대수 / 구 분	단부배근(상부인장)	중앙부배근(하부인장)	조합
많 음 (400x600)	A	B	A-B-A
중 간 (400x600)	C	D	C-D-C
적 음 (300x600)		E	E

◆ 4층 바닥 휨모멘트도

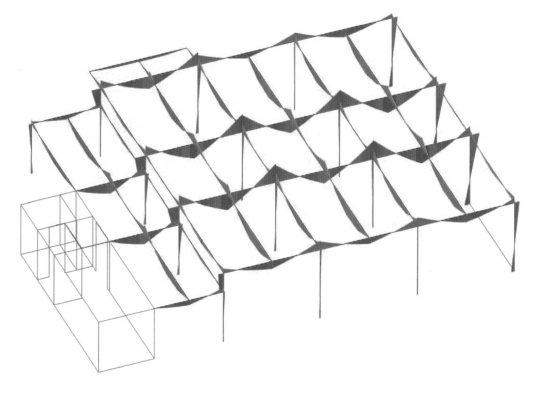

3. 강구조

◆ 골 데크플레이트

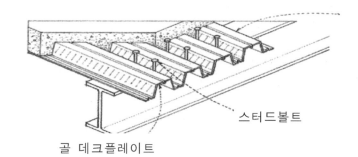

◆ 철골 기둥(H형강) 강·약축 방향 결정방법−1

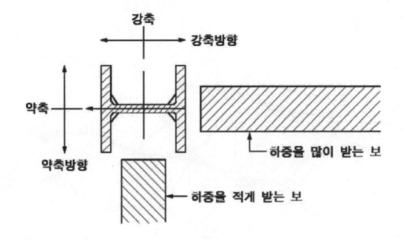

◆ 철골 기둥(H형강) 강·약축 방향 결정방법−2

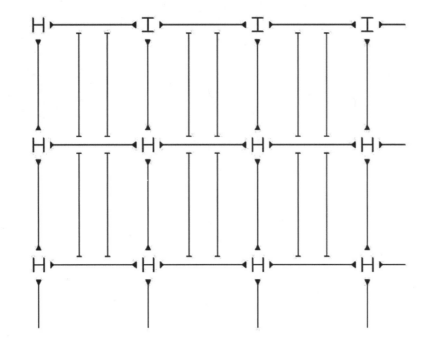

2 2019

(서명)

응시번호　성 명　감독확인

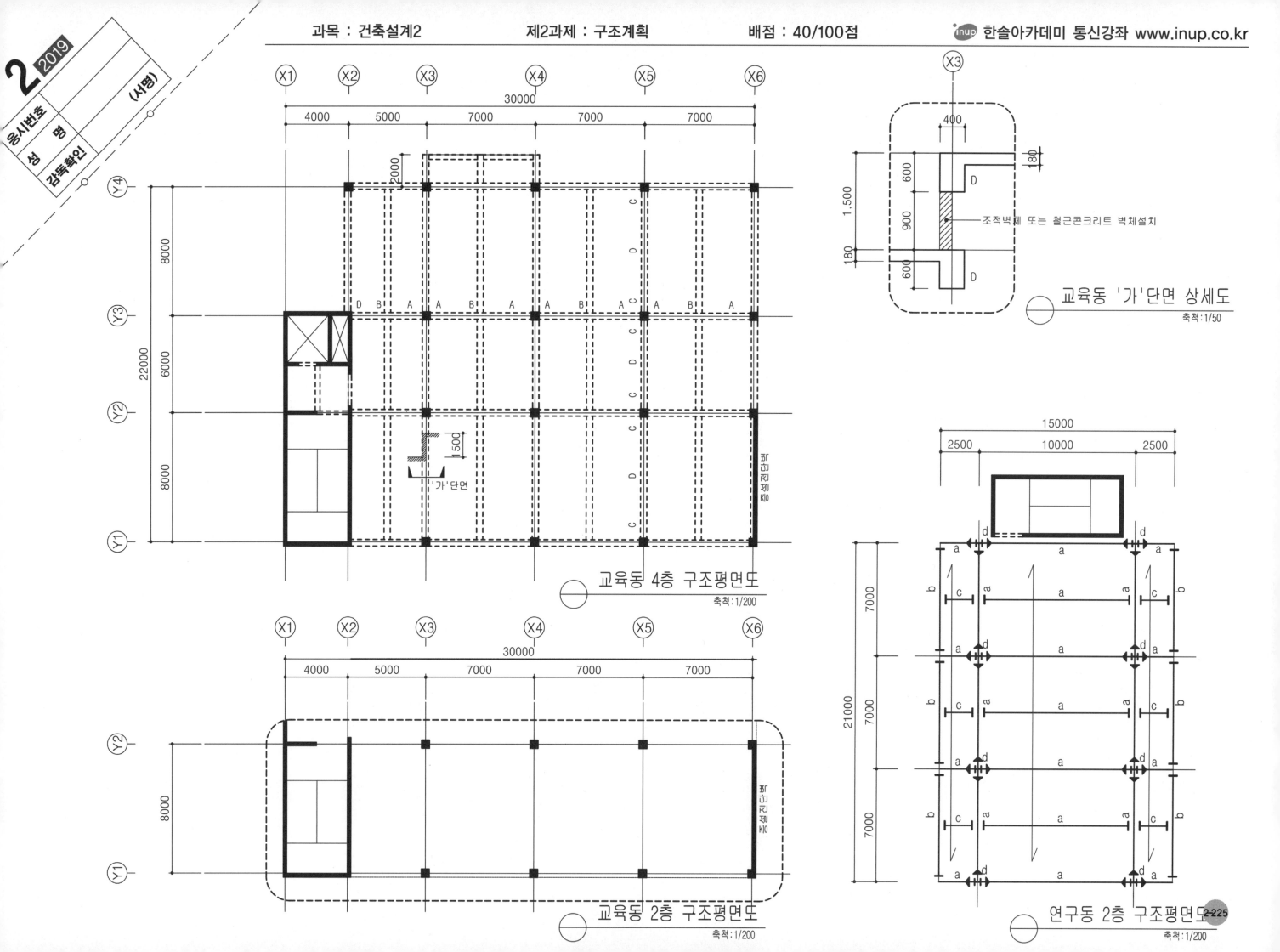

30000
4000　5000　7000　7000　7000

2000

교육동 '가'단면 상세도
축척:1/50

400
180
600
600
900
600
D
D
D
조적벽체 또는 철근콘크리트 벽체설치

1,500
180
180

Y4
Y3
Y2
Y1

8000　6000　8000
22000

D B A A B A B A B A C C A B A

C C C C C C C C C C

150d
'가'단면

교육동 4층 구조평면도
축척:1/200

교육동 2층 구조평면도
축척:1/200

30000
4000　5000　7000　7000　7000

Y2
Y1

8000

연구동 2층 구조평면도
축척:1/200

15000
2500　10000　2500

21000
7000　7000　7000　7000

a d a a d a
b c a a c b
a d a a d a
b c a a c b
a d a a d a
b c a a c b
a d a a d a

2-225

중앙 지문본문

2020년도 제1회 건축사자격시험 문제

과목: 건축설계2　　제1과제 (단면설계 · 설비계획)　　배점: 65/100점 ①

제목 : 청년크리에이터 창업센터의 단면설계 및 설비계획

1. 과제개요

제시된 도면은 청년크리에이터 창업센터의 평면도 일부이다. 다음 사항을 고려하여 각 층 평면도에 표시된 <A-A'>단면 지시선을 기준으로 단면도를 작성하시오. ③

2. 설계 및 계획 조건

(1) 규모 : 지상 3층 ④
(2) 구조 : 철근콘크리트 라멘조 ⑤
(3) 층간 방화구획은 고려하지 않는다.
(4) 계단 난간은 투시형으로 한다. ⑦
(5) 동결선 : G.L -1m ⑧

<표1> 설계조건

	구 분	(mm)
구조체 ⑨	슬래브 두께	200
	보(W×D)	400×500
	기둥	500×500
	온통기초	600
단열재 ⑩	최상층 지붕, 최하층 바닥	200
	외벽	100
외벽 마감재료 ⑪	화강석	30
	커튼월 시스템 — AL 프레임	50×150
	커튼월 시스템 — 유리(삼중유리)	30
냉난방 설비 ⑫	주거 — PAC(천장매입형)	900×400×250(H)
	주거 — 바닥난방(PVC타일 마감)	150
	기타공간 — EHP(천장매립형)	900×900×350(H)
태양광 설비 ⑬	수평루버 BIPV	300(너비)

<표2> 내부 마감재료 ⑭

구분	전시 홀, 커뮤니티 카페, 공유주방, 복도	사무실	주거
바닥	화강석 (THK=100mm)	엑세스플로어 (H=150mm)	PVC 타일 (바닥난방)
벽	모르타르 위 페인트 마감		벽지
천장	흡음텍스		천장지

3. 고려사항

(1) 구조체 부위별로 단열, 결로, 방수, 방습 등의 성능 확보를 위한 기술적 해결방안을 표현한다.
(2) 벽체는 외단열, 최상층 지붕은 내단열, 최하층 바닥은 외단열 또는 내단열로 한다. ⑮
(3) 지붕에는 옥상정원(토심 600mm)과 목재데크가 있다. ⑯
(4) 커튼월시스템과 수평루버 BIPV는 외부조망, 자연채광, 자연환기, 발전효율 등을 고려하여 계획한다. ⑰ ⑱
(5) 수평루버 BIPV는 경사도를 30°로 하고, 평면도에 표시된 영역에 단면상 수직간격을 고려하여 총 10열로 계획한다. ⑲
(6) 전시홀과 아트리움 천창은 채광 조절 및 자연 환기를 고려하여 차양장치와 환기창을 설계한다.
(7) EHP, PAC, 덕트, 배관 등 설비공간을 고려하여 보 밑으로 250mm 이상의 하부공간을 확보한다. ⑳

4. 도면작성요령

(1) 층고, 천장고(CH), 개구부 높이 등 주요 부분 치수와 각 실의 명칭을 표기한다. ㉑
(2) 계단의 단수, 단높이, 단너비 및 난간높이를 표기한다.
(3) 단열, 방수, 외벽·내부 마감재료 등을 표기한다.
(4) <보기>에 따라 자연환기, 자연채광, EHP 및 PAC의 위치를 표기한다.
(5) 설계 및 계획조건에 제시되지 않은 내용은 기능에 따라 합리적으로 정하여 표기한다.
(6) 도면에 표기하기 어려운 내용은 여백을 이용하여 추가로 기술한다.
(7) 단위 : mm
(8) 축척 : 1/100

<보기> ㉒

구분	표현 방법	구분	표현 방법
자연환기	〰⟶	EHP	⊠
자연채광	⊡⊡⊡⊡⟶	PAC	A/C

5. 유의사항

(1) 답안 작성은 반드시 흑색 연필로 한다.
(2) 명시되지 않은 사항은 현행 관계법령의 범위 안에서 임의로 한다. ㉓

좌측 구성

1. 제목
- 건축물의 노후화 억제 또는 기능향상 등을 위하여 대수선(大修繕) 또는 일부 증축(增築)하는 행위를 말한다.

2. 설계 및 계획조건
- 문화시설 기존+증축 평면도 일부 제시
- 평면도에 제시된 절취선을 기준으로 주단면도 및 상세도를 작성
- 설비 및 구조 형식, 마감 등에 대한 구체적인 내용이 제시 됨
- 규모
- 구조
- 기초
- 기둥
- 보
- 슬래브
- 내력벽
- 지하층 옥벽
- 용도
- 바닥 마감레벨
- 층고
- 반자높이
- 단열재 두께
- 외벽 및 실내마감
- 냉·난방 설비
- 위의 내용 등은 단면 설계에서 제시되는 내용이므로 반드시 숙지해야 한다.

좌측 FACTOR

① 배점을 확인합니다.
- 65점(단면설계이지만 제시 평면도와 지문을 살펴보면 설비계획이 함께 제시 난이도가 높음)

② 평면도에 제시된 A-A'를 지시 선을 확인한다.
- 절취선에 의한 단면요소
- 절취선에서 보이는 입면요소 검토

③ 절취선을 통한 주단면도 범위를 파악한다.

④ 규모는 3층으로 작도량은 보통(배점65이지만 규모에 비해 작도량은 보통 수준이나 설비계획에 따른 표현이 난이도가 높은 문제이다.)

⑤ 기둥, 보, 슬래브, 벽체 등은 철근콘크리트 구조로 표현

⑥ 층별 방화구획은 모든층이 대상이나 본 문제에서는 표현하지 않는다.

⑦ 계단 난간 높이는 850mm 이상으로 open 되어 있는 형태로 표현

⑧ 제시된 기초의 형식은 온통기초이기 때문에 외기에 접한 부분은 동결선 1.0m 이하로 표현

⑨ 건축물의 주요 구조부로 단면의 형태를 보여주는 부분이기 때문에 정확히 표현해야 한다.

⑩ 단열재 두께는 지붕층, 외벽, 흙에 접한 부분으로 구분하여 표현

⑪ 외부 마감재는 화강석 및 커튼월 시스템에 3중 유리로 제시

⑫ 공조설비는 주거와 기타공간으로 분류, EHP 및 PAC, 바닥난방 등으로 제시되어 각 필요공간에 표현해야 한다.

우측 FACTOR

⑬ 공조설비는 EHP 및 환기유닛이 제시되어 있기 때문에 외기 접해서 환기유닛, 내부에 EHP를 계획해야 한다.

⑭ 내부 마감재료는 주요 바닥 마감에 의해 슬래브가 DOWN 되어 표현되어야 하며, 벽, 천장 등은 제시된 지문을 표기해야 한다.

⑮ 단열재의 경우 지붕, 외벽, 지하층 바닥 및 외기에 접한 부분, 지하층 흙에 접한 부분 벽체 방수 및 방습벽 등이 도면에 반드시 표현

⑯ 지붕층 관목 표현으로 인공토 600mm 표현 및 인접하여 파라펫 1,200mm 가 표현

⑰ 외벽 커튼월시스템에 수평루버 표현

⑱ 외부 조망의 경우 바닥으로부터 보통 2.0m 정도 범위에서 확보

⑲ 수평루버 30°의 경우 일사량 확보를 극대화 시킴

⑳ 설비공간을 고려하여 보 밑으로 250mm 이상의 하부공간을 확보를 통해 보기와 같은 표기를 유도함

㉑ 주요부분의 치수와 치수선은 중요한 요소이기 때문에 반드시 표기한다. (반자높이, 각층레벨, 층고, 건물높이 등 필요시 기입)

㉒ 보기에 제시된 내용으로 설비 요소 표현

㉓ 제시도면 및 지문 등을 통해 제시된 치수 등을 고려하여 주단면도에 적용해야 하며 이때 제시되지 않은 사항은 관계법령의 범위 안에서 임의로 한다.

우측 구성

3. 도면작성요령
- 층고 치수
- 천창고 (CH)표현
- 주요치수 확인 후 표기
- 부분 단면상세도
- 각 실명 기입
- 레벨, 치수 및 재료 등은 용도에 따라 적용
- 환기, 채광, 창호의 개폐방향을 표시
- 계단의 단수, 너비, 높이, 난간높이 표현
- 단열, 방수, 마감재 반영
- 단위
- 축척

4. 유의사항
- 제도용구 (흑색연필 요구)
- 명시되지 않은 사항은 현행 관계법령을 준용

과목: 건축설계2 제1과제 (단면설계·설비계획) 배점: 65/100점

<층별 평면도> 축척 없음 ①

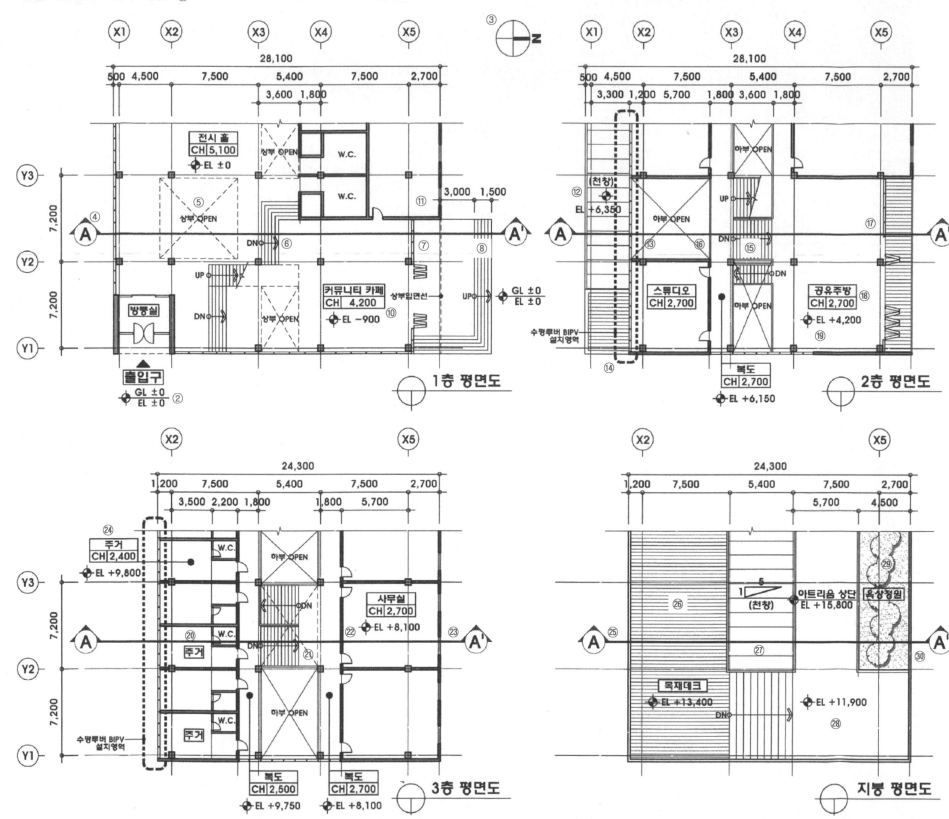

1층 평면도

2층 평면도

3층 평면도

지붕 평면도

· 제1과제 : (단면설계+설비계획)
· 배점: 65/100점

2020년(1회) 출제된 단면설계의 경우 배점은 100점 중 65점으로 출제되었다. 또한 과제는 단면 설계가 제시되었지만 지문 내용 등을 살펴보면 단순히 단면설계만 출제 된 것이 아니라 계단+설비+친환경 설비 내용이 포함되어 있는 것을 볼 수 있으며, 설비관련 친환경 요소가 비중이 높았던 문제이다.

창업센터

창업보육센터
예비 창업자나 창업 초기 기업에 대한 경영 및 기술 지도와 자금·재정·행정·법률 지원, 사업 공간을 포함하는 저렴한 임대료의 기반 시설[실험실, 공동 작업 장 등] 및 정보 제공, 법률 컨설팅 등의 서비스를 통해 창업 성공률을 제고하며 중소 벤처 기업 창업·육성의 전진 기지 역할을 수행하는 전문 보육 기관이다.

라멘구조

철근콘크리트 라멘조
콘크리트 속에 강(鋼)으로 된 막대(철근)를 넣은 건설재료의 총칭. 콘크리트는 높은 압축강도를 가진 반면, 인장력(引張力)이 작아 균열을 일으켜 파괴된다. 라멘구조는 내력벽이 없이 기둥과 보로 이루어진 구조

제목 : 청년크리에이터 창업센터의 단면설계 및 설비계획

1. 과제개요
제시된 도면은 청년크리에이터 창업센터의 평면도 일부이다. 다음 사항을 고려하여 각 층 평면도에 표시된 <A-A'>단면 지시선을 기준으로 단면도를 작성하시오.

- 크리에이터 : 만드는 사람. 창조자, 생산자, 개발자, 작가 등의 의미로 사용된다. 크리에이터는 무엇이든 새롭게 만든 사람을 크리에이터라 일컫는다.

2. 설계 및 계획조건
(1) 규모 : 지상 3층
(2) 구조 : 철근콘크리트 라멘조
(3) 층간 방화구획은 고려하지 않는다.
(4) 계단 난간은 투시형으로 한다.
(5) 동결선 : G.L -1m

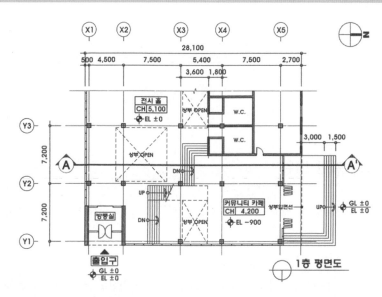

1층 평면도

▶ 1층 평면도
· X1열 외부창호, X3열 계단 표현, X5열 외부창호, 돌출 부분 계단 표현
· X1열 외부 창호 기둥 밖으로 돌출 표현
· X3열 계단 6단 표현 (단너비는 스케일 검토 후 표현)
· X5열 외부 창호 기둥 밖으로 돌출 표현
· 바닥 단차 레벨, GL 단차 검토

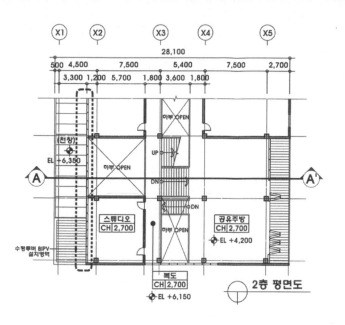

2층 평면도

▶ 2층 평면도
· X1열~X2열 천창 설치, X2열 외부창호, X3열 계단 표현, X5열 외부창호, 외부 공간 (난간)
· X2열 외부 창호 기둥 밖으로 돌출 표현
· X3열 계단 12단 표현 (단너비는 스케일 검토 후 표현)
· X5열 외부 창호 기둥 밖으로 돌출 표현, 내·외부 입면 확인 후 표현

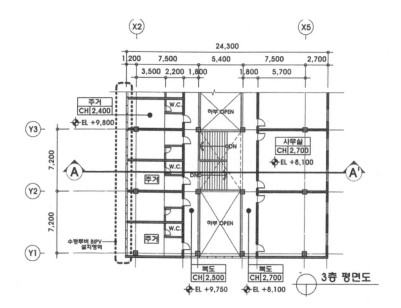

3층 평면도

▶ 3층 평면도
· X2열 1.2m 돌출 벽체, 주거 부분 화장실 벽체, X3열 계단 표현, 사무실 벽체, X5열 외부창호
· 바닥레벨 확인
· X3열 계단 12단 표현 (단너비는 스케일 검토 후 표현)
· X5열 외부 창호 2.7m 돌출, 내·외부 입면 확인 후 표현

커뮤니티카페

커뮤니티
지연에 의하여 자연 발생적으로 이루어진 공동 사회. 주민은 공통의 사회 관념, 생활 양식, 전통, 공동체 의식을 가진다.

카페
커피나 음료, 술 또는 가벼운 서양 음식을 파는 집

스튜디오

1. 사진사, 미술가, 공예가, 음악가 등의 작업실
2. 영화 촬영소
3. 방송국에서, 방송 설비를 갖추고 방송을 하는 방

사무실

사무적 용도로 사용하려는 목적으로 건설한 사무실을 임대하는 행위

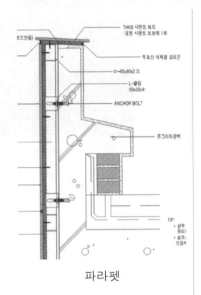

파라펫

건축물의 피난·방화구조 등의 기준에 관한 규칙

3층 이상의 층과 지하층은 층마다 구획할 것. 다만, 지하 1층에서 지상으로 직접 연결하는 경사로 부위는 제외한다.

방화셔터

방화문

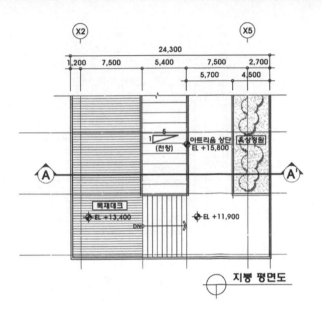

▶ 지붕층 평면도
- X2열 1.2m 돌출 난간표현, 천창 5.4m 표현, 옥상정원, 난간 표현
- 바닥레벨 확인
- 목재데크, 옥상정원 인공도
- 수목입면 표현

▶ 층고계획
- 각층 EL, 바닥 마감레벨을 기준이므로 제시된 조건 확인
- 1층~지붕층까지 층고를 기준으로 개략적인 단면의 형태 파악

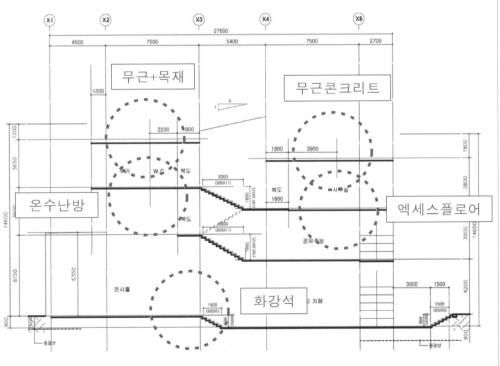

▶ 계단계획

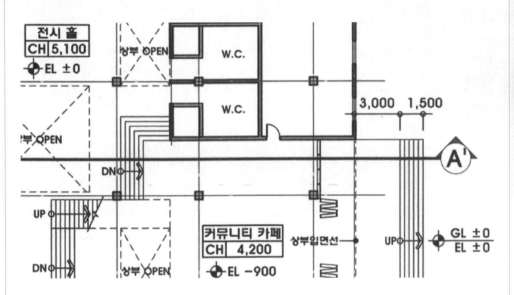

- 계단의 단수 6단을 제시
- 카페 외부 계단 6단을 제시
- EL : -900 → G.L : ±0 = 900 / 6단 = 150 (단높이)
- 단너비 : 5단 × 300mm = 1,500mm

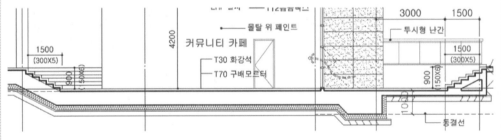

▶ 1층 계단 범위
- 계단의 단수 6단 입면 표현
- 외부 계단의 경우 단높이 900mm 으로 안전을 고려해 난간 1.2m 표현

▶ 1층 계단 단면 형태
- 계단 계획시 반드시 스케일을 이용하여 제시된 평면도 계단 치수 확인한다.
- 계단의 단높이와 단너비는 제시 평면도와 비슷한 크기로 계획
- 계단의 단높이는 보통 160mm ~170mm 범위에서 계획하나 본 문제의 경우 제시된 계단의 길이가 짧아 단높이가 높아질 수밖에 없다.

옥상정원

건물의 옥상에 만들어 놓은 정원

스킵플로어

건물 각 층의 바닥 높이를 일반적인 건물과 같이 1층분의 높이만큼씩 높이지 않고, 각 층계참마다 반층차(半層差) 높이로 설계하는 방식을 말한다.

기초의 형태 분류

(a) 독립기초   (b) 연속기초

(c) 온통(매트)기초   (d) 파일기초

동결선깊이
지반면에서 지하 동결선까지의
깊이를 말한다.

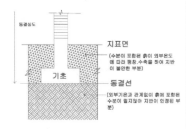

지표면
(수분이 포함된 흙이 외부온도에 감소 팽창, 수축을 피해 지반이 불안한 부분)

기초

동결선
(보부기관과 관계없이 흙에 포함된 수분이 합지않아 지반이 안결토 부분)

기초의 종류

독립기초

온통기초

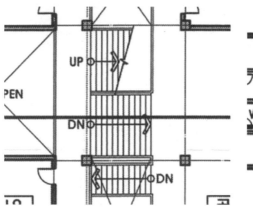

▶ 2층
- 6.15 - 4.2 = 1.95m
- 1.95 / 12단 = 162.5mm

▶ 지붕층
- 9.75 - 8.1 = 1.65m
- 1.65 / 12단 = 137.5mm

- 계단 계획시 반드시 스케일을 이용하여 제시된 평면도 계단 치수 확인한다.
- 계단의 단높이와 단너비는 제시 평면도와 비슷한 크기로 계획
- 계단의 단높이는 보통 160mm~170mm 범위에서 계획하나 본 문제의 경우 제시된 평면도의 계수에 따라 작도를 해야 한다.

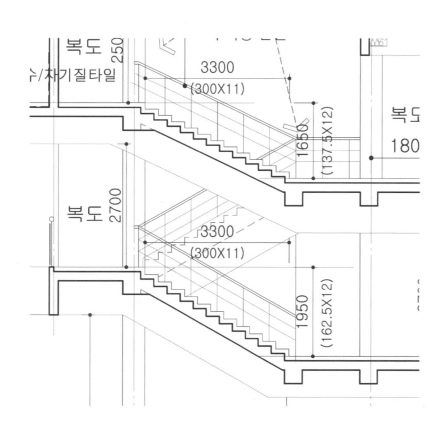

2층~3층 계단 단면 형태

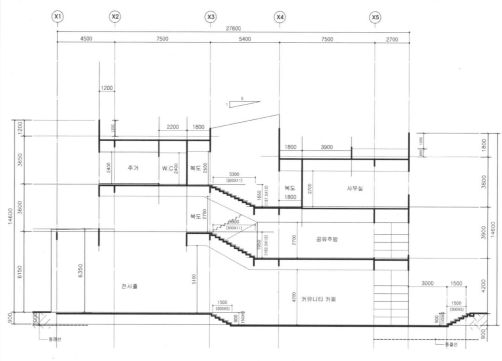

반자높이를 고려한 단면의 형태

- 동결선 : G.L -1m
- 계단 난간은 투시형으로 한다.

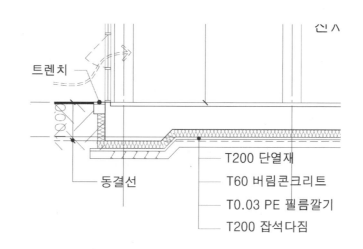

트렌치

동결선

T200 단열재
T60 버림콘크리트
T0.03 PE 필름깔기
T200 잡석다짐

투시형난간

계단

트렌치

건물의 배선·배관·벨트 컨베이어 따위를 바닥을 파서 설치한, 도랑 모양의 콘크리트 구조물

화강석

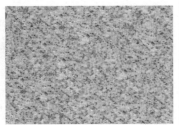

석영, 운모, 정장석, 사장석 따위를 주성분으로 하는 심성암(深成巖). 완정질(完晶質)의 조직을 이루며, 흰색 또는 엷은 회색을 띤다. 닦으면 광택이 나는데, 단단하고 아름다워서 건축이나 토목용 재료로 사용

엑세스플로어

PVC 타일

타일과 PVC 시트(장판)의 장점을 조합한 바닥재입니다. PVC 원료에 가소제와 첨가제를 넣어 단단하게 압축한 다음 패턴을 입혀 타일처럼 만든 것이다.

\<표1\> 설계조건

구 분			치수(mm)
구조체	슬래브 두께		200
	보(W×D)		400×500
	기둥		500×500
	온통기초		600
단열재	최상층 지붕, 최하층 바닥		200
	외벽		100
외벽 마감재료	화강석		30
	커튼월 시스템	AL 프레임	50×150
		유리(삼중유리)	30
냉난방 설비	주거	PAC(천장매입형)	900×400×250(H)
		바닥난방 (PVC타일 마감)	150
	기타공간	EHP(천장매립형)	900×900×350(H)
태양광 설비	수평루버 BIPV		300(너비)

· 보, 벽체, 슬래브

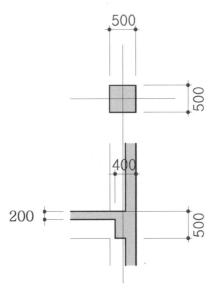

- 기둥의 크기는 500mm x 500mm

- 보 : 400mm x 500mm

- 위에서 제시된 기둥 및 보의 크기는 단면도에서 반드시 표현이 되어야 하는 부분이다.

- 기둥 중심으로부터 250mm 이격되어 외곽 부분이 있으며, 이곳에 제시된 보의 크기 300mm가 표현되어야 한다.

- 기둥과 보의 간격은 100mm 차이 나야 하며, 또한 작도시 표현이 되어야 한다.

· 온통기초 = 600mm

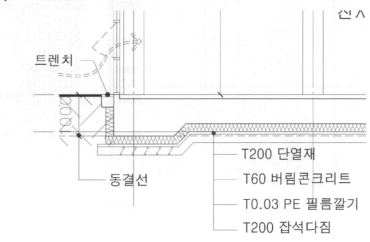

트렌치

동결선

- T200 단열재
- T60 버림콘크리트
- T0.03 PE 필름깔기
- T200 잡석다짐

▸ 단열재

- 최상층 지붕, 최하층 단열재: 200mm

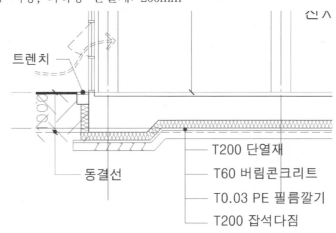

트렌치

동결선

- T200 단열재
- T60 버림콘크리트
- T0.03 PE 필름깔기
- T200 잡석다짐

- 외벽 : 100mm

EHP 설치
몰탈 위 페인트

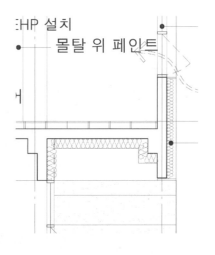

· 바닥 난방 (PVC 타일 마감)
: 150mm

· EHP(천장 매입형)
: 900×900×550(H)

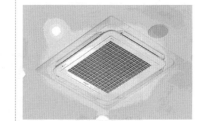

태양광 설비
- 수평루버 BIPV : 300mm

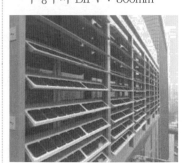

커튼월 시스템

커튼월(curtain wall)은 건물의 하중을 모두 기둥, 들보, 바닥, 지붕으로 지탱하고, 외벽은 하중을 부담하지 않은 채 마치 커튼을 치듯 건축자재를 둘러쳐 외벽으로 삼는 건축 양식이다.

- AL 시스템 : 50 × 150mm

- 유리 (삼중유리) : 30mm

냉·난방 설비

- PAC(천장매입형)
 : 900×400×250(H)

<표2> 내부 마감재료

구분	전시 홀, 커뮤니티 카페, 공유주방, 복도	사무실	주거
바닥	화강석 (THK=100mm)	엑세스플로어 (H=150mm)	PVC 타일 (바닥난방)
벽	모르타르 위 페인트 마감		벽지
천장	흡음텍스		천장지

3. 고려사항

(1) 구조체 부위별로 단열, 결로, 방수, 방습 등의 성능 확보를 위한 기술적 해결 방안을 표현한다.

(2) 벽체는 외단열, 최상층 지붕은 내단열, 최하층 바닥은 외단열 또는 내단열로 한다.

(3) 지붕에는 옥상정원(토심 600mm)과 목재데크가 있다.

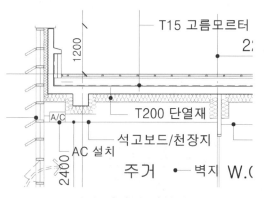

외벽 파라펫 단열재

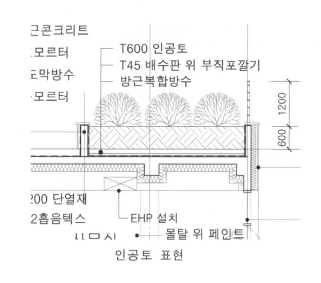

인공토 표현

(4) 커튼월시스템과 수평루버 BIPV는 외부조망, 자연채광, 자연환기, 발전효율 등을 고려하여 계획한다.

(5) 수평루버 BIPV는 경사도를 30°로 하고, 평면도에 표시된 영역에 단면상 수직 간격을 고려하여 총 10열로 계획한다.

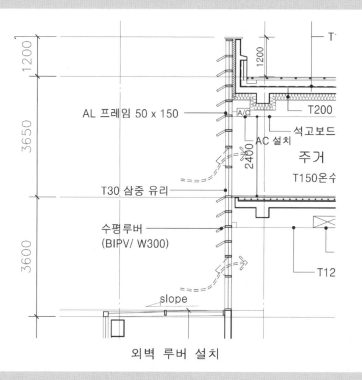

외벽 루버 설치

(6) 전시홀과 아트리움 천창은 채광 조절 및 자연 환기를 고려하여 차양장치와 환기창을 설계한다.

(7) EHP, PAC, 덕트, 배관 등 설비공간을 고려하여 보 밑으로 250mm 이상의 하부공간을 확보한다.

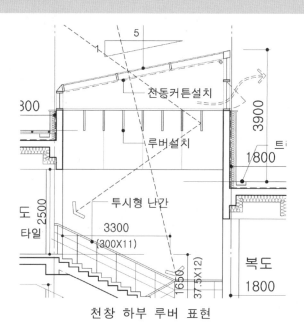

천창 하부 루버 표현

방수

방수인테리어 용어사전 수분이나 습기의 침입·투과를 방지하는 일. 각종 방수재료를 써서 지하층·지붕·실내바닥·벽체 등에 물을 배제, 막는 일(것).

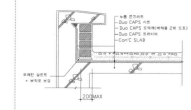

결로

천장, 벽, 바닥 등의 표면 또는 그들 내부의 온도가 그 위치의 습공기의 노점 이하로 되었을 때 공기 중의 수증기는 액체가 된다. 이것을 결로라 한다. 결로에는 표면 결로와 내부 결로가 있다.

방습

건물·가구 또는 그 내용물 등이 습기차는 것을 방지하는 일을 말하는데, 장마철에는 통풍(通風)을 잘하고, 지하실 등은 벽을 보온(保溫)하고, 겨울철에는 실내에서 발생하는 수증기량을 적게 하고, 집안의 환기를 충분히 해야 한다.

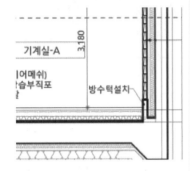

화강석

엑세스플로어

PVC 타일

4. 도면작성요령

(1) 층고, 천장고(CH), 개구부 높이 등 주요 부분 치수와 각 실의 명칭을 표기한다.

(2) 계단의 단수, 단높이, 단너비 및 난간높이를 표기 한다.

(3) 단열, 방수, 외벽·내부 마감재료 등을 표기한다.

(4) <보기>에 따라 자연환기, 자연채광, EHP 및 PAC의 위치를 표기한다.

(5) 설계 및 계획조건에 제시되지 않은 내용은 기능에 따라 합리적으로 정하여 표기한다.

(6) 도면에 표기하기 어려운 내용은 여백을 이용하여 추가로 기술한다.

(7) 단위 : mm

(8) 축척 : 1/100

<보기>

구분	표현 방법	구분	표현 방법
자연환기	～～～	EHP	✕
자연채광	⇨	PAC	A/C

5. 유의사항

(1) 답안 작성은 반드시 흑색 연필로 한다.

(2) 명시되지 않은 사항은 현행 관계법령의 범위 안에서 임의로 한다.

〈건축물의 에너지절약 설계기준〉

– 시행 2016. 1. 11

[별표3] 단열재의 두께

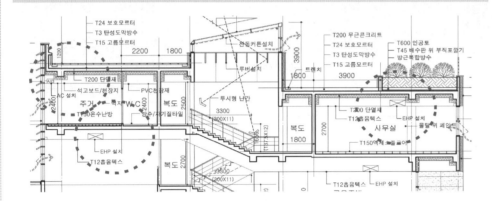

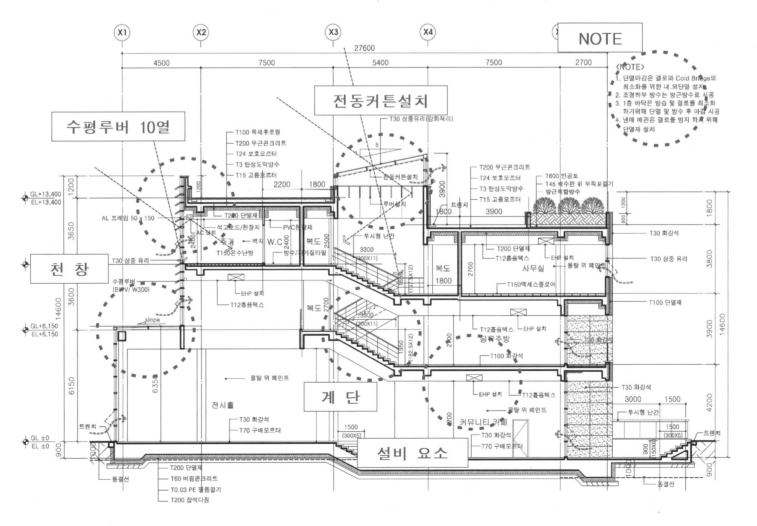

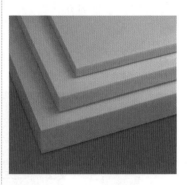

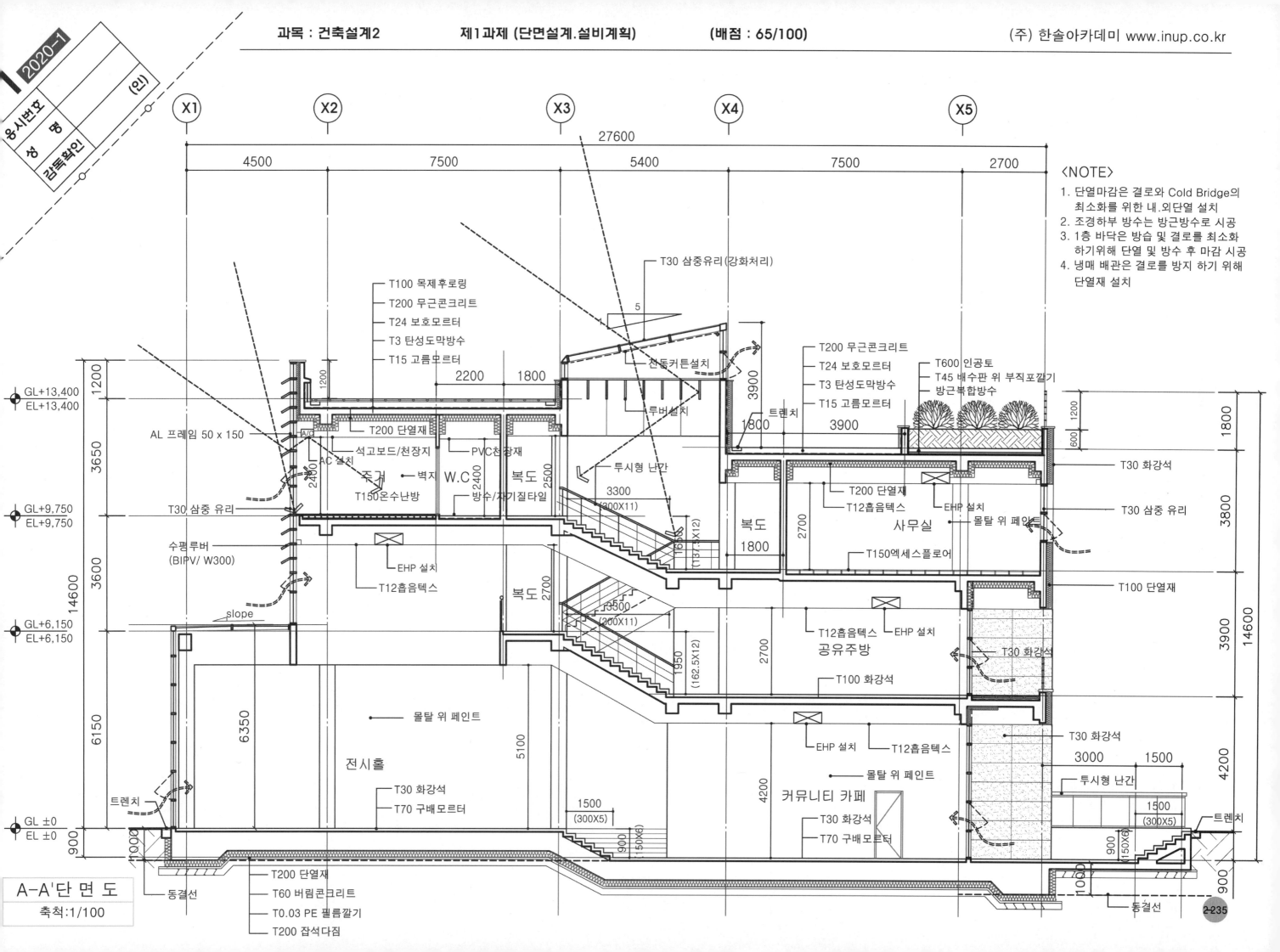

〈NOTE〉
1. 단열마감은 결로와 Cold Bridge의
   최소화를 위한 내.외단열 설치
2. 조경하부 방수는 방근방수로 시공
3. 1층 바닥은 방습 및 결로를 최소화
   하기위해 단열 및 방수 후 마감 시공
4. 냉매 배관은 결로를 방지 하기 위해
   단열재 설치

T30 삼중유리(강화처리)

T100 목제후로링
T200 무근콘크리트
T24 보호모르터
T3 탄성도막방수
T15 고름모르터

T200 무근콘크리트
T24 보호모르터
T3 탄성도막방수
T15 고름모르터

T600 인공토
T45 배수판 위 부직포깔기
방근복합방수

천동커튼설치
루버설치

T30 화강석

AL 프레임 50 x 150
석고보드/천장지   PVC천장재
T200 단열재

A/C
AC 설치
주거   벽지   W.C   복도
T150온수난방

투시형 난간
방수/자기질타일

T200 단열재
T12흡음텍스

복도
사무실

EHP 설치
몰탈 위 페인트

T30 삼중 유리

T30 삼중 유리
수평루버
(BIPV/ W300)

EHP 설치
T12흡음텍스

복도

복도

T150엑세스플로어

T100 단열재

slope

T12흡음텍스   EHP 설치
공유주방

T30 화강석

T100 화강석

전시홀

EHP 설치   T12흡음텍스

몰탈 위 페인트

T30 화강석

몰탈 위 페인트

T30 화강석
T70 구배모르터

커뮤니티 카페

투시형 난간

T30 화강석
T70 구배모르터

트렌치

트렌치

트렌치

동결선

동결선

T200 단열재
T60 버림콘크리트
T0.03 PE 필름깔기
T200 잡석다짐

A-A'단 면 도
축척:1/100

구 성	FACTOR	지 문 본 문	FACTOR	구 성

왼쪽 구성 열

1. 제목
  건물용도분류, 문제유형

2. 과제개요
  -규모
  -용도
  -신축
  -과제도면

3. 계획조건
  -계획 기본사항
    층별 용도와 층고제시
  -구조 기본사항
    · 구조
    · 적용하중
    · 재료
    · 기둥
    · 슬래브 두께

  - 구조부재의 단면치수
    및 배근도
  · 철근콘크리트 보의
    단면치수
  · 보의 단면기호에 따른
    배근유형제시

4. 구조계획 시
    고려사항
  -구조부재의 합리적
    계획
  -횡력
  -코어 내부 구조계획
    여부
  -바닥에 균등하중 작용
  -보 단면설계 시
    적용하중
  -캔틸레버 계획 구간

왼쪽 FACTOR 열

① 배점확인
  3교시 배점비율에 따라 과제 작성시간
  배분

② 제목
  주차모듈을 고려한 구조계획

③ 규모 및 용도
  지상3층, 근린생활시설
  신축

④ 과제도면
  구조평면도 ← 과제층 확인
  단면상세도 ← 답안작성용지 확인

⑤ 계획조건 → 계획 기본사항
  각 층별 용도와 층고 확인
  2층 : 상점 및 주차장(차량출입구)
  층고 : 3.7m

⑥ 계획조건 → 구조 기본사항
  구조형식 - 철근콘크리트 라멘조
  적용하중 - 고정하중 및 활하중
  재료 - 콘크리트와 철근의 강도
  기둥 단면크기 500x500
  슬래브 두께 200mm

⑦ 구조부재의 단면치수 및 배근도
  보 단면치수 1 : 500(폭)x700(춤)mm
  단면기호 : A, B, C, D 및 E (5개)
  보 단면치수 2 : 600(폭)x500(춤)mm
  단면기호 : F, G, H, I 및 J (5개)
    → 철근배근의 의미 파악 / 분류

⑧ 구조계획시 고려사항
  구조계획 시 반드시 고려하여야 좋은
  점수를 받을 수 있는 조건들을 제시
  함.
  - 합리적 계획

⑨ 횡력 → 코어가 담당함
  코어 내부에는 구조계획 하지 않음.

중앙 지문 본문

2020년도 제1회 건축사자격시험 문제

과목: 건축설계2　　　제2과제 (구조계획)　　　배점: 35/100점 ①

제 목 : 주차모듈을 고려한 구조계획 ②

1. 과제개요

1. 과제개요

③ 지상 3층 근린생활시설을 신축하고자 한다. 다음 사항을
고려하여 구조평면도와 부분 단면상세도를 작성하시오.

2. 계획조건

(1) 계획 기본사항 ⑤

층	용도	층고	비고
3층	상점	3.7m	
2층	상점 및 주차장	3.7m	차량출입구
1층	상점	3.7m	

(2) 구조 기본사항 ⑥

구분	적용 사항
구조	철근콘크리트 라멘조
적용하중	고정하중 6kN/m², 활하중 5kN/m²
재료	콘크리트 f_{ck}=24MPa, 철근 SD400
기둥	500mm × 500mm
슬래브	두께 200mm

(3) 구조부재의 단면치수 및 배근도 ⑦

<표> 철근콘크리트보 단면기호 (단위 : mm, 폭 × 춤)

기호	A	B	C	D	E
단면	500×700	500×700	500×700	500×700	500×700

기호	F	G	H	I	J
단면	600×500	600×500	600×500	600×500	600×500

주) 제시된 부재 단면은 설계하중에 대한 개략적 해석결과를 반영한
값이다.

3. 구조계획 시 고려사항 ⑧

(1) 구조부재는 경제성, 시공성, 공간 활용성 등을
  고려하여 합리적으로 계획한다.
(2) 횡력은 코어가 담당하는 것으로 계획되어 있다.
(3) 코어 내부에는 별도의 구조계획을 하지 않는다.
(4) 바닥에는 고정하중과 활하중이 균등하게 작용한다.
(5) 보 단면 설계 시 중력하중에 의한 휨모멘트만 고려한다.
(6) 캔틸레버는 <2층 평면도 및 단면개념도>에서
  제시된 구간에만 있다.

---

(7) 기둥과 보의 구조 계획
① 각 층의 기둥과 보의 위치는 동일하다.
② X, Y 각 열의 기둥과 보는 일직선으로 배치한다.
③ 기둥 중심간 거리는 X열은 7~9m, Y열은 9~10m로 한다.
④ 보는 연속으로 배치한다.
⑤ 슬래브는 4변지지 형식으로 계획한다.
⑥ 슬래브의 단변길이는 4m 이하로 하고, 변장비
  (장변길이/단변길이)는 2~3 범위로 한다(슬래브의
  변 길이는 보 중심선 기준으로 하며, 캔틸레버
  구간은 단변길이와 변장비 제한 없음).
(7) 주차단위 구획은 2.5m × 5.0m로 계획하고,
  총 주차대수는 15대로 한다.
  단, 장애인 주차는 고려하지 않는다.
(8) 주차 통로 영역의 높이는 보 밑으로부터 최소
  3.2m를 확보한다.

4. 도면작성요령

(1) 구조평면도
① 3층 구조평면도를 작성한다.
② '가' 구간의 X열과 '나' 구간의 Y열 보 단면을
  <표1>에서 선택하여 <보기>와 같이 보의 양
  단부 및 중앙부 상단에 단면기호를 표기한다.
  단, 캔틸레버보는 지지단 부분만 표기한다.
③ 축선의 치수를 기입한다.
(2) 부분 단면상세도
① 3층 바닥을 기준으로 '다' 위치의 보와 슬래브
  단면상세도를 작성한다.
② '다' 위치의 Y열 보 단면을 중앙부를 기준으로
  <표1>에서 선택하여 단면기호와 치수(폭 및 춤),
  보 밑 치수를 기입한다.
(3) 공통
① 도면 표기는 <보기>를 참조한다.
② 단위 : mm

<보기> 철근콘크리트보 기호 표기방법 예시

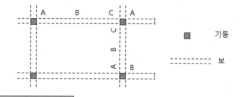

5. 유의사항

(1) 답안작성은 반드시 흑색 연필로 한다.
(2) 명시되지 않은 사항은 현행 관계법령의 범위
  안에서 임의로 계획한다.

오른쪽 FACTOR 열

⑩ 바닥하중 : 고정하중과 활하중 균등 작용
  보 단면 설계 시 중력하중(고정하중, 활
  하중)에 의한 휨모멘트만 고려

⑪ 캔틸레버
  <2층 평면도 및 단면개념도>에 구간 제
  시함

⑫ 기둥과 보의 구조계획
  각 층 기둥과 보는 동일 위치
  X, Y 각 열의 기둥과 보는 일직선 배치
  기둥 중심간거리 X열→7~9m,
　　　　　　　　　Y열→9~10m
  보는 연속 배치

⑬ 슬래브
  4변지지 형식. 슬래브 단변길이 4m 이
  하
  변장비(장변길이/단변길이) = 2~3 범위
  캔틸레버 구간은 변장비 제한 없음

⑭ 주차
  주차단위구획 2.5m x 5.0m
  총 주차단위 15대
  (장애인 주차 고려하지 않음)
  주차통로 영역 높이
  (보 밑 최소 3.2m 확보)

⑮ 구조평면도 (축척 : 1/200)
  3층 구조평면도 작성
  '가'구간과 '나'구간 → 보 단면 <표1>
  선택 → <보기>와 같이 단면기호 표기
  캔틸레버보는 지지단 부분만 표기

⑯ 부분단면상세도 (축척 : 1/50)
  3층 바닥 기준 → '다'위치의 보와 슬래
  브 단면상세도 작성
  '다'위치 Y열 보 단면 기준 → <표1>에
  서 선택 → 단면기호와 치수 및 보 밑
  치수 기입

⑰ 공통
  도면표기 <보기>참조
  단위 : mm

오른쪽 구성 열

- 기둥과 보의 구조계획
  · 각 층의 기둥과 보의
    위치
  · X, Y 각 열의 기둥과
    보의 배치
  · 기둥 중심간 거리
  · 보 배치
  · 슬래브 지지형식
  · 슬래브 단면길이
  · 변장비 범위
  · 주차단위 구획
  · 주차대수
  · 장애인 주차 고려 여부
  · 주차통로 영역의
    층고계획

5. 도면작성요령
  → 과제확인

  - 구조평면도
  · 3층 구조평면도
  · 보의 단면기호 표기 구
    간제시
  · 캔틸레버 보 단면기호
    표기 방법제시
  · 치수 기입
  - 부분단면상세도
  · 3층 바닥 단면상세도 작
    성 위치 제시
  · 해당 보와 필수 기입 요
    소 제시
  - 공통
  · 도면표기
  · 단위

6. 유의사항
  - 흑색연필

  - 명시되지 않은 사항은
    현행 관계법령 적용

2층 평면도 및
단면개념도 영역

⑱ <보기>
철근콘크리트 보 기호표기방법

⑲ 제시한 <2층 평면도 및 단면개념도>
확인

- 캔틸레버 구간
- 주차영역(3개소)
- 주차통로
- 차량출입구
- 코어 위치확인
- '가' 구간 위치
  '나' 구간 위치
  '다' 구간 위치
- A-A' 단면개념도

과목: 건축설계2   제2과제 (구조계획)   배점: 35/100점

<2층 평면도 및 단면개념도> 축척 없음 ⑲

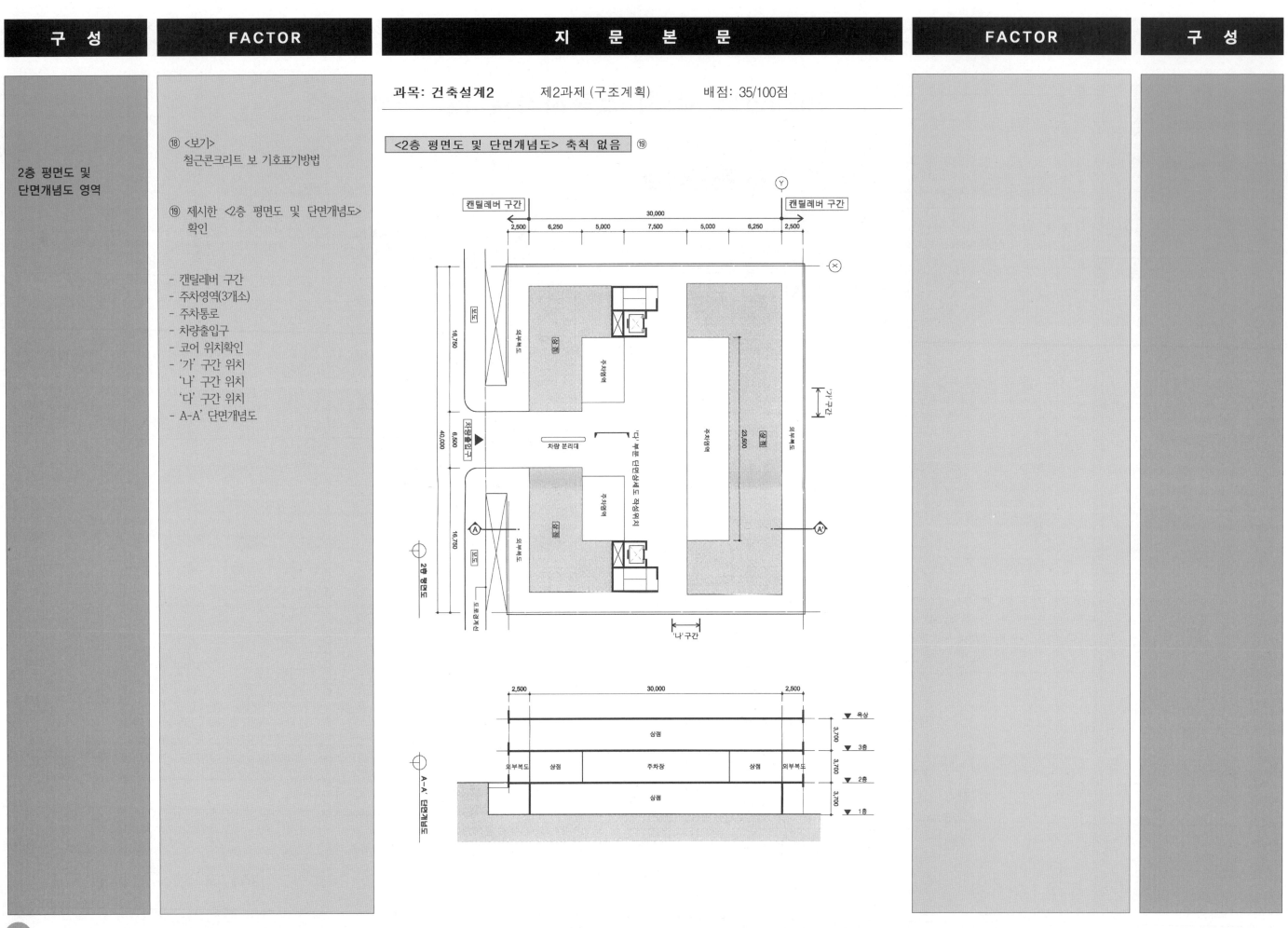

1. 모듈확인

유형: 신축형

모듈계획형

주어진 〈2층 평면도 및 단면개념도〉와 답안 작성용지 확인.

과제확인 - 3층 구조평면도

　　　　　'다' 부분 단면상세도

- 제목: 주차모듈을 고려한 구조계획

① 주어진 구조요소 : 코어 2개소 (코어는 계단실, 승강기 및 덕트)

　　→ 철근콘크리트 벽체

② 주어진 2층 평면도 : 캔틸레버 구간 확인

　　　　　　　　　주차영역 3개소 확인

　　　　　　　　　차량출입구 위치 확인

③ 주어진 A-A' 단면개념도 : 2층 주차장 및 층고 확인

④ 구조형식 : 철근콘크리트 라멘조

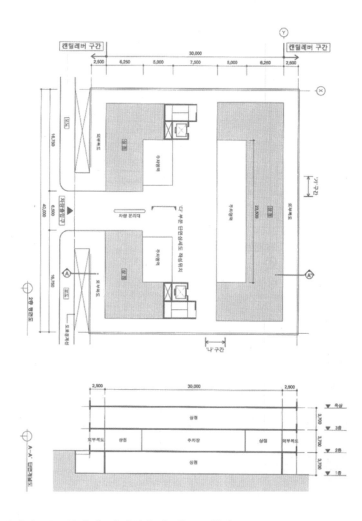

⑤ 주어진 구조부재의 단면치수와 배근도확인

⑥ 답안작성용지 확인

답안작성용지 〉 KEYMAP 확인

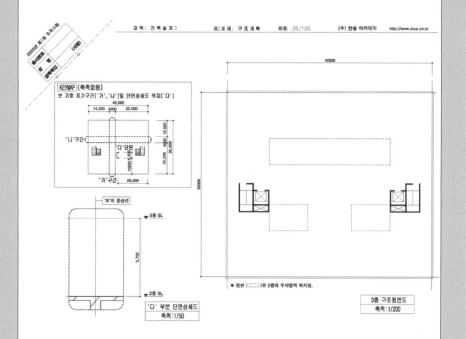

2. 3층 구조평면도

기준 X열, Y열 확인

'가' 구간, '나' 구간 및 '다' 구간 위치확인

주차영역(3개소) → 주차단위 구획 → 총 주차대수 15대

　　　　　　　　　→ 모듈과 연계함

코어위치와 치수 확인 → 모듈과 연계함

캔틸레버 구간 확인 → 모듈과 연계함

보의 연속 배치

기둥중심간 거리 제한 → 모듈과 연계함

작도 1〉 주어진 코어 벽체 : 모듈계획 확정

　　　　주차영역의 주차대수 15대 산정 모듈계획 ↔ 기둥 500mmx500mm

　　　　크기 고려

　　　　캔틸레버 구간과 보 연속적 배치

　　　　기둥중심간 거리 X열 : 7~9m, Y열 : 9~10m

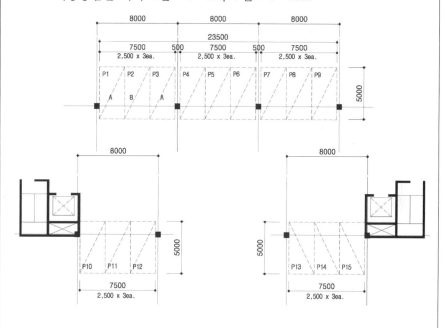

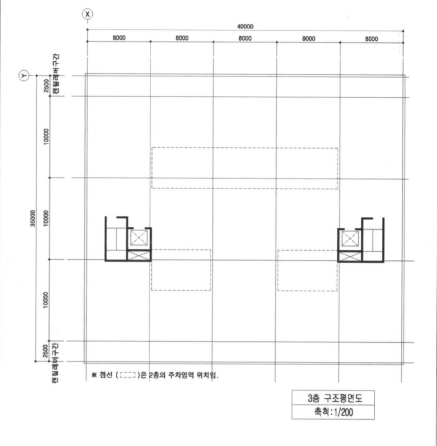

작도 2〉 기둥 : 모듈의 교차점에 위치함

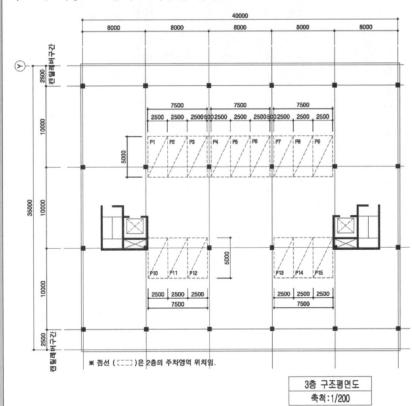

※ 점선 (▨▨)은 2층의 주차영역 위치임.

3층 구조평면도
축척:1/200

작도 3〉 큰 보

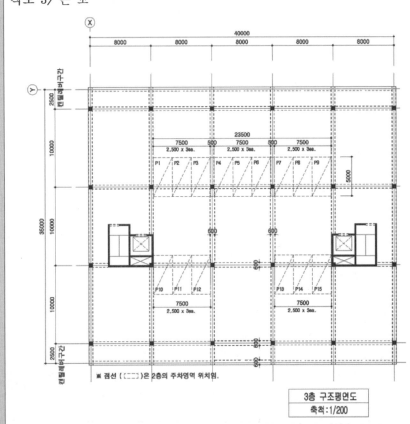

※ 점선 (▨▨)은 2층의 주차영역 위치임.

3층 구조평면도
축척:1/200

작도 4〉 작은 보 ↔ 슬래브 계획과 연계 : 슬래브 단변길이 4m 이하

1) 슬래브 4변지지 형식

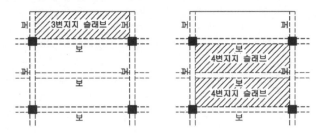

2) 슬래브 변장비 검토

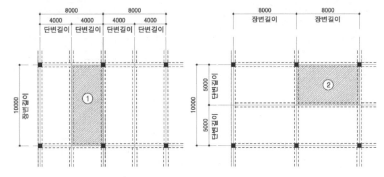

① 슬래브 변장비(장변길이/단변길이)= 10m/4m = 2.5 〉 2
(1방향 슬래브) → 적합

② 슬래브 변장비(장변길이/단변길이)= 8m/5m = 1.6 〈 2
(2방향 슬래브)

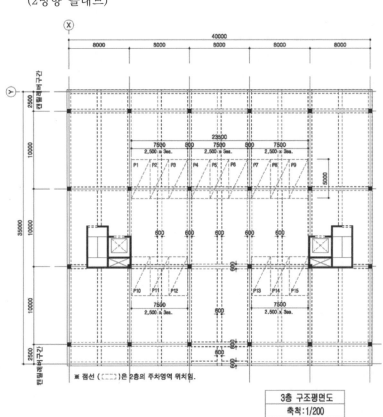

※ 점선 (▨▨)은 2층의 주차영역 위치임.

3층 구조평면도
축척:1/200

◆ 철근콘크리트 보 단면치수 및 배근도 분석

  – 철근콘크리트 보 500x700mm : 배근기호 A, B, C, D, E
                           600x500mm : 배근기호 F, G, H, I, J

  – 중력하중에 의한 휨모멘트만 고려함.

기호	A	B	C	D	E
단면					
	500×700	500×700	500×700	500×700	500×700
기호	F	G	H	I	J
단면					
	600×500	600×500	600×500	600×500	600×500

  – 큰 보 기준의 위계도

철근대수 / 구 분	단부배근(상부인장)	중앙부배근(하부인장)	조합
많 음 (500x700)	A	B	A-B-A
중 간 (500x700)	D	B	D-B-D
적 음 (500x700)	C	E	C-E-C

철근대수 / 구 분	단부배근(상부인장)	중앙부배근(하부인장)	조합
많 음 (600x500)	F	G	F-G-F
중 간 (600x500)	I	G	I-G-I
적 음 (600x500)	H	J	H-J-H

▶ 문제총평

지상 3층 규모의 근린생활시설 신축과제이다. 제시된 지문과 2층 평면도 및 단면개념도를 바탕으로 3층 구조평면도와 '다' 부분 단면상세도를 작성하여야 한다. 구조형식은 철근콘크리트 라멘조이고 적용하중, 재료강도, 기둥크기 및 슬래브 두께를 제시하였다. 2층 용도는 상점 및 주차장이고 현황도면에 주차영역과 차량출입구를 표기하였다. 주차모듈을 고려하여 구조계획하고 철근콘크리트 보 배근도가 주어진 기출유형을 이해하면 해결할 수 있는 과제 수준이다. 부분단면상세도 위치는 주차통로 부분으로 제시한 보 밑 높이를 확보할 수 있도록 철근콘크리트 단면치수 및 기호를 적용하여야 한다. 답안작성용지에 주어진 요소들을 파악하고 지문에 제시한 계획조건과 고려사항들을 반영하는 기출문제와 유사한 평이한 수준으로 사료된다.

▶ 과제개요

1. 제 목	주차모듈을 고려한 구조계획
2. 출제유형	모듈계획형
3. 규 모	지상 3층
4. 용 도	근린생활시설
5. 구 조	철근콘크리트 라멘조
6. 과 제	3층 구조평면도, '다' 부분 단면상세도

▶ 과제층 구조모델링

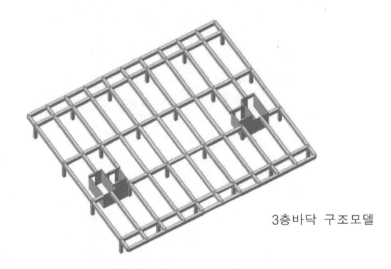

3층바닥 구조모델

▶ 체크포인트

1. 코어 내부에는 별도 구조계획 하지 않음.
2. 보 단면 설계 시 중력하중(고정하중과 활하중)에 의한 휨모멘트만 고려.
3. 캔틸레버 구간
4. 보와 기둥열 일직선 배치
5. 기둥 중심간 거리 X열 : 7~9m, Y열 : 9~10m
6. 슬래브는 4변지지 형식, 단변길이 제한
7. 변장비는 2~3 범위 (캔틸레버 구간은 변장비 제한 없음)
8. 총 주차대수 제한 (장애인 주차는 고려하지 않음)
9. 주차 통로 영역의 높이는 보 밑으로부터 최소 3.2m 확보
10. 철근콘크리트 보 단면기호 적시
11. 부분단면상세도 : 단면기호와 치수(폭 및 춤) 보 밑 치수 기입
12. 치수기입

▶ 과제 : 주차모듈을 고려한 구조계획

1. 제시한 도면 분석

- 주어진 2층 평면도 및 단면개념도
- 모듈계획형, 코어평면 제시(2개소)
- 기둥 중심간 거리 제한 → 모듈계획과 연계
- 차량출입구 확인 / 주차영역의 치수확인 → 주차대수 → 모듈로 활용
- '가' 구간, '나' 구간 및 '다' 구간 위치 확인
- 캔틸레버 구간 제시함

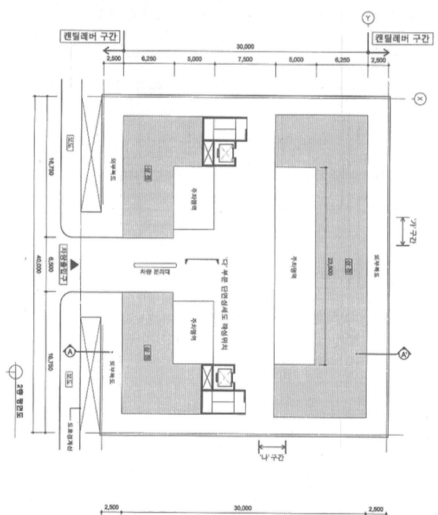

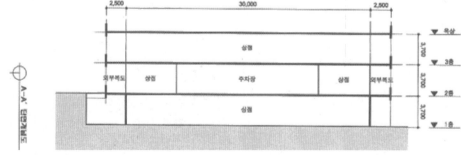

2. 철근콘크리트 보

◆ 슬래브 구분

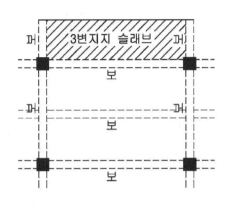 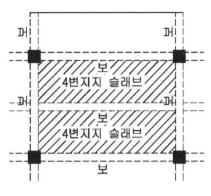

1) 3변지지 슬래브   2) 4변지지 슬래브

◆ 큰 보(GIRDER)의 단부와 중앙부 구분

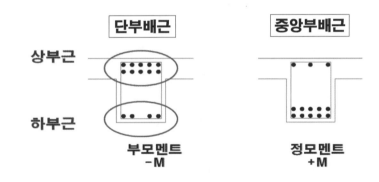

◆ 철근콘크리트 큰 보(GIRDER) 배근 구분 : 표기방법 〈보기1〉 준수

기호	A	B	C	D	E
단면	500×700	500×700	500×700	500×700	500×700
기호	F	G	H	I	J
단면	600×500	600×500	600×500	600×500	600×500

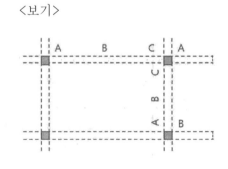

〈보기〉

철근대수 / 구 분	단부배근(상부인장)	중앙부배근(하부인장)	조합
많 음 (500x700)	A	B	A-B-A
중 간 (500x700)	D		D-B-D
적 음 (500x700)	C	E	C-E-C

철근대수 / 구 분	단부배근(상부인장)	중앙부배근(하부인장)	조합
많 음 (600x500)	F	G	F-G-F
중 간 (600x500)	I		I-G-I
적 음 (600x500)	H	J	H-J-H

◆ 3층 바닥 휨모멘트도

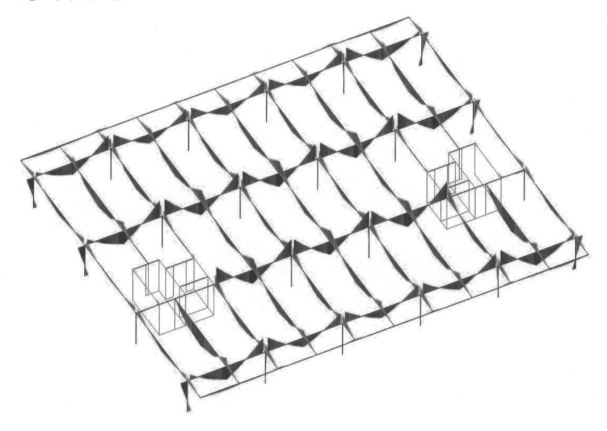

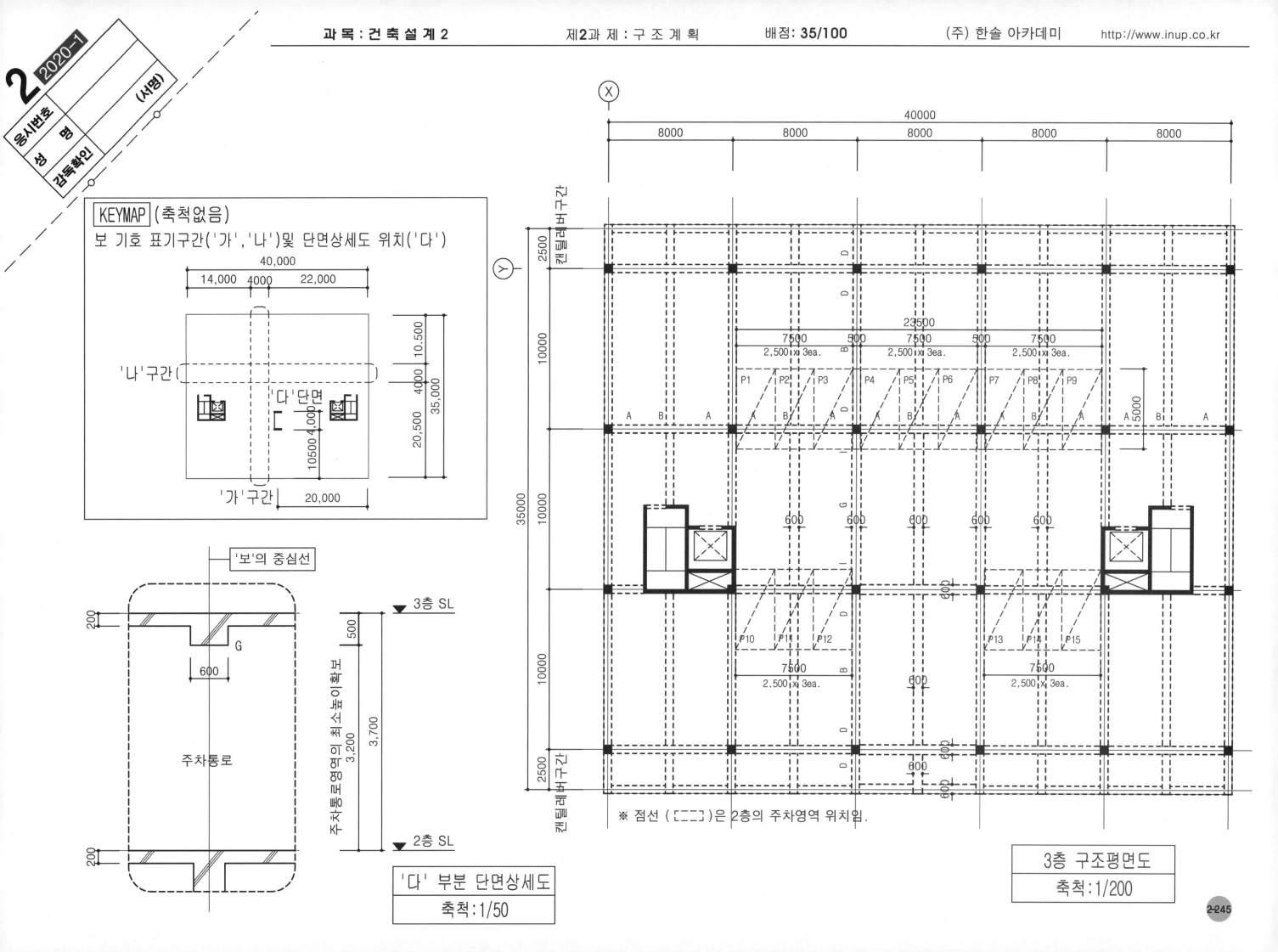

KEYMAP (축척없음)

보 기호 표기구간('가','나')및 단면상세도 위치('다')

'나'구간
'다'단면
'가'구간

'보'의 중심선

주차통로

3층 SL
2층 SL

주차통로영역의 최소높이확보 3,200

'다' 부분 단면상세도
축척 : 1/50

3층 구조평면도
축척 : 1/200

※ 점선 ([⊏ ⊐])은 2층의 주차영역 위치임.

캔틸레버구간

P1 P2 P3 P4 P5 P6 P7 P8 P9
P10 P11 P12 P13 P14 P15

2,500 x 3ea.

2-245

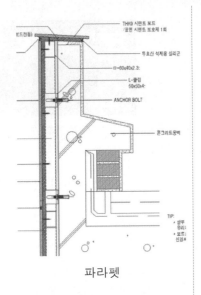

파라펫

인공토

흙의 역할을 대신하여 식물에 영양을 줄 수 있도록 만든 인공 물질

목재 후로링

양식의 바닥판. 굳고 무늬가 아름다운 나무(참나무·미송·나왕·떡갈나무)를 모자이크처럼 만든 것. 플로어링 판이라고도 함. 두께15~18㎜, 나비 40~90㎜, 길이(80~360㎜정도)만든 것.

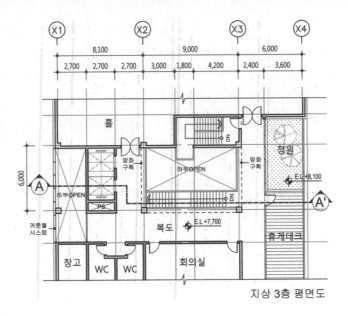

지상 3층 평면도

▶ 3층 평면도
- 하부 OPEN, 승강기, 방화셔터, 출입문, 투시형 난간
- 커튼월 시스템, 승강기 출입문 및 벽체
- 입면 계단 참 위치 고려하여 표현, 정원 수목 및 인공토 두께 입면
- 천장속 공간 확인 후 반자 높이 검토 후 반영
- 내·외부 입면 확인 후 표현

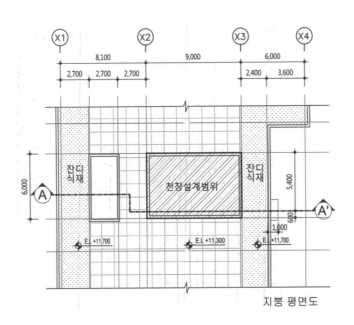

지붕 평면도

▶ 지붕층 평면도
- 안전난간, 승강기 OH 및 방수턱, 천창, 안전난간, 케노피
- 잔디식재, OH고려하여 지붕층 상부 돌출
- 천창 수평으로 인한 단면 및 입면 표현

▶ 층고계획
- 각층 EL, 바닥 마감 및 구조체 레벨을 기준이므로 제시된 조건 확인
- 지하1층~지붕층 까지 층고를 기준으로 개략적인 단면의 형태 파악

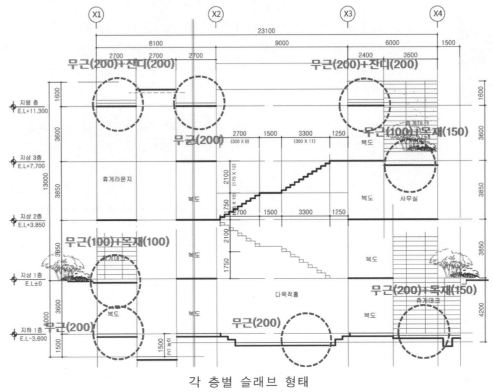

각 층별 슬래브 형태

반자높이
① 거실(법정) : 2.1m 이상
② 사무실 : 2.5~2.7m
③ 식당 : 3.0m 이상
④ 회의실 : 3.0m 이상
⑤ 화장실 : 2.1~2.4m

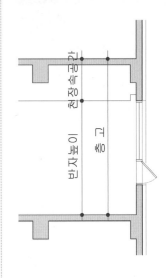

(3) 지상 1~2층의 다목적스탠드 옆 계단은 단너비 300mm, 단높이 175mm 이다.

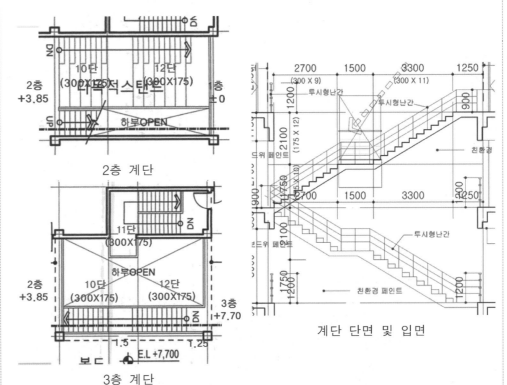

2층 계단

3층 계단

계단 단면 및 입면

기초의 형태 분류

 (a) 독립기초
 (b) 연속기초
(c) 온통(매트)기초
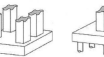 (d) 파일기초

건축물의 피난·방화구조 등의 기준에 관한 규칙

3층 이상의 층과 지하층은 층마다 구획할 것. 다만, 지하 1층에서 지상으로 직접 연결하는 경사로 부위는 제외한다.

방화셔터

방화문

투시형난간

(4) 지상 3층 이외의 층은 방화구획을 고려하지 않는다.

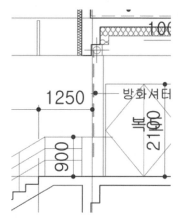

3층 방화셔터

(5) 경사진 천창 (기울기 1/3) 에는 투시형 BIPV를 설치하고, 채광과 환기가 가능하도록 한다.
(6) 옥상으로의 접근은 별도의 직통계단을 이용한다.

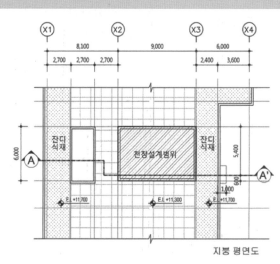

지붕 평면도

천창 범위

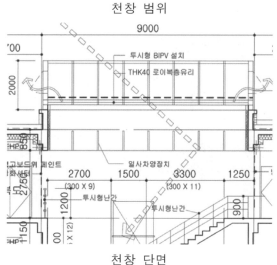

천창 단면

(7) ⓑ부분 단면상세의 커튼월시스템은 향을 고려하여 직사광에 의한 눈부심이 감소되도록 하고 자연환기가 가능하도록 계획한다.

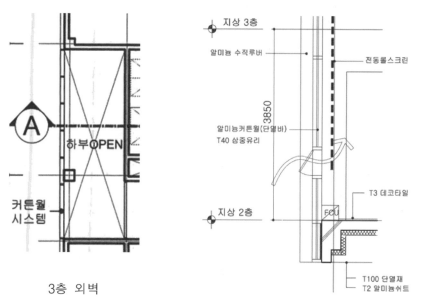

3층 외벽

- 서측 일사를 고려하여 수직루버를 표현
- 직사광에 의한 눈부심 차단에 가장 효과적인 방법은 전동롤스크린 등을 내부에 표현

(8) 난간은 투시형으로 한다.
(9) 지붕은 내단열, 이외의 부분은 외단열로 한다.

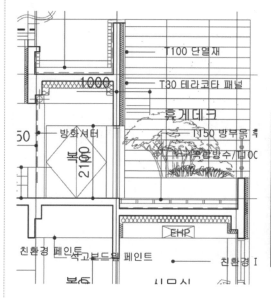

단열재 및 투시형 난간

천창

지붕·천장면에 낸 창으로 주광(畫光)은 충분히 채광할 수 있으며 조도 분포도 균일하여 채광에 유효한 부분의 면적은 그 면적의 3배. 채광이나 환기·조명 등을 목적으로 사용

전동롤스크린

햇빛을 가리거나 밖에서 건물 내부를 볼 수 없도록 설치하는 도구이며 창문을 가린다는 점에서 커튼과 유사하다.

지붕층 외단열

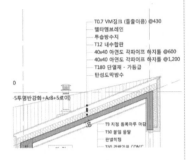

T0.7 VM징크 (돌출이음) @430
엘라멤브레인
투습방수지
T12 내수합판
40x40 아연도 각파이프 하지틀 @600
40x40 아연도 각파이프 하지틀 @1,200
T180 단열재 - 가등급
탄성도막방수

(4) 건물 내·외부의 입·단면도를 작성하고 환기경로, 채광경로를 <보기>에 따라
표현하며, 필요한 곳에 창호의 개폐방향과 냉·난방설비를 표기한다.
(5) 단위 : mm
(6) 축척 : 1/100, 1/50

<보기>

구분	표현 방법	구분	표현 방법
자연환기	〜⟶	자연채광	⟶

4. 유의사항

(1) 답안 작성은 반드시 흑색 연필로 한다.
(2) 명시되지 않은 사항은 현행 관계법령의 범위 안에서 임의로 한다.

<건축물의 에너지절약
설계기준>

– 시행 2016. 1. 11

[별표3] 단열재의 두께

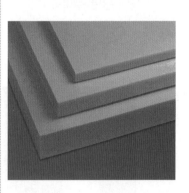

자연환기

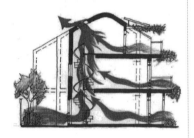

자연채광

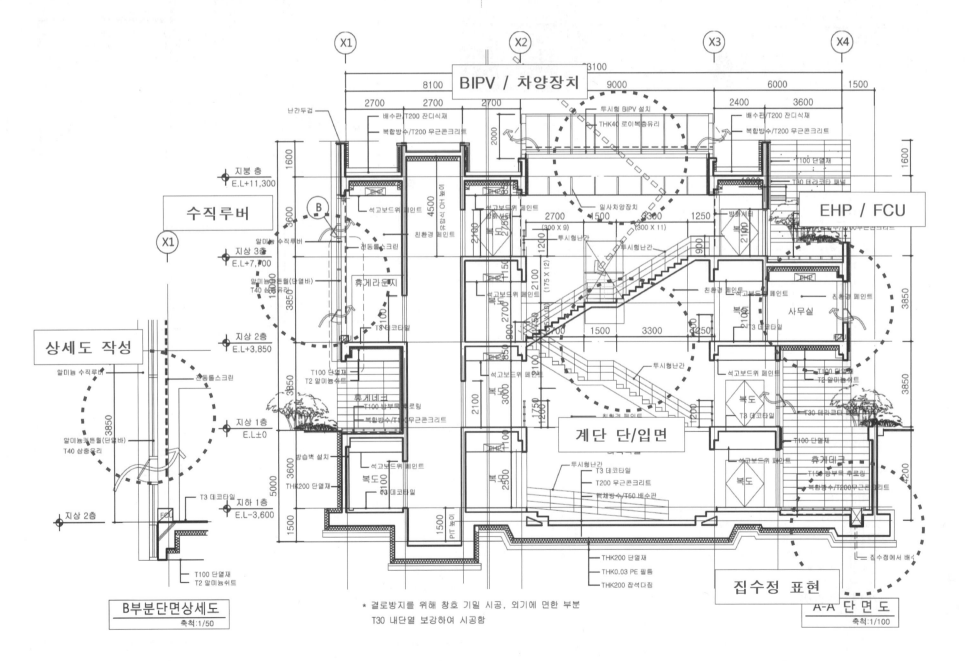

BIPV / 차양장치

수직루버

EHP / FCU

상세도 작성

계단 단/입면

집수정 표현

B부분단면상세도
축척:1/50

A-A 단 면 도
축척:1/100

* 결로방지를 위해 창호 기밀 시공, 외기에 면한 부분
T30 내단열 보강하여 시공함

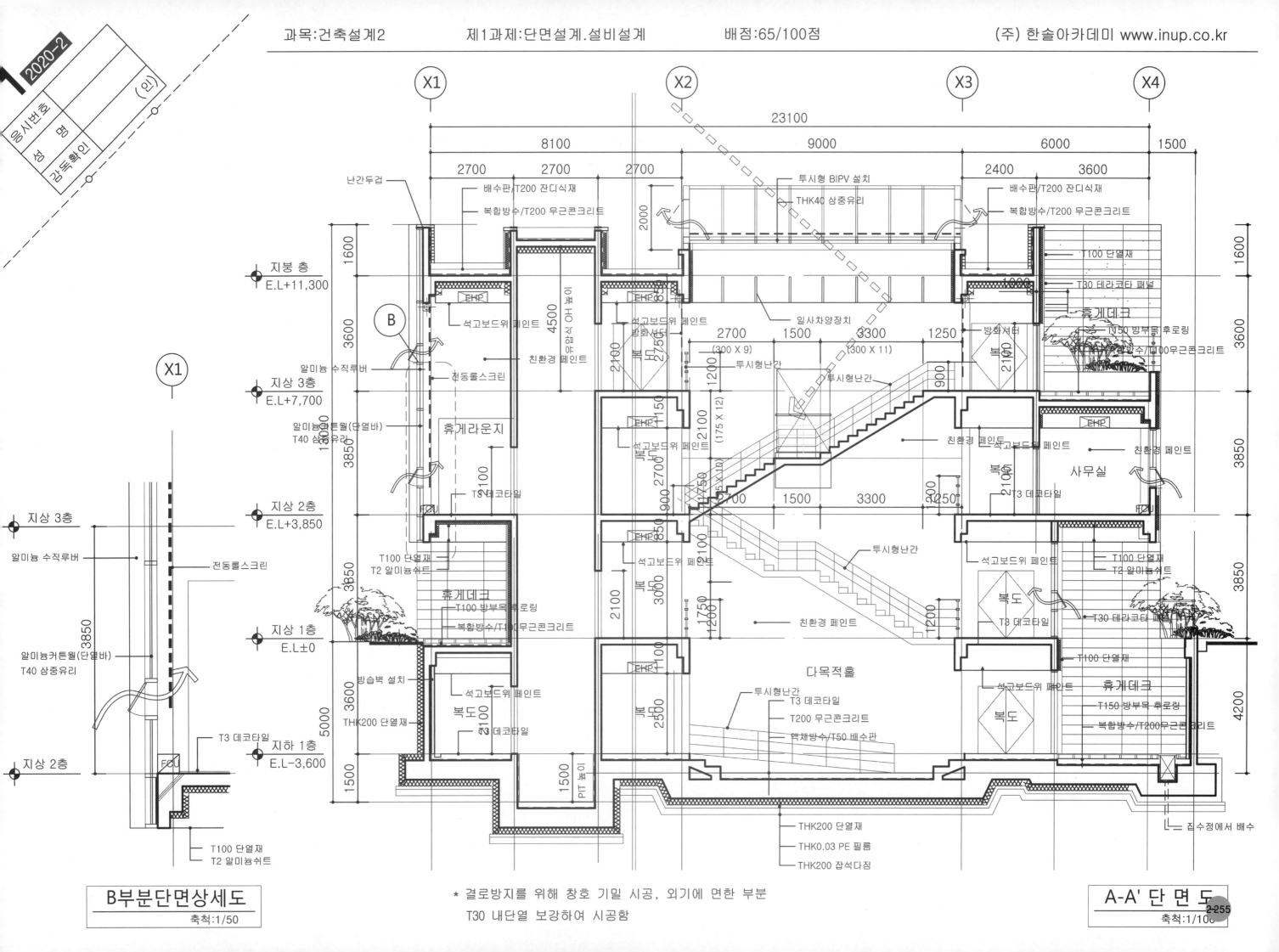

2020-2

응시번호　명
성　　명
감독확인　(외)

B부분단면상세도
축척:1/50

X1

지상 3층
알미늄 수직루버
전동롤스크린
알미늄커튼월(단열바)
T40 삼중유리
3850
지상 2층
FCU
T3 데코타일
T100 단열재
T2 알미늄쉬트

X1　　　　X2　　　　X3　　　　X4

23100
8100　　　　9000　　　　6000　　　1500
2700　2700　2700　　　　　　　　　2400　3600

난간두겁
배수판/T200 잔디식재
복합방수/T200 무근콘크리트

투시형 BIPV 설치
THK40 삼중유리

배수판/T200 잔디식재
복합방수/T200 무근콘크리트
T100 단열재
T30 테라코타 패널

지붕 층
E.L+11,300

EHP
석고보드위페인트
친환경 페인트

석고보드위 페인트

일사차양장치

휴게데크
T50 방부목후로링
복합방수/T200무근콘크리트

B
알미늄 수직루버
천동롤스크린
알미늄커튼월(단열바)
T40 삼중유리

지상 3층
E.L+7,700

휴게라운지

투시형난간
투시형난간

방화셔터
친환경 페인트
석고보드 페인트
친환경 페인트

T3 데코타일

석고보드위 페인트

친환경 페인트석고보드위 페인트

사무실

T3 데코타일

지상 2층
E.L+3,850

T100 단열재
T2 알미늄쉬트

EHP
석고보드위 페인트

투시형난간

석고보드위 페인트
T100 단열재
T2 알미늄쉬트

지상 1층
E.L±0

휴게데크
T100 방부목후로링
복합방수/T100무근콘크리트

친환경 페인트

복도
T3 데코타일

T30 테라코타 패널

방습벽 설치
THK200 단열재

석고보드위 페인트
복도
T3 데코타일

EHP

다목적홀

투시형난간
T3 데코타일
T200 무근콘크리트
복합방수/T50 배수판

석고보드위 페인트
복도

T100 단열재

휴게데크
T150 방부목 후로링
복합방수/T200무근콘크리트

지하 1층
E.L-3,600

PIT 높이

THK200 단열재
THK0.03 PE 필름
THK200 잡석다짐

집수정에서 배수

A-A' 단 면 도
축척:1/100

2-255

* 결로방지를 위해 창호 기밀 시공, 외기에 면한 부분
T30 내단열 보강하여 시공함

⑱ <보기>
철근콘크리트 보 기호표기방법

⑲ 제시한 <대지현황도> 확인

- 건물외곽선
- 발코니(2개소)
- 차량진입
- 주차진입

유의사항
- 흑색연필
- 명시되지 않은 사항은 현행 관계법령 적용

과목: 건축설계2   제2과제 (구조계획)   배점: 35/100점

<보기3> 코어 표기(축척 없음) ㉕

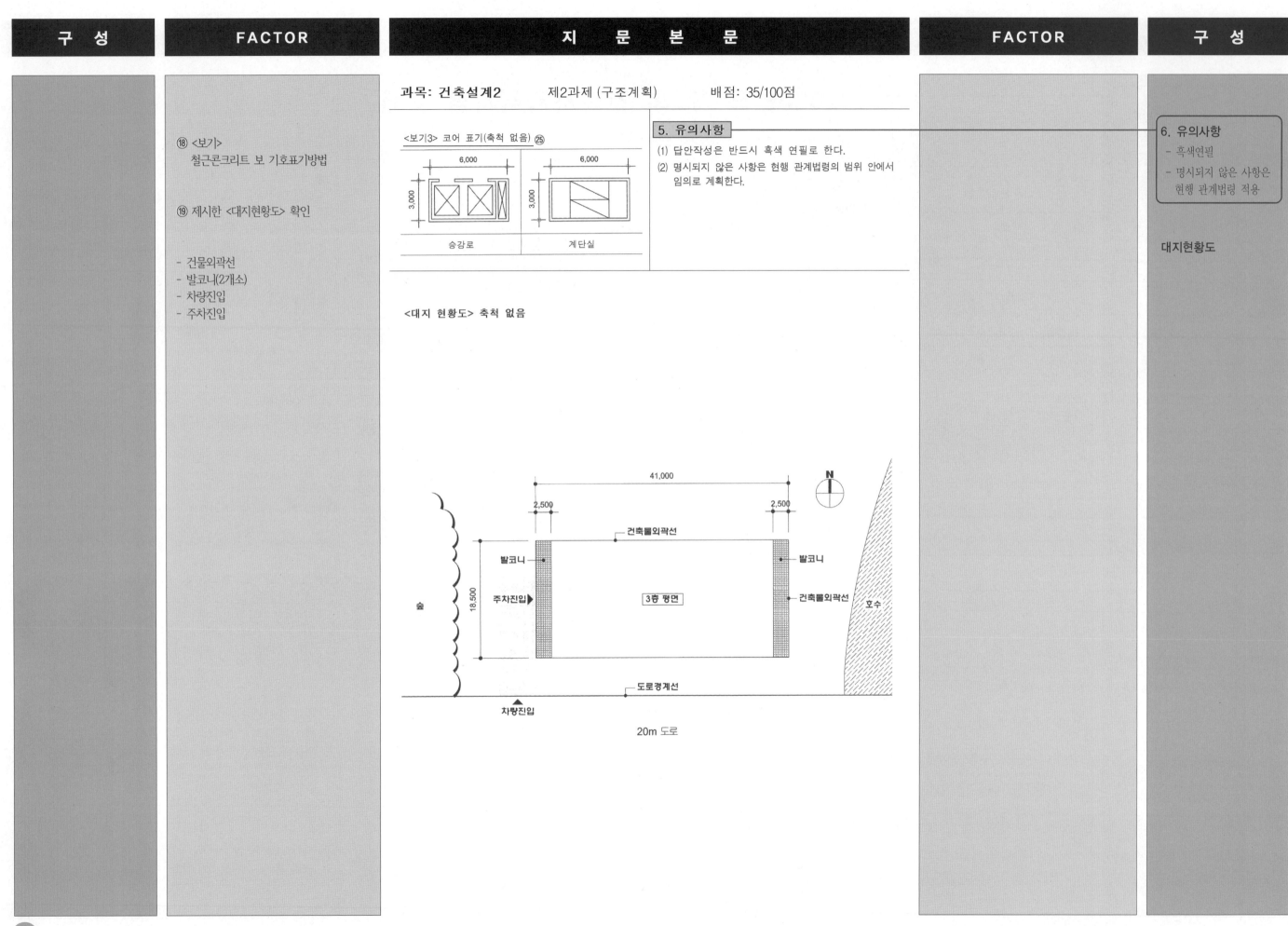

승강로 | 계단실

5. 유의사항

(1) 답안작성은 반드시 흑색 연필로 한다.
(2) 명시되지 않은 사항은 현행 관계법령의 범위 안에서 임의로 계획한다.

6. 유의사항

- 흑색연필
- 명시되지 않은 사항은 현행 관계법령 적용

대지현황도

<대지 현황도> 축척 없음

2-258

1. 모듈확인

유형: 신축형
모듈계획형
주어진 〈대지현황도〉와 답안 작성용지 확인.
과제확인 - 3층 구조평면도

– 제목: 연구시설 신축 구조계획

① 주어진 대지 현황도 : 건축물 외곽선 → 평면 치수 확인
　　　　　　　　　　　　발코니 → 평면 좌/우측에 배치함
　　　　　　　　　　　　도로 차량진입 → 건물 주차진입 위치 확인

② 구조형식 : 강구조(코어는 철근콘크리트 구조)

③ 코어는 승강로 1개소, 계단실 2개소 → 철근콘크리트 벽체
　　← 〈보기3〉 코어 크기 제시함
　　코어를 평면에 수험생이 배치하는 구조계획의 새로운 유형 제시

④ 1층 필로티 주차장 → 최소 20대(장애인전용 1대 포함)를 주차
　　→ 모듈계획 시 반영

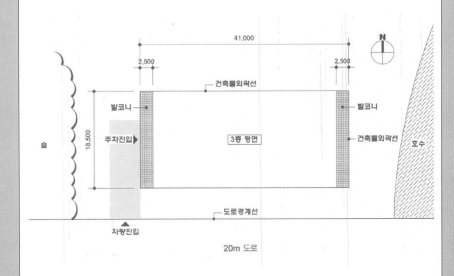

⑤ 주어진 구조부재의 단면치수와 종류확인

⑥ 답안작성용지 확인

답안작성용지 〉

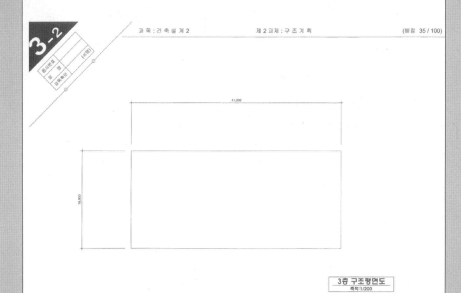

2. 3층 구조평면도 → 모듈계획

　철근콘크리트 코어(승강로 1개소, 계단실 2개소) 중심부 배치
　1층 필로티 주차장 → 최소 20대(장애인전용 주차 1대 포함)
　주차단위 구획 → 일반 주차 19대 + 장애인전용 주차 1대
　　→ 모듈과 연계함
　차량진입(도로) → 주차진입(건물) → 모듈계획 시 기둥 위치와 관련됨
　발코니 → 보를 설치하는 캔틸레버 구조 → 모듈과 연계함
　보의 연속 배치
　기둥 중심간격 14m 이내로 제한 → 모듈과 연계함
　코어 → 철근콘크리트 전단벽에 별도의 강재 기둥과 강재 보를 삽입하지
　않음 → 모듈과 연계함

작도 1〉 모듈계획 : 철근콘크리트 코어 중심부 배치

　　주차통로 및 주차대수 20대(장애인전용 주차 1대 포함) ↔ 강재 기둥
　　H-500x500 크기 고려
　　발코니 → 캔틸레버 구조 → 수직 모듈 제시
　　기둥 중심간격 : 14m 이내

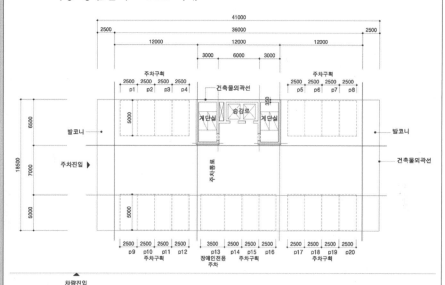

작도 2〉 모듈결정 : 코어배치 확정

　　철근콘크리트 전단벽에 별도의 강재 기둥과 강재 보를 삽입하지 않음

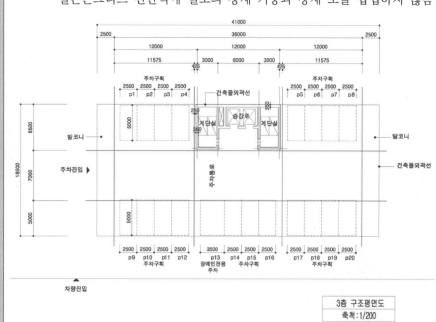

5. 제시 평면도

- 지하1층 평면도
  • X1열 썬큰
  • 공유주방 창호 / 트렌치 표현
  • 공유주방 출입문
  • 계단 표현
  • X3열 방습벽 표현

- 1층 평면도
  • 썬큰 상부 난간 표현, X1열 창호, 보육실 출입문 표현, 계단, 방풍실 출입문, X4열 돌출 창호 표현
  • 계단실 길이 확인 (단높이, 단너비 적용)

- 2층 평면도
  • X1열 창호, OPEN 및 창호, 계단, 투시형 난간, OPEN, 창호, X4열 난간 표현
  • 계단실 길이 확인 (단높이, 단너비 적용)

- 3층 평면도
  • 돌출부분 난간, X1열 창호, 계단, IT교육실 출입문, X4열 창호 표현

- 지붕층 평면도
  • X1열 1.5m 돌출 처마, 평지붕, X4열 파라펫
  • 경사지붕 (철골 트러스) 표현

① 제시평면도 축척 없음
② 제시 도면의 EL확인 (지하-마감, 지붕-구조체)
③ G.L 레벨을 E.L로 제시함
④ 창호 표현
⑤ 데크 투시형 난간 (1.2m)
⑥ 제시된 계단 단높이, 단너비, 계단참 계획 후 반영
⑦ 데크 바닥마감 표현
⑧ H형강 입면 표현
⑨ 태양광전지패널(PV형)설치
⑩ 지붕층 바닥레벨 확인
⑪ 썬큰 OPEN부분 투시형 난간
⑫ 장부 OPEN
⑬ 제시된 계단 단높이, 단너비, 계단참 계획 후 반영
⑭ 방풍실 외벽 커튼월시스템, 유리, 프레임 반영
⑮ 데크 투시형난간 (1.2m)
⑯ 출입문 높이 2.1m
⑰ 제시된 계단 단높이, 단너비, 계단참 계획 후 반영
⑱ IT교육실 커튼월시스템, 유리, 프레임 반영
⑲ 바닥 레벨 E.L 확인
⑳ 출입문 2.1m 입면 표현
㉑ 썬큰 벽체 : 방수 표현
㉒ 썬큰 바닥 목재 표현
㉓ 공유주방 바닥 트렌치 설치
㉔ 흙에 접한 부분 외벽에 대한 기술적 사항 등을 반영하여 표현 (방수, 방습, 단열, 결로 등을 포함 한 상세도 반영하여 표현)
㉕ 제시 평면도 기존 및 증축 영역 범위 제시
㉖ 방위표 확인 (남향 확인)

과목: 건축설계2　　제1과제 (단면설계·설비계획)　　배점: 65/100점

<층별 평면도> 축척 없음 ①

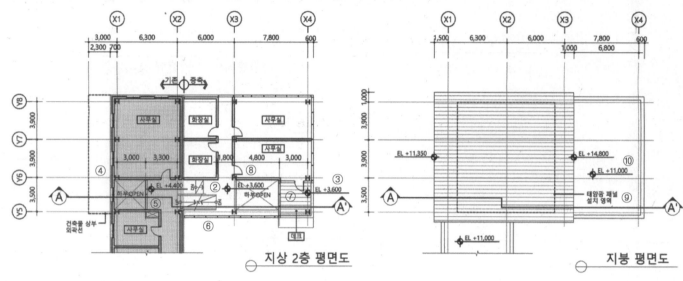

지상 2층 평면도　　지붕 평면도

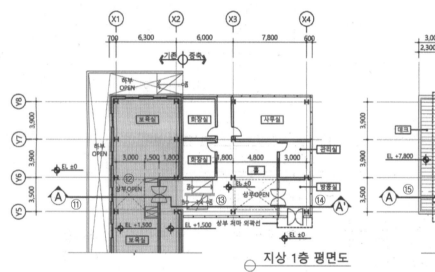

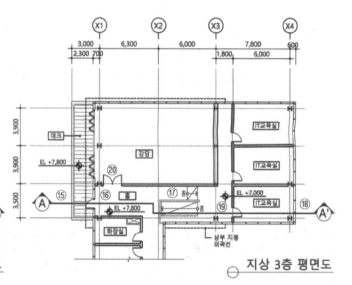

지상 1층 평면도　　지상 3층 평면도

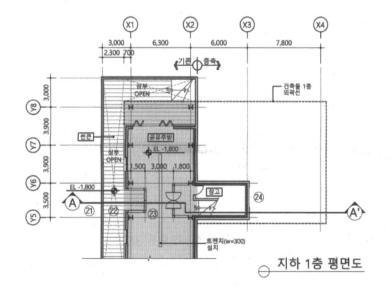

지하 1층 평면도

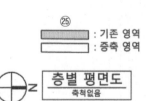

㉕ ▭ : 기존 영역　▭ : 증축 영역

㉖ 층별 평면도 축척없음

냉.난방 설비

- EHP (천장매입형) 크기 :
  900×900×350(H)

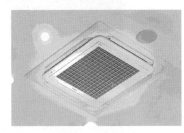

- 폐열회수 환기장치 :
  500×500×250(H)

- FCU (바닥상치형)

(9) 홀은 냉난방 설비를 계획한다.

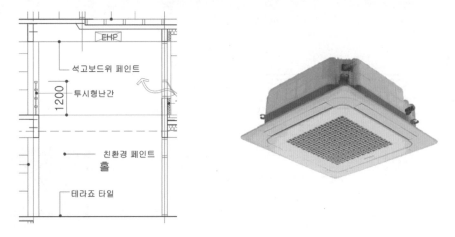

석고보드위 페인트
투시형난간
1200
친환경 페인트
홀
테라죠 타일

천장 EHP 표현

(10) 경사지붕은 트러스구조(건식공법)로 하고 단열, 방수, 우수처리 및 태양광 패널을 고려하여 설계한다.

트러스 건식 공법

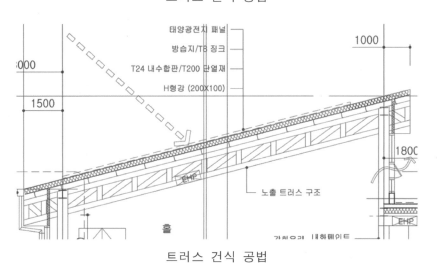

태양광전지 패널
방습지/T8 징크
T24 내수합판/T200 단열재
H형강 (200X100)
노출 트러스 구조
홀
강화유리 내화페인트

트러스 건식 공법

- 트러스의 형태는 임의로 하며 일반적으로 삼각형 형태 및 일자형 트러스를 기둥에 올려 설치하는 방법이 주로 사용된다.
- 트러스 상부 단열재 위 판넬 마감 표현
- 지붕 위 태양광 전지패널 (PV형) 설치

(11) 계단은 강구조로, 난간은 투시형으로 한다.

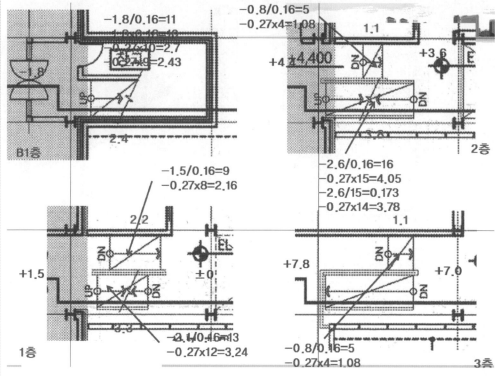

B1층
1층
2층
3층

-1.8/0.16=11
-0.8/0.16=5
-0.27x4=1.08
-0.27x10=2.7
-0.27x15=4.05
-0.27x9=2.43
-1.5/0.16=9
-0.27x8=2.16
-2.6/0.16=16
-0.27x15=4.05
-2.6/15=0.173
-0.27x14=3.78
-2.1/0.46=13
-0.27x12=3.24
-0.8/0.16=5
-0.27x4=1.08

+4.400
+1.5
±0
+3.6
+7.8
+7.0

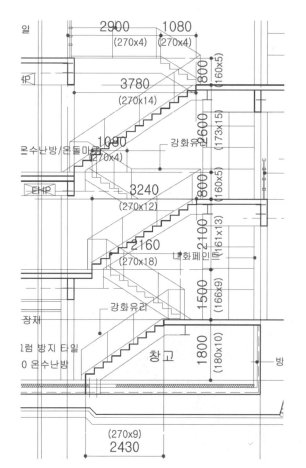

일
2900 (270x4)
1080 (270x4)
800 (160x5)
3780 (270x14)
600 (173x15)
온수난방/온돌마루
1080 (270x4)
강화유리
3240 (270x12)
800 (160x5)
2160 (270x18)
2100 (161x13)
내화페인트
1500 (166x9)
강화유리
1800 (180x10)
장재
럼 방지 타일
온수난방
EHP
창고
방
(270x9)
2430

투시형 난간

태양광 전지패널

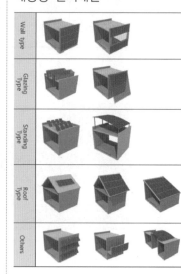

Wall type
Glazing Type
Standing Type
Roof Type
Others

PV 시스템 설치범위

PV 시스템

태양광 발전(太陽光發電, photovoltaics, PV)은 햇빛을 직류 전기로 바꾸어 전력을 생산하는 발전 방법이다. 태양광 발전은 여러개의 태양 전지들이 붙어있는 태양광 패널을 이용한다.

지붕 금속재

- 지붕 징크 : 0.8mm

3. 도면작성요령

(1) 층고, 천장고, 개구부 높이 등 주요 부분 치수와 각실의 명칭을 표기한다.
(2) 계단의 단수, 단높이, 단너비 및 난간높이를 표기한다.
(3) 단열, 방수, 외벽·내부 마감재료 등을 표기한다.
(4) <보기>에 따라 자연환기, 자연채광, EHP, 폐열회수 환기장치 및 주방 환기
덕트를 표기한다.
(5) 단위 : mm
(6) 축척 : 단면도 1/100, 상세도 1/50

<보기>

구분	표현 방법	구분	표현 방법
자연환기	～	자연채광	EHP
		폐열회수 환기장치	HRV
자연채광	□□□□□□⊳	주방 환기덕트	⊠

4. 유의사항

(1) 답안 작성은 반드시 흑색 연필로 한다.
(2) 명시되지 않은 사항은 현행 관계법령의 범위 안에서 임의로 한다.

자연환기

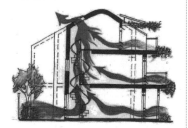

자연채광

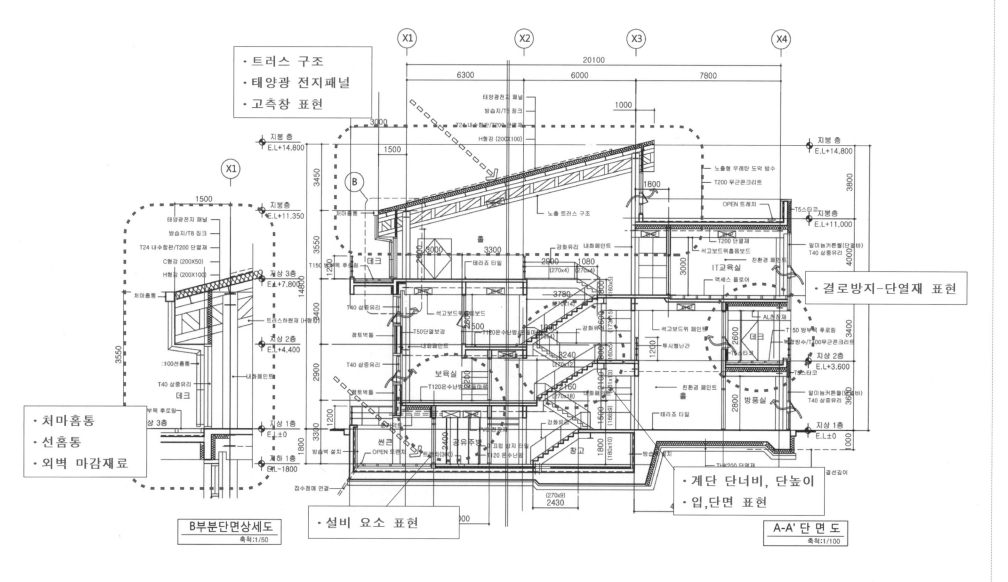

· 트러스 구조
· 태양광 전지패널
· 고측창 표현

· 처마홈통
· 선홈통
· 외벽 마감재료

· 결로방지-단열재 표현

· 계단 단너비, 단높이
· 입,단면 표현

· 설비 요소 표현

B부분단면상세도
축척:1/50

A-A' 단 면 도
축척:1/100

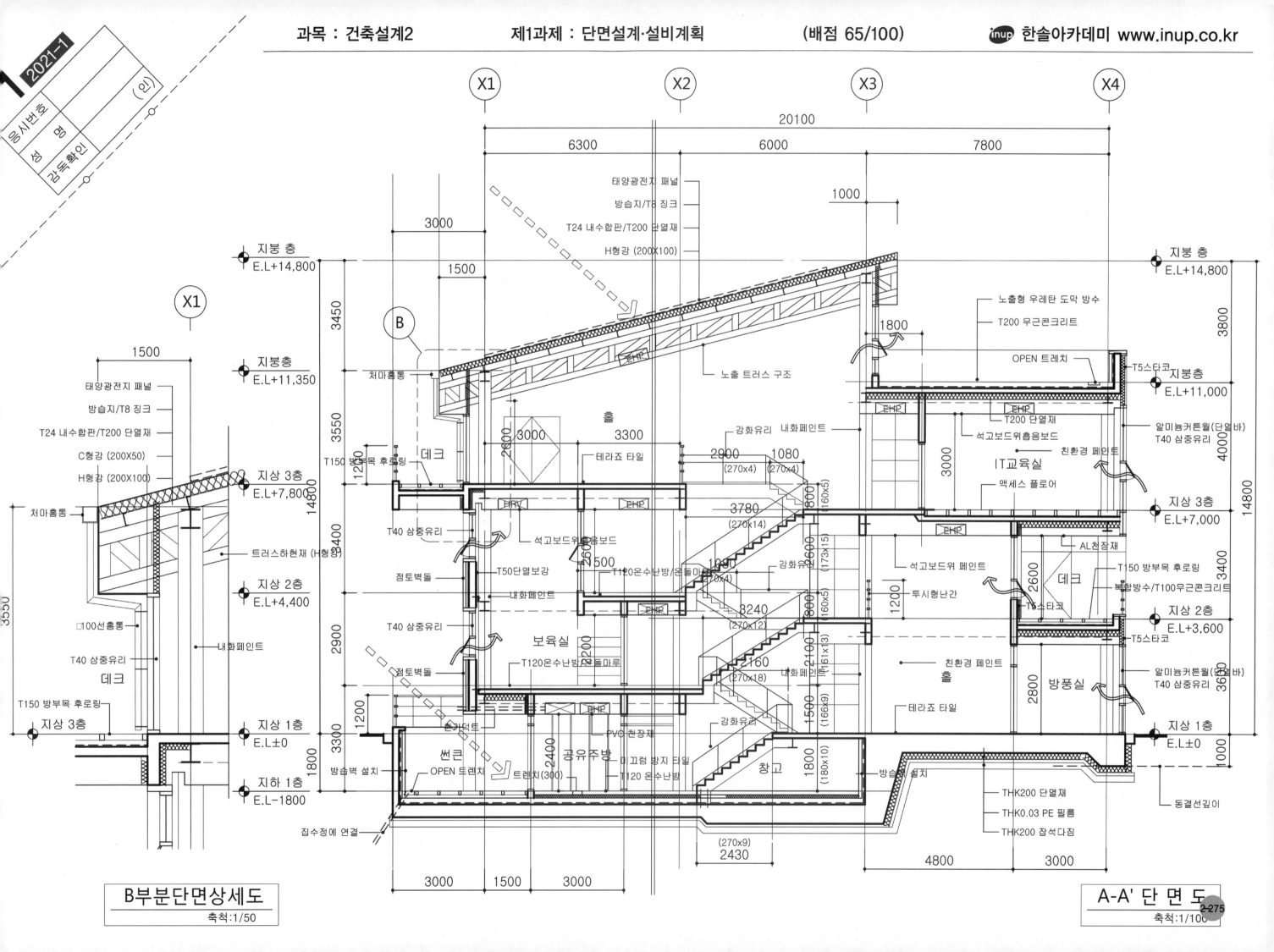

B부분단면상세도
축척:1/50

A-A' 단 면 도
축척:1/100

2-275

2 답 안

작도 5〉 철근콘크리트 보 적시 : '가' 구간 및 '나' 구간

　　'가' 구간 X열 큰 보 → D-B-D (주차통로 층고 3.2m → I-G-I)

　　'나' 구간 Y열 큰 보 → A-B-A

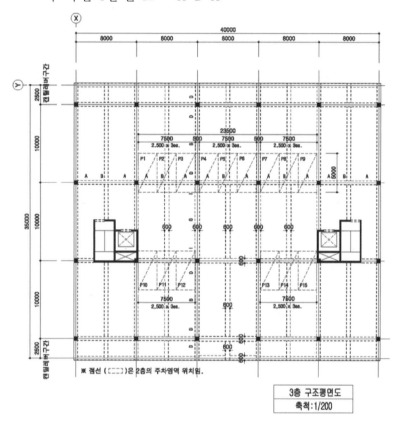

3층 구조평면도
축척:1/200

※ 점선(□□□)은 2층의 주차영역 위치임.

작도 6〉 '다' 부분 단면상세도 작성

　　3층 바닥 기준 '다' 위치의 보와 슬래브의 단면상세도 작성

　　보 단면을 중앙부 기준 〈표1〉 단면기호와 치수(폭 및 춤),

　　보 밑 치수 기입

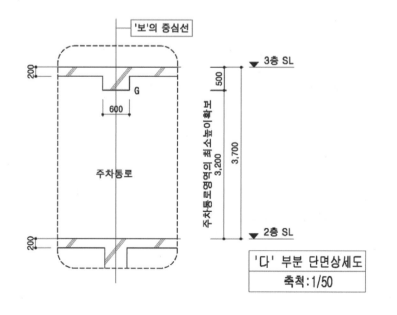

'다' 부분 단면상세도
축척:1/50

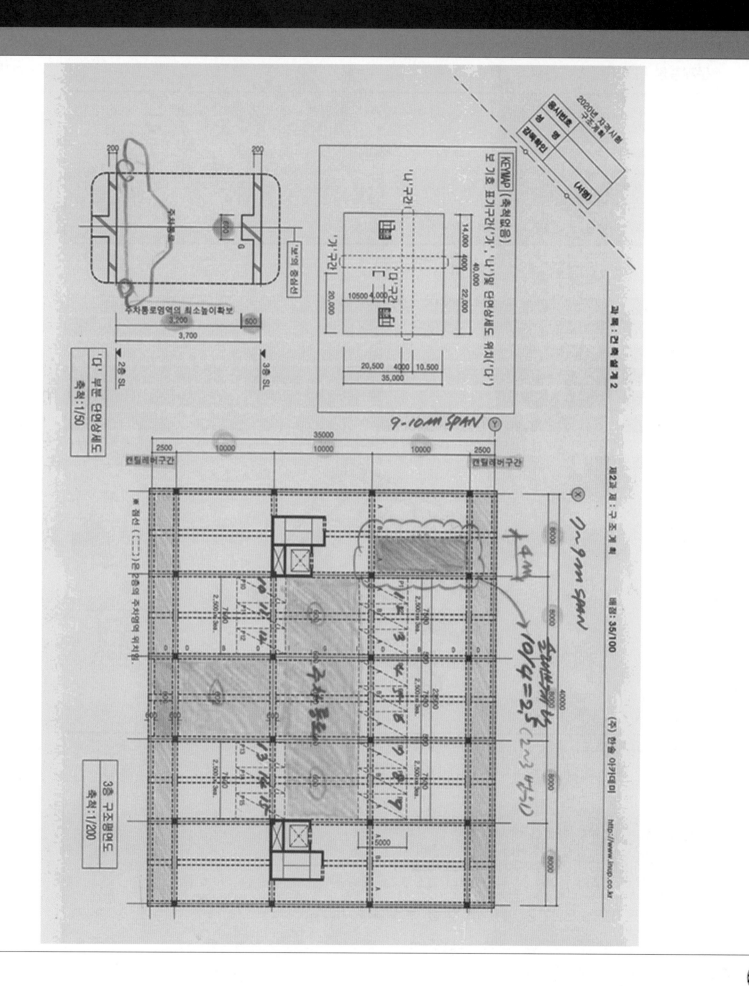

▶ 문제총평

지상 3층 규모의 근린생활시설 신축과제이다. 제시된 지문과 2층 평면도 및 단면개념도를 바탕으로 3층 구조평면도와 '다' 부분 단면상세도를 작성하여야 한다. 구조형식은 철근콘크리트 라멘조이고 적용하중, 재료강도, 기둥크기 및 슬래브 두께를 제시하였다. 2층 용도는 상점 및 주차장이고 현황도면에 주차영영과 차량출입구를 표기하였다. 주차모듈을 고려하여 구조계획하고 철근콘크리트 보 배근도가 주어진 기출유형을 이해하면 해결할 수 있는 과제 수준이다. 부분단면상세도 위치는 주차통로 부분으로 제시한 보 밑 높이를 확보할 수 있도록 철근콘크리트 단면치수 및 기호를 적용하여야 한다. 답안작성용지에 주어진 요소들을 파악하고 지문에 제시한 계획조건과 고려사항들을 반영하는 기출문제와 유사한 평이한 수준으로 사료된다.

▶ 과제개요

1. 제 목	주차모듈을 고려한 구조계획
2. 출제유형	모듈계획형
3. 규 모	지상 3층
4. 용 도	근린생활시설
5. 구 조	철근콘크리트 라멘조
6. 과 제	3층 구조평면도, '다' 부분 단면상세도

▶ 과제층 구조모델링

3층바닥 구조모델

▶ 체크포인트

1. 코어 내부에는 별도 구조계획 하지 않음.
2. 보 단면 설계 시 중력하중(고정하중과 활하중)에 의한 휨모멘트만 고려.
3. 캔틸레버 구간
4. 보와 기둥열 일직선 배치
5. 기둥 중심간 거리 X열 : 7~9m, Y열 : 9~10m
6. 슬래브는 4변지지 형식, 단변길이 제한
7. 변장비는 2~3 범위 (캔틸레버 구간은 변장비 제한 없음)
8. 총 주차대수 제한 (장애인 주차는 고려하지 않음)
9. 주차 통로 영역의 높이는 보 밑으로부터 최소 3.2m 확보
10. 철근콘크리트 보 단면기호 적시
11. 부분단면상세도 : 단면기호와 치수(폭 및 춤) 보 밑 치수 기입
12. 치수기입

▶ 과제 : 주차모듈을 고려한 구조계획

1. 제시한 도면 분석

- 주어진 2층 평면도 및 단면개념도
- 모듈계획형, 코어평면 제시(2개소)
- 기둥 중심간 거리 제한 → 모듈계획과 연계
- 차량출입구 확인 / 주차영역의 치수확인 → 주차대수 → 모듈로 활용
- '가' 구간, '나' 구간 및 '다' 구간 위치 확인
- 캔틸레버 구간 제시함

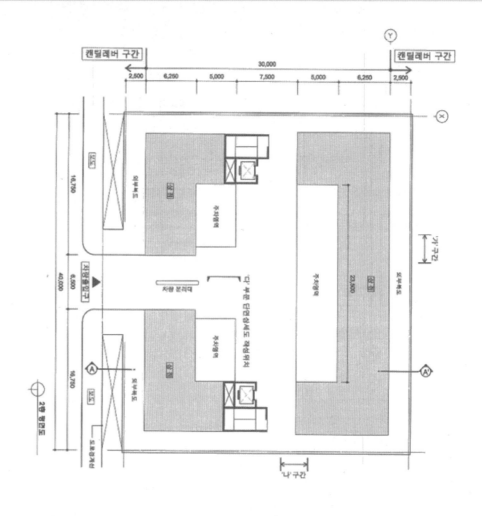

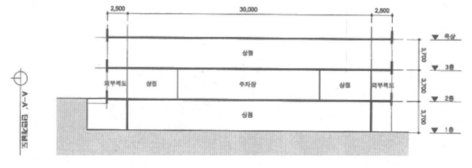

2. 철근콘크리트 보

◆ 슬래브 구분

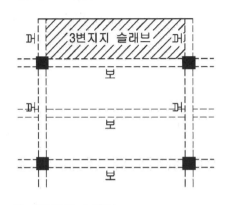 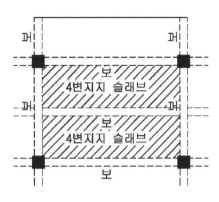

1) 3변지지 슬래브   2) 4변지지 슬래브

◆ 큰 보(GIRDER)의 단부와 중앙부 구분

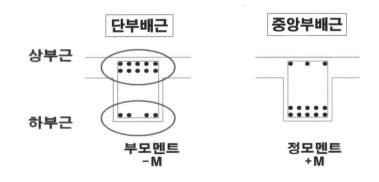

◆ 철근콘크리트 큰 보(GIRDER) 배근 구분 : 표기방법 〈보기1〉 준수

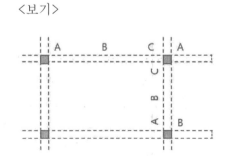

철근대수 / 구 분	단부배근(상부인장)	중앙부배근(하부인장)	조합
많 음 (500x700)	A	B	A-B-A
중 간 (500x700)	D	B	D-B-D
적 음 (500x700)	C	E	C-E-C

철근대수 / 구 분	단부배근(상부인장)	중앙부배근(하부인장)	조합
많 음 (600x500)	F	G	F-G-F
중 간 (600x500)	I	G	I-G-I
적 음 (600x500)	H	J	H-J-H

◆ 3층 바닥 휨모멘트도

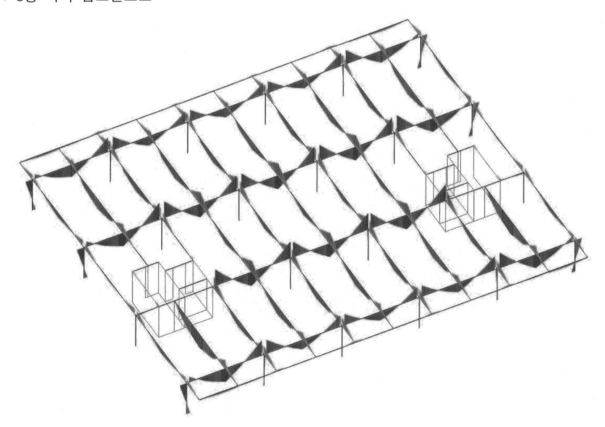

(서명)

응시번호
성 명
감독확인

KEYMAP (축척없음)
보 기호 표기구간('가','나')및 단면상세도 위치('다')

40,000
14,000 4,000 22,000

'나'구간

'다'단면

10,500 4,000

'가'구간 20,000

10.500
4,000
35,000
20,500

'보'의 중심선

200
G
600
주차통로
200

주차통로영역의 최소높이확보
3,200
3,700
500

▼ 3층 SL
▼ 2층 SL

'다' 부분 단면상세도
축척 : 1/50

X

40000
8000 8000 8000 8000 8000

Y

2500
10000
10000
35000
10000
2500

캔틸레버구간
캔틸레버구간

23500
7500 500 7500 500 7500
2,500 x 3ea. 2,500 x 3ea. 2,500 x 3ea.

P1 P2 P3   P4 P5 P6   P7 P8 P9
A B A   B   A D   A B   A   A B A

5000

D

G
600 600 600 600 600

600

P10 P11 P12   P13 P14 P15
7500   7500
2,500 x 3ea. 2,500 x 3ea.

600

600

600

600

D

※ 점선 ([ ])은 2층의 주차영역 위치임.

3층 구조평면도
축척 : 1/200

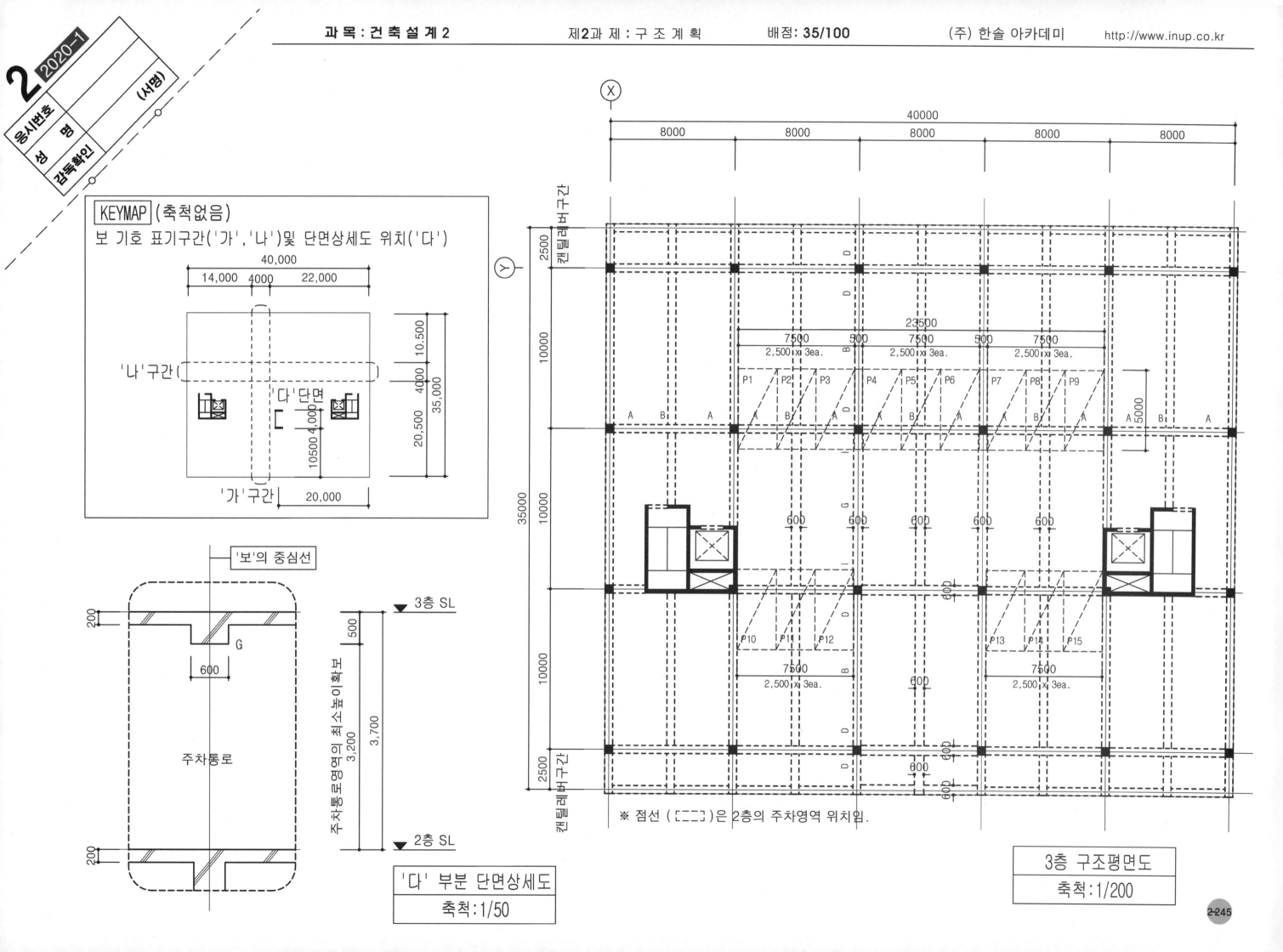

구 성	FACTOR	지 문 본 문	FACTOR	구 성

구 성 / FACTOR (좌측)

1. 제목
- 건축물의 노후화 억제 또는 기능향상 등을 위하여 대수선(大修繕) 또는 일부 증축(增築)하는 행위를 말한다.

2. 설계 및 계획조건
- 문화시설 기존+증축 평면도 일부 제시
- 평면도에 제시된 절취선을 기준으로 주단면도 및 상세도를 작성
- 설비 및 구조 형식, 마감 등에 대한 구체적인 내용이 제시 됨
- 규모
- 구조
- 기초
- 기둥
- 보
- 슬래브
- 내력벽
- 지하층 옥벽
- 용도
- 바닥 마감레벨
- 층고
- 반자높이
- 단열재 두께
- 외벽 및 실내마감
- 냉·난방 설비
- 위의 내용 등은 단면 설계에서 제시되는 내용이므로 반드시 숙지해야 한다.

FACTOR (좌측 두번째 칸)

① 배점을 확인합니다.
- 65점(단면설계이지만 제시 평면도와 지문을 살펴보면 설비계획이 함께 제시 난이도가 높음)

② 평면도에 제시된 A-A'를 지시 선을 확인한다.
- 절취선에 의한 단면요소
- 절취선에서 보이는 입면요소 검토

③ ⑧부분 외벽 단면 상세도
(요구조건 정확히 표현이 필요)

④ 규모는 지하1층, 3층으로 작도량은 최근 단면설계중 작도 및 계획 내용이 많다. (배점65점으로 계획적 표현 및 설비계획에 따른 표현이 난이도가 높은 문제이다.)

⑤ 기둥, 보, 슬래브, 벽체 등은 철근콘크리트 구조로 표현

⑥ 계단 단높이 및 단너비 제시

⑦ 방화구획은 모든 층이 대상이나 본 문제에서는 3층만 표현한다.

⑧ 천창 기울기 1/3=0.33으로 계산

⑨ 천창에 태양광전지패널 BIPV를 적용하여 저층부까지 채광을 유도할 수 있다.

⑩ 친환경 요소로써 채광, 환기에 대한 표현 (외벽 및 천창)

⑪ 서측 일사를 고려하여 수직 루버 입면으로 표현

⑫ 제시된 층고에서 보+보 밑 공간으로 고려하여 반자 높이 결정

⑬ 단열재의 경우 지붕, 외벽, 지하층 바닥 및 외기에 접한 부분, 지하층 흙에 접한 부분 벽체 방수 및 방습벽 등이 도면에 반드시 표현

지문본문 (중앙)

2020년도 제2회 건축사자격시험 문제

과목: 건축설계2　　제1과제 (단면설계 · 설비계획)　　배점: 65/100점 ①

제목 : 창업지원센터의 단면설계 및 설비계획

1. 과제개요

제시된 도면은 창업지원센터의 평면도 일부이다. 다음 사항을 고려하여 각 층 평면도에 표시된 <A-A>단면지시선을 기준으로 입·단면도를 작성하고 ⑧부분의 단면도를 계획하여 제시하시오. ③

2. 설계 및 계획 조건

(1) 규모 : 지하 1층, 지상 3층 ④
(2) 구조 : 철근콘크리트 라멘조 ⑤
(3) 지상 1~2층의 다목적스탠드 옆 계단은 단너비 300mm, 단높이 175mm 이다. ⑥
(4) 지상3층 이외의 층은 방화구획을 고려하지 않는다. ⑦
(5) 경사진 천창 (기울기 1/3)에는 투시형 BIPV를 설치하고, 채광과 환기가 가능하도록 한다. ⑧ ⑨
(6) 옥상으로의 접근은 별도의 직통계단을 이용한다. ⑩
(7) ⑧부분 단면상세의 커튼월시스템은 향을 고려하여 직사광에 의한 눈부심이 감소되도록 하고 자연환기가 가능하도록 계획한다. ⑪
(8) 난간은 투시형으로 한다.
(9) 지붕은 내단열, 이외의 부분은 외단열로 한다.
(10) 설비공간을 고려하여 보 밑으로 250mm 이상의 하부 공간을 확보한다. ⑫
(11) 구조체 부위를 단열, 결로, 방수, 방습 등의 성능 확보를 위한 기술적 해결방안을 제시한다. ⑬
(12) 치수와 마감은 <표1>, <표2>에 따르며, 제시되지 않은 사항은 임의로 한다.

<표1> 설계조건

구분		치수(mm)
⑭ 구조체 두께 및 크기	슬래브 두께	200
	보(W×D) 크기	400×600
	내력벽 두께	200
	기둥 크기	500×500
	온통기초 두께	600
	집수정 크기	600×600×900(H)
⑮ 단열재 두께	최상층 지붕, 최하층 바닥	200
	외벽	100
⑯ 외벽 마감재료	테라코타 패널 두께 (오픈조인트)	30
	커튼월 시스템 　AL 프레임	50×200
	커튼월 시스템 　삼중유리	40
⑰ 냉난방 설비	EHP (천장매입형) 크기	900×900×350(H)
	FCU 크기	900×300×300(H)
승강기 (관통형 . 기계실이 없는타입)	PIT	1,500
	O.H	4,500

<표2> 내부 마감재료 ⑱

구분	바닥	벽	천장
다목적홀, 복도, 사무실	PVC 타일	임의	석고보드 위 페인트

3. 도면작성요령

(1) 층고, 천장고(CH), 개구부 높이 등 주요 부분 치수와 각 실의 명칭을 표기한다. ⑲
(2) 계단의 단수, 단높이, 단너비 및 난간높이를 표기한다.
(3) 단열, 방수, 외벽·내부 마감재료 등을 표기한다.
(4) 건물 내·외부의 입·단면도를 작성하고 환기경로, 채광경로를 <보기>에 따라 표현하며, 필요한 곳에 창호의 개폐방향과 냉·난방설비를 표기한다. ⑳ ㉑ ㉒
(5) 단위 : mm
(6) 축척 : 1/100, 1/50

<보기>

구분	표현 방법	구분	표현 방법
자연환기	〜〜	자연채광	▫▫▫▫▫⇨

4. 유의사항

(1) 답안 작성은 반드시 흑색 연필로 한다.
(2) 명시되지 않은 사항은 현행 관계법령의 범위 안에서 임의로 한다. ㉓

FACTOR (우측)

⑭ 내부 마감재료는 주요 바닥 마감에 의해 슬래브가 DOWN 되어 표현되어야 하며, 벽, 천장 등은 제시된 지문을 표기해야 한다.

⑮ 단열재 두께는 지붕층, 외벽, 흙에 접한 부분으로 구분하여 표현

⑯ 외부 마감재는 테라코타패널 및 커튼월 시스템에 3중 유리로 제시

⑰ 공조설비는 주거와 기타공간으로 분류, EHP 및 창문 하부 FCU 표현

⑱ 내부 마감재료는 주요 바닥 마감에 의해 슬래브가 DOWN 되어 표현되어야 하며, 벽, 천장 등은 제시된 지문을 표기해야 한다.

⑲ 주요치수는 건물높이, 층고, 계단 치수, 기둥 열 치수 등이며, 또한 법적으로 규제하고 있는 난간 높이, OPEN 부분 치수 등은 반드시 표기를 해야 한다.

⑳ 제시된 마감 재료, 방수, 단열재 등은 마감 글씨뿐만 아니라 표현을 함께 해야 한다.

㉑ 친환경 요소로써 채광, 환기에 대한 표현 (외벽 및 천창, 창문 개폐방향을 함께 표현)

㉒ 설계조건에서 제시한 냉.난방 관련 해 천장속 EHP와 외벽 FUU 표현을 한다.

㉓ 제시도면 및 지문등을 통해 제시된 치수등을 고려하여 주단면도에 적용해야 하며 이때 제시되지 않은 사항은 관계법령의 범위 안에서 임으로 한다.

구 성 (우측)

3. 도면작성요령
- 층고 치수
- 천창고 (CH)표현
- 주요치수 확인 후 표기
- 부분 단면상세도
- 각 실명 기입
- 레벨, 치수 및 재료 등은 용도에 따라 적용
- 환기, 채광, 창호의 개폐 방향을 표시
- 계단의 단수, 너비, 높이, 난간높이 표현
- 단열, 방수, 마감재 반영
- 단위
- 축척

4. 유의사항
- 제도용구 (흑색연필 요구)
- 명시되지 않은 사항은 현행 관계법령을 준용

과목: 건축설계2　　　　제1과제 (단면설계·설비계획)　　　　배점: 65/100점

5. 제시 평면도

- 지하1층 평면도
  • X1열 지하층 벽체 및 방습벽, 승강기, X2열 및 X3열 계단 표현, 집수정, X4열 지하층 벽체 및 방습벽
  • 승강기 출입문 및 벽체, X3열 계단 3단 표현

- 1층 평면도
  • 승강기, X2열 및 X3열 투시형 난간, 창호, 지하층 휴게데크 OPEN 난간 표현

- 2층 평면도
  • 승강기, X2열 및 X3열 계단(단너비, 단높이), X3열 투시형 난간, 출입문, 창호 절취

- 3층 평면도
  • 하부 OPEN, 승강기, 방화셔터, 출입문, 투시형 난간
  • 커튼월 시스템, 승강기 출입문 및 벽체

- 지붕층 평면도
  • 안전난간, 승강기 OH 및 방수턱, 천창, 인진난간, 케노피
  • 잔디식재, OH 고려하여 지붕층 상부 돌출
  • 천창 수평으로 인한 단면 및 입면 표현

---

① 제시평면도 축척 없음
② 방위표제시
③ 커튼월시스템, 3중 유리, 프레임
④ 승강기 출입문 2.1m
⑤ 계단 단수 확인 (계단의 단높이 및 단높이 확인)
⑥ 바닥레벨 확인
⑦ 투시형 난간 (1.2m)
⑧ 출입문 2.1m
⑨ 창문 개폐방향 표현
⑩ 잔디식재 (인공토 두께 확인)
⑪ 파라펫 법정 높이 적용
⑫ 승강기 O.H 고려한 지붕 표현
⑬ 천창은 주변벽체 및 입면 창호 표현은 조망 및 채광이 가능한 커튼월시스템으로 표현
⑭ 3층 외부 출입문 케노피
⑮ 수목 입면 표현
⑯ 휴게데크 바닥 목재 후로링 두께 표현
⑰ 투시형 난간 (1.2m)
⑱ OPEN부분 창문 표현
⑲ 다목적스탠드 계단 단수 확인 (계단의 단높이 및 단높이 확인)
⑳ 커튼월시스템, 3중 유리, 프레임
㉑ 방화셔터 3층만 표현
㉒ 입면으로 보이는 계단 참 표현
㉓ 휴게데크 정원 바닥레벨 확인
㉔ 휴게데크 바닥 목재 후로링 두께 표현
㉕ 지하층 외벽 두께, 방수, 방습벽
㉖ 다목적홀 계단 단수/ 너비 확인
㉗ 다목적홀 정원 바닥레벨 확인
㉘ 접이문 단면 표현
㉙ 집수정 크기 확인 후 단면 표현

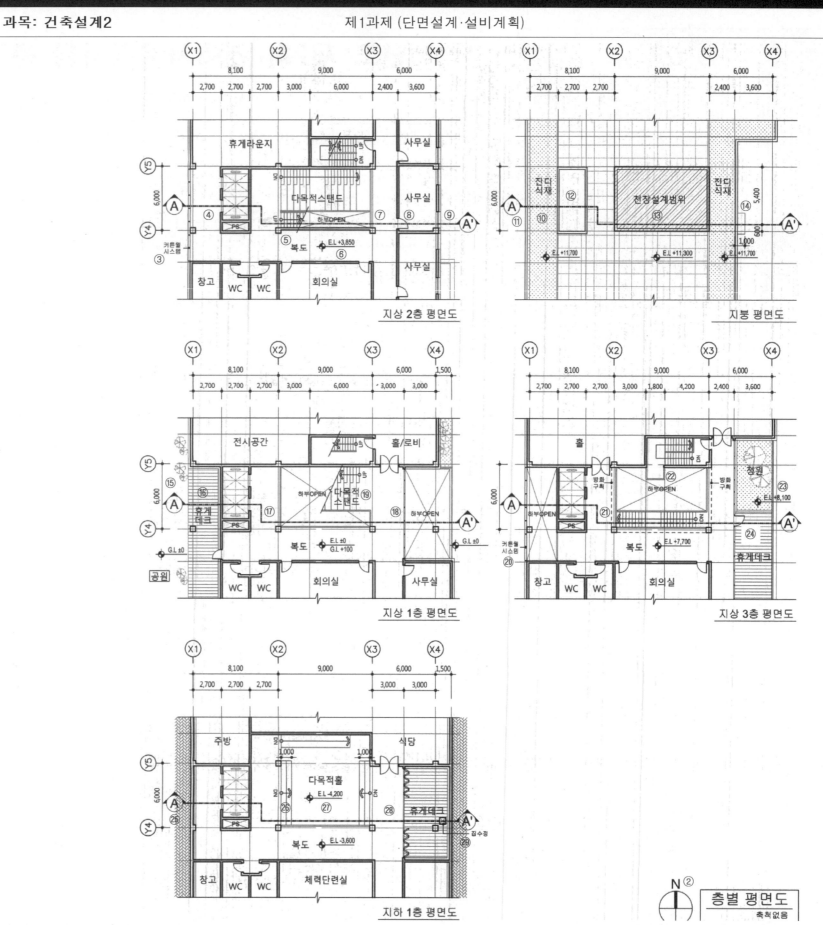

지상 2층 평면도

지붕 평면도

지상 1층 평면도

지상 3층 평면도

지하 1층 평면도

층별 평면도
축척없음

· 제1과제 : (단면설계+설비계획)
· 배점: 65/100점

2020년(2회) 출제된 단면설계의 경우 배점은 100점 중 65점으로 출제되었다. 또한 과제는 단면설계가 제시되었지만 지문 내용 등을 살펴보면 단순히 단면설계만 출제 된 것이 아니라 상세도+계단+설비+친환경 설비 내용이 포함되어 있는 것을 볼 수 있으며, 상세도 및 설비관련 친환경 요소가 비중이 높았던 문제이다.

제목 : 창업지원센터의 단면설계 및 설비계획

1. 과제개요

제시된 도면은 창업지원센터의 평면도 일부이다. 다음 사항을 고려하여 각 층 평면도에 표시된 <A-A'>단면 지시선을 기준으로 입·단면도를 작성하고 ⑧부분의 단면도를 계획하여 제시하시오.

- 창업지원센터는 참신한 아이디어와 뛰어난 기술을 갖고 있으나 사업화 능력이 미약한 예비 창업자들을 위해 작업장을 제공하고 경영 지도 및 자금 지원 등을 해 주는 기관을 말한다.

2. 설계 및 계획조건

(1) 규모 : 지하 1층, 지상 3층
(2) 구조 : 철근콘크리트 라멘조

창업센터

창업보육센터
예비 창업자나 창업 초기 기업에 대한 경영 및 기술 지도와 자금·재정·행정· 법률 지원, 사업 공간을 포함하는 저렴한 임대료의 기반 시설[실험실, 공동 작업 장 등] 및 정보 제공, 법률 컨설팅 등의 서비스를 통해 창업 성공률을 제고하며 중소 벤처 기업 창업·육성의 전진 기지 역할을 수행하는 전문 보육 기관이다.

다목적홀

무대 예술, 강연회 등 다목적으로 이용할 수 있도록 만들어진 홀

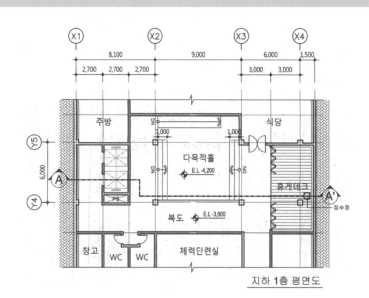

지상 1층 평면도

▶ 지하1층 평면도

· X1열 지하층 벽체 및 방습벽, 승강기, X2열 및 X3열 계단 표현, 집수정, X4열 지하층 벽체 및 방습벽
· 승강기 출입문 및 벽체, X3열 계단 3단 표현
· 기둥 및 장애인용 경사로 입면 및 난간 표현
· 바닥 단차 레벨, 천장속 공간 확인 후 반자 높이 검토 후 반영

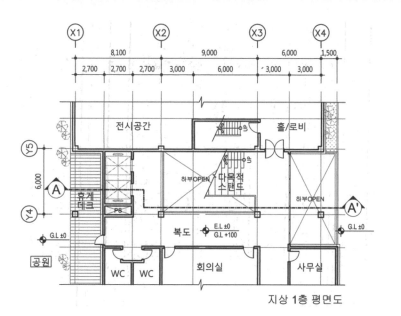

지상 1층 평면도

▶ 1층 평면도

· 승강기, X2열 및 X3열 투시형 난간, 창호, 지하층 휴게데크 OPEN 난간 표현
· 승강기 출입문 및 벽체, X1열 휴게데크 목재 마감 표현
· 수목 표현, 외벽 마감재료, 다목적 스탠드 계단 표현, 양 여닫이문
· 바닥 단차 레벨, 천장속 공간 확인 후 반자 높이 검토 후 반영

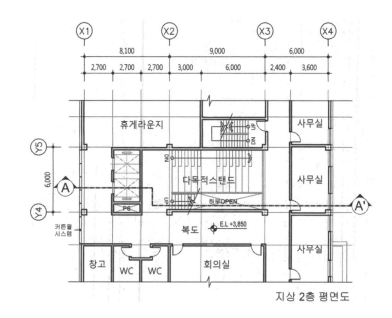

지상 2층 평면도

▶ 2층 평면도

· 승강기, X2열 및 X3열 계단(단너비, 단높이), X3열 투시형 난간, 출입문, 창호 절취
· 커튼월 시스템, 승강기 출입문 및 벽체
· 천장속 공간 확인 후 반자 높이 검토 후 반영
· 내·외부 입면 확인 후 표현

휴게데크

휴게
어떤 일을 하다가 잠깐 동안 쉼

데크
인공 습지를 관리하고 관찰하기 위해서 설치한 인공 구조물. 연못의 북동쪽 가장자리에 두며, 한곳에서만 조망할 수 있도록 설치한다.

다목적 스탠드

다목적공간
복수의 목적으로 사용되는 것을 전제로 하여 만들어진 공간. 기능분화가 심화되는 과정에서 반대로 사용의 편리성 · 경제성 등의 면에서 생각되고 있는 공간

사무실

사무적 용도로 사용하려는 목적으로 건설한 사무실을 임대하는 행위

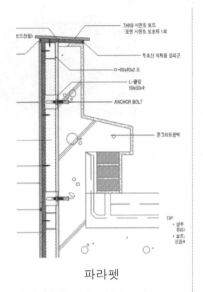

파라펫

인공토

흙의 역할을 대신하여 식물에 영양
을 줄 수 있도록 만든 인공 물질

목재후로링

양식의 바닥판. 굳고 무늬가 아름
다운 나무(참나무·미송·나왕·
떡갈나무)를 모자이크처럼 만든
것. 플로어링 판이라고도 함. 두
께15~18㎜, 나비 40~90㎜, 길
이(80~360㎜정도)만든 것.

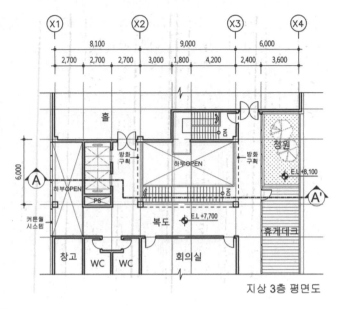

지상 3층 평면도

▶ 3층 평면도

- 하부 OPEN, 승강기, 방화셔터, 출입문, 투시형 난간
- 커튼월 시스템, 승강기 출입문 및 벽체
- 입면 계단 참 위치 고려하여 표현, 정원 수목 및 인공토 두께 입면
- 천장속 공간 확인 후 반자 높이 검토 후 반영
- 내·외부 입면 확인 후 표현

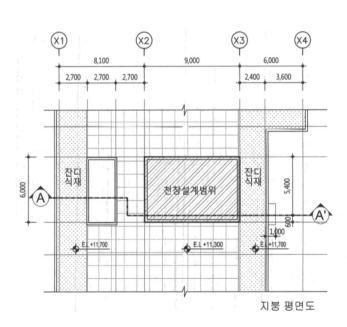

지붕 평면도

▶ 지붕층 평면도

- 안전난간, 승강기 OH 및 방수턱, 천창, 안전난간, 케노피
- 잔디식재, OH고려하여 지붕층 상부 돌출
- 천창 수평으로 인한 단면 및 입면 표현

▶ 층고계획

- 각층 EL, 바닥 마감 및 구조체 레벨을 기준이므로 제시된 조건 확인
- 지하1층~지붕층 까지 층고를 기준으로 개략적인 단면의 형태 파악

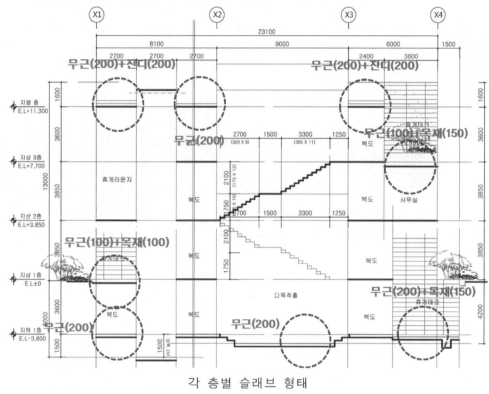

각 층별 슬래브 형태

(3) 지상 1~2층의 다목적스탠드 옆 계단은 단너비 300mm, 단높이 175mm 이다.

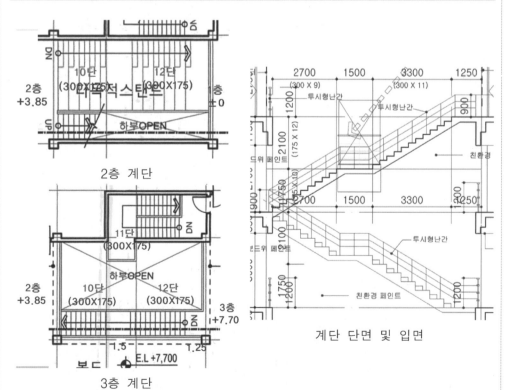

계단 단면 및 입면

반자높이

① 거실(법정) : 2.1m 이상
② 사무실 : 2.5~2.7m
③ 식당 : 3.0m 이상
④ 회의실 : 3.0m 이상
⑤ 화장실 : 2.1~2.4m

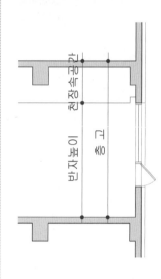

기초의 형태 분류

(a) 독립기초

(b) 연속기초

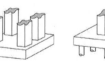

(c) 온통(매트)기초

(d) 파일기초

건축물의 피난·방화구조 등의 기준에 관한 규칙

3층 이상의 층과 지하층은 층마다 구획할 것. 다만, 지하 1층에서 지상으로 직접 연결하는 경사로 부위는 제외한다.

방화셔터

방화문

투시형난간

(4) 지상 3층 이외의 층은 방화구획을 고려하지 않는다.

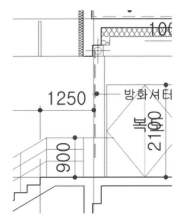

3층 방화셔터

(5) 경사진 천창 (기울기 1/3) 에는 투시형 BIPV를 설치하고, 채광과 환기기 가능하도록 한다.
(6) 옥상으로의 접근은 별도의 직통계단을 이용한다.

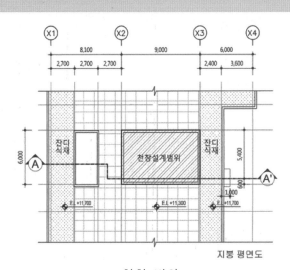

지붕 평면도

천창 범위

천창 단면

(7) ⓑ부분 단면상세의 커튼월시스템은 향을 고려하여 직사광에 의한 눈부심이 감소되도록 하고 자연환기가 가능하도록 계획한다.

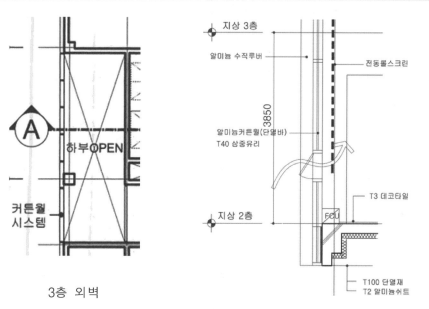

3층 외벽

- 서측 일사를 고려하여 수직루버를 표현
- 직사광에 의한 눈부심 차단에 가장 효과적인 방법은 전동롤스크린 등을 내부에 표현

(8) 난간은 투시형으로 한다.
(9) 지붕은 내단열, 이외의 부분은 외단열로 한다.

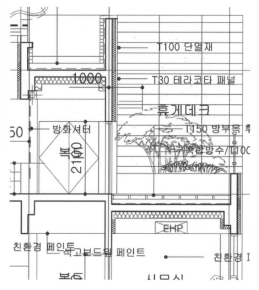

단열재 및 투시형 난간

천창

지붕·천장면에 낸 창으로 주광(晝光)은 충분히 채광할 수 있으며 조도분포도 균일하여 채광에 유효한 부분의 면적은 그 면적의 3배. 채광이나 환기·조명 등을 목적으로 사용

전동롤스크린

햇빛을 가리거나 밖에서 건물 내부를 볼 수 없도록 설치하는 도구이며 창문을 가린다는 점에서 커튼과 유사하다.

(10) 설비공간을 고려하여 보 밑으로 250mm 이상의 하부공간을 확보한다.

(11) 구조체 부위를 단열, 결로, 방수, 방습 등의 성능 확보를 위한 기술적 해결방안을 제시한다.

(12) 치수와 마감은 <표1>, <표2>에 따르며, 제시되지 않은 사항은 임의로 한다.

집수정 크기
: 600×600×900(H)

테라코타 패널 두께(오픈조인트)
: 30mm

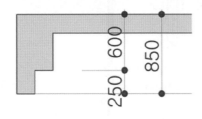

• 보(W×D) 크기 : 400 × 600
• 보 하부 공간 250mm
• 600 + 250 = 850mm
• 제시된 층고 기준으로 최소 850mm가 필요하며 제시된 마감 재료 두께 등을 고려하면 천장속 공간은 850mm 이상 확보해야 한다.

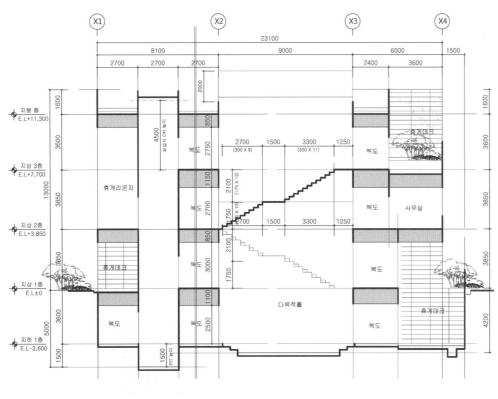

천장 속 공간을 고려한 단면 형태

<표1> 설계조건

구 분		치수(mm)
구조체 두께 및 크기	슬래브 두께	200
	보(W×D) 크기	400×600
	내력벽 두께	200
	기둥 크기	500×500
	온통기초 두께	600
	집수정 크기	600×600×900(H)
단열재 두께	최상층 지붕, 최하층 바닥	200
	외벽	100
외벽 마감재료	테라코타 패널 두께 (오픈조인트)	30
	커튼월 시스템 AL 프레임	50×200
	커튼월 시스템 삼중유리	40
냉난방 설비	EHP (천장매입형) 크기	900×900×350(H)
	FCU 크기	900×300×300(H)
승강기(관통형. 기계실이 없는타입)	PIT	1,500
	O.H	4,500

〈승강기 관통형. 기계실이 없는 타입〉

• O.H : 4,500mm

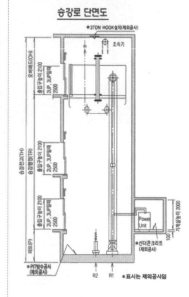

승강로 단면도

• PIT : 1,500mm

• 구조체 두께 및 크기

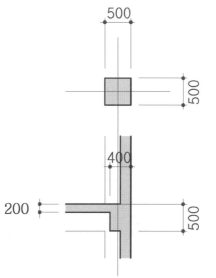

• 기둥의 크기는 500mm x 500mm

• 보 : 400mm x 500mm

• 위에서 제시된 기둥 및 보의 크기는 단면도에서 반드시 표현이 되어야 하는 부분이다.

• 기둥 중심으로부터 250mm 이격되어 외곽 부분이 있으며, 이곳에 제시된 보의 크기 300mm가 표현되어야 한다.

• 기둥과 보의 간격은 100mm 차이 나야 하며, 또한 작도시 표현이 되어야 한다.

커튼월 시스템

커튼월(curtain wall)은 건물의 하중을 모두 기둥, 들보, 바닥, 지붕으로 지탱하고, 외벽은 하중을 부담하지 않은 채 마치 커튼을 치듯 건축자재를 둘러쳐 외벽으로 삼는 건축 양식이다.

- AL 시스템 : 50 × 150mm

- 유리 (삼중유리) : 30mm

냉·난방 설비

- PAC(천장매입형)
  : 900×400×250(H)

<표2> 내부 마감재료

구분	바닥	벽	천장
다목적홀, 복도, 사무실	PVC타일	임의	석고보드 위 페인트

- PVC타일

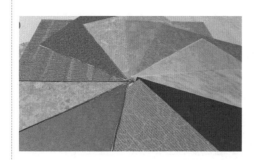

- 석고보드 위 페인트

▶ 계단치수 기입

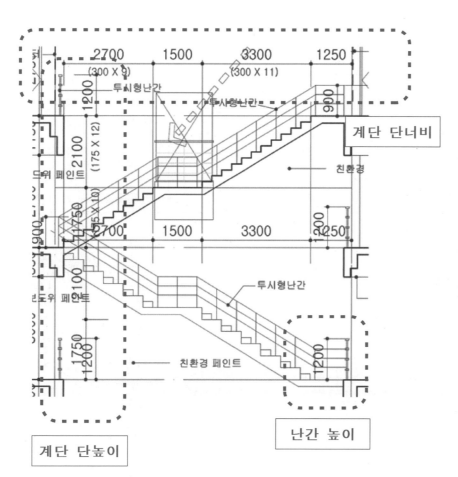

계단 단너비

투시형난간

친환경 페인트

계단 단높이

난간 높이

3. 도면작성요령

(1) 층고, 천장고(CH), 개구부 높이 등 주요 부분 치수와 각 실의 명칭을 표기한다.

(2) 계단의 단수, 단높이, 단너비 및 난간높이를 표기한다.

(3) 단열, 방수, 외벽·내부 마감재료 등을 표기한다.

주요 치수 기입

천장고(CH)

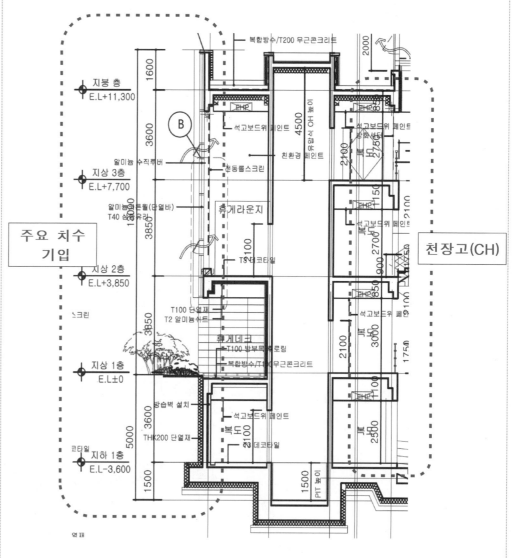

방수

방수인테리어 용어사전 수분이나 습기의 침입·투과를 방지하는 일. 각종 방수재료를 써서 지하층·지붕·실내바닥·벽체 등에 물을 배제, 막는 일(것)

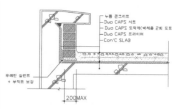

지붕층 외단열

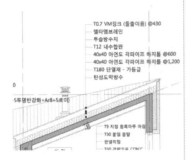

```
T0.7 VM징크 (돌출이음) @430
엘라멤보레인
투습방수지
T12 내수합판
40x40 아연도 각파이프 하지틀 @600
40x40 아연도 각파이프 하지틀 @1,200
T180 단열재 · 가등급
탄성도막방수
```

[중부기역]

자연환기

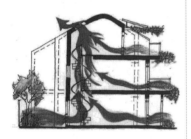

자연채광

```
상부 채광항    천창

별빛 선반    송곡 루버    천창
```

---

(4) 건물 내·외부의 입·단면도를 작성하고 환기경로, 채광경로를 <보기>에 따라
표현하며, 필요한 곳에 창호의 개폐방향과 냉·난방설비를 표기한다.
(5) 단위 : mm
(6) 축척 : 1/100, 1/50

<보기>

구분	표현 방법	구분	표현 방법
자연환기	〰️➡️	자연채광	▢▢▢▢▢▢▢➡️

4. 유의사항

(1) 답안 작성은 반드시 흑색 연필로 한다.
(2) 명시되지 않은 사항은 현행 관계법령의 범위 안에서 임의로 한다.

〈건축물의 에너지절약
설계기준〉

– 시행 2016. 1. 11

[별표3] 단열재의 두께

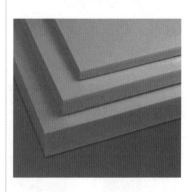

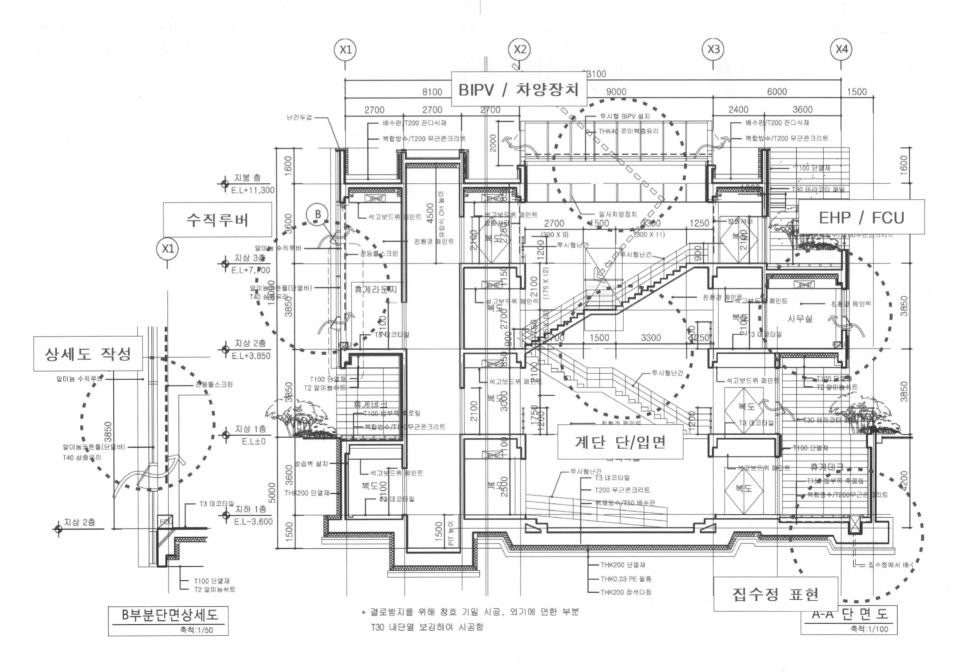

B부분단면상세도
축척:1/50

* 결로방지를 위해 창호 기밀 시공, 외기에 면한 부분
T30 내단열 보강하여 시공함

A-A 단면도
축척:1/100

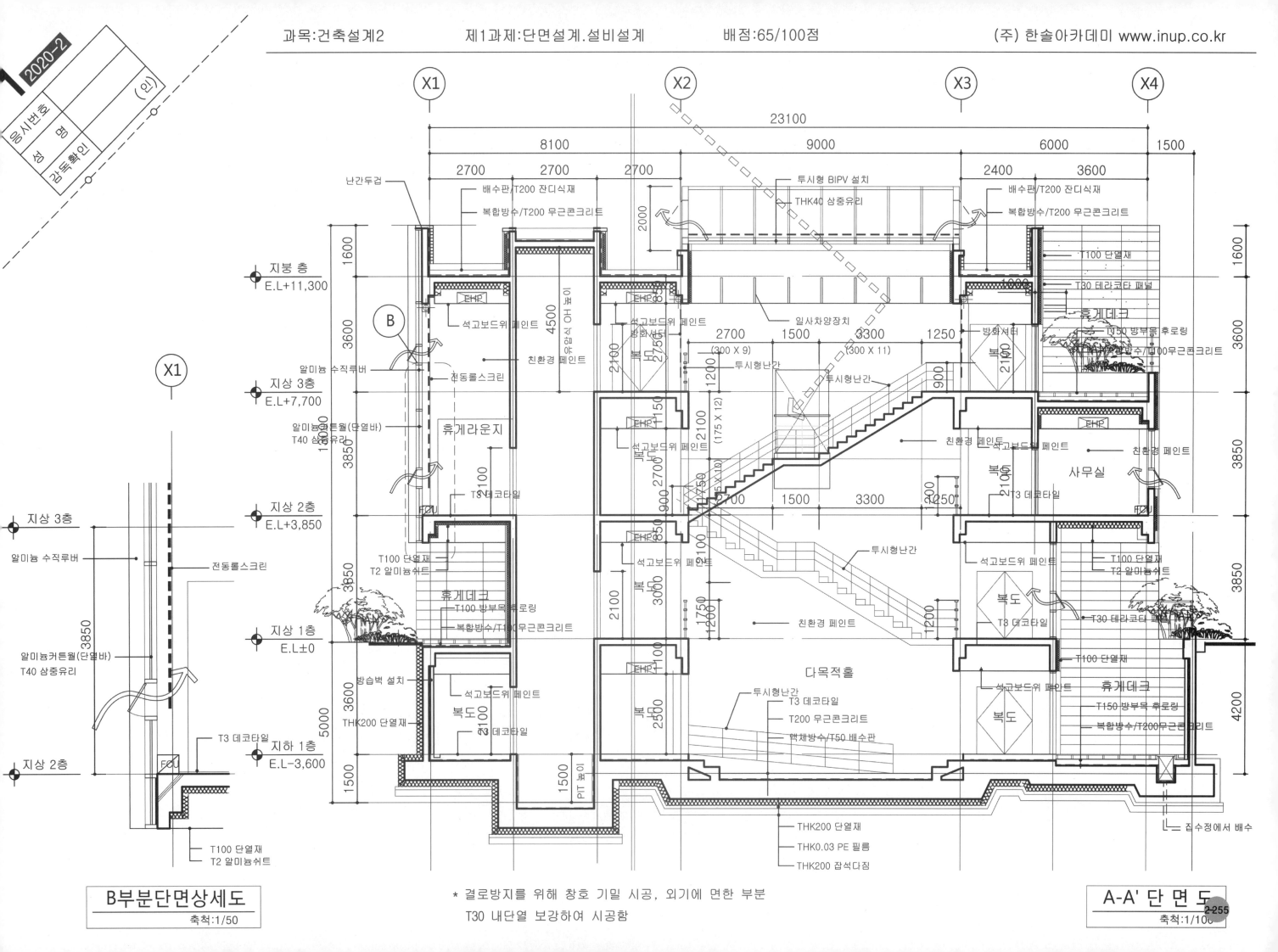

X1   X2   X3   X4

23100

8100   9000   6000   1500

2700   2700   2700   2400   3600

투시형 BIPV 설치
THK40 삼중유리

배수판/T200 잔디식재
복합방수/T200 무근콘크리트

난간두겁

배수판/T200 잔디식재
복합방수/T200 무근콘크리트

T100 단열재
T30 테라코타 패널

2000

지붕 층
E.L+11,300

1600

3600

석고보드위 페인트
친환경 페인트

EHP
석고보드위 페인트

일사차양장치

휴게데크
T150 방부목 후로링
복합방수/T200무근콘크리트

B

알미늄 수직루버
전동롤스크린

2700   1500   3300   1250

투시형난간
투시형난간

방화셔터

4500

2100

2750

1200

지상 3층
E.L+7,700

알미늄커튼월(단열바)
T40 삼중유리

휴게라운지

EHP
석고보드위 페인트

친환경 페인트 석고보드위 페인트

친환경 페인트

사무실

X1

T3 데코타일

2700

2100   1500   3300

친환경 페인트

복도
T3 데코타일

친환경 페인트

지상 2층
E.L+3,850

지상 3층

알미늄 수직루버
전동롤스크린

알미늄커튼월(단열바)
T40 삼중유리

T100 단열재
T2 알미늄쉬트

휴게데크
T100 방부목후로링
복합방수/T100무근콘크리트

EHP
석고보드위 페인트

투시형난간

석고보드위 페인트
T100 단열재
T2 알미늄쉬트

친환경 페인트

복도
T3 데코타일

T30 테라코타 패널

지상 1층
E.L±0

방습벽 설치
THK200 단열재

복도
T3 데코타일

석고보드위 페인트

다목적홀

투시형난간
T3 데코타일
T200 무근콘크리트
액채방수/T50 배수판

복도

석고보드위 페인트

휴게데크
T150 방부목 후로링
복합방수/T200무근콘크리트

FCU

T3 데코타일

지하 1층
E.L-3,600

PIT 높이 1500

집수정에서 배수

THK200 단열재
THK0.03 PE 필름
THK200 잡석다짐

T100 단열재
T2 알미늄쉬트

B부분단면상세도
축척:1/50

* 결로방지를 위해 창호 기밀 시공, 외기에 면한 부분
T30 내단열 보강하여 시공함

A-A' 단 면 도
축척:1/100
2-255

| 구 성 | FACTOR | 지 문 본 문 | FACTOR | 구 성 |

2020년도 제2회 건축사자격시험 문제

과목: 건축설계2 제2과제 (구조계획) 배점: 35/100점 ①

제 목 : 연구시설 신축 구조계획 ②

1. 과제개요

주어진 대지에 ③연구시설을 신축하려 한다. 합리적인 구조계획을 하고 3층 구조평면도를 작성하시오. ④

2. 계획조건

(1) 규모 : 지상 5층
(2) 사용부재 : 일반구조용 압연강재 (SS275)
(3) 구조형식 : 강구조(코어는 철근콘크리트구조) ⑥
(4) 구조부재의 단면치수(단위 : mm) ⑦

	강재 보			강재 기둥
	A	B	C	
	H-700 × 300	H-600 × 200	H-300 × 150	H-500 × 500

(5) 층고 : 4.2m
(6) 슬래브 및 벽체두께 ⑧

구분	두께	비고
데크플레이트 슬래브	150mm	합성데크플레이트
코어벽체	350mm	철근콘크리트구조

(7) 주차단위구획 : 2.5m × 5.0m(일반 주차),
⑨ 3.5m × 5.0m(장애인전용 주차)

3. 구조계획 시 고려사항 ⑩

(1) 공통사항

① 구조부재는 경제성, 시공성, 공간 활용성 등을 고려하여 합리적으로 계획한다.
② 구조계획시 횡력의 영향은 고려하지 않는다. ⑪
③ 바닥에는 고정하중과 활하중이 균등하게 작용한다. ⑫
④ 코어(승강로 1개소, 계단실 2개소)를 중심부에 배치한다. ⑬
⑤ 1층은 필로티 주차장이며, 필로티 내 최소 20대 (장애인전용 1대 포함)를 주차하는 것으로 한다. ⑭
⑥ 각 층 기둥과 보의 위치는 동일하다.
⑦ 강재 보는 계획조건에서 적절한 것을 선택한다.

(2) 기둥
⑮ ① 모든 기둥 중심간격은 14m 이내로 한다.
② 기둥개수를 최소화하여 배치한다.
③ 기둥의 방향은 최적의 응력상태가 되도록 강·약축을 고려하여 계획한다.

(3) 보
⑯ ① 보는 연속적으로 설치하는 것을 원칙으로 한다.
② 발코니는 캔틸레버 구조로 한다.
③ 추가 캔틸레버 보 설치 시 길이는 2.5m로 한다.
④ 데크플레이트는 최대 지지거리가 3.5m 이하가 되도록 지지하는 보를 배치한다.

(4) 벽체(철근콘크리트 코어) ⑰
① 계단실과 승강로는 철근콘크리트 전단벽이다.
② 철근콘크리트 전단벽에 별도의 강재 기둥이나 강재 보를 삽입하지 않는다.

4. 도면작성요령

(1) 기둥은 강·약축의 방향을 고려하여 도면축척과 관계없이 표기한다. ⑱
(2) 강재 보의 접합부는 강접합과 힌지접합으로 구분하며, <보기1>의 예시에 따라 표기한다. ⑲
(3) 보 기호 표현은 <보기2>를 따른다. ⑳
(4) 데크플레이트 골 방향 표기는 <보기1>을 따른다. ㉑
(5) 코어의 승강로 1개소와 계단실 2개소 표현은 <보기3>을 참조하여 작성한다. ㉒
(6) 도면표현은 <보기1>, <보기2> 및 <보기3>을 참조한다.
(7) 단위 : mm
(8) 축척 : 1/200

<보기1> 도면 표기 ㉓

강재기둥	⊥ H
강재 보	
강접합	
힌지접합	
데크플레이트 골 방향	
철근콘크리트 벽체(코어)	
철근콘크리트 보(코어)	

<보기2> 강재 보 기호 표기방법 예시 ㉔

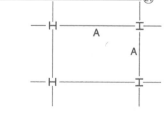

---

① 배점확인
3교시 배점비율에 따라 과제 작성시간 배분

② 제목
연구시설 신축 구조계획

③ 용도와 출제유형
연구시설. 신축

④ 과제도면
3층 구조평면도 ← 답안작성용지 확인

⑤ 계획조건 → 규모 : 지상 5층

⑥ 구조형식 : 강구조(코어는 철근콘크리트구조)

⑦ 구조부재의 단면치수
강재 보 : A, B, C (3개 H형강 제시)
강재 기둥 : H-500x500

⑧ 슬래브 및 벽체두께
데크플레이트 슬래브 두께 : 150mm
코어벽체 두께 : 350mm
(철근콘크리트구조)

⑨ 주차단위구획
일반 주차 : 2.5m x 5.0m
장애인전용 주차 : 3.5m x 5.0m

⑩ 구조계획시 고려사항
구조계획 시 반드시 고려하여야 좋은 점수를 받을 수 있는 조건들을 제시함.
- 공통사항

⑪ 횡력의 영향 고려하지 않음.

⑫ 바닥에 고정하중과 활하중 균등 작용

⑬ 코어(승강로 1개소, 계단실 2개소)를 중심부에 배치.

⑭ 1층 필로티 주차장
필로티 내 최소 20대 (장애인전용 1대 포함)를 주차

---

1. 제목
건물용도분류, 문제유형

2. 과제개요
- 용도
- 신축
- 과제도면

3. 계획조건
- 규모
- 사용부재
- 구조형식
- 구조부재의 단면치수
- 층고
- 슬래브 및 벽체두께
- 주차단위구획

4. 구조계획 시 고려사항
- 공통사항
· 합리적인 계획
· 횡력의 영향
· 바닥 작용 하중
· 코어(승강로 1개소, 계단실 2개소)배치위치
· 각 층 기둥의 위치
· 강재보 적절히 선택
- 기둥
· 기둥 중심간격 제한
· 기둥 개수 최소화 배치
· 기둥의 강·약축 고려

---

⑮ 기둥
모든 기둥 중심간격 14m 이내
기둥개수를 최소화하여 배치
기둥의 방향은 강·약축을 고려하여 계획

⑯ 보
보는 연속적 설치 원칙
발코니 : 캔틸레버 구조
추가 캔틸레버 보 설치 시 길이는 2.5m
데크플레이트는 최대 지지거리가 3.5m 이하로 → 보 배치

⑰ 벽체(철근콘크리트 코어)
계단실과 승강로 → 철근콘크리트 전단벽
철근콘크리트 전단벽에 강재 기둥이나 강재 보를 삽입하지 않음.

도면작성 요령

⑱ 기둥 강·약축의 방향을 고려하여 표기

⑲ 강재 보 접합부 : 강접합과 힌지접합 구분 → ㉓ <보기1>

⑳ 보 기호 표현 → ㉔ <보기2>

㉑ 데크플레이트 골 방향표기 → ㉓ <보기1>

㉒ 코어의 승강로 1개소와 계단실 2개소 표현 → ㉕ <보기3>참조
도면표현 <보기1>, <보기2> 및 <보기3> 참조
단위 : mm
축척 : 1/200

㉓ <보기1> 도면표기
강재 기둥, 강재 보, 강접합, 힌지접합
데크플레이트 골 방향,
철근콘크리트 벽체(코어)
철근콘크리트 보(코어)

㉔ <보기2> 강재 보 기호 표기방법 예시 → 기호 적시 위치 참조

㉕ <보기3> 코어 표기 → 승강로 및 계단실 크기 참조

- 보
· 보의 설치 원칙
· 발코니 구조
· 추가 캔틸레버 보 설치 시 길이제한
· 데크플레이트 최대 지지 거리제한

- 벽체(철근콘크리트 코어)
· 계단실과 승강로
· 철근콘크리트 전단벽에 강재 기둥이나 강재 보 삽입 가능 여부

5. 도면작성요령
→ 과제확인
- 기둥 강약축의 방향
- 강재 보의 접합부 구분 표기
- 보의 기호표기
- 데크플레이트 골 방향 표기
- 코어 표현/작성
- 단위
- 축척

<보기1> 도면표기

<보기2> 강재 보 기호 표기방법 예시

<보기3> 코어 표기

⑱ <보기>
   철근콘크리트 보 기호표기방법

⑲ 제시한 <대지현황도> 확인

- 건물외곽선
- 발코니(2개소)
- 차량진입
- 주차진입

과목: 건축설계2　　제2과제 (구조계획)　　배점: 35/100점

<보기3> 코어 표기(축척 없음) ㉕

승강로　　계단실

5. 유의사항

(1) 답안작성은 반드시 흑색 연필로 한다.
(2) 명시되지 않은 사항은 현행 관계법령의 범위 안에서 임의로 계획한다.

6. 유의사항
- 흑색연필
- 명시되지 않은 사항은 현행 관계법령 적용

대지현황도

<대지 현황도> 축척 없음

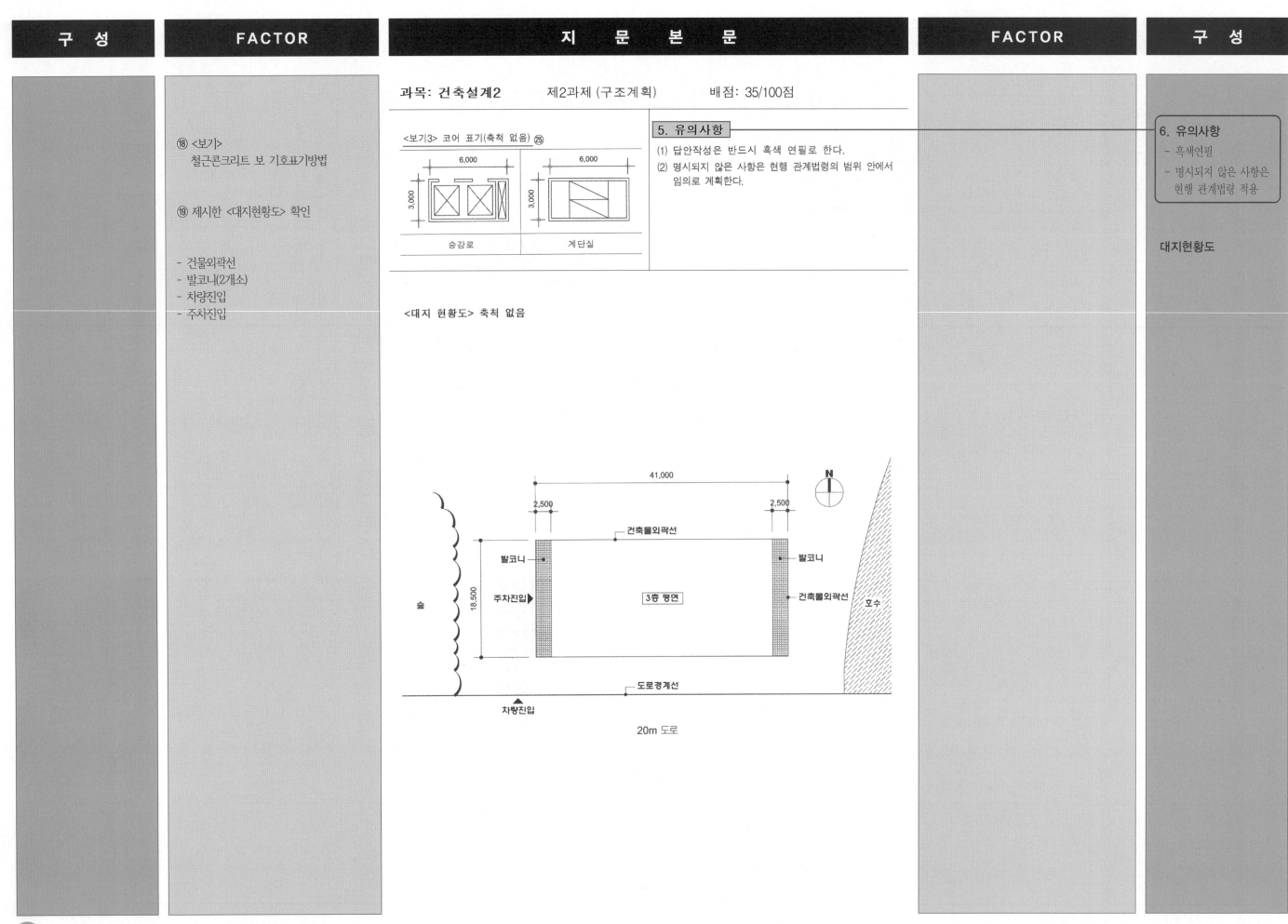

20m 도로

1	모듈확인 및 부재배치

1. 모듈확인

유형: 신축형

모듈계획형

주어진 〈대지현황도〉와 답안 작성용지 확인.

과제확인 - 3층 구조평면도

- 제목: 연구시설 신축 구조계획

① 주어진 대지 현황도 : 건축물 외곽선 → 평면 치수 확인

　　　　　　　　　　　발코니 → 평면 좌/우측에 배치함

　　　　　　　　　　　도로 차량진입 → 건물 주차진입 위치 확인

② 구조형식 : 강구조(코어는 철근콘크리트 구조)

③ 코어는 승강로 1개소, 계단실 2개소 → 철근콘크리트 벽체

　← 〈보기3〉 코어 크기 제시함

　코어를 평면에 수험생이 배치하는 구조계획의 새로운 유형 제시

④ 1층 필로티 주차장 → 최소 20대(장애인전용 1대 포함)를 주차

　→ 모듈계획 시 반영

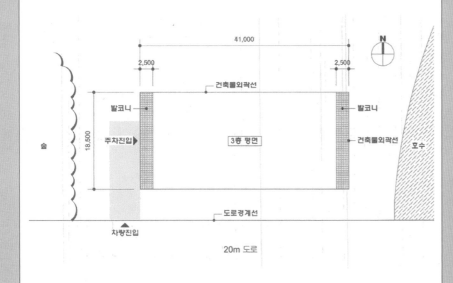

⑤ 주어진 구조부재의 단면치수와 종류확인

⑥ 답안작성용지 확인

답안작성용지 〉

2. 3층 구조평면도 → 모듈계획

철근콘크리트 코어(승강로 1개소, 계단실 2개소) 중심부 배치

1층 필로티 주차장 → 최소 20대(장애인전용 주차 1대 포함)

주차단위 구획 → 일반 주차 19대 + 장애인전용 주차 1대

　→ 모듈과 연계함

차량진입(도로) → 주차진입(건물) → 모듈계획 시 기둥 위치와 관련됨

발코니 → 보를 설치하는 캔틸레버 구조 → 모듈과 연계함

보의 연속 배치

기둥 중심간격 14m 이내로 제한 → 모듈과 연계함

코어 → 철근콘크리트 전단벽에 별도의 강재 기둥과 강재 보를 삽입하지

않음 → 모듈과 연계함

작도 1〉 모듈계획 : 철근콘크리트 코어 중심부 배치

주차통로 및 주차대수 20대(장애인전용 주차 1대 포함) ↔ 강재 기둥

H-500x500 크기 고려

발코니 → 캔틸레버 구조 → 수직 모듈 제시

기둥 중심간격 : 14m 이내

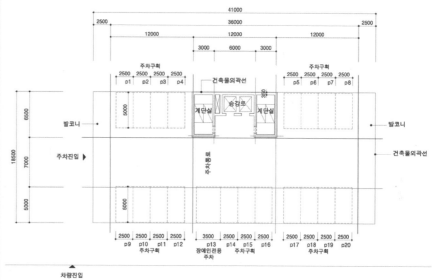

작도 2〉 모듈결정 : 코어배치 확정

철근콘크리트 전단벽에 별도의 강재 기둥과 강재 보를 삽입하지 않음

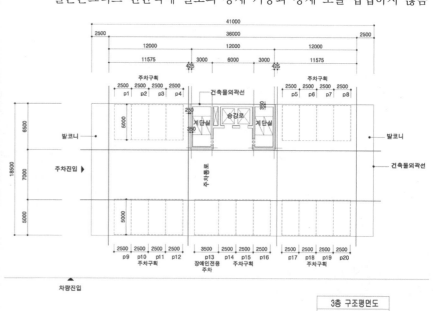

작도 3〉 큰 보 → 강접합 (강재 기둥은 표기를 하지 않음.)

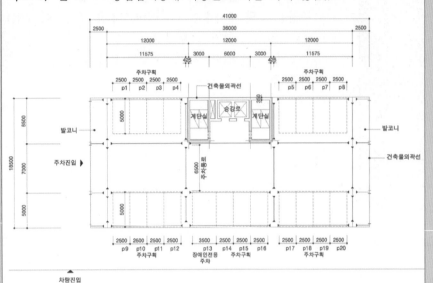

3층 구조평면도
축척:1/200

작도 4〉 작은 보 → 힌지접합

데크플레이트 최대 지지거리 3.5m 이하 → 보 배치

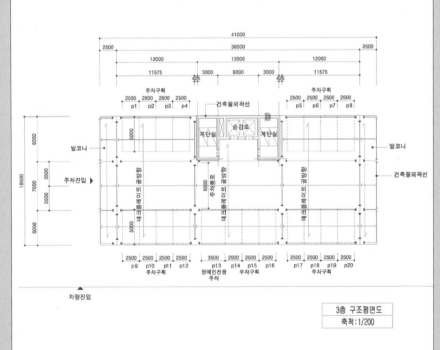

3층 구조평면도
축척:1/200

◆ 강재보의 접합부 구분

| 강접합 | 힌지접합 |

◆ 강재 기둥(H형강)의 강·약축 방향 구분-1

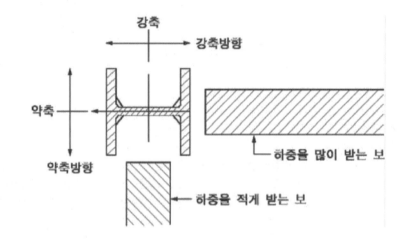

◆ 강재 기둥(H형강)의 강·약축 방향 구분-2

강재 보의 배치에 따라 강재 기둥의 강·약축 방향을 결정하여야 함.

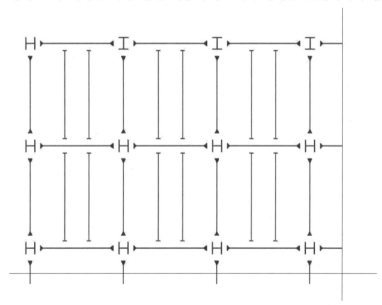

작도 5〉 강재 기둥의 강·약축을 고려하여 작도하여야 함.
(강재 기둥 H-500x500)
철근콘크리트 전단벽에 별도의 강재 기둥과 강재 보를 삽입하지 않음

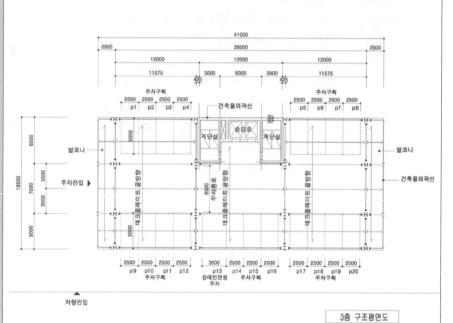

3층 구조평면도
축척:1/200

작도 6〉 강재 보의 기호적시-1 : 장스팬 보
(강재 보 A: H-700x300, B: H-600x200, C: H-300x150)

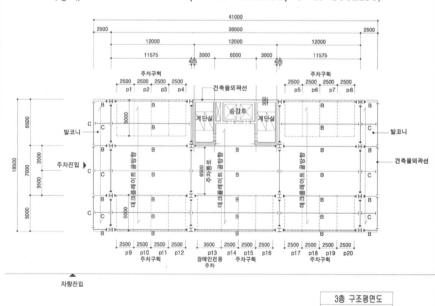

3층 구조평면도
축척:1/200

2 답 안

작도 7〉 강재 보의 기호적시-2 : 집중하중을 받는 보

(강재 보 A: H-700x300, B: H-600x200, C: H-300x150)

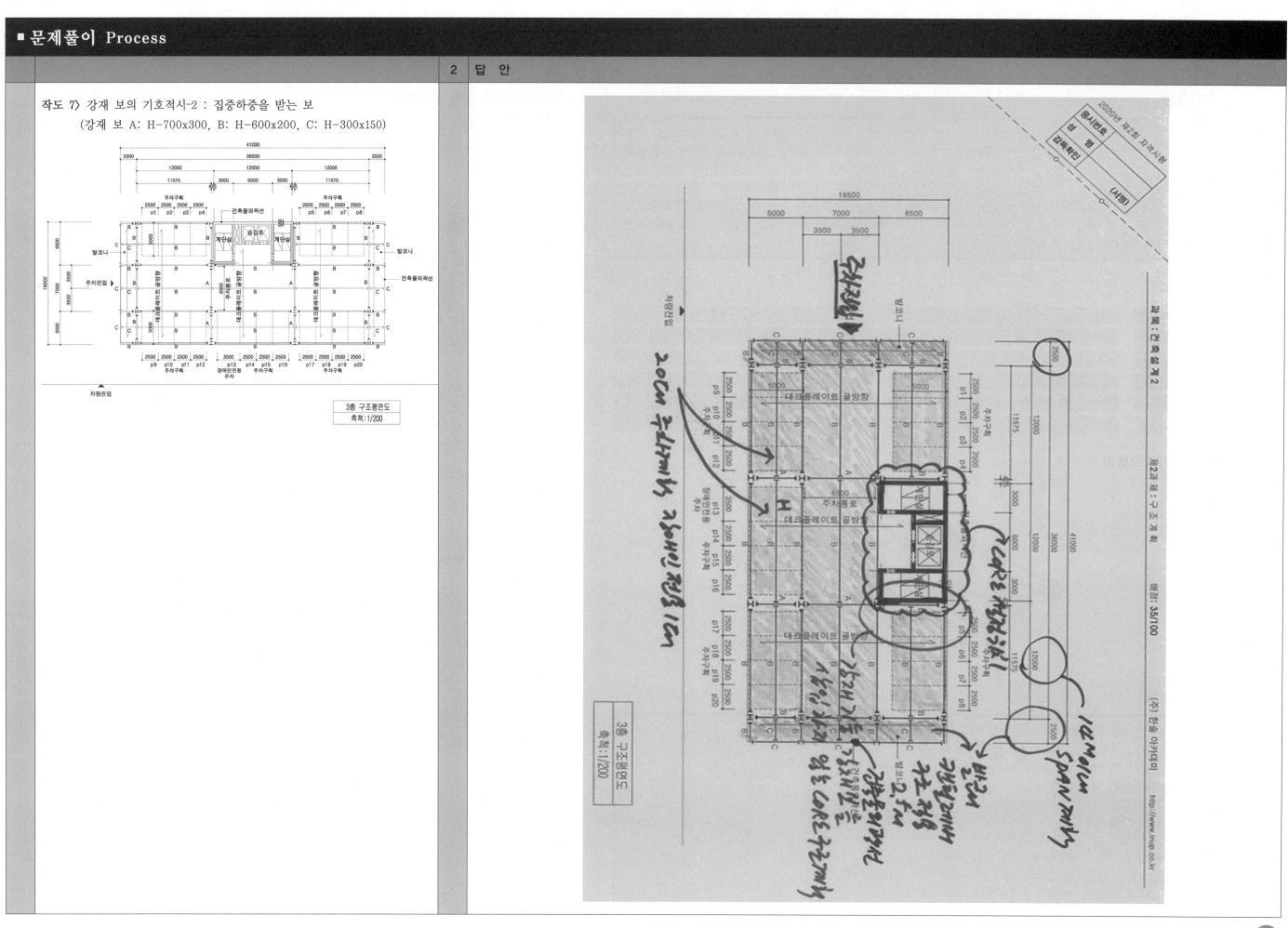

3층 구조평면도
축척:1/200

▶ 문제총평

연구시설로 신축형 과제이다. 제시된 지문지와 대지현황도에 근거하여 3층 구조평면도를 계획하여야 한다. 구조
형식은 강구조이고 코어는 철근콘크리트구조이다. 코어는 승강로 1개소와 계단실 2개소로 구성되며 수험생이
지문조건을 반영하여 직접 코어를 배치하여야 하는 새로운 유형의 문제이다. (단, 승강기와 계단실 평면은 보기
에 제시하였다.) 1층은 필로티 주차장으로 장애인전용 주차 1대 포함한 최소 20대를 주차하여야 하고 주차진입
위치가 대지현황도에 표기되어 있다. 강구조와 철근콘크리트구조는 독립적으로 구조계획이 되도록 모듈을 구조
계획하여야 한다. 주어진 요소들을 파악하고 지문에 제시한 계획조건과 고려사항들을 반영하는 기출문제 유형
과 유사하며 평이한 수준으로 사료된다.

▶ 과제개요

1. 제　　목	연구시설 신축 구조계획
2. 출제유형	모듈계획형
3. 규　　모	지상 5층
4. 용　　도	연구시설
5. 구　　조	강구조(코어는 철근콘크리트구조)
6. 과　　제	3층 구조평면도

▶ 과제층 구조모델링

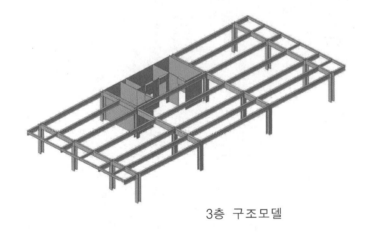

3층 구조모델

▶ 체크포인트

1. 횡력은 고려하지 않음.
2. 코어(승강로 1개소, 계단실 2개소)를 중심부에 배치
3. 1층 필로티 주차장, 최소 20대(장애인전용 주차 1대 포함)를 주차
4. 기둥 중심간격 14m 이내
5. 기둥의 방향은 강·약축을 고려하여 계획
6. 발코니는 캔틸레버 구조
7. 추가 캔틸레버 보 설치 시 길이는 2.5.m
8. 데크플레이트 최대 지지거리 3.5m 이하
9. 철근콘크리트 전단벽에 별도의 강재 기둥이나 강재 보 삽입하지 않음.
10. 강재 보의 접합부는 강접합과 힌지접합으로 구분 표기

▶ 과제 : 연구시설 신축 구조계획

1. 제시한 도면 분석

- 건축물외곽선
- 발코니 좌/우측 2개소
- 1층 필로티 주차장 : 차량진입, 주차진입 위치
- 강구조 (코어는 철근콘크리트 구조)
- 기둥 중심간격 제한
- 구조부재의 단면치수: 강재 보(3개) → A~C, 강재 기둥(1개)
- 주차대수 최소 20대(장애인전용 주차 1대포함)
- 코어(승강로 1개소, 계단실 2개소)를 중심부에 배치(새로운 출제유형)
- 주요구조부재에 대한 구조제한 요소들 제시함.

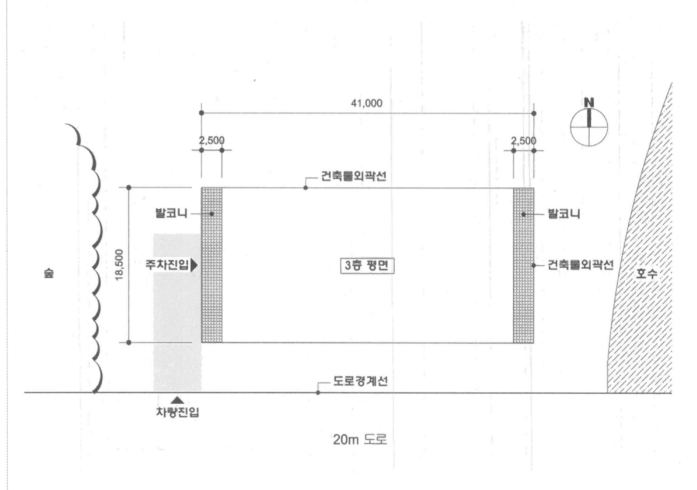

20m 도로

2. 강구조

◆ 골 데크플레이트

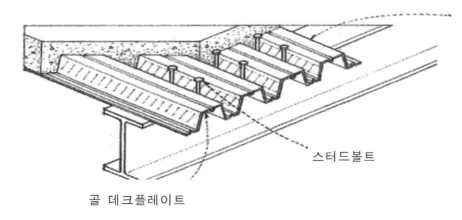

스터드볼트

골 데크플레이트

◆ 골 데크플레이트 최대 지지거리 → 보 배치와 연계함

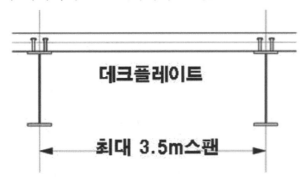

데크플레이트

최대 3.5m스팬

◆ 기둥 중심간격 제한

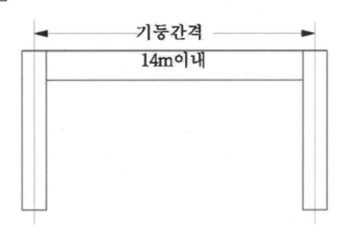

기둥간격
14m이내

◆ 강재 기둥(H형강) 강·약축 방향 결정방법-1

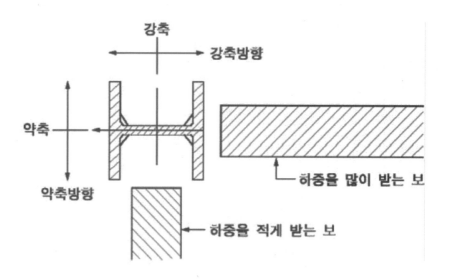

강축

강축방향

약축

약축방향

하중을 많이 받는 보

하중을 적게 받는 보

◆ 강재 기둥(H형강) 강·약축 방향 결정방법-2

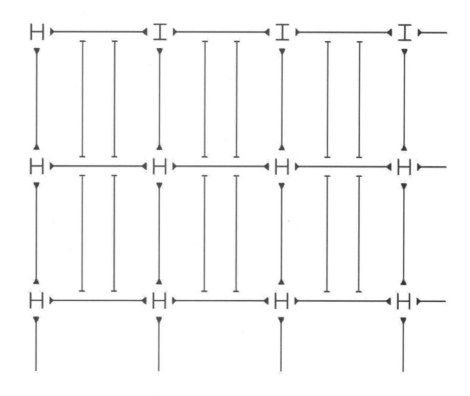

◆ 강재 기둥(H형강)과 철근콘크리트 벽체의 삽입 여부 구분

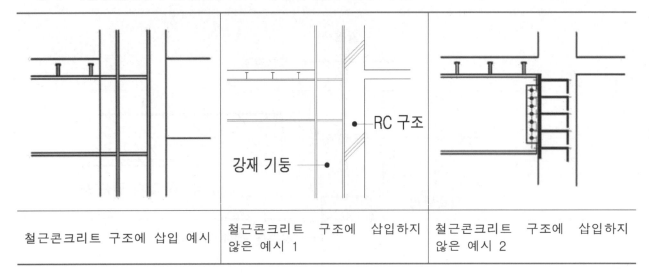

철근콘크리트 구조에 삽입 예시	철근콘크리트 구조에 삽입하지 않은 예시 1	철근콘크리트 구조에 삽입하지 않은 예시 2

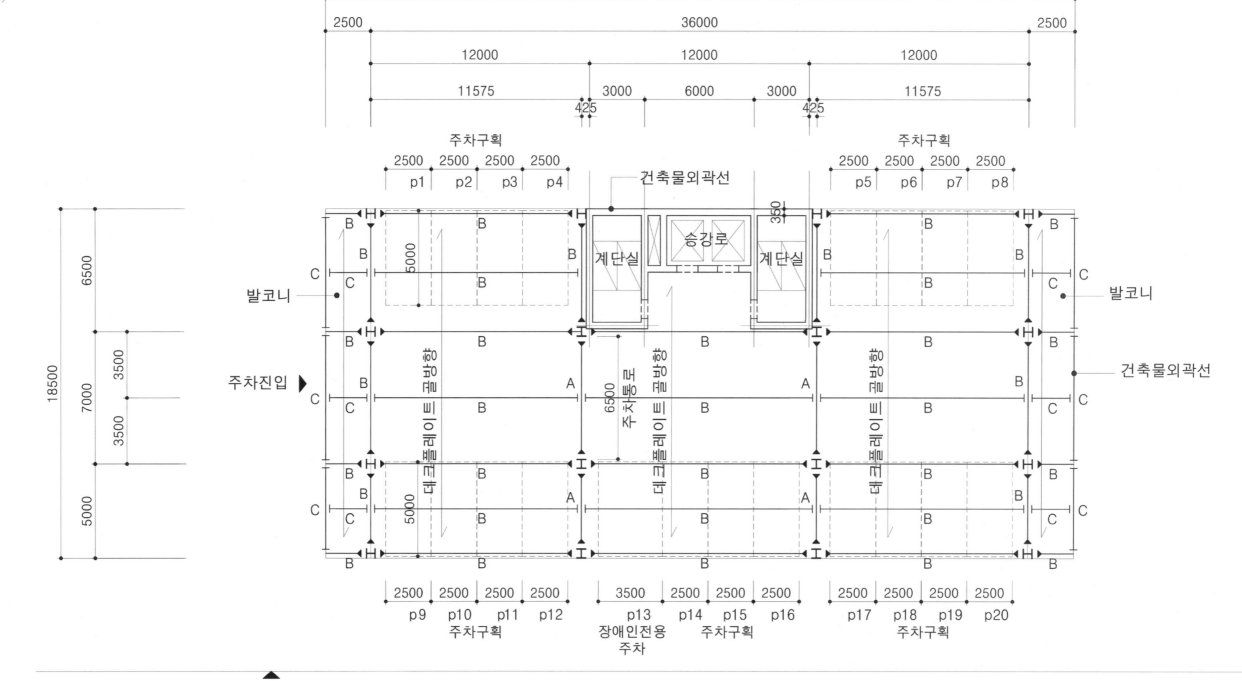

3층 구조평면도
축척 : 1/200

구 성	FACTOR	지 문 본 문	FACTOR	구 성

지문 본문 (가운데 칼럼)

2021년도 제1회 건축사자격시험 문제

과목: 건축설계2 　　제1과제 (단면설계 · 설비계획) 　　배점: 65/100점 ①

제목 : 도시재생지원센터의 단면설계 및 설비계획

1. 과제개요

제시된 도면은 기존 연와조 다가구주택을 수직 · 수평 증축하여 리모델링한 도시재생지원센터의 부분 평면도 이다. 다음 사항을 고려하여 각 층 평면도에 표시된 <A-A'>단면 지시선을 기준으로 단면도와 <B>부분 단면 ② 도를 작성하시오 ③

2. 설계 및 계획 조건

(1) 규모 : 지하 1층, 지상 3층 ④
(2) 구조 : 강구조 (지붕: 트러스구조) ⑤
(3) 기존 연와조 건축물에서 벽체, 슬래브의 일부를 해 ⑥ 체한 뒤 H형강을 이용하여 구조를 보강한다. ⑦ (기존 건축물 현황은 <표1> 참고) ⑱
(4) 기존 건축물의 외벽은 단열보강을 한다.
(5) 기존 건축물의 기초는 증축 및 리모델링에 필요한 구조내력을 확보한 것으로 한다. ⑧
(6) 기존 건축물의 지하1층은 공유주방으로 활용하고 배수, 냉난방 및 환기 설비를 계획한다.
(7) 기존 건축물의 1층은 보육실로 활용하고 바닥난방 (120mm)과 폐열회수 환기장치를 계획한다.
(8) IT교육실은 액세스 플로어(200mm)와 냉난방 설비를 ⑩ 계획한다.
(9) 홀은 냉난방 설비를 계획한다.
(10) 경사지붕은 트러스구조(건식공법)로 하고 단열, 방 수, 우수처리 및 태양광 패널을 고려하여 설계한다. ⑪
(11) 계단은 강구조로, 난간은 투시형으로 한다.
(12) 방화구획은 고려하지 않는다.
(13) 치수와 마감은 <표2>를 따르며, 제시되지 않은 사 항은 임의로 한다.
(14) 단열, 결로, 방수, 방습 등 요구 성능을 확보하기 위한 기술적 해결방안을 제시한다.

<표1> 기존 건축물 현황(지하1층, 지상2층)

구분		재료 구성	두께(mm)
외벽	1층,2층	1.0B 시멘트벽돌+단열재(50mm) +공기층(70mm)+점토벽돌(90mm)	400
	지하 1층	콘크리트벽돌(200mm)	200
바닥	지붕	콘크리트슬래브(150mm)+ 노출형도막방수 ⑭	153
	1층,2층	콘크리트슬래브(150mm)+바닥난방	270
	지하 1층	콘크리트슬래브(400mm)+바닥난방 ⑮	520

<표2> 리모델링 설계조건

구분		치수(mm)
구조체	기초	콘크리트 600mm
	보(W×D) 크기	⑯평데크 플레이트 150mm
	기둥	H형강 400×400×13×21
	보	H형강 300×300×10×15
지붕	트러스	H형강 200×100×5.5×8
	중도리(purlin)	C형강 200×50×50×4.0
단열재 두께 ⑰	외벽	100mm
	최상층 지붕 최하층 바닥	200mm
	외벽 마감	스터코 5mm
	지붕 마감	금속지붕재 0.8mm
커튼월 시스템 ⑱	AL 프레임	50×200mm
	삼중유리	40mm
냉난방, 환기설비 ⑲	EHP (천장매입형)	900×900×350mm
	폐열회수 환기장치	500×500×250mm
	주방 환기덕트	300×250mm

3. 도면작성요령

(1) 층고, 천장고, 개구부 높이 등 주요 부분 치수와 각 ⑳ 실의 명칭을 표기한다.
(2) 계단의 단수, 단높이, 단너비 및 난간높이를 표기 한다.
(3) 단열, 방수, 외벽·내부 마감재료 등을 표기한다.
(4) <보기>에 따라 자연환기, 자연채광, EHP, 폐열회수 환기장치 및 주방 환기덕트를 표기한다.
(5) 단위 : mm
(6) 축척 : 단면도 1/100, 상세도 1/50

<보기> ㉒

구분	표현 방법	구분	표현방법
자연환기	〰	자연채광	EHP
자연채광	⇨	폐열회수 환기장치	HRV
		주방 환기덕트	⌧

4. 유의사항 ㉓

(1) 답안 작성은 반드시 흑색 연필로 한다.
(2) 명시되지 않은 사항은 현행 관계법령의 범위 안에 서 임의로 한다.

왼쪽 구성 칼럼

1. 제목
- 건축물의 용도 제시 도시재생지원센터(도시 재생활성화계획 수립과 관련 사업의 추진 지원)

2. 설계 및 계획조건
- 도시재생지원센터 평면 도 일부 제시
- 평면도에 제시된 절취선 을 기준으로 주단면도 및 상세도를 작성
- 설비 및 구조 형식, 마감 등에 대한 구체적인 내용 이 제시 됨
- 규모
- 구조
- 기초
- 기둥
- 보
- 슬래브
- 내력벽
- 지하층 옥벽
- 용도
- 바닥 마감레벨
- 층고
- 반자높이
- 단열재 두께
- 외벽 및 실내마감
- 냉·난방 설비
- 위의 내용 등은 단면설계 에서 제시되는 내용이므 로 반드시 숙지해야 한다.

왼쪽 FACTOR 칼럼

① 배점을 확인합니다.
- 65점(단면설계이지만 제시 평면도와 지 문을 살펴보면 설비계획+상세도 제시 등 으로 난이도가 높음)

② 평면도에 제시된 A- A'를 지시 선을 확인한다.
- 절취선에 의한 단면요소
- 절취선에서 보이는 입면요소 검토

③ 단면상세도의 범위 및 축척 확인

④ 지하1층, 지상3층 규모 검토(배점65이 지만 규모에 비해 작도량이 상당히 많 은 편이며, 시간배분을 정확히 해야 한다.)

⑤ 기존 건축물은 RC구조로 보, 슬래브, 벽체 등이 표현되어야 한다.

⑥ 벽돌 재료를 쌓아 축조한 조적식 구조 를 연와조라 말한다.

⑦ 대형 구조물의 골조나 토목공사에 널리 사용되는 단면이 H형의 모습을 띠고 있다.

⑧ 낡고 오래된 아파트나 주택 등을 최신 유행의 구조로 바꾸어 주는 개보수작 업

⑨ 폐열회수 환기장치의 기본 원리는 기계 에 의한 환기 시에 버려지는 폐열을 회수하는 것

⑩ 액세스 플로어는 바닥 마감 판을 들어 낼 수 있도록 하여 기계, 전기 설비의 조작을 용이 하게 만든 바닥 구조

⑪ 햇빛을 이용한 발전방법, 태양 에너지 를 전기에너지로 변환한다.

⑫ 내화구조의 바닥·벽 및 방화문 또는 방 화셔터 등으로 만들어지는 구획을 말 한다.

오른쪽 FACTOR 칼럼

⑬ 기술적 해결방안
- 단열: 지붕, 외벽, 흙에 접한 부분
- 결로: 외기에 접한 부분 단열재 표현
- 방수: 물 사용 공간은 방수표현
- 방습: 지하층 벽체 방습벽 설치

⑭ 합성수지 재료를 바탕에 발라 방수도막 을 만드는 공법

⑮ 바닥에 비교적 가는 온수 또는 증기 배 관을 깔아 바닥 자체의 온도를 높여 난 방한다.

⑯ 데크플레이트란 구조물의 바닥, 거푸집 등의 용도로 사용하기 위해 제작된 철 판을 말합니다.

⑰ 단열재 부위별 위치 및 두께 제시

⑱ 커튼월시스템 프레임 및 유리 두께 및 재료 제시

⑲ 설비관련 냉·난방 시스템 및 환기장치 제시

⑳ 주요부분의 치수와 치수선은 중요한 요 소이기 때문에 반드시 표기한다. (반자 높이, 각층레벨, 층고, 건물높이 등 필 요시 기입)

㉑ 방수, 방습, 단열, 결로, 채광, 환기, 차 음 성능 등은 각 부위에 따라 반드시 표현이 되어야 하는 부분이다.

㉒ 보기에서 제시한 친환경 및 설비시스템 에 대한 표현은 단면도에 반드시 표현 이 되어야 하는 내용이다.

㉓ 제시도면 및 지문 등을 통해 제시된 치 수 등을 고려하여 주단면도에 적용해야 하며 이때 제시되지 않은 사항은 관계 법령의 범위 안에서 임의로 한다.

오른쪽 구성 칼럼

- 기존과 증축 부분 구조 제시 (RC 및 강구조)
- 증축으로 인한 슬래브 연장 관련 구조 해결 방 안 제시
- BF설계 방법 적용
- FCU, EHP 구체적 실 별로 제시함
- 열회수장치, 액세스플로 어, 코브조명 등 제시
- 커튼월시스템 조망, 환 기 및 일사 조절을 고려
- 태양광정지패널 (PV형) 표현
- 열교부위를 고려한 기술적 해결방안 제시

3. 도면작성요령
- 입단면도 표현
- 부분 단면상세도
- 각 실명 기입
- 환기, 채광, 창호의 개폐방향을 표시
- 계단의 단수, 너비, 높이, 난간높이 표현
- 단열, 방수, 마감재 임의 반영

4. 유의사항
- 제도용구 (흑색연필 요구)
- 명시되지 않은 사항은 현행 관계법령을 준용

과목: 건축설계2 · 제1과제 (단면설계·설비계획) · 배점: 65/100점

구 성

5. 제시 평면도

- 지하1층 평면도
  - X1열 썬큰
  - 공유주방 창호 / 트렌치 표현
  - 공유주방 출입문
  - 계단 표현
  - X3열 방습벽 표현

- 1층 평면도
  - 썬큰 상부 난간 표현, X1열 창호, 보육실 출입문 표현, 계단, 방풍실 출입문, X4열 돌출 창호 표현
  - 계단실 길이 확인 (단높이, 단너비 적용)

- 2층 평면도
  - X1열 창호, OPEN 및 창호, 계단, 투시형 난간, OPEN, 창호, X4열 난간 표현
  - 계단실 길이 확인 (단높이, 단너비 적용)

- 3층 평면도
  - 돌출부분 난간, X1열 창호, 계단, IT교육실 출입문, X4열 창호 표현

- 지붕층 평면도
  - X1열 1.5m 돌출 처마, 평지붕, X4열 파라펫
  - 경사지붕 (철골 트러스) 표현

FACTOR

① 제시평면도 축척 없음

② 제시 도면의 EL확인 (지하-마감, 지붕-구조체)

③ G.L 레벨을 E.L로 제시함

④ 창호 표현

⑤ 데크 투시형 난간 (1.2m)

⑥ 제시된 계단 단높이, 단너비, 계단참 계획 후 반영

⑦ 데크 바닥마감 표현

⑧ H형강 입면 표현

⑨ 태양광전지패널(PV형)설치

⑩ 지붕층 바닥레벨 확인

⑪ 썬큰 OPEN부분 투시형 난간

⑫ 장부 OPEN

⑬ 제시된 계단 단높이, 단너비, 계단참 계획 후 반영

⑭ 방풍실 외벽 커튼월시스템, 유리, 프레임 반영

⑮ 데크 투시형난간 (1.2m)

⑯ 출입문 높이 2.1m

⑰ 제시된 계단 단높이, 단너비, 계단참 계획 후 반영

⑱ IT교육실 커튼월시스템, 유리, 프레임 반영

⑲ 바닥 레벨 E.L 확인

⑳ 출입문 2.1m 입면 표현

㉑ 썬큰 벽체 : 방수 표현

㉒ 썬큰 바닥 목재 표현

㉓ 공유주방 바닥 트렌치 설치

㉔ 흙에 접한 부분 외벽에 대한 기술적 사항 등을 반영하여 표현 (방수, 방습, 단열, 결로 등을 포함 한 상세도 반영하여 표현)

㉕ 제시 평면도 기존 및 증축 영역 범위 제시

㉖ 방위표 확인 (남향 확인)

지 문 본 문

<층별 평면도> 축척 없음 ①

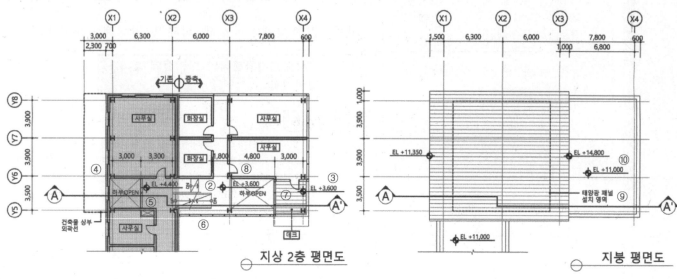

지상 2층 평면도

지붕 평면도

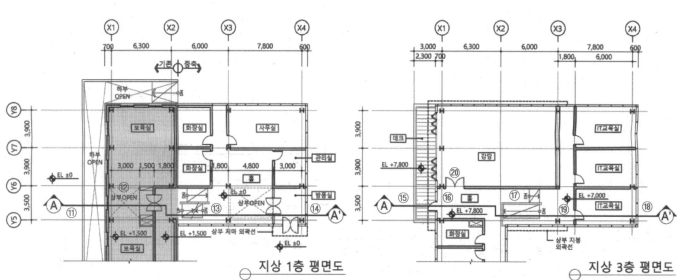

지상 1층 평면도

지상 3층 평면도

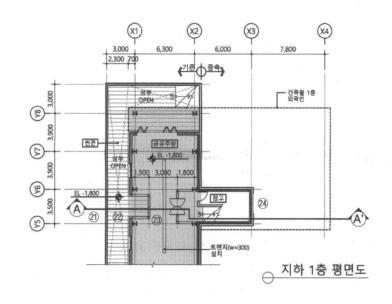

지하 1층 평면도

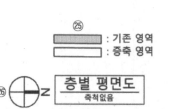

㉕ ▨ : 기존 영역
▨ : 증축 영역

㉖ 층별 평면도 축척없음

청주시 도시재생센터

도시재생센터
-도시재생활성화계획 수립과 관련 사업의 추진 지원
-도시재생활성화지역 주민의 의견조정을 위하여 필요한 사항
-주민 역량강화 및 현장 전문가 육성을 위한 교육프로그램(도시재생대학) 운영
-주민참여 활성화 및 지원

구조

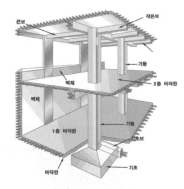

철근콘크리트조

강구조

· 제1과제 : (단면설계+설비계획)
· 배점: 65/100점

2021년 1회 출제된 단면설계의 경우 배점은 100점 중 65점으로 출제되었다. 또한 과제는 단면설계가 제시 되었지만 지문 내용 등을 살펴보면 단순히 단면설계만 출제된 것이 아니라 계단설계+ 상세도+ 설비+ 친환경 내용이 포함되어 있는 것을 볼 수 있다.

제목 : 도시재생지원센터의 단면설계 및 설비계획

1. 과제개요

제시된 도면은 기존 연와조 다가구주택을 수직·수평 증축하여 리모델링한 도시재생지원센터의 부분 평면도 이다. 다음 사항을 고려하여 각 층 평면도에 표시된 <A-A'>단면 지시선을 기준으로 단면도와 <B>부분 단면도를 작성하시오.

- 커뮤니티센터는 행정+문화+ 복지+ 체육시설 등 공공편익시설을 한곳에 집중시켜 놓은 시설이며, 주민들의 편익을 높이고 지역 내에 주민 커뮤니티 활성화를 도모하기 위해 만들어진 복합공간이다.

2. 계획·설계조건 및 고려사항

(1) 규모 : 지하 1층, 지상 3층
(2) 구조 : 강구조 (지붕: 트러스구조)

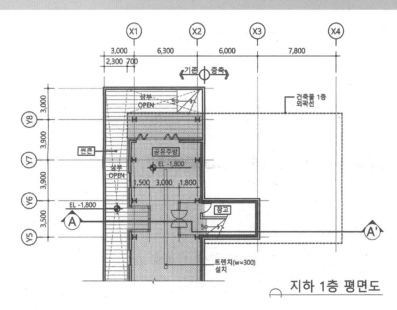

지하 1층 평면도

▶ 지하1층 평면도
· X1열 ~ X2열 흙에 접한 온통 기초, 동결선 깊이 1m 표현
· X3열 방수+ 방습층+ 방습벽 표현
· X4열 ~ X5열 전실 출입문 H=2.1m 표현
· X5열에서 1.8m 돌출 · X3열 ~ X5열 지하층 온통 기초 표현
· 계단 1.5m 입면 표현 · 내·외부 입면 확인 후 표현

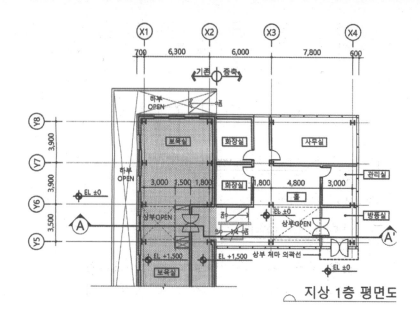

지상 1층 평면도

▶ 1층 평면도
· 썬큰 상부 난간 표현, X1열 창호, 보육실 출입문 표현, 계단, 방풍실 출입문, X4열 돌출 창호 표현
· X1열 적벽돌, 단열재, 시멘트 벽돌 표현
· 계단 치수 확인 후 단너비, 단높이 계획
· 바닥 단차 레벨, 천장속 공간 확인 후 반자 높이 검토 후 반영
· 내·외부 입면 확인 후 표현

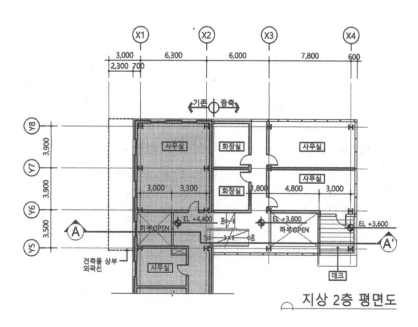

지상 2층 평면도

▶ 2층 평면도
· X1열 창호, OPEN 및 창호, 계단, 투시형 난간, OPEN, 창호, X4열 난간
· X1열 적벽돌, 단열재, 시멘트 벽돌 표현
· 계단 치수 확인 후 단너비, 단높이 계획
· 바닥 단차 레벨, 천장속 공간 확인 후 반자 높이 검토 후 반영
· 내·외부 입면 확인 후 표현

썬큰

자연광을 유도하기 위해 대지를 파내고 조성한 곳을 말한다. 이 방법에 의한 거실을 썬큰 리빙룸, 정원은 썬큰 가든이라고 한다.

공유주방

개인이 소유하는 것이 아니고 여러 사람이 공통적으로 하나의 것을 소비하는 것을 말합니다.

보육실

아동을 돌보기 위한 보모나 공간 크기 따위와 관련된 규정과 조건을 갖추어 제공하는 공간. 주로 식사, 교육, 놀이 등이 이루어짐

데크

커튼월시스템

커튼월(curtain wall)은 건물의 하중을 모두 기둥, 들보, 바닥, 지붕으로 지탱하고, 외벽은 하중을 부담하지 않은 채 마치 커튼을 치듯 건축자재를 둘러쳐 외벽으로 삼는 건축 양식이다.

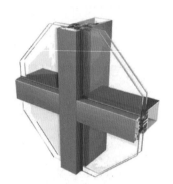

· AL 시스템 : 50 × 200mm

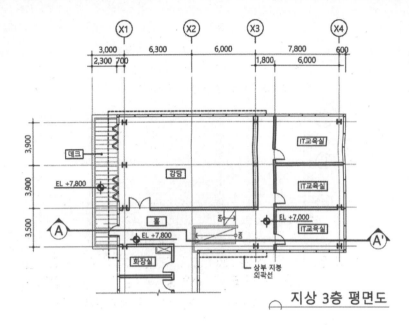

지상 3층 평면도

▶ 3층 평면도

· 돌출부분 난간, X1열 창호, 계단, IT교육실 출입문, X4열 창호 표현
· 데크 바닥 목재마감, X1열 커튼월시스템
· X1열-700mm 돌출, X4열-600mm 돌출 확인
· 계단 치수 확인 후 단너비, 단높이 계획
· 바닥 단차 레벨, 천장속 공간 확인 후 반자 높이 검토 후 반영
· 내·외부 입면 확인 후 표현

· 유리 (삼중유리) : 40mm

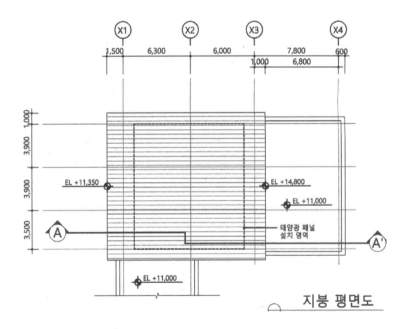

지붕 평면도

▶ 지붕층 평면도

· X1열 1.5m 돌출 처마, 평지붕, X4열 파라펫
· 경사지붕 (철골 트러스) 표현
· 태양광 패널 설치 (PV형)
· X3열 단차를 고려한 고측창 표현

▶ 층고계획

· 각층 EL, 바닥 마감 및 구조체 레벨을 기준이므로 제시된 조건 확인
· 지하1층~지붕층까지 층고를 기준으로 개략적인 단면의 형태 파악

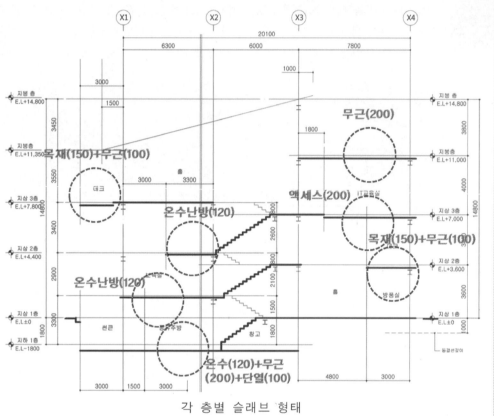

각 층별 슬래브 형태

(3) 기존 연와조 건축물에서 벽체, 슬래브의 일부를 해체한 뒤 H형강을 이용하여 구조를 보강한다. (기존 건축물 현황은 <표1> 참고)

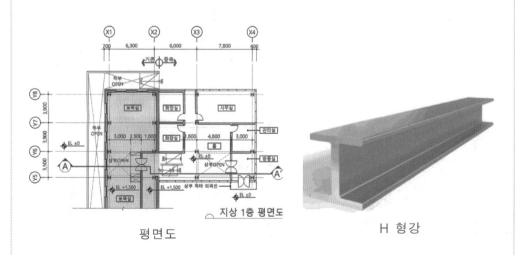

평면도   H 형강

지상 1층 평면도

반자높이

① 거실(법정) : 2.1m 이상
② 사무실 : 2.5~2.7m
③ 식당 : 3.0m 이상
④ 회의실 : 3.0m 이상
⑤ 화장실 : 2.1~2.4m

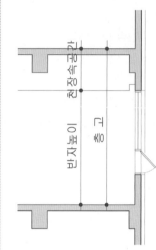

연화조

연와는 점토를 석회 따위와 반죽하여 가마에서 높은 온도의 불에 구운 벽돌을 말하며, 이 벽돌 재료를 쌓아 축조한 조적식 구조를 연와조라 말한다.

계단

사람이 오르내리기 위하여 건물이나 비탈에 만든 층층대

종류	설치기준
계단참	높이 3m 마다 너비 1.2m 이상의 계단참을 설치
난간	양옆에 난간을 설치
중간난간	계단의 중간에 너비 3m 이내마다 난간을 설치
계단의 유효높이	2.1m 이상으로 할 것

투시형난간

철재

강화유리

(4) 기존 건축물의 외벽은 단열보강을 한다.

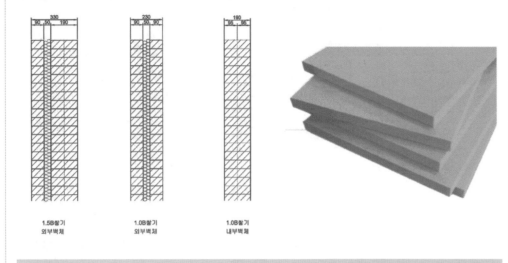

| 1.5B쌓기 외부벽체 | 1.0B쌓기 외부벽체 | 1.0B쌓기 내부벽체 |

(5) 기존 건축물의 기초는 증축 및 리모델링에 필요한 구조내력을 확보한 것으로 한다.

(6) 기존 건축물의 지하1층은 공유주방으로 활용하고 배수, 냉난방 및 환기 설비를 계획한다.

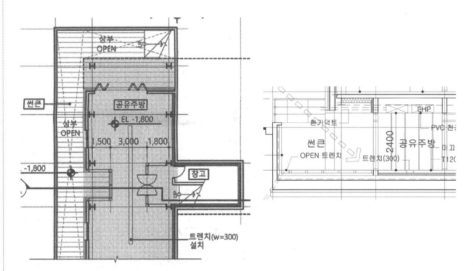

• 바닥 트렌치 w=300mm 표현

(7) 기존 건축물의 1층은 보육실로 활용하고 바닥난방(120mm)과 폐열회수 환기장치를 계획한다.

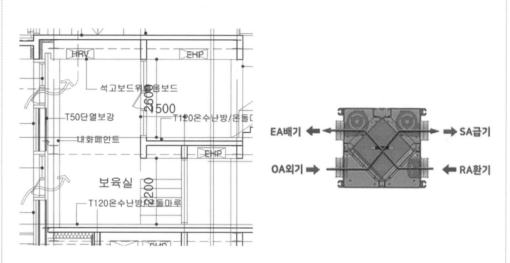

• 보육실 상부 HRV 폐열회수 장치 표현
• 바닥 두께 120 온수난방 표현

(8) IT교육실은 액세스 플로어(200mm)와 냉난방 설비를 계획한다.

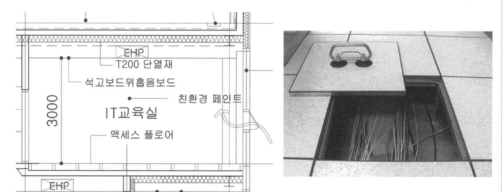

액세스 플로어 및 EHP 표현

기초의 종류

독립기초

줄기초

온통기초

온통기초

기둥 및 보

냉.난방 설비

- EHP (천장매입형) 크기 :
  900×900×350(H)

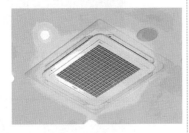

- 폐열회수 환기장치 :
  500×500×250(H)

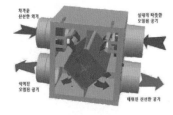

- FCU (바닥상치형)

(9) 홀은 냉난방 설비를 계획한다.

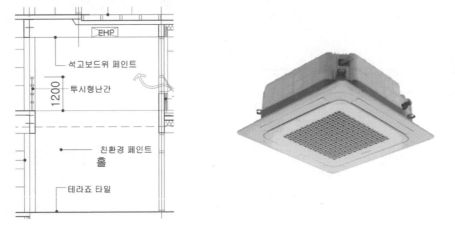

천장 EHP 표현

(10) 경사지붕은 트러스구조(건식공법)로 하고 단열, 방수, 우수처리 및 태양광 패널을 고려하여 설계한다.

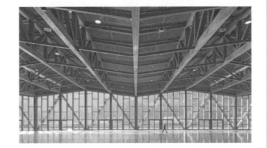

트러스 건식 공법

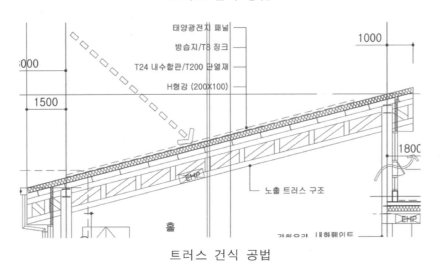

트러스 건식 공법

- 트러스의 형태는 임의로 하며 일반적으로 삼각형 형태 및 일자형 트러스를 기둥에 올려 설치하는 방법이 주로 사용된다.
- 트러스 상부 단열재 위 판넬 마감 표현
- 지붕 위 태양광 전지패널 (PV형) 설치

(11) 계단은 강구조로, 난간은 투시형으로 한다.

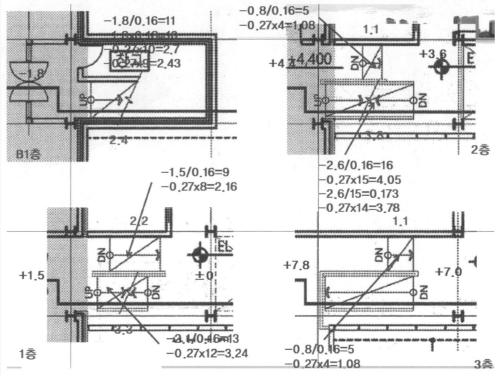

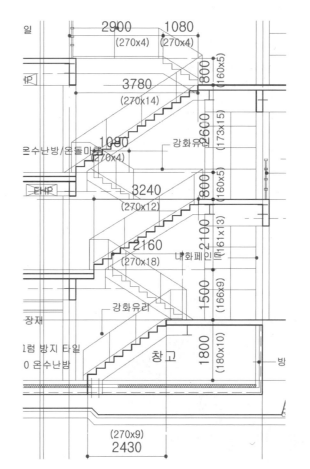

투시형 난간

태양광 전지패널

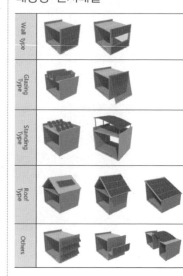

PV 시스템 설치범위

PV 시스템
태양광 발전(太陽光發電, photovoltaics, PV)은 햇빛을 직류 전기로 바꾸어 전력을 생산하는 발전 방법이다. 태양광 발전은 여러개의 태양 전지들이 붙어있는 태양광 패널을 이용한다.

지붕 금속재

- 지붕 징크 : 0.8mm

3. 도면작성요령

(1) 층고, 천장고, 개구부 높이 등 주요 부분 치수와 각실의 명칭을 표기한다.
(2) 계단의 단수, 단높이, 단너비 및 난간높이를 표기한다.
(3) 단열, 방수, 외벽·내부 마감재료 등을 표기한다.
(4) <보기>에 따라 자연환기, 자연채광, EHP, 폐열회수 환기장치 및 주방 환기 덕트를 표기한다.
(5) 단위 : mm
(6) 축척 : 단면도 1/100, 상세도 1/50

<보기>

구분	표현 방법	구분	표현 방법
자연환기	〰️➡	자연채광	EHP
자연채광	▭▭▭▭▭▭▭▷	폐열회수 환기장치	HRV
		주방 환기덕트	⊠

4. 유의사항

(1) 답안 작성은 반드시 흑색 연필로 한다.
(2) 명시되지 않은 사항은 현행 관계법령의 범위 안에서 임의로 한다.

자연환기

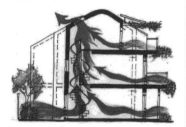

자연채광

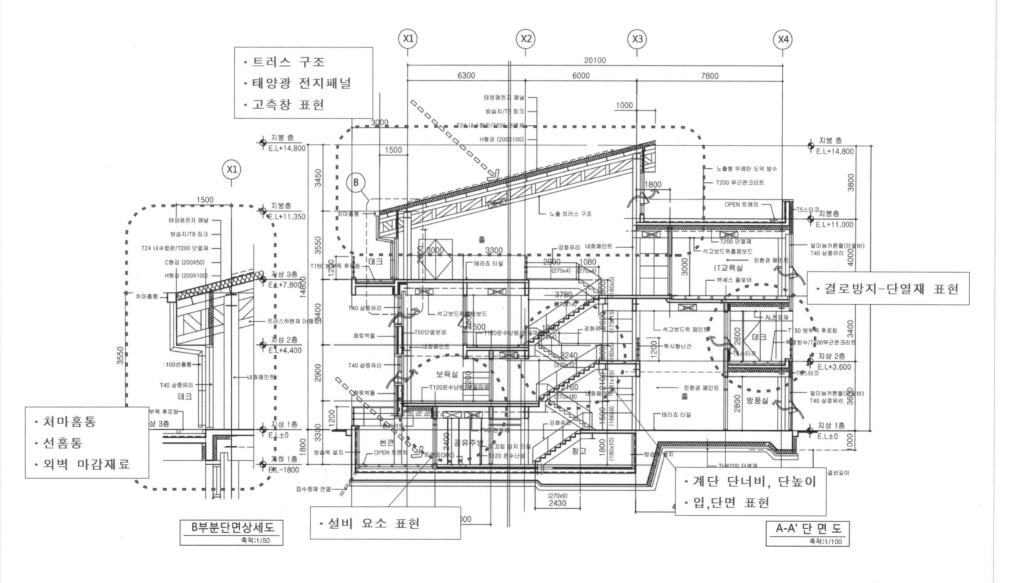

2021-1

응시번호
성 명
감독확인
(인)

X1   X2   X3   X4

20100

6300   6000   7800

3000

1500

태양광전지 패널
방습지/T8 징크
T24 내수합판/T200 단열재
H형강 (200X100)

1000

지붕 층
E.L+14,800

3450

X1

1500

B

지붕층
E.L+11,350

3550

처마홈통

태양광전지 패널
방습지/T8 징크
T24 내수합판/T200 단열재
C형강 (200X50)
H형강 (200X100)

홀

1800

노출 트러스 구조

노출형 우레탄 도막 방수
T200 무근콘크리트

OPEN 트렌치

T5스타코   지붕층
E.L+11,000
T200 단열재
석고보드위흡음보드

알미늄커튼월(단열바)
T40 삼중유리

IT교육실

친환경 페인트

액세스 플로어

3800

4000

14800

처마홈통

지상 3층
E.L+7,800

데크

강화유리 내화페인트

테라죠 타일

2900   1080
(270x4) (270x4)

3000   3300

데크

3000

2600

T150

120목 후로링

트러스하현재 (H형)

점토벽돌

T40 삼중유리

석고보드위흡음보드

T50단열보강

T120온수난방/온돌마루

3780
(270x14)

800
(160x5)

3240
(270x12)

강화유리

2600
(173x15)

석고보드위 페인트

투시형난간

3000

2600

데크

AL천장재

T150 방부목 후로링
복합방수/T100무근콘크리트

T5스타코

지상 3층
E.L+7,000

3400

□100선홈통

내화페인트

T40 삼중유리

데크

T150 방부목 후로링

지상 3층

지상 1층
E.L±0

지하 1층
E.L-1800

집수정에 연결

지상 2층
E.L+4,400

2900

3550

보육실

T120온수난방/온돌마루

내화페인트

2160
(270x18)

2100
(161x3)

1500
(166x5)

1200

친환경 페인트

홀

테라죠 타일

2800

알미늄커튼월(단열바)
T40 삼중유리

방풍실

지상 2층
E.L+3,600

T5스타코

3600

1200

온기덕트

PVC천장재

3300

1800

썬큰

방습벽 설치
OPEN 트렌치

2400

공유주방

트렌치(300)

강화유리

미끄럼 방지 타일
T120 온수난방

1800
(180x10)

창고

방습벽 설치

동결선깊이

THK200 단열재
THK0.03 PE 필름
THK200 잡석다짐

(270x9)
2430

3000   1500   3000

4800   3000

B부분단면상세도
축척:1/50

A-A' 단 면 도
축척:1/100

2-275

지 문 본 문

2021년도 제1회 건축사자격시험 문제

과목: 건축설계2   제2과제 (구조계획)   배점: 35/100점 ①

제 목 : 필로티 형식의 건축물 구조계획 ②

1. 과제개요

지상 1층을 필로티 주차장으로 사용하는 내력벽 구조의 건축물을 신축하고자 한다. 제시된 <대지현황 및 2층 평면도>를 참고하여 1층 평면도, 2층 구조평면도, 기둥배근상세도를 작성하시오. ④

2. 계획조건

(1) 층수 : 5층 (2층~5층 평면은 동일함) ⑤
(2) 주차관련 사항 ⑥
 ① 주차대수 : 9대
 ② 주차단위구획 : 2.5m × 5.0m
 ③ 차로 : 너비 6.0m 이상
(3) 구조부재의 단면치수 및 배근 ⑦
 ① 기둥 : 500mm × 1,000mm
 ② 내력벽 두께 : 200mm
 ③ 전이보 : <표1> 참조

3. 구조계획 시 고려사항

(1) 1층 계획
 ① 기둥의 개수를 최소화 한다.
 ② 기둥 중심간 거리는 9m 이하로 계획한다.
 ③ 코어에 기둥을 배치하지 않는다.
 ④ 대지의 조경은 고려하지 않는다.
(2) 2층 계획 ⑨
 ① 기둥 및 내력벽에 부합하는 전이보를 계획하고 가장 적합한 단면을 <표1>에서 선택한다.
 ② 전이보 상부의 전단벽 강성은 고려하지 않으며 하중만 고려한다.
 ③ 하단부 지지가 없는 돌출된 전이보의 내민 길이는 1.8m 이하로 계획한다.
(3) 건축물에 작용하는 횡력은 고려하지 않는다. ⑩
(4) 건축물은 대지경계선에서 1.0m 이상 이격하여 계획하며 마감 두께는 고려하지 않는다. ⑪

4. 도면작성요령

(1) 1층 평면도에는 <보기1>을 참조하여 기둥과 주차단위구획을 표시하고 2층 건축물의 외곽선을 점선으로 표시한다. ⑫
(2) 1층 평면도에는 기둥 중심간 거리를 표기한다.
(3) 2층 구조평면도에는 <보기1>을 참조하여 1층의 기둥 위치와 전이보를 표시하고 전이보의 단면기호는 <표1>에서 선택하여 <보기2>와 같이 표기한다. ⑬ ⑭
(4) 기둥배근상세도에는 주철근(14-D25)과 띠철근(D10@300)을 표시한다. ⑮

<표1> 전이보 단면기호 (단위 : mm) ⑯

기호	A	B	C	D
단면	500×700	500×700	400×700	400×700
기호	E	F	G	
단면	400×700	400×700	400×700	

<보기1> 도면기호 ⑰

기둥	내력벽	전이보	주차단위구획
		————	
		- - - - -	

<보기2> 보 기호 표기방법 예시 ⑱

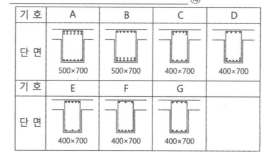

5. 유의사항

(1) 답안작성은 반드시 흑색 연필로 한다.
(2) 명시되지 않은 사항은 현행 관계법령의 범위 안에서 임의로 계획한다.

과목: 건축설계2   제2과제 (구조계획)   배점: 35/100점

< 대지현황 및 2층 평면도> 축척 없음

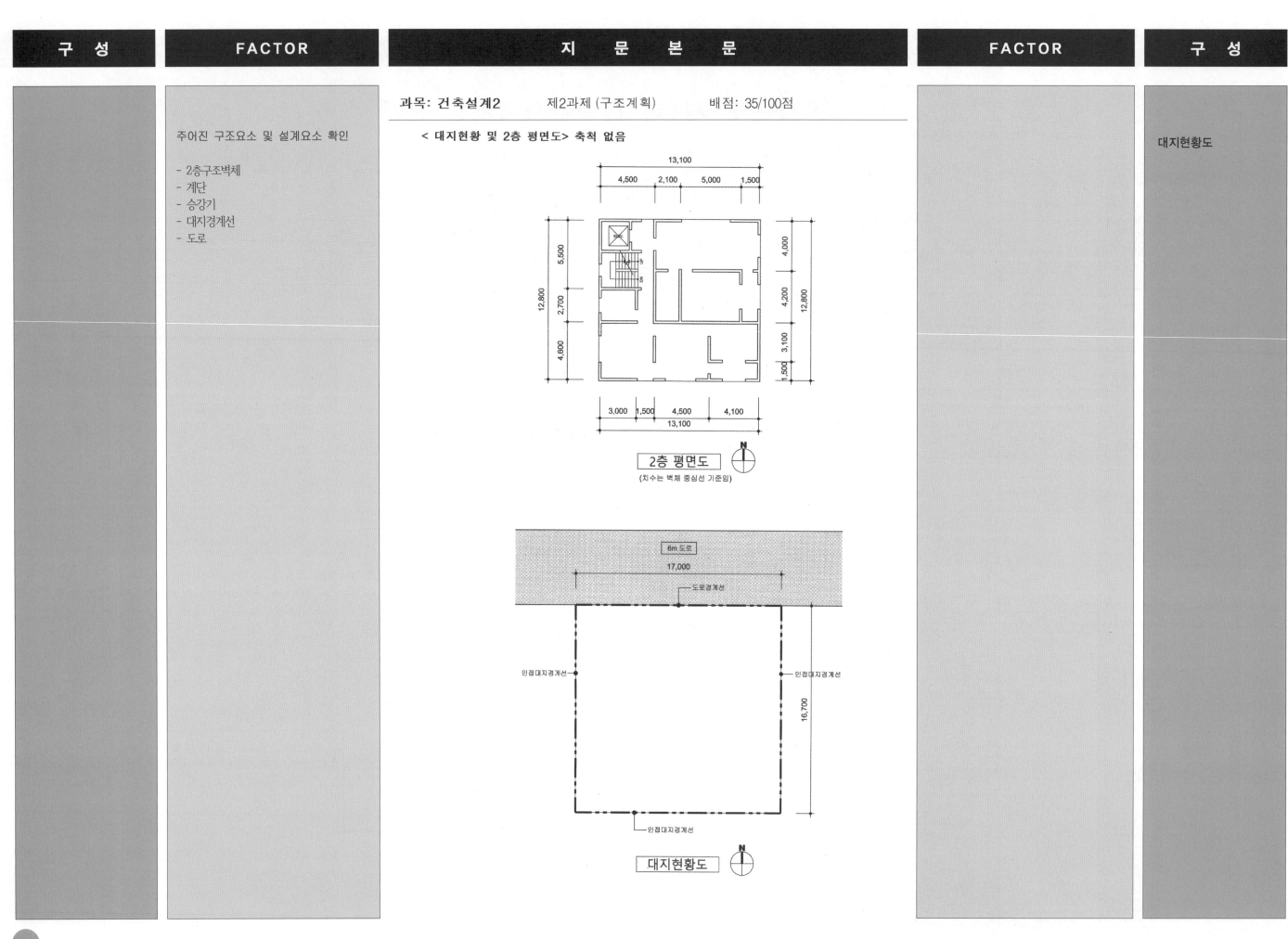

2층 평면도
(치수는 벽체 중심선 기준임)

대지현황도

1. 모듈확인

필로티 형식 건축물 → 신축

2층 : 모듈제시형 / 1층 : 모듈계획형

주어진 평면도와 답안 작성용지 확인.

과제확인 – 1층 평면도, 2층 구조평면도 및 기둥배근상세도

- 제목: 필로티 형식의 건축물 구조계획

① 주어진 설계 및 구조요소 : 대지경계선 및 2층 내력벽계획 확인

② 주어진 모듈확인 : 2층 평면도 (2층~5층의 평면형은 동일함)

③ 답안작성용지에 1층 코어벽체를 제시함.(중요)

④ 구조형식 : 철근콘크리트조(RC) ← 주어진 지문과 배근도 확인

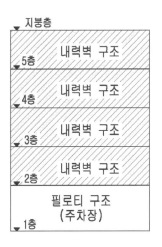

⑤ 주어진 구조부재의 단면치수와 배근도 확인

⑥ 답안작성용지 확인

답안작성용지 〉

2. 1층 평면도와 대지현황도 비교

→ **치수표기, 대지경계선, 도로 및 코아벽체**
2층 구조평면도와 2층 평면도 비교
→ **철근콘크리트 내력벽 치수확인, 계단과 승강기 확인**

작도 1〉 답안작성용지와 주어진 대지현황 및 2층 평면도 비교하여
작도해야 할 설계요소와 구조요소 확인
→ 1층평면도: 대지경계선, 2층건축물외곽선 및 차로

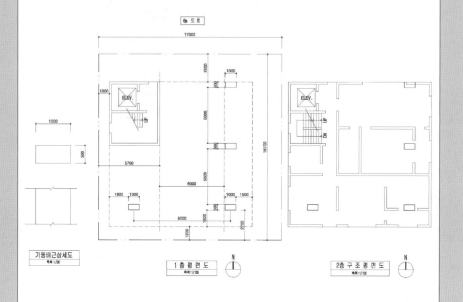

작도 2〉 1층 평면도 : 추가주차구획 고려 기둥위치 결정(2층 벽체위치고려)
/ 주차통로확보
건축물은 대지경계선에서 이격거리확보, 기둥개수 최소화,
기둥경간 9.0m 이하
2층 외벽(내력벽)의 외곽선표기
2층 구조평면도 : 철근콘크리트 기둥 4개(최소화) 배치

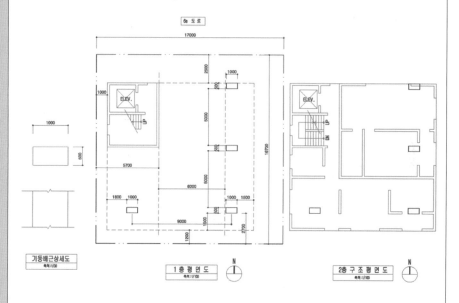

3. 설계요소 및 구조요소

- 주차 9대 계획, 차로 너비 6.0m 이상 확보
- 기둥개수 최소화, 기둥경간 9m 이하
- 건축물은 대지경계선에서 1.0m이상 이격하여야 함.
- 코어에 기둥 배치하지 않음, 돌출된 전이보의 내민길이

작도 3〉 1층 평면도 : 주차구획, 치수기입 및 note

2층 구조평면도 : 전이층 보 작도

(돌출된 전이보의 내민길이 1.8m 이하)

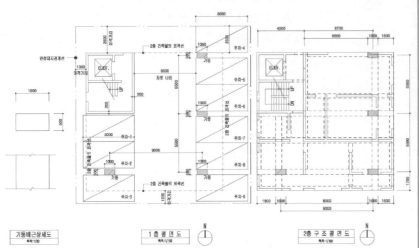

4. 구조부재의 단면치수와 배근도 분석

- 철근콘크리트 보 : A, B, C, D, E, F, G
- 주어진 철근콘크리트부재의 크기, 기호 및 배근도 확인
  단부배근과 중앙부 배근 구분하여 위계도 작성 (큰 보 기준)

철근대 / 구 분	단부배근(상부인장)	중앙부배근(하부인장)	조합
많 음(500x700)	A	B	A-B-A
중 간(400x700)	C	D	C-D-C
적 음(400x700)	E	F	E-F-E
아주적음(400x700)	G	G	G-G-G

작도 4〉 철근콘크리트 전이보와 수벽 배근기호의 표기

: 큰 보와 작은 보 구분

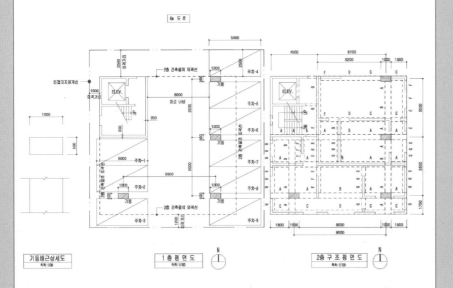

작도 5〉 기둥철근배근상세도 작도

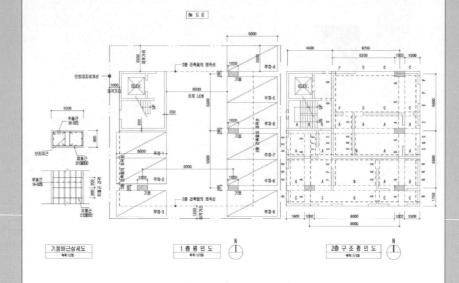

철근콘트리트 기둥 배근 전경

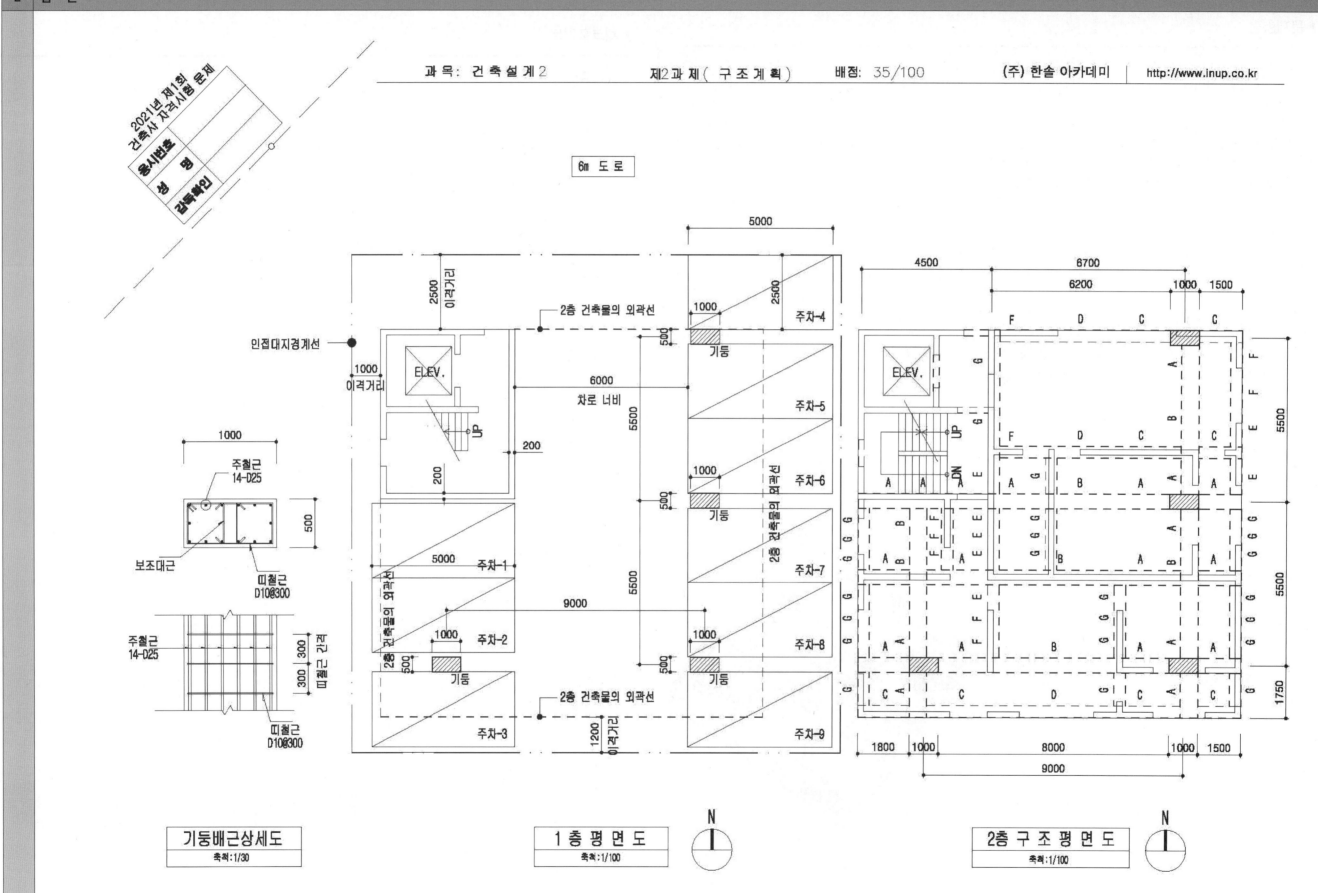

과목: 건축설계2　　　제2과제(구 조 계 획)　　배점: 35/100　　(주) 한솔 아카데미　　http://www.inup.co.kr

6m 도 로

2021년 제1회 건축사 자격시험 문제

응시번호
성 명
감독확인

인접대지경계선

1000 이격거리

ELEV.

UP

2층 건축물의 외곽선

차로 너비

주차-4
주차-5
주차-6
주차-7
주차-8
주차-9

2층 건축물의 외곽선

기둥

2층 건축물의 외곽선

주차-1
주차-2
주차-3

1000

주철근
14-D25

보조대근

띠철근
D10@300

500

주철근
14-D25

띠철근 간격

300 | 300

띠철근
D10@300

기둥배근상세도
축척:1/30

1층평면도
축척:1/100

N

2층구조평면도
축척:1/100

N

▶ 문제총평

지상1층은 필로티 주차장으로 사용하고 지상2층~5층은 내력벽 구조의 건축물을 신축하고자 한다. 제시된 대지현황 및 2층 평면도를 보고 1층 필로티 부분의 기둥과 2층 전이보를 계획하는 과제이다. 1층 평면도에는 주차구획, 차로 및 철근콘크리트 기둥 등을 표기하여야 한다. 2층 구조평면도에는 전이보를 가구하는 과제로 철근콘크리트 보배근도가 제시되었던 기출유형을 이해하면 해결할 수 있는 과제수준이다. 내력벽 계획을 제시한 2층 평면도의 모듈, 대지경계선 및 주차구획 등 조건들을 활용하여 기둥모듈을 계획하여야한다. 답안작성용지에 주어진 요소들을 파악하고 지문에 제시한 다양한 고려사항을 반영하여 1층 평면도, 2층 구조평면도 및 기둥배근상세도를 작성하는 과제이다. 건축실무 경험이 있는 수험생에게 유리할 것으로 사료된다.

▶ 과제개요

1. 제 목	필로티 형식의 건축물 구조계획
2. 출제유형	모듈제시형 / 모듈계획형
3. 규 모	5층
4. 용 도	1층 → 필로티 주차장, 2층~5층 → 주택
5. 구 조	철근콘크리트조 (1층 → 필로티구조, 2층~5층 → 내력벽구조)
6. 과 제	1층 평면도, 2층 구조평면도 및 기둥배근상세도

▶ 1층 평면도 및 2층 구조모델링

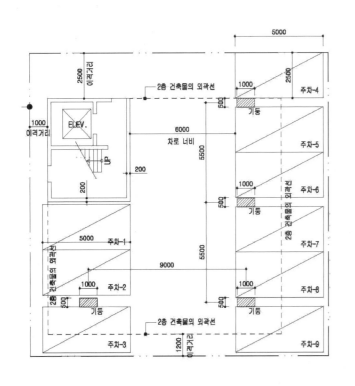

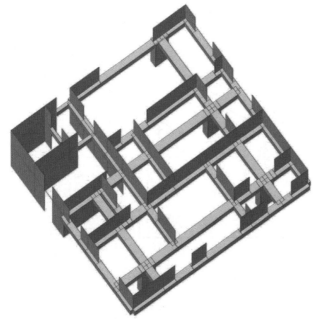

▶ 체크포인트

1. 철근콘크리트 기둥개수 최소화
2. 기둥중심간 거리 9m 이하
3. 코어에는 기둥 계획불가
4. 총 9대 일반 주차구획을 계획
5. 2층 계획 시 기둥 및 전단벽에 부합하는 전이보 계획
6. 전이보 상부의 전단벽 강성을 고려하지 않으며 하중만 고려함.
7. 돌출된 전이보의 내민길이는 1.8m 이하로 계획
8. 건축물은 대지경계선에서 1.0m 이상 이격하여 계획
9. 건축물에 작용하는 횡력은 고려하지 않음.
10. 전이보 단면기호 적시 및 기둥배근상세도 작도 (주철근, 띠철근)

▶ 과제 : 필로티 형식의 건축물 구조계획

1. 제 시 한 도 면 분 석

- 주어진 대지현황 및 2층 평면도
- 모듈제시: 2층 평면도(내력벽) , 모듈계획: 1층 기둥
- 기둥개수 최소화, 기둥중심간거리 제한, 차로, 주차구획
- 1층 평면도에 코어 벽체 제시함.
- 캔틸레버 구조 (내민길이 제한), 건축물 대지경계선에서 이격거리

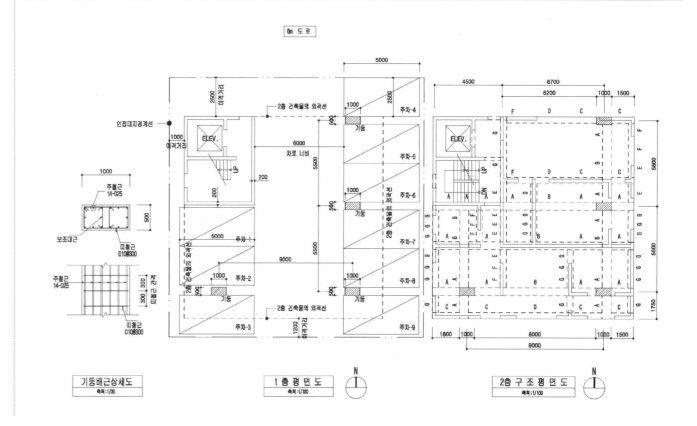

2. 철근콘크리트 보

2.1 철근콘크리트 보

전이보 : (GIRDER) 배근 구분 / BEAM : 힌지위치 구분

철근대수 / 구 분	단부배근(상부인장)	중앙부배근(하부인장)	조합
많 음 (500x700)	A	B	A-B-A
중 간 (400x700)	C	D	C-D-C
적 음 (400x700)	E	F	E-F-E
아주적음 (400x700)	G	G	G-G-G

1) 큰 보(Girder)의 단부(상부근/인장)와 중앙부(하부근/인장)배근 구분 :

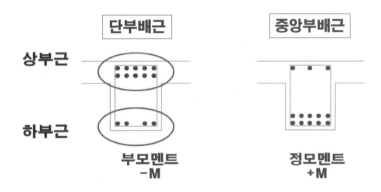

2) 전이층 보의 휨모멘트도

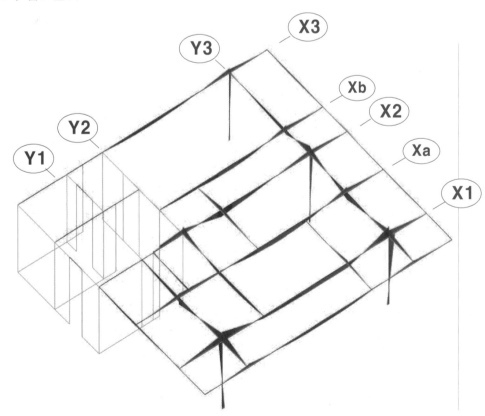

3) X1열 큰보(Girder)의 휨모멘트도 → 배근방법

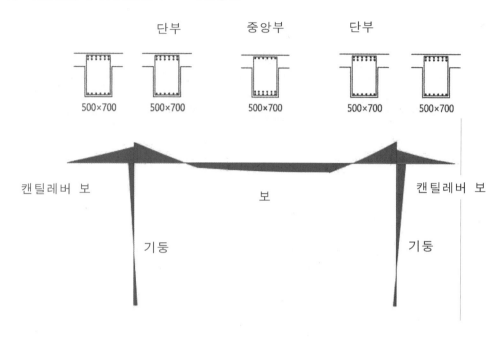

4) Y1열 큰보(Girder)의 휨모멘트도 → 배근방법

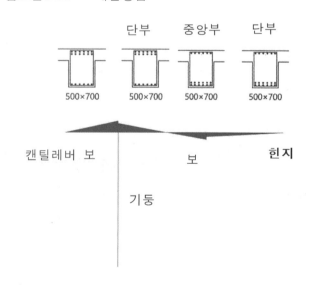

5) Y3열 큰보(Girder)의 휨모멘트도 → 배근방법

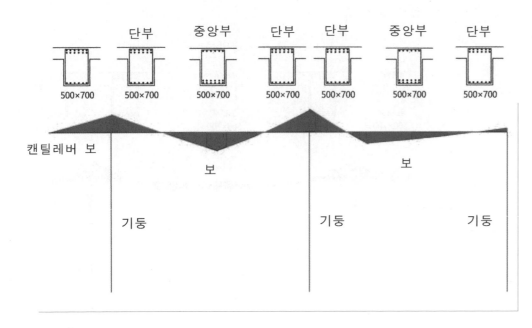

6) Xa열 작은보(Beam) 휨모멘트도 → 배근방법

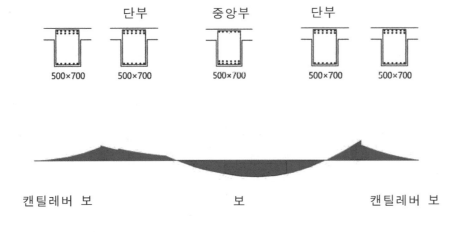

7) Xb열은보(Beam) 휨모멘트도 → 배근방법

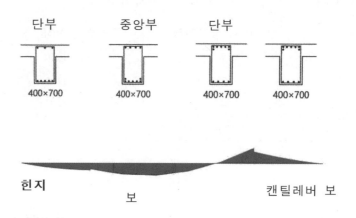

2.2 슬래브

- 슬래브 구분
    1 방향 슬래브 : 변장비 = $Ly/Lx > 2$
    2 방향 슬래브 : 변장비 = $Ly/Lx \leq 2$
- 캔틸레버 슬래브
- 슬래브 단변의 최대스팬 Lx 확인(지문)
- 평면전체에 일방향슬래브 단변방향 통일
- 변장비 = Ly / Lx
    Lx : 슬래브 단변길이, Ly : 슬래브 장변길이

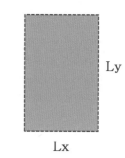

주) 슬래브 테두리에는 보를 설치함.

2 2021-1

응시번호 성명
성
감독확인

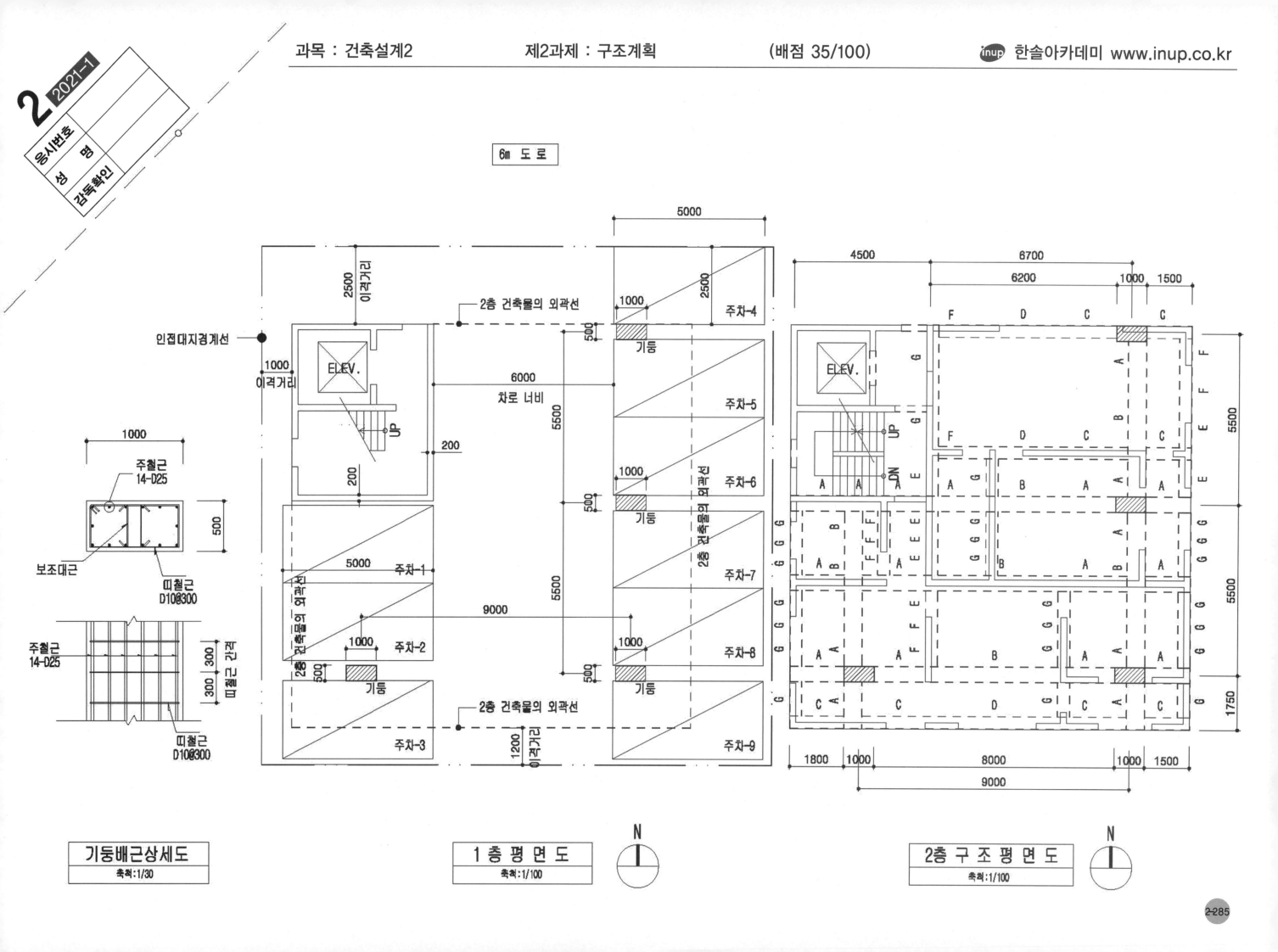

6m 도로

2층 건축물의 외곽선

인접대지경계선

1000 이격거리

ELEV.

UP

200

200

1000

2500 이격거리

2층 건축물의 외곽선

6000
차로 너비

5500

5500

1200 이격거리

주차-1
5000

주차-2
1000

500

기둥

주차-3

주차-4
2500

1000

500

기둥

주차-5

주차-6
1000

500

기둥

주차-7

주차-8
1000

500

기둥

주차-9

주철근
14-D25

보조대근

띠철근
D10@300

500

1000

주철근
14-D25

300 300 띠철근 간격

띠철근
D10@300

기둥배근상세도
축척:1/30

1층평면도
축척:1/100

N

4500
6700
6200
1000 1500

F D C C

A

B

F D C B C

E

A A E A G G B A A A

5500

F A

B A A

5500

A A A F E G A A

C A C D C A C

1800 1000 8000 1000 1500
9000

1750

2층구조평면도
축척:1/100

N

| 구 성 | FACTOR | 지 문 본 문 | FACTOR | 구 성 |

구 성 / FACTOR (왼쪽)

1. 제목
- 건축물의 용도 제시
(노인복지센터는 저소득 가구의 노후안정 및 노인 부양 문제를 돕기 위하여 설립)

2. 설계 및 계획조건
- 노인복지센터 평면도 일부 제시
- 평면도에 제시된 절취선을 기준으로 주단면도 및 상세도를 작성
- 설비 및 구조 형식, 마감 등에 대한 구체적인 내용이 제시 됨
- 규모
- 구조
- 기초
- 기둥
- 보
- 슬래브
- 내력벽
- 지하층 옥벽
- 용도
- 바닥 마감레벨
- 층고
- 반자높이
- 단열재 두께
- 외벽 및 실내마감
- 냉·난방 설비
- 위의 내용 등은 단면설계에서 제시되는 내용이므로 반드시 숙지해야 한다.

FACTOR (왼쪽 두번째 열)

① 배점을 확인합니다.
 - 60점(단면설계이지만 제시 평면도와 지문을 살펴보면 설비계획+상세도 제시 등으로 난이도가 높음)

② 평면도에 제시된 A-A'를 지시 선을 확인한다.
 - 절취선에 의한 단면요소
 - 절취선에서 보이는 입면요소 검토

③ 단면상세도의 범위 및 축척 확인

④ 지하1층, 지상3층 규모 검토(배점60이지만 규모에 비해 작도량이 상당히 많은 편이며, 시간배분을 정확히 해야 한다.)

⑤ 기존 건축물은 RC구조로 보, 슬래브, 벽체 등이 표현되어야 한다.

⑥ 증축 부분 RC 및 강구조인 두 가지 구조표현이 되어야 함.

⑦ 기존과 증축 부분 슬래브 연장 (상세도를 통해 슬래브 연장부분에 대한 보강 및 방화구획 관련 내용이 제시되어야 함.)

⑧ 기존과 증축 연결 부분에 대한 구조 해결 방안을 도면에 표현

⑨ 배리어 프리를 실시해 휠체어를 타고도 단차 없는 공간을 불편 없이 활동할 수 있도록 문턱을 없앰

⑩ 접견실, 로비, 라운지 : EHP

⑪ 사무실 : FCU, 열회수 환기장치

⑫ 다목적실 : FCU, 열회수 환기장치, 액세스 플로어, 코브조명

⑬ 1층 방풍실 방범셔터 설치

⑭ 커튼월시스템 : 조망, 환기, 일사조절, 방화구획, FCU 계획 후 작도

지 문 본 문 (중앙)

2021년도 제2회 건축사자격시험 문제

과목: 건축설계2　　제1과제 (단면설계 · 설비계획)　　배점: 60/100점 ①

제목 : 노인복지센터 리모델링 단면설계 및 설비계획

1. 과제개요

제시된 도면은 기존 2층 근린생활시설을 3층으로 수직·수평 증축하여 리모델링한 노인복지센터의 부분 평면도이다. 층별 평면도에 표시된 <A-A'>단면 지시선을 기준으로 단면도와 <B>부분 단면상세도를 작성하시오. ②③

2. 설계 및 계획 조건

(1) 규모 : 지하 1층, 지상 3층 ④

(2) 구조
　① 기존 건물 : RC구조 ⑤
　② 증축 부분
　- 수평 증축 : RC구조
　- 수직 증축 : 1~3층 바닥 RC구조, 3층 강구조 ⑥

(3) 기존 건물에서 남측 전면부의 기둥 끝선을 넘는 일부 구간은 슬래브를 연장하여 증축한다. ⑦

(4) 기존 건물은 증축 및 리모델링에 필요한 구조 내력을 확보한 것으로 본다.

(5) 기존 건축의 슬래브와 수평 증축 연결 부위에 대한 합리적 구조 해결방안을 제시한다. ⑧

(6) 이용자 특성을 고려하여 계단을 제외한 모든 부분에서 BF설계 방법을 적용한다. ⑨

(7) 접견실, 로비, 라운지에 EHP를 계획하고 사무실에는 FCU와 열회수 환기장치를 계획한다. ⑩⑪

(8) 다목적실에는 FCU, 열회수 환기장치, 액세스 플로어(300mm), 코브조명을 계획한다. ⑫

(9) 1층 방풍실 외부에 방범셔터를 설치한다. ⑬

(10) 커튼월시스템은 조망, 환기, 일사조절, 방화구획, FCU를 고려하여 설계한다. ⑭

(11) 지붕은 경사진 금속지붕(두께 0.8mm)으로 하고 단열, 방수, 우수 재활용 및 태양광 패널 설치 방안을 고려한다. ⑮

(12) 중정에는 녹화시재(토심 600mm)를 설계한다. ⑯

(13) 건축물 주변과 중정의 우수 처리방안을 고려한다. ⑰

(14) 계단 난간은 투시형으로 한다.

(15) 단열, 결로, 방수, 방습 등 요구 성능을 확보하기 위한 기술적 해결방안을 제시한다. ⑱

(16) 열교부위를 최소화하기 위한 기술적 해결방안을 제시한다. ⑲

(17) 아래 <표>의 설계조건을 적용하고 제시되지 않은 사항은 임의로 한다.

<표1> 설계조건

구분		치수(mm)
RC 구조체	기초	600
	슬래브 두께	200
	기둥	500×500
	보	400×600 (폭×춤)
강 구조체 ⑳	기둥, 보	H형강 300×300×10×15
단열재 두께 ㉑	외벽	150
	지붕, 최하층 바닥	200
커튼월 시스템 ㉒	AL 프레임	50×200
	로이삼중유리	40
냉난방 설비 ㉓	FCU (바닥치형)	800×300×600 (W×D×H)
	EHP (천장매입형)	900×900×350 (W×D×H)
환기 설비	열회수 환기장치	500×500×250 (W×D×H)

3. 도면작성요령

(1) 층고, 천장고, 개구부 높이 등 주요 부분 치수와 각 실의 명칭을 표기한다. ㉔

(2) 계단의 단수, 단높이, 단너비 및 난간높이를 표기한다.

(3) 단열, 방수, 외벽·내부 마감재료 등을 표기한다.

(4) 건축물 내·외부의 입면이 포함된 단면도를 작성하고 <보기>에 따라 자연환기, 자연채광, EHP, 열회수 환기장치를 표기한다.

(5) 단위 : mm

(6) 축척 : 단면도 1/100, 상세도 1/50

<보기> ㉖

구분	표현 방법	구분	표현 방법
자연환기	〰	EHP	EHP
자연채광	⇨	열회수환기장치	HRV

4. 유의사항

(1) 답안 작성은 반드시 흑색 연필로 한다.

(2) 명시되지 않은 사항은 현행 관계법령의 범위 안에서 임의로 한다. ㉗

FACTOR (오른쪽)

⑮ 경사지붕은 태양광전지패널(PV형) 설치

⑯ 중정 : 인공토 600mm

⑰ 건물주변 및 중정 우수 처리를 위해 U형 측구 및 트렌치 등으로 표현한다.

⑱ -단열 : 지붕, 외벽, 흙에 접한 부분
 - 결로 : 외기에 접한 부분 단열재 표현
 - 방수 : 물 사용 공간은 방수표현
 - 방습 : 지하층 벽체 방습벽 설치

⑲ 중정 및 계단실 주변은 외기이므로 결로 방지를 위해 단열재 표현을 해야 한다.

⑳ 강구조인 H형가 크기제시

㉑ 단열재 부위별 위치 및 두께 제시

㉒ 커튼월시스템 프레임 및 유리 두께 및 재료 제시

㉓ 설비관련 냉·난방 시스템 및 환기장치 제시

㉔ 주요부분의 치수와 치수선은 중요한 요소이기 때문에 반드시 표기한다. (반자 높이, 각층레벨, 층고, 건물높이 등 필요시 기입)

㉕ 방수, 방습, 단열, 결로, 채광, 환기, 차음 성능 등은 각 부위에 따라 반드시 표현이 되어야 하는 부분이다.

㉖ 보기에서 제시한 친환경 및 설비시스템에 대한 표현은 단면도에 반드시 표현이 되어야 하는 내용이다.

㉗ 제시도면 및 지문 등을 통해 제시된 치수 등을 고려하여 주단면도에 적용해야 하며 이때 제시되지 않은 사항은 관계법령의 범위 안에서 임의로 한다.

구 성 (오른쪽)

- 기존과 증축 부분 구조 제시 (RC 및 강구조)
- 증축으로 인한 슬래브 연장 관련 구조 해결 방안 제시
- BF설계 방법 적용
- FCU, EHP 구체적 실별로 제시함
- 열회수장치, 액세스플로어, 코브조명 등 제시
- 커튼월시스템 조망, 환기 및 일사 조절을 고려
- 태양광전지패널 (PV형) 표현
- 열교부위를 고려한 기술적 해결방안 제시

3. 도면작성요령
- 입단면도 표현
- 부분 단면상세도
- 각 실명 기입
- 환기, 채광, 창호의 개폐방향을 표시
- 계단의 단수, 너비, 높이, 난간높이 표현
- 단열, 방수, 마감재 임의 반영

4. 유의사항
- 제도용구 (흑색연필 요구)
- 명시되지 않은 사항은 현행 관계법령을 준용

5. 제시 평면도

- 지하1층 평면도
  · X3열 방습벽
  · X4열~X5열 출입문 및 전실
  · X5열 방습벽
  · 바닥 레벨위치확인
  · 계단실 입면표현

- 1층 평면도
  · X1열 외벽창호, 방풍실, 계단, X5열 방습벽 절취
  · 경사로 난간표현
  · 기존+증축 부분확인
  · 계단실 길이 확인
  (단높이, 단너비 적용)

- 2층 평면도
  · X1열 커튼월, 방풍실, 중정, 난간, 계단, 난간 절취
  · 기존+증축 부분확인
  · 중정 슬래브DOWN
  · 계단실 길이 확인
  (단높이, 단너비 적용)

- 3층 평면도
  · 커튼월, 벽체, 데크, 창호, 커튼월 절취
  · 데크 바닥 마감 및 슬래브 DOWN
  · 중정외부 입면 표현

- 지붕층 평면도
  · 경사지붕, OPEN 부분, 경사지붕 절취
  · 처마 및 선홈통설치
  · 태양광전지패널(PV) 설치

FACTOR

① 제시평면도 축척 없음
② 제시 도면의 EL확인 (지하-마감, 지붕-구조체)
③ 방위표 확인 (남향 확인)
④ G.L 레벨을 E.L로 제시함
⑤ 경사로(B.F고려)
⑥ 제시된 계단 단높이, 단너비, 계단참 계획 후 반영
⑦ 증축부분 커튼월 시스템 및 슬래브 연장 확인
⑧ 중정부분 커튼월시스템 입면
⑨ 계단참과 G.L 단차로 안전난간 표현
⑩ 태양광전지패널(PV형)설치
⑪ 경사지붕은 중정방향 낮게 표현
⑫ 처마 및 선홈통 표현
⑬ 경사지붕 입면 표현
⑭ G.L 레벨을 E.L로 제시함
⑮ 경사로(B.F고려)
⑯ 제시된 계단 단높이, 단너비, 계단참 계획 후 반영 커튼월시스템, 유리, 프레임 반영
⑰ 출입문의 높이 2.1m (방풍실)
⑱ 제시된 계단 단높이, 단너비, 계단참 계획 후 반영(계단 입면으로 표현)
⑲ 방풍실 전면부 방범셔터 설치
⑳ 흙에 접한 부분 외벽에 대한 기술적 사항 등을 반영하여 표현 (방수, 방습, 단열, 결로 등을 포함한 상세도 반영하여 표현)
㉑ 커튼월시스템, 유리, 프레임 반영
㉒ 데크 난간 및 바닥 표현
㉓ 출입문의 높이 2.1m
㉔ 계단은 바닥레벨을 고려해 계단 계획이 되어야 한다.

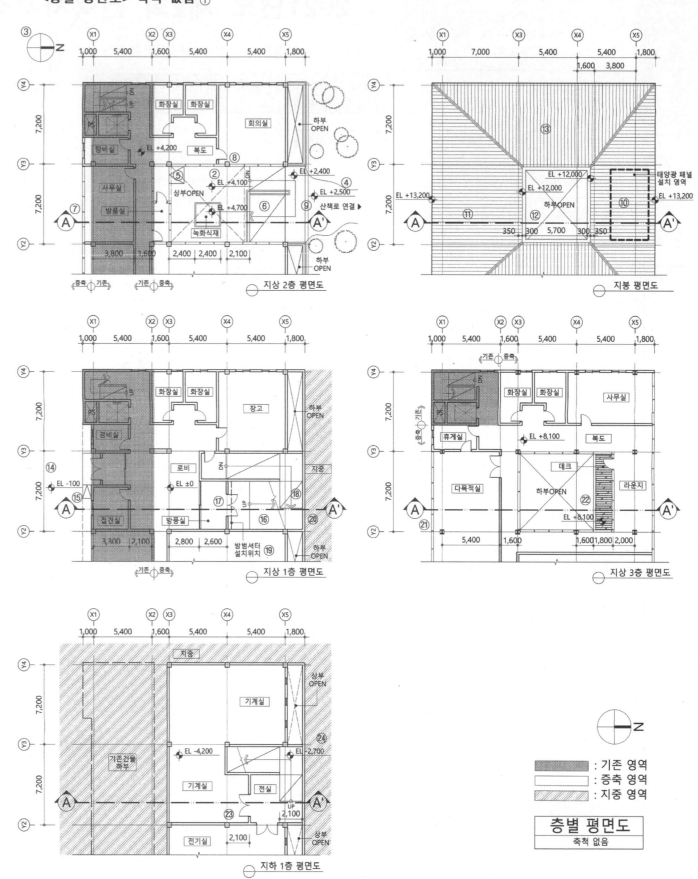

<층별 평면도> 축척 없음 ①

지상 2층 평면도

지붕 평면도

지상 1층 평면도

지상 3층 평면도

지하 1층 평면도

: 기존 영역
: 증축 영역
: 지중 영역

층별 평면도
축척 없음

노인복지센터

주민자치센터

노인복지센터: 노인을 위한 복지
시설은 주거 복지 시설, 의료 복
지 시설, 여가 복지 시설, 재가
노인 복지 시설, 노인 보호 전문
기관으로 대별된다. 의료 복지 시
설은 치매·중풍 등 노인성 질환
등으로 심신에 상당한 장애가 발
생하여 도움을 필요로 하는 노인
을 입소시켜 급식·요양과 그 밖에
일상생활에 필요한 편의를 제공
함을 목적으로 한다.

구조

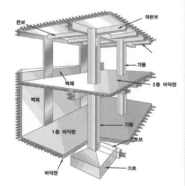

철근콘크리트조

강구조

· 제1과제 : (단면설계+설비계획)
· 배점: 60/100점

2021년 2회 출제된 단면설계의 경우 배점은 100점 중 60점으로 출제되었다. 또한 과제는 단면
설계가 제시되었지만 지문 내용 등을 살펴보면 단순히 단면설계만 출제된 것이 아니라 계단설계
+상세도+ 설비+ 친환경 내용이 포함되어 있는 것을 볼 수 있다.

제 목 : 노인복지센터 리모델링 단면설계 및 설비계획

1. 과제개요

제시된 도면은 기존 2층 근린생활시설을 3층으로 수직·수평 증축하여 리모델링
한 노인복지센터의 부분 평면도이다. 층별 평면도에 표시된 <A-A>단면 지시선
을 기준으로 단면도와 <B>부분 단면상세도를 작성하시오.

- 커뮤니티센터는 행정+ 문화+ 복지+ 체육시설 등 공공편익시설을 한곳에 집중시켜 놓은 시설이며,
  주민들의 편익을 높이고 지역 내에 주민 커뮤니티 활성화를 도모하기 위해 만들어진 복합공간이다.

2. 계획·설계조건 및 고려사항

(1) 규모 : 지하 1층, 지상 3층
(2) 구조
  ① 기존 건물 : RC구조
  ② 증축 부분
    - 수평 증축 : RC구조
    - 수직 증축 : 1~3층 바닥 RC구조, 3층 강구조

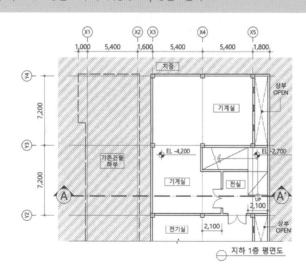

○ 지하 1층 평면도

▶ 지하1층 평면도

· X1열 ~ X2열 흙에 접한 온통 기초, 동결선 깊이 1m 표현
· X3열 방수+ 방습층+ 방습벽 표현
· X4열 ~ X5열 전실 출입문 H=2.1m 표현
· X5열에서 1.8m 돌출   · X3열 ~ X5열 지하층 온통 기초 표현
· 계단 1.5m 입면 표현   · 내·외부 입면 확인 후 표현

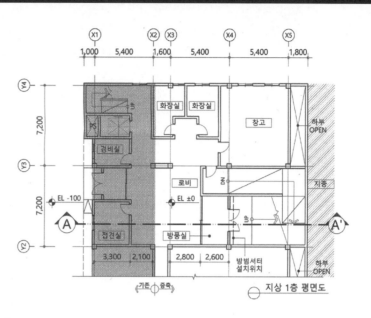

○ 지상 1층 평면도

▶ 1층 평면도

· X2열 기준으로 기존과 증축 확인
· X1열 외부창호, 접견실 벽체, X4열 방풍실 X5열 흙에 접한 방습벽 표현
· X1열에 접한 경사로 및 난간 표현
· X4열~X5열 계단은 벽체로 인해 표현 생략 (단너비는 스케일 검토 후 표현)
· 내·외부 입면 확인 후 표현

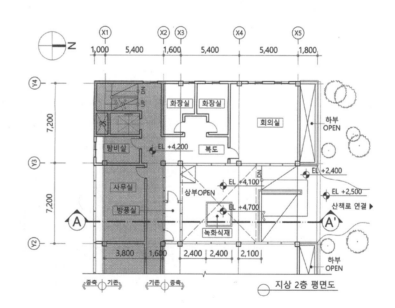

○ 지상 2층 평면도

▶ 2층 평면도

· X1열 및 X2열 기준으로 기존과 증축 확인
· X1열 외부 창호, 벽체, 방풍실 창호, 중정
· 중정에 접한 경사로 및 난간 표현
· 중정 주변 입면 및 바닥레벨 확인
· 계단 단높이 13단, 단너비 12단 표현 (단너비는 스케일 검토 후 표현)
· 내·외부 입면 확인 후 표현

접견실

공식적으로 손님을 맞아들여 만나
보는 방.

사무실

도면용 약어는 'OFF'로 표기하며
특정 개인 또는 사무적인 일을 하
는 방으로 사무소, 일터, 집무실이
라고도 함.

다목적실

다양한 용도로 사용하기 위해 만든
공간

중정

라운지

공공건물이나 상업용 건물 등에서 안락의자 등을 갖추어, 이용자가 휴식하거나 대화행위 등을 할 수 있는 공간으로, 휴게실 · 담화실 · 응접실 · 대합실 · 사교실 등이 해당된다.

커튼월시스템

고층건축에서는 건물의 자체중량이 기둥이나 보의 굵기에 큰 영향이 있으므로 중량을 줄이기 위하여 커튼월에는 가벼운 재료가 사용된다.

커튼월

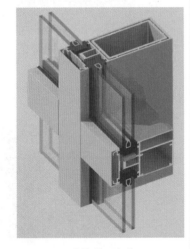

커튼월 상세

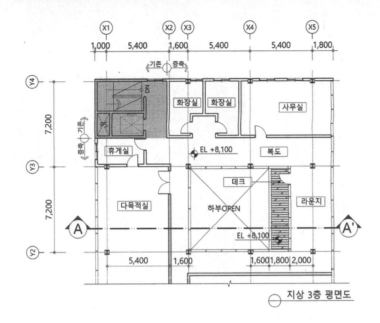

지상 3층 평면도

▶ 3층 평면도

- 3층 전체 증축 확인
- X1열 1m 돌출 및 외부 창호, 벽체, 창호, 중정 상부 OPEN, 데크, 라운지, 외부 창호
- 3층은 강구조 표현
- 중정 주변 입면 및 바닥레벨 확인
- 외부 창호 커튼월 표현
- 내·외부 입면 확인 후 표현

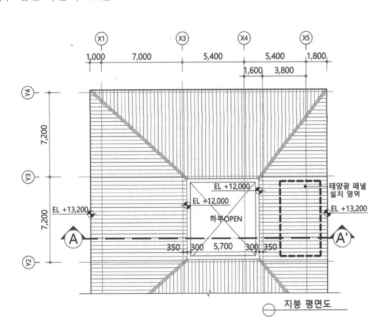

지붕 평면도

▶ 지붕층 평면도

- 지붕 표기 레벨 확인
- OPEN 부분 처마 홈통 및 선홈통 표현
- 남향으로 태양광 패널 설치
- 지붕 마감 재료 및 입면 표현

▶ 계단계획

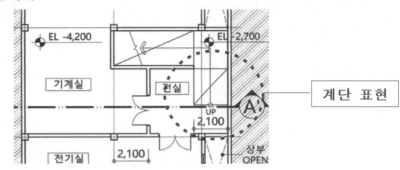

계단 표현

지하1층 계단

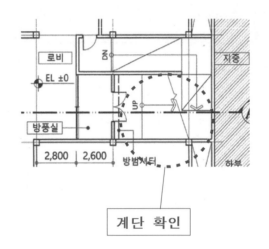

계단 확인

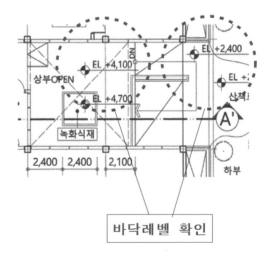

바닥레벨 확인

지상1층 계단　　　　지상2층 계단

- 계단 계획시 반드시 스케일을 이용하여 제시된 평면도 계단 치수 확인한다.
- 계단의 단높이와 단너비는 제시 평면도와 비슷한 크기로 계획
- 계단의 단높이는 보통 160mm~170mm 범위에서 계획하나 본 문제의 경우 제시된 계단의 길이가 짧아 단높이가 높아질 수밖에 없다.

반자높이

① 거실(법정) : 2.1m 이상
② 사무실 : 2.5~2.7m
③ 식당 : 3.0m 이상
④ 회의실 : 3.0m 이상
⑤ 화장실 : 2.1~2.4m

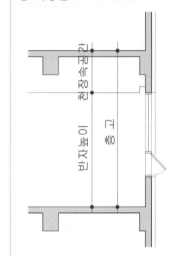

기초의 형태 분류

(a) 독립기초

(b) 연속기초

(c) 온통(매트)기초

(d) 파일기초

방범셔터

좁고 긴 강판을 수평으로 대고 서로 물려 문틀 상부에 있는 축(軸)에 두루마리로 감아올려 여닫는 방화·방범용 철제문으로, 감아올리는 장치에 따라 수동식과 전동식(電動式)이 있다.

계단

사람이 오르내리기 위하여 건물이나 비탈에 만든 층층대

종류	설치기준
계단참	높이 3m 마다 너비 1.2m 이상의 계단참을 설치
난간	양옆에 난간을 설치
중가난간	계단의 중간에 너비 3m 이내마다 난간을 설치
계단의 유효높이	2.1m 이상으로 할 것

투시형난간

철재

강화유리

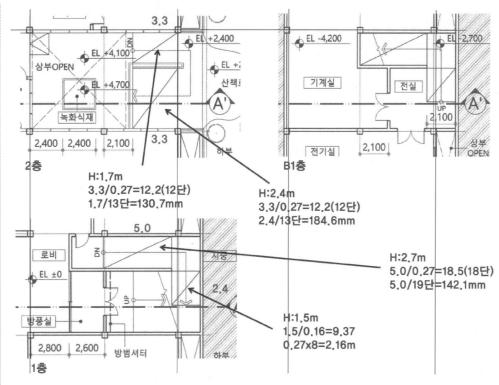

상부OPEN
EL +4,100
EL +4,700
녹화식재
상부 산책
2층
3.3 3.3

H:1.7m
3.3/0.27=12.2(12단)
1.7/13단=130.7mm

H:2.4m
3.3/0.27=12.2(12단)
2.4/13단=184.6mm

로비
EL ±0
방풍실
1층
2,800 | 2,600
방범셔터

H:2.7m
5.0/0.27=18.5(18단)
5.0/19단=142.1mm

H:1.5m
1.5/0.16=9.37
0.27x8=2.16m

EL +2,400
기계실
전실
전기실
B1층
상부 OPEN
UP 2,100

구조체를 고려한 단면의 형태

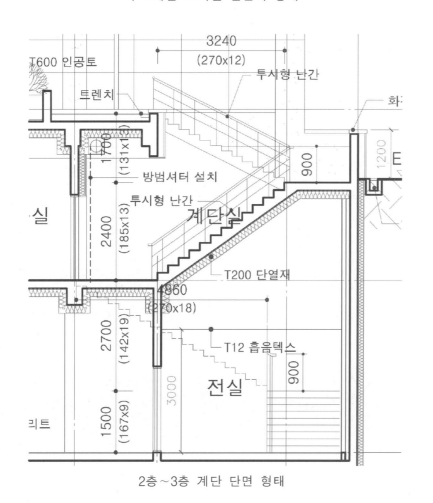

T600 인공토
트렌치
투시형 난간
3240 (270x12)
1700 (131x13)
방범셔터 설치
투시형 난간
계단실
2400 (185x13)
T200 단열재
4860 (270x18)
2700 (142x19)
T12 흡음텍스
전실
3000
900
1500 (167x9)

2층~3층 계단 단면 형태

▶ 층고계획

- 각층 EL, 바닥 마감 및 구조체 레벨을 기준이므로 제시된 조건 확인
- 지하1층~지붕층까지 층고를 기준으로 개략적인 단면의 형태 파악

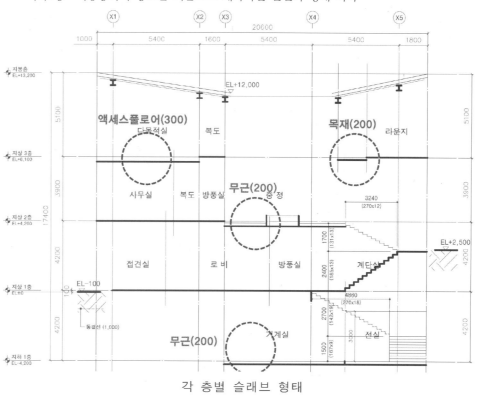

액세스플로어(300)
단독적실 복도 목재(200) 라운지
사무실 복도 방풍실 무근(200) 중정
접견실 로비 방풍실 계단실
무근(200) 기계실 전실

각 층별 슬래브 형태

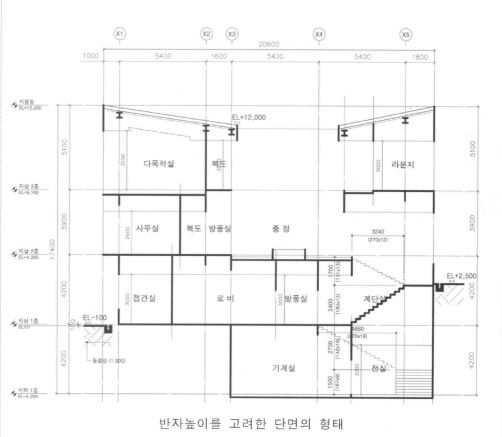

다목적실 복도 라운지
사무실 복도 방풍실 중정
접견실 로비 방풍실 계단실
기계실 전실

반자높이를 고려한 단면의 형태

기초의 종류

독립기초

줄기초

온통기초

온통기초

기둥 및 보

커튼월 층별방화 구획

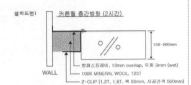

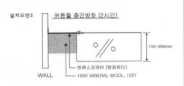

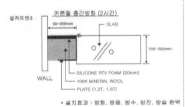

배리어프리 barrier free

요약 고령자나 장애인들도 살기 좋
은 사회를 만들기 위해 물리적·제
도적 장벽을 허물자는 운동

(3) 기존 건물에서 남측 전면부의 기둥 끝선을 넘는 일부 구간은 슬래브를 연장하여 증축한다.

(4) 기존 건물은 증축 및 리모델링에 필요한 구조 내력을 확보한 것으로 본다.

(5) 기존 건축의 슬래브와 수평 증축 연결 부위에 대한 합리적 구조 해결방안을 제시한다.

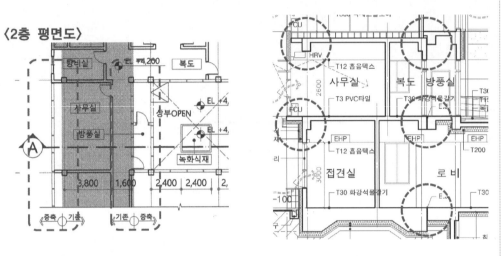

〈2층 평면도〉

(6) 이용자 특성을 고려하여 계단을 제외한 모든 부분에서 BF설계 방법을 적용한다.

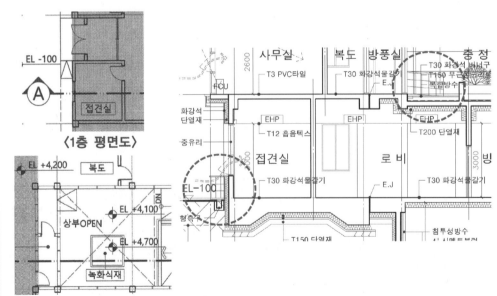

〈1층 평면도〉

〈2층 평면도〉

(7) 접견실, 로비, 라운지에 EHP를 계획하고 사무실에는 FCU와 열회수 환기장치를 계획한다.

(8) 다목적실에는 FCU, 열회수 환기장치, 액세스 플로어(300mm), 코브조명을 계획한다.

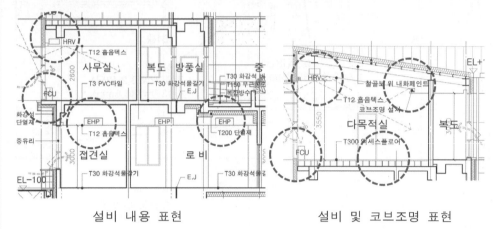

설비 내용 표현　　　　　설비 및 코브조명 표현

(9) 1층 방풍실 외부에 방범셔터를 설치한다.

(10) 커튼월시스템은 조망, 환기, 일사조절, 방화구획, FCU를 고려하여 설계한다.

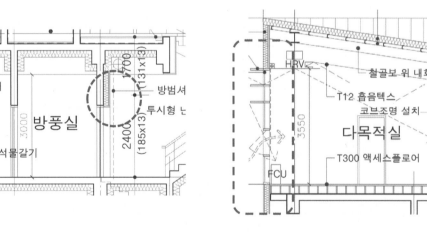

방범 셔터　　　　　커튼월시스템 반사루버 표현

(11) 지붕은 경사진 금속지붕(두께 0.8mm)으로 하고 단열, 방수, 우수 재활용 및 태양광 패널 설치 방안을 고려한다.

(12) 중정에는 녹화시재(토심 600mm)를 설계한다.

(13) 건축물 주변과 중정의 우수 처리방안을 고려한다.

냉·난방 설비

- EHP (천장매입형) 크기 :
  900×900×350(H)

- 폐열회수 환기장치 :
  500×500×250(H)

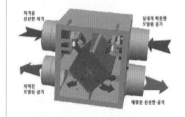

- FCU (바닥상치형)

지붕 금속재

- 지붕 징크 : 0.8mm

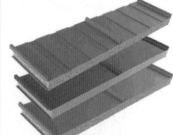

태양광 전지패널

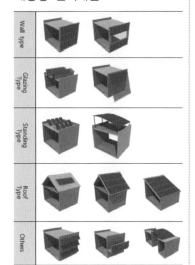

PV 시스템 설치범위

PV 시스템

태양광 발전(太陽光發電, photovoltaics, PV)은 햇빛을 직류 전기로 바꾸어 전력을 생산하는 발전 방법이다. 태양광 발전은 여러 개의 태양 전지들이 붙어있는 태양광 패널을 이용한다.

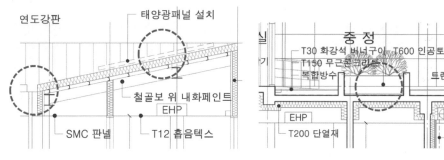

경사지붕 마감 재료표현   중정 주변 우수처리

(14) 계단 난간은 투시형으로 한다.

(15) 단열, 결로, 방수, 방습 등 요구 성능을 확보하기 위한 기술적 해결방안을 제시한다.

(16) 열교부위를 최소화하기 위한 기술적 해결방안을 제시한다.

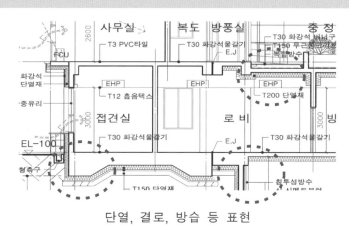

단열, 결로, 방습 등 표현

(17) 아래 <표>의 설계조건을 적용하고 제시되지 않은 사항은 임의로 한다.

<표1> 설계조건

구 분		치수(mm)
RC 구조체	기초	600
	슬래브 두께	200
	기둥	500×500
	보	400×600 (폭×춤)
강 구조체	기둥, 보	H형강 300×300×10×15
단열재 두께	외벽	150
	지붕, 최하층 바닥	200
커튼월 시스템	AL 프레임	50×200
	로이삼중유리	40
냉난방설비	FCU (바닥상치형)	800×300×600 (W×D×H)
	EHP (천장매입형)	900×900×350 (W×D×H)
환기설비	열회수 환기장치	500×500×250 (W×D×H)

· 보, 벽체, 슬래브

- 기둥의 크기는 500mm x 500mm
- 보 : 400mm x 500mm
- 위에서 제시된 기둥 및 보의 크기는 단면도에서 반드시 표현이 되어야 하는 부분이다.
- 기둥 중심으로부터 250mm 이격되어 외곽 부분이 있으며, 이곳에 제시된 보의 크기 300mm가 표현되어야 한다.
- 기둥과 보의 간격은 100mm 차이 나야 하며, 또한 작도시 표현이 되어야 한다.

· 온통기초 = 600mm

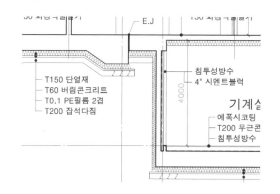

▶ 단열재

· 지붕, 최하층 단열재: 200mm

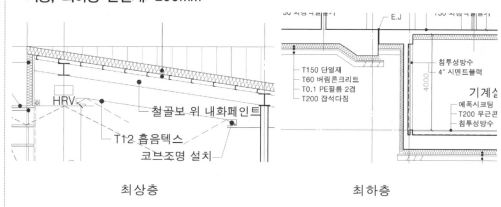

최상층   최하층

자연환기

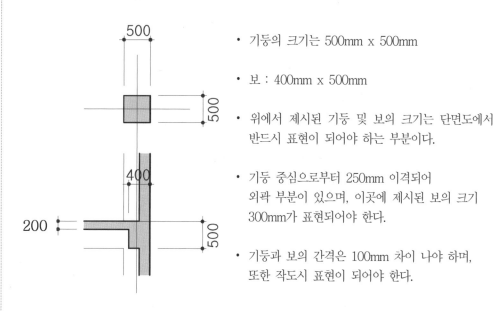

자연채광

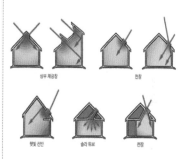

로이 유리

유리 표면에 금속 또는 금속산화물을 얇게 코팅한 것으로 열의 이동을 최소화시켜주는 에너지 절약형 유리이며 저방사유리라고도 한다. 로이(Low-E: low-emissivity)는 낮은 방사율을 뜻한다.

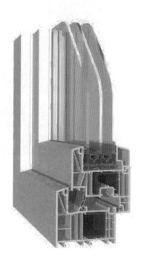

〈건축물의 에너지절약
설계기준〉

– 시행 2016. 1. 11

[별표3] 단열재의 두께

[중부지역]   (단위 : mm)

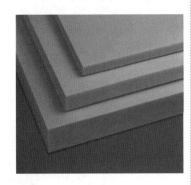

3. 도면작성 요령

(1) 층고, 천장고, 개구부 높이 등 주요 부분 치수와 각실의 명칭을 표기한다.
(2) 계단의 단수, 단높이, 단너비 및 난간높이를 표기한다.
(3) 단열, 방수, 외벽·내부 마감재료 등을 표기한다.

(4) 건축물 내·외부의 입면이 포함된 단면도를 작성하고 〈보기〉에 따라
   자연환기, 자연채광, EHP, 열회수 환기장치를 표기한다.
(5) 단위 : mm
(6) 축척 : 단면도 1/100, 상세도 1/50

〈보기〉

구 분	표현 방법	구 분	표현 방법
자연환기	〰️➡	EHP	EHP
자연채광	▭▭▭▭▭➡	열회수 환기장치	HRV

4. 유의사항

(1) 답안 작성은 반드시 흑색 연필로 한다.
(2) 명시되지 않은 사항은 현행 관계법령의 범위 안에서 임의로 한다.

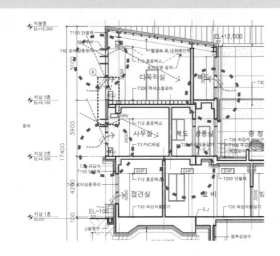

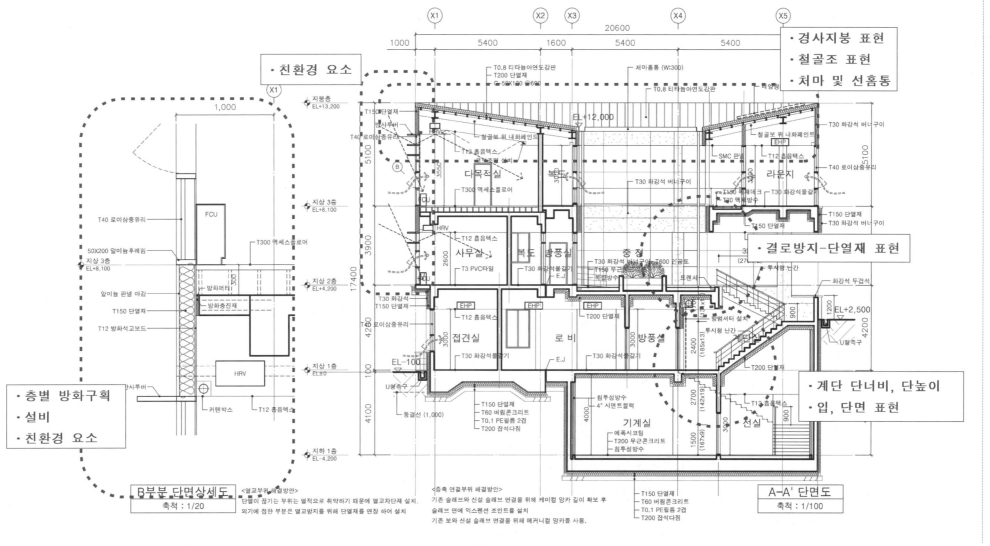

· 친환경 요소

· 경사지붕 표현
· 철골조 표현
· 처마 및 선홈통

· 결로방지-단열재 표현

· 계단 단너비, 단높이
· 입, 단면 표현

· 층별 방화구획
· 설비
· 친환경 요소

B부분 단면상세도
축척 : 1/20

A-A' 단면도
축척 : 1/100

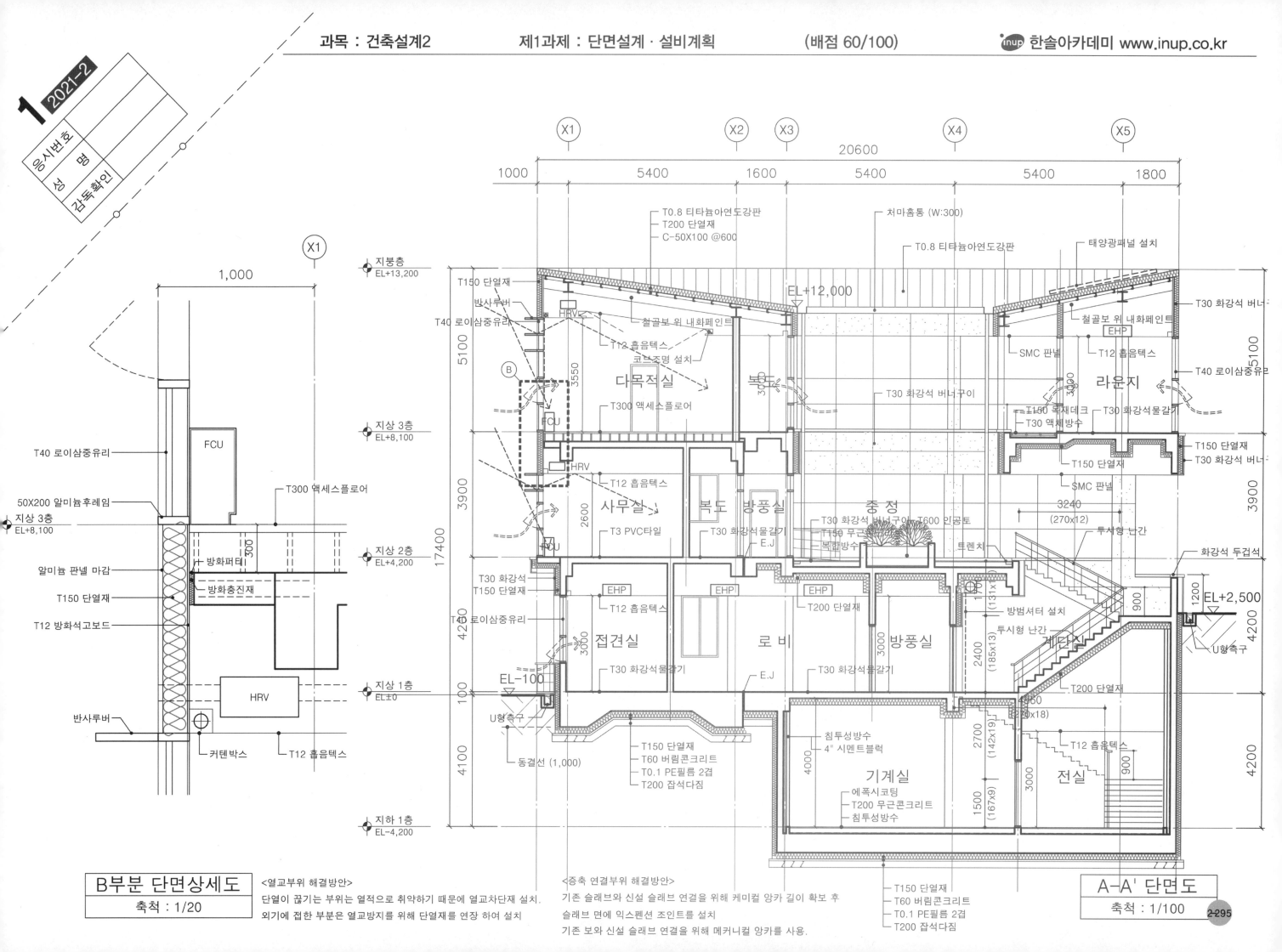

1 2021-2

X1 1,000

지붕층 EL+13,200
지상 3층 EL+8,100
지상 2층 EL+4,200
지상 1층 EL±0
지하 1층 EL-4,200

B부분 단면상세도
축척 : 1/20

<열교부위 해결방안>
단열이 끊기는 부위는 열적으로 취약하기 때문에 열교차단재 설치.
외기에 접한 부분은 열교방지를 위해 단열재를 연장 하여 설치

<증축 연결부위 해결방안>
기존 슬래브와 신설 슬래브 연결을 위해 케미컬 앙카 길이 확보 후
슬래브 면에 익스펜션 조인트를 설치
기존 보와 신설 슬래브 연결을 위해 메커니컬 앙카를 사용.

A-A' 단면도
축척 : 1/100

2-295

구 성	FACTOR	지 문 본 문	FACTOR	구 성

구 성 / FACTOR (왼쪽)

1. 제목
건물용도제시

① 배점확인
3교시 배점비율에 따라 과제 작성시간 배분

2. 과제개요
- 구체적 용도
- 신축
- 과제도면

② 제목
문화시설 구조계획

3. 계획조건
- 계획 기본사항
  층고
  최고높이, 처마높이
- 구조 기본사항
  구조형식, 적용하중
  재료강도
  슬래브
  지붕구조
- 구조부재의 단면치수
  기둥 부재 단면기호와
  크기 제시
  보 부재 단면기호와
  크기 제시
  트러스 부재 단면기호와
  크기 제시

③ 문제유형
신축
모듈계획형

④ 과제도면
2층 및 지붕 구조평면도
지붕트러스 단면도
← 답안작성용지 확인

⑤ 계획조건-계획기본사항
1층과 2층의 층고
처마높이, 최고높이 ← 경사지붕

⑥ 계획조건-구조기본사항
구조 - 강구조
적용하중 : 지붕과 2층의 고정하중,
활하중
재료 : 강재, 콘크리트
슬래브 : 데크플레이트
지붕구조 : 강접골조 및 트러스

4. 구조계획 시 고려사항
- 공통사항
 • 구조부재의 합리적 계획
 • 횡력은 고려여부
- 2층 구조계획
 • 기둥개수(종류별)
 • 기둥배치 위치제시
 • 기둥 중심간 거리 제한

⑦ 구조부재의 단면치수
기둥 부재 : A, B ← H형강
보 부재 : K, L, M, N ← H형강
트러스부재 : S, T ← 강관

⑧ 공통사항
횡력은 고려하지 않음.

⑨ 2층 구조계획
기둥개수 24개 (A : 8개, B : 16개)
기둥은 건축물 외곽에만 배치
기둥 중심간 거리는 5m 이상

지 문 본 문 (가운데)

2021년도 제2회 건축사자격시험 문제

과목: 건축설계2　　　제2과제 (구조계획)　　　배점: 40/100점 ①

제 목 : 문화시설 구조계획 ②

1. 과제개요

③공연 및 전시가 가능한 문화시설을 신축하고자 한다. 다음 사항을 고려하여 2층 및 지붕 구조평면도, 지붕트러스 단면도를 작성하시오. ④

2. 계획조건

(1) 계획 기본사항 ⑤

층	층고	비고
2층	3m	최고높이 G.L.+11m
1층	5m	처마높이 G.L.+ 8m

(2) 구조 기본사항 ⑥

구분		적용 사항
구조		강구조
적용하중	지붕	고정하중 0.5kN/m², 활하중 1.0kN/m²
	2층	고정하중 4.0kN/m², 활하중 3.0kN/m²
재료		강재 SM275, 콘크리트 f_ck=24MPa
슬래브		데크플레이트
지붕구조		강접골조 및 트러스

(3) 구조부재의 단면치수 ⑦

\<표 1\> 기둥 부재 단면기호 (단위 : mm)

기호	A	B
치수	H-400×400	H-250×250

\<표 2\> 보 부재 단면기호 (단위 : mm)

기호	K	L	M	N
치수	H-700×300	H-500×200	H-294×200	H-194×150

\<표 3\> 트러스 부재 단면기호 (단위 : mm)

기호	S	T
치수	강관 φ-216×6	강관 φ-101×5

주) 제시된 부재단면은 설계하중에 대한 개략적 해석결과를 반영한 값이다.

3. 구조계획 시 고려사항

(1) 공통사항
① 구조부재는 경제성, 시공성, 공간 활용성 등을 고려하여 합리적으로 계획한다.
② 건축물에 작용하는 횡력은 고려하지 않는다.
⑧

(2) 2층 구조계획 ⑨
① 기둥 개수는 24개 (A : 8개, B : 16개)로 한다.
② 기둥은 건축물 외곽에만 배치한다.
③ 기둥 중심간 거리는 5m 이상으로 한다.
④ 1층과 2층의 기둥배치 및 단면치수는 동일하다.
⑤ 데크플레이트는 최대 3.5m 경간을 지지한다.

(3) 지붕 구조계획 ⑩
① 지붕은 대칭인 박공지붕으로 한다.
② '가', '나' 영역의 박공지붕은 '다' 영역에서 교차한다.
③ 지붕 평면개념도에서 점선으로 표시된 영역은 트러스로 계획하고 이외 영역은 강접골조로 계획한다.
④ 트러스는 동일사양으로 2개소 계획한다.
⑤ 트러스 각 부재의 절점간 길이는 3.5m 이하로 한다.
⑥ 트러스의 지지점은 기둥으로 계획한다.
⑦ 강접골조 영역의 작은보 간격은 5m 이하(수평투영길이 기준)로 한다.

4. 도면작성요령

(1) 2층 구조평면도 (축척 1/200) ⑪
① 기둥 및 보의 단면은 \<표 1\>과 \<표 2\>에서 선택하여 부재 옆에 단면기호 표기
② 기둥은 강축과 약축을 고려하여 표기
③ 기둥은 외벽패널 부착을 고려하여 축방향 표기
④ 강재 부재간의 접합부는 강접합과 힌지접합으로 구분하여 표기
⑤ 데크플레이트의 골방향 표기

(2) 지붕 구조평면도 (축척 1/200) ⑫
① 보의 단면은 \<표 2\>에서 선택하여 부재 옆에 단면기호 표기
② 트러스의 위치를 표기하며 지붕가새는 표기 않음
③ 강재 부재간의 접합부는 강접합과 힌지접합으로 구분하여 표기(용마루 부위 접합부 포함)

(3) 지붕트러스 단면도 (축척 1/100) ⑬
① 트러스 부재의 단면은 \<표 3\>에서 선택하여 부재 옆에 단면기호 표기

(4) 공통 ⑭
① 축선의 치수를 기입
② 도면 표기는 \<보기\>를 참조
③ 단위 : mm

FACTOR / 구 성 (오른쪽)

 • 1층과 2층의 기둥배치 및 단면치수 동일함
 • 데크플레이트는 최대 3.5m 경간지지

⑩ 지붕 구조계획
- 박공지붕
- 박공지붕은 '다'영역에서 교차
- 점선 표시 영역은 트러스 계획하고 이외 영역은 강접골조 계획
- 트러스는 동일사양으로 2개소
- 트러스 부재의 절점간 길이 3.5m 이하
- 트러스의 지지점은 기둥
- 강접골조 영역의 작은보 간격은 5m 이하

⑪ 2층 구조평면도(축척 1/200)
- 기둥 및 보의 단면기호 표기
 \<표 1\>, \<표 2\>
- 기둥 강축과 약축 고려 표기
- 기둥은 외벽패널 부착 고려 축방향 표기
- 강재 부재간 접합부 : 강접합과 힌지접합 구분
- 데크플레이트 골방향 표기

⑫ 지붕 구조평면도(축척 1/200)
- 보 단면기호 표기 \<표 2\>
- 트러스의 위치 표기 (지붕가새는 표기 않음)
- 강재 부재간 접합부 : 강접합과 힌지접합 구분

⑬ 지붕트러스 단면도 (축척 1/100)
트러스 부재 단면기호 표기 → \<표 3\>

⑭ 공통
- 치수기입
- 도면표기 \<보기\> 참조
- 단위 : mm

구 성 (맨 오른쪽)

 • 1층과 2층의 기둥 배치방법 제시
 • 데크플레이트 최대 지지 경간 제시
- 지붕 구조계획
 박공지붕, 박공지붕의 교차위치
 트러스계획과 강접골조 계획 부분 구분제시
 트러스 2개소 제한
 트러스 부재의 절점간 길이 제한
 트러스 지지점은 기둥
 강접골조 영역의 작은보 간격 길이 제한

5. 도면작성요령
→ 과제확인
- 2층 구조평면도
 작도 시 표기할 요소들
 기둥 및 보의 단면기호 확인
 기둥 강축과 약축 고려 작도
 기둥 외벽패널 부착 고려 방법
 강재 부재간 접합부 구분 표기
 데크플레이트 골방향 표기
- 지붕 구조평면도
 작도 시 표기할 요소들
 보 단면기호 확인
 트러스의 계획 위치
 강재 부재간 접합부 구분 표기
- 지붕트러스 단면도
 작도 시 표기할 요소
 트러스 부재 단면기호 확인
- 공통 : 작도 시 필수요소
 치수기입
 도면표기 \<보기\>와 같이 하여야 함.
 단위

– 도면표기
과제작도 시 반드시 제
시한 <보기>를 따르고
누락부분이 없어야 감점
을 피할 수 있음.

**2층 및 지붕 평면개념
도, 단면개념도**

지붕트러스 영역제시

⑮ <보기> 도면표기
: 구조부재의 표기방법 제시함.(중요)

제시도면 분석

- 치수확인
- 박공지붕 : 용마루와 처마 확인
- 지붕트러스 영역을 지붕 평면개념도와
  단면개념도에서 확인
- 박공 '가', '나' 박공교차 '다' 확인
  지붕 물매확인

과목: 건축설계2   제2과제 (구조계획)   배점: 40/100점

<보기> 도면 표기

기둥	⊥ ⊦	보	——
평면도의 트러스 위치	=========	단면도의 트러스 부재	——
강접합	▶	힌지접합	⊢
데크플레이트 골방향	⟷		

5. 유의사항

(1) 답안작성은 반드시 흑색 연필로 한다.
(2) 명시되지 않은 사항은 현행 관계법령의 범위
   안에서 임의로 계획한다.

< 2층 및 지붕 평면개념도, 단면개념도 > 축척 없음

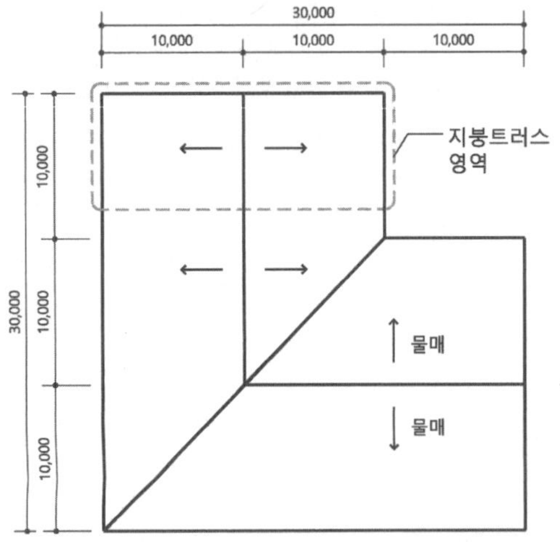

지붕 평면개념도

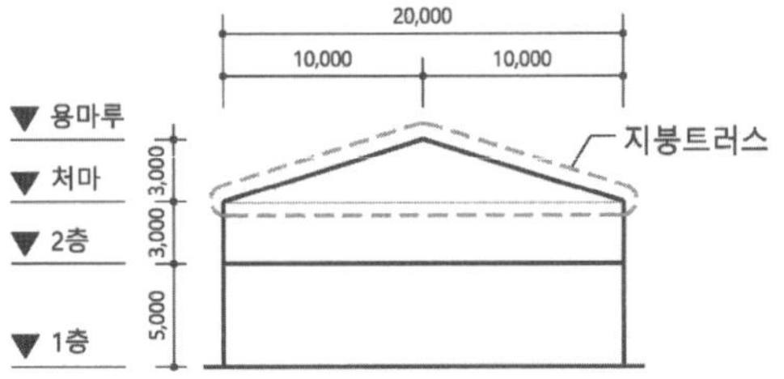

A-A' 단면개념도

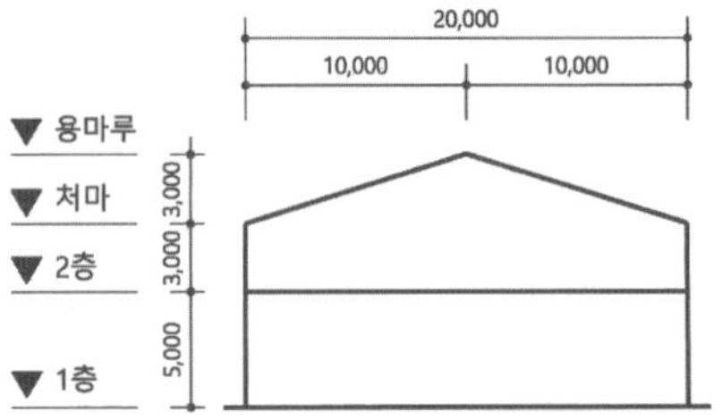

B-B' 단면개념도

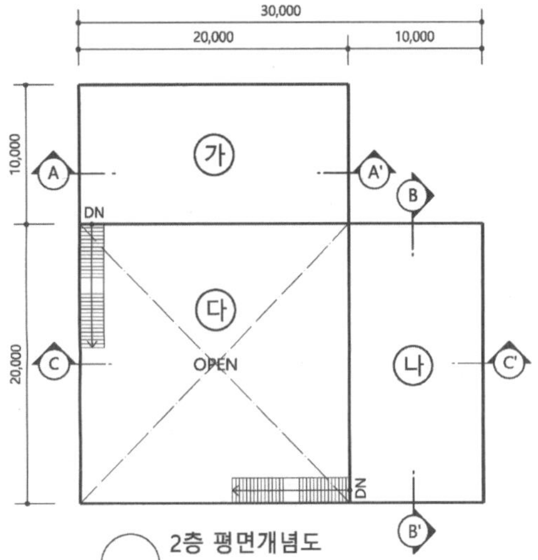

2층 평면개념도

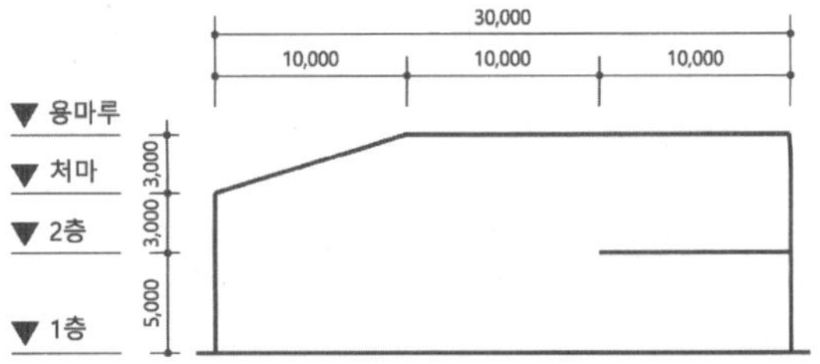

C-C' 단면개념도

6. 유의사항
- 흑색연필
- 현행 관계법령 적용

대지현황도

1 모듈확인 및 부재배치

1. 모듈확인

신축
모듈계획형
주어진 2층 및 지붕 평면개념도 및 단면개념도와 답안 작성용지 확인.
과제확인 - 2층 및 지붕층 구조평면도, 지붕트러스 단면도

- 제목 : 문화시설 구조계획

① 주어진 모듈확인 : 1층, 2층 동일함

③ 구조형식 : 강구조

④ 적용하중

: 지붕 고정하중 0.5kN/m², 활하중 1.0kN/m² → 경량마감 → 경사지붕
  2층 고정하중 4.0kN/m², 활하중 3.0kN/m²
    → 데크플레이트+철근콘크리트 슬래브 → 평지붕
  지붕트러스 영역 : 지붕 평면개념도와 A-A' 단면개념도 확인
  지붕층 : 용마루 LINE과 물매방향 확인
  2층 : 바닥과 OPEN부 확인

< 2층 및 지붕 평면개념도, 단면개념도 > 축척 없음

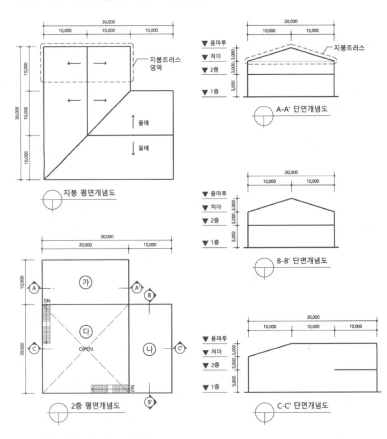

⑤ 주어진 구조부재의 단면치수

⑥ 답안작성용지 확인

답안작성용지 〉

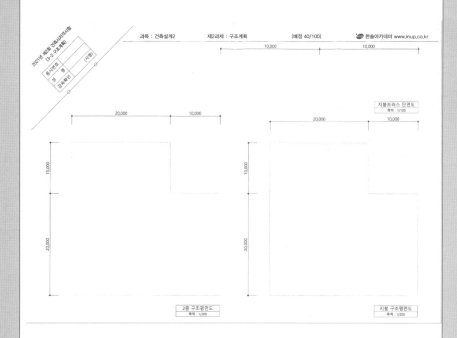

2. 지문분석

- 지문조건들을 반영하여야 함.
- 횡력은 고려하지 않음 → 풍하중, 지진하중 고려하지 않음
    → 가새(Brace) 계획 없음.
    → 의미 "중력방향 하중만을 고려한다."

〈 2층 구조계획 〉
- 기둥개수 24개 제한 (A : 8개, B : 16개) → 모듈연계
- 기둥은 건축물 외곽에만 배치 → 모듈연계
- 기둥 중심간 거리 제한 → 모듈연계
- 1층과 2층의 기둥배치 및 단면치수는 동일 → 모듈연계
- 데크플레이트 최대 경간 제시 → 적용하중과 연계

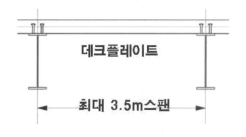

데크플레이트

최대 3.5m스팬

모듈계획〉 기둥 외곽배치 / 24개 / 중심간 거리 5m 이상 → 기둥위치 확정

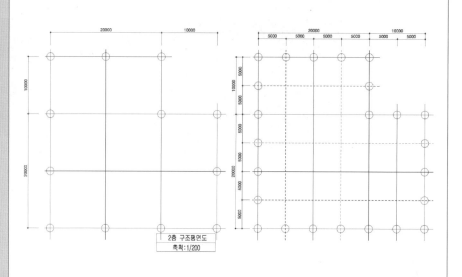

2층 구조평면도
축척:1/200

작도 1〉 2층 Girder(큰 보) → 강접합

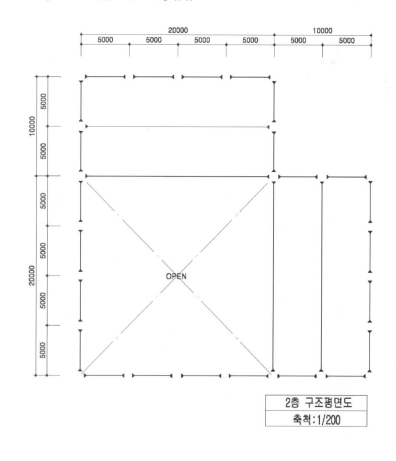

2층 구조평면도
축척:1/200

◆ 강접합과 힌지(핀)접합부 구분

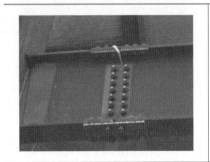 

강접합	힌지접합

◆ 데크플레이트의 골방향

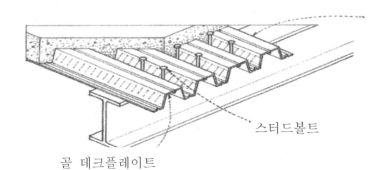

스터드볼트

골 데크플레이트

작도 2〉 2층 Beam(작은 보) → 힌지접합 → 데크플레이트 최대3.5m 고려

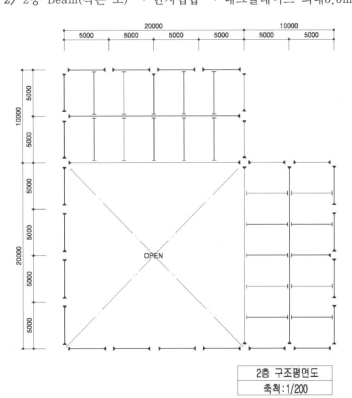

2층 구조평면도
축척:1/200

작도 3〉 기둥: 강축/약축을 고려 작도 및 데크플레이트 골방향

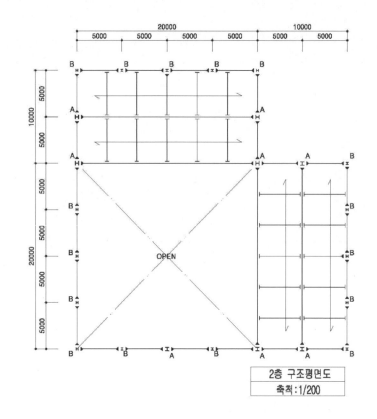

2층 구조평면도
축척:1/200

◆ 철골기둥의 강축, 약축 배치 예시

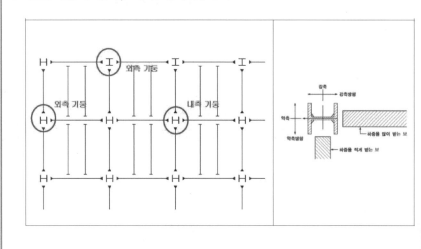

작도 4〉 2층 보 부재 단면기호 적시

적용하중 : 지붕 고정하중 $0.5kN/m^2$,
활하중 $1.0kN/m2$ → 경량마감 → 가벼움
2층 고정하중 $4.0kN/m^2$, 활하중 $3.0kN/m^2$
→ 데크플레이트+철근콘크리트 슬래브 → 무거움

〈1안〉

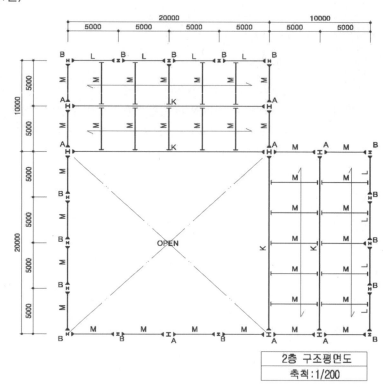

2층 구조평면도
축척:1/200

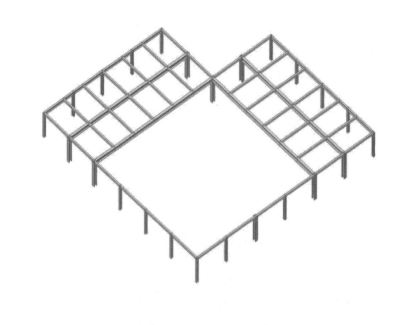

〈2안〉

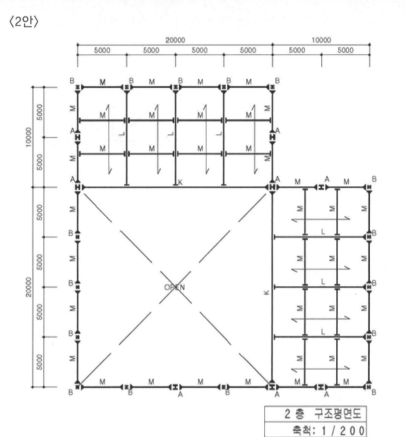

2층 구조평면도
축척: 1 / 200

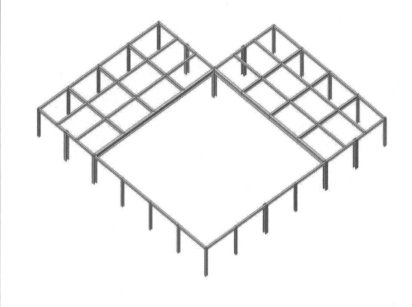

작도 5〉 지붕 Girder(큰 보) → 강접합, 지붕트러스 → 2개소

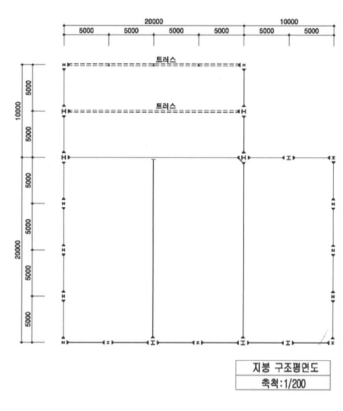

지붕 구조평면도
축척:1/200

작도 6〉 지붕 Beam(작은 보) → 힌지접합
  - 작은 보 간격 5m 이하(수평투영길이), 용마루 확인

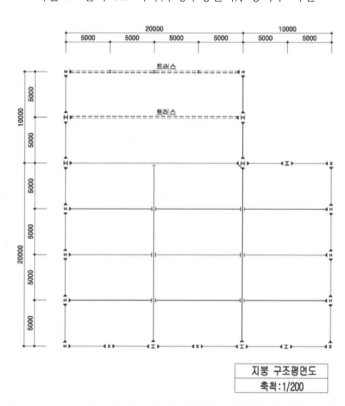

지붕 구조평면도
축척:1/200

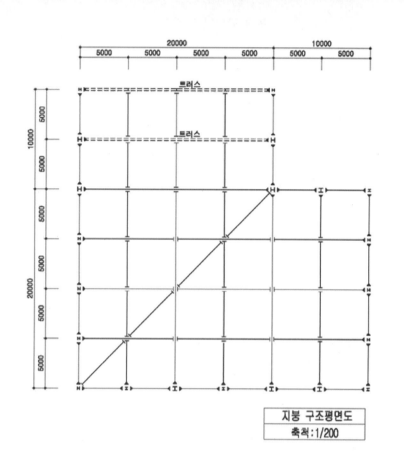

지붕 구조평면도
축척:1/200

작도 7〉 보 부재 단면기호 적시

〈1안〉

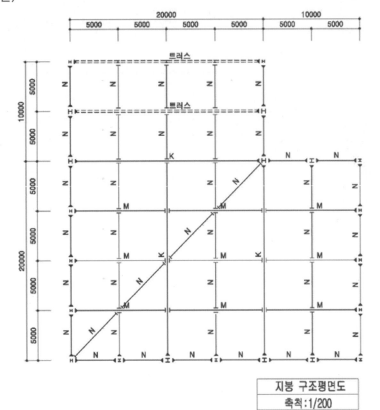

지붕 구조평면도
축척:1/200

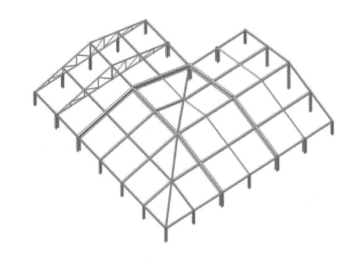

〈2안〉

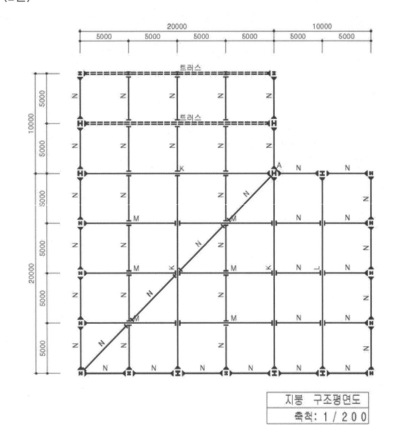

지붕 구조평면도
축척: 1 / 200

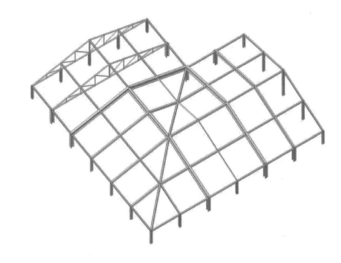

작도 8〉 지붕트러스 단면도 : 단면기호 적시

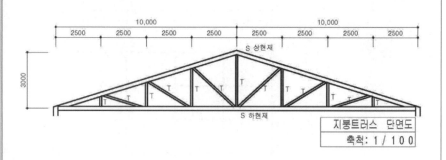

지붕트러스 단면도
축척:1/100

◆ 트러스 각 부재의 절점간 길이 → 3.5m 이하

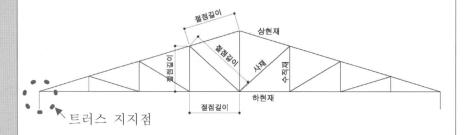

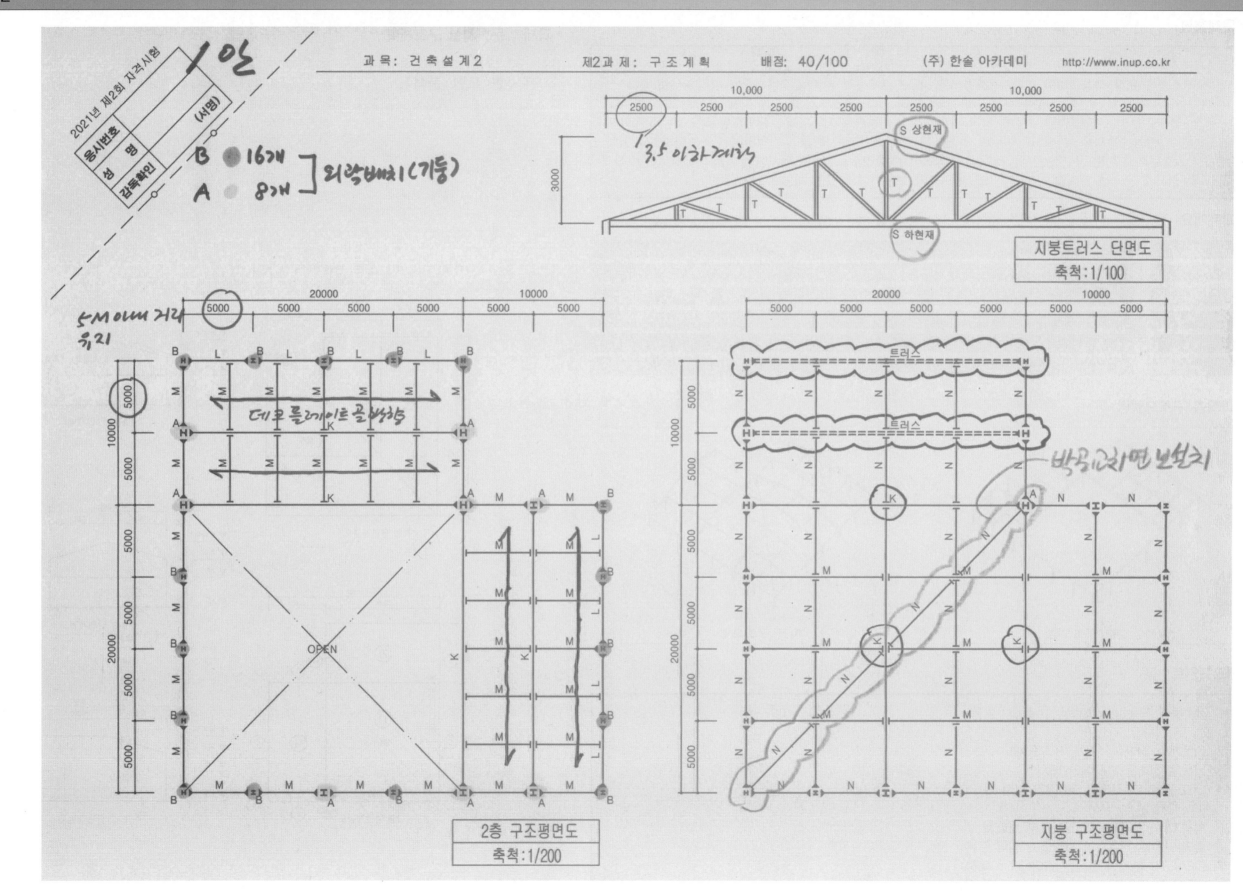

▶ 문제총평

문화시설 2층 규모의 신축과제이다. 제시된 2층 및 지붕 평면개념도, 단면개념도에 근거한 2층 및 지붕 구조평면도, 트러스 단면도를 작성하여야 한다. 구조형식은 강구조로 2층과 지붕의 적용하중을 각각 제시하였다. 1층과 2층의 기둥배치 및 단면치수는 동일하게 계획하여야 한다. 구조부재 중 기둥 부재(H형강, 2종), 보 부재(H형강, 4종)및 트러스 부재(강관, 2종)를 각각 제시하였다. 처음으로 지붕트러스 단면도를 작도하는 문제가 출제되었다. 답안작성용지를 확인하고 지문에 제시한 계획조건과 고려사항들을 반영하여 구조계획하여야 한다. 2014년 기출문제와 기출 강구조 문제들과 유사한 평이한 수준이나 트러스는 제시한 용어를 이해하여야 수직재 간격 및 경사재 간격을 계획할 수 있어 다소 난이도가 보통이상이었던 시험으로 사료된다.

▶ 과제개요

1. 제 목	문화시설 구조계획
2. 출제유형	모듈계획형
3. 규 모	2층
4. 용 도	문화시설 (공연 및 전시)
5. 구 조	강구조
6. 과 제	2층 및 지붕 구조평면도, 지붕트러스 단면도

▶ 과제층 구조모델링

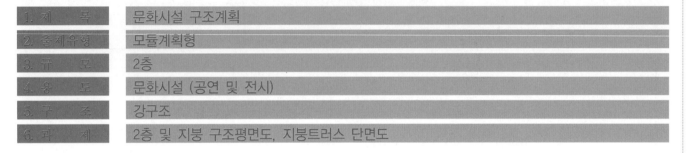

2층 구조모델	지붕 구조모델

▶ 체크포인트

1. 건축물에 작용하는 횡력은 고려하지 않음.
   〈2층 구조계획〉
2. 기둥개수 24개(A : 8개, B : 16개)
3. 기둥은 건축물 외곽에만 배치
4. 데크플레이트 최대 3.5m 경간 지지
   〈지붕 구조계획〉
5. 박공지붕, 박공지붕의 교차부분 보배치
6. 트러스(2개소) 계획과 강접골조 영역 구분
7. 트러스 각 부재의 절점간 길이 3.5m 이하
8. 강접골조 영역의 작은보 간격은 5m 이하

▶ 과제 : 문화시설 구조계획

1. 제시한 도면 분석

- 주어진 2층 및 지붕 평면개념도, 단면개념도
- 모듈계획형
- 지상 2층 규모의 강구조 신축
- 1층과 2층의 기둥배치 및 단면치수는 동일
- 트러스(2개소) 계획 → 지붕

< 2층 및 지붕 평면개념도, 단면개념도 > 축척 없음

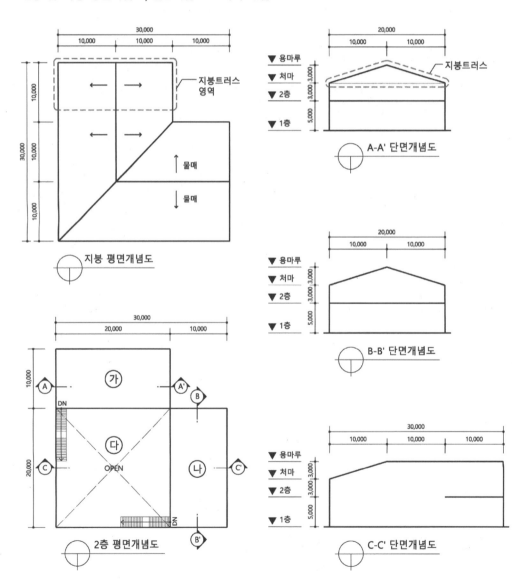

2. 강구조

◆ 골 데크플레이트

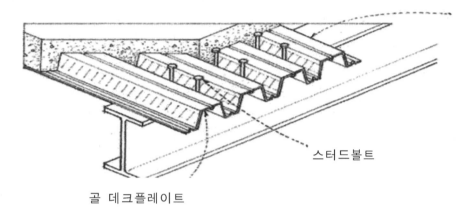

스터드볼트

골 데크플레이트

◆ 철골 기둥(H형강) 강·약축 방향 결정방법-1

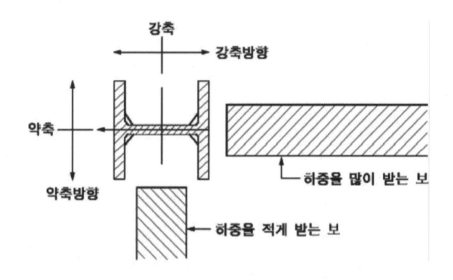

강축

강축방향

약축

약축방향

하중을 많이 받는 보

하중을 적게 받는 보

◆ 철골 기둥(H형강) 강·약축 방향 결정방법-2

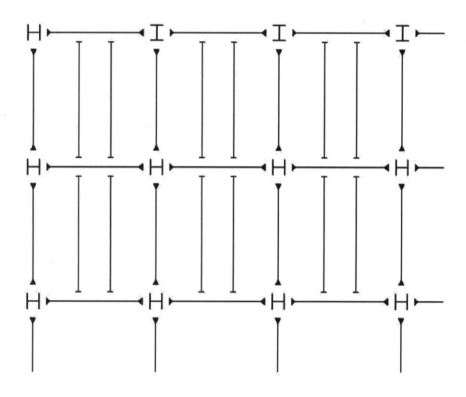

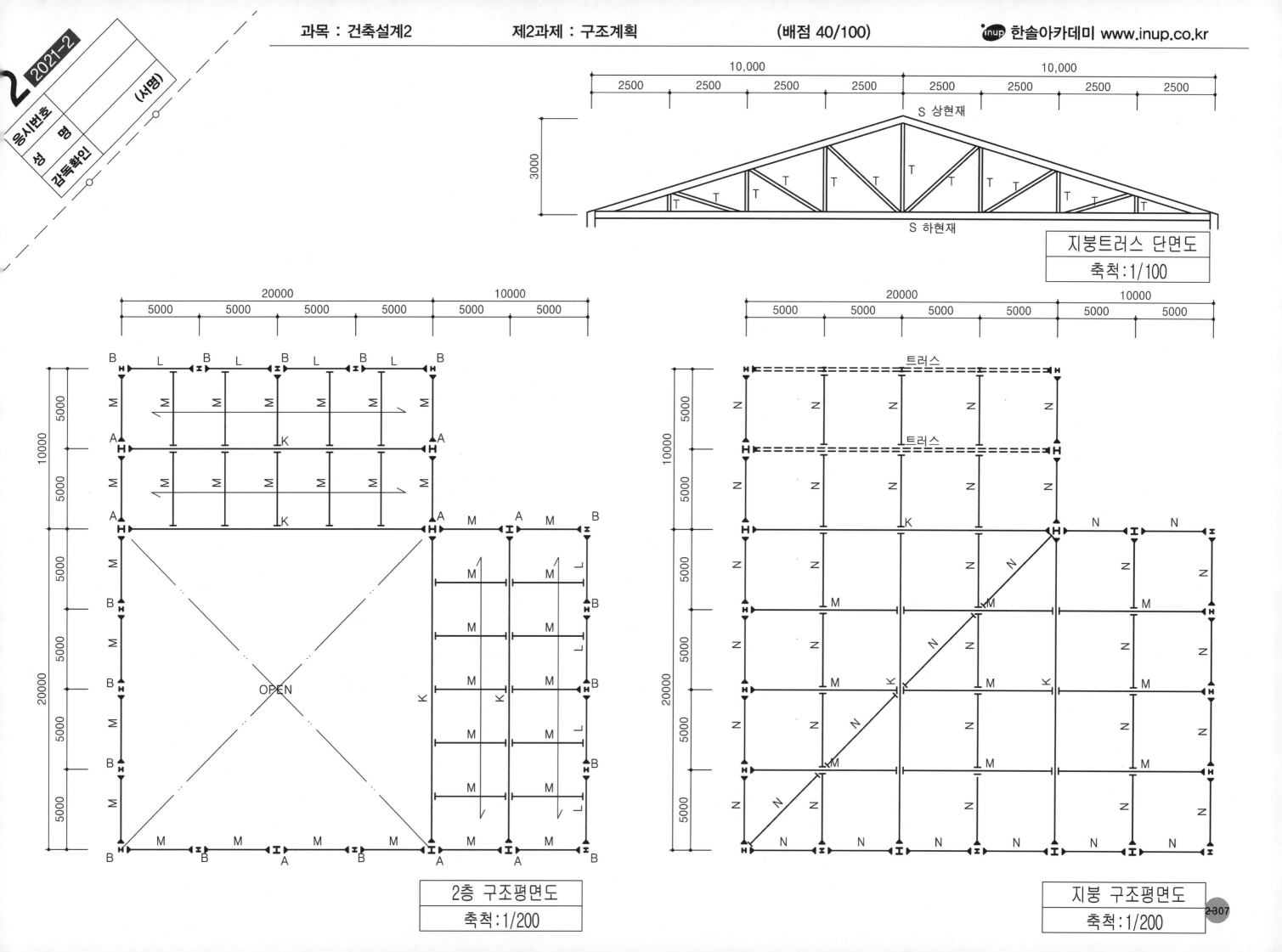

S 상현재

T

S 하현재

지붕트러스 단면도
축척 : 1/100

OPEN

2층 구조평면도
축척 : 1/200

트러스

트러스

지붕 구조평면도
축척 : 1/200

구 성	FACTOR	지 문 본 문	FACTOR	구 성

2022년도 제1회 건축사자격시험 문제

과목: 건축설계2   제1과제 (단면설계 · 설비계획)   배점: 60/100점 ①

1. 제목
- 건축물의 용도 제시
(노인복지센터는 저소득 가구의 노후안정 및 노인 부양 문제를 돕기 위하여 설립)

2. 설계 및 계획조건
- 노인복지센터평면도 일부 제시
- 평면도에 제시된 절취선을 기준으로 주단면도 및 상세도를 작성
- 설비 및 구조 형식, 마감 등에 대한 구체적인 내용이 제시 됨
- 규모
- 구조
- 기초
- 기둥
- 보
- 슬래브
- 내력벽
- 지하층 옥벽
- 용도
- 바닥 마감레벨
- 층고
- 반자높이
- 단열재 두께
- 외벽 및 실내마감
- 냉·난방 설비
- 위의 내용 등은 단면설계에서 제시되는 내용이므로 반드시 숙지해야 한다.

FACTOR (좌)

① 배점을 확인합니다.
- 60점(단면설계이지만 제시 평면도와 지문을 살펴보면 설비계획+상세도 제시 등으로 난이도가 높음)

② 평면도에 제시된 A-A′를 지시 선을 확인한다.
- 절취선에 의한 단면요소
- 절취선에서 보이는 입면요소 검토

③ 단면상세도의 범위 및 축척 확인

④ 지상6층 규모 검토(배점60이지만 규모에 비해 작도량은 적은 편이다.)

⑤ 수평기준선은 마감면(FL)은 각층 층고 기준레벨을 표기한다.

⑥ 수직기준선은 구조체 중심선은 기둥열을 표기한다.

⑦ 외벽, 지붕 등의 외주 부위를 단열할 때 단열재를 해당 부위의 주요 구조체의 외기 측에 넣는 단열 방법을 말한다.

⑧ 비노출 방수는 방수액을 바르고 그 위를 보호하거나 또는 추가적인 마감재가 들어가야 한다.

⑨ 열교(Heat Bridge)란 건축물의 어느 한 부분의 단열이 약화되거나 끊김으로 인해 외기가 실내로 들어오는 것을 의미하며, 단열의 방식은 내단열, 중단열, 외단열 등으로 구분할 수 있으나, 열교 현상을 최대한 억제하는 방법은 외단열의 채택이다.

⑩ 배풍기에 의해서 일방적으로 실내공기를 배기한다.

⑪ 업무공간이나 전산실 등에서 바닥 밑의 배관, 배선 등의 관리, 보수 등을 용이하게 하기 위해 탈착이 가능하도록 한 형태의 플로어

제목 : 바이오기업 사옥 단면설계

1. 과제개요

바이오기업의 사옥을 설계하고자 한다. 구조, 단열, 방수 등의 기술적 고려사항과 계획적 측면을 통합하여 부분단면도와 단면상세도를 작성하시오.
② ③

2. 건축물 개요

구분	내용	구분	내용
지역·지구	제3종 일반주거지역	층 수	지상 6층
용도	업무시설	연면적	3,600m² ④

2. 설계 및 계획 조건

(1) 공통 설계조건
① 제시된 수평기준선은 마감면(FL)이며, 수직기준선은 구조체 중심이다. ⑤
② <표1> 설계기준의 내용을 적용한다.
③ 외기와 맞닿는 부분은 외단열(구조체 외측에 단열계획)이며, 제시된 <표2> 단열재기준을 참조한다. ⑦
④ 모든 방수층은 비노출이며, 세부적인 방수재료와 공법은 고려하지 않는다. ⑧
⑤ 건축물의 출입부분을 포함한 모든 층의 내부 바닥은 단차가 없다.
⑥ 기초는 동결선, 단열 및 방수를 고려하지 않는다.

(2) 부분단면 설계조건(축척 1/100)
① 천장고는 설비공간을 고려하여 결정한다.
② 단열재는 <표2> 단열재기준을 참조하여 부위별 종류와 두께를 선택하여 적용한다.
③ 단열계획은 열교현상을 최소화하여 설계한다. ⑨
④ 창호계획은 단열, 방수, 환기 등을 고려하여 설계한다.
⑤ 계단은 개방형이며 단 수, 단 높이, 단 너비, 난간 및 손잡이 등을 설계한다.
⑥ 실험실 공간은 제3종 환기와 OA Floor를 적용한다. ⑩ ⑪

(3) 단면상세 설계조건(축척 1/30)
① 단열, 방수, 마감재 등을 고려하여 구조체의 단 차이를 설계한다.
② 출입문 하부 프레임(Sill)의 상단면은 내부마감면(FL)과 동일 레벨로 설계한다.
③ 노대(베란다) 부분은 배수를 고려하여 배수구, 배수관 등을 설치한다. ⑫
④ 노대방수턱의 두겁은 안전과 관리에 용이한 구조로 계획하며, 난간은 방수턱 구조체 상단에 고정한다. ⑬

3. 도면작성요령

(1) 마감면(FL), 구조체면(SL), 천장고(CH) 등 주요 부분 치수와 각 실의 명칭을 표기한다.
(2) 단열재, 마감재 등의 규격과 재료명 등을 표기한다.(단열재는 <표2> 단열재기준을 참조하여 구체적으로 표기)
(3) 방수, 창호, 단열의 표현은 <보기>를 따른다.
(4) 건축물 내부의 입면과 보의 입면을 표현한다. ⑳
(5) 마감재 및 단열재의 고정을 위한 부재는 표현하지 않는다.
(6) 도면작성 목적에 맞게 부재명, 재료, 규격 등의 정보를 표기한다.
(7) 단위 : mm

<표1> 설계기준

구분		규격 및 치수(mm)
구조체	슬래브 두께	150
	보(W×D), 캔틸레버 보	400×600
	캔틸레버 테두리보(W×D)	200×600
	기둥	400×400
	기초(온통기초) 두께	600
외벽마감재료	⑭최저벽돌(고정철물은 표현하지 않음)	0.5B
창호	AL 프레임(W×D)	60×(150~300)
	⑮삼중유리 두께	34
냉·난방설비/소방설비	개별 냉·난방/소방관 등	표현생략
공기조화	3종 환기	덕트관경 Ø200
노대	외부용 타일 두께	12
지붕/노대 방수	비노출	–
노대/계단 난간	투시형	–
내부마감재료	계단, 로비	화강석+볼임모르터	30 + 50
	복도, 사무실, 라운지, 세미나실	PVC 타일	
	실험실	OA Floor	높이 150
벽체	시멘트벽돌 위 모르터	–
천장	흡음텍스 두께	12

<표2> 단열재기준 ⑯

등급분류	단열재 종류
가	압출법보온판 2호
	그라스울 보온판 120K
나	비드법보온판 1종 1호
	그라스울 보온판 32K
두께 20mm 단열보온판(난연성)	

건축물의 부위 ⑰		단열재 등급별 허용 두께	
		가	나
거실의 외벽	외기에 직접 면하는 경우	190	225
	외기에 간접 면하는 경우	130	155
최상층에 있는 거실의 반자 또는 지붕	외기에 직접 면하는 경우	220	260
	외기에 간접 면하는 경우	155	180
최하층에 있는 거실의 바닥	외기에 직접 면하는 경우	195	230
	외기에 간접 면하는 경우	135	155

FACTOR (우)

⑫ 물을 외부로 빼내기 위해 설치한 토출구

⑬ 빗물이나 오수 등을 배제하기 위해서 사용하는 관을 말하며

⑭ 외장에 사용하는 평판형의 벽돌로, 유약을 사용하지 않고 바탕에 착색을 하는가, 불투명, 무광택의 착색제를 입힌 것을 말한다.

⑮ 3장의 유리로 조합되어 두겹의 공기단열층을 갖는 유리로서 기존의 복층유리보다 우수한 단열 성능을 가진다.

⑯ 단열이란 열의 이동을 차단하는 것을 의미하며, 단열을 통해 온도를 일정하게 유지시키고 열의 이동을 막기 위해 사용되는 재료를 단열재라고 한다.

⑰ 거실의 외벽, 최상층에 있는 거실의 반자 또는 지붕, 최하층에 있는 거실의 바닥, 바닥난방을 하는 경우 바닥. 거실의 창 및 문 등은 열관류율 기준 또는 단열재 두께 기준을 준수하여야 한다.

⑱ 주요부분의 치수와 치수선은 중요한 요소이기 때문에 반드시 표기한다. (반자 높이, 각층레벨, 층고, 건물높이 등 필요시 기입)

⑲ 방수, 방습, 단열, 결로, 차음 성능 등은 각 부위에 따라 반드시 표현이 되어야 하는 부분이다.

⑳ 단면절취에 의해 보이는 내·외부 입면 및 마감 재료 등은 반드시 표현해야 한다.

㉑ 제시도면 및 지문 등을 통해 제시된 치수 등을 고려하여 주단면도에 적용해야 하며 이때 제시되지 않은 사항은 관계법령의 범위 안에서 임으로 한다.

구 성 (우)

- 기존과 증축 부분 구조 제시 (RC 및 강구조)
- 증축으로 인한 슬래브 연장 관련 구조 해결 방안 제시
- BF설계 방법 적용
- FCU, EHP 구체적 실별로 제시
- 열회수장치, 액세스플로어, 코브조명 등 제시
- 커튼월시스템 조망, 환기 및 일사 조절을 고려
- 태양광정지패널 (PV형) 표현
- 열교부위를 고려한 기술적 해결방안 제시

3. 도면작성요령
- 입단면도 표현
- 부분 단면상세도
- 각 실명 기입
- 환기, 채광, 창호의 개폐방향을 표시
- 계단의 단수, 너비, 높이, 난간높이 표현
- 단열, 방수, 마감재 임의 반영

4. 유의사항
- 제도용구
(흑색연필 요구)
- 명시되지 않은 사항은 현행 관계법령을 준용

구 성	FACTOR	지 문 본 문

과목: 건축설계2　　　　　제1과제 (단면설계·설비계획)　　　　　배점: 60/100점

5. 제시 평면도

- 1층 평면도
- X1열 방풍실, X2열~X3열 계단 표현
- 단높이 10단 (180), 단너비 9단 (270) 확인
- 바닥 레벨위치확인
- 출입문 입면 표현

- 2층 평면도
- X1열 외벽창호, X2열 투시형 난간, 계단 안전난간, X3열 안전난간 절취
- X1열 방풍실 상부 철골조 케노피
- 계단 단수 확인 (단높이, 단너비 적용)

- 3층 평면도
- X0열 창호, X2열 벽체, 복도벽체 절취
- 외부 창호 창대높이는 바닥으로부터 일정높이 유리 표현 및 창문 개폐방향 표현

- 4층 평면도
- X0열 투시형 난간, X1열 출입문, X3열 벽체 절취
- 노대 바닥 마감 및 슬래브 DOWN
- 중정외부 입면 표현

- 5층 평면도
- X1열 창호, X3열 벽체 절취

---

① 보기를 통한 종류 및 SILL의 형태 확인

② 방수 및 단열재 표현방법

③ 제시 도면의 EL확인 (각층 바닥레벨-마감기준)

④ 방풍실 출입문 높이 2.1m 표현

⑤ 제시된 계단 단높이, 단너비, 계단참 계획 후 반영

⑥ 제시평면도 축척 없음

⑦ 내부 입면 표현

⑧ 방풍실 상부 철골조 케노피 표현

⑨ 기둥으로부터 창호 위치 확인 후 작도 필요

⑩ 투시형 난간 표현

⑪ 제시된 계단 단높이, 단너비, 계단참 계획 후 반영

⑫ 창대높이=0, 유리, 프레임 반영

⑬ X2열 벽체 표현

⑭ 노대 1.2m 투시형 난간 표현 및 지문에서 제시한 적벽돌 0.5B 두께를 고려하여 벽체 표현

⑮ 창대높이=0, 유리, 프레임 및 출입문 높이 2.1m 이상 표현

⑯ X3열 벽체 표현

⑰ 노대 바닥레벨이 인접 실보다 FL:-150mm DOWN 되어 표현되어야 한다.

⑱ 기둥으로부터 창호 위치 확인 후 작도 필요

⑲ 제시 도면의 FL확인

⑳ 창대높이=0, 유리, 프레임 및 지문에서 제시한 적벽돌 0.5B 두께를 고려하여 벽체 표현

㉑ X3열 벽체 표현

---

5. 유의사항

(1) 답안작성은 반드시 흑색 연필로 한다.

(2) 명시되지 않은 사항은 현행 관계법령의 범위 안에서 임의로 한다.

<표3> 약어표기

GL	Ground Level / 지면
FL	Finish Level / 마감면
SL	Structure Level / 구조체면
CH	Ceiling Height / 천장고

<보기> ①

구분	고정창(AL)	여닫이창(AL)	도어(AL)
창호 SIII (1/30)	W=60 / D=VAR.	W1= 100, W2=60 / D=VAR.	W1= 100, W2=60 / D=VAR.

구분 ②	방수	단열
1/30	-------------	XXXXXXXXXX

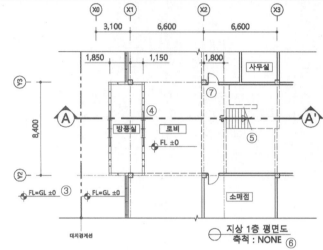

지상 1층 평면도
축척 : NONE ⑥

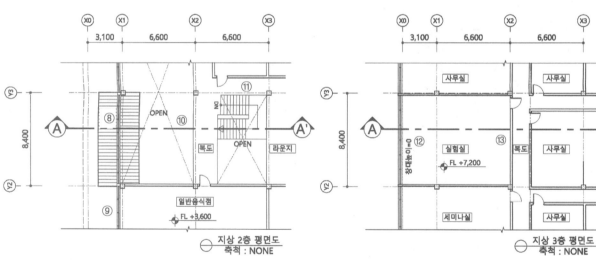

지상 2층 평면도
축척 : NONE

지상 3층 평면도
축척 : NONE

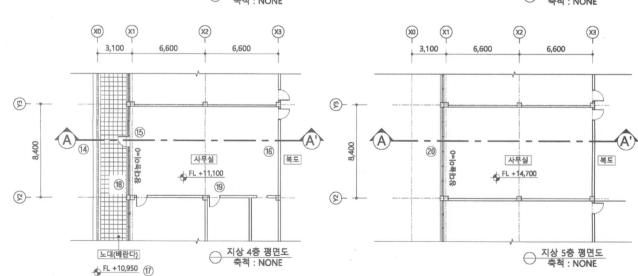

지상 4층 평면도
축척 : NONE

지상 5층 평면도
축척 : NONE

삼성바이오피스 사옥

삼성그룹(三星) 계열 제약, 바이오 산업 기업. 본사는 인천광역시 연수구 송도바이오대로 300, 송도국제도시 내에 있다.

기술이전, 임상 및 상업 제품 제조/생산, 무균 충전(완제), 분석 테스팅 서비스를 제공하는 의약품 위탁개발생산(CDMO) 기업이다.

자회사로 바이오시밀러를 연구 및 개발하는 삼성바이오에피스가 있다.

구조

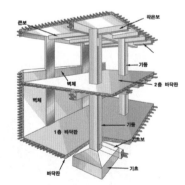

철근콘크리트조

· 제1과제 : (단면설계+설비계획)
· 배점: 60/100점

2021년 2회 출제된 단면설계의 경우 배점은 100점 중 60점으로 출제되었다. 또한 과제는 단면설계가 제시되었지만 지문 내용 등을 살펴보면 단순히 단면설계만 출제된 것이 아니라 계단설계 +상세도+ 설비 내용이 포함되어 있는 것을 볼 수 있다.

제목 : 바이오기업 사옥 단면설계

1. 과제개요

바이오기업의 사옥을 설계하고자 한다. 구조, 단열, 방수 등의 기술적 고려사항과 계획적 측면을 통합하여 부분단면도와 단면상세도를 작성하시오.

– 바이오 : "생"이나 "생물"을 의미하는 접두어. 그리스어 bios는 생명을 의미한다. 예를 들어 생화학(biochemistry), 생원소(bioelement), 생물 발광(bioluminescence) 등과 같이 사용된다.

2. 건축물 개요

구분	내용	구분	내용
지역·지구	제3종 일반주거지역	층수	지상 6층
용도	업무시설	연면적	3,600m²

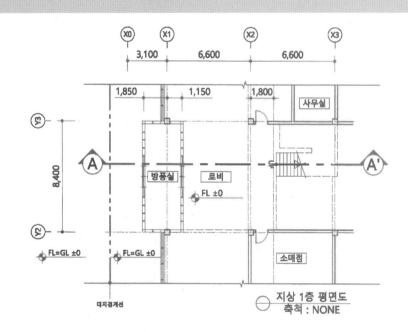

지상 1층 평면도
축척 : NONE

▶ 1층 평면도

- GL 및 1층 바닥레벨 확인 (FL ±0 마감레벨 기준)
- X1열 ~ X2열 흙에 접한 온통 기초, 동결선 깊이 1m 표현
- X1열 1.85 + 1.15 = 3m 방풍실
- X2열 ~ X3열 계단 단수 및 너비 확인 후 작도
- 내·외부 입면 확인 후 표현

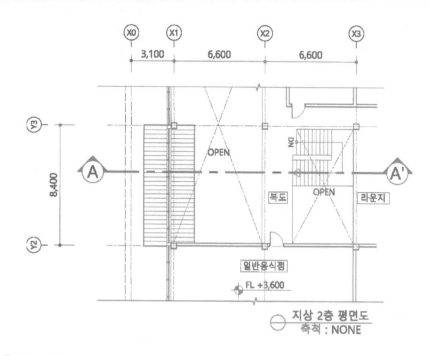

지상 2층 평면도
축척 : NONE

▶ 2층 평면도

- 층 바닥레벨 확인 (FL +3,600 마감레벨 기준)
- X1열 방풍실 상부 철골조 케노피 (1.85 + 1.15 = 3m)
- X2열 ~ X3열 계단 단수 및 너비 확인 후 작도
- X2열 및 X3열 OPEN 부분 안전난간 1.2m 표현
- 내·외부 입면 확인 후 표현

지상 3층 평면도
축척 : NONE

▶ 3층 평면도

- 3층 바닥레벨 확인 (FL +7,200 마감레벨 기준)
- X0열 ~ X1열 캔틸레버 보 표현
- X2열 벽체 및 복도 벽체
- 지문조건 확인 후 X0열 단열 및 적벽돌 0.5B 표현
- 내·외부 입면 확인 후 표현

로비

라운지(Lounge)라고도 한다. 대개 호텔, 조금 큰 회사 건물 내에서 볼 수 있다.

사무실

도면용 약어는 'OFF'로 표기하며 특정 개인 또는 사무적인 일을 하는 방으로 사무소, 일터, 집무실이라고도 함.

실험실

실험실은 과학적 연구, 실험, 측정을 수행하기 위한 조건을 갖춘 시설이다.

라운지

공공건물이나 상업용 건물 등에서 안락의자 등을 갖추어, 이용자가 휴식하거나 대화행위 등을 할 수 있는 공간으로, 휴게실 · 담화실 · 응접실 · 대합실 · 사교실 등이 해당된다.

커튼월시스템

고층건축에서는 건물의 자체중량이 기둥이나 보의 굵기에 큰 영향이 있으므로 중량을 줄이기 위하여 커튼월에는 가벼운 재료가 사용된다.

커튼월

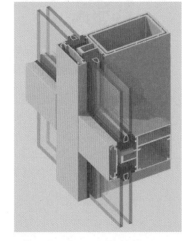

커튼월 상세

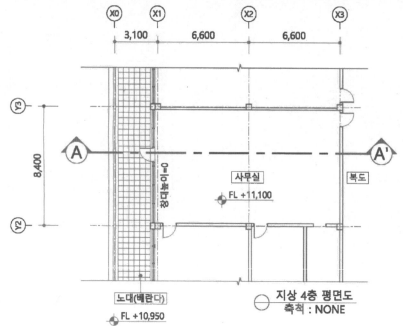

지상 4층 평면도
축척 : NONE

▶ 4층 평면도

- 4층 바닥레벨 확인 (FL +11,100 마감레벨 기준)
- X0열 ~ X1열 노대 슬래브 DOWN
- X3열 벽체 표현
- 지문 조건에 의한 노대부분 방수턱, 투시형난간, 배수방향, 바닥배수 배관 표현

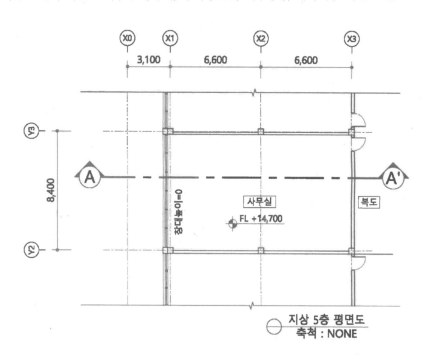

지상 5층 평면도
축척 : NONE

▶ 5층 평면도

- 5층 바닥레벨 확인 (FL +14,700 마감레벨 기준)
- X1열 창대높이는 유리로 표현
- X1열 지문조건 확인 후 X1열 단열 및 적벽돌 0.5B 표현

▶ 계단계획

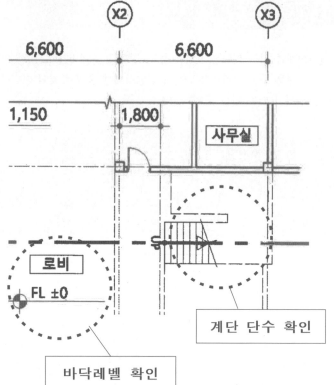

바닥레벨 확인

계단 단수 확인

<지상1층 계단>

계단 단수 확인

<지상2층 계단>

- 계단 계획시 반드시 스케일을 이용하여 제시된 평면도 계단 치수 확인한다.
- 계단의 단높이와 단너비는 제시 평면도와 비슷한 크기로 계획
- 계단의 단높이는 보통 160mm~170mm 범위에서 계획하나 본 문제의 경우 제시된 계단의 단수의 개수를 적용한다.

반자높이

① 거실(법정) : 2.1m 이상
② 사무실 : 2.5~2.7m
③ 식당 : 3.0m 이상
④ 회의실 : 3.0m 이상
⑤ 화장실 : 2.1~2.4m

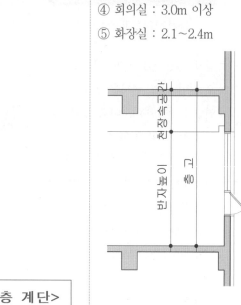

기초의 형태 분류

(a) 독립기초
(b) 연속기초
(c) 온통(매트)기초
(d) 파일기초

투시형 난간

계단

사람이 오르내리기 위하여 건물이나 비탈에 만든 층층대

종류	설치기준
계단참	높이 3m 마다 너비 1.2m 이상의 계단참을 설치
난간	양옆에 난간을 설치
중간난간	계단의 중간에 너비 3m 이내마다 난간을 설치
계단의 유효높이	2.1m 이상으로 할 것

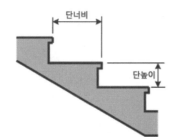

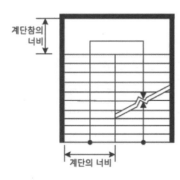

케노피

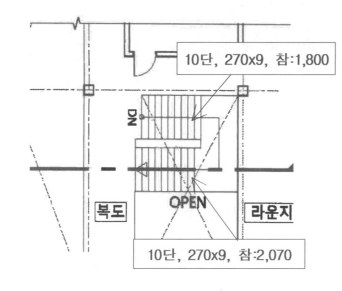

10단, 270x9, 참:1,800

복도 | OPEN | 라운지

10단, 270x9, 참:2,070

- 층고 : 3,600mm
- 3,600 ÷ 20 = 180mm
- 스케일 이용해 단너비를 체크해 보면 단너비는 270mm 을 알 수 있다.
- 270 x 9 = 2,430mm

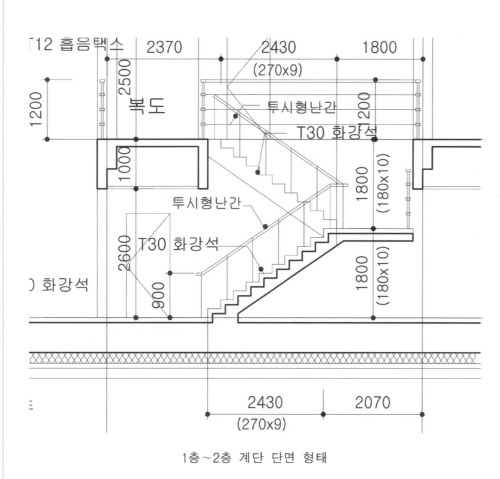

1층~2층 계단 단면 형태

▶ 층고계획

- 각층 EL, 바닥 마감 레벨을 기준이므로 제시된 조건 확인
- 지하1층~지붕층까지 층고를 기준으로 개략적인 단면의 형태 파악

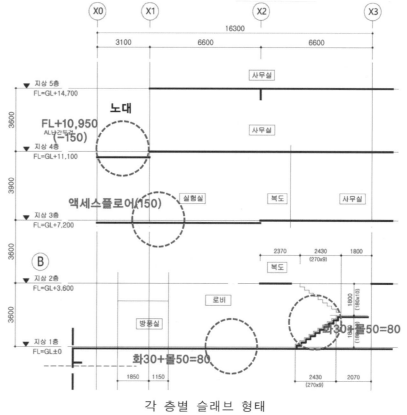

각 층별 슬래브 형태

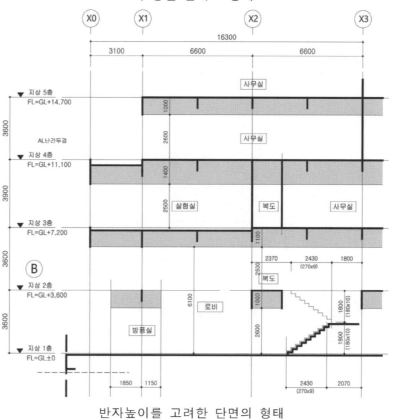

반자높이를 고려한 단면의 형태

기초의 종류

독립기초

줄기초

온통기초

온통기초

기둥 및 보

방수

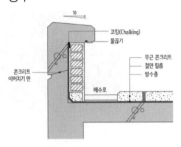

노출방수

외단열

외벽, 지붕 등의 외주 부위를 단열할 때 단열재를 해당 부위의 주요 구조체의 외기 측에 넣는 단열 방법을 말한다.

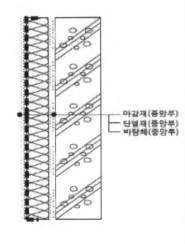

3. 설계조건 및 고려사항

(1) 공통설계조건

① 제시된 수평기준선은 마감면(FL)이며, 수직기준선은 구조체 중심선이다.

② <표1> 설계기준의 내용을 적용한다.

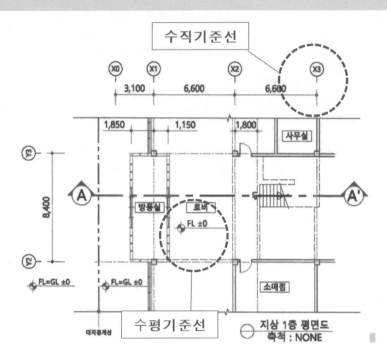

② <표1> 설계기준의 내용을 적용한다.

③ 외기와 맞닿는 부분은 외단열(구조체 외측에 단열계획)이며, 제시된 <표2> 단열재 기준을 참조한다.

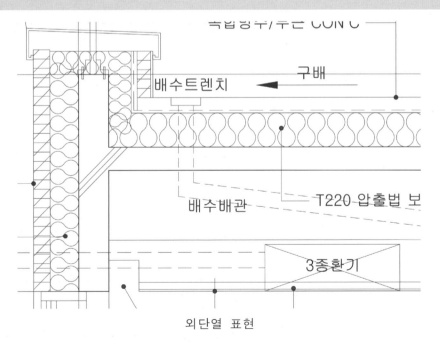

외단열 표현

④ 모든 방수층은 비노출이며, 세부적인 방수재료와 공법은 고려하지 않는다.

⑤ 건축물의 출입부분을 포함한 모든 층의 내부 바닥은 단차가 없다.

⑥ 기초는 동결선, 단열 및 방수를 고려하지 않는다.

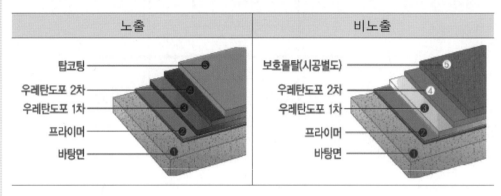

노출	비노출
탑코팅	보호몰탈(시공별도)
우레탄도포 2차	우레탄도포 2차
우레탄도포 1차	우레탄도포 1차
프라이머	프라이머
바탕면	바탕면

노출 및 비노출방수 예

(2) 부분단면 설계조건 (축척 1/100)

① 천장고는 설비 공간을 고려하여 결정한다.

② 단열재는 <표2> 단열재 기준을 참조하여 부위별 종류와 두께를 선택하여 적용한다.

③ 단열계획은 열교현상을 최소화하여 설계한다.

④ 창호계획은 단열, 방수, 환기 등을 고려하여 설계한다.

⑤ 계단은 개방형이며 단수, 단높이, 단너비, 난간 및 손잡이 등을 설계한다.

⑥ 실험실 공간은 제3종 환기와 OA Floor를 적용한다.

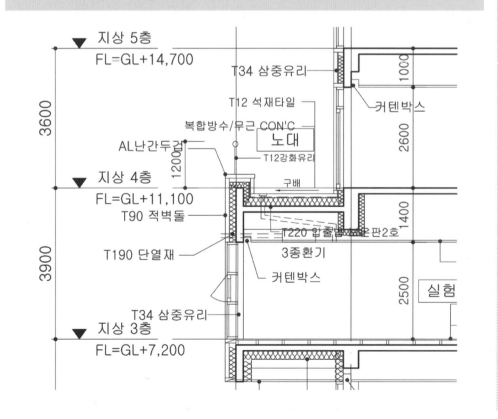

3종 환기

실내 환기를 위한 방법을 의미하며, 자연 환기와 기계 환기, 전반 환기와 국소 환기 등으로 구분된다. 자연환기는 풍력 및 실내외 온도차 등에 의해 창호 및 환기구와 같은 개구부를 통해 이루어지며, 기계환기는 급기와 배기 방법의 결합에 따라 제1종 환기, 제2종 환기 및 제3종 환기로 분류된다.

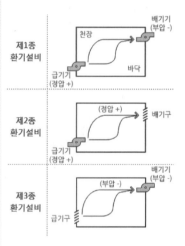

열교현상

열교(Heat Bridge)란 건축물의 어느 한 부분의 단열이 약화되거나 끊김으로 인해 외기가 실내로 들어오는 것을 의미한다.

단열의 방식은 내단열, 중단열, 외단열 등으로 구분할 수 있으나, 열교 현상을 최대한 억제하는 방법은 외단열의 채택이다.

배수 트렌치

난간 및 난간두겁

프레임(Sill)

(3) 단면상세 설계조건 (축척 1/30)

① 단열, 방수, 마감대 등을 고려하여 구조체의 단 차이를 설계한다.
② 출입문 하부 프레임(Sill)의 상단면은 내부 마감면(FL)과 동일 레벨로 설계한다.
③ 노대(베란다) 부분은 배수를 고려하여 배수구, 배수관 등을 설계한다.
④ 노대 방수턱의 두겁은 안전과 관리에 용이한 구조로 계획하며, 난간은 방수턱 구조체 상단에 고정한다.

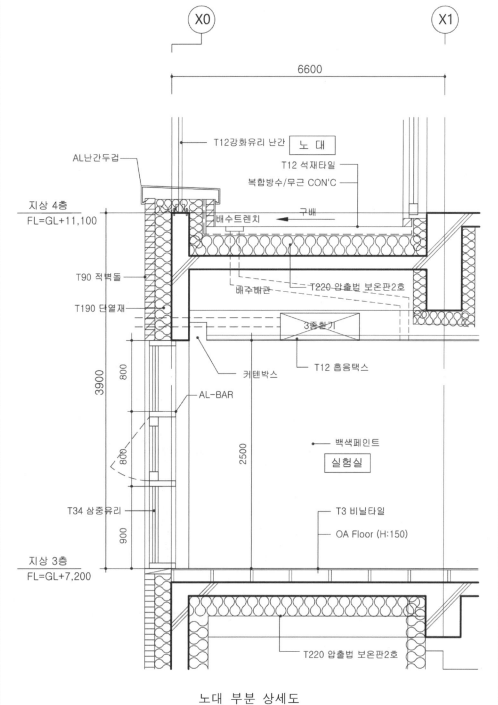

노대 부분 상세도

< 표1 > 설계기준

구 분		규격 및 치수(mm)
구조체	슬래브 두께	150
	보(W×D), 켄틸레버 보	400×600
	켄틸레버 테두리보(W×D)	200×600
	기둥	400×400
	기초(온통기초)두께	600
외벽마감재료	치장벽돌(고정철물은 표현하지 않음)	0.5B
창호	AL프레임(W×D)	60×(150~300)
	삼중유리 두께	34
냉·난방설비/소방설비	개별 냉·난방/소방배관 등	표현생략
공기조화	3종 환기	덕트관경 ∅200
노대	외부용 타일 두께	12
지붕/노대 방수	비노출	–
노대/계단 난간	투시형	–
내부 마감 재료	바닥	계단, 로비	화강석+붙임모르터	12
		복도, 사무실, 라운지, 세미나실	PVC 타일	–
		실험실	OA Floor	높이 150
	벽체	시멘트벽돌 위 모르터	–
	천장	흡음텍스 두께	12

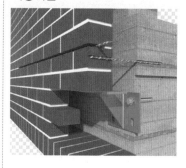
치장벽돌

OA Floor
건설 실내에 컴퓨터나 사무기기 따위의 케이블을 눈에 보이지 않게 배선하기 위하여 이중으로 설치한 바닥

압출법 보온판

글라스울 보온판

< 표2 >

등급분류	단열재 종류
가	압출법보온판 2호
	그라스울 보온판 120K
나	비드법보온판 1종 1호
	그라스울 보온판 32K
	두께 20mm 단열보온판(난연성)

건축물의 부위		단열재 등급별 허용 두께(mm)	
		가	나
거실의 외벽	외기에 직접 면하는 경우	190	225
	외기에 간접 면하는 경우	130	155
최상층에 있는 거실의 반자 또는 지붕	외기에 직접 면하는 경우	220	260
	외기에 간접 면하는 경우	155	180
최하층에 있는 거실의 바닥	외기에 직접 면하는 경우	195	230
	외기에 간접 면하는 경우	135	155

〈건축물의 에너지절약
설계기준〉

– 시행 2016. 1. 11

[별표3] 단열재의 두께

[중부지역]
(단위: mm)

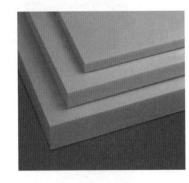

4. 도면작성 요령

(1) 마감면(FL), 구조체면(SL), 천장고(CH) 등 주요 부분 치수와 각 실의 명칭을 표기한다.

(2) 단열재, 마감재 등의 규격과 재료명 등을 표기한다.
(단열재는 <표2> 단열재 기준을 참조하여 구체적으로 표기)

(3) 방수, 창호, 단열의 표현은 <보기>를 따른다.

(4) 건축물 내부의 입면과 보의 입면을 표현한다.

(5) 마감재 및 단열재의 고정을 위한 부재는 표현하지 않는다.

(6) 도면작성 목적에 맞게 부재명, 재료, 규격 등의 정보를 표기한다.

(7) 단위 : mm

<표3> 약어표기

GL	Ground Level / 지면
FL	Finish Level / 마감면
SL	Structure Level / 구조체면
CH	Ceiling Height / 천장고

<보기>

구분	고정창(AL)	여닫이창(AL)	도어(AL)
창호 Sill (1/30)	W=60 / D=VAR.	W1=100, W2=60 / D=VAR.	W1=100, W2=60 / D=VAR.

구분	방수	단열
1/30	– – – – – –	XXXXXX

5. 유의사항

(1) 답안 작성은 반드시 흑색 연필로 한다.

(2) 명시되지 않은 사항은 현행 관계법령의 범위 안에서 임의로 한다.

고정창

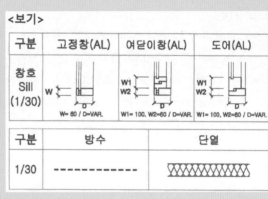

여닫이창

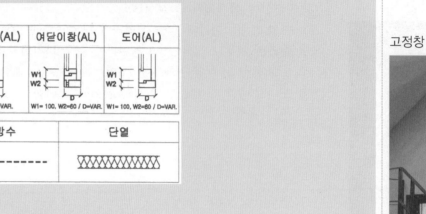

도어

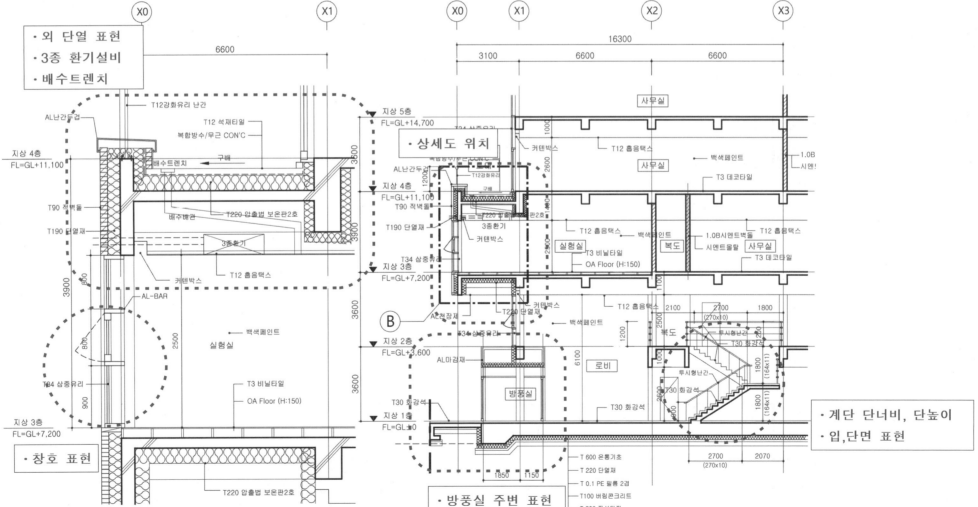

· 외 단열 표현
· 3종 환기설비
· 배수트렌치

· 상세도 위치

· 계단 단너비, 단높이
· 입,단면 표현

· 창호 표현

· 방풍실 주변 표현

B부분 단면상세도
축척:1/30

A-A' 부분단면도
축척:1/100

응시번호
성　명
감독확인
(인)

B부분 단면상세도 (좌측 도면)

X0　　　　　　　X1

6600

T12강화유리 난간　　노 대

AL난간두겁

T12 석재타일

복합방수/무근 CON'C

지상 4층
FL=GL+11,100

구배

배수트렌치

T90 적벽돌

배수배관　　T220 압출법 보온판2호

T190 단열재

3종환기

커텐박스　　T12 흡음택스

AL-BAR

백색페인트

실험실

T34 삼중유리

T3 비닐타일

OA Floor (H:150)

지상 3층
FL=GL+7,200

T220 압출법 보온판2호

3600　3900　3600　800　800　2500　900

B부분 단면상세도
축척:1/30

A-A' 부분단면도 (우측 도면)

X0　　　X1　　　X2　　　X3

16300

3100　　6600　　6600

▼ 지상 5층
FL=GL+14,700

사무실

T34 삼중유리

커텐박스　　T12 흡음택스

백색페인트

1.0B시멘트

T12 석재타일　　사무실

복합방수/무근 CON'C　노 대

AL난간두겁　T12강화유리

T3 데코타일

▼ 지상 4층
FL=GL+11,100

구배

T90 적벽돌　T220 압출법 보온판2호

T190 단열재　　3종환기

커텐박스　　T12 흡음택스

백색페인트

실험실　T3 비닐타일　　1.0B시멘트벽돌

OA Floor (H:150)　복도　시멘트몰탈　사무실

T34 삼중유리　　T12 흡음택스

▼ 지상 3층
FL=GL+7,200

B　　커텐박스

AL천장재　　T220 단열재

T34 삼중유리　T12 흡음택스

백색페인트

T3 데코타일

2370　2430(270x9)　1800

투시형난간

T30 화강석

▼ 지상 2층
FL=GL+3,600

AL마감재

로비

T30 화강석

투시형난간

방풍실

T30 화강석

T30 화강석

▼ 지상 1층
FL=GL±0

T 600 온통기초

T 220 단열재

T 0.1 PE 필름 2겹

T100 버림콘크리트

T 200 잡석다짐

1850　1150　　2430(270x9)　2070

1000　2600　1400　2500　1100　1200　6100　2600

1800(180x10)　1800(180x10)　800

A-A' 부분단면도
축척:1/100

2-317

2022년도 제1회 건축사자격시험 문제

과목: 건축설계2　　제2과제 (구조계획)　　배점: 40/100점 ①

제 목 : 대학 연구동 증축(별동) 구조계획 ②

1. 과제개요

③ 대학 연구동을 별동으로 증축하고자 한다. **건축계획의 구조모듈, 코어, 기둥 및 보 위치**를 고려하여 지상 2층 구조평면도와 연결통로 구조단면상세도를 작성하시오. ④

2. 계획조건

(1) 규모 : 지상 4층 ⑤
(2) 증축 연구동 크기 : 32m×18m(연결통로 별도) ⑥
(3) 구조형식 : 강구조(코어는 철근콘크리트조) ⑦
(4) 사용강재 : 일반구조용 압연강재(SS275)
(5) 구조 부재 단면치수 ⑧
　① 기둥 : H-500×500시리즈
　② 보 <표1>

구분	큰보		작은보		캔틸레버보 등	
치수	A1	H-800시리즈	A2	H-600시리즈	A3	H-400시리즈
	B1	H-700시리즈	B2	H-500시리즈	B3	H-300시리즈

　③ 층고, 천장고, 보 하부와 천장 사이

층고	천장고	보 하부와 천장 사이
3.9m	2.7m	300mm 이상

　④ 슬래브 및 코어(승강로 1개소와 계단실 2개소) 벽체

슬래브	두께 150mm, 합성데크플레이트
코어 벽체	두께 300mm, 철근콘크리트조

3. 구조계획 시 고려사항

(1) 공통사항
　① 각 교수연구실은 24m² 이상의 규모로, 9개실을 남향으로 계획하며, 남측에 개별발코니(구조체 중심에서 발코니 끝선까지의 거리 2m)를 설치한다. ⑨
　② 증축 연구동과 기존 연구동 사이에는 외부 연결통로를 설치하며, 방풍실은 고려하지 않는다. ⑩
　③ 연결통로는 증축 연구동의 승강장으로 이어진다. ⑪
　④ 계단실은 2개소를 계획하며, 그 중 1개소는 승강장에서 출입하도록 한다. ⑫
　⑤ 구조 부재는 경제성, 시공성, 공간 활용성 등을 고려하여 합리적으로 계획한다.
　⑥ 구조계획은 횡력을 고려하지 않는다. ⑬
　⑦ 바닥에는 고정하중과 활하중이 균등하게 작용한다.
　⑧ 지상층 평면 외곽, 기둥 및 보의 위치는 동일하며, 건축 외벽 마감은 고려하지 않는다.
　⑨ 증축 연구동 2층과 기존 연구동 2층의 바닥면 레벨은 같다. ⑮

(2) 기둥 ⑯
　① 증축 연구동 장변방향의 기둥 중심간격은 10~13m로 한다.
　② 증축 연구동 기둥 개수는 6개 이하로 한다.
　③ 연결통로 기둥 개수는 1개로 한다.
　④ 기둥 방향은 최적의 응력상태가 되도록 강·약축을 고려하여 계획한다.

(3) 보 ⑰
　① 보는 연속으로 배치하는 것을 원칙으로 한다.
　② 발코니와 연결통로는 캔틸레버 구조로 하며, 캔틸레버보 길이는 2m 이하로 한다.
　③ 합성데크플레이트를 지지하는 보의 최대 거리는 3.3m 이하가 되도록 배치한다.
　④ 보 선정 시 건축바닥마감은 고려하지 않는다.

(4) 코어 벽체 ⑱
　① 벽체는 전단벽으로, 별도의 강재 기둥이나 보를 삽입하지 않는다.

(5) 외부 연결통로 ⑲
　① <대지현황 및 기존 연구동 지상 2층 평면도>에 표시된 복도(Y2~Y3열)에 면하여 배치한다.
　② 규모는 폭 3m, 길이 10m로, 지상 2층에만 계획한다.
　③ 기존 건축물과 분리된 구조형식으로 계획한다.

4. 도면작성요령

(1) 지상 2층 구조평면도 (축척 1/200) ⑳
　① 기둥은 강축과 약축을 표기한다.
　② 보 기호는 <표1>에서 선택하여 <보기2>에 따라 표기한다.
　③ 강재 부재 간의 접합부는 강접합과 힌지접합으로 구분하여 표기한다.
　④ 합성데크플레이트의 골방향을 표기한다.
　⑤ 승강로 1개소와 계단실 2개소의 표현은 <보기3>을 참조하여 작성한다.

(2) 연결통로 구조단면상세도 (축척 1/30) ㉑
　① <대지현황 및 기존 연구동 지상 2층 평면도>에 표시된 <가-가> 단면지시선에 따라 각 부재의 단면 및 입면을 작성한다.
　② 보 기호는 <표1>에서 선택하여 부재 옆에 표기한다.
　③ 지표면(GL) 하부와 연결통로 건축마감은 작성하지 않는다.

왼쪽 구성 열

1. 제목
건물용도제시

2. 과제개요
- 구체적 용도
- 증축
- 과제도면

3. 계획조건
- 규모
- 증축 연구동 크기
- 구조형식, 사용강재
- 구조부재 단면치수
- 기둥 크기 제시
- 보 부재 단면기호와 크기 제시
- 층고, 천장고, 보 하부와 천장사이 각각의 치수 제시
- 슬래브 및 코어(승강로와 계단실) 벽체

4. 구조계획 시 고려사항
- 공통사항
· 9개 교수연구실 면적제시, 남향계획 및 남측에 발코니설치
· 외부 연결통로 설치 및 방풍실유무
· 연결통로는 증축 연구동의 승강장과 연결
· 계단실은 2개소 계획, 그 중 1개소는 승강장으로 출입
· 경제성, 시공성, 공간 활용성 등 고려
· 구조계획 횡력 고려여부
· 고정하중과 활하중 조건
· 지상층 평면 외곽, 기둥 및 보의 위치 및 건축 외벽 마감고려 여부
· 증축 연구동 2층과 기존 연구동 2층의 바닥레벨 제시

왼쪽 FACTOR 열

① 배점확인
3교시 배점비율에 따라 과제 작성시간 배분

② 제목(용도)
대학 연구동 증축(별동) 구조계획

③ 문제유형
증축
모듈계획형

④ 과제도면 ← 답안작성용지 확인
지상2층 구조평면도
연결통로 구조단면상세도

⑤ 규모 : 지상 4층
⑥ 증축 연구동 크기 : 32m×18m(연결통로 별도) ← 답안작성용지 확인
⑦ 구조형식 : 강구조(코어는 철근콘크리트조)
⑧ 구조 부재 단면치수
- 기둥 : H-500×500시리즈 ← H형강 1개 type
- 보 : A1, B1, A2, B2, A3, B3 → H형강 6개
- 층고, 천장고, 보 하부와 천장사이 ← 천장고 확보를 위한 보 크기 체크필요
- 슬래브 및 코어(승강로 1개소와 계단실 2개소) 벽체 ← 슬래브두께, 코어 배치 필요

⑨ 2층 평면계획조건 ← 구조계획과 연계
- 각 교수연구실 24m² 이상 규모
- 9개실을 남향으로 계획(방위확인)
- 남측에 개별발코니 설치

⑩ 외부 연결통로 설치(방풍실 고려하지 않음) ← 위치확인

⑪ 연결통로는 증축 연구동의 승강장으로 이어짐 ← 승강로 위치 제시함

⑫ 계단실은 2개소 계획, 그 중 1개소는 승강장에서 출입함

⑬ 횡력을 고려하지 않음

⑭ 2층 바닥에 고정하중과 활하중이 균등 작용

⑮ 증축 연구동 2층과 기존 연구동 2층의 바닥면레벨은 같음 ← 연결통로레벨 동일함

오른쪽 FACTOR 열

⑯ 기둥
- 장변방향의 기둥 중심간격 10~13m
- 증축연구동 : 기둥 6개 이하
- 연결통로 : 기둥 1개
- 기둥방향 강·약축 고려

⑰ 보
- 연속 배치 원칙
- 발코니와 연결통로는 캔틸레버 구조 캔틸레버보 길이 2m 이하
- 합성데크플레이트를 지지하는 보의 최대 지지거리 3.3m 이하 배치 ← 슬래브
- 보 선정 시 건축바닥마감 고려하지 않음.

⑱ 코어 벽체
- 전단벽
- 별도의 강재 기둥이나 보를 삽입하지 않음 ← 모듈계획시 연계

⑲ 외부 연결통로
- 제시도면에 표시된 복도(Y2~Y3열)에 면하여 배치
- 규모는 폭 3m, 길이 10m로, 지상 2층 평면에만 계획
- 기존 건축물과 분리된 구조형식

⑳ 지상 2층 구조평면도 (축척 1/200)
- 기둥 강축과 약축 표기
- 보 기호 <표1>, <보기2> 표기
- 강재 부재간 접합부 : 강접합과 힌지접합 구분하여 표기
- 합성데크플레이트의 골방향 표기
- 승강로 1개소와 계단실 2개소의 표현 <보기3>

㉑ 연결통로 구조단면상세도(축척 1/30)
- 제시도면에 표시된 <가-가> 단면지시선에 따라 각 부재의 단면 및 입면을 작성
- 보 기호는 <표1>에서 선택하여 부재 옆에 표기
- 지표면(GL) 하부와 연결통로 건축마감은 작성하지 않음.

오른쪽 구성 열

- 기둥
· 장변방향의 기둥 중심간격 범위제시
· 연구동 기둥 개수 제시
· 연결통로 기둥 개수 제시
· 기둥방향 : 강/약축 고려
- 보
· 연속 배치 원칙
· 발코니와 연결통로 캔틸레버 구조 캔틸레버보 길이 제한
· 합성데크플레이트를 지지하는 보의 최대 지지거리 제한
· 건축바닥마감 고려여부
- 코어 벽체
· 전단벽으로 별도의 강재 기둥이나 보를 삽입여부
- 외부 연결통로
· 연결통로 영역제시
· 규모(폭과 길이) 및 설치 층 제시
· 기존건축물과 분리여부 제시

5. 도면작성요령 → 과제확인

- 지상2층 구조평면도 작도 시 표기할 요소들
· 기둥 강축과 약축 표기
· 보 기호와 표기방법제시
· 강접합과 힌지접합 구분 표기
· 합성데크플레이트의 골방향 표기
· 승강로 1개소와 계단실 2개소 표현

- 연결통로 구조단면상세도 작도 시 표기할 요소들
· <가-가> 단면지시선에 따라 각 부재의 단면 및 입면 작성제시
· 보 기호와 표기방법제시
· 지표면 하부와 연결통로 건축마감 작성여부

구 성 (좌측)

- 공통사항
- 도면표기
- 보 기호 표기방법
- 코어 표기

과제작도 시 반드시 제시한 <보기1~3>을 따르고 누락부분이 없어야 감점을 피할 수 있음.

FACTOR (좌측)

㉒ 공통사항
- 축선, 치수 및 기호를 표기
- <보기1~3>을 참조하여 표현
- 단위: mm

㉓ <보기1> 도면표기 : 구조부재의 표기방법 제시함.(중요)

㉔ <보기2> 보 기호 표기방법

㉕ 코어표기 : 승강장, 승강로, 계단실

제시도면 분석

- 기존연구동, 연결통로 설치구간(점선) 및 증축연구동 계획위치 확인
- 치수확인
- 방위표시 확인
- <가-가> 단면지시선 확인
- 증축연구동 규모 확인

지 문 본 문

과목: 건축설계2   제2과제 (구조계획)   배점: 40/100점

(3) 공통사항 ㉒
① 도면에 축선, 치수 및 기호를 표기한다.
② 도면은 <보기1>, <보기2>, <보기3>을 참조하여 표현한다.
③ 단위 : mm

<보기1> 도면 표기 ㉓

강재 기둥	I H
강재 보	
강접합	▶
힌지접합	
합성데크플레이트 골 방향	
철근콘크리트 벽체(코어)	

<보기2> 보 기호 표기방법 예시 ㉔

<보기3> 코어 표기(축척 없음, 치수는 구조체 중심임) ㉕

승강로	계단실
승강장 / 승강로 6,200 × 3,000	6,200 × 3,000

5. 유의사항

(1) 답안작성은 반드시 흑색 연필로 한다.
(2) 명시되지 않은 사항은 현행 관계법령의 범위 안에서 임의로 계획한다.

< 대지현황 및 기존 연구동 지상 2층 평면도 > 축척 없음

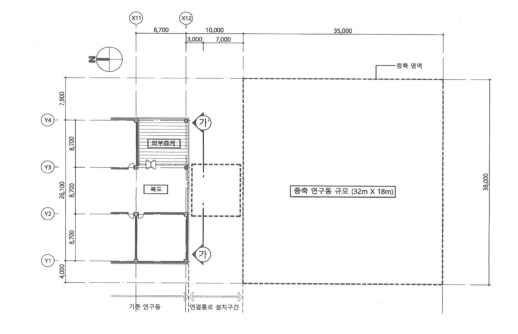

FACTOR (우측)

구 성 (우측)

6. 유의사항
- 흑색연필
- 현행 관계법령 적용

대지현황 및 기존연구동 지상 2층 평면도 : 제시도면

2-320

1	모듈확인 및 부재배치

1. 모듈확인

증축

모듈계획형

주어진 대지현황 및 기존 연구동 지상 2층 평면도와 답안작성용지 확인

과제확인 - 지상 2층 구조평면도

　　　　　연결통로 구조단면상세도

- 제목: 대학 연구동 증축(별동) 구조계획

① 제시한 대지현황 및 기존 연구동 지상 2층 평면도 분석

　• 기존 연구동 지상 2층 평면도 : 복도위치와 영역확인

　• 연결통로 설치구간 : 점선 영역확인

　　가-가' 단면지시선 위치확인

　• 증축 연구동 규모 (32m×18m)와 증축영역확인

② 구조형식 : 강구조

③ 모듈계획 → 지문분석

< 대지현황 및 기존 연구동 지상 2층 평면도 > 축척 없음

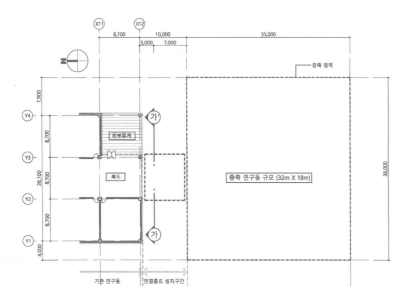

④ 주어진 구조부재의 단면치수

⑤ 답안작성용지 확인

답안작성용지 〉

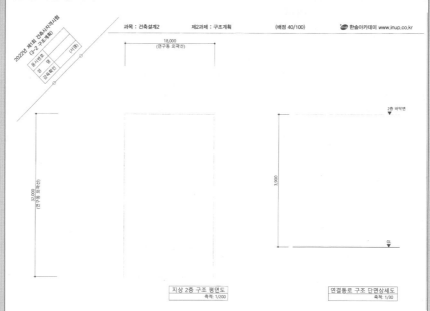

2. 지문분석

• **지문조건들을 반영하여야 함.**

- 9개 교수연구실 : 면적제시와 남향배치 및 남측에 개별 발코니 설치
　→ 모듈연계

- 연결통로는 증축 연구동의 승강장으로 어어진다. → 승강로 위치결정
　→ 모듈연계

- 계단실은 2개소를 계획하며, 그 중 1개소는 승강장에서 출입하도록
　한다. → 계단실 위치결정
　　　　→ 모듈연계

- 장변방향의 기둥 중심간격 10m~13m로 제시 → 모듈연계
　증축 연구동 기둥 개수 : 6개 이하
　연결통로 기둥 개수 : 1개

- 발코니와 연결통로는 캔틸레버구조(길이 2m 이하) → 모듈연계

- 코어 벽체(철근콘크리트 벽체)에 강재 기둥이나 보부재 삽입불가.
　→ 모듈연계

• **횡력은 고려하지 않음 → 풍하중, 지진하중 고려하지 않음**
　→ 가새(Brace) 계획 없음.

• **바닥에 고정하중과 활하중이 균등하게 작용 → 보 부재 적용 시 고려**

• **증축 연구동 2층과 기존 연구동 2층의 바닥면레벨은 같다.**
　→ 연결통로 바닥레벨 적용

• **합성데크플레이트 최대지지 거리 3.3m 이하 → 작은보 배치와 연계**

• **외부 연결통로 → 연결통로 계획**

　- 기존 연구동의 복도(Y2~Y3열)에 면하여 배치

　- 규모 : 폭(3m), 길이(10m)로 2층에만 계획

　- 기존 건축물과 분리된 구조형식

모듈계획 1) 기둥배치 가정 → 교수연구실 9개실, 남향배치 및 남측 개별발코니
　　　　　장변방향의 기둥 중심간격

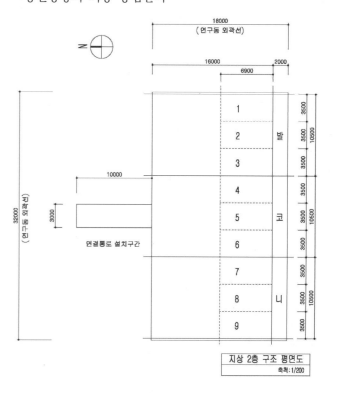

모듈계획 2) 증축 연구동 기둥 6개 배치 ↔ 코어벽체 배치 → 기둥위치 확정
　　　　　외부 연결통로 기둥 1개 배치

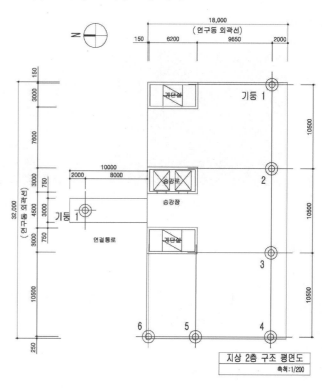

작도 1〉 Girder(큰 보) → 강접합

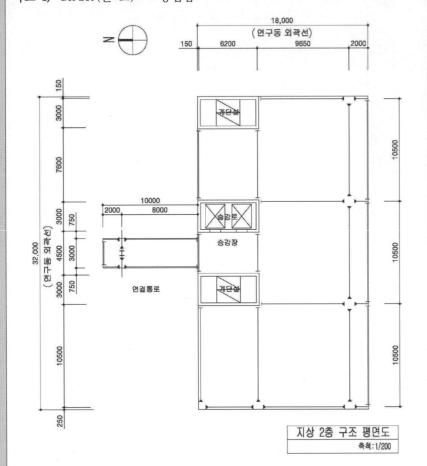

150 6200 9650 2000
18,000
(연구동 외곽선)

지상 2층 구조 평면도
축척:1/200

◆ 강접합과 힌지(핀)접합부 구분 (코어벽체에 힌지접합 예정)

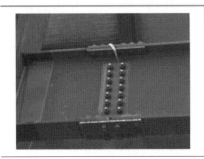

강접합	힌지접합

◆ 합성데크플레이트를 지지하는 보의 최대 거리 3.3m 이하

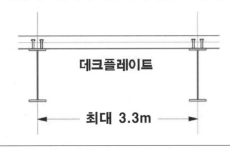

데크플레이트

최대 3.3m

작도 2〉 2층 Beam(작은 보) → 힌지접합 → 합성데크플레이트 최대3.3m 이하
→ 합성데크플레이트 골방향 표기

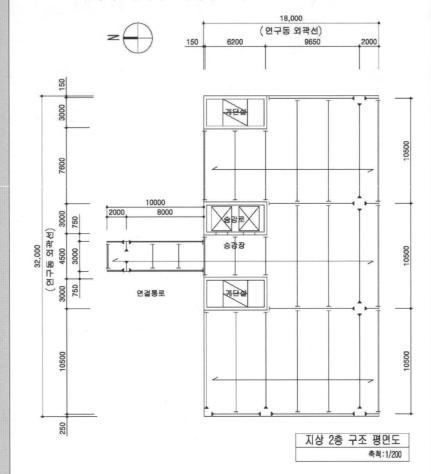

150 6200 9650 2000
18,000
(연구동 외곽선)

지상 2층 구조 평면도
축척:1/200

◆ 철골기둥의 강축, 약축 배치 예시

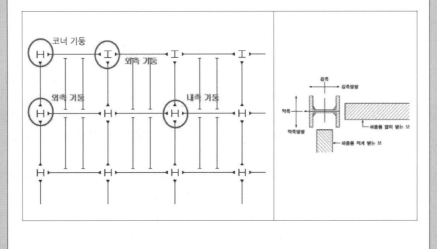

작도 3〉 기둥 : 강축/약축을 고려 작도

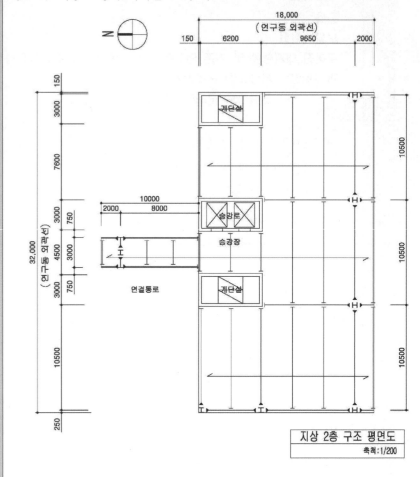

150 6200 9650 2000
18,000
(연구동 외곽선)

지상 2층 구조 평면도
축척:1/200

◆ 구조부재의 단면치수 → 단면크기 분류

- 기둥 : H형강 → 1종
- 보 부재 단면기호 : H형강

구분	큰보		작은보		캔틸레버보 등	
치수	A1	H-800시리즈	A2	H-600시리즈	A3	H-400시리즈
	B1	H-700시리즈	B2	H-500시리즈	B3	H-300시리즈

- 층고, 천장고, 보 하부와 천장 사이의 공간확보 → 철골보 크기 적용

층고	천장고	보 하부와 천장 사이
3.9m	2.7m	300mm 이상

→ A1 보 부재 사용불가 → 천장고 확보 불가함.

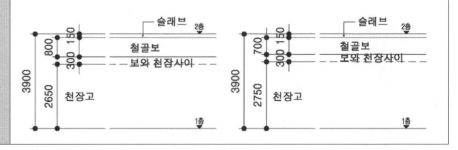

작도 4〉 2층 보 부재 기호 적시

구분	큰보		작은보		캔틸레버보 등	
치수	A1	H-800시리즈	A2	H-600시리즈	A3	H-400시리즈
	B1	H-700시리즈	B2	H-500시리즈	B3	H-300시리즈

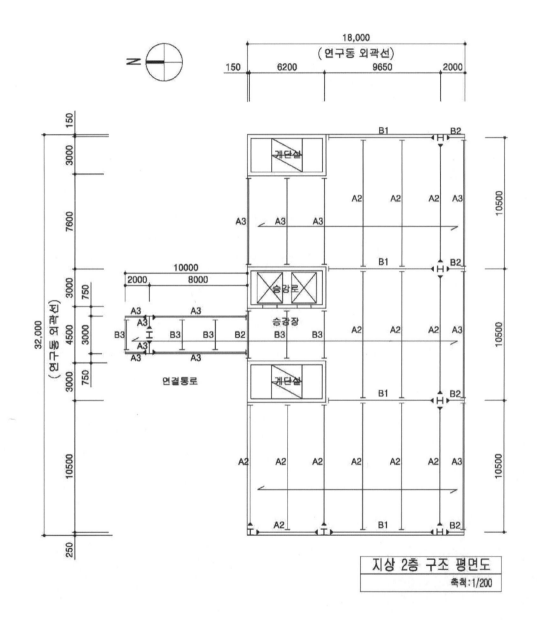

지상 2층 구조 평면도
축척:1/200

작도 5〉 연결통로 구조 단면상세도

① 〈대지현황 및 기존 연구동 지상 2층 평면도〉에 표시된 〈가-가´〉 단면지시선에 따라 각 부재의 단면 및 입면을 작성

② 보 기호 → 〈표1〉에서 선택 → 부재 옆에 표기

③ 지표면(GL) 하부와 연결통로 건축마감은 작성하지 않는다.

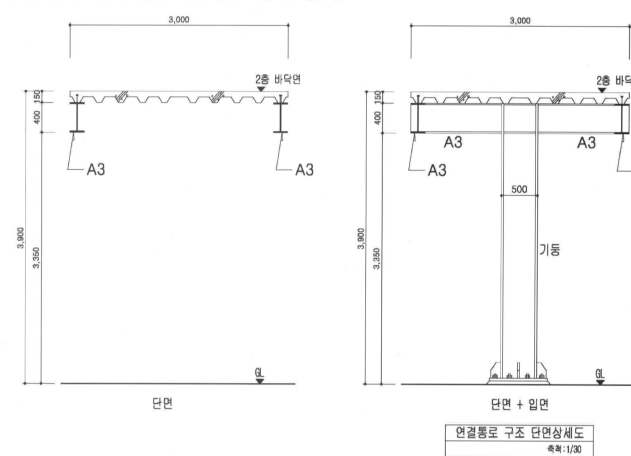

단면

단면 + 입면

연결통로 구조 단면상세도
축척:1/30

◆ 고정형 주각부

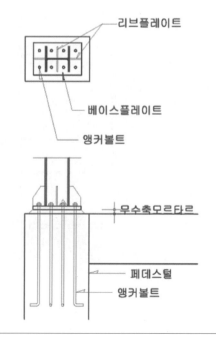

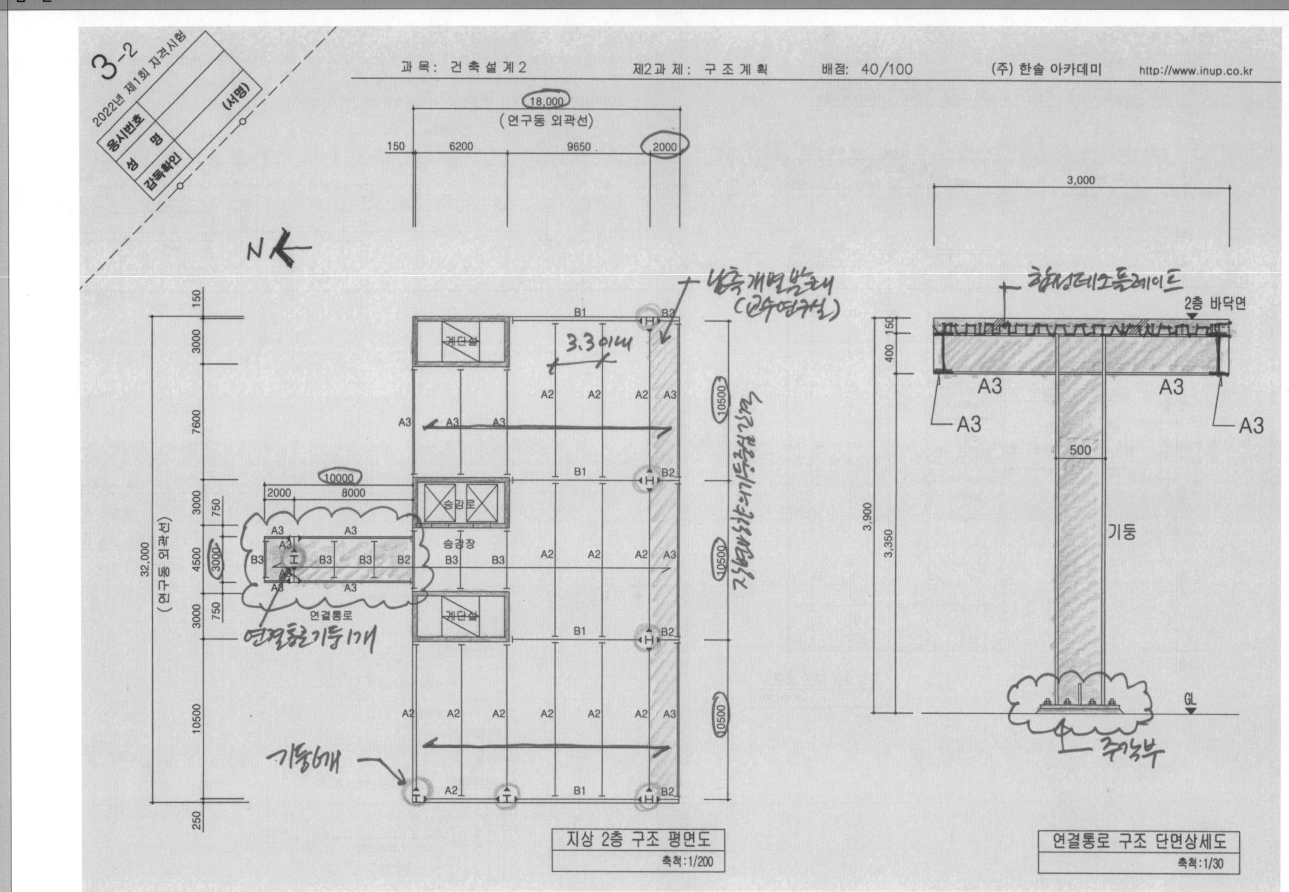

▶ 문제총평

대학 연구동 별동 증축하는 구조계획문제가 출제되었다. 제시된 대지현황 및 기존 연구동 지상 2층 평면도에 근거하여 지상 2층 구조평면도와 연결통로 구조단면상세도를 작성하여야 한다. 구조형식은 강구조로 코어 벽체는 철근콘크리트조로 제시하였다. 지상층 평면외곽, 기둥 및 보의 위치는 동일하게 계획하여야 한다. 구조부재 중 기둥 부재(H형강, 1종), 보 부재 (H형강, 6종) 및 설계 천장고를 각각 제시하였다. 외부 연결통로는 기존 연구동 복도에 면하여 배치하고 2층에만 계획하며, 기존건축물과 분리된 구조형식으로 한다. 답안작성용지를 확인하고 지문에 제시한 계획조건과 고려사항들을 반영하여 구조계획하여야 한다. 2020년 기출문제와 기출 강구조 문제들과 유사하게 출제되었다. 추가과제로 외부 연결통로 구조단면상세도를 작도하는 문제로 난이도가 보통이상 있었던 시험으로 사료된다.

▶ 과제개요

1. 제 목	대학 연구동 증축(별동) 구조계획
2. 출제유형	모듈계획형
3. 규 모	2층
4. 용 도	대학내 연구동 (교육연구시설)
5. 구 조	강구조
6. 과 제	지상 2층 구조평면도, 연결통로 구조단면상세도

▶ 지상 2층 구조모델링

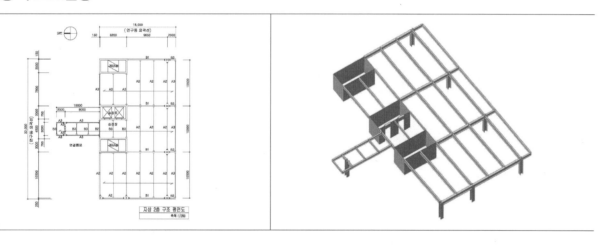

▶ 체크포인트

1. 교수연구실 24m² 이상 규모, 9개실을 남향으로 계획, 남측에 개별발코니 설치
2. 외부 연결통로는 증축 연구동의 승강장으로 이어짐
3. 계단실 2개소 설치, 그 중 1개소는 승강장에서 출입함
4. 횡력 고려하지 않음
5. 장변방향의 기둥 중심간격 10m∼13m
6. 증축연구동 기둥 개수 : 6개, 연결통로 기둥 개수 : 1개, 기둥은 강·약축 고려
7. 발코니와 연결통로는 캔틸레버구조
8. 합성데크플레이트를 지지하는 보의 최대 거리 3.3m 이하
9. 코어 벽체에는 강재 기둥이나 보를 삽입 불가
10. 외부 연결통로 : 기존 연구동 지상 2층 평면도에 표시된 복도에 면하여 배치
    지상 2층에만 계획, 기존건축물과 분리된 구조형식

▶ 과제 : 대학 연구동 증축(별동) 구조계획

1. 제시한 도면 분석

- 주어진 대지현황 및 기존 연구동 지상 2층평면도
- 모듈계획형
- 지상 4층 규모의 강구조 증축
- 지상층 평면외곽, 기둥 및 보의 위치는 동일
- 외부 연결통로 계획 → 기존 건축물과 분리

< 대지현황 및 기존 연구동 지상 2층 평면도 > 축척 없음

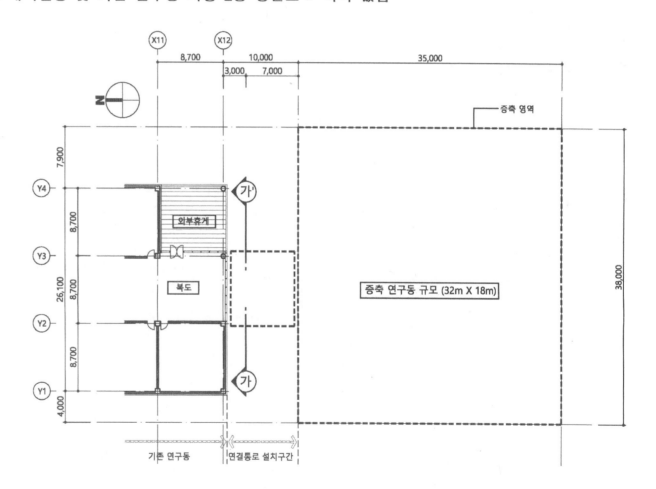

2. 강구조

◆ 골 데크플레이트

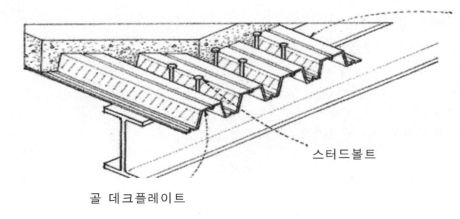

스터드볼트

골 데크플레이트

◆ 철골 기둥(H형강) 강·약축 방향 결정방법-1

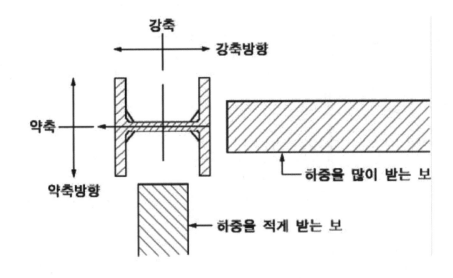

강축

강축방향

약축

약축방향

하중을 많이 받는 보

하중을 적게 받는 보

◆ 철골 기둥(H형강) 강·약축 방향 결정방법-2

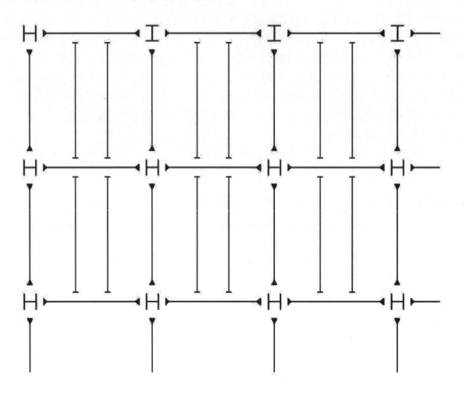

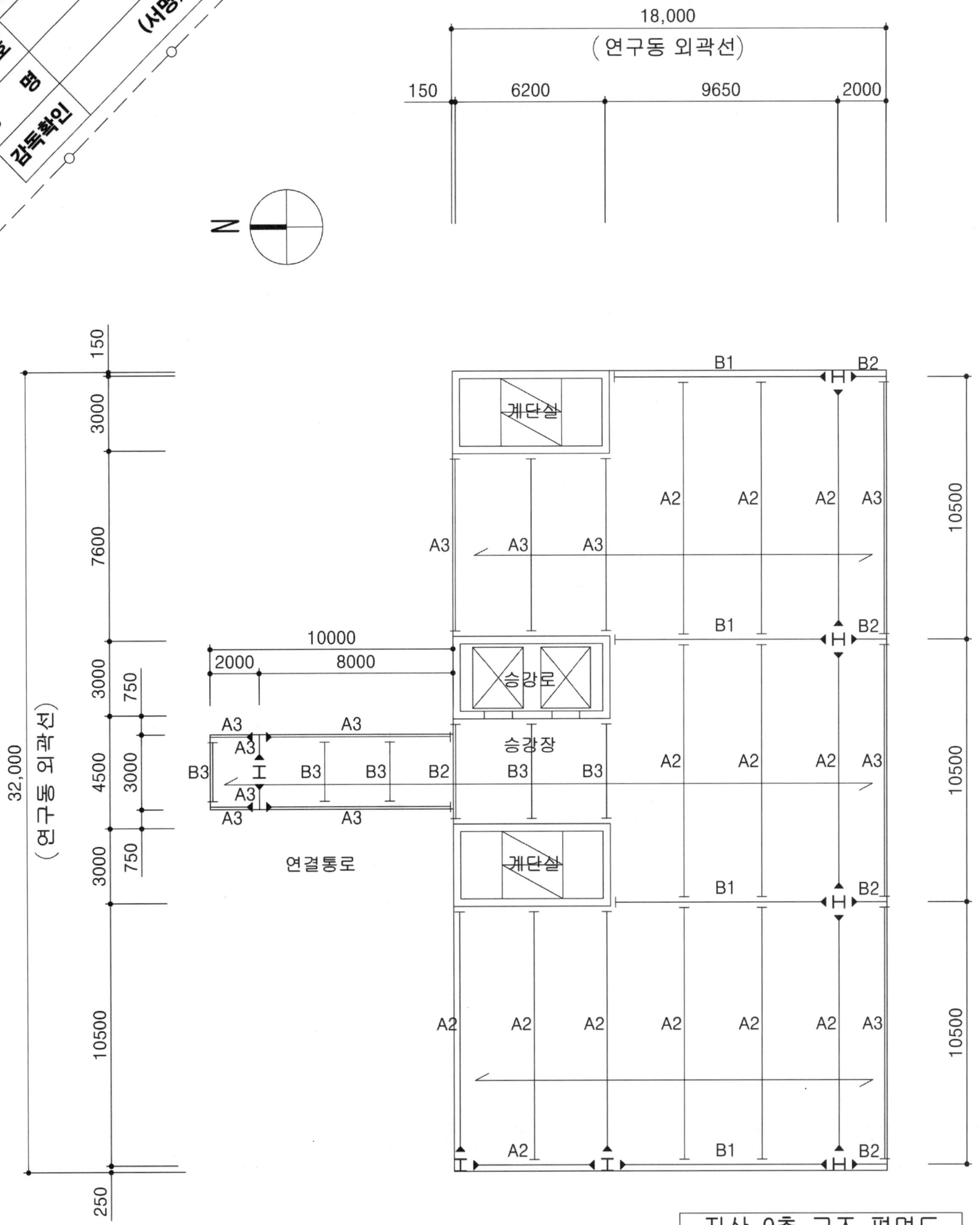

2 2022-1
응시번호 성 명 (서명)
성   명
감독확인

N

18,000
(연구동 외곽선)
150 6200 9650 2000

3,000

2층 바닥면

150
400

A3   A3

A3   A3

500

3,900
3,350

기둥

GL

B1   B2

계단실

A2 A2 A2 A3

A3 A3 A3

B1   B2

10000
2000   8000

승강로

A3   A3

B3 A3 B3 B3 B2

승강장

A2 A2 A2 A3

B3 A3 B3 B3 B2

A3   A3

연결통로

계단실

B1   B2

A2 A2 A2 A2 A2 A3

B1   B2

150
3000
7600
3000
750
3000
4500 3000
750
3000
10500
250

(연구동 외곽선)
32,000

10500
10500
10500

지상 2층 구조 평면도
축척:1/200

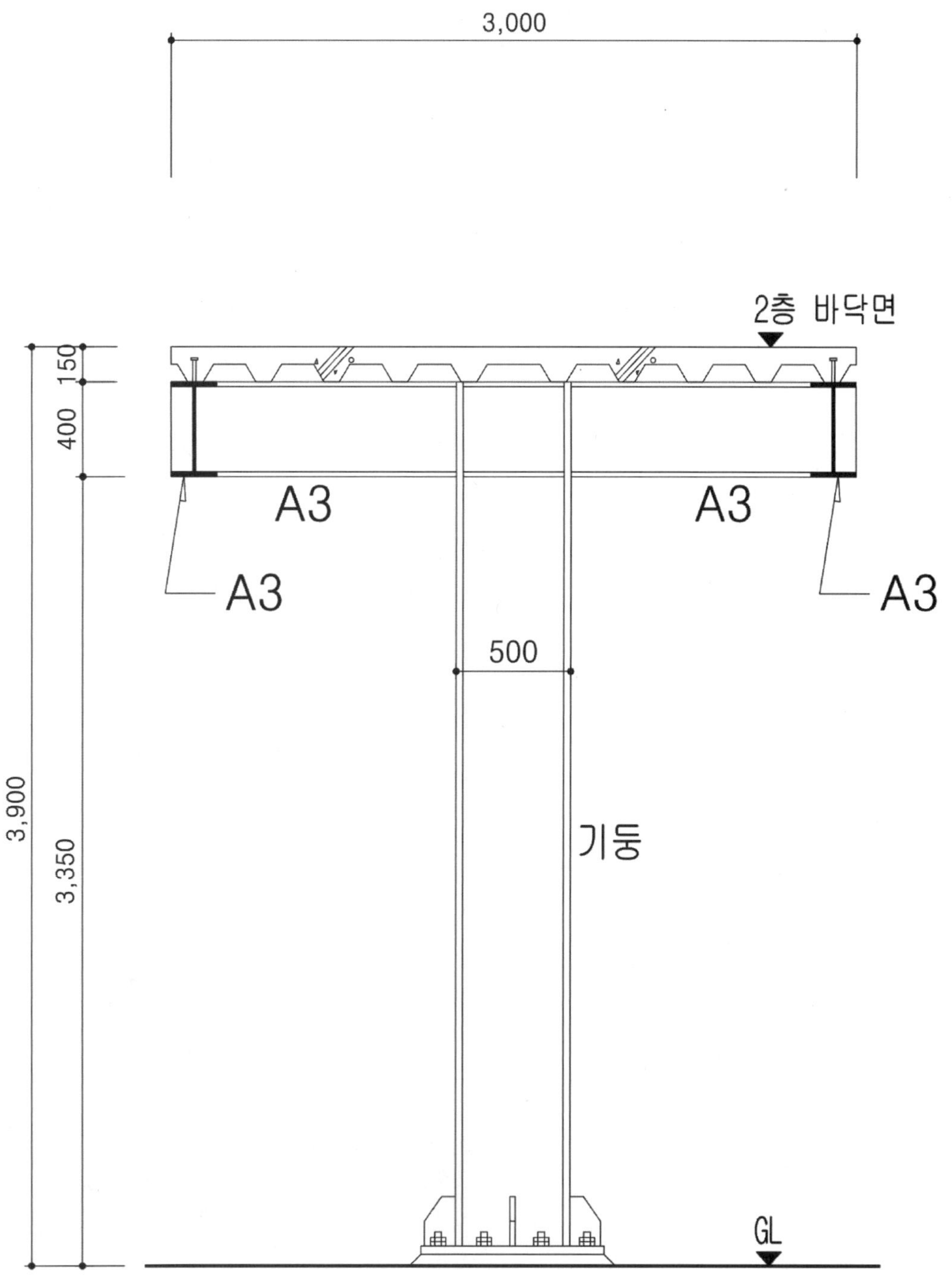

연결통로 구조 단면상세도
축척:1/30

| 구 성 | FACTOR | 지 문 본 문 | FACTOR | 구 성 |

2022년도 제2회 건축사자격시험 문제

과목: 건축설계2　　제1과제 (단면설계 · 설비계획)　　배점: 60/100점 ①

제목 : 지역주민센터 증축 단면설계 및 설비계획

1. 과제개요

기존 지역주민센터에 주민편의시설을 별동으로 증축하고자 한다. 구조, 단면, 방수, 우수처리 등의 기술적 사항과 계획적 측면을 고려하여 부분단면도와 단면 상세도를 작성하시오. ③

2. 설계 및 계획 조건

(1) 규모 : 지하 1층, 지상 2층 ④

(2) 구조 : 철근콘크리트 구조

(3) 설계조건

① 제시된 수평기준선은 마감면이며 수직기준선은 구조체 중심이다. ⑥

② 건축물의 출입부분을 포함한 모든 층의 내부와 외부 바닥은 단차가 없다. ⑦

③ <표1> 설계기준을 적용한다.

④ 단열은 <표2>에 제시된 부위에 따라 <표3>의 단열재를 적절하게 사용하고 열교현상을 최소화 하도록 한다. ⑧

⑤ <표1>부터 <표4>까지와 기타 설계조건을 고려하여 증축 건축물의 1층 필로티 및 2층 동아리실 바닥 마감 레벨을 설정한다.

⑥ 방수는 위치에 따라 적절한 공법(액체방수, 도막방수, 복합방수 등)을 사용한다⑨(단, 기존 건축물과 집수정은 노출 방수이며 그 이외 부분은 비노출 방수로 한다)

⑦ 우수 처리 및 지하층의 결로 발생을 고려한다.

⑧ 기존 건축물과 연결되는 외부계단은 구조물의 수축·팽창 및 부동침하 등을 고려한다.

⑨ 경사지붕을 활용하여 태양광 패널을 설치하고 동아리실의 채광 및 환기를 고려한다. ⑪

⑩ 계단은 투시형 난간으로 설계하고 단높이는 150mm, 단너비는 300mm로 한다. ⑫

⑪ L형 옹벽은 필로티 1층 바닥 및 옹벽 상단 레벨을 고려하여 옹벽 높이를 설정하고 벽두께는 300mm, 기초두께는 400mm, 기초길이는 1,500mm로 한다.

(4) 단면상세 설계조건(축척 1/30)

① 외부 마감을 위한 구성요소를 고려하여 상세도를 작성한다.

② 우수 처리를 위한 트렌치, 처마홈통, 선홈통 등을 설치한다. ⑭

---

3. 도면작성요령

(1) 마감면, 천장고(C.H.) 등 주요 부분 치수와 각 실의 명칭을 표기한다. ㉑

(2) 단열, 방수, 내·외부 마감의 규격과 재료명 등을 표기한다. ㉒

(3) 건축물 내·외부의 입면을 표현한다.

(4) 도면작성 목적에 맞게 부재명, 재료, 규격 등의 정보를 표기한다.

(5) 단위 : mm

<표1> 설계기준

구분			규격 및 치수(mm)
구조체		슬래브 두께	150
		보(W×D), 캔틸레버 보 ⑮	400×600
		캔틸레버 더두리보(W×D)	300×600
		기둥	500×500
		기초(온통기초) 두께	500
		지상층 벽체 두께	200
		지하층 벽체 두께	300
외부 마감재료	기존	지붕	노출 방수	-
		벽체	치장벽돌	0.5B
	증축	지붕	금속(zinc)지붕시스템 ⑯	-
		벽체 지상층	금속(zinc)패널시스템	-
		벽체 지하층	치장벽돌	0.5B
		바닥	화강석	두께 30
내부 마감재료	기존	천장	AL 천장재	-
		천장	친환경텍스	두께 12
		벽체	도장	-
		바닥	PVC타일	두께 3
	증축	동아리실	천장,벽체	석고보드 위 도장	-
			바닥	온수바닥난방/강화마루	-
		다목적실	천장,벽체	석고보드 위 도장	-
			바닥	단풍나무플로어링 (이중바닥구조)	두께 25 (H : 250)
창호			AL 프레임(W×D)	60×(150~200)
			복층 유리	두께 24
냉·난방설비 ⑰			EHP (W×D×H)	900×900×350
선홈통			스테인리스 관	Ø100

<표2> 부위별 단열방식 ⑱

구분		부위		
		지붕	바닥	벽
기존		외단열	외단열	외단열
증축	동아리실	외단열	외단열	외단열
	다목적실	내단열	내단열	내단열

<표3> 단열재 ⑲

등급분류	단열재 종류	두께(mm)
가	압출법보온판	250
		200
		150
		100

<표4> 바닥레벨 산정을 위한 설계조건 ⑳

구분		두께/높이(mm)
바닥 마감 두께	동아리실	150
	1층 필로티	250
천장 내 설비공간(천장마감 포함 유효높이) 단, 동아리실을 제외한 천장은 평탄한 것으로 함		300 이상

FACTOR (좌측)

① 배점을 확인합니다.
- 60점(단면설계이지만 제시 평면도와 지문을 살펴보면 설비계획+상세도 제시 등으로 난이도가 높음)

② 평면도에 제시된 A-A'를 지시 선을 확인한다.
- 절취선에 의한 단면요소
- 절취선에서 보이는 입면요소 검토

③ 단면상세도의 범위 및 축척 확인

④ 지하1층, 지상2층 규모 검토(배점60이지만 규모에 비해 작도량이 상당히 많은 편이며, 시간배분을 정확히 해야 한다.)

⑤ 수평기준선은 마감면(FL)은 각층 층고 기준레벨을 표기한다.

⑥ 수직기준선은 구조체 중심선은 기둥열을 표기한다.

⑦ 마감재료 및 구조체 등으로 인해 모든 층은 단차 없이 계획

⑧ 열교(Heat Bridge)란 건축물의 어느 한 부분의 단열이 약화되거나 끊김으로 인해 외기가 실내로 들어오는 것을 의미하며, 단열의 방식은 내단열, 중단열, 외단열 등으로 구분할 수 있으나, 열교 현상을 최대한 억제하는 방법은 외단열의 채택이다.

⑨ 부위별 방수공법 선정

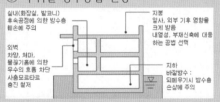

⑩ 수축, 팽창, 부동침하
건물에 면하여 새로운 건물이 증축되는 경우에 설치한다.

⑪ 경사지붕은 태양광전지패널(PV형) 설치

FACTOR (우측)

⑫ 계단의 단너비, 단높이 제시에 따라 주어진 계단 길이에 적용한다.

⑬ 옹벽은 토압력(土壓力)에 저항하여 흙이 무너지지 못하게 만든 벽체(壁體)를 말한다.

⑭ 건물주변 및 경사지붕의 우수 등을 배출하기 위해 트렌치, 처마홈통, 선홈통 등을 표현한다.

⑮ 한쪽 끝은 고정되고 다른 끝은 받쳐지지 아니한 상태로 있는 보

⑯ 징크(ZINC)의 경우 내구성이 좋아 오랜 기간 사용 및 미관이 모던하여 외장재 마감으로 사용

⑰ 설비관련 냉.난방 시스템 및 환기장치 제시

⑱ 내단열은 벽체나 기둥, 보의 내면에 방습층을 두고, 단열재를 붙이거나 또는 박아 넣는 공법
외단열은 외벽의 옥외 측에 단열층을 두는 공법

⑲ 거실의 외벽, 최상층에 있는 거실의 반자 또는 지붕, 최하층에 있는 거실의 바닥, 바닥난방을 하는 층간 바닥, 거실의 창 및 문 등은 열관류율 기준 또는 단열재 두께 기준을 준수하여야 한다.

⑳ 제시된 재료 두께를 활용하여 층고 조절에 고려해야 한다.

㉑ 주요부분의 치수와 치수선은 중요한 요소이기 때문에 반드시 표기한다. (반자높이, 각층레벨, 층고 건물높이 등 필요시 기입)

㉒ 방수, 방습, 단열, 결로, 채광, 환기, 차음 성능 등은 각 부위에 따라 반드시 표현이 되어야 하는 부분이다.

구 성 (좌측)

1. 제목

- 건축물의 용도 제시
(노인복지센터는 저소득 가구의 노후안정 및 노인 부양 문제를 돕기 위하여 설립)

2. 설계 및 계획조건

- 노인복지센터평면도 일부 제시
- 평면도에 제시된 절취선을 기준으로 주단면도 및 상세도를 작성
- 설비 및 구조 형식, 마감 등에 대한 구체적인 내용이 제시 됨
- 규모
- 구조
- 기초
- 기둥
- 보
- 슬래브
- 내력벽
- 지하층 옥벽
- 용도
- 바닥 마감레벨
- 층고
- 반자높이
- 단열재 두께
- 외벽 및 실내마감
- 냉·난방 설비
- 위의 내용 등은 단면설계에서 제시되는 내용이므로 반드시 숙지해야 한다.

구 성 (우측)

- 기존과 증축 부분 구조 제시 (RC 및 강구조)
- 증축으로 인한 슬래브 연장 관련 구조 해결 방안 제시
- BF설계 방법 적용
- FCU, EHP 구체적 실별로 제시함
- 열회수장치, 액세스플로어, 코브조명 등 제시
- 커튼월시스템 조망, 환기 및 일사 조절을 고려
- 태양광정지패널 (PV형) 표현
- 열교부위를 고려한 기술적 해결방안 제시

3. 도면작성요령

- 입단면도 표현
- 부분 단면상세도
- 각 실명 기입
- 환기, 채광, 창호의 개폐방향을 표시
- 계단의 단수, 너비, 높이, 난간높이 표현
- 단열, 방수, 마감재 임의 반영

4. 유의사항

- 제도용구 (흑색연필 요구)
- 명시되지 않은 사항은 현행 관계법령을 준용

구 성	FACTOR	지 문 본 문

5. 제시 평면도

- 지하1층 평면도
  • 증축부분 방습벽, X2열 창호, 다목적실 벽체 방습벽
  • 바닥 레벨위치확인
  • 계단실 입면표현
  • 바닥 트렌치 표현
  • 지문 조건에 맞춰 CH+마감재료+ 단열+설비공간 =층고조절

- 1층 평면도
  • X1열 벽체, 증축부분 계단, L형 옹벽
  • OPEN 부분 투시형 난간
  • X3열 부분 트렌치
  • 계단실 길이 확인 (단높이, 단너비 적용)
  • 등고선 표현
  • 반자높이 확인

- 2층 평면도
  • X1열 출입문, 계단, X2열 창호, X3열 벽체, 복도 난간
  • 기존+증축 부분 E.J
  • 외부 복도 트렌치
  • 계단실 길이 확인 (단높이, 단너비 적용)

- 지붕층 평면도
  • 기존지붕 난간, 루버, 경사지붕, 천창, 태양광전지패널 표현
  • 증축 부분 캐노피
  • 처마 및 선흠통설치
  • 태양광전지패널(PV) 설치

① 지문에 제시한 <보기> 내용은 반드시 친환경요소, 시스템, 방수, 단열 등이 표기되어야 한다.

② <보기> 내용에 따라 도면표현

③ 제시평면도 축척 없음

④ 제시 도면의 EL확인 (마감기준)

⑤ 방위표 확인 (남향 확인)

⑥ 상부 부버 설치 위치

⑦ 제시된 계단 단높이, 단너비, 계단참 계획 후 반영

⑧ 복도 트렌치 설치

⑨ 기존건물 바닥레벨

⑩ 태양광전지패널(PV형) 설치

⑪ 상호 상부 루버표현

⑫ 기존건물 케노피 (콘크리트 표현)

⑬ 경사지붕 천창 표현

⑭ 집수정 위치 확인 후 표현

⑮ 제시된 계단 단높이, 단너비, 계단참 계획 입면 표현

⑯ X2열 창호 표현

⑰ 지하층 외벽 방수, 방습, 단열재 표현

⑱ 지하층 바닥레벨 확인

⑲ 지표면 레벨 EL로 표기 확인

⑳ OPEN 부분 난간 표현

㉑ 계단은 바닥레벨을 고려해 계단계획이 되어야 한다.

㉒ 지상1층 바닥 트렌치 표현

㉓ 필로티 위치 확인

㉔ L형 옹벽 위치 확인

㉕ L형 옹벽 상부 등고선 레벨

㉖ 제시도면에 표기된 CH, 트렌치, 기존, 지중영역 표기 확인

㉗ 경사지붕 끝부분 처마 및 선흠통 표현 (치수 확인)

---

(6) <보기>에 따라 자연환기, 자연채광, EHP, 방수, 단열, 선흠통을 표시한다.

<보기> ②

구분	표현 방법	구분	표현 방법
자연환기	⇝	방수	-------
자연채광	▭▭▭▷	단열	▨▨▨▨▨
EHP	⊠	선흠통	═══

4. 유의사항

(1) 답안작성은 반드시 흑색 연필로 한다.

(2) 명시되지 않은 사항은 현행 관계법령의 범위 안에서 임의로 한다.

<층별 평면도> 도면축척 없음 ③

C. H. = 천장고

─ ─ ─		트렌치 (W200 X H100)
▨▨		기존 영역 ㉖
▨///		지중 영역

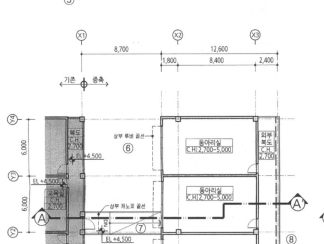

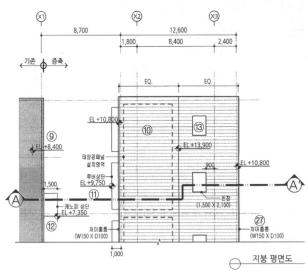

지상 2층 평면도

지붕 평면도

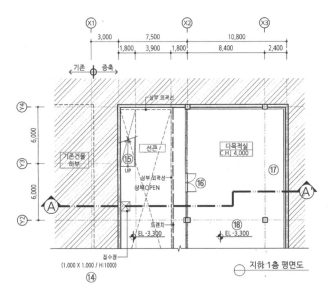

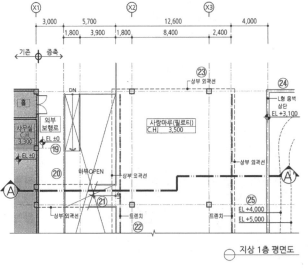

지하 1층 평면도

지상 1층 평면도

층별 평면도
축척 없음

행정복지센터

주민자치센터

주민자치센터는 문화, 스포츠, 교양, 취미프로그램 뿐만 아니라 프로그램 수료자가 지역사회의 자원봉사활동도 참여하고 지역주민이 주체적으로 생활환경 정비, 쓰레기 줄이기 운동 등 지역공동의 관심사 해결을 위한 다양한 활동을 전개하고 있다.

주민자치센터는 자치센터별로 25~30명 이내의 주민대표로 구성된 주민자치센터의 운영에 관한 심의·결정단체인 주민자치위원회와 각 분야의 자원봉사자를 중심으로 운영된다.

구조

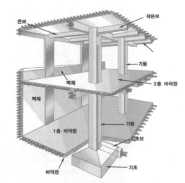

철근콘크리트조

· 제1과제 : (단면설계+설비계획)
· 배점: 60/100점

2021년 2회 출제된 단면설계의 경우 배점은 100점 중 60점으로 출제되었다. 또한 과제는 단면설계가 제시되었지만 지문 내용 등을 살펴보면 단순히 단면설계만 출제된 것이 아니라 계단설계+상세도+ 설비+ 친환경 내용이 포함되어 있는 것을 볼 수 있다.

제목 : 지역주민센터 증축 단면설계 및 설비계획

1. 과제개요

기존 지역주민센터에 주민편의시설을 별동으로 증축하고자 한다. 구조, 단열, 방수, 우수처리 등의 기술적 사항과 계획적 측면을 고려하여 부분단면도와 단면상세도를 작성하시오.

- 주민자치센터란 주민들이 스스로 대표를 선출하고 자치조직을 만들어, 이 조직을 중심으로 자기 지역의 문제해결과 발전을 관리할 수 있도록 주민과 주민 대표들이 모여 회의하고 활동하는 주민 자치조직 활동의 장입니다.

2. 설계조건 및 고려사항

(1) 규모 : 지하1층, 지상2층
(2) 구조 : 철근콘크리트

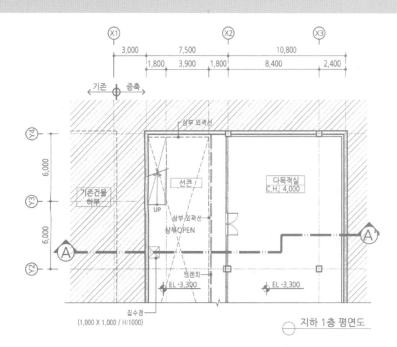

○ 지하 1층 평면도

▶**지하1층 평면도**

· 증축부분 방수+ 방습층+ 방습벽 표현, X2열 창호, 다목적실 벽체 방습벽
· 집수정 크기 확인
· Y3~Y4 계단 계획 후 단높이 입면 표현
· 지문 조건에 맞춰 CH+ 마감재료+ 단열+ 설비공간 = 층고조절
· 바닥 레벨위치확인
· 바닥 트렌치 표현

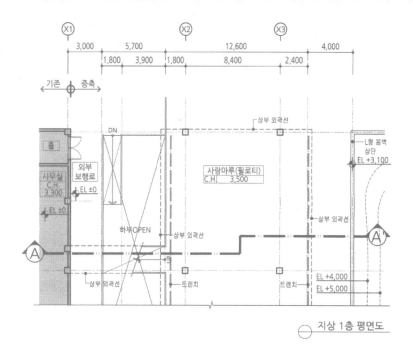

○ 지상 1층 평면도

▶**1층 평면도**

· X1열 벽체, 증축부분 계단, L형 옹벽 절취 확인
· OPEN 부분 투시형 난간
· 계단실 길이 확인 (단높이, 단너비 적용)
· 반자높이 확인
· 내·외부 입면 확인 후 표현
· X3열 부분 트렌치
· 등고선 표현

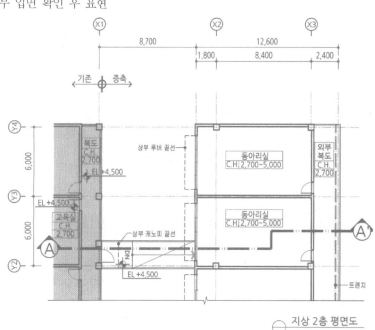

○ 지상 2층 평면도

▶**2층 평면도**

· X1열 및 X2열 기준으로 기존과 증축 확인
· X1열 출입문, 계단, X2열 창호, X3열 벽체, 복도 난간
· 기존+ 증축 부분 E.J
· 외부 복도 트렌치
· 계단실 길이 확인 (단높이, 단너비 적용)

다목적실

다양한 용도로 사용하기 위해 만든 공간

썬큰

썬큰은 '움푹 들어간, 가라앉은'의 뜻으로 지하에 자연광을 유도하기 위해 대지를 파내고 조성한 곳을 말한다. 이 방법에 의한 거실을 썬큰 리빙룸, 정원은 썬큰 가든이라고 한다.

필로티

건물을 지상에서 분리시킴으로써 만들어지는 공간, 또는 그 기둥 부분

교육실

교육을 하는데 쓰는 방

동아리실

같은 뜻을 가지고 모인 사람들이
단체의 활동을 위해 함께 사용하는
공간

천창

태양광전지패널

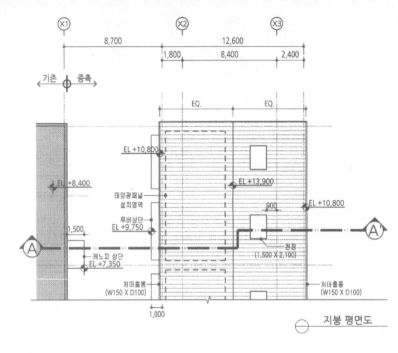

○ 지붕 평면도

▶ **지붕층 평면도**

- 지붕 표기 레벨 확인
- 기존지붕 난간, 루버, 경사지붕, 천창, 태양광전지패널 표현
- 증축 부분 캐노피
- 처마 및 선홈통 설치
- 태양광전지패널(PV) 설치

(3) 설계조건
　① 제시된 수평기준선은 마감면이며 수직기준선은 구조체 중심선이다.
　② 건축물의 출입부분을 포함한 모든 층의 내부와 외부 바닥은 단차가 없다.

기둥/구조체 기준

층고: 마감기준(EL)

▶ **층고계획**

- 각층 EL, 바닥 마감레벨을 기준이므로 제시된 조건 확인
- 지하1층~지붕층까지 층고를 기준으로 개략적인 단면의 형태 파악

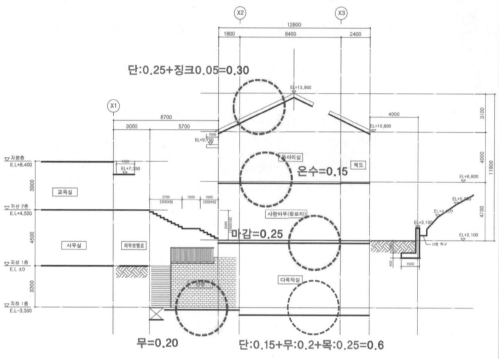

단:0.25+징크0.05=0.30

온수=0.15

마감=0.25

무=0.20 단:0.15+무:0.2+목:0.25=0.6

각 층별 슬래브 형태

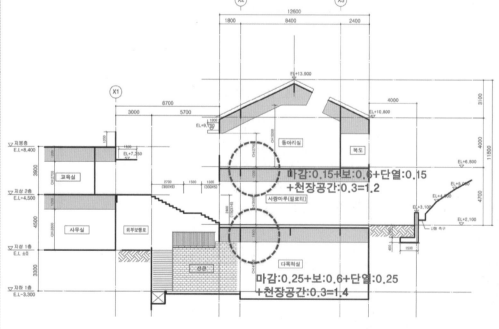

마감:0.15+보:0.6+단열:0.15
+천장공간:0.3=1.2

마감:0.25+보:0.6+단열:0.25
+천장공간:0.3=1.4

반자높이를 고려한 단면의 형태

반자높이
① 거실(법정) : 2.1m 이상
② 사무실 : 2.5~2.7m
③ 식당 : 3.0m 이상
④ 회의실 : 3.0m 이상
⑤ 화장실 : 2.1~2.4m

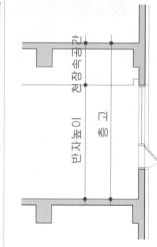

기초의 형태 분류

(a) 독립기초

(b) 연속기초

(c) 온통(매트)기초

(d) 파일기초

트렌치

건물의 배선·배관·벨트 컨베이어
따위를 바닥을 파서 설치한, 도랑
모양의 콘크리트 구조물

계단

사람이 오르내리기 위하여 건물이나 비탈에 만든 층층대

종류	설치기준
계단참	높이 3m 마다 너비 1.2m 이상의 계단참을 설치
난간	양옆에 난간을 설치
중간난간	계단의 중간에 너비 3m 이내마다 난간을 설치
계단의 유효높이	2.1m 이상으로 할 것

투시형난간

철재

강화유리

③ <표1> 설계기준을 적용한다.

<표1> 설계기준

구분				규격 및 치수(mm)
구조체			슬래브 두께	150
			보(W×D), 켄틸레버 보	400×600
			켄틸레버 테두리보(W×D)	300×600
			기둥	500×500
			기초(온통기초)두께	500
			지상층 벽체 두께	200
			지하층 벽체 두께	300
외부 마감 재료	기존	지붕	노출방수	–
		벽체	치방벽돌	0.5B
	증축	지붕	금속(Zinc)지붕시스템	–
		벽체 지상층	금속(Zinc)패널시스템	–
		벽체 지하층	치장벽돌	0.5B
		바닥	화강석	두께 30
		천장	AL 천장재	–
내부 마감 재료	기존	천장	친환경텍스	두께 12
		벽체	도장	–
		바닥	PVC타일	두께 3
	증축	동아리실 천장, 벽체	석고보드 위 도장	–
		동아리실 바닥	온수바닥난방/강화마루	–
		다목적실 천장, 벽체	석고보드 위 도장	–
		다목적실 바닥	단풍나무플로어링 (이중바닥구조)	두께 25 (H : 250)
창호			AL 프레임(W×D)	60×(150~200)
			복층유리	두께 24
냉·난방설비			EHP (W×D×H)	(900×900×350)
선홈통			스테인레스 관	Ø100

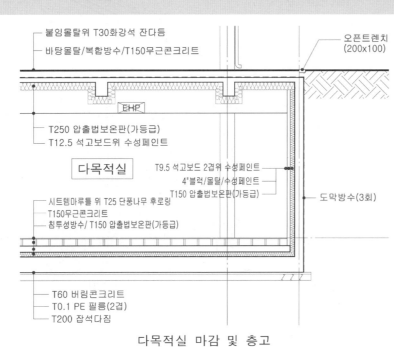

불임몰탈위 T30화강석 잔다듬
바탕몰탈/복합방수/T150무근콘크리트
오픈트렌치 (200×100)
EHP
T250 압출법보온판(가등급)
T12.5 석고보드위 수성페인트
다목적실
T9.5 석고보드 2겹위 수성페인트
4"블럭/몰탈/수성페인트
T150 압출법보온판(가등급)
도막방수(3회)
시스템마루틀 위 T25 단풍나무 후로링
T150무근콘크리트
침투성방수/T150 압출법보온판(가등급)
T60 버림콘크리트
T0.1 PE 필름(2겹)
T200 잡석다짐

다목적실 마감 및 층고

④ 단열은 <표2>에 제시된 부위에 따라 <표3>의 단열재를 적절하게 사용하고 열교현상을 최소화 하도록 한다.

<표2> 부위별 단열방식

구분		부위		
		지붕	바닥	벽
기존		내단열	외단열	외단열
증축	동아리실	외단열	외단열	외단열
	다목적실	내단열	내단열	내단열

⑤ <표1>부터 <표4>까지와 기타 설계조건을 고려하여 증축 건축물의 1층 필로티 및 2층 동아리실 바닥 마감 레벨을 설정한다.

<표4> 바닥레벨 산정을 위한 설계조건

구분		두께/높이(mm)
바닥 마감 두께	동아리실	150
	1층 필로티	250
천장 내 설비공간(천장마감 포함 유효 높이) (단, 동아리실을 제외한 천장은 평탄한 것으로 함)		300 이상

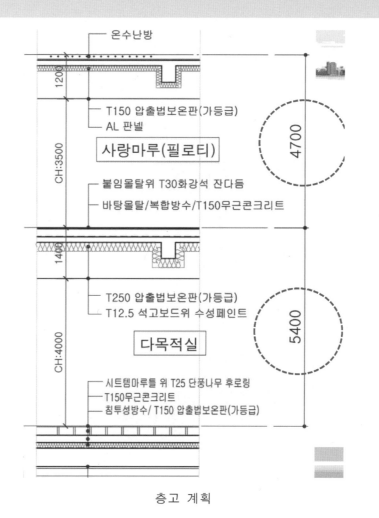

온수난방
T150 압출법보온판(가등급)
AL 판넬
사랑마루(필로티)
불임몰탈위 T30화강석 잔다듬
바탕몰탈/복합방수/T150무근콘크리트
T250 압출법보온판(가등급)
T12.5 석고보드위 수성페인트
다목적실
시스템마루틀 위 T25 단풍나무 후로링
T150무근콘크리트
침투성방수/T150 압출법보온판(가등급)

층고 계획

기초의 종류

독립기초

줄기초

온통기초

온통기초

기둥 및 보

방수 공법

[액체방수]
모르타르에 액체로 된 방수제를 섞어서 방수 효과를 내는 일

[도막방수]
도료상의 방수제를 바탕면에 여러 번 칠하여 상당한 살두께의 방수막을 만드는 방수법

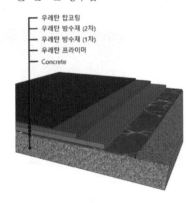

[복합방수]
방수재료의 취약점을 보완하고 방수성능을 향상시키기 위해 2가지 이상의 방수재료를 사용하여 방수층을 형성하는 구법

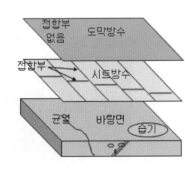

---

⑥ 방수는 위치에 따라 적절한 공법(액체방수, 도막방수, 복합방수 등)을 사용한다. (단, 기존 건축물과 집수정은 노출방수이며 그 이외 부분은 비노출 방수로 함)

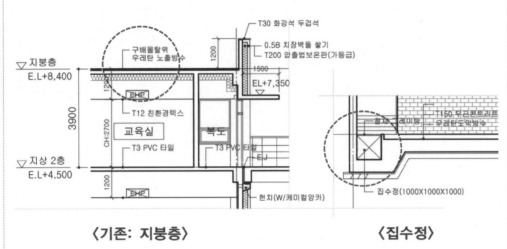

〈기존: 지붕층〉   〈집수정〉

방수 위치

---

⑦ 우수 처리 및 지하층의 결로 발생을 고려한다.

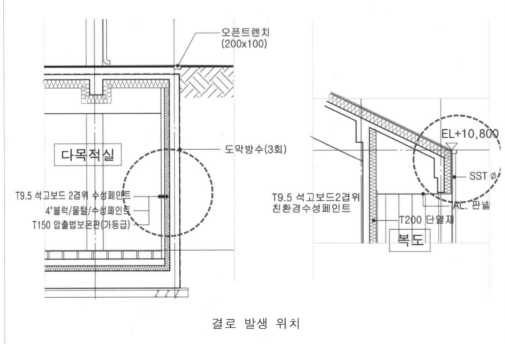

결로 발생 위치

---

⑧ 기존 건축물과 연결되는 외부계단은 구조물의 수축·팽창 및 부동침하 등을 고려한다.

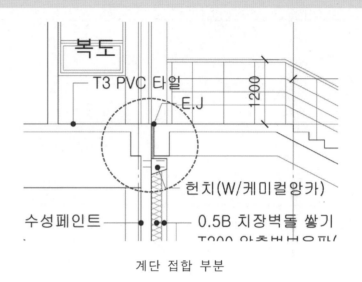

계단 접합 부분

---

⑨ 경사지붕을 활용하여 태양광 패널을 설치하고 동아리실의 채광 및 환가를 고려한다.

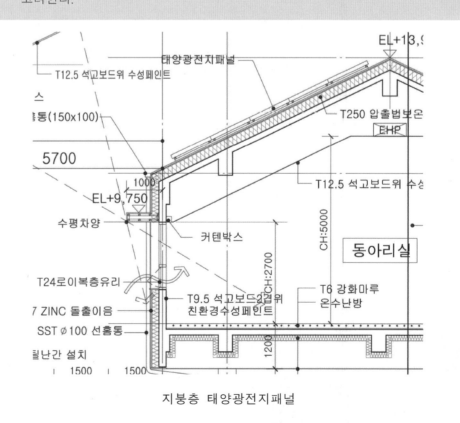

지붕층 태양광전지패널

익스팬션조인트

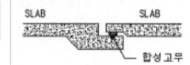

온도 변화에 의한 신축, 지진시의 진동 성상의 차이 등에 의한 영향을 피하기 위해 건물을 몇 개의 블록으로 분할해서 설치한 상대 변위에 추종 가능한 접합부

냉·난방 설비
- EHP (천장매입형) 크기 : 900×900×350(H)

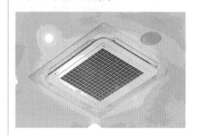

지붕 금속재
- 지붕 징크 : 0.8mm

태양광 전지패널

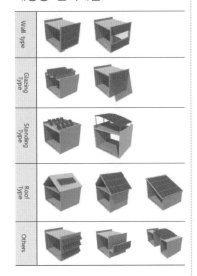

Wall type	
Glazing Type	
Standing Type	
Roof Type	
Others	

PV 시스템 설치범위

PV 시스템

태양광 발전(太陽光發電, photovoltaics, PV)은 햇빛을 직류 전기로 바꾸어 전력을 생산하는 발전 방법이다. 태양광 발전은 여러 개의 태양 전지들이 붙어있는 태양광 패널을 이용한다.

⑩ 계단은 투시형 난간으로 설계하고 단높이는 150mm, 단너비 300mm로 한다.

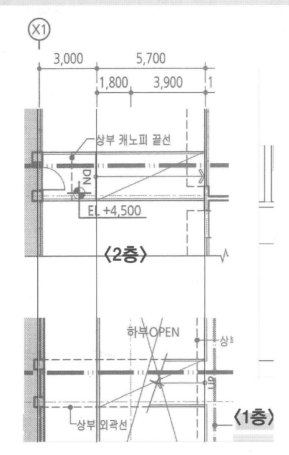

계단 평면도

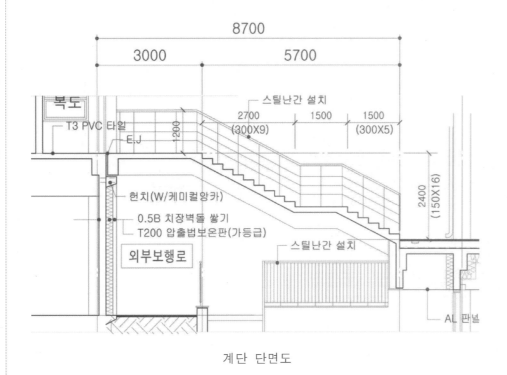

계단 단면도

⑪ L형 옹벽은 필로티 1층 바닥 및 옹벽 상단 레벨을 고려하여 옹벽 높이를 설장하고 벽두께는 300mm, 기초두께 400mm, 기초길이는 1,500mm로 한다.

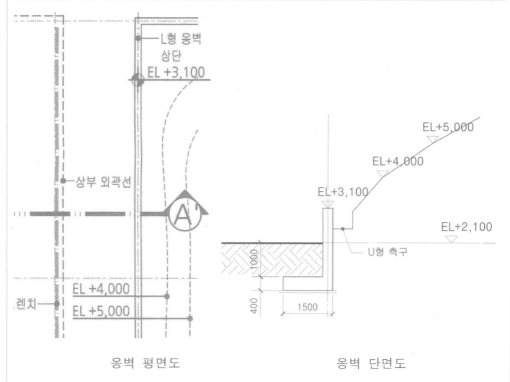

옹벽 평면도   옹벽 단면도

(4) 단면상세 설계조건 (축척 1/30)
① 외부 마감을 위한 구성요소를 고려하여 상세도를 작성한다.
② 우수 처리를 위한 트렌치, 처마홈통, 선혼통 등을 설치한다.

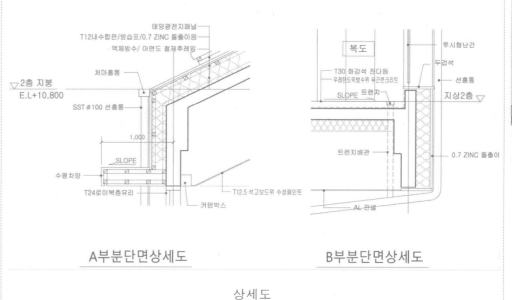

A부분단면상세도   B부분단면상세도

상세도

자연환기

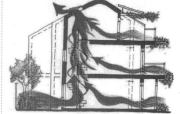

자연채광

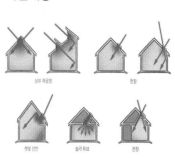

처마 및 선홈통

빗물을 내리기 위하여 지붕에서 땅바닥까지 수직으로 댄 홈통

〈건축물의 에너지절약 설계기준〉

– 시행 2016. 1. 11

[별표3] 단열재의 두께

[중부지역]

(단위: mm)

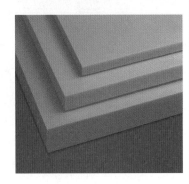

3. 도면작성 요령

(1) 마감면, 천장고(CH) 등 주요 부분 치수와 각 실의 명칭을 표기한다.
(2) 단열, 방수, 내·외부 마감의 규격과 재료명 등을 표기한다.
(3) 건축물 내·외부의 입면을 표현한다.
(4) 도면작성 목적에 맞게 부재명, 재료, 규격 등의 정보를 표기한다.
(5) 단위 : mm
(6) <보기>에 따라 자연환기, 자연채광, EHP, 방수, 단열, 선홈통을 표시한다.

<보기>

구분	표현 방법	구분	표현 방법
자연환기	⟹	방수	----------
자연채광	▥⟹	단열	▨▨▨
EHP	⊠	선홈통	═══

4. 유의사항

(1) 제도는 반드시 흑색연필로 한다.
(2) 명시되지 않은 사항은 현행 관계법령의 범위 안에서 임의로 한다.

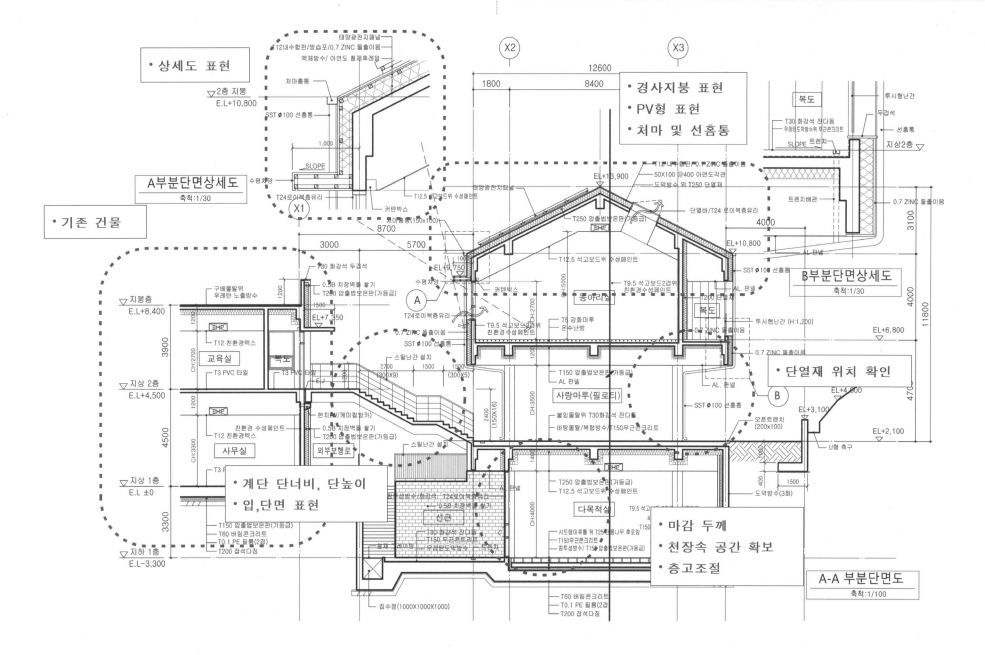

2022-2

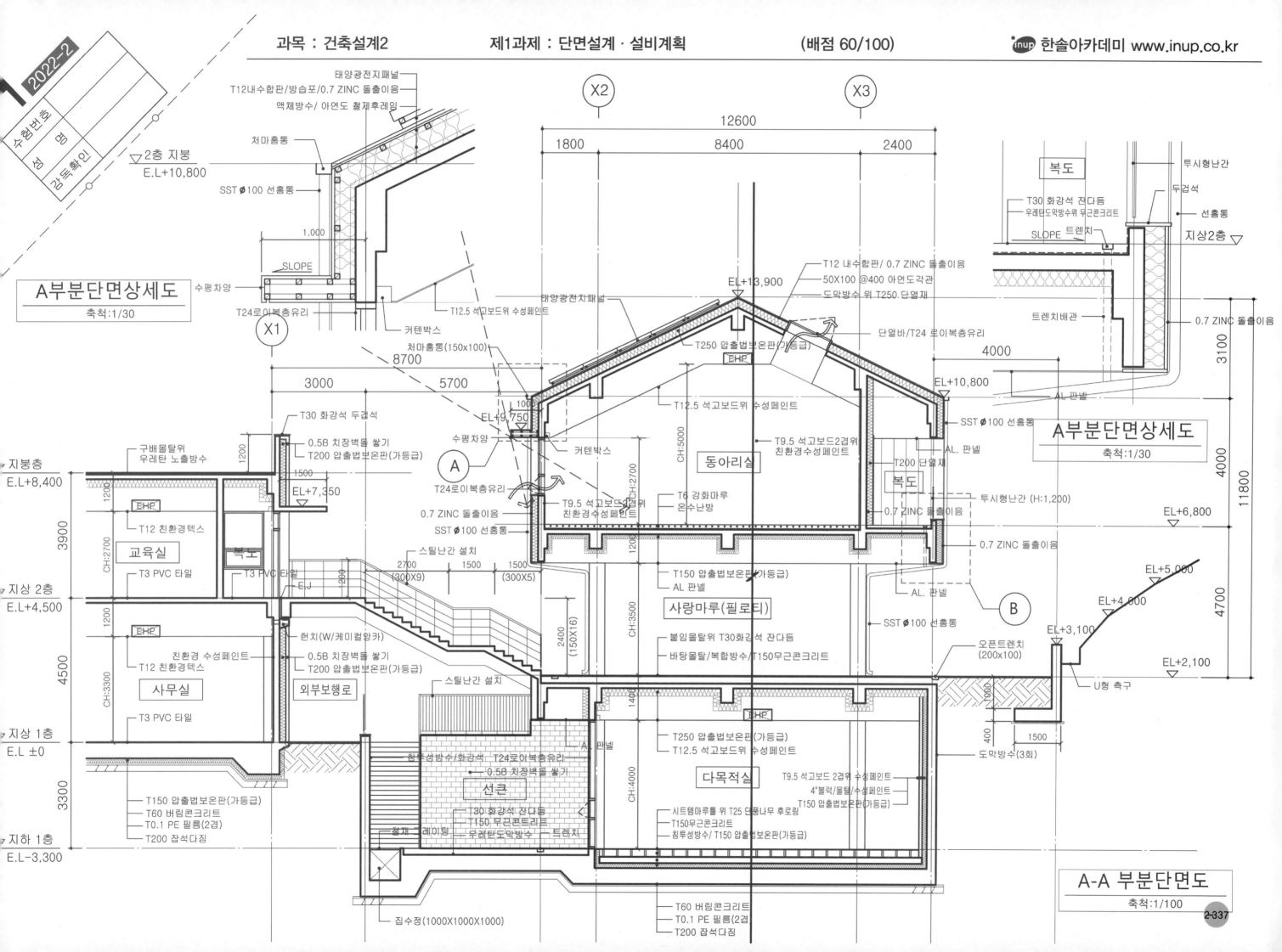

태양광전지패널
T12내수합판/방습포/0.7 ZINC 돌출이음
액체방수/ 아연도 철제후레임

처마홈통

▽2층 지붕
E.L+10,800

SST Ø100 선홈통

1,000

SLOPE

수평차양

A부분단면상세도
축척:1/30

X1

T24로이복층유리

커텐박스

처마홈통(150x100)

8700

3000　　5700

EL+9,750

T30 화강석 두겹석

0.5B 치장벽돌 쌓기
T200 압출법보온판(가등급)

1500

EL+7,350

T24로이복층유리

0.7 ZINC 돌출이음

SST Ø100 선홈통

지붕층
E.L+8,400

1200

EHP

T12 친환경텍스

교육실

복도

T3 PVC 타일

CH:2700

지상 2층
E.L+4,500

1200

EHP

친환경 수성페인트

T12 친환경텍스

사무실

CH:3300

T3 PVC 타일

헌치(W/케미컬앙카)

0.5B 치장벽돌 쌓기
T200 압출법보온판(가등급)

외부보행로

E.J

스틸난간 설치

2700
(300X9)　　1500　　1500
(300X5)

스틸난간 설치

지상 1층
E.L ±0

T150 압출법보온판(가등급)
T60 버림콘크리트
T0.1 PE 필름(2겹)
T200 잡석다짐

침투성방수/화강석 T24로이복층유리
0.5B 치장벽돌 쌓기

선큰

T30 화강석 잔다듬
T150 무근콘크리트
우레탄도막방수　트렌치

철재 레이팅

집수정(1000X1000X1000)

지하 1층
E.L-3,300

X2　　　　　X3

12600

1800　　8400　　2400

EL+13,900

T12 내수합판/ 0.7 ZINC 돌출이음
50X100 @400 아연도각관
도막방수 위 T250 단열재

태양광전지패널

T250 압출법보온판(가등급)

단열바/T24 로이복층유리

EHP

T12.5 석고보드위 수성페인트

동아리실

CH:5000

T9.5 석고보드2겹위
친환경수성페인트

수평차양

커텐박스

CH:2700

T24로이복층유리

0.7 ZINC 돌출이음

T9.5 석고보드2겹위
친환경수성페인트

SST Ø100 선홈통

T6 강화마루
온수난방

T150 압출법보온판(가등급)
AL 판넬

CH:3500

사랑마루(필로티)

붙임몰탈위 T30화강석 잔다듬
바탕몰탈/복합방수/T150무근콘크리트

1400

EHP

T250 압출법보온판(가등급)
T12.5 석고보드위 수성페인트

CH:4000

다목적실

T9.5 석고보드 2겹위 수성페인트
4"블럭/몰탈/수성페인트
T150 압출법보온판(가등급)

시트템마루틀 위 T25 단풍나무 후로링
T150무근크리트
침투성방수/ T150 압출법보온판(가등급)

T60 버림콘크리트
T0.1 PE 필름(2겹)
T200 잡석다짐

복도

T30 화강석 전다듬
우레탄도막방수위 무근콘크리트

SLOPE 트렌치

투시형난간
두겹석
선홈통

지상2층

트렌치배관

0.7 ZINC 돌출이음

3100

4000

EL+10,800

AL 판넬

A부분단면상세도
축척:1/30

4000

SST Ø100 선홈통

AL. 판넬

T200 단열재

11800

투시형난간 (H:1,200)

0.7 ZINC 돌출이음

EL+6,800

0.7 ZINC 돌출이음

B

AL. 판넬

SST Ø100 선홈통

오픈트렌치
(200x100)

EL+5,000

EL+4,000

EL+3,100

U형 측구

EL+2,100

4700

400　　1500

도막방수(3회)

A-A 부분단면도
축척:1/100

2022년도 제2회 건축사자격시험 문제

과목: 건축설계2   제2과제 (구조계획)   배점: 40/100점 ①

제 목 : 필로티 형식 주거복합건물의 구조계획 ②

1. 과제개요

③ 필로티 주차장이 있는 지상 6층 건물을 신축하고자 한다. 다음 사항을 고려하여 구조평면도와 배근도를 작성하시오. ④

2. 계획조건

(1) 계획 기본사항 ⑤

층	용도	비고
6층	주거	한 세대로 구성. 해당 세대는 5층과 동일
3층~5층	주거	각 층 2세대로 구성. 각 층 평면은 동일
2층	사무실	
1층	주차장	필로티

(2) 주차관련 사항 ⑥
① 주차대수 : 8대 (장애인주차 1대, 평행주차 1대 포함)
② 주차단위 구획 : 장애인주차 3.3m×5.0m, 직각주차 2.5m×5.0m, 평행주차 2.0m×6.0m

(3) 구조 기본사항 ⑦

구분	적용 사항	
주구조	1~2층	철근콘크리트 라멘조
	3~6층	철근콘크리트 전단벽구조
전단벽	두께 200mm (코어 전단벽 및 상부 전단벽)	
기둥	C1 : 400mm×1,000mm, C2 : 400mm×600mm	
지중보	400mm×1,000mm (폭×춤)	

(4) 전이보의 단면치수 및 배근도 ⑧
<표1> 전이보 단면기호(단위 : mm)

기호	A	B	C	D	E
단면					
	400×700	400×700	400×700	400×700	400×700

주) 제시된 부재단면 및 배근은 개략적 해석결과를 반영한 값이다.

3. 고려사항

(1) 공통사항 ⑨
① 구조 부재는 경제성, 시공성, 공간 활용성 등을 고려하여 합리적으로 계획한다.
② 횡력은 주로 코어가 지지한다.
③ 보 단면은 중력하중에 의한 휨모멘트만 고려한다.
④ 기초는 지중보로 연결된 독립기초이다.
⑤ 코어 내부에는 별도의 구조계획을 하지 않는다.

(2) 기둥 계획 ⑩
① 기둥은 6개(C1단면 3개, C2단면 3개)로 계획한다.
② 1층과 2층의 기둥 위치는 동일하다.

③ 기둥은 횡하중 작용시 건물의 비틀림이 최소화되도록 계획한다.
④ 기둥 중심간 거리는 7m 이하로 한다.
⑤ 1층에는 6m 도로간 폭 2m 이상의 보행통로를 확보한다.
⑥ 코어 벽체에는 기둥을 계획하지 않는다.

(3) 3층 전이보 계획 ⑪
① 기둥 및 상부 전단벽에 부합하는 전이보를 계획한다.
② 전이보의 캔틸레버 길이는 1.5m 이하로 한다.
③ 전이보 설계시 상부의 전단벽 강성은 고려하지 않는다.
④ 세대 내 모든 슬래브는 4변지지 형식으로 한다.

4. 도면작성요령

(1) 1층 구조평면도 (축척 1/100) ⑫
① 기둥위치와 기호(C1, C2), 보행통로는 <보기1>과 같이 표현한다.
② 주차단위 구획을 표현한다.

(2) 3층 구조평면도 (축척 1/100) ⑬
① 전이보와 하부층 기둥위치를 <보기1>과 같이 표현한다.
② 전이보 기호는 기둥에 지지되는 X열 큰 보에 대해서만 <표1>에서 선택하여 <보기2>와 같이 표기한다.
③ 캔틸레버보의 기호는 지지단 부분만 표기한다.

(3) 전이보와 기둥의 접합부 배근도 ⑭
① 제시된 특정 전이보와 기둥 접합부의 배근도를 작성한다.
② 배근도는 전이보 주근(인장철근, 압축철근 구분) 위주로 작성하며 정착을 고려하여야 한다.

(4) 지중보 배근도 ⑮
① 제시된 특정 지중보의 배근도를 작성한다.
② 배근도는 주근(인장철근, 압축철근 구분) 위주로 작성하며 정착을 고려하여야 한다.

(5) 공통사항 ⑯
① 도면에 축선, 치수 및 기호를 표기한다.
② 단위 : mm

5. 유의사항

(1) 답안작성은 반드시 흑색 연필로 한다.
(2) 명시되지 않은 사항은 현행 관계법령의 범위 안에서 임의로 계획한다.

좌측 구성 (구 성)

1. 제목
   - 구조형식

2. 과제개요
   - 1층 용도와 층수
   - 신축
   - 제시도면
   - 과제도면

3. 계획조건
   - 계획 기본사항 : 규모와 용도
   - 주차관련 사항
     · 주차대수
     · 주차단위 구획
   - 구조 기본사항
     · 주구조 : 구조형식
     · 전단벽 두께
     · 기둥 단면크기
     · 지중보 단면크기
   - 전이보의 단면치수 및 배근도

4. 고려사항
   - 공통사항
     · 합리적 계획
     · 횡력
     · 보 단면 : 중력하중 고려
     · 기초
     · 코어내부 구조계획여부
   - 기둥 계획
     · 기둥개수와 단면크기

좌측 FACTOR

① 배점확인
   3교시 배점비율에 따라 과제 작성시간 배분

② 제목(용도)
   필로티 형식 주거복합건물의 구조계획

③ 용도와 문제유형
   필로티 주차장, 지상 6층 건물, 신축형

④ 과제도면 : 과제4개 ← 답안작성용지 확인
   1층 구조평면도, 2층 구조평면도, 전이보와 기둥의 접합부 배근도 및 지중보 배근도

⑤ 규모와 용도
   3층~6층 : 주거
   2층 : 사무실
   1층 : 필로티 주차장

⑥ 주차관련 사항 : 연접주차
   - 주차대수 : 8대
     (장애인주차, 평행주차 포함)
   - 주차단위 구획 : 장애인주차, 직각주차, 평행주차

⑦ 구조 기본사항
   - 주구조
     · 1~2층 : 철근콘크리트 라멘조
     · 3~6층 : 철근콘크리트 전단벽구조
   - 전단벽 두께 : 200mm(코어 및 상부 전단벽)
   - 기둥   C1 : 400mm x 1,000mm
            C2 : 400mm x 600mm
   - 지중보 : 400mm x 1,000mm(폭x춤)

⑧ 전이보의 단면치수 및 배근도
   400x700 : A~E (5개)

⑨ 공통사항
   - 횡력 : 주로 코어가 지지함
   - 보단면 : 중력하중에 의한 휨모멘트만 고려
   - 기초 : 지중보로 연결된 독립기초
   - 코어내부 : 구조계획을 하지 않음

⑩ 기둥계획
   - 기둥 6개(C1단면 3개, C2단면 3개) 계획

우측 FACTOR

- 1층과 2층의 기둥위치는 동일
- 기둥은 횡하중 작용시 건물의 비틀림 최소화되도록 계획 ← 기둥 강축방향 고려
- 기둥 중심간 거리 7m 이하
- 1층에는 6m 도로간 폭 2m 이상의 보행통로를 확보
- 코어 벽체에는 기둥을 계획하지 않음

⑪ 3층 전이보 계획
   - 기둥 및 상부 전단벽에 부합하는 전이보 계획 ← 상부 전단벽을 기준으로 보와 기둥배치
   - 전이보의 캔틸레버 길이 1.5m 이하
   - 상부 전단벽 강성은 고려하지 않음 ← 상부 전단벽 하부에 전이보 설치
   - 슬래브는 4변지지 형식

⑫ 도면작성 시 1층 구조평면도에 표현 요소들
   - 축척 : 1/100
   - 기둥
   - 주차단위구획

⑬ 도면작성 시 2층 구조평면도에 표현 요소들
   - 축척 : 1/100
   - 전이보와 하부층 기둥
   - 전이보 기호 → 기둥에 지지되는 X열 큰 보
   - 캔틸레버보 기호

⑭ 전이보와 기둥의 접합부 배근도
   - 전이보의 기둥접합부 배근도작성
   - 전이보 주근(인장철근, 압축철근 구분) 위주로 작성하며 정착을 고려

⑮ 지중보 배근도
   - 지중보 배근도
   - 주근(인장철근, 압축철근 구분)위주로 작성하며 정착을 고려
   - 단위 : mm

⑯ 공통사항
   - 축선, 치수 및 기호 표기
   - 단위 : mm

우측 구성 (구 성)

· 1층과 2층의 기둥위치
· 기둥 횡하중 작용시 건물 비틀림 고려 여부
· 기둥 중심간 거리 제한
· 1층 : 6m 도로간 보행통로 확보 여부
· 코어 벽체에 기둥 계획 여부
- 3층 전이보 계획
· 기둥 및 상부 전단벽에 부합하는 전이보
· 캔틸레버 길이 제한
· 상부 전단벽 강성 고려 여부
· 슬래브 형식 제시

5. 도면작성요령
   → 과제확인
   반드시 작도하여야 할 요소들을 확인
   - 1층 구조평면도
     · 기둥위치와 기호, 보행통로
     · 주차단위 구획
   - 2층 구조평면도
     · 전이보와 하부층 기둥 위치
     · 전이보의 기호 적시
   - 전이보와 기둥의 접합부 배근도
     · 전이보 주근(인장철근, 압축철근)
   - 지중보 배근도
     · 주근(인장철근, 압축철근)
   - 공통사항
     · 축선, 치수 및 기호 표시
     · 단위

6. 유의사항
   - 흑색연필
   - 현행 관계법령 적용

⑰ <보기1> 도면표기
　　기둥, 보행통로, 전이보, 전단벽

⑱ <보기2> 철근콘크리트보 기호 표기방
　　법 예시 : 철근콘크리트 보는 "단부 -
　　중앙부 - 단부"로 구분하여 보 기호를
　　적시하여야 함.

과목: 건축설계2　　제2과제 (구조계획)　　배점: 40/100점

<보기1> 도면 표기 ⑰			
기둥	C1 / C2	보행통로	(빗금)
전이보	- - - - -	전단벽	(실선)

<보기2> 철근콘크리트보 기호 표기방법 예시 ⑱

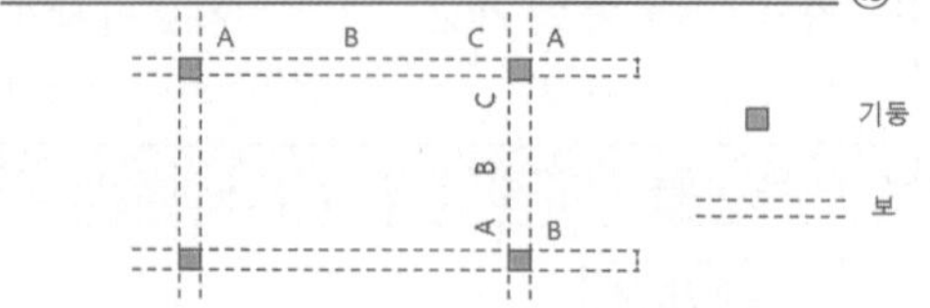

< 대지현황 및 지상층 평면도, 단면개념도 > 축척 없음

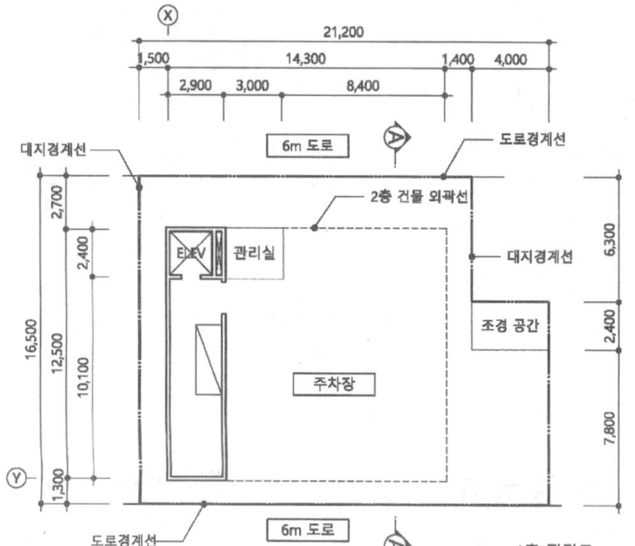

1층 평면도

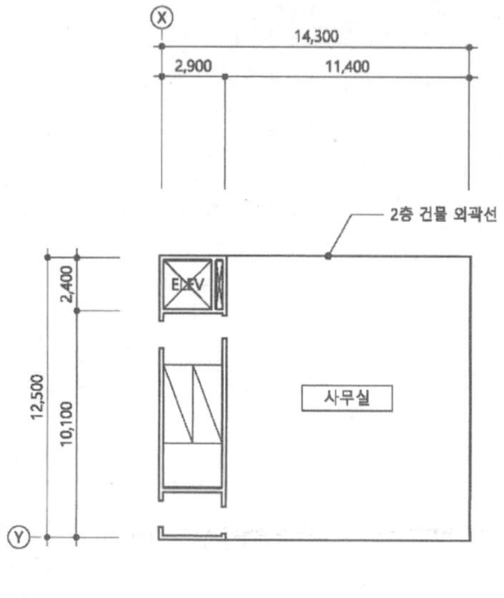

2층 평면도

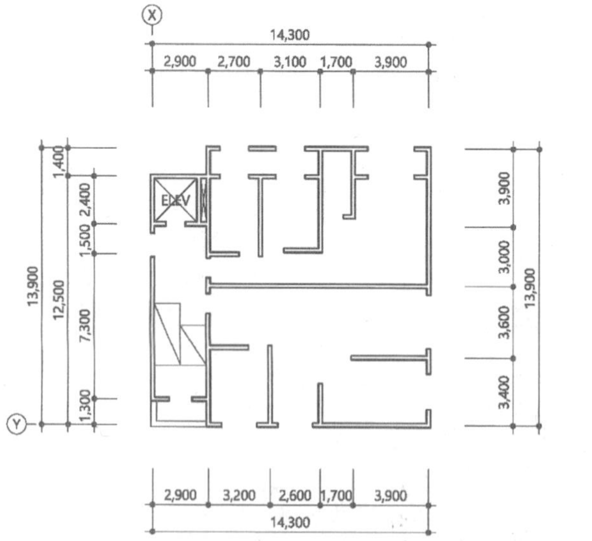

3~5층 평면도

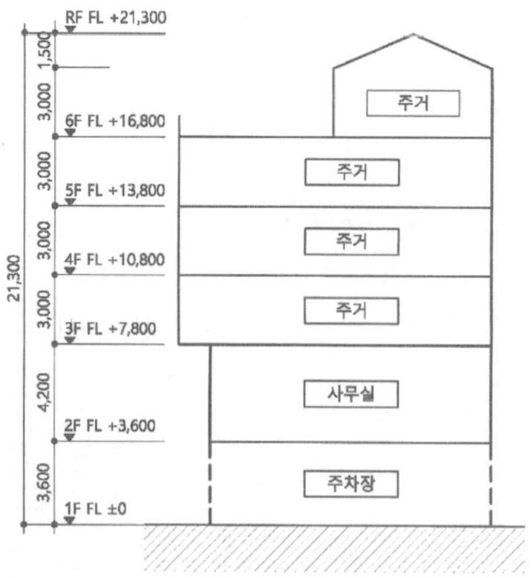

A - A' 단면개념도

〈대지현황 및 지상층
평면도, 단면개념도〉
축척없음

주어진 구조요소 및
설계요소 확인

- 전단벽
- 계단
- 승강기
- 대지경계선
- 도로

1	모듈확인 및 부재배치

1. 모듈확인

필로티 형식 주거복합건물 → 신축
모듈제시형 (제시한 전단벽에 근거함)
주어진 대지현황 및 지상층 평면도, 단면개념도와 답안작성용지 확인
과제확인 - 1층 구조평면도, 2층 구조평면도, 전이보와 기둥의 접합부
배근도 및 지중보 배근도

- 제목: 필로티 형식 주거복합건물 구조계획

① 주어진 설계 및 구조요소 : 도로, 관리실, 조경공간, 대지경계선 및
   코어 전단벽과 상부 전단벽 확인

② 주어진 모듈확인 : 각 층 코어 전단벽과 주거층 전단벽
   (3층~6층의 평면도)

③ 답안작성용지에 1층, 3층 코어벽체 제시함.(중요)

④ 구조형식 : 철근콘크리트 라멘조 / 철근콘크리트 전단벽구조

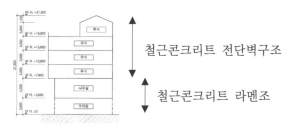

철근콘크리트 전단벽구조

철근콘크리트 라멘조

⑤ 주어진 구조부재의 단면치수와 배근도 확인

⑥ 답안작성용지 확인

답안작성용지 〉

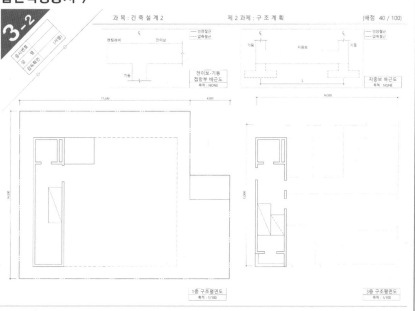

2. 모듈계획 : 제시도면과 지문분석 응용

모듈계획 1〉 3층 철근콘크리트 전단벽과 전이보 계획 → 주열 가정
6m 도로간 보행통로, 기둥개수, 기둥중심간거리 → 기둥위치 가정

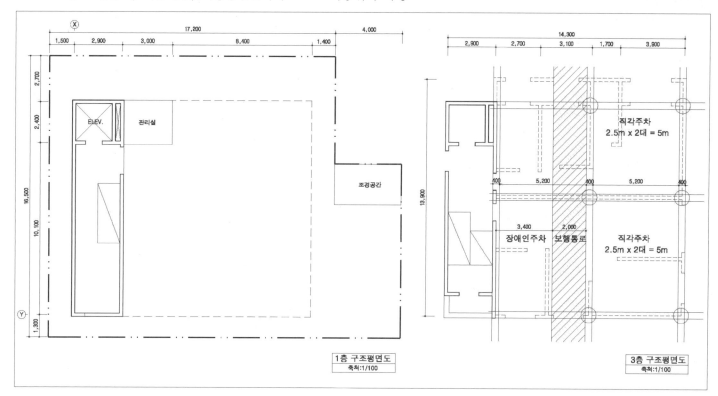

모듈계획 2〉 주차계획(장애인주차, 직각주차, 평행주차) → 연접주차 → 기둥위치 결정

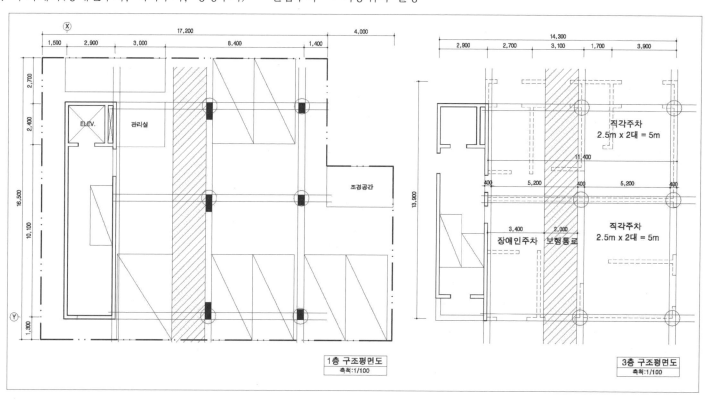

3. 설계요소 및 구조요소

- 기둥 6개 계획
  → C1단면 3개, C2단면 3개

- 1층과 2층의 기둥위치 동일
  → 1층과 2층 모듈 같음

- 횡하중 작용시 건물의 비틀림이 최소화되도록 계획
  → 기둥 강축고려

- 기둥 중심간 거리 7m 이하
  → 모듈계획

- 1층에는 6m 도로간 폭 2m 이상의 보행통로확보
  (관리실과 조경공간 주의)
  → 주차계획 시 반영

작도 1〉 기둥 및 큰 보 작도 → 1층 구조평면도, 3층 구조평면도
　　　　기둥을 중심으로 큰보 배치

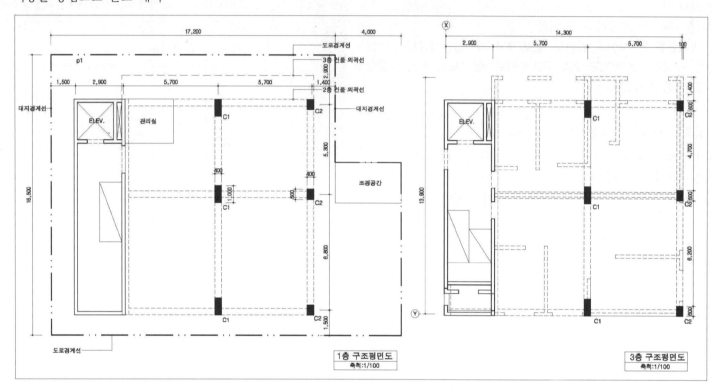

작도 2〉 작은 보 작도 → 1층 구조평면도, 3층 구조평면도
　　　　1층 구조평면도 : 기둥스팬을 2등분하여 작은보 배치
　　　　3층 구조평면도 : 전단벽하부에 작은보(전이보) 배치(지문반영)

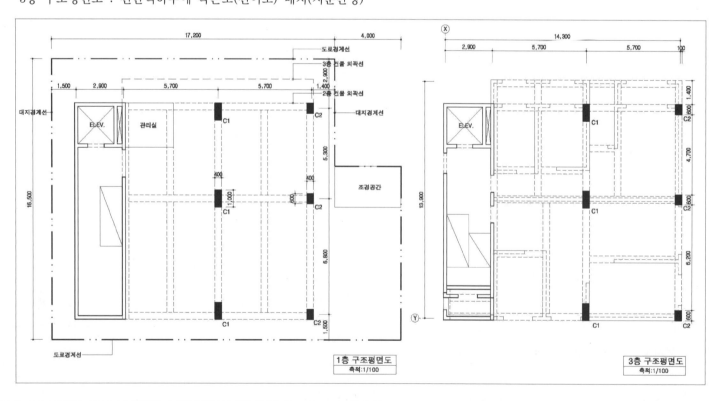

• 슬래브 형식 구분 예시

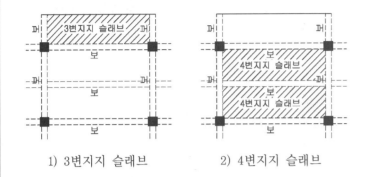

1) 3변지지 슬래브   2) 4변지지 슬래브

작도 3〉 주차구획(8대)와 보행통로 작도

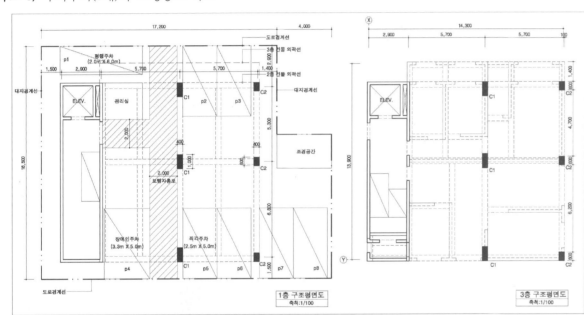

1층 구조평면도
축척:1/100

3층 구조평면도
축척:1/100

• 철근콘크리트 큰보(GIRDER) (400x700) 배근 기준 → 위계도 예시

철근대수 / 구 분	단부배근(상부인장)	중앙부배근(하부인장)	조합
많 음	A	B	A-B-A
중 간	C	D	C-D-C
적 음	E	D	E-D-E

〈표1〉 전이보 단면기호(단위 : mm)

기호	A	B	C	D	E
단면					
	400×700	400×700	400×700	400×700	400×700

주) 제시된 부재단면 및 배근은 개략적 해석결과를 반영한 값이다.

작도 4〉 3층 구조평면도 : 전이보 기호 적시
전이보 기호는 기둥에 지지되는 X열 큰 보에
대해서만 〈표1〉에서 선택하여 〈보기2〉와 같이
표기한다.

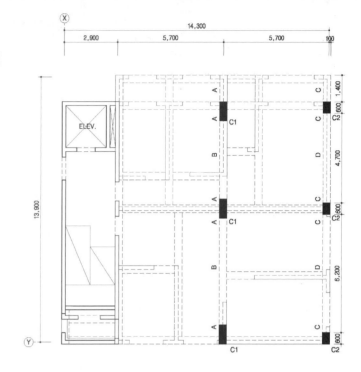

3층 구조평면도
축척:1/100

작도 5〉 전이보와 기둥 접합부 배근도 / 지중보 배근도 작도

전이보-기둥 접합부 배근도 축척:NONE	── 인장철근 --- 압축철근

지중보 배근도 축척:NONE	── 인장철근 --- 압축철근

CASE 1

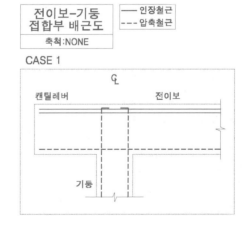

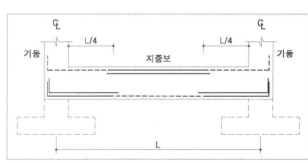

CASE 1 : 1층 하부 지반반력이 작용하는 경우

CASE 2

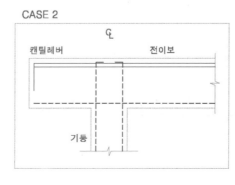

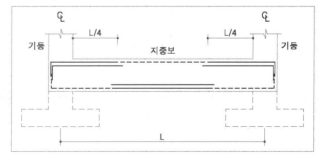

CASE 2 : 1층 하부 지반의 지지력이 없는 경우

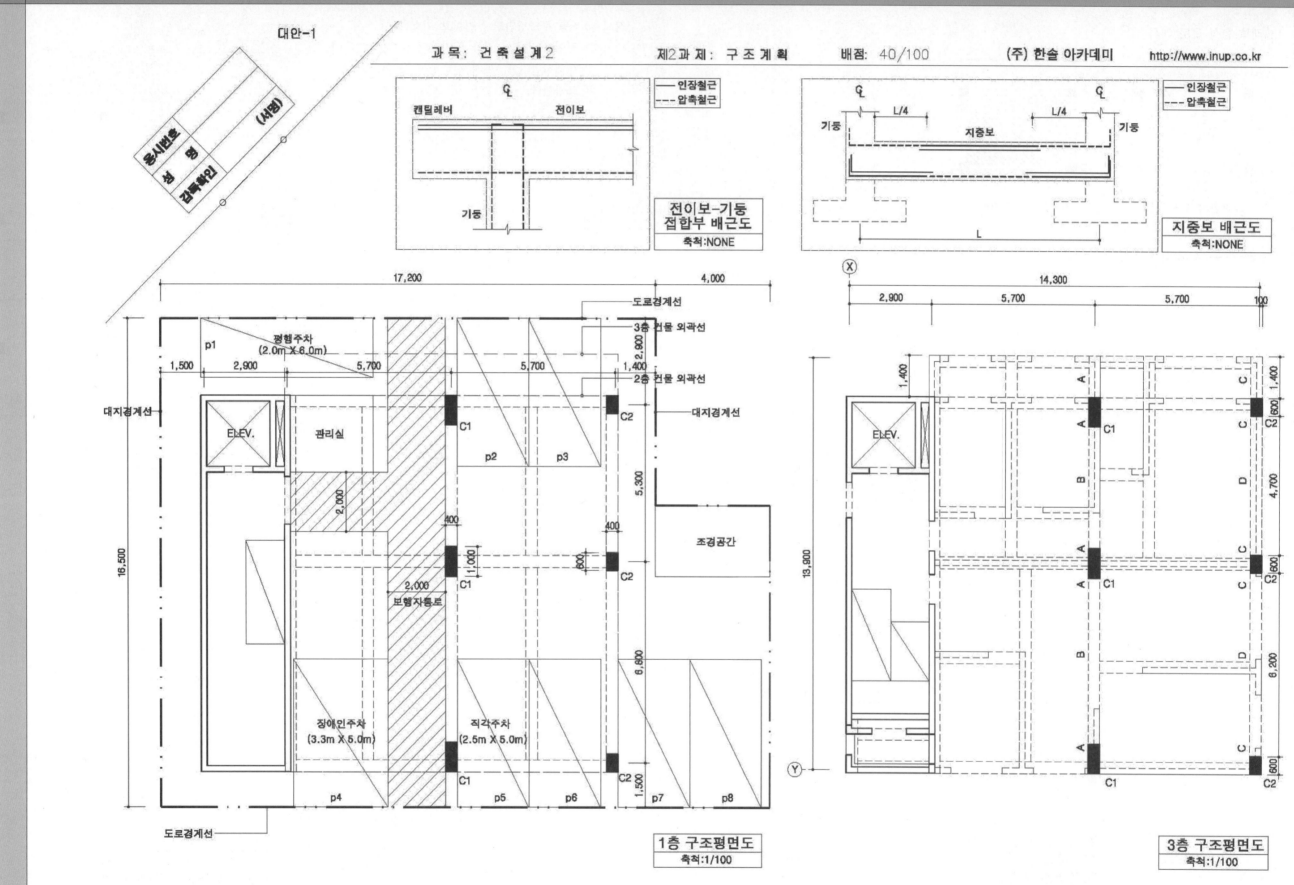

대안-1

(서명)

응시번호
성   명
건축확인

과목: 건축설계2   제2과제: 구조계획   배점: 40/100   (주) 한솔 아카데미   http://www.inup.co.kr

― 인장철근
-- 압축철근

캔틸레버   전이보

기둥

전이보-기둥
접합부 배근도
축척:NONE

― 인장철근
-- 압축철근

기둥   L/4   지중보   L/4   기둥

L

지중보 배근도
축척:NONE

17,200   4,000

도로경계선

3층 건물 외곽선

평행주차
(2.0m X 6.0m)

p1   1,500 2,900 5,700   5,700   C2   2층 건물 외곽선

ELEV.   관리실   대지경계선

p2   p3   C1

2,000   조경공간

400   400

1,000   600

2,000   C2
보행자통로   C1

장애인주차
(3.3m X 5.0m)   직각주차
(2.5m X 5.0m)

C1   C2   1,500

p4   p5   p6   p7   p8

도로경계선

16,500

5,300

6,800

1층 구조평면도
축척:1/100

Ⓧ

14,300

2,900   5,700   5,700   100

1,400   A   C1   C   C2   1,400

ELEV.   B   D   600

A   4,700

A   C1   C   C2   600

B   D   6,200

A   C   600

C1   C2

Ⓨ

13,900

3층 구조평면도
축척:1/100

▶ 문제총평

지상 1층 필로티 주차장이 있는 지상 6층 주거복합건물을 신축하는 문제다. 제시된 대지현황 및 지상층 평면도, 단면개념도를 바탕으로 1층과 3층 구조평면도, 전이층과 기둥의 접합부 배근도 및 지중보 배근도를 작성하는 과제이다. 1층 구조평면도에는 주차구획, 보행통로 및 철근콘크리트 기둥 등을 계획하고 3층 구조평면도에는 전이보를 가구하는 과제로 철근콘크리트 보배근도가 제시되었다. 2018년과 2021년 제1회 기출문제와 유사하게 출제되었다. 전단벽 계획을 제시한 3층 평면도의 모듈, 대지경계선, 도로 및 주차구획(연접주차) 등 조건들을 활용하여 기둥모듈을 계획하여야 한다. 답안작성용지에 주어진 요소들을 파악하고 지문에 제시한 다양한 고려사항을 반영하여 1층과 2층 구조평면도 및 전이보와 지중보 배근도를 작성하는 과제이다. 건축실무 경험이 있는 수험생에게 유리할 것으로 사료된다.

▶ 과제개요

1. 제 목	필로티 형식 주거복합건물의 구조계획
2. 출제유형	모듈제시형 / 모듈계획형
3. 규 모	6층
4. 용 도	1층→필로티 주차장, 2층→사무실, 3층~6층→주거
5. 구 조	철근콘크리트 라멘조 (1층,2층), 철근콘크리트 전단벽구조(3층~6층)
6. 과 제	1층 구조평면도, 2층 구조평면도, 전이보와 기둥의 접합부 배근도 및 지중보 배근도

▶ 구조모델링

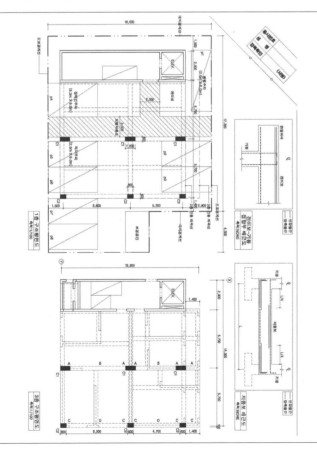

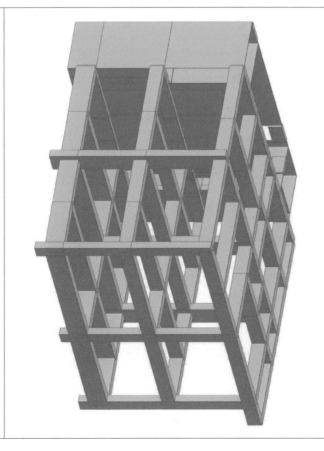

▶ 체크포인트

1. 철근콘크리트 기둥 개수 6개(C1단면 3개, C2단면 3개)
2. 기둥은 횡하중 작용시 건물의 비틀림 최소화되도록 계획
3. 기둥 중심간 거리 7m 이하
4. 1층 6m 도로간 폭 2m 이상의 보행통로 확보
5. 코어 벽체에는 기둥 계획불가
6. 8대의 주차구획을 계획(장애인주차, 직각주차 및 평행주차) : 연접주차 고려
7. 3층 계획 시 기둥 및 상부 전단벽에 부합하는 전이보 계획
8. 전이보의 상부의 전단벽 강성을 고려하지 않음.
9. 전이보 캔틸레버 길이는 1.5m 이하로 계획
10. 횡력은 코어가 지지함.
11. 전이보 단면기호 적시 및 전이보와 지중보 배근도 작도(인장철근, 압축철근 구분)

▶ 과제 : 필로티 형식 주거복합건물의 구조계획

1. 제시한 도면 분석

- 주어진 대지현황 및 지상층 평면도, 단면개념도
- 모듈제시 : 3층 평면도(전단벽), 모듈계획 : 1, 2층 기둥
- 기둥개수, 기둥중심간거리 제한, 도로, 보행통로, 주차구획
- 답안용지 1층 구조평면도와 3층 구조평면도에 코어 벽체 제시함.
- 캔틸레버 보 길이 제한

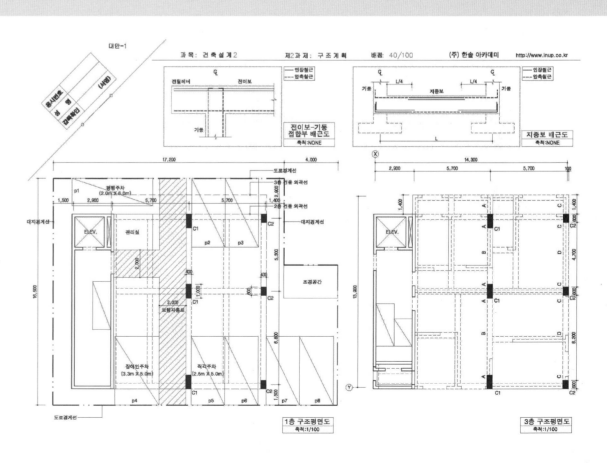

2. 철근콘크리트 보

2.1 철근콘크리트 보

전이보 : 400×700 (GIRDER) 배근 구분

철근대수 / 구 분	단부배근(상부인장)	중앙부배근(하부인장)	조합
많 음	A	B	A-B-A
중 간	C	D	C-D-C
적 음	E	D	E-D-E

1) 큰 보의 단부와 중앙부배근 방법

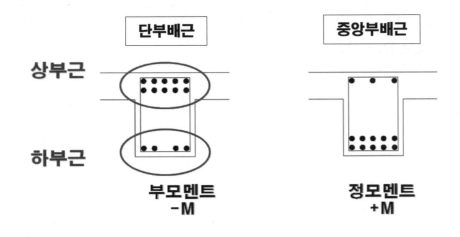

2) 큰 보의 휨모멘트도

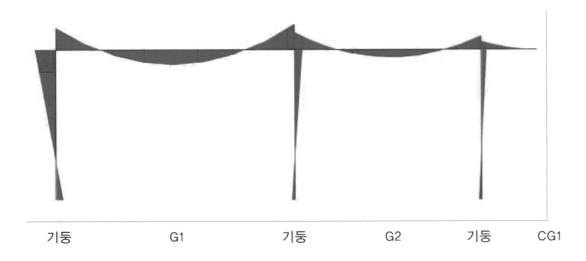

2.2 슬래브

- 슬래브 구분
  1방향 슬래브 : 변장비 = Ly/Lx > 2
  2방향 슬래브 : 변장비 = Ly/Lx ≤ 2
- 캔틸레버 슬래브
- 슬래브 단변의 최대스팬 Lx 확인(지문)
- 평면전체에 일방향슬래브 단변방향 통일
- 변장비 = Ly / Lx
  Lx : 슬래브 단변길이
  Ly : 슬래브 장변길이

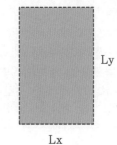

주) 슬래브 테두리에는 보를 설치함.

· 슬래브 형식 구분 예시

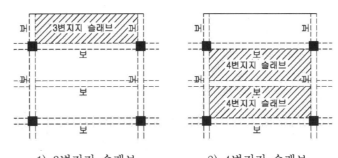

1) 3변지지 슬래브　　　2) 4변지지 슬래브

2 2022-2

(서명)

응시번호
성   명
감독확인

인장철근
압축철근

캔틸레버   전이보

기둥

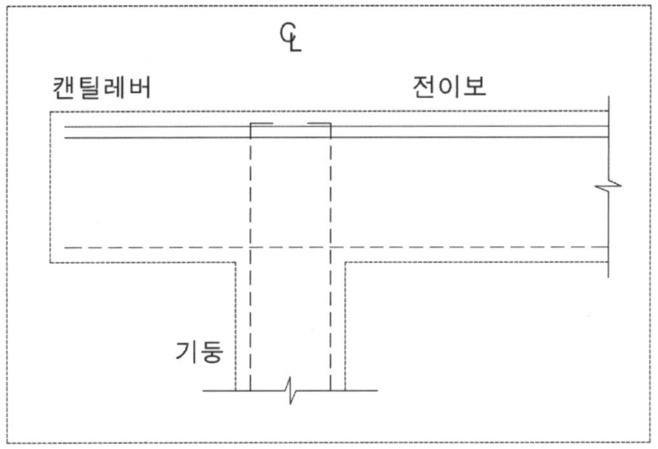

전이보-기둥 접합부 배근도
축척:NONE

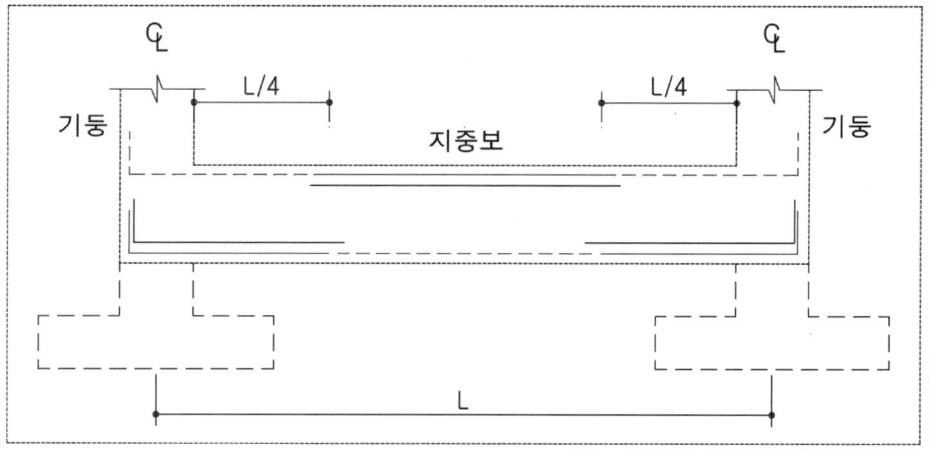

인장철근
압축철근

기둥   L/4   L/4   기둥

지중보

L

지중보 배근도
축척:NONE

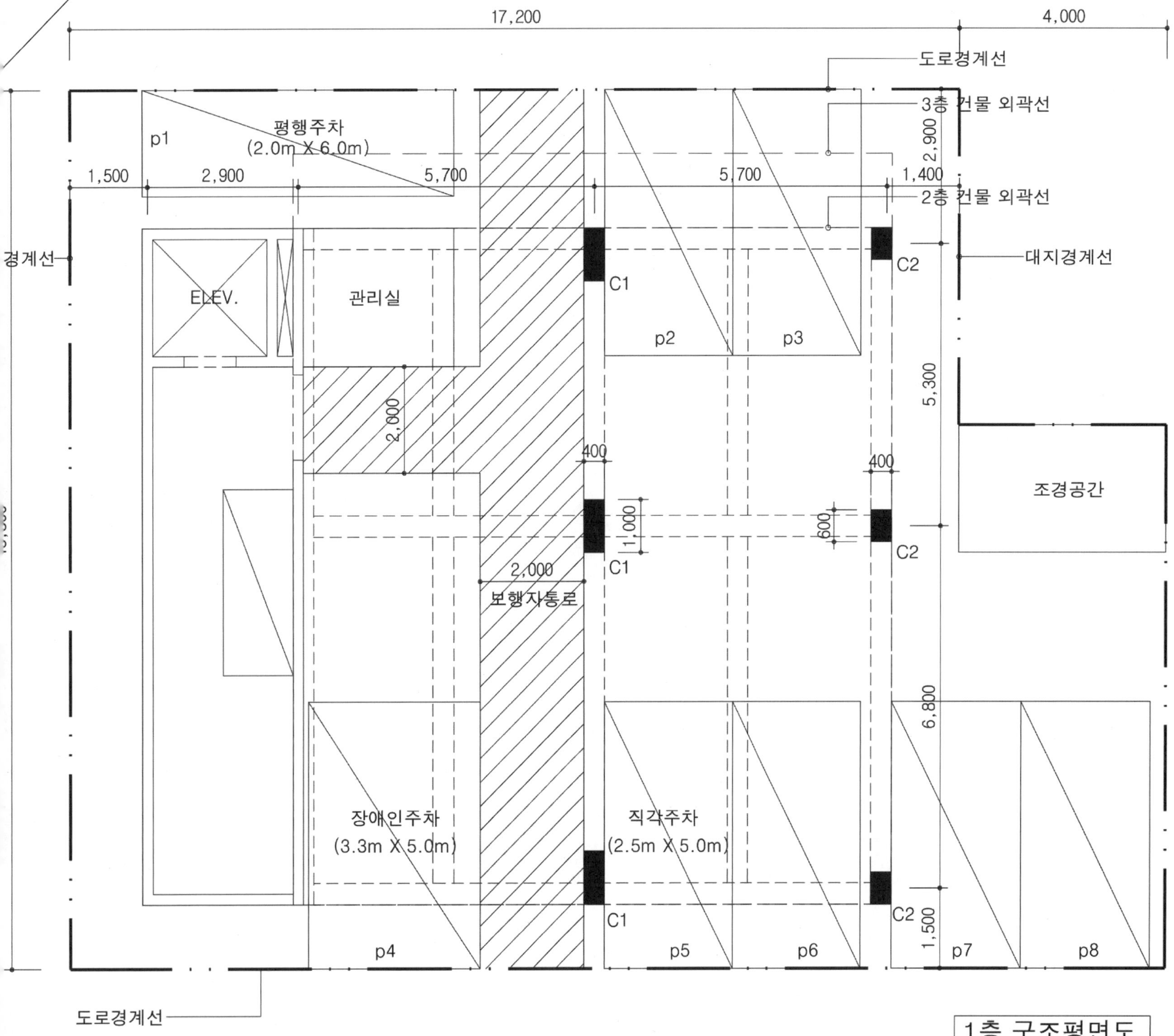

17,200   4,000

도로경계선
3층 건물 외곽선
2,900
2층 건물 외곽선
대지경계선

평행주차
(2.0m X 6.0m)
p1

1,500   2,900   5,700   5,700   1,400

ELEV.   관리실

C1   C2

5,300
p2   p3

2,000

400   400
1,000   600
600
C1   C2

조경공간

2,000
보행자통로

6,800
장애인주차
(3.3m X 5.0m)

직각주차
(2.5m X 5.0m)

C1   C2
1,500
p4   p5   p6   p7   p8

도로경계선

1층 구조평면도
축척:1/100

X

14,300
2,900   5,700   5,700   100

1,400
A   C
1,400
600
A   C1   C   C2

13,900
B   D
4,700
A   C1   C   C2
A   C
600

B   D
6,200
A   C1   C   C2
600
C1   C2
Y

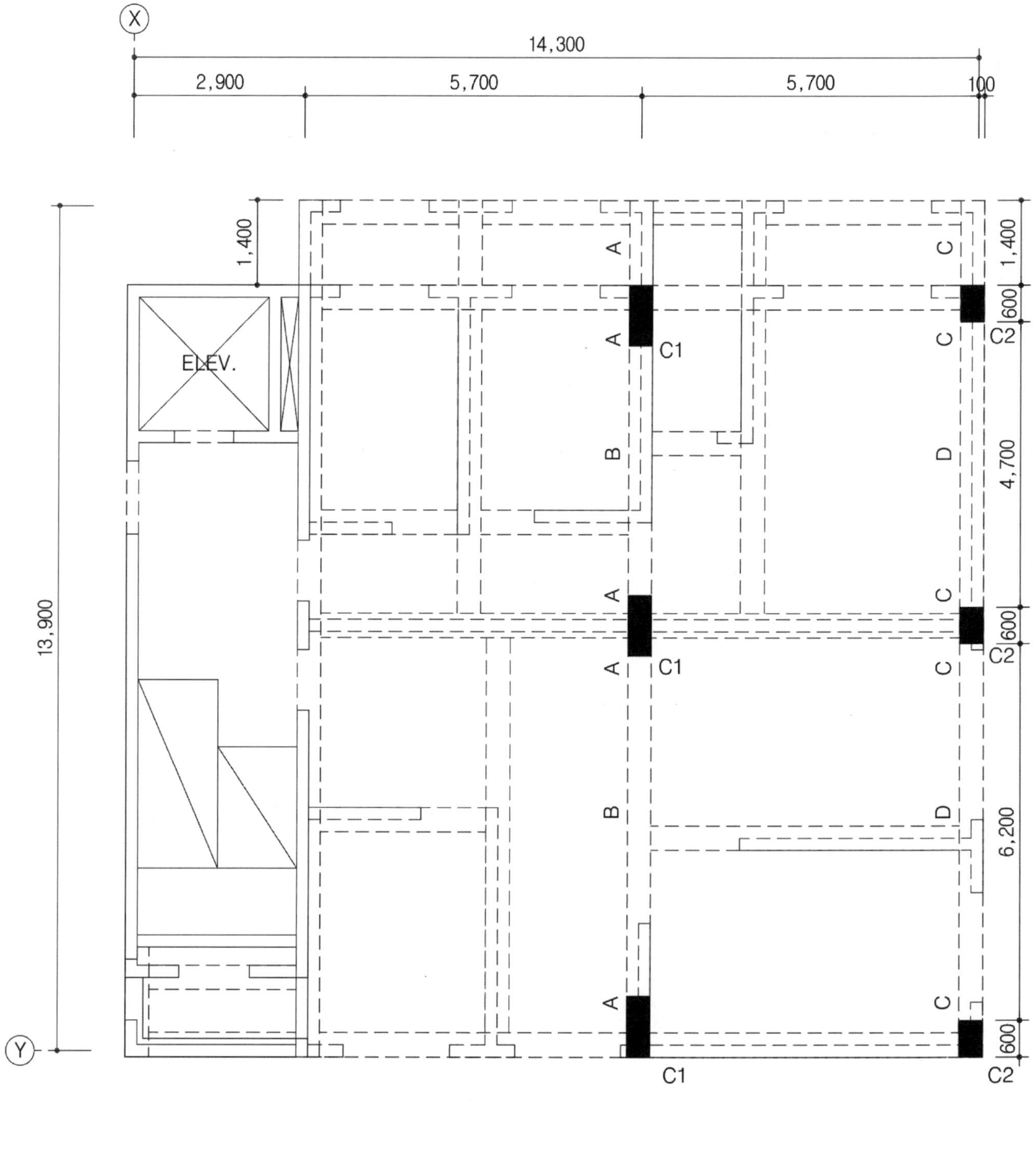

3층 구조평면도
축척:1/100

2-347

구 성 (왼쪽)

1. 제목
- 건축물의 용도 제시 (초등학교 증축건물로 계획적 측면과 기술적 사항을 반영하여 단면 및 설비계획을 작성)

2. 설계 및 계획조건
- 초등학교 평면도 일부 제시
- 평면도에 제시된 절취선을 기준으로 주단면도 및 상세도를 작성
- 설비 및 구조 형식, 마감 등에 대한 구체적인 내용이 제시 됨
- 규모
- 구조
- 기초
- 기둥
- 보
- 슬래브
- 내력벽
- 지하층 옥벽
- 용도
- 바닥 마감레벨
- 층고
- 반자높이
- 단열재 두께
- 외벽 및 실내마감
- 냉·난방 설비
- 위의 내용 등은 단면설계에서 제시되는 내용이므로 반드시 숙지해야 한다.

FACTOR (왼쪽)

① 배점을 확인합니다.
- 60점(단면설계이지만 제시 평면도와 지문을 살펴보면 설비계획+상세도 제시 등으로 난이도가 높음)

② 단면도 및 단면상세도의 범위 및 축척 확인

③ 지하1층, 지상3층 규모 검토(배점60이지만 규모에 비해 작도량은 평이 하나 주어진 조건을 정확히 계획 후 작도해야 한다.)

④ 평면도에 제시된 A-A'를 지시 선을 확인한다.
- 절취선에 의한 단면요소
- 절취선에서 보이는 입면요소 검토

⑤ 설계기준은 구조체, 내·외부 기존 및 증축 마감, 창호, 설비 내용을 제시함

⑥ 수직기준선은 구조체 중심선은 기둥열을 표기한다.

⑦ 수평기준선은 마감면(SL)은 각층 층고 기준레벨을 표기한다.

⑧ 계단설계 기준 제시 (H 150mm, W 300mm)

⑨ 지상1층 층고를 계획하기 위해 계단 범위 내에서 최대한 확보를 해야 층고를 최대한 높일 수 있다.

⑩ 계단의 높이 3m 넘을 경우 1.2m 이상의 참을 중간에 설치 관련 내용을 참고해 계획한다.

⑪ 구조상 주요한 부분에 형강·강판·강관 등의 강재를 사용한 부재를 써서 구성된 구조

지 문 본 문 (가운데)

2023년도 제1회 건축사자격시험 문제

과목: 건축설계2　　제1과제 (단면설계·설비계획)　　배점: 60/100점 ①

제목 : 초등학교 증축 단면설계 및 설비계획

1. 과제개요

초등학교의 기존 교사동과 연결하여 아트리움과 식당동을 증축하고자 한다. 계획적 측면과 기술적 사항을 고려하여 부분단면도와 단면상세도를 작성하시오. ②

2. 건축물 개요

구분	기존 건축물	증축 건축물	
	교사동	아트리움	식당동
규모 ③	지하 1층, 지상 3층	지상 2층	
구조	RC구조	강구조	RC구조

3. 단면설계 조건 및 고려사항 (축척: 1/100)

(1) 제시된 증축개념도와 각층 평면도에 표시된 단면지시선을 기준으로 A-A' 부분단면도를 작성한다.
(2) <표 1>의 설계기준을 적용하며, 표기되지 않은 사항은 임의로 계획한다. ④⑤
(3) 답안지에 제시된 수직기준선은 구조체 중심선이고, 수평기준선의 증축 건축물 부분은 마감면(FL), 기존 건축물 부분은 구조체면(SL)이다. ⑥
(4) 계단설계 기준(단 높이 150mm, 단 너비 280mm)과 평면도에 제시된 레벨을 기준으로 증축부 지상 1층의 층고를 최대로 계획하여 표기한다. ⑧
(5) 계단은 주어진 조건을 고려하여 단수를 계획하고, 난간(투시형)과 손스침을 표현한다. ⑨⑩
(6) 아트리움과 연결계단은 강구조로 설계하고, 기존 건축물과 구조적으로 분리하여 설계한다. ⑪
(7) 아트리움 지붕구조는 증축부 옥상 파라펫에 지지되도록 계획한다. ⑫
(8) 아트리움의 지붕 재료는 유리로 계획하고 차양장치와 향은 고려하지 않는다.
(9) 식당의 천장고는 설비공간을 고려하여 최대 높이로 계획한다. ⑬
(10) 실내조경의 토심은 1m 이상을 확보한다. ⑭

4. 단면상세도 설계조건 (축척: 1/30)

(1) 구조체, 단열, 방수 및 마감재 등의 구성요소를 고려하여 B부분의 단면 상세를 계획한다.
(2) 각 부분 구성요소들의 접합 상세를 표현하고 규격 및 명칭 등을 표기한다.

5. 설비계획 조건 및 고려사항

(1) 단열재는 <표 2>를 참고하여 부위에 따라 적합하게 사용하여 열교현상을 최소화한다.
(2) 단열계획은 외단열을 원칙으로 하며, 기존 건축물은 내단열로 계획한다. ⑮

(3) 지면에 접하는 최하층 바닥은 단열, 방수 및 방습을 고려한다.
(4) 방수는 비노출로 계획하며 세부적인 방수재료와 공법은 임의로 적용한다.
(5) 옥상과 베란다는 배수와 방수를 계획하고 배수구와 배수관을 설치한다. ⑯
(6) 아트리움 상부 우측면에는 기계식 환기장치를 설치한다. ⑰
(7) 방화구획은 고려하지 않는다.

<표 1> 설계기준

구분			규격 및 치수(mm)
RC구조	구조체	슬래브 두께	200
		기둥	400×400
		보(W×D)	400×600
		캔틸레버	-
		테두리보(W×D)	300×600
		벽체 두께	200
		옥상 파라펫(H×D)	1,200×200
		기초(온통기초) 두께	600
강구조		기둥	H형강 300×300
		보, 계단 보	H형강 300×200
외부 마감	기존	외벽	알루미늄 복합판넬
		옥상	보호 모르터 두께 100
		베란다	모르터 위 타일 두께 50
	증축	외벽	알루미늄 복합판넬
		옥상	목재데크 두께 100 (장선포함)
		천장	친환경텍스 두께 12
내부 마감	기존	외벽	석고보드 위 도장
		내벽	모르터 위 도장
		바닥	지상층 목재 플로어링 두께 100 (장선포함)
			지하층 표면강화제
	증축	천장	석고보드 위 도장 두께 25
		벽체	식당동 석고보드 위 도장
			아트리움 삼중유리(안전유리) 두께 32
		바닥	모르터 위 테라조타일 두께 50
		게단	목재 계단판 두께 50
창호			알루미늄 프레임(W×D) 60×(150~200)
			삼중유리 두께 32
냉·난방설비			EHP (W×D×H) 900×900×350

<표 2> 단열재기준 ⑱

등급 분류	단열재 종류
가	압출법보온판 2호
	그라스울 보온판 120K
나	비드법보온판 1종 1호
	그라스울 보온판 32K

건축물의 부위		단열재 등급별 허용 두께(mm)	
		가	나
거실의 외벽	외기에 직접 면하는 경우	190	225
	외기에 간접 면하는 경우	130	155
최상층에 있는 거실의 반자 또는 지붕	외기에 직접 면하는 경우	220	260
	외기에 간접 면하는 경우	155	180
최하층에 있는 거실의 바닥	외기에 직접 면하는 경우	195	230
	외기에 간접 면하는 경우	135	155

FACTOR (오른쪽)

⑫ 지붕층 파라펫 높이는 1.2m 이상 설치해야 한다.

⑬ 천창속 공간은 보+환기덕트+기타 공간 포함해서 결정한다.

⑭ 인공토 표현시 방수+무근 포함한다.

⑮ 열교(Heat Bridge)란 건축물의 어느 한 부분의 단열이 약화되거나 끊김으로 인해 외기가 실내로 들어오는 것을 의미하며, 단열의 방식은 내단열, 중단열, 외단열 등으로 구분할 수 있으나. 열교현상을 최대한 억제하는 방법은 외단열의 채택이다.

⑯ 방수제는 크게 도막 방수제, 침투 발수제, 인젝션, 그라우팅 등의 공법이 있다. 도막 방수제는 옥상의 바닥면 등에 도포하여 도막을 형성하게끔 시공하는 공법이며, 침투 발수제는 적벽돌, 타일, 콘크리트 등 건축물의 외벽에 약제를 도포하여 그 속으로 침투하여 방수하는 공법

⑰ 아트리움 내부 공기를 강제적으로 밖으로 빼주기 위해 상부에 3종 환기장치 등을 표현한다.

⑱ 거실의 외벽, 최상층에 있는 거실의 반자 또는 지붕, 최하층에 있는 거실의 바닥, 바닥난방을 하는 층간 바닥, 거실의 창 및 문 등은 열관류율 기준 또는 단열재 두께 기준을 준수하여야 한다.

⑲ 주요부분의 치수와 치수선은 중요한 요소이기 때문에 반드시 표기한다. (반자높이, 각층레벨, 층고, 건물높이 등 필요시 기입)

⑳ 방수, 방습, 단열, 결로, 채광, 환기, 차음 성능 등은 각 부위에 따라 반드시 표현이 되어야 하는 부분이다.

구 성 (오른쪽)

- 철근콘크리트 및 상부 강구조를 반영
- 내·외부 마감 두께로 인한 강구조 단차 해결 방안 제시
- 장애인 경사로 표현
- 채광방향 및 EHP 표현
- 강봉을 이용하여 상부 구조체에 매달린 구조
- 마감+천장속공간+반자높이를 고려한 지하층 층고 계획
- 처마 및 선홈통 표현
- 열교부위를 고려한 기술적 해결방안 제시
- 장애인을 고려한 계단 계획 반영
- 주출입구 트렌치는 침하방지를 고려

3. 도면작성요령
- 입단면도 표현
- 부분 단면상세도
- 각 실명 기입
- 환기, 채광, 창호의 개폐방향을 표시
- 계단의 단수, 너비, 높이, 난간높이 표현
- 단열, 방수, 마감재임의 반영

4. 유의사항
- 제도용구 (흑색연필 요구)
- 명시되지 않은 사항은 현행 관계법령을 준용

구 성

5. 제시 평면도

- 지하1층 평면도
  - 기존 및 X4열 벽체
  - 단열재+벽체+마감
  - 줄기초 표현
  - 비품창고 바닥 방수+내 단열+무근 콘크리트 표현

- 1층 평면도
  - 기존 창호, 교실창호
  - X4 열 조경토 단차
  - 증축 바닥 방수+무근+ 마감재료 표현
  - 다목적실 바닥레벨
  - 계단길이 확인 후 단 높이, 단너비 고려해 범위 내에서 계단 단수을 고려 해 충고 계획

- 2층 평면도
  - 기존부분 창호 표현
  - 바닥레벨 확인
  - 내.외부 입면 표현
  - 입면 계단은 바닥레벨을 통해 계단 길이 범위에서 단높이, 단너비 표현
  - 기존 및 증축부분 바닥 마 감재료 표현

- 3층 평면도
  - 파라펫, 천창 X5열 창호, 교실 창호 표현
  - 바닥레벨, 마감확인
  - 천창 레벨을 통한 경사방 향 확인

- 지붕층 평면도
  - 기존 옥상 바닥레벨, 파라 펫 표현
  - 배수구 및 배수관

FACTOR

① 지문에 제시한 <보기> 내용은 반드시 친환경요소, 시스템, 방수, 단열 등이 표기되어야 한다.
② <보기> 내용에 따라 도면표현
③ 제시평면도 축척 없음
④ 단면도 절취 영역을 표기
⑤ 증축/기존 영역 E.J 위치 확인
⑥ 각층 바닥레벨은 F.L(마감)기준
⑦ 아트리움 마감 레벨을 통해 경사 방향 확인
⑧ 외부공간 확인 (방수+배수구+배수관 표현)
⑨ 조경 인공토 두께 확인
⑩ 증축 계단 부분 강구조 표현
⑪ 커튼월 형태의 외벽 창호 입면 표현
⑫ 계단 길이 확인 후 계단관련 법규 확인 (3m 넘는 경우 참 설치 여부 확인)
⑬ 기존건물 지붕 파라펫 표현
⑭ 계단을 최대한 이용해 1층 층고 계획
⑮ 레벨 확인 후 계단 길에 맞게 단높이, 단너비 표현
⑯ 제시 평면도에 표기 된 내용 정확히 파 악 후 작도
⑰ 흙에 접한 부분 방수+방습+단열 표현
⑱ 바닥레벨 확인
⑲ 조경 상단 레벨과 식당 바닥레벨 단차 확인 후 표현
⑳ 증축 아트리움 부분 강구조
㉑ 벽체 표현
㉒ 커튼월 형태의 외벽 창호 입면 표현

지 문 본 문

과목: 건축설계2 제1과제 (단면설계·설비계획) 배점: 60/100점

6. 도면작성 기준

(1) 마감면(FL), 구조체면(SL) 및 천장고(CH) 등 주요 부분 치수와 각 실의 명칭을 표기한다. ⑲
(2) 건축물 내부의 입면을 표현한다.
(3) 단열, 방수 및 내·외부 마감의 규격과 재료명 등을 표기한다.
(4) 방수, 환기 및 설비의 표현은 <보기>를 따른다. ⑳
(5) 단위: mm

<보기>

구분	표시 방법	구분	표시 방법
방수	-------	자연환기	〰
EHP	EHP	식당 환기덕트	〜

① ②

7. 유의사항

명시되지 않은 사항은 현행 관계법령의 범위 안에서 임의로 한다.

< 증축개념도 및 부분평면도 > 축척 없음 ③

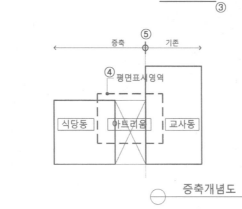

증축개념도

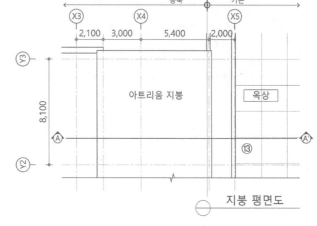

지붕 평면도

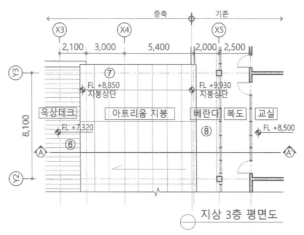

지상 3층 평면도

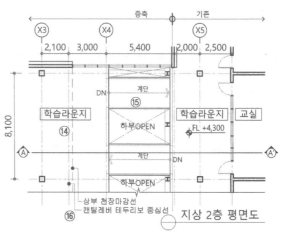

지상 2층 평면도

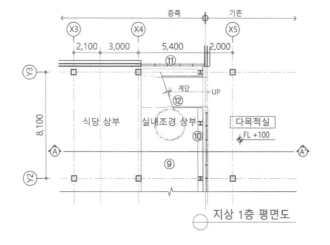

지상 1층 평면도

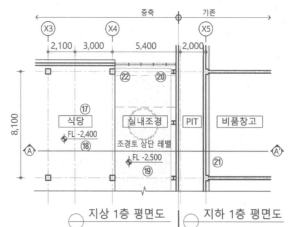

지상 1층 평면도 | 지하 1층 평면도

· 제1과제 : (단면설계+설비계획)
· 배점: 60/100점

2023년 1회 출제된 단면설계의 경우 배점은 100점 중 60점으로 출제되었다. 또한 과제는 단면설계가 제시되었지만 지문 내용 등을 살펴보면 단순히 단면설계만 출제된 것이 아니라 계단설계+상세도+설비+친환경 내용이 포함되어 있는 것을 볼 수 있다.

제목 : 초등학교 증축 단면설계 및 설비계획

1. 과제개요

초등학교의 기존 교사동과 연결하여 아트리움과 식당동을 증축하고자 한다. 계획적 측면과 기술적 사항을 고려하여 부분단면도와 단면상세도를 작성하시오.

– 국민생활에 필요한 가장 기본적인 일반교육을 실시하는 교육 기관 및 시설. 국내에서는 만 6세부터 만12세의 모든 아동을 대상으로 하며, 의무교육으로 규정되어 있다. 국내에서는 1995년부터 '국민학교'라는 단어가 '초등학교'로 변경되어 사용되고 있다.

2. 건축물 개요

구분	기존 건축물	증축 건축물	
	교사동	아트리움	식당동
규모	지하 1층, 지상 3층	지상 2층	
구조	RC구조	강구조	RC구조

서울 양명 초등학교
체육+급식시설

초등학교
교육 아동들에게 기본적인 교육을 실시하기 위한 학교. 현재 우리나라에서는 만 6세의 어린이를 입학시켜서 6년 동안 의무적으로 교육한다. 1995년부터 '국민학교' 대신 쓰이게 되었다.

강 구조
구조상 주요한 부분에 형강·강판·강관 등의 강재를 사용한 부재를 써서 구성된 구조

RC구조
일반적으로 철근콘크리트를 말하며 콘크리트는 시멘트, 잔골재, 굵은 골재를 혼합하여 만들고 RC구조는 콘크리트에 뼈대가 되는 골조에 철근을 사용하는 구조를 의미

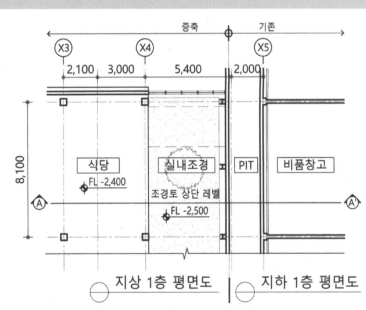

지상 1층 평면도 | 지하 1층 평면도

▶ 지하1층 평면도

· 기존 및 증축 바닥레벨 확인 후 반영
· 조경 바닥레벨 확인
· PIT 벽체, X5열 벽체 확인
· 기둥 400 × 400, 보의 크기 : 400 × 600 이기 때문에 기둥중심에 보가 표현되어야 한다.
· 식당 내부 기둥, 실내조경에 접한 창호 입면 표현
· 지문 확인 후 바닥 마감재료 기입
· 내·외부 입면 확인 후 표현

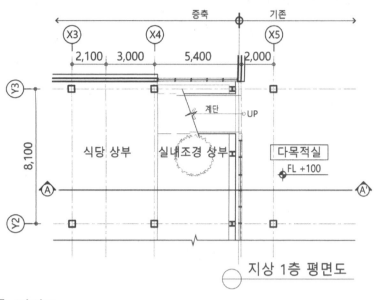

지상 1층 평면도

▶ 지상1층 평면도

· 기존 지상1층 바닥 레벨 FL:+100
· 기존과 증축 부분 창호 표현
· 천장속 공간 확인 후 반자 높이 표기
· 지문 확인 후 바닥 마감재료 기입
· 증축 건물 2층 바닥과 기존 지상 1층 바닥을 연결하는 계단계획
· 계단의 길이 및 층고를 통해 단너비, 단높이 고려
· 내·외부 입면 확인 후 표현

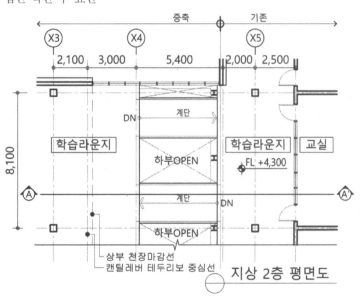

상부 천장마감선
캔틸레버 테두리보 중심선

지상 2층 평면도

▶ 지상2층 평면도

· 기존 지상2층 바닥 레벨 FL:+4,300
· 증축 지상2층 바닥 레벨은 계단 범위 내에서 최대한 계획 후 이에 맞는 층고를 적용한다.
· 기존건물 학습라운지에 접한 창호 표현
· 천장속 공간 확인 후 반자 높이 표기
· 지문 확인 후 바닥 마감재료 기입
· 증축 건물 2층 바닥과 기존 지상 2층 바닥을 연결하는 계단계획
· 계단의 길이 및 층고를 통해 단너비, 단높이 고려
· 내·외부 입면 확인 후 표현

다목적실

다양한 용도로 사용하기 위해 만든 공간

식당

구내식당에서 제공하는 음식. 일반적으로 음식은 다량으로 조리하여 급식한다.

학습라운지

교실

교실(敎室)은 학교에서 주로 수업에 쓰는 방이다. 책상, 의자, 칠판 등이 안에 있다.

옥상데크

지붕층 바닥에 목재 마감등을 설치하여 주변 전망 좋은 곳을 관찰하기 위해 설치한 곳

아트리움 지붕

고대 로마 건축에서 설치된 넓은 마당. 보통 지붕이 없으나 지붕이 있는 경우에는 지붕의 가운데에 창구멍을 내고 바닥에는 빗물을 받는 직사각형의 연못을 설치한다.

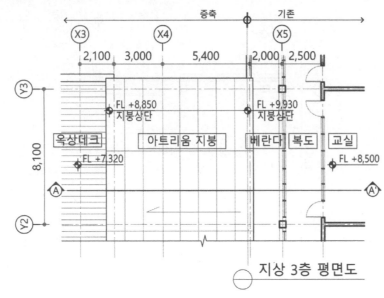

지상 3층 평면도

▶ 지상3층 평면도

- 기존 지상3층 바닥 레벨 FL:+8,500
- 증축 지상3층 바닥 레벨 FL:+7,320
- 아트리움 레벨 확인 후 적용
- 증축건물 옥상데크 파라펫, 천창, X5열 증축분분 복도에 접한 창호, 교실 창호 표현
- 기존과 증축 계단 부분 E.J 표현
- 1층 반자 높이 및 천장 속 공간 확인 후 2층 바닥 레벨 결정
- 내·외부 입면 확인 후 표현

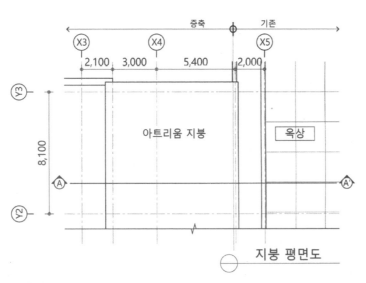

지붕 평면도

▶ 지붕층 평면도

- 기존 건물 지붕 바닥 레벨 FL:+12,600 적용
- 파라펫, OPEN 트렌치, 배수 구 및 선홈통 표현
- 파라펫 높이는 최소 1,200mm 이상 확보
- 내·외부 입면 확인 후 표현

▶ 층고계획

- 증축 바닥 SL, 기존 바닥 마감 레벨은 SL이므로 제시된 조건 확인
- 층고 결정을 위해 반자높이+마감+보+기타 설비 공간 등을 확인
- 지하1층~지상2층까지 층고를 기준으로 개략적인 단면의 형태 파악
- 기존 1층 바닥과 증축을 연결하는 계획 계획을 통해 증축1층 층고를 결정해야 한다.
- 기존 바닥은 SL이므로 마감재료는 UP표현
  증축 바닥은 FL이므로 마감재료는 DN표현 되므로 정확한 이해가 필요하다.
- 마감재료 등에 따라 슬래브 DOWN

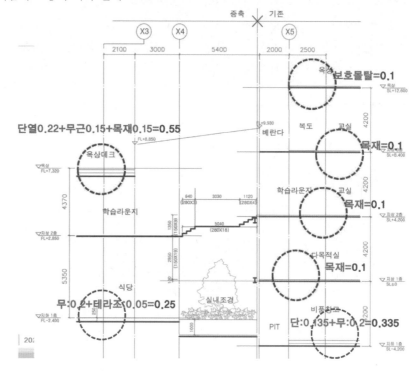

각 층별 슬래브 형태

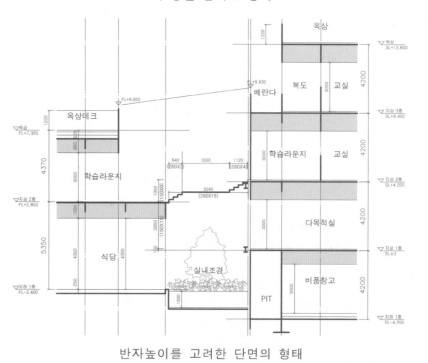

반자높이를 고려한 단면의 형태

반자높이

① 거실(법정) : 2.1m 이상
② 사무실 : 2.5~2.7m
③ 식당 : 3.0m 이상
④ 회의실 : 3.0m 이상
⑤ 화장실 : 2.1~2.4m

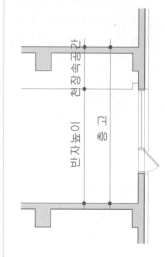

기초의 형태 분류

(a) 독립기초

(b) 연속기초

(c) 온통(매트)기초

(d) 파일기초

교실 바닥마감

계단

사람이 오르내리기 위하여 건물이나 비탈에 만든 층층대

종류	설치기준
계단참	높이 3m 마다 너비 1.2m 이상의 계단참을 설치
난간	양옆에 난간을 설치
중간난간	계단의 중간에 너비 3m 이내마다 난간을 설치
계단의 유효높이	2.1m 이상으로 할 것

투시형난간

철재

강화유리

3. 단면설계 조건 및 고려사항

(1) 제시된 층별 부분평면도에 표시된 단면 지시선을 기준으로 A-A' 부분단면도를 작성한다.

(2) <표1>의 설계기준을 적용하며, 표기되지 않은 사항은 임의로 계획한다.

(3) 답안지에 제시된 수직기준선은 구조체 중심선이고, 수평기준선은 마감면(FL)이다.

〈수평기준〉

• 제시된 각층 바닥레벨인 FL 및 SL 기준으로 한다.
• 답안 작성 용지에 각층 바닥레벨이 표기됨
• 일반적으로 수평 기준은 층고를 의미함

〈수직기준〉

• 제시된 각층 버블 기준은 기둥 준심선을 기준으로 한다.
• 답안 작성 용지에 기둥 중심선이 표기됨
• 일반적으로 수직기준은 기둥 중심선을 의미함

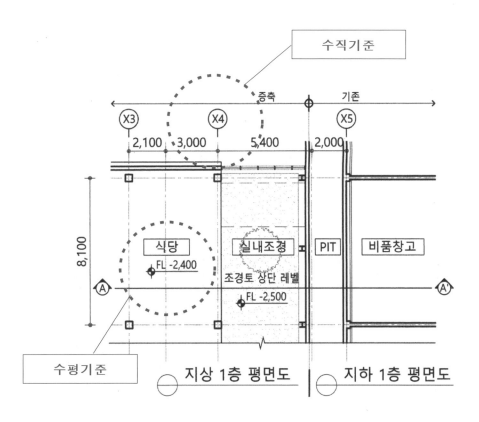

지상 1층 평면도 | 지하 1층 평면도

(4) 계단설계 기준(단 높이 150mm, 단 너비 280mm)과 평면도에 제시된 레벨을 기준으로 증축부 지상 1층의 층고를 최대로 계획하여 표기한다.

(5) 계단은 주어진 조건을 고려하여 단수를 계획하고, 난간(투시형)과 손스침을 표현한다.

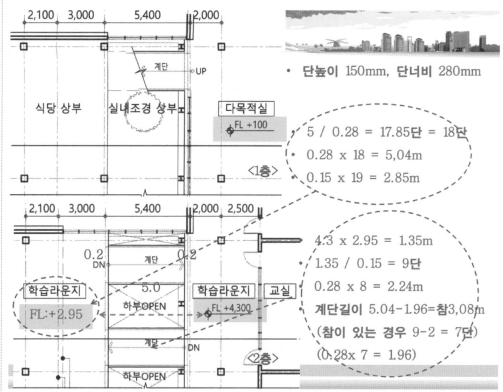

• 단높이 150mm, 단너비 280mm

5 / 0.28 = 17.85단 = 18단
0.28 x 18 = 5.04m
0.15 x 19 = 2.85m

4.3 x 2.95 = 1.35m
1.35 / 0.15 = 9단
0.28 x 8 = 2.24m
계단길이 5.04-1.96=참3.08m
(참이 있는 경우 9-2 = 7단)
(0.28x 7 = 1.96)

증축 1층 층고 계획

〈계단 계획〉

• 계단 길이 5,400mm 범위 이내 계획이 되어야 한다.
• 계단 단높이 150mm, 단너비 280mm 지문에 제시 됨
• 계단이 최대한 높일 수 있는 높이는 3.0m 이하로 해야 하며, 넘는 경우 법적으로 참을 설치해야 하기 때문이다.
• 평면도 확인 후 범위를 보면 벽체 중심에서 안쪽으로 계획되어 있는 것을 볼 수 있기 때문에 5,400mm 이내에서 계획
• 계단이 최대 길이는 단너비 280mm × 18단 = 5,040mm 가 되어야 하기 때문에 단높이는 19단인 150mm × 19단 = 2,850mm가 최대한 확보할 수 있는 높이 이다.

기초의 종류

독립기초

줄기초

온통기초

온통기초

기둥 및 보

방수 공법

[액체방수]
모르타르에 액체로 된 방수제를 섞어서 방수 효과를 내는 일

[도막방수]
도료상의 방수재를 바탕면에 여러 번 칠하여 상당한 살두께의 방수막을 만드는 방수법

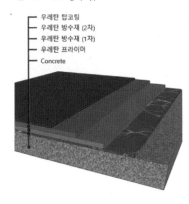

[복합방수]
방수재료의 취약점을 보완하고 방수성능을 향상시키기 위해 2가지 이상의 방수재료를 사용하여 방수층을 형성하는 구법

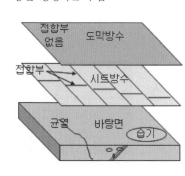

---

(6) 아트리움과 연결계단은 강구조로 설계하고, 기존 건축물과 구조적으로 분리하여 설계한다.

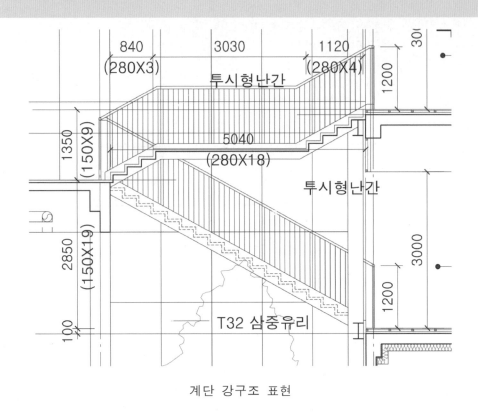

계단 강구조 표현

(7) 아트리움 지붕구조는 증축부 옥상 파라펫에 지지되도록 계획한다.

(8) 아트리움의 지붕 재료는 유리로 계획히고 치양장치와 향은 고려하지 않는다.

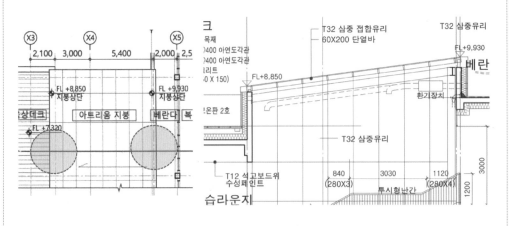

아트리움 지붕 파라펫 표현

---

(9) 식당의 천장고는 설비공간을 고려하여 최대 높이로 계획한다.

(10) 실내조경의 토심은 1m 이상을 확보한다.

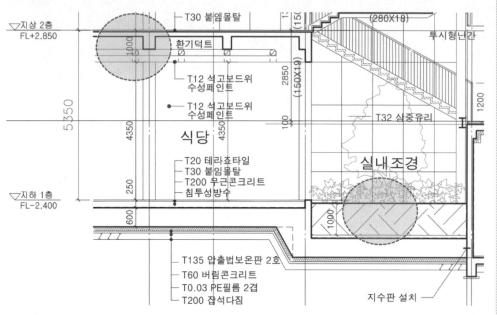

식당 환기덕트 및 인공토 표현

4. 단면상세도 설계조건 (축척: 1/30)

(1) 구조체, 단열, 방수 및 마감재 등의 구성요소를 고려하여 B부분의 단면 상세를 계획한다.

(2) 각 부분 구성요소들의 접합 상세를 표현하고 규격 및 명칭 등을 표기한다.

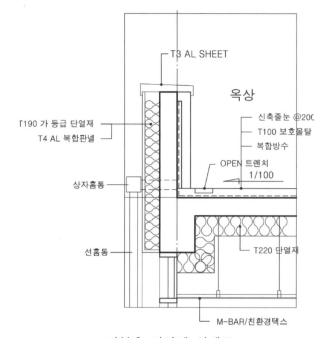

지붕층 파라펫 상세도

실내조경

인공토는 입자의 크기에 따라 육성용 과 배수용으로 구분되나 유통되는 것, 대부분이 육성용을 사용한다.

냉·난방 설비

- EHP (천장매입형) 크기 : 900×900×350(H)

AL 복합패널

강구조 계단

구조용 강관을 주 구조재로 하는 강구조 단면에 방향성이 없고 뒤틀림에 강하기 때문에 기둥, 보의 주 재료 및 평면트러스, 입체트러스로 이용되며, 다양한 접합법이 제안되어 있음.

목재데크

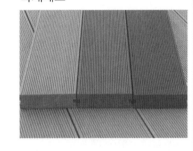

테라죠 타일

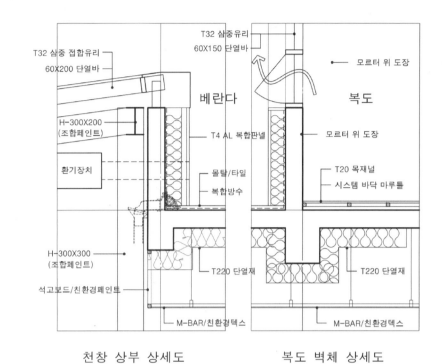

천창 상부 상세도   **복도 벽체 상세도**

5. 설비계획 조건 및 고려사항

(1) 단열재는 <표2>를 참고하여 부위에 따라 적합하게 사용하여 열교현상을 최소화 한다.
(2) 단열계획은 외단열을 원칙으로 하며, 기존 건축물은 내단열로 계획한다.
(3) 지면에 접하는 최하층 바닥은 단열, 방수 및 방습을 고려한다.
(4) 방수는 비노출로 계획하며 세부적인 방수재료와 공법은 임의로 적용한다.

외단열   **중단열**   **내단열**

외부 / 내부   외부 / 내부   외부 / 내부

단열재 위치

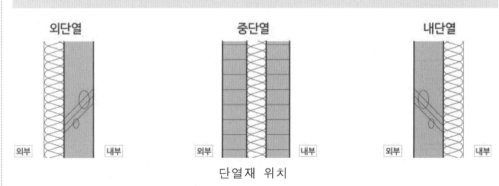

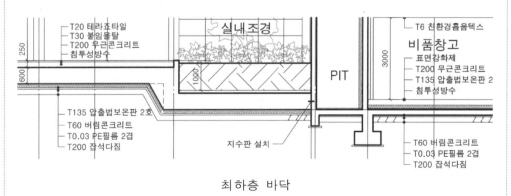

최하층 바닥

(5) 옥상과 베란다는 배수와 방수를 계획하고 배수구와 배수관을 설치한다.
(6) 아트리움 상부 우측면에는 기계식 환기장치를 설치한다.
(7) 방수구획은 고려하지 않는다.

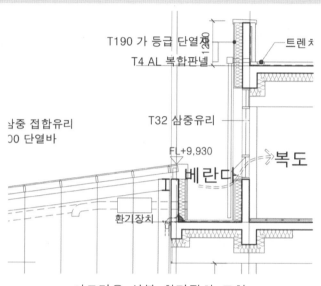

아트리움 상부 환기장치 표현

자연환기

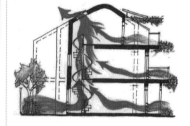

알루미늄 프레임

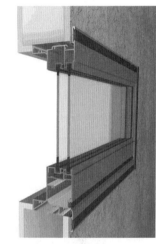

환기장치

<표1> 설계기준

구분			규격 및 치수(mm)
구조체	RC구조	슬래브 두께	200
		기둥	400×400
		보(W×D)	400×600
		캔틸레버	300×600
		테두리보(W×D)	
		벽체 두께	200
		옥상 파라펫(H×D)	1,200×200
		기초(온통기초) 두께	600
	강구조	기둥	H형강 300×300
		보, 계단 보	H형강 300×200
외부마감	기존	외벽	알루미늄 복합판넬
		옥상	보호몰탈 두께 100
		베란다	모르타 위 타일 두께 50
	증축	외벽	알루미늄 복합판넬
		옥상	목재데크 두께 100 (장선포함)
내부마감	기존	천장	친환경텍스 두께 12
		벽체	석고보드 위 도장
		내벽	모르터 위 도장
		바닥 지상층	목재 플로어링 두께 100 (장선포함)
		바닥 지하층	표면강화제
	증축	천장	석고보드 위 도장 두께 25
		벽체 식당동	석고보드 위 도장
		벽체 아트리움	삼중유리(안전유리) 두께 32
		바닥	모르터 위 테라조타일 두께 50
		계단	목재 계단판 두께 50
창호		알루미늄 프레임(W×D)	60×(150~200)
		삼중유리	두께 32
냉·난방설비		EHP (W×D×H)	900×900×350

〈건축물의 에너지절약
설계기준〉

– 시행 2016. 1. 11

[별표3] 단열재의 두께

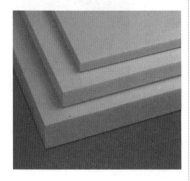

〈표2〉 단열재기준

등급 분류	단열재 종류
가	압출법보온판 2호
	그라스울 보온판 120K
나	비드법보온판 1종 1호
	그라스울 보온판 32K

건축물의 부위		단열재 등급별 허용 두께(mm)	
		가	나
거실의 외벽	외기에 직접 면하는 경우	190	225
	외기에 간접 면하는 경우	130	155
최상층에 있는 거실의 반자 또는 지붕	외기에 직접 면하는 경우	220	260
	외기에 간접 면하는 경우	155	180
최하층에 있는 거실의 바닥	외기에 직접 면하는 경우	195	230
	외기에 간접 면하는 경우	135	155

6. 도면작성 기준

(1) 마감면(FL), 구조체면(SL) 및 천장고(CH) 등 주요 부분치수와 각 실의 명칭을 표기한다.

(2) 건축물 내부의 입면을 표현한다.

(3) 단열, 방수 및 내·외부 마감의 규격과 재료명등을 표기한다.

(4) 방수, 환기 및 설비의 표현은 〈보기〉를 따른다.

(5) 단위 : mm

구분	표시 방법	구분	표시 방법
방수	-------	자연환기	〰
EHP	EHP	식당 환기덕트	◯

7. 유의사항

(1) 제도는 반드시 흑색연필로 한다.

(2) 명시되지 않은 사항은 현행 관계법령의 범위 안에서 임의로 한다.

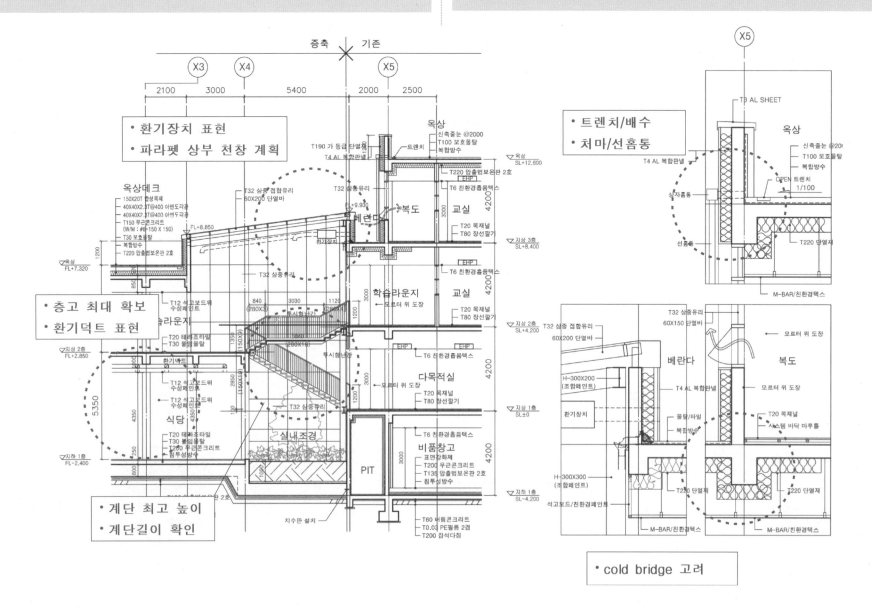

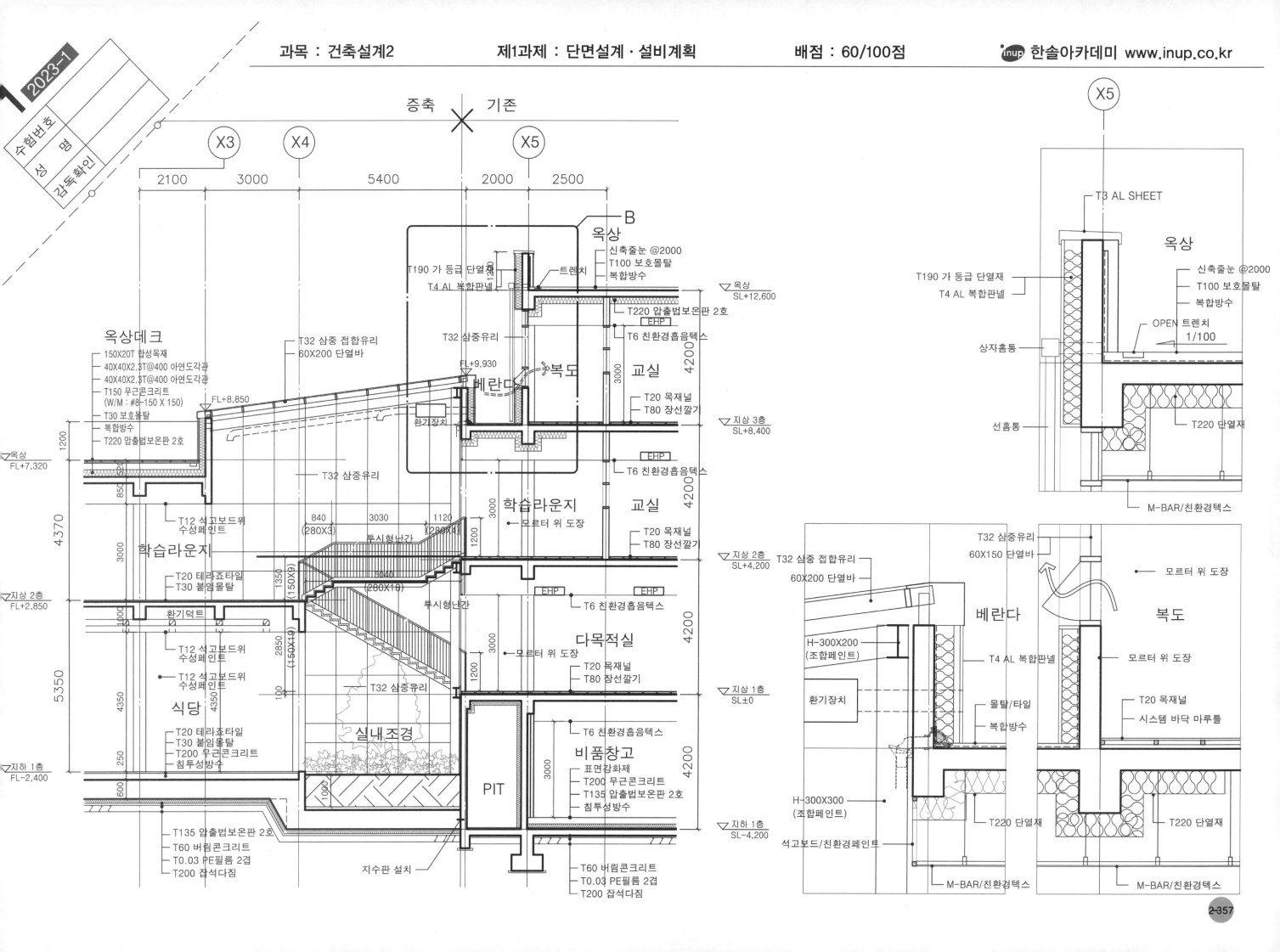

왼쪽 구성

■ 제목
건물용도제시

1. 과제개요
- 구체적 용도
- 증축
- 과제도면

2. 계획조건
- 규모, 층고, 지붕형태
- 증축 건축물 구조 적용 사항
  · 구조형식: 지붕과 2층바닥 이하 구분
  · 적용하중: 지붕과 2층의 고정, 활하중
  · 재료강도: 강재, 콘크리트
  · 부재:
    기둥 → H형강
    슬래브 → 데크플레이트 (두께)
    지붕 중도리 → 목재
    지붕가새 → 강봉
  · 설비공간 치수 제시
- <표 1> 보 단면 기호 및 치수 → H형강
- <표 2> 트러스 부재 단면 기호 및 치수 → 집성목과 강봉

3. 고려사항
- 공통사항
  · 합리적 계획
  · 기존 건축물의 구조형식 (계단실 벽체)
  · 기존 건축물 : 증축으로 인한 중력방향 하중 증가에 대하여 보강 여부
  · 부재 단면 계획 시 횡력 고려 여부

왼쪽 FACTOR

① 배점확인
3교시 배점비율에 따라 과제 작성시간 배분

② 제목(용도)
근린생활시설 증축 구조계획

③ 문제유형
증축, 근린생활시설(카페)
모듈계획형

④ 과제도면 ← 답안작성용지 확인
2층 구조평면도, 지붕 구조평면도
트러스 입면도

⑤ 계획 기본사항 : 2층 규모, 층고, 박공지붕

⑥ 증축 건축물 구조 적용 사항:
- 구조형식 : 지붕 → 트러스
  2층 바닥 이하 → 강구조
- 적용하중 : 지붕, 2층 → 고정, 활하중
- 부재 : 기둥 → H-400×400
  슬래브 → 데크플레이트 (두께 200)
  지붕 중도리 → 목재 150×200
  지붕가새 → 강봉 Φ-20
- 설비공간 : 보 밑 300 확보 ← H형강 크기

⑦ <표1> 보 단면 기호 및 치수
A~D → H형강 4개

⑧ <표2> 트러스 부재 단면 기호 및 치수
L, M ← 집성목 2개
S → 강봉

⑨ 기존 건축물 → 제시도면 확인
- 철근콘크리트 구조
- 계단실 벽체 : 전단벽

⑩ 기존건축물 : 증축으로 인한 중력방향 하중 증가에 대하여 보강된 것으로 가정
→ 지붕 트러스 지지와 연계

⑪ 부재단면 계획 시 횡력은 고려하지 않는다. ← 기둥, 보

가운데 지문 본문

2023년도 제1회 건축사자격시험 문제

과목: 건축설계2   제2과제 (구조계획)   배점: 40/100점 ①

제 목 : 근린생활시설 증축 구조계획 ②

1. 과제개요

③ 기존 건축물 사이에 근린생활시설(카페)을 증축하고자 한다. 계획적 측면과 구조적 합리성을 고려하여 2층 구조평면도, 지붕 구조평면도 및 트러스 입면도를 작성하시오. ④

2. 계획조건

(1) 계획 기본사항 ⑤

층	층고 (단위: m)		비고 (단위: m)
	기존 건축물	증축 건축물	
2층	3.6	3.6	최고높이 G.L. +10.2
1층	3.6	3.6	처마높이 G.L. +7.2

(2) 증축 건축물 구조 적용 사항 ⑥

구분		적용 사항
구조 형식	지붕	트러스
	2층 바닥 이하	강구조
적용 하중	지붕	고정하중 1.0kN/m², 활하중 1.0kN/m²
	2층	고정하중 4.0kN/m², 활하중 3.0kN/m²
	재료	강재 SS275, 콘크리트 f_ck=30MPa

구분		적용 사항 (단위: mm)
부재	기둥	H-400×400
	슬래브	데크플레이트 (두께 200)
	지붕 중도리	목재 150×200
	지붕 가새	강봉 Φ-20
	설비 공간	보 밑 300 확보

<표 1> 보 단면 기호 및 치수 (단위: mm) ⑦

기호	A	B	C	D
치수	H-600×200	H-500×300	H-400×200	H-200×100

<표 2> 트러스 부재 단면 기호 및 치수 (단위: mm) ⑧

기호	L	M	S
부재 단면	집성목 150×300	집성목 150×150	강봉 Φ-30

주) 제시된 부재 단면은 개략적 해석결과를 반영한 값이다.

3. 고려사항

(1) 공통사항

① 구조 부재는 경제성, 시공성 및 공간 활용성 등을 고려하여 합리적으로 계획한다.

② 기존 건축물은 철근콘크리트 구조이고, 계단실 벽체는 전단벽으로 되어 있다.

③ 기존 건축물은 증축으로 인한 중력방향 하중 증가에 대하여 보강된 것으로 가정한다. ⑩

④ 부재 단면 계획 시 횡력은 고려하지 않는다. ⑪

(2) 증축 건축물의 기둥 구조계획 ⑫

① 기둥은 2층 바닥 증축부를 지지하는 4개만 둔다.

② 기둥 중심간 거리는 10m 이하로 한다.

③ 기둥은 서비스통로와 보행통로(각 폭 3m 확보)를 방해하지 않도록 계획한다.

(3) 증축 건축물의 2층 바닥 구조계획 ⑬

① 바닥 증축부는 기존 건축물과 구조적으로 분리한다.

② 바닥 증축부는 서비스통로 및 보행통로의 유효높이가 2.6m 이상 확보되도록 계획한다.

③ 캔틸레버는 바닥 증축부 한 면에만 계획하며, 내민길이는 2.5m 이하로 한다.

④ 데크플레이트의 지지거리는 3.5m 이하로 하며, 전체적으로 한 방향으로만 사용한다.

⑤ 증축 건축물 전·후면 2층 바닥 높이에는 기존 건축물에 지지되는 외장재 설치용 보를 계획한다.

(4) 증축 건축물의 지붕 트러스 구조계획 ⑭

① 증축 건축물의 지붕은 기존 건축물에 지지되는 트러스로 계획한다.

② 트러스는 3m 간격으로 7개를 계획하며, 모든 트러스의 기하학적 형태는 동일하다.

③ 측면부 트러스는 목조 트러스로 계획한다.

④ 중간부 트러스는 하부 개방감을 위하여 목재와 강봉을 사용한 트러스로 계획한다.

⑤ 트러스의 상·하현재 이외 부재(수직재 및 경사재)의 전체 개수는 3~5개로 하고, 각 수직재 및 경사재의 길이는 3m 이하로 한다.

⑥ 지붕마감재 지지를 위한 중도리 간격은 3m 이하로 한다.

⑦ 지붕면의 비틀림 방지를 위한 가새를 계획한다.

(5) 기존 건축물의 내진 구조계획 ⑮

① 기존 각 건축물은 횡하중 작용 시 비틀림이 최소화되도록 전단벽(두께 200mm)을 증설한다.

② 각 건축물의 증설 전단벽은 한 경간에만 설치하며, 1층과 2층이 연속되도록 계획한다.

4. 도면작성요령

(1) 2층 구조평면도 ⑯

① 보 기호는 <표 1>에서 선택하여 부재 옆에 표기한다.

② 1층 기둥은 강축과 약축을 고려하여 표기한다.

③ 부재 간 접합부는 강접합과 힌지접합으로 구분하여 표기한다.

④ 데크플레이트의 골방향을 표기한다.

⑤ 증설 전단벽을 표기한다.

오른쪽 FACTOR

⑫ 증축 건축물의 기둥계획
- 기둥 : 2층 바닥 증축부를 지지하는 4개
- 중심간 거리 10m 이하
- 기둥 : 서비스통로와 보행통로(각 폭 3m 확보)를 방해하지 않도록 계획

⑬ 증축 건축물의 2층 바닥 구조계획
- 기존 건축물과 구조적으로 분리
- 서비스통로 및 보행통로로 유효높이 2.6m 이상 확보 ↔ 철골보 크기 적용 필요
- 캔틸레버 : 바닥 증축부 한 면에만 계획 내민길이는 2.5m 이하
- 데크플레이트 지지거리 3.5m 이하 전체적으로 한 방향만 사용
- 전·후면 2층 바닥 높이에는 건축물에 지지되는 외장재 설치용 보 계획

⑭ 증축 건축물의 지붕 트러스 구조계획
- 기존건축물에 지지되는 트러스 계획
- 트러스 3m 간격으로 7개, 기하학적 형태 동일
- 측면부 트러스 : 목조트러스
- 중간부 트러스 : 목재와 강봉 사용 트러스
- 트러스 수직재 및 경사재는 3~5개, 각 수직재와 경사재 길이 3m 이하
- 중도리 간격 3m 이하
- 지붕면 가새 계획

⑮ 기존 건축물의 내진 구조계획
- 횡하중 작용 시 비틀림 최소화 → 전단벽 증설
- 각 건축물의 증설 전단벽은 한 경간에 설치 1층과 2층이 연속되도록 배치

⑯ 2층 구조평면도
- 보 기호 <표1>에서 선택 표기
- 1층기둥 : 기둥 강축과 약축 고려 표기
- 부재간 접합부 : 강접합과 힌지접합 구분하여 표기
- 데크플레이트의 골방향 표기
- 증설전단벽 표기

⑰ 지붕 구조평면도
- 트러스 부재, 지붕 중도리 및 지붕가새 표기
- 강접합과 힌지접합 구분 표기

오른쪽 구성

- 증축 건축물의 기둥 구조계획
  · 2층 바닥 증축부지지 기둥 개수
  · 기둥 중심간 거리 제한
  · 서비스통로와 보행통로 폭 치수확보 제시

- 증축 건축물의 2층 바닥 구조계획
  · 기존 건축물와 구조적 분리여부
  · 서비스통로 및 보행통로의 유효높이
  · 캔틸레버 바닥 증축부 면 수에 대한 제한 내민길이의 제한
  · 데크플레이트 지지거리와 방향 제한
  · 외장재 설치용 보 계획 위치와 방법 제시

- 증축 건축물의 지붕 트러스 구조계획
  · 트러스 지지 위치
  · 트러스 간격과 개수 제한, 기하학적 형태
  · 측면부 트러스와 중간부 트러스 계획
  · 트러스 수직재 및 경사재의 개수와 길이제한
  · 중도리 간격 제한
  · 지붕가새 설치여부

- 기존 건축물의 내진 구조계획
  · 횡하중 작용 시 전단벽 증설 목적
  · 증설전단벽의 개소와 계획방법 제시

구 성 (left column)

- 트러스 입면도
  - 트러스부재기호 표기
- 공통사항
- 도면표기

5. 유의사항
- 현행 관계법령 적용

〈평면 및 단면개념도〉
: 제시도면

FACTOR (second column)

⑱ 트러스입면도
측면부와 중간부 트러스 구분, 〈표 2〉에서 선택 표기

⑲ 공통사항
- 축선, 치수 및 기호를 표기
- 〈보기〉을 참조하여 표기
- 단위 : mm

⑳ 〈보기〉 도면표기 : 구조부재의 표기방법 제시함.(중요)

제시도면 분석
- 1층 평면개념도, 2층 평면개념도, 지붕개념도, A-A',B-B' 단면개념도 확인
- 치수확인
- 1층 서비스통로와 보행통로 확인
- 2층 바닥 증축부 확인
- 지붕 측면부 트러스 위치 확인

지 문 본 문 (center)

과목: 건축설계2   제2과제 (구조계획)   배점: 40/100점

(2) 지붕 구조평면도 ⑰
① 트러스 부재(상현재 기준), 지붕 중도리 및 지붕 가새를 표기한다.
② 부재 간 접합부는 강접합과 힌지접합으로 구분하여 표기한다.
(3) 트러소 입면도 ⑱
트러스 부재 기호는 측면부와 중간부 트러스를 구분하여 〈표 2〉에서 선택하여 부재 옆에 표기한다.
(4) 공통사항 ⑲
① 도면에 축선, 치수 및 기호를 표기한다.
② 도면 표기는 〈보기〉를 참조한다.
③ 단위: mm

〈보기〉 도면 표기 ⑳

강재 기둥	Ⅰ Ｈ	강재 보, 강봉, 중도리, 가새	——
트러스 목재 부재 (입면도)	═══	트러스 목재 부재 (구조평면도)	═══
강접합 (목재, 강재)	▶	힌지접합 (목재, 강재)	○
데크플레이트 골방향	←	증설 전단벽	■■

5. 유의사항
명시되지 않은 사항은 현행 관계법령의 범위 안에서 임의로 한다.

〈 평면 및 단면개념도 〉 축척 없음

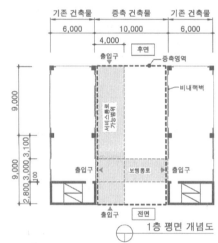
1층 평면 개념도

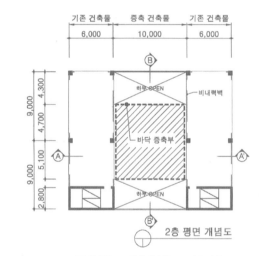
2층 평면 개념도

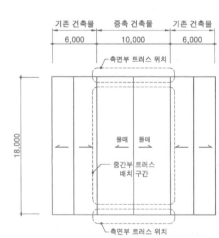
지붕 개념도

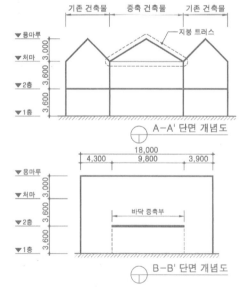
A-A' 단면 개념도

B-B' 단면 개념도

구 성 (right column)

4. 도면작성 기준
→ 과제확인

- 2층 구조평면도 작도 시 표기할 요소들
  - 보 기호와 표기방법제시
  - 기둥 강축과 약축 표기
  - 강접합과 힌지접합 구분 표기
  - 데크플레이트의 골방향 표기
  - 증설 전단벽 표기

- 지붕 구조평면도 작도 시 표기할 요소들
  - 트러스 부재, 지붕 중도리 및 지붕가새 표기
  - 강접합과 힌지접합 구분 표기

1 모듈확인 및 부재배치

1. 모듈확인

증축
모듈계획형
주어진 1층, 2층, 지붕 평면도 및 단면개념도와 답안작성용지 확인
과제확인 – 2층 구조평면도, 지붕 구조평면도
　　　　　측면부 트러스 입면도, 중간부 트러스 입면도

- 제목: 근린생활시설 증축 구조계획

① 제시한 평면 및 단면개념도 분석
- 1층, 2층 및 지붕층 평면 및 단면 개념 : 기존 건축물과 증축 건축물 확인 (증축영역)
- 서비스통로, 보행통로, 출입구, 2층 바닥 증축부, 측면부 트러스, 중간부 트러스 배치 구간 확인

② 구조형식 : 강구조(2층), 트러스(지붕)

③ 모듈과 연계된 지문찾기
- 1층 보행통로 확보와 2층 바닥 증축부(전면측)을 비교하여 기둥계획과 연계 ↔ 캔틸레버 보 적용
- 2층 증축 바닥은 기존 건축물과 구조적 분리하고 기둥 4개로 지지, 기둥 중심간 거리는 10m 이하
- 트러스는 3m 간격으로 7개 계획(기하학적 형태는 동일)

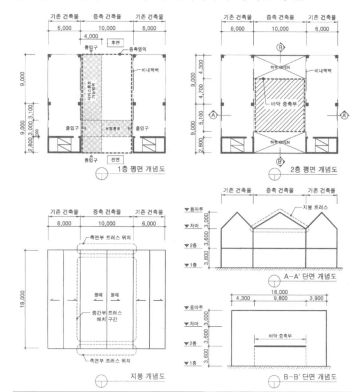

④ 주어진 구조부재의 단면치수
⑤ 답안작성용지 확인

답안작성용지 〉

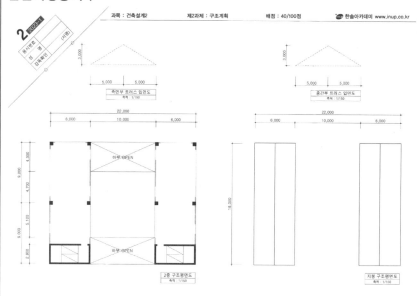

2. 지문분석

- 지문조건들을 반영하여야 함.
- 기존 건축물은 증축으로 인한 중력방향 하중 증가에 대하여 보강됨
　→ 지붕 트러스 지지
- 부재 단면 계획 시 횡력은 고려하지 않음
　→ 건축물에 작용하는 횡하중과 관계 없음.

〈 증축 건축물의 2층 바닥 구조계획 〉

2층 바닥 증축부지지 위한 기둥개수 제한	→ 모듈연계
기둥 중심간 거리 제한	→ 모듈연계
서비스통로와 보행통로 각 폭 3m 확보	→ 모듈연계
바닥 증축부는 기존 건축물과 구조적으로 분리	→ 모듈연계
캔틸레버 적용 개소의 면수와 내민길이제한	→ 모듈연계
데크플레이트 지지거리 제한	→ 모듈연계

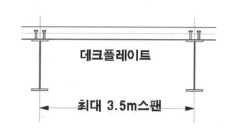

데크플레이트

최대 3.5m스팬

모듈계획 〉
1층 보행통로 3m 확보 / 4개 / 중심간 거리 10m 이하 → 기둥위치 확정
기둥 강축 표기는 가정함.

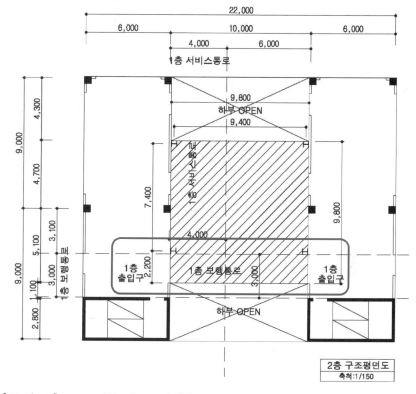

2층 구조평면도
축척:1/150

작도 1〉 2층 Girder(큰 보) → 강접합
기둥위치와 개수 고려 → 기둥 작도하지 않음.(강축/약축 고려위함)
기존 건축물과 구조적으로 분리

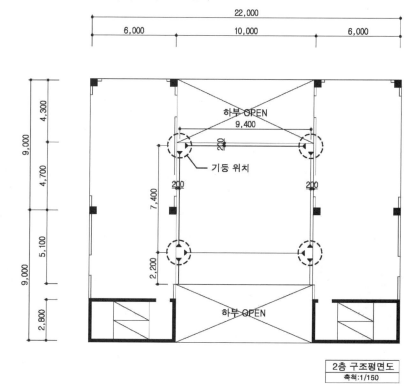

2층 구조평면도
축척:1/150

◆ 강접합과 힌지(핀)접합부 구분

| 강접합 | 힌지접합 |

◆ 데크플레이트의 골방향

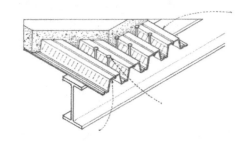

작도 2〉 2층 Beam(작은 보) → 힌지접합 → 데크플레이트 골방향 표기
  조건〉 데크플레이트 지지거리 3.5m 이하, 전체적으로 한 방향으로만 사용
  조건〉 증축 건축물 전·후면 2층 바닥 높이에는 기존 건축물에 지지되는
    → 외장재 설치용 보 계획

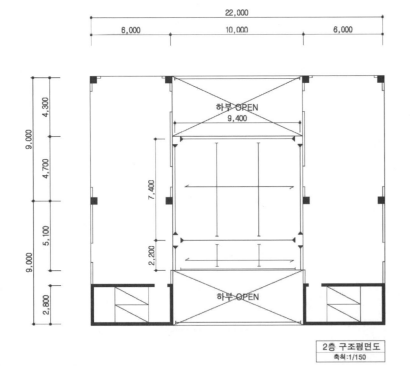

2층 구조평면도
축척:1/150

작도 3〉 2층 기둥작도 : 강축/약축을 고려 작도

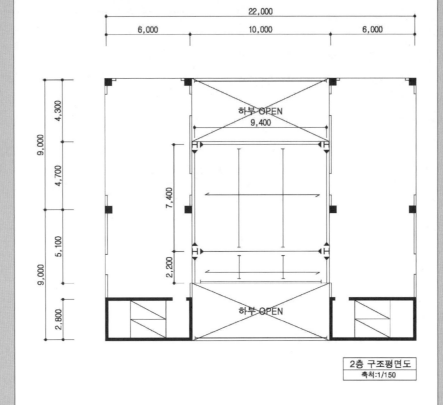

2층 구조평면도
축척:1/150

◆ 철골기둥의 강축, 약축 배치 예시

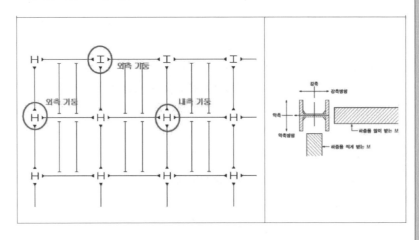

작도 4〉 2층 보 부재 단면기호 적시
  보 기호적시 → B, C, D
  증설 전단벽 표시 → 기존 구조체의 각 한 경간

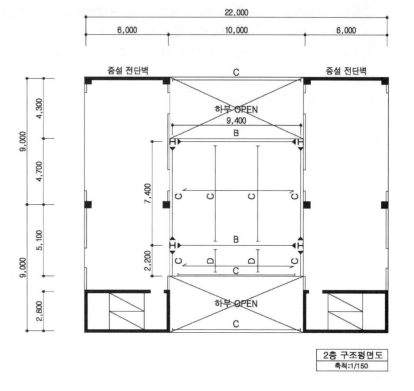

2층 구조평면도
축척:1/150

Tip. 바닥 증축부 서비스통로 및 보행통로의 유효높이 2.6m 이상 확보
  ↔ 설비 공간 확보 ↔ H형강 보 부재 적용 연계 → A 부재 사용불가함.

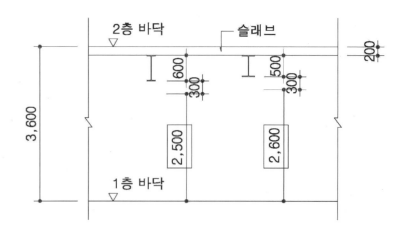

Tip. 증설 전단벽 배치방법

① 증설 전단벽 설치여부 확인
② 기존 전단벽(계단, 승강기 샤프트 등) 위치를 바탕으로 증설 전단벽 계획
③ 상/하층에서 가능한 동일 위치에 배치
④ 전단벽 배치방법 : 벽체의 배치가 X축, Y축에 각각 대칭배치, 가능한 건물의 외측에 배치

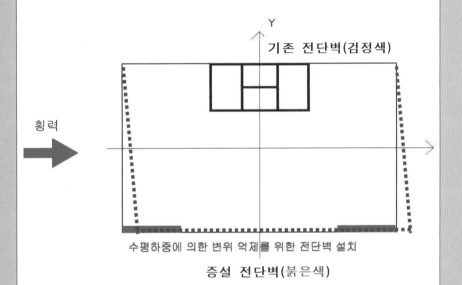

수평하중에 의한 변위 억제를 위한 전단벽 설치

증설 전단벽(붉은색)

작도 5〉 지붕 트러스 구조계획
　　조건〉 기존 건축물에 지지되는 트러스 계획
　　조건〉 트러스 간격 3m, 개수 7개, 트러스 형태 동일
　　조건〉 측면부 트러스, 중간부 트러스
　　조건〉 중도리 간격 3m 이하
　　조건〉 지붕 가새

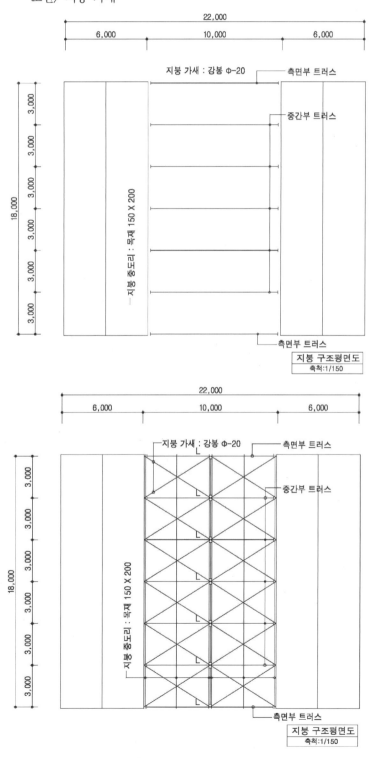

사진) 트러스 설치 전경

작도 6〉 측면부 트러스 : 목조 트러스
　　　　중간부 트러스 : 목재와 강봉 사용

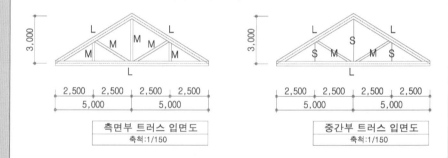

| 측면부 트러스 입면도 |
| 축척:1/150 |

| 중간부 트러스 입면도 |
| 축척:1/150 |

조건〉 트러스 계획

• 측면부 트러스: 목조 트러스
• 중간부 트러스: 하부개방감 위한 → 목재와 강봉 사용한 트러스
• 트러스 상·하현재 이외 부재(수직재 및 경사재)의 전체 개수는 3~5개로 제한
  수직재와 경사재의 길이는 3m 이하로 제한 (절점길이 제한)

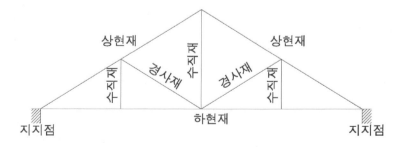

• 지붕마감재 지지를 위한 중도리 간격 제한 → 철골조와 동일한 방법으로 고려
• 지붕면 비틀림 방지를 위한 가새 계획 → 철골조와 동일한 방법으로 고려

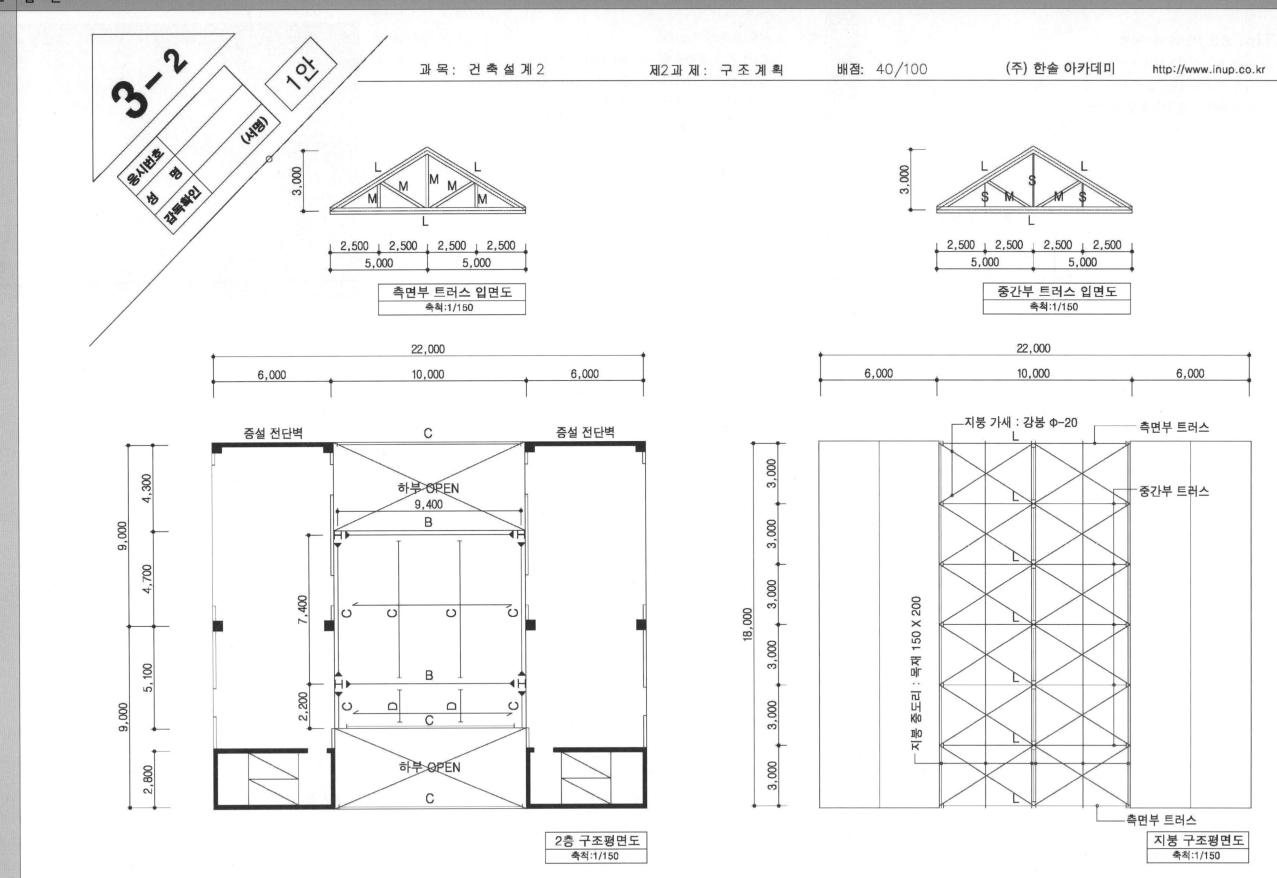

3-2 1안

과 목: 건 축 설 계 2   제2과제: 구 조 계 획   배점: 40/100   (주) 한솔 아카데미   http://www.inup.co.kr

측면부 트러스 입면도
축척:1/150

중간부 트러스 입면도
축척:1/150

2층 구조평면도
축척:1/150

지붕 구조평면도
축척:1/150

▶ 문제총평

2층 규모의 근린생활시설 증축과제이다. 제시된 평면 및 단면 개념도에 근거한 2층 및 지붕 구조평면도, 트러스 입면도 2개를 작성하여야 한다. 2층 구조형식은 강구조이고 지붕 트러스는 목구조로 적용하중을 각각 제시하였다. 증축건축물 기둥과 2층 바닥 구조계획 조건들을 고려하고 구조부재 중 기둥 부재(H형강, 1종), 보 부재 (H형강, 4종)및 트러스 부재(집성목 2종, 강봉 1종)를 구조평면도에 반영하도록 하였다. 답안작성용지를 확인하고 지문에 제시한 계획조건과 고려사항들을 반영·구조계획하여야 한다. 지붕 목조 트러스 입면도 작도를 추가·과제하였다. 기출 강구조 문제와 같이 평이한 수준이나 목조트러스는 제시한 용어를 이해하여야 수직재 간격 및 경사재 간격을 계획할 수 있어 보통 이상인 난이도의 시험으로 사료된다.

▶ 과제개요

1. 제 목	근린생활시설 증축 구조계획
2. 출제유형	모듈계획형
3. 규 모	2층
4. 용 도	근린생활시설 (카페)
5. 구 조	강구조
6. 과 제	2층 및 지붕 구조평면도, 트러스 입면도

▶ 과제층 구조평면도

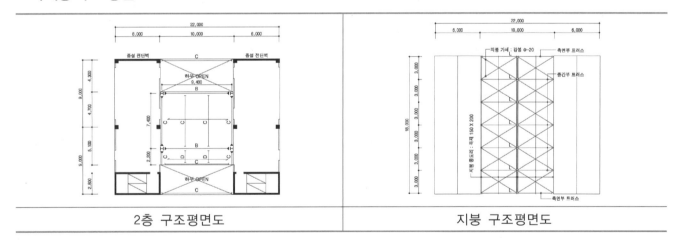

2층 구조평면도	지붕 구조평면도

▶ 체크포인트

〈증축 건축물의 기둥 구조계획〉
1. 2층 바닥 증축부 지지 기둥개수 4개, 기둥중심간격 10m 이하
2. 기둥은 서비스통로와 보행통로 각 폭 3m 확보
〈증축 건축물의 2층 바닥 구조계획〉
3. 기존 건축물과 구조적으로 분리, 서비스통로 및 보행통로 유효높이 2.6m 확보
4. 캔틸레버는 바닥 증축부 한 면에 계획, 데크플레이트 지지거리 3.5m 이하(한방향)
5. 증축 건축물 전·후면 외장재 설치용 보 계획
〈증축 건축물의 지붕 트러스 구조계획〉
6. 기존 건축물에 지지되는 트러스로 계획, 트러스 3m 간격으로 7개 계획, 측면부와 중간부 트러스
7. 트러스의 수직재와 경사재의 전체개수 3~5개로 하고 길이는 3m이하, 중도리와 가새계획
〈기존 건축물의 내진 구조계획〉
8. 기존 각 건축물은 횡하중 작용 시 비틀림 최소화 전단벽 증설(각 건축물 한 경간, 1층과 2층 연속)

▶ 과제 : 근린생활시설 증축 구조계획

1. 제시한 도면 분석

- 주어진 평면 및 단면개념도 확인
- 모듈계획형
- 지상 2층 규모의 강구조(2층 바닥 이하) / 목조트러스(지붕) 수평증축
- 기둥개수, 기둥중심간 거리, 서비스통로와 보행통로 폭 확보, 캔틸레버 등
- 지붕 측면부와 중간부 트러스 입면도 계획 → 목조

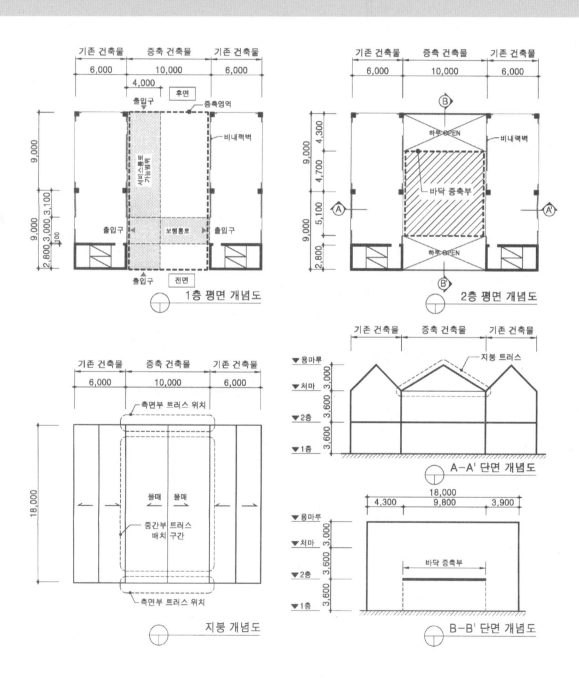

2. 강구조
◆ 골 데크플레이트

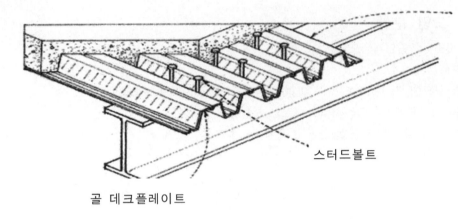

스터드볼트

골 데크플레이트

◆ 철골 기둥(H형강) 강·약축 방향 결정방법-1

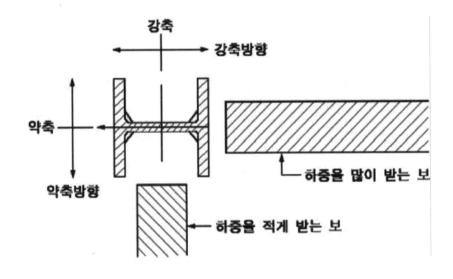

◆ 철골 기둥(H형강) 강·약축 방향 결정방법-2

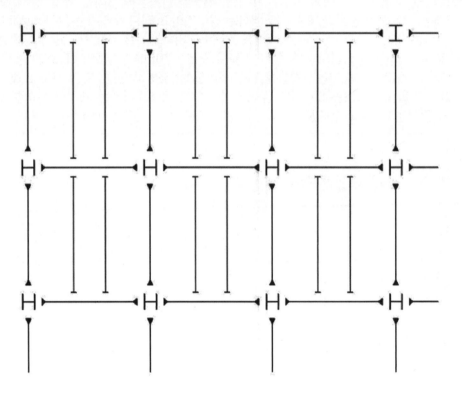

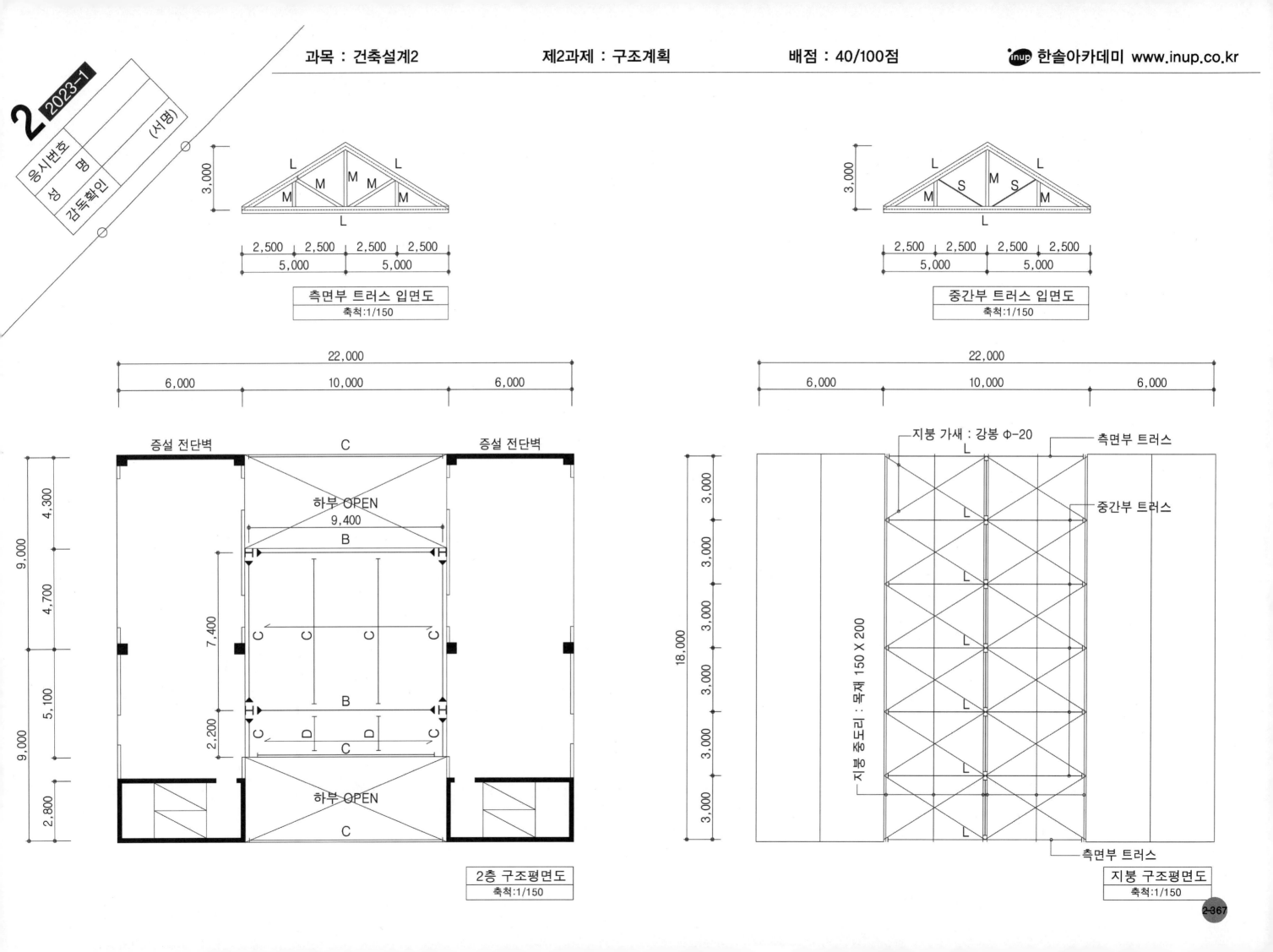

3,000

2,500 | 2,500 | 2,500 | 2,500
5,000 | 5,000

L M M M L
M M M

측면부 트러스 입면도
축척:1/150

3,000

2,500 | 2,500 | 2,500 | 2,500
5,000 | 5,000

L L
M S M S M

중간부 트러스 입면도
축척:1/150

22,000
6,000 | 10,000 | 6,000

증설 전단벽　　C　　증설 전단벽

9,000

4,300
4,700
5,100
2,800

하부 OPEN
9,400
B

7,400
2,200

C C C C
C D D C
C
B
C

하부 OPEN
C

2층 구조평면도
축척:1/150

22,000
6,000 | 10,000 | 6,000

지붕 가새 : 강봉 Φ-20　　측면부 트러스
중간부 트러스

18,000

3,000
3,000
3,000
3,000
3,000
3,000

지붕 중도리 : 목재 150 X 200

L
L
L
L
L

측면부 트러스

지붕 구조평면도
축척:1/150

1. 제목

- 건축물의 용도 제시 (마을도서관 신축건물로 계획적 측면과 기술적 사항을 반영하여 단면 및 설비계획을 작성)

2. 설계 및 계획조건

- 마을도서관 평면도 일부 제시
- 평면도에 제시된 절취선을 기준으로 주단면도 및 상세도를 작성
- 설비 및 구조 형식, 마감 등에 대한 구체적인 내용이 제시 됨
- 규모
- 구조
- 기초
- 기둥
- 보
- 슬래브
- 내력벽
- 지하층 옥벽
- 용도
- 바닥 마감레벨
- 층고
- 반자높이
- 단열재 두께
- 외벽 및 실내마감
- 냉·난방 설비
- 위의 내용 등은 단면설계에서 제시되는 내용이므로 반드시 숙지해야 한다.

---

① 배점을 확인합니다.
- 60점(단면설계이지만 제시 평면도와 지문을 살펴보면 설비계획+상세도 제시 등으로 난이도가 평이한 수준임)

② 단면도 및 단면상세도의 범위 및 축척 확인

③ 지하1층, 지상2층 규모 검토(배점60이지만 규모에 비해 작도량은 평소 보다 적어 난이도는 평이하나 주어진 조건을 정확히 계획 후 작도해야 한다.)

④ 평면도에 제시된 A- A'를 지시 선을 확인한다.
- 절취선에 의한 단면요소
- 절취선에서 보이는 입면요소 검토

⑤ 설계기준은 구조체, 내·외부 마감, 창호, 설비, 우수처리 내용을 제시함

⑥ 수직기준선은 구조체 중심선은 기둥열을 표기한다.

⑦ 수평기준선은 마감면(FL)은 각층 층고 기준레벨을 표기한다.

⑧ 층고 : 마감 + 천장속 공간 + 반자높이 적용하여 반영

⑨ 장애인 고려한 경사로 및 계단 단높이, 단너비 적용

⑩ 트랜치 부동침하 방지를 위해 침하방지용 무근콘크리트 설치

⑪ ·내단열은 벽체나 기둥, 보의 내면에 방습층을 두고, 단열재를 붙이거나 또는 박아 넣는 공법
·외단열은 외벽의 옥외 측에 단열층을 두는 공법

2023년도 제2회 건축사자격시험 문제

과목: 건축설계2   제1과제 (단면설계 · 설비계획)   배점: 60/100점 ①

제목 : 마을도서관 신축 단면설계 및 설비계획

1. 과제개요

근린공원 내 마을도서관을 신축하고자 한다. **계획적 측면과 기술적 사항을 고려하여** 단면도와 단면 상세도를 작성하시오. ②

2. 건축물 개요

구분	지하 1층	지상 1, 2층 ③
구조	철근콘크리트구조	강구조

3. 단면설계 조건 및 고려사항

(1) 제시된 층별 부분평면도에 표시된 단면 지시선을 기준으로 A-A' 단면도를 작성한다.
(2) <표 1> 설계기준을 적용하며, ④ 표기되지 않은 사항은 임의로 계획한다. ⑤
(3) 답안지에 제시된 수직기준선은 구조체 중심선이고, 수평기준선은 마감면(FL)이다. ⑥
(4) 지하 1층의 층고는 장애인의 이용, 다목적흘의 유효높이(4,300mm), 보 아랫면에서 ⑦ 천장마감면까지의 높이(350mm)를 고려한다. ⑨
(5) 구조는 내화성능을 갖추고 방화구획은 고려하지 않는다.
(6) 주출입구 트렌치는 침하방지를 고려한다.
(7) 단열계획은 <표 2>에 따라 지하층은 내단열로 ⑩ 계획하고 방수 및 방습을 고려한다. 지상층은 외단열을 원칙으로 하며, 제시된 층별 부분 평면도를 기준으로 열교현상을 최소화하고 ⑫ 시공성을 고려하여 계획한다.
(8) 방수는 비노출을 원칙으로 하며, 위치에 따라 ⑬ 적절한 공법(액체방수, 도막방수, 복합방수 등)을 사용한다.
(9) 베란다 A와 베란다 B는 내·외부 동일한 높이로 ⑪ 계획하고, 투시형 안전난간 및 우수처리 등을 계획한다.
(10) 베란다 A의 조경은 토심 600mm를 확보하고, ⑭ 조경 두겁대 윗면의 높이는 베란다 마감면과 동일하게 설계한다.
(11) 지상 2층 열람실의 바닥구조는 강봉을 이용하여 상부구조체에 매달린 구조(Hanging structure)로 계획한다. ⑮

4. 단면상세설계 조건 및 고려사항

(1) 구조체, 단열, 방수 및 마감재 등의 구성요소를 고려하여 단면상세를 계획한다.
(2) 각 부분 구성요소들의 상세를 표현하고 규격, 치수 및 명칭 등을 표기한다.

<표 1> 설계기준

구분			규격 및 치수(mm)
구조체	철근콘크리트 구조	슬래브	두께 150
		기둥	400×400
		보(W×D)	400×600
		지하층 외부벽체	두께 400
		기초(온통기초)	두께 600
	강구조 ⑯	기둥	H-300×300
		보	H-500×300
			H-350×150
		슬래브	데크플레이트 두께 150
		중도리	리브(Rib) ㄷ-100×50×20
		강봉	Ø30
외부 마감	외벽	금속복합패널 (단열재 포함) ⑰	두께 150
	지붕	금속복합패널 (단열재 포함)	두께 250
	베란다	목재데크 (이중바닥구조)	두께 25 (전체두께 250)
내부 마감	천장	2층	내화페인트 위 유성페인트	(구조체 노출)
		지상1층 지하1층	친환경흡음텍스	두께 15
	벽체	지하1층	석고보드 2겹 위 도장	두께 25
	바닥	지상층	석재	두께 30
		지하층	목재 플로어링	두께 24
창호			알루미늄 프레임(W×D)	60×150
			삼중유리	두께 32
냉·난방설비			EHP (W×D×H)	900×900×350
주출입구 트렌치			U형 콘크리트 트렌치 위 스테인리스 커버	300×300
선흠통			스테인리스 관	Ø100

<표 2> 단열재기준 ⑱

등급 분류	단열재 종류
가	압출법보온판 2호
	그라스울 보온판 120K
나	비드법보온판 1종 1호
	그라스울 보온판 32K

건축물의 부위		단열재 등급별 허용 두께(mm)	
		가	나
거실의 외벽	외기에 직접 면하는 경우	190	225
	외기에 간접 면하는 경우	130	155
최상층에 있는 거실의 반자 또는 지붕	외기에 직접 면하는 경우	220	260
	외기에 간접 면하는 경우	155	180
최하층에 있는 거실의 바닥	외기에 직접 면하는 경우	195	230
	외기에 간접 면하는 경우	135	155

---

⑫ 열교(Heat Bridge)란 건축물의 어느 한 부분의 단열이 약화되거나 끊김으로 인해 외기가 실내로 들어오는 것을 의미하며, 단열의 방식은 내단열, 중단열, 외단열 등으로 구분할 수 있으나, 열교 현상을 최대한 억제하는 방법은 외단열의 채택이다.

⑬ 부위별 방수공법 선정

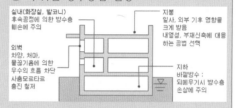

⑭ 건물주변 및 경사지붕의 우수 등을 배출하기 위해 트렌치, 처마홈통, 선흠통 등을 표현한다.

⑮ 철골 대들보에 매달아 지지하는 방식의 구조

⑯ 구조상 주요한 부분에 형강 · 강판 · 강관 등의 강재를 사용한 부재를 써서 구성된 구조

⑰ 금속복합판넬의 경우 내구성이 좋아 오랜기간 사용 및 미관이 모던하여 외장재 마감으로 사용

⑱ 거실의 외벽, 최상층에 있는 거실의 반자 또는 지붕, 최하층에 있는 거실의 바닥, 바닥난방을 하는 층간 바닥, 거실의 창 및 문 등은 열관류율 기준 또는 단열재 두께 기준을 준수하여야 한다.

⑲ 주요부분의 치수와 치수선은 중요한 요소이기 때문에 반드시 표기한다. (반자높이, 각층레벨, 층고, 건물높이 등 필요시 기입)

⑳ 방수, 방습, 단열, 결로, 채광, 환기, 차음 성능 등은 각 부위에 따라 반드시 표현이 되어야 하는 부분이다.

- 철근콘크리트 및 상부 강구조를 반영
- 내.외부 마감 두께로 인한 강구조 단차 해결 방안 제시
- 장애인 경사로로 표현
- 채광방향 및 EHP 표현
- 강봉을 이용하여 상부 구조체에 매달린 구조
- 마감+ 천장속공간+ 반자높이를 고려한 지하층 층고 계획
- 처마 및 선흠통 표현
- 열교부위를 고려한 기술적 해결방안 제시
- 장애인을 고려한 계단 계획 반영
- 주출입구 트랜치는 침하방지를 고려

3. 도면작성요령

- 입단면도 표현
- 부분 단면상세도
- 각 실명 기입
- 환기, 채광, 창호의 개폐방향을 표시
- 계단의 단수, 너비, 높이, 난간높이 표현
- 단열, 방수, 마감재 임의 반영

4. 유의사항

- 제도용구 (흑색연필 요구)
- 명시되지 않은 사항은 현행 관계법령을 준용

구 성

5. 제시 평면도

- 지하1층 평면도
  - X1열 창호~X5열 홀에 접한 벽체두께 표현
  - 반자높이 확인
  - 경사로 및 계단 입면표현
  - 난간 입면표현
  - 지문 조건에 맞춰 마감재료+CH+보+설비공간 = 층고조절

- 1층 평면도
  - 바닥 및 CH 확인
  - 돌출부 조경, X2열 돌출 창호, OPEN 부분 투시형 난간, X4열~X5열 방풍실 표현
  - X1열~X2열 바닥 마감재료 표현
  - X5열 돌출부분 트렌치

- 2층 평면도
  - 바닥 및 CH 확인
  - X2열 돌출 창호, OPEN 부분 투시형 난간, X4열~X5열 마감을 고려한 단차 표현
  - X4열~X5열 바닥 마감재료 표현

- 지붕층 평면도
  - 경사지붕 바닥레벨, 경사방향 확인
  - 처마 및 선홈통설치

FACTOR

① 지문에 제시한 <보기> 내용은 반드시 친환경요소, 시스템, 방수, 단열 등이 표기되어야 한다.
② <보기>내용에 따라 도면표현
③ 제시평면도 축척 없음
④ 제시 도면은 G.L이지만 마감FL로 표현해야 한다. (마감기준)
⑤ 방위표 확인 (남향 확인)
⑥ 레벨 통한 경사 방향 표현
⑦ 처미 및 선홈통 표현
⑧ 경사방향 표현
⑨ 강구조 표현 (철골)
⑩ 커튼월 형태의 외벽 창호 마감
⑪ OPEN 부분 투시형난간
⑫ OPEN 부분 매달린 구조 입면 표현 (일정간격으로 표현)
⑬ 마감두께+단열재 등을 고려한 구조보강 표현
⑭ 바닥레벨 확인
⑮ X1열 창호 표현
⑯ 지하층 외벽 벽체+방수+단열+방습벽+마감재료명 표현
⑰ 장애인 고려해 경사로 입면 및 난간 표현
⑱ 마감재료+CH+보+설비공간 등을 고려해 층고조절
⑲ 층고조절을 통해 계단 단높이 및 단너비 계획 후 표현 (장애인 이용을 위한 계단 표현)
⑳ 바닥레벨 확인
㉑ 조경과 마감 레벨 동일 표현
㉒ 목재+버림con.c+방수 표현
㉓ OPEN 부분 투시형 난간 표현
㉔ 방풍실 창호 표현
㉕ 바닥레벨 확인
㉖ 트렌치 및 커버 표현
㉗ 바닥블록 포장 표현

지 문 본 문

5. 도면작성 기준

(1) 마감면(FL), 구조체면(SL) 및 천장고(CH) 등 주요 부분 치수와 각 실의 명칭을 표기한다.
(2) 건축물 내부의 입면을 표현한다.
(3) 단열, 방수 및 내·외부 마감의 규격과 재료명 등을 표기한다.
(4) 방수, 환기 및 설비의 표현은 <보기>를 따른다.
(5) 단위: mm

<보기> ① ②

구분	표시 방법	구분	표시 방법
자연환기	⌇⟶	방수	----
EHP	EHP	단열	〰〰〰
선홈통	------		

6. 유의사항

명시되지 않은 사항은 현행 관계법령의 범위 안에서 임의로 한다.

<층별 부분평면도> 축척 없음

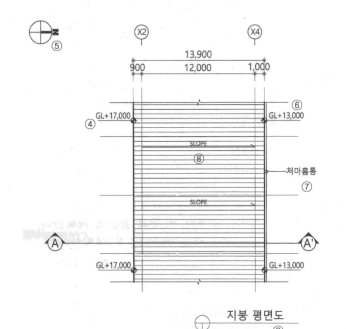

지붕 평면도 ③

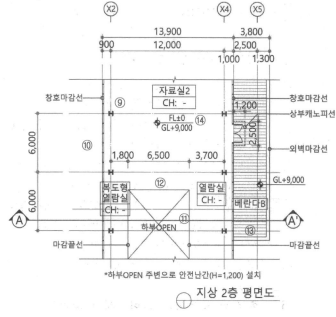

*하부OPEN 주변으로 안전난간(H=1,200) 설치

지상 2층 평면도

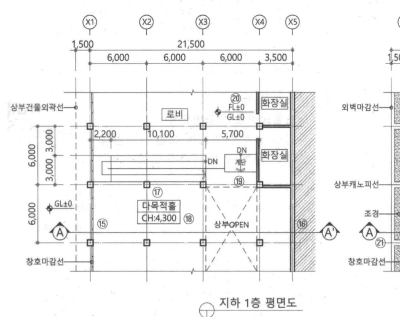

지하 1층 평면도

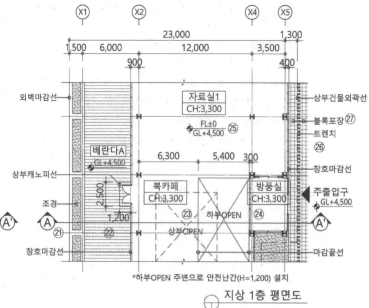

*하부OPEN 주변으로 안전난간(H=1,200) 설치

지상 1층 평면도

서울 방학동 학마을 도서관

도서관

방학동 주민들의 소통할 수 있는 지역 커뮤니티의 플랫폼으로써 그 역할을 수행하고 있는 학마을 도서관은 문해 교육, 컴퓨터 교육을 넘어 창의 교육까지 제도권 외의 평생교육을 진행하고 있으며 어렸을 때부터 문화를 즐길 수 있도록 다양한 공연, 전시, 강좌 등을 제공하고 있다.

강 구조

구조상 주요한 부분에 형강·강판·강관 등의 강재를 사용한 부재를 써서 구성된 구조

· 제1과제 : (단면설계+설비계획)
· 배점: 60/100점

2023년 2회 출제된 단면설계의 경우 배점은 100점 중 60점으로 출제되었다. 또한 과제는 단면설계가 제시되었지만 지문 내용 등을 살펴보면 단순히 단면설계만 출제된 것이 아니라 계단설계+상세도+설비+친환경 내용이 포함되어 있는 것을 볼 수 있다.

제목 : 마을도서관 신축 단면설계 및 설비계획

1. 과제개요

근린공원 내 마을도서관을 신축하고자 한다. 계획적 측면과 기술적 사항을 고려하여 단면도와 단면상세도를 작성하시오.

- 도서관(圖書館, library)은 책, 논문, 잡지, 신문 등의 인쇄 매체부터 시작해서 영상, 비디오 게임, 마이크로필름, 디지털 자료 등 다양한 자료를 수집·정리하여 이용자들이 자유롭고 신속하게 이용 가능하도록 돕고 나아가 그 이용을 극대화하도록 봉사하는 시설을 말한다. 자본주의 사회에서 무료로 지식을 얻을 수 있는 몇 안되는 장소이다.

2. 건축물 개요

구분	지하 1층	지상 1,2층
구조	철근콘크리트구조	강구조

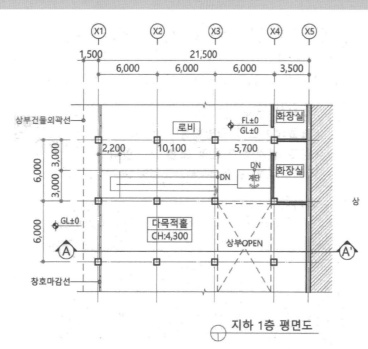

지하 1층 평면도

▶ 지하1층 평면도

- X1열 창호~X5열 흙에 접한 벽체 두께 표현
- 반자높이 확인
- 경사로 및 계단 입면, 투시형 난간 표현
- 지문 조건에 맞춰 마감재료 두께+CH+보+설비공간 = 층고조절

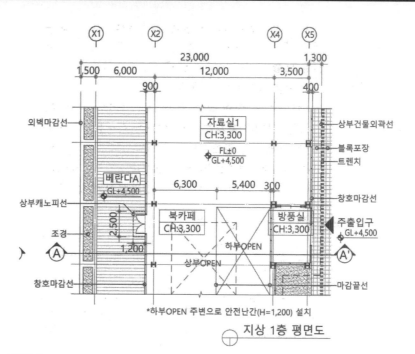

지상 1층 평면도

▶1층 평면도

- 바닥레벨 및 반자높이 확인
- 돌출부 조경, X2열 돌출 창호, OPEN 부분 투시형 난간, X4열~X5열 방풍실 표현
- X1열~X2열 바닥 마감재료 표현
- 주출입구 주변 외부 바닥 블록포장, 트렌치 및 커버 표현

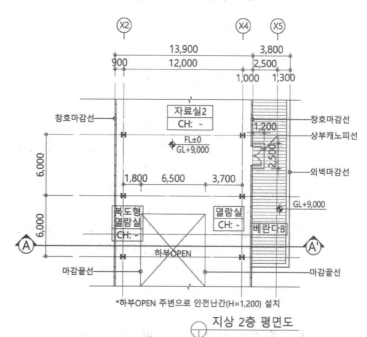

지상 2층 평면도

▶ 2층 평면도

- 바닥레벨 및 반자높이 확인
- X2열 돌출 창호, OPEN 부분 투시형 난간, X4열~X5열 마감을 고려한 단차 표현
- X4열~X5열 바닥 마감재료 표현
- OPEN 부분 매달린 구조

다목적실

다양한 용도로 사용하기 위해 만든 공간

장애인 경사로

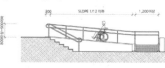

- 경사로의 유효폭은 1.2m 이상
- 경사로의 시작과 끝, 굴절부분 및 참에는 1.5m×1.5m 이상의 활동공간을 확보
- 경사로의 기울기는 12분의 1 이하

베란다

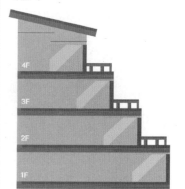

『건설』 위층이 아래층보다 면적이 좁을 때, 위층과 아래층의 면적 차로 생긴 부분. 아래층의 지붕 쪽에 생기는 여유 부분을 이른다.

북카페

최근 등장하기 시작하는 퓨전카페의 한 형태이다.

경사지붕

지붕의 형상에는 물매가 있는 경사지붕과 물매가 없는 평지붕이 있다. 여기에 여러가지 기능을 갖도록 하고 구조적 요구와 의장상의 요구를 가미하면 여러 가지 형태의 지붕이 만들어지게 된다.

처마 및 선홈통

빗물을 내리기 위하여 지붕에서 땅바닥까지 수직으로 댄 홈통

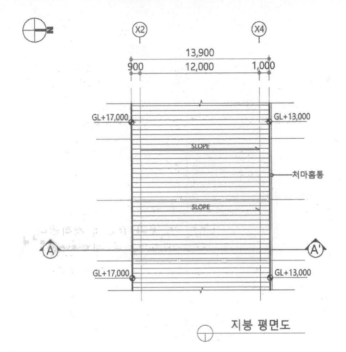

지붕 평면도

▶ **지붕층 평면도**
- 지붕 표기 레벨 확인
- 경사 방향 확인
- 처마 및 선홈통설치

3. 단면설계 조건 및 고려사항

(1) 제시된 층별 부분평면도에 표시된 단면 지시선을 기준으로 A-A' 부분단면도를 작성한다.
(2) <표1>의 설계기준을 적용하며, 표기되지 않은 사항은 임의로 계획한다.
(3) 답안지에 제시된 수직기준선은 구조체 중심선이고, 수평기준선은 마감면(FL)이다.

기둥/구조체 기준

층고: 마감기준(FL)

〈층고계획〉
- 각층 FL, 바닥 마감레벨을 기준이므로 제시된 조건 확인
- 지하1층~지붕층까지 층고를 기준으로 개략적인 단면의 형태 파악

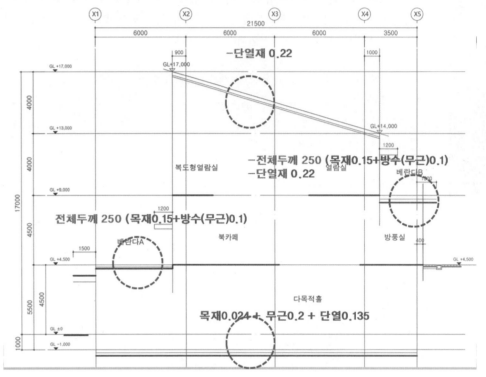

각 층별 슬래브 형태

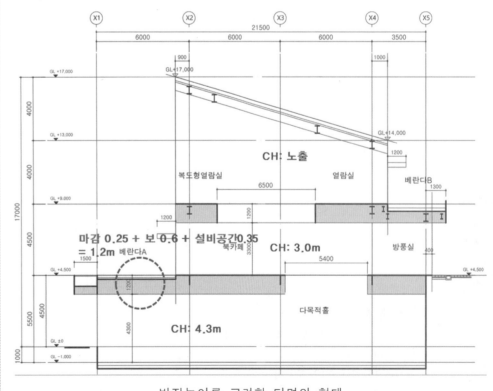

반자높이를 고려한 단면의 형태

반자높이

① 거실(법정) : 2.1m 이상
② 사무실 : 2.5~2.7m
③ 식당 : 3.0m 이상
④ 회의실 : 3.0m 이상
⑤ 화장실 : 2.1~2.4m

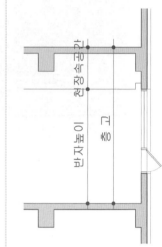

기초의 형태 분류

(a) 독립기초

(b) 연속기초

(c) 온통(매트)기초

(d) 파일기초

트렌치

건물의 배선 · 배관 · 벨트 컨베이어 따위를 바닥을 파서 설치한 도랑 모양의 콘크리트 구조물

계단

사람이 오르내리기 위하여 건물이나 비탈에 만든 층층대

종류	설치기준
계단참	높이 3m 마다 너비 1.2m 이상의 계단참을 설치
난간	양옆에 난간을 설치
중간난간	계단의 중간에 너비 3m 이내마다 난간을 설치
계단의 유효높이	2.1m 이상으로 할 것

투시형난간

철재

강화유리

(4) 지하 1층의 층고는 장애인의 이용, 다목적 홀의 유효높이(4,300mm), 보 아랫면에서 천장 마감면까지의 높이(350mm)를 고려한다.

- 마감 250mm + 보 600mm + 설비공간 350mm = 1,200mm (천장속 공간)
- 반자높이 4,300mm + 1,200mm = 5,500mm (층고)

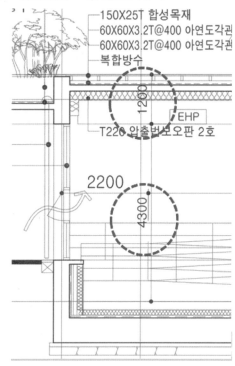

지하1층 층고

- 계단길이 : 1,800mm
- 계단높이 : 1,000mm
- 단너비 : 1,800mm / 300mm = 6단
- 단높비 : 1,000mm / 7단 = 142mm

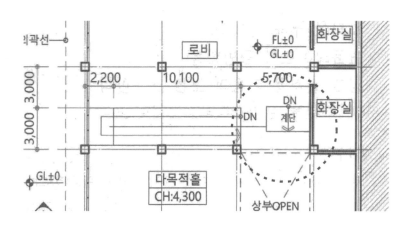

층고를 고려한 계단계획

- 10.1m × 2 = 20.2m
- 20.2m ÷ 1m = 경사도 1/20.2

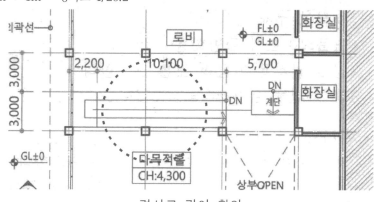

경사로 길이 확인

(5) 구조는 내화성을 갖추고 방화구획은 고려하지 않는다.

(6) 주출입구 트랜치는 침하방지를 고려한다.

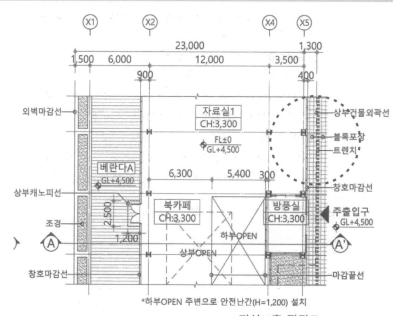

*하부OPEN 주변으로 안전난간(H=1,200) 설치

지상 1층 평면도

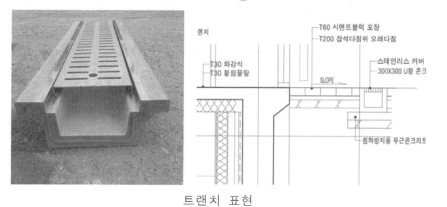

트랜치 표현

기초의 종류

독립기초

줄기초

온통기초

온통기초

기둥 및 보

방수 공법

[액체방수]
모르타르에 액체로 된 방수제를 섞어서 방수 효과를 내는 일

[도막방수]
도료상의 방수제를 바탕면에 여러 번 칠하여 상당한 살두께의 방수막을 만드는 방수법

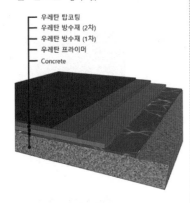

[복합방수]
방수재료의 취약점을 보완하고 방수성능을 향상시키기 위해 2가지 이상의 방수재료를 사용하여 방수층을 형성하는 구법

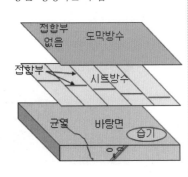

(7) 단열계획은 <표2>에 따라 지하층은 내단열로 계획하고 방수 및 방습을 고려한다. 지상층은 외단열을 원칙으로 하며, 제시된 층별 부분 평면도를 기준으로 열교현상을 최소화하고 시공성을 고려하여 계획하다.

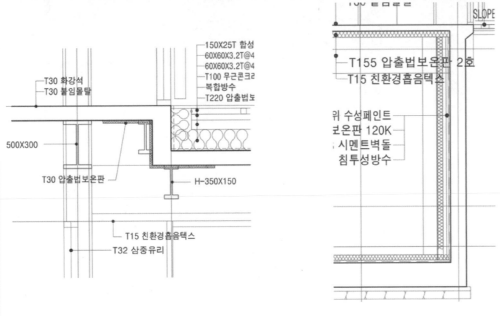

(베란다 B부분)　　　　(지하층 X5열 부분)

단열재 위치

(8) 방수는 비노출을 원칙으로 하며, 위치에 따라 적절한 공법(액체방수, 도막방수, 복합방수 등)을 사용한다.

(9) 베란다A와 베란다B는 내·외부 동일한 높이로 계획하고, 투시형 안정난간 및 우수처리 등을 계획한다.

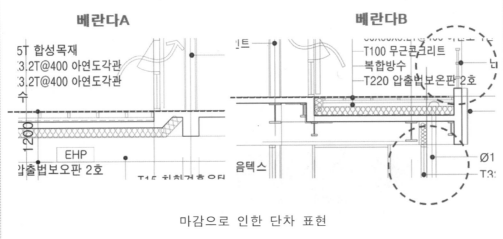

마감으로 인한 단차 표현

(10) 베란다A의 조경은 토심 600mm를 확보하고, 조경 두겁대 윗면의 높이는 베란다 마감면과 동일하게 설계한다.

- 지문조건에 두겁대 윗면의 높이와 베란다 마감면이 동일하다 라는 조건이 있기 때문에 인공토 600mm이 DOWN 되어야 한다.
- X1열 보의 경우 베란다 마감로 인해 역보로 계획되어야 한다.

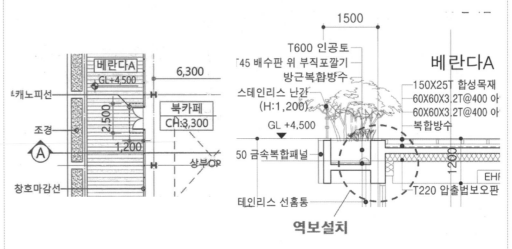

계단 접합 부분

(11) 지상2층 열람실의 바닥구조는 강봉을 이용하여 상부 구조체에 매달린 구조 (Hanging structure)로 계획한다.

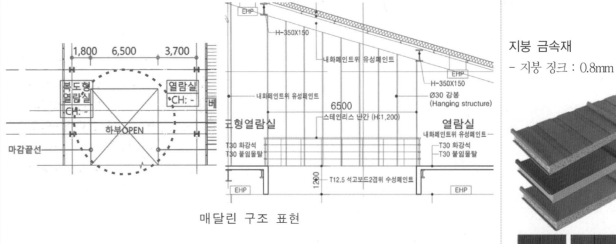

매달린 구조 표현

데크플레이트 단차

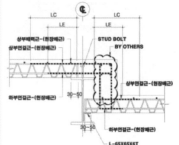

냉·난방 설비
- EHP (천장매입형) 크기 : 900×900×350(H)

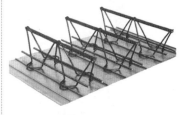

지붕 금속재
- 지붕 징크 : 0.8mm

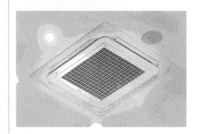

중도리

마루대, 처마도리에 평행하고 서까래 등을 받치는 수평 부재. 동자기둥 또는 「ㅅ」자보 위에 처마도리와 평행으로 배치하여 서까래 또는 지붕널 등을 받는 가로재

금속복합판넬

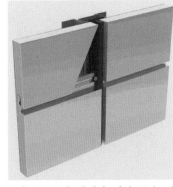

건축구조물의 벽체나 지붕 등을 잇는 금속판을 성형·조립한다.

매달린 구조 예

4. 단면 상세설계 조건 및 고려사항

(1) 구조체, 단열, 방수 및 마감재 등의 구성요소를 고려하여 단면상세를 계획한다.

(2) 각 부분 구성요소들의 상세를 표현하고 규격, 치수 및 명칭 등을 표기한다.

상세도 C 　　　상세도 B

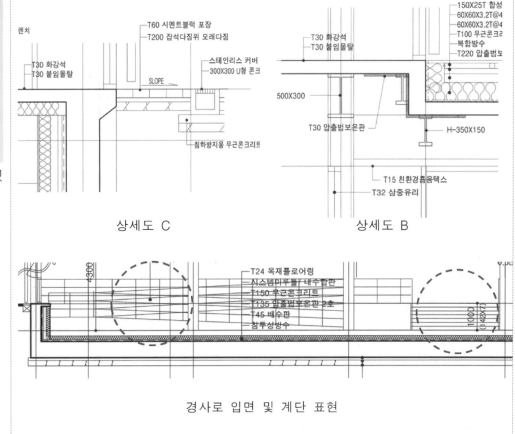

경사로 입면 및 계단 표현

자연환기

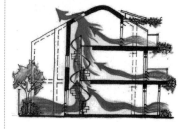

알루미늄 프레임

석고보드 위 페인트

건축물의 벽체, 천장 및 건식벽체 등 일반적인 용도로 가장 널리 사용되는 석고보드로서, 다양한 마감처리 및 시공이 가능한 석고보드입니다.

<표1> 설계기준

구분			규격 및 치수(mm)
구조체	철근콘크리트 구조	슬래브	두께 150
		기둥	400×400
		보(W×D)	400×600
		지하층 외부벽체	두께 400
		기초(온통기초)	두께 600
	강구조	기둥	H-300×300
		보	H-500×200
			H-350×150
		슬래브	데크 플레이트 두께 150
		중도리	리브(Rib) ㄷ-100×50×20
		강봉	ø30
외부 마감	외벽		금속복합판넬 (단열재포함) 두께 150
	지붕		금속복합판넬 (단열재포함) 두께 250
	베란다		목재데크 (이중바닥구조) 두께 25 (전체두께 250)
내부 마감	천장	2층	내화페인트 위 유성페인트 (구조체 노출)
		지상1층 지상2층	친환경흡음텍스 두께 15
	벽체	지하1층	석고보드 2겹 위 도장 두께 25
	바닥	지상층	석재 두께 30
		지하층	목재 플로어링 두께 24
창호			알루미늄 프레임(W×D) 60×150
			삼중유리 두께 32
냉·난방설비			EHP (W×D×H) 900×900×350
주출입구 트랜치			U형 콘크리트 트랜치 위 스테인리스 커버 300×300
선홈통			스테인리스 관 ø30

<표2> 단열재기준

등급 분류	단열재 종류
가	압출법보온판 2호
	그라스울 보온판 120K
나	비드법보온판 1종120 1호
	그라스울 보온판 32K

건축물의 부위		단열재 등급별 허용 두께(mm)	
		가	나
거실의 외벽	외기에 직접 면하는 경우	190	225
	외기에 간접 면하는 경우	130	155
최상층에 있는 거실의 반자 또는 지붕	외기에 직접 면하는 경우	220	260
	외기에 간접 면하는 경우	155	180
최하층에 있는 거실의 바닥	외기에 직접 면하는 경우	195	230
	외기에 간접 면하는 경우	135	155

〈건축물의 에너지절약
설계기준〉

– 시행 2016. 1. 11

[별표3] 단열재의 두께

[중부지역][1]

(단위: mm)

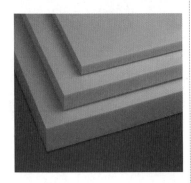

5. 도면작성 기준

(1) 마감면(FL), 구조체면(SL) 및 천장고(CH) 등 주요부분 치수와 각 실의 명칭을
    표기한다.
(2) 건축물 내부의 입면을 표현한다.
(3) 단열, 방수 및 내·외부 마감의 규격과 재료명 등을 표기한다.
(4) 방수, 환기 및 설비의 표현은 <보기>를 따른다.
(5) 단위 : mm

<보기>

구분	표시 방법	구분	표시 방법
자연환기	⟿	방수	- - - -
EHP	EHP	단열	⋙⋙⋙
선홈통	- - - - - -		

6. 유의사항

명시되지 않은 사항은 현행 관계법령의 범위 안에서 임의로 한다.

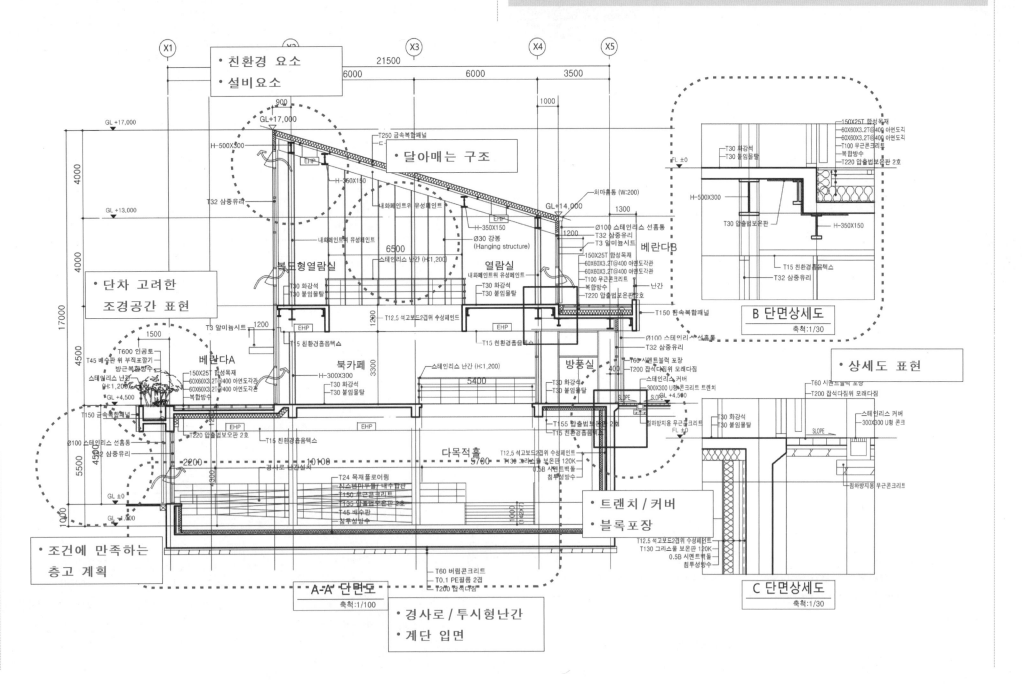

• 친환경 요소
• 설비요소

• 달아매는 구조

• 단차 고려한
  조경공간 표현

• 조건에 만족하는
  층고 계획

• 경사로 / 투시형난간
• 계단 입면

• 트렌치 / 커버
• 블록포장

• 상세도 표현

A-A' 단면도
축척:1/100

B 단면상세도
축척:1/30

C 단면상세도
축척:1/30

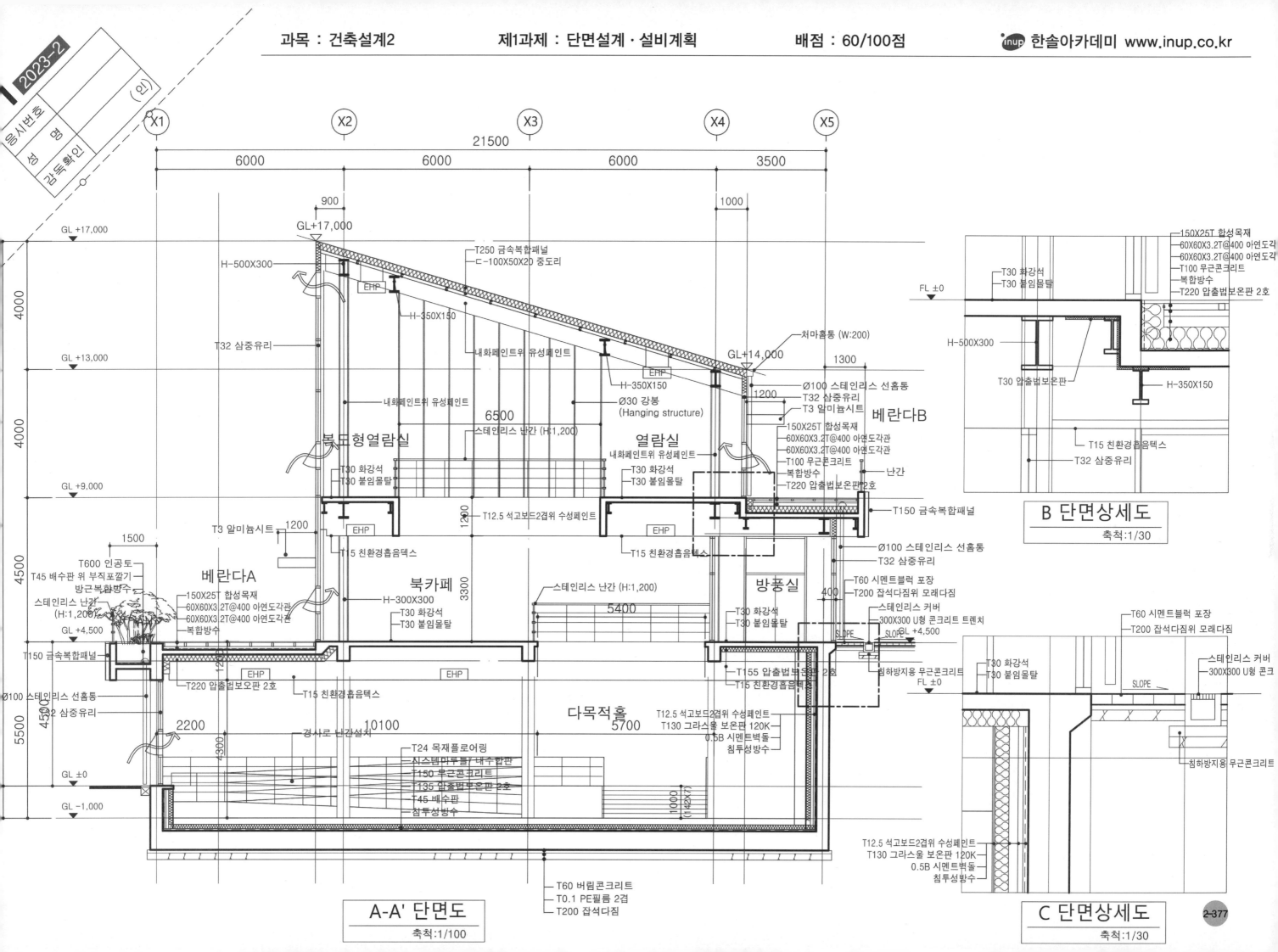

A-A' 단면도
축척:1/100

B 단면상세도
축척:1/30

C 단면상세도
축척:1/30

2-377

■ 제목
건물용도제시

1. 과제개요
- 구체적 용도
- 증축
- 과제도면

2. 계획조건(기존부와 증축부 별도 제시)
· 규모 : 층별 기존부와 증축부 구분
· 구조 : 철근콘크리트구조/강구조
· 적용하중 : 고정, 활하중
· 재료강도 : 콘크리트, 철근 및 강재
· 슬래브 : 기존부와 증축부 상이함
· 기둥 : 각각 단면크기와 규격제시
· 일반보 : 철근콘크리트보, 강재보<표1>
· 슬래브 보강용 보 : 기존부로 제한.
· 승강로 설치용 기둥 및 보 → H형강
· 증설가새 → H형강
- <표 1> 보 단면 기호 및 규격 → H형강

3. 고려사항
- 공통사항
· 합리적 계획
· 기존 계단실 벽체
· 기존 건축물 : 증축으로 인한 중력방향 하중 증가에 대하여 보강 여부
· 부재 단면 계획 시 횡력 고려 여부
- 기존부 바닥 구조검토
· 보 배치 방법
· 슬래브 지지형식 제시
· 보 중심선으로 둘러쌓인 슬래브 면적 범위와 단변길이 제한

---

① 배점확인
3교시 배점비율에 따라 과제 작성시간 배분

② 제목(용도)
일반업무시설 증축 구조계획

③ 문제유형
사무실 수직 증축
모듈제시형 + 모듈계획형

④ 과제도면 → 답안작성용지 확인
지상 4층 구조평면도, 지상 6층 구조평면도

⑤ 계획 기본사항 및 구조 적용 사항
- 영역 : 기존부(B1~4층), 증축부(5~7층)
- 구조 : 기존부 → 철근콘크리트구조
　증축부 → 강구조
- 적용하중 : 고정하중, 활하중
- 재료강도 : 콘크리트, 철근, 강재
- 슬래브 : 기존부(두께150mm)
　증축부(데크플레이트 두께150mm)
- 기둥 : 기존부(600×600),
　증축부(H-400×400)
- 일반보 : 기존부(400×600),
　증축부(<표1>참조)
- 슬래브 보강용 보 : 기존부(H-300×200)
- 승강로 설치용 기둥 및 보 : 기존부와 증축부(H-200×200)
- 증설가새 : 기존부와 증축부(H-300×300)

⑥ <표1> 보 단면 기호 및 규격
A~E ← H형강 5개

⑦ 기존 계단실 벽체 : 전단벽

⑧ 기존건축물 : 증축으로 인한 중력방향 하중 증가에 대하여 보강된 것으로 가정

⑨ 부재단면 계획 시 횡력은 고려하지 않음.

⑩ 기존부 바닥 구조검토
- 보 연속 배치
- 슬래브 4변지지 형식
- 캔틸레버 구간 이외의 슬래브는 보 중심선으로 둘러쌓인 면적이 20~30m² 범위, 단변길이 3.5m 이하

2023년도 제2회 건축사자격시험 문제

과목: 건축설계2　　　제2과제 (구조계획)　　　배점: 40/100점 ①

제 목 : 일반업무시설 증축 구조계획 ②

1. 과제개요

기존 건축물 위에 사무실을 수직으로 증축하고자 한다. ③ 계획적 측면과 구조적 합리성을 고려하여 지상 4층과 지상 6층의 구조평면도를 작성하시오. ④

2. 계획조건

(1) 계획 기본사항 및 구조 적용 사항 ⑤

구분	기존부	증축부
영역	지하 1층~지상 4층	지상 5~7층
구조	철근콘크리트구조	강구조
적용하중	고정하중 6.0kN/m² 활하중 3.0kN/m²	고정하중 4.0kN/m² 활하중 3.0kN/m²
재료	콘크리트 f_{ck}=27MPa 철근 SD400	강재 SS275
슬래브	두께 150mm	데크플레이트 (두께 150mm)
기둥	600×600 (mm)	H-400×400 (mm)
일반 보	400×600 (mm)	<표 1> 참조
슬래브 보강용 보	H-300×200 (mm)	
승강로 설치용 기둥 및 보	H-200×200 (mm)	
증설 가새	H-300×300 (mm)	

<표 1> 보 단면 기호 및 규격 (단위: mm) ⑥

기호	A	B	C	D	E
규격	H-600×300	H-500×300	H-400×200	H-300×200	H-200×200

주: 제시된 부재 단면은 개략적 해석결과를 반영한 값이다.

3. 고려사항

(1) 공통사항
① 구조 부재는 경제성, 시공성 및 공간 활용성 등을 고려하여 합리적으로 계획한다.
② 기존 계단실 벽체는 전단벽이다.
③ 기존 건축물은 증축으로 인한 중력방향 하중 증가에 ⑦ 대하여 보강된 것으로 가정한다.
④ 부재 단면 계획 시 ⑧ 횡력은 고려하지 않는다. ⑨

(2) 기존부 바닥 구조검토 ⑩
① 보는 연속으로 배치되어 있다.
② 슬래브는 4변지지 형식으로 되어 있다.
③ 캔틸레버 구간 이외의 슬래브는 보 중심선으로 둘러싸인 면적이 20~30m² 범위이고 단변 길이는 3.5m 이하이다.

---

(3) 증축부 구조계획 ⑪
① 기둥은 지상 5층과 6층에 각 12개, 지상 7층에 9개(승강로 설치 기둥은 별도)를 기존 기둥열에 계획하며 수직으로 연속되도록 배치한다.
② 지상 5층과 6층에는 X방향으로 10m, Y방향으로 20m 이상의 기둥이 없는 내부공간을 확보한다.
③ 데크플레이트의 지지거리는 4m 이하로 계획하며 동일층 바닥 전체에 한 방향으로 사용한다.

(4) 승강로 설치를 위한 구조계획 ⑫
① 승강로 설치를 위하여 지상 2~4층 평면 개념도에 표시된 바닥판 제거 영역의 보와 슬래브를 제거하고 구조보강을 한다.
② 승강로 설치를 위한 기둥은 4개로 한다.
③ 승강기는 전망용이며 승강로 출입면 이외의 측면은 건축물과 구조적으로 분리하여 계획한다.

(5) 건축물의 내진 구조계획 ⑬
① 건축물은 횡하중 작용 시 비틀림이 최소화되도록 가새를 증설한다.
② 증설 가새는 기존부 층에는 한 경간에 계획하고 증축부 층에는 구분된 두 곳의 경간에 계획한다.
③ 증설 가새는 수직으로 연속되도록 계획한다.

4. 도면작성요령

(1) 지상 4층 구조평면도 ⑭
① 기둥 위치와 주어진 조건을 고려하여 철근콘크리트 구조의 큰보와 작은보를 표기한다.
② 승강로 설치용 기둥과 보 및 슬래브 보강용 부재를 표기한다.
③ 증설 가새를 표기한다.

(2) 지상 6층 구조평면도 ⑮
① 기둥과 보를 표기하고 보 기호는 <표 1>에서 선택하여 부재 옆에 표기한다.
② 데크플레이트의 골방향을 표기한다.
③ 승강로 설치용 기둥과 보를 표기한다.
④ 증설 가새를 표기한다.

(3) 공통사항 ⑯
① 강재 기둥은 강축과 약축을 고려하여 표기한다.
② 강재 부재의 접합부는 강접합과 힌지접합으로 구분하여 표기한다.
③ 도면에 축선, 치수 및 기호를 표기한다.
④ 도면 표기는 <보기>를 참조한다.
⑤ 단위: mm

---

⑪ 증축부 구조계획
- 지상 5층과 6층 기둥 → 12개
　지상 7층 기둥 → 9개
　승강로 설치 기둥은 별도
　기둥은 기존 기둥열에 계획(수직 연속 배치)
- 지상 5층과 6층에 10m(X열)×20m(Y열) 이상의 기둥이 없는 내부공간 확보
- 데크플레이트 지지거리 4m 이하
　동일층 바닥 전체에 한 방향을 사용

⑫ 승강로 설치를 위한 구조계획
- 기존부 지상 2~4층 평면 개념도에 표기된 바닥판 제거 영역의 보와 슬래브 제거하고 구조보강 → 계획조건 부재 확인
- 기둥개수 4개 → 계획조건 부재 확인
- 승강기는 전망용, 승강로 출입면 이외의 측면은 건축물과 구조적으로 분리

⑬ 건축물의 내진 구조계획
- 횡하중 작용 시 비틀림이 최소화되도록 가새를 증설
- 기존부 층 : 한 경간,
　증축부 층 : 구분된 두 곳의 경간
- 수직으로 연속되도록 계획

⑭ 지상 4층 구조평면도 → 계획조건 부재 확인
- 철근콘크리트 구조의 큰보와 작은보 표기
- 승강로 설치용 기둥과 보 부재 표기 슬래브 보강용 부재 표기
- 증설가새 표기 → 한 경간

⑮ 지상 6층 구조평면도 → 계획조건 부재 확인
- 기둥과 보 표기, 보 기호 <표1> 표기
- 데크플레이트의 골방향 표기
- 승강로 설치용 기둥과 보 표기
- 증설가새 표기 → 두 경간

⑯ 공통사항
- 강재기둥 강축과 약축 고려 표기
- 강재부재 강접합과 힌지접합 구분 표기
- 축선, 치수 및 기호 표기
- 도면표기 <보기> 참조, 단위 : mm

- 증축부 구조계획
· 기둥 : 층별 기둥개수(승강로 설치 기둥 포함 여부) 및 기둥열 제한
· 지상 5층과 6층에 X열 방향, Y열 방향으로 제시한 거리 이상의 무주 공간확보
· 데크플레이트 지지거리와 동일층 바닥 전체에 설치방향 제한

- 승강로 설치를 위한 구조계획
· 기존지상 2~4층 평면 개념도에 표기된 바닥판 제거 영역의 보와 슬래브 제거하고 구조보강 여부 확인
· 기둥개수 제한
· 승강기 승강로 출입면 이외의 측면 건축물과 구조적으로 분리 여부 확인

- 건축물의 내진 구조계획
· 횡하중 작용 시 비틀림 발생, 가새 증설로 제어
· 기존부와 증축부에 경간 개소 제한
· 증설가새의 위치 제한

- <보기> 도면표기

4. 도면작성 기준
　　→ 과제확인

- 지상 4층 구조평면도 작
　도 시 표기할 요소들
· 구조형식, 큰보와 작은
　보 → 기존부(RC구조)
· 승강로 설치용 기둥과
　보 → 기존부
　슬래브 보강용 부재
　　→ 기존부
· 증설가새 → 기존부

- 지상 6층 구조평면도 작
　도 시 표기할 요소들
· 기둥과 보 작도, 보 기
　호 → 증축부(강구조)
· 데크플레이트 골 방향
　　→ 증축부
· 승강로 설치용 기둥과
　보 → 증축부
· 증설 가새 → 증축부

- 공통사항 → 누락없이
　작도하여야 함.
· 강재기둥은 강축과
　약축
· 강재 부재 강접합과
　힌지접합 구분
· 축선, 치수 및 기호
· 도면 표기 <보기>
· 단위

⑰ <보기> 도면표기 : 구조부재의 표기방
　법 제시함.(중요)

제시도면 분석
- 지상 2~4층 평면개념도(기존),
　지상 2~4층 평면개념도(변경),
　A-A',B-B'단면개념도 확인
- 치수확인
- 승강로 설치 바닥판 제거 영역 확인
　승강로 설치 구조부재 외곽선 확인
　층별 수직 기존부와 증축부 확인

과목: 건축설계2　　제2과제 (구조계획)　　배점: 40/100점

과목 : 건축설계2 ⑰　　제2과제(구조계획)　　배점 40/100　　한솔아카데미 www.inup.co.kr

<보기> 도면 표기

철근콘크리트 보	--------	증설 가새 (보 열에 표기)	▬▬
강재 기둥	I H	강재 보	——
강접합	▶—	힌지접합	⊢—
데크플레이트 골방향	⟋⟋		

5. 유의사항
명시되지 않은 사항은 현행 관계법령의 범위 안에서
임의로 한다.

<평면 및 단면 개념도> 축척 없음

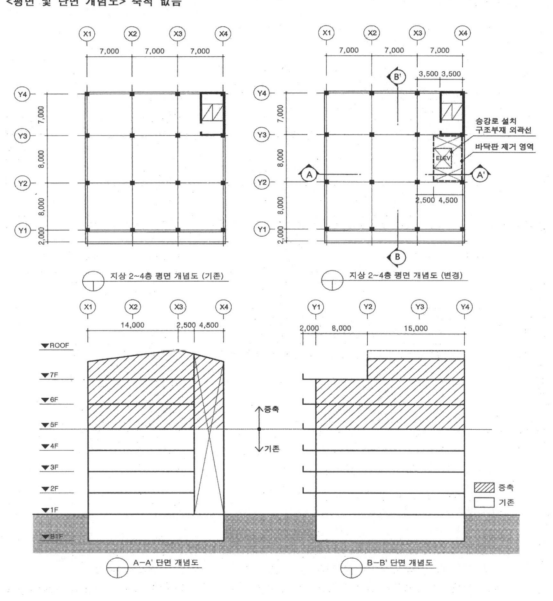

지상 2~4층 평면 개념도 (기존)

지상 2~4층 평면 개념도 (변경)

A-A' 단면 개념도

B-B' 단면 개념도

5. 유의사항
- 현행 관계법령 적용

〈평면 및 단면개념도〉
: 제시도면

1	모듈확인 및 부재배치

1. 모듈확인

증축 (수직)

모듈제시형 + 모듈계획형

주어진 지상 2~4층 평면 개념도(기존, 변경) 및 단면개념도와 답안작성용지 확인

과제확인 – 지상 4층 구조평면도, 지상 6층 구조평면도

– 제목: 일반업무시설 증축 구조계획

① 제시한 평면 및 단면개념도 분석

  – 지상 2~4층 평면 개념도(기존, 변경) 및 단면 개념도 : 승강로 설치 바닥판 제거영역 확인

  – 승강로 설치 구조부재 외곽선, 층별 수직 증축영역 확인

② 구조형식 : 기존부 → 철근콘크리트구조, 증축부 → 강구조

③ 모듈과 연계된 지문찾기

  – 지상 2~4층 평면 개념도(기존, 변경) ↔ 철근콘크리트 기둥과 철근콘크리트 벽체 제시함.

  – 답안작성용지에서 지상 6층 구조평면도 → 기존부 모듈 연속 (단, 철근콘크리트 벽체는 불연속)

  – 승강기 설치 영역 및 캔틸레버 구조영역 : 평면 개념도와 단면 개념도 확인

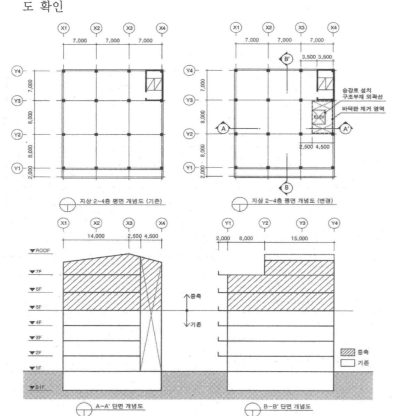

④ 주어진 구조부재의 단면치수

⑤ 답안작성용지 확인

답안작성용지 〉

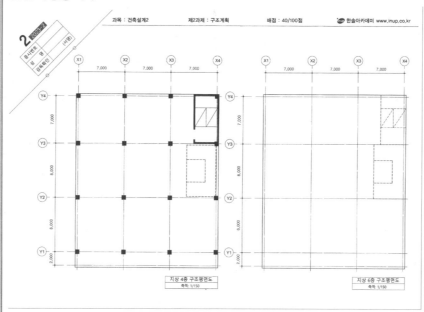

2. 지상 4층 구조계획 지문분석 → 철근콘크리트구조

· 지문조건들을 반영하여야 함.

· 기존 건축물은 증축으로 인한 중력방향 하중 증가에 대하여 보강됨

· 부재 단면 계획 시 횡력은 고려하지 않음 → 건축물에 작용하는 횡하중과 관계 없음.

〈 기존부 바닥 구조계획 〉

· 보는 연속 배치(기존부 평면에 기둥과 벽체 제시) → 모듈제시

· 슬래브 4변지지 형식

· 캔틸레버 구간 이외의 슬래브는 보 중심선으로 둘러쌓인 면적 20~30m² 범위 → 작은보 계획

  슬래브 단변길이 3.5m 이하 → 작은보 계획

〈 승강로 설치를 위한 구조계획 〉

· 승강로 설치를 위하여 지상 2~4층 평면 개념도에 표시된 바닥판 제거 영역의 보와 슬래브 제거하고 구조보강 → 제시도면 참조

· 승강로 설치 기둥 4개

· 승강로 출입면 이외의 측면은 건축물과 구조적으로 분리

〈 건축물의 내진 구조계획 〉

· 건축물은 횡하중 작용 시 비틀림이 최소화되도록 가새를 증설

· 증설 가새는 기존부 층에는 한 경간에 계획

· 증설 가새는 수직으로 연속 계획

Tip. 슬래브지지 형식 구분

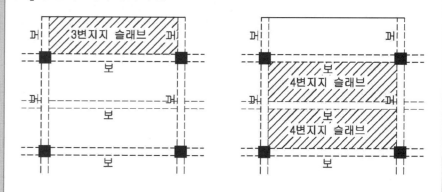

Tip. 슬래브는 보 중심선으로 둘러쌓인 면적이 20~30m² 범위

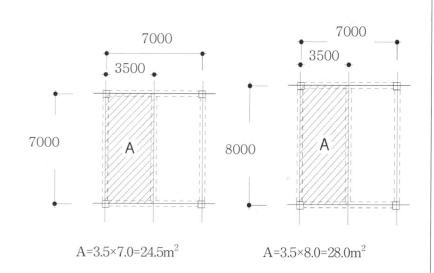

A=3.5×7.0=24.5m²   A=3.5×8.0=28.0m²

Tip. 슬래브 단변길이 3.5m 이하

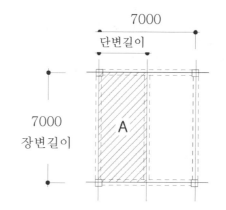

지상4층 구조평면도 작도〉 큰보와 작은보 계획 / 승강로 계획
슬래브 보강용 보 계획

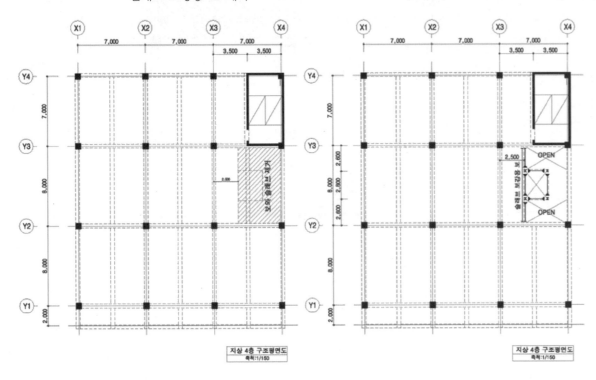

모듈계획〉 X방향으로 10m, Y방향으로 20m 이상 무주내부공간 확보 → 기둥위치 확정
기둥 지상 6층에 12개를 기존 기둥열에 계획, 수직으로 연속 배치

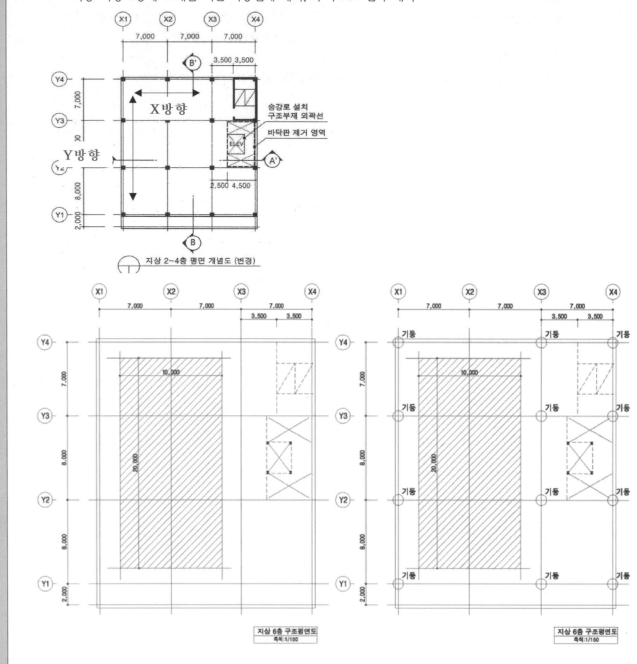

3. 지상 6층 구조계획 지문분석 → 강구조

· 지문조건들을 반영하여야 함.
· 기존 건축물은 증축으로 인한 중력방향 하중 증가에 대하여 보강됨 → 수직 증축
· 부재 단면 계획 시 횡력은 고려하지 않음 → 건축물에 작용하는 횡하중과 관계 없음.

〈 증축부 구조계획 〉

· 기둥은 지상 5층과 6층에 각 12개, 지상 7층에 9개 (승강로 설치 기둥은 별도) → 모듈계획
기존 기둥열에 계획하며 수직으로 연속 배치
· 지상 5층과 6층에 X방향으로 10m, Y방향으로 20m 이상 무주공간확보 → 모듈계획
· 데크플레이트 지지거리 4.0m 이하, 동일층 한 방향 계획 → 작은보 계획

〈 승강로 설치를 위한 구조계획 〉

· 승강로 설치는 지상 4층 구조평면도와 같은 위치에 수직연속 → 제시도면 참조
· 승강로 설치 기둥 4개
· 승강로 출입면 이외의 측면은 건축물과 구조적으로 분리

〈 건축물의 내진 구조계획 〉

· 건축물은 횡하중 작용 시 비틀림이 최소화되도록 가새를 증설
· 증설 가새는 증축부 층에는 구분된 두 경간에 계획
· 증설 가새는 수직으로 연속 계획 ↔ 철근콘크리트 벽체와 연계

Tip. 데크플레이트 지지거리제한 제시 → 작은보 설치와 연계

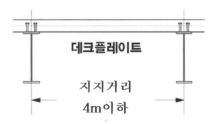

Tip. 데크플레이트 동일층 바닥 전체에 한 방향으로 사용

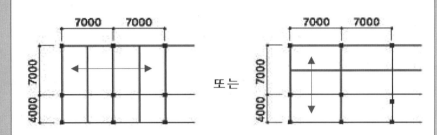

또는

작도 1〉 2층 Girder(큰 보) → 강접합
  기둥위치와 개수 고려 → 기둥 작도하지 않음.(강축/약축 고려위함)

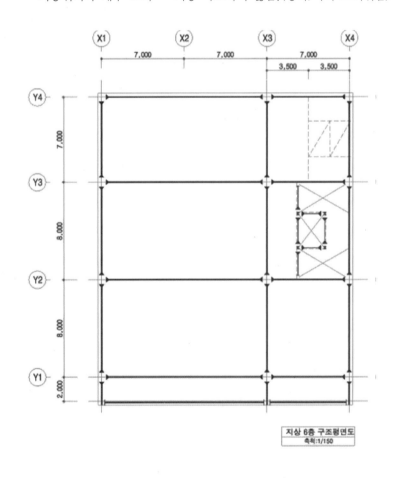

◆ 강접합과 힌지(핀)접합부 구분

강접합	힌지접합

◆ 데크플레이트의 골방향

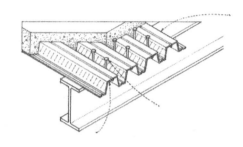

작도 2〉 2층 Beam(작은 보) → 힌지접합 → 데크플레이트 골방향 표기
  조건〉 데크플레이트 지지거리 4.0m 이하, 동일층 바닥전체 한 방향
  으로 사용

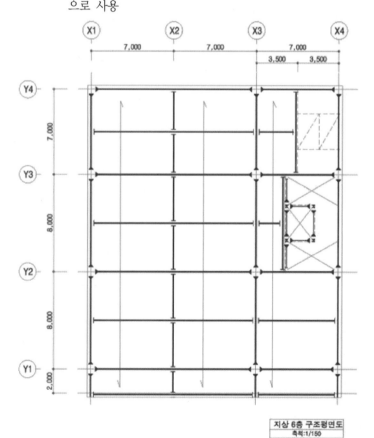

작도 3〉 2층 기둥작도 : 강축/약축을 고려 작도

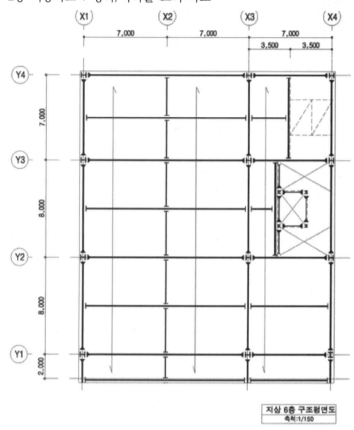

◆ 철골기둥의 강축, 약축 배치 예시

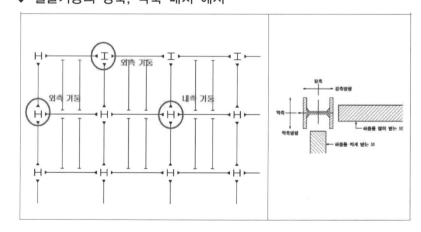

작도 4〉 2층 보 부재 단면기호 적시

　　　보 기호적시 → A, B, C, D, E

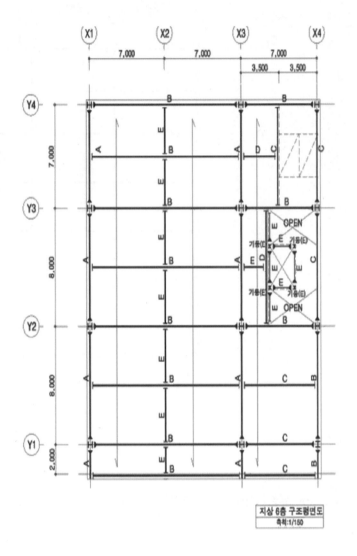

작도 5〉 증설 가새 계획: 횡하중 작용 시 비틀림 최소화되도록 가새 증설

　　　기존부 한 경간, 증축부 구분된 두 경간 → 수직 연속

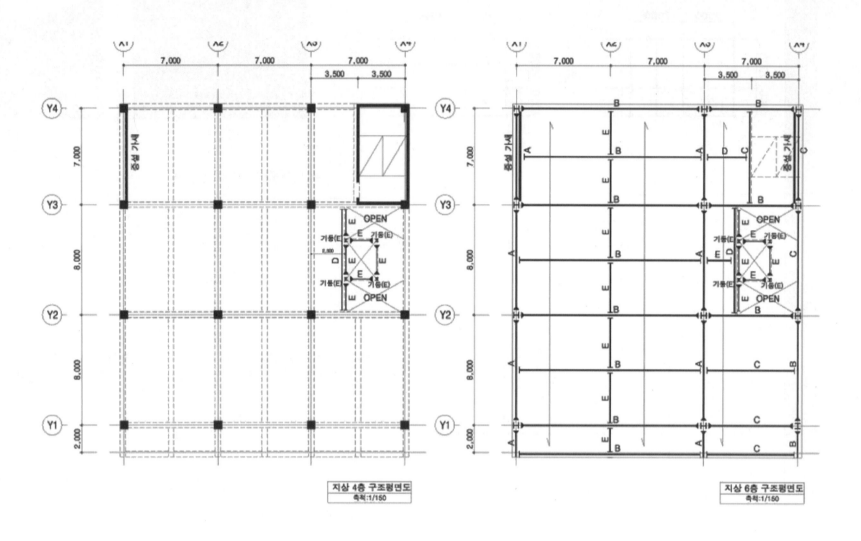

3-2 1안

과목: 건축설계2   제2과제: 구조계획   배점: 40/100   (주) 한솔 아카데미   http://www.inup.co.kr

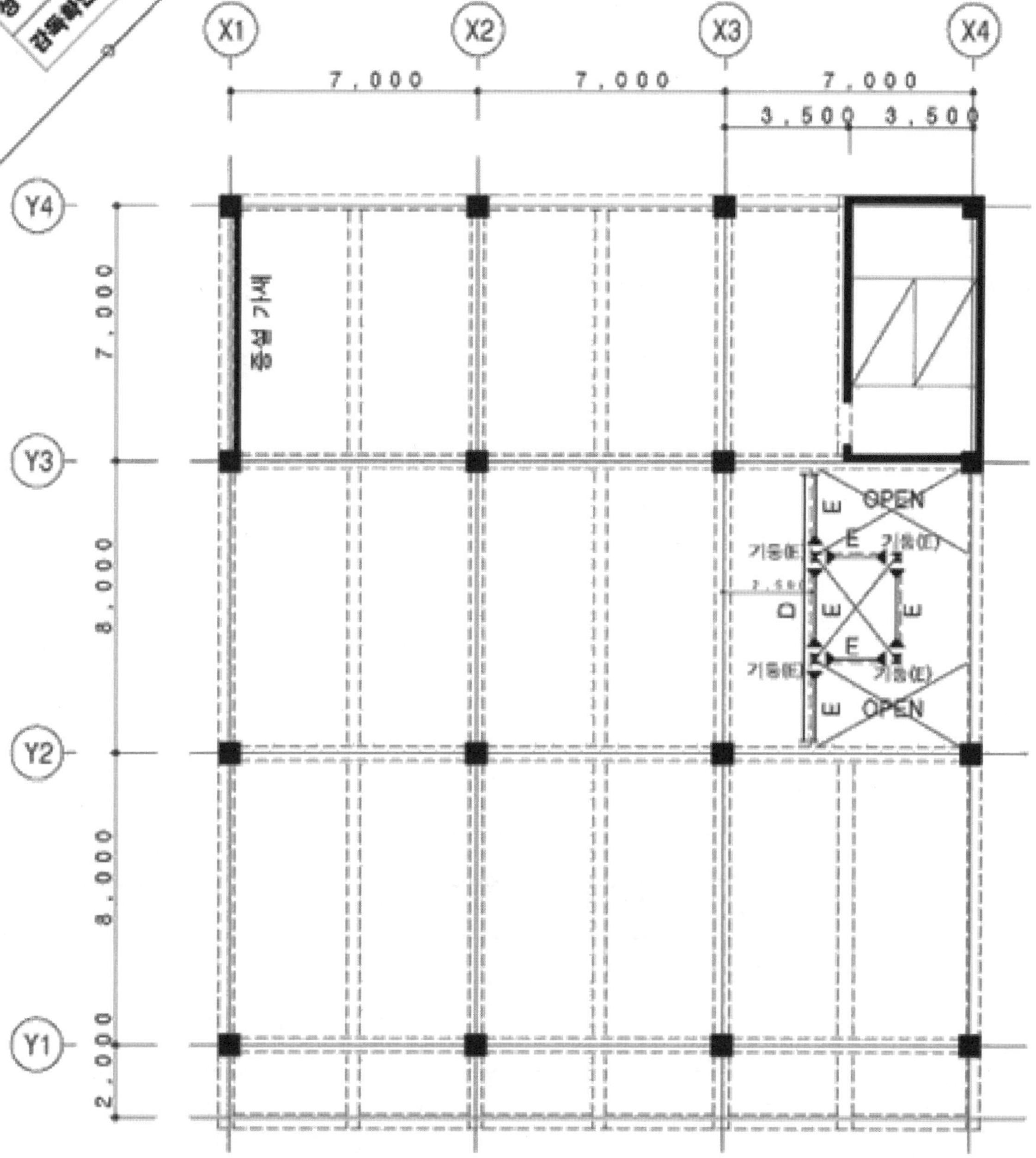

응시번호
성 명
감독확인   (서명)

지상 4층 구조평면도
축척:1/150

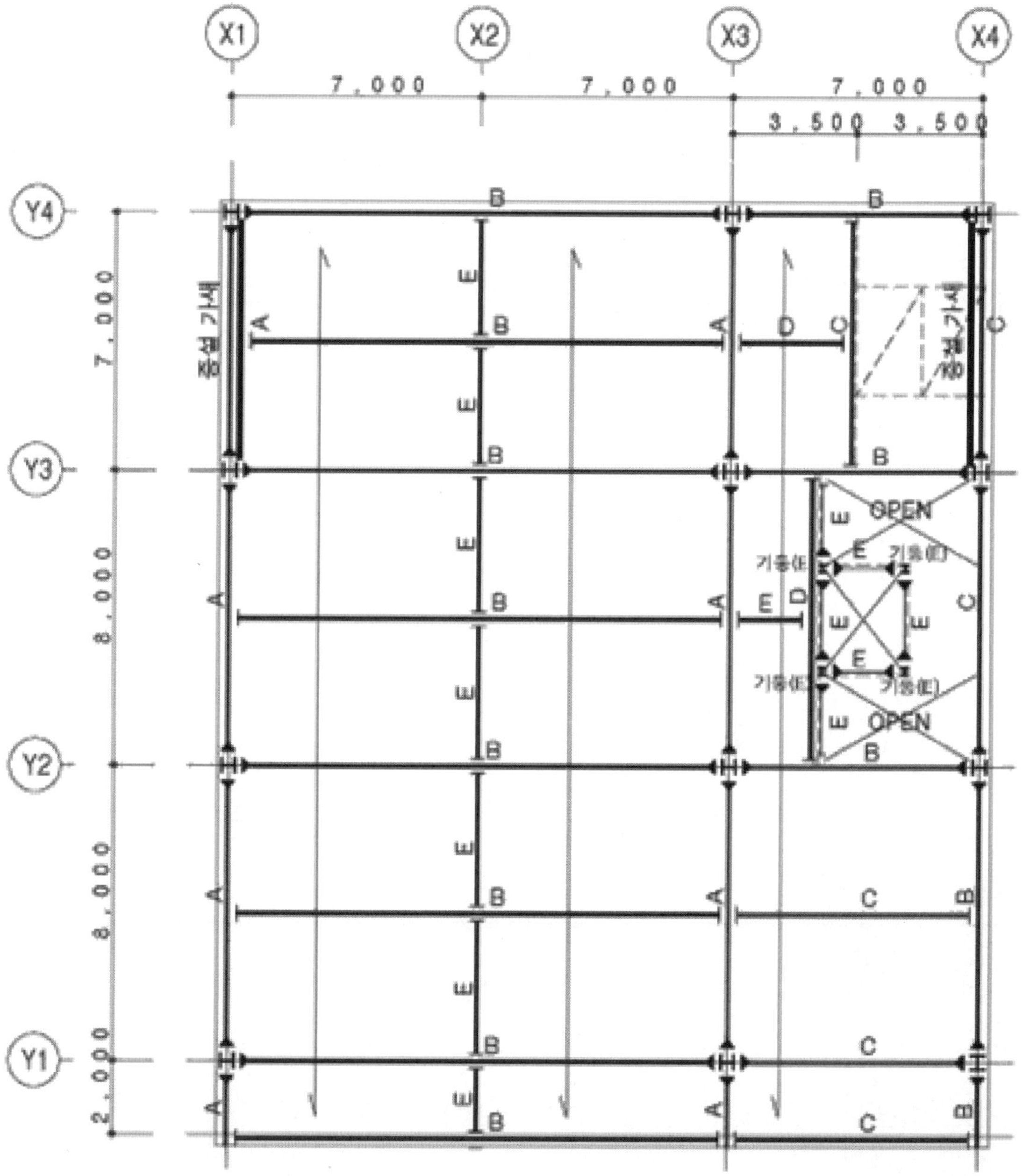

지상 6층 구조평면도
축척:1/150

■ 문제풀이 Process

▶ 문제총평

지상 7층 규모의 일반업무시설 수직 증축과제이다. 제시된 평면 및 단면 개념도에 근거하여 기존부 지상 4층과 증축부 지상 6층 구조평면도를 작성하여야 한다. 구조형식은 기존부 철근콘크리트구조이고 증축부 강구조로 적용하중을 각각 제시하였다. 기존부 바닥과 증축부 구조계획 조건들을 고려하고 구조부재 중 기둥 부재, 보 부재, 슬래브 보강용 보 및 증설가새를 구조평면도에 반영하도록 하였다. 답안작성용지를 확인하고 지문에 제시한 계획조건과 고려사항들을 반영·구조계획하여야 한다. 기출 철근콘크리트구조와 강구조 문제에서 보았던 평이한 수준이나 승강기 설치로 인한 구조계획을 추가하였고 내진 증설가새 계획 등 다양한 용어와 조건들을 제시하여 난이도는 보통 이상으로 사료된다.

▶ 과제개요

1. 제 목	일반업무시설 증축 구조계획
2. 출제유형	모듈계획형/모듈계획형
3. 규 모	지하 1층 / 지상 7층
4. 용 도	업무시설 (사무실)
5. 구 조	기존부-철근콘크리트구조, 증축부-강구조
6. 과 제	지상 4층 구조평면도, 지상 6층 구조평면도

▶ 과제층 구조평면도

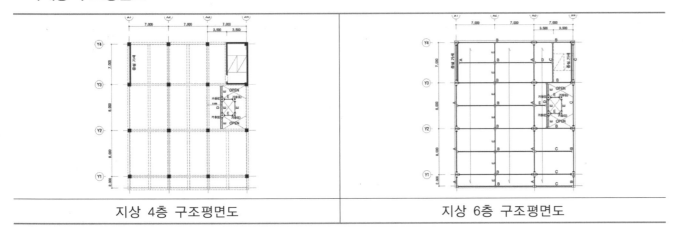

지상 4층 구조평면도	지상 6층 구조평면도

▶ 체크포인트

〈지상 4층 구조평면도〉
1. 슬래브 4변지지형식, 슬래브는 보 중심선으로 둘러쌓인 면적이 20~30m² 범위
2. 슬래브 단변길이 3.5m 이하
3. 바닥판 제거영역의 보와 슬래브 제거하고 구조보강 → 슬래브 보강용 보 설치
4. 승강로 설치 기둥 4개
5. 승강로 출입면 이외의 측면은 건축물과 구조적으로 분리하여 계획
6. 증설가새 한 경간 계획

〈지상 6층 구조평면도〉
7. 기둥은 지상 6층에 12개, 기존기둥열에 계획하며 수직으로 연속 배치
8. X방향으로 10m, Y방향으로 20m 이상의 무주내부공간 확보
9. 데크플레이트 지지거리 4m 이하(한방향), 승강로 계획은 지상 4층과 동일하게 적용
10. 증설가새는 구분된 두 곳의 경간에 계획 (수직으로 연속)

▶ 과제 : 일반업무시설 증축 구조계획

1. 제시한 도면 분석

- 주어진 평면 및 단면개념도 확인
- 모듈제시형 → 지상 4층구조평면도 / 모듈계획형 → 지상 6층 구조평면도
- 지하 1층 / 지상 7층 규모의 철근콘크리트구조/강구조 형식의 수직증축
- 슬래브 면적범위, 기둥개수, 바닥판 제거영역, 무주내부공간 확보, 승강로 설치계획 등
- 건축물 내진 구조계획 → 증설가새 조건 제시

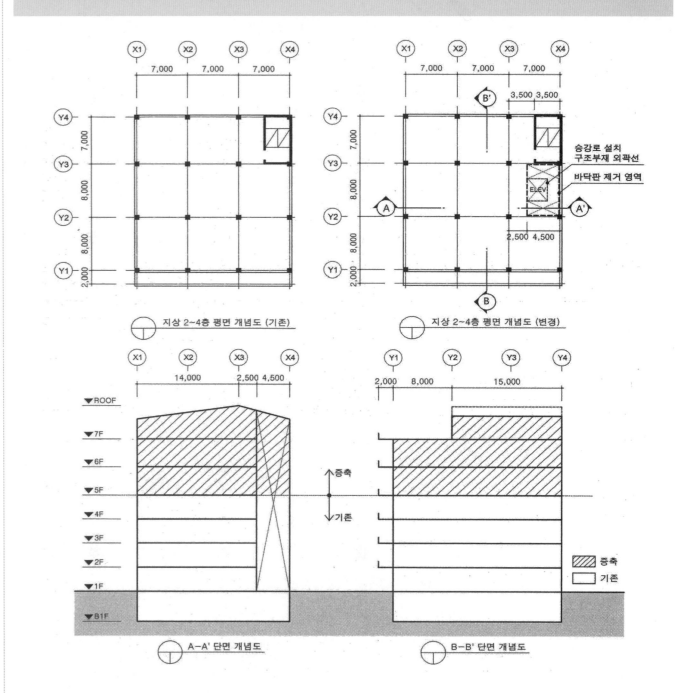

2. 강구조

◆ 골 데크플레이트

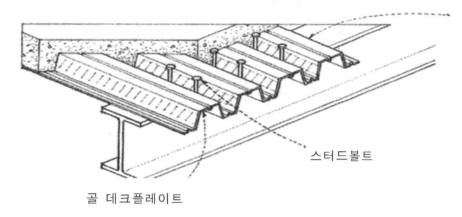

스터드볼트

골 데크플레이트

◆ 철골 기둥(H형강) 강·약축 방향 결정방법-1

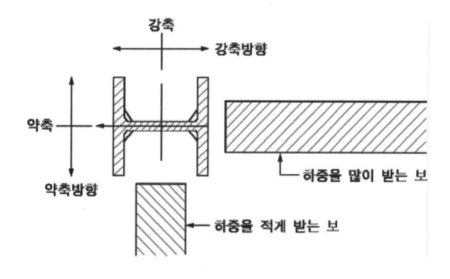

◆ 철골 기둥(H형강) 강·약축 방향 결정방법-2

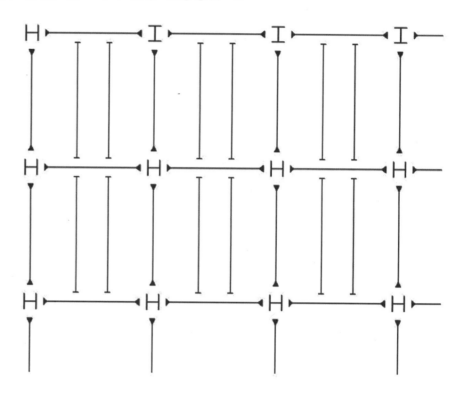

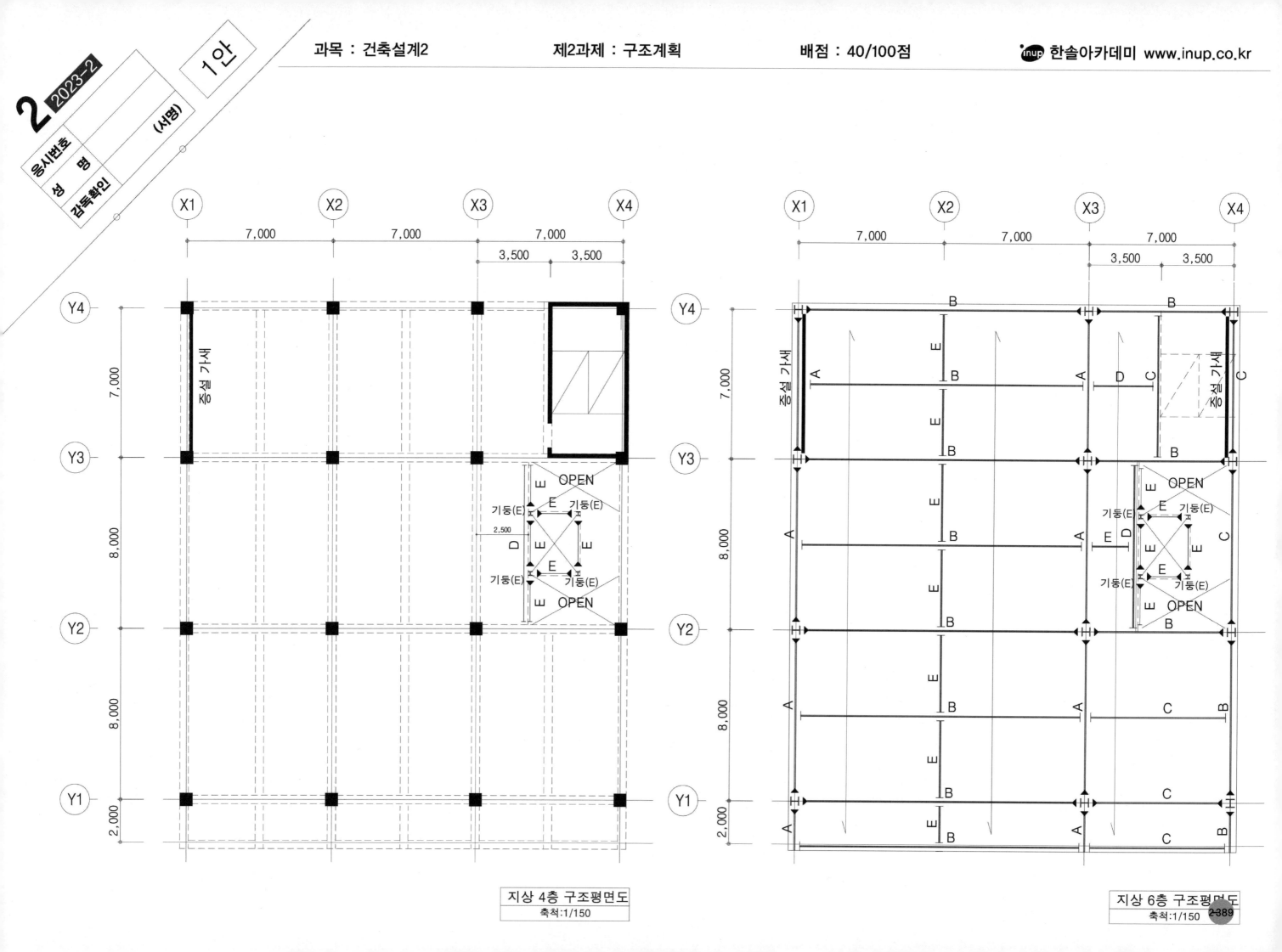

지상 4층 구조평면도
축척:1/150

지상 6층 구조평면도
축척:1/150

2389

건축사자격시험 과년도 출제문제

3교시 건축설계2

定價 33,000원

편 저   한 솔 아 카 데 미
        건축사수험연구회

발행인   이   종   권

2013年   5月   22日   초 판 발 행
2015年   5月   26日   2차개정발행
2016年   5月   12日   3차개정발행
2017年   5月   29日   4차개정발행
2018年   4月   27日   5차개정발행
2019年   4月   9日   6차개정발행
2019年 12月   9日   7차개정발행
2020年 12月   22日   8차개정발행
2022年   5月   4日   9차개정발행
2024年   1月   10日   10차개정발행

發行處   (주) 한솔아카데미

(우)06775 서울시 서초구 마방로10길 25 트윈타워 A동 2002호
TEL : (02)575-6144/5   FAX : (02)529-1130
〈1998. 2. 19 登錄 第16-1608號〉

ISBN 979-11-6654-445-3 14540
ISBN 979-11-6654-442-2 (세트)